高等学校教材

应用矿物学

Applied Mineralogy

Yingyong Kuangwuxue

董发勤　主编

高等教育出版社·北京

内容提要

本书主要阐述了应用矿物学的原理、研究内容、研究方法和矿物资源的主要应用领域。全书共分上下篇，总计40章，包括矿物的基本性质及其优化与增值，矿物现代分析测试方法，矿物原料在耐火材料、保温材料、绝缘材料、建筑材料、化工原料及填料、农业、医药、环境保护、研磨材料、固体废物资源循环利用、宝玉石与观赏石、功能材料及放射性核素处理处置等16大领域中的应用，重点介绍了45种常用矿物的化学成分、晶体结构、理化性质、加工工艺、技术性能及开发利用途径等。本书是岩矿类、矿产资源、废物综合利用类专业的教材，同时适用于地质、矿产勘察、矿物加工、材料物理、冶金、材料、环境等专业本科生学习，也可供研究生和从事矿物应用开发、矿产资源循环利用工作的科技、工程技术人员参考。

图书在版编目(CIP)数据

应用矿物学/董发勤主编. --北京:高等教育出版社,2015.3

ISBN 978-7-04-041824-8

Ⅰ.①应… Ⅱ.①董… Ⅲ.①矿物学-教材 Ⅳ.①P57

中国版本图书馆CIP数据核字(2015)第016576号

策划编辑 杨俊杰　责任编辑 杨俊杰　封面设计 俞 卓 张 楠　版式设计 童 丹
插图绘制 杜晓丹　责任校对 孟 玲　责任印制 毛斯璐

出版发行	高等教育出版社	咨询电话	400-810-0598
社　址	北京市西城区德外大街4号	网　址	http://www.hep.edu.cn
邮政编码	100120		http://www.hep.com.cn
印　刷	北京玥实印刷有限公司	网上订购	http://www.landraco.com
开　本	787mm×1092mm 1/16		http://www.landraco.com.cn
印　张	39	版　次	2015年3月第1版
字　数	960千字	印　次	2015年3月第1次印刷
购书热线	010-58581118	定　价	56.00元

物 料 号 41824-00

前言

当代科学技术的飞速发展和人类对物质文化生活日益多样的需求,使矿物学获得了新的活力,被赋予了更广阔而深刻的任务。应用矿物学就是矿物学在当代科学技术背景下逐步发展起来的一门新兴分支学科。

2013 年第 11 届国际应用矿物学大会在西南科技大学召开了,这是该会自 1981 年成立以来首次在亚洲举办,也是中国自 1990 年在北京举办第 15 届国际矿物学大会后,又一次的矿物学盛会。出版本教材也是这次重大会议的配套活动之一。在欧美地区应用矿物学很早就与化学、生物学、材料学、地质资源、宝(玉)石、矿物加工、冶金、矿物能源、采矿及文化遗迹、环境等学科或行业紧密结合起来了,而我国则以工农业领域工业技术体系及作为其外延的科研院所、学会和协会的形式,把应用矿物学分散在众多的行业中,因而相较于欧美地区,我国应用矿物学的教学体系破碎,需要整合提高。

21 年过去,弹指一挥间。与 1993 年我们和潘兆橹、万朴教授一起编写国内首本应用矿物学统编教材时相比,当今中国和世界已发生巨大变化,科技也取得长足进展,应用矿物学也和其他学科一样有很多新的内容。与时俱进地展现应用矿物学的成就与活力,这正是我们重新编写出版这本教材的初衷。

应用矿物学与理论矿物学都是矿物科学与工程这个一级学科的重要组成部分。它与传统的描述矿物学、矿物科学史等分支学科不同,是在矿物学与相关学科相互渗透,现代测试分析方法迅速发展,以及现代工农业生产和科技要求矿物学进行实际应用的基础上成长起来的。矿物学与物理学、化学、计算模拟学、农学、生物学、矿物加工学、冶金学、材料学、环境学等传统或新兴学科相结合,形成了不少活跃的交叉领域和应用矿物学的分支,如纳米矿物学、计算矿物学等。因此,应用矿物学是矿物学与矿物资源综合利用、固体废物再生循环利用及相关学科之间的桥梁和纽带,它的兴起与发展是现代科学理论和技术进步的必然产物,它必将继续在工农业生产、民众日常生活和国民经济中发挥更大作用。

应用矿物学、矿物材料和非金属矿开发利用这三门课程在不同大学的专业教学设计与实践过程中各有侧重,多与行业差异与就业相关。但从这三门课程的对比上来看,应用矿物学主要侧重于工业矿物的成分、结构、性能、加工方法和应用领域;矿物材料则侧重于矿物在材料领域的应用特性与途径;而非金属矿开发利用则在于非金属原矿或其他矿产伴生非金属矿物资源的系统应用与优化。因此,应用矿物学从对象上淡化非金属和金属的界限,是矿物材料学和非金属矿开发利用的基础。

1989 年西南科技大学(原四川建筑材料工业学院)与中国地质大学(武汉)联合开办并招收第一届矿物(岩石)材料专科生,这也是国内首次创办矿物材料专业。开设的应用矿物学是该专业核心的课程。潘兆橹和万朴主编的《应用矿物学》出版 20 年来,一直是西南科技大学矿物材料、地质工程、材料物理专业、矿物加工本科专业必修和选修课程,也是矿物材料硕士、博士专业“应用矿物(岩石)学”课程的授课教材,国内其他地质、化工、煤炭、农业、石油、环境、材料、矿产、有色、冶金行业的近 20 家兄弟院校的同类专业也在使用此教材。此教材在 1995 年曾获国家建材局全国优秀教材一等奖和1998年湖北省科技进步三等奖。

2009年西南科技大学“应用矿物学”课程获四川省级精品课程,2010年该课程教学骨干成员获四川省优秀教学团队。编者立足于“应用矿物学”课程多年教学及研究实践的认识来探索应用矿物学的编写体系:即从矿物应用的有关性质及其优化与增值,矿物原料在国民经济各有关部门中的应用,主要矿物的应用矿物学简述等三个方面,对应用矿物学的基本内容、原理、基本研究方法进行阐述。

本次重新编写侧重于反映应用矿物学的最新成果,增加新的内容与章节。全书分为上下两篇:上篇主要介绍矿物的基本性质及其优化与增值,矿物现代分析测试方法,矿物原料在耐火材料、保温材料、绝缘材料、陶瓷工业、建筑材料、化工原料、填充材料、农业、医药、研磨材料、环境保护、固体废物资源化、宝(玉)石与观赏石、功能材料、纳米材料和放射性核素处理处置等16大领域中的应用;下篇主要介绍了45种常见矿物的化学成分、晶体结构、理化性质、加工工艺、技术性能及开发利用途径,等等。

本书由西南科技大学董发勤教授主编。参加本书编写的有西南科技大学的彭同江、贺小春、孙红娟、张宝述、冯启明等五位教师,还有中国地质大学(北京)的李国武教授和吉林大学的蒋引珊教授。全书共四十章,董发勤编写前言、绪论及上下篇引言,第一章光学部分及第二、三(徐龙华参编)、五(贺小春参编)、十、十一、十二、十三(代群威参编)、十四(杨玉山、马骥参编)、二十四(张伟、贺小春参编)、二十五、二十六、三十五、三十八章;彭同江编写第一、十五(陈吉明参编)、二十八、二十九(冯启明参编)、三十三、三十九章;孙红娟编写第四、十八、二十章;冯启明编写第十六章(张伟参编)、二十二(孙仕勇、边亮、段涛参编)、三十二章(蒋引珊、董发勤参编);贺小春编写第七、三十一、四十章;张宝述编写第六、八、三十四章,与徐龙华合编第二十七章;卢喜瑞、杨玉山、李伟民编写第十九章;谌书编写第三十六章;傅开彬编写第二十一章;何登良、李伟民编写第二十三章;李伟民、张宝述编写第三十二章;马国华编写第十七章;孙仕勇编写第三十七章;王维清编写三十八章;徐龙华编写第三十四章。全书由董发勤负责统稿,贺小春负责全书初稿整理、插图组织工作。霍婷婷参与后期样稿校正与汇总工作。中国地质大学(北京)李国武及西南科技大学研究生苏思瑾、李帅等负责大部分晶体结构图和插图绘制。西南科技大学的许多同志及董发勤的2011级、2012级和2013级研究生对本书的编写给予了很多的支持和帮助。万朴、潘兆橹教授曾多次鼓励本教材的编写,并提出编写意见。

本书由中国矿业大学刘钦甫教授主审,由高等教育出版社出版。编者谨于此对审稿专家和帮助本书编写、出版的所有同志表示最衷心的感谢!

本书是为矿物材料、矿物加工、矿物资源利用等专业的学生编写的,适用于地矿类专业本科学生学习,也可作为研究生和从事矿物应用开发工作的科技人员参考用书。为方便读者,书中增加了中英文索引和图表名一览。但限于篇幅和时间,对新兴矿物应用领域如航空航天、海洋、金属矿物的应用矿物学还不够深入,书中某些内容也有尚欠成熟之处,欢迎读者指正!

本书2006年、2009年两次列为西南科技大学重点资助出版教材。

谨以此书献给致力于应用矿物学人才培养及矿物应用开发研究的各界同仁!

董发勤

2014年8月

目录

下篇　矿物应用各论

CONTENTS

Part 2 Elaboration of mineral application

绪　论

一、现代矿物学的发展催生应用矿物学

人类社会的发展史也是人类认识和利用矿物的历史。

自德国的矿物学家之父乔治·鲍尔1546年发表《论矿冶》以来，矿物学从一门古老的科学，迅速发展为现代科学。人类在史前期即已开始使用矿物和岩石做成工具和饰品。人类社会经由石器时代、铜器时代、铁器时代、新石器时代……并不断向前推进。随着矿业的发展人们对矿物的使用日益广泛，认识也日益深入，才逐渐建成了这门与生产密切相关的矿物学科，并始终拓展新的内容。矿物学与数学、物理学、化学、天文学、生物学、环境学、材料学和高新技术相结合，产生了日益活跃的交叉学科和分支领域，如天体矿物学、矿物材料学等，矿物学的学科群正走向矿物科学与工程的统一体。矿物学已拥有自己的理论体系和研究方法，积累了丰富的精确数据，为其走向工程应用和技术开发奠定了坚实的基础。因此，应用矿物学是矿物学的一个新分支。这一学科的建立，是矿物学发展的必然。

矿物学研究的对象是天然矿物，从学科性质来看，它既是研究地壳物质组成的基础地质科学，也是研究天然结晶物质的物质科学。因此，一方面它随着科学技术的进步不断取得新进展，其研究领域由地壳到地幔、由陨石到宇宙的其他天体（如月岩），研究范围逐步扩大；另一方面它又随着人们对物质结构认识的深入，由宏观到微观向纵深发展。

现代矿物学的发展表现出如下特征：

（1）与传统地质学相比，当今地质学体系中的四个活跃学科分别为地球物理学、环境地质学、岩石学和地球化学，这表明地质学已经从资源开发型向环境保护型转变。

美国地质调查局提出一个“直面明日挑战”战略计划（2007—2017），提出了六个战略方向：① 理解生态系统，预测生态变化：确保国家经济和环境的未来。② 气候易变性及变化：澄清记录，评估后果。③ 美国未来能源和矿产：为资源安全、环境健康、经济活力和土地管理提供科学基础。④ 全国灾害、风险和复原力评价计划：保证美国的长期健康发展和富强。⑤ 环境和野生生物对人类健康的作用：美国公共卫生的环境风险鉴别系统。⑥ 美国水资源普查：美国未来所需淡水的定量研究、预测和保障。上述六个方面中，生态系统战略具有两重性，而且基于生态系统的研究方法也是微宏观矿物研究需要借鉴的观点和方法。

英国自然环境研究理事会（NERC）发布的《新一代行星地球科学——NERC 2007—2012年战略计划》，确立七个科学主题：气候系统，生物多样性，自然资源的可持续利用，自然灾害，环境、污染和人类健康，地球系统科学以及技术。强调“变化”——这是贯穿于人类所面临的全球各种挑战的主线，以负责任的态度与环境共生，从容应对21世纪以及未来的环境变化。这些都为理论矿物学和应用矿物学提供了新的空间和选择。

（2）矿物学与相关科学的相互渗透，产生了一些新的边缘学科和新分支。如矿物学与固体物理学结合产生了矿物物理学，矿物学与量子化学相结合产生了量子矿物学，矿物学与材料科学相结合产生了矿物材料科学。生物矿物学、计算矿物学、纳米矿物学、环境矿物学也是如此。相

关科学的相互渗透，边缘学科和新分支学科的兴起，是现代科学技术发展的普遍趋势和必然结果，矿物学也不例外。

(3) 现代测试分析方法的迅速发展，大数据、云计算等新方法的引入，使得对矿物本质的认识更为深入。如电子微区微量分析(如电子探针、电子显微镜)和各种波谱(如红外光谱、可见光吸收谱、穆斯堡尔谱、核磁及顺磁谱、拉曼光谱、热谱等)方法的普遍使用，同步辐射技术、三维再造技术的引入，基本、常用研究方法仪器的更新(如X射线分析的四圆衍射仪、转靶和各种新型照相机的高级自动化的使用)，直观快速的成像与数字存储技术、2D-3D技术等，使对矿物的测试分析和整理实现了微观、微区、微量及高精度、高速度化和海量对比，从而使对矿物的化学成分和晶体结构以及由它们决定的性能有了更深入的认识。这就为矿物应用的研究创造了极为有利的条件，为应用矿物学的建立和发展打下了良好的基础。

(4) 现代生产和科技的发展要求矿物学进行实际应用的研究。矿物学的实际应用包括两大方面：一是在地质找矿实践中的应用，近年来发展起来的"成因矿物学"和"找矿矿物学"，即主要进行这方面的研究。另一方面即把矿物作为矿产资源，研究矿物本身的开发和应用。对矿物本身的应用又可分为两个方面：一是以提取矿物中的有用元素为目的，这些矿物以金属矿产矿物为主；另一方面则是着眼于矿物本身物化性能的直接应用，这些矿物以非金属矿产矿物为主。后者即是狭义的"应用矿物学"所要研究的内容。

从以上所述现代矿物学发展的特征可以看出，应用矿物学的建立是科学技术发展的必然，是适应现代生产和科技发展要求的结果。

二、应用矿物学的概念和主要研究内容

关于应用矿物学的概念，过去曾有过不同的解释。马尔福宁(A. S. Marfunin，1987)等认为应用矿物学应包括三个基本方向：找矿评价矿物学、工艺矿物学、矿物材料学。显然这是广义的应用矿物学，它把矿物学的地质应用包括进去了。本书所谈的应用矿物学是狭义的。对此，本书作如下的理解：

应用矿物学是矿物学的一个分支，是矿物材料科学等交叉分支学科研究的重要基础。应用矿物学以研究矿物本身的整体应用为目的，以矿物的本质——化学成分和晶体结构为依据，研究矿物的理化性质及其与成分结构的关系和产生机理，探讨矿物性能的应用和优化，扩大应用领域，以期使矿物得到更充分的开发和应用。

矿物的应用是多方面的，虽然在某些情况下，也要用到矿物的化学成分(如在玻璃、农肥、陶瓷中)，但这与提炼矿物中某种金属元素不同，它不破坏矿物，而是利用矿物的整体，因而利用结束后没有渣的形成。

矿物性能的研究是以矿物的成分、结构为依据的，要阐明性能与成分、结构的关系。因此，矿物晶体化学是应用矿物学的重要基础。

矿物性能的优化会使矿物大为增值，这是一项有着重要意义的工作。为此要在常规的选矿之后，传统制品之前，对矿物进行深加工或特种处理，使矿物性能产生定向的变化以提高应用价值。如超细($<10\ \mu m$)粉碎、超纯分离和提取、加热、辐射、挤压，以及活化、钝化等改性或改型处理、纳米化加工等。深加工的开展，常涉及高新科技，有较大的难度。但若能实现，则常可使矿物数倍甚至数十倍地增值。因此，它也是应用矿物学研究的重点和难点。

矿物的人工合成,常用来解决某些矿物天然产量或质量上的不足。近年来,某些矿物如金刚石、刚玉(红宝石)、水镁石、沸石、水晶等的人工合成已获得了很大的发展。

开拓矿物应用新领域、开发矿物应用新品种,对推动科学技术发展,提高资源利用率都具有十分重要的意义。有时一种新用途的开发成功,大到可以引起一次产业革命,小到可以使矿物利用增值,例如,用石英熔体抽丝制成的光导纤维,使传统的有线通信发生根本性变革;再如,从大量产出的蛇纹石中提取 MgO,相当于发现了若干个巨大型菱镁矿矿床。现代载人航空航天、现代深海、宇宙探索、全球气候变化、生态环境保护新兴领域均需要特种矿物品种、材料和技术。

三、矿物应用的几个特点

(1) 多用性:一种矿物常常具有多种用途,如纤维蛇纹石石棉有 3 000 多种制品应用在不同领域的不同方面。又如以蒙脱石为主要成分的膨润土可用于石油钻井泥浆、铁矿球团的黏结剂、食用油的脱色、石油的净化、酒和饮料的澄清、污水处理、防水密封、农药载体、药膏药剂原料、化妆品原料、化工催化剂、油漆和涂料的增稠剂、造纸及橡胶和塑料的填料、高温高负荷部件的润滑、土壤改良、肥料和动物饲料的添加剂等,并可代替淀粉用于制造糨糊、浆纱和印染而大量节约工业用粮等。

(2) 多样性:已知天然矿物 4 782 种(据 CNMMN,2014),种类繁多,成分、结构复杂多样,它们常具有各自独特的理化和工艺性能,是寻找各种应用材料的重要源泉。目前,世界上已工业利用的非金属矿物有 260 余种,年开采量 250×10^8 t 以上。矿物应用蕴藏着巨大的潜力,若能变无用为有用,变小用为大用,则有着广阔的开发前景。

(3) 储藏量大、价格低廉:天然矿物与人工合成材料比较,一般具有储量巨大、价格低廉的特点。天然非金属矿物的价格一般远远低于金属或有机的人工制品材料。

(4) 应用面广:矿物应用涉及面很广,有众多的应用领域,如建材、冶金、机械、化工、轻纺、电子、农业、食品、医药、环保、宝石、工艺美术饰品、化妆品、玻璃、陶瓷、航空航天、海洋等各个部门。按矿物用途又可划分为许多系列,如耐火、保温、充填、胶凝、助熔、研磨、造型、吸附、离子交换、过滤、绝缘、隔声、隔热、催化、宝石、农肥,等等。

(5) 代用性:具有相似性能的矿物,在应用中可以相互取代,这就为当某地某种材料缺乏时,可以因地制宜,就地取材创造了条件。如在制作泥浆中坡缕石可以代替膨润土。

(6) 矿物的应用开发已有深厚的矿物学基础:应用矿物学作为矿物学的分支,有成熟的矿物学理论基础、研究方法和实验技术可供使用;对于具体的矿物种属而言,也都有其一定的矿物学基本数据、资料和研究成果可供参考。这是矿物应用研究所具备的独特有利条件。

四、非金属矿物材料的发展为应用矿物学拓展增添了新内容

(一) 非金属矿物材料开发应用是一个国家工业化程度的标志

人类社会的发展是从石器时代,也就是从使用天然非金属矿物开始的。后来,随着冶炼技术的发展,金属材料的使用逐渐增多而大大超过了非金属材料,这种情况一直延续到近代。但是随着近代生产和科学技术的发展,许多金属材料的性能已不能适应高强度、高速、高温、轻质、绝缘、耐腐蚀等方面的要求。因而,人们又重新把注意力转向非金属材料。近数十年来,非金属矿物材料发展十分迅速。有人预见 21 世纪将是人类第二个石器时代。更有人

(Bristow,1987)提出,"在一个国家经济中,非金属矿产值首次超过金属矿产值的时刻,是一个国家工业成熟的界限"。也就是说把非金属矿产开发作为衡量一个国家工业化成熟程度的标志。非金属矿产值超过金属矿产值出现的时间,在英国为19世纪;美国是1934年,在20世纪70年代两者产值之比为2:1,到1986年发展为3:1。而全世界非金属矿产值从20世纪50年代开始,每十年约增长50%~60%。目前,非金属矿原料年总产值已达2 000亿美元,远超过金属矿产值。非金属矿产年国际贸易额约300亿美元,并以每年3%~5%的速度增长。我国对非金属矿产的研究和开发起步较晚,在20世纪50年代形成产业,改革开放30多年来得到较快的开发应用。近年来我国非金属矿工业有了较大发展,初步形成工业生产体系,在国民经济中发挥了重要作用。据统计,2000年左右,我国的非金属矿产值全面超过金属矿产值。2012年我国非金属矿产值约2 920亿元,进出口总额约150亿美元,非矿原料总产量达130×10^8 t,支撑了3.4万亿的建材工业和基础建设规模;而黑色金属产量6.8×10^8 t,产值约670亿元,有色金属产量约$4\ 000\times10^4$ t,产值470亿元。

(二)社会对材料的需求向着非金属矿物方向转化

(1)工业用金属材料部分被非金属矿物材料取代。如美国汽车工业中轿车钢铁构件已由占整车质量的81%降为61%。采用塑料(由非金属原料参与制成)构件大大减轻了车重,节约了钢材;航空工业原来致力于轻质高强合金的研究,现已转向非金属材料的研究;发达国家原来从事钢铁、造船等行业的研究所,有些已转向新型材料及新型陶瓷的研究。

(2)非金属矿物材料的应用普及国民经济各个领域,其中与人民生活水平提高密切相关的一些非金属矿物材料的开发利用尤为活跃。非金属矿物材料应用的广泛性已如前述,其中直接与人民生活有关的如橡胶、造纸、油漆、建材更需要大量的非金属矿物原料。在美国塑料的消费量约为铝、铜、铅、锌消费总量的两倍。

(3)非金属矿产在国际贸易中日益发展。长期以来国际矿产品中金属矿产品较多,而非金属产品中只有少数特种非金属如金刚石等。近年来,大量的非金属产品进入国际贸易市场。如重晶石、石膏、高岭土、滑石、长石、膨润土、磷灰石、硼酸盐矿物等多种非金属矿产在国际贸易中均显活跃。改革开放30多年来,我国非金属矿国际贸易日益扩大,进出口形势一直保持良好的发展态势,贸易量和贸易额在快速增长,出口产品品种已达100多个,远销到130多个国家和地区,已成为我国出口创汇的重要商品之一。

(三)深加工可使矿物获得巨大的增值

非金属矿产在经济领域中应用的深度和广度在很大程度上取决于对矿物的深加工。矿物深加工前后的价格差值更是十分巨大。如散装膨润土46美元/t,而有机膨润土2 400~5 600美元/t。重晶石散装未经磨碎者130美元/t,而药物级达2 560美元/t。石墨原矿300美元/t,石墨乳2 400美元/t,增值8倍,而石墨密封材料12 000美元/t,增值40倍。

以上情况说明非金属矿产在世界经济中已居于举足轻重的地位,非金属矿物材料的开发应用日新月异。

五、建设生态文明的艰巨任务为应用矿物学提供了新天地

环境保护和生态建设是人类21世纪面临的重大挑战之一。现代工业的高速发展和城市化的加快在创造了前所未有的物质财富和精神财富的同时,由于过度地不合理地开发利用自

然资源，也造成了全球性的生态破坏和环境污染。与20世纪80年代相比，我国生态与环境问题无论在类型、规模、结构、性质以及影响程度上都发生了深刻变化。据统计，我国1/3的国土被酸雨侵蚀，七大江河水系中劣五类水质占41%，沿海赤潮的年发生次数比20年前增加了3倍，1/4人口饮用水质不合格的水，1/3的城市人口呼吸着严重污染的空气，$PM_{2.5}$在大中城市普遍超标且持续时间越来越长，城市垃圾无害化处理率不足20%，工业危险废物处置率仅为32%。

环境污染和生态破坏造成了巨大经济损失。据世界银行测算，中国空气和水污染造成的损失要占到当年GDP的8%；中国科学院测算，环境污染使我国发展成本比世界平均水平高7%，环境污染和生态破坏造成的损失占到GDP的15%。环境保护部的生态状况调查表明，仅西部9省区生态破坏造成的直接经济损失就占到当地GDP的13%。环境也对人民的身体健康造成了明显的危害。据联合国开发署2002年报告称，中国每年空气污染导致1 500万人患支气管病。因此，防治污染、保护生态环境已成为当务之急。

天然矿物是一类资源丰富、价格低廉、与环境协调性最佳的材料。一些天然矿物还具有净化环境和修复环境的功能，是理想的生态环境材料。

在我国已发现的矿种达171种，非金属矿产95种，应用于环境保护领域的有近50种，其中有天然非金属矿产品，也有非金属矿深加工产品和制品。与其他环境材料相比，非金属矿物在环境保护领域中的应用具有以下4个特点：① 应用范围广，除了“三废”处理外，还适用于高科技发展产生的新污染，如各种射线辐射、电磁场、低频噪声等产生的污染；② 非金属矿物是天然无机矿产，具有与自然环境的共生性和协调性，既能治理污染，又能恢复环境，回归自然；③ 绝大部分非金属矿物在环境保护中的应用都能循环利用，不产生二次污染，治污成本低；④ 非金属矿物具有天然自净化功能，在一般性环境保护技术不能解决的非点源区域性污染问题方面能发挥独特的作用，这种地质技术特性，是物理、化学、生物治污方法所不能比拟的。因此，研究与开发资源型环保矿物有着广阔的发展前景，既可扩大矿物资源的综合利用，又可大幅度地降低环境污染治理成本，产生明显的经济效益和社会效益。

此外，大多数非金属矿物都是环境友好材料。例如，在塑料薄膜中加入一定量的超细重质碳酸钙可制成降解塑料；超细水镁石用作高聚物基复合材料的阻燃填料不仅可以阻燃，而且不产生可致人死亡的毒烟；除了用作燃煤锅炉烟气脱硫的碳酸盐矿物之外，非金属矿大多为硅酸盐矿物，具有良好的化学稳定性；非金属矿可以提供特殊的微化学吸附或微化学反应场所，具有较大的比表面积和优良的吸附性能、离子交换性、吸水性、保湿性。

我国非金属矿产资源丰富，经过改革开放后30多年的发展，非金属材料的开发应用已能满足我国经济社会发展的要求。但我国作为全球第二大经济体在资源供给全球化的新形势下，金属矿产的对外依赖度大幅上升，金属矿产和非金属矿产的界线又变得模糊起来，科学家正以新的视角和思路，对金属矿产中的非金属矿产进行综合利用，同样也把非金属矿产中的金属元素以绿色循环方式加以利用；在尾矿和低品位矿、城市废弃物、固体废物中寻找更多的矿物再生资源。因此，应用矿物学研究任务依然十分繁重和迫切，发展前景广阔。

上篇　矿物性质与矿物原料

矿物的性质及其应用是应用矿物学的重要研究内容。本篇的第一章将对矿物的光学、力学、热学、电磁学和矿物的表面性质进行讨论。鉴于其中某些性质在普通矿物学和矿物晶体光学中已有所阐述，本篇将在此基础上，从应用的角度做概略探讨。第二章简述矿物性能的人工优化及增值，它也是矿物应用研究中的重要课题之一。新增了固体废物循环利用和现代矿物测试方法两章。因为固体废物作为一种潜在的"混合复杂资源"，实现其循环利用是当务之急，故在第十五章中论述了工业固体废物资源循环利用的矿物学方法及主要科学问题、技术问题和重要工业固体废物的开发方向。

研究矿物的应用，必须探讨其应用领域、原料及制品的性能、矿物原料的种类及其作用。随着科技进步和社会经济的发展，矿物原料的应用领域不断拓宽，应用功效日益提高，应用矿物的种属也逐渐增多。本篇将就耐火、保温、绝缘、陶瓷、建筑、化工、填料、农用、药用、生态环境、研磨、宝玉石和功能矿物13个矿物应用的主要领域分别进行探讨，同时新增了对当前新兴的、应用领域广泛的纳米材料及放射性废物与核素固化领域的单独介绍。

在应用领域的各章中探讨的内容包括行业类型的材料和所应用的矿物原料两个方面。在材料学方面，主要探讨该类材料的种类、共性特征、性能要求、质量评价标准、基本生产过程和工艺等。在所使用的矿物原料方面，主要探讨使用矿物的种属、各种矿物在材料中的地位和作用、该类材料对矿物原料性能的要求、影响矿物原料应用的因素、矿物原料的优化处理、矿物原料的开发利用等。由于各应用领域有其很强的特殊性，因此对上述各项内容的叙述将在各章中有所侧重。

本篇为应用矿物学的原理和方法概论，对于单矿物的性能、具体应用，将从不同的应用性角度出发在下篇中探讨。

第一章　矿物的基本性质

矿物的基本性质包括矿物的形态(单体、集合体和颗粒)、光学、力学、热学、电磁学和表面性质等。

矿物的性质取决于其本身的化学组成、结构和形成条件。不同的矿物具有不同的化学组成和结构,一般也具有不同的性质;不同成因条件下产出的同一种矿物,其性质也会有较大的差异;化学组成近似、结构等型或近似的矿物,它们的性质常表现出一定的相似性。

矿物的基本性质对于应用是非常重要的,一种矿物常具有多种优良的性质,可应用于国民经济中的不同方面,具有相同或相似性质的矿物,在应用中可以相互取代。

第一节　矿物的形态

矿物的形态是指矿物单体及集合体的形状。矿物多数情况呈集合体出现,但是呈现较好的几何多面体形状的晶体也不少见。

矿物的形态是其成分、内部结构和生成环境的外在反映。特定成分和结构的矿物常具有一定的形态特征,并受生成环境的影响。不同形态的矿物对于应用是非常重要的。

一、矿物的单体形态

矿物的单体形态是指矿物单个晶体的形态。根据矿物单晶体在三维空间的延伸情况和相对比例的不同,可将矿物的单体形态分为三种类型(图 1-1)。① 三向等长型:矿物单体或颗粒在三维空间的发育程度基本相同,呈粒状或等轴状。如石榴子石、磁铁矿、黄铁矿和方解石等。② 二向延展型:矿物单体或颗粒在三维空间有两个方向特别发育,另一个方向发育较差,呈板状、片状、鳞片状等。如石墨、云母、重晶石等。③ 一向伸长型:矿物单体或颗粒在三维空间只有一个方向特别发育,而另外两个方向发育较差,呈柱状、针状、毛发状或纤维状等。如绿柱石、电气石、硅灰石、坡缕石、纤蛇纹石等。

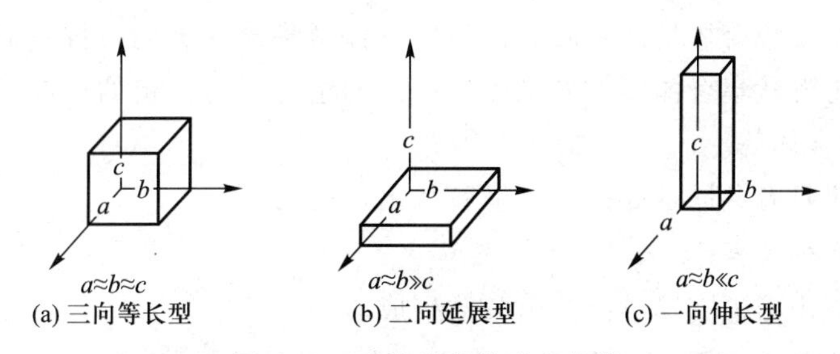

图 1-1　矿物的单体形态分类

Fig. 1-1　The morphological classification of monomer mineral

上述分类是粗略的,同一类的差异性也很大,如一向伸长型可以是柱状体,也可以是长柱状或短柱状,以及针状和纤维状等。

矿物的单体形态主要取决于内部结构中周期性化学键链及在三维方向上的分布特征。当矿物结构中的化学键链在三维方向上分布是均匀的,矿物单体的形态常呈三向等长型,如金刚石,石榴子石等;若由于质点的排布特征导致在二维方向上存在相对较强化学键链,则矿物单体呈二向延展型,如石墨、云母、蒙脱石等;若由于质点的排布特征导致在一维方向上存在相对较强化学键链,则矿物单体呈一向伸长型,如硅灰石、透闪石等。

周期性化学键链还存在最强键链、次强键链、弱键链及过渡类型,所以当矿物结构中化学键链在三维方向差异性出现过渡情况时,将导致矿物的单体形态出现过渡型形态,如介于一向伸长型和二向延展型之间,可呈短柱状、厚板状、板条状、剑状等。因此,类与类之间也没有截然界线。

在矿物的生长过程中,环境条件(如压力、温度、成分复杂程度等)可对键链相对强度产生影响,因而影响矿物的单体形态。

二、矿物的集合体形态

同种矿物单体的聚集体称矿物的集合体。矿物多数是以集合体状态出现,其形态多种多样,丰富多彩。研究矿物集合体形态、颗粒大小及它们的相互关系等对选矿、技术加工和应用具有实际意义。

矿物的集合体形态取决于单体形态和集合方式,它是根据集合体中矿物的单体形态和颗粒大小进行分类的。

首先根据矿物单体的颗粒大小分为:肉眼可以分辨单体的为显晶集合体,肉眼不能分辨但普通显微镜下可以分辨单体的为隐晶集合体,在普通显微镜下也不能分辨单体的为胶态集合体。

(一)显晶集合体形态

按单体的形态及集合方式不同,可分为粒状、柱状、针状、纤维状、放射状、板状、片状、鳞片状、晶簇状、树枝状集合体等。

粒状集合体是由许多粒状单体集合而成的。按其颗粒大小,一般可分为:粗粒状(颗粒直径在5 mm以上)、中粒状(颗粒直径在1~5 mm之间)及细粒状(颗粒直径小于1 mm,有颗粒感,借助放大镜可以辨别)等。

板状、片状、鳞片状集合体是由二向延展型单体任意集合而成的。集合体以单体的形态命名。

柱状、针状、纤维状集合体是由一向伸长型单体任意集合而成的。按一向伸长型的比例,还有短柱状、长柱状、毛发状集合体等。如果矿物单体的组合具有一定的取向性,则根据集合的形状有放射状、束状集合体等。

晶簇状是由一组具有共同基底的单晶呈簇状集合而成。

(二)隐晶和胶态集合体

这类集合体可以由溶液直接结晶或由胶体生成。

由于胶体的表面张力作用,常围绕某一中心由内向外形成球状、瘤状、不规则豆状等结核体,或在孔洞中由洞壁逐渐向中心生长形成分泌体。结核体常见的名称有球状、肾状、鲕状、豆状集合体等。分泌体常见的名称有玛瑙、钟乳状、杏仁状集合体等。

胶体老化后可变成隐晶或显晶质,因而使球状体内部产生放射性纤维状构造。

此外,隐晶和胶态集合体亦可呈致密状、土状、泥裂状、龟甲状、被膜状、皮壳状等。

(三) 矿物形态的观察及描述方法

矿物形态多种多样。对于矿物的单晶体,注意观察晶体在三维空间的发育特点,可描述其单体形态、晶面特征(晶面花纹、蚀象)及对称特点等。

对于集合体,若为显晶质体,则首先描述单体的形态,再根据单体的形态确定集合体的形态。对隐晶及胶态集合体形态既要描述其外表形态,同时要根据切面观察其内部构造,以同某种常见物体相类比来确定集合体的形态。

第二节 矿物颗粒的几何性质

矿物在应用中常加工成颗粒状材料(如集料、粉体材料),然后单独使用或与无机和有机基体等形成复合材料、泥浆、胶体材料、涂料等。加工后所形成的材料的性能,包括力学强度、光洁度、胶体与流变性能等,都与矿物颗粒的几何特性密切相关。

矿物颗粒组成的集合体称为颗粒体。一般说来,由粒径小于 1 mm 的颗粒组成的集合体称为粉体,大于 1 mm 的颗粒组成的集合体称为粒体,二者统称为颗粒体或粉粒体。在粉粒体中,又把粒径在 1 ~ 10 μm 的粉体称为超细粉体,小于 100 nm 的称为纳米粉体,100 nm ~ 1 μm 的粉体称为亚微米粉体。

矿物颗粒的几何性质包括单一颗粒的几何特性和颗粒群的几何特性,如形态、粒径、粒度、粒度分布、径长比、片厚比、孔径、孔隙率、表面积等。

一、矿物颗粒的形态

(一) 矿物颗粒形态及分类

矿物颗粒的轮廓边界或表面各点的图像,称作颗粒的形态。

在矿物粉体材料加工中,加工工艺和设备的选择在很大程度上也取决于矿物原料及所加工粉体材料颗粒的形态。因此,矿物颗粒的形态是颗粒的重要几何特征。

根据矿物颗粒形态产生的原因,将颗粒的形态分为原矿物形态和加工后颗粒的形态。二者划分与命名方法都是依据颗粒在三维空间的延伸情况(表 1 - 1)。

表 1 - 1 颗粒的形态分类

Table 1 - 1 Morphological classification of mineral grains

形态		举例
原矿物的形态	三向等长:呈粒状或等轴状,如立方体、八面体等	石榴子石、金刚石、大理岩和灰岩中的方解石、重晶石等
	二向延展:呈板状、片状、鳞片状等	石墨、白云母、金云母、蛭石、绿泥石、高岭石等
	一向伸长:呈柱状、针状、纤维状等	绿柱石、红柱石、硅灰石、透闪石、石膏、纤蛇纹石石棉等
加工后颗粒的形态	呈粒状或等轴状	重钙粉、重晶石粉、石英粉等
	呈板状、片状	石墨粉、白云母粉、高岭石粉、伊利石粉等
	呈柱状、针状、纤维状	硅灰石粉、透闪石粉、纤蛇纹石石棉等

加工后矿物颗粒的形态与原矿物晶体和集合体的形态有密切的联系。加工后矿物颗粒的形态是矿物经过加工、处理后矿物晶体分散或矿物晶体破碎后的形态。加工后矿物颗粒的形态与矿物晶体的形态在概念上是不同的,但在许多情况下颗粒的形态与晶体的形态是一致的,如高岭石粉、云母粉、硅灰石粉等。如果矿物颗粒是经机械破碎或化学分散后形成的,则颗粒的形态存在如下几种情形。

(1) 基本保持原矿物的晶体形态。原矿物晶体的粒度已足够小,机械破碎或化学分散仅仅是将原矿物的晶体分散开来,如坡缕石、海泡石和蒙脱石等加工后形成的矿物粉体。

(2) 对原矿物的晶体形态具有继承性。绝大多数矿物粉体属于这种类型。尽管机械破碎作用使原矿物晶体发生了较大的粒度变化,但矿物粉体的形态与原矿物晶体的形态在三维空间的延伸特点是相同的。如硅灰石粉、珠光云母粉、高岭石粉、滑石粉、重钙粉等。

(3) 与原矿物的晶体形态相比无明显继承性。矿物粉体的形态对晶体形态继承性的明显程度与矿物晶体内部结构化学键在三维方向上的差异程度有关。差异程度越大,粉体的形态对晶体形态的继承性越明显。如果化学键链在三维方向上的强度相近或存在多组解理,则破碎后的矿物颗粒的形态在三维方向上的差异很小或表现不出来,通常呈粒状或等轴状形态。如石英粉、锆石粉、重晶石粉、萤石粉等。

(4) 与原矿物晶体中的杂质分布和应力作用等有关。个别矿物的晶体由于离溶作用或应力作用等致使矿物粉体破碎后的形态与矿物晶体结构中的化学键链的方向性关系不大,而与裂开方向、滑移方向、生长时的应力方向有关。如刚玉、透辉石、易剥辉石、微斜长石等。

(5) 与原矿物集合体的构造相关。某些矿物的晶体发育很小或呈致密块状、非晶质体等,这些矿物的集合体受到机械力的作用,破碎后的矿物粉体形态与矿物晶体结构中的最强化学键链关系不大,而主要取决于矿物集合体的构造。如珍珠岩、硅藻土、蛋白石等。

定性描述加工后矿物颗粒形态的术语有:球形、滚圆形、多角形、不规则形、剑形及针状、纤维状、片状等。

(二) 矿物颗粒形态的工艺性能

矿物的颗粒形态对其行为,如填充性、在介质中的运动速度、界面化学性质、流变性、过滤材料的孔隙率和滤水性、比阻大小等都有重要的影响,与其所构成的加工产物的用途和价值有直接关系,如作为填料可对塑料、橡胶、纸张等加工工艺和机械强度、硬度等制品性能产生影响。

矿物颗粒形态的功能作用非常明显。不同形态的矿物颗粒所表现出的功能性是不同的。如纤维状形态的硅灰石能够提高塑料或橡胶的拉伸和抗撕裂强度;片状形态的云母粉具有良好的反光和珠光效果;粒状形态的方解石作为塑料的填料可以改善加工性能,如流动性等,并提高制品的表面光泽;矿物颗粒形态还会影响制品的胶体性能、黏结性能、耐摩擦性能,等等。因此,矿物颗粒形态的研究对于合理选择矿物填料、充分发挥矿物粉体形态的功能作用和提高产品质量具有重要的指导意义。

工业上为了保护矿物晶体的形态专门设计有特殊的粉碎设备,如硅灰石针状粉粉碎机、云母或高岭石剥片机等。此外,采用不同的通用粉碎设备,由于各自的受力方式不同,即使加工同一种矿物原料所产出的粉体的形态也是不同的。因此,研究矿物晶体的形态和破碎后矿物颗粒的形态,对于特殊粉体加工设备的研制及工艺参数和加工制度的制定也具有重要的指导意义。

二、矿物颗粒的大小

表征矿物颗粒大小的主要参数是颗粒体的粒度及其分布特性。一方面,它在很大程度上决定着颗粒加工工艺性质和效率的高低,是选择和评价设备以及进行过程控制的基本依据。另一方面,对颗粒的应用而言,粒度是重要的性能指标之一。

表征矿物颗粒的大小常用粒径和粒度两个指标,其用法和含义有所不同。粒径是以单一颗粒为对象,表示颗粒的大小;而粒度则是以颗粒体为对象,表示所有颗粒大小的总体概念。

(一) 粒径

形状规则的颗粒可以用某种特征线段来表示其大小,如球形颗粒,其粒径就是球的直径,其尺寸由直径 d 来确定,其他有关参数均可表示为直径 d 的函数(见式 1-1 ~ 1-3)。

体积: $$V = \pi d^3/6 \quad (1-1)$$

表面积: $$S = \pi d^2 \quad (1-2)$$

比表面积(单位颗粒体积具有的表面积): $$a = S/V = 6/d \quad (1-3)$$

式中:d——球形颗粒的直径,m;

S——球形颗粒的表面积,m^2;

V——球形颗粒的体积,m^3;

a——颗粒的比表面积,m^2/m^3。

立方体颗粒的棱长就代表其大小。其他规则形状的颗粒也可用一个或一个以上的参数来度量。但多数矿物颗粒材料的形状不一,大小不等,其粒径的确定要困难得多。为此可用“当量直径”来表示不规则粒子的大小。

所谓“当量直径”,就是通过测定某些与颗粒大小有关的性质,推导出与线性量纲有关的参数。如测得不规则颗粒的体积,计算出与颗粒同体积球的直径,该直径就是“当量直径”,称为颗粒的体积直径。对同一粒子以不同途径得到的粒径是有差别的,应用时要十分注意。

(二) 粒度

通常在矿物粉体材料加工过程中,经常接触的不是单个颗粒,而是包含不同粒径的颗粒体,即粒群。对其大小的描述,常用平均粒度的概念。粒群的平均粒度可用数学统计的方法求得,即将粒群划分为若干个窄级别,任意一粒级的粒度为 d,设该粒级的颗粒个数为 n 或占总粒群质量比为 W,再用加权平均法计算得出总粒群的平均粒度。各种平均粒度的求法见表 1-2 和图 1-2。

表 1-2 矿物颗粒直径的计算公式

Table 1-2 The formula for caculating average size of mineral particle

名称	符号	计算公式		公式编号
		个数基准	质量基准	
算术平均直径	D_a	$\sum nd/\sum n$	$\sum\frac{W}{d^2}/\sum\frac{W}{d^3}$	(1-4)
几何平均直径	D_g	$(d_1^n \cdot d_2^n \cdot \cdots \cdot d_n^n)^{\frac{1}{n}}$	$(d_1^W \cdot d_2^W \cdot \cdots \cdot d_n^W)^{\frac{1}{W}}$	(1-5)

续表

名称	符号	计算公式		公式编号
		个数基准	质量基准	
调和平均直径	D_h	$\sum n/\sum \frac{n}{d}$	$\sum \frac{W}{d^3}\sum \frac{W}{d^4}$	(1-6)
峰值直径	D_{mod}	分布曲线最高频度点		
中值直径(中位直径)	D_{med}	累积分布曲线的中央值(50%处)		
长度平均直径	D_{lm}	$\sum nd^2/\sum nd$	$\sum \frac{W}{d}/\sum \frac{W}{d^2}$	(1-7)
面积平均直径	D_{sm}	$\sum nd^3/\sum nd^2$	$\sum W/\sum \frac{W}{d}$	(1-8)
体积平均直径 (质量平均直径)	D_{vm}	$\sum nd^4/\sum nd^3$	$\sum Wd/\sum W$	(1-9)
平均面积直径	D_s	$(\sum nd^2/\sum n)^{\frac{1}{2}}$	$\left(\sum \frac{W}{d}/\sum \frac{W}{d^3}\right)^{\frac{1}{2}}$	(1-10)
平均体积直径 (平均质量直径)	D_v	$(\sum nd^3/\sum n)^{\frac{1}{3}}$	$\left(\sum \frac{W}{d}/\sum \frac{W}{d^3}\right)^{\frac{1}{3}}$	(1-11)

注:据曾凡等,1995。

峰值直径:是指颗粒在最高频率处相对应的粒径,如图 1-2 中的 D_{mod}。

中位直径或中值直径:是对应粒度分布函数曲线 50% 处颗粒的直径。如图 1-2 中,过累积百分数 50% 处作平行横坐标直线,与分布函数曲线相交于 A 处,过 A 点作横坐标的垂线,垂足的对应值即为中位直径 D_{med}。

(三) 粒度分布

粒群的平均粒度是表征颗粒体的重要几何参数,但所能提供的粒度特性信息则非常有限。因为两个平均粒度相同的粒群,完全可能由极不一样的粒度组成。

不同粒径范围内所含粒子的个数或质量称为粒度分布。它是描述粒度特性的最好方法,可以反映粒群中各种颗粒大小及对应的数量关系。所以,完整地表示颗粒体粒度分布需要两个量,即颗粒的特征尺寸(颗粒的线性尺寸、面积、体积)和它的总数量(颗粒的个数、面积、体积和质量),分别称为粒度变量和总体数量。

颗粒体粒度的测量方法有筛分法、显微镜法、沉降法、电感应法、激光衍射、动态光散射、图像分析仪、库尔特计数器法等。表 1-3 列出了常用的粒径的测量方法与适用范围。

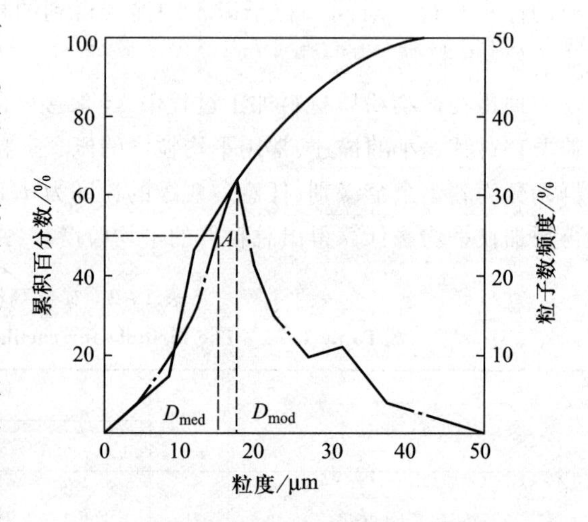

图 1-2 颗粒的峰值平均直径和中位平均直径

Fig. 1-2 The average diameter of peaks and maso-position in particle data

(据曾凡等,1995)

表征样品粒度分布的方法有列表法、作图法、矩值法和函数法。常用的有列表法和作图法。

1. 列表法

将粒度分析得到的原始数据(粒度区间、各粒级质量、面积、颗粒数等)及由此计算的数据列成表格(表 1-4),这是最普通的方法。其优点是通过列表能表示出各粒级的分布情况,找出主导粒级、各级别和全体样品平均粒度及指定粒度的累计含量等。表中各项数据也是其他表达法的基础资料。

表 1-3 常用矿物颗粒粒径测量方法与适用粒度范围

Table 1-3 The commonly measuring methods and applicable range of mineral grain size

测定方法	粒径/μm
光学显微镜	0.5 ~
电子显微镜	0.001 ~
筛分法	40 ~
沉降法	0.5 ~ 200
库尔特计数法	1 ~ 600
气体透过法	1 ~ 100
氮气吸附法	0.03 ~ 1

粒度范围的选择很重要,而且几何级数远比算术级数优越。在几何级数情况下,每个粒级的算术平均粒度和相邻粒级粒度的比值为常数(表 1-4 中是 $1:\sqrt{2}$),而按算术级数划分时,则前两个平均值之比和最后两个平均值之比将会差别很大。所以,除粒级划分较密外,一般都采用几何级数分级。

列表法虽有上述优点,但数据量大时,列表很麻烦,而且表中数据不连续,要马上读出表中未列出的数据是困难的,相比之下,作图更为方便和实用。

表 1-4 矿物颗粒粒度分析数据列表

Table 1-4 The grading analysis data of mineral grains

粒度范围 $D_i \sim D_{i+1}$	间隔 ΔD	平均粒度 D	颗粒数 ΔN	相对频率 $f(D)/\%$	正累积频率 $R(D)/\%$	负累积频率 $F(D)/\%$
1.4 ~ 2.0	0.6	1.7	1	0.1	0.1	100.0
2.0 ~ 2.8	0.8	2.4	4	0.4	0.5	99.9
2.8 ~ 4.0	1.2	3.4	22	2.2	2.7	99.5
4.0 ~ 5.6	1.6	43.8	69	6.9	9.6	97.3
5.6 ~ 8.0	2.4	6.8	134	13.4	23.0	90.4
8.0 ~ 11.2	3.2	9.6	249	24.9	47.9	77.0
11.2 ~ 16.0	4.8	13.6	259	25.9	73.8	52.1
16.0 ~ 22.4	6.4	19.2	160	16.0	89.8	26.2
22.4 ~ 32.0	9.6	27.2	73	7.3	97.1	10.2
32.0 ~ 44.8	12.8	38.4	21	2.1	99.2	2.9
44.8 ~ 64.0	19.2	54.4	6	0.6	99.8	0.8
64.0 ~ 89.6	25.6	76.8	2	0.2	100.0	0.2
合计			$N = 1\,000$	100	$D_a = \frac{\sum Df(D)}{\sum f(D)} = 13.59$	

2. 作图法

图 1 - 3 是按表 1 - 4 数据绘制的粒度分布矩形图,即在直角坐标系中,以粒度范围在横坐标上作矩形底边,以各级频率(颗粒数,质量分数或每单位长度频率等)平行于纵坐标作矩形高。这是最简单的粒度分布统计图,其优点是能一目了然地看出各级粒度的变化及主导级别等情况;缺点是非连续分布,缺少各粒级范围内的信息,因而不能完整反映粒群的粒度特性。

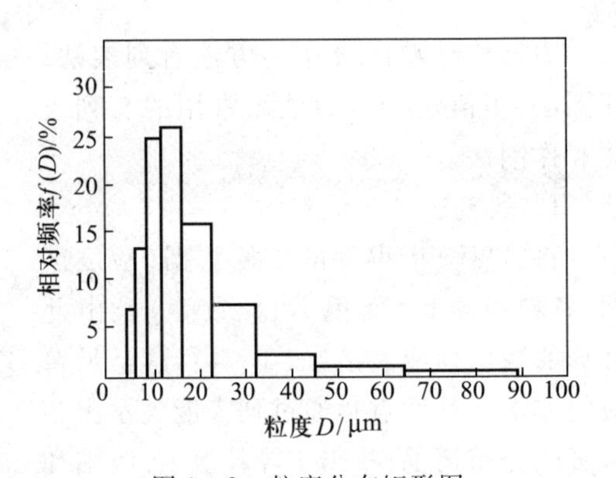

图 1 - 3　粒度分布矩形图

Fig. 1 - 3　The bar chart of grain size distribution

克服传统手工绘制粒度分布曲线工作量大和非连续分布的不足,可采用专用绘图软件对粒度分析数据进行处理和作图,获得粒度分布曲线或粒度分布频率曲线。它是以粒度大小为横坐标,相对频率(或质量分数)为纵坐标进行作图,由于取值间隔窄,连接各粒级相对频率(或质量分数)点即成一波状起伏的平滑的频率曲线。

(四) 球形度及长径比和片厚比

大多数矿物粉体的颗粒都是非球形的。对于非球形颗粒除利用当量直径表示它的大小外,球形度也是表征它的一个重要参数。

颗粒的球形度又称形状系数,它表示颗粒形状与球形的差异,定义为与该颗粒体积相等的球体的表面积除以颗粒的表面积,即:

$$\varphi_S = S/S_p \tag{1-12}$$

式中:φ_S——颗粒的球形度或形状系数,量纲为 1;

S——与该颗粒体积相等的球体的表面积,m^2;

S_p——颗粒的表面积,m^2。

由于同体积不同形状的颗粒中,球形颗粒的表面积最小,因此对非球形颗粒,总有 $\varphi_S < 1$;颗粒的形状越接近球形,φ_S越接近 1;对球形颗粒,$\varphi_S = 1$。

对于球形度特别小的颗粒,即偏离球形很大的一维方向伸长的颗粒,如柱状、针状、纤维状颗粒,通常利用颗粒横截面的直径与其伸长的长度这两个参数来表征,二者之比称为长径比。如硅灰石,针状颗粒的长度为150 μm,横截面的直径为 10 μm,则长径比为 15。而对于二维方向延展的板状、片状、鳞片状颗粒,则利用板状、片状、鳞片状颗粒的片(板)径与片(板)的厚度这两个参数来表征,二者之比称为片厚比或径厚比。如云母,片状颗粒的片径为 200 μm,片厚度为 0.5 μm,则片厚比为 400。

矿物粉体颗粒的长径比和片厚比对于应用是非常重要的。一般说来,长径比大的矿物粉体的补强性好,片厚比大的矿物粉体可以增强涂料的反光性、遮盖性和流平性等。

三、矿物颗粒的比表面积与孔隙率

(一) 比表面积

单位质量(或单位体积)颗粒体的表面积,称为颗粒的比表面积或比表面。

如以 V 代表颗粒的总体积（或以 W 代表颗粒的总质量），以 S 代表其总表面积，以 S_v（或 S_w）代表比表面积。则有：$S_v = S/V$（m^2/m^3 或 m^2/mL）和 $S_w = S/W$（m^2/kg 或 m^2/g）。

比表面积是表征粉体中颗粒群粗细的量度，是吸附材料吸附性能的重要参数，可用于计算无孔颗粒和高分散颗粒体的平均粒径。

颗粒是细化的固体，粒度越细的粒群其表面积越大。有巨大表面和大的表面自由能是颗粒体尤其是粉体的极重要的特征，是颗粒细化后诸多物理和物理化学性质发生变化的根源。如直径 1 cm 的颗粒破碎成 1 μm 的颗粒群时，比表面积增加约 1 万倍。粒径为 10 nm 时，比表面积为 90 m^2/g，粒径为 2 nm 时，比表面积猛增为450 m^2/g。

比表面积是表征矿物颗粒体表面性质的基本指标之一。如由角闪石矿物形成的蓝石棉具有很大的比表面积及表面活性，可用作吸附剂和过滤剂，以净化、吸附放射性尘埃及有毒气体。但当该类角闪石呈针状、柱状形态而比表面积很小时就不具有这种吸附能力。因此，矿物表面性质随粒度变小或粉碎程度的提高、比表面积的增大而逐渐显现出来。

很多矿物经过分散可具有很大的比表面积。如纤蛇纹石石棉可达 50 m^2/g 以上；透闪石石棉可达 27 m^2/g；蒙脱石黏土可达 50 m^2/g；伊利石黏土可达 25 m^2/g 等。这里所说的表面积是指矿物的外表面积。对于部分黏土矿物还要讨论其内表面积，如蒙脱石、蛭石、坡缕石、海泡石等（见下篇第二十九章黏土矿物）。

影响矿物比表面积的因素有多种：颗粒越小、纤维越细、颗粒间胶结力越弱、解理越发育、分散程度越高，则矿物的比表面积越大。

颗粒的表面积包括内表面积和外表面积两部分。外表面积是指颗粒轮廓所包络的表面积，它由颗粒的尺寸、外部形貌等因素所决定。内表面积主要是由矿物结构中的通道、可膨胀空间引起的，部分是由颗粒产生的裂纹、孔隙、空洞等引起的。上述两部分表面积并无明确的界限，例如颗粒尺寸较大时，其内部通道、孔隙等的表面积属内表面，但经充分粉碎后颗粒内部的通道或孔隙等被打开，内表面则变成外表面。

研究矿物颗粒的特性，比表面积常常比平均粒度更有用，例如对于吸附材料和催化剂载体而言，比表面积是很有意义的，为了提高活性，总是希望吸附材料或催化剂具有大的比表面积和适宜的孔隙结构，以便于反应物与生成物分子的扩散。

矿物颗粒的表面积可通过许多仪器进行测量，也可以利用实际粒度分析资料进行理论计算。比表面积的测量方法有渗透法、吸附法和压汞法等。其中气体吸附法是经典测定方法，也称 BET 法。它是在一定条件下测定被固体颗粒吸附的气体质量，假定被吸附的气体分子在固体表面形成单分子层分布，由吸附的气体质量和气体分子的截面积，根据 BET 方程式即可计算颗粒的比表面积：

$$V = \frac{V_m pC}{(p_s - p)[1 - (p/p_s) + C(p/p_s)]} \times 100\% \tag{1-13}$$

式中：V——平衡压力为 p 时，吸附气体的总体积，m^3；

V_m——单分子层吸附时的吸附气体的体积，m^3；

p——被吸附气体在吸附温度下平衡时的压力，Pa；

p_s——在吸附温度下吸附质的饱和蒸气压，Pa；

C——常数，与吸附质的汽化热有关。

根据在给定温度下测得不同分压 p 下某种气体的吸附体积，由图解法可求得 C 和 V_m 的值。

若已知每个气体分子在吸附剂表面所占的面积,就可求得吸附剂的表面积。这就是测定吸附剂和催化剂表面积的 BET 法。BET 方程应用范围较广,被公认为测定固体表面积的标准方法。测定常用的吸附质是 N_2、Ar、He 气等。

（二）孔隙率与空隙率

许多矿物,如沸石、海泡石、坡缕石、硅藻土、纤蛇纹石石棉等,由于它们自身的结构特点,具有天然的孔隙,是一类特殊的结构性多孔材料;而对于有些矿物或岩石,它们加工后可形成非天然的孔隙,如膨胀珍珠岩、膨胀蛭石等。此外,由于矿物颗粒的堆积在颗粒之间也可以形成空隙。

矿物颗粒单元的孔隙和颗粒堆积体的空隙使得矿物颗粒及制品的很多性质不同于致密固体材料的性质,并对矿物颗粒的堆积密度、吸附、绝热、吸声等性能产生重要的影响,从而在用途上也不同于致密固体材料。

几乎所有的矿物颗粒或制品都具有孔隙(包括颗粒堆积后形成的空隙),其大小和形状有很大的差别。表征孔隙特征的参数一般为孔的宽度,如圆柱形孔的直径或板形孔的板间距等,简称为孔径。按孔径大小将孔隙分为微孔、中孔、大孔,见表 1-5。

表 1-5　矿物颗粒孔隙的大小分类

Table 1-5　The classification of mineral particles by pore size

类别	微孔	中孔	大孔
孔径	<2 nm(20Å)	2~50 nm(20~500Å)	>50 nm(500Å)

孔隙率是矿物颗粒体中孔隙体积占总体积的比率。矿物颗粒体中固体体积占总体积的比率,称为密实度。孔隙率+密实度=1。孔隙率的大小直接反映了矿物颗粒体的致密程度。

矿物颗粒(松散或紧密)排列时颗粒体之间的孔隙特别称为空隙,空隙的形状一般为球面三角形,其内切圆的直径即空隙的直径。

孔隙率的大小与颗粒形状、粒度分布、颗粒直径及填充方式等因素有关。对颗粒形状和直径均一的非球形颗粒构成的松散或紧密排列的堆积体,其孔隙率主要取决于颗粒的球形度和堆积颗粒的填充方法。非球形颗粒的球形度越小,则颗粒堆积体的孔隙率越大。由大小不均匀的颗粒所形成的堆积体,小颗粒可以嵌入大颗粒之间的空隙中,因此孔隙率比均匀颗粒形成的小。粒度分布越不均匀,堆积体的孔隙率就越小;颗粒表面越光滑,堆积体的孔隙率亦越小。因此,采用大小均匀的颗粒是提高堆积体孔隙率的一个方法。

孔隙率可通过实验测定。一般非均匀、非球形颗粒的松散堆积体的孔隙率大约在 0.47~0.7。均匀的球体最松排列时的孔隙率约为 0.48,最紧密排列时的孔隙率约为 0.26。

孔隙率的大小反映了构成材料的颗粒相互填充的致密程度。在许多矿物材料及制品中,空隙的直径和孔隙率可作控制级配及计算黏结剂用量的依据。

第三节　矿物的光学性质

一、颜色

一定波长的可见光会呈现一定的颜色。

矿物对可见光区域内不同波长的光选择吸收后，透射、反射出的光波的混合色即为矿物的颜色。

矿物对可见光区域内不同波长的光基本不吸收，则呈现出无色或白色；若均匀地吸收，吸收强度较低时呈现灰色，完全吸收时呈现黑色；对可见光区域内不同波长的光不均匀的吸收则呈现彩色。

矿物对可见光区域内不同波长的光不均匀的吸收是由于成分中过渡金属元素的电子跃迁、离子间的电荷转移或结构中存在色心而引起的。

有时矿物中的裂隙、包裹体、双晶纹，以及表面存在氧化薄膜等引起光的干涉、衍射、散射也可以使矿物呈色。

颜色在一般矿物学中常用目测的方法作定性的描述。在某些情况下（如在宝石研究中），则需要用分光光度计或颜色等级分析仪测出颜色指数作定量的表征，其方法是用分光光度计测出矿物在可见光范围内（400 ~ 700 nm）不同波长的三刺激值 X、Y、Z（分别表示红、绿、蓝三原色的含量），然后利用色度图（图 1 – 4）对颜色的三个要素，即色调、亮度与饱和度进行定量分析。

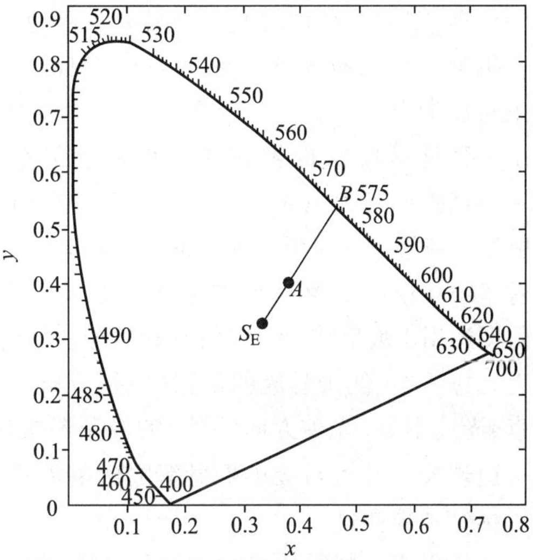

图 1 – 4　色度图

Fig. 1 – 4　The chromatic diagram

（1）色调。以颜色的主波长表示。用已测得的 X、Y、Z 值求出颜色的色度坐标 x、y [$x = X/(X+Y+Z)$；$y = Y/(X+Y+Z)$]，并据此在色度图上求得 $A(x, y)$ 点。用直线联结 A 与 S_E（光源点）并延长此直线使之与光谱曲线相交，获得交点 B。B 点的光波长度就是该矿物的主波长。已知各种颜色的光波波段为：

紫色　400 ~ 450 nm	绿色　510 ~ 550 nm	橙色　590 ~ 630 nm
蓝色　450 ~ 480 nm	黄色　550 ~ 590 nm	红色　630 ~ 670 nm
青色　480 ~ 510 nm		

若主波长为 573 nm，说明矿物的颜色为黄色；若另一矿物的主波长为 550 nm，也是黄色但与前者相比较则偏绿。

（2）饱和度。也称纯度。是指颜色鲜艳的程度。通常用色光与白光的比例来定量表示。这个比例即色度图上 A 点至 S_E 点距离与 S_E 点至 B 点距离的百分比。例如主波长为 573 nm，饱和度 60% 色光为黄色，说明它由相当于 60% 的波长为 573 nm 的黄光与 40% 的白光混合而成。它看起来不如 100% 的 573 nm 的黄色那样鲜艳但比饱和度低于 60% 的要鲜艳。在色度图上 A 点与 S_E 点距离越远饱和度越大；其距离越近，颜色越淡；接近 S_E 光源点就近于白光。

（3）亮度。指颜色明亮程度。可用视觉透射率表示。三刺激值中的 Y 值表示颜色的视觉透射率。一般色浅的亮度高，色深的亮度低。

矿物的颜色对于宝玉石、装饰石材和矿物颜料等的应用是非常重要的。

二、折射率、折射度、双折射

矿物的折射率（N）是光在空气中传播速度（v_0）与在矿物晶体中传播速度（v_m）之比，等于入射角(γ)正弦与折射角(β)正弦之比,即 $N = v_0/v_m = \sin\gamma/\sin\beta$。

例如,已知光在空气中的传播速度为300 000 km/s。在水晶中的传播速度为193 548 km/s,则水晶的折射率 $N_{水晶}$ = 300 000/193 548 = 1.55。

根据折射定律:光由疏介质(如空气)向密介质(如矿物晶体)入射,在入射面上光的传播方向向法线方向折射(图1-5);反之,则相反。入射角(γ)的正弦与折射角(β)正弦之比为一常数。

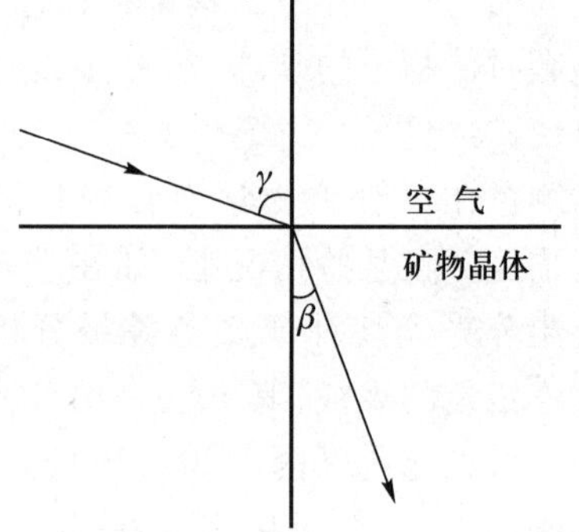

图1-5 光由空气向矿物晶体传播示意图

Fig. 1-5 The schematic diagram of light transmitted from air into mineral crystal

折射率是透明矿物的重要常数之一,是矿物种别的重要依据,在宝石品种的鉴定中具有重要地位。

折射率可用折光率仪测定,也可用油浸法与浸油折射率对比测定。

折射度是反映折射率和矿物密度关系的量。洛克茨-洛克兹定义为$[(N^2-1)/(N+2)]\times(1/d)$=常数。折射度的应用十分广泛。如论证新矿物时进行成分、密度、折射率的互相验证,粗估矿物相对密度$[d=(N-1)/0.2]$。折射度还用于玻璃体、炉渣、铸石和硅酸盐结构的研究中。

光进入中、低级晶族的矿物体后,分解为振动面相互垂直、光速不等(光轴方向除外)的两条偏振光,从而出现双折射现象。最大与最小折射率之间的差值称双折射率(重折率)。双折射现象体现矿物晶体的对称性和异向性。

高折射率矿物晶体可用作高档宝石,如金刚石、金红石等;在光学仪器中常利用矿物晶体调节和改变光的传播方向和偏振方向;在矿物填料、釉料中,利用矿物粉体的高折射率可提高油漆、釉料的遮盖性和反光性,如在油漆中添加折射率高的金红石粉体,在釉料中添加锆石粉体等。

三、光泽

矿物的光泽是指矿物表面对可见光的反光能力。光泽的强弱与折射率(N)及反射率(R)有关。反射率(R)、折射率(N)及吸收系数(K)之间有如下关系:

$$R = \frac{(N-1)^2+K}{(N+1)^2+K} \tag{1-14}$$

对于吸收系数很小的矿物,这个公式可以简化为:

$$R = \frac{(N-1)^2}{(N+1)^2} \tag{1-15}$$

随着反射率和折射率的增大,光泽增强。一般矿物学中根据折射率的大小将光泽分为四级,宝石学中又进一步做了细分:

金属光泽	$N>3$	金刚光泽	$N=1.9\sim2.6$	玻璃光泽	$N=1.3\sim1.9$
半金属光泽	$N=2.6\sim3$	强金刚光泽	$N=2.0\sim2.6$	强玻璃光泽	$N=1.7\sim1.9$
		亚金刚光泽	$N=1.9\sim2.0$	半玻璃光泽	$N=1.54\sim1.7$
				亚玻璃光泽	$N=1.21\sim1.54$

如果矿物具有特殊构造,还可以出现丝绢光泽、珍珠光泽、油脂光泽、沥青光泽等特殊的光泽。

在石材的评价中，使用光泽度这一概念。光泽度指物质表面对光的反射光量。它不仅与物质的折射率和吸收率有关，而且与表面的漫反射有关，而漫反射与矿物表面的光洁度（或平整度）密切相关。因此，相同的光洁度下，不同的物质具有不同的光泽度；就同一物质而言，不同的光泽度反映了其光洁度的大小。光泽度用光电光泽计测定。

许多产品均要求一定的光泽度。在非金属矿及其制品中，光泽度的测量是以 $N=1.567$ 的黑色玻璃的反光量为100%作为标准，将试样的反光量与其比较而获得光泽度。如汉白玉（大理石的一个品种）光泽度的指标一级品不低于90，二级品不低于80。

四、白度

矿物的白度是指矿物（多指粉末）反射白光的能力，亦即指其洁白的程度。试样对特定波长的入射光反射光强度（I）与标准白板（由 MgO 或 $BaSO_4$ 制成）的反射光强度（I_0）之比的百分数，为试样的白度值，即白度 $=I/I_0\times 100\%$。白度的具体数值可用白度仪测定。

白度是陶瓷、造纸、涂料等填料矿物的重要技术指标之一。如作为造纸填料的高岭土，按白度划分品级：白度≥81%为1级，≥80%为2级，≥78%为3级，≥77%为4级，≥76%为5级；电子元件陶瓷用的高岭土要求白度≥80%；搪瓷用高岭土要求白度≥75%。陶瓷工业对高岭土的白度要求，还包括自然白度（生料白度）和焙烧白度（熟料白度）。

黏土矿物中的有机质、碳质、铁钛等杂质的存在会影响白度。其中铁是最常见的有害杂质，它既影响自然白度，也影响焙烧白度。因此，查清杂质的成分及其赋存状态，对消除影响白度的因素十分重要。如测定机械混入铁矿物杂质的粒度，以磨矿细度控制；使含铁矿物解离，用高梯度磁分离法可把绝大部分铁杂质除去。

五、透明度

透明度是指矿物晶体允许可见光透过的程度。设 I_0 为入射光的强度，I 为在矿物中透过单位厚度后的光的强度，则透射系数 $\beta=I/I_0$。

当光强为 I_0 的入射光，在矿物中穿过 $\mathrm{d}x$ 距离以后，损失强度为 $-\mathrm{d}I$，则

$$-\mathrm{d}I=KI_0\mathrm{d}x \quad 或 \quad -\mathrm{d}I/I_0=K\cdot\mathrm{d}x \tag{1-16}$$

式中，K 为矿物的吸收系数。K 值越大，表示矿物透明度越低。一般透明度分为透明（$K<10^{-3}$）、半透明（$K=10^{-1}\sim10^{-2}$）和不透明（K 接近于1）。

矿物的颜色、包体、解理、裂纹以及集合体特征等都影响透明度。

透明度是鉴定宝石品种和质量的重要依据之一。

矿物对某一波长的光作选择性吸收称滤光性。矿物晶体选择性透过红外线或紫外线的性质则分别称为透红外线性和透紫外线性。如Ⅱa 型金刚石就是良好的透红外线材料，目前已用于空间技术中。

六、发光性

矿物的发光性是指矿物在外来能量的激发下，发出可见光的性质。矿物发光性不是全部物质发光，只是某些受激部分发光（发光中心），而且不伴随大量的热辐射，是冷光。当激发作用停

止发光持续 10^{-8} s 以上者称磷光，10^{-8} s 内迅速消失者称荧光。

激发矿物发光的因素很多，如阴极射线、紫外线、X 射线和可见光的照射以及加热、摩擦、加压等都可使某些矿物发出一定颜色的可见光。但不是所有矿物在受激发时都能发光，少数矿物的发光是由于它们本身固有的特性（如白钨矿 $CaWO_4$ 的发光与其本身所具有的 $[WO_4]^{2-}$ 配离子有关），大多数矿物发光则常与微量杂质元素的存在有关。这些能导致矿物发光的杂质元素称为发光的活化剂。矿物晶体中发光活化剂主要有 TR（指稀土元素一族）、U、Mn、Pb 等。如含有稀土元素的萤石和方解石常产生荧光，含钙的磷酸盐中有镧族元素代替钙时常发出磷光。广泛应用的人工合成磷光体中常用的活化剂是稀土元素和碱土元素及 Bi、Pb、Mn、Hg、Fe、Cu、Zn、Ag、Cr、Ce、Ni、Co 等。

研究矿物的发光性是矿物发光材料应用研究的基础。在宝石鉴定中荧光测试是一种辅助手段，虽然不能单独用来确定宝石的品种，却是一种有效的旁证。荧光测试在区别天然宝石与人工宝石中也具有一定作用。

第四节　矿物的力学性质

矿物的力学性质是指矿物在外力作用下所表现出来的各种物理性质。

一、矿物的硬度与耐磨性

矿物的硬度是指当矿物受到刻划、压入或研磨等作用时，所表现出来的机械强度。

通常测定矿物硬度的方法有两种：第一种方法是利用摩氏硬度计（由 Friedrich Mohs 于 1882 年提出），用相互刻划的方法测定其相对硬度；第二种方法是利用显微硬度仪测定其显微硬度（亦称压入硬度或绝对硬度）。摩氏硬度 H_M 与显微硬度 H 之间大致存在 $H_M = 0.7\sqrt[3]{H}$ 的关系。但这一关系不适用于金刚石。表 1－6 列出了用不同方法测定的矿物硬度值对比。

表 1－6　用不同的方法测定的矿物硬度值对比

Table 1－6　Contrast of mineral hardness measured by varying methods

矿物	摩氏硬度	压入硬度（Vicker）/MPa	研磨硬度*（Rosivol）
滑　石	1	461	0.03
石　膏	2	588	1.04
方解石	3	1 334	3.75
萤　石	4	1 961	4.2
磷灰石	5	6 463	5.4
正长石	6	7 002	30.8
石　英	7	11 582	100
黄　玉	8	16 161	146
刚　玉	9	20 447	833
金刚石	10	63 743	117 000

* 表示以 α－石英作为 100，为相对标准。

矿物的耐磨性是矿物遭受摩擦时所表现出来的机械强度，用耐磨率（有时用磨损度、磨耗量）来表征。矿物的耐磨率是指一定尺寸和形状的晶体（常常测定的是矿物集合体）在耐磨试验机上承受一定的荷重，并置于一定的磨损条件下，经过规定的磨程磨削后，试样单位受磨面积上的磨蚀量。

矿物的耐磨率按下式进行计算：

$$M = (m_1 - m_2)/A \qquad (1-17)$$

式中：M——磨损度，g/cm^3；

m_1、m_2——试样磨损前、后的质量，g；

A——试样的受磨面积，cm^2。

矿物的耐磨性能随硬度的增高而增高。

矿物的硬度和耐磨性能主要取决于矿物的结构和键强。

影响硬度的因素主要有如下几方面：

① 原子价态和原子间距：矿物的硬度随原子的电价的增高而增大，并同原子间距的平方成反比；

② 配位数：矿物的硬度随原子的配位数的增大而增大；

③ 离子键或共价键的状态：矿物的硬度随化学键的共价性增强而增大。

矿物的硬度和耐磨性具有重要的应用意义。例如硬度高、耐磨性能好的金刚石、刚玉等被广泛应用于研磨、抛光和切削工艺。而硬度低的石墨、滑石等则是重要的固体润滑剂。在建材行业中，花岗石硬度大，耐磨性好，通常用于人流密度大的通道、过街天桥等设施的地面铺设，而大理石硬度和耐磨性较低，通常用于墙面装饰。在宝石行业中，硬度是衡量宝石珍贵程度的重要因素。

二、解理、断口与裂开

解理是矿物晶体受外力作用时沿一定的结晶方向作平面破裂的性质，破裂的平面称解理面。解理的方向服从于晶体的对称性。解理的发生及其完善的程度取决于晶体结构中不同方向上化学键强的差异。解理面一般平行于强键方向、网面密度最大或阴阳离子电性中和或同号离子相临的面网。

解理是鉴定矿物的重要标志之一。在工业上对某些矿物的开采和利用时，也必须考虑其解理性。例如白云母具有极完全的{001}解理而易剥成具有弹性的透明薄片。在理论上白云母能被剥分至约 1 nm 厚薄片，从而满足了电气、电子工业对厚片云母（厚 0.1 ~ 2 mm）、薄片云母（厚 5 ~ 35 nm）和电子管用云母的厚度要求。冰洲石和萤石是重要的光学材料，由于它们具有完全解理性质，因而要求在开采和加工过程中要采取特别措施，以免使晶体产生解理后失去工业价值。在矿物加工过程中也可以利用矿物的解理性，如在工业上根据高岭石的解理性对高岭石进行剥片，以满足造纸、塑料和橡胶制品等工业对高岭石细度和片厚比的要求。

断口是矿物晶体在外力作用下所产生的不规则破裂面。化学键强度在各个方向差别不大的矿物晶体（如石英、石榴子石等）的断口发育。对研磨材料来说，矿物晶体破碎后产生的棱角是非常重要的。对于石英、石榴子石、刚玉等断口特别发育的高硬度矿物，破碎后易形成尖锐的棱角，因此它们是优质的研磨材料。

虽然裂开也是矿物受外力作用沿一定结晶方向产生的平面破裂，但与解理不同的是它并非矿物固有的特性，它的产生与在一定面网间有离溶成因的夹层等有关。蓝宝石（刚玉）常常发育{0001}和$\{10\bar{1}1\}$裂开，而影响其宝石的价值。

三、机械形变

机械形变是指矿物受到外力时，所产生的形状、体积的变化。

根据变形物体在外力停止作用后能否恢复原状,可将其分为弹性形变和范性形变(塑性形变)两类。

(一) 弹性形变

弹性形变是指矿物在外力作用下产生形变,当外力除去后变形完全消失的性质。如云母片在外力作用下可弯曲成弧形,而当外力撤除又恢复成原来的平面状。产生弹性形变的原因是晶体内部格子构造中质点都处在平衡位置上,从而使晶体具有最小势能。当发生形变时,原来的平衡状态遭到破坏。如果形变的结果不能使质点间建立起新的平衡,以使晶体达到新的势能最小值,则晶体内部就产生相应的内应力来抵抗形变。一旦导致形变的外力停止作用,抵抗形变的内应力就能促使质点回到原来的平衡位置,从而使晶体形状恢复,变形消失。在云母的结构中,硅氧四面体片和 Al(Mg) - O(OH)八面体片所构成的结构层之间以 K^+离子相连接。因 K^+的电荷低而半径大,故 K—O 间的键力不是很强。当晶体受力时,各结构层之间产生滑移并弯曲,使K—O 间的离子键拉长或缩短,这样就产生了较大的内应力。当外力取消后,K—O 键就力图要恢复到平衡时的键长,从而促使消除了层间的相对位移而使结构层恢复为原来的平面。

(二) 范性形变

范性形变(亦称塑性形变)是指当导致形变的外力停止后,形变物体不能恢复其原来形状的形变。

范性形变的实质是形变结果使晶体内部质点处于新的平衡或准平衡位置,使晶体达到了新的势能最小值,从而使形变不能再自动消除。

产生范性形变的机理,一种是形成机械双晶,另一种是晶格滑移。后者是形变的主要形式。滑移未导致晶格破坏,但可以使晶体伸长或变扁,从而表现出延性和展性。

金属晶格中由于金属原子之间靠自由电子键联,其结合无方向性,化学组成与晶体结构简单,对称程度和配位数都相当高,这些因素都有利于晶格滑移。所以,金属晶体都具有良好的延展性。

晶体的范性形变还包括范性弯曲,在绿泥石、蛭石等一些具层状结构的矿物中被称为挠性。这些矿物的晶体受力也能被弯曲成弧形,结构层间产生相对滑移。但它们与云母等具弹性的矿物不同,具有挠性的矿物其结构层间仅是由分子键或氢键相联系的,键力很弱。当弯曲时,结构层之间产生相对移动并能以新的分子键或氢键而达到平衡,在外力撤除后弯曲的晶体不再恢复原状。

(三) 形变指标

由于大多数矿物的形变都具有不同程度弹性形变的性质,只是往往表现得不明显而已。因此,在一定程度上可把矿物看作是准弹性体,用弹性参数表征其形变特性。最常用的形变指标是弹性模量和泊松比。

根据物理学的定义,弹性模量(E)是在单轴压缩或拉伸的条件下,压应力或拉应力($\sigma = p/A$)与轴向应变($\varepsilon_a = \Delta L/L$)之比,即:

$$E = \sigma/\varepsilon_a \tag{1-18}$$

式中:σ——应力,N/m^2;

ε_a——轴向应变,量纲为1。

矿物在遭受单轴压缩或拉伸时,不仅沿轴的纵向发生应变,而且在与轴垂直的横向上也发生应变。例如,在单轴压力作用下,沿轴向发生压缩,而在与轴垂直的方向则发生扩张。在单轴拉力作用下,则形变情况刚好与上述相反。泊松比 μ 是指物体在单向受压条件下横向应变 ε_c 与纵向应变 ε_a 之比,即 $\mu=\varepsilon_c/\varepsilon_a$。

从工程学的观点来看,矿物的形变性是非常重要的。例如在纤蛇纹石石棉的使用上,一般富柔软性的纤维具有良好的伸缩性和封密性,适合于湿纺、制作垫圈和衬垫等;而脆性纤维具有良好的过滤性能和机械强度,适用于作石棉水泥材料和石棉硅酸钙材料,以及作无机合成材料的加固用纤维等。不同形变性能的矿物作为制品的填料可以改变制品的性质。不同形变性能的矿物可以分别用于不同的使用目的。

四、抗压、抗折、抗拉强度

抗压、抗折及抗拉强度是矿物机械强度的主要性能参数,在建筑工程、矿物材料加工,以及其他许多工业部门具有重要意义。

(一)抗压强度

矿物抵抗单轴压力破坏时的最大能力称为抗压强度。即标准试样在压力作用下破坏时最大荷载与垂直于加荷方向的截面积之比:

$$R_{压}=p/A \tag{1-19}$$

式中:p——矿物材料破坏时作用于试样承压面上的总压力,N;

A——试样承压面的面积,cm^2;

$R_{压}$——抗压强度,MPa。

(二)抗折强度

抗折强度是指一定尺寸和形状的试样,在静弯曲负荷作用下抵抗断裂的强度。抗折强度用下式计算:

$$R_{折}=3pL/2bh^2 \tag{1-20}$$

式中:$R_{折}$——试样的抗折强度,MPa;

p——试样折断时的负荷,N;

L——试验时两支点之间的距离,cm;

b,h——分别是试样的断面宽度和高度,cm。

(三)抗拉强度

矿物抵抗单轴拉伸破坏的最大能力,以拉断时的极限应力表示,称为抗拉强度。用下式表示:

$$R_{拉}=F/A \tag{1-21}$$

式中:$R_{拉}$——抗拉强度,MPa;

F——试样拉断时在作用面上的总拉力,N;

A——单轴拉力的作用面积,cm^2。

由于技术上的原因,对于测定纤维状矿物,如纤蛇纹石石棉、角闪石石棉的抗拉强度是容易实现的,但对于其他矿物材料进行直接拉伸试验以测出 $R_{拉}$ 是比较困难的。目前多采用间接的方法，其中有劈裂法、点荷实验法等，但从严格的物理学概念来说，用这些方法测出的不是真正的抗拉强度。

影响矿物的抗压、抗折、抗拉强度的因素主要有两个方面：第一是矿物的成分和结构，突出表现在键强及其分布方向上。如方解石，具离子键，并发育$\{10\bar{1}1\}$完全解理，因此其抗压、抗折及抗拉强度都较低。而纤蛇纹石石棉，沿纤维轴方向是强键（共价键＋离子键）的方向，它的抗拉强度为12.1～34.5 MPa，比高强度钢13 MPa、钛合金9.4 MPa、铝合金4.6 MPa的抗拉强度还要高；第二方面的影响因素主要是晶体中的包裹体及裂隙等。对于粒状、粉状矿物构成的岩石和制品来说，除与上述两方面的因素有关外，还与岩石或制品的结构、矿物颗粒的大小、胶结物的种类等因素有关。

铸造工业上用于制造型砂的黏土矿物，它的黏结强度是非常重要的。黏结强度分湿态和干态两种。若将黏土矿物、标准砂和水按规定配比并在一定时间内进行混碾，再将混碾试料制成标准规格试件，立即测定试件的抗压强度，该抗压强度称湿态抗压强度。若将试件干燥后测定则为干态抗压强度。

五、矿物的密度、表观密度和堆积密度

（一）密度

矿物的密度是指矿物在绝对紧密的状态下单位体积的质量，量度单位为g/cm^3。用下式计算：

$$\rho = m/(V - V_0) \tag{1-22}$$

式中：ρ——矿物的密度，g/cm^3；

m——矿物的质量，g；

V——矿物包括孔隙在内的体积，cm^3；

V_0——矿物中孔隙所占有的体积，cm^3。

对于大多数有孔隙的矿物，在测定密度时，应把材料磨成细粉、干燥、称其质量，然后用李氏瓶测定其绝对体积。对于少数接近绝对密实矿物，如单矿物晶体、致密块体等，经干燥称重后，用排水法测其体积的近似值（颗粒内部的封闭孔隙体积无法排除），这时所求得的密度为近似密度。

矿物的密度是矿物的基本参数之一，应予实测。如果难以实测，可根据晶体化学式及晶胞参数，利用下式进行计算：

$$\rho_c = Mn \times 1.660\ 8 \times 10^{-24}/V \tag{1-23}$$

式中：ρ_c——矿物的计算密度，g/cm^3；

M——晶体化学式中不同元素的摩尔质量之和，g/mol；

n——单位晶胞的物质的量，mol；

V——单位晶胞的体积（可根据晶胞参数求得），cm^3。

以NaCl为例，NaCl具立方面心晶胞，$a_0 = 5.64\ \text{Å} = 5.64 \times 10^{-8}$ cm；$Z = 4$；晶体化学式中Na和Cl相对原子质量之和$M = 22.989\ 7$ g/mol + 35.453 g/mol = 58.442 7 g/mol。则$\rho_c = (58.442\ 7\ g/mol \times 4\ mol \times 1.660\ 8 \times 10^{-24})/(5.64 \times 10^{-8})^3\ cm^3 = 2.164\ g/cm^3$。

矿物的密度主要取决于化学组成中所含元素的相对原子质量大小和晶体结构中质点堆积的紧密程度。

密度是矿物的一种重要的物理性质。除在矿物鉴定、矿物分选及矿物研究中具有重要意义外，在矿物应用方面也具有重要意义。例如，重晶石具有很大的密度（4.2 ~ 4.7 g/cm^3），在石油和天然气开采工业上被用作钻井泥浆的加重剂，重晶石在这方面的应用占其总产量的75% ~ 85%；它还作为填料被用来制作特种牌号的重橡胶、重玻璃和压力玻璃，以及用它来制作固定在海水中的特制重晶石混凝土等。又如，蛭石在灼烧膨胀后其密度仅为0.6 ~ 0.9 g/cm^3，质轻且具有良好的绝热隔声性能，是制作轻型建筑材料的重要矿物原料。

（二）表观密度（容重）

表观密度是指矿物在自然状态下，单位体积的质量。松散的粉粒状试样的容重称松散容重。按下式计算：

$$\rho_0 = m/V \tag{1-24}$$

式中：ρ_0——表观密度，g/cm^3或kg/m^3；

m——材料的质量，g或kg；

V——矿物在自然状态下的体积，或称表观体积，cm^3或m^3。

矿物表观密度一般是指其在烘干状态下的单位体积质量。矿物的表观体积是指包含内部孔隙的体积。对于多孔材料而言，它们的表观密度明显小于其密度值，只有密实材料其表观密度才接近或等于密度值。

（三）堆积密度

矿物的堆积密度是指矿物颗粒体或粉粒体，在自然堆积状态下，单位体积的质量。按下式计算：

$$\rho' = m/V' \tag{1-25}$$

式中：ρ'——堆积密度，kg/m^3；

m——矿物的质量，kg；

V'——堆积体积，m^3。

测定矿物的堆积密度时，矿物的质量是指填充在一定容器内的质量，其堆积体积是指所用容器的容积而言。因此，矿物的堆积体积包含了颗粒之间的空隙和颗粒内部的孔隙。

表观密度和堆积密度是矿物原料及制品的重要状态参数，用以表示其物理状态特征。不同的矿物及其不同的分散状态之间表观密度和堆积密度相差颇大。

密度、表观密度和堆积密度是衡量矿物或矿物颗粒体或粉粒体的一个指标，同时它还反映矿物及产品的强度、硬度、吸水性、导热性、隔声性及耐久性等性质的大小。

在生产实际中，矿物原料的用量计算、堆放空间确定以及矿物质量和体积的计算，经常要用到矿物的密度、表观密度和堆积密度等物理常数。

第五节　矿物的热学性质

当物体温度升高时，原子的振动能量增大，这一能量通过晶格振动（声子）的方式传给邻近的原子，再渐次传递出去，这就是热传导（导热性）；当物体的温度升到相当高以后，除了晶格振动能以外,热能还以光子的形式发射出去,即热辐射;温度升高,增加了晶格中原子彼此远离的倾向,造成原子间平均距离的加大,产生热膨胀;当存在化学位梯度时,在一定温度下原子可通过各种扩散机制,例如空位机制,使很多单个原子脱离晶格结点,移向化学位较低的区域,这就是热扩散;由于振动的能量随温度而改变,因而也就直接决定了晶体的热容量。因此,在矿物晶体受热作用时,将产生系列热学性质。

一、导热性

热传导是指物质直接接触部分之间的热传递。这种传热过程是依靠物质微观质点(分子、原子或电子)的能量传递而实现的,与宏观运动无关。导热是物质的本能。

傅里叶定律表示了热传导的基本规律:

$$q_t = -\lambda(\partial t/\partial l) \tag{1-26}$$

式中:q_t——等温面法线方向的热流密度,W/m^2;

λ——导热系数,W/(m·K);

$\partial t/\partial l$——等温面法线方向的温度梯度,K/m;

公式中的负号表示热流方向与温度梯度相反。

由傅里叶定律可以导出导热系数(亦称热导率)的定义式:

$$\lambda = -q_t/(\partial t/\partial l) \tag{1-27}$$

由此式可以看出,导热系数的物理意义是:单位温度梯度下产生的热流密度值。显然,导热系数与热流密度成正比,导热系数愈大,传导的热量愈多。

测定导热系数的方法很多,通常有平板法、圆球法及圆管法等。

通常固体的导热系数较大(如铜 385 W/(m·K),石英 12.86 W/(m·K),白云母 12.71 W/(m·K)),液体导热系数次之(如水 0.556 W/(m·K)),气体的导热系数最小(如空气 0.024 W/(m·K))。

金刚石的导热系数是铜的 4~5 倍,石墨的导热系数几乎与金属一样好。普通建筑材料的导热系数一般低于 3 W/(m·K)。通常把导热系数较低的材料称为保温材料,导热系数低于 0.2 W/(m·K)的材料称为绝热材料,把导热系数在 0.05 W/(m·K)以下的材料称为高效绝热材料。膨胀蛭石(导热系数为 0.046~0.07 W/(m·K))、石棉(导热系数为 0.046~0.092 W/(m·K))、膨胀珍珠岩(导热系数 0.035~0.052 W/(m·K))等都是良好的绝热材料。

严格地说,导热系数是“热传导”能力的量度。但对于固体而言,只有致密的物质才存在纯粹的热传导。在含有孔隙的物质及松散材料的传热过程中,辐射传热及对流传热总是伴随着传导传热过程而同时存在的。在这种情况下的导热系数是表征这种复杂传热过程的有效导热系数,或称为表观导热系数。作为绝热材料的矿物材料的导热系数,大多数属于这种情形。

影响矿物材料导热系数的因素很多,如杂质、晶体缺陷、裂隙和包裹体等都对导热系数有影响。在非等轴晶系的晶体中,导热表现各向异性,如石英在0℃时的导热系数,平行 C 轴为 13.61 W/(m·K),垂直 C 轴为 7.23 W/(m·K)。在具链状结构的矿物中,垂直链与平行链的导热系数相差较大,在具层状结构的矿物中,平行层和垂直层的导热系数相差更大。离子类型对导热系数也有影响,金属矿物比非金属矿物的导热系数大得多。这是因为热传导主要是通过自由电子和声子的方式传递的。声子在所有矿物中都存在，而自由电子主要存在于具金属键的金属矿物中。晶质矿物比非晶质矿物的导热性强，这是因为非晶质矿物中声子受到更多的散射的缘故。温度对导热系数的影响随矿物的种别而异，但当温度降至绝对零度时，热传导趋于零。对于松散粒状或粉状矿物材料来说，表观密度越小，导热系数越小。湿度越大，导热系数越大。

二、热膨胀性

物质的热膨胀性可用热膨胀系数（或热膨胀率）来表征。热膨胀系数有线膨胀系数 α_l 和体膨胀系数 α_v 之分。

线膨胀系数 α_l 是指试样每升高 1 K，试样长度增长量（Δl）同原长度（l）之比，即 $\alpha_l = \Delta l/l \cdot (1/\Delta T)$。

体膨胀系数 α_v 是指试样每升高 1 K，试样体积增长量（Δv）同原体积（v）之比，即 $\alpha_v = \Delta v/v \cdot (1/\Delta T)$。对于各向同性或差异性不大的矿物来说 $\alpha_v \approx 3\alpha_l$。

热膨胀率有时也用百分数来表示：热膨胀率（%）$= 100\Delta l/l$（%）。表 1－7 列出了部分矿物的平均线膨胀系数。

热膨胀性可通过热膨胀仪绘制的热膨胀曲线反映出来。热膨胀曲线（图 1－6）以热膨胀率作为纵坐标，以温度作为横坐标绘制。

按热膨胀曲线的形状与温度的关系大体上可把热膨胀分为正常热膨胀与异常热膨胀两类。正常热膨胀是指随温度升高，热膨胀曲线连续（缓慢或急剧）上升，曲线与温度具有良好的线性关系，这种热膨胀曲线说明矿物是随温度升高而连续膨胀的。异常热膨胀是指热膨胀曲线随温度升高呈现非一致的上升或下降，曲线与温度没有良好的线性关系。热膨胀曲线的上升幅度有变化者，反映矿物膨胀率时大时小；曲线下降者反映矿物受热收缩，或称负热膨胀；同一曲线既有上升又有下降者反映矿物既有膨胀又有收缩。

表 1－7　部分矿物的平均线膨胀系数

Table 1－7　Average linear expansion coefficient of several minerals

单位：$10^{-6} \cdot K^{-1}$

矿物	线膨胀系数 α_l
刚玉	8.8
方镁石	9.0
莫来石	5.3
尖晶石	7.6
锂霞石	－6.4
锂辉石	1.0
堇青石	2.5
锆石	4.5

注：温度范围 0～1 000℃。据吴清仁等，2003。

矿物的热膨胀服从矿物对称性。等轴晶系和非晶质矿物只有一个热膨胀率，中级晶族矿物有两个主热膨胀率（$/\!/ Z$ 轴，$\perp Z$ 轴），低级晶族有三个主热膨胀率（分别 $/\!/ X$、Y、Z 轴）。

自然界大部分物质热胀冷缩的机理已得到圆满的解释。这就是由于组成物质的原子受热时振动加剧，振动幅度加大，从而增大了原子间距，导致了物质的膨胀。

矿物的热膨胀性与其晶体结构和化学键性质密切相关。

MgO、BeO、Al_2O_3、$MgAl_2O_4$、$BeAl_2O_4$ 的晶体结构是以氧的最紧密堆积为基础的，具有较大的热膨胀率（$8 \times 10^{-6} \sim 10 \times 10^{-6}\ K^{-1}$）。

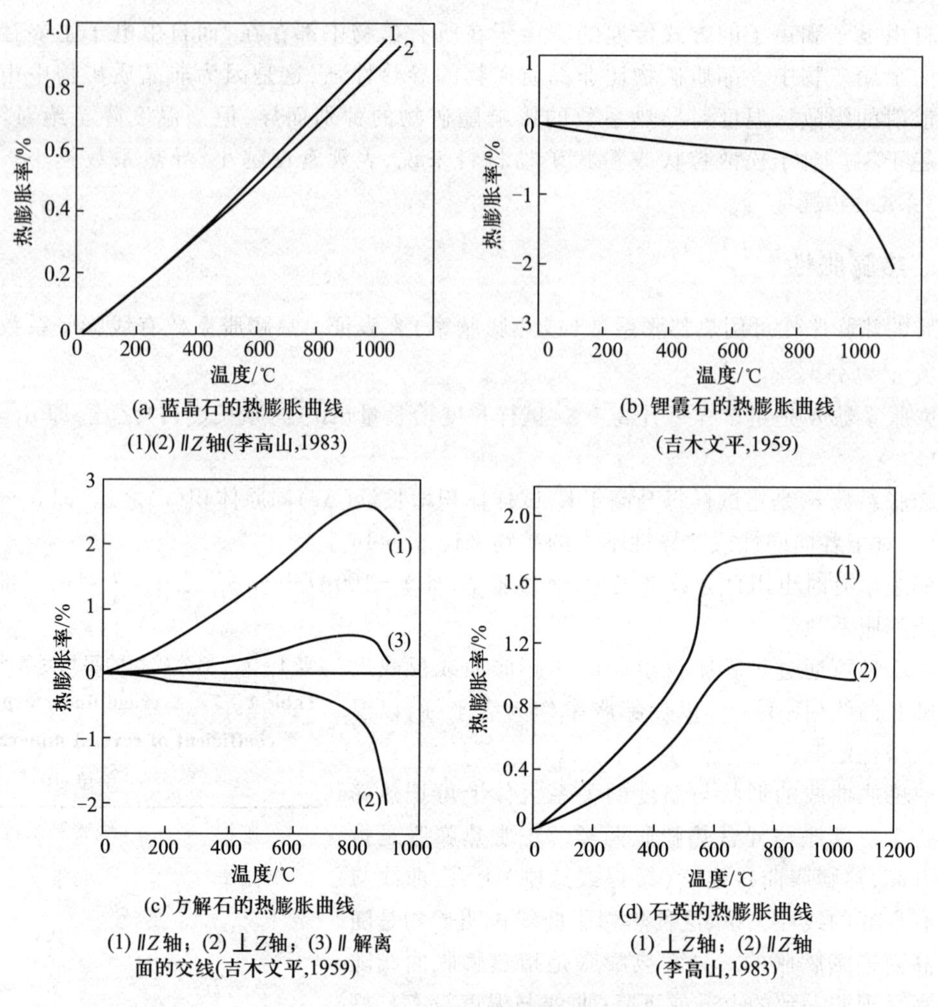

图 1-6 几种矿物的热膨胀曲线

Fig. 1-6 Thermal expansion curves of several minerals

热膨胀在具有开阔空隙结构的矿物中较为复杂,除了温度效应以外,还有两种附加效应:一种是原子或离子能够朝向结构中开阔空隙呈现非均一振动的效应,结果在此方向膨胀率减小。因此,在许多具有开阔空隙结构的含氧的化合物中热膨胀率很小。如锂辉石 $\alpha = 2 \times 10^{-6}\ K^{-1}$,所以它是很有用的耐热冲击的材料。另一种是伴有配位多面体转动的效应。它导致热膨胀率随温度而迅速变化。如石英的热膨胀则与 SiO_4 四面体的转动有关。石英从室温至570℃左右,不论是平行或垂直于 Z 轴方向均为正热膨胀。但从570℃到1 000℃,两个方向均表现为缓慢的收缩,即为负热膨胀。由 α - 石英和 β - 石英的结构可知,热膨胀率的这种变化主要与 SiO_4 四面体的转动有关。

在加热过程中,矿物结构中某离子配位数的改变也是导致热膨胀率变化的重要原因之一。如 β - 锂霞石 $LiAlSiO_4$,它的体积膨胀率 $-1.9 \times 10^{-6}\ K^{-1}$(体积膨胀率是三维线膨胀率之和),其中 $\alpha_a = \alpha_b = 7.8 \times 10^{-6}\ K^{-1}$,$\alpha_c = -17.5 \times 10^{-6}\ K^{-1}$。它是一种罕见的加热后密度增大的物质,$\beta$ - 锂霞石的结构类似于石英,有 Al 代 Si,Li 沿 C 轴方向占据四次和六次配位位置。其非寻常的热膨胀性质是由于 Li 在四次和六次配位位置中的重新分配,即随温度的增高,四次配位位置中的 Li 逐渐转到六次配位位置，从而导致了晶胞体积的缩小。有些铝和铪的钛酸盐在某些方向也具有负膨胀率。

矿物的热膨胀性随化学键的强度不同而异。一般在化学键力强的方向热膨胀小，在化学键力弱的方向热膨胀大。因此，在分子键方向上热膨胀率最大，在离子键方向上次之，在共价键方向上最小，常有负膨胀现象。Megaw（1971）曾证明热膨胀率 α 与键力 q（电价/配位数的平方）成反比。由此就热膨胀率的异向性来说，链状和层状结构的矿物表现最明显，垂直于链或层的方向热膨胀率大，平行于链或层的方向热膨胀率小或出现负膨胀。岛状结构的矿物其热膨胀性的异向性大多不明显。对于架状结构的矿物，其热膨胀的情况视结构和化学键而异，如上述的石英和锂霞石的热膨胀性与晶体结构中化学键的方向性密切相关。

研究矿物的热膨胀性，对于合理地选用耐火、保温、型砂、模具等矿物原料具有重要意义。

三、耐热性

耐热性是矿物抵抗由于加热而引起的成分和晶体结构破坏的能力。

在加热过程中，矿物成分的破坏主要通过氧化、还原、分解、失水、放出气体等方式；而晶体结构的破坏主要有相变、分解、熔融等。通过热分析可以测知矿物在加热过程中化学成分、晶体结构的变化及其变化时的温度。矿物发生上述变化的温度越高，说明其耐热性越好。

对耐火材料用矿物，耐火度是评价耐热性的重要指标之一。耐火度是指耐火材料在使用过程中耐高温而不熔化的性能。因此矿物的熔点对于耐火材料来说是非常重要的。

矿物的耐热性与晶体结构类型及化学成分密切相关。一般说来，具共价键的矿物熔点最高，如金刚石（约 4 000℃）；离子键的矿物熔点较高，如刚玉（2 000 ~ 2 030℃）、方镁石（2 800 ~ 2 940℃）；金属键的矿物熔点较低；分子键的矿物熔点最低。

从化学成分来看，一般含水、OH^-、易与氧形成挥发性气体的元素（如 C、S、N 等）以及含助熔成分（如 K_2O、Na_2O、CaO、MgO 等）的矿物其耐热性较差。

当结构相同或相似时，离子类型、电价、半径不同，耐热性不同，见表 1－8。

表 1－8　不同离子类型矿物的耐热性

Table 1－8　Thermostability of varying ion type minerals

矿物名称	失羟温度/℃	矿物名称	熔点/℃
蛇纹石 $Mg_6[Si_4O_{10}](OH)_8$	780	镁橄榄石 $Mg_2[SiO_4]$	1 890
高岭石 $Al_4[Si_4O_{10}](OH)_8$	600	铁橄榄石 $Fe_2[SiO_4]$	1 250
滑石 $Mg_3[Si_4O_{10}](OH)_2$	950	钾长石 $K[AlSi_3O_8]$	1 170
叶蜡石 $Al_2[Si_4O_{10}](OH)_2$	750	钠长石 $Na[AlSi_3O_8]$	1 100

当矿物结构中有 Al 代 Si，将增加硅酸盐矿物的热稳定性，见表 1－9。

有人认为，高温低压条件有利于 Al 的四次配位的稳定性，而低温高压条件有利于六次配位 Al 的存在。在 Al_2SiO_5 相对高压相即蓝晶石中 Al 为六次配位，而相对高温相夕线石中 Al 呈四次配位，也说明了这一规律。

表 1-9 Al 代 Si 数量不同矿物的热稳定性

Table 1-9 Thermal stability of minerals with various number of Si substituted by Al

矿物名称	Al 代 Si 的量	熔点/℃
钾长石 $K[AlSi_3O_8]$	1/4	1 170
白榴石 $K[AlSi_2O_6]$	1/3	1 625
钾霞石 $K[AlSiO_4]$	1/2	1 750
钠长石 $Na[AlSi_3O_8]$	1/4	1 100
钙长石 $Ca[Al_2Si_2O_8]$	1/2	1 526
霞石 $Na[AlSiO_4]$	1/2	1 560

第六节 矿物的电磁学性质

一、磁性

矿物的磁性是指矿物受外磁场作用时,因被磁化而呈现出能被外磁场吸引或排斥或对外界产生磁场的性质。

矿物的磁性主要来源于组成成分中的原子磁矩或离子磁矩。而原子磁矩或离子磁矩又主要来自核外电子的自旋磁矩和轨道磁矩。原子或离子的总磁矩是所有电子的轨道磁矩和自旋磁矩之和。

矿物的磁性由磁化率 χ 来表征,它等于磁化强度 M(或单位体积内的磁矩)与外磁场强度 H 之比,即 $\chi=M/H$。M 与 H 的单位皆为 A/m。在磁化率的测量工作中,由于比磁化率的测量比较简单,因此通常采用比磁化率($\chi_{比}$)表征矿物的磁性。$\chi_{比}=\chi/\rho$,ρ 为矿物的密度,$\chi_{比}$ 的单位为 cm^3/g。矿物的磁化率通常采用磁性分析进行测定。

根据 χ 值的大小,物质的磁性可分为弱磁性和强磁性两大类。弱磁性又分为抗(逆)磁性、顺磁性和反铁磁性三种。它们的 χ 值分别为 $-10^{-5}\sim-10^{-7}$、$10^{-4}\sim10^{-6}$、$10^{-4}\sim10^{-5}$。前者为负值,后二者均为正值。强磁性又分亚铁磁性和铁磁性两种,它们的 χ 值均很高,分别为 $10^2\sim10^3$ 和 $10^0\sim10^5$。

在选矿工作或实验室的矿物分离工作中,经常要考虑矿物的磁性强弱。因此,在实际工作中常把矿物的磁性分为三类:

(1) 磁性矿物。常温下呈铁磁性或亚铁磁性的矿物属于这一类。种数有限,最常见的是磁铁矿和磁黄铁矿,还有自然铁等。它们的粉末或细小颗粒均能被普通磁铁所吸引。

(2) 电磁性矿物。大多数具顺磁性和反铁磁性的矿物属之。它们的碎屑只有在很强的电磁场中才能被吸引,而普通永久磁铁一般对它无影响。如黑云母,普通角闪石等。

(3) 无磁性矿物。所有抗磁性矿物以及某些 χ 值很小的顺磁性或反铁磁性矿物属之。它们在很强的电磁铁作用下,也不被吸引。如方解石、石盐、石英等。绝大多数矿物是无磁性矿物。

矿物的磁性也是各向异性的。晶体中方向不同,磁化的难易程度不同。

矿物的磁性早已应用于鉴定和分选矿物,也用于找矿。在研究矿物的精细结构时,也进行矿物磁化率的测定与解释。

当前许多尖端技术和电子工业需要多种类型的磁性材料，但大多为人工合成材料，主要有尖晶石结构、石榴子石结构等人工合成晶体材料。对天然矿物磁性的研究对寻找和开发特殊磁性材料是非常重要的。

二、导电性

矿物的导电性是指矿物对电流的传导能力。导电性的强弱用电阻率（也称电阻系数）ρ 来表示，这里 $\rho = R \cdot (S/L)$，其中：R——物体的电阻，单位为 Ω；S——物体的截面积，单位为 cm^2；L——物体的长度，单位为 cm；ρ 的单位为 $\Omega \cdot cm$。也可用电导率 γ 表示，$\gamma = 1/\rho$，γ 的单位为 $\Omega^{-1} \cdot cm^{-1}$。

矿物的电阻率可由电阻率测定仪测出。

有些矿物的导电性有明显的异向性，如方解石电阻率 $/\!/ Z$ 轴为 5.15×10^{14}，$\perp Z$ 轴为 9.5×10^{15}；石英 $/\!/ Z$ 轴为 2×10^{14}，$\perp Z$ 轴为 2×10^{16}（单位 $\Omega \cdot cm$，实验温度 17.2℃）。

矿物的导电能力很大程度上取决于化学键的类型，具有金属键的矿物因为结构中存在自由电子，所以导电性强；离子键、共价键或分子键矿物导电性弱或不导电。矿物的导电性还受类质同象组分、温度、湿度、空隙（裂隙）等因素的影响。

根据导电能力的不同，可将矿物分为良导体、半导体和非导体。良导体矿物的电阻系数为 $10^2 \sim 10^{-6}\ \Omega \cdot cm$，如自然铜、黄铁矿、石墨等。半导体矿物的电阻率在 $10^3 \sim 10^{10}\ \Omega \cdot cm$，少量富含铁和锰的硅酸盐及铁、锰的氧化物属半导体矿物（某些非导体矿物在温度升高时可变为半导体）。非导体矿物电阻率一般在 $10^{11} \sim 10^{16}\ \Omega \cdot cm$，个别更大。如石英、长石、白云母、方解石、石膏、石盐、自然硫等。

矿物材料及制品的导电性在国民经济中具有重要意义。如利用石墨的良好导电性可制作石墨电极、导电石墨乳和导电涂料等；利用白云母的良好电绝缘性可制作各种云母绝缘材料制品，如云母纸、云母板等；利用锐钛矿的半导体性能和光电性能可以用作抗菌材料和气敏材料等。

三、介电性

矿物的介电性是指矿物在外加电场中产生感应电荷的性质，它由介电常数来表征。若 C_0 为电容器极板间真空时的电容，C 是极板间有充填物（不导电的矿物，即电介质）存在时的电容，则充填物的介电常数 $\varepsilon = C/C_0$。

矿物的介电常数反映矿物在外加电场中的极化作用。极化作用越大，介电常数越大。

矿物微粒在电场作用下电荷发生位移（产生电偶极矩），电偶极矩 p 与电场强度 E 成正比，$p = \alpha E$，α 称为极化率。对于理想的同种矿物晶体，α 为一常数。

介电常数已被用来作为分选矿物的依据，矿物的介电性是评价绝缘材料和制作电容材料的重要指标，在电气工业中有很重要的意义。

四、绝缘性

矿物的绝缘性能是指矿物在外加强电场的作用下耐受电击穿的能力。当矿物所承受的电压超过临界值 $V_{穿}$ 时，便丧失了绝缘性能而被击穿，$V_{穿}$ 称为击穿电压。矿物击穿电压越高，其电绝缘性能越好。

影响矿物绝缘性能的因素除矿物本身的属性外,还与矿物的形状及环境的温度和湿度等有关。

片状、板状白云母晶体具有很好的绝缘性能,常被加工成云母电器基座、云母纸、云母板等绝缘材料及制品,被广泛应用于电子和电气工业中。

五、压电性

压电性是矿物晶体在垂直极轴方向受到压应力或张应力的作用时,在极轴两端产生电荷的性质。两端电荷数相等而符号相反,且电荷量正比于应力的大小。应力方向反转时,两端电荷易号。如果在极轴两端使之分别荷有电性相反的电荷时,则发现两端之间产生伸长或缩短,称为电致伸缩。

只有不具对称中心而有极轴存在的晶体才可能具有压电性。水晶的二次轴是极轴,它是具压电性矿物的典型代表,其压电性应用也最广泛。

晶体的压电性具有很大的实用价值,在现代科学技术中越来越得到广泛的应用。如用于无线电工业中的各种换能器、超声波发生器及谐振片等。

六、焦电性

矿物的焦电性是指某些电介质矿物晶体,当改变其温度时能使其在极轴的两端产生符号相反的电荷的性质,也称热释电性。这一性质仅能在中、低级晶族中的异极对称型中出现。典型的实例是电气石,它属于 $3m$ 对称型,c 轴是极轴,当加热时其两端分别带正负电荷,若将已热的晶体冷却,电荷易号。

矿物的焦电性已在红外探测器等新技术中得到应用。

七、微波活性

微波是频率在 0.3 ~ 300 GHz,即波长在 0.1 ~ 100 cm 之间的电磁波。微波通过在物料内部的介电损耗直接将化学反应所需要的能量传递给反应的分子或原子,这种原位能量转换方式可促进化学反应和扩散过程快速进行。微波加热常用的频率为 915 MHz、2 450 MHz。与常规加热不同,微波加热不需要由表及里的热传导。

根据矿物和微波相互作用情况可以将矿物分为微波透过体、微波反射体、微波吸收体和混合体四大类。一般冶金用矿物都属于第四类,矿物中 $FeTiO_3$、Fe、Fe_3O_4、FeS_2、$CuCl$、MnO_2和木炭等物质均为微波吸收体,属于高微波活性,在微波场中的升温速率非常快;而矿物 CaO、$CaCO_3$和 SiO_2等物质都是微波透过体,属于微波惰性,不能被微波加热。利用微波选择性加热矿物组分的特点,向矿石中配入适当的组分,可以有效地实现有用组分从矿物中的分离、反应、干燥、烧结等。

第七节　矿物的表面性质

矿物表面上的质点(原子、离子或分子)所处的状态与内部质点不同,从而使矿物表面产生一系列特殊的性质。

矿物的表面性质与矿物的表面成分、表面结构、表面电子态、比表面积、表面能,以及所处的介质性质密切相关。这里只讨论表面能、吸附性、表面电性、矿物与液体亲和性等。

矿物的表面性质表现在很多方面，并在工农业生产和现代科学技术中得到广泛应用。如吸附性、表面电性、液体亲和性、离子交换性、触变性、流变性、分散性，等等。其中主要与黏土有关的部分表面性质将在第二十九章黏土矿物中讨论。

一、表面能

矿物晶体内部质点与表面质点处境不同。内部质点为相邻质点所包围，电性中和，所受的引力平衡，合力等于零。而位于表面的质点处于矿物晶体与介质（气体或液体）的界面上，电价不饱和，同时受到晶体内部质点和介质（气体或液体）质点的引力，而两者的引力是不平衡的。由于气体或液体的密度小于固体，它们的引力也较小，从而使矿物晶体表面形成一定的势能，这种势能称为表面能。单位面积上的表面能称比表面能。

当气体或溶液中的质点与矿物表面接触时，矿物表面质点的剩余力场将对它们产生引力，使它们在矿物表面相对聚集，以减少表面质点的剩余力场，降低矿物的表面能。

不同的矿物种，表面能大小不同。同一种矿物在不同的温度、压力和介质条件下表面能也有差异。表面能随矿物比表面积的增大而增大。表 1－10 列出了部分矿物表面能参考数据。

表 1－10　部分矿物粉体材料的表面能

Table 1－10　Surface energy of several mineral powder materials

名称	表面能/(10^{-7} J·cm^{-2})	名称	表面能/(10^{-7} J·cm^{-2})
石膏	40	滑石	60～70
方解石	80	石英	780
石灰石	120	长石	360
高岭土	500～600	氧化镁	1 000
氧化铝	1 900	金刚石	10 000
云母	2 400～2 500	碳酸钙	65～70
二氧化钛	650	石墨	110
磷灰石	190		

注：引自郑水林，2003。

通常可采用接触角测量仪和表面张力测量仪测量矿物接触角和表面张力来表征矿物的表面能的大小。

矿物表面能的大小会对矿物吸附性、表面电性等一系列表面性质产生影响。矿物的表面能越高，吸附性越强。同时，表面能高的矿物粉体也容易产生团聚，并影响它们在高聚物中的分散。

二、吸附性

由于表面能的存在，矿物都不同程度地具有吸附介质质点到其表面上的能力。矿物的这种性质称为吸附性。不同矿物对物质的吸附有其选择性。

矿物材料的吸附性按吸附的原因不同可以分为三类，即物理吸附、化学吸附和离子交换吸附。

(一) 物理吸附

物理吸附是指被吸附分子与矿物表面相互作用很弱。吸附时所释放出的能量其数量级只相当于凝聚热(约为 $-20\ kJ \cdot mol^{-1}$)。该能量不足以使分子活化。所以在物理吸附中,被吸附分子不会与矿物产生化学反应。例如高岭石对 N_2及空气中水分子的吸附。由氢键所产生的吸附也属物理吸附。物理吸附是可逆的,吸附速度和解吸速度在一定的温度、浓度条件下呈动态平衡状态。

矿物产生物理吸附的原因是它具有很大的表面积,如内外比表面积大的蒙脱石、蛭石、沸石等。一般说来,大块固体的表面也有吸附现象,只是由于其比表面积太小,吸附现象不明显而已,对于高度分散的黏土矿物,由于比表面积很大,比表面能也就很大,因此吸附能力很强。矿物粉体材料的分散度愈高,露在表面上的分子数就愈多,吸附能力就越强。

(二) 化学吸附

化学吸附是指被吸附分子与矿物表面相互作用后形成化学键,通常为共价键。化学吸附所释放出的能量远大于物理吸附,其能量级约在 $-200\ kJ \cdot mol^{-1}$。这样高的能量足以引起吸附物分子键的断裂,并生成新的化合物。例如 CaO 吸附空气中水分子形成 $Ca(OH)_2$,$Ca(OH)_2$吸收空气中的 CO_2后形成 $CaCO_3$。所以,一般说来化学吸附是不可逆的。

(三) 离子交换性吸附

在矿物中,离子交换性吸附主要与具有可交换性阳离子的黏土矿物、蛭石和沸石等有关。矿物的种类不同,其阳离子交换容量也有很大差别。对于蒙皂石、伊利石、蛭石、坡缕石、海泡石和沸石等矿物来说,阳离子交换容量的 80% 以上是来源于层间和层面上的阳离子交换,而高岭石的阳离子交换容量大部分是来源于晶体边面上的羟基键的水解。

具有阳离子交换性的矿物对某些阳离子具有固定作用。阳离子被永久地联结到矿物晶格中就称为已被固定。阳离子的固定作用对于净化有毒或含有放射性元素的废料、废水等具有重要意义。

矿物粉体材料的阳离子交换容量大小及吸附的阳离子的种类对其胶体的活性影响很大。例如蒙脱石的阳离子交换容量很大,膨胀性也大,在低浓度下就可以形成稠的悬浮体,尤其是钠蒙脱石的膨胀性更强;而高岭石,阳离子交换容量低,难以形成稳定性好的悬浮体。

不同矿物对同一种吸附物质所表现出的吸附性是不同的。同一种矿物对不同吸附物质的吸附能力也不相同。表 1-11 列出了几种粉体矿物材料对 Cs^+、Rb^+ 的吸附率。

表 1-11 几种矿物对 Cs^+、Rb^+的吸附率

Table 1-11 The adsorption rate of Cs^+, Rb^+ by several minerals

吸附质	吸附率/%						
	蒙脱石黏土	坡缕石黏土	蛭石	高岭石黏土	沸石	叶蜡石	白云母
Cs^+	80~88	90.4~93.2	91~96.8	33~47	90~97	30	29
Rb^+	—	—	66~72	23~26	—	17	28

阳离子交换性吸附有如下特点:① 等电荷量相互交换,即由矿物交换出来的阳离子与被矿物吸附的阳离子电荷量是相等的。例如,在蒙脱石中 1 个 Ca^{2+} 离子可与 2 个 Na^+ 离子互相

交换：

$$Na-蒙脱石+Ca^{2+}\rightarrow Ca-蒙脱石+2Na^{+}$$

② 阳离子交换性吸附是可逆的，吸附和解吸受离子浓度的影响。例如，在钻井过程中，钠蒙脱石泥浆遇到钙侵时，Ca^{2+}便与Na^{+}产生等电荷量交换形成钙蒙脱石，并致使泥浆的性能变坏。这时如果加入纯碱，即增加泥浆中的Na^{+}，由于Ca^{2+}与纯碱反应形成碳酸钙沉淀而大大降低了钙的浓度。这样，Na^{+}又把Ca^{2+}交换出来，从而改善钻井泥浆的性能。

影响矿物表面吸附有如下一些主要因素：

(1) 矿物和被吸附物质的种别。不同矿物有不同的吸附性，同一种矿物对不同物质的吸附能力也不相同。

(2) 表面积。比表面积越大，吸附量越大。比表面积的大小取决于矿物的分散程度。例如，边长为1 cm的立方体，其表面积为6 cm^2；如果把它分割成为10^{-7} cm小段（小立方体的数目为10^{21}个），即相当于胶体粒子的大小，其总表面积将是6 000 m^2，增大了1 000万倍。这就是为什么一般胶体吸附作用显著的原因。黏土矿物通常具有胶体粒子的大小，因此具有很强的吸附性能。

(3) 温度。吸附是一个放热过程。一般说来，降低温度有利于吸附，使吸附量增加。但升高温度有利于化学吸附，这是因为温度太低分子不能活化而只能停留在物理吸附阶段。物理吸附类似于凝结，层数不限，但化学吸附只有一层。因此，当需要对矿物粉体进行表面改性（在表面包覆一层有机分子）时，需要在一定的温度条件下进行。

(4) 湿度、压力。环境的湿度和压力也会影响矿物的吸附能力。例如纤蛇纹石石棉的吸湿量随空气湿度的增加而增大；随着环境蒸气压的增大也会增大。

矿物的吸附性能得到颇为广泛的应用。在工业上用于制作催化剂，治理三废（废气、废水、废料）；在农业中利用矿物的吸附性将矿物作为化肥、农药的载体；在畜牧业中利用矿物的吸附性吸附饲料中的毒素、细菌；在医药上，也常将矿物作为载体吸附指定的抗生素等。在日常生活中也常用到矿物的吸附性，如冰箱除臭等。

三、表面电性

矿物由于表面层中离子溶解、不等价置换或化学吸附等原因可使表面带电荷。矿物分散在溶液中后，由于静电引力可吸附溶液中的离子形成双电层结构。当矿物微粒与液相之间产生相对运动时，与矿物微粒紧密结合在一起的液体固定层与矿物微粒一起移动，该固定层称为吸附层。吸附层之外是扩散层。吸附层与扩散层的分界面即为滑动面。滑动面与溶液深处之间的电位差，叫电动电位（zeta电位），通常以ζ表示。测定和研究矿物的电动电位，即可了解矿物的表面电性。

矿物表面电性是决定矿物絮凝、凝聚、分散、吸附等作用的最重要因素。影响矿物表面电性的有以下主要因素：

(1) 矿物的种类。不同的矿物表面电性不同。电动电位既可为正值，也可为负值，其大小也有很大差异。如纤蛇纹石的ζ值为正值，方解石、白云母的ζ值为负值，黏土矿物的ζ值也是负值。

(2) 溶液的性质。溶液中的电解质浓度越高，双电层中反号离子数越多，也就更容易补偿矿物的表面电荷，使电位降得越快。同理，若离子的价态产生改变，也同样影响矿物的电动电位。

（3）矿物表面形态和颗粒大小。矿物表面不光滑及颗粒变小会使带电荷表面的面积增加。矿物表面有凹陷或裂隙时，滑动面并不一定同时凹进这些缺陷中，而是和光滑表面时的情况一样。一般说来，表面不光滑的颗粒 ζ 值比表面光滑者更高。

（4）表面被风化。矿物遭受风化后，表面结构因溶蚀、氧化等作用会产生变化，从而使矿物的表面电性改变。如纤蛇纹石石棉的电动电位为正值，但遭受风化后常为负值。表 1－12 列出了某矿床一钻孔中不同深度的纤蛇纹石石棉的电动电位。

表 1－12　纤蛇纹石石棉的电动电位
Table 1－12　Zeta potential of asbestos

钻孔深度/m	电动电位值/mV
0～11	－15
19～37	－12
33～46	－1
45～55	＋17
86～93	＋18
96～106	＋21

（5）杂质矿物中混有其他杂质时会对其电动电位产生影响。假如颗粒表面上的正电荷数与固定层吸附的负离子数相等，zeta 电位就变成了零，此时对应溶液的 pH 称为等电点（PZC，point of zero charge）。

矿物表面电性是选择吸附剂的重要依据之一。在钻探工作中泥浆的制备和在化学工业上胶体的制备都必须考虑所用矿物的表面电性。在生产工艺上，有时也要考虑矿物的表面电性。如对某矿物进行分散时，必须知道其表面电性的特点以选择有效的分散活性剂。在石棉纺织中，只有 ζ 为正值的柔性纤蛇纹石石棉才适于湿纺。

四、矿物与液体亲和性

矿物颗粒在使用中常常与不同的液相物质按一定的配比加工。实际生产中确定液相的用量和种类均与矿物表面性质密切相关。这体现了矿物与液体的亲和性。具体涉及如下一些性质。

（一）吸湿性、湿润性和铺展系数

吸湿性是指矿物在一定条件下从空气中吸附水分的性质，可用吸湿率表征。干燥矿物试样在一定时间内从周围特定温度和湿度的空气中吸收的水分量与其本身质量之比率即为该矿物的吸湿率。按下式计算。

$$W_i = (m_s - m_0)/m_0 \tag{1-28}$$

式中：W_i——矿物试样 i 小时在特定温度和湿度空气中的吸湿率，%；

m_s——矿物试样 i 小时在某特定温度和湿度空气中吸湿后的质量，g；

m_0——干燥矿物样品的质量，g。

吸湿率主要与矿物的细度、比表面积、环境的温度和湿度等因素有关。吸湿性将影响制品的强度、耐久性和加工工艺。

绝大多数天然矿物都表现出一定的吸湿性。吸湿性也是矿物亲水性的表现。

若液相物质是油类，可用吸油性和吸油量表征。吸油性可体现矿物吸附有机大分子的性质。

湿润性是指液体使矿物表面湿润的难易程度。其定量表征参数即为铺展系数（以 s 表示，$s = -\Delta G$，G 为自由焓）。铺展系数系液体在矿物表面浸渍、附着、湿润状况的度量。铺展系数在填料、涂料工业中是重要的技术参数。

矿物表面的湿润性取决于矿物表面的化学组成和表面形貌。降低矿物的表面自由能和增加矿物表面的微观粗糙度是提高矿物表面疏水性的重要途径。

（二）水溶性、水解 pH

矿物在水中溶解、电离、水解而使矿物成分变化的性质称为水溶性。具有水溶性的矿物通常都具有较好的亲水性。亲水性是指矿物对水有吸引、吸附或吸着的亲和性。反之则称疏水性。

在常温条件下，矿物在纯水中的饱和水溶液所显示的 pH 称为水解 pH。

矿物的水溶性和水解 pH 对于涂料、胶体材料、黏结材料等稳定性和使用性能具有较大的影响。

（三）吸水膨胀性

矿物吸水后体积增大的性质称为吸水膨胀性。吸水膨胀性也是衡量矿物亲水性和胶体性能的一个重要指标，对黏土矿物具有重要的意义。对于黏土矿物的吸水膨胀性通常采用胶质价、膨润值和膨胀容来表征。

一般说来，每种黏土矿物都会吸水膨胀，只是不同黏土矿物的水化膨胀程度不同而已。黏土矿物的水化膨胀受表面水化力、渗透水化力和毛细管作用力的影响。

黏土矿物的吸水膨胀性是黏土矿物应用的一个重要属性。黏土矿物的许多物理、化学性质都与黏土矿物 - 水的相互作用有关，水化作用是黏土矿物亲水性的一个原因。首先是黏土矿物颗粒表面的水化作用；其次是黏土矿物层间可交换性阳离子的水合作用及由此引起的渗透水化作用。

1. 胶质价

胶质价是黏土矿物与水按比例混合后加入一定量的氧化镁凝聚一定时间所形成的凝胶层的体积，单位为 mL/15 g。胶质价表示黏土矿物分散与水化的程度，是黏土矿物颗粒分散性、亲水性与膨胀性的综合表现。

2. 膨润值

膨润值是指黏土矿物与水按一定比例充分混合后加入一定量的电解质（如氯化钙等）作用一定时间所形成的凝胶层的体积，单位为 mL/3g。与胶质价一样，膨润值也是黏土矿物分散性和水化膨胀性的重要指标，表征黏土矿物在不同介质条件下遇水膨胀和分散悬浮的性能。

3. 膨胀容

膨胀容是指黏土矿物与水按比例混合后再加入一定量的盐酸溶液膨胀后所占有的体积，单位为 mL/g。膨胀容是因黏土矿物产生表面水化和渗透水化引起的晶格膨胀和渗透膨胀作用所致，对于评价黏土矿物的水化性能、胶体性能和触变性能等非常重要。

通常钠基膨润土的胶质价、膨润值和膨胀容比钙基膨润土的高。同一属性的膨润土，蒙脱石含量越高，胶质价、膨润值和膨胀容越高。

胶质价、膨润值和膨胀容都是膨润土、皂石、坡缕石和海泡石等黏土矿物水化性能的技术指标。这些技术指标对于评价所制备材料的吸水膨胀性、分散悬浮性、胶体性、触变性及黏结性等都具有重要的意义，在涂料（如蒙脱石悬浮剂）、钻探（如钻井泥浆）、冶金（如铁矿球团黏结剂）等领域应用广泛。

（四）悬浮性、流变性

许多矿物在水中分散后具有一定的悬浮性，且这种悬浮液具有一定的稠性和流变性。形成絮凝胶体后具触变性，一经搅拌或触动就又可变成悬浮液。

含水量超过矿物(主要是黏土)液限时可形成细分散流体。流变性是指这种流体流动和变形的性质,包括胶凝强度、塑性黏度、触变性等。

1. 悬浮性

悬浮性是指矿物在水中分散、水化后形成悬浮而不沉淀的性质。它是指具有一定细度的矿物与水按比例混合放置一定时间后上部清液所占的体积,即为悬浮度。单位为 mL。

细分散矿物粒度都是微米级,因而在水中常具悬浮性。黏土矿物悬浮液的流变性质主要取决于悬浮液中黏土矿物颗粒的组合方式。颗粒分散良好的悬浮液称为胶溶胶体。凝聚作用使黏土矿物悬浮液形成絮凝胶体。

2. 黏性

黏性是指矿物粉体形成的流体内部由于内摩擦力而阻碍其相对流动的一种性质,也称黏滞性。黏性和触变性也属黏土矿物 - 水体系的工艺技术特性,属于泥浆性能和胶体性能的范畴。通常悬浮液的浓度越大,黏性也越大;浓度相同的情况下,颗粒越小,黏性越大。

通常用黏度表示黏性的大小。黏度以单位面积上的内摩擦力来表示,单位为 Pa · s。黏度的大小一般采用旋转黏度计进行测定。

3. 触变性

触变性是指已稠化成凝胶状不再流动的黏土矿物胶体、泥浆或其他矿物粉体的浆体,在受力时(搅拌、震动等)黏度降低,流动性增大,而静止后又较快稠化成凝胶状的特性。浆体的触变性,即在静止状态和流动状态下的变动性,可用厚化系数来表征。

厚化系数越大,泥浆的触变性也越大。厚化系数可采用流出黏度计和毛细管黏度计来测定。

影响流变性的因素很多,如黏土矿物的种类、数量、分散度、絮凝强度、高分子处理剂性质等。流变性是衡量泥浆性能和质量、油漆及涂料质量的重要参数。

(五) 打浆度、分散性

打浆度也叫叩解度,系指纤维状矿物在加入水和偶联剂,机械打浆分散后,纤维疏解的程度。纤维矿物的打浆度愈高,其分散性愈高。打浆度是纤维状矿物能否纺织、抄纸的重要指标。

分散性是指矿物颗粒或纤维在介质中均匀分散成单粒或细纤维的程度。分散性与颗粒或纤维的分散度有关。比表面积愈大则分散度愈高。但分散度还要受微粒表面电性、纤维柔软程度等多种因素影响,不一定分散度高,分散性就高。例如,当微粒表面黏合力大于介质分散力时,会出现结块、凝固,分散性变差。又如纤维状矿物柔软易绞缠者,较相对硬直纤维和颗粒状微粒分散性要差。

第二章　矿物理化性能的人工改变与增值

矿物理化性能的人工改变是应用矿物学研究的重要课题之一。随着科学技术进步和生产发展需求的提高,这方面的研究愈来愈显示其重要意义。对矿物的理化性能进行人工改善和优化,可以进一步满足生产对矿物材料质量和功能的要求,扩大其使用领域,并大大增加其经济价值。矿物性能的改变及增值可以通过选矿、提纯、改性、改型、复合、人工合成或生物方式等多种途径实现。通常认为,这种改变和增值的基本手段就是矿物的深加工。通常的选矿或矿物选纯不应归属深加工范畴,但高新技术的应用使矿物加工与深加工难于截然分开。

深加工是指常规精选后的矿物,经适当的物理的、化学的、生物的或组合使用上述方法进一步加工处理,改善、优化、附加矿物性能,提高和开发其更多的应用功能的过程。

矿物的增值是指为适应市场需求,改善矿物原料质量,进行适当加工处理,提高矿物原料的利用效率及制品性能和质量,从而提高矿物原料的经济价值的途径和方法。应该说,矿物的深加工和增值是紧密相关的,前者是后者的重要手段。但矿物增值及增值方法的内涵比深加工更丰富。除加工技术手段的增值(包括深加工,对矿物应用性能的研究,人工合成及矿物复合材料研究及开发等)外,还有地质勘探、采矿技术和综合利用水平的提高,以及信息、物流和商业因素的增值。本章仅讨论矿物增值的加工技术途径和方法。

矿物性质的人工改变及其增值的技术方法很多,并在不断发展。这里仅从当前广泛应用的超细加工、提纯、改性、改型四个方面进行讨论。

第一节　矿物的粉碎与超细加工

一、矿物的粉碎

粉碎(comminution)是大块物料在机械力作用下粒度变小的过程。根据颗粒粉碎过程中所形成的产品粒度特征可将粉碎分为四个阶段:破碎(crushing)、磨矿(grinding)、超细粉碎(superfine grinding)、超微粉碎(ultrafine grinding)。各个粉碎阶段的粒度特征如表 2－1 所示。

表 2－1　粉碎各阶段产品粒度特征

Table 2－1　Granularity characteristics of products in various grinding steps

阶段		给料最大块粒度/mm	产品最大块粒度/mm	粉碎比
破碎	粗碎	1 500 ~ 300	350 ~ 100	3 ~ 15
	中碎	350 ~ 100	100 ~ 10	3 ~ 15
	细碎	100 ~ 40	30 ~ 5	1 ~ 20
磨矿	一段磨矿	30 ~ 10	1 ~ 0.3	1 ~ 100
	二段磨矿	1 ~ 0.3	0.1 ~ 0.075	1 ~ 100

续表

阶段	给料最大块粒度/mm	产品最大块粒度/mm	粉碎比
超细粉碎	0.1 ~ 0.075	0.075 ~ 0.000 1	1 ~ 1 000
超微粉碎	0.075 ~ 0.000 1	-0.000 1	1 ~ 1 000

粉碎是一个高能耗、高材耗而低效率的过程。据统计,在世界许多国家的电能消耗中,粉碎占4%左右,而磨矿作业的能耗一般占选矿厂总能耗的40% ~60%。相对而言,冲击挤压破碎的能耗要比研磨磨碎的能耗低很多。因此,在粉碎过程中的基本原则是“多碎少磨”。总之,节能降耗和产品满足用户要求是粉碎过程研究的主要内容。

粉碎在矿物的提纯加工和其他行业中应用所起的主要作用是:

(1) 原料制备。如烧结、制团、陶瓷、玻璃、粉末冶金等部门,要求把原料粉碎到一定粒度供下一步处理、加工之用。

(2) 共生物料中有用成分的解离。使共生的有价成分与非有价成分或多种有价成分解离成相对独立的单体,然后选择合适的分离方法分离成各自单独的产品。

(3) 增加物料的比表面积。增大物料同周围介质的接触面积,提高反应速率,如催化剂的接触反应、固体燃料的燃烧与气化、物料的溶解、吸附与干燥以及强化粉末颗粒流化床增大接触面积、传质与传热效率等。

(4) 粉体的改性。在新材料,如一些功能材料、复合材料的制造中,就利用了粉碎过程中所产生的机械化学效应,引起粉末材料的晶体变形和性能改变来进行表面改性。

(5) 便于贮存、运输和使用。如物料需要采用风力或水力输送,食品等以粉状使用。

(6) 用于环境保护。如城市垃圾的处理、二次资源的利用都要将它们预先粉碎。

二、超细加工和超细分级

超细加工获得的超细粉体,其粒度一般小于5 μm,而一般机械研磨只能达到10 μm的细度。因此,超细加工(亦称超细研磨)是一项特殊的高新技术。

超细研磨的能耗较大,遵循 Rittinger 定理:能耗与新生颗粒的表面积成正比。如何改变高能耗、低效率这一状况是发展超细研磨技术的重要课题。此外,及时将超细研磨过程中不同粒级范围的粉末分开(即超细分级),不仅减少能耗、提高研磨效率,也是满足使用目的的需要。

现代超细研磨的设备主要是气流磨。它是利用高速旋动气流带动矿物粉末撞击在一静止的靶面上而将粉粒撞碎,同时气流所带动的粉末也会产生相互摩擦的作用;或者利用两个方向的高速气流带动矿物粉粒相互对撞,从而达到磨细的目的。现在最新的磨机可生产0.25 μm的超细粉。目前,国内外正在研究激光超细加工技术和等离子弧超细加工技术。

超细分级比超细研磨更为复杂。因为,颗粒变得越细,表面积和表面能变得越大,这将导致粉体相互黏结,从而使分级变得非常困难。对于密度小、超细程度高的超细粉更是如此。目前超级分级设备比超细研磨设备的发展要慢一些。

三、矿物经超细加工后性能的改变

矿物经超细加工后,粒度变小,表面积增大,从而导致其性能的改变。目前,尽管这方面的研究工作还有待深入，但下述几个方面的效应还是非常明显的。

（一）矿物成分和结构的变化

由于超细研磨过程中的机械能可激发矿物的活性，致使其成分、结构产生某些变化。如湿磨云母超细粉可发生 Mg 代 Fe、Al 代 Fe 等类质同象代换现象；可使二八面体云母（白云母）变成三八面体云母。又如方解石在机械力的作用下可变为文石。

（二）矿物的非晶质化

如石英、石墨在强机械力作用下可发生非晶质化。加工到纳米级的矿物颗粒在粉晶 X 射线衍射图谱中表现为非晶特征。

（三）矿物表面性质的变化

超细颗粒比表面积大大增加，引起矿物表面性质如基团、电性等变化，从而导致矿物的吸附性、黏结性、水化性及流变性等性能的变化。

（四）矿物稳定性的变化

由于矿物超细，表面性能变化，表面能增加，也导致了矿物内能的增加，致使矿物的热稳定性和耐酸、耐碱性降低。如氧化物从微米级降到纳米级其反应温度或熔点呈数量级下降。

（五）提高矿物的纯度、白度

矿物超细可使其中所含的杂质分离，从而提高其纯度和白度。

总之，超细研磨使矿物粒度改变的同时，也改变和优化了矿物的很多性能。有些性质的改变是直观的，如白度、细度、吸附性等；有的则需要在制品中才能表现出来，有人称其为“后果效应”。

四、矿物超细粉的应用

矿物超细粉主要用于填料。如高岭石、方解石、滑石、石膏等矿物的超细粉用作造纸填料、塑料填料、涂料填料、橡胶填料及黏结剂、药剂、颜料、化妆品等的填料或添加剂等。超细粉的另一重要应用领域是制作精细陶瓷。如利用矿物超细粉，可使制作的陶瓷像铝一样轻，像钢一样韧，像金刚石一样硬；可制作电子陶瓷（如集成电路板、点火元件、滤波器、传感器、磁性体等）、工程陶瓷（如切削工具、轴承、高效热引擎材料等）、生物陶瓷（如人工骨骼、人工关节等）。

第二节　矿物的提纯加工

矿物的提纯加工是依据矿物的各种物理性质、表面的物理性质及化学性质的差异性，利用物理的、化学的、生物的方法，对矿物资源（通常包括金属矿物、非金属矿物、煤炭等）进行选别、分离、富集其中的有用矿物，其目的是为冶金、化工等行业提供合格的原料。直接与矿物加工有关的矿物性质主要有密度、磁性、电性、润湿性和生物活性等。一般来说，矿物加工的对象是矿石，矿石的性质与选矿密切相关，包括矿石的化学成分、矿物组成、结构构造（如颗粒和集合体的大小、形状、分布以及颗粒间的连晶等）、矿石中金属元素的赋存状态等。例如，根据矿石的化学成分及矿物组成，可以确定应该回收哪些有用成分（矿物及元素），应该去除哪些有害杂质；根据矿石的结构构造及有用成分的赋存状态，可以判定磨矿的单体解离粒度、矿石的可选性，以及综合利用有用成分的可能性。

矿物加工实践中,往往采用特定方法来扩大矿物之间的物理化学性质差异,以提高分选效率。例如,用各种浮选药剂改变矿物的润湿性;用磁化焙烧的方法改变矿物的磁性;用酸和盐类处理矿物表面,选择性地改变矿物的导电性等。矿物的提纯加工涉及的方法(选矿技术)主要包括重选、磁电选、浮选、复合物理场分选、化学分选等。

根据不同的矿石类型和对选矿产品的要求,在实践中可采用不同的选矿方法。常用的选矿方法有浮选法、重选法和磁选法,其中浮选法应用最广。

矿石的选矿处理过程是在选矿厂中完成的。一般包括以下三个最基本的工艺过程:

(1) 分选前的准备作业。包括原矿(原煤)的破碎、筛分、磨矿、分级等工序。本过程的目的是使有用矿物与脉石矿物单体分离,同时为下一步的选矿分离提供适宜的条件。

(2) 分选作业。借助于重选、磁选、电选、浮选和其他选矿方法将有用矿物与脉石矿物分离,获得最终的选矿产品(精矿、中矿、尾矿)。分选所得有用矿物含量较高、适合于冶炼加工的最终产品,叫做精矿。分选过程中得到的尚需进一步处理的中间产品,叫做中矿。分选后,其中有用矿物含量很低,不需进一步处理(或技术上、经济上不适合于进一步处理)的产品,叫做尾矿。

(3) 选后产品的处理作业。包括各种精矿、尾矿产品的脱水,细粒物料的沉淀浓缩、过滤、干燥和洗水澄清循环复用等。

一、重选

重力分选(gravity concentration)是利用不同物料颗粒间的密度差异,同时借助某种流体动力或机械力的作用创造适宜的松散、分层及分离条件,从而使轻、重矿物得到分离的工艺方法。重选的实质概括起来就是松散→分层→分离的过程。重力分选需在介质中进行,所用的介质有水、重介质和空气。其中最常用的是水。在缺水干旱地区或处理特殊原料时可用空气,此时称为风力分选。在密度大于水或轻物料密度的重介质(重液、重介质悬浮液)中分选时,称重介质分选。

利用重选方法对物料进行分选的难易程度可简易地用待分离物料的密度差判定,即:

$$E=\frac{\delta_2-\rho}{\delta_1-\rho} \tag{2-1}$$

式中,E 称为重选可选性判断准则。δ_1、δ_2和 ρ 分别为轻物料、重物料和介质的密度。一般认为,当 $E>2.5$ 时,属极易选;$2.5>E>1.75$ 时,易选;$1.75>E>1.5$ 时,可选;$1.5>E>1.25$ 时,难选;$E<1.25$ 时,极难选。

根据介质的运动形式和作业的目的不同,重选可分为以下几种工艺方法:分级、重介质分选、跳汰分选、摇床分选、溜槽分选,离心分选机分选和洗选。重选的优势在于能够低成本地处理各种粒度的矿石。处理粗粒(>25 mm)、中粒(25~2 mm)及细粒(2~0.075 mm)矿石的设备,其处理能力大、能耗少而且造价一般较低,故选矿厂在可能条件下会尽量采用重选。处理微细粒级(<0.075 mm)的重选设备处理能力低,分选效果差,但在其他选矿方法难以奏效时,重选仍是可用的方法。

重选现主要用于钨、锡、铁、锰、铬、贵金属及稀有金属(钽、铌、钍、锆、钛)矿石的选别,也是选煤的主要方法。重选方法在处理二次再生资源和环境保护等方面也发挥着重大作用,如废纸、废塑料和废金属的分选;烟气收尘;无机材料分级提纯等。随着人类对自然资源利用研究的深入，重选过程理论和重选技术也得到了很大的发展。今后其在处理低品位资源、二次资源和资源深加工等方面将发挥更大作用。

二、磁选

磁场分选（简称磁选）（magnetic separation）是利用不均匀磁场中被分离矿物或组分的磁性差异而使矿物中不同磁性组分实现分离的技术。矿物进入磁选机的非均匀磁场中，矿物颗料同时受到磁力和竞争力的作用。磁力占优势的颗粒，便成为磁性产品，竞争力占优势的颗粒成为非磁性产品，在某些情况下也可分出中矿。由于颗粒间的相互作用力，有些非磁性颗粒混杂在磁性产品中，一些磁性颗粒混杂在非磁性产品中，而中矿中含有这两种颗粒和未单体解离的连生体。

磁选法广泛地应用于黑色金属矿石的分选、有色和稀有金属矿石的精选、重介质选矿中磁性介质的回收和净化、非金属矿中含铁杂质的脱除以及垃圾与污水处理等方面。

磁选是处理铁矿石的主要选矿方法。我国铁矿石资源丰富，目前保有的探明储量已达 576×10^{8} t，居世界前列，但我国铁矿石 90% 以上为贫矿，均需经过选矿富集才能达到炼铁生产的要求。根据我国的实践，铁精矿品位每提高 1%，高炉利用系数可增加 2% ~3%，焦炭消耗量可降低 1.5%，石灰石消耗量可减少 2%。

在重介质选煤或选矿时，多采用磁铁矿粉或硅铁作为加重质，由于作为重介质的悬浮液要循环使用，需要用磁选法回收和净化处理。

非金属矿原料中一般都含有害的铁杂质，磁选就成为非金属矿提纯中重要的手段之一。例如，当高岭土中含铁高时，高岭土的白度、耐火度和绝缘性都降低，严重影响制品质量。一般地，铁杂质除去 1% ~2%①，白度可提高 2 ~4 个单位。目前高岭土除铁最有效的方法是采用高梯度磁选机（high-gradient magnetic separator）。

对于有色金属和稀有金属矿物，当用重选和浮选不能得到最终精矿时，可用磁选结合其他方法进行分选。例如，用重选得到的黑钨粗精矿中，含有一定量的锡石，利用黑钨矿具有弱磁性而锡石无磁性的特点，可采用磁选法进行分选从而得到合格的钨精矿。

磁选的发展，归根结底是磁选机（magnetic separator）的发展。20 世纪 90 年代以来，由于高磁性能稀土永磁材料（特别是钕铁硼）的发明，传统的高耗能电磁感应磁选机已逐渐被永磁磁选机取代。同时超导技术的应用和发展，使得磁选机的磁感应强度大幅度提高。此外，脉动高梯度磁选设备的应用使得磁选效果大大提高。

三、电选

电选（electric separation）是根据有用矿物和脉石矿物颗粒电导率的不同，在高压电场中进行分选的方法。包括电选、电分级、摩擦带电分选、高梯度分选、介电分选、电除尘等内容。对于磁性、密度及可浮性都很相近的矿物，采用重选、磁选、浮选均不能或难以有效分选，可利用它们的电性质差异使之采用电选法分选。目前除少数几种矿物直接采用电选外，电选主要还是用于矿物的精选，即先经重选或其他选矿方法粗选后的粗精矿采用单一电选或电选与磁选配合，获得最

① 本书中如无特别说明，含量和质量浓度皆指质量分数。

终的精矿。目前电选广泛应用于有色、稀有、黑色金属矿石的精选,例如铌钽矿与石英、长石、云母等的分选;非金属矿的分选,包括石墨、石棉、金刚石的分选或精选;回收各种固体废物中非铁金属,例如从电子废物、塑料垃圾中回收非铁金属。

四、浮选

泡沫浮选(froth flotation)又称浮游选矿(浮选),是利用矿物表面物理化学性质差异,特别是表面润湿性,常添加特定浮选药剂(flotation reagents)的方法来扩大矿物间润湿性的差别,在固-液-气三相界面上,有选择性富集一种或几种目的矿物,同时借助于气泡的浮力达到与脉石矿物分离的一种选别技术。

图 2-1 是泡沫浮选过程的简单示意图,主要包括的过程有:(1) 充分搅拌使矿浆处于湍流状态,以保证矿粒悬浮并以一定动能运动;(2) 悬浮矿粒与浮选药剂作用,目的是使矿物颗粒表面的选择性疏水化;(3) 矿浆中气泡的发生及弥散;(4) 矿粒与气泡的接触;(5) 疏水矿粒在气泡上的黏附,矿化气泡的形成;(6) 矿化气泡的上浮,精矿泡沫层的形成及排出。

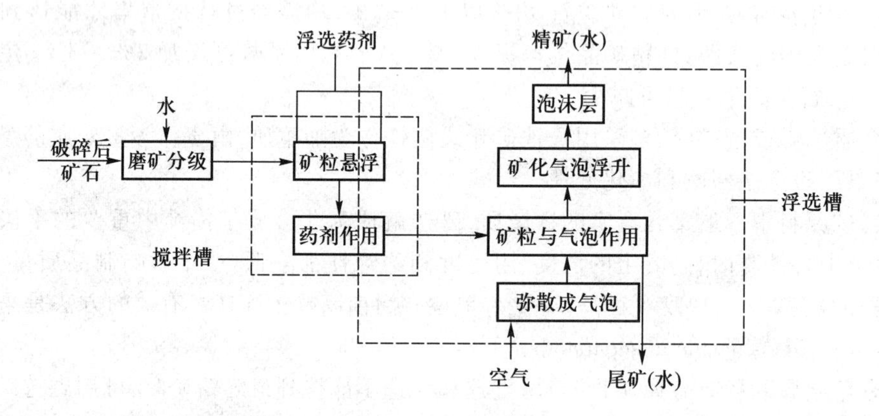

图 2-1　泡沫浮选过程简化示意图

Fig. 2-1　The schematic diagram of froth flotation process

浮选,是细粒和极细粒矿物分选中应用最广、效果最好的一种选矿方法。由于物料粒度细,粒度和密度作用极小,重选方法难以分离;而对一些磁性或电性差别不大的矿物,也难以用磁选或电选分离,但根据它们的表面性质的不同,即根据它们在水中对水、气泡、药剂的作用不同,通过药剂和机械调节,可用浮选法高效分离出有用矿物和无用的脉石矿物。随着矿石资源的"贫、细、杂、散",加之冶金、材料和化工行业对细粒、超细物料分选的高品位要求,浮选法越来越显示出优越于其他方法的特点,成为目前应用最广且最有前途的选矿方法。

浮选不仅用于分选金属矿物和非金属矿物,还用于冶金、医药、农业、造纸、食品、微生物、环保等行业的许多原料、产品或废弃物的回收、分离和提纯等。目前无论是在浮选理论和实践以及浮选设备上,都积累了丰富的成果和经验,并在不断地提高和发展。例如,电化学浮选、选择性絮凝、分支浮选工艺、载体浮选、闪速浮选、团聚浮选、微泡浮选、离子浮选、沉淀浮选、吸附浮选等新工艺不断发展。随着浮选工艺和方法的改进,高效浮选药剂和新型浮选设备的出现,浮选将会在更多的行业得到广泛的应用。

五、复合物理场分选

近年来,应用复合力场实现物料分选引起了更广泛的重视,产生了一系列新的复合力场分选方法。例如旋转螺旋溜槽利用了重力、介质阻力、离心力、惯性力在内的复合力场;磁流体分选是综合利用磁场、电场及重力场的复合力场分选的新工艺;重力浮选利用了疏水性物料的表面张力作用并叠加了重力场和惯性振动力场;以及最近几年回收处理电子废弃物有用成分的涡流分选和气流分选。还有见诸报道的电场浮选、磁场絮凝团聚分选、摩擦弹跳分选等。

第三节　矿物形态粒度定向提纯加工

按矿物形态或粒度优选定向提纯加工是通过选别设备和工艺把具有特定形状(粒状、片状、纤维状)或是硬度不同(弹、脆、硬)的颗粒从物料或集合物中分选出来,达到特殊形态(形状和硬度)、特定粒度分布的矿物提纯目的。基本原理是利用有些矿石或物料中由于其不同矿物具有不同的晶体结构,粉碎解离后会呈现不同的颗粒形状和硬度差异等。如云母矿石中,有用矿物云母适当粉碎后呈片状,其他矿物呈粒状。因此,可以用一定筛孔的筛子筛分从而达到分选的目的。

按矿物形态定向提纯加工的主要方法包括:选择性破碎、定向性劈分和多级分级技术、摩擦选矿、风力选矿、剥片技术等。

① 选择性破碎和多级分级技术:一些矿石中有用矿物和脉石矿物在选择性破碎和形状方面的差异性,利用特殊破碎设备和分级结合,实现矿物富集和提纯的目的。例如石棉选矿,由于石棉纤维易于解离进入单向细粒级中,可通过旋转筛分富集石棉纤维。为了有效保护石棉纤维的自然长度,多选出长棉和最大限度地回收石棉纤维,一般采用多段破碎揭棉和多段分选。对于横纤维石棉矿石需要 3 ~4 段破碎揭棉,纵纤维矿石需要 4 ~5 段破碎揭棉。破碎揭棉设备一般采用冲击式破碎机,如立轴锤式破碎机、反击式破碎机、笼式破碎机等。同样,蛭石、高岭石、滑石等片状结构矿物也可以通过选择性粉碎和筛分进行富集和提纯加工。

② 多级形状筛分技术:以云母为例,根据云母晶体与脉石的形状不同,在筛分中透过筛子缝隙或筛孔能力的不同,使云母和脉石分离。选别时,采用一种两层以上不同筛面结构的筛子,一般第一层筛筛网为方形,当原矿进入筛面后,由于振动或滚动作用,片状云母和小块脉石可以从条形筛缝漏至第二层筛面,因第二层是格筛,故可筛去脉石从而留下片状云母。

③ 摩擦选矿:根据成片状的矿物晶体的滑动摩擦系数与浑圆状脉石的滚动摩擦系数的差别,利用相应的选别设备使片状晶体矿物和脉石分离。摩擦选矿法使用的设备很多,有斜板分选机、螺旋分选机、金属料板分选机。斜板分选机是由一组金属斜板组成,每块斜板长 1 350 mm、宽1 000 mm,其下一块斜板的倾角大于上一块斜板的倾角。每块斜板的下端都留有收集片状晶体的缝隙,其宽按斜板排列顺序依次递减。缝隙前缘装有三角堰板。在选别过程中,大块脉石滚落至废石堆;有用矿物片状晶体及较小脉石块经堰板阻挡,通过缝隙落下一斜板。依次在斜板上重复上述过程,使片状晶体矿物与脉石逐步分离。

④ 风力选矿:其工艺流程一般为“破碎→筛分分级→风选”。矿石经过破碎之后,形成不同形状的矿物。以黏土矿为例,黏土基本上在冲击粉碎后呈薄片状,而杂质矿物长石、石英类呈颗

粒状。再采用多级别的分级将入选物料预先分成较窄的粒级，按其在气流中悬浮速度的差异，采用专用风选设备进行分选，既可以分离不同矿物，又可以分离出不同粒度纯度的同一矿物，如95%以上2 μm的高岭土。

⑤ 提纯剥片技术：主要的对象是蒙脱石和高岭石、云母。剥片是利用高岭土和云母的层状结构，层间引力小，容易剥离，使叠层状的高岭土或云母解理为薄片状。剥片的方法主要有磨剥法、高速喷射法和化学浸泡法等。使用的设备主要有轮碾机、砂磨机、搅拌磨、振动磨、高压均浆机、水射流粉碎机等。

第四节　矿物的改性处理

矿物改性处理是矿物性质人工改变的重要技术途径，在矿物深加工增值中占有重要地位。其方法很多，应用最广泛的主要有表面处理、加热处理、辐射处理等。

一、表面处理

表面处理的目的是改善和优化矿物表面性质，包括一系列物理的和化学的方法，具体处理方法因不同的对象和目的而异。常用的有化学药剂处理、涂层处理和酸碱处理等类型。

（一）化学药剂处理

主要用于填料矿物的功能优化。化学药剂主要是偶联剂和润湿剂。

偶联剂是联结矿物和聚合物的药剂，其作用是使矿物与有机聚合物间的界面改性，能相互牢固结合。在填料工业中，用这种方法可提高填料矿物的充填量，降低塑料、橡胶制品的成本，同时也可以改善制品的性能。例如用硅灰石等长径比大的增强填料可提高制品的强度。润湿剂的作用是使矿物润湿，使之在聚合物基质中均匀地分散。以塑料为例，添加润湿剂可以降低塑料熔体的黏度，提高填充剂用量。典型的润湿剂都是由聚酯组成。有三种适用于不同矿物填料的润湿剂，即阳离子型，电中性型和混合型。

在塑料和橡胶工业中有以下几种常用的主要药剂：

1. 硅烷偶联剂

硅烷含有一个—$Si(OH)_2$基，可被水化为—$Si(OH)_3$，后者与系统中的无机组分能很好地结合。硅烷还有一个可与有机组分结合的有机官能团。因此，硅烷使系统中两组分间产生很强的结合界面，从而可提高材料的强度、机械性能和电性能。但硅烷偶联剂通常只适用于处理酸性填料，如硅石、硅酸盐、黏土、硅灰石和三水铝石。这种偶联剂特别适用于不饱和聚酯、环氧树脂和热塑性塑料。

2. 钛酸酯偶联剂

这种药剂可通过与无机界面上自由电子反应生成具有机功能性质的单分子层，而将无机组分与有机组分结合在一起。特别适用于热塑性和热固性塑料中的碳酸钙和硅灰石等填料的表面改性。

3. 锆铝酸盐偶联剂

能与硅烷偶联剂相容，且稳定，溶于水，起作用时不需要水。适用于聚氯乙烷等和填料如硅石、黏土、碳酸钙、三水铝石和二氧化钛等。

4. 疏水润湿剂

通过排除和吸收填料周围的空气和水分,并以与有机介质相容的化学药剂包住填料实现表面改性。润湿剂有助于填料的分散,而反应时起偶联作用。钛酸酯偶联剂与疏水润湿剂可相互增强协同作用。适用于碱性填料,如碳酸钙。

5. 脂肪酸酯

可增强熔体的流动性,减少能耗,改善填料量高的聚烯烃、聚乙烯和聚丙烯复合材料的物理性能。适用于碳酸钙、氧化锑和三水铝石。

6. 氯化石蜡

为低价值的偶联剂。可作为硅灰石的偶联剂,对聚乙烯密封剂有增强作用。在塑料中也起阻燃作用。

7. 有机硅

可改善聚丙烯和聚乙烯的加工性能和机械性能。可用于碳酸钙、云母、滑石和高岭土等矿物填料的预处理。

8. 活性纤维素

用以改善矿物填料的流动性能和润湿性能,提高偶联剂的作用效果。增黏剂或增稠剂可提高有机相的黏度和稠度。亲油性有机膨润土是良好的增黏剂。它是有机化合物与膨润土的复合物。其基本处理方法是钠型膨润土经选矿除去杂质后,用无机酸液化(活化土有利于有机分子进入矿物结构单元层层间),最后用有机覆盖剂在一定温度下进行覆盖而成。常用的覆盖剂为长链铵类。

(二) 涂层处理

涂层也是一种常用的使矿物改性的方法。例如,用表面涂有酚醛树脂或呋喃树脂的圆形石英细砂制成的铸模,可使铸件表面光滑,光洁度高,免去再进行机械打磨的工序;用呋喃树脂涂敷的 0.84 ~ 0.42 mm(20 ~ 40 目)的圆形高纯石英砂,在石油井孔内的高温条件下固化,石英砂留在裂隙中形成固体过滤层,提高滤油性,增加石油产量;用荧光涂料涂敷的石英砂作示踪矿物,可代替放射性同位素跟踪粒子,且对生物机体无损害。

用金属氧化物颜料对白云母或金云母做涂层处理可产生珠光效果;用 2.38 ~ 0.84 mm(8 ~ 24 目)或 0.84 ~ 0.32 mm(24 ~ 48 目)颜料涂层的砂粒加入油毡中,可使屋面油毡美观耐用甚至可与金属板材竞争;在珍珠岩从膨胀炉出来的高温状态下用压力喷涂法进行有机硅(硅胶)涂层后,可改变珍珠岩的吸附性,从而使制品的吸水性降低,提高其保温、隔热及绝缘性能。有人认为温石棉致癌原因之一是纤维表面表现出很高的极性点——OH^- 官能团。加拿大研究者采用氯酸磷($POCl_3$)的工艺,使石棉纤维在转筒中与含 $POCl_3$ 蒸气中的氯气在 105℃下起反应。纤维表面的 OH^- 官能团使 $POCl_3$ 水化,并为 PO_4^- 官能团取代,形成一层不溶的磷酸镁(图 2-2),从而改变了温石棉的表面性质,不再存在致癌的诱发因素。

(三) 酸碱处理

这是一种用酸或碱对矿物进行腐蚀处理的方法。酸或碱处理后的矿物,比表面积增大,吸附性增强,表面活性增大。如用无机酸(主要是硫酸或盐酸)处理膨润土、坡缕石等黏土矿物,可增强表面活性,提高吸附性能。

二、加热处理

某些矿物通过加热处理可以调整矿物的成分或结构从而使性能优化。例如某些宝石矿物(如红宝石、蓝宝石、海蓝宝石等)经过一定条件下的高温热处理可以改变其所含杂质元素色素离子的价态、消除部分包裹体、双晶等内部缺陷,使宝石的颜色和透明度得到改善。又如某些黏土矿物可进行加热活化处理,冰箱除臭剂、干燥剂经加热处理可以重复使用等。

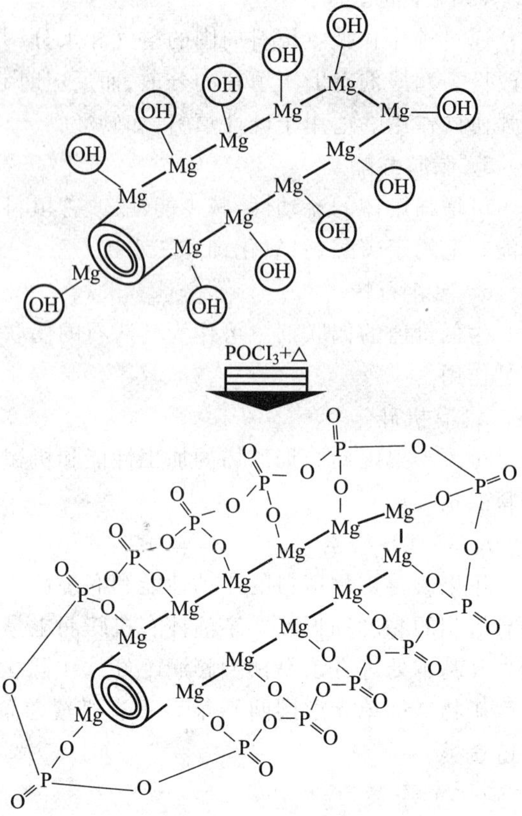

三、辐射加工处理

1. 核辐射处理

利用核辐射产生的 α、β、γ 射线轰击矿物使其成分和结构或性质发生改变,如某些宝石矿物晶体,经放射性辐照或高速电子轰击,可使结构中产生色心而呈色。如市场上常见的由辐射改色的蓝黄玉、紫水晶等。但经过辐射的宝石早期含有微量放射性,须经过一定的放射性衰变期后方可出售。

2. 电磁辐射加工

某些矿物在电磁波作用下,性能或发生改变或产生物理效应和化学反应,如利用微波可以进行矿物的烘干、脱水、加热、活化、烧结、反应等加工处理。

$POCl_3+\triangle$

图 2-2 温石棉纤维的表面处理

Fig. 2-2 The surface treatment of chrysotile fibers

微波对钛铁矿的预处理可以克服含钛复合铁矿结构致密,难采难选的困难。磨矿是矿物加工过程中能耗较大且效率较低的阶段。传统磨矿大约消耗矿物加工过程总能耗的一半以上,但能效却只有 1%。微波辅助钛铁矿的破碎是根据矿物中的不同组分介电性质不同的特点,微波将选择性加热矿物中的高损耗相如钛铁矿矿石,而低损耗相则没有明显的温升,尤其是矿石中石英、方解石等脉石组分几乎不能被微波加热。微波在短时间内(<10 s)选择性地加热矿石中的某些组分,使不同组分间因热膨胀系数不同而在晶格间产生应力,导致颗粒间边界断裂,从而促进有用矿物的解离并改善矿石的可磨性,并降低钛铁矿石的磨矿能耗。

微波加热能促进酸浸出反应产生的较致密层(包裹未反应的矿核),使浸出固相反应连续进行,对化学反应起到催化作用,可以促进矿物在溶剂中的溶解,提高湿法冶金浸出过程的浸出速率和降低浸出过程的能耗,而微波加热本身不产生任何气体,实现冶金过程的高效、节能、环境友好。

第五节 矿物的改型处理

用人工方法使矿物在成分或结构特征上改型也是优化矿物性能的重要方法。主要有离子交换、交联柱撑等方法。

一、离子交换改型

通过控制温度、压力和介质等条件，用离子交换的方法，将矿物的阴或阳离子结构型加以改变，从而使其具有更为优良的性质，如钙型膨润土改成钠型膨润土，其吸附性、吸水膨胀性、分散悬浮性、黏结性和阳离子交换性能大为改善。

唐子林（1989）应用控制介质条件的技术，使 Mg^{2+} 充分取代蒙脱石中八面体内的 Al^{3+}，控制层电荷的高低；同时用助剂使膨润土充分水化，增大蒙脱石层间距，再经分散解离，晶格错位，使大部分晶面破坏，造成断、破键，增加比表面积及可变电荷，改善蒙脱石的胶体性能。他把这种改型处理称作"晶体分离"处理（表 2 – 2）。

表 2 – 2　膨润土晶体分离处理前后的性能

Table 2 – 2　The performance of bentonite pre – and post separation

样品		化学成分平均值/%						理化性能					
		SiO_2	Fe_2O_3	Al_2O_3	FeO	MgO	CaO	吸蓝量 mEq/100 g	*CEC* mEq/100 g	胶质价 mL/15 g	膨胀容 mL/g	比表面积 m^2/g	S – 电位 (pH = 8) mV
1	分离前	62. 34	2. 73	17. 24	0. 12	5. 44	2. 9	130 150	88. 999	38	6		
	分离后									48. 5	7		
2	分离前	62. 36	6. 52	15. 90	0. 31	1. 38	1. 37	53	48. 5	34. 5	5	19 683	– 35. 78
	分离后									46. 5	7	20 817	– 14. 72
3	分离前	67. 5	6. 59	14. 75	0. 13	1. 40	1. 38	90. 08		38	10	26 487	– 23. 45
	分离后									98	36	28 245	– 19. 72

* 注：1. 四川三台县切托型钙基膨润土；2. 陕西洋县过渡型钙基膨润土；3. 山东胶县怀俄明型膨润土。据唐子林，1989。

天然沸石的改型也是很有意义的应用技术。

（1）天然沸石改型为 P 型沸石。2 ~ 0. 075 mm（10 ~ 200 目）的天然沸石，置入 5 mol/L NaOH 溶液中，在（95 ± 5）℃下加热 70 h 即可获得 P 型沸石。

（2）H 型沸石。用稀无机酸（如 HCl、H_2SO_4、HNO_3等）处理天然沸石，并使 H^+ 交换率在 20% 以上。处理后的天然沸石在 90 ~ 110℃下干燥，然后经 350 ~ 600℃加热活化而成。H 型沸石具很高的吸附速度和阳离子交换容量。

（3）Na 型沸石。天然沸石可用过量的钠盐溶液（NaCl、Na_2SO_4、$NaNO_3$）处理，保持 Na^+ 交换率在 75% 以上，再经成型—干燥—加热活化处理，即可改型为 Na 型沸石。Na 型沸石对气体的吸附性很强，甚至比合成的 5A 分子筛的吸附量还大。

此外，Cu 型沸石、NH_4型沸石都可用天然沸石进行改型而得。

在天然沸石进行改型处理过程中，温度及酸、碱度的控制十分重要。实验证明，在 < 600℃条件下，沸石的离子交换能力变化较小； > 600℃，其离子交换能力将急剧降低； > 900℃，离子交换能力基本丧失。天然沸石在5 mol/L以下的强酸中进行处理(煮沸1 h)时,其离子交换容量变化不大;增加酸浓度,则交换能力降低。

天然沸石改型的成本比人工合成沸石的费用低20~100倍,很有发展前景。

二、插层改型

利用层状矿物的阳离子、层间水的可交换性和层间电荷,可以把较大的有机阳离子和无机聚合离子引入,使其化学组成、层间距、比表面积、吸附性能、表面酸性和耐热性能等性质得到明显改善。

(1) 插层处理。以层状黏土矿物为基质,以有机季铵盐(如十六烷基三甲基溴化铵)为有机插层剂制备有机黏土。常用的黏土矿物有蒙脱石、累脱石、皂石、高岭土等。

(2) 交联柱撑。以层状黏土矿物为基质,以无机羟基金属聚合物为交联介质,采用水热合成法制备柱撑黏土。常用的无机金属离子有铝、钛、铁、锌等。如铝交联剂柱撑处理累脱石,可使累脱石层间吸附柱状有机分子,形成交联累脱石。交联累脱石具层柱状结构,可作二维通道的分子筛。

插层和交联柱撑可以组合使用,从而合成具有良好比表面积、表面酸性、表面亲疏水性、大空间、多离子种类的无机-有机复合交联改型黏土。

三、微生物改性与改型

通过微生物改性改型的方式有三种:微生物代谢产物中的无机物和有机物或铵离子或氨基酸等直接与矿物发生一定的表面反应;其代谢产物也可以发生离子交换作用或插层、交联柱撑作用;微生物个体或膜黏附或覆盖矿物表面之上从而实现改性和改型。当然,上述过程也可以发生于常温进行的前述无机、有机改性、改型的组合过程中。

尿素的水解、改变pH、反硝化作用、氧化还原作用、代谢碳源(醋酸盐、葡萄糖、尿素)作用,伴随一系列理化、生化反应包括无机物的沉积(生物矿化)、有机物沉积(生物膜的形成)及气体的产生,在充分适宜的活化反应条件下,影响矿物的表面和内部活动成分结构,最终导致表面性质、界面行为的显著改变。

根据微生物所起作用的大小可把改造过程分为生物诱导(induced)过程和生物控制(controlled)过程。微生物诱导过程中矿物结构改造很大程度上取决于环境条件,而生物控制过程会产生特定的定向作用结果或现象,甚至生成某一指定晶型的晶体。如生物填充(防渗)是运用微生物方式生成孔隙填充材料从而改善矿物材料孔隙结构及渗透性;又如微生物较少的生物胶结和大量微生物本身盘旋缠绕形成网状体系将矿物颗粒团聚起来形成生物连接(biobinding)。

在生产过程中尽量减少化学试剂的应用对环境的保护具有积极的意义。笔者通过微生物法对矿物进行改性,通过培养氧化铁硫杆菌,使其所产硫酸复盐和细菌大分子"生长"于硫化矿表面或者缺陷处,从而实现对矿物的表面改性。该方法不仅能够改变矿物表面性质,较好改善矿物与有机物间的界面性能,同时还可减少化学试剂的使用。

第六节　矿物性质人工改变后的增值

由本章以上各节所述,可以明显看出,矿物的一些性能通过人工处理可以获得改善和优化。现再将某些矿物经人工改性后的技术效果及增值情况,举例列表(表2-3)予以说明。

表 2-3　某些矿物的人工改性、增值情况

Table 2-3　Artificial modification and value-added of minerals

矿物种	人工改性的技术效果	主要应用领域	增值/倍
碳酸钙	提高充填量	聚氯乙烯管	2~10
高岭土	提高电性能,作颜料代用品	轮胎制品,三元乙丙橡胶,电线和电缆	2~10
硅灰石	改善强度等物理性能,作璃纤代用品	尼龙	1.6~3.8
云　母	改善物理性能	聚烯烃	1.13~5.9
石英砂磨细粉	改善电性能	环氧树脂铸膜料	27.9~35.3
滑　石	改善物理性质	工业橡胶	1.48~3
有机黏土	改善流变性	涂料	6.0~37.6
柱撑黏土	增大吸附性能	催化剂	10~60

第三章 矿物现代分析测试方法

矿物的应用取决于它的成分、结构和性质。合理选择和使用现代分析测试方法,对矿物的种属、成分、结构、形态和物理化学性质进行研究,是非常重要的基础性工作。

在制订分析测试工作计划时,应该对各种分析测试方法的基本原理,可分析测试的参数,包括测试精度和制样要求等有足够的了解。表 3 - 1 列出了鉴定与研究矿物的主要分析测试方法。

表 3 - 1 鉴定与研究矿物的主要分析测试方法一览表

Table 3 - 1 Methods list of mineral identification and analysis

分析测试方法	研究内容				
	化学成分	晶体结构	晶体形貌	物理性质	物相鉴定
化学分析	○				
等离子发射发光谱	○				
原子吸收光谱	○				
X 射线荧光光谱	○				
电子探针分析	○				
X 射线分析(单晶、粉晶)		○			○
X 射线光电子能谱	○				
扫描电子显微镜分析(能谱、波谱、EBSD)	○	○	○		
透射电子显微镜分析(能谱)	○	○	○		○
扫描探针分析			○		
偏光显微镜			○		○
反光显微镜			○		○
红外吸收光谱		○			○
拉曼光谱		○			○
核磁共振波谱	○	○			
穆斯堡尔谱	○	○			
激光粒度分析				○	
热分析				○	○

随着矿物研究的深入及分析测试技术的发展,一些新的分析方法被不断开发出来,并应用于矿物的研究中,如同步辐射技术,三维 X 射线显微镜技术,等等。

同步辐射是速度接近光速($v \approx c$)的带电粒子在磁场中沿弧形轨道运动时放出的电磁辐射。最初它是在同步加速器上观察到的。同步辐射是具有从远红外到 X 射线范围内波长的连续光谱、高强度、高度准直、高度极化、特性可精确控制等优异性能的脉冲光源,可以用以开展其他光源无法实现的许多前沿科学技术研究。

同步辐射已经广泛应用于地质学、矿物学、生命科学、物理学、化学、材料科学、信息科学、环境科学和以微电子机械系统为代表的先进制造技术等众多领域。如以同步辐射作辐射源的 X 射线吸收光谱可以研究矿物核化、结晶和相变过程、矿物的表面结构、界面结构和表面反应等,可提供矿物中吸收体的氧化态、位置畸变、电子结构与成键的信息,以及原子间距、配位数、结构无序、邻近原子的种类、局部结构与配位体联结等信息。

三维(3D)X射线显微镜技术是一种基于同步辐射光源先进光学发展起来的成像技术。X射线光学和探测器技术的进步,导致了三维X射线显微镜(XRM)的出现,将微观X射线成像的分辨本领延伸到亚微米甚至纳米尺度。XRM具有与同步辐射技术类似水平的分辨率和图像衬度(最高达50 nm空间分辨率),并能够使这种成像能力成为现实。3D XRM广泛应用于地质学、矿物学及生命科学和材料科学等众多领域。在地质学和矿物学研究中,研究试样中颗粒形态、孔隙大小、界面关系等在三维空间的组合关系,并可表征试样同一区域3D微结构随时间的变化,观察同一个试样的缺陷、孔隙或其他微结构量随时间的演化及与环境条件变化的函数关系,等等。

本章将针对矿物样品的采集、分选以及一些重要的测试方法,如化学类分析、光谱类分析、电子显微镜分析、X射线衍射分析、热分析等作简要介绍。

第一节　矿物试样的采集及分选

一、试样的采集

矿物样品的采集应注意其代表性和目的性。首先根据矿物的分布情况及均匀程度采集适当大小规格的手标本,用以研究矿物的宏观及微观特征、结构构造特点以及矿物生成顺序、共生组合,并了解颗粒大小及镶嵌关系等。此外,还需要采集用于测定化学成分、内部结构、形态及物理性质等方面的试样。对于晶形完好的矿物标本,在采集时应特别小心保护,切勿损坏。

二、矿物分选

测定某种矿物时,往往需要先将该矿物从集合体中挑选出来。试样纯净的程度,直接影响测试结果的精度。

分选矿物时,常常需要碎样,使待测矿物与其他矿物分离。在碎样之前,首先要选择有代表性的岩石或矿石,磨制成薄片或光片,在偏光或反光显微镜下确定待测矿物的粒度,以确定破碎的粒级和碎样方法。试样破碎后需要清洗,以除去颗粒表面的粉尘;然后进行筛分,将试样分成若干粒级,这样可查明不同粒级的待测矿物含量和粒度大小,并了解矿物单体解离的程度,同时有利于淘洗和分选。

分选时,如果待测矿物颗粒大,含量高,用量少时,可在双目镜下用针逐一挑出;如果粒度小,待测矿物含量少,且用量大时,则可以根据矿物的物理性质,采用不同方法分选。其分选程序一般是:淘洗、摇床分选、磁选、电磁选、重液分选和介电分选等。当然,不同的矿物其分选流程是有差异的。经过上述各种方法分选出来的单矿物试样,为保证精度,最后必须经过双目镜下的检查和挑选,以达到精样要求。

第二节　化学成分分析

化学成分分析的方法主要有化学分析、光谱类分析(X射线荧光光谱、等离子子发射发光谱、原子吸收光谱、原子荧光光谱法等)及电子探针分析。

光谱类分析是应用仪器分析方法检测试样中元素的含量。可用于元素分析的光谱类分析方法很多，目前已使用的有发射光谱分析、原子吸收光谱分析、X 射线荧光光谱分析等。它们的特点是灵敏、快速、检测下限低，可检测试样中微量元素的组成，而且试样用量较少，但待测元素含量大于 3% 者，测试结果精度不够高。因此，在选择分析方法时，应注意检测下限和精密度。

检测下限（又称相对灵敏度）指分析方法在某一确定条件下能够可靠地检测出试样中元素的最低含量（$\times 10^{-6}$或 10^{-9}）。显然，检测下限与不同的分析方法或同一分析方法使用不同的分析程度有关。

精密度（又称再现性或重现性）指某一试样在相同条件下多次观测，各数据彼此接近的程度。通常用两次分析值（C_1和 C_2）的相对误差（relative error，E_r）来衡量分析数值的精密度。即

相对误差 $$E_r = \frac{C_2 - C_1}{(C_1 + C_2)/2} \times 100\% \quad (3-1)$$

常量元素（含量大于或等于 0.1%）分析中，根据要求达到分析相对误差的大小，对分析数据的精密度作如下划分：

定量分析 $E_r < \pm 5\%$

近似定量分析 E_r 5% ~20%

半定量分析 E_r 20% ~50%

定量分析要求主要是对常量组分测定而言的，微量组分测定要达到小于 ±5% 的相对误差则比较困难。

用光谱法测定试样的基本原理概括起来是：应用某种试剂或能量（热、电、离子能等）对试样施加作用或“刺激”，由此试样发生反应，如产生颜色、发光，产生电位或电流，发射粒子等，应用敏感元件——光电池、敏感膜、闪烁计数器等，接收这些反应信号，经电路放大、运算，显示成肉眼可见信号。感光板、表头、数字显示器，荧光屏或打印机等都是显示输出者装置。各种光谱法可能检测的元素列于表 3-2。

表 3-2 各种光谱法可能检测的元素

Table 3-2 Elements being detected by various spectral methods

方 法	元 素
X 射线荧光光谱法（XRF）	Ba、Co、Cu、La、Mn、Nb、Ni、P、Pb、Rb、Sr、Th、Ti、Y、Zn、Zr 和 Si、Al、Mg、Ca、Na、K
感应耦合等离子体原子发射光谱法（ICP-AES）	Li、Na、K、Rb、Be、Mg、Ca、Ba、Sr、B、Al、Ga、In、Tl、Si、Ge、Sn、Pb、P、As、Sb、Bi、Se、Te、Sc、Ti、V、Cr、Mn、Co、Fe、Cu、Ni、Zn、Y、Zr、Nb、Mo、Ru、Rh、Pd、Ag、La、Cd、Hf、Ta、W、Re、Os、Ir、Pt、Au、Hg、Ce、Nb、Pr、Sm、Eu、Gd、Tb、Dy、Ho、Er、Tm、Yb、Lu
原子吸收光谱法（AAS）	Ag、As、Ba、(Be)、Bi、Ca、Cd、Co、Cr、Cs、Cu、Fe、K、Li、Mg、Mn、Na、Ni、Sb、Sr、Zn、Ti
原子荧光光谱法（AFS）	As、Bi、Hg、Sb、Pb
极谱分析（POL）	As、Be、Bi、Cd、Cr、Co、Cu、Fe、Mn、Mo、Nb、Ni、P、Rb、Sr、Th、Ti、W、Y、Zn、Zr

下面将几种常用的方法作一简单介绍。

一、化学分析

利用物质的化学反应为基础的分析，称为化学分析。化学分析历史悠久，是分析化学的基础，又称为经典分析。化学分析是绝对定量的，根据试样的量、反应产物的量或所消耗试剂的量及反应的化学计量关系，通过计算得出待测组分的量。由于化学分析通常是在溶液中进行化学反应的分析方法，故又称“湿法分析”。它包括重量法、容量法和比色法。前两者是经典的分析方法，检测下限较高，只适用于常量组分的测定，比色法由于应用了分离、富集技术及高灵敏显色剂，可用于部分微量元素的测定。

化学分析特点是精度高，但周期长，试样用量较大，不适宜大量试样快速分析。

二、X 射线荧光光谱

X 射线荧光光谱（X－ray fluorescence spectrometer，XRF），利用初级 X 射线或其他微观粒子激发待测物质中的原子，使之产生荧光（次级 X 射线）而进行物质成分分析和化学态研究的方法。按激发、色散和探测方法的不同，分为 X 射线光谱法（波长色散）和 X 射线能谱法（能量色散）。

X 射线荧光光谱分析作为物质成分分析的一种主要手段在冶金、地质、化工、机械、石油、建筑等工业部门以及农业、医药、卫生和科学研究部门（如物理学、化学、生物学、地学、环境科学、天文学及考古学等）获得了广泛的应用，并在许多方面显示出独特的效能。它的定性和半定量分析可检测元素周期表上绝大部分的元素，而且还具有可测浓度范围大（$1\times10^{-4}\%\sim100\%$）和对试样无破坏的特点。

（一）X 射线荧光光谱的产生

元素产生 X 射线荧光光谱的机理与 X 射线管产生特征 X 射线的机理相同。当具有足够能量的 X 射线入射到试样上时也可逐出原子中某一内部壳层的电子，把它激发到能级较高的未被电子填满的外部壳层上或击出原子之外而使原子电离。这时，该原子中的内部壳层上出现了空位，且由于原子吸收了一定的能量而处于不稳定的激发态或电离态。随后（$10^{-14}\sim10^{-7}$ s），外部壳层的电子会跃迁至内部壳层的空位上，并使整个原子体系的能量降低至最低的常态。根据玻尔理论，在原子中发生这种跃迁时，多余的能量将以一定波长或能量的谱线的方式辐射出来，这种谱线即所谓的特征谱线。谱线的波长或能量取决于电子始态能级（n_1）和终态能级（n_2）之间的能量差：

$$\frac{h}{\lambda_{n_1-n_2}}=E_{n_1}-E_{n_2}=\Delta E_{n_1-n_2} \qquad (3-2)$$

根据激发同一元素某壳层上电子所需的最低能量，可以计算出用于激发的 X 射线的最大波长，这个波长恰好是这一元素该壳层电子的吸收限波长。

（二）莫塞莱定律

莫塞莱（Moseley）早在 1913 年详细研究了不同元素的特征 X 射线，依据实验结果确立了原子序数 Z 与 X 射线波长之间的关系。可由图 3－1 中 $K_{\alpha1}$ 谱线的波长与原子序数之间的线性关

系所证明。它表明同名特征 X 射线谱的频率的平方根与原子序数成正比,即

$$\sqrt{\nu} = Q(Z - \sigma) \quad (3-3)$$

式中,Q 为常数,$\nu = 1/\lambda$。

(三) X 射线荧光光谱定性和半定量分析

对于特定的元素,其被激发后产生荧光 X 射线的能量一定,即波长一定。则可通过测定试样中各元素在被激发后产生特征 X 射线的能量(或波长),便可确定试样中存在何种元素,即为 X 射线荧光光谱定性分析。

同时,由于元素特征 X 射线的强度与该元素在试样中的原子数量(即含量)成比例。因此,通过测量试样中某元素特征 X 射线的强度,采用适当的方法进行校准与校正,便可求出该元素在试样中的含量,即为 X 射线荧光光谱定量分析。

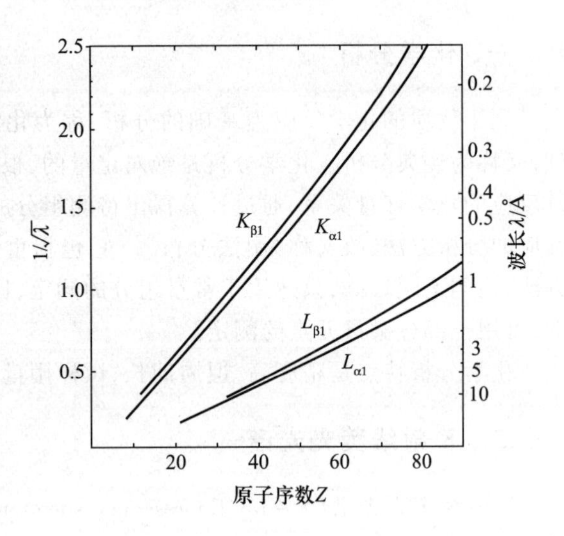

图 3-1 X 射线光谱线的莫塞莱定律

Fig. 3-1 Moseley law of X-ray spectral line

由于 X 射线荧光光谱分析速度快、制样简单、试样用量少、几乎不破坏样品,因此,它是一种常用且有效的定性分析手段。在 X 射线荧光光谱中,定性分析的意义在于:一方面可以测定试样中所含元素的种类和大致含量,另一方面可以为拟定准确的定量分析方法提供依据。

(四) X 射线荧光光谱定量分析

所有的 X 射线荧光光谱定量分析方法都包括三个阶段:第一是激发制备的合乎要求的试样,使之产生荧光 X 射线;第二是对多色荧光光束进行分离使之变成强度可测量的相互分离的单色光;第三是将所测量的某波长谱峰的强度与对应化学组分的含量联系起来。对于一给定的试样的定量分析,通常需要设置一定的实验条件,进而导出谱峰的测量强度与化学组分含量联系起来的计算方法,并且还包括建立一种适当的试样制备方法,以使试样中每一种元素所辐射出的荧光 X 射线的强度都具有试样整体的代表性,还需要进一步考虑试样的吸收效应对某一谱峰强度的影响。表 3-3、表 3-4 是采自新疆奇台县西黑山膨润土矿床(SMG)和吉木萨尔县帐篷沟

表 3-3 新疆膨润土试样的常量元素化学成分分析结果

Table 3-3 Major elements data of Xinjiang bentonite by chemical analysis

单位:%

试样	SiO_2	TiO_2	Al_2O_3	Fe_2O_3	MnO	CaO	MgO	Na_2O	K_2O	P_2O_5	BaO	烧失量①	总和
SMG	62.14	0.64	16.49	5.07	0.04	0.27	4.63	4.55	0.37	0.10	0.02	5.26②	99.57
SMR	65.41	0.93	16.71	4.28	0.06	0.78	2.52	3.78	0.15	0.04	0.06	4.86②	99.58

注:① 烧失量(loss on ignition, LOI)又称灼减量,也称为灼热减量,是指试样经高温灼烧后质量的损失。

② 试样在进行样片制备前先分别在马弗炉中置 800℃下加热 2 h,此处所指烧失量即浇注法制样过程中的烧失量。

表 3-4 新疆膨润土试样微量元素化学成分分析结果

Table 3-4 Trace elements data of Xinjiang bentonite by chemical analysis

单位：10^{-6}

试样	Sc	V	Cr	Co	Zn	Nb	Zr	Y	Sr	Rb	Pb
SMG	12.9	72.1	13.4	10.6	71.5	0.4	251.9	16.5	21.4	12.7	43.0
SMR	13.0	47.4	56.7	7.1	87.2	5.3	245.3	10.6	94.5	15.3	0.7

膨润土矿床（SMR）试样的常量元素和微量元素分析结果。用于 X 射线荧光光谱分析的试样样片是采用浇铸法制成的。所采用的溶剂是 Li_3BO_3（47%）、Li_2CO_3（37%）和 La_2O_3（16%）的混合物。取三次分析结果的平均值作为最后的分析值。

三、等离子发射光谱

等离子发射光谱（inductively coupled plasma - atomic emission spectrometer，ICP - AES）是原子发射光谱分析的一种，主要根据试样物质中气态原子（或离子）被激发后，其外层电子由激发态返回到基态时，辐射跃迁所发射的特征辐射能（不同的光谱），来研究物质化学组成的一种方法。

（一）等离子发射光谱分析的基本原理

每一种元素被激发时，就产生自己特有的光谱。其中有一条或数条辐射的强度最强，最容易被检出，所以也常称作最灵敏线。如果试样中有某种元素存在，那么只要在合适的激发条件下，试样就会辐射出这些元素的特征谱线。一般根据元素灵敏线的出现与否就可以确定试样中是否有某种元素存在，这就是光谱定性分析的基本原理。在一定的条件下，元素的特征谱线强度会随着元素在试样中含量或浓度的增大而增强。利用这一性质来测定元素的含量便是光谱半定量分析及定量分析的依据。

（二）等离子发射光谱仪的结构及原理

等离子发射光谱分析过程主要分三步，即激发、分光和检测。

（1）激发。利用激发光源使试样蒸发汽化，解离或分解为原子状态或者电离成离子状态，原子及离子在光源中激发发光。

（2）分光。利用光谱仪的光学元件将光源发射的光分解为按波长及级数分布的光谱。

（3）检测。利用光电器元件（光电倍增管，CCD，CID 等）检测光谱，按所测得的光谱波长对试样进行定性分析，或按发射光强度进行定量分析。

等离子发射光谱仪一般由进样系统、射频发生器、分光系统、气体控制系统、冷却系统与数据处理系统组成（图 3-2）。

（三）试样制备

（1）溶液试样一般不要特殊处理可直接进样分析测定，若溶液中有悬浮物需要滤膜过滤。部分试样需要酸化同时防污染处理，若测定更低含量试样可预富集处理。

（2）固体试样的分解和制备要求必须同时满足两个最基本的条件：试样能彻底分解干净，分解后的试样能保持长时间（至少测定前）相对稳定。常用的固体试样的分解方法有酸溶法、碱溶法、干法灰化、湿法消解及微波消解法。

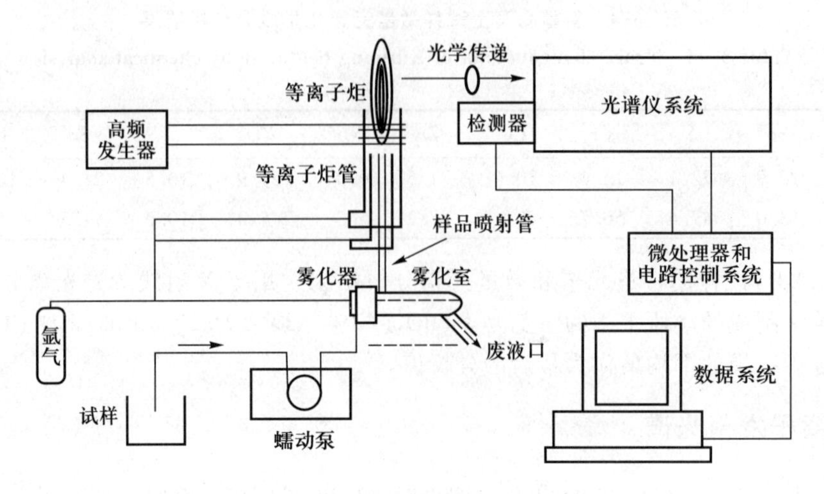

图 3-2　等离子发射光谱仪的结构示意图

Fig. 3-2　The structure schematic diagram of ICP spectroscopy

(3) 试样的分离与预富集。分离和富集是两个不同概念的名词,但实际上它们是相辅相成的同一个系统,就是说有了分离即有了富集,反之富集也就是通过分离。一个试样的基本物质是其组成的基本部分,占了绝大的百分比。而这些基本物质往往不是要求测定的元素,基体元素的含量都比较高,它将对 ICP-AES 分析产生激发干扰和光谱干扰,影响到痕量元素的测定(准确度、检测下限)。为此,将基体元素和待测元素分离。分离不但除去了由基体元素产生的基体效应,而且同时使分析溶液达到了预富集的作用。因为大量基体元素分离掉,分析溶液的总固体溶解量(TDS)增大,这样可以减少分析溶液的稀释倍数或可以蒸发浓缩,一般可达到几个数量级。

四、原子吸收光谱

原子吸收光谱(atomic absorption spectroscopy, AAS),即原子吸收光谱法,是基于气态的基态原子外层电子对紫外光和可见光范围的相对应原子共振辐射线的吸收强度来测定被测元素含量的分析方法,是一种测量特定气态原子对光辐射吸收的方法。

原子吸收光谱是 20 世纪 50 年代中期出现并在以后逐渐发展起来的一种新型的仪器分析方法,它在地质、冶金、机械、化工、农业、食品、轻工、生物医药、环境保护、材料科学等各个领域有广泛的应用。该法主要适用试样中微量及痕量组分分析。

(一) 原子吸收光谱分析的原理

当光源发射的某一特征波长的辐射通过原子蒸气时,被原子中的外层电子选择性地吸收,透过原子蒸气的入射辐射强度减弱,其减弱程度与蒸气相中该元素的基态原子浓度成正比。

当实验条件一定时,蒸气相中的原子浓度与试样中该元素的含量(浓度)成正比。因此,入射辐射减弱的程度与试样中该元素的含量(浓度)成正比。

$$A = \lg \frac{I_0}{I} = \lg \frac{1}{T} = KcL \tag{3-4}$$

式中:A 为吸光度;I 为透射原子蒸气吸收层的透射辐射强度;I_0 为入射辐射强度;T 为透色比;L

为原子吸收层的厚度；K 为吸收系数；c 为试样溶液中被测元素的浓度。

1965 年威里斯(J. B. Willis)应用氧化亚氮－乙炔火焰测定了难熔元素，扩大了测量范围，使可测定的元素由 30 多种扩大到近 70 种(表 3－5)，对拓宽原子吸收光谱分析元素的应用范围作出了重要贡献。

表 3－5　用原子吸收光谱分析法可以测定的元素

Table 3－5　Elements being mensurated by atomic absorption spectrometry

H																	He
Li •	○ Be											○ B	C	▲ N	O	▲ F	Ne
Na •	• Mg											▲○ Al	▲○ Si	▲ P	▲ S	▲ Cl	Ar
K •	•○ Ca	○▲ Sc	▲○ Ti	• V	• Cr	• Mn	• Fe	• Co	• Ni	• Cu	• Zn	• Ga	▲○ Ge	▲• As	▲• Se	Br	Kr
Rb •	○ Sr	○ Y	○ Zr	▲○ Nb	• Mo	• Tc	• Ru	• Rh	• Pd	• Ag	• Cd	• In	•○ Sn	• Sb	• Te	▲ I	Xe
Cs •	○ Ba	○ La	○ Hf	○ Ta	○ W	• Re	• Os	• Ir	• Pt	• Au	• Hg	• Tl	• Pb	• Bi	Po	At	Rn
Fr	Ra	Ac															

▲○ Ce	○ Pr	○ Nd	Pm	○ Sm	○ Eu	○ Gd	○ Tb	○ Dy	○ Ho	○ Er	○ Tm	○ Yh	○ Lu
▲ Th	Pa	○ U	Np	Pu	Am	Cm	Bk	Cf	Es	Fm	Md	No	Lr

•——可用乙炔－空气火焰直接测定　▲——可用间接法测定

○——可用 $C_2H_2-N_2O$ 火焰直接测定

（二）原子吸收光谱仪的结构

原子吸收光谱分析法所使用的仪器称为原子吸收光谱仪或原子吸收分光光度计，一般由光源、原子化系统、分光系统及检测显示系统等组成(图 3－3)。

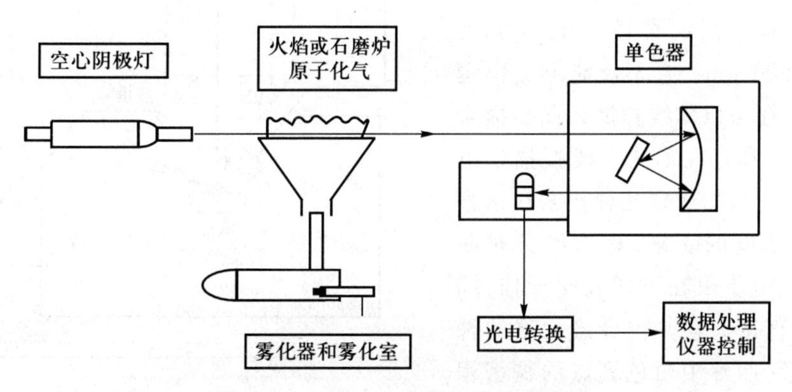

图 3－3　原子吸收光谱仪结构示意图

Fig. 3－3　The structure schematic diagram of atomic absorption spectrometer

（三）试样预处理

在大多数情况下，都需要将试样进行预处理，以破坏基体和转为溶液，使被测元素转化为适于测定的形式。试样消解方法的选择，取决于试样类型和被测元素的性质，同时要考虑与测定方法的衔接。消解试样的方法有碱溶法、干法灰化、湿法消解和微波消解法。

五、电子探针分析

电子探针（electron probe micro-analysis，EPMA），全称是电子探针 X 射线显微分析仪，是一种用来分析薄片中矿物微区的化学组成的仪器。

电子探针将高度聚焦的电子束聚焦在试样表面，激发试样元素的特征 X 射线，分析特征 X 射线的波长（或能量）可知元素种类；用分光器或检波器测定荧光 X 射线的波长，并将其强度与标准试样对比，或根据不同强度校正直接计算出组分含量。电子探针可对试样进行微小区域成分分析。除 H、He、Li、Be 等几个较轻元素外，都可进行定性和定量分析。

（一）电子探针分析的原理

电子探针的工作原理是利用经过加速和聚焦的极窄的电子束为探针，激发试样中某一微小区域，使其发出特征 X 射线，测定该 X 射线的波长和强度，即可对该微区的元素作定性或定量分析。将扫描电子显微镜和电子探针结合，在显微镜下把观察到的显微组织和元素成分联系起来，解决材料显微不均匀性的问题，这已成为研究亚微观结构的有效方法。

（二）电子探针分析仪的结构及原理

电子探针仪的结构如图 3－4 所示，可以分为三大部分：镜筒、试样室和信号检测系统。镜筒和试样室部分与扫描电子显微镜相同。信号检测系统是 X 射线谱仪，对微区进行化学成分分析：波长分散谱仪或波谱仪（WDS），用来测定特定波长的谱仪；能量分散谱仪或能谱仪（EDS），用来测定 X 射线特征能量的谱仪。

电子探针可测量元素的范围为^{4}Be～^{92}U。灵敏度按统计观点估计达 3×10^{-5}，实际上，其相对灵敏度接近 1×10^{-4}～5×10^{-4}。一般分析区内某元素的含量达 10^{-14}g 就可感知。测定直径一般最小为 1 μm，最大为 500 μm。它不仅能定点作定性或定量分析，还可以作线扫描和面扫描来研究元素的含量和存在形式。线扫描是电子束沿直线方向扫描，测定几种元素在该直线方向上相对浓度的变化（称浓度分布曲线）。面扫描是电子束在试样表面扫描，即可在荧光屏上直接观察并拍摄该元素的种类、分布和含量（照片中白色亮点的稠密程度表示元素的浓度）。目前，电子探针已卓有成效地应用于矿物的鉴定和研究等各个

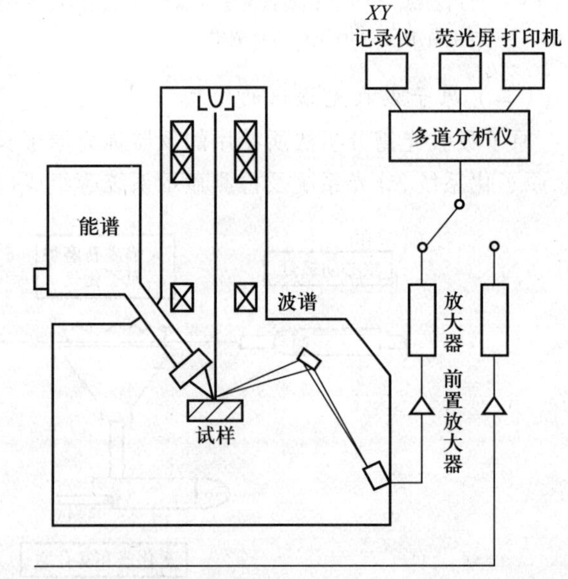

图 3－4　电子探针仪的结构示意图
Fig. 3－4　The schematic diagram of electron probe instrument

方面。

值得注意的是,电子探针一个点的分析值只能代表微区的成分,并不是整个矿物颗粒的成分,更不能说某工作地区该矿物的总体成分。因为在矿物中组分的分布是不均一的,不能“以点代面”,然而,这个问题往往被忽略。把微区分析值和单矿物全分析值等同看待,是不合适的。如果某矿物的成分比较均一,一个点的分析值才有可能近似地反映该矿物的单体成分。一般来说,矿物颗粒破碎得越细,越容易达到均匀,因为它能增加不同矿物的分离程度,但对微米级不均匀性的矿物实体来说,用破碎方法也是无济于事的,此时,若用一个点分析数值问题,容易带来较大的片面性,只能采用适当的多点测量,以重现率高的点为依据探讨矿物成分的特征和变化,才能得到一个较全面的概念。此外,用电子探针只能查明元素的种类、分布情况,在规定方向(直线)上元素分布量的变化及各元素对含量的相互关系。但电子探针对查明混入元素在矿物中的存在形式的能力是有限的。它能分析已构成足够大小的矿物相的机械混入物。而对以类质同象混入物形式存在的元素,电子探针是无能为力的。要确定这个问题,必须用综合的手段。应当指出的是,根据在电子探针面扫描图像上,将分布均匀的混入元素视为类质同象混入物的依据是不够充分的,因为混入元素的均匀分布,并不都是因为呈类质同象形式所引起,还可以由固溶体分解而高度离散所致。而现代电子探针的分辨率(约7.0 nm),还不能区分它们,需要用高分辨的透射电子显微镜(分辨率达0.5~1.0 nm,相当于2~3个单位晶胞)、红外光谱分析、X射线结构分析等方法相互配合,才能解决混入元素在矿物中的存在形式。

电子探针分析方法对发现和鉴定新矿物种属起到重要的作用。这是因为电子探针在微区测试方面具有特效,因而对于难以分选的细小矿物的鉴定和分析提供了有利条件。如对于一些细微的钯族元素矿物、细小硫化物、硒化物、碲化物的鉴定都很有成效。

总之,电子探针在地质科学领域中已发挥了巨大的作用,但是它不能代替一切,对矿物的鉴定仍然需要结合显微镜下的光学性质、物理性质、形态特征的研究和其他方面的研究。电子探针也有它的局限性。例如:它不能直接测定水(H_2O 、OH^-)的含量;对 Fe 只能测定总的 Fe 含量,不能分别测出 Fe^{2+} 和 Fe^{3+} 的含量等。

对电子探针分析试样送样的要求:试样必须是导电体。若为不导电物质,则需将试样置于真空喷涂装置上涂上一薄层导电物质(如喷碳),但这样往往会产生难以避免的分析误差,同时也影响正确寻找预定的分析位置。试样表面必须尽量平坦和光滑,未经磨光的试样最多只能取得定性分析资料。因为试样表面不平,会导致电子激发试样产生的X射线被试样凸起部分所阻挡,所得X射线强度会减低,影响分析的精度。

第三节　电子显微分析

一、扫描电子显微镜分析

(一) 扫描电子显微镜的工作原理

扫描电子显微镜(scanning electron microscope,SEM)是利用电子束在试样表面逐点扫描,与试样相互作用产生各种物理信号,这些信号经检测器接收、放大并转换成调制信号,最后在荧光屏上显示反映试样表面各种特征的图像。扫描电子显微镜具有景深大、图像立体感强、放大倍数范围大且连续可调、分辨率高、试样室空间大且试样制备简单等特点,是进行试样表面研究的有效工具。

扫描电子显微镜所需的加速电压一般约在 1～30 kV,实验时可根据被分析试样的性质适当地选择,最常用的加速电压约在 20 kV。扫描电子显微镜的图像放大倍数在一定范围内(几十倍到几十万倍)可以实现连续调整。放大倍数等于荧光屏上显示的图像横向长度与电子束在试样上横向扫描的实际长度之比。扫描电子显微镜的电子光学系统的作用仅仅是为了提供扫描电子束,作为使试样产生各种物理信号的激发源。扫描电子显微镜最常使用的是二次电子信号和背散射电子信号,前者用于显示表面形貌衬度,后者用于显示原子序数衬度。

(二) 扫描电子显微镜的基本结构

扫描电子显微镜大体由电子枪、电磁透镜(汇聚透镜、物镜)、光阑、扫描线圈、各种探头与数据采集和显示系统组成(图 3－5)。

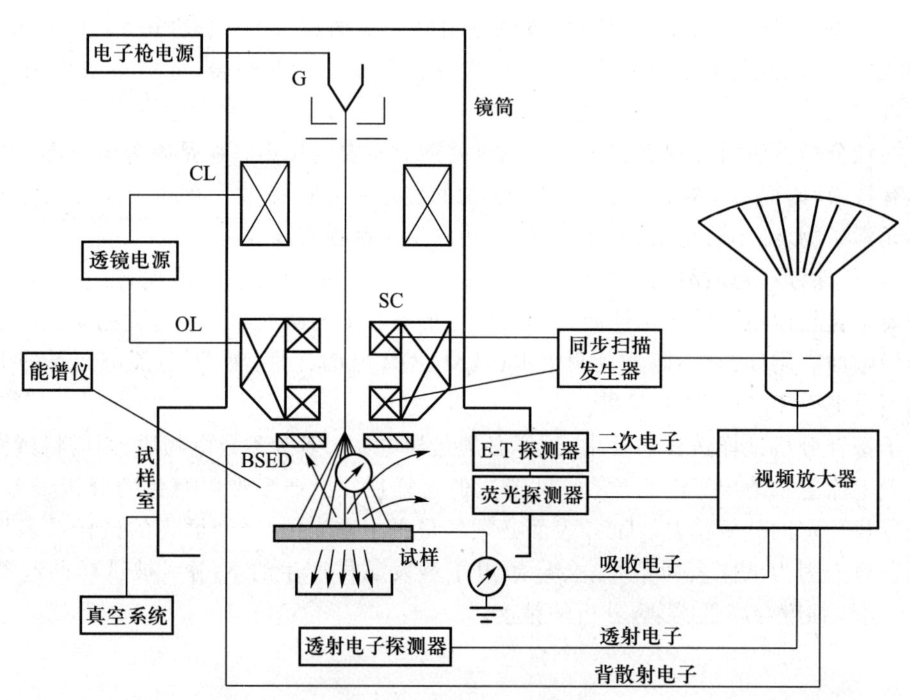

图 3－5 扫描电子显微镜结构示意图

Fig. 3－5 The structure schematic diagram of scanning electron microscope

(三) 应用

1. 矿物物相研究

不同矿物在扫描电子显微镜中会呈现出其特征的形貌,这是在扫描电子显微镜中鉴定矿物的重要依据。如高岭石在扫描电子显微镜中常呈假六方片状、假六方板状、假六方似板状；埃洛石常呈管状、长管状、圆球状；蒙脱石为卷曲的薄片状；绿泥石单晶呈六角板状，集合体呈叶片状堆积或定向排列等。

2. 显微组织观察

扫描电子显微镜具有比光学显微镜和透射电子显微镜大得多的景深，所以可获得其他显微镜无法得到的组成相的三维立体形态像，这为进一步分析组成相的形成机理及其三维立体形态特征提供了一种有效的方法。

3. 表面成分分析

表面成分分析以特征 X 射线分析最常用，所用到的探测器有两种：能谱分析仪与波谱分析仪。前者速度快但精度不高，后者非常精确，可以检测到"痕迹元素"的存在，但耗时太长。

二、透射电子显微镜分析

（一）透射电子显微镜的结构及原理

透射电子显微镜（transmission electron microscope，TEM）是利用穿过试样的透射电子进行成像、衍射并记录图像、图谱的装置。一般来说，透射电子显微镜由照明系统、试样室、成像系统、观察与记录系统、真空系统、电源及控制系统等部分组成，图 3－6 是透射电子显微镜的剖面示意图。

（二）电子衍射物相分析的原理

电子衍射是晶体物质对单色电子波产生的衍射现象。图 3－7 分别是单晶体、多晶体、非晶体及准晶体的电子衍射花样。

电子衍射的基本原理和 X 射线衍射原理是一致的，都遵循布拉格衍射方程：

$$2d_{hkl}\sin\theta_{hkl} = \lambda \quad 或 \quad 2d\sin\theta = \lambda$$

只有在 d、θ、λ 同时满足该方程式时，面网才会产生电子衍射。

由于一种结晶物质的化学成分、结构类型和点阵常数是一定的，因而当一定波长的电子束和结晶物质试样相互作用时，会产生唯一的、与其对应的衍射花样，不可能有两种或多种晶体物质具有完全相同的多晶体衍射花样，也不可能有两种或多种多晶体衍射花样对应同一结晶物质。而两种或两种以上多晶体物质混合物的衍射花样即为组成该物质的单相衍射花样的几何叠加。因此，可以依据所获得的多晶体衍射花样确定晶体物质的种类。

（三）能量过滤成像原理

高能电子束与试样中的原子发生相互作用时，将产生弹性散射和损失某些特征能量的非弹性散射。弹性散射电子用来形成电子显微像或电子衍射图，对非弹性散射电子按其能量分布予以展示即电子能量损失谱（electron energy loss spectroscopy，EELS）。如图 3－8 所示，电子束在穿过试样过程中，由于与物质发生相互作用，电子的能量将发生改变。透射电子的能量主要有零损耗、价损耗、元素的核壳电离损耗等几种形式。能量过滤成像技术就是在电子能量损失谱的基础上，选择具有一定能量损失范围的电子束，使之成像的技术。运用该技术可在纳米尺度范围内给出试样的化学成分信息，再配合现代分析电子显微镜的高分辨成像功能，即可同时获得试样的结构和化学成分信息。选择零损失电子成像时，像的衬度得到明显地改善。在能量过滤成像技术

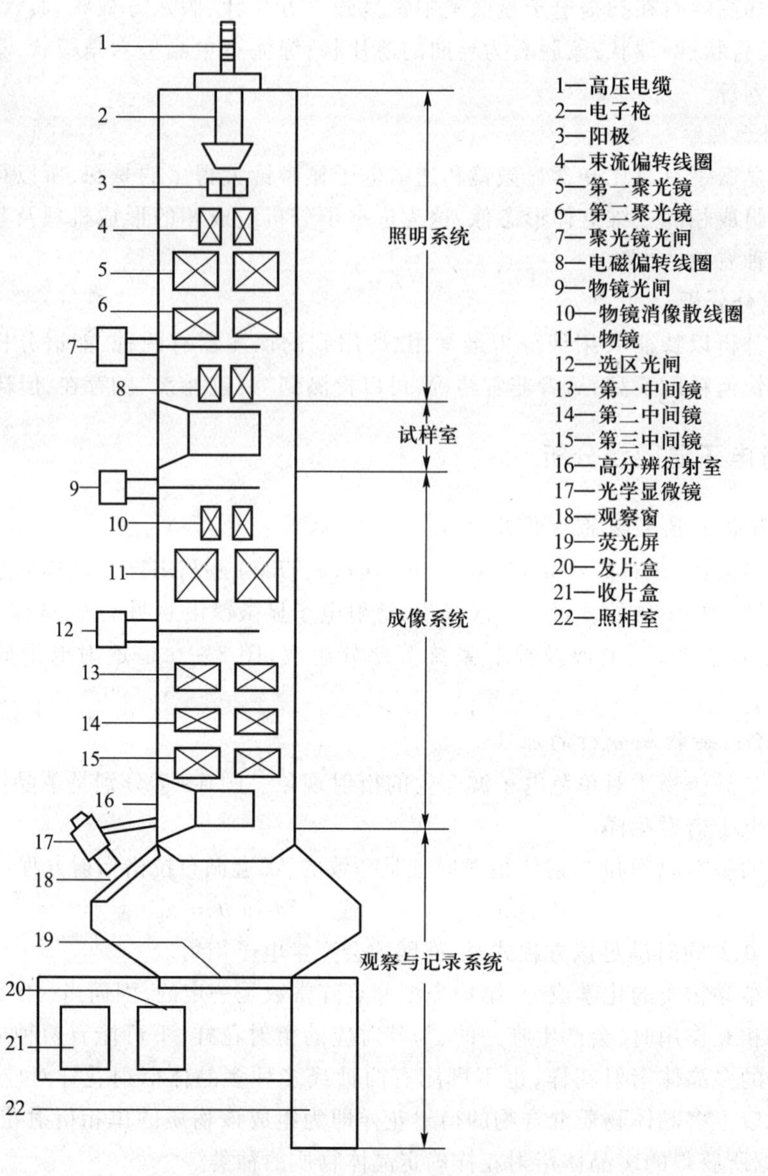

图 3-6 透射电子显微镜剖面结构示意图

Fig. 3-6 The structure schematic diagram of transmission electron microscope

中,最为重要的应用还是通过能量过滤成像技术获得特定元素的分布图,即在 50 ~ 1 000 eV 的电子能量损失范围内,通过记录试样中某种元素内壳层电子的特征电离损失峰处的能量过滤像,并采用数值化图像处理的方法获得该元素的分布图。

(四) 电子能量损失谱原理

高能入射电子与试样发生非弹性相互作用损失部分能量。非弹性散射电子的动能损失的机理有很多,包括:电子-声子相互作用,带内或带间散射,电子-等离子体相互作用,内壳层电子电离,及切连科夫辐射等。通过磁棱镜的作用将沿入射束方向上的弹性和非弹性散射电子按能

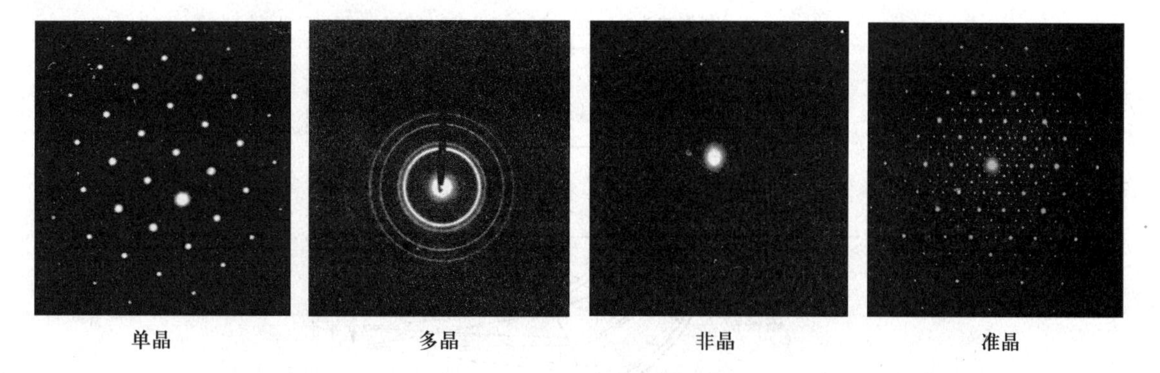

图 3-7 单晶体、多晶体、非晶体及准晶体的电子衍射花样

Fig. 3-7 The electron diffraction patterns of monocrystal, polycrystal, amorphous and quasicrystal

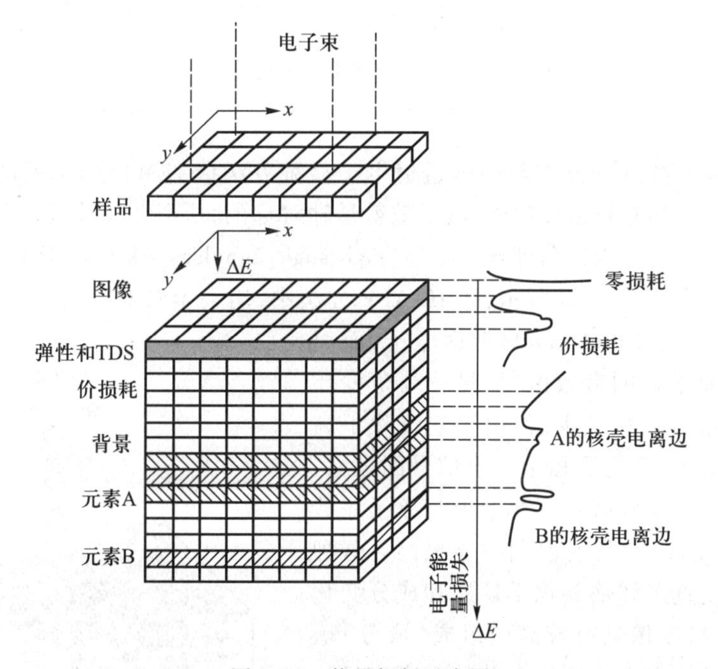

图 3-8 能量损耗示意图

Fig. 3-8 The schematic diagram of energy loss

量大小展开,形成电子损失能量大小及其强度的谱图,就是电子能量损失谱。内壳层电子电离引起的非弹性散射对于分析材料的元素构成尤为有用,通过电子能量损失谱,可以分析试样成分构成,元素状态、试样厚度等信息,尤其适用于轻元素的测定。图 3-9 为电子束在磁棱镜作用下发生偏转,并按能量大小展开示意图。

(五) 高角环形暗场像原理

在 TEM 中,入射电子与试样中原子之间发生多种相互作用。其中弹性散射电子分布在比较大的散射角范围内,而非弹性散射电子分布在较小的散射角范围内,因此,如果只探测高角度散射电子则意味着主要探测的是弹性散射电子。这种方式并没有利用中心部分的透射电子,所以

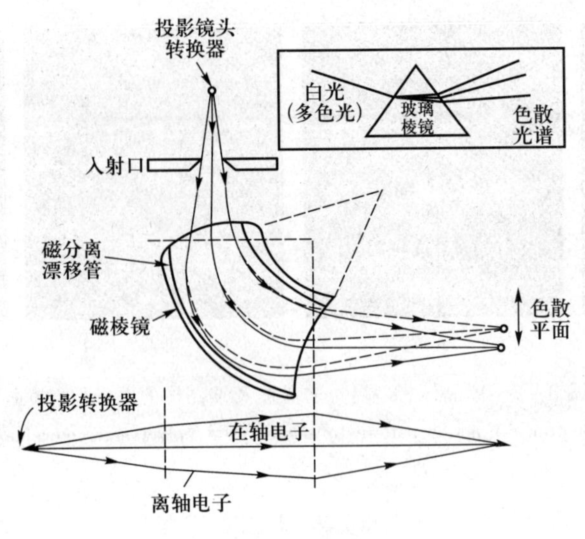

图 3-9　电子偏转示意图

Fig. 3-9　The schematic diagram of electronic deflection

观察到的是暗场像。把这种方式与扫描透射电子显微方法(STEM)结合,就能得到暗场 STEM 像。除晶体试样产生的布拉格反射外,电子散射是轴对称的,所以为了实现高探测效率,使用了环状探测器。这种方法称为高角度环形暗场(high angle annular dark field,HAADF)方法,或称为 HAADF 衬度方法。如图 3-10 所示,在 HAADF 方法中,用一个具有大的中心圆孔的环形探测器,只接收高角卢瑟福(Rutherford)散射电子,而卢瑟福散射是来自原子核的有效散射,尽管高角度环型探测器接收的信号有所减少,但由于它排除了高亮度的低角散射电子,避免了相干衍射信号的进入,特别是由于高角度的未屏蔽卢瑟福散射与原子序数的平方(Z^2)成正比,因此衬度得到明显提高。这种像具有在原子尺度直接评估其化学性质和成分变化的能力。因此,Z 衬度像具有较高的组成(成分)敏感性,也就是说,试样中不同原子序数的元素将显示出不同的亮度,因此,可以在 Z 衬度像上直接观察夹杂物的析出,化学有序和无序以及原子柱的排列方式等。

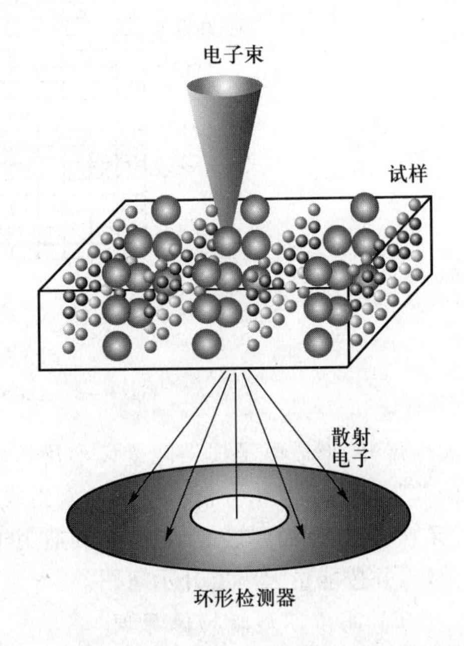

图 3-10　高角环形暗场像示意图

Fig. 3-10　The schematic diagram of high-angle annular dark field image

三、扫描探针显微镜

扫描探针(scanning probe microscopy,SPM)类显微镜有着共同的基本结构和成像方式,但是由于扫描探针的具体成像方式以及功能不同,又分为不同种类的扫描探针显微镜。

（一）扫描探针显微镜的基本组成

扫描探针显微镜大体由探针、扫描部分（压电陶瓷扫描器）、反馈与扫描控制与显示系统组成（图 3－11）。

（1）探针。扫描探针显微镜探针的主要功能是与试样表面发生相互作用，即与试样表面产生电或力的相互作用，这种相互作用会随着探针与试样表面的距离的变化而产生很大的变化，从而能够通过这种相互作用探测试样表面的细微的起伏。所有的扫描探针的针尖的半径在几十纳米以下，针尖半径越小，则其与试样表面的作用范围越小，分辨率相对越高。

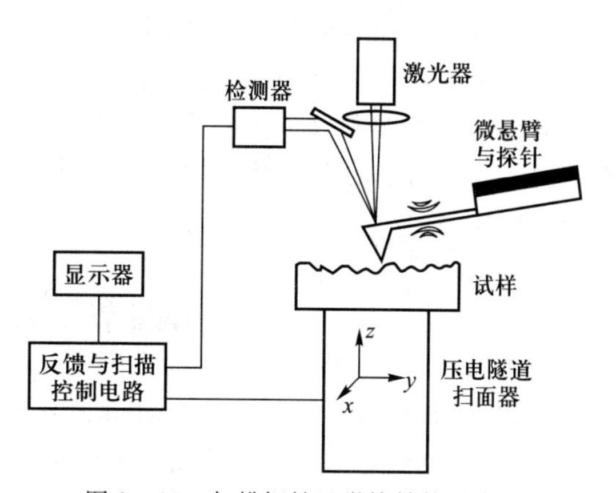

图 3－11　扫描探针显微镜结构示意图

Fig. 3－11　The structure schematic diagram of scanning probe microscope

（2）扫描部件（压电陶瓷管）。对于扫描探针显微镜来说，为了使其分辨率达到原子水平，则要求扫描部分需要有非常高的可控移动精确度（0.1 nm 以下）。由于压电陶瓷是一种很好的电致伸缩材料，可以通过对外加电场强弱的控制来控制压电陶瓷的伸缩量，因此它成为扫描探针显微镜扫描部件的理想材料。

（3）反馈与扫描控制系统。反馈与扫描控制系统是扫描探针显微镜系统中的中枢神经控制系统，它将采集由探针得到的信号，经过处理，将一部分采集的变化的信号传输给反馈电路，反馈电路得到信号，发出控制信号给扫描部分，调整扫描器的运行状态，使信号保持原有的状态。另外将一部分信号传输给信号输出和终端控制系统。反馈与扫描控制系统主要是由信号采集器、反馈电路、陶瓷扫描控制电路组成。

（4）信号输出及终端控制系统。这一部分功能是实现人机交互，即将得到的信号以图片以及数据格式的方式提供给操控人，并且接受操控人的指令对整个扫描探针显微镜的运行状态进行调整。此系统主要由个人计算机以及与主机通信的计算机插件组成。

（5）其他部分。包括高速试样逼近系统、减震系统、试样台大范围移动系统。

（二）扫描探针显微镜成像的工作原理

扫描探针显微镜利用微探针以扫描的方式逐行跟踪并且描绘试样表面轮廓，得到试样表面的三维形貌。一般扫描探针工作时需保持探针末端与试样表面间的距离非常近（一般在 10^{-10}m 量级），扫描探针显微镜的成像原理是保证针尖与试样间的短程相互作用不变，即保证探针至试样表面的距离不变。当试样表面有微小的起伏时，针尖与试样之间的距离发生变化，会引起短程相互作用变化，这种变化被探针信号采集系统得到并传给反馈与扫描控制系统，此时反馈与扫描控制系统会改变压电陶瓷管的伸缩，及时地调整针尖与试样表面的距离，使其保持原值。与此同时，在这一点的压电陶瓷管的伸缩量被系统记录下来，传输给终端控制计算机，代表了这一点的相对高度，同时在进行扫描时，系统已经将扫描平面等分为 $n \times m$ 个点，以二维坐标系来记录每一点在平面内的相对位置，因为每一个点与压电陶瓷管外壁电极的两组电压值一一对应。结合扫描得到的试样相对坐标，得到这一点的相对三维坐标。探针扫描完一个平面之后，扫描平面内的试样表面每一点的三维坐标都已得到，从而得到了此区域试样表面的三维形貌图。由于压电陶瓷管的伸缩精度很高,所以使得扫描探针显微镜有很高的分辨率。

(三) 扫描探针显微镜的分类

扫描探针显微镜由于探针的不同,扫描方式的不同以及探针探测的功能不同,大致可分为扫描隧道显微镜(STM)、扫描力显微镜[原子力显微镜(AFM)、动态力显微镜(DFM)、磁力显微镜(MFM)、摩擦力显微镜(横向力显微镜,LFM)、静电力显微镜(EFM)、开尔文探针显微镜(KPFM)]、扫描电化学显微镜(ECAFM)等,而在扫描探针显微镜中最基础、应用也最多的是STM、AFM、DFM。

第四节　X 射线衍射分析

X 射线衍射分析(X-ray diffraction, XRD)在矿物晶体结构分析、矿物鉴定和研究等方面起着极其重要的作用,并已广泛使用在各个领域,为不可缺少的常规手段。

一、X 射线的产生

X 射线是一种波长很短的电磁波,其波长范围为 0.001~10 nm,介于 γ 射线和紫外线之间。

X 射线的产生有多种方式,目前最常用的方式是通过高速运动的电子流轰击金属靶来获得的,有些特殊的研究工作也用同步辐射 X 射线源。常用 X 射线管的结构如图 3-12。

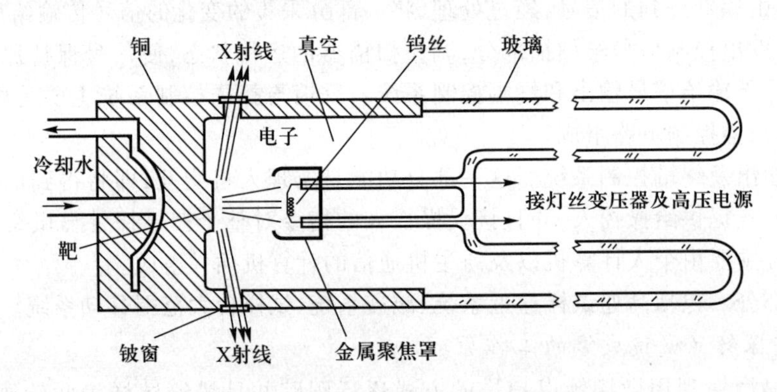

图 3-12　X 射线管的结构示意图

Fig. 3-12　The structure schematic diagram of X-ray tube

它的主要组成部分包括:

(1) 阴极。如同普通的灯丝,一般用钨丝做成,用于产生大量的电子。

(2) 阳极。又称靶,由不同的金属组成,从阴极发出的电子高速向靶撞击,产生 X 射线,不同金属制成的靶产生的 X 射线是不同的。可根据需要选用不同靶材制作 X 射线管,常用的靶材:Cr、Fe、Co、Ni、Cu、Mo、Ag。

(3) 冷却系统。当电子束轰击阳极靶时,其中只有约 1% 能量转换为 X 射线,其余约 99% 均转变为热能。因此,使用时通循环水进行冷却,以防止阳极过热而被熔化。

(4) 焦点。阳极靶面被电子束轰击的面积。其形状取决于阴极灯丝的形状,焦点一般为

1 mm×10 mm 的长方形，产生的 X 射线束以 6°的角度向外发射，于是在不同的方向产生不同形状的 X 射线束。在与焦点长边方向相对应的位置上产生约 0.1 mm×10 mm 的线状 X 射线束，在相应于短边的方向上产生 1 mm×1 mm 的点状 X 射线束，不同的分析方法需要不同形状的 X 射线束，使用时可根据需要进行选择。

（5）窗口。X 射线射出的通道，窗口一般用对 X 射线穿透性好的轻金属铍密封，以保持 X 射线的真空。一般 X 射线管有四个窗口，分别从它们中射出一对线状和一对点状 X 射线束。

二、X 射线在晶体中的衍射

X 射线射入晶体之后可以产生多种现象。对于晶体结构而言，最重要的是衍射现象。晶体是由原子在三维空间中周期性排列而构成的固体物质，即晶体中存在着无数个周期性排列的格点（原子、离子、分子或基团），这些格点分布在不同方向相互平行的面网上；由于 X 射线的波长与晶体的面网间距均处同一个数量级，因此，X 射线进入晶体时可发生衍射现象。

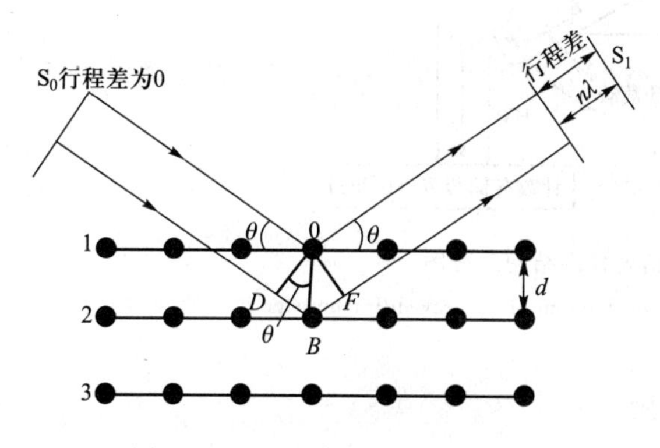

图 3－13　导出布拉格公式的图解

Fig. 3－13　The scheme of Bragg fomular deducing

X 射线的衍射形式上可以看作是面网对 X 射线的反射。图 3－13 中，1、2、3 代表一组平行的面网，面网间距为 d，入射 X 射线 S_0 与面网成 θ 角（称为掠射角）。“反射线”方向为 S_1（实质上是衍射线方向）。产生“反射”的条件是相邻面网所反射的 X 射线的行程差等于波长的整数倍。图 3－13 表明，相邻面网在 S_1 方向上反射的 X 射线的行程差为 $DB+BF$，当其为波长的整数倍时，可得：

$$2d\sin\theta = n\lambda \tag{3-5}$$

式中：$n=1,2,3,\cdots$ 等整数，称为“反射”级次。式（3－5）可写成如下形式：

$$2\frac{d}{n}\sin\theta = \lambda \tag{3-6}$$

对于某个面网间距为 d_{HKL} 面网族来说，可以把它产生的第 n 级反射看成是另一个与它平行的面网间距为 d_{HKL}/n 的（hkl）面网族对 X 射线的第一级反射，即 $d_{hkl}=d_{HKL}/n$。所以，式（3－6）可写成

$$2d_{hkl}\sin\theta_{hkl} = \lambda \tag{3-7}$$

或

$$2d\sin\theta = \lambda \tag{3-8}$$

由式（3－8）可知，只有在 d、θ、λ 同时满足方程时，面网才会对 X 射线产生“反射”。

由于一种结晶物质的晶体成分、结构类型和点阵常数是一定的，因而当一定波长的 X 射线和结晶物质试样相互作用时，会产生唯一的、与其对应的衍射花样（通常以衍射线的位置 d 和相对强度 I 代表），不可能有两种或多种晶体物质具有完全相同的多晶体衍射花样，也不可能有两种或多种多晶体衍射花样对应同一结晶物质。而两种或两种以上多晶体物质混合物的衍射花样

即为组成该物质的单相衍射花样的几何叠加。因此,可以依据所获得的多晶体衍射花样确定晶体物质的种类。

三、X 射线衍射仪的结构

X 射线衍射仪是用计数方法记录 X 射线衍射数据和图谱的装置。与照相法相比,它快速、准确。一般地,X 射线衍射仪由 X 射线发生器、水冷系统、测角仪、X 射线检测系统、计算机控制与数据分析系统等部分组成(图 3-14)。

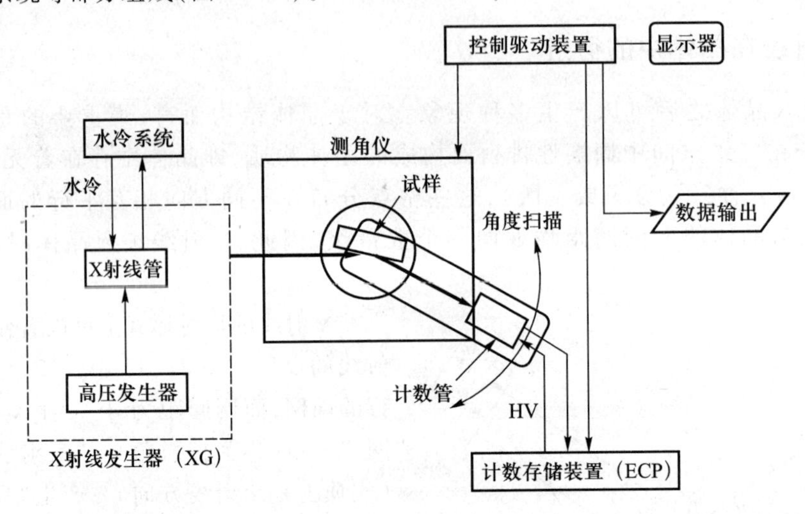

图 3-14　X 射线衍射仪的结构示意图

Fig. 3-14　The structure schematic diagram of X-ray diffractometer

四、X 射线衍射分析在矿物学中的应用

(一) 物相定性分析

以往获得试样的 X 射线衍射图谱,需根据图谱中衍射线的位置(d 值)和相对强度(I/I_1),对应 JCPDS 卡片,把待测相的所有衍射线的 d 值和 I/I_1与卡片的数据进行人工检索,最后获得与实验数据基本吻合的卡片,卡片上所示物质即为待测相。近年来,随着计算机及软件业的飞速发展,可以通过专业软件对 X 射线衍射数据进行方便、快捷、准确的分析。

(1) 利用 X 射线软件可以对图谱数据进行平滑、寻峰、标 d 值、去背底、多个图谱比较等数据处理分析。

(2) 通过软件的“物相分析”功能对导入图谱进行物相定性分析,确定试样结构种类;若试样为多相混合物,则可按照下列步骤进行分析:

① 若两相混合物是未知且含量相近,则可从每个物相的 3 条强线考虑,即反复对照软件已经检索出的(或根据试样信息找出的可能物质)标准卡片,初步确定一种物相 A;找到物相 A 的相应衍射数据表,如鉴定无误,则表中所列的数据必定可被实验数据所包含,可从整个实验数据中扣除;对所剩下的数据按照相同步骤找到相对应的物相 B,并将剩余的衍射线与物相 B 的衍射数据进行对比,以最后确定物相 B。

② 若试样是三相混合物，开始时应选出 7 条最强线，并在此 7 条线中取 3 条进行组合，则在其中总会存在这样一组数据，它的 3 条线都是属于同一物相的。对该物相作出鉴定之后，把属于该物相的数据从整个实验数据中剔除，其后的工作便变成一个鉴定两相混合物的工作了。

③ 若多相混合物中各种物相的含量相差较大，就可按单相鉴定方法进行。因为物相的含量与其衍射强度成正比，含量较多的物相的衍射强度明显较强。可以根据 3 条强线定出含量较多的物相；并将属于该物相的数据从整个数据中剔除。然后，再从剩余的数据中，找出 3 条强线定出含量较少的第 2 相，其他依次进行。这种鉴定方法必须是各种物相间含量相差大，否则准确性会有问题。

④ 若多相混合物中各物相含量相近，可将试样进行一定的处理，将一个试样变成两个或两个以上的试样，使每个试样中有一种物相含量较多。这样，当把处理后的各个试样分别作 X 射线衍射分析后，其数据就可按上面第 3 步骤的方法进行鉴定。试样的处理方法有磁选法、重力法、浮选，以及酸、碱处理等。

⑤ 多相分析中若混合物是已知的，无非是通过 X 射线衍射分析方法进行验证，则直接与可能物相的标准卡片相比较即可。在实际工作中也能经常遇到这种情况。

⑥ 若多相混合物的衍射花样中存在一些常见物相且具有特征衍射线，应重视特征线。可根据这些特征性强线把某些物相定出，剩余衍射线就相对简单了。

⑦ 与其他方法如光学显微分析、电子显微分析、化学分析等配合。

(3) 利用软件导出分析数据，包括试样测试条件、参数设置、图谱、衍射峰数据（位置、相对强度、积分强度、半高宽等）。

物相定性分析过程中，应注意以下几点：

① d 的数据比 I/I_0 数据重要。

② 低角度线的数据比高角度线的数据重要。

③ 强线比弱线重要，特别要重视 d 值大的强线。

④ 应重视特征线。

⑤ 利用软件对 X 射线图谱进行物相定性分析时，不可直接确认检索结果无误，而应尽可能获得试样的其他信息（如成分等），找出可能的已知物相的衍射卡片或其他图谱进行详细比较后方可确认。

⑥ 分析时应注意由于固溶现象，混合物重叠峰，择优取向等影响造成 d 值或相对强度数据的较大偏移。如有明显的择优取向存在，则应考虑重新制样或在测定时采用旋转式样台以减少其影响。

⑦ 若在衍射线实验时无法得到尖锐衍射峰的衍射图谱，只能获得一条只有一两个弥散峰的散射曲线，或在结晶峰下有高的背底时，则试样可判断为可能是非晶态或可能含有非晶态物质。

(二) 物相定量分析

X 射线物相定量分析方法有直接法、内标法、外标法、K 值法等。

1. 直接法

在由 A 相和 B 相组成的两相混合物中，欲求 A 相在混合物中的含量时，需先配制一系列

AA_1 相的质量分数为 $x_{A1}, x_{A2}, x_{A3}, \cdots$ 的标准混合试样，以及一个纯 A 相标准试样，在完全相同的实验条件下，分别测定各试样中 A 相的同一（*hkl*）衍射线强度 $I'_{A1}, I'_{A2}, I'_{A3}, \cdots$ 以及 I_A，然后以 $I'_{A1}/I_A, I'_{A2}/I_A, I'_{A3}/I_A, \cdots$ 对相应试样的 $x_{A1}, x_{A2}, x_{A3}, \cdots$ 作图，绘出标准曲线（图 3-15）。

对于待测试样，也是在相同的实验条件下测定 A 相的同一（*hkl*）衍射线强度 I'_A，求出 I'_A/I_A 值，查标准曲线，即可求出 A 相在此未知试样中的质量分数。

2. 内标法

在一个混合物试样中，加入一定比例的某种标准物质 S，此 S 相应为试样中原来所没有的纯物质，称为内标准物质。

欲求 A 相在任何混合物中的质量分数时，与直接法相似，需先配制一系列 A 相的质量分数 Q 均已知的标准混合试样，但在此每个标准混合试样中还应加入一定百分比 Q_S 的内标准物质 S。然后，用 X 射线衍射仪法测出 A 相和 S 相的相对强度 I/I_S。用 I/I_S 对 Q/Q_S 作出工作曲线（图 3-16）。

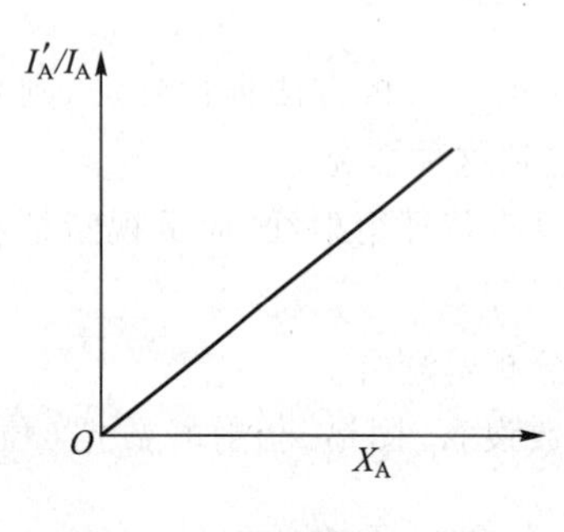

图 3-15　直接法标准曲线

Fig. 3-15　The standard curve of direct method

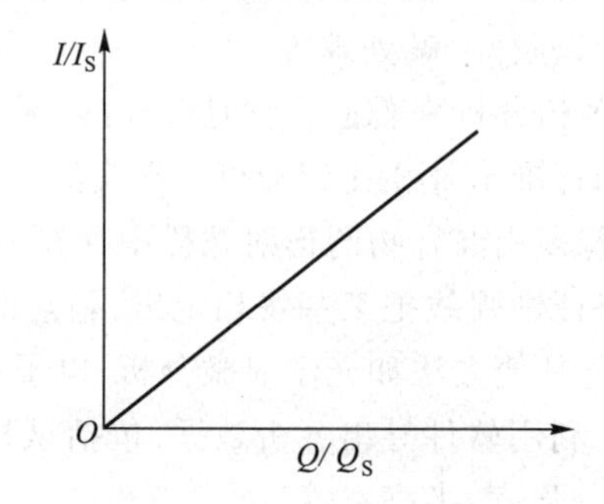

图 3-16　内标法标准曲线

Fig. 3-16　The standard curve of internal standard method

对于待测试样，也同样地加入一定量的内标准物质 S，然后测出同一对衍射线的强度，根据 I/I_S，查标准曲线找 Q/Q_S，即可求出未知试样中 A 相的质量分数 Q。如果未知试样是两相混合物，也就求出了另一相的含量。

3. 外标法

外标法就是将待测物相的纯物质作为标样另外进行标定。也就是说，先行测定一个待测物相的纯物质中某条衍射线的强度；然后再测定混合物中该物相相应衍射峰的强度，并对二者进行对比，求出待测相在混合物中的含量。

欲求 A 相在混合物中的质量分数时，可先将纯 A 相的某条衍射线强度 $(I_A)_0$ 测量出来，再配制一系列 A 相的质量分数 Q 均已知的标准混合试样。在相同的实验条件下分别测出 A 相含量已知的各标准混合试样中同一条衍射线的强度 $(I_A)_1, (I_A)_2, (I_A)_3, \cdots$，并绘出定标曲线。

对于待测试样，在相同的实验条件下测出其中 A 相同一条衍射线的强度 I_A，查标准曲线即可求出未知试样中 A 相的质量分数 Q。

（三）晶胞参数的精确测定

晶胞参数（点阵常数，即 a、b、c、α、β、γ）是晶体的重要基本参数，一种结晶物相在一定条件下具有一定的点阵参数，温度、压力、化合物的化学计量比、固溶体的组分，以及晶体中杂质含量的变化都会引起点阵常数发生变化。但这种变化往往很小（约 10^{-5} nm 数量级）。因此，必须对点阵常数进行精确测定，以便对晶体的热膨胀系数、固溶体类型的确定、固相溶解度曲线、宏观应力的测定、化学热处理层的分析、过饱和固溶体分解过程等进行研究。

用 X 射线衍射测定物质的点阵常数，多采用间接测定法。首先，求出某一（hkl）反射线的掠射角 θ_{hkl}；然后，根据布拉格公式求出 d_{hkl}，最后根据面网间距计算公式求出晶胞参数。

现在以立方晶系晶体为例来说明。由立方晶系面间距公式：

$$d^2 = \frac{a^2}{h^2 + k^2 + l^2} \tag{3-9}$$

和布拉格方程

$$2d\sin\theta = \lambda$$

可得到：

$$\frac{\sin^2\theta}{N} = \frac{\lambda^2}{4a^2} \quad (N = h^2 + k^2 + l^2) \tag{3-10}$$

晶胞参数的精度主要取决于 $\sin\theta$ 的精度。θ 角的测定精度取决于仪器和方法。在 X 射线衍射仪上用一般衍射图来测定，$\Delta\theta$ 约可达 0.02°。

当 $\Delta\theta$ 一定时，$\sin\theta$ 的变化与 θ 所在的范围有很大的关系。可以看出，当 θ 接近 90°时，其变化最为缓慢。假如在各种角度下的测定精度 $\Delta\theta$ 相同，则在高 θ 角时所得的 $\sin\theta$ 角将会比低角时的要精确得多。对布拉格公式微分，可以得出以下关系：

$$\frac{\Delta d}{d} = -\cot\Delta\theta \tag{3-11}$$

这说明当 $\Delta\theta$ 一定时，采用高 θ 角的衍射线测量，面间距误差 $\frac{\Delta d}{d}$（对立方系物质也即点阵参数误差 $\frac{\Delta a}{a}$）将要减小；当 θ 趋近 90°时，误差将会趋于零。

从以上分析可知，应选择角度尽可能高的线条进行测量。为此，必须使衍射晶面与 X 射线波长有很好的配合。

目前，利用 X 射线衍射法测定晶胞参数，已有许多专业软件和计算机程序；只要输入 θ（或 d）及晶系、入射 X 射线的波长 λ 等值，即可获得待测物质的点阵常数。其步骤如下：

（1）根据实验所得试样的 X 射线衍射图谱，利用“X' pert HighScore”或其他专业 X 射线分析软件对图谱数据进行拟合及物相定性分析，获得精度较高的 d 值。

（2）在软件中输入或调入确定物相的一组 d 值，即可计算出试样中相应物相所对应晶胞参数信息。

（四）晶粒尺寸及点阵畸变的测定

在理论上，利用 X 射线粉末衍射仪对结晶粉末进行测试时，扫描所得图谱应该是衍射线。但实际上，实验扫描出来的图谱的每一根衍射线（衍射峰）都具有一定的宽度。其原因主要有两个：① 仪器的原因造成峰的宽化；② 试样本身的微晶产生的宽化。

因此，可以通过 X 射线衍射图谱对组成试样的晶粒尺寸及点阵畸变进行计算。

若试样的晶粒尺寸小于 100 nm，则可根据晶粒尺寸 D 与衍射线宽度 B_{struct} 的谢乐（Scherrer）

公式求得：

$$D = \frac{K \cdot \lambda}{B_{\text{struct}} \cdot \cos \theta_{hkl}} = \frac{K \cdot \lambda}{(B_{\text{obs}} - B_{\text{std}}) \cdot \cos\theta_{hkl}} \qquad (3-12)$$

式中 λ 为 X 射线衍射仪所用 X 射线的波长；θ_{hkl} 为 (hkl) 衍射线的 θ 角；B_{struct} 指实际由微晶产生的峰的宽化值（单位为弧度），$B_{\text{struct}} = B_{\text{obs}} - B_{\text{std}}$；$B_{\text{obs}}$ 指图谱中峰的宽度（单位为弧度）；B_{std} 指仪器产生的宽化（单位为弧度）；K 为常数，与谢乐公式的推导方法以及 B_{struct} 的定义有关，K 值一般取 0.89（晶粒近似球形）或 0.94（晶粒近似立方形）。

点阵畸变或微应力与衍射线宽度的关系式为：

点阵畸变：

$$\varepsilon = \frac{\Delta d}{d} = \frac{B_{\text{struct}}}{4\tan \theta_{hkl}} \qquad (3-13)$$

微应力：

$$\sigma = E\varepsilon = \frac{EB_{\text{struct}}}{4\tan \theta_{hkl}} \qquad (3-14)$$

式中 B_{struct} 为由点阵畸变造成的衍射线宽度；E 为杨氏模量。

根据以上原理，只要利用仪器测出衍射峰的积分半峰宽、衍射峰的位置，以及由仪器产生的标准宽化度就可以根据这三个已知数求出试样中微晶的晶粒度大小与微晶的晶格畸变度。具体步骤如下：

（1）用结晶很好的标准样 Si 粉片进行测试，对图谱进行 $K_{\alpha2}$ 去除，然后对图谱进行平滑处理，由于标准样 Si 结晶很好，没有微晶也没有晶格畸变。所以处理后得出的谱线峰的宽化可以认为是由仪器的原因产生的宽化。

（2）利用专业分析软件求出衍射峰的参数：包括峰的积分强度、衍射角、半峰宽、积分半峰宽等。

（3）利用衍射峰参数与标准仪器宽化代入式（3-12）、式（3-13）、式（3-14）就可以求出相应的晶粒度 D、点阵畸变 ε 和微应力 σ 的大小。

第五节　红外吸收光谱分析

红外吸收光谱（infrared spectroscopy，IR）是一种分子吸收光谱。当试样受到频率连续变化的红外光照射时，分子吸收了某些频率的辐射，并由其振动或转动运动引起偶极矩的净变化，产生分子振动和转动能级从基态到激发态的跃迁，使相应于这些吸收区域的透射光强度减弱。记录红外光的透射比与波数或波长关系曲线，就得到红外光谱。

红外光谱波长范围约为 0.78 ~ 103 μm，根据仪器技术和应用不同，习惯上又将红外光区分为三个区：近红外光区，中红外光区，远红外光区。

一、红外吸收光谱仪的结构

红外吸收光谱仪可分为色散型红外光谱仪及傅里叶（Fourier）变换红外光谱仪两大类型。傅里叶变换红外光谱仪具有扫描速度快、分辨能力和波数精度高、灵敏度极高、光谱范围很宽等优点。傅里叶变换红外光谱仪由光源（硅碳棒光源或陶瓷光源）、迈克耳孙（Michelson）干涉仪、试样插入装置、检测器、计算机和记录仪等部分组成。其结构如图 3-17。

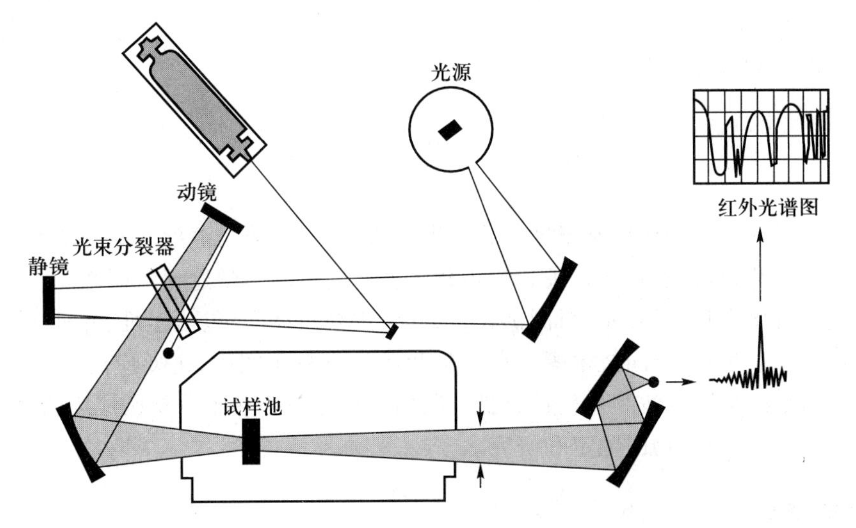

图 3 - 17　红外光谱仪的结构示意图

Fig. 3 - 17　The structure schematic diagram of infrared spectrometer

二、红外吸收光谱分析的原理

当一束连续波长的红外光照射试样时,引起物质分子或原子基团的振动,分子在振动、转动过程中偶极矩发生变化,吸收特定波长红外光,跃迁到高的振动或转动能级,使透过或反射出的红外光波长不连续,从而形成了吸收谱带,即红外吸收光谱。

由于吸收光频率与化学键振动能级跃迁是相互对应的。因此,把分子的每一个吸收光频率归属于分子中一定的键或基团振动,这样就可根据实际的吸收光频率来确定分子中不同的键或基团。同时,各键或基团的特征振动频率又因为邻接的原子(或原子团)和分子构型等的不同,其特征振动频率将发生位移或变形。利用红外吸收光谱中吸收峰的位置、形状和相对强度,来鉴定物质分子成分和分子结构。

三、红外吸收光谱在矿物学中的应用

在单矿物鉴定时,仅需将有关矿物的红外吸收光谱图与已知标准谱图或合成物质谱图进行比较,即可确认。常用的可鉴定用的标准谱图及专著,国外发表的有六种。最近我国也出版了两种谱图。

对于某些矿物,用红外吸收光谱不仅可以精确鉴定矿物种,还能确定其成分范围。诸如石榴子石、磷灰石、方解石、文石、沸石等族矿物。红外吸收光谱还可以提供有关结构的信息。

红外吸收光谱是研究矿物最好的手段之一。它测定由于离子取代而引起的振动频率变化是相当精确的。其精度取决于两端员组分相应吸收谱带的频率差 $\Delta\nu$,$\Delta\nu$ 愈大,精度愈高。如利用二八面体云母在 530 cm^{-1} 附近谱带同 430 cm^{-1} 附近谱带频率差来估计白云母 - 多硅白云母中的 Al - Si 取代量。

研究混合相的红外光谱是很有意义的。过去认为斜长石是钙长石 - 钠长石的连续固溶体。现在已经知道,它实际上是钙长石和钠长石出溶片晶的混合体。测定斜长石的 650 ~ 610 cm^{-1}

谱带频率,可以快速而准确地测定其中钠长石和钙长石的相对含量。这对于土壤、现代沉积物、黏土及氧化物的矿物研究是十分有用的。

第六节 热 分 析

热分析技术是研究在程序控制温度下物质的物理、化学性质与温度之间的关系,即研究物质的热态随温度的变化,包括热转变机理和物理化学变化的热动力学过程的研究。

热分析是一种多学科通用的分析测试技术,其应用领域极广,包括无机、有机、化工、冶金、陶瓷、食品、地质、建筑、生物、空间技术等。在矿物和矿物材料研究中,主要应用差热分析、热重分析、差示扫描量热法、热膨胀法和热机械分析。其中差热分析和热重分析已成为研究矿物的必要手段之一,特别是对黏土矿物的鉴定和研究。

一、热重分析

热重分析(TG)是在程序控制温度下,测量物质的质量与温度的关系的一种热分析技术。热重法通常有两种类型:一种是等温(或静态)热重法,即在恒定温度下测定物质的质量与时间的变化关系;另一种是非等温(或动态)热重法,即在程序升温(或降温)下测定物质的质量与温度的变化关系。

二、差热分析

差热分析(DTA)是在程序控制温度条件下,测量试样与参比物(一种在测量温度范围内不发生任何热效应的物质,如 $\alpha-Al_2O_3$、MgO 等)之间的温度差与温度关系的一种热分析技术。

三、热重分析和差热分析在矿物学中的应用

热重分析和差热分析在矿物和岩石研究中主要用来鉴定矿物、矿物结构特征,矿物含量的半定量-定量分析。对于鉴定胶体和偏态的矿物、结晶微细的黏土矿物特别有效。当这两种方法联合使用,并配合 X 射线衍射、红外吸收光谱分析等测定方法,将会获得令人满意的结果。

许多矿物晶体含有结合水、沸石水、结构水(羟基)。尤其是黏土类矿物大都含有一定量的层间水和结构水;有些矿物如方解石、白云石等受热后分解,放出 CO_2,用热重法研究这些矿物会得到较好的效果。例如用热重法测定高岭土-锂蒙脱石混合样中两种矿物的含量。

四、差示扫描量热法

差示扫描量热法(DSC)是在程序控制温度下,测量输入给试样和参比物的功率差与温度关系的一种热分析方法。DSC 按测定方法不同可分为两种类型:功率补偿式差示扫描量热法和热流式差示扫描量热法。

第四章　耐火材料矿物原料

第一节　概　　述

耐火材料是指耐火度不低于1 580℃的一类无机非金属材料。其功能是抵抗高温及由高温产生或衍生的磨蚀、冲击、热震动、化学浸蚀、负载等破坏力。主要用于冶金、建筑材料、化工等领域。按国际标准化组织（ISO）的定义，耐火材料可含有一定量的金属材料，温度也可以适当降低。

耐火材料原料主要由粒料（骨料与基料）、黏结剂和添加剂三部分组成。如Mg－C砖的组成（含量）是，MgO粒料为85%，片状石墨15%，热固性树脂10%，添加剂（Fe，Al）<1%。

制作耐火材料的一般工序是：制料→配料→混合→成型→干燥→烧成→处理。近年来迅速发展的不烧砖，不需要烧成工序，可大大节约能源。

耐火材料的质量常用下列理化性能指标表征：化学组成与部分组分比（%），耐火度，表观气孔率与体积气孔率（%），表观密度与体积密度①（g/cm^3），常温抗压强度与抗折强度（Pa），膨胀（%）与重烧线变化（%），荷重软化温度（℃），抗热震性（1 000℃－水冷次数），导热系数（W/（m·K）），干燥与煅烧收缩（%），抗渣浸蚀性，烧失，抗氧化性等。还有透气性、弹性、可塑指数、抗冲击性、耐爆裂性、流动性、烧结性、相容性等。当然，并不是上述指标都要一一测试，而是根据耐火材料的类型、用途、施工方法以及研究的需要而有所侧重。

耐火材料的分类方法很多。按总成分和理化性能进行的国际分类如下：

类型	德国分类	美国分类
黏土耐火材料	10%≤Al_2O_3含量≤45%	
高铝耐火材料	Al_2O_3含量>45%	Al_2O_3含量>50%
硅质（酸性）耐火材料	SiO_2含量≥85%，Al_2O_3含量<30%	SiO_2含量≥90%，Al_2O_3含量<1.5%
碱性耐火材料	Mg－C/Mg－Ca－C	Mg－Cr－Ca
特殊耐火材料	SiC，BN，锆石	
混合耐火材料	由1～5种混合而成	

此外，还有按耐火度、结合方式（烧结，水硬化，化学硬化，有机硬化），工艺特征（焙烧，不烧），形态（定形、不定形）与施工（捣打，可塑料、喷涂料、振动料）和生产方式（手工成型、机压成型、浇注和熔铸）等进行的分类。

① 体积密度，指材料的质量与其总体积（包括气孔）的比值。它表征耐火材料的致密程度，是耐火制品和原料的基本技术指标之一。单位为g/cm^3，或kg/m^3。

第二节　耐火材料矿物及其在耐火材料中的作用

用作耐火材料矿物原料的矿物或矿物集合体有两类。

一类是耐火度高的矿物。如橄榄石、锆石、铬铁矿、尖晶石、堇青石、方镁石、刚玉、石墨、柱石、蓝晶石、夕线石、硅灰石、钡长石等,可直接用作耐火材料。

另一类是自身耐火度不一定高,但经过加工,或者相互配比后经高温烧结可生成耐火相者。如菱镁矿、蛇纹岩和高岭石、蒙脱石、叶蜡石等黏土矿物。

此外,在生产耐火材料过程中还需要作为添加剂的矿物原料。它们可降低烧结温度或改善制品的某些性质。如加入微量稀土氧化物可大幅度降低 MgO - CaO 质合成料的烧结温度。

上述矿物原料在耐火材料中的作用可概括为:

(1) 耐火度高且选纯的矿物可直接用作耐火材料,包括用作不定形耐火材料;

(2) 以矿物相的不同粒度用作骨料及基料,并凭借矿物自身的硬度和强度,使耐火材料具备一定的机械强度。例如,在铝硅酸配料中加入少许锆石就可以增加制品的韧性;

(3) 以矿物相的热稳定性保证耐火材料的抵抗热冲击、热震动、热磨蚀性能。如配料中加入少许堇青石,可明显提高材料的热震稳定性;

(4) 以矿物相的化学惰性提高耐火材料的抗渣性;

(5) 以矿物的化学组成保证耐火相的生成。但常常要几种矿物配比,通过高温烧结生成所需的耐火相。

显然,研究耐火材料矿物原料的性质,包括化学成分、形态及粒度、密度、硬度、含水性、化学性质、热学性质等,是十分重要的。

一、化学成分

矿物的化学成分及纯度影响矿物进入耐火材料的形式和耐火材料类型。对耐火材料的耐火度、抗氧化性、抗渣蚀性、助熔指数等也有影响。化学成分愈简单,则矿物以耐火相进入骨料和基质,耐火度愈接近矿物自身的熔点;若矿物化学成分中含变价元素,则抗氧化性能差;成分构成愈复杂,则与金属反应的可能性愈大,抗渣蚀性愈差。因此,矿物中的杂质组分含量愈少愈好。如铁和游离 SiO_2 是生成莫来石的有害杂质,且对耐火材料的强度、线膨胀率、表观气孔率有直接影响,危害很大。

除注意成分纯度外,还应注意相纯度。有些矿物的组分虽然相同,但有可能出现同质多象或多型,如 α、β 相石英,α、γ 相 Al_2O_3。相纯度也会影响耐火度。

二、形态和粒度

矿物的形态和粒度可决定最佳组织结构的生成。

矿物形态影响耐火材料的机械强度、黏结剂的总量和分布、流动性、表观密度、弹性、气孔形态与连通状况及透气性。若矿物形态为圆形颗粒,则材料的抗压强度高,生产过程中的流动性控制较好,黏结剂用量低且分布均匀,气孔形态规整且连通少;而棱角状颗粒除强度仍高外,其余与圆形颗粒情况相反;片状矿物(如石墨)可使材料具良好弹性;纤维状矿物可增强弹性、抗拉、抗折强度、抗热震动性和抗热冲击的能力。

矿物粒度对耐火材料的透气性、抗压强度、吸水性、组织结构都有明显影响。例如,骨料和基质的粒度常相差几个数量级,但不能相差太大,否则会引起粒级分异。骨料是粗颗粒,基质一般为中细颗粒。当粗、中、细三类颗粒在三角图中的比例分别保持60% ~70%,0 ~30%,10% ~30%时,则气孔率最低,机械强度高。

三、湿度

这里的湿度是指矿物或矿物集合体的含水情况。将影响流动性、烧结特性、干燥收缩率等。

四、化学性质

矿物的酸碱性及矿物与金属熔融体的反应活性,决定耐火材料的抗渣蚀性和使用环境。矿物耗酸量大,则适用碱性环境。反之适用于酸性环境。矿物惰性大,则抗渣蚀能力强,使用寿命长。例如 Mg - C 砖、莫来石砖抗碱性渣好;硅砖、锆石砖抗酸性渣好;C 砖、刚玉砖抗金属液好;碳化硅砖抗还原剂好;等等。

五、热学性质

矿物的熔点、热膨胀性及热稳定性等热学性质,对耐火材料的一系列性能都有影响。

矿物的熔点决定耐火材料的耐火度,两者为正相关关系。

矿物的热膨胀性和导热性质直接影响耐火材料的膨胀系数、导热系数等参数值。矿物的膨胀系数、导热系数愈小愈好。如钡长石的线膨胀系数为$(1.3 \sim 2.4) \times 10^{-6}/℃$,是很理想的抗热震材料。

矿物的热学性质也制约着生产工艺。若矿物膨胀系数很小,或配料之间热膨胀性质能够补偿,则矿物可直接与黏结剂制成不烧砖。如硅线石砖、堇青石砖、钡长石砖,它们在高温条件下,体积基本不发生变化。

矿物在升温条件下的相变特征也将决定耐火材料的烧结工艺和烧结温度、时间等特征。研究矿物相变的中间产物、相变速度、相变后的稳定性及粒度、形态、体积变化都是十分重要的。

六、密度和硬度

矿物的密度影响着耐火材料的表观密度,从而影响骨料、基质、黏结剂的选择。骨料、基质、黏结剂三者之间的密度应相近,否则会引起混料分层,而密度分异会影响组织结构,也影响耐火材料的抗热冲击特性。

矿物硬度对坯体抗浸蚀、磨损、抗压强度和荷重都有影响。矿物硬度高则抗磨损性强,抗压强度高,抵抗熔体流动作用的浸蚀和颗粒冲击作用的性能好。因此,耐火材料常选用高密度、高硬度矿物。如重烧镁砂,密度为 3.51 g/cm^3。

七、成型性和相容性

由于不同矿物在物理性质及粒度等方面的差异,其成型特点、出模的难易及坯体强度都有所不同。因而在确定成型压力、坯体尺寸及外观、出坯速度等方面都要考虑矿物的成型性。

黏结剂与矿物之间的相容性对耐火材料的机械强度和烧结特性都有明显影响。相容性好不仅机械强度高，而且矿物颗粒与黏结剂之间有可能生成新物相，从而改善耐火材料的某些性质。因而，应根据相容性特征正确选用黏结剂。例如橄榄石与一些树脂黏结剂的相容性很差，因此对橄榄石不宜选用有机胶结物。

第三节　耐火材料的耐火机理

一、耐火材料的组织结构

耐火材料的耐火性质与其内部的组织结构紧密相关。耐火材料最佳组织结构一般有如下特点：

基质由弹性较好的结晶体组成。晶体呈针状、柱状，常呈交织状。晶体长在骨料颗粒上。基质中的非晶相含量很低，并由优质耐火相组成。内部气孔分布均匀，大小一致且连通性很差。形成一种强度好，可膨胀，又有一定微裂纹的组织，使材料具有抗裂纹增长的性能和良好的热震稳定性。

二、耐火材料的耐火机理

耐火材料在使用过程中要受到高温、温度变化、荷重、腐蚀、浸蚀、磨损、剥落等破坏性因子的影响，因而要通过优化耐火材料自身的组织结构，改善其物理化学性能，减弱破坏性因子的影响，才能保持耐火材料自身的基本稳定，保证其使用寿命。

耐火材料的组织结构及性能的优化是以耐火机理研究为基础的。耐火材料的耐火机理可描述为：耐火相承受高温并隔热；高纯度、少杂质可减少熔融相的产生；利用其高温下的强度、高温膨胀性及蠕变，减小荷重软化；以低热膨胀率、高杨氏模量、高强度、合适的密度，抵抗温度变化的热冲击；用成分的化学相容性、惰性、低浸润角、高密度、低气孔率，抵抗腐蚀和渗入；控制基质结构保证材料的强度，抵抗侵蚀和磨损；以低的热膨胀率减小机械剥落；刚性骨料，低气孔率，高热传导可抵抗热震动和热剥落。但是，耐火材料上述各种指标之间常存在着相互矛盾和制约的复杂关系。耐火机理的研究是一项十分复杂的课题。

第四节　耐火材料矿物的深加工和耐火矿物相

一、矿物的深加工

深加工是旨在对矿物理化性质进行优化，使之适合应用要求的预处理。

从第二节的讨论可以看出，矿物的诸多特性都不同程度地影响成品的性能。矿物的有关特性表现越明显，对成品性能的制约作用就越强。因此，优化矿物理化性质，削弱不利因素，是保证成品质量的重要环节。耐火材料矿物原料的深加工，通常包括纯化、人工合成、片化、纤维化等。

（一）纯化

纯化的对象包括天然矿物和人工合成矿物，前者多选用化学提纯手段；后者常采用严格控制合成条件及原料选择的途径。还有一种方法是电熔法。即用电加热使矿物原料熔融，再控制其冷凝结晶，获得纯度高、结晶好、颗粒较大的产物。如电熔 MgO、CaO、Al_2O_3、SiO_2等。

纯化后的产品，一般应达到特级品的指标。经纯化处理的产品常冠有高纯二字，如高纯镁砂、高纯石墨等。

（二）人工合成

可用天然矿物原料合成耐火矿物，也可用化学纯品合成特种高档耐火矿物。如人工合成的碳化物、硼化物、氮化物均具优良耐火性质。但限于成本一般较高，实际应用的人工合成矿物的种类及用量还不多。

（三）片化、纤维化

用人工控制重结晶方式或熔融吹丝方法，可改变矿物的形态，使之成为片状、纤维状的晶形。大鳞片状石墨，陶瓷纤维，碳素纤维，MgO 晶须等，都是通过这类方法生产的。

（四）烧结

烧结是指耐火材料坯体被加热至接近其熔点时，气孔率下降，密度增大的过程。通过烧结方式可将低温稳定相变为高温稳定相。同质多象矿物和大多数黏土矿物都采用烧结方式形成耐火相。

（五）其他方法

如通过淋滤或熔化加气等方式使矿物呈现多孔状特征，从而减小密度，增大比表面积，改善热性能。

二、矿物耐火相的研究

常见的矿物耐火相有下列几种：

石英相：α 相，β 相；刚玉相：α 相，γ 相；堇青石相：α 相，F 相，B 型；尖晶石相：Mg 尖晶石，Ca 尖晶石，Cr 尖晶石，Fe 尖晶石；夕线石相；方镁石相；橄榄石相；石墨相；莫来石相；钡长石相；锆石相：锆英石，斜锆石。

呈耐火相的矿物，除单质（如 C）外，主要为氧化物和岛状、架状硅酸盐。组成元素主要为 O、Si、Al、Mg、Ca、Zr、Ba。这些矿物在结构上以 NaCl 型，刚玉型，尖晶石型和岛状、架状结构为主。离子堆积紧密、稳定。

上述的矿物耐火相多代表同一种相的矿物系列。如尖晶石相包括 Mg 尖晶石、Cr 尖晶石等；莫来石相包括成分从 $3Al_2O_3 \cdot 2SiO_2$到 $2Al_2O_3 \cdot SiO_2$连续变化的系列。

自然界中可直接利用的耐火矿物虽然有限，但与耐火矿物相在成分上有关的天然矿物却极其丰富。它们可以作为矿物原料，经烧结方式转化为耐火相。这种转化的理论基础是相律和矿物相图。相图表明了耐火矿物相的成分和温压条件，广泛应用于耐火材料生产工艺设计中。例如三元相图就应用较广，除用以研究耐火相形成外，还用来研究杂质组分的影响、渣蚀机理、玻璃相形成、添加剂的作用。常用的三元相系有 $CaO - MgO - Cr_2O_3$，$Al_2O_3 - SiO_2 - CaO$，$Al_2O_3 - SiO_2 - MgO$（图 4－1），$Al_2O_3 - SiO_2 -$（Na_2O，K_2O，FeO，MnO），$Al_2O_3 - SiO_2 - ZrO_2$等。

烧结是形成耐火矿物相的基本方法。

烧结过程通常经过五个阶段，即：排吸附水（200℃）→排除结晶水，开始发生化学反应（200 ~ 900℃）→新晶相生长，坯体达烧结态（900 ~ 1 600℃）→保持高温（ >48 h）→冷却。但不同的耐火矿物相，或原料及配料比不同，烧结过程及温压参数是不完全相同的。

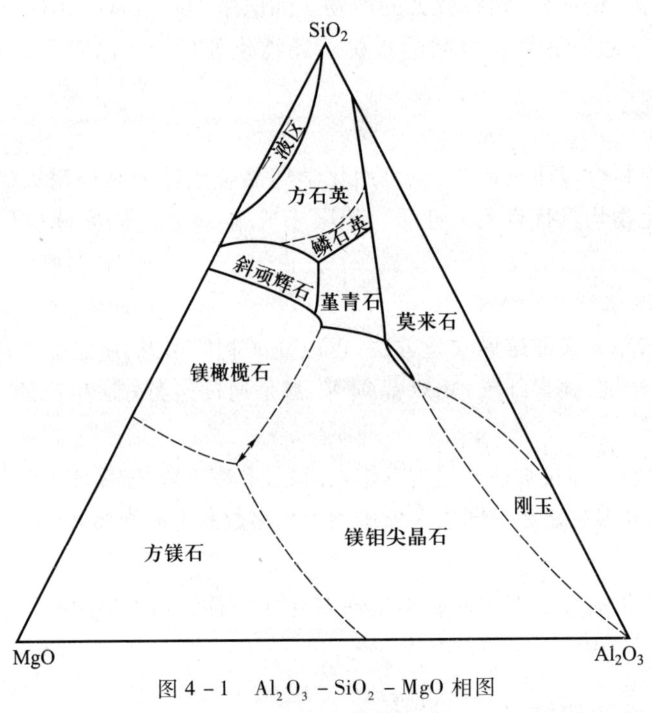

图 4-1　$Al_2O_3-SiO_2-MgO$ 相图

Fig. 4-1　$Al_2O_3-SiO_2-MgO$ phase diagram

烧结过程实质上是固相反应发生过程。高温下，固态反应物质点处于高振动状态，当结晶水脱除或质点逃逸，会形成大量晶体缺陷或空位。固态物相因此活化，质点开始向晶面扩散，C、Fe等化合物被氧化，碳酸盐、亚硫酸盐等被分解，发生复杂化学反应。温度达到900℃时，固相的绝大部分组分呈游离态，气孔增大，Al_2O_3、SiO_2等组分与碱类、CaO、Fe_2O_3等形成低熔化合物，出现玻璃相，新生晶体大量形成。此后，将温度控制在900～1 600℃之间，并保持48 h，使固相反应完全，新生物相再结晶，从而获得烧结程度高，结晶稳定的耐火相。

三、天然耐火矿物及不烧砖

通过烧结方法制备的耐火材料需耗费大量能源。而自然界中有一些矿物除具有耐火矿物的一般性能外，在受热过程中无相变，或相变后线膨胀系数极小。如红柱石、蓝晶石、夕线石、橄榄石、叶蜡石、堇青石、钡长石等就属于这类矿物。它们可用黏结剂粘合成不烧砖。不烧砖无须烧结就可直接使用，因而是节能耐火材料。同时，它们体积稳定性好，性能优良，且易回收复用。在工艺上，减少了破碎费用，不需要烧结设备投资，因而又可降低成本。

第五节　型砂矿物原料

一、概述

型砂矿物是铸造工艺所需要的一种矿物原料，也归属耐火材料矿物原料之列。

铸造是将液态合金注入铸型中使之冷却、凝固,形成金属制品的过程。铸造的方法较多。砂型铸造,即以型砂为造型材料制备铸型的铸造方法,应用很广泛。以砂型铸造方法生产的铸件占铸件总量的80% ~90%。

造型材料是制造砂型、砂芯的各种原料,以及由各种原料配成的型砂、芯砂、涂料等的总称。本节只介绍造型材料所用的矿物及矿物性质对造型材料(铸型)性能的影响。

砂型主要由原砂和黏结剂组成。按工艺特征,可分为湿型、干型、表面干型、化学自硬砂型等几种。按黏结剂不同,又可分为黏土砂型,无机黏结砂型,有机黏结砂型。造型方法也有多种。如手工造型,普通机器微震压实、低中压和高压造型。还有正负压,冷冻,重力,切削等造型方法。

衡量砂型性能的主要技术指标有:透气性、强度、耐火度、发气性、退让性、溃散性、流动性、可塑性与韧性、黏模性、保有性、吸湿性和复用性等。

二、型砂矿物的理化性质及其对铸造质量的影响

型砂矿物原料包括原砂和黏土两类。

(一) 原砂

凡有较好的热稳定性(耐火温度一般低于1 500℃),化学惰性好,良好的机械强度,纯度达到要求的矿物,都可用作型砂的原砂矿物原料。原砂矿物的化学成分及纯度、含水状况、耐火度、烧结点、导热系数、热膨胀特征、化学稳定性、粒度、形态等,都对铸型性能、铸件质量及生产成本有明显影响。原砂矿物的上述理化性质,有些与耐火矿物相似。本节只简述不同于一般耐火矿物的部分理化性质。

(1) 杂质组分的含量。主要是指平均粒度 <0.02 mm 的泥质物,含量要愈少愈好。泥质物的存在对黏结剂用量、砂型强度和透气性都有很大影响。泥质将阻塞气孔,因而含泥量愈少,透气性愈好。

(2) 原砂形态和粒度。砂粒形态也影响砂型强度、透气率、黏结剂的用量及分布。棱角状颗粒制作砂型所需黏结剂量较多,气孔分布不均匀,易形成铸件气孔、砂眼。但可提供良好的抗渣蚀性;粒度是透气率和铸件光滑度的决定因子,原砂颗粒愈细,则光滑度愈好,但透气性较差,铸件内的气孔、砂眼等缺陷可能较多。因此,要注意选择恰当的粒度。太宽的粒度分布会影响铸件光滑度。

(3) 原砂的硬度和熔点。硬度大、熔点高的型砂具良好复用性。原砂烧结点一般低于耐火度。烧结会使砂粒表面或砂粒之间的混杂物开始熔融而使砂粒相互连结,降低了复用性,影响铸件质量和铸件清理的难度。

(二) 黏土

在制作砂型时,黏土主要起黏结作用。黏土的性质及用量影响型砂的可塑性、黏模性,从而保证铸件表面的平整光滑。黏土的黏结力与黏土矿物成分,可交换阳离子类型与阳离子交换容量、分散性等有关。

例如,吸蓝量愈大则黏结力愈强。常用的几种黏土矿物的黏结力依下列序次递减,Na蒙脱石 > Ca蒙脱石 > 伊利石 > 高岭石。一般说来,蒙脱石用量只需普通黏土的1/2 ~1/3就可达到同等强度。

阳离子交换容量对黏结力的影响,与吸蓝量序次一致,且Na型和Ca型蒙脱石性质有较大

差别(表4－1)。吸附阳离子电价高,黏结力增大,分散度减小。高价离子与黏土表面静电吸力大,吸附水层厚度减小,易出现自由水。

应该指出,原砂和黏土对砂型的影响不是孤立的,而是相互制约和补偿的。例如原砂受热微膨胀可补偿黏土受热时的体积收缩,保证铸型尺寸的稳定,抵抗金属液的冲刷。又如水分对砂型透气性、机械强度、发气性、流动性都有重要影响。型砂中的水分除外加水外,还有原砂、黏土矿物中的结晶水和吸附水。水分过少,一部分黏土附着在砂粒上,阻碍气体流动;水分过量则会充填空隙,使透气率下降,且黏结强度降低,增加砂体垮塌的概率,塑性变形增加,铸件易出现气孔、夹砂,因此,应适当控制型砂的水分。

表4－1　Na型和Ca型蒙脱石性质对比

Table 4－1　Comparative the properties of Na－type and Ca－type montmorillonite

性质	Na型	Ca型
分散度	0.5 μm 88%	0.5 μm 35%
膨润值	$>36\ cm^3$	$<30\ cm^3$
过湿强度	Na型＞Ca型	
热湿拉强度	Na型＞Ca型	

此外,制作砂型时还需要使用一些附加矿物原料。例如,为提高砂型的耐火度,防止黏砂,可使用石墨,滑石或石英涂层。

三、型砂矿物的选用

常用的原砂有石英砂、镁砂、铬铁矿砂、铬镁砂、锆石砂、刚玉砂、橄榄石砂、钛铁矿砂等。

作黏结剂的黏土矿物有蒙脱石、伊利石、高岭石等。

原砂的选用应考虑合金种类、铸件重量、铸型种类、造型、制芯方法等因素。例如,干砂适于大铸件,天然胶结砂、合成砂用于有色金属铸造,锆石砂适于冷铸,橄榄石砂用于锰钢浇铸,石英砂用于铸钢。对水玻璃硬化砂,要选用SiO_2高、碱和碱土元素含量低、粉粒及含泥量＜0.5%、圆形或多角形原砂;有机黏结砂宜选用含泥量＜0.5%、含水量＜0.3%的圆形砂;合成树脂黏结砂要求原砂圆(粒形系数＜1.1～1.3)、净(含泥量＜0.2%)、干(含水量＜0.2%)、纯。因此原砂在使用前要筛分、水洗、精选、烘干。

黏土的选用和原砂的选用原则是一致的。使用最广泛的是蒙脱石黏土。Na型蒙脱石适于铸钢,Na－Ca型混合土宜于铁和有色金属铸造,高岭土和球土也用于铸钢。

我国已经是世界耐火材料生产和消费第一大国,年产耐火材料达到$2\,540\times10^4$t以上。我国高铝矾、菱镁矿和石墨并称为耐火原料的三大支柱,目前我国65%的耐火材料属于$Al_2O_3-SiO_2$系产品。我国铝矾土矿、铬铁矿、锆英石矿不足,菱镁矿、石墨、高岭土矿、膨润土矿等富足,耐火资源无明显优势。耐火材料的高性能化研究和原料的低品位开发利用是今后的重点,如高铝煤矸石。新一代矾土合成优质原料包括:① Al_2O_3含量为50%～90%的均质矾土熟料(均质类);② 矾土基烧结和电熔锆刚玉莫来石和锆刚玉尖晶石系合成料(改性类);③ 矾土基Sialon和Alon(转型类)。利用这些合成料开发高性能优质耐火材料新品种。

耐火材料的循环再生利用日益受到重视,因耐火材料只有53%被消耗掉,其他部分可以再生利用,我国相关人员对此重视和研究不够。一般经过拆除、拣选、破碎、除杂、后处理等工序可以制备不同用途的耐火材料原料。如添加30%的Mg－C砖钢用耐火材料回用集料可以生产合格的镁质耐火材料。

因环保要求的标准日益严苛，镁钙系耐火材料将逐渐取代镁铬砖已成为我国耐火材料发展的重要趋势。耐火材料的轻质化和原位生成也成重点开发内容。如钙长石质轻质耐火材料的烧成温度确定为1 280℃，堆积密度最轻可达到400 kg · m^{-3}，其常温耐压强度可达到1.3 MPa，抗折强度为0.98 MPa。原位生成纤维状耐火相如莫来石晶须可明显提高耐火材料的挠曲强度和断裂韧性。

纳米氧化物和纳米矿物等新技术在耐火材料中的应用值得深入进行。如纳米氧化物和纳米尖晶石可以制备各种耐火材料或用纳米溶胶对其进行浸渍处理，耐火材料的抗震性、抗渣性等有明显改善；纳米材料涂层也可显著改进耐火材料性能。

玻璃陶瓷也可用于制备高性能耐火材料，如碱土（Mg、Sr、Ba 等，以 TiO_2为晶种）硅酸盐玻璃陶瓷耐火材料可用于1 200 ~ 1 500℃环境，且具有良好的力学强度（ > 100 MPa），高断裂强度（2 ~ 5 MPa），良好的介电性和热膨胀系数（25 ~ 45）× 10^{-7}/℃（25 ~ 1 000℃）。若以钡长石或堇青石质的玻璃陶瓷制成则性能更优。

第五章 保温材料矿物原料

第一节 概 述

采取有效节能措施，控制能源消耗，是现代工业发展的重要课题。绝热工程也就是减少或限制能源浪费而进行的保温、隔热技术措施，已成为一种重要的工程技术。绝热(或隔热)技术包括保温和保冷，其技术关键是减缓设施的热交换过程，因而需要采用热的非传导材料——绝热材料(thermal insulating material)。矿物及制品保温材料是绝热材料之一。根据国家标准《绝热材料及相关术语》(GB/T 4132—1996)，绝热材料是指用于减少结构物与环境热交换的一种功能材料。绝热材料一般用来防止热力设备及管道热量散失，或者在低温(也称普冷)和冷冻(也称深冷)环境下使用，因而在我国绝热材料习惯上又称为保温材料(thermal insulating material)，或保冷材料，或保温隔热材料，用得最多的术语是“保温材料”。保温材料具有热导率(thermal conductivity)低、体积密度小、疏松多孔、吸湿性差等共性，因而常兼具轻质、隔音功能。

一、保温材料的性能指标

在保温材料和保温材料矿物原料的评价指标方面，热性能是最关键的指标，主要包括热传导性质、热稳定性质、热膨胀性质及相关的物理性质。

材料的热传导(thermal conductance)性质的基本表征是热导率 Λ(thermal conductivity)。热导率也即导热系数 λ(coefficient of thermal conductivity)。导热系数是定量测定热能沿温度梯度方向输送速度的量度。导热系数 λ 值越小，则热传递速度越慢，保温隔热性能则越好。材料的热传导能力与其成分、结构、密度，以及含水量等有关。例如，材料密度增大，其绝热性随之降低，就是因为气体的导热系数 λ 值很低。材料密度越大，所包含的不动气体(空气)空间越小，导热系数 λ 值即相应增大。

对保温材料一般要求其常温下的导热系数小于 0.116 3 W/(m·K)，但对纤维保温材料，其保温效果要受纤维细度、纤维排列方向(以其包含的空气不流动为佳)的影响，同时还要受制品密度(容重)、杂质含量和平均温度差的影响。如矿物棉制品的导热系数 λ 就随温度升高而增大，其关系式可近似地表示为：

$$\lambda = 0.034\ 89 + 0.000\ 2t \qquad (5-1)$$

式中：t——摄氏温度，℃。

这一关系式称为材料的热传导温度方程式或导热系数方程。表 5－1 列示了常用的一些保温材料的使用容量、导热系数方程式和绝热能力。

非金属矿物和岩石的热传导机制与金属不同。金属导体靠电子运动传递热量，而非金属矿物和岩石作为电介质，其热能的传输几乎全靠晶格的振动。参照辐射理论中光子的概念，可将振动的一般模式量子化，称之为声子(phonon)。当固体内存在温度梯度时，声子的热能振动量子可视作顺热梯度的流动。实际上，这种假想的量子流动表现为，某高能(热)态的粒子将其部分

表 5-1　部分常用保温材料的导热系数方程式及基本性能*

Table 5-1　Coefficient of thermal conductivity equations and basic performance of common thermal insulation material

制品名称	导热系数方程式 /(W·(m·K)$^{-1}$)	每吨产品的绝热能力(λ 值)				最高使用温度/℃	使用容量 /(kg·m^{-3})
		100℃	250℃	400℃	600℃		
珍珠岩水泥制品	0.005 8 + 0.000 23t	45	36	30	24	350	350
珍珠岩水玻璃制品	0.060 + 0.000 14t	68	59	52	45	600	250
微孔硅酸钙	0.041 + 0.000 21t	89	70	55	43	650	250
泡沫玻璃	0.050 + 0.000 23t	109	84	70	56	500	170
石棉硅藻土	0.151 + 0.000 14t	11	10	10	10	700	660
蛭石水泥制品	0.093 + 0.000 24t	22	19	16		250 ~ 350	500
加气混凝土	0.126	18.5				200	500
泡沫混凝土	0.127 + 0.000 17t	16				200	500
玻璃棉(毡)制品	0.038 + 0.000 17t	170	140	120		300 ~ 400	120 ~ 140
矿棉毡制品	0.041 + 0.000 2t	180	150	135		400 ~ 600	100 ~ 120
矿棉管制品	0.036 + 0.000 17t	200	195	180		400 ~ 550	130 ~ 150
矿棉板制品	0.037 + 0.002 33t	200	195	180		400 ~ 550	100 ~ 150
超细棉管	0.035 + 0.002 33t	417	309	238		300 ~ 450	60
硅酸铝纤维制品	0.140				75	950 ~ 1 200	200

* 据毕道义,1990

能(热)量通过原子间联结键的振动传输给相邻的能级较低的粒子。按照这一理论,晶格导热系数(或岩石导热系数)主要取决于声子的平均自由路程,并可表达为:

$$\lambda = ACvl \tag{5-2}$$

式中:λ 为导热系数,C 为单位体积传热介质的热容,v 为振动的弹性波速,l 为声子的平均自由路程,A 为常量系数(其数值介于 1/3 ~ 1/4 之间)。

非金属晶体电介质在室温下的导热系数(一般小于 4.186 W/(m·K))比金属导热系数(一般在 41 ~ 419 W/(m·K))小,而非晶质固体的导热系数又比晶体小。这是因为声子波在非周期结构中散射得更厉害。有经验的宝石鉴定者通常就是用舌头的温感来区分宝石晶体与玻璃仿制品,前者比后者更显冷感。

热稳定性(thermal stability)是指材料在温度急剧变化的情况下不发生剧烈膨胀、收缩、碎裂和化学变化(如燃烧、分解、升华等)的性能。绝热工程要求保温材料的使用温度范围大、热收缩小、不膨胀、不炸裂、不析晶和不分解。这种要求与保温材料导热系数低的要求是矛盾的。众所周知,保温材料的导热系数低会导致内部产生较大的温度差,从而产生热应力。当热应力超过材料的强度极限(或黏结力)时,材料即遭破坏。在实际工作中要根据使用的目的和要求来研究选用合适的保温材料或研制用适当原料配制的保温材料,以克服热稳定与导热系数要求之间的矛盾。

保温材料的热稳定性与材料的结构、熔点、组成及成分等因素有关。Megaw(1971)证实晶体的热膨胀系数(thermal expansion coefficient)与键强度的平方成反比。常用的保温材料中,纤维类保温材料的热稳定性通常较好。

热膨胀(thermal expansion)是某些保温材料矿物原料的重要性能,例如蛭石、珍珠岩等,在热处理后体积会急剧膨胀,从而可制成保温、隔声、轻质材料。

此外,比热容(specific thermal capacity)和热容(thermal capacity)亦是保温材料热性能的重要参数。比热容是指单位质量的固体在温度升高(或降低)1K 时所吸收(或放出)的热量;热容是材料的比热容和密度的乘积,表示单位体积的材料在温度升高(或降低)1 K 时所吸收(或放出)的热量。

保温材料除应具备优良热性能外,还要求一定的机械强度,使之有较长的使用寿命;要求便于施工且经济适用。

化学稳定性(chemical stability)也是保温材料在许多领域应用时的要求,即在使用温度范围内不燃烧、不分解、不老化、不发生其他化学反应(包括不腐蚀设备的金属表面及外防层),且自身能防潮,防微酸、微碱性介质的浸蚀。一般说来,无机保温材料都具有较好的化学稳定性,常用作高温保温材料;而有机保温材料常易于燃烧、分解或老化,通常只能用作低温(0℃以下)保冷。但是,无机保温材料或制品因化学组成、黏结剂的差异,以及制造工艺中常需用水,其化学稳定性常有较大差别。

二、保温材料的分类

保温材料种类较多,目前还没有统一的分类标准。一般按使用温度范围,可分为保温材料和保冷材料两类,见表 5-2。实际上,有的保温材料,既可在高温下使用,亦可在中、低温下使用,所以对多数保温材料来说并没有严格的使用温度界限。但是,对有些保温材料,特别是有机保温材料,是有严格的使用温度限制的。

表 5-2　保温材料的使用温度范围

Table 5-2　Operating temperature range of thermal insulation material

材料种类		使用温度/℃
保温材料	低温保温材料	<250
	中温保温材料	250~700
	高温保温材料	700~1 000
	耐火保温材料	>1 000
保冷材料	低温保冷材料	-30~0
	超低温保冷材料	<-30

按保温材料的组成物质类别,可分为无机、有机和复合保温材料。常见的无机保温材料包括膨胀蛭石、膨胀珍珠岩、石棉、硅藻土、岩棉、矿棉、玻璃棉、硅酸铝纤维、陶瓷纤维、微孔硅酸钙、发泡硅酸镁、泡沫玻璃、泡沫陶瓷、泡沫混凝土及其制品,等等。

第二节　主要矿物原料

保温材料中，有许多属于非金属矿物或岩石，或者它们的制品。用作保温材料的矿物原料通常具有如下共性：导热系数低，可使被保护物体的温度在一定时限内维持近似恒定的状态，从而可阻止或有效减少物体的热传递；具多孔隙特征，或者经加热处理后使体积密度显著变小，使材料导热系数降低；具较好的加工工艺性能，易与其他材料制成热性能优良的保温制品。由于保温材料矿物原料的表观密度通常较小，常兼作轻质、隔音材料。

按保温材料矿物原料的自身特征及加工工艺特征，可将其分为天然保温矿物原料，天然保温岩石和保温用矿岩制品等三类。

一、天然保温矿物原料

蛭石、石棉（主要是纤蛇纹石石棉）、纤维水镁石、纤维海泡石、纤维坡缕石、石膏及硬石膏等均属此类。限于篇幅，仅选择介绍如下：

（一）蛭石

蛭石是黑云母或金云母类矿物经热液蚀变或风化作用改造的产物，为成分复杂的含水铝硅酸盐矿物。摩氏硬度 1～1.5，密度 2.4～2.7 g/cm^3，熔点 1 320～1 350℃。蛭石在较低温度下即可开始膨胀，在 200～300℃时，急剧膨胀，在 800～1 100℃时达膨胀最大值。最大膨胀倍数一般为 10～25 倍。膨胀后，蛭石的导热系数和体积密度随之明显减小，显示隔热、防火、隔声、吸水等功能。当声频为 512 Hz 时，其吸声系数为 0.53～0.73。膨胀蛭石的吸水率（water absorption）可达到 350%～370%。

工业上对蛭石的物理性能有如下基本要求：① 密度：水化作用完全的优质蛭石的密度，平均为 2.5 g/cm^3，焙烧后的体积密度一般为 0.06～0.2 g/cm^3；② 导热系数：0.046～0.07 W/(m · K)；③ 膨胀倍数：2～25 倍；④ 耐热温度：1 000～1 100℃；⑤ 熔点：1 370～1 400℃；⑥ 吸声系数：音频 100～4 000 Hz 时，为 0.06～0.6；⑦ 烧失量：<10%（干燥蛭石）；⑧ 片度：蛭石片径大小不同，应用领域也随之变化（表 5－3）。

表 5－3　不同片径蛭石的应用

Table 5－3　Application of various chip diameter vermiculite

0.84 mm（20 目）	0.84～0.42 mm（20～40 目）	0.42～0.125 mm（40～120 目）	125～53 μm（120～270 目）	53 μm（270 目）以下
房屋绝缘器材	汽车绝缘器材	油地毡	糊墙纸	金黄色或古铜色油漆
家用冷藏器	飞机绝缘器材	屋顶板	户外广告	油漆的外补充料
汽车减声器	冷藏库绝缘器材	檐板	油漆（增加油漆黏度）	

续表

0.84 mm (20 目)	0.84 ~ 0.42 mm (20 ~ 40 目)	0.42 ~ 0.125 mm (40 ~ 120 目)	125 ~ 53 μm (120 ~ 270 目)	53 μm (270 目)以下
隔声灰泥	客车绝缘器材	介电闸板	照相软木板 用的防火卡片	
保险箱和地窖	墙板			
衬里管道	水冷却器			
锅炉的护热衣	钢材退火			
冶炼厂的长柄勺	灭火器			
耐火砖绝缘水泥	过滤器			
	冷藏车			

膨胀蛭石可直接用作隔热保温填充料,但多数情况下是以膨胀蛭石为骨料,配合适量的黏结剂(水泥、水玻璃、沥青、石膏等),或与温石棉、硅藻土、耐火黏土等配比,经搅拌、成型、干燥、焙烧或养护而成的具有一定形状(板、砖、管等)的保温材料制品(膨胀蛭石制品)使用。

(二) *石棉*

通常使用的是纤蛇纹石石棉,即温石棉。水镁石石棉(纤维水镁石)也常用作保温材料。

温石棉的导热系数一般为 0.1 ~ 0.23 W/(m · K),使用温度一般为 400℃,最高工作温度为 600 ~ 800℃。烧失量(在 800℃时)为 13% ~ 15%,吸湿率(moisture absorption)为 1% ~ 3%。纤维机械强度较高,绝缘性好,耐碱性强。

长纤维温石棉可直接纺织成石棉绳、石棉布,用作隔热保温材料。多数情况下,是用温石棉与黏结剂制成石棉纸、石棉板、石棉水泥和石棉橡胶板等制品。泡沫石棉也是一种常用的保温石棉制品,其常温导热系数为 0.04 ~ 0.056 W/(m · K),堆积密度为 28 ~ 53 kg/m^3,使用温度 < 500℃。

纤维水镁石、纤维状海泡石和纤维状坡缕石等纤维状矿物在保温材料制品中已部分替代了温石棉。

此外,石膏、硬石膏制作的内墙空心砌板的导热系数为 0.44 ~ 0.58 W/(m · K),是价廉的建筑用保温材料。

二、天然保温岩石

珍珠岩、黑耀岩、硅藻土、浮岩、膨胀页岩等,因其天然多孔或经热处理而使表观密度显著减小,导热系数降低,可用作天然保温材料。

(一) *珍珠岩*

珍珠岩、黑耀岩、松脂岩都是含水火山玻璃质岩石,具优良的热膨胀性能。膨胀后呈多孔结构,堆积密度降低为 80 ~ 300 kg/m^3。导热系数低,常温下为 0.035 ~ 0.07 W/(m · K)。适用温度范围为 800～200℃。化学稳定性好，均可作保温隔热、吸声材料。

对保温用珍珠岩的一般工业要求是：膨胀倍数 $K_0 \geq 15$；膨胀珍珠岩堆积密度 $\leq 80\ kg/m^3$；化学成分（以质量分数计）SiO_2 70% 左右，H_2O 4%～6%，$Fe_2O_3 + FeO < 1\%$ 者，为优质品；全玻璃质，珍珠结构发育，没有或只有轻微的去玻璃化（vitrification）作用，偶见微晶。

膨胀珍珠岩与膨胀蛭石一样，可直接作为保温填充料和制成各种形状的保温制品使用。

（二）硅藻土

硅藻土孔隙率大，孔体积一般为 0.43～0.87 cm^3/g，孔半径多为 500～8 000 Å。因而，硅藻土对声、热、电的传导性极差，可用作天然保温材料。

用作保温材料的优质硅藻土的基本性能要求是：导热系数为 0.12 W/(m·K)（50℃时），0.14 W/(m·K)（350℃时），0.17 W/(m·K)（550℃时）；堆积密度为（550±50）kg/m^3，孔隙率达 75.35%，抗压强度 ≥0.7 MPa。

硅藻土的化学成分，尤其是 SiO_2 含量，反映了矿石中硅藻土和杂质的含量，对硅藻土质量有重要影响。对优质保温材料用硅藻土的要求（对质量分数）：$SiO_2 > 75\%$，$Al_2O_3 + Fe_2O_3 < 10\%$，$CaO < 4\%$，有机物 <4%。

硅藻土保温材料，根据生产方法的不同，可分为两种：硅藻土质隔热材料和微孔硅酸钙材料。

（三）浮岩（浮石）

浮岩是多孔火山熔岩，其中孔隙体积占岩石总体积 1/2 以上，故导热系数小，表观密度小。例如，玄武质浮石自然块体的表观密度为 864～1 680 kg/m^3，堆积密度为 240～445 kg/m^3，可用作隔热保温材料。

三、保温用矿岩制品

保温用矿岩制品泛指上述天然保温矿物（岩石）原料加配料所生产的制品，以及某些不能直接用作保温材料的矿物和岩石，经加工后制成的保温材料。例如，膨胀页岩与黏土及煤矸石可制作保温陶粒。玄武岩、辉绿岩、蛇纹岩可用以生产岩棉。用玻璃、陶瓷、水泥生产的玻璃棉、泡沫玻璃、泡沫陶瓷、泡沫水泥等。

（一）陶粒

陶粒（haycite）是一种人造轻骨料，具良好隔热保温性能。陶粒是由膨胀页岩（也称作陶粒页岩）、黏土、火山岩等为原料在回转窑中经高温（1 050～1 300℃）快速焙烧、膨胀而制成的。陶粒是一种陶瓷粒状物。具坚硬外壳和能隔水、不透气的红色釉质表层，内部有均匀、细小、互不连通的灰色蜂窝状气孔。因此，陶粒具质轻、隔热保温、耐火、防湿、耐化学腐蚀、抗冻、抗震、机械强度高等良好性能。

我国陶粒页岩多产于侏罗系、石炭系、二叠系中，常伴产煤矸石。主要产地如北京门头沟，辽宁本溪、抚顺、阜新，四川自贡，黑龙江鹤岗，新疆乌鲁木齐大洪沟等。陶粒黏土的主要产地，如新疆克拉玛依，湖南桃江。

对陶粒原料的基本要求为：

黏土矿物总量 >40%，且以伊利石（水云母）、蒙脱石为主，高岭石次之。黏土颗粒越细越好。不含碎屑矿物杂质。

化学成分：SiO_2含量53% ~64%，Al_2O_3含量11% ~12%，($K_2O + Na_2O$)含量2.5% ~6.3%，Fe_2O_3含量5.1% ~10%，($CaO + MgO$)含量2.5% ~6.8%，有机物含量0.5% ~3.1%，烧失量5.4% ~10.3%。其中，Na_2O、K_2O、CaO、MgO能起助熔作用，但含量过多时，会使料球发生黏结，甚至熔融，含量太少，则膨胀性能变差；SiO_2、Al_2O_3是成陶的主要成分，在原料中应占约3/4。含量若过高，熔融时黏度会增大，膨胀性能变差。含量若过低，则影响陶粒强度。此外，主要化学成分之间还要求有合适的比例，$Al_2O_3/SiO_2 = 0.5 \sim 0.125$，$(CaO + MgO)/(Al_2O_3 + SiO_2) = 0.04 \sim 0.13$，$(K_2O + Na_2O)/(Al_2O_3 + SiO_2) = 0.02 \sim 0.06$，$Fe_2O_3/(Al_2O_3 + SiO_2) = 0.04 \sim 0.12$。当比例偏离正常范围值时，可调整有关原料的配比值进行校正。

热性能：最佳膨胀温度间隔应>40℃。对陶粒黏土，要求在1 050 ~1 200℃温度范围内具良好膨胀性，一般要求膨胀率大于2。黏土的熔融温度要低于1 300℃，且要求软化温度范围较大，一般以超过70℃为佳。

(二) 岩棉

岩棉(rock wool)是人造絮状纤维保温材料。其导热系数低，为0.029 ~0.047 W/(m·K)，且耐热性好，化学稳定性强，隔声、防潮。

生产岩棉的主要原料有玄武岩、辉绿岩、蛇纹岩，配料原料有白云岩、石灰岩和硅质页岩等。此外，也有用其他原料研制岩棉，例如有用安山岩为原料的；有试用硬质耐火黏土(焦宝石)和石英砂为原料生产耐火度超过1 000℃的高温隔热岩棉的；有用钠长阳起石片岩和白云岩的；还有用橄榄岩和长英麻粒岩、白云岩为原料生产岩棉的。总之，很少用单一原料生产岩棉。

岩棉原料是否合适，常以酸度系数MK和黏度系数Mb是否符合如下要求来衡量：

$$MK = \frac{SiO_2 + Al_2O_3}{CaO + MgO} \geqslant 1 \sim 1.5 \tag{5-3}$$

$$Mb = \frac{m\,SiO_2 + 2m\,Al_2O_3}{2m\,Fe_2O_3 + m FeO + m CaO + m MgO + m K_2O + m\,Na_2O} \geqslant 1.2 \sim 2 \tag{5-4}$$

式中：m——各种氧化物的分子数。

岩棉的技术指标见《绝热用岩棉、矿渣棉及其制品》(GB/T 11835—2007)。

第三节 保温材料原料的研究

绝热(或隔热，或保温)工程涉及多种学科，如传热学、热物理学、材料科学、热测试技术等。对保温材料矿物原料的研究及开发应用，关键在于研究保温材料矿物原料的热性能，同时研制新的保温材料及制品。

一、影响矿物原料热性能的因素

关于保温材料矿物原料隔热机制，本章第一节已述及，晶格导热系数(或岩石导热系数)主要取决于声子的平均自由路程。影响声子平均自由路程的主要因素是：(1) 晶格的对称性和规则排列。具简单立方晶格的材料可使非谐振动降低，从而比复杂的结晶形态具有较高的导热系数;具完全不规则的随机结构的玻璃质材料,其导热系数很低,例如水晶和熔融石英的导热系数可相差5~8倍。(2)相对原子质量近似的分子(离子)组成的晶体,其导热系数将高于相对原子质量不相同分子(离子)组成的晶体。因此,卤化物晶体常具最高导热系数。(3)晶体的弹性、密度或硬度可影响固体材料的弹性波速 v 值。因而也影响导热系数。(4)杂散原子或外来原子的存在,将扰动热弹性波,并降低导热系数。例如 NaCl 和 KCl 混合物的导热系数比每个单一组分晶体的原始导热系数都要低得多。

此外,实验证明(Charrat 等,1957),成分相同的矿物,单晶比多晶集合体的导热系数高,且随温度增高,这种差别更大。只有在低温时,单晶和多晶集合体的导热系数才趋于一致。

晶体结构特征不同,热性能也呈现明显差别。非等轴晶系晶体就呈现热性能的异向性。例如石墨呈片状结构,片层内的导热系数比垂直于片层方向的要大四倍。因此,结构相同的氮化硼和石墨均可用在宇宙火箭中作热屏蔽材料(图5-1)。金刚石与石墨的结构不同,金刚石在-200~1 000℃的热传导性能比其他任何材料都好。由于 Debye 温度高,热量极易传递,声子的热散射和杂质散射也相对很小,因此,Ⅱa 型金刚石是一种优良的热导体。表5-4展示了一些造岩矿物的导热系数近似值。

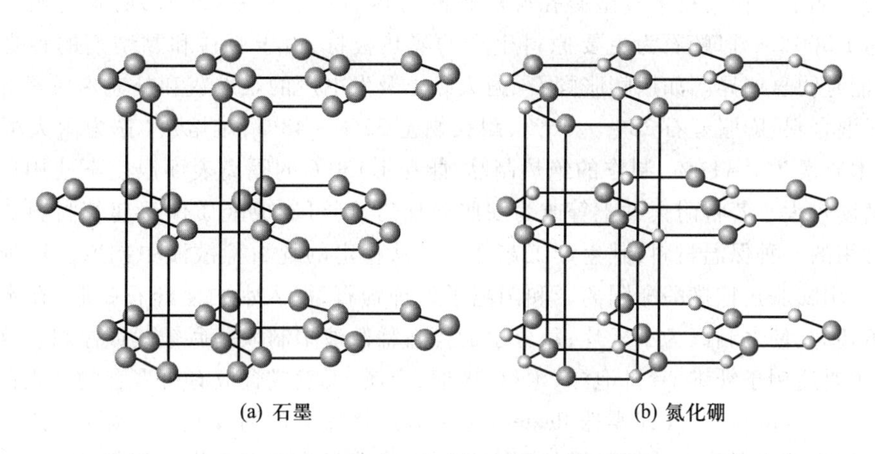

(a) 石墨　(b) 氮化硼

图5-1　石墨和氮化硼矿物晶体结构

Fig. 5-1　The crystal structure of graphite and boron nitride

表5-4　某些造岩矿物的近似导热系数

Table 5-4　The approximate coefficient of thermal conductivity of several rock forming minerals

矿物名称	导热系数/($W\cdot m^{-1}\cdot K^{-1}$)	矿物名称	导热系数/($W\cdot m^{-1}\cdot K^{-1}$)
石膏	1.3	角闪石,辉石,橄榄石	4.2
长石,云母,绢云母	2.3	硬石膏	4.8
黑云母,绿泥石,绿帘石	2.5	白云石,菱镁矿	5.4
方解石	3.1	岩盐	6.3
磁铁矿,黄玉,碳酸盐	3.6	石英	7.1

二、保温矿物原料制品的开发

工业上直接将单一天然矿物用作保温材料是十分有限的，大多是将一种或数种导热系数低的矿物原料与黏结性物质配制成保温材料，包括保温填充材料，保温包层或板材，保温涂层等，或者用天然矿物或岩石经高温加工生产的保温材料。不断研究保温材料的最佳原料及其性能，研究保温材料的加工及生产工艺，开发新的品种是十分必要的。

微孔硅酸钙(porous calcium silicate)就是由多种矿物原料制成的保温材料。其基本组成物质有基体和纤维材料两部分。基体通常是硅质和钙质矿物原料，前者如石英、硅藻土、膨润土、沸石、火山灰等；后者主要为石灰。纤维材料包括无机矿物纤维、有机纤维和合成纤维。目前使用最广的无机矿物纤维是温石棉纤维，其次为纤维水镁石。纤维材料主要起增强作用，使微孔硅酸钙的抗折强度和韧性增强，延长使用寿命。微孔硅酸钙的基本生产工艺是：硅质原料和钙质原料与助剂混合，在水热条件下合成含水硅酸钙(根据温度不同，可分别形成托贝莫来石和硬硅钙石)，加入纤维材料(作增强剂)，经压制成型，制成硅酸钙保温材料。

在使用多种矿物原料生产保温材料中，配方、配比和生产工艺的不同，制品的性能及使用领域也不相同。如上述托贝莫来石型微孔硅酸钙的耐热温度上限为650℃，而硬硅钙石型微孔硅酸钙耐热达1 000℃。以蛭石为主要原料生产的隔热板材，由于原料和黏结剂的种类及用量不同，材料性能有明显差异。如用膨胀蛭石、耐火黏土及发电厂的难熔灰和补充木质素等原料按以下比例配成混合料：膨胀蛭石28%～46%，耐火黏土32%～48%，难熔灰(作为耐火填料)9%～26%，补充木质素7%～11%，制作的绝热制品，能在1 150℃的隔离表面温度下使用。但这种制品的堆积密度较大。若将耐火黏土等改为膨胀珍珠岩，则可制成轻质保温建筑材料。耐热蛭石涂料是较常用的一种保温材料，其生产工艺之一是从稳定的蛭石稀散液中制取。这种稀散液的形成方法是：用膨胀剂柠檬酸酯阴离子和阳离子处理蛭石，浸入水中使蛭石膨胀；在水中对蛭石晶体施加剪切力，使之剥离为小板片；从分层的蛭石稀散液中制取基底被膜或涂料。这种被膜是耐火涂料，主要适用于纤维、有机泡沫、木材、玻璃、金属、天然或合成有机聚合物的表面涂膜。

空心微珠(microsphere)(即漂珠 floater)是热电厂烧煤后的粉煤灰中的副产物，是一种优质保温材料。用蛇纹岩浸取高纯氧化镁的副产品——多孔氧化硅也可作轻质保温材料。SiO_2气凝胶(aerogel)是最近开发的一种新型高效保温材料，在常温和高温环境下均有良好的保温隔热效果。它主要由空气和SiO_2组成，具有三维网络结构，密度3～100 mg/cm^3，导热系数0.010～0.020 $W/(m \cdot K)$，比表面积600～800 m^2/g，不燃，无毒性。它主要用于改进传统保温材料，开发气凝胶复合保温制品，提高我国绝热保温材料技术水平和建筑节能效率。尽管它们都不是天然矿物原料，但从矿物原料综合利用中开发保温节能副产品是发展保温材料原料的不可忽视的途径。此外，利用尾矿、工业废渣、建筑垃圾等固体废物研制保温材料制品是目前重要的发展方向。

第六章　绝缘材料矿物原料

第一节　概　　述

绝缘材料又称为电介质。其主要功能是:使导电体与其他部分互相绝缘,用以把不同电位的导体分隔开来;用以改善高压电场中的电位梯度;保证电容器等容器达到所需要的电容。绝缘材料种类很多。按材料生产方式,有天然绝缘材料(如棉纱、天然橡胶、植物油等)和人工合成绝缘材料(如合成纤维、合成树脂等)。按物态,可分为气体、液体和固体绝缘材料。气体绝缘材料如空气或其他气体;液体绝缘材料如变压器油或其他绝缘油;固体绝缘材料如纤维绝缘材料、矿物绝缘材料、塑料、玻璃与陶瓷材料等。此外,还有介于液态和固态之间的所谓凝固性绝缘材料,如树脂、沥青、干性油、蜡等。本章的内容主要涉及以天然矿物原料制成的固体绝缘材料。

各种绝缘材料都应在以下几种基本性能方面达到一定要求,以满足实际应用的需要。

一、介电性能

介电性能主要包括电击穿强度、介质损耗、介质损耗角和正切值、介电常数、电阻等。这些技术指标可显示电介质在施加电压时所发生的性能变化及其绝缘质量情况。

(一) 电击穿、电击穿强度和击穿电压

当外施电压增高并达到某一极限值时,电介质即丧失其绝缘性能,这一现象称作电击穿。

绝缘材料被击穿瞬间所施加的最高电压称为击穿电压(U_0)。绝缘材料抵抗电击穿的能力称作电击穿强度(或介电强度)(E_0),单位为 kV/mm。电击穿强度与击穿电压的关系为,

$$E_0 = \frac{U_0}{d} \tag{6-1}$$

式中:d 为两电极间的距离,mm。

(二) 介质损耗、介质损耗角和正切值

介质损耗是指电介质在外施电压下发热所消耗的电能。这种损耗主要是由于其中存在水分或杂质而引起的。在高电压下,电介质内部的气体也产生损耗,即游离(电晕)损耗。介质损耗大小,用介质损耗角正切值 $\tan\delta$(或介质损耗角 δ)或介质损耗功率 P 来表示。介质损耗角 δ 即电流和电压间的相位角 φ 的余角。

介质损耗角正切值是评价绝缘材料(电介质)质量或绝缘结构好坏的主要指标之一。在高压和高频电工装置中,要求 $\tan\delta$ 值不高于千分之几,甚至万分之几;对低压和一般绝缘材料,要求 $\tan\delta$ 值不大于十分之几或百分之几。

(三) 表面电阻和表面电阻率

电流通过绝缘体表面所碰到的阻力称为表面电阻,表面电阻率等于电流通过边长为 1 cm 的正方形的材料表面所碰到的电阻。

电介质的表面电阻将因其表面吸附水分或灰尘而减小。多数绝缘材料的表面电阻在 10^7 ~

10^{17} Ω 范围内。

（四）体积电阻和体积电阻率

电流通过绝缘体所碰到的阻力称作体积电阻。体积电阻率等于电流通过边长为 1 cm 的正方形绝缘体的相对应的两面所产生的电阻。一般固体和液体绝缘材料的体积电阻率为 10^8 ~ 10^{10} Ω · cm 至 10^{16} ~ 10^{18} Ω · cm。

（五）介电常数

介电常数，也称电容率，表征电容器（两极板间）在有电介质时的电容与在真空状态（无电介质）下的电容的增长倍数。介电常数对电机、电器的电容量大小、绝缘能力的强弱有很大影响。

（六）耐电晕性

耐电晕性是表示绝缘材料经受电晕放电作用而保持使用特性的能力。材料在电晕放电电流（约 10^{-9} ~ 10^{-6} A）作用下缓慢破坏，原因在于电晕放电产生的氧原子、离子类及氧化氮等对材料进行氧化。

对于应用于高电场作用下的绝缘材料，耐电晕性的高低比介电强度的大小更有意义，因为许多绝缘材料的介电强度可能差别不大，而耐电晕性却有成千上万倍的差别。

（七）耐电腐蚀性

由于放电作用在触点绝缘材料表面造成烧损和腐蚀的现象称为电腐蚀。$Al(OH)_3$ 具有特有的耐电腐蚀性能，是国内外复合绝缘子外绝缘普遍采用的热塑性耐电腐蚀填充剂。

二、机械强度

由绝缘材料构成的绝缘零件和绝缘结构，常常要承受一种或同时承受几种形式的机械负荷，包括拉伸、重压、扭曲、弯折、震荡等。因此，绝缘材料应具有一定的机械强度。由于绝缘材料的机械强度一般随温度和湿度升高而下降，在测定其机械强度时，应在规定的温度和湿度条件下进行。

（一）抗切强度及抗拉、抗压、抗弯强度

固体绝缘材料在规定的温度、压力和振动条件下，抗刺、擦和磨的综合能力称作抗切强度。固体绝缘材料在静态下承受逐步增大的拉力、压力、弯力，直到破坏时的最大负荷（Pa）分别称为抗拉强度、抗压强度、抗弯强度。

（二）黏性强度

黏性是指甲种材料能够黏附在乙种材料上的性能。黏性强度则由甲种材料脱离乙种材料所需的拉力大小来度量（Pa）。这是材料黏合后的整体强度。

此外，绝缘材料的机械强度还表现为有一定的硬度和弹性。

三、其他性能

（一）耐热性能

一般说来，升温会使绝缘材料的性能变差。因此，要求绝缘材料有一定的耐热性和抗老化性能。按耐热性能的强弱，通常可将绝缘材料分作 7 个耐热等级。

（二）吸湿性能

水分的存在会导致材料绝缘性能的恶化。绝缘材料的裂纹、毛细孔等缺陷，都是水分子渗入的空间。而水是电的导体。因此，绝缘材料的吸湿性和透湿性要小，抗潮性要强。

（三）化学稳定性

绝缘材料的化学稳定性表现为，材料在活性化学介质（如活性气体及酸、碱、盐溶液）中能保持原有性能，其表面颜色和质量不变化或仅有极微小的变化。

（四）在热带和寒冷地区的适应性能要好

（五）成型性

这是对某些绝缘材料的要求。例如对于塑料、柔软云母板及橡胶等，成型性是表征可加工成各种外形的绝缘零、部件的性能。柔软性和弹性是橡胶等材料的成型性的基础条件。

（六）储存期

这是指制造厂供应的液态树脂或黏结剂在常温下存放时，不固化、不增加黏度的最长期限。

（七）抗辐射性

对核电站反应堆冷却系统泵用电机、粒子加速器及在其他辐射环境中工作的电机、电器、电子元件、电缆和电线等的绝缘材料，均要求有较好的抗 γ 射线或 γ 和中子射线的能力。对这类特殊需要的绝缘材料，必须在规定的温度条件下进行一定剂量的 γ 射线辐射，以及一定强度的 γ 和中子射线同时辐射测试。云母、玻璃纤维等无机绝缘材料制品具较强的抗辐射性能。

第二节　绝缘材料矿物原料及其特性

一般说来，金属矿物是电的良导体，非金属矿物则多属电的不良导体。各类岩石的基本组成大多是非金属矿物，因而，多数岩石亦为电的不良导体。作为电的不良导体的矿物和岩石，若兼具上节所述绝缘材料的基本性能，则可用作绝缘材料的矿物原料。

一、影响矿物或岩石绝缘性能的基本因素

影响矿物或岩石绝缘性能的基本因素有内因和外因两类。内因方面，主要有矿物晶体的化学键类型、晶体结构特征、杂质状况等因素。大多数金属矿物为金属键，晶体中有自由电子存在，因而具强的导电性。石墨属非金属矿物，但其结构片（层）内也有部分金属键（每个碳原子最外层的四个电子中，用于形成层内共价键的只有三个电子，多余的一个电子则为自由电子），故也属电的良导体。具离子键或共价键的矿物，其导电性弱或不导电。多数非金属矿物为离子键或共价键，常可用作绝缘材料矿物原料。

从量化的角度，通常按矿物的电阻系数把矿物划分为非导体（在室温下的电阻率等于 10^{11} ~ 10^{16} Ω · cm 或更多，如石英、长石、白云母等），良导体（室温下的电阻率为 10^{2} ~ 10^{-6} Ω · cm，如方铅矿、黄铁矿、石墨等），半导体（室温下的电阻率为 10^{3} ~ 10^{10} Ω · cm）。

矿物晶体结构特征对电学性质的影响，不仅反映在不同结构特征矿物之间电性差异，也反映在矿物内部质点排列和间隔距离大小在不同方向有所变化而导致的矿物内部电性的异向性。例如，方解石和石英在平行 Z 轴和垂直 Z 轴方向的导电性是不同的（表 6 – 1）。

表 6-1　石英、方解石晶体导电的异向性

Table 6-1　Conductivity anisotropy of quartz and calcite crystal

矿物	测试的结晶学方向	电阻系数/(Ω·cm)	实验温度/℃
石英	//Z 轴	2×10^{14}	17.2
	⊥Z 轴	200×10^{14}	
方解石	//Z 轴	5.15×10^{14}	
	⊥Z 轴	95×10^{14}	

此外，矿物中所含杂质的种类、数量、状况不同，对绝缘性能也有一定影响。例如纯净的金刚石是电的绝缘体，而当金刚石中含有 B、Be、Al 等杂质元素，并以原子形式在晶格中代替碳原子时，则形成Ⅱb 型金刚石，为优质的高温半导体材料。又如白云母中含铁质较多时，将明显降低绝缘性能。

杂质的存在对用作绝缘材料的大理石等岩石也有很大影响。如黄铁矿、磁铁矿等导电矿物在大理石中的含量是有限制规定的。杂质存在的状态对绝缘性也有影响。例如，铁在温石棉中主要有两种存在形式，一种是以磁铁矿形式存在，使温石棉及其制品的绝缘性显著降低，且电阻率与温石棉中的磁铁矿含量呈反相关关系；另一种是铁以类质同象替代纤蛇纹石晶格中的 Mg，这种情况对绝缘性影响不明显。类质同象置换状况也影响绝缘性能。例如 Fe、Ti、Mn 等第一过渡族元素置换矿物中相关元素的数量，对矿物的电阻率有影响。典型实例之一就是含 FeO 5% 以上的镁橄榄石，在温度上升到 200℃以上时，电阻率就会迅速降低。

某些层状硅酸盐矿物的结构单元层间有可交换性阳离子，这些导电离子在层状结构中形成了导电通道，使矿物绝缘性变差。其绝缘性变化程度及电导率受层间阳离子种类及吸附水量的影响。

多孔性矿物（如沸石等）常含较多的吸附水，使绝缘性下降。红柱石等具较强吸湿性的矿物，其绝缘性也较差。

外因主要是温度、湿度等因素。

矿物的绝缘性能通常随环境温度增高而降低。如石英（//Z 轴）在 100℃时的电阻率为 0.8×10^{12} Ω·cm，而在 300℃时电阻率就降到 0.6×10^{6} Ω·cm。

王群之等(1987)在测定温石棉电阻率时指出，在相对湿度由 53% 升高到 64% 时，温石棉电阻率平均降低 63%。

用作绝缘材料的矿物都应具有良好的介电性能，有较好的热稳定性、化学稳定性和一定的机械强度，且含水少，吸湿性差。

矿物的介电性能主要由能带结构中的禁带宽度和杂质能级所决定。本质上是矿物内的离子、中子、空穴，在电场作用下位移情况的反映。从能带理论的观点来讲，绝缘体都具有满的价带和空的导带，其间有较宽的禁带。下面以金刚石和石墨为例来说明能带结构与矿物介电性能的关系。

金刚石中每个碳原子与另外四个碳原子成键，以四面体方式排列。一个 s 和三个 p 轨道经过杂化形成四个等同的 sp^3 杂化轨道。对每个 CC_4 四面体基团来说，有四个 sp^3 轨道与中心

碳原子有关,中心碳原子与每一个近邻原子成键,共形成四个电子对键(σ 键)。来自中心碳原子的四个电子,与来自每个近邻碳原子的一个电子正好满足填满 σ 轨道。四个 σ^* 反键轨道是空的。金刚石中 σ 和 σ^* 轨道形成价带和导带,且两个带之间隔开一个较大的禁带宽度。导带的能量高于价带。禁带宽,价带中的电子很难跃迁到导带上去。因此。金刚石是一种绝缘体(图 6-1)。

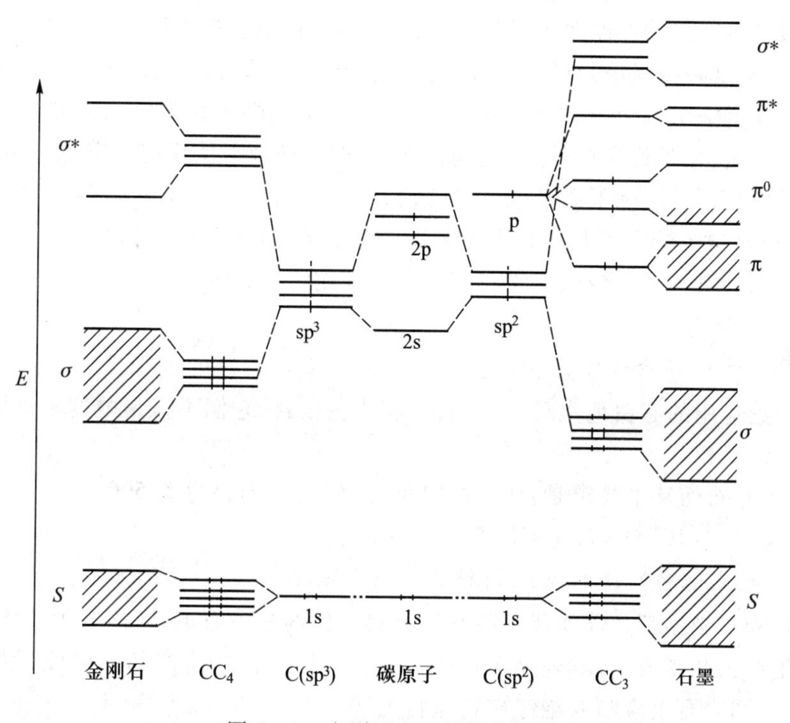

图 6-1 金刚石和石墨的能级图

Fig 6-1 The energy level diagram of diamond and graphite

石墨则不同。石墨层上的每一个碳原子以 sp^2 杂化轨道和 p_x 轨道与三个近邻原子成键。每一个 CC_3 结构单元包含三个 $\sigma(sp^2)$ 成键轨道、三个 σ^* 轨道,以及四个 π 轨道(一个 π 成键轨道,一个与 π^* 反键轨道和两个简并的 π^0 非键轨道)。组成这种基团的十个电子填满 σ 和 π 轨道,并填满 π^0 轨道的一半。价带和导带间的禁带宽度很小。当接受外界能量时,价带中的电子容易向导带跃迁,使石墨显示金属特性。所以,石墨是电的良导体。

单一矿物往往不易满足绝缘材料的性能要求,在实际工作中常常选定几种矿物进行适当配比,以扬长避短,使制品产生总体优良的绝缘效应。

二、用于绝缘材料的矿物和岩石

用于绝缘材料的矿物原料,按其性能、类别、用途,可分为四类。

(一) 绝缘功能矿物原料类

这是指具有优良绝缘功能,可直接加工成一定尺寸的绝缘材料的天然矿物(及岩石)。例如，白云母具优良绝缘性能和较好的机械强度，可加工成多种绝缘材料；某些低档宝石和玉石，这些矿物集合体（如块滑石）也可直接用作绝缘材料。但随着人工合成绝缘材料及更多的绝缘制品的出现，天然绝缘功能矿物类的需求量一般不会有更多的增长。

（二）绝缘填料矿物原料类

具较好电绝缘性且价格便宜的矿物粉末、纤维或晶片，广泛用于塑料、电缆、电热器件、印刷电路基板、橡胶、油漆等材料或制品中作电绝缘填料。作为绝缘填料，除满足使用条件下的电绝缘要求外，还需满足有关的性能要求，以电热管为例，所用绝缘填料起着电绝缘、导热及固着发热丝的多重作用。对这种绝缘填料的基本要求是：电绝缘性能好，在使用温度范围内（电热管表面温度可达550℃），泄漏电流小于0.5 mA；导热系数大，但热膨胀系数应与发热丝材料接近；易于加工，便于充填密实；化学稳定性较好；抗潮性强，在潮湿环境下使用时不降低电阻率。

过去曾使用过石英砂、刚玉砂和电熔氧化镁，但由于各自存在某些缺陷，不很理想，王树根、赵修志（1990）已经试验选定了几种硅酸盐矿物，进行配比使用，获得初步成功。作填料用的绝缘矿物原料较多，如滑石、叶蜡石、高岭石、碎云母、纤蛇纹石石棉、硅石粉等。

（三）绝缘石材类

含金属矿物，主要是含铁质矿物很少的岩石通常表现较好的绝缘性能，可直接用作绝缘板材。其中，较广泛应用的有白色大理岩、滑石岩和浅色板岩，它们不仅是电的不良导体，且易于加工，常用作电工绝缘板。

对电工用大理石的基本要求是：体积电阻率为10^{13} $\Omega \cdot cm$（直流500 V时）；吸湿后，大理石的体积电阻率为$10^{7} \sim 10^{9}$ $\Omega \cdot cm$（直流500 V时）。

（四）用于生产熔凝及烧结绝缘材料的矿物和岩石

许多玻璃、陶瓷制品都是性能优良的绝缘材料。玻璃是由石英砂、硅石为主体的矿物原料加配料，经熔融生产工艺制成的；陶瓷是多种矿物原料经烧结工艺生产的。因此，用于生产玻璃和绝缘陶瓷的矿物和岩石也应归入绝缘矿物原料范畴。

铸石也具有良好绝缘性能和机械强度，常用作一般民用及工业用电器的绝缘板材及支撑材料。铸石是以辉绿岩、玄武岩为主要原料，加上其配料矿物原料，经熔融、浇铸而成的人工石料，可生产铸石的天然岩石，除玄武岩、辉绿岩外，还可用安山玄武岩、安山岩、角闪岩及某些页岩。主要的天然矿物和岩石配料有石灰岩、白云岩、菱镁矿、菱铁矿、石英砂、蛇纹石和煤矸石等。

对玄武岩和辉绿岩用作铸石原料化学成分的基本工业要求是：SiO_2含量45%～51%，Al_2O_3含量+TiO_2含量15%～20%，Fe_2O_3含量12%～17%，CaO含量9%～11%，MgO含量4%～7%，K_2O含量+Na_2O含量<3%；熔点较低。

第三节　绝缘材料及其矿物原料研究的进展

随着现代科学技术的发展，绝缘材料在品种、性能及矿物原料开发应用方面，也在不断的发展和更新。

一、凝固性绝缘材料及制品

凝固性绝缘材料是指介于液态和固态间的一类极为重要的绝缘材料。它们经凝固后可转化为固态。凝固性绝缘材料可以单独使用，如绝缘漆等；也可与多种物质组成混合物而使用，如用树脂、沥青、干燥油、蜡、催干剂和溶剂等（按需配制而成）；更多情况下，是用凝固性绝缘材料来浸渍、灌注、涂敷或黏合各种固体绝缘材料（包括天然矿物）生产绝缘制品。例如，双酚 A 型环氧树脂对陶瓷、塑料、无机纤维（包括石棉）及云母等，都有很好的黏合性。绝缘塑料也属这类制品，系由树脂、沥青等黏结剂与填料混合后加工制成的。这些填料也包括石棉纤维、云母粉、滑石粉等天然矿物原料。例如以石棉纤维为主要填料的酚醛塑料具有较高的耐磨性和抗张强度；氨基塑料是由脲甲醛树脂、三聚氰胺甲醛树脂与石棉配比加工制成；有机硅塑料是有机硅树脂、石棉、玻璃纤维等配比加工制成；芳香聚酰胺粉云母玻璃箔系芳香聚酰胺和聚酯薄膜夹云母纸或玻璃布制成，等等。

二、以高纯优质矿物为主要原料生产的绝缘材料

随着矿物材料科学的发展，以优质天然矿物为主要原料，经加工（黏合、压结、加热、烧结、熔凝等多种方式）生产的绝缘材料及制品的研制是十分重要的，有广阔前景的。

例如，现在使用大片白云母直接加工绝缘元件的数量已大为减少。而碎片云母在绝缘工业中的应用已十分广泛。许多绝缘用云母纸、云母板、绝缘垫圈、绝缘垫板和电器配件，都是用干树脂或适当的黏结漆把质纯的碎片云母黏结制成的。用作耐热绝缘材料的耐热云母板也是用优质碎片白云母与无机黏结剂（水玻璃、易熔的硼铅玻璃、磷酸铵等）压制成的。

在陶瓷矿物原料和建筑材料矿物原料章节中对一般的陶瓷和玻璃将作详细介绍。而现代技术陶瓷和技术玻璃中也包括了优质绝缘材料。

一般瓷器的介电性能都很好，常温下的电击穿强度为 10 ~ 30 kV/mm，体积电阻率为10^{14} ~ 10^{15} Ω · cm，介电常数为 6 ~ 7，损耗角正切值为 0.015 ~ 0.02。电气工业领域对绝缘性能有更高的要求。例如，瓷绝缘子是陶瓷在电工中用量很大的产品，对其电性能要求较高。普通绝缘瓷和瓷绝缘子的介质损耗角较大，并随温度上升而迅速增大，不宜在高频和高温下作绝缘体使用。必须发展新型陶瓷，例如用氧化钡作添加物生产的高频瓷器和超高频瓷器，在常温和射频下，高频和超高频瓷器的损耗角正切值分别为 0.003 左右和 0.001 左右，且机械强度较高；氧化铝瓷的热稳定性高，耐热温度可达 1 600℃，在高温下体积电阻率很大，机械强度高，介电常数为 10 ~ 11，导热系数约为普通瓷的 10 倍；以优质滑石为重要原料的皂石陶瓷具焙烧过程中收缩率低的优点，故可生产尺寸要求较精确的制品。这种制品不需要上釉，可用研磨技术进行精细加工。

技术玻璃是良好的电绝缘材料，对矿物原料的纯度有较高要求。如 SiO_2 含量要大于 98% 甚至 99%；碱金属氧化物会降低介电性能，即显著减小体积电阻率和表面电阻率，增高 tan δ 值；而 PbO 和 BaO 等重金属氧化物的适量加入，则可改善碱性玻璃的绝缘性能。常用的绝缘玻璃有石英玻璃，含 PbO、BaO 的碱玻璃，无碱玻璃（如玻璃纤维及其制品）。其中，石英玻璃的绝缘性能最佳，200℃时，其体积电阻率为 10^{17} Ω · cm，20℃时，相对介电常数为 3.8，1 MHz 和 20℃时的 tan δ 值为 0.000 3。

三、纳米绝缘材料

纳米绝缘材料(也称为“纳米电介质材料”)是聚合物和无机纳米粉体的复合物,其研究工作始于20世纪90年代。纳米绝缘材料的研发与应用是当前绝缘材料领域研究的热点之一。

纳米粒子与聚合物之间的界面作用面积非常大,界面间作用力强,因此纳米粒子具有许多新的性能和特殊效应。研究发现,纳米级聚合物基绝缘材料比传统微米级聚合物基绝缘材料具有更高的可靠性和耐久性,而且体积更小、质量更轻、绝缘性能更优越。因此,聚合物材料的“纳米复合技术”有望成为进一步提高其绝缘性能的新技术。纳米绝缘材料的主要性能如下。

(1) 改善机械性能。采用纳米复合技术既可大幅度提高绝缘材料的拉伸强度,也能大幅度提高其伸长率,至少不会使其在拉伸强度的峰值处产生伸长率降低。

(2) 提高耐热性和阻燃性。采用纳米复合技术既可提高绝缘材料的韧性,也能提高其强度、耐热性和阻燃性。

(3) 改善热传导性能。采用纳米复合技术可有效改善绝缘材料的热传导性能,有效降低热膨胀系数、提高热稳定性。这是开发高导热绝缘材料的有效途径之一。

(4) 改善聚合物电气绝缘性能:① 改善聚合物的耐压时间,提高耐电老化性能;② 改善聚合物抗局部放电能力;③ 提高聚合物的击穿电压(介电强度);④ 提高聚合物材料的电阻率;⑤ 提高耐电痕与蚀损性能。

聚合物基纳米复合绝缘材料的制备方法主要有:(1) 溶胶-凝胶法;(2) 机械共混法;(3) 原位聚合法;(4) 插层聚合法等。不同的制备方法适合于不同的复合体系。纳米复合绝缘材料制备的关键在于解决纳米粒子在聚合物基体中的分散与团聚以及相溶性问题。纳米粉体应用前需要先进行表面化学改性。

可用于改善和提高聚合物电气绝缘性能的纳米粒子主要有:白云母、蒙脱石、等层状硅酸盐矿物,Al_2O_3、SiO_2、ZnO、TiO_2、MgO、ZrO_2、$BaTiO_3$等氧化物纳米粉体,纳米氢氧化物、碳化物、氮化物、硫化物、微孔、无机盐和聚合物等。目前应用较多的是纳米无机粒子。

目前,研究开发的纳米绝缘材料主要有:(1) 纳米热固性绝缘材料,如纳米环氧绝缘材料、纳米聚酯绝缘材料、纳米聚酰亚胺绝缘材料等;(2) 纳米热塑性绝缘材料,如纳米聚氯乙烯绝缘材料、纳米聚乙烯绝缘材料等。

第七章　陶瓷矿物原料

第一节　概　　述

陶瓷是指以黏土为主要原料所制成的陶器、炻器和瓷器的总称。现代陶瓷工业的发展,突破了传统观念,出现了只含少量黏土,甚至不含黏土的特种陶瓷,如高铝质瓷、镁质瓷等。现代陶瓷的性能更主要取决于对烧成工艺的控制及烧成后的物相、结构及物理性特征,但陶瓷的基本原料仍然是天然矿物原料。

陶器是以陶土、河沙等为主要原料,经较低温度烧制而成的制品。气孔率较大,强度较低,断面粗糙,吸水率较大。陶器又分为粗陶和精陶两种。瓦片、红地砖等属粗陶,陶板、面砖等属精陶,精陶也可用瓷土为原料。

炻器是介于陶器与瓷器间的陶瓷制品。气孔率低于陶器,是致密烧结物。炻器没有瓷器半透明性特点。其原料主要是耐火黏土或难熔黏土,其次是高岭土,石英及长石。

瓷器一般是以瓷土粉、长石粉、石英粉为主要原料,经高温烧制而成的制品。结构致密,气孔率小,强度较大,敲之有金属声,吸水率小,质地硬脆。瓷分为硬瓷、软瓷、粗瓷、细瓷数种,粗瓷与精陶相近。硬瓷烧成温度较高(1 350 ~ 1 450℃或更高),含玻璃相较少,含莫来石相较多。软瓷烧成温度较低,含玻璃相较多,莫来石相较少。

表 7 - 1 列示了陶瓷的简要分类及各种陶瓷的基本特性和主要矿物原料。

表 7 - 1　陶瓷分类简表

Table 7 - 1　The abridged table of ceramic classification

名称		性能特征		主要矿物原料
		颜色	吸水率/%	
粗陶器		带色		陶土(含铁质、以水云母为主的有色黏土)
精陶	石灰质精陶	白色	18 ~ 20	瓷土
	长石质精陶	白色	9 ~ 12	
炻器	粗炻器	带色	4 ~ 8	耐火黏土
	细炻器	白或带色	0 ~ 1.0	高岭土
瓷器	长石质瓷	白色	0 ~ 0.5	长石、石英、高岭土
	绢云母质瓷	白色	0 ~ 0.5	瓷土(含云母类矿物多的高岭土)、瓷石
	滑石瓷	白色	0 ~ 0.5	滑石
	骨灰瓷	白色	0 ~ 0.5	磷酸盐、高岭土

续表

名称		性能特征	主要矿物原料
特种瓷	高铝质瓷	耐高频,耐高温,高强度	硅线石瓷、刚玉瓷
	镁质瓷	耐高频,高强度,介质损耗低	滑石瓷
	锆质瓷	高强度,介质损耗低	锆英石瓷
	钛质瓷	高介电常数,高铁电性,高压电性	钛酸钡瓷、钛酸锶瓷、金红石瓷
	磁性瓷	高电限率,高磁致伸缩系数	铁氧瓷、镍锌磁性瓷
	金属陶瓷	高温度,高熔点,高抗氧化	铁、镍、钴金属陶瓷
	其他瓷		氧化物瓷、碳化物瓷、硅化物瓷

此外,陶瓷也可按应用领域分类,如日用陶瓷(包括日用餐茶具、器皿、缸器、装饰陈设器、美术瓷等),建筑陶瓷(包括墙地砖、卫生陶瓷、耐酸陶瓷、园林陶瓷等),技术陶瓷(包括电气和电子工业用陶瓷、特种陶瓷、工程陶瓷等)。上述各类陶瓷的基本矿物原料配比是有差异的(图 7-1)。

陶瓷基本上由坯体和釉两部分组成。

(一) 坯体

坯体是陶瓷制品的主体,系由若干种矿物原料按比例配合,经规定的工艺流程加工而成。坯体原料(简称坯料)包括可塑性原料,如高岭土等黏土;减黏原料(也称作瘠性原料),如石英等;特殊原料,如滑石等。

陶瓷坯料成型的方法主要有四种:

(1) 注浆法成型。适宜于制作各种复杂形状,体积较大,尺寸要求不严格的瓷件,以及胎坯很薄的制品。这类坯料的水分含量≥30%。因此,坯件较软,烧成时收缩率较大。需要依靠石膏模成型。注浆成型对浆料的性能要求较高,如:流动性好、稳定性高、含水量尽可能小、渗透性好、脱模性好和浆料尽可能含有少量气泡等。

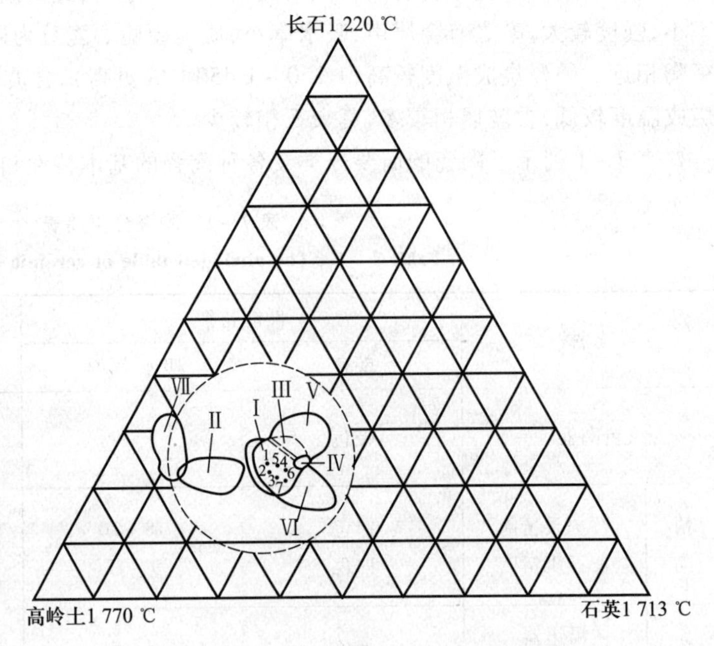

图 7-1　各类陶瓷的矿物组成范围

Ⅰ——餐茶具瓷　Ⅱ——耐热瓷　Ⅲ——艺术瓷　Ⅳ——半透明高的瓷

Ⅴ——软质瓷　Ⅵ——电瓷　Ⅶ——化学瓷

Fig 7-1　Mineral constituent of various type ceramics

I——tableware or tea set ceramics, II——Heat-resistant ceramic, III——artistic ceramics, IV——high translucent ceramics, V——soft ceramics, VI——electroceramics, VII——chemical ceramics

(2) 可塑法成型。坯料中水分含量为20% ~26%,是一种呈可塑状态的泥块,可用手工或机器成型。可塑法成型是利用泥料具有可塑性的特点,经一定的工艺处理而制成的具有一定形状的陶瓷制品,此法适合于成型具有回转中心的圆形产品,后来又发展了挤压成型和轧模成型等工艺。可塑法成型适合生产管、棒和薄片状的制品,所用的黏结剂比注浆成型少。

(3) 干压法成型。也叫模压成型。将粉料加少量黏结剂后造粒,再将造粒后的粉料装于磨具中,在压力机上加压形成一定形状的坯体。其特点是黏结剂含量较低,只有百分之几(一般为7% ~9%),可不经干燥直接焙烧。因为它具有工艺简单、操作方便、周期短、效率高、便于实行自动化生产等优点,所以也是在特种陶瓷生产中较为常用的方法之一。但是干压法成型对大型坯体生产有困难,磨具磨损大,加工复杂,成本高,其次加压只能上下加压,压力分布不均匀,导致烧结过程中的收缩率不均匀,产生开裂分层等现象。

(4) 等静压成型。又叫做静水压成型,是利用液体介质不可压缩性和压力传递均匀性的一种成型方法。等静压成型可以制备一般方法所不能生产的形状复杂、大件而细长的制品,且成型质量高,由于坯体各向受压均匀,其密度高而且均匀,烧成收缩小,因此不易变形。

(二) 釉及釉料

釉是覆盖在陶瓷坯体表面的连续玻璃质层,有时是玻璃和晶体的混合层(结晶釉),具有与玻璃相类似的物理与化学性质。釉可按组成成分分为长石釉、石灰釉、铅釉、硼釉、铅硼釉、食盐釉、土釉等。长石釉主要由石英、长石、方解石、高岭土等制成;石灰釉是由瓷石与碳酸钙配制而成。

釉料的配料与坯料之不同主要在于釉料所需熔剂成分多,黏土成分少,以便使组成物具备生成玻璃质的条件。

坯料成型和上釉后只是半成品,必须经过高温烧成后才能成为瓷器,并具备瓷器的一切特性。因此,烧成过程是制瓷工艺中的关键。坯料在烧成过程中的物理化学变化(膨胀、收缩、产生气体、相变等)状况,直接影响着瓷器的质量和性能。

坯体经过高温烧成,瓷化成为瓷胎。一般的瓷胎是由莫来石晶体、残余石英晶体、玻璃质物质和气孔组成的复杂多相物质。瓷胎显微结构中的晶相、玻璃相、气孔的分布情况(形状、大小、数量)和晶粒的取向、晶粒均匀度和杂质分布情况,均影响着瓷胎的性质。

总之,陶瓷的质量、性能取决于矿物原料的种类、质量、配方和生产工艺的综合效果。

第二节　陶瓷坯料原料

陶瓷坯体的基本原料是黏土、长石、石英。坯体中的原始配料在高温烧成过程中发生一系列物理化学作用,形成新的物相,从而形成瓷胎。陶瓷坯料中的各种矿物(或岩石)原料的性能、成分、相互配比,以及它们在坯料成型、干燥、烧成中的性状及变化,都是影响陶瓷质量和性能的重要因素。

陶瓷生产中的矿物原料消耗量是很大的。平均每吨陶或粗瓷产品需要1.5 t矿物原料;每吨瓷或精陶耗用1.63 t矿物原料。

坯料原料有如下几类:

一、可塑性矿物原料

主要是黏土矿物。但陶瓷工业并不利用单一的黏土矿物，而是利用黏土。常用的是以高岭石、埃洛石为主的高岭土，以及其他烧成后呈白色的黏土，可作增塑剂的膨润土等。低档陶瓷对白度要求不高，也常用高岭石－水云母黏土作原料。可塑性矿物原料在坯体中起塑化和结合作用，保证干坯强度和烧成后的机械强度、热稳定性、化学稳定性。这是坯料成型的基础，也是黏土质陶瓷成瓷的基础。

黏土中的杂质矿物及杂质元素较复杂，对黏土的性质及陶瓷质量有较大影响，必须严格控制。铁、钛氧化物是显色剂，含量越低越好；K_2O、Na_2O、MgO、CaO 可与 Al_2O_3、SiO_2在较低温度下熔融成玻璃态物质，其含量高低，可作为对黏土的烧结情况及烧结温度的推断依据。碱金属和碱土金属含量高的黏土，易于烧结，且烧结温度较低。如果黏土的 Al_2O_3 含量高，碱性组分含量低，则耐火度高，烧结温度也高。因此，在陶瓷原料配方时，要在化学分析基础上进行计算，以确定矿物原料种类及其合理的配比，从而可出现预期的相组成，保证瓷的白度及所要求的技术特性。

作为可塑性原料的黏土，其质量对坯料有重要影响。如日用陶瓷用高岭土需参照我国轻工业推荐标准，《日用陶瓷用高岭土》(QB/T 1635—1992)。此标准规定了日用陶瓷用高岭土的产品分类、技术要求、试验方法、检验规则和标志、包装、运输、储存。此标准适用于由高岭石、多水高岭石等为主要矿物组成，用来制造日用陶瓷的高岭土产品。高岭石在坯体烧成过程中，对莫来石新晶相的形成起着重要作用。瓷胎中的莫来石有两种：一种是原生莫来石或一次莫来石。这是高岭石热分解反应过程中（反应式如下），或坯料在烧成过程中的固相反应所形成的。原生莫来石晶体细小，常呈鳞片状或交织成毛毡状。另一种莫来石是在坯体烧成过程中已出现液相的情况下生成的，即偏高岭石中的铝离子进入长石熔体，增大了熔体中的 Al_2O_3浓度，从而析出针状莫来石晶体。1 200～1 250℃间的莫来石析晶最为发育，称作次生莫来石或二次莫来石。

$$Al_2O_3 \cdot 2SiO_2 \cdot 2H_2O(\text{高岭石}) \xrightarrow{550℃} Al_2O_3 \cdot 2SiO_2(\text{偏高岭石}) + 2H_2O$$

$$2(Al_2O_3 \cdot 2SiO_2)(\text{偏高岭石}) \xrightarrow{925\sim950℃} 2Al_2O_3 \cdot 3\,SiO_2(\text{硅铝尖晶石}) + SiO_2(\text{无定形})$$

$$3(2Al_2O_3 \cdot 3SiO_2) \xrightarrow{1\,050℃} 2(3Al_2O_3 \cdot 2SiO_2)(\text{莫来石}) + 5SiO_2(\text{方石英})$$

硬质瓷的烧成温度较高，当焙烧温度在 1 400℃以下时，已生成的莫来石几乎不发生变化。当温度继续升高，则开始溶入长石熔体中，特别是溶于富含钠的组分中，从而使坯体中的莫来石总量减少。同时，长石熔体中新生成的次生莫来石也在发育。1 400℃以上的二次莫来石可呈现为长 0.01 mm 以上的针状体。相互交织的针状莫来石大大增强了瓷胎强度。为使硬质瓷的坯体结构更趋均匀，应控制莫来石发育成为不大的针状晶体。

高岭土颗粒尺寸对偏高岭石与长石熔体之间反应程度的均匀性有很大影响。粒度小时有利反应进行，烧成温度也比粗粒者低 30～50℃。

陶瓷工业对黏土的技术性能要求是：

1. 可塑性

影响黏土可塑性的主要因素是黏土的黏度和加水量。粒度愈细，分散程度愈大，则比表面积愈大,可塑性愈好。因此,高岭石等层状硅酸盐矿物含量高,或者水铝英石等非晶质黏土矿物含量高的黏土,其可塑性较好。由黏土变为可塑成型的坯料,需加适量的水,水的需要量通过实验确定。

陶瓷坯料对黏土可塑性的要求并不是越大越好,而是要求适度。调节可塑性的基本方法是控制黏土中的非可塑性矿物(黏土中存在的细碎屑物质和加入的减黏原料)的含量,或者通过添加高质量塑性黏土或胶结物质的数量来进行调节。

2. 结合性

坯料干燥后能转变成具有一定强度的半成品,主要是依靠黏土颗粒之间,以及黏土对非可塑性物料的黏结能力,黏土的这种性能称作结合性。结合性的优劣,通常是以在作成泥团的黏土试样中掺入标准砂的最高量来表征。

黏土的黏合性既可保证坯料的干燥强度,又对泥料性质调节、坯体修理和上釉起着积极作用。结合性与可塑性、黏土矿物含量及黏土矿物比表面积大小,均呈正相关关系。

3. 颗粒度

粒度直接影响黏土的可塑性、坯体的干燥收缩、孔隙度和强度,也影响烧成收缩和烧结性(表 7 -2)。

表 7 -2　黏土粒径及其对陶瓷物理性能的影响

Table 7 -2　Particle size of clay and its effect on the physical properties of ceramics

平均粒径/μm	100 g 颗粒的表面积/cm^2	干燥水的含量/%	干燥状态下的强度/($N \cdot m^{-2}$)	相对可塑性
8.59	13×10^4	0.0	45.2	无
2.20	392×10^4	0.0	137	无
4.10	794×10^4	0.6	627	4.40
0.55	$1\ 750 \times 10^4$	7.8	461	6.30
0.45	$2\ 710 \times 10^4$	10.0	1 275	7.60
0.28	$3\ 380 \times 10^4$	23.0	4 500	8.20
0.14	$7\ 100 \times 10^4$	30.5	2 910	10.20

4. 吸附性

黏土颗粒细微,因而具有很大的比表面积和表面能,这是许多黏土都具有良好的吸附性能的重要原因。色剂研究法是黏土矿物鉴定方法之一。黏土矿物色剂研究的基础就是黏土以其较强的吸耐能力对有机色剂阳离子有一定程度的结合牢固性。

5. 干燥收缩和烧成收缩

塑性坯料干燥后,因水分蒸发,颗粒间的距离变小而产生体积收缩,称为干燥收缩;坯料经烧结,由于物相变化而发生的体积收缩,叫做烧成收缩。这两种收缩构成坯体的总收缩率。收缩率的大小与黏土的矿物组成和性质有关。在坯料设计尺寸和模型尺寸设计时,都要根据试验数据进行计算,才能保证成品的尺寸要求。

6. 黏土烧后颜色

主要取决于黏土中的杂质矿物和有机物质。其中影响最大的是 Fe_2O_3(表7－3)。黏土中的 Fe_2O_3 含量,一般以 <0.8% 为宜。

表7－3　黏土中 Fe_2O_3 含量对陶瓷颜色的影响

Table 7－3　The content of Fe_2O_3 in the clay effecting on the color of ceramics

Fe_2O_3 含量/%	0.8	1.3	2.7	4.2	5.5	8.5	10.5
烧后颜色	白色	灰色	浅黄色	黄色	浅红色	红色	深红色

7. 黏土的烧结性

烧结性是指黏土被加热到一定温度时,由于易熔物的熔融而开始出现液相;液相填充在未熔颗粒之间的空隙中,靠其表面张力作用产生的收缩力,使黏土坯体的气孔率下降,密度提高,体积收缩;在气孔率下降到最低值,密度达最大值时的状态,即称作烧结状态。烧结时的对应温度称为烧结温度。烧结温度与黏土的矿物组成及性质有关。烧结温度一般比熔融温度低几十至几百摄氏度不等。

黏土烧结后,温度再上升时,气孔率和密度在一段时间和一定温度区间内不会发生显著变化,处于稳定阶段。若继续升温,则气孔率会增大,密度也会相应变小,出现过烧膨胀。从开始烧结到过烧膨胀之间的温度间隔称作烧结范围。烧结范围关系到烧成质量的控制问题,一般以 100～150℃ 的温度范围为宜。影响烧结范围的因素主要是工艺过程、方法和坯料的原料配方。

上述烧结性的有关数据需通过实验确定。

8. 耐火度

这是表征材料抗高温作用而不熔化的性能。由于黏土基本上都是多矿物集合体,不可能有一个确定的熔点,只能是在某一温度区间,开始软化、熔融直至全部熔为玻璃态的物质。因此,黏土的耐火度也是用实验方法测定的。

黏土耐火度与化学组成有关。Al_2O_3 含量增高,耐火度也随之提高;Al_2O_3/SiO_2 比值越大,耐火度越高;但碱性氧化物含量增加将降低耐火度。因此,可根据黏土化学成分推算其耐火度的近似值,即

$$T = 5.5A + 1\,534 - (8.3F + 2\sum M) \cdot 30/A \qquad (7-1)$$

式中:T——耐火度,℃;A——Al_2O_3 含量,%;F——Fe_2O_3 含量,%;$\sum M$——TiO_2、MgO、CaO 和 R_2O 的总量,%。这一公式只适用于 Al_2O_3 含量在 15%～50% 之间的黏土。计算时,各组分的含量需换算为无烧失量的含量。

二、减黏矿物原料

减黏矿物原料的作用在于合理降低黏土或坯泥的可塑性和黏结性,从而减少坯体的干燥收缩和烧成收缩。

石英是最常用的减黏原料。陶瓷生产用的是广义的"石英",包括质纯而易于破碎的石英砂岩、石英砂、燧石、硅藻土、蛋白石等。

石英矿物有八种同质多象变体。其中,较为常见的六种变体在转化中会发生体积变化(表

7-4),这是陶瓷生产过程中应控制的指标。表中的转化和膨胀有两类情况,一类是高温型变体间的缓慢转化,包括α-石英、α-鳞石英、α-方石英、熔融态石英之间的转化。这类转化是由表面开始向内部缓慢进行的。尽管体积变化较大,最高可达16%,但转化速率慢,时间长,再加上液相的缓冲作用,使体积的膨胀进行得较缓慢,抵消了固体膨胀应力造成的破坏作用,对陶瓷生产过程的危害并不大。另一类是在低温条件下,高温型和低温型变体之间的迅速转化,如α-方石英和β-石英之间的转化,虽然体积膨胀很小,但因转化迅速,又是在干燥条件下进行,因而破坏性强,对陶瓷质量影响大。在生产过程中,可通过加矿化剂(矿化剂的液相可缓和其不利影响),控制升温和冷却速度以保证制品不产生裂缝。

表7-4　石英同质多象变体转化及体积变化

Table 7-4　Conversion and volume change of silica polymorph variants

石英同质多象变体转化		温度/℃	体积膨胀/%
β-石英	α-石英	573	0.82
α-石英	α-鳞石英	870	16.0
α-鳞石英	α-方石英	1 470	4.7
α-方石英	熔融石英	1 713	0.1
α-鳞石英	β-鳞石英	163	0.2
α-方石英	β-方石英	200~270	2.8

石英对坯体的作用,在煅烧前,主要是调节泥料的可塑性,减小干燥收缩率,缩短干燥时间,防止坯体过大变形;在坯体烧成过程中,当玻璃质大量出现时,坯体中的石英可起骨架作用,同时也可提高坯体的耐熔性、黏度,从而提高坯体抗变形的能力。石英还使坯体具半透明性,粒度愈细,半透明性愈好。石英尤其有利于釉面形成半透明玻璃体,提高釉层白度。

石英粒度对瓷坯孔隙率也有重要影响。当石英颗粒平均直径小到30 μm时,其孔隙率减小值(按1 μm计算)达0.06%。石英粒度对瓷的机械强度有影响:过细,会溶解于玻璃相中,失去其应有作用;过粗,使烧结条件变差。坯体中的石英粒度以15~30 μm为宜。

以不同硅质矿物引入SiO_2时,对1 300℃烧成的瓷的性能影响是不相同的。例如,以石英、石英砂或粉状石英引入SiO_2时,瓷的强度很高,抗弯强度可达68~66 MPa,抗冲击强度为0.14~0.12 MPa;以燧石和硅藻土引入SiO_2,瓷的强度最差。

瓷坯烧成过程中,若存在游离石英,将产生结构应力,影响瓷坯质量。结构应力的出现是由于α-石英和玻璃相的膨胀系数不同,也与β-石英和α-石英间的转化引起的体积变化有关。

上面讨论的问题,只对瓷的烧成温度在1 350℃左右时才有意义。烧成温度更高时,石英在玻璃相中的熔融加快,莫来石对瓷的质量起重要作用,而且方英石也产生了,它们对瓷的强度影响情况是十分复杂的。

石英的用量要适量,通常以坯料中SiO_2含量为65%~75%为宜。用量过高,瓷器烧成后的热稳定性会变差,容易自行炸裂。

陶瓷工业对石英原料的基本要求是:SiO_2含量>97%,(Fe_2O_3 + SiO_2)含量<0.5%。如果使用的是石英砂,要求粒度以0.25~0.5 mm为佳,SiO_2含量≥95%,铁钛氧化物含量<1%,高

岭石等黏土矿物及方解石等碳酸盐矿物含量<2%。

此外，有必要简要介绍一种重要的制瓷原料——瓷石。瓷石是一种以石英和绢云母为主要成分的岩石，具铝低、硅高，又含助熔剂等特征，在1 200~1 350℃能烧成瓷。我国南方瓷石一般含$Al_2O_3$15%左右，$SiO_2$75%左右。烧制的瓷称作硅质瓷或云母瓷，质地白而透青，有玉石感。

三、熔剂原料

陶瓷工业是最大的耗能户，日用瓷的烧成温度均在1 250℃以上，大多在1 300~1 400℃，温度越高，单位能耗越大。从1 400℃降到1 350℃可降低能耗10%，同时温度降低也提高了耐火材料的利用率。所以，降低烧成温度，缩短烧成周期是日用瓷行业节能降耗的一个有效途径。用来节能的陶瓷矿物熔剂原料有多种，除了目前已普遍利用的硅钙系列矿物原料诸如硅灰石、透辉石和透闪石外，还有钙长石、绢英岩、霞石、霞石正长岩、响岩、玄武岩、凝灰岩和层凝灰岩等。

（一）硅灰石

硅灰石广泛用于陶瓷工业中的坯体和釉料。加入硅灰石后坯体和釉料不开裂、不易折断，不出现裂纹或瑕疵，增加釉料表面光泽，尤其在陶瓷低温煅烧中减少变形和断裂，降低烧成温度。硅灰石的这一市场较为成熟，用量也大。有人预测，陶瓷工业用硅灰石的需求量将以5%左右的速度逐年递增。

针状硅灰石粉用于特种陶瓷。表7-5、表7-6为硅灰石陶瓷坯体级和釉料级技术指标。

表7-5 坯料级硅灰石技术指标

Table 7-5 Technical indicators of blank grade wollastonite

级别	粒度/μm	SiO_2 含量/%	CaO 含量/%	TFe_2O_3 含量/%	Fe_2O_3 含量/%	烧失量/%
A	44~75	≥50	≥44	≤0.5	≤0.25	≤0.25
B	44~75	≥49	≥38	≤0.8	≤0.35	≤6.0

表7-6 釉料级硅灰石技术指标

Table 7-6 Technical indicators of glaze grade wollastonite

级别	粒度/μm	SiO_2 含量/%	CaO 含量/%	TFe_2O_3 含量/%	Fe_2O_3 含量/%	烧失量/%
A	≤10	≥50	≥45	≤0.28	≤0.08	≤1.5
B	≤44	≥50	≥44.5	≤0.30	≤0.10	≤2.5

将B级硅灰石矿加工成200目粉料后，用于墙地砖坯料中，可以增强坯体强度、节约能耗。硅灰石质坯料实现低温快烧的关键是其与高岭石在1 000℃左右生成钙长石，或与滑石在1 080℃下生成透辉石。硅灰石加入到坯料中还有利于提高产品的抗龟裂性，因为含RO的玻璃相吸湿膨胀较含R_2O的玻璃相小。但在硅灰石质坯料系统中，若烧成温度过低对抗龟裂性不利，这是由于在烧成过程中该系统会形成钙铝黄长石（$2CaO \cdot Al_2O_3 \cdot SiO_2$），此矿物易水化生成$2CaO \cdot Al_2O_3 \cdot SiO_2 \cdot 8H_2O$，引起膨胀，但在高温下它会转变为钙长石，而钙长石的吸湿性小。故对硅灰石质坯料系统，其最高烧成温度一般在1 050℃左右。

传统的坯料体系为硅酸铝系统，加入硅灰石后变成硅酸铝钙系统，硅灰石在该系统中的固相反应产物主要是钙长石和方石英；钙长石呈针状，在坯体中形成交织网状结构，从而达到提高瓷坯机械强度的目的。此外，在传统的陶瓷坯料系统中生成结晶度好的莫来石的固相反应温度一般在 1 200℃左右，而硅灰石、透辉石系统生成钙长石的固相反应温度大约是 1 000～1 050℃，较传统坯料系统反应温度低；同时在含有硅灰石、透辉石的坯料系统中，固相反应产物所含的石英或方石英量较传统的坯料少，而且生成钙长石所造成的烧成收缩小于高岭石生成莫来石反应所造成的收缩，这对生产中控制产品尺寸非常有利。美国在瓷砖坯中加入 5%左右的硅灰石以控制体积，同时产生比较好的压缩性；加入 20%～30%的硅灰石以提高烧窑速度；快速烧成工艺则加人 55%～60%的硅灰石。美国还试制了亮白色含硅灰石的乳浊瓷釉，具有施釉性能好、光洁度高、不产生裂纹等特性；在生产绝缘陶瓷坯体中采用硅灰石，可使材料的绝缘性能提高 50%～60%。

在温度达到 1 160℃以前，硅灰石的相变很缓慢，而透辉石没有相变，这些都对快速烧成有利。硅灰石在坯料中会导致烧成范围变窄，解决的办法是适当加入可以提高高温液相黏度的物质，如 Al_2O_3、ZrO_2、$ZrSiO_4$ 等。加入量（以质量分数计）可达 50 %，甚至更多，但一般为 10%～15%。

（二）透辉石

透辉石的特点：降低烧成温度，在坯体中加入透辉石可降低烧成温度 150～200℃；有利于坯体快速干燥；可缩短烧成周期，进行快速烧成和快速冷却；减少烧成收缩；提高产品的机械强度；产品的热稳定性好；热膨胀系数小，250～800℃时为 7.5×10^{-6}/℃。

透辉石加入陶瓷坯料中时，增加了具有降低温度作用的 Ca、Mg 成分，致使传统配方的三元体系变成了 Si－Al－Ca（Mg 或 K）四元体系配方（后者的最低共熔点温度比前者低）。此外，在 Si－Al－Ca 为主要成分的低共熔体体系中，生成的物相主要是钙长石，而实现这一固相反应比生成完全结晶的莫来石的温度低得多。另外，透辉石本身不含结晶水和挥发性气体，当它在配方中占一定比例时，可显著提高升温速率，缩短烧成时间。同时，由于透辉石矿物多数为粒状和柱状晶体结构，在坯体中与其他塑性原料均匀混合，组成交叉网状排列，为水分和气体的移动提供了通道，有利于湿坯的快速干燥和烧成过程中水分及气体物质的迅速排出。加之透辉石的膨胀系数比石英小，且加热过程呈线性膨胀，不发生相变化，高温下形成的钙长石膨胀系数小，机械强度好，提高了成瓷性能与热稳定性，从而利于坯体的快速升温和成瓷后的快速冷却，起到了缩短烧成周期的作用。据有关资料表明，透辉石质釉面硅素烧成温度比传统配方降低 80～200℃，烧成温度可降低达 120℃，并可增大烧成范围 20～40℃。透辉石的陶瓷坯料更易加工和粉碎，可缩短坯料的球磨时间，减少原料加工过程的能量消耗。据统计，透辉石釉面硅坯料的球磨时间比传统配方的坯料缩短 1/4～1/2，同时还可进一步提高产品的机械强度，有效地提高产品的性能和质量。

（三）霞石正长岩

霞石正长岩是一种不含游离 SiO_2 的结晶岩石，主要由碱性长石、霞石及少量镁铁质硅酸盐组成。该岩石以其 SiO_2 不饱和、富铝富碱质、矿物组合中出现似长石为特征。霞石正长岩含有较多的碱金属元素，$NaO+K_2O$ 总量大多超过了 14%，因此，它是很强的熔剂性岩石。它能在 1 050℃温度下烧结，其熔点视碱含量的不同，而波动于 1 100～1 200℃之间，它几乎不含游离石英，在高温下能溶解石英，故其熔融后的黏度较高。故可替代长石作为助熔剂使用。黑龙江东宁陶瓷厂，利用当地储量丰富的霞石正长岩和伟晶花岗岩研制成外墙砖，获得一定经济效果。该厂是在原来配方中外加5% ~15%霞石正长岩，或10% ~20%伟晶花岗岩。霞石正长岩和伟晶花岗岩也可混合使用，即在原坯料中同时加入3% ~10%霞石正长岩、5% ~10%伟晶花岗岩，其制品烧成温度在1 200℃左右。

在国内，霞石正长岩作为钾、钠长石更新换代矿种用于玻璃陶瓷工业。霞石具有比长石更强的助熔性能，且有降低熔烧温度和加快烧成速度的优点。在玻璃炉料和陶瓷坯釉中加入适量霞石正长岩，可使两者的烧成温度分别比用长石降低40 ~60℃和300℃，在国外，前苏联和美国采用霞石正长岩作为陶瓷坯体的原料。

在陶瓷坯料中，用霞石正长岩代替部分或全部长石时，会显著降低坯体的烧成温度，扩大烧结范围，降低烧成收缩。另一方面，由于它的Al_2O_3含量高于钾长石的Al_2O_3含量，这就不仅扩大了烧成范围，而且有利于提高制品的机械强度，从而减少坯体的变形倾向。同时，霞石正长岩的霞石为SiO_2不饱和矿物，不与石英共生。当霞石和石英混合在一起加热时，高温下两者迅速反应，并放出热量。这一反应过程使得难熔矿物石英在较低温度下就被活化而熔融，这是霞石正长岩具有强烈助熔性能的内因。将霞石正长岩与适量其他熔剂如珍珠岩、滑石等混合使用，不但能扩大其烧结范围，而且能达到理想的熔融及降低温度的效果。王勤燕等利用霞石正长岩原岩进行陶瓷墙地砖应用试验，其烧结性能主要表现为：烧成温度低（1 080℃）、烧成周期短（可低温快烧）、收缩率（0.94%）和吸水率（0.30%）低、机械强度高（32.86 MPa），并具有良好的坯釉结合性能，试验烧成样品指标符合国家标准（GB 4100—92）。

（四）伊利石

伊利石中铝含量高，能增强制品强度，氧化钾含量高，可降低烧成温度。伊利石可用作新型耐高温陶瓷汽缸铝合金的助熔剂，还可用于制造釉面砖、马赛克等。在陶瓷生产中，添加5% ~8%伊利石，可降低烧成温度100 ~120℃。节能效果很好，降低了产品成本，是伊利石用于陶瓷工业的一大优点。加入25% ~30%的伊利石配制的陶瓷、工艺美术瓷，其烧成温度为1 260 ~1 280℃，烧成收缩率为9.53% ~10.4%。在1 100℃条件下，伊利石陶板的白度较叶蜡石陶板高1.47%，吸水率低53%。用伊利石作配料烧制的“马赛克”、电瓷制品色泽晶润，劈裂饰面砖色泽天成，无需施釉，装饰效果极佳。对于“瓷土级”伊利石的工业指标要求较低，一般Al_2O_3含量≥26%，K_2O含量≥4%，$(TiO_2+Fe_2O_3)$含量<0.8%，白度>65%。另外，由于伊利石具有较好的电绝缘性、耐腐蚀性，因此在生产特种陶瓷中得到应用。重庆电瓷厂用伊利石部分取代钾长石作高压电瓷获得成功，制得的高压电瓷，干燥强度提高18.05%，瓷质机械强度、上棕釉提高11.23%，上白釉提高18.17%。

（五）叶蜡石

叶蜡石是一种生产瓷质砖的优质原料，它的特点是：坯体强度高、白度高；坯体尺寸收缩变化小，在较大的烧成范围内依然保持原来的坯体尺寸；烧失量小，烧成过程中坯体产生开裂的可能性小；坯体中微细莫来石晶体多，无定形石英含量少，方石英大量存在，提高坯体耐高温荷重能力，扩大烧成范围，湿膨胀小，热稳定性好。

（六）透闪石

透闪石属于双链硅酸盐结构，具有与硅灰石相似的纤维状、放射状结晶集合体。作坯料使用，坯体的强度高，干燥性能好，烧成收缩小，热膨胀系数小(5.82×10^{-6}/℃)，且质地轻，相对密度小。由于透闪石原矿与滑石共生，还夹杂白云石，导致坯体烧成范围窄小，形成分层缺陷的可能性增加，用透闪石作坯料时，要限制透闪石在配方中的比例。

（七）萤石

矿物萤石的化学式为CaF_2，其矿物特征外观为白色、红色、蓝色、绿色或紫色等的透明体；天然萤石矿中含有一些杂质，如SiO_2、$CaCO_3$、Fe_2O_3等。萤石硬度较小，烧成熔点为1 230℃左右。

萤石是强烈的熔剂原料，它能够降低釉的熔融温度和高温黏度，提高釉面的光泽度。在陶瓷墙地砖中萤石也是常用乳浊剂之一。在烧成过程中，萤石中的氟在高温中能与铁发生反应，生成FeF_3挥发，另一部分可与铁生成透明无色的$NaFeF_6$，所以萤石能够提高釉的白度。在建筑陶瓷产品中，萤石正在成为重要的釉料原料之一。

（八）长石

长石是陶瓷坯料、釉料、色料的基本熔剂原料之一，用量很大。用作熔剂原料的长石，主要是钾长石和钙长石组分较低的斜长石(如钠长石)。

钾长石的熔融温度范围是1 130～1 450℃，钠长石是1 120～1 250℃，钙长石是1 250～1 550℃。钾长石从1 130℃开始软化熔融，到1 220℃转化为白榴石和SiO_2熔体，形成玻璃态黏稠物。这种玻璃态物质可熔融一部分黏土分解物和部分石英，促进成瓷反应及莫来石晶体的发育。同时，钾长石熔融物的黏度比钠长石熔融物大，可发生良好的高温热塑作用和高温胶结作用，防止高温变形。其黏度随温度变化速度减慢而较易控制和掌握。

此外，长石熔融形成的乳白色黏稠玻璃体冷却后不再析晶，而以透明玻璃体存在于瓷体中，构成瓷的玻璃态基质，增加透明度和光泽，改善瓷的外观质量。

长石原料的粒度要适中。过粗，反应不完全；过细，则反应首先发生在长石和黏土之间，先形成玻璃后再与石英作用，影响莫来石的发育和分布均匀度。粒度适中，则熔融后的长石玻璃对黏土和石英的熔融作用同时发生，瓷坯中形成的莫来石的分布比较均匀，增强瓷的强度。

对长石原料的基本要求是：K_2O含量$+Na_2O$含量$\geq11\%$，且K_2O含量/Na_2O含量应大于3；CaO含量$+MgO$含量$\leq1.5\%$，Fe_2O_3含量$<0.5\%$，矿石中的云母和硫化物应保持比较少的量，否则会使瓷表面形成斑点或熔洞。同时，要进行熔烧试验，要求长石的熔融温度范围不小于30～50℃。

陶瓷坯料中，长石的通常用量为：日用瓷为15%～35%，电气瓷为30%～45%，卫生瓷为25%～35%，化学用瓷为15%～30%，硬质瓷为15%～30%，面砖为10%～55%。

用作熔剂的其他矿物原料有含碱质的岩石(如花岗岩、斑岩、松脂岩、响岩、玄武岩、辉绿岩等)、锂云母等含锂矿物、碳酸盐矿物等。

（九）其他熔剂原料

锂矿物的可贵特性是膨胀系数特别小，有时甚至为负值，适于制造耐热炊具和抗热冲击性能特别好的无膨胀陶瓷。含锂矿物也可用作釉料原料。以Li代Na，既可减小釉的相对密度，又可降低釉的膨胀系数，增大釉的流动性，降低釉的熔化温度，缩短烧成时间。在实际生产中，直接使用含锂矿物作熔剂的较少，多数是从矿石中提取锂盐，用后者作熔剂。

方解石或石灰适量加入坯料，可降低烧成温度，缩短烧成时间。同时，可提高坯体的半透明度，加强坯釉间的结合强度。

菱镁矿的分解温度约 800℃，比方解石低 100℃以上。因此，含 $MgCO_3$ 的坯体在烧结开始前，CO_2 就全部逸出。同时，坯料中有 MgO 时，所形成的玻璃液的黏度较大，玻化温度范围很宽，有利于控制工艺过程，提高制品质量。

白云石的分解温度为 730～930℃。在原烧成温度为 1 230～1 350℃的坯料中加入 0.5%～8% 的白云石时，可降低烧成温度，增加坯体的透明度，促进石英的熔解和莫来石的形成，同时，坯料中的石英可因此而加大配比量。长石用量则可减少一些。用白云石代替方解石时，可使坯体的烧成温度范围扩大 20～40℃。

四、特殊矿物原料

一般说来，这是指生产特种瓷的一些矿物原料，如生产镁质瓷的滑石、蛇纹石，生产锆质瓷的锆石等。

① 滑石：坯体中有少量滑石，就可在较低温度下形成液相，加速莫来石的形成。在瓷坯中加入 1%～2% 的滑石即可降低烧成温度；当坯体中加入 34%～40% 的滑石时，其中的硅酸镁（滑石）与硅酸铝（黏土）可反应生成堇青石。堇青石的膨胀系数很小（2×10^{-6}/℃～3×10^{-6}/℃），可显著提高制品的热稳定性能；若加入 50% 以上的滑石，烧后坯体中形成的斜顽火辉石与堇青石的量可达 35%～50%。这种陶瓷的机械强度高，热稳定性好，介电性能较高，属高频绝缘体和高机械强度及高绝缘性能的瓷制品；若滑石加入量达 70%～90%，烧成品称为块滑石质瓷，主要由斜顽火辉石所组成。这种瓷具有很高的机械强度和很小的介电损耗，用作无线电设备的高频与高压绝缘体。

蛇纹石在陶瓷中的作用与滑石相似，但对铁含量应严格控制。

② 锆石和氧化锆：属锆质原料，具熔点高、膨胀系数低、导热性小等特点。主要用以制作电气工业用的瓷绝缘体及火花塞绝缘体。锆石不只是锆质瓷生产用的主要原料，而且可添加到普通长石质瓷的坯料中，用以提高瓷的强度和耐热性能。

③ 金红石：具有高介电性，是制作电容器瓷的主要原料。金红石与其他氧化物配合，可制成比单纯的 TiO_2 介电性更高的钛酸盐陶瓷。必须指出，制造前述电子工业用陶瓷需要的是高纯度的 TiO_2，其基本工业要求是 TiO_2 含量为 98.5%～99%，$Fe_2O_3<0.03\%$。

第三节　釉料原料

陶瓷坯体表面的釉层，在外观上可使制品表面平滑光亮，尤其是颜色釉和艺术釉（如结晶釉、砂金釉、无光釉、裂纹釉等），更增添了陶瓷制品的观赏价值。在机械强度方面，釉层的正确选用，可改进陶瓷强度和表面硬度，可提高电绝缘性能、化学稳定性。

凡能在釉中形成玻璃的独立组分，或者虽具有较高耐火度，但在烧成过程中能与其他组分（如 Ca、Mg、Ba 的碳酸盐，Sn、Zn、Pb 等的氧化物，硼酸等）强烈反应并形成易熔化合物的组分，以及参与高温物理化学反应以后，改变了原有性质或悬浮于玻璃相中的组分，都属于釉用原料。

釉料的化学性质（如酸性、碱性）必须与坯体的化学性质接近，又同时保持适当差异。这是为利于釉料与坯体在高温条件下相互作用、结合的需要。釉中的碱性氧化物可渗入坯体，而坯体中的晶体可渗入釉层。因此，釉并非单一的玻璃质，而常常是玻璃质与晶体的混合体。釉中除有坯体渗入的晶体外，还有坯体与釉料相互反应和渗透而生成的莫来石、钙长石、硅灰石等；有含 MgO 原料生成的堇青石；以及颜色釉中作呈色剂的 Cr、Fe、Mn 等尖晶石微粒，等等。

瓷釉耗用的主要原料，除我国景德镇专用的釉石（瓷石中的一种，俗称釉果）外，一般都是由坯用原料（黏土、长石、石英等，但配比不同于坯料）加助熔剂和在釉层中起特殊作用的原料（如乳浊剂、着色剂等）组成。

（1）助熔剂。系指那些与釉料中的主要组分（高岭土、长石、石英等）作用，促使它们形成易熔化合物，从而在坯体表面形成玻璃状覆盖物（即釉）的原料，如方解石、白垩、白云石、滑石、重晶石及硼砂等。

（2）乳浊剂。这种原料是以结晶微粒悬浮于釉中，既均匀地分散于玻璃体中，又不为其熔解（或只微量熔解）。乳浊剂的折射率与釉不同，应大于或小于釉。常用的乳浊剂有氧化锡（或锡灰）、氧化锌、氧化锆、氧化铈等。

（3）着色剂。系指为增强釉的艺术效果而配入的各种呈色原料，如铜、铁、钴、镍、钛、锰、铀等的氧化物。除少数情况用单种金属氧化物外，多数都使用几种氧化物按比例配合的混合物作着色剂。

生产 1 t 陶瓷，釉用原料的消耗量一般为：瓷器需 0.115 t，陶器需 0.085 t，精陶需 0.07 t。

此外，日用瓷和陈设美术瓷的大多数产品，都需要在制成后再加以彩饰，彩饰用原料种类很多，都属人工制成的金属氧化物及盐类。

第四节　陶瓷原料的发展

现代陶瓷工业十分重视节能和发展新型陶瓷这两个问题，而两者都与陶瓷原料有关。

硅灰石、透辉石、透闪石等都是近代开发应用的陶瓷工业节能矿物原料。它们在坯体中的用量一般为 5% ~15%，也可高达 30% ~70%。加入节能矿物原料，可降低坯体烧成温度 100 ~ 150℃，这类原料已成功地用于面砖生产。节能矿物的加入，可在坯体烧成过程中降低固相反应温度，降低体系的最低共熔点，降低玻璃相的黏度。加入这类矿物原料后生成的含钙（镁）的玻璃相，随着温度的增加，黏度系数比传统的 Na，K 质玻璃相小，有利加速烧成过程，缩短烧成周期。

现代科技进步对材料，包括陶瓷提出了新的要求，例如根据应用领域的不同，对陶瓷的耐热性、机械强度、电磁特性、耐腐蚀性等，提出了不同的新指标。如果仍使用含有杂质的天然矿物原料，那么就不易精确控制原料的组分，从而很难保持产品组成和结构的稳定、难于准确控制产品的技术指标。因此，陶瓷原料已朝着用化学方法从天然矿物原料或其他物质制备高纯度或纯度可控制的人造原料方向发展，以便人们精确地控制陶瓷的显微结构，包括形成重复性好的复合显微结构，有效地改进烧结体的特殊性质。如显微结构的均匀化，提高陶瓷的透明度，将陶瓷用作电光材料等。这类陶瓷称作新型陶瓷、现代陶瓷或特种陶瓷。其分类及应用见表 7 - 7。

表 7－7　特种陶瓷分类及应用

Table 7－7　Classification and application of special ceramics

种类	性能	应用领域
高温陶瓷	1 500℃以上高温短期使用	空间和军事技术、航空航天发动机、柴油发动机耐热部件等
	1 200℃以上高温长期使用	
高强陶瓷	高强韧性、超塑性等	航空航天、模具、轴承、密封环、阀门等
超硬陶瓷	热稳定性及化学稳定性好等	化工设备、高速切削刀具、防弹装甲等
电子陶瓷	压电、光电、电光等	电子工业(电子元器件)
超导陶瓷	超导性	电子、能源、信息、交通、生物医学等
磁性陶瓷	磁导率和矫顽力大、硬度高	微波器件、无线通信等
光学陶瓷	透明、红外光、荧光性能好	激光技术、发光材料、光导纤维等
生物陶瓷	生物和化学功能	生物器官等

特种陶瓷具有众多优异性能,用途广泛,主要体现在以下几个方面:

(1) 耐热性能优良的特种陶瓷可望作为超高温材料用于与核能有关的高温结构材料、高温电极材料等。

(2) 隔热性能优良的特种陶瓷可作为新的高温隔热材料,用于高温加热炉、热处理炉、高温反应容器、核反应堆等。

(3) 导热性能优良的特种陶瓷极有希望用作内部装有大规模集成电路和超大规模集成电路电子器件的散热片。

(4) 耐磨性能优良的硬质特种陶瓷用途广泛,目前的用途主要是集中在轴承、切削刀具方面。

(5) 高强度的陶瓷可用于燃气轮机的燃烧器、叶片、涡轮、套管等。在加工机械上可用于机床身、轴承、燃烧喷嘴等。这类陶瓷有氮化硅、碳化硅、塞隆、氮化铝、氧化锆等。

(6) 具有润滑性的陶瓷如六方晶型氮化硼极为引人注目。目前国外正在加紧研发。

(7) 生物陶瓷方面,目前正在进行将氧化铝、磷石炭等用于人工牙齿、人工骨、人工关节等的研究。这方面的应用引起人们极大关注。

新型陶瓷是 20 世纪 60 ~70 年代才开始出现的。人们不仅从材料结构均匀性方面控制和改善陶瓷性能,也利用材料显微结构的不均匀性制造功能元件。

(1) 碳和 SiC 系陶瓷。系用碳粉并掺入适量黏结剂后,加压成型的碳质陶瓷。可选用合适的黏结剂并添加杂质,控制其电阻值。这种新型碳质陶瓷广泛用作高频固体电阻和厚膜集成电路用的电阻材料。

(2) 磁性瓷。铁氧体和铁粉芯永久磁铁是这种瓷的代表性产品。陶瓷硬度高,故可制作铁氧体记录磁头。

(3) 金属陶瓷。陶瓷相在这种陶瓷中占总组分质量的 15% ~85%。金属陶瓷是兼有陶瓷特性(硬度大、耐磨、耐高温、抗氧化、对化学药品的抗蚀性等)和金属特性(高韧性和可塑性)的材料。元素周期表中Ⅳ、Ⅴ、Ⅵ、B族元素的氧化物、碳化物、硼化物、氮化物均可作为金属陶瓷原料。基本工艺是将陶瓷粉末、金属粉末和成型剂（如石蜡）混合，将其成型，在真空或氢、氨分解气体等气氛中进行烧结，或用热压法烧结，然后加工成所需要的制品。在选用金属原料时要注意其与陶瓷原料之间的熔融温度不能相差太大。

金属陶瓷也是一种超硬质合金。除用作工具材料外，还可用作圆珠笔尖、高尔夫球靴上的钉子和高级手表外壳等。

（4）陶瓷纤维。属二氧化硅－氧化铝系纤维。这是将硼酸、氧化锆、氧化铬等助熔剂加在预烧高岭土、氧化铝、二氧化硅等原料的混合物中，加温到2 200～2 300℃，使其达到熔融状态，用压缩空气或高压水蒸气喷射，使熔体溅在高速旋转的圆板上，靠离心力形成纤维，然后用陶瓷纤维生产制品。陶瓷纤维较之玻璃纤维更耐高温，强度更高。

第八章　建筑材料矿物原料

建筑材料可泛指用于各种工业及民用建筑和工程建筑的一切材料。但习惯上主要指水泥、玻璃、陶瓷、无机非金属新材料，以及砖、瓦、砂、石等传统建筑材料。它们的生产，需要多种多样的天然矿物原料。鉴于陶瓷和一些新型建筑材料已在有关章节作了介绍，本章仅重点介绍水泥、玻璃及集料用矿物原料。

第一节　水泥矿物原料

水泥是一种胶凝材料（胶结料）。胶凝材料在一定的物理、化学作用下，能从浆体变为坚固的石状体，并能胶结其他物料，制成具一定机械强度的物质。胶凝材料分为水硬性和非水硬性胶凝材料两大类。前者是一种与水成浆后既能在空气中硬化，又能在水中硬化的胶凝材料。这类材料通称为水泥；非水硬性胶凝材料是一种不能在水中硬化，但能在空气中或其他条件下硬化的胶凝材料，种类很多，如石灰、石膏等；还有有机胶凝材料，特殊用途的胶凝材料如耐酸胶结料、磷酸盐胶结料及环氧树脂胶结料等。

水泥是水硬性胶凝材料，是应用最广泛的建筑材料之一，种类很多。常用的是硅酸盐水泥（俗称纯水泥）。因加入混合材料和所加混合材料的种类不同，可制成普通硅酸盐水泥（加入15%以下的活性及非活性混合材料），矿渣硅酸盐水泥（加入20%～70%的粒化高炉矿渣），火山灰质硅酸盐水泥（加入20%～50%火山灰质混合材料），粉煤灰硅酸盐水泥（加入20%～40%粉煤灰）。此外，还有特种水泥，包括适应紧急措施、冬季施工、加固结构、建筑装饰、海港和地下工程等的特殊需要而生产的具特殊性能的各种水泥。常见的特种水泥有快硬高强水泥（包括快硬和特快硬硅酸盐水泥、浇筑水泥、矾土水泥等）、膨胀水泥、白色和彩色硅酸盐水泥、水工及耐侵蚀水泥、油井和耐高温水泥等。

这里着重讨论硅酸盐水泥矿物原料。

一、硅酸盐水泥生产概述

硅酸盐水泥的制备通常经过如下过程：以石灰质原料和黏土质原料等为主，有时加少量辅助原料（如铁矿粉），按规定比例混合、磨细、球团、形成生料球；送入窑炉，烧至将近熔融或部分熔融，生成以硅酸钙为主要成分的熟料；加入适量石膏于熟料中一起磨细、过筛而成的细粉物质即为硅酸盐水泥，俗称纯水泥。其生产工艺流程如图8－1所示。

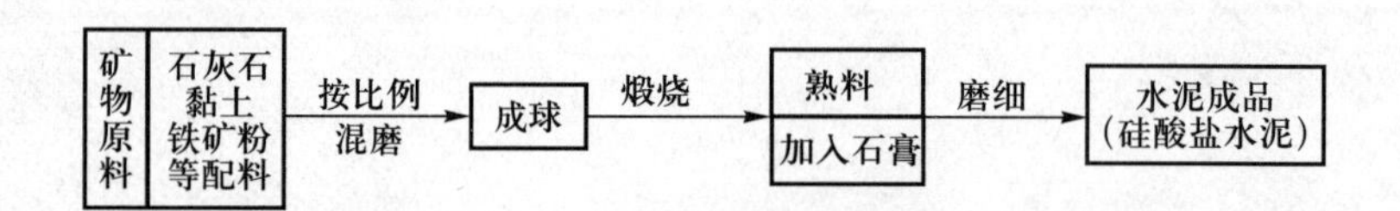

图8－1　水泥生产工艺流程框图

Fig. 8－1　The flow diagram of cement manufacture

硅酸盐水泥的特点是凝结快，早期强度高，抗冻性能较好，在低温环境中凝结和硬化较快。但硅酸盐水泥的水化热较高，不宜用于大体积的混凝土工程；其水化产物中的氢氧化钙含量较高，耐软水侵蚀和化学腐蚀性能较差，不宜用于受到流动淡水作用和水压作用的工程；它对硫酸盐类侵蚀的抵抗能力较差，不宜用于受海水、矿物水作用的工程。同时，其耐热性能也较差，使其应用领域受到局限。

水泥熟料中的合成矿物主要有硅酸三钙（$3CaO \cdot SiO_2$，简写为 C_3S）、硅酸二钙（$2CaO \cdot SiO_2$，简写为 C_2S）、铝酸三钙（$3CaO \cdot Al_2O_3$，简写为 C_3A）和铁铝酸四钙（$4CaO \cdot Al_2O_3 \cdot Fe_2O_3$，简写为 C_4AF）。前两种称作熟料中的硅酸盐矿物，后两种称为熔媒矿物。C_3S 是由 CaO 和 SiO_2 化合而成，遇水反应快，凝结硬化也快，在水泥熟料中要求占 40% ~55%。C_2S 也是 CaO 与 SiO_2 化合而成。与水的反应速率比 C_3S 慢得多，凝结硬化也慢，早期强度较低，但后期强度很高，在水泥熟料中的含量以 20% ~30% 为宜。C_3S 与 C_2S 在水泥熟料中的总质量应控制在 3/4左右，含量的多少直接影响水泥的强度和品质。熔媒矿物对水泥强度的影响虽不很大，但对 C_3S 和 C_2S 的形成有重要促进作用。熔媒矿物的质量在熟料中应占 1/4 左右。实现 C_3S、C_2S 和 C_3A，C_4AF 的合理含量比例，保证水泥品质，关键在于控制水泥原料的总体化学组成和工艺流程。

水泥生产的主要有益组分有 CaO、SiO_2、Al_2O_3 和 Fe_2O_3。通常要用多种矿石进行合理配比，使硅酸盐水泥熟料中的有益组分含量控制为：CaO 60% ~66%，SiO_2 19% ~23%，Al_2O_3 4% ~7%，Fe_2O_3 3% ~5%，以保证 C_3S、C_2S、C_3A 和 C_4AF 的合理比例。水泥生产中有害的杂质为 MgO，K_2O，Na_2O，SO_3和 $f-SiO_2$等。

MgO 主要来源于石灰质原料中的白云石，煅烧后以方镁石相存在。在水泥应用中，MgO 可与水作用形成 $Mg(OH)_2$，它会使水泥体积膨胀，降低水泥硬化体强度。水泥熟料中的 MgO 含量应≤5%。

K_2O 和 Na_2O 来自黏土，能与熟料中的 C_2S 和 C_3S 起化学反应，生成游离 CaO，降低水泥质量。水泥熟料中 Na_2O 含量 + K_2O 含量应≤1.3%。

SO_3能与 K_2O 和 Na_2O 反应生成硫酸盐，影响水泥的安定性，故水泥中 SO_3 的含量应≤1.5%。

$f-SiO_2$主要来自燧石和石英颗粒，化学活性差，难粉磨。因此行业规定石灰质原料中的 SiO_2含量应为 5% ~10%。

水泥矿物原料及其主要组分在水泥生产过程中的基本反应过程如下：

黏土矿物脱水反应

$$Al_2O_3 \cdot 2SiO_2 \cdot 2H_2O \xrightarrow{500\sim600℃} Al_2O_3 + 2SiO_2 + 2H_2O$$

碳酸盐分解反应

$$MgCO_3 \xrightarrow{600℃} MgO + CO_2$$

$$CaCO_3 \xrightarrow{900℃} CaO + CO_2$$

固相反应

加温至800℃左右　$2CaO + SiO_2 \longrightarrow 2CaO \cdot SiO_2 (C_2S)$

$CaO + Al_2O_3 \longrightarrow CaO \cdot Al_2O_3 (CA)$

$2CaO + Fe_2O_3 \longrightarrow 2CaO \cdot Fe_2O_3 (C_2F)$

800～900℃　$CA \longrightarrow 12CaO \cdot 7Al_2O_3 (C_{12}A_7)$

900～1 000℃　$C_{12}A_7 \longrightarrow C_3A(3CaO \cdot Al_2O_3)$

$C_2F \longrightarrow C_4AF(4CaO \cdot Al_2O_3 \cdot Fe_2O_3)$

1 100～1 200℃　C_3A,C_4AF,C_2S达最大值

1 300～1 450℃　$C_2S + CaO \longrightarrow C_3S$

（液相）（固相）

二、硅酸盐水泥矿物原料

生产水泥的矿物原料一般可分为三类,即石灰质原料,黏土质原料和辅助原料。

(一)石灰质原料

以石灰岩为主,还可用大理岩、泥灰岩、白垩、姜石等。主要化学成分是$CaCO_3$,主要矿物为方解石。在高温煅烧下,分解为CaO和CO_2。CaO是水泥熟料中的C_3S和C_2S的重要成分。

石灰质原料中常含有一定量的白云石和燧石,应保持MgO含量≤3%,$f-SiO_2$含量≤4%。

(二)黏土质原料

常用的黏土质原料有黏土、黄土,还可以是页岩、泥岩。这类矿物原料以黏土矿物为主,粒级细。其中,粒径小于0.01 mm或0.005 mm的颗粒在总质量的占比多于50%。其主要化学成分是SiO_2和Al_2O_3,也包括Fe_2O_3。它们是生成C_3S,C_2S的SiO_2以及生成C_3A、C_4AF中的Al_2O_3、Fe_2O_3的主要来源。

黏土中的石英、燧石砂粒、Na_2O和K_2O是有害杂质。因此,规定硅酸率$n=2.7\sim3.5$,铝氧率$P=1.5\sim3.5$,R_2O含量≤4%。

(三)辅助原料

辅助原料主要是指用作整体原料中某些偏低组分而添加的原料,因而也称作校正原料。如铁矿粉,硅质原料(硅藻土、硅藻黏土岩、石英砂岩等)和铝质原料(铝土矿、铝质页岩等)。对校正原料的基本要求是主要成分含量高,杂质相对较少。

还有一类辅助原料称作矿化剂。例如萤石、重晶石、石膏,在水泥煅烧阶段能降低配料熔融温度和熔体的黏度,促进C_3S的形成。萤石和重晶石作为水泥煅烧的复合矿化剂,也是超早强水泥的基本原料,可使水泥早期强度提高20%～25%,后期强度提高10%,熟料烧成温度降低到(1 300±50)℃,可降低煅烧过程中的游离CaO,易于形成水泥早强矿物,如氟铝酸钙($C_{11}A_7 \cdot CaF_2$)和无水硫铝酸钙($C_4A_3SO_4$)。

在白水泥生产中,采用重晶石、萤石复合矿化剂后,可使烧成温度从1 500℃降至1 400℃,$f-CaO$含量低,强度和白度都有所提高。

在以煤矸石为原料的生料中加入适量的重晶石,可使熟料饱和比低的水泥强度,特别是早期强度得到大幅度的提高,这就为煤矸石的综合利用及生产低钙、节能、早强和高强水泥提供了一条有益途径。重晶石掺入量为0.8%～1.5%时,效果最好。

此外，为改进水泥性能，还可加入其他相应的原料。例如，通常加入石膏作为缓凝剂，使水泥初凝时间延缓；生产铝硅酸盐水泥，需加入铝矾土，以生成铝酸一钙（$CaO \cdot Al_2O_3$）和二铝酸一钙（$CaO \cdot 2Al_2O_3$——CA_2）；加入适量明矾石可生产明矾石膨胀水泥和自应力水泥。

上述石灰质原料，黏土质原料和辅助原料的用量配比，是通过计算，满足以下指数而确定的。

石灰质饱和系数（KH）：反映熟料中的 SiO_2 被 CaO 饱和的程度。水泥生产中，要求各种矿物原料的 KH 在 0.85～0.92 为宜。KH 值是控制熟料中的 C_3S 和 C_2S 含量比例的指数。

$$KH = \frac{w(CaO) - 1.65w(Al_2O_3) - 0.35w(Fe_2O_3) - 0.7w(SO_3)}{2.8w(SiO_2)} = 0.85 \sim 0.92 \tag{8-1}$$

式中　$w(X)$ 表示 X 物质的质量分数。

当 KH 为 0.92～1 时，表明熟料中生成的 C_3S 可能会过多；若 KH 为 0.85～0.66 时，则熟料中生成的 C_2S 可能过剩。

硅酸率也称为硅率（n）：反映熟料中的硅酸盐矿物与熔媒矿物的相对含量关系。一般要求 $n = 1.8 \sim 2.5$。

$$n = \frac{w(SiO_2)}{w(Al_2O_3) \pm w(Fe_2O_3)} = 1.8 \sim 2.5 \tag{8-2}$$

铝氧率（P）：代表熟料中 C_3A 与 C_4AF 两种熔媒矿物的相对含量关系。一般要求 P 在 1.0～1.8 为宜。

$$P = \frac{w(Al_2O_3)}{w(Fe_2O_3)} = 1.0 \sim 1.8 \tag{8-3}$$

进行水泥生料配方时，一定要控制生料总体化学组成在以上三个系数所规定的范围内，这样才能保证生产出合格的硅酸盐水泥熟料。

三、水泥混合材料用矿物原料

为改善硅酸盐水泥的性能，使其适应不同用途，也为节约熟料、节省能源、降低成本，可在熟料中掺入一定数量的混合材料和适量石膏，一起磨细成不同类型的水泥。

按性能划分，混合材料有活性混合材料和非活性混合材料两类。

（1）活性混合材料是指能与水泥成分起化学作用，改进水泥质量（如增强水泥的水硬性和抗水性、抗蚀性等）的添加料。常用作天然活性混合材料的矿物原料有凝灰岩、沸石、硅藻土、浮石、火山灰、膨润土等。同时，粉煤灰、粒化高炉矿渣、煤渣及烧黏土（砖、瓦、陶瓷的碎粉）等工业废料也可作活性混合材料。活性混合材料也起增加水泥产量、降低生产成本的作用。

（2）非活性混合材料是填充性材料，不具水硬性，不与水泥成分发生化学作用，或只发生微弱作用，主要作添加剂，增加水泥产量，调整水泥标号。常用天然非活性混合材料有石英砂、石灰岩、白云岩和黏土。此外，也可用块状炉渣和炉灰作非活性混合材料。

根据混合材料的种类及掺入量的不同，可将常见的掺混合材料的硅酸盐水泥分为如下几种：

① 普通硅酸盐水泥：所掺入的活性混合材料不超过 15%；或者掺入非活性混合材料不超过

10%；或者同时掺入活性及非活性混合材料的总量不超过 15%，其中非活性混合材料不得超过 10%。

② 矿渣硅酸盐水泥(简称矿渣水泥)：掺入 20% ~70% 高炉矿渣和适量石膏制成。

③ 火山灰质硅酸盐水泥：掺入 20% ~50% 火山灰质混合材料及适量石膏制成。

④ 粉煤灰硅酸盐水泥：掺入 20% ~40% 的粉煤灰及适量石膏制成。

第二节　玻璃矿物原料

玻璃是由石英、纯碱、长石及石灰岩等原料在高温下熔融而形成的玻璃熔体经拉制或压制等方式而形成的产品。若在玻璃中加入某些金属氧化物，或者经过特殊工艺处理，可制成各种特种玻璃。

按玻璃的化学组成特点，可将玻璃分为钠钙玻璃、铝镁玻璃、钾玻璃、硼硅玻璃、铅玻璃和石英玻璃等。

按玻璃性能、用途及生产工艺差别，又可分为平板玻璃、光学玻璃、有色玻璃、不透明玻璃、泡沫玻璃、技术玻璃(如强化玻璃、无反射玻璃、漫反射玻璃、光致变色玻璃、吸热玻璃、热反射玻璃、电热玻璃等)。

一、玻璃生产工艺及玻璃化学组成概述

玻璃生产的基本工艺是：将主要矿物原料及纯碱送入窑炉，用燃料(油、天然气等)燃烧产生的高温使炉温保持在 1 400℃以上，原料熔融，生成成分均匀的玻璃熔体，使缓慢流动的玻璃熔体在还原气氛中逐渐降温，以浮法或垂直引上等不同成型方法制成平板玻璃，或者以其他工艺生产玻璃球或各种玻璃工艺产品。玻璃产品再经过不同加工处理，可制成钢化玻璃、夹层玻璃、中空玻璃等不同品种。

用量最大的玻璃是钠钙硅酸盐玻璃，其主要化学组成有 SiO_2、Al_2O_3、CaO、MgO、Na_2O、K_2O 等。玻璃的主要组分随产品品种和成型方式的不同而有所差别，各主要组分在玻璃形成过程中都起着特定的作用。

SiO_2是组成玻璃的主要组分，可使玻璃具有较好的透明度、机械强度、化学稳定性和热稳定性。但纯的 SiO_2熔点高，黏度大，从而能耗较大。因此，需配加其他组分。

Al_2O_3只需加入少量即可降低玻璃的析晶倾向，提高化学稳定性和机械强度，改善热稳定性。若加入量过多，将会增大玻璃液的黏度，使原料的熔化和玻璃液的澄清困难，透明度差。Al_2O_3含量 >5% 就会增加析晶倾向，并造成玻璃原板上出现波筋等缺陷。

CaO 的适量加入能降低玻璃液的高温黏度，促进其熔化和澄清。在温度降低时，能增加玻璃液的黏度，有利于垂直引上法提高引上速度。但 CaO 加入量过高，则会增大玻璃的析晶倾向，降低玻璃的热稳定性，提高退火温度。

MgO 的作用与 CaO 类似，且不易引起析晶倾向，因而可适量代替 CaO。但 MgO 过量会形成透辉石晶体。同时，还会提高退火温度，降低玻璃对水的稳定性。

Na_2O、K_2O 是助熔剂，能降低玻璃液的黏度，促进其熔化和澄清，还能大大降低玻璃的析晶倾向；但是，Na_2O、K_2O 也会使玻璃的化学稳定性、热稳定性和机械强度降低。

在钠钙玻璃生产中，上述组分的含量一般控制在以下范围为宜：SiO_2 70% ~33%，Al_2O_3 1% ~2.5%，CaO 8% ~10%，MgO 1.5% ~4.5%，Na_2O+K_2O 13% ~15%。

Fe_2O_3、TiO_2、Cr_2O_3是玻璃中常见的有害杂质。Fe_2O_3能使玻璃着色，并降低玻璃透明度、透热性和机械强度，也可减弱透紫外线性能；Cr_2O_3使玻璃着色的强度高于Fe_2O_3的30~50倍，呈绿色，且含铬矿物如铬尖晶石、铬铁矿等为难溶矿物，其未熔颗粒在玻璃原板上形成黑点，严重影响玻璃质量；TiO_2使玻璃对光的折射性能和吸收紫外线性能增强，同时也能使玻璃呈黄色。当TiO_2与Fe_2O_3同时存在时，玻璃呈黄褐色。

玻璃中的各种组分的合理控制，主要取决于矿物原料的质量和正确配比。

二、玻璃的主要矿物原料

用于制造玻璃的矿物原料主要有三类。一类是作为玻璃主要组分的硅质矿物原料；第二类是为控制玻璃熔体性质的配料；还有一类是使矿物原料较易熔融的助熔剂原料。

（一）硅质矿物原料

自然界含SiO_2的矿物很多。适于玻璃生产用的硅质矿物原料是SiO_2含量高，有害杂质少，易于磨细者。常用的有如下几种：

（1）石英砂。主要产于现代海滨，少数来自湖滨的松散石英砂粒沉积物。石英砂的主要矿物成分为α-石英，常伴有长石、高岭石、方解石、白云石等对玻璃生产无害的矿物。石英砂还可能含少量赤铁矿、磁铁矿或钛铁矿等着色矿物及极少量铬铁矿、铬尖晶石、金红石、锆石等难熔矿物，因而它的化学组成除SiO_2外. 常含少量Al_2O_3、CaO、MgO、Na_2O、K_2O等组分，以及微量Fe_2O_3、TiO_2、Cr_2O_3。一般要求粒径在0.1~0.75 mm的石英粒含量应大于85% ~90%。

（2）石英砂岩。碎屑为石英砂粒或绝大多数为石英砂粒，胶结物有硅质、钙质、铁质、泥质等。胶结物的种类及组成不同，将影响石英砂岩的总体化学成分。玻璃用石英砂岩一般要求SiO_2含量$>96\%$，Al_2O_3含量$<2.0\%$，Fe_2O_3含量$<0.2\%$。

（3）石英岩。通常是由石英砂岩变质而成。石英岩SiO_2含量很高，但硬度大，不易破碎，一般较少使用。

（4）脉石英。为内生成因的脉状石英矿体。这种硅质原料的突出特点是质纯。可用作石英玻璃及其他一些特种技术玻璃的矿物原料。

（二）配料矿物原料及助熔剂原料

（1）碳酸盐岩。主要提供CaO、MgO。一般是根据玻璃产品的成分设计要求来确定选用白云岩，或石灰岩，或菱镁矿。但通常是用白云质灰岩或白云岩。当配料成分计算后发现CaO含量不足时，可加适量石灰岩校正，若MgO不足，则加适量菱镁矿。

（2）长石。是提供Al_2O_3的原料。通常是用碱性长石，以便同时补充Al_2O_3的不足和提供部分碱质。硅酸盐玻璃要求碱金属氧化物的含量一般在13% ~15%。而碱金属氧化物通常用纯碱和芒硝提供。由于纯碱价格较高，国内外都很重视利用天然矿物代替纯碱的研究。我国早已用碱性长石代碱40%来生产平板玻璃，降低了玻璃成本。

（3）芒硝（$Na_2SO_4\cdot10H_2O$）。脱水后的无水芒硝中，含Na_2O可达43.68%，能部分代替纯

碱用于玻璃生产。天然芒硝产于蒸发岩矿床中,常伴有其他盐类矿物。

(4) 萤石。为生产玻璃用的主要助熔剂。可明显改善原料的熔化条件。一般用量仅1%。

对玻璃配料矿物原料的一般要求是:

白云岩,含 MgO 19% ~20%;石灰岩,含 CaO 48% ~54%;菱镁矿,含 MgO 45% ~47%;萤石,含 CaF_2 >80%;长石,含 Al_2O_3 >18%,$K_2O + Na_2O$ >13%;芒硝,含 Na_2SO_4 >92%,NaCl <1.2%,$CaSO_4$ <1.5%,不溶残渣 <3%。

三、新的玻璃矿物原料的开发

为节省价格较贵的纯碱,降低能耗,也为改进玻璃的某些技术性能,国内外在玻璃矿物原料方面也进行了开发研究,使用了一些新的矿物原料。

(一) 霞石正长岩

这是一种结晶质的碱性岩浆岩。富含碱质,尤其富含 Na_2O,每 100 kg 玻璃原料中掺入 7% 的霞石正长岩,可节约纯碱 1.1 kg。同时,霞石正长岩的熔点低于石英,用其作配料,可达到节能效果,并缩短生产周期。

加拿大是最早将霞石正长岩用于玻璃生产的国家,他们把 30 目玻璃级霞石正长岩的主要化学成分含量指标规定为:SiO_2 60.2%,Al_2O_3 23.7%,Fe_2O_3 + FeO 0.07%,Na_2O 10.4%,K_2O 5.0%,CaO 0.3%,MgO 0.1%。

(二) 响岩

这是在组成上与霞石正长岩相当的喷出岩。主要矿物组成为碱性长石、副长石及碱性辉石或碱性角闪石。按所含主要副长石种类,可分为霞石响岩、黝方石响岩及白榴石响岩等。其化学成分含量平均值为:SiO_2 57.45%,TiO_2 0.41%,Al_2O_3 20.6%,Fe_2O_3 2.35%,FeO 1.03%,MgO 0.3%,CaO 1.5%,Na_2O 8.84%,K_2O 5.32%。

前捷克斯洛伐克一些玻璃器皿厂用响岩作配料,节约碱 50%。

(三) 白粒岩

白粒岩又名浅粒岩。原岩一般是酸性火山岩或长石砂岩。主要矿物成分为石英,长石,二者总含量 >90%,其中,长石含量 >25%。同时含少量黑云母、角闪石、磁铁矿、铁铝榴石等。化学成分含量平均值一般为,SiO_2 67% ~75%,Al_2O_3 14% ~17%,Na_2O 7% ~11%,K_2O 0.2% ~0.7%。

(四) 酸性火山凝灰岩

用作玻璃原料时,对其成分要求为 SiO_2 含量 >65%,Al_2O_3 含量 <16%,K_2O 含量 + Na_2O 含量 >8%,Fe_2O_3 含量 <0.6%。

(五) 铌钽矿尾砂

主要矿物为长石、石英。江西某地铌钽矿尾砂的化学成分为:SiO_2 含量 70.0%,Al_2O_3 含量 17.0%,Fe_2O_3 含量 0.12%,CaO 含量 0.5%,K_2O 含量 3.0%,Na_2O 含量 5.0%,Li_2O 含量 1.3%,Rb_2O 含量 <0.5%,Cs_2O 含量 <0.1%,F 含量 2.5%。粒度 <40 目。以这种原料生产铝硅酸盐玻璃的试验表明,铌钽矿尾砂具有易熔、节碱、能耗低的优点。同时,尾砂原料价格低廉,降低了玻璃成本。

（六）珍珠岩

沈阳玻璃厂等厂家曾用珍珠岩作玻璃配料，产品质量符合要求，热稳定性、机械强度都有所提高，同时节约碱50%。

（七）锂辉石

由于锂的离子半径小，离子电位高，因而对玻璃的助熔作用强，在玻璃配料中加入适量的低铁锂辉石，可降低熔化温度和熔体黏度，缩短熔化时间，增大熔体流动性，降低玻璃的热膨胀系数和脆性，增强耐热剧变的能力，提高抗机械冲击和抗震强度，提高成品率和质量，并可改善玻璃表面光泽和光洁度。

Li 和 Li_2O 用于玻璃生产已有20年的历史。但过去是用化工原料中的含 Li 化合物，成本较高。近年来，澳大利亚锂公司利用天然锂辉石经粗选而成的玻璃级锂辉石（LiO_2 含量 ≥4.8%，Fe_2O_3 含量≤0.2%）和精选的锂辉石精矿（Li_2O 含量 >7.5%，Fe_2O_3含量 <0.1%），直接用于容器玻璃、块玻璃和特种玻璃生产，获得成功。锂辉石的加入可以降低玻璃原料熔融温度25～50℃，从而降低了能耗，增加了窑炉寿命。同时，可在熔融和半熔融状态下降低玻璃黏度，增加出料速度，使玻璃成型特性更好（指容器玻璃），并能改善产品抛光的热电阻力和产品强度。

低铁锂辉石作电视显像管生产过程中的添加剂，可降低熔化温度，改善成型特性，提高显像管光洁度，并可吸收荧光屏上射出的有害射线；在生产玻璃纤维用玻璃原料中加入低铁锂辉石，可降低黏滞性，增进纤维的连续性和强度。

在灯泡玻璃原料中以低铁锂辉石的形式引入总质量占比为0.2%的 Li_2O，可使玻璃熔化温度降低20℃，泡壳成型性能、灯工性能得到改善，灯泡成品率提高16.9%，同时由于炉温降低，可以延长熔炉的使用寿命。加入氧化锂以后，使灯泡的白度、亮度、硬度都有明显提高。经济效益明显。

西方国家锂矿物在玻璃工业中的耗用量已占锂矿物作为工业矿物消耗量的30%～40%。

四、废玻璃的回收与利用

在玻璃及其制品的生产、使用过程中，要产生大量的玻璃及玻璃纤维废料。根据其来源，废玻璃可分成日用废玻璃（器皿玻璃、灯泡玻璃）和工业废玻璃（平板玻璃、玻璃纤维）。据有关报道，我国2011年城市生活垃圾排放量达 1.64×10^8 t。据欧美一些发达国家统计，废玻璃量占城市垃圾总量的4%～8%。2010年发达国家的包装玻璃工业等回收可再生资源产业规模达到了18 000亿美元。按中国有关专家估计城市垃圾中的废玻璃含量约为2%计，我国一年城市生活垃圾中废玻璃量在 300×10^4 t左右。充分回收利用废玻璃，除可减少生活垃圾排放量从而减少环境污染外，还可节省生产玻璃用原料和能源。

我国的废玻璃回收率只有13%～15%，大量的废玻璃还没有得到有效的回收与利用。

废玻璃的加工处理：将回收的废玻璃首先进行清洗、除杂，再用破碎和磨碎设备将其破磨至一定的粒度后，用专用设备将不同颜色的废玻璃进行分拣回收，作为生产不同产品的原料。

在国外，废玻璃主要用于生产玻璃马赛克、玻璃饰面砖、玻璃质人造石材、泡沫玻璃、微晶玻璃、玻璃器皿、人造彩砂、玻璃微珠、彩色玻璃球、彩色釉砂、玻璃陶瓷制品、高温黏结剂、玻璃棉等。

（一）做新型复合材料填料

美国把一定量废玻璃微珠加入聚氯乙烯中可制成新型复合板、管、异型材，其强度大，成本低，且经济效益好。在橡胶工业生产中，可使用玻璃粉作填料来提高产品的硬度和耐磨性。

（二）生产玻璃沥青的骨料

在美国和加拿大，用30%的沥青和60%的废玻璃碎块为骨料生产的玻璃沥青，已用于冬季路面维修和施工。由于其导热系数低，经过数年的试验证实，用玻璃作为道路的填料比用其他材料具有以下几个优点：车辆横向滑翻的事故减少，光线的反射合适，路面磨损情况良好，积雪融化快，适于气温低的地方使用等。

（三）生产建筑物装饰贴面材料

美国西加尔陶瓷材料公司研制成功用碎玻璃生产大小为2 cm^2、厚4 mm的五颜六色贴面材料，其工艺过程是：先将碎玻璃碎成1 mm的粉粒，然后将粉粒同所需色彩的无机颜料混合，置入模具冷压成要求的形状，再将坯料放入加热炉，加热到使坯料表层的每一颗粉粒软化，直至颗粒之间相互熔接在一起，由于只需使坯料表层的玻璃粉粒软化，因而加热温度仅需750℃。该产品是建筑物极好的贴面材料，也可用于装饰品和某些设备。

（四）生产玻璃微珠路标反射材料

在国外几乎所有路标反射材料都是用废玻璃微珠来生产的。据报道，美国是世界上采用碎玻璃生产玻璃微珠作路标反射材料最早的国家之一，每年用来生产玻璃微珠的碎玻璃消耗在5×10^4 t以上，居世界首位。

（五）生产玻璃棉

美国的欧文斯康宁玻璃纤维厂已成功地使用50%碎玻璃来生产玻璃棉，发现使用废玻璃生产玻璃棉可节省60%的二氧化硅和40%的纯碱，节省能耗10%。

（六）作混凝土骨料

美国把大量废玻璃代替岩石骨料应用于混凝土中。许多研究表明含有35%玻璃砖石的混凝土，已达到或超出美国材料测试协会颁布的抗压强度、线收缩、吸水性和含水量的最低标准。美国矿山局进行试验后认为用膨胀的玻璃骨料替代玻璃碎片效果更佳。

（七）生产泡沫玻璃

美国、加拿大及欧洲等国都利用废玻璃生产泡沫玻璃。其生产工艺是：把废玻璃粉碎后，加入碳酸钙、碳粉一类发泡剂及发泡促进剂，混合均匀，装入模具，放入炉内加热，玻璃在适当的软化温度下，掺加发泡剂形成气泡，制成泡沫玻璃，经出炉、脱模、退火，锯成标准尺寸。

瑞士以回收的碎玻璃为原料、天然气为燃料，用回转窑生产质量和要求较低的泡沫玻璃粒，作为性能优越的隔热、防潮、防火、永久性的高强轻质骨料，也利用锯屑和黏土、废玻璃粉压制成型，干燥后进入推板式隧道窑烧结，由于木屑被完全烧掉形成大量空隙，而形成具有一定机械强度和隔热性能的玻璃制品。河北秦皇岛、上海、浙江嘉兴、湖北潜江、广西东兰、北京等地都先后利用废玻璃生产泡沫玻璃，并获得成功。

（八）生产吸声板

日本的新日铁化学公司最近利用废玻璃生产出硬质吸声板。该板是利用废玻璃制造轻质球形颗粒，再制成硬质吸声板，质量是一般瓷系硬质吸声板的25%～35%，抗弯强度提高了一倍，吸声性能却相同。

（九）利用玻璃废丝制饰面砖

2012年全国玻璃纤维产量430.96×10^4 t，按玻璃废丝产生量一般占玻璃纤维产量的15%左右计，目前玻璃废丝产量约64.5×10^4 t。玻璃废丝主要用于生产玻璃废丝饰面砖。玻璃废丝在800～1 000℃温度下烧结后制成的饰面砖，其吸水率为7%左右，高于玻璃马赛克，低于陶瓷釉面砖，粘贴强度高，施工方便，抗折强度远远大于陶瓷釉面砖。将其在40%的盐酸和NaOH溶液中分别浸泡160 h和300 h后无任何变化，且制品的失重小于1%，经过150℃和－19℃急冷热交换一次或20～－20℃反复冻融30个循环都不会产生裂纹，能满足建筑装饰的使用要求。

（十）制造人工彩色釉砂

国内某研究所用废玻璃粉研制成功了人工彩色釉砂，使彩色釉砂具有玻璃质的色泽，质地柔和，耐候性好。彩色釉砂品种有：玉绿、湖蓝、酱红、棕色、淡黄、象牙黄、海碧蓝、西赤、咖啡、草青、橘黄等30多种，并可根据要求制配颜色，粒度规格也可以根据要求生产。

彩色釉砂可直接用作建筑物的外墙装饰，也可作外墙涂料的着色骨料，预制成图案装饰板材或彩色沥青油毡的防火装饰材料。

（十一）制造玻晶砖及微晶玻璃

该玻晶砖以废玻璃为主，掺入少量黏土等原料，经粉碎、成型、晶化、退火而成的一种新型环保节能材料，它具有仿玉或仿石两种质感。这种新材料的性能优于水磨石、陶瓷砖，与烧结法微晶玻璃（也称微晶石或玉晶石）相当，使用寿命比水磨石或石塑板要长得多；由于它的孔隙率比花岗岩还小，因而更易清洁，而且色差小，无放射性。如陕西科技大学制造玻晶砖装饰建材，废玻璃的掺加量为40%～70%，其耐酸性大于95%，耐碱性大于90%，摩氏硬度6，远高于水磨石，抗弯强度40～50 MPa。广州毓景泛华科技发展公司采用废玻璃和废微晶玻璃边角料（含量大于50%）代替基础配方中部分的化工原料和矿物原料，添加一定比例着色剂研制生产出低成本、性能稳定的黑色微晶玻璃装饰材料。

第三节 集料（骨料）

一、概述

集料又称为骨料，通常用于建筑胶凝材料中，起骨架作用，并可减小胶凝材料在凝结硬化过程中因干缩湿胀所引起的体积变化。

我国每年的集料消耗量很大，仅用于水泥混凝土的集料（砂、石）每年在100×10^8 t以上（2012年我国水泥总产量为21亿余吨，按普通混凝土中水泥：集料＝1:5计），加上路基处理及道砟等用集料，集料消耗量就更大。

在建筑工程中使用的集料有天然集料和人造集料两类。常用的天然集料有碎石、卵石、天然砂和多种表观密度小的岩石；人造集料常用的有煤渣、矿渣、陶粒、膨胀珍珠岩等。

按堆积密度大小，集料又可分为轻集料、普通集料和重集料。堆积密度＜1 700 kg/m^3者，称为轻集料,可用以制造轻集料混凝土或其他轻质建筑材料。用作天然轻集料的,是多孔天然岩石的碎石,这种集料密度低,导热系数小,但表面露出的开口孔使水泥砂浆用量较多。人造轻集料是天然矿物原料或工业废渣经高温烧胀、烧结和水淬等方法而制得的多孔集料,其密度低,导热系数小,耐热性和化学稳定性好;堆积密度 >1 700 kg/m^{3}的集料称作普通集料,用于制作普通混凝土;堆积密度很高(3 750 ~7 780 kg/m^3)的集料称为重集料,用以制造重混凝土(适于水下工程),或制造防辐射混凝土,如重晶石(密度 4 500 kg/m^{3}左右)、铁矿石、钢段、铸铁块等均可作重集料。

按集料颗粒大小,可分为粗集料(颗粒大于 5 mm,如碎石、卵石等)和细集料(颗粒在 0.15 ~5 mm 的天然砂等)。

按集料的理化性质,可分为普通集料、耐酸集料、耐碱集料、彩色集料(彩色石渣)等。

二、集料矿物原料

用作集料的矿物原料,除对防辐射等集料和一些轻质高强集料有较特别的要求外,一般都是用价廉的普通岩石及建筑用沙、砾石。

(一) 建筑用沙、砾(卵)石

天然产出的沙或砾石一般都是粗细相混杂。建材工业系采用细度模数(细度模量)来表示沙的粗细度指标,用颗粒级配表征沙粒粗细的搭配关系。普通混凝土用沙的颗粒级配,要求应位于细度模数为 3.7 ~1.6 的沙,按 0.63 mm 筛孔累计筛余量划分的三个级配区中的任何一组级配区之内。三个级配区的各级累计筛余量见表 8 -1。

普通混凝土所用的碎石或卵石的颗粒级配,应符合《普通混凝土用沙、石质量及检验方法标准》(JGJ 52—2006),主要技术指标见表 8 -2。

颗粒级配合适,可使集料孔隙率和总表面积达最小值,从而可减少胶凝料浆用量,也使游离水相对减少,黏结力相对增强,提高混凝土的强度和耐久性。

(二) 用作碎石集料的岩石

碎石集料是岩石经破碎、筛分而成的带棱角的颗粒状材料。其颗粒度一般 >5 mm,由于其表面粗糙,与水泥的黏结性能优于卵石,混凝土强度较高,但是水泥用量较多;而卵石表面较光滑,与水泥石的黏结力较弱,形成的混凝土强度略低。但卵石的松堆空隙率较小,在水灰比和混合料工作性质相同情况下的水泥用量较少。

石灰岩、白云岩、大理岩、砂岩、花岗岩、玄武岩、片麻岩等多种岩石的碎石,均可用作集料。这些岩石在表观密度、吸收率、磨损性和韧性等物理性质方面都有其优点。表 8 -3 列示了这些岩石物理性质测定的平均值。

表 8 -1 沙颗粒三个级配区的各级累计筛余值

Table 8 -1 Sand particles' residue of mesh sieves with various levels in three gradation levels

筛孔尺寸/mm	累计筛余值/%		
	1 区	2 区	3 区
10.00	0	0	0
5.00	10 ~0	10 ~0	10 ~0
2.50	35 ~5	25 ~0	15 ~0
1.25	65 ~35	50 ~10	25 ~0
0.63	85 ~71	70 ~41	40 ~16
0.315	95 ~80	92 ~70	85 ~55
0.16	100 ~90	100 ~90	100 ~90

表 8－2　卵石颗粒级配范围

Table 8－2　Grading limit of pebble grain

级配情况	公称粒级/mm	方孔筛筛孔尺寸/mm											
		2.36	4.75	9.5	16	19	26.5	31.5	37.5	53	63	75	90
		累计筛余值/% 按质量计											
连续粒级	5～10	95～100	80～100	0～15	0	—	—		—	—	—	—	—
	5～16	95～100	85～100	30～60	0～10	0	—		—	—	—	—	—
	5～20	95～100	90～100	40～80	—	0～10	0		—	—	—	—	—
	5～25	95～100	90～100	—	30～70	—	0～5	0	—	—	—	—	—
	5～31.5	95～100	90～100	70～90	—	15～45	—	0～5	0	—	—	—	—
	5～40	—	95～100	70～90	—	30～65	—	—	0～5	0	—	—	—
单粒级	10～20	—	95～100	85～100	—	0～15	0	—	—	—	—	—	—
	16～31.5	—	95～100	—	85～100	—	—	0～10	0	—	—	—	—
	20～40	—	—	95～100	—	80～100	—	—	0～10	0	—	—	—
	31.5～63	—	—	—	95～100	—	—	75～100	45～75	—	0～10	0	—
	40～80	—	—	—	—	95～100	—	—	70～100	—	30～60	0～10	0

表 8－3　作为集料的岩石物理性质测定平均值

Table 8－3　Mean value of physical properties of rock used for aggregate

岩石类型	表观密度/(g·cm^{-3})	吸收率/%	磨损		韧性
			台佛尔磨损试验/%	洛杉矶磨损试验/%	
玄武岩	(229) 2.86	(228) 0.5	(203) 3.1	(24) 14	(203) 19
燧　石	(74) 2.50	(74) 1.6	(78) 8.5	(6) 26	(29) 12
辉绿岩	(332) 2.96	(309) 0.3	(340) 2.6	(63) 18	(285) 20
白云岩	(668) 2.70	(667) 1.1	(708) 5.6	(134) 25	(612) 9
片麻岩	(419) 2.74	(424) 0.3	(602) 5.9	(293) 45	(386) 9
花岗岩	(662) 2.65	(666) 0.3	(718) 4.3	(174) 38	(703) 9
石灰岩	(1695) 2.66	(1673) 0.9	(1677) 5.7	(350) 26	(1315) 8
大理岩	(184) 2.63	(162) 0.2	(175) 6.3	(41) 47	(188) 6
石英岩	(208) 2.69	(204) 0.3	(233) 3.3	(119) 28	(161) 16
砂　岩	(716) 2.54	(707) 1.8	(699) 7.0	(95) 38	(681) 11
片　岩	(297) 2.85	(296) 0.4	(314) 5.5	(136) 38	(212) 12

注：括号内为试验样品数目。韧性是指直径为 2.5 cm，高 2.54 cm 的岩心破坏的 2 kg 的钢棒的高度(cm)。

（三）轻质集料矿物原料

这种原料常用的有浮石、火山凝灰岩、贝壳岩、沸石岩及沸石凝灰岩、珍珠岩、蛭石、陶粒用黏土等。其中，浮石、火山凝灰岩、贝壳岩可作天然轻质集料，其余是需人工加工而制成的轻质集料。

沸石岩及沸石凝灰岩是生产膨胀轻质集料的原料。经高温煅烧、爆裂制成低密度的集料。前南斯拉夫生产的膨胀斜发沸石集料是在 1 200 ~ 1 400℃ 下煅烧制成的。其堆积密度 $<0.8\ g/cm^3$，孔隙率 >65%。

用沸石矿物原料烧制的膨胀沸石岩，有质轻、高强、吸水率低等优点，在颗粒密度相同的情况下，与黏土、粉煤灰、页岩陶粒、膨胀珍珠岩和蛭石等轻骨料相比，吸水率低，颗粒强度高，为优质轻集料。

珍珠岩加工成膨胀珍珠岩后，可用作隔声（热）板的集料，也可作灰浆集料、园艺集料，以及轻集料混凝土。膨胀珍珠岩集料灰浆比普通灰浆有更多优点：导热系数小，吸声性强，密度小，耐火性强，且适于机械操作，并能迅速干固。干固后有相当高的弹性，可使制品减少开裂。膨胀珍珠岩的颗粒度要求，列于表 8 - 4。园艺级膨胀珍珠岩要求 pH 在 6 ~ 8。

表 8 - 4　膨胀珍珠岩集料的各粒级筛余量

Table 8 - 4　Residue of mesh sieves by various levels for expanded perlite aggregate

筛眼孔径	灰浆集料的各粒级筛余量（体积分数/%）		隔热混凝土集料各粒级筛余量（质量分数/%）	
	最大	最小	最大	最小
4#（4 760 μm）	0	—	—	—
8#（2 380 μm）	5	0	15	—
16#（1 190 μm）	60	5	60	15
30#（590 μm）	95	45	80	40
50#（297 μm）	98	75	95	75
100#（149 μm）	100	88	100	90

陶粒也是常用的人工轻集料。陶粒系用易熔黏土或页岩为主要原料，经高温（1 050 ~ 1 300℃）快速焙烧而制成的坚硬多孔球粒。其内部具均匀、细小、互不连通的孔洞，为封闭式多孔结构。

对陶粒原料的基本要求，已在第六章保温材料矿物原料中作过叙述。但应注意陶粒黏土的主要化学成分的含量允许变动范围及各种氧化物比值的范围应符合表 8 - 5 的要求。

表 8 - 5　陶粒黏土化学成分的含量要求

Table 8 - 5　The requirement of ceramsite clay in chemical composition

黏土化学成分的含量允许波动范围/%		各种氧化物含量比值选择表	
SiO_2	50 ~ 70	Al_2O_3/SiO_2	0.125 ~ 0.50
Al_2O_3	10 ~ 20	$CaO + MgO\ /Al_2O_3 +\ SiO_2$	0.04 ~ 0.13

续表

黏土化学成分的含量允许波动范围/%		各种氧化物含量比值选择表	
Fe_2O_3	5~10	$K_2O + Na_2O/Al_2O_3 + SiO_2$	0.02~0.06
$CaO + MgO$	3~8	$Fe_2O_3/Al_2O_3 + SiO_2$	0.04~0.12
$K_2O + Na_2O$	1.5~5	有机质 C/Fe_2O_3	0.04~0.20
烧失量	5~10	$Al_2O_3 + SiO_2/Fe_2O_3 + RO + R_2O$	3.5~10

（四）其他集料的矿物原料

其他集料包括重集料，抗化学腐蚀的集料，彩色集料等。

常用的天然重集料为重晶石。主要用于配制特重混凝土或特重砂浆，以适应屏蔽 γ 射线的工程要求。还有一些重集料用于水下建筑。

耐酸或耐碱集料有特殊要求。前者要求耐酸率不小于94%，常用石英岩、花岗岩、萤石、重晶石、玄武岩等岩石（矿物）破碎而成，也可用耐酸卵石和陶粒制成。作耐酸水磨石的集料可选用耐酸、易磨的石屑，如安山岩石屑、文石屑等。耐碱集料能抵抗碱性介质的浸蚀，其耐碱率不得低于90%。常用石灰岩、白云岩、花岗石、辉绿岩等破碎而成。

彩色集料又称为彩色石渣（coloured marble chips），用于建筑装饰抹灰，作水刷石、水磨石、斩假石、干粘石等的集料。凡有装饰效果的各种颜色的矿物或岩石的碎屑，如方解石（白色或米色）、石灰岩、白云岩（各种浅色）和各色大理岩（如汉白玉、东北红、湖北黄、墨玉等）、蛇纹岩（绿色）、煤矸石等都可用作彩色集料。对彩色集料矿物原料的基本要求是：颜色均匀、耐久，硬度适中，有一定机械强度，易于加工成颗粒度较均匀的石渣。

第九章　化工矿物原料

第一节　概　　述

一、化工生产过程简述

化工生产过程主要是工业化学过程，指经过化学反应将原料转变成产品的工艺过程。工业化学过程是以化学反应为中心，即用化学方法或化学－物理方法对原料进行加工处理，通过物理变化和化学反应制成化学产品或化工原料的过程，见图9－1。这一过程通常是比较复杂的，生产工艺条件常常要求较高，技术和装备也有较严格的要求。化学反应过程所需的原料一般均较纯净，并需要一定的配料比；反应要在要求的温度、压力和流动条件下进行。

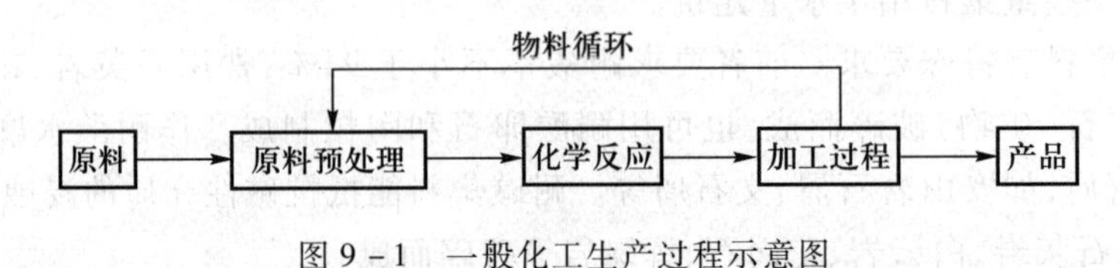

图9－1　一般化工生产过程示意图

Fig. 9－1　The flow diagram of chemical production process

原料预处理是化学反应之前的必要准备工作。对化工矿物原料的预处理包括选矿、配矿、粉碎、筛分。有时还需要进行干燥或煅烧处理。投入化学反应的矿粉应具备一定的化学组成和一定的粒度，以有利于化学反应的进行及产品质量的保证。

化学反应是工业化学过程的中心环节。保持一定的温度、压力和流量等操作条件，使用合适的催化剂，创造化学反应过程所需要的良好传热、传质和流体流动条件，是化学反应得以迅速、安全、顺利进行的必要保证。

产品的后加工主要是指对初产品的分离（如冷冻冷凝，精馏分离，结晶分离等）和提纯，对未反应物料的回收。固态初产品的后加工还可包括造粒成型、干燥和包装等工序。

工业化学产品的种类很多，应用范围十分广泛。例如农牧业方面的化学肥料、农药、杀虫剂、除锈剂、饲料添加剂和兽药；化工和石油化工用化工原料、酸、碱及氢气、催化剂等化学品、炸药、浮选剂、油井化学处理剂；冶金和机械业所需的助熔剂、浸取剂、酸洗剂和表面处理剂；造纸及木材工业需要的烧碱、漂白剂、黏合剂、油漆、木材防腐树脂；纺织业用的洗涤剂、染料、树脂等；建筑业用合成建筑材料；食品工业用冷冻剂、防腐添加剂等；日用化工方面的化妆品、药品、肥皂、牙膏、消毒剂等，均属于化工产品。

二、化工原料

化工原料是指在化工生产过程中能全部或部分转化为产品的物质。

按生产程序，可将原料划分为起始原料、基本原料和中间原料。起始原料是指人类开采、收集的自然资源或人类种植的原料；基本原料是起始原料经加工制得的原料；中间原料又是从基本原料加工而获得的原料。

化工矿物原料通常归属起始原料。如煤是氨、染料、煤化学产品和某些有机合成物的原料；石油和天然气也是化学工业的主要原料；硫化物、氯化物、氟化物、碳酸盐、硝酸盐及磷酸盐类矿物，如黄铁矿（硫铁矿）、石盐（岩盐）、萤石（氟石）、碳酸盐类矿物、钾硝石、磷灰石等矿物；滑石、高岭石、纤维硼镁矿及许多自然元素类、氧化物类金属矿物，均为化工起始原料。

表9－1列示了部分化工矿物原料的基本特征和它们的产品。

表9－1　部分化工矿物原料

Table 9－1　Partion of mineral raw materials for chemical production

矿类	矿物名称	主要成分	相对密度	产品
铝矿	铝土矿	$Al_2O_3 \cdot 2H_2O$	2.0～2.6	氧化铝、硫酸铝、氢氧化铝
	一水硬铝石	$\alpha-Al_2O_3 \cdot H_2O$	3.4	铝化合物
	一水软铝石	$\gamma-Al_2O_3 \cdot H_2O$	3.02	铝化合物
	三水铝石	$Al_2O_3 \cdot 3H_2O$	2.3～2.4	铝化合物
	膨润土	$(Mg, Ca)O \cdot Al_2O_3 \cdot 5SiO_2 \cdot nH_2O$	2.4～2.8	活性白土、油井泥浆调整剂
	高岭土	$Al_2O_3 \cdot 2SiO_2 \cdot 2H_2O$	2.58～2.63	明矾、分子筛、硫酸铝
钡矿	重晶石	$BaSO_4$	4.3～4.6	钡盐、锌钡白
	毒重石	$BaCO_3$	4.2～4.6	钡盐
石灰石矿	石灰石	$CaCO_3$	2.5～2.8	碳酸盐、钙盐、石灰
镁矿	菱镁矿	$MgCO_3$	2.9～3.2	镁盐、耐火材料
	白云石	$CaCO_3 \cdot MgCO_3$	2.8～2.95	氧化镁、镁盐
	水镁石	$Mg(OH)_2$	2.4	氧化镁
锰矿	菱锰矿	$MnCO_3$	3.4～3.8	锰盐、活性二氧化锰
	软锰矿	MnO_2	4.7～5.0	锰盐、高锰酸钾
铬矿	铬铁矿	$FeCr_2O_4$	4.3～4.6	铬酸酐、铬酸盐、重铬酸盐
硼矿	纤维硼镁矿	$B_2O_3 \cdot 2MgO \cdot H_2O$	2.69	硼砂、硼酸
	硼镁铁矿	$3MgO \cdot FeO \cdot Fe_2O_3 \cdot B_2O_3$	3.6～4.8	硼、铁
钾矿	钾石盐	$KCl \cdot NaCl$	1.97～1.99	钾盐
	光卤石	$KCl \cdot MgCl_2 \cdot 6H_2O$	1.57～1.6	钾盐
	明矾石	$K_2SO_4 \cdot Al_2(SO_4)_3 \cdot 4Al(OH)_3$	2.6～2.9	硫酸钾、硫酸铝、明矾、氧化铝

续表

矿类	矿物名称	主要成分	相对密度	产品
钛矿	金红石	TiO_2	4.24	钛白、宝石、钛
	钛铁矿	$FeTiO_3$	4.44~5.0	钛白、钛酸钡
硫酸盐矿	芒硝	$Na_2SO_4 \cdot 10H_2O$	1.48	硫化碱、泡花碱
	石膏	$CaSO_4 \cdot 2H_2O$	2.32	建筑材料
铁矿	磁铁矿	Fe_3O_4		铁
	黄铁矿	FeS_2	4.95~5.2	铁、SO_2、硫酸
	硫铁矿	$Fe_5S_6-Fe_{16}S_{17}$	4.6~4.9	SiO_2、硫酸
钼矿	辉钼矿	MoS_2	4.7~4.8	硫酸钼、钼酸盐
钨矿	黑钨矿	$(Fe, Mn)WO_4$	6.7~7.5	钨酸钠
	白钨矿	$CaWO_4$	5.9~6.2	钨酸钠
铜矿	黄铜矿	$CuS \cdot Fe_2O_3$		铜
	光铜矿	Cu_2S		铜
	斑铜矿	Cu_5FeS_4		铜
	赤铜矿	Cu_2O		铜
	黑铜矿	CuO		铜
铌钽矿	铌铁矿	$(Fe, Mn)(Nb, Ta)_2O_5$	5.1~7.3	$TaO_5 \cdot Nb_2O_5$
	钽铁矿	$(Fe, Mn)(Ta,Nb)_2O_6$	6.5~8.2	$TaO_5 \cdot Nb_2O_5$
稀土矿	氟碳铈矿	$(Ce,La)(CO_3)F$		稀土
	独居石	$(Ce, Th, U)PO_4$	4.9~5.3	稀土
	磷钇矿	YPO_4		稀土
其他	锆英石	$ZrSiO_4$	4.6~4.7	锆盐
	闪锌石	ZnS	3.9~4.2	锌及锌盐
	镍黄铁矿	$(Ni, Fe)S$	4.6~5.0	镍、镍钢
	绿柱石	$Be_3Al_2(SiO_3)_6$	2.63~2.91	铍、铍合金

三、化工产品及化工原料

通常把不再用于生产其他化学品的化工成品称作化工产品，如化学肥料、农药、塑料、合成纤维、合成橡胶等；把用于再生产其他化学品的化工成品叫做化工原料，如酸、碱、盐等无机成品和烃类、中间体等有机成品。实际上，有些成品在不同场合按使用目的，可分别称为化工原料或化工产品。

化工原料及产品种类繁多。化工产品的分类方法也是多种多样的。美国管理和预算局从统计角度把化工产品分为三类，即：基本化工产品、中间产品、最终消费用化工产品。酸、碱、盐和有机化工产品属基本化工产品；合成纤维和合成树脂（塑料）等属于中间化工产品；化肥、药物和油漆等属于最终消费品。另外还有一些分类法。本章采用按原料特征及应用领域的划分方法。

（一）石油化学制品及原料

凡是全部或部分以原油（液体石油）或天然气为原料，经过转化反应而制得的新化合物或元素均可称为石油化学制品（petrochemicals）。工业上用的石油化学原料主要是天然气、页岩气、炼油气及液体石油之类。此外，重烃蜡（wax）也用作原料。

石油化学制品的生产要经历几个大的阶段，过程中又生成一些中间产品，而且前一阶段的产品往往就是下一阶段加工的原料。例如，从直馏油分重制成的芳烃，可在下一阶段制成己内酰胺，后者又可用来生产绵纶（尼龙）制品（聚酰胺纤维最终产品）。

按照石油化学制品的上述生产特点，可划分为上游、中游和下游石油化学产品。上游产品又叫石油化工基本原料，主要有 $C_1 \sim C_4$烷烃、乙烯、丙烯、丁烯、丁二烯、乙炔、芳烃和氢等；中游产品也称作中间产品。例如，以乙烯为原料的石油化学中间产品，以乙炔、丙烯、丁烯、烷烃和芳烃为原料的石油化学中间产品；下游产品即最终产品或消费品，如合成纤维、合成树脂、合成橡胶、合成氨、化肥、炸药，以及医药、农药、合成洗涤剂和溶剂等化学制剂。下游产品可制成人类日常生活必需的消费品。

（二）基本化工产品及原料

传统的基本化工产品主要包括“三酸”（硫酸、硝酸、盐酸），“两碱”（纯碱和烧碱），无机肥料（氮、磷、钾肥），无机盐和许多基本有机化工产品。后者常用天然气或石油为原料，所以也可归属石油化工产品。各种化工产品的这种交叉属性关系，反映了化工生产技术的发展过程。例如，煤在 20 世纪初是基本有机化工产品的原料，后来用煤和石灰石制成电石（CaC_2），再由电石生产乙炔，又以乙炔为原料制成有关的有机化工产品。与此同时，用煤气和焦炭制得含 CO 和 H_2 的合成气也是有机化工产品的重要原料。到 20 世纪 30 年代，开始用石油和天然气为原料生产有机化工产品，且品种多，成本低。

矿物原料也是许多基本化工产品的原料。例如，硫酸可由硫、硫铁矿制得；磷肥、钾肥可由磷灰石，富钾矿物等制得；纯碱可由盐和石灰石制得。基本化工产品生产对矿物原料的具体要求与生产工艺有关，在使用前一般都要进行试验研究。

此外，一些农副产品、工业上的“三废”回收物也可用作基本化工产品的原料。

（三）精细化工产品

精细化工产品（fine chemicals）是用基本化工原料、有机合成材料和高分子化工材料进行深加工后制成的，具有某种特殊性能或专门功能的化学品。精细化工产品具有品种多，产量小，纯度高，加工技术特殊，商品性强，更新快等特点，包括医药、农药、合成染料、有机颜料、涂料、香料、肥皂与合成洗涤剂、催化剂、表面活性剂、有机硅及各种助剂，等等。

第二节　化工矿物原料的分类及作用

一、化工矿物原料的分类

化工生产,尤其是无机化工产品的生产,常常需要天然矿物原料。

狭义的化工矿物原料是指通过生产过程能全部或部分转化为化工产品的矿物。广义的化工矿物原料还包括各种助剂矿物原料。因此,化工矿物原料可分为化工用主要矿物原料和化工助剂矿物原料两类。

(一) 化工用主要矿物原料

这类矿物原料主要归属化工起始原料,参与整个化学反应过程,提供生产化工产品所需的化学组分,并最终转化为化工产品。

化工用主要矿物原料包括固态、液态、气态的矿物或天然化合物,如大量使用的天然矿物、石油及天然气。

工业用硫酸、盐酸、硝酸、硼酸、磷酸、氢氟酸、烧碱,均可用天然矿物制取。

制造硫酸可用自然硫、黄铁矿和磁黄铁矿等。其基本化学反应如下:

$$S + O_2 \longrightarrow SO_2, 2SO_2 + O_2 \rightarrow 2SO_3, SO_3 + H_2O \rightarrow H_2SO_4;$$

$$4Fe_2O_3 + 11O_2 \rightarrow 8SO_2 + 2Fe_2O_3 \text{(进一步的反应,同上)}$$

用萤石制取氢氟酸:

$$H_2SO_4 + CaF_2 \rightarrow CaSO_4 + 2HF\uparrow$$

盐酸需用石盐为原料:

$$2NaCl + H_2SO_4 \rightarrow Na_2SO_4 + 2HCl\uparrow$$

磷灰石可用来制取磷酸;硼砂、硼镁石等可制造硼酸;用钠硝石生产硝酸;石盐、芒硝是制碱原料等。

化学肥料生产及其他化工产品,也需用矿物原料。钠硝石、钾硝石是氮肥原料;白云石、方解石、蛇纹石、菱镁矿、磷灰石、石膏等,是生产钙镁磷肥的矿物原料;钾肥生产可用光卤石、钾盐、霞石、白榴石、钾长石、微斜长石等。

雄黄、雌黄、硫磺、毒重石、重晶石、胆矾等均为农药化工的矿物原料。

各种镁化合物可由含镁矿物(如白云石、菱镁矿、水镁石、蛇纹石、橄榄石等)制取;红柱石、蓝晶石、夕线石、霞石、白榴石及三水铝石－水铝石族矿物是生产铝化合物的矿物原料。

此外,生产锌钡白需用毒重石;钛白粉需用金红石;萤石可制备水晶石,等等,天然矿物在化工生产中的应用十分广泛。

(二) 化工助剂矿物原料

这是指化工生产中起辅助作用的矿物,它们只部分参与化学反应或者促进化学反应过程的进行,或者改善产品的性质,或者作添加剂。用量一般不大,但对生产工艺及产品质量十分重要。

化工助剂中使用的不只是天然矿物,还包括合成矿物和有机物质。化工生产需要多种多样的助剂,不同的助剂具有不同的功能。有的能加速或延缓化学反应进程;有的可改善生产工艺,节约原料,节约能源,降低成本;有的可改进产品质量;有的起添加剂作用,增加产量。

二、化工矿物原料的重要理化性能及其作用

化工矿物原料在生产过程中的基本作用主要表现在两个方面:作为起始矿物原料,主要是利用其有用化学成分。矿物原料的品位、杂质状况,涉及化学反应的有关理化性质都是十分重要的参数,这是众所周知的。另一方面,化工助剂矿物是以其特殊的理化性能在化工生产过程中发挥积极的作用。主要有:① 参与反应,与杂质生成化合物,并与产品分离,如助熔剂;② 与某些物质反应并促进有效化学反应的进行,但本身可在反应后期复原,如催化剂;③ 以其自身的优良理化性能改善产品的质量,本节着重讨论后者。

(1) 助剂矿物与基体的配伍性。这是具体化工产品生产过程中选用适当助剂矿物的重要条件之一。这种配伍性包括:① 矿物与基体间的相容性。通常要求相容性好。因为助剂矿物需长期稳定、均匀地存在于制品中,使生产过程及产品质量保持稳定。但助熔剂和润滑剂矿物与基体物质间的相容性不宜过大;② 助剂矿物对工艺条件的适应性。不同产品的生产工艺条件是不同的,如温度、压力、酸碱度等。要选择相适应的矿物才能达到预期效果;③ 助剂矿物的性能要适应化工产品在性能及用途方面的要求。尤其是精细化工产品对助剂矿物的粒度、形态、气味,毒性及污染性、热性能、耐候性等有着较严格的要求;④ 助剂矿物之间的相容性。生产一种化工产品常常可加入几种助剂矿物,相互间在理化性能上应相容。

(2) 助剂矿物的热性能及其对产品的影响。如矿物的阻燃性和热变形温度对涂料及某些防火或阻燃化工产品是十分重要的。某些氢氧化物在受热时易发生分解。分解过程即吸热过程,因而可降低燃烧体的温度,起到阻燃作用,如水镁石受热时,不仅吸热分解,降低环境温度。同时,分解后产生的水蒸气能稀释可燃气体的浓度,而分解生成的固体产物 MgO 可形成稀疏保护膜,使空气与燃烧物隔离,达到综合阻燃效果。实践证明:用水镁石与聚丙烯配比的试件能耐较高温度,且具有抑制发烟的作用。产品的燃烧热从 46 000 kJ/kg 下降到 18 400 kJ/kg;氧指数从 16 ~ 19 上升到 26 ~ 27,发烟性从 50 ~ 60 下降到 0.2。

(3) 矿物的光学性能及其在化工产品生产中的作用。矿物以其颜色在化工颜料中用作着色剂。例如钛白粉(白色)、群青(蓝色)、褐铁矿(铁黄)、赤铁矿(铁红)、磁铁矿(铁黑)等。一些在高温下稳定的氧化物和岛状硅酸盐矿物(多为合成矿物)可作高温颜料,如彩陶是在烧成过程中发生化学反应而呈色。常用的高温颜料合成矿物,按晶体结构特征划分为:刚玉型(Al_2O_3:Gr,桃红)、金红石型(SnO_2:Sb;锡灰;SnO_2:V,锡黄)、萤石型(ZrO:V,钒锆黄)、尖晶石型(Co - Al,蓝;Cr - Fe,黑)、烧绿石型(Pb - Sb,桔黄)、石榴石型(Cr - Co 碧绿),还有榍石型,锆石型等。

利用矿物的反射率和闪光效应,可生产珠光颜料。现在使用较广泛的是"云母钛",即云母珠光颜料。这是以一定径厚比的云母粉作基体,用 TiO_2 作包膜层,利用云母极完全解理面上的反射、闪光效应和 TiO_2 包膜的干涉色彩获得珠光效果。要求的原料是未风化、弹性良好的白云母,经湿法磨碎(水磨云母粉)后的粒度为 10 ~ 100 μm,折射率约为 1.55,与普通基料相近。云母粉无毒,耐光及耐候性强,是很好的珠光颜料原料。金属氧化物包膜的作用是通过包膜厚度的调节而获得所需的干涉色。如 TiO_2 膜厚 60 μm 时,颜料干涉色为银白色,透射光无色;膜厚为 90 μm时,干涉色为金色,透射光呈紫色。此外,金属氧化物包膜还可提高云母表面的稳定性。

此外,化工用助剂矿物原料的化学稳定性、粒度及形态、硬度及耐磨性、有害元素的含量等,对其应用领域和价值也是十分重要的。

我国芒硝、重晶石资源储量位居世界首位,磷矿居第二位,但钾资源对外依存度超过50%。截止2007年底,化工矿山开发利用的矿种有磷、硫、钾盐、硼、砷、芒硝、重晶石、萤石、制碱灰石和电石灰石、天然碱等20多种,产品除各种原矿石、精矿外,还有深加工及综合利用产品如普钙、钙镁磷肥、硫酸、复合肥、黄磷硼砂、钾肥、元明粉、硫酸钾、农药、金、银、铜等9大类140多种。

我国主要化工矿产资源磷、硫矿源贫矿多富矿少,难采难选;硼、钾资源相对匮乏;共伴生资源综合利用率低,资源效益差。国外磷深加工的下游产品已达到250余种,而我国仅80余种。我国有1/3以上的磷矿伴生和共生有铀、碘、铁、钛、稀土、铟、锗等多种有益有用元素,但综合利用率低。盐湖钾资源共伴生的开发利用和硫铁矿中的铁资源的利用也才刚刚起步。

第十章　填料矿物原料

第一节　概　　述

填料又称作填充剂，即添加到制品（如塑料、橡胶、涂料、纸张等）中作填充用的材料。它对制品可以起改善性能，降低成本，改进工艺特性等多方面的作用。

填料的种类很多。按化学成分可分为无机和有机两大类；按来源及生成方式可分为矿物填料、植物填料和合成填料；按形态又可分为粒状、薄片状、纤维状、树脂状、中空微珠状、织物状等；根据填料在制品生产中所起的主要作用，可分为补强性填料和增量性填料。前者提高制品的机械强度，后者增加制品体积或数量，降低成本。但常常是两者兼备。

目前用于塑料、橡胶、黏结剂及造纸、涂料、油墨等的无机非金属矿物填料和颜料，种类很多，按其化学组成可以分成氧化物、氢氧化物、碳酸盐、硫酸盐、硅酸盐几大类。其中以碳酸钙的应用最为广泛。此外，高岭土、滑石、叶蜡石、云母、硅灰石、石英、长石、重晶石、三水铝石、水镁石、金红石等的应用也较为普遍。

矿物填料及针状或片状矿物填料具有不同程度的增强或补强功能，一般顺序为：纤维填料 > 片状填料 > 球状填料。反之，各种填料在基料中的流动性顺序大致为：球状填料 > 片状填料 > 纤维填料。

矿物填料可赋予填充材料一些特殊功能，如尺寸稳定性、阻燃或难燃性、耐磨性、导电性、隔热或导热、隔声性、磁性、产生负氧离子、抗菌、增白、遮盖性、耐辐射、生物活性等。主要依靠矿物填料的化学组成、光、热、电、磁等性质，比表面积和颗粒形状也起重要的作用（见表 10 - 1）。

矿物填料是工业矿物发展较快的品种之一。在传统应用领域，非金属矿物填料占有很大的市场份额。目前，我国需用矿物填料的造纸、橡胶、塑料和涂料四大行业发展较快。因此，对非金属矿物填料的需求量也越来越大。20 世纪 90 年代以来，我国纸和纸板的生产量和消费量都保持着很高的增长速度。1990 年，我国纸和纸板的总产量为 $1\ 372\times10^4$ t，总消费量为 $1\ 443\times10^4$ t；2001 年总产量达到了 $3\ 200\times10^4$ t，年均增长 12%，总消费量就高达 $3\ 800\times10^4$ t，消费量平均年增长率达到 16%。2005 年纸和纸板生产量约 $5\ 930\times10^4$ t，对应填料用量为 470×10^4 t 左右，而 2011 年，生产量约 $9\ 930\times10^4$ t，矿物填料用量约 790×10^4 t。

表 10 - 1　主要矿物填料种类和性质

Table 10 - 1　The sorts and properties of main mineral fillers

填料种类	相对密度	颗粒形状	颜色	摩氏硬度	耐酸碱		pH	介电常数	粒度范围/μm
					酸	碱			
方解石	2.7 ~ 2.9	粒状	白	2.5 ~ 3	差	优	9 ~ 9.5	6.14	0.1 ~ 75
滑石	2.6 ~ 2.8	片状	白	1 ~ 2	良	良	9 ~ 9.5	5.5 ~ 7.5	0.1 ~ 100
云母	2.8 ~ 3.1	薄片状	灰白	2.5 ~ 3.0	良	良	8 ~ 8.5	2 ~ 2.6	1.0 ~ 100

续表

填料种类	相对密度	颗粒形状	颜色	摩氏硬度	耐酸碱		pH	介电常数	粒度范围/μm
					酸	碱			
石墨	2.1~2.3	片状	黑色	1~2	优	优			2~100
长石/霞石	2.5~2.6	粒状	白	5.5~6.5	良	良	7~10	6	0.5~80
石英	2.6	粒状	白	7.0	优	差	7	—	1.0~74
金红石	3.95~4.2	球状	白	5.0~6.5	良	差	6.5~7.2	—	0.2~50
三水铝石	2.4	粒状	白	3.0	良	良	8	7	0.5~74
水镁石	2.4	粒状	白	3.0	良	良	8	7	0.5~74
硅藻土	1.98~2.2	无定形	淡黄	6~7	优	差	6.5~7.5	—	0.5~50
叶蜡石	2.75	片状	白	1.5~2.0	良	良	8~9	—	1.0~50
温石棉	2.4~2.6	纤维状	灰色	3~5	良	良	9~10	10	—
坡缕石	2.05~2.30	粒状	白色浅灰色	2~3		良			0.1~74
石膏	2.3		白色灰白色	1.5~2.0	差	良			1~74
沸石	1.92~2.80	粒状	灰色肉红色	5~5.5	优	良			0.1~74
白云石	2.8~2.9	粒状	白灰白	3.5~4.0	差	优			0.1~75
重晶石	4.4	片状、柱状	白	3~3.5	优	优	9~10	7.3	0.1~45
硅灰石	2.8	针状、粒状	白	4~4.5	差	优	9~10	6	0.5~74
高岭土	2.58~2.63	粒状、片状	白	2~2.5	良	良	5~8	2.6	0.1~45
珠光和着色云母	3.0~3.6	薄片状	白、黄、红、蓝、绿	2.5~3.0	良	良	6~8		5.0~150
海泡石	1~2.2	粒、纤维状	灰白	2. ~2.5		良			0.1~74
赤铁矿	5.2	片状、针状	褐红色	5~6	差	良			0.5~50
膨润土	2.0~2.7	粒状、片状	灰色	2~2.5		良			0.1~74

（据郑水林，2007）

矿物填料的应用领域十分广泛，填料矿物的理化性能研究内容相当丰富。本章仅着重讨论矿物在塑料、橡胶、造纸、涂料等工业领域的应用和技术问题。

第二节　塑料填料矿物

塑料填料矿物用量很大。近年来，我国建材和工程塑料需求迅速增长，2001 年塑料制品产量为 $2\ 000\times10^4$ t，其中无机非金属矿物填料的需求量超过 300×10^4 t（填料占比：国外为 10%，我国为 15%）。到 2010 年，我国塑料制品产量已达 $5\ 800\times10^4$ t，较 2001 年增长约两倍，相应的无机非金属矿物填料需求量约为 870×10^4 t。但是，新型塑料制品对填料性能要求十分严格，只有 12% 的造型产品使用矿物填料。显然，塑料工业的发展把填料矿物的改性问题推到了重要的位置。近来全塑汽车的出现更引起填料矿物界的极大关注。

一、概述

塑料的组成主要有三部分：合成树脂、填料和添加剂。合成树脂是塑料的主要组分，决定着塑料的基本性质，对不同类型的塑料，其用量各异。如热固性塑料，合成树脂约占总质量的 35% ~55%，而热塑性塑料中则合成树脂含量可变化在 40% ~100%之间。填料的用量也类似，如热固性塑料中的填料约占 50%。添加剂主要有固化剂、增塑剂、着色剂、润滑剂、紫外吸收剂、抗氧剂、阻燃剂、抗静电剂等，因塑料使用目的不同而适当选用，用量不大。

填料和添加剂影响塑料成型工艺特性，如流动性、收缩性、固化速度、吸湿性、压缩性、堆积密度、热态刚性，等等。矿物填料在塑料中的作用主要有：

（1）降低成本。矿物可取代一定数量的基体——树脂。矿物填料的成本比树脂低得多。

（2）补强作用。矿物填料颗粒的活性表面可与若干大分子链相结合，形成交联结构。当其中一条分子链受到应力作用时，可通过这些交联点把应力分散传递到其他分子上；若其中一条链断裂，其他链可替补起到加固作用。矿物表面施以偶联剂时，撕裂强度有显著提高。若矿物填料呈纤维状，则可使塑料抗冲击强度提高。矿物填料硬度高低与塑料抗压强度呈正相关关系。此外，矿物还可提高热塑性塑料黏性，并减小蠕变程度。

（3）调整塑料的流变性。

（4）改善塑料化学性质。矿物填料可降低塑料渗透性；可发生界面反应，改变矿物与基体的化学活性；若为多孔状矿物，可使塑料的短期耐水性和耐蚀性改善。

（5）对热性能的改善。矿物填料可提高热畸变温度，降低塑料比热容，提高导热系数，改善阻燃性能。

（6）改进电性能。矿物填料的使用基本上不影响介电常数和击穿强度，可提高耐电弧性。

此外，矿物填料还可调节塑料的颜色和不透明性。

二、填料矿物的性质及其对塑料性能的影响

填料矿物的颗粒形态，粒度，比表面积，化学组成，光学、热学、电学性质，对塑料性能都有影响。

（1）形态、粒度及分布。矿物颗粒分为粒状、板片状和纤维状三类，分别以当量球径（与颗粒体积相等的球的直径）、径厚比和长径比加以表征。粒度分布通常用质量百分细度或体积百分细度表征。粒度分布影响塑料的流变性、磨损性、颗粒堆砌特征、强度、光学效应、化学稳定性等。

（2）比表面积。影响填料矿物与树脂的相容性、界面化学反应、耐老化性，从而影响塑料强度、摩擦系数、吸水率等。

（3）填料矿物的化学组成影响塑料的化学稳定性。

（4）硬度和密度。填料矿物的硬度影响塑料的抗压强度和耐磨性，也影响塑料的刚度、回弹、蠕变等性能。矿物硬度与塑料耐磨性呈正相关关系；矿物密度影响其与树脂混合稳定性及材料密度，其关系式为：

$$d_c = \frac{d_f}{F_f + d_f F_p / d_p} \qquad (10-1)$$

式中 d_c、d_f、d_p分别为塑料、填料矿物、基体的相对密度。F_p、F_f分别为基体和填料矿物的质量分数。

（5）矿物热学性质。一般填料矿物导热系数比树脂导热系数大一个数量级。填料矿物的热学性质直接影响塑料的导热系数、比热容和热膨胀性能。

此外，矿物的电学性质对塑料的绝缘或导电性能有明显影响。

不同矿物在性质上的差异，对塑料的理化性能影响也各不相同（表 10－2、10－3）。

表 10－2　填料矿物对塑料性能的影响

Table 10－2　The influence of filler minerals on the properties of plastics

填充剂种类	耐药品性	耐热性	电绝缘性	冲击强度	抗张强度	尺寸稳定性	刚性	硬度	润滑性	导电性	导热性	耐水性	加工性	适用的塑料类型①
氧化铝	○	○				○								S/P
氢氧化铝			○				○		○			○	○	P
铝粉										○	○			S
石棉	○	○	○	○	○	○	○	○						S/P
青铜粉							○	○		○	○			S
碳酸钙		○				○	○	○					○	S/P
硅灰石	○	○	○	○		○	○	○				○	○	S/P
硅酸钙		○				○	○	○						S
炭黑		○				○	○		○	○	○		○	S/P
碳纤维					○					○	○			S

续表

填充剂种类	耐药品性	耐热性	电绝缘性	冲击强度	抗张强度	尺寸稳定性	刚性	硬度	润滑性	导电性	导热性	耐水性	加工性	适用的塑料类型①
纤维素				○	○	○	○	○						S/P
α-纤维素			○		○	○								S
煤粉	○											○		S
棉纤维			○	○	○	○	○							S
玻璃纤维	○	○	○	○	○	○	○					○		S/P
石墨	○				○	○	○	○	○	○	○			S/P
黄麻纤维				○			○							S
高岭土	○	○				○	○	○	○			○	○	S/P
烧结陶土	○	○	○			○	○	○				○	○	S/P
云母	○	○	○			○	○	○	○			○		S/P
二硫化铝							○	○	○			○	○	P
尼龙纤维	○	○	○	○	○	○	○	○	○				○	S/P
丙烯酸类纤维	○	○	○	○	○	○	○	○				○	○	S/P
人造丝			○	○	○	○	○	○						S
二氧化硅(无定形)			○									○	○	S/P
滑石粉	○	○	○			○	○	○	○			○	○	S/P
木粉			○		○	○								S

① S——热固性塑料;P——热塑性塑料。○表示有影响。

三、填料矿物的选择及使用

选作塑料填料的矿物应满足以下基本条件:

① 价格(包括改性后的售价)低于树脂,且有充足来源;

② 无毒、无刺激性、无气味,不与基体或添加剂反应生成有害物质;

③ 易于湿润、分散,黏度和流变性好;

④ 稳定性好;

⑤ 有利于改进材料的性能；

不同塑料及同种塑料的各种性能对具体填料矿物的选用是多种多样的(表 10－3)。如果单种矿物不能满足塑料品种对填料性能的要求,则应考虑选用组合矿物填料。

表 10－3 填料矿物对流变性能的影响

Table 10－3 The influence of filler minerals on rheological properties

填料矿物性质		对流变性能的影响
最大堆砌系数 P_f		在 P_f 基本不流动;低于 P_f 时,P_f 最大的填料,黏度最低
颗粒形状		球形的黏度最低,为纤维时黏度最高
粒径范围	窄,粗	剪切力下有胀塑性
	宽,粗至细	黏度最低
	宽,细	在不同剪切条件下都有良好均匀性
	窄,细	黏度最大,粒度分布最均匀
颗粒之间的作用	不絮凝	黏度最低
	絮凝	有触变性,剪切力增加时黏度下降
分散性	完全	黏度最低
	不完全	有触变性,增加剪切力及延长放置时间时黏度下降

注:P_f 表示填料矿物颗粒被基体润湿并分散于基体中的最大填料浓度

第三节 橡胶填料矿物

一、概述

橡胶是由天然或化工合成胶乳加工制成的具有弹性、绝缘性、不透水性、不透气性的材料。它主要由乳胶、填料、配合料三部分组成。按橡胶的基本物理状态,可分为高弹态、玻璃态和黏流态三种。

橡胶的主要性能参数有:

弹性(机械强度):回弹率(%),相对伸长率,永久变形,滞后损失(内耗)(%),定伸强力等。

热性能:玻璃化温度,脆化温度(耐寒系数),黏流温度,裂解温度,耐燃性等。

电性能:体积电阻,介电常数,介电损耗。

透过性:透气性,透水性。

此外还有耐油性,抗膨胀性,硬度,耐磨性等。

不同性能要求的橡胶及制品需添加相应的填料矿物(表10-4)。填料矿物在橡胶中的主要作用有:

(1) 补强作用。矿物填料可提高橡胶制品的硬度和机械强度,如减少磨损,提高撕裂定伸及抗张强度等。这是因为填料矿物微粒表面与橡胶大分子接触产生物理吸附作用,矿物微粒的活性表面与橡胶分子链也可结合成牢固的化学键,生成"结合橡胶"。当橡胶受外力作用时,部分较弱的化学键被破坏,而多数受力分子链可通过不均质的结构把外力分散到其他分子上。因此,即使某个分子链发生断裂,其他分子链可以补足加固,使整体强度得以保持。

最早使用的补强填料是准晶体的炭黑(黑色填料)。现在可通过改性使矿物填料具活性表面,达到补强作用,如活性碳酸钙、活性氧化硅等。

表10-4 环氧塑料中的填料

Table 10-4 Filler minerals in epoxy plastics

性能要求	填料矿物种类
抗冲强度	石棉纤维、玻璃纤维、铝粉,云母
抗压和硬度	石英粉、铁粉、水泥粉
黏合力	氧化铝粉、钛白粉、瓷粉
耐热性	石棉粉、酚醛树脂
导热性	铜粉、铝粉
抗磨性	石墨、硅酸镁、石英粉
精度	白垩粉
柔软性	不饱和聚酯、脲醛树脂
耐电弧性	云母粉、石英粉、瓷粉
导电性	银粉、铜粉、铝粉
加工性能	石膏粉、滑石粉
润滑性	石英粉、滑石粉

(2) 增大容积、降低成本。用作橡胶填料的矿物多为白色或浅色。故常称作白色填料或白炭黑。

(3) 改进混炼胶性能。如调节可塑度、黏性,防止收缩,改进表面性能等。

(4) 改进硫化性能。主要通过与所用硫化剂匹配的矿物填料而调剂。如过氧化物硫化剂易在酸中分解,应选用显碱性的矿物填料才合适。合适的矿物填料可增加材料的抗张强度、撕裂强度、耐磨性,调节硬度、弹性率;改进耐热性、耐油性、耐候性及电性能等。

(5) 其他。着色、发孔、阻燃等。

二、橡胶填料矿物的性质及其对橡胶性能的影响

(1) 矿物填料粒度及其影响。一般说来,粒度愈细,补强作用愈好。但 $<0.1\ \mu m$ 的颗粒有相当大的比表面积,且极易凝聚,使橡胶浸润和填料的分散变得困难。因此,在混炼时应给予足够大的剪切力使凝聚粒团打开。同时,粒度愈小则黏合性愈大,可塑性下降,压出性变差。适当选择粒度是十分重要的。

(2) 形态。填料矿物形态对混炼胶的流变性质,硫化胶的硬度、弹性、抗张强度、永久变形等性能均有影响。粒状矿物与片状、纤维状矿物相比,有减小混炼胶或硫化胶收缩性的特点。反之,硫化胶的生热和永久变形较大。

(3) 化学性质。包括酸碱度、吸附性等表面性质,对橡胶的相容性、稳定性、浸润性、分散性、硫化性、补强性、耐老化性等均有影响。

表10-5和表10-6分别列示了填料矿物颗粒形状,填料矿物表面处理剂对橡胶性能的影响。

表 10-5　填料颗粒形状和胶料的性质

Table 10-5　The shape of filler particle and properties of rubber

填料种类	颗粒形状	BET 比表面积 /($m^2 \cdot g^{-1}$)	门尼黏度 (100℃)	收缩率 /%	黏着强度 /(g/1.5 cm)	胶料光滑性	生热试验	
							上升温度/℃	永久变形率/%
改性碳酸钙①	立方体	31	65	43	550	×	18	3.4
改性碳酸钙②	立方体+板片	63	65	31	465	○-△	23	10.3
改性碳酸钙③	立方体+板片	20	73	29	420	○	19	8.2
轻质碳酸钙	纺锤形	4.8	65	30	260	○	19	5.7
重质碳酸钙	不规则形	3.5	57	29	320	○-△	—	—
碳酸镁	板片形	20	72	28	285	○-△	27	13.7
硬质陶土	六方板形	29	65	29	340	○-△	20	6.7
软质陶土	六方板形	16	54	27	320	○	—	—
烧结陶土	六方板形	12	79	22	280	○	—	—
白炭黑	球形	268	101	26	0	△	30	20.3

注:配方:丁苯橡胶(1502)100,氯化锌5,硬脂酸1,DM 1.2,TMTS 0.2,硫磺2,填料100。在使用陶土、白炭黑时应加入3份二甘醇,白炭黑配合量为60份。

① 表面处理的极细沉淀碳酸钙;② 沉淀碳酸钙和碳酸镁的混合物,经过表面处理;③ 同②,未经表面处理。×:差,○:良,△:中等。

表 10-6　表面处理剂的影响

Table 10-6　The influence of the surface treatment agents

碳酸钙试料号	表面处理剂	天然橡胶硫化胶				丁苯橡胶硫化胶			
		300%定伸强度 /($kg \cdot cm^{-2}$)	抗张强度 /($kg \cdot cm^{-2}$)	伸长率 /%	硬度	300%定伸强度 /($kg \cdot cm^{-2}$)	抗张强度 /($kg \cdot cm^{-2}$)	伸长率 /%	硬度
1	脂肪酸	59	240	640	54	24	94	640	50
2	阴离子表面活化剂	64	252	590	57	41	68	390	62
3	木质素	52	246	680	680	28	138	660	59

注:天然橡胶配方:烟片橡胶100,氧化锌5,硬脂酸1,DM 0.4,D 0.4,硫磺2.5,碳酸钙100。

丁苯橡胶配方:丁苯橡胶(SBR 1502) 100,氧化锌5,硬脂酸1,DM 1.2,TMTS 0.2,硫磺2,碳酸钙100。

第四节　纸张填料矿物

一、概述

纸的基本物质组成是纸浆、填料和添加剂。纸浆多由植物纤维素原料提供,形成网状形态,其间的大部分空隙由矿物粉料充填。

造纸工艺分为酸法和碱法两种。基本工艺流程是:含纤维素的原料蒸煮→洗选→漂白→打浆调料→筛选净化→抄纸→整理→成品纸。矿物填料在打浆调料阶段加入,形成混合浆液,经浓缩、抄纸、干燥成纸。

填料矿物种类和用量随纸张的种类而异。柔软薄纸不用矿物填料,各种书写纸、绘图纸等则采用不同的矿物填料。一般造纸行业用"灰分"表征矿物填料的含量。

纸张的品质表征参数主要有:机械强度(主要指紧拉、破裂、折曲等强度)、弹性、平滑性、吸墨性和油墨浸透速度、空隙率、吸湿性、密度、亮度、不透明性等。

矿物填料在纸张生产中的作用主要有:

(1) 提高纸张白度、平滑度和不透明性。纸浆纤维提供了纸张的强度,但纯纸浆纸有许多孔隙,表面粗糙。加入矿物填料即可改善纸张的性能。

(2) 使纸张着墨性能良好,改善印刷的色、品。如日本研制沸石填料,使纸张着墨性很强。

(3) 在纸张生产过程中清除有害物质。如利用沸石的吸附性,在造纸打浆过程中清除有害的化学气体;酸性矿物在碱法造纸中,在 NaOH、Na_2S 激活下,可与碱木素、硫化木素、甲酸、乙酸等有机酸反应,净化水质;水镁石在碱法造纸中作 Mg 基煮熬剂,使废水循环利用,不污染环境。

此外,对不燃纸、防霉纸、防蛀纸等特种性能及用途的纸张,都要选用适当的矿物作填料,发挥独特功效。

二、矿物性质对纸张性能的影响

(1) 粒度。纸张填料矿物的粒度要求很细,一般应 <10 μm,其中 2 ~ 3 μm 者应占 50%,否则,纸张平滑度下降,吸水率上升;涂布刮刀填料时容易老化,刀口易受损伤,如高岭土中的长石、石英颗粒就是严重影响纸张质量的"粗"颗粒。

纸张涂料的最佳粒度为 2 μm 左右,且要求粒度分布范围和粒度集区不能太宽。若过细(如 <0.25 μm),会使纸张不透明性下降,这是因为光线对过细颗料的漫反射少,而绕射较强,使纸的透明度增大;粒度太粗或太细,使油墨浸透加剧或者不易压入(因油墨颜料粒子直径为 1 ~ 3 μm)。

(2) 形态。粒状矿物易进入纸张中的纤维孔隙,片状次之。而纤维矿物则不易进入孔隙,且使纸张表面易于发毛,因此很少选用纤维矿物作纸张填料,但可作纸浆原料。粒状矿物对光的反射较片状矿物差一些。所以,片状矿物作填料可增强纸张的亮度。

(3) 白度。矿物的白度是保证纸张白度和不透明性的基本条件。白度高的片状矿物(如片状高岭石)更可提高纸张的白度和不透明性。

(4) 密度。填料矿物的密度直接影响纸张密度及灰分。一般纸张要求愈轻愈好,所以要求填料矿物密度一般 <2.7 g/cm^3。密度小,才能使纸张中的灰分含量提高,降低成本。如日本用沸石作填料,美国用空心微粒,都是为减轻纸张密度。

(5) 硬度。要求填料矿物硬度一般不大于摩氏 3 度。适当的硬度既可使纸张有良好耐磨性,又不致使造纸滚压设备和涂布刀口过量磨损。

(6) 纯度和 pH。纯度是保证矿物亮度、白度、硬度、pH、密度等性质协调的关键。矿物的 pH 应与造纸工艺相适应。若纸浆液 pH 达 4，则不宜用 $CaCO_3$ 作填料。此外，纸张填料矿物的有害组分要严格控制，应符合卫生标准。

常用的纸张填料矿物有高岭石、金红石（钛白粉）、方解石、滑石。新开发的填料矿物有沸石、水镁石等。

第五节 涂料填料矿物

一、概述

涂料是以油脂类、合成树脂类、橡胶类、高分子黏结剂等为主要原料制成的涂饰材料。涂料的基本技术性能参数有：黏度、储存稳定性、低温稳定性、遮盖力、附着力、硬度和耐磨性、耐污染性、耐候性、耐热性、耐光性、耐水性、化学稳定性、耐霉菌性，等等。

涂料的基本组成为：

(1) 主要成膜物质。包括油脂（干油性，半干油性）和树脂（天然树脂和合成树脂）。

(2) 颜料。包括颜料（着色剂）和填料。

(3) 次要成膜物质。包括溶剂（稀释剂、溶剂、助溶剂）及其他助剂（催干剂、增塑剂、润湿剂、稳定剂、乳化剂等）。

矿物在涂料中主要用作填料（包括颜料），也可用作某些助剂，其主要功能在于：

(1) 控制涂料的黏度、稠度和触变性。矿物以微粒形式分散于涂料中，微粒间以弱键力相互连结，引起弱絮凝作用，从而控制黏度、稠度。矿物微粒形态对触变性有明显影响，板片状和针状矿物作填料，涂料的触变性好。

(2) 影响涂料的流平性。黏度过大，流平性变差；黏度过小，则遮盖力减弱。选用适当的矿物填料可控制涂料良好的流平性。一般说来，涂料流变指数以小于或近于 1.0 时，流平性最好。

(3) 防止着色剂沉降。填料矿物微粒均有一定的吸附能力，能提高涂料黏度，因而能吸附着色剂，使之不易沉降和分层，提高着色力、遮盖力。

(4) 改善涂料光泽。填料粒子越小，光的总反射越强，光泽就越强。

(5) 加强涂料的化学稳定性。化学稳定性好的矿物填料，尤其是片状矿物具良好遮盖力，能阻碍腐蚀性气体渗透，提高耐候性、防蚀性和防止涂膜龟裂。

(6) 导电矿物填料可赋予涂料导电性能。如石墨（按 34% 质量分数配比）与丙烯酸树脂可制成导电涂料。

二、涂料填料矿物的性质对涂料性能的影响

涂料填料矿物的性质对涂料性能的影响，与其他填料矿物有不少相似之处，这里只讨论其特殊性的几个方面。

(1) 形态和粒度。涂料的黏度、沉降性和流平性明显受到填料矿物形态和粒度的影响。粒度与黏度的关系可用斯托克斯（Stokes）公式表示，即

$$v = \frac{218r^2(\rho_s - \rho)g}{\eta} \tag{10-2}$$

式中 v——沉降速度，m/s；

ρ_s、ρ——粒子、介质的密度，kg/m^3；

r——粒径，m；

η——黏度。

影响沉降性的因素有粒径、颗粒形态、密度、表面电性、填料矿物颗粒间的引力、填料－载色剂间的相互作用状况。矿物形态对涂料的流平性有显著影响，如针状硅灰石和片状矿物如白云母都具良好的整平性，它们可使涂料涂敷后形成等厚的干膜层。

（2）矿物光性（包括矿物颜色、白度、亮度、折射率）直接影响涂料的光学效应。有的填料矿物通过涂层处理可使涂料产生珠光效应。

矿物是易于通过多种方式着色的，如表面涂色素层可用化学方法染色。着色的矿物填料微粒在涂膜保护下可使涂料的颜色保持长久。亮度和白度好的填料可降低颜料用量。矿物折射率也影响涂料光学效果。如果矿物折射率远大于涂膜成分，则会引起部分全反射，产生独特的光学效果，还可增强涂料的遮盖力。具荧光性的矿物填料可制成荧光涂料。当紫外光和短波长可见光照射时，荧光涂料可发出波长长一些的荧光波，并与反射光（波长约等于荧光）叠加，使识别性增强。这种涂料大量地用于广告、标志和装饰物。

（3）化学性质及表面性质。矿物酸碱性影响矿物与成膜物质、溶剂的相容性。碱性矿物有助于成膜物质向酸性转变，从而保持稳定性。如硅灰石 pH = 9.9，适合于聚乙烯醋酸酯涂料（PVA）。成膜物质可分解成乙烯醇和醋酸，硅灰石则使其一直处于碱性环境，抗腐蚀性好。而酸性矿物则有利抗酸蚀。

填料矿物表面电性对涂料施工工艺有影响。如电泳涂料是利用电泳进行涂刷的。但矿物表面电性的正负，则需相应选用阴离子型或阳离子型电泳涂刷工艺。否则，成膜物质和填料分离，填料易沉降。造成料槽与漆膜中的填料、色素浓度不同。

常用的涂料填料矿物种类不太多。除着色剂外，主要有高岭石、迪开石、蒙脱石、石墨、方解石、石英、滑石、温石棉、重晶石、白云母、坡缕石、硅灰石、白云石等。

新型涂料朝着多功能方向发展，因而要求涂料矿物具优良的、特殊的性能，如要求低毒或无毒，防霉，防菌等。建筑用无机涂料的使用要求，既让矿物填料向更细的方向发展，也向粗的填料发展，甚至砂石级也进入填料系列。

超微级和纳米级矿物填料的开发和利用无疑是增加填料附加值，突出填料功能性的一个新的主要发展方向。当矿物填料颗粒进入纳米尺寸时，就会具有优异的光、力、电、热、磁、放射、吸收、敏感、催化等特殊功能和纳米效应。如在纳米粒子含量为 5% 时，复合材料的抗冲击强度为纯低密度聚乙烯（LDPE）的 2 倍，达到 53.7 kJ/m^2，伸长率达到 625% 仍未断裂。怎样更好地解决纳米级填料在聚合物基体中的分散问题将成为决定纳米级填料能否得到更广泛的应用，能否实现更大经济价值的关键。

层状硅酸盐矿物改性纳米复合技术将超细矿物用于聚合反应加工及以矿物为核生长聚合物等，通过插层聚合法或聚合插层法，实现离子与层状硅酸盐片层在纳米尺度上的复合。但对超细粒或纳米填料矿物表面改性机理和高分子基体界面形态方面的研究还不深入。

第十一章　农用矿物原料

农用矿物是指农业（农、林、牧、副、渔）生产过程中所利用的矿物（岩石）。农用矿物原料包括磷矿石、钾盐等传统矿物肥料矿产，以及可供农牧业利用的各种非传统矿物或岩石。非传统农用矿物原料种类很多，诸如天然沸石、海绿石、皂石、膨润土、蛭石、白云石等。按应用领域，一般将农用矿物分为四大类；

（1）肥料矿物。用以生产化肥或直接用作肥料的矿物（岩石）。包括N、P、K肥矿物；Mg、P、Ca肥矿物；含农作物所需微量元素的肥料矿物；稀土肥料矿物；有机肥矿物。

（2）饲料矿物。在畜牧业中作饲料原料（包括添加剂）的矿物。

（3）农药矿物。指用以生产农药或直接用作农药的矿物。按其功效的不同，又分为药剂（性）矿物和载体矿物。

（4）土壤改造、改良水土及土壤修复的矿物。指土壤中存在的，或用以改良土壤性质、人工土壤培植、水土保持、修复土壤的污染或破坏的矿物。

第一节　肥 料 矿 物

肥料是植物生长所需营养的主要源泉。肥料是多种多样的，包括无机肥、有机肥、细菌和抗生菌肥料等。无机肥又包括化学肥料，物理肥料（气体肥料，光波肥料，电场肥料，磁性肥料）和矿物肥料。

一、农作物营养元素与补足

一般新鲜植物均含75%～95%的水分和5%～25%的干物质。干物质中，C、H、O、N占95%以上，Ca、K、Si、P、S、Cl、Al、Na、Fe、Zn、Mn、B、Ba、Cu、Mo、Ni、Co、V等几十种灰分元素占1%～5%。

作物所需的常量营养元素为C、H、O、N、S、P、K、Mg、Ca等9种，在作物中的含量从百分之几十到千分之几不等。其中，N、P、K的需要量大，称为“作物营养三要素”。而土壤可提供上述元素的有效含量不高，必须通过施肥才能满足作物的需求。

微量营养元素主要有Fe、Cl、B、Mn、Cu、Zn、Mo等，含量只有千分之一到十万分之几。

营养元素在作物体内的主要作用是：① 构成作物活体的结构物质（纤维素、木质素及果胶质等）和生活物质（氨基酸、蛋白质、核酸、脂类、叶绿素、酶等）；② 加速作物体内代谢（主要是微量元素）；③ 提供特殊功能（如K、Mg、Ca增强作物抗逆性）。表11－1列示了主要营养元素在作物中的分布、功用，含量过少或过多时对作物的影响，补足方式。

表11－1　营养元素在作物中的分布及功效

Table 11－1　The distribution and efficiency of nutrient elements in crops

元素	分布特征	功用	短缺症状	过多时的影响	补足方式
N	含量一般为0.3%～5%。幼嫩器官和种子含N高，茎秆含N少	组成蛋白质、核酸、叶绿素、酶和多种维生素的成分	生长受阻，植株矮小，叶色变淡	植物疯长，抗倒伏和抗虫病差，光合作用不良	形式：NH_3-N，NO_3-N。可用各种氮肥，钠硝石，钾硝石补足

续表

元素	分布特征	功用	短缺症状	过多时的影响	补足方式
P	含量0.2%～1.1%，多为有机磷（85%）。生产前期>生长周期，繁殖器官>营养器官，幼嫩器官>衰老器官，种子>叶片>根、茎	组成核酸、核蛋白、磷脂、植素酶等。参与糖类，氮化合物、脂肪等代谢。促进长芽分化	分蘖少，叶片小，新根少，粒小	成熟提前引起Zn、Fe、Mg等缺乏	形式：PO_4^{3-}、PO_2^{-}、$P_2O_7^{4-}$、PO_3^{3-}、PO_2^{3-}。可用化学磷肥、磷灰石、蓝铁矿、磷铝石、银星石补足
K	含量0.2%～4.1%。茎秆、芽、根含K高	促进光合作用，参与代谢，增加作物抗性（旱、寒、病、倒伏）	代谢紊乱。叶片白斑，干枯脱落		形式：K^+。可用化学钾肥、钾盐、光卤石、明矾石、霞石、正长石、云母、海绿石补足
B	1～300 mg/kg。双叶植物>单叶植物。叶子含B最高，花含B也很高，茎、根、果实低	对糖类运转起重要作用。生殖器官需要，抑制酚类化合物生成。提高作物抗性	<0.25～0.5 mg/kg时，酚类化合物生成，根、茎生长受害；叶绿体退化，花发育不健全	产量下降，幼苗干重降低	形式：BO_2^{3-}、$B_2O_7^{2-}$。可用硼砂、硼镁石，水方硼石、电气石、硼酸补足
Mn	十万分之几到千万分之几。叶>茎>种子	促进光合作用。影响氧化还原（Fe）。影响作物吸收与同化硝态氮，激活酶	叶脉间缺绿，焦灼。白苗病		形式：Mn^{2+}。可用菱锰矿、软锰矿、化学锰肥补足
Zn	$(1～10)\times10^{-6}$。顶芽>叶>茎。老叶≈幼叶	参与生长素合成与某些酶的活动，影响光合作用	植株矮小，种子发育不良，叶片缺绿		形式：Zn^{2+}、$Zn(OH)^+$、$(ZnCl)^+$、$(ZnNO_3)^+$。可用闪锌矿、菱锌矿、化学锌肥补足
Cu	$(3～5)\times10^{-6}$。集中于幼嫩部分	多种酶的组分。催化氧化还原作用。提高叶绿素浓度	抑制蛋白质分解。叶片缺绿，不能结实		形式：Cu^{2+}、$CuSO_4\cdot5H_2O$。可用碱式碳酸铜、赤铜矿、黑铜矿、铜蓝补足

续表

元素	分布特征	功用	短缺症状	过多时的影响	补足方式
Fe	约千分之三,多集中在叶绿体中,与其物质的量比多在1:4~1:10	光合作用,参与呼吸作用。生物固氮	缺绿病		形式:Fe^{2+}、$FeSO_4 \cdot 7H_2O$
Ca	细胞壁中胶层。以果胶酸钙形式存在,集中在营养器官(茎、叶)中	影响N代谢,增加酶活性。调节pH。降低原生质胶体、分散度。与NH_4^+、H^+、Al^{3+}、Na^+有颉颃作用	生长停止,叶发黄坏死。根短小,不结实		形式:Ca^{2+}。可用石灰、碱土、石膏补足
Mg	0.1%~0.6%。豆科>油料作物>禾本科。籽>茎叶>根	叶绿素组成元素。对光合、呼吸、代谢起重要作用。促进酶反应。参与形成V_C、V_A。与P、K、Ca、NH_4^+、H^+有颉颃作用	叶脉缺绿、叶片变黄发亮,开花受抑,果实产量下降		形式:Mg^{2+}。可用水镁石、橄榄石、蛇纹石、白云石、硼镁石、菱镁矿、方镁石、光卤石补足
S	0.3%~2.2%,有的高达7.2%。与蛋白质分布有关,主要集中在种子上	调节氧化还原过程、酶活性。参与形成V_{B1}、V_H。影响呼吸、光合作用,代谢作用及根瘤固氮	缺绿症,顶端幼芽受害。开花晚,果实少。返青慢,新根少		形式:SO_4^{2-}、SO_3^{2-}、SO_2。可用S-氨基酸、硫磺、硫酸盐、肥料、石膏补足

二、肥料矿物的功效及肥料矿物分类

肥料矿物对农用肥料和农作物的生长发育起着多方面的作用。

(1) 提供农作物需要的营养元素和有益元素,这是肥料矿物的最基本功效。所有直接施用的肥料矿物都必须满足这一基本条件。在通常情况下肥料矿物应构成肥料的主体。如农田施用天然矿物肥料海绿石,可提供植物生长所需的K、P及Cu、Zn、Mn、B、Mo等多种微量元素,增产效果显著。

(2) 改善肥料的物理性质。例如,在肥料中添加沸石或黏土矿物可减少肥料结块性、颗粒黏性,增加湿度、粒度和松散性,延长保存日期(便于运输和减少肥料养分损失)等。

(3) 改善肥料的吸收率和肥效,保护环境。例如,加入吸附性强的矿物,可使养分挥发慢,随地表水和地下水溶解流失少，在减少肥效损失的同时，降低 N、P、K 等组分的污染，增长肥效周期；因此，很多矿物和工业渣用以制作缓效肥、长效肥、缓释肥，保护养分不转化为不溶性成分，在植物需要时段促使养分快速溶出，或在土壤中根据作用需要缓慢释放，使化肥在地表水体系中不流失等。

（4）矿物与肥料本身都可反作用于土壤，一定程度上改造土壤。

根据不同矿物在功效方面的差异，可将肥料矿物划分如下几类：

（1）施用肥料矿物。指那些不需要进行化学方法加工，直接施用于耕作土壤中的矿物。它们含有一种或多种营养元素，通过矿物自身在土壤中的分解使营养元素为作物吸收。海绿石、钾长石、伊利石、霞石、光卤石、蓝铁矿、硝石等均属此类。

（2）配料矿物。常用作生产复合肥、长效肥的配料。如生产钙镁磷肥用的蛇纹石等。

（3）矿物微肥。从理论上说，凡是能提供表 11－1 中的微量营养元素，且不含毒性元素的矿物均可作为矿物微肥原料，一般要求元素含量 Ca≥6%，S≥8%，Mg≥6%；微量元素（Mo＋B＋Zn＋Fe＋Cu＋Mn）≥2%。矿物微肥中微量元素含量全面而且丰富，一般通过配制和活化，均可达到富含硫、钙、镁、铁、锰、钼、硼、锌、铜、氯等十多种作物生长必需的中微量元素，且不含任何植物生长调节激素，符合环保标准，对土壤无任何残留杂质，有效补充土壤养分，提高土壤持续生产能力，是一种高端生态肥料。矿物微肥不足之处是速溶性较低。

（4）原料矿物。指化工制造肥料的矿物原料。如硝石、磷灰石等。

（5）添加矿物。指用以改善化学肥料性状的矿物，含有少量或不含营养元素。如沸石、蛭石、坡缕石等。

三、作物对矿物中营养元素的吸收转化与肥料矿物的使用

（一）农作物根系与叶部吸收

根系是作物吸收养分和水分，与环境进行物质交换的主要器官。根际养分主要是有机质、微生物和土壤渣液中的各种无机态离子，如 K^+、Ca^{2+}、Mg^{2+}、Fe^{2+}、Fe^{3+}、Mn^{2+}、NH_4^+、Cu^{2+}、Zn^{2+}、NO_3^-、$HMoO_4^-$、$H_2PO_4^-$、HPO_4^{2-}、SO_4^{2-}、HCO_3^-、HBO_3^- 等。

养分离子进入根系外层空间时，极为迅速地被吸收，很快与根系外部溶液达到平衡。这是非代谢过程，称作离子的被动吸收。离子扩散受化学位和电位控制。离子代换发生在根系与土壤溶液以及根系表面与黏粒表面之间，故称作接触代换和离子表面迁移（图 11－1）。根在正负离子代换吸收时要释放等电荷的 H^+ 和 HCO_3^-，并引起根土附近 pH 变化一个单位。离子通过代换吸附在细胞壁或细胞质膜上，也可被同电荷离子再度代换，属可逆化学反应。离子要进入细胞质膜内还需借助代谢吸收作用。

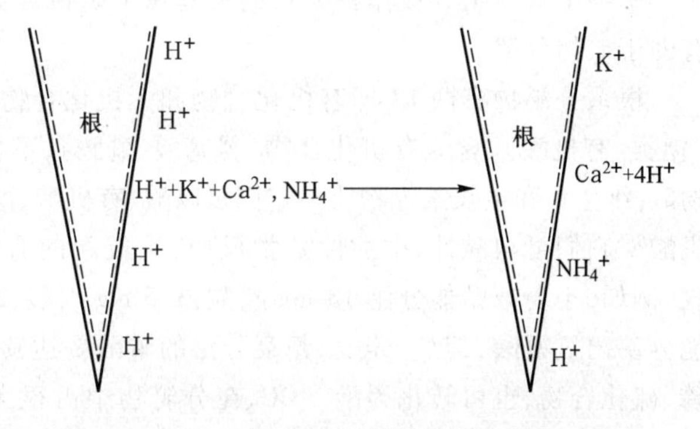

图 11－1　根上的 H^+ 和土壤溶液中的阳离子代换

Fig. 11－1　The substitution between H^+ on the root and cations in the soil solution

离子完成根系外层空间的被动吸收到达细胞质膜后，便开始内层空间的主动吸收

进程而进入细胞质膜。主动吸收属选择吸收。浓度对主动吸收的影响较小,主动吸收可克服带电体之间的相互干扰。

作物除根部吸收养分外,叶部也可吸收(称作根外营养)。外部溶液进入叶内的主要障碍是角质膜。叶部吸收营养可直接供给作物,防止养分在土壤中固化和转化;这种吸收比根部快,可用以防治缺素症,促进根部营养,是一种经济有效的施用微肥的方式(用量只是根施的 1/10 ~ 1/5)。

影响叶部营养的因素有溶液组(不同组成的溶液的吸收速率是有差别的。如 $KCl > KNO_3 > K_2HPO_4$;尿素 > 硝盐 > 铵盐;无机盐 > 有机盐);浓度与反应(阳离子 pH 略大于 7,阴离子则相反);喷施时间(30 ~ 60 min),喷施次数与部位;营养元素进入叶细胞的移动性(很强:N > K > Na;中等:P > Cl > S;较弱;Zn > Cu > Mn > Fe > Mo;很弱:B,Ca 等)。

肥料矿物进入植物体内过程如以下框图所示。

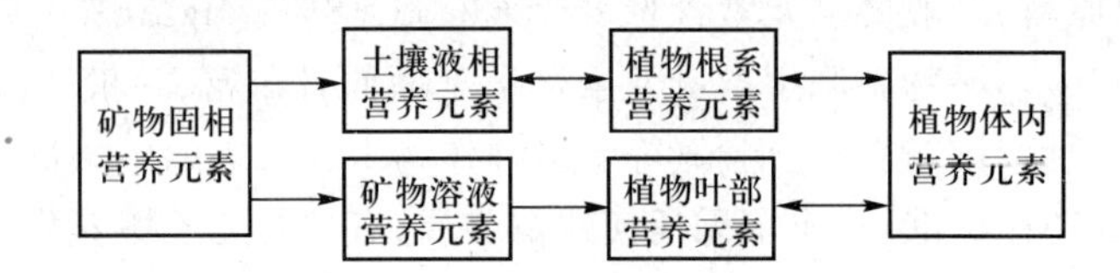

即矿物肥料通过扩散、分解、反应、水解等方式使营养元素游离出来,进入土壤溶液,再通过土壤溶液的扩散、质流、截获运移到根系,发生吸收转化,使营养元素进入植物体内。

矿物中养分的游离转化难易不同,可分为四种类型:难溶型(很难溶解,如白云母),缓效型(较易分解,如黑云母,水云母等),代换型(矿物吸附的养分带出,如黏土矿物吸附的 Fe^{2+}、Fe^{3+}、K^+、Na^+ 等),水溶型(易溶盐类,如 KNO_3、$NaNO_3$、$(NH_4)_2SO_4$ 等)。这四种类型并不是截然分开的,肥料矿物在土壤中的分解基本处于动态平衡过程中。水溶型矿物为速效肥,这类矿物不多。多数矿物是缓效型和难溶型,转化周期较长。例如,直接施用肥料矿物,由于是整体使用(无需化工过程处理,也不是提取某种元素),营养元素带出较慢,转化周期较长,但能与作物需要微量元素量少相适应,为长效肥。

(二) 作物分泌物、微生物与肥料矿物养分的吸收转化。

矿物中营养组分被作物吸收的关键在于矿物营养元素的游离,而作物根系分泌物和微生物有助于矿物分解。

根系分泌物有两类,即有机化合物和无机化合物,主要是有机化合物。包括含碳有机化合物(糖类、有机酸),含氮有机化合物(氨基酸、酰胺),不含氮有机化合物,还有磷脂、核苷酸、单宁、生物碱、维生素和生长素等物质。它们多以酸、有机酸、酸根的形式出现,有的(如糖类)可转化为有机酸。它们可与碱性、中酸性矿物反应,生成新的有机化合物或释放出营养元素被植物根系吸收,例如,小麦分蘖能分泌 13 mg 醋酸,3.5 mg 丙酸,2 mg 丁酸,1.5 mg 戊酸,共计 20 mg;大麻根能分泌出氢氰酸;豌豆、荞麦、芥菜分泌的磷酸要达其吸收磷的 14% ~34%;小麦、玉米也能分泌磷、硫化合物,也可转化为酸。CO_2 在分泌物中占很大比例。例如小麦每小时产生 CO_2 5.07 mg(每天产 122 mg)。

作物还能分泌多种酶。酶能否直接分解矿物尚不清楚,但酶的分解物多有酸存在。此外,作物的分泌物刺激细菌活动,从而可加速矿物的分解。根际微生物也能促进矿物分解。众所周知,微生物是地质作用中不可忽视的作用营力。根际微生物数量远比非根际部位高出几倍至几十倍。土壤中的有机氮就需要微生物分解转化为无机氮化物。又如分解磷的细菌有有机磷细菌和无机磷细菌。前者产生的酶可将磷脂、核酸等分解成为有效磷;后者主要是无芽孢杆菌,所产生的酸可分解难溶性磷酸盐。有的霉菌,如黑曲霉(又称解磷霉)也有一定分解磷效力。在根际菌中,能分解磷的比例较大,例如,小麦根菌中30%可分解磷。硝化细菌和硫化细菌能产生硝酸和硫酸,也能分解磷或其他难溶矿物。

现发现一种芽孢杆菌称为硅酸盐细菌或钾细菌,能分解硅酸盐,把难溶性P、K及微量元素转化为有效成分。同时,这种芽孢杆菌还有固氮作用,是值得重视并有待深入研究的菌肥品种。

(三) 影响肥料矿物吸收转化的因素

农作物对矿物肥料的吸收转化,除了上述的根际分泌物和微生物等因素有重要作用外,还与土壤特性有关。

(1) 土壤温度的影响。温度高,则矿物反应速度加快。但有机酸、无机酸在温度高时易分解,从而使矿物分解量降低。高温有利于养分进入溶液;温度低时养分被胶体吸附得多。土壤温度对磷的有效化影响最明显。如铁铝胶体结合的磷,在30℃以上才活化。

(2) 土壤水分的影响。土壤水分是一种稀薄溶液,可影响矿物的溶解。吸附水、重力水对养分没有直接影响,但有利于矿物分解和组分扩散;毛细水则为养分的有效水分。

(3) 氧化还原状况的影响。氧化还原状况是土壤通气状况的标志。氧化还原电位(E_h)影响矿物,特别是含变价元素的矿物的分解(如含低价态元素矿物属于氧化分解)。E_h值对养分的吸收有影响。如作物对磷的吸收只是在磷呈氧化态时才易进行。此外,E_h值还影响土壤pH变化。

(4) 土壤pH的影响。土壤的酸碱反应直接影响矿物溶解、营养元素的沉淀和吸收。土壤过酸或过碱都会引起蛋白质变性,微生物活动减弱。磷在pH=6~7.5时,有效性高。对Fe和Al而言,在pH>7的钙土中,Fe常形成不溶的Fe_2O_3,使得作物缺Fe;pH<5.5时作物会出现Al中毒。Zn、Mn、Cu、Co与Fe一样,在pH<7时,有效性显著提高;在中性和有Ca情况下,则可溶性降低。pH=4.7~6.1,B的有效性最高,当pH>7时作物则出现缺B症。pH<7,作物将出现缺Mo症,施加石灰或pH增大1个单位,则MoO_4^{2-}浓度增大100倍。

(5) pH与微量元素的活性关系密切。在pH<6时,Cu^{2+}、Zn^{2+}、Co^{2+}、Co^{3+}、Ni^{2+}、Ni^{3+}、Mn^{2+}、Cr^{3+}等营养元素活性增大;pH≥7时,Mo^{6+}、Mo^{5+}、V^{5+}、V^{4+}、As^{5+}、As^{3+}、Se^{6+}、Cr^{6+}这些元素保持较高的活性;B、F、Cl、Br、I、Li、Rb、Cs等元素在较大的pH范围内都表现活性。

(四) 肥料矿物的使用准则

肥料矿物的使用方法、条件及用量都应遵循下列准则,满足植物学、土壤学、肥料学的基本要求。

(1) 同等重要律和不可代替律。矿物作为微肥使用的理论基础是营养元素的同等重要律和不可代替律,即作物必需的营养元素在其体内不论数量多少都是同等重要的,任何一种营养元素的特殊生物功能都不被其他元素所代替。微肥与N、P、K一样使作物增产。

(2) 养分平衡律。作物的产量要受常量和微量营养元素间应有的比例平衡关系制约。当营养环境中平衡比例失调,缺少某个因子时,产量即受这一因子影响,即产量将随这一因子增加(改善)而提高。这就是作物养分种类和数量上的平衡律。

(3)用作肥料的矿物必须满足如下基本条件:对作物吸收养分或产量提高确有积极作用;不含毒性元素,或所含毒性元素不会进入植物体内;所用矿物不致引起其他毒性元素在作物体内富集;长期或大量使用对土壤特性没有大的损害;费用低于化学肥料,有稳定的资源。

(4)影响肥料矿物使用效果的因素。包括施用的时间性和阶段性;作物根系特征(延伸深度)不同,施肥的深度和所选肥料矿物种类(如挥发组分含量多少),施用方式(基肥或追肥)应有的区别;土壤肥力,保肥性和供肥性对肥料矿物种类选择和施用量的影响;其他肥料或农药混合使用时的影响状况。

四、常用肥料矿物

凡能满足前述矿物肥料的基本条件的矿物均可作肥料矿物。自然界的肥料矿物原料无论种类和数量都很多,而且还在不断开发新的资源。

常用的有① 含 N 矿物:钠硝石、钾硝石;② P 矿物:磷灰石、蓝铁矿、磷铝石、银星石等;③ K矿物:钾长石、霞石、白榴石、金云母、明矾石、海绿石、伊利石、黄钾铁矾、光卤石等。此外,石膏、铁矾、铜蓝、铜矾、辉铜矿、自然硫、孔雀石、软锰矿、石灰石、蛭石、白云石、硼镁矿、硼砂、方硼石、电气石、沸石、蒙脱石、海泡石等,也是肥料矿物,可以作为 B、Mg、Ca、Fe、S、Si 等微肥原料。

稀土元素对作物生长有积极作用。如 Ce^{3+}、La^{3+}、Pr^{3+} 可提高蕨类固氮能力 40% ~60%;用 0.05% ~0.1% 稀土矿物溶液,用量 450 ~900 g/hm^2,甜菜块根产量可增加 2 250 kg/hm^2,含糖率增加 0.38 度。施用方式包括浸种(409 g/hm^2)、拌种(566 g/hm^2)和喷施(900 g/hm^2);豆科牧草加施 Re(300 mg/L),平均增产(17.3 ± 2.4)%;镧、钕、铕、钇均有促根作用(0.3 ~1 mg/L);0.5 ~1 mg/L 稀土矿物溶液可促进小麦早分蘖、多分蘖,促进对 K、P 的吸收和 N 代谢过程。稀土矿物已成为肥料矿物的重要类型。

第二节　饲 料 矿 物

一、矿物在饲料中的作用

矿物饲料(或称作饲料的矿物添加剂)是指用可饲用矿物为基础原料加工制作的无机饲料。饲用矿物的应用开发对饲料的营养价值、加工工艺、运输储存、喂养方法及饲养研究等方面都带来很大影响。饲料矿物既可以是有益组分的载体,又可以单独用作饲料。其主要作用如下:

(1) 营养作用。矿物含有动物生长所必需的元素,是饲料应有的各种生物元素补充的源泉。如沸石、膨润土、海泡石、硅藻土、石灰石、皂石等都携带有多种具生物功能的常量和微量元素,可参与动物体内营养代谢。

(2) 防毒作用。多数矿物都由几种元素组成。利用元素的颉颃作用可防止中毒;矿物的吸附作用可减弱作物对毒素元素的吸收。同时,饲料矿物也是饲料所含毒素的稀释剂,可降低毒素浓度。

(3) 防病、治病作用。利用矿物的吸附性可吸收有害气体或有害物质。如沸石、海泡石可吸氨降胺,可防止氨中毒;还可防止曲霉素引起的腹泻。有的矿物可消毒杀菌。

(4) 改善肠胃功能,促进动物发育,增加产量。如饲料中加入 10% 沸石粉,可使猪增重 20%;沸石净水富氧,用于养鱼可提高鱼产量 10%;加石灰粉喂鸡鸭,可提高产蛋率 10%。

(5) 载体功能。载体是一种能接受和承载粉、液和活性组分的物质。载体自身是非活性的,但它能与一种或几种活性组分相结合,以改变活性物质的物理特性(但不影响其活性和释放),使之充分地、较缓慢地发挥作用。作载体的矿物有较好的吸附性和抗胶凝作用,无毒性,化学惰性好,因而可用作营养和非营养添加物的携带者(即载体)。如植物油、氨基酸等营养物质的载体。

(6) 作为添加剂。改善饲料加工、运输、储存,有助消化吸收,并增加产量,降低成本。如矿物添加剂作饲料稀释剂,即非活性物质(添加剂)与活性组分(饲料)相混,降低后者的浓度;用作着色剂,如氧化铁;饲料成粒塑化的黏结剂;运输储存的防湿剂、防腐剂、抗结块剂。

(7) 作为改善饲养环境,减少臭气的净化剂。

二、饲料矿物的选用

(一) 选作饲料矿物的基本条件

长期使用不对动物产生慢性毒害或不良影响,也不影响人体健康;不影响饲料的适口性,不降低其他饲料组分的效价;在饲料中和动物体内均有较好的稳定性,同时又易溶于水能被动物消化吸收;对饲养效价有明显提高,经济效益显著;易于加工,资源的质和量有保障。

(二) 饲料矿物理化性质的研究

(1) 饲料矿物化学组成。不同种类,不同生长期的动物对摄取的生命元素的种类及需要量是有一定标准的,因而应对所用饲料矿物的化学成分进行严格的分析。特别是微量元素,不论其赋存形式如何,都要准确到 mg/kg 级,对毒性元素,有的要求精确到 μg/kg 级。同时应查清饲料矿物中的干扰元素(表 11 - 2)、颉颃作用元素的比例。

(2) 饲料矿物与其他饲料组分的相容性。有些矿物与饲料混合时会产生某些反应,如某些矿物与维生素添加剂可发生分解反应。因此,要研究饲料矿物与其他饲料组分的相容性。

(3) 矿物的可溶性和可吸收性。饲料矿物在配料和储存时要求稳定。但在动物食用后,(遇水或弱酸碱)应能很快分解游离出营养元素。

(4) 饲料矿物的含水量。含水多的矿物往往易于吸收。但作载体与稀释剂的矿物含水量以越低越好(一般应 $<10\%$,否则要经干燥处理)。

(5) 粒度。提供营养元素的矿物,粒度愈细愈易分解。常用粒度从 0.150 ~ 0.045 mm (100 ~ 325 目)均有。愈难吸收的矿物应愈细。但作载体的矿物粒度宜介于 0.59 ~ 0.177 mm。若 >0.59 mm 的颗粒占比达 10%,则需再粉碎。<0.177 mm 的颗粒占比应控制在 12% 以内。用作稀释剂的矿物颗粒应比载体均匀一些、细一些,粒度介于 0.51 ~ 0.074 mm 为佳。

表 11-2 饲料矿物中的干扰元素及控制比例

Table 11-2 The interference elements and their ratios in feed minerals

主要元素	干扰元素	影响机能	建议动物口粮中的比例
Ca	P	吸收	Ca∶P=2∶1
Mg	K	吸收	Mg∶K=0.15∶1
P	Ca	吸收	P∶Ca=0.5∶1
	Cu	排泄	P∶Cu=1 000∶1
	Mo	排泄	P∶Mo≥1 700∶1
	Zn	吸收	P∶Zn=100∶1
Cu	S	吸收与排泄	Cu∶S(有干扰)
	Mo	吸收与排泄	Cu∶Mo≥4∶1
	Zn	吸收与排泄	Cu∶Zn=0.1∶1
Mo	S	吸收与排泄	Mo∶S(有干扰)
Zn	Ca	吸收	Zn∶Ca≥0.01∶1
	Cu	吸收	Zn∶Cu=10∶1
	Cd	细胞结合	Zn∶Cd(有干扰)

(6) 密度。饲料矿物的密度是影响与其他饲料组分混合均匀程度的重要因素。载体和稀释剂应与作用对象的密度相近。密度和粒度是饲料混匀的两大要素。

(7) 表面特性与吸湿性、结块性。载体矿物表面粗糙者,吸附性好,但吸湿性低。否则易潮解、结块。

(8) 流动性。流动性也影响混合均匀性。流动性太差,不易混匀;流动性太大则在成品运输过程中易发生载体与组分的分离。流动性与粒度的要求相矛盾,常常优先保证粒度要求。

(9) 酸碱性。对饲料中维生素在储存过程中的稳定性起重要作用。用作载体的矿物,其pH≈7。

(10) 静电吸附特性。粒度很细的矿物常因静电吸附而附着在混合机械或输送设备表面,从而造成产品质量不合格或混合不均匀。

(三) 常用饲料矿物

目前已用于饲料中的矿物(岩石)近30种,主要的有:

(1) 碳酸钙类(方解石、白垩、贝壳等)。要求烘干后含水0.5%,Pb含量<1 mg/L,As含量<0.5 mg/L,Hg含量<0.1 mg/L,Mg含量<0.5%。

(2) 含磷类矿物(如磷灰石等)。饲用磷酸钙按Ca、P含量比例及产品中F的多少而分类。如磷酸一钙[$CaH_4(PO_4)_2$]及其水化物,磷酸二钙[$Ca_2(HPO_4)_2$]及其水化物,磷酸三钙[$Ca_3(PO_4)_2$]三者,含F量均应低于含P量的1%。经处理后F低于P含量的1%者称为脱氟磷酸盐。未经脱F处理的产品不得用于牛、猪、羊饲用。

(3) 食盐。用于饲料的食盐纯度应≥95%，细度应100%通过0.47 mm(30目)筛。含水量<0.5%。可加入少量SiO_2(总量应≤1.5%)用作防结块剂。碘化食盐含I量≥0.007%。

(4) 含镁矿物类(如方镁石、硫酸镁、磷酸镁、菱镁矿及其水化物、水镁石、白云石)。饲用12天以内，用量可≤19%，饲用40天内，用量限制在5%以内，要求矿物中As含量<3 mg/L，Pb含量<10 mg/L。

(5) 其他矿物(岩石)。如沸石、海泡石、高岭土、皂石、膨润土、麦饭石、石英、坡缕石、海绿石等，可作载体、稀释剂、抗结块剂、制粒剂。

第三节　农药用矿物

凡能把危害农林牧和环境卫生等方面的有害生物杀死或使有害生物有机体发生严重生理破坏作用，使之不能继续发育、繁殖的农用药剂称作农药。农药包括化学农药、物理性农药、生物农药、植物性农药。

直接用作农药的矿物种类不太多。但大量的矿物可用作化学农药的载体，或用作化学农药生产的原料。

一、农药药剂矿物

这类矿物或用以制成的药剂对生物有毒性，具触杀性，多以吸入性方式发挥毒效，可用作杀菌剂、杀虫剂。用作杀菌剂的有碳酸铜、硫酸铜、硫磺、石灰硫磺合剂；用作杀虫剂的有砒霜和海泡石等。海泡石属物理性毒剂，这类矿物可磨破昆虫的角质膜，并吸收细胞中的类脂和水分，使昆虫很快死亡。

由于药剂矿物化学性质较稳定，不易分解，较易溶于水对作物产生药害，且只有吞食或充分接触后才能发挥药效，作用单一，药效低，因而用得不多。仅有铜素剂($CuSO_4 \rightarrow [Cu(OH)_2]_3CuSO_4$)、硫磺胶、硫磺粉、石灰硫磺合剂($CaS \cdot S_x$)等保留下来用作农药。

二、农药原料矿物

含Cl、F、P、As、Pb、Hg等毒性元素的矿物可作为制备有机农药、无机农药的原料。如用萤石作氟素剂(氟硅酸钠、氟硅酸)，含磷矿物作无机磷农药原料，生产磷化铝、磷化钙、磷化锌等。

三、农药载体矿物

代替天然矿物农药的第二代农药以人工合成的含磷、硫、氯有机化合物为特色，用途广、品种多、成本低、原料来源广、不易发生危害、作用方式多、可加工剂型多、效果好。但是，这类农药对人畜具有高毒性、高残留、药效期长、不易被生物降解、灭杀益虫、易使害虫产生抗药性、易污染环境，使其应用开发受到限制。因此，高效低毒、用量少、易分解、无残留、不污染环境的第三代农药应运而生。但是，第三代农药的稳定性差，易水解，易受日晒雨淋、作物新陈代谢、微生物活动、土壤pH变化等因素的影响。因此常用矿物载体控制其药效的正确发挥，防止污染。

目前,世界上所使用的农药约1 200种,剂型达60 000种。灭杀机理有胃毒、触杀、熏蒸、内吸、驱避、诱致、拒食、不育等。上述作用都必须在药性保持、浓度适中的情况下才能发挥出来。

矿物可用作农药的颗粒剂,一是载药,二是稀释,三是缓释。农药载体矿物的具体功效如下:

(1) 防止挥发性农药向大气散失(如甲基溴化物、氯丹和七氯等均易挥发)。矿物大粒剂、微粒剂、粉粒剂在抛散或飞机施药时可防止粉尘飞扬,使农药易附着在目标作物上。

(2) 防止农药被土壤吸附而丧失活性。农药若被土壤微生物降解,或起化学反应,其药效将大为降低,而且可通过土壤转移至作物或动物,人体食用已吸收农药的作物或动物后,健康将受到影响。利用矿物载体则可消除或减弱这类影响。

(3) 防止农药溶入水中或随气流带走而污染环境。

(4) 控制药效缓慢释放。

总之,对农药载体矿物的基本要求是化学稳定性好,不与被载有机分子发生任何化学反应,粒度变化较大(7 mm,0.5 ~2 mm,0.1 ~0.3 mm,0.04 ~0.3 mm, <0.01 ~0.005 mm不等),分散性好,吸附性强。同时,在升温,遇水,或在不同介质环境,释放药性的效果均好。常用作农药载体的矿物有海泡石、坡缕石、蒙脱石、滑石、高岭石、硅藻土等。

第四节 土壤改良矿物

一、矿物在土壤改良中的作用

不同作物对土壤的类型和性状的要求是有差别的。用矿物改良土壤就是把一般熟化土壤转化为适合农作物生长,稳产高产的最佳土壤;把劣等土壤,或非正常土壤,无土壤地改造为优等土壤,或正常土壤,人工土壤。改造的目的就是增加土壤肥力,即满足植物生长、发育所必需的水分、养分、空气、热量等生活条件或调节这些条件。施用土壤改良剂能有效改善土壤物理结构,降低土壤堆积密度,改变土壤化学性质,加强土壤微生物活动,调节土壤水、肥、气、热状况,可以促使分散的土壤颗粒团聚形成团粒,增加土壤中水稳性团粒的含量和稳定性,改善通气透水性。

(1) 改善土壤结构。经加工处理的黏土矿物或蛭石、沸石及砾石、碎石、珍珠岩等多孔矿物和岩石,可用于耕作土层的底层,疏松土壤,增大土壤总孔隙度,降低土壤堆积密度,改善其通气性、透水性,有利贮存并逐渐释放外加养分、水分,有利土壤透气,提高土壤生物活性。

各种矿物的利用应根据原土性质来确定,例如砂土底层保水肥性差,宜加入黏土;黏土底层通气差,易板结,宜加入粗粒黏土矿物使之疏松多孔,并使原有黏土团聚成微团粒或复粒。例如用蛭石改造欧洲北部地区的黏土质土壤和阿拉伯部分沙漠变成可耕地,已获成功。土壤保水能力弱或透气性不佳时,掺入海泡石或沸石可加强土壤吸收水分和气体的能力。

选用适当的黏土矿物改造土壤结构,可改善土壤的黏结性、可塑性、宜耕性。

(2) 改善土壤的保水性,增强作物抗干旱的能力。黏土矿物在砂质土中的堵漏性能,以及大的比表面积和吸附能力,可减少土层中的侧向渗漏和地下径流,降低蒸发量,使土层中的水多以吸湿水、膜状水、毛细管水形式储存,提高了水的有效量。

(3) 保持和增大肥效,增大土壤的阳离子交换容量,即增大了养分与离子的吸附和可交换量，从而增加土壤中碱解氮、有效磷、有效钾等养分的含量，改善土壤保肥、供肥的有效性。例如在干旱区砂质土壤中以 8 t/hm^2 的量施加膨润土即可显著提高其输送水及保水、保肥能力。皂石、蛭石也具有同等功效。

（4）调节土壤的 pH 和 E_h 值，克服土壤过酸、过碱及板结问题；增大土壤的缓冲性，促进营养元素以合适的价态被植物吸收；防止有害物质，如 H_2S、低价铁、锰、有机酸、甲烷等在根部积聚引起烂根。通过 pH 和 E_h 值调节使肥料矿物的有益元素易进入土壤。如用生石灰、水镁石、蛇纹石、橄榄石等中和酸性土壤，或改造因长期施用化肥的酸性板结土壤；用石膏、硬石膏、铁矾、铜矾等中和碱性土壤，降低碱化度。

（5）吸附土壤中毒性组分和有害物质。例如沸石、坡缕石、海绿石等，可降低粮食作物和蔬菜中的有害物质含量，还可防止农作物根系发黑腐烂。对重金属污染土壤，矿物可修复或固定固化它们，阻止其进入食物链。

（6）调节土壤的可溶性盐分组成。可利用矿物化学成分进行土壤化学改良。如施用磷石膏，可提高土壤活性钙阳离子的含量，减轻碳酸钠和碳酸氢钠对作物的危害，降低 pH。巧施矿物化肥，如盐碱地多施钙质化肥（过磷酸钙、硝酸钙等）和酸性化肥（硝酸铵等），可增加土壤中钙的含量和活化土壤中钙素。开发矿物抑盐剂，用水稀释后，喷在地面能形成一层连续性的薄膜，阻止水分子通过，抑制水分蒸发和提高地温，减少盐分在地表积累，对农作物保苗增产有良好作用。

二、矿物改良土壤的机制

熟化土壤的矿物组成以层状硅酸盐为主，改良土壤的矿物以层状硅酸盐和沸石类架状硅酸盐为主。显然，层状硅酸盐和架状硅酸盐矿物的有关性质对土壤改良起着支配的作用。其他盐类矿物在某些情况下（如治沙、治碱）也有重要影响。

（1）矿物表面性质。表面性质在这里主要指表面类型、电性、电位、比表面积等。2∶1 型黏土矿物只有一半基面是 Si—O—Si 型表面，不易解离，是疏水表面。所带电荷除断键外，主要由阳离子替换（如 Al^{3+} 代 Si^{4+}）产生，不受 pH、阳离子种类和电解质浓度影响。1∶1 型黏土矿物有 Al—OH，Si—OH 基面。黏土矿物的比表面积包括内表面和外表面。内表面主要指黏土矿物的层间表面。表 11－3 列示了部分黏土矿物的内、外比表面积值。

表 11－3　部分黏土矿物的比表面积

Table 11－3　The specific surface area of several clay minerals

矿物	内比表面积/($m^2 \cdot g^{-1}$)	外比表面积/($m^2 \cdot g^{-1}$)
蒙脱石		15～100
伊利石	≈0	67～100
高岭石	＝0	7～30
蛭石	585	15～100
埃洛石		45
水化埃洛石	400	27
水铝英石	130～140	130～400

黏土矿物多带负电荷,游离氧化铁带正电荷。矿物的荷电性影响土壤电荷正负、表面电荷密度和阳离子交换量。

矿物表面电性和电位属动电性质。动电荷密度<表面电荷密度。矿物胶粒之间因表面电性的作用表现为分散和絮凝。黏土矿物悬液的絮凝的选择性很强,受电解质影响很大。一价、二价、三价离子在絮凝时的浓度比值为 $1:(1/2)^6:(1/3)^6$。一价离子吸附性顺序是 Li<Na<K<Cs<H,二价离子序列为 Mg<Ca<Sr<Ba。这些影响土壤胶体的动电行为。例如 SiO_2/R_2O_3 含量比值愈大,pH 愈低,层状硅酸盐电动电位(ζ)序次为:蒙脱石>伊利石>埃洛石≈高岭石。利用矿物 ζ 的不同可改变土壤胶体的 ζ(图 11-2),正负离子吸附、交换、电泳、电渗速率等,这对养分、水分的输送有很大影响。

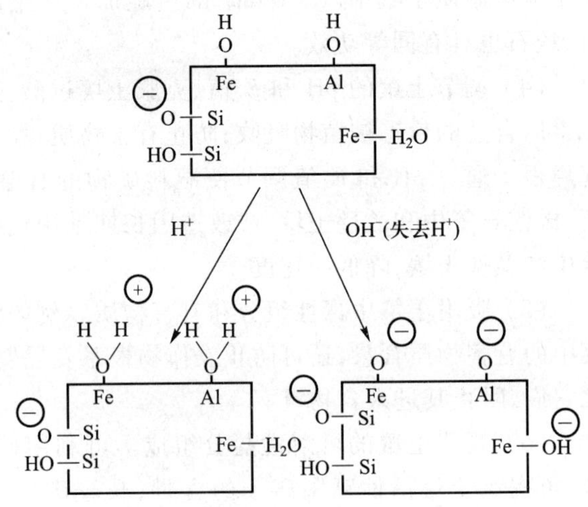

图 11-2 土粒表面正电荷点和负电荷点的产生

Fig. 11-2 The producing process of positive and negative charge on the surface of soil

矿物表面性质影响土壤胶粒的结构性,即颗粒状态(是单粒、复粒或团聚粒),因而影响土壤疏松多孔的状况,影响土壤肥力、黏结性、可塑性和宜耕性,也是土壤密度的影响因子。

(2) 黏土矿物粒度。颗粒愈细,黏结力愈大,有利于形成复粒。其毛管黏力 $F=42r_1r_2/(r_1+r_2)\cdot\delta$,式中 r_1、r_2 为相应颗粒半径,δ 为水溶液表面张力。F 与 r 成反比,细度与土壤侵蚀强度成反比。因此,黏土矿物可有效防止土壤流失。此外,粒度细则增强养分、水分的远程输送能力。因毛管水的毛管力 $F=2\delta/r$,表明颗粒愈细,则形成的毛管半径愈小,毛管力愈大,运输能力和距离都增大。如运输距离(高度)为 H,则 $H=75/2r$,若取黏土粒径为 0.001 mm,则水的理论上升高度可达 75 m。

(3) 矿物-水系统性质。土壤中的水是一种稀释溶液,因而比普通水密度小,冰点低,蒸气压小,黏度大,酸度强。

黏土矿物有明显的亲水性。总的说来,黏土矿物的水主要吸附在内表面上,即存在于晶层层间,称矿物层间水。矿物层间水有两类,即与阳离子直接配位水和阳离子外层配位水。外层配位水易被极性有机分子置换形成水桥——配合物,如蒙脱石-硝基苯水桥——配合物 $[Mg(OH_2\cdot O_2NC_6H_5)_6]$。这是矿物储肥、保肥、促进作物吸肥及吸收有机毒性物质的内在原因。

矿物-水系统性质制约着土壤吸湿系数、土壤容水量及有效水含量;影响水分的传输、养分离子扩散、气体溶解,因而是决定土壤保墒抗旱能力的重要因素。如黏土矿物过多,则吸附水黏度增大,水的输送减少,气体(O_2、CO_2)在吸附水中的溶解度小(因其氢键强),使植物供氧排放 CO_2 能力不足,易产生 CO_2 中毒。

(4) 矿物吸附性和离子交换性。矿物在土壤中可作吸附剂。沸石和 2:1 型黏土矿物吸附性较强。吸附状况与离子价态有关,一般 $M^+<M^{2+}<M^{3+}$。如高岭石,Li<Na<H<K<Rb<Mg=Ca=Sr=Ba<Cs。

离子交换是矿物吸附选择性与离子活动性平衡的过程。矿物吸附、离子交换都影响土壤肥力、养分输送与储存、毒性元素吸收等土壤性状。如交换性养分离子饱和度愈大，其离子交换量愈大，该养分离子有效性愈大。又如陪伴离子效应，K－Ca 在一起时比 K－H 解离度大；Mg－K 共同存在，植物易缺 Mg(与大量 K 存在有关)。不同矿物对离子的解离度是有差别的，如一价离子(Na^+、K^+、NH_4^+)解离度强弱序次是蒙脱石＞高岭石＞伊利石。而伊利石对 K，蛭石对 Mg 有很强的选择吸附性。因此，矿物强烈影响土壤性状和土壤交换性。

(5) 矿物的 pH 与 E_h 值。中性土壤(pH6.6～7.4)最适合于植物生长。正常土壤所需肥料及水也以中性为宜。但因使用化肥或气候等影响，土壤或偏酸性或偏碱性，使土壤酸碱缓冲能力下降。利用矿物自身的酸碱性可调节土壤 pH。土壤酸性主要是由胶体 Al^{3+} 和水解性酸引起的，土壤碱性主要由水解性碱引起的。加入调节 pH 的矿物应以带碱酸反应的盐为主，这可增大土壤盐基饱和度，提高土壤缓冲酸碱的能力。

矿物中的变价元素(Fe、Mn、S、H 等)都可影响土壤的 E_h 值。因而，矿物可当作还原剂或氧化剂调节土壤的 E_h 值，提高土壤的氧化还原缓冲能力。如还原性土壤，有少量 S 以 S^{2-} 形态存在，它可与许多微量元素如 Fe、Zn、Pb、Cu、Mn 等生成硫化物沉淀。水稻田渍水常易造成还原环境。但加入矿物氧化剂可使 S 以 SO_4^{2-} 形态存在，或与亲硫性元素结合，防止引起水稻元素缺乏症。

应当指出，改良土壤仅依赖于无机矿物是远远不够的，有机物质的使用也十分重要。土壤的性状常常是由有机－无机复合体共同作用的结果。这种复合体的形成作用主要是通过矿物吸附非腐殖质(蛋白质、糖类、脂肪、木质素、单宁、脂醋及许多低分子化合物)和腐殖质而完成的。复合体的种类繁多，成分复杂，现阶段对其改良土壤机制的深入研究还显不足，有待进一步开展。

常用的土壤改良矿物有：黏土类矿物、皂石、蛭石、沸石、石灰石、白云石、大理石、石膏、火山灰等。也有矿物与有机物组合的复合改良剂。

第十二章　药用矿物与矿物药

第一节　概　述

矿物类中药(以下简称矿物药)与植物类中药、动物类中药共同构成了传统中药的三大类。药用矿物比我们常说的“矿物药”的范畴要广一些,既包括有药用价值的矿物,也指对医疗有辅助作用的矿物。药用矿物学是以矿物药材和医药用矿物原料为研究对象的一个新兴边缘学科,其研究对象包括由矿物组成或含有矿物的药材和药剂,它是以矿物学、中药学、中医学为理论基础,研究药用矿物与药理疗效之间的关系。

矿物药主要是天然矿物,此外还有部分生物类化石、矿物加工制品及纯化学制品。其主要化学成分均为无机化合物,故又为无机化合物药材。矿物药在数量上虽远不及植物药和动物药多,但其同样具有重要的医疗价值。新中国成立后,中医中药事业有了巨大进展,但对“矿物药”的研究关注较少。如1977年版《中华人民共和国药典》(以下简称《药典》)中仅记载32种矿物药,2000年版《药典》中减少到22种,而2010年版《药典》中则仅有16种。原因是传统加工炮制麻烦费事,教材、药典中矿物资料简单陈旧,矿物药的采集、保存、出售过程中,缺乏统一的质检手段。表12-1中列出了历代药物学家著作所载矿物药的统计情况。

表12-1　历代药物学家著作所载矿物药统计表

Table 12-1　Statistics table of mineral drugs in past pharmacologist's works

书名	时间	著作者	矿物药种类数	书名	时间	著作者	矿物药种类数
《五十二病方》	春秋战国	—	21	《本草衍义》	宋	寇宗爽	69
《神农本草经》	秦汉	—	46	《日华诸家本草》	宋	大明	132
《名医别录》	南北朝	陶弘景	73	《证类本草》	宋	唐镇微	139
《新修本草》	唐	苏敬等	87	《本草纲目》	明	李时珍	333
《本草拾遗》	唐	陈藏器	104	《本草备要》	清	汪昂	—
《开宝本草》	宋	马志等	113	《本草从新》	清	吴仪洛	—
《嘉祐补注本草》	宋	掌禹锡等	121	《本草纲目拾遗》	清	赵学敏	413
《图经本草》	宋	苏颂	124	《中华人民共和国药典》	2000版	国家药典委员会	22

两千年来,药用矿物一直应用不衰。近年来,随着自然医学的兴起及人们对传统中医认识的深入,加之在西药生产中矿物作为常见辅助剂的使用,使得药用矿物相关研究及应用更受人们重视。总之,药用矿物具有便、廉、验的特点。矿物药药品丰富,品种齐全,价格低廉,适用广泛,效果显著,见效迅速。

第二节　药用矿物的分类

根据矿物在医学上的作用形式与效果,药用矿物可分为以下三大类。

一、矿物药(即矿物中药)

指具有药用价值和疗效,可作为药剂原料的矿物材料。它与药用植物、药用动物一起称作中药学的三大构成部分。药材矿物又分为单矿物药和多矿物药。

(1) 单矿物药。由一种矿物构成,从自然界采集后直接使用其原始性状(如石膏、滑石、雄黄、琥珀等),或以单矿物为原料经加工制成的单味配伍制品药(如由雄黄加工制成的砒霜,由明矾石加工制成的明矾)。

(2) 多矿物药。由一种以上的矿物组成的某些岩石。如花蕊石(蛇纹石大理岩)、麦饭石(石英二长斑岩)、青磁石(绿泥石片岩)、金礞石(云母片岩)、海浮石(火山岩和多孔珊瑚),还包括几种矿物加工成的制剂。这种制剂在中药学称丹药,如轻粉(用水银、食盐、胆矾升华制成的氯化亚汞粉末),白降丹(由水银与含氯矿物制成的氯化汞与氯化亚汞的混合结晶体)。

为研究和使用方便,将药用的矿物种和变种按矿物的化学成分进行分类,详见表 12－2。

表 12－2　单矿物药分类及其功能一览

Table 12－2　The classification and function list of single mineral drugs

分类	矿物名	药名	功能(主治)
自然元素	金	黄牙、太真	治风眼红烂,火牙痛
	银	白金	治妊妇腰痛,胎动欲坠,风火牙痛
	铜	石猪铅	治心气痛,暑湿瘫疾,骨折
	汞	水银、灵液	攻毒、杀虫。治皮肤疥疮、顽癣、梅毒恶疮,适量涂头发或衣服可以灭蚤虱
	硫	硫磺、石硫磺、舶来黄	消沉寒痼冷、壮阳坚筋、长肌肤、祛痰止喘、散痛、杀虫。治疗虚寒劳损、风劳顽痹、头疼中风、口疮恶血、痈疽
	铅	黑锡、青金、青铅、铅精	安神镇静、降逆平喘、坠痰解毒、乌须发。治痰痫癫狂、反胃呕逆、气喘咳嗽、痈肿疮毒、蛇蝎咬伤、瘿瘤
硫化物	雄黄	黄金石、明雄黄、熏黄、雄精、腰黄	燥湿解毒、杀虫止痒。治疟疾咳嗽、痈疽疮毒、伏暑泻痢。外用治虫蛇咬伤、神经性皮炎、黄水疮、带状疱疹
	雌黄	砒黄、黄安、昆仑黄	燥湿解毒、杀虫止痒、生肌长肉。治心腹冷痛、肺痨咳嗽、癫痫、疥癣恶疮、阴疮下疳、风毒、虫蛇咬伤
	方铅矿	黑锡、黑铅	镇逆、坠痰、杀虫、解毒
	辰砂	朱砂、辰锦砂、丹砂、云母砂、面砂	杀菌解毒、安神镇痉。治癫痫惊悚、失眠多梦、风痰头眩、霍乱转筋。外用治口鼻生疮、咽喉肿痛、疥癣疡肿毒

续表

分类	矿物名	药名	功能(主治)
硫化物	毒砂	青分石、立制粉	燥寒湿、消冷积、劫痰疟、杀虫毒鼠。治积聚坚癖、疟疾寒热、风冷脚气以及顽癣、恶疮、赘瘤
	黄铁矿	自然铜、石髓铅、接骨丹	散瘀、行血止痛。治跌打损伤、骨折及血气心痛
	斑铜矿	紫铜矿	镇心利肺,降气祛痰
氧化物	玛瑙	文石、夹胎玛瑙	解热明目,治眼生云翳
	砷华	信石、砒石、人言、砒霜(炼)	蚀疮去腐、平喘化痰、截疟杀虫。治风痰哮喘、疟疾梅毒、淋巴结核、骨关节核,外用治痔漏、顽癣、恶疮
	氧化铁	铁锈、铁衣、铁线粉	平肝坠热;治痫疾、疮肿,口舌疮、风癣、脚气臃肿
	褐铁矿	禹粮、禹余粮、太乙禹粮	固涩、收敛、止泻、止血、止带、补血。治久泻久痢、便血崩漏、赤白带下,贫血萎黄,肠胃出血
	褐铁矿结核	蛇黄、蛇含石	安神镇惊、止血定痛。治心悸、惊痫、肠风血痢、胃痛、关节酸痛
	赤铁矿	代赭石、血师、土朱	镇惊、降逆、平喘、止呕、收敛、止泻。治气逆咳嗽、吐血咯血、反胃、肠风下痢、赤白带下、小儿惊痫
	磁铁矿	磁石、慈石、吸铁石	强壮补血、镇静中枢神经。治神经衰弱、失眠、耳鸣眩晕、虚喘贫血、萎黄、关节痛、白内障
	软锰矿	无名异、黑石子、土子	消肿止痛、止血、行血。治痈肿、金疮折伤、跌打内损
	石英	白石英	益气安神、止咳降逆、补五脏和利尿。治阴寒阳痿、惊悸湿痹、消渴咳逆、胸膈间久寒和肺痿
	浮石	海浮石、浮海石、浮水石	清肺热、化痰利尿,消积块。治痰热咳嗽、膀胱湿热、小便短赤、淋病、水肿、目翳
	锡矿	锡石	磨涂疗肿,愈疮生肌。治疗肿、恶毒风疮、冷僻
	密陀僧	没多僧、炉底、金陀僧	祛痰镇惊、消积、杀虫、收敛制泌。治痔疮、湿疹、肿毒诸疮。内服治痰积、惊痫、反胃、久痢
	铅丹	黄丹、真丹、丹粉、丹	杀菌解毒、收敛生肌、止痛安神、镇静、乌须发。治金疮出血、烫伤溃疡、狐臭癫痫、反胃、久疟下痢、虫疾吐逆
卤化物	岩盐	光明盐(土层中)	祛风明目、消食化积、解毒
		胡盐(盐湖中)	凉血,明目
		食盐(海、井、池、泉中)	涌吐,清火,凉血,解毒
	氯铜矿	绿盐、盐绿、石绿	杀菌、防腐、收敛、制泌。治眼赤肿痛、多泪羞明,目障翳膜、小儿疳疾

续表

分类	矿物名	药名	功能(主治)
卤化物	硇砂	气砂、白硇砂、紫硇砂	紫硇砂可软坚、消积、散瘀消肿,白硇砂克化痰。治闭经、癌肿。外用可治目翳胬肉、痈肿疮毒
	光卤石	卤碱、卤盐、石碱、寒石	强心、利尿、镇静、消炎、降血压。治克山病、大骨节病、风湿性关节炎、硅肺病、高血压
	萤石	紫石英、赤石英、银华	镇惊、平逆。治心神不宁、惊悸失眠、子宫虚寒、喘咳
碳酸盐	方解石	黄石	镇热、和胃。治热性病发热烦躁、慢性胃炎、吐酸口渴,黄疸尿赤
	白垩	白善土、白土粉、画粉	降燥湿、能收敛、止泻。治肠炎、痔疮、阴道炎、溃疡和湿疹等
	龙骨	五花龙骨、青花龙骨	镇静、收敛、止泻。治心神不安、遗精、痢疾、溃疡、带下等;外用能生肌、敛疮、止血
	菱锌矿	炉甘石、炉眼石、甘石	杀菌、燥湿、收敛、防腐、生肌、去翳明目。治创伤出血、皮肤溃疡、湿疹、下疳、阴疮、木赤
	铜青	铜绿、生绿	解毒祛腐、杀虫收敛、催吐。治疗风痰喉痹、鼻息肉、食物中毒、眼睑糜烂、疮疡顽癣、牙疳狐臭、狂狗咬伤
	蓝铜矿	扁青、石青、大青、碧青	杀菌、收敛、祛痰、制泌、催吐、破积、明目。治风痰癫痫、惊风目疾、创伤骨折、痈肿疮疖
		曾青、朴青、层青	明目镇惊、杀虫。治风、热目赤疼痛、惊痫、风痹
	孔雀石	绿青	镇惊、祛痰催吐、杀菌收敛、制泌。治痰迷惊痫、疳疮狐臭、肠炎下痢、疥疮顽癣、湿疹溃疡
	水白铅矿	铅粉、铅华、粉锡、胡粉	杀菌、燥湿、收敛、制泌、止渴。治痈肿溃疡、肿疮湿疹、癣痒狐臭、泻痢虫疾
硫酸盐	硬石膏	硬石膏、直石	镇热止渴、利便明目、通血脉。治胃结气、四酸寒厥、下气和胁肋肺间邪气
	纤维石膏	理石、立制石	消热,除烦,止渴
	石膏	玉大石、白虎、细理石	解热镇静、消炎退火。治热性病亢进期头疼发热、口渴烦躁、痉挛以及肺热咳喘
	钙芒硝	元精石、阴精石、玄精石	镇热、利尿。治头疼发热、心腹胀痛、风邪湿痹
	白矾	明矾、矾石、湟石、羽湟	催吐、止泻、杀虫止痒、蚀恶肉。治癫痫痰癖、口疮喉痹、泻下久痢、阴蚀恶疮、虫蛇咬伤

续表

分类	矿物名	药名	功能(主治)
硫酸盐	水绿矾	皂矾、绿矾、青矾、煅后称绛矾、红矾	消积化痰、燥湿、补血止血、收敛、杀虫、蚀恶肉。治黄肿痞块、肠风下血,口疮喉痹、恶疮顽癣、疱疹狐臭
	黄矾	金丝矾、鸡矢矾	散瘀、行血、止痛。治痔瘘、恶疮、疥癣
	明矾石	矾石、白矾	消痰,燥湿,止泻
	芒硝	芒消、盆消	润燥软坚、泻热通便。治便秘、目赤、痈肿
	朴硝	盐硝、皮硝	泻热、润燥、软坚。治湿热积带、腹泻便秘等
	胆矾	石胆、黑石	催吐杀虫、收敛防腐。治风眼赤烂、下疳阴疮、狐臭、狂狗咬伤等。内服治风痰喉痹、食物中毒
	寒水石	凝水石、白水石、水石、冰石	清热、泻火、除烦、止渴。治发热烦渴、咽喉肿痛、口舌生疮、牙痛。外用治烫火伤
硅酸盐	水云母	金精石	祛翳明目,镇惊安神
	多水高岭土	赤石脂、赤符、吃油脂、赤石土	收敛生肌、涩肠止泻。治胃溃疡、食饵中毒、肠炎下痢、创伤出血
	高岭土	白石脂、白符、白陶土	收敛、制泌、止泻。治胃溃疡、肠出血、痢疾腹泻、月经过多以及创伤溃疡、湿疹糜烂
	伊利石	黄石脂、黄符、水白云母	养脾气、安五脏。治黄疸泻痢、肠澼脓血、赤白邪气、恶疮、头疡
	蒙脱石	甘土	清菌霉
	阳起石	白石、石生、羊起石	补肾壮阳、治阳痿早泄、腰膝冷痹、月经不调、白带增多、腹痛
	蛭石	金晶石、金精石	安神、去翳目。治心悸、失眠、角膜云翳
	角闪石石棉	不灰木、无灰木	清热,除烦,利尿
	滑石	活石、液石	清热解暑、渗湿利尿、收湿敛疮。治暑热烦渴、水泻热痢、淋病、水肿、溃疡、湿疹等
	白云母	云华、云珠	纳气豁痰,止血敛疮
	麦饭石	长寿石、保健药石、药石之王	保肝健胃、利尿化石、稳定血压、促进循环。治痈疽发背、心血管疾病和糖尿病
	云母	云母石、云华、云英、千层纸	补肾强壮、制酸止泻、利尿止血、平喘敛疮。治心悸眩晕、咳喘吐血、胃酸过多、肠澼下痢、动脉硬化、溃疡湿疹

续表

分类	矿物名	药名	功能(主治)
硝酸盐	硝石	芒硝、火硝	破坚散积,利尿泻下,解毒消肿
硼酸盐	硼砂	蓬砂、月石	清热解毒、防腐消积。治口腔炎症、皮肤创伤、目赤、尿道炎症
其他	琥珀	血珀、虎魄	镇惊安神、散瘀止血、利水通淋。治惊风癫痫、惊悸失眠、血淋血尿、小便不通、妇女经闭、产妇停淤腹痛、目翳

二、药用助剂矿物

指用于中药、西药生产配制中的矿物。它们在药剂中主要起填料和配药助剂作用,有的对疗效有帮助,有的虽是助剂,也可入药,如高岭石、滑石、蒙脱石、石膏等。药用助剂矿物的基本作用如下:

(1) 赋形剂。药片配方基本包括药剂、填料(80% ~90%)、分解剂(5% ~10%)、缓释剂(5% ~10%)、润滑剂(<5%)。其中,填料矿物即赋形剂主体,起成形(片)作用,是药剂中的天然惰性物质、非活性组分,如蒙脱石及镁铝硅酸盐都具赋形剂作用。

(2) 吸附剂。在超细分散矿物体系中,当矿物浓度达到一定范围时,可成为细粒凝胶,可作为液相药品吸附剂,如镁铝硅酸盐矿物浓度以10% ~15%为宜,高岭石为7.5% ~55%。

(3) 稀释剂。当矿物与药品混合即可对药剂进行稀释。如高岭石,撒粉中高岭石含量为25%,泥敷剂中高岭石浓度为53%。石膏、磷灰石等也可作稀释剂。

(4) 药衣薄膜。矿物在药衣中起着色或增白作用,有的(如滑石)也起润滑作用,常用的矿物有含水碳酸盐、滑石、金红石等。

此外,一些矿物还可作悬浮剂(口服药)、稳定剂、黏结剂等。药用助剂矿物的纯度要求很高,重金属和毒素元素含量必须极低,微生物含量限制也很严格。

三、保健矿物

保健矿物是指可预防疾病,增强人的体质,具有营养和补益作用的矿物或岩石。如麦饭石,被誉为"健康石"(日本)、"长寿石"(中国台湾地区)和"细胞洗涤剂"。麦饭石是一种特殊的非金属矿产资源,其形似斑状、或黄或白、颇似麦粒。我国明代大医学家李时珍在《本草纲目》中记载:"状如握聚一团麦饭,有粒如豆如米,其色黄白",麦饭石故此得名。麦饭石是一种花岗质的浅成岩类,包括石英二长岩、石英闪长斑岩、花岗斑岩、黑云母二长花岗岩等。此外,还可以是花岗质混合片麻岩。经分析测定,麦饭石是一种次火山岩矿石,含有铁、镁、钾、钠、钙、锰、锌、磷、硅、硫等20多种对人体健康有益的微量元素。不同性质的麦饭石,作用亦有所不同。麦饭石外观较粗,具斑状或花岗状结构,以半风化型者效果最佳。1983年,沈阳地质矿产研究所的研究人员在内蒙古通辽市奈曼旗平顶山上发现了优质麦饭石,被命名为中华麦饭石,并制定了中华麦饭石的检测方法(蒙DB523－89中华麦饭石检验方法)。中华麦饭石既有主治一切痈疽、发背,缓解老年血管硬化的功能,以及利尿、健胃、保肝的功能,又具有抗疲劳、抗乏氧、促进生长发育等保健作用。

又如慈石(磁铁矿)可益肾补血;钟乳石化痰平喘,补肾壮阳,用于五劳七伤;赤石脂(埃洛石)壮筋骨、明目益精。许多含Fe、Cu元素的矿物有补气、养肾、益脾、安五脏等功能。矿物所含的一些微量元素在人体内分泌中起电解质、金属酶、运载工具的作用,有抗肿瘤、抗衰老功能。

第三节 矿物药用机理

矿物用作药材的基础是其含有有益成分并具一定生理化学作用。目前已知人体内的常量、微量元素已达60余种,已测定出具有生理作用的多达44种,其中25种为人体必需的常量、微量元素。常量元素有C、H、O、N、S、Ca、P、K、Na、Cl、Mg,微量元素有Fe、Zn、Cu、Mn、Ni、Co、V、Mo、Se、Cr、I、F、Sn、As。其余元素,如Ag、Au、Cd、La、Cs、Li、Nb、W等的生理作用目前尚不十分清楚。Ge、Hg、Pb、Rb、Sb、Ti等元素可在人体内存在,它们或它们的化合物有致毒或治病作用,长期或大量使用将对人体产生毒害作用。有关常见毒性矿物药用量见表12－3。

表12－3 毒性矿物药用量表

Table 12－3 The pharmic dose for toxic mineral drugs

品名	有毒成分	用法	成人一日最高剂量	注意事项
红砒(红信石)	三氧化二砷(As_2O_3)	内服入丸散用,外用研末撒调敷或入膏药外贴	0.03 g/d,外用适量	不可久用 体虚、孕妇禁用
白砒(白信石)	三氧化二砷(As_2O_3)	内服入丸散用,外用研末撒调敷或入膏药外贴	0.03 g/d,外用适量	不可久用 体虚、孕妇禁用
砒霜	三氧化二砷(As_2O_3)	外用,内服	0.03 g/d,外用适量	不可久用 体虚、孕妇禁用
水银	汞离子(Hg^{2+}) 氧化汞(HgO)	外用,不宜内服	外用适量	不可过量或久用
轻粉	氯化亚汞(Hg_2Cl_2)	内服多入丸剂、胶囊剂,外用适量	一次0.1~0.2 g,一日1~2次	服后漱口

续表

品名	有毒成分	用法	成人一日最高剂量	注意事项
红粉	氯化亚汞(Hg_2Cl_2)	只可外用,不可内服	外用适量	外用不宜大量持久使用
红升丹	氯化亚汞(Hg_2Cl_2)	只可外用,不可内服	外用适量	外用不宜大量持久使用
白降丹	氯化亚汞(Hg_2Cl_2) 氯化汞($HgCl_2$)	只可外用,不可内服	外用适量	外用不宜大量持久使用
雄黄	三氧化二砷(As_2O_3)	内服:入丸散用 外用:熏涂患处	0.15~0.3 g/d 外用适量	内服宜慎,不可久服

矿物中的常量、微量元素对人体的生理作用和药理作用(包括颉颃作用、互补作用、攻毒、致毒作用等)是矿物发挥药效的基础。表12-4列示了矿物中元素的主要生理功能。矿物药的主要药理作用有:抗菌(如海浮石抗结核杆菌;硫磺、雄黄等抗红色癣菌),抗原虫(如砒霜、雌黄、硼砂、明矾);解热作用(硬石膏);神经系统的镇静、催眠(琥珀、朱砂);抗惊厥(褐铁矿);对心血管系统的扩张冠状动脉(赤石脂、滑石);降血压及抗动脉粥样硬化(光卤石);对消化系统催吐(胆矾、明矾);兴奋肠胃蠕动(芒硝、硫磺);制酸(钟乳石);收敛止泻(赤石脂、明矾);接骨作用(自然铜),等等。

表12-4 矿物中元素的生理功能

Table 12-4 The physiological function of elements in mineral

矿物中的元素	生理功能
Ca、Mg、K、I、B、Mn、Ge、Fe、Zn、P、Si、Ti	促进代谢、细胞更生、细胞能量交换等
Ca、Si、K、Fe、Co、Zn	健肠胃、促吸收
Ca、Si、Ge	增强抵抗病毒能力
Ca、P、Mn、Si	保护骨骼、牙齿健康
Ca、Mg、K、I、P	调节肌肉、脂肪发育
K、Fe、P、I、Ge	保护视力、预防疲劳
Fe、Cu、Zn、Co、P、K、Mo、V、Ti、Ge	造血,预防毛细管硬化和动脉硬化,调节血压
K、Mg、Fe、Cu、Zn、P、Mn、Ge	强化心肌能力
K、Ca、I、Fe、Cu、Zn、P、Mn、Ge	调剂内分泌,增进生殖能力
Ca、K、Mg、Ge、P、V、Ti、Ge	强化神经系统,预防神经疾病

续表

矿物中的元素	生理功能
Ca、I、Fe、Cu、Zn、F、P	保护皮肤、毛发
Ca、Mg、Si、Fe、K、Ti	促进肌肉发育
Ca、Mg、K、Mn、Fe、Cu、Zn、Si、Ti、Ge	增进肝、胃机能，排毒，预防酸中毒

矿物药治病的机理十分复杂，用药后一定时间内在人体内形成一个药物体系，这个体系作用于机体，产生颉颃、抑制、杀菌灭虫的功效。同时，机体对药物也有所反应，药物间亦有相互影响。整个过程既有化学作用、物理作用，又有复杂的生理、药理作用。治病过程可分解为以下过程：矿物化学成分被溶解，机体对这些成分吸收、络合或交换，以及各种矿物产生物理作用，溶解物产生物理作用、吸附作用等，然后借助化学元素、化合物的生理、药理作用发挥疗效。由于矿物药存在这种复杂多样的机理，矿物药有可能在治疗人类目前还没有办法治疗或新出现的病况，如 H7N9 禽流感传染病方面具有巨大潜力。

需要强调的是药学者易于忽视矿物的物理化学作用，如黏土矿物或一些胶体粒级的非黏土矿物在制成汤剂、散剂进入体内时，它们的断面上有众多未饱和电价，可与体内有机、无机成分作用产生药理反应。又如矿物的离子交换性使其自身的碱、碱土及 Al、Fe 等离子被介质体系中的有机或无机离子、微生物、组织液及无机络合物等交换溶出，而交换的成分可能是致病、发病因子，它们被矿物质点所固定(化学吸附)，从而达到预防、治疗效果。

第四节　药用矿物的加工炮制与道地药材

一、药用矿物的加工

加工是药用矿物变成药材的第一步工作，主要目的是分离并去掉非药用部分，以提高药材质量。各种矿物药材均应制订统一加工方法。例如，部分市面所售紫石英中带有一部分含砷的黏土。根据砷具有辛热之性，紫石英会更有利于治疗“女子风寒在子宫”，若加工过程对此并无了解，将使药材因除去黏土杂质而失去特定的疗效。又如，雌黄原石只是表面一薄层是橘黄色的雌黄，若在产地直接剥取橘黄色者会减少很多包装、运输等费用，疗效更能得到保证。

在矿物药由自然产品变为人工制品的加工过程中，有些属于加工中存在的问题，比如，在加工过程中有的确实除去了一部分无用及有害成分，但也可能丢掉了一部分有用成分。因受条件所限，当时尚不能分辨某种制品药的质优劣，也许还要经历漫长的实践才能作出选择。一味矿物药由应用自然产出者变为应用人工制品的确切时间，也很难一时考证清楚。因此，当古代验方因使用现代矿物制品药而疗效不好时，还可考虑用自然产出者，如有的地区现在应用的硼砂仍为自然产出者。

矿物药制剂的加工过程也有类似问题。中药丹剂历史悠久，临床应用各有特点。但是，“丹剂”的组成历代却有很大变化，《中国炼丹术与丹药》收载的历代白降丹组成就有 24 种之多，其中有的组成与今之轻粉相同,有的不同。这种不一致与制法有关。历代红粉的组成也不一致。丹剂的组成、工艺流程明确,才便于总结临床疗效和推广经验。丹剂的用前处理和储存时间对疗效也有影响,如丹剂外用对疡面常有刺激(疼痛)感。据《中国炼丹术与丹药》介绍,这与丹剂里残存的酸(或碱)类物质有关,用前以水洗涤(不影响疗效)可除去,或久贮后再用也能收到类似效果。

二、药用矿物的炮制

中医有几千年的用药治病历史,药用矿物的炮制如同其他中药一样,已积累了丰富的经验。炮制是药用矿物发挥特定疗效的加工过程,即针对制剂、服法的加工;同种药用矿物如果炮制方法不同,其疗效可能会有一定差别。常用的炮制方法有:

(1) 红透。即煅烧,目的是除去吸附水和部分 S、As 等挥发性物质,促使原矿物发生氧化、分解等反应,并使药材质地酥脆。

(2) 醋淬法。红透矿物投入醋中冷却,形成一层醋酸盐。

(3) 水飞法。矿物在水中研磨,借助粗细分层悬浮获取极细粉的方法。此法可防止矿物研磨热变化和氧化、飞扬,除去被水全溶的物质。

(4) 合炼。把两种或两种以上矿物放在一起加热,使之产生新物质的方法,如水灵砂系水银与硫磺合炼而成。水银、明矾、食盐合炼可获取水银粉。

由于部分药用矿物杂质很多,须通过拣、洗、淘、漂、提、水飞等方法处理后方可使用。有的为消除或降低其毒性,要经过煅、炼、淬等方法处理,才可服用。有的应通过加工炮制,改变其性能,才能起到治疗疾病的作用,如铅、铜等,这些矿物不经特殊处理,不能称为药。有的矿物像金石类,绝大多数需要经过煅、炼、淬等炮制外,还需敲、捣、碾、研、筛为细末或水飞、蒸煮等,方能制成丸、散、膏、丹剂,供临床应用。某些炮制规范提出用球磨机干磨朱砂等的做法,但是球磨机研磨不同于湿法研磨,更不同于水飞法。因球磨机研磨时,球和干燥的药粉进行较长时间摩擦必产生一定热量,会使矿物药加快氧化;对朱砂来讲,则会使原药材的可溶性汞盐含量增加。

药用矿物的加工炮制与中医治病的理、法、方、药应相适应。因此,古老炮制方法和剂型不能轻易改变,否则会影响疗效。当然,这并不排斥旨在提高中药疗效的新的加工炮制方法及剂型的研究。

三、道地药材

道地药材是指在一些特定自然条件、生态环境的地域内所产的药材。因生产较为集中,栽培技术、采收加工也都有一定的规范,以致较同种药材在其他地区所产者品质佳、疗效好。道地,也就是地道,也即功效地道实在,确切可靠。“道地”药材是中药品的质量标准之一,是独特的、最有实效的药材。许多矿物药均以“道地”药材为典型代表。“道地”与矿物产状及产地密切相关。许多道地药材与历史上知名矿产地或现今重要矿产地吻合或基本一致。如矿物药辰砂道地产地在湖南辰溪和贵州万山。

道地矿物药材备受推崇,是因为不同产地、不同成因的药材矿物在化学组成,特别是所含微量元素种类与数量,共生、伴生矿物,形态、粒度等方面有很大差异,因而药用效果也随之差别甚大,而道地药材药效是同类中最佳者。目前需要做的工作是把道地药材进行全面系统深入的研究,在此基础上形成中国的矿物药材标准,为中国矿物药和药材进入国际市场提供科学与技术支持。

道地药材的独特性使得人工合成矿物不能取代天然药用矿物。因为人工合成矿物很难赋予矿物含量丰富的微量元素,也难于再现天然矿物的形态和伴生矿物。如《药典》就未将合成 HgS 列入正式药用矿物。

第五节 矿物药安全标准和质量标准

一、我国矿物药的安全标准和质量标准现状

矿物药中有毒的品种较多,且有多种属于剧毒药物。由此,国际上不少国家不允许使用矿物药。有关矿物药急性毒性分级主要按照小鼠口服 LD_{50}(mg/kg)[①]分为剧毒、高毒、中等毒、低毒和微毒五个等级。部分研究表明,白降丹毒性为高毒;白信、红信、升华硫、胆矾为中等毒,大部分矿物药为低毒、微毒或无毒。

矿物药中所含有毒重金属具有蓄积性,某些毒性成分可通过皮肤进入人体,即使是外用或在低剂量下长时间使用会发生慢性中毒。因此,需要对矿物药制定严格的安全和质量标准,确保市场销售的矿物药的质量,并严格遵照安全标准规定的剂量、使用期限及用法和注意事项等使用,才能有效地避免急、慢性中毒事件的发生。

矿物药中重金属的安全用量问题逐渐引起注意,新《药典》中有些矿物药的日用剂量有所减少。矿物药的安全标准和质量标准方面还存在以下问题:

(1) 对有些矿物药的剂量、用量、使用时间的规定不明确;

(2) 矿物药的用药期限、配伍及用药宜忌等安全标准还不完善;

(3) 对部分矿物药的有毒成分没有限量,无法在其有毒成分限量前提下确定单次用药剂量限量、反复用药剂量限量以及最大用药期限;

(4) 关于矿物药主成分化学鉴别和含量测定的品种较多,但缺乏专属性,同类矿物采用的成分鉴别反应和含量测定方法均相同。

从安全性考虑,矿物药的质量仅以主成分来控制不太严谨,故除了主成分控制外,还应增加毒性成分的控制标准。另外,因处方中含矿物药而导致重金属严重超标,使得我国中成药出口贸易屡屡受阻,制定矿物药中重金属等安全性技术标准是中药国际化的基本要求。

二、矿物药安全标准和质量标准研究的基本目标和主要内容

结合矿物药安全标准和质量标准尚不完善的实际情况和安全用药的需要,其安全标准的制定工作应包括:① 制定单次用药的最大安全剂量标准;② 制定反复用药时的最大限量标准;③ 明确安全用药期限;④ 明确药材中有害重金属的蓄积性;⑤ 提出妊娠宜忌;⑥ 提出配伍宜忌以及安全用药注意事项等。

在质量标准方面则应:① 完善现有的药典标准;② 增加显微鉴别和特征性化学鉴别;③ 完善主成分的含量标准,提出限量标准;④ 增加主要有害重金属或有害物质含量测定,提出限量

---

① LD_{50}表示半数致死量(lethal dose 50%),指在预定时间之内,导致50%被暴露个体死亡的剂量。

标准。

另外,也要对药用矿物原料的采集规范、矿物药的加工炮制技术规范等进一步完善或制定。

三、矿物在药物应用中的安全性评价

矿物在药物中的应用主要体现于传统医药学。根据矿物药的来源不同、加工方法及所用原料性质不同等,将矿物药分为三类。① 原矿物药:从自然界采集后,基本保持原有性状作为药用者。按中药分类规律,其中包括矿物(如石膏、滑石、雄黄)、动物化石(如龙骨、石燕)及以有机物为主的矿物(如琥珀)。② 矿物制品药:指主要以矿物为原料经加工制成的单味药。多配伍应用(如白矾、胆矾)。③ 矿物药制剂:指以多味原矿物药或矿物制品药为原料加工制成的制剂。中药制剂里的"丹药"即属这类药(如小灵丹、轻粉)。

2000年版《药典》正文部分收载的矿物药仅有22种,仅占所收载的中药材4%左右,但在《药典》收载的458种成方及制剂中有约100种含有矿物药。由此可见,常用的矿物药虽然品种不多,但是应用却很广泛。

矿物药中有毒的品种较多,且有多种属于剧毒药物。1988年列入毒性药品管理的28种中药中有7种是矿物药。重金属慢性中毒对人造成的危害很大,严重时可使人致残或死亡。如含砷类(砒石、砒霜、雄黄、红矾)、含汞类(朱砂、升汞、轻粉)、含铅类(铅丹)和其他矿物类(明矾)等矿物类中药为导致肾脏损害的三类中药之一。另外,矿物药及其制剂与西药存在配伍禁忌,会影响吸收,降低疗效或是产生毒性。

此外矿物质补充剂的使用日益广泛,不仅是为了控制营养缺乏,而且用于多种慢性疾病的预防,甚至是一般性的预防保健。

为保证矿物药、矿物质补充剂的安全性,目前主要应用药物毒理学、毒性病理学相关试验、技术以及矿物质的安全性评价指标,综合评价其对人体可能造成的危害,为药物研究与使用提供依据。其中药物临床前药物毒理研究安全性评价方面的主要内容有:急性毒性试验,长期毒性试验,过敏性、溶血性、刺激性等特殊安全性研究,致突变试验,生殖毒性试验,致癌试验。

毒性病理学的研究目的是从形态学上研究实验动物给受试药物后,所引起的器官、组织、细胞及亚细胞形态结构的变化差异,从而阐明药物所引起形态变化差异的剂量-效应关系,确定损伤的靶器官、靶部位、形态变化的特点和程度及其变化过程和转归,并且分析其致损机制,为药物安全性评价提供形态学依据和结论。近年来,随着分子生物学技术的飞速发展,越来越多的毒性病理学新技术应用于临床前药物安全性评价。

矿物质的安全性的评价指标是可耐受的最高摄入量(UL),即平均每日可以摄入该营养素的最高量。这个量对一般人群中的几乎所有个体都不会损害健康。UL的主要用途是检查个体摄入量过高的可能,避免发生中毒。在大多数情况下,UL包括膳食、强化食物和添加剂等各种来源的营养素之和。

矿物质补充剂应用的增加,使人们对其安全性也给予高度关注。矿物质的危险度评定是一个复杂的过程,包括四个步骤:① 危害鉴定,即确定所摄入食物的不良作用和潜在的不良作用;② 剂量-效应关系,即危害特征描述,明确矿物质与不良作用的确切关系;③ 摄入量评价,即对摄入该矿物质的人群和摄入水平进行分析;④ 危险度特征描述,即概括危险度评定的过程,包括确定危险度的性质和程度以及危险度评定中对不确定因素(缺少资料时需考虑)的评价,确定不确定系数(UF)。

有学者采用UL评价了临床医师较为关注的中国人铜、磷摄入的安全性。对人来说,铜是相对无毒的,一项大型国际营养摄入安全资料表明:每日摄入铜10~12 mg是安全的,确定铜的无可见有害作用水平(NOAEL)为10 mg/d。考虑到铜过量主要损伤肝功能,我国居民肝功能受损较多,故将铜UL定为8 mg/d。据2002年全国居民健康与营养调查结果,我国居民从膳食中每日摄入的铜量为2.2 mg,远低于UL。成人每日摄磷3.5 g才能使血磷达到正常值的上限,但未见任何毒副反应,确定NOAEL为10.2 g/d。考虑更高的磷摄入会干扰其他矿物质的吸收,但又未见足够的资料证实,因此我国将磷的UL定为3.5 g/d(2002年,我国居民膳食中每日磷摄入为0.979 g)。

四、矿物在食品应用中的安全性评价

矿物在食品中的应用主要是食品所含矿物质的营养作用或作为食品添加剂。矿物质对于身体健康功能的运作非常重要,缺少某些矿物质,甚至会导致疾病。许多无机盐在细胞中呈游离与离子状态存在,无机盐在维持生物体和细胞的生命活动中起到重要的作用。由于新陈代谢,每天都有一定数量的无机盐从各种途径排出体外,因而必须通过膳食予以补充。

对食品中所含矿物质或矿物类添加剂进行安全性评估时,一般均要求进行毒理学评价,并根据被评价物质的性质、使用范围和使用量,被评价物质的结构及暴露量等因素决定毒理学试验的程度。其中暴露量评估是指对通过食品可能摄入生物、化学和物理物质和其他来源的暴露所作的定性或定量评估。根据我国国情,考虑到社会资源等因素,如果需要批准使用的食品添加剂新品种是已由国际组织进行了毒理学安全评价的物质,我国只需要进行暴露量评估;如果是一种没有毒理学安全评价的全新物质,则按要求进行安全性毒理学评价。

第六节　药用矿物的研究

药用矿物的研究必须在中医治病理论指导下进行,研究的基本内容包括如下几方面。

(1) 单矿物药材应着重研究其化学元素及其在不同条件下的溶出率。这涉及疗效、疗程期和用量;多矿物药材应查清矿物组合与含量;含矿物药材还需查明主体部分的组成。

(2) 矿物物理、化学性质及物理化学性质对药剂的影响。如矿物磁性、阳离子交换、表面电性、吸附性等对药效的影响。

(3) 加工炮制方法对矿物药性的影响。包括传统加工炮制方法所得产物在性质上的变化及疗效;探索新的炮制方法。

(4) 深入研究矿物在体内溶解、吸收与作用的过程,阐明治病机理。本着无毒有效的原则,开拓传统矿物药材和新矿物药材品种及其新功能。

(5) 研究道地药材的产地及其药效机制。

矿物药品种鉴别和炮制样与原样对比研究、可溶性研究,以及与应用有关的其他研究中,需综合应用多种外表性状和理化性质的鉴定研究手段。常用的一般鉴定与研究方法主要有:① 外表特征鉴定法;② 显微镜鉴定法;③ X射线分析方法;④ 热分析法;⑤ 化学分析法。此外,随着测试手段的发展,电子显微镜、电子探针分析及光谱学等现代测试手段已逐步用于矿物药相关研究。

第十三章　研磨、摩擦和密封材料矿物原料

第一节　研磨材料矿物原料

一、概述

研磨材料可简称为磨料。磨料是起磨削、磨平及抛光作用的粒状、粉状物质。磨料的品种很多,性质也不一样。根据物料生成来源可把磨料分为天然磨料和人工磨料两大类。天然磨料中绝大部分为矿物、矿物的细粒集合体和岩石。

常用磨料矿物原料有金刚石、刚玉、方镁石、石英、石榴子石、橄榄石、方解石、白云石、滑石、燧石、砂岩和硅藻土等。

用作磨料的矿物经破碎加工至一定的粒度即成为磨料。磨料可以直接使用,如在宝石、玉石加工的磨平、抛光过程中就常直接使用抛光砂、粉等;也可将磨料加工成磨削工具(简称磨具)而满足不同的使用目的,如在钻探、机械加工过程中就常使用钻头、砂轮、砂布等磨具。

磨具是用黏结剂将磨料黏结成固结或非固结状态而能对工件进行加工的一种工具。对大部分磨具来说,它是由磨粒、黏结剂和气孔三部分组成。磨粒是分散于黏结剂中的磨料颗粒,在研磨过程中起磨削作用。黏结剂在磨具中起固结磨粒的作用。气孔是磨具中存在的孔隙,在磨削过程中起着容纳、带走磨屑和逸散磨削热的作用。另外,磨具中的气孔还可浸渍某些填充剂或添加剂,以改善磨具的性能。

根据磨具的基本形状和使用方法,可将磨具分为固结磨具、涂附磨具和研磨膏。固结磨具是一类将磨料和黏结剂完全混合在一起,经压制、焙烧、加工而制成的各种不同形状的磨具,如砂轮、磨头、油石、砂瓦等。涂附磨具是一类用黏结剂将磨粒黏结在布、纸等可挠性材料上而制成的可以进行研磨和抛光的工具,如砂布、砂纸、砂带。研磨膏是将磨料均匀混入熔化的载体中经冷却凝固而成的具有抛光作用的膏剂,如金刚石研磨膏。

合理地选择磨料对于工件加工(如机械零件的磨削,大理石的切割、磨削和抛光)、地层钻探、地下工程开挖、开矿等工具制造都具有重要的意义。

二、磨料矿物原料必须具备的性质

(一)一定的硬度

磨料矿物的硬度必须比要加工的工件的硬度略高,使之能产生磨削工件的能力。否则,只会产生磨擦,使工件的温度升高。

(二)一定的韧性和自锐性

在磨削过程中,磨粒承受着抗压、抗折、抗冲击等应力。如其抗破碎性太弱,磨粒很快破碎难以产生有效的磨削;但如果磨粒变钝后也不破碎,不能出现新刃,则光滑的磨粒与工件表面磨擦产生很高的温度,使磨削无法继续进行。因此,要求磨粒在磨钝前不至于产生破碎,而磨钝后在

磨削应力的作用下，又能自行破碎成棱角状，产生新的锋利的刀刃，使磨削过程能继续下去。所以，对磨料矿物来说，它的韧性和脆性（自锐性）是非常重要的。

（三）耐高温性

磨具工作时，常常产生大量的热，局部可达很高的温度。因此，磨料矿物应能保持一定的热态硬度和强度，并且有一定的热稳定性。例如，金刚石的常温硬度最高，但温度超过800℃就会碳化变为石墨，硬度、强度急剧下降，这就在一定程度上限制了它的应用。磨料矿物在磨削中不应软化或熔融，即应比工件有较高的熔点。

（四）化学稳定性

磨料矿物在磨削过程中应不易与工件产生化学反应，以免产生黏附和扩散作用，造成磨具的堵塞或磨粒的钝化，致使降低或丧失其切削能力。

（五）磨料矿物应便于加工成一定的颗粒

磨削加工是利用磨粒表面的切削刃来进行的，所以，应把磨料矿物加工成所需要的粒度并产生足够多的切削刃。有些韧性很大的矿物无论硬度高还是低，若难以加工成颗粒状，则不适于作磨料。

三、影响磨料磨削性能的因素

（一）化学成分

磨料矿物的化学成分对磨料的工艺性能有决定性作用。即使磨料矿物化学成分有微小的变化，也会导致磨料性能产生很大的变化。

以刚玉为例，化学成分的不同极大地影响了刚玉磨料的性质。合成刚玉的研究表明，刚玉随化学成分中Al_2O_3含量的增加，硬度增大，脆性增强；随Al_2O_3含量的降低，硬度降低，韧性增强。高Al_2O_3刚玉适于磨削易磨钝的工件，如淬火钢、合金钢、工具钢等。而Al_2O_3含量低的刚玉适于制作涂附磨具。刚玉中TiO_2含量增加将使其韧性增加；含Na_2O的刚玉切削性能差，易破碎；含Cr_2O_3、ZrO_2的刚玉韧性好。

（二）粒度

矿物用作磨料时需首先加工成粗细不同的颗粒，并按一定尺寸范围分级，由大到小用规定的数字来表示，称为粒度号。我国将磨料按颗粒（宽度）大小分为41个粒度号，颗粒大小从4#的5 600～4 750 μm一直到W0.5的0.5 μm以下。颗粒小于63 μm的极细磨料称为微粉，以汉语拼音字母W和颗粒宽度尺寸来表示。

磨料粒度的大小，在一定程度上影响着磨粒的韧性和机械强度。磨粒的大小对磨削性能的影响有一个临界尺寸，在临界尺寸以下，磨削性能随磨粒尺寸的增大而增加，超过此临界尺寸后则磨削性能与磨粒的大小关系不大，此临界尺寸大致为80 μm。

实际应用中，某一粒度号的磨粒不可能只包括一种粒度，其中还包括少部分粗于和细于这个粒度的颗粒。因此，在粒度组成中就有最粗粒、粗粒、基本粒和细粒之分。粒度组成百分比对磨具制造和使用有很大的关系。如果基本粒含量增加，砂轮的磨损量可以减少；若细粒含量增加，则对提高工件磨削表面光洁度有利。同时，在磨具制造过程中，细颗粒可以提高磨具的机械强度。由于粗磨粒会划伤工件表面，所以在粒度组成中不允许有最粗粒存在，粗粒也要控制在允许的最小范围内。

粗粒级的磨料及其制成的磨具磨削作用强，随粒度的降低，磨削作用减弱，而抛光作用增强。

（三）磨粒的形态

磨粒放在显微镜下，会看到它们呈不同的形态。沿颗粒外周划出最小六面体的直线尺寸：长（l）、宽（b）、高（h），按其不同的比例，可粗略地将磨粒分为如下三种形态：

①等轴状：　$h:l:b \approx 1:1:1$

②片　状：　$h:l:b \approx 1:1:1/3$

③剑　状：　$h:l:b \approx 1/3:1:1/3$

磨粒最好的形态为等轴状，因为它比片状、剑状磨粒具有更好的抗压、抗折、抗冲击强度，可以提高磨具的磨削能力。在其他条件相同时，尖的磨粒压入的深度大，钝的磨粒压入深度小，因此前者更容易产生切削。

影响磨粒形态的因素主要有两个方面。一是与矿物的内部结构有关。化学键的异向性常决定破碎后的异向性，如具一个方向解理的矿物常破碎成片状；具两个方向解理的矿物常破碎成剑状；具三个方向解理的矿物常破碎成等轴状。二是与矿物的破碎方法有关。如球磨机破碎的矿物，其等轴状磨粒的含量要比用辊式破碎机破碎的高。

不同磨粒形态的磨料适用于不同的范围。用于加工韧性较大的工件，宜采用等轴状磨粒较多的磨料，因它具有较高的抗破碎能力。而制造涂附磨具则希望用剑状磨粒含量较多的磨料，因为这种磨粒棱角锋锐，磨削力强。

（四）硬度

矿物的硬度是决定磨料质量和研磨能力的一个重要因素。和金属一样，磨料的硬度随温度的升高而降低。

一般说来，要选用比工件硬度高 1.3 ~2 倍的磨料。因此，加工不同硬度的工件，应选择不同硬度的磨料。高硬度的金刚石，适用于加工高硬度的合金钢、宝石、玻璃及石材等；而硬度较高的石英，则可适用于加工硬度较低的金属（如铜、铝、银、金等金属制品）、木材等；硬度较低的方解石、滑石用于加工或抛光皮革、硬橡皮等。

（五）亲水性

矿物的亲水性是指其颗粒被水浸润的能力。如果矿物的亲水性好、浸润能力强，它所制成的磨料就很容易被黏结剂分子浸润，从而容易黏结。因此，磨料亲水性的好坏直接影响到磨具的强度。磨料亲水性的好坏在一定程度上受矿物的成分、结构的影响，也与颗粒的大小和形状有关。

亲水性对涂附用磨具的磨料是十分重要的。为了提高亲水性，有时要对磨料进行必要的处理，如焙烧、涂层等。

（六）破碎性

矿物的韧性和强度性质在磨料上表现为破碎性。磨料的破碎性是指在外力作用下（如磨削时），磨粒破碎的难易程度。韧性小，强度低的磨料易破碎，反之，则难破碎。

磨料必须具有合适的破碎性，即在一定的外力作用下它不应破裂，这样在磨削时，才能保持其切削刃的锋利。另外，在外力超过一定限度时，即原有切削刃变钝后，磨粒又必须破碎，以产生新的切削刃使磨削继续进行。

磨料的破碎性，在进行单颗粒试验时，表现为磨粒的破裂强度；而在进行多颗粒试验时，则表现为磨粒破碎后的粒度分布。破碎后的磨料原有粒度所占百分比越大，表明该磨料越难破碎。

矿物的种类不同，化学成分不同，则破碎性不同。刚玉类磨料的韧性好于碳化硅。刚玉中 Al_2O_3 含量越高则脆性越好，而 Al_2O_3 含量低，则韧性好。

矿物破碎后的形态也影响其破碎性、等轴状磨粒形状规则，难破碎，韧性好，强度大；而片状、剑状磨粒较易破碎。因此，矿物的破碎方法不同也影响磨料的破碎性。

此外，磨料经焙烧后，可以提高韧性和强度。

四、磨料磨损机理

磨料对工件的磨削或磨耗称作磨料磨削或磨料磨损。

磨料对工件产生磨损时，二者之间要产生相对运动。若磨料是固定不动的则称为固定磨料磨损，如在油石上磨刀所产生的磨损；若磨料是运动的就称为运动磨料磨损，如大理石抛光过程中研磨砂对大理石表面的磨损。

磨料磨损机理是解释磨料在与工件表面产生摩擦接触后是如何使工件遭受磨损的，亦即工件的磨削是如何产生、并从工件表面上脱落下来的。下面仅从三个方面进行讨论。

（一）微观切削磨损机理

磨粒在工件表面的作用力可分为法向力和切向力两个分力。法向力使磨粒压入工件表面，如硬度试验一样，在表面形成压痕。切向力使磨粒向前推进，当磨粒的形状与方向适当时，磨粒就如刀刃一样，在工件表面上进行切削并形成切屑。不过这种切削的宽度和深度都很小，因此切屑也很小，所以称为微观切削。

微观切削类型的磨损是经常见到的，特别是在固定磨料磨损和凿削式的磨损中，它是工件表面磨损的主要机理。

磨粒和工件表面接触时发生切削的概率不是很大，尽管在某种条件下切削磨损所占的比例很大。当磨粒的形状较圆钝时，或者是磨粒的棱角而不是棱边对着前进的方向，或者磨粒与工件表面的夹角（迎角）太小时，或者工件表面材料的塑性很高时，磨粒在工件表面滑过后往往只能犁出一条沟来，而把在犁沟位置的材料推向犁沟侧或前面，不能切出切屑。特别是松散的磨粒，大概有 90% 的概率与工件表面发生滚动接触，只能压出压痕，而形成犁沟的概率只有 10%，这样切削可能性就更小了。

（二）多次塑变（微观犁皱或微观压入）磨损机理

上面所提到的犁沟和压痕，它们不能形成切屑从工件表面脱落下来。犁沟时一般可能有一部分材料被切削而形成切屑，一部分在塑变后被推向两侧和前缘。若犁沟时全部沟槽中的体积都被推向两侧和前缘而不产生切削，则称为犁皱。犁沟或犁皱后堆积在两侧和前缘的材料以及沟槽中的材料，在受到随后的磨粒作用时，可能把堆积的材料重新压平，也可能使已变形的沟底材料遭到再一次的犁皱变形，如此反复塑变，导致材料产生加工硬化或其他强化作用，最终剥落而成为切屑或磨屑。同样，磨粒压于材料表面，使材料发生塑性流动，形成凹孔和周围的凸缘。当随后的磨料再压入凹孔及其周围的凸缘时，又重复发生塑性流动，如此反复塑性变形和冷加工硬化,使材料因硬化而脆性剥落以至成为切屑。

(三)微观断裂(剥落)磨损机理

磨损时由于磨粒压入材料表面而具有静水压的应力状态,所以大多数材料都会发生塑性变形。但是对于脆性材料则可能是断裂机理占支配地位。当断裂发生时,压痕周围的材料都要被磨损剥落。

脆性材料的压痕断裂,其外部条件取决于载荷大小、磨粒的形状和尺寸及周围环境等,内部条件则取决于材料的硬度和断裂韧性等。

以上对矿物磨料磨损可能出现的几种主要机理作了简单的阐述,有些机理及其细节还有待于进一步研究。也还有另外一些不同的理论,在此不再一一列举。

实际生活中软物质对工件的磨料磨损性也屡见不鲜。"水滴石穿"、航天飞机和卫星表面的磨损、发动机喷嘴、排气管的磨损等就是实例。关于软质矿物磨料磨损的机理,目前尚不清楚。用玻璃磨粒压入比它硬度稍硬的钢中,能够产生磨损。虽然随钢硬度的增加磨损很快减小,但可以说明,磨料的硬度低于工件时仍能产生磨损作用。

五、减磨材料矿物原料

相对于磨料矿物原料,减磨矿物原料是指具有硬度低、润滑性好(低摩擦系数)和高耐磨性(耐高温、结构稳定)的一类层状结构矿物。主要有石墨、辉钼矿、滑石、蛇纹石、蒙脱石等。

减磨矿物原料经加工制成减磨材料后具有良好的自润滑性能,能在缺油甚至无油的干摩擦条件下,或在高温、高速、高载荷、高真空等极限润滑条件下工作,应用广泛。

石墨的特殊六方网状平面叠层状构造决定了它具有优异的耐高温性、导电导热性和润滑性,是一种优良的润滑减磨材料矿物原料。石墨粉末是天然的优质固体润滑剂;超微细石墨粉分散到液相中可制成各种石墨乳、石墨节能减磨剂、石墨润滑脂等;石墨与金属、树脂、碳纤维等材料复合制成高性能碳石墨材料,广泛应用于碳石墨轴承、碳石墨密封环等。用作润滑减磨材料的石墨矿物原料一般要求高碳鳞片石墨。

蒙脱石具有典型的层状结构及可膨胀的层间域。对蒙脱石作提纯、钠化改型和粉磨加工后,用带长链烷基(C_{16} ~ C_{18})胺盐等表面活性剂(如十六烷基三甲基溴化铵)进行阳离子交换和插层处理,制得有机蒙脱石。有机蒙脱石可代替润滑脂中的动植物油稠化剂稠化中黏度或高黏度矿物油制成膨润土润滑脂等。

减磨材料矿物原料主要应用包括制造自润滑轴承、润滑剂和减磨剂等。在工业上具有节能降耗、减少磨损和事故及使机械运行平稳等作用。

第二节　摩擦材料矿物原料

一、概述

摩擦材料是一种应用在动力机械上,依靠摩擦作用来执行制动和传动功能的部件材料。主要的功能是通过摩擦来吸收或传递动力,使机械设备与机动车辆安全可靠地运行。

摩擦材料通常是由高分子黏结剂、增强材料和摩擦性能调节剂与配合剂组成的“三元组分”复合材料。

黏结剂主要有酚醛树脂和橡胶；增强材料主要有纤维矿物（主要是纤蛇纹石纤维、纤维海泡石、纤维水镁石等）、部分片状矿物（云母、蛭石等）、人造矿物纤维、玻璃纤维、陶瓷纤维、纤维素纤维、金属纤维及有机合成纤维（如芳纶纤维、腈纶纤维）等；摩擦性能调节剂是用以调整摩擦性能（摩擦系数和磨损率）的添加物，包括增摩矿物填料（如刚玉、锆石粉等）和减摩矿物填料（石墨、滑石、云母粉等）及有机材料和金属硫化物等。矿物是摩擦材料生产中的重要原料。

按摩擦材料的原料及材质可将其分为石棉摩擦材料、碳纤维摩擦材料、半金属摩擦材料、金属陶瓷摩擦材料等；按摩擦材料制品用途可分为制动摩擦片、转向摩擦片、控速摩擦片及离合器摩擦片等。

摩擦材料广泛用于各种交通运输工具（如汽车、火车、飞机、舰船等）和各种机器设备的制动器、离合器及摩擦传动装置中的制动材料。在制动装置中，利用摩擦材料的摩擦性能，将转动的动能转化为热能及其他形式的能量，从而使传动装置制动。

二、摩擦材料的基本性能要求

在摩擦材料中使用矿物填料，主要起到摩擦性能调节和配合的作用，其功能主要为以下几个方面：① 调节和改善制品的摩擦性能、物理性能与机械强度；② 控制制品热膨胀系数、导热性、收缩率，增加产品尺寸的稳定性；③ 改善制品的制动噪声；④ 提高制品的制造工艺性能与加工性能；⑤ 改善制品外观质量及密度；⑥ 降低生产成本。

在摩擦材料的配方设计时，选用矿物填料必须要了解矿物的性能以及在摩擦材料中所起到的作用。正确使用矿物填料对于摩擦材料的性能是非常重要的。

随着动力机械和机动车辆的发展，对传动和制动机构中使用的摩擦材料性能的要求也越来越高，因此对于新型摩擦材料矿物原料的研究也是非常迫切的。

用于摩擦材料的矿物原料，在摩擦材料中应具有良好的增强、增摩和调节功能，并使所制备的摩擦材料满足一定基本要求。即：

① 应具有适当的摩擦系数。摩擦系数是表征摩擦材料性能的主要参数。干状态工作时，摩擦系数范围应为 0.2 ~ 0.6；湿状态工作时，摩擦系数范围应为 0.1 ~ 0.2。

② 在不同温度、速度和压力下摩擦系数具有稳定性。摩擦材料在工作状态下由于摩擦生热而产生高温，导致摩擦系数下降，即发生热衰退现象。摩擦系数还随运动速度及正压力的变化而变化，为了保证机械和车辆运行时的安全和稳定，要求摩擦材料在不同温度、速度和正压力条件下有良好的稳定性。

③ 抗磨性好，使用寿命长。

④ 具有良好的物理机械性能和加工性能。

⑤ 不损伤对偶材料。摩擦材料在工作过程中，对于对偶材料可以有允许范围内的均匀磨损，但不应刮伤和过度磨损，使金属对偶材料的寿命缩短。

⑥ 不产生明显的制动噪声和震颤。

为了降低刹车噪声及震颤，提高汽车乘坐的舒适性，一般添加高空隙率的矿物原料，如蛭石、膨胀石墨、焦炭等。为了提高摩擦片的使用寿命即耐磨损性，必须使用耐温性好的润滑剂，如石墨、辉钼矿（二硫化钼）、辉锑矿（三硫化锑）等，铜丝（屑）、铝屑等。

三、摩擦材料主要矿物原料

（一）增强矿物原料

主要有纤维状矿物和片状矿物，它们在摩擦材料中起增强作用。其中以纤蛇纹石纤维使用历史最长，应用最为广泛。

纤蛇纹石纤维，商品名称为温石棉，具有较高的耐热性和很高的机械强度，并具有较长的纤维长度，很好的散热性、柔软性和浸渍性，通过纺织制成的石棉布或石棉带可很容易浸渍黏结剂。石棉短纤维及其布或带等织品都可以作为摩擦材料的基材，并具有很高的性价比。通常选用抗拉强度大的温石棉品种，一般使用4、5级温石棉绒或纺织制品，石棉绒要求无砂粒。

微细的石棉纤维在空气中易被吸入肺部，长期积累有可能引起肺部疾病。因此，采用其他矿物纤维代替，如海泡石纤维、水镁石纤维、坡缕石纤维、纤维状硅灰石等，以及其他片状矿物代替，如白云母、蛭石等。

同时，也开发出其他种类的无石棉摩擦材料或非石棉摩擦材料。如陶瓷型摩擦材料，主要以无机纤维和几种有机纤维混杂组成，无石棉，无金属。其特点为：

① 无石棉符合环保要求；② 无金属和多孔性材料的使用可降低制品密度，有利于减少制动盘（鼓）的损伤和制动噪声的产生；③ 摩擦材料不生锈，不腐蚀；④ 磨耗低，粉尘少。

（二）填料矿物原料

填料矿物原料主要起摩擦性能调节剂的作用。根据摩擦性能调节剂在摩擦材料中的作用，可将其分为增摩矿物填料和减摩矿物填料两类。

1. 增摩矿物填料

以提高摩擦材料的摩擦系数为目的，以非金属矿物粉体为主。矿物经破碎、磨细加工成粉状填料。主要矿物岩石种类有：刚玉、锆石、长石、铬铁矿、萤石、石榴石、硅灰石、硅藻土等。

摩擦材料本身属于摩阻材料，为能实现制动和传动功能，要求应具有较高的摩擦系数。因此，增摩矿物填料是摩擦性能调节剂的主要成分。

不同矿物填料的增摩作用是不同的。增摩填料的摩氏硬度通常为3~9。硬度高的增摩效果显著。硬度大于5.5的矿物填料属硬质填料，要控制其用量和粒度（如刚玉、锆石等）。

2. 减摩矿物填料

为了提高摩擦材料的耐磨损率，常加入具有润滑性能的矿物填料，在摩擦材料中矿物作为固体润滑剂起减摩作用。减摩矿物填料一般硬度较低，通常使用硬度小于2的矿物。主要矿物种类有：鳞片石墨、滑石、辉钼矿、高岭石、绢云母、蛭石等具有层状结构的矿物。

减摩矿物填料既能降低摩擦材料的摩擦系数又能减少对偶材料的磨损，从而提高摩擦材料的使用寿命。

第三节　密封材料矿物原料

一、概述

密封材料是用来防止系统中介质从连接处相邻结合面间泄漏或系统外介质从外部侵入所使用的一类减小或消除间隙的材料的通称。密封材料通常是由有机黏结剂、增强材料和填料等组成的“三元组分”复合材料。有机黏结剂是橡胶和橡胶配合剂。橡胶和橡胶配合剂使增强材料黏合，增大抗拉强度，同时填充于增强材料空隙之间，增大致密性。增强材料有矿物纤维（如温石棉、纤维海泡石等）、柔性矿物（如柔性石墨、辉钼矿、蛭石等）、人造无机纤维（如人造矿物纤维、玻璃纤维、陶瓷纤维、碳纤维等）和有机合成纤维（如芳纶纤维、腈纶纤维等）。填料主要有矿物填料（如高岭石、重晶石、滑石、碳酸钙）和人造填料（炭黑、白炭黑、氧化锌、氧化镁等）。

按欲密封联接处相邻结合面的运动状态，密封材料一般分为静密封件（密封处面间相对静止）和动密封件（密封处面间相对运动）。按密封件的构造分为垫片类、垫圈类、密封填料类及机械密封等。按密封材料原料的类别分为柔性石墨密封材料、温石棉密封材料、金属密封材料及复合密封材料等。根据密封结构的结合面运动状态、密封件构造和材料原料的类别等，密封材料的分类见表 13－1。

表 13－1　密封材料分类表

Table 13－1　The classification of the sealing material

<table>
<tr><th>结合面运动状态</th><th>密封件构造</th><th>举　　例</th></tr>
<tr><td rowspan="2">静密封</td><td>垫片类</td><td>柔性石墨板带、温石棉橡胶垫片、缠绕垫片、复合垫片等</td></tr>
<tr><td rowspan="2">垫圈类</td><td rowspan="2">温石棉橡垫圈、柔性石墨垫圈、自密封垫圈、温石棉石墨复合垫圈、柔性石墨密封环、温石棉纤维环等</td></tr>
<tr><td rowspan="2">动密封</td></tr>
<tr><td>密封填料</td><td>温石棉密封填料、柔性石墨编织密封填料、非金属－金属复合密封填料、柔性石墨填料环等</td></tr>
</table>

二、密封材料的性能要求

密封材料通常由弹性良好的天然增强纤维状矿物、多孔片状矿物、人造纤维，以及金属材料和有机材料复合而成，具有如下要求：① 对气体和液体具有不可渗透性，且能适应高温和高压工况。② 具有良好的回弹性和可塑性，不仅在承受轴向压紧力时能产生足够起密封作用的径向力，而且还应有一定的补偿轴向压紧力松弛的回弹力。③ 具有耐化学腐蚀性。本身不分解，不被介质泡胀，不污染介质，在与轴接触时不产生电化学效应，不腐蚀密封面。④ 自润滑性能良好，摩擦性能好（耐磨、摩擦系数小）。⑤ 无毒，不污染环境。⑥ 具有良好的导热性。能以较快的速度把轴和密封填料之间的摩擦热导出，使密封填料能适应动密封工件一定的线速度。

用作密封材料的矿物原料也应具备或满足上述基本性能的要求。

三、密封材料主要矿物原料

(一) 增强矿物原料

密封材料除满足基本要求外,还应具备良好的柔韧性和机械强度。常用的矿物原料有纤蛇纹石纤维、石墨、海泡石纤维等。

选择纤蛇纹石纤维时应选用纤维较长、柔软、抗拉强度高、松解度高、氯离子含量低的柔软型纤维。在纤维加工中要求除砂、除尘彻底,不含大颗粒砂粒和未松解的硬结构棉针。耐酸温石棉橡胶板必须选用酸失量低的纤蛇纹石纤维。

将高碳鳞片石墨经酸氧化加工制成膨胀石墨,进一步可加工制成柔性石墨。将柔性石墨与高强度的无机或有机纤维复合,经绞捻加工成柔性石墨纱线,可用于编织柔性石墨密封填料等。

(二) 矿物填料

矿物填料在密封材料中具有填充、密实作用和耐压缩、耐摩擦及耐高温等性能。工业上主要采用高岭石(土)、方解石、滑石等。

高岭石(土)主要用作温石棉橡胶板的功能性与经济性填料,可对橡胶制品起到一定的增强作用并提高耐温性。适用于温石棉橡胶板的高岭石(土),二氧化硅含量一般为45%左右,氧化铝含量为38%左右。

方解石经粉磨可制备重质碳酸钙粉,烧成石灰再经水解、碳化、干燥后可制成轻质碳酸钙粉。重质碳酸钙粉和轻质碳酸钙粉不仅具有填充作用,能降低成本,而且可提高温石棉橡胶板的工艺性。

生产温石棉橡胶板时,滑石粉可被作为隔离剂使用,撒于塑炼胶、未硫化胶的表面,防止胶面相互粘连。

第十四章　生态环境矿物原料

第一节　概　　述

一、矿物的环境属性

天然矿物是自然演化的产物,但是矿物具有不同的学科地位和作用,并表现出多重属性。从认识和利用的角度可以把矿物的属性分为资源属性、物质属性、材料属性和环境属性。

(1) 资源属性。矿物最初被人们所能认识和利用的属性就是它的资源属性,即它能在一定时期、地点条件下产生经济价值,以提高人类当前和将来福利的自然因素和条件。对一种新矿物的发现,就意味着一种新的矿物资源可能被利用。对已有矿物资源的利用程度,更是依赖于对矿物的有用性能与矿物中有用组分的研究程度。故长期以来人们对矿物学的研究活动始终是在资源矿物学的范畴内进行的。

(2) 物质属性。矿物是地球或固态行星的主要成分,是能量的一种聚集形式,具有特定时空存在属性的固体物质。天然存在的物质和人工合成的物质,无生命的物质与生命物质以及实体物质和场,等等,这些物质的种类虽多,但它们有其共性,并能够被观测,都具有质量或能量。单质、化合物或混合物;金属和非金属;无机物和有机物;矿物与合金都是物质不同特性的分类。

(3) 材料属性。矿物本身就是一种原料或原材料,经过加工或天然加工就形成一定的形状和功能的材料了,即矿物材料。研究它的矿物材料学已经发展成活跃的应用矿物学的分支学科。

(4) 环境属性。是指矿物与地球表面各个圈层之间交互作用所表现出一系列行为或性质。

在矿物形成和变化的整个过程中,不同时间和空间尺度上的环境变化使得矿物含有丰富的环境变化信息。这些信息具体蕴藏在矿物外部微形貌、内部微结构、化学组成、化学性质、物理性质、谱学特征和成因产状等方面。随着研究手段的改进与研究水平的提高,利用矿物揭示的环境演变信息的数量与质量会逐步增多与增强。如在全球变化研究中,以冰川和黄土、岩溶地区中产出的钟乳石和石笋、大气中矿物浮尘、水体中沉积物及土壤中组成矿物等均是直接的研究对象,通过它们揭示古环境、古气候和较小空间尺度上环境演化规律。

矿物在一定的条件下能够稳定地存在于自然界之中,与生态环境具有良好的协调性。人类生产和生活活动所造成的矿物破坏与分解,给人类健康和生存环境造成了不利影响。详细研究并充分发挥矿物的环境属性作用,揭示矿物破坏与分解的本质,采取积极的科学措施来应对,就有可能减少甚至避免由于矿物的破坏与分解所造成的对人体健康的影响与生态环境的破坏。

矿物具有治理环境污染与修复环境质量的基本性能。天然自净化是大自然赋予人类与地球长久相互依存的一种自然本能。众多矿物就具有净化环境的功能。许多天然矿物与自然环境具有很好的共生性和协调性,既来自天然又能自我调节净化,修复环境,还可治理污染,无害回归自然。

二、治理环境污染的矿物法

矿物法是相对于物理法、化学法、生物法而言的，指在自然界地表遍存在的矿物与环境相互作用的现象与过程。矿物法是指在某些环境介质与条件下，如光、热、电、磁、水、气、生物、有机物等，矿物利用表面效应、孔道效应、结构效应、离子交换效应、结晶效应、溶解效应、水合效应、氧化还原效应、半导体效应、纳米效应及矿物生物交互效应等过程，与有机界和无机界进行天然作用，平衡、转化、净化环境状态的方法。鲁安怀等强调矿物在无机界的天然自净化作用，认为矿物法是治理环境污染的第四类方法。

矿物法在如下环境治理方面已发挥了重要作用：① 区域性水质污染治理；② 国土治理与土壤改良；③ 核废料处置；④ 畜禽粪便处理；⑤ 垃圾填埋场防渗；⑥ 燃煤固硫除尘；⑦ 汽车尾气净化；⑧ 生活污水、工业废水与矿山酸性废水处理等。尤其对于量多面广的区域性地表水和地下水的治理改善工程，一般性的环境污染治理技术是难以将其解决的，而采用成本低廉的矿物方法——天然自净化作用则有可能达到目的。

第二节　环境保护矿物原料

环境保护矿物是指能够净化环境，防止或消除污染，有助于人类健康及生态平衡的矿物及岩石，主要包括环境治理矿物和微环境调控矿物。

工业和人类产生的废气、废液和废渣是环境污染的主要来源。今天，许多国家已将保护环境作为发展经济的前提，并将实现人与环境的友好作为关注的重点。许多矿物具有吸附性、离子交换性和过滤净化等性能，可应用于环境治理，优化微环境。用环保矿物实现环境的生态化保护或治理具有方法简单、成本低、处理效果好等优点，且绝大部分环保矿物都能循环再生利用，无二次污染或二次污染小。利用矿物的天然自净化功能，可以解决一般性环境保护技术不能解决的非点源区域性污染问题，这是一般的物理、化学和生物治理方法所不能比拟的，已被世界各国所认可。表 14－1 列出部分矿物在环境治理中的应用。

环保用矿物的种类很多，应用领域十分广泛。本节着重介绍环保矿物在生态恢复、环境治理和微环境调控领域的应用。

表 14－1　矿物在环境治理中的应用

Table 14－1　The application of minerals in environmental treatment

治理范围	功能	矿　物
水污染治理	过滤、吸附、离子交换、净化	石英、尖晶石、石榴子石、海泡石、坡缕石、膨胀珍珠岩、硅藻土及多孔 SiO_2、膨胀蛭石、麦饭石等用于化工和生活用水过滤。白云石、石灰石、方镁石、蛇纹石、钾长石、石英等用于清除水中过多的 H^+ 或 OH^-。明矾石、三水铝石、高岭土、蒙脱石、沸石等用于清除废水中有机物和金属离子等
大气污染治理	中和、吸附、反应转化	石灰石、菱镁矿、水镁石等碱性矿物用于中和可溶于水的气体，这些有害气体多为酸酐。将沸石、坡缕石、海泡石、蒙脱石、高岭土、白云石、硅藻土等多孔矿物制成吸附剂

续表

治理范围	功能	矿　物
固体废物处理与处置	吸附、固化、反应转化、阻滞	膨润土、海泡石、石膏、浮石
放射性污染治理	过滤、离子交换、吸附、固化、阻挡	多孔矿物、片状矿物、石棉用作过滤、阻挡材料清除放射性气体及尘埃。沸石、坡缕石、海泡石、蒙脱石、蛭石等用作阳离子交换剂净化被放射性污染的水体。多孔矿物、活性矿物、烧绿石、榍石、锆石、独居石、钙钛矿、黑稀金矿、钡长石、磷钇石、硼砂、磷灰石等可对放射性核素结晶固化。重晶石、方铅矿、钡长石、赤铁矿等含大原子序数、大半径金属元素的矿物可阻挡放射线
污染土壤的修复	中和、吸附、固定	膨润土、海泡石、沸石、珍珠岩、石膏、蛭石、高岭土、硅藻土、石灰石、铁锰氧化物、浮石、粉煤灰、电石渣等。
噪声污染	吸收、反射隔声	沸石、浮石、蛭石、珍珠岩等轻质多孔非金属矿物可用于生产吸声的建筑材料
电磁辐射污染	吸收、反射、阻滞	石墨、辉钼矿、黄铁矿、磁黄铁矿、金红石、尖晶石、磁铁矿、电气石、纳米矿物、多孔矿物、高含水矿物可用于生产屏蔽电磁辐射污染的材料

一、治理大气污染的矿物

人类活动产生大量的废气、烟尘杂质，严重污染了大气环境，在人口稠密的城市和大规模排放源附近尤为突出。选择具有吸附性、过滤性、絮凝性、离子交换性及中和性等性能的天然矿物材料，通过改性、改型与复合处理，达到处理工业与生活中排放的废气的目的。如以蒙脱石、海泡石、坡缕石等矿物为原料制备的吸附材料，可迅速有效地去除与腐烂变质物臭气有关的1,4－丁二胺和1,5－戊二胺以及包含在排泄物臭气中的吲哚、丁烷一类气体。

在大气污染中，污染物主要是粉尘、SO_x、NO_x、氮氢化合物和PAHs(多环芳烃)等。矿物治理大气污染，主要是利用其自身特性去除大气中的害气体。通常，有害气体多为酸酐，大部分能溶于水。可用碱性矿物与酸酐发生中和反应，从而吸收酸酐，达到清除废气的目的。石灰石(方解石)、生石灰、方镁石、水镁石等均属此类。如日本用方镁石、水镁石吸收SO_2、SO_3废气：

$$MgO + SO_2 + H_2O \rightarrow MgSO_3 + H_2O$$

$$Mg(OH)_2 + SO_2 + H_2O \rightarrow MgSO_3 + 2H_2O$$

$$Mg(OH)_2 + SO_3 + H_2O \rightarrow MgSO_4 + 2H_2O$$

对不溶于水的酸酐气，可先转化为溶于水的酸酐，再用上述方法处理。如$NO + 0.5O_2 \rightarrow NO_2$，$N_2O_5 + H_2 \rightarrow 2NO_2 + H_2O$；也可用溶于水的弱碱性盐类矿物，如芒硝、小苏打、明矾石、铁矾等，加氧化剂或还原剂与废气反应。

利用黏土矿物、沸石以及改型后的多孔状物质作吸附剂，也可排除有害气体。如斜发沸石、丝光沸石、菱沸石、毛沸石、坡缕石、海泡石、膨润土、高岭石、多孔 SiO_2、活性 Al_2O_3、白云石、泥炭、硅藻土等。如沸石可吸附 NO_x、SO_x、CO、CS_2、H_2S、NH_3 等,白云石粒可吸附沥青烟等,天然沸石可作为有机废气焚烧净化催化剂等。沸石加热脱水后,其骨架结构的形状保持不变,且形成均匀、分子直径数量级大小的孔道,可起到"分子筛"的作用,不管在常温常压,还是在分压或低浓度、高温度下都有很高的吸附容量。海泡石通过改性,对 SO_2 和 NH_3 也有一定的吸附能力。

鉴于环境保护用矿物在大气污染治理方面的应用主要集中在治理燃煤污染和汽车尾气污染,这里仅介绍它们在这两个领域的应用。

(一) 燃煤污染治理

我国大气污染的显著特征就是煤烟型。煤炭燃烧释放出烟气、粉尘、SO_2、CO、CO_2 等一次污染物以及产生硫酸、硫酸盐类等二次污染物,造成严重的酸雨污染。治理燃煤污染,使用的固硫剂是一些含钙、镁、铝、铁、硅和钠的物质。由于在高温下形成的硫酸盐易分解,降低了固硫率。可利用某些能在高温下形成疏松孔道的环保用矿物作为固硫添加剂,营造燃煤内部氧化气氛,有效地阻止硫酸盐分解。

以天然石灰石矿石为主体,配以其他矿物(如蛭石、珍珠岩等)可制备廉价的固硫剂。固硫剂还有利于促进煤燃烧,降低烟尘的排放。除脱硫外,也可用某些环保矿物原料对燃煤煤烟进行吸附。利用膨润土和蛭石等矿物在高温条件下仍具有孔道的特性和化学活性,可有效吸附烟气及硫化反应产物硫酸盐。如膨润土高温下失去层间水,形成疏松孔道,可吸附硫化反应产物硫酸盐,同时激活自身层间固硫离子如钙、镁等,促进固硫反应进行。李金洪(2006)利用膨润土制备固硫剂,该产品取得了很好的固硫效果。

脱硫石膏是电厂烟气湿法脱硫的主要副产品。利用电厂烟气生产烟气脱硫石膏是目前应用最广泛、技术最成熟的烟气脱硫技术。该方法是以石灰石为脱硫剂,通过向吸收塔内喷入吸收剂浆液,使其与烟气充分接触混合,对烟气进行洗涤,使烟气中的 SO_2 与浆液中的 $CaCO_3$ 以及鼓入的强氧化空气反应,1 t SO_2 可制得脱硫石膏 2.7 t。一个 30×10^4 kW 的燃煤电厂,如果燃煤含硫 1%,每年就将排出脱硫石膏 3×10^4 t。在我国,脱硫石膏主要用于生产水泥缓凝剂、石膏板、石膏砌块、粉刷石膏及自流平石膏等产品。

燃煤固硫产生的固硫灰渣,其主要成分为粉煤灰、残余的钙基脱硫剂以及脱硫产物($CaSO_3 \cdot 0.5H_2O$、$CaSO_4 \cdot 2H_2O$)。这种灰渣具有一定的自硬性和火山灰活性,可作为结构填充材料,应用于挖掘土回填、沟槽、管道垫层、路基等,与普通回填材料相比,具有密度小,强度高的优点。如用固硫灰渣作废坑井的填充材料,能有效地治理酸性污水溢流的问题;用固硫灰渣处理城市管道污泥,能稳定污泥不到处流淌,而固硫灰渣成分中的 CaO 和 $CaSO_4$ 制造的碱性环境,可起到杀菌和除臭作用。固硫灰渣中含有少量的镁、钾、磷等成分,这些元素是农作物必不可少的养分,用固硫灰渣与钾长石混合焙烧生产钾复合肥正在成为固硫灰渣的一个重要应用方向。另外,固硫灰渣的铁、锰、钼、硼、铜、锌等元素可作为农作物需求的微量养分。

(二) 汽车尾气治理

汽车尾气污染已成为大气污染的一个重要来源,尾气中的 CO、NO_x、碳氢化合物、铅化物和硫化物等对人体危害极大。在我国,北京、上海、广州等大城市已通过许多技术手段来减少汽车尾气的排放。如用沸石作载体，同时用铂和铱/氧化铝作催化剂，可在汽车发动机内有效转化NO_x（转化率可达70%），并可完全去除烃类物质。膨润土与钴化合物在800℃以上焙烧制成的催化剂可用于内燃机废气净化。用低白度滑石研制出的新型微孔陶瓷对汽车尾气净化率可达98%以上，且长期使用仍具有良好的净化效果。

近年来，用稀土代替部分贵重金属制成汽车尾气净化催化剂也已成功应用。由于稀土元素的原子半径大，极易失去外层电子，具有特殊的变价特性、活性和储氧功能，可使一氧化碳转化成二氧化碳。稀土元素还可以改善催化剂的抗铅、硫中毒性能，延长催化剂的使用寿命，增加催化剂的热稳定性。

二、治理水污染的矿物

矿物对污水的净化机理与矿物本身的性能有直接关系，主要是利用矿物表面的吸附作用、矿物孔道的过滤作用、矿物层间的离子交换作用及金属矿物微溶性的化学活性作用等。用矿物处理废水、污水的方法主要包括过滤、中和、混凝沉淀、离子交换、吸附等。处理后水中所含杂质应低于规定的指标，pH应为中性。

（1）过滤用矿物砂。凡在水中稳定，即不溶解，不电离，不与水发生反应、并保持中性的矿物均可作过滤材料。为达到除去水中固体微粒等杂质的目的，过滤用矿物砂的粒度、圆度及级配有一定的要求。

常用矿物有石英、铁钛矿、尖晶石、石榴子石、多孔SiO_2、硅藻土等。板柱状矿物和片状矿物不宜单独用作过滤矿物砂。纤维状矿物可作滤网材料用于化工业，但不能用于过滤生活用水。

（2）控制水体pH的矿物。矿物自身的pH特征，或者矿物的水解反应及活性特征，可用来消耗、清除水体中过多的H^+和OH^-，调节浅海、湖泊、河流等局部水体的pH，也用以调节工业循环用水、生活用水的pH。

例如，方解石、白云石、生石灰、石灰乳、水镁石、方镁石、橄榄石、蛇纹石、长石等矿物可用以处理酸性水（转变为中性水）。其反应为：

$$CaO \text{ 或 } MgO + 2H^+ \rightarrow Ca^{2+} \text{ 或 } Mg^{2+} + H_2O$$

$$Mg(OH)_2 + 2H^+ \rightarrow Mg^{2+} + 2H_2O$$

又如，用石灰石－氯化钙法处理不锈钢酸洗液含F废水，中和反应时间为10～20 min，pH = 7～7.5，废水中的F可降至10 mg/L以下。

石英等酸性矿物可处理强碱性水：

$$2(Na,K)(OH) + SiO_2 \rightarrow (Na,K)_2SiO_3 + H_2O$$

（3）净化污水的矿物。除了采用上述过滤、调节pH方法处理水质外，更多的是利用矿物吸附、离子交换以及其他的物理化学性质对重金属和有机废水进行净化处理。

膨润土已广泛应用于含有重金属离子的废水处理，含油及高分子有机污染物处理以及城市垃圾中废液的处理，但对Na^+的清除有限，对水体混浊度的降低效果为中等。罗芳旭（2002）用膨润土结合聚丙烯酰胺处理含Ni^{2+}废水，在pH = 8.5，膨润土用量5.0 g/L，聚丙烯酰胺用量1.0 mg/L下，其对Ni^{2+}的吸附效率达98.1%。此外，沸石、蒙脱石、石墨、蛭石、伊利石、绿泥石、高岭石、坡缕石、海泡石等可用以清除废水中的NH_3-N、$H_2PO_4^-$、HPO_4^{2-}、PO_4^{3-}和重金属阳离子

Hg^{2+}、Cd^{2+}、Pb^{2+}、Cr^{3+}、As^{3+}、Ni^{2+}等。如酸浸滤蛭石净化水的技术在日本等国家已得到广泛应用;用坡缕石处理印染厂污水:用量为0.5%时,Cr系有机染料脱除率和脱色率分别达84%和95%。

对于城市最大的水污染源之一造纸废水,经济有效的方法就是利用沸石对其进行治理。例如,将信阳上天梯斜发沸石岩按一定比例加入反应助剂,充分搅拌,将混合物pH调至4~5,并陈化数小时,最后将混合物在200~250℃下烧制成“沸石净化剂”,用该沸石净化剂处理造纸黑液,整个过程无废弃物产生,可实现造纸废水零排放。

利用矿物的荷电性质,与水体中具异号电荷的污染物胶体或离子发生凝聚,从而使污染物沉淀。可用作沉淀剂的矿物有明矾石、绿矾、苏打、生石灰、三水铝石、高岭石、蒙脱石等。如用高岭石、蒙脱石等对城市污水进行絮凝方式处理,并使用沸石清除水体中的Ca^{2+}、Mg^{2+},清除率达100%。而一些含变价元素的矿物,在废水的处理中也得到了广泛应用。软锰矿可用以处理酸性含As废水;磁铁矿可除去废水的有色物质、混浊物和铁、铝等;硫铁矿粉可处理含Hg废水。在处理浓度为0.02~1.0 mg/L的Hg废水中,粒径0.5~1.68 mm的硫铁矿粉的添加量仅为10 g/L。用硫铁矿去除含As废水,当pH=2~9时,As离子去除率达99%以上;在合适的pH范围内,经硫铁矿处理的水中,As含量≤0.05 mg/L,低于饮用水含As量的规定标准;用天然磁黄铁矿清除Cu^{2+}、Pb^{2+}、Cr^{3+}、As^{3+}、As^{5+}、Cr^{6+},清除率可达98%,符合饮用水标准;海绿石可清除钻井泥浆中的Pb^{2+}。

三、处理固体废物的矿物

用沸石、海泡石、膨润土、硅藻土等矿物经深加工改性复合制成的环保矿物材料及其制品,对固体废物安全处置具有独特优良的效果,有的甚至可与废物直接混合,变废为宝,达到综合利用、环境保护的双重目的。

(一)垃圾焚烧处理

在垃圾焚烧处理过程中会产生主灰和飞灰两种焚烧产物,其中飞灰在填埋之前必须进行处理,才能使其中的有害重金属离子Pb^{2+}达到稳定化状态,减少对环境的二次污染。可用沸石作为飞灰中Pb^{2+}离子的处理剂,在飞灰中添加15%的沸石,可较好地处理飞灰中的Pb^{2+}。如沸石被酸化处理,它对Pb^{2+}的处理效果更佳。

(二)垃圾填埋场处理

在我国,近90%的固体废物采用卫生填埋法,填埋场的封闭和防渗是两个关键环节。用膨润土、海泡石和沸石等矿物作为填埋场的防渗层,利用它们独特的结构和性能,可有效阻滞填埋场渗透出的大量重金属离子(如Hg、Cr、Cu、Ni、Cd等)及许多有毒有害的有机物。而海泡石不仅能吸附垃圾填埋场中存在的有害气体(如H_2S和NH_3),还可作为垃圾填埋场固体废物的稳定剂,将放射性物质吸附固化。

(三)治理污泥

污泥作为一种固体废物,对有机污染物具有很强的吸附能力,采用生物降解或传统的处理工艺难以达到理想的治理效果,若在其中加入膨润土等具有吸附能力的黏土矿物,可使污泥中的污染物重新分配,则有可能去除污泥中的有机污染物。

四、土壤污染修复矿物

（一）土壤污染的现状

土壤是人类赖以生存的主要资源之一，近年来，随着工业的快速发展和城市规模的不断扩大，矿产资源的不合理开发及其冶炼排放、长期对土壤进行污水灌溉和污泥施用、人为活动引起的大气沉降、化肥农药的使用等原因，造成了土地污染面积不断扩大，土壤污染日益严重。土壤污染主要包括重金属污染、农药、有机污染物、放射性元素污染等多种类型。其中90%左右被污染土壤都与重金属有关。目前我国受镉、砷、铬、铅等重金属污染的耕地面积近 $2\ 000\times10^4\ hm^2$，约占总耕地面积的20%；珠江三角洲部分城市有近40%的农田菜地土壤重金属污染超标，其中10%属严重超标；工业"三废"污染耕地 $1\ 000\times10^4\ hm^2$，污水灌溉的农田面积已达330多万公顷。

土壤的污染破坏逐渐呈现区域性的态势，城市和农村由于其结构组成和发展方向不同，其各自的土壤污染也呈现出不同的特征。

（1）城市土壤污染现状。① 城市土壤重金属污染：城市土壤的理化性质是影响城市土壤重金属污染的重要因素；② 城市土壤纳米级有机物污染：环境中对生态和人体有危害的纳米级有机污染物包括持久性或难降解有机污染物（POPs）和持久性或难降解有毒化合物（PTS）；③ 城市土壤营养元素（N、P）污染：城市土壤中的N、P不是经过土地的直接使用，而是通过一系列的迁移转化，进而在土壤中富集。

（2）农村土壤污染现状。① 农业土壤中肥料（主要为N、P）元素的污染：农业土壤中无机肥料元素的污染最为严重，造成N、P及其营养盐的累积；② 农业土壤中的重金属污染：土壤中的无机污染物主要包括镉、汞、铬、铅、铜、锌等重金属和砷、硒、氟等非金属物质。有许多重金属被引入肥料中，从而进入农田土壤；③ 农业土壤的有机污染：造成农业土壤有机污染的主要是有机磷和有机氯农药，此外还包括氨基甲酸酯类、有机氮类杀虫剂、磺酰脲类除草剂、多环芳烃等持久性有机污染。

土壤污染直接影响着土壤质量、水质状况、农业产量及农产品品质等。重金属类和农药类化合物是土壤的主要化学性污染物。重金属进入土壤后可以被作物吸收积累，直接危害人畜健康；含有机氯、多氯联苯（PCB）、多环芳烃等的农药，由于化学性质稳定，在土壤中残留时间长，被作物吸收后，经生物之间转移、浓缩和积累，可使农药的残毒直接危害人体的健康。

（二）土壤污染的治理机制

目前，土壤重金属污染的研究集中在重金属的生物有效性与污染土壤的治理两方面。土壤重金属污染治理途径主要有两种：一是改变重金属在土壤中的存在形态，使其由活化态转变为稳定态；二是从土壤中去除重金属，以使其存留浓度接近或达到背景值。根据重金属离子的迁移转化规律，可以采用热力学、物理学、生物学、物理化学等处理方法来治理土壤的重金属污染。

同重金属污染相比，有机污染物种类繁多，带来的危害更严重。有机物污染土壤的修复技术主要有物理、化学、生物及植物修复法。每种修复方法都存在着一定的局限。因此成本低廉且效率较高的环境矿物法越来越得到重视。

土壤的主要矿物组成除黏土矿物外，还存在大量的铁、锰、铝氧化物及氢氧化物、硅氧化物、碳酸盐、有机质、硫化物等天然矿物。目前，膨润土、沸石、磷灰石等矿物在土壤污染治理中也得到了应用。研究发现，施加膨润土后不同污染程度土壤的交换态、碳酸盐结合态镉的质量分数都有所下降，铁锰氧化物结合态、有机结合态和残渣态镉的质量分数则有所上升。在受镉中度污染的土壤中施用膨润土或沸石，均能取得较好的钝化镉的效果。污染土壤修复可以施加的矿物有如下几类：黏土矿物、多孔矿物、铁锰矿物、磷酸盐矿物、非晶质结构的水铝英矿以及具有架状、链状、岛状等结构的矿物，可以通过层间域而吸附重金属离子；高岭石、伊利石的边面和破键具有可变电荷，可对重金属离子产生专一性吸附；粉煤灰颗粒内部有许多空心结构且原子处于未饱和状态，具有一定的吸附性能，可以用于吸附重金属污染离子并将其固定。

1. 各种矿物的治理污染的机制

黏土矿物可以把一些有毒的阳离子吸持在层间的晶架结构内而成为固定离子，达到消除污染物毒害的作用。黏土矿物对土壤重金属污染的修复机理，包括吸附和离子交换作用、配合反应和共沉淀3个方面，其中吸附和离子交换作用是修复重金属污染最普遍和最主要的机理。土壤中重金属的形态可分为水溶态、交换态、碳酸盐结合态、铁锰氧化物结合态、有机结合态、残留态等6种形式。由于各重金属离子在土壤中的存在形态不同以及不同黏土矿物对重金属离子的吸附能力存在差异，因此黏土矿物对重金属离子的选择性吸附强弱不一。黏土矿物蒙脱石对常见的重金属如Cu、Pb、Zn、Cd和Cr等的选择性吸附强弱依次为$Cr^{3+} > Cu^{2+} > Zn^{2+} > Cd^{2+} > Pb^{2+}$；高岭石为$Cr^{3+} > Pb^{2+} > Zn^{2+} > Cu^{2+} > Cd^{2+}$；伊利石为$Cr^{3+} > Zn^{2+} > Cd^{2+} > Cu^{2+} > Pb^{2+}$；沸石、斜发沸石等对低浓度的重金属离子吸附量为$Hg^{2+} > Ag^{+} > Cd^{2+}$，而对高浓度的离子吸附量为$Cd^{2+} > Ag^{+} > Hg^{2+}$。影响黏土矿物修复土壤重金属污染效果的因素有：pH、温度、黏土矿物的吸附饱和度、黏土矿物粒径、重金属污染程度和类型等。

多孔矿物的结构孔道中都含有可交换阳离子和水分子，通常具有良好的吸附性、催化性、抗盐、抗高温等性能，在工农业方面用途广泛。

天然沸石对重金属Pb和Ni具有很强的吸附能力，可有效抑制土壤中铅的迁移及生态有效性，其吸附形式主要是离子交换和表面络合反应。人工合成的NaP1型沸石对一价和二价的重金属离子都显示出很好的保留特性，能有效地减少Ti、Zn、Cd、Mn、Co的移动性（减少率63%～100%）。沸石加到Cd污染土壤中明显降低了莴苣、燕麦和黑麦草根和茎中的Cd浓度。沸石还应用于土壤放射性物质的控制上，能非常有效地固定Cs。

膨润土对于一些受重金属污染的土壤有很好的修复作用，主要是它具有离子交换性，能把土壤中的重金属固定下来，即对重金属进行钝化，降低其生物有效性。研究表明，膨润土对Cd^{2+}的吸附性能优于沸石，且钠基膨润土比钙基膨润土的重金属吸附性能要好；对被Pb和Zn污染的土壤有较好的修复效果，且pH、膨润土与污染土壤比是影响膨润土对Pb和Zn的吸附的主要因素；膨润土吸附溶液中重金属离子的次序是$Cu^{2+} > Zn^{2+} > Ni^{2+} > Cd^{2+}$；除了能对重金属污染的土壤进行修复外，膨润土还可以对有机污染的土壤进行修复，典型的例子是石油污染的土壤。

在重金属Pb、Zn、Cd复合污染的土壤中添加海泡石可显著降低土壤可交换态重金属浓度，增加碳酸盐结合态、铁锰氧化态、有机物结合态和残渣态重金属浓度，从而抑制植株对重金属的吸收，有效阻隔重金属在土壤－植物系统内的迁移。其对重金属离子的吸附属于表面络合吸附和离子交换吸附。天然海泡石对Cu、Pb、Cd三种重金属离子的吸附能力顺序为Cu > Pb > Cd。

坡缕石在改良修复土壤中的应用主要是对土壤中Cu、Zn、Cd、Pb等重金属的钝化修复研究。坡缕石在烟草吸收土壤中重金属Pb、Cd的效应中，不同程度地减少了烟草不同部位重金属（Cd

和 Pb)的含量;在对 Zn/Cd 模拟污染土壤的修复中,一定程度上降低交换态 Zn 的含量;坡缕石可以降低铜、镉复合污染土壤中交换态 Cu、Cd 含量,亦能促进土壤中水溶态和可交换态的铀转化为有机结合态或者残渣态,对铀污染土壤具有钝化效果。

用于修复重金属土壤污染的磷酸化合物种类多样,既有水溶性的磷酸二氢钾、磷酸二氢钙、三元过磷酸钙、磷酸氢二铵、磷酸氢二钠磷酸等,也有难溶性的羟基磷灰石、磷矿石等。磷酸盐矿物不能改变土壤中重金属的总量,但可以通过促进重金属(特别是铅)从有效态向残渣态的转化来降低重金属的生物有效性或者毒性。磷酸盐能极大地降低有效态铅的含量,使其残渣态增加 53%,但是铜和锌的残渣态仅增加 13% 和 15%。施入磷矿粉,可以将水溶态铅的含量降低 56.8% ~100%,其主要机理是磷矿粉的分解以及与铅生成不溶性的磷氯铅矿之类的矿物。磷酸盐不仅能降低铅在表层土壤的移动性,而且可降低地下 40 cm 处土壤中铅的移动性。

目前,国内外在铅污染土壤修复实践中,主要利用价格低廉的含磷物质进行原位固定修复。含磷物质因为价格低廉、修复效果好,被美国环境保护署(U.S. EPA)列为最好的铅污染土壤管理措施之一。

磷对铅污染土壤修复的主要机制包括:① 吸附作用:土壤中的重金属离子主要通过与磷灰石类矿物颗粒表面的 Ca^{2+} 发生阳离子交换而被吸附在矿物颗粒表面;② 沉淀/共沉淀作用:磷固定土壤中铅的主要机制是磷与铅在土壤中生成环境稳定性更高的磷铅矿类化合物[$Pb_5(PO_4)_3X$,X = Cl、OH、F 等],因土壤主要阴离子种类不同,分别形成氟磷铅矿、羟基磷铅矿及氯磷铅矿;③ 细胞壁束缚作用:在铅污染土壤中施入较高的可溶性磷肥,可导致植物的根表细胞、茎叶细胞中形成磷酸铅盐沉淀,从而抑制植物对铅的吸收及植物体内的长距离运输,降低铅的生物毒性。

以磁铁矿、赤铁矿、针铁矿、软锰矿与铝土矿等为代表的天然矿物正成为天然矿物净化污染方法研究的重点对象之一。铁和锰是自然界中含量不大但常见的变价元素,矿物中铁的价态为 +2 和 +3 价,锰多呈 +3 和 +4 价。它们有巨大的比表面积,反应性强,能吸附重金属和有机污染物质,具有较高的反应活性。变价金属氧化物和氢氧化物因它们的还原溶解作用,不仅对有害有毒的无机性还原剂具有良好的净化功能,而且对环境中有机性还原剂具有氧化降解功能。变价铁基矿物因它的还原溶解作用,可氧化降解酚类化合物,可转移、调控、净化被重金属污染的土壤,减轻对动植物的毒害作用。

针铁矿和赤铁矿因表面对氟、砷的选择性吸附,可以富集溶液中浓度很低的氟、砷元素,在一定程度上控制着地表环境中氟、砷元素的迁移和富集。水铁矿、针铁矿、赤铁矿三种铁化物对铜离子的吸附能力大小次序为:水铁矿 > 赤铁矿 > 针铁矿。在中性条件下,铁氧化物对天然腐殖质的吸附量(质量)从大到小的顺序为赤铁矿 > 针铁矿 > 水铁矿。pH 上升,其吸附量下降。氧化铁还可以吸附合成有机酸,如乳酸、酒石酸、苯乙酸和柠檬酸等,并对有机物的转化和降解具有催化作用,如水铁矿能显著加速尿素类化合物的转化。锰矿物由于具有很高的负表面电荷,也可吸附土壤中大量的重金属离子,它对重金属离子的吸附量从大到小顺序是 $Pb^{2+} > Cu^{2+} > Mn^{2+} > Co^{2+} > Zn^{2+} > Ni^{2+}$。而针铁矿表面对重金属离子的吸附量从大到小顺序为:$Cu^{2+} > Zn^{2+} > Cd^{2+} > Ni^{2+} > Co^{2+}$。

2. 矿物固化或矿化修复技术

重金属固化是原位修复污染土壤和减小作物吸收污染物、提高农产品质量的重要途径。重金属固化材料的环境友好性及材料的复合效应研究也越来越受到重视。

目前常用的矿物固化剂有石灰、沸石、碳酸钙、磷酸盐、硅酸盐和促进还原作用的有机物质,不同固化剂对重金属的固化机理不同,比如改变土壤 pH、离子交换、吸附作用、配合作用、共沉淀等。沸石独特的孔道结构及其所含的大量可交换态阳离子对重金属 Pb、Cd 的吸附固定效果尤为明显;生石灰混合粉煤灰是一种经济有效的土壤固化/稳定类材料,它能够有效地固化/稳定重金属污染土壤中的铅、三价和六价铬,使之达到 TCLP(废弃物毒性特性溶出程序检测)的浸出标准;硅藻土与石灰石以质量比 1∶2 的组配时,土壤浸提液中 Pb、Cd、Cu、Zn 浸出量较对照组分别降低 54.3%、100%、27.2%、63.8%,比单施石灰石固化效果要好;海泡石与石灰石组配施用时,土壤 Cd 含量明显低于单施海泡石或石灰石;黏土矿物与菌根稳定化修复重金属污染土壤具有很好的效果。

目前土壤重金属污染的固化方法主要有基于水泥的固化技术、基于石灰的固化技术、矿物吸附技术、热塑技术、热固树脂技术、玻璃化技术六大类。重金属污染的土壤,一般使用淋洗、添加改良剂、电化学反应、热处理等传统的治理方法。这些方法虽然可以快速地去除或者降低土壤中重金属的生物活性,但是对土壤的结构和肥力造成一定的破坏,尤其是会造成二次污染,并且这些方法的费用相对较高。而利用矿物稳定土壤中的重金属,降低植物体内重金属含量,是一种操作简单、成本低廉的修复技术。

3. 矿物和生物联合修复技术

利用菌根促进超累积植物生长和对重金属的吸收也是一种不会出现二次污染的提取修复技术。因此,矿物与生物联合处理重金属污染土壤,为土壤的快速修复和生态重建提出了新的思路。

菌根是指土壤中真菌菌丝和高等植物营养根系形成的一种共生体。根外菌丝扩大根系的吸收面积,增强宿主植物对营养的吸收,提高植物的抗逆性,增强植物抗重金属毒害能力。丛枝菌根(AM)能降低植物对过量重金属 Cu 和 Zn 的吸收。在被 Cd 污染的土壤里被菌根侵染的厥根系中,菌根内部的 Cd 含量比植物根细胞内高得多,可见菌根可以减少重金属元素向植物地上部的转运,减轻重金属对植物的毒害。

黏土矿物海泡石与菌根联合处理常见植物(如玉米)在重金属 Pb^{2+}、Zn^{2+}、Cd^{2+} 复合污染土壤的修复时,可显著增加玉米地上部干重和根干重以及菌根侵染率,并有效抑制复合污染土壤中三种重金属在土壤-植物系统中迁移。这说明联合处理有益于植物生长以及菌根的侵染。联合处理超累积植物(如东南景天)在重金属污染严重的地区土壤修复时,可先使用海泡石降低重金属的毒性,促进植株的生长,为超累积植物和菌根逐步提取重金属修复污染土壤提供保障。固定化微生物降解速率快、降解效率高,具有游离菌无法比拟的优点。以黏土矿物为载体,对阿特拉津(除草剂)降解菌株进行固定化处理后,其降解效果要明显优于游离菌,且黏土矿物粒径越小,固定化微生物的降解效果越好。

第三节　优化调控微环境矿物原料

利用生态环境矿物的自净化、自修复、自呼吸、自调节等功能,对其进行超细、改性、掺杂、复合及以仿生方式加工的微集料,可以赋予其更多的新功能,使其成分、功能与人居环境协调兼容,从而达到净化、优化微环境的目的。

一、净化微环境矿物

空气污染是人类生存环境中最普遍并难以解决的问题,也是对人体健康影响最大的污染之一。室内环境是人居留时间最长的环境,因此室内空气污染更受到人们的重视。室内空气质量的好坏直接影响人的身体健康,而大部分黏土类矿物、半导体矿物、极性矿物都具有净化空气、改善室内空气质量的功能。例如,以蒙脱石为基质制备室内空气净化剂(日本专利号 J51129885);膨润土与氢氧化钙、含碱及碱土金属氯酸盐混合制备净化空气吸附剂(日本专利号 J51149890);膨润土与氧化镁、碳酸钙混合干燥制成的空气、二氧化硫分离剂(日本专利号 J5218893)。在装有冷却器和空调器的密闭房间,海泡石能有效吸附室内的 CO_2。用海泡石制备的冰箱除臭剂已得到了实际应用。此外,蛭石在空气净化方面也得到了一定的应用,主要作为废气净化器的封闭物质和废气的直接净化材料。

在极性矿物中,电气石能吸聚 $PM_{2.5}$和产生负氧离子,用其研制的无源负离子发生装置及负离子涂料添加剂,产生的负阴离子能祛除宠物气味、油烟气、空调气、霉变气味等各种异味。董发勤等(2006)以硝酸钕、天然矿物电气石和钛酸丁酯为原料制备的电气石复合 Nd/TiO_2光催化材料,在 Nd/TiO_2材料中掺入 0.6% 的电气石可获得较好的光催化活性,600℃下煅烧光催化降解有机物效果更佳,并成功应用于涂料和纺织制品。

二、优化微环境矿物

(一) 调湿功能矿物

调湿矿物是指不需要借助任何人工能源和机械设备,依靠矿物自身的吸放湿性能,感知调节空间湿度变化,自动调节空气相对湿度的一类矿物。矿物通过对空气中水分的吸附与解吸来调节密闭空间内的湿度。

调湿矿物具有亲水性,其吸附、解吸能力与矿物内部孔隙的体积占比、孔隙的分布及形状等有关。调湿矿物的调湿特性可用吸放湿量大小和吸放湿速度快慢来评价。

用于调湿的矿物主要有硅藻土、海泡石、珍珠岩、沸石、膨润土及各类多孔矿物复粒等。这类矿物通常作为生产调湿制品的原料,如以石灰或水泥和硅砂为主要原料的硅酸钙板,以天然沸石为原料的板状吸放湿板及硅藻土、海泡石、高岭土等调湿建材都已研制成功。

(二) 调温功能矿物

调温矿物是指以矿物为功能基元或载体,借助矿物的导电或储能工质相转换的放热和吸热来调节微环境的温度。调温矿物主要为导电或多孔矿物,如石墨、蒙脱土、硅藻土、沸石粉、海泡石、高岭土等。将石墨作为导电功能基元制备的导电致热混凝土,在 24 V 电压下通电 100 min,最高温度可达 100℃,并具有较高的抗压强度,可以调节电流或电压调控生热温度。用沸石等多孔矿物与储能工质复合,制备出颗粒型储能基元,部分或全部取代混凝土中的骨料,可生产出储热调温建材,如储能调温混凝土、储能调温砂浆等。

(三) 驱虫功能矿物

用于驱虫的矿物较少,主要为硼砂、雄黄、硫磺。毒砂和辰砂也有驱蚊虫功效。硼砂可以驱除蟑螂、白蚁等,如用硼砂、面粉和糖制成的驱虫药,蟑螂食入后会因腹胀而死。而雄黄更是多种有害昆虫天然的驱避剂，不但可毒杀蚊、蟑螂、苍蝇等，对驱老鼠也有优良的效果。以雄黄为驱蚊基元制备的驱蚊材料，药量 2 g 时，24 小时内蚊子的死亡率达 40% 以上，并且雄黄具有较好的抗菌效果，平均抑菌圈大小为 40.75 mm。在与沸石、滑石复合时，混入含量为 2% 雄黄的制剂仍具有抗菌效果。硼砂和雄黄都具有一定的毒性，使用过程中应防止误食。

第四节 辐射防护矿物原料

辐射防护矿物是指具备电磁屏蔽、吸收转化较强能量电磁波等功能的矿物。本节着重介绍射线防护用矿物、微波防护用矿物。放射性防护矿物在“放射性核素处理处置矿物原料”一章中介绍。

一、电磁辐射防护功能矿物

当前，大量电子设备的应用已使电磁干扰和电磁辐射成为一种环境公害。电磁辐射造成的电磁干扰不仅影响各种电子设备的正常运行，而且会通过热效应、非热效应、累积效应对人体造成直接和间接的伤害。世界卫生组织已把电磁辐射污染列为世界第三大公害。而有些矿物可以减少这种污染。一些矿物具有良好的导电性能和高的磁导率，可作为电磁屏蔽基元材料，如尖晶石类矿物、石墨、电气石、辉钼矿、磁黄铁矿，还有金红石、钙钛矿、铌钇矿和钒铅矿等，具有对电磁波高反射、低吸收的性能。

磁铁矿（Fe_3O_4）是最简单的铁氧体，在世界范围内的分布较广，但是矿石品位不一。接触变质形成的磁铁矿以中国湖北大冶磁铁矿为典型，品位低规模大，磁铁矿在俄罗斯、北美、巴西、澳大利亚和中国辽宁鞍山等地都有大量产出。日本研制出的由铁氧体粉末、四氧化三铁和基料组成的涂料，厚度为 1.7 ~ 2.5 mm 时，对 5 ~ 10 GHz 的雷达电磁波能衰减 30 dB。

石墨具有优异的高导电性和耐高温性，可用于特殊电磁环境下的电磁屏蔽。石墨通过酸化或热膨胀处理制备的改性石墨，具有更好的导电性能，将其作为电磁屏蔽材料，可有效降低电磁屏蔽材料的成本。如石墨 - 水泥基电磁屏蔽复合材料。

电气石作为一种硼铝硅酸岩矿物，可与空气中的水发生反应产生负离子，以中和辐射物体发出的阳离子，从而减少或减弱对人体有害的电磁辐射，实现减小电磁波辐射的功能。

二、微波防护功能矿物

微波防护矿物是能将微波能转为其他形式能量，使辐射减弱到区域辐射场强度或降至 5 $\mu W/cm^2$ 以下或完全消失的一类矿物。此类矿物的介电常数 ε 低，饱和磁化强度 μ 高、电磁损耗 $tg\delta_e$、$tg\delta_m$ 大。如硫化物、氧化物、卤化物、硅酸盐、含氧盐等。

矿物对微波吸收的能力强弱主要取决于矿物的导电特性、介电特性、磁损耗特性、电磁参数的频率特性等（表 14 - 2，表 14 - 3，表 14 - 4）。

表 14－2 常温下一些矿物的电导率

Table 14－2 The electrical conductivity of several minerals at room temperature

矿物	电导率 $/(\Omega \cdot cm)^{-1}$	矿物	电导率 $/(\Omega \cdot cm)^{-1}$	矿物	电导率 $/(\Omega \cdot cm)^{-1}$	矿物	电导率 $/(\Omega \cdot cm)^{-1}$
石墨	$10^{-3} \sim 10^{6}$	硅灰石	$10^{-15} \sim 10^{-11}$	赤铁矿	$10^{-12} \sim 10^{3}$	黄铁矿	$10^{-1} \sim 10^{6}$
金刚石	$10^{-17} \sim 10^{-12}$	白云母	$10^{-5} \sim 10^{2}$	磁铁矿	$10^{-5} \sim 10^{2}$	辉铜矿	$10 \sim 10^{2}$
石英	$10^{-16} \sim 10^{-11}$	透辉石	$10^{-14} \sim 10^{-11}$	钛铁矿	$10 \sim 10^{4}$	辉银矿	$10^{-5} \sim 10^{-1}$
刚玉	$10^{-15} \sim 10^{-12}$	橄榄石	$10^{-16} \sim 10^{-11}$	金红石	$10^{-2} \sim 10^{4}$	方铅矿	$10^{-2} \sim 10^{3}$
方镁石	$10^{-15} \sim 10^{-11}$	蓝晶石	$10^{-16} \sim 10^{-13}$	白钨矿	$10^{-16} \sim 10^{-12}$	自然金	$10 \sim 10^{6}$

表 14－3 某些矿物的介电常数

Table 14－3 The permittivity of several minerals

矿物类型	低频	微波①		光频
		ε'	ε''	
自然元素及互化物	3.75 ~ >81	4.15 ~ 20.0	0.025 ~ 0.384	3.725 ~ 5.894
硫化物	6.0 ~ 450	4.44 ~ 600	0.025 ~ 90.0	4.567 ~ 15.304
氧化物	4.50 ~ 173	4.17 ~ 150	0.025 ~ 4.04	1.712 ~ 10.368
卤化物	4.39 ~ 12.3	5.73 ~ 18.0	0.025 ~ 0.110	1.764 ~ 5.108
硅酸盐	4.30 ~ 25.35	3.58 ~ 24.0	0.025 ~ 0.901	2.170 ~ 4.210
含氧盐	4.90 ~ 26.8	3.84 ~ 44.0	0.025 ~ 0.365	1.774 ~ 5.827

表 14－4 几种矿物的磁性

Table 14－4 The magnetism of several minerals

矿物名称	分子式	磁　性	密度 $/(g \cdot cm^{-3})$	居里温度 /℃	饱和磁化强度 $/(A \cdot m^{2} \cdot kg^{-1})$
磁铁矿	Fe_3O_4	亚铁磁性	5 ~ 5.4	575	92
锰尖晶石	$MnFe_2O_4$	亚铁磁性	4.95	300	84
镍磁铁矿	$NiFe_2O_4$	亚铁磁性	5.35	585	51
镁铁矿	$MgFe_2O_4$	亚铁磁性	4.18	310	24.3
钛磁铁矿	$x-Fe_2TiO_4(1-x)Fe_3O_4$	亚铁磁性	4.6 ~ 4.8	530 ~ 560	50 ~ 60
磁赤铁矿	$\gamma-Fe_2O_3$	亚铁磁性	4.88	675	83.5

① ε'表示相对介电常数，ε''表示有效损耗因子（介质损耗）。

在矿物用于微波防护过程中，一般将矿物作为功能组分制成微波防护制品，微波防护矿物制品通常分两类。一类是陶瓷系列制品，矿物主要为含 Mn、Fe 的氧化物。另一类是塑料、橡胶、涂料类制品，该类制品的核心部分是具有不同微波吸收或反射功能的矿物。常用的矿物主要有磁铁矿、金红石、石墨、电气石等。用这类天然矿物作为微波防护功能基元，可生产出成本相对较低的优质复合型微波防护材料。

第五节　抗菌矿物原料

在自然界中，许多物质本身就具有一定的杀菌和抑制微生物的功能，如一些带特定基团的有机化合物、一些无机非金属材料、部分矿物和天然物质等。具有抗菌性的矿物主要为：含 S、Cl、F、P、As，或含重金属如 Pb、Hg 等的毒性元素矿物，如硫磺、雄黄、雌黄、毒砂、辰砂、方铅矿、闪锌矿、黄铁矿等硫化物矿物；可溶或微溶的强碱性矿物，如水镁石、三水铝石、蛇纹石、碱式碳酸铜等；强吸着性矿物，如沸石、海泡石、坡缕石等；强刺入作用的纤维状矿物，如硅灰石；亚微米和纳米矿物，如纳米金红石等。

大量的矿物可用于制备抗菌剂的载体，通过将矿物与抗菌金属离子结合，可制备出具有抗菌功能的产品。抗菌矿物材料是主要以矿物为抗菌剂的载体，采用一定加工工艺制备而成的具有抗菌性能的功能矿物材料。目前，抗菌矿物材料研究主要包括载体矿物、抗菌剂和矿物抗菌制品等。

一、抗菌载体矿物

许多矿物具有天然孔道结构和离子交换性能，可作为抗菌剂的载体矿物。目前，已经成功用于制备抗菌材料的矿物主要有沸石、坡缕石、磷灰石、蒙脱石和海泡石等。

（一）沸石

沸石晶体结构的基本单位是硅（铝）氧四面体。硅氧四面体通过桥氧连接，在平面上显示为多种封闭环状结构，在三维空间上可形成多种形状的规则多面体孔道。同时，在沸石晶体结构中，由于 Al^{3+} 可以代替 Si^{4+} 而引起电价不平衡，使得沸石孔道中存在可交换性阳离子来平衡价态，如 K^+，Na^+ 和 Ca^{2+} 等。因此，沸石具有天然微孔结构，有很强的离子交换性，非常适合作抗菌矿物材料的载体。

沸石可直接作为抗菌剂载体，若通过活化处理（酸或碱等）效果更好。1984 年，日本品川燃料公司首次成功研制出载银沸石抗菌剂，并使其成为最先产业化的无机抗菌剂。随后，该公司又开发出载铜、载锌单一金属离子沸石基抗菌剂和复合离子沸石基抗菌剂，如载银铜、载银锌、载银铈、载铜锌、载银铜锌等抗菌沸石。图 14－1 为抗菌沸石矿物材料制品生产工艺。

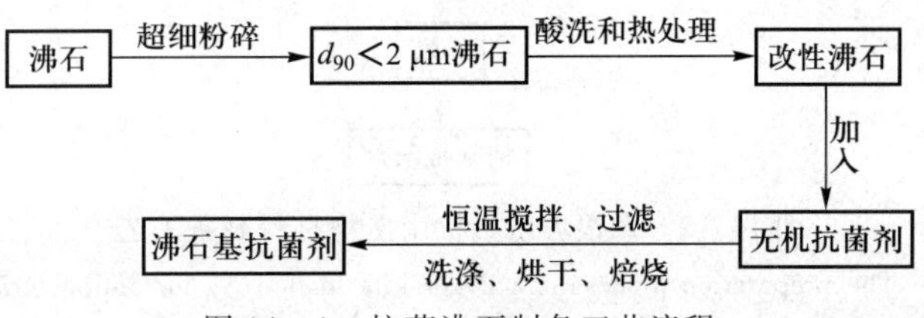

图 14－1　抗菌沸石制备工艺流程

Fig. 14－1　The preparation process of antibacterial zeolite

注：d_{90} 表示粒径由小到大排列的序列的 90 分位值。

值得注意的是，银离子氧化后变黑，铜离子氧化后可能变绿，在对颜色要求较高的环境中一般不能应用沸石基抗菌剂。

(二) 坡缕石

自然界中坡缕石常有 Al^{3+}、Fe^{3+} 等类质同象替换，普遍存在晶格缺陷及晶体生长缺陷，这使得坡缕石晶体有较强的金属离子交换性和吸附性能，可作为抗菌剂载体。

同沸石类似，坡缕石也可直接作为抗菌剂载体。在生产抗菌坡缕石矿物材料的工艺中，通常先对坡缕石酸活化处理，将可溶性盐加入酸活化坡缕石中，使二者在反应釜中发生反应，再将反应液在离心机中离心后水洗，自然风干或烘箱烘干、粉碎，即得制品。这里以载银坡缕石抗菌矿物材料为例，介绍坡缕石抗菌矿物材料制备工艺，如图 14－2 所示。

在载银坡缕石抗菌剂制备过程中，影响酸活化坡缕石的最主要因素为酸化浓度和酸化时间；影响载银抗菌剂制备的主要因素为硝酸银溶液的浓度和反应时间；制备坡缕石型载银抗菌剂较为理想的工艺参数为：温度约 50℃，时间约 6 h，硝酸银在溶液中的质量分数为 0.1%。

(三) 磷灰石

磷灰石晶体结构中的 Ca^{2+} 可被 Na^{+}、Mg^{2+}、Ba^{2+}、Sr^{+}、Pb^{2+}、Zn^{2+}、Cu^{2+}、Mn^{2+}、Cd^{2+}、Ce^{3+} 和 La^{3+} 等多种金属离子取代，PO_4^{3-} 可被 $[SiO_4]^{4-}$、$[SO_4]^{2-}$、$[AsO_4]^{3-}$、$[VO_4]^{3-}$ 及 $[CO_3]^{2-}$ 等络阴离子取代，而 OH^-、F^- 也可被 Cl^- 等简单阴离子取代，形成复杂的类质同象系列。故磷灰石具有很强的离子交换性。

磷灰石基抗菌剂所选用的磷灰石主要为人工合成的羟基磷灰石，其制备工艺如下：

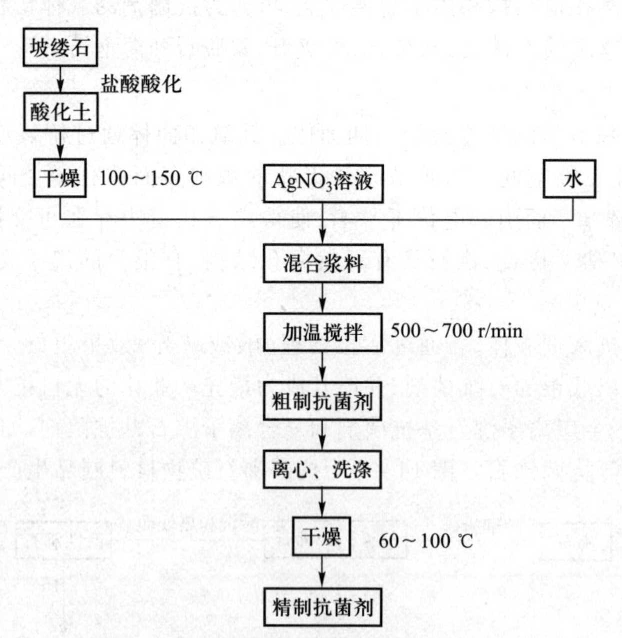

图 14－2　载银坡缕石抗菌矿物材料制备工艺

Fig. 14－2　The preparation process of palygorskite loaded Ag for antibacterial materials

$Ca(OH)_2$悬浮液＋H_3PO_4溶液→搅拌→调节 pH→沉淀、抽滤→干燥→煅烧→晶质羟基磷灰石；反应条件为 Ca(物质的量)/P(物质的量)＝1.67，温度为 35℃，pH 为 9～11，煅烧温度

900℃，煅烧时间3小时。

磷灰石基抗菌剂主要为载银磷灰石抗菌剂，它具有耐高温、抗变色等优点。其中载银羟基磷灰石可耐1 200℃高温，载银氟磷灰石在经过1 350℃处理后，抗菌效果仍可达100%。

由于Ag^{+}（0.126 nm）与Ca^{2+}（0.099 nm）的电价、原子半径均有较大差异，当磷灰石中银离子含量较高时会造成结构失稳，使用时间较长时会出现变色现象。因此，银离子的掺入比例应控制在Ag（含量）/（Ag + Ca）（含量）≤0.055。

生产磷灰石基抗菌剂多采用APACIAER生产工艺。其中APACIAER的组成为载银羟基磷灰石，主要用于船体防菌防霉，效果良好。

载银羟基磷灰石的制法：在反应器中配制成37 g/L的氢氧化钙悬浮液，搅拌，滴加80 g/L的磷酸，得羟基磷灰石，然后添加硝酸银水溶液，100份（质量）羟基磷灰石加5.7份（质量）硝酸银，反应后得载银羟基磷酸钙。充分水洗，干燥，超细粉碎至1 μm，可制得含银3.6%（质量分数）的羟基磷酸钙。

其他用于抗菌载体的矿物还有蒙脱石和海泡石等。袁鹏等（2003）研究了安吉蒙脱石对抗菌金属粒子Ag^{+}、Zn^{2+}、Cu^{2+}的吸附反应容量，研究表明：安吉蒙脱石对金属离子吸附量的大小次序为$Cu^{2+} > Zn^{2+} > Ag^{+}$。苏小丽（2006）制备的以海泡石为载体的无机抗菌材料对霉菌有很好的抗菌效果。

二、用于抗菌矿物材料的抗菌剂

抗菌剂的添加量（质量分数）通常根据使用环境要求的情况（如杀菌率要求）来确定，一般为0.8%～1.5%。

（一）无机抗菌剂

无机抗菌剂主要包括金属离子型（如Ag^{+}、Cu^{2+}、Zn^{2+}）、光催化型（如TiO_2、ZrO_2）和金属氧化物型（如AgO、CuO、ZnO、MgO、CaO）等三类。

金属离子抗菌剂在无机抗菌剂中品种最多、用途最广、产量最大。其抗菌效果顺序为：As^{5+}、Sb^{5+}、$Se^{2+} > Hg^{2+} > Ag^{+} > Cu^{2+} > Zn^{2+} > Ce^{3+}$、$Ca^{2+}$，但由于这些金属离子或多或少对人有危害，所以，从抗菌效果、对人的危害以及成本考虑，多采用Ag^{+}、Cu^{2+}、Zn^{2+}作抗菌剂，制备出载银、载铜、载锌单体的抗菌材料。同时制备出载银铜、载银锌、载铜锌、载银铜锌等复合离子的抗菌材料。此外，还有一些用稀土金属离子和碱金属离子复合作抗菌剂的抗菌材料，如银－铈/沸石型复合抗菌材料。

单一的银离子抗菌剂抗细菌的效果较好，锌、铜次之。单一的铜离子抗菌剂抗霉菌较好，锌、银次之。一般情况下，载单金属离子抗菌材料的抗菌性能有一定的局限性，而载复合离子抗菌材料的抗菌性能具有广谱性。

（二）光催化抗菌剂

光催化剂种类很多，除TiO_2外还有ZnO、SnO_2、ZrO_2、CdS、GaP、SiO_2、Fe_2O_3、VO_3等。这些材料中以TiO_2稳定性最好、寿命最长。在TiO_2三种晶体结构中，可作为光催化剂的是金红石矿和锐钛矿相。

TiO_2本身对微生物无毒性，只有在形成较大的聚集体的情形下才对微生物有害，且仅在光照的条件下TiO_2才能产生抗菌的自由基团。为此，可将纳米TiO_2与多孔矿物材料复合，不仅解决了催化剂的固定问题，而且通过载体的吸附作用在催化剂表面形成反应物的浓度富集，促进传质，从而提高光催化反应的效率。

（三）有机抗菌剂

有机抗菌剂可分为天然有机抗菌剂和合成有机抗菌剂。天然有机抗菌剂是从某些动植物体内提取出来的具有抗菌活性的高分子有机物，包括山嵛（即芥末）、孟宗竹、薄荷、柠檬叶等的提取物以及蟹、虾中提炼的壳聚糖及其衍生物等。其中，最常用的天然抗菌剂是壳聚糖。合成有机抗菌剂包括低分子有机抗菌剂和高分子有机抗菌剂。低分子有机抗菌剂有季铵盐类、双胍类、醇类、酚类、有机金属、吡啶类、咪唑类等。高分子有机抗菌剂主要是将季铵盐类等以单体聚合或接枝在高分子链上而获得。

含矿物抗菌的制品主要有塑料、日用搪瓷、陶瓷、玻璃制品、纺织品及医疗卫生材料，如冰箱塑壳、抗菌陶瓷、床上用品、一次性注射器等。

第六节　防腐矿物原料

根据用途的不同，可将矿物材料设计成为具有良好的防腐蚀性能，如耐酸性、耐碱性、耐盐水性、耐油性、耐腐蚀气体性，或兼具前述两种或两种以上的防腐性能，在一定温度及环境条件下，能够在一定的期限内防止人体、建筑物或设备被腐蚀破坏的一类矿物材料。本节着重介绍耐酸、耐碱及耐酸碱矿物。

一、耐酸矿物

许多矿物都具有良好的耐酸腐蚀性能，如硫、石英、金红石、红柱石、蓝晶石、夕线石、电气石、沸石及重晶石等。虽然上述矿物均具有良好的耐酸腐蚀性能，但基本都不能直接作为耐酸腐蚀材料。通常可将其作为原料或填料，制备耐酸矿物材料制品。如以石英、长石、黏土为主要原料生产的耐酸砖。天然矿物直接用作耐酸材料的主要是耐酸石材。

耐酸石材中，SiO_2含量应不低于45%，且含量越高越耐酸。花岗岩、石英岩、脉石英、辉绿岩、辉长岩、玄武岩、安山岩等都可用作耐酸石材。花岗岩主要由石英、碱性长石和斜长石组成，次要矿物有黑云母、角闪石和辉石。花岗岩的化学成分（含量）：SiO_2 65% ~75%，Al_2O_3 13% ~16%。石英岩和脉石英主要由石英组成，石英含量大于90%，更具体地，SiO_2含量在95%以上，Al_2O_3含量大多小于1%。辉绿岩、辉长岩和玄武岩的组成矿物类似，主要有斜长石、辉石、橄榄石、碱性长石、似长石，次要矿物有角闪石和黑云母。这三类岩石 SiO_2含量43% ~53%，Al_2O_3含量大于13%。安山岩主要由中性斜长石组成，次要矿物有辉石。安山岩石 SiO_2含量54% ~64%，Al_2O_3含量大多大于17%。

花岗岩具典型花岗结构、块状构造、斑杂状构造和似片麻状构造。石英岩具粒状变晶结构、块状构造，有时具条带状构造。辉绿岩具典型辉绿结构、块状构造。辉长岩具辉长结构、块状构造。玄武岩常具交织结构、玻璃质结构和玻基斑状结构，气孔构造、杏仁构造、熔渣状构造、枕状构造等。安山岩通常具斑状结构、块状构造、气孔构造及杏仁构造。

作为耐酸石材的矿物要求具有以下物理性质：① 岩石中矿物分布均匀、组织结构致密、岩石新鲜、坚硬；② 不得有明显气孔、晶洞、裂纹、包裹体；③ 岩石吸水率小于1.5%；④ 耐酸率为97.5% ~98.5%，浸酸后的抗压强度不低于原有强度的85%；⑤ 岩石水化膨胀系数小于0.000 8%。

二、耐碱矿物

水镁石、橄榄石、石榴子石、高岭石、坡缕石、海泡石、蒙脱石、方解石、菱镁矿、白云石、蛇纹石等矿物具有良好的耐碱性能。同耐酸矿物类似，耐碱矿物一般也不能直接用作耐碱腐蚀材料。大量直接用作耐碱的矿物为耐碱石材，如石灰岩石材、白云岩石材、大理岩石材等。有些耐酸石材 SiO_2 含量很高、孔隙率小，也可作为耐碱石材使用。

石灰岩、白云岩是以方解石、白云石为主要组成的碳酸盐岩石。大理岩是由石灰岩或白云岩经过变质形成的岩石。石灰岩和白云岩除主要组成矿物方解石和白云石外，常含少量菱铁矿、铁白云石、菱镁矿、黏土矿物和铁矿物等。大理岩除含大量方解石和白云石外，常含少量蛇纹石、透闪石、透辉石、方柱石、金云母、镁橄榄石、石英、硅灰石。石灰岩和白云岩具砂粒结构、粒屑结构、生物骨架结构和残余结构，具层理构造及块状构造。大理岩具粒状变晶结构、块状构造。

石灰岩、白云岩和大理岩的耐碱性质主要取决于岩石的钙、镁含量。通常 CaO、MgO 含量越高，岩石越耐碱。其次取决于岩石结构，细粒、致密、无裂纹的岩石耐碱。相反，岩石遇酸易被腐蚀损坏。此外，岩石的耐碱性质还取决于岩石是否新鲜、坚硬。

三、耐酸碱矿物

石墨、刚玉、角闪石石棉、硅灰石、滑石、叶蜡石、云母、长石等具有强的耐酸碱性。工业中广泛应用的耐酸碱制品主要是以辉绿岩、玄武岩或某些工业废渣为原料人工合成的铸石制品或铸石粉。

铸石的矿物组成因原料不同而异。辉石型铸石的主要矿物组成是辉石及少量磁铁矿，质量稍次的则有斜长石和少量橄榄石。工业废渣铸石中常有黄长石和硅灰石。质量优良的辉绿岩铸石、玄武岩铸石，其主要矿物相都是普通辉石，它在铸石中占80%以上，其余部分主要是玻璃相。以辉石型铸石为例，铸石理想的矿相结构应是均匀的细粒辉石结晶相，由 0.05 ~ 0.1 mm 的普通辉石球状或羽毛状皱晶交织而成。这种密实的内部结构，能提高铸石的硬度和耐磨性。由于普通辉石在一些酸碱中几乎不溶解，所以铸石具有良好的耐酸碱性能。在铸石的矿物组成中，磁铁矿含量不宜过多，否则会严重影响铸石的化学稳定性和介电性能。当铸石中的矿物组成中有大量斜长石和橄榄石存在时，会影响铸石制品的热稳定性，使制品容易炸裂，并影响铸石制品的物理化学性能。在生产中应力求使铸石制品形成单一的辉石物相，尽可能减少其他矿物相。

铸石按所用原料种类可分为：辉绿岩铸石、玄武岩铸石、钼渣铸石、硅锰渣铸石、高炉渣铸石、铝铁渣铸石、粉煤灰铸石等。

按生产方式可分为熔融铸石制品和烧结铸石制品等，也可按铸石的主要物相命名，如辉石型铸石。

铸石制品具有很高的耐磨及耐腐蚀性能，用铸石作耐磨和耐腐蚀材料，其摩氏硬度为 7 ~ 8，比合金钢材、普通钢材、铸铁高几倍到十几倍。辉绿岩铸石抗压强度可达 470 MPa，抗折强度达 67 Mpa，摩氏硬度可达 8。生产中用铸石制品作为耐磨及耐腐蚀材料，不仅能提高生产设备的使用寿命，节省大量维修资金，又是节省钢铁及其他贵重材料的一条重要途径。除氢氟酸和过热磷酸外，铸石的耐酸碱度几乎接近 100%。铸石具良好的介电性。

第七节　生态环境矿物学研究

生态环境矿物学是环境科学的一个重要组成部分，主要研究矿物与地球表面各个圈层之间交互作用及其反映自然演变、防治生态破坏、净化环境污染及参与生物作用等内容。探讨矿物影响人类健康与破坏生态环境的机制及其防治方法，开发矿物治理环境污染与修复环境质量的基本性能，以及研究纳米级别上矿物与生物发生交互作用的微观细节与机理等。此外，生态环境矿物学研究还包括矿物在生态系统物质循环过程中的迁移转化规律，矿物环境医学等。

一、矿物与环境污染

矿物在开采、加工、使用过程中所产生的粉尘，物态转化（燃料矿物原料燃烧产生的有毒气体）和与水体反应产生的有害物质，均会影响环境，造成污染。例如，自然和人为因素造成的含 C 矿物的氧化或分解，可使大气 CO_2 浓度升高，而 CO_2 对红外线的吸收很强，从而阻止地球的红外线辐射（即地球表层以长波辐射形式向大气层的热扩散受到阻碍），产生所谓“温室效应”，使气温升高。这种影响气候的 CO_2，主要来源于有机 C 和无机 C 的活化。碳酸盐矿物的加工、利用是使无机 C 转化为 CO_2 进入大气的因素之一。

用硫化物矿物作原料的冶炼厂所排出的 SO_2 气体对附近植物的影响和工业区的酸雨对农作物的损害也是众所周知的。

辰砂、硫汞锑矿、黑黝铜矿等汞矿物的矿区及附近区域存在严重的汞污染。墨西哥一条富汞矿脉地段的土壤中含汞 250 ~ 1 900 mg/kg，大大高于附近地区土壤含汞量（50 mg/kg）。美国一个汞矿区上空空气汞含量高达 60×10^{-9} g/m^3（正常空气含汞仅为 0.02×10^{-9} g/m^3），汞矿区植物含汞 0.2 ~ 30 mg/kg，而海生植物含汞仅为 0.000 1 ~ 0.037 mg/kg。汞矿物在水中水解后主要以 $Hg(OH)_2$、$HgCl_2$ 等形式存在，土壤中的有机配位体（—OH，—COOH 等）可与 Hg 结合，使土壤中有机质、腐殖质中的 Hg 含量大大高于土壤矿物质部分的 Hg 含量。Hg 在厌氧细菌或甲基给予体存在条件下可转化为有机甲基汞（CH_3Hg^+，$(CH_3)_2Hg$）。藻对 Hg 和 CH_3Hg^+ 的富集系数（生物中的 Hg/水中 Hg）可高达 5 000 ~ 10 000，水生昆虫对 Hg 的富集系数为 1 000 ~ 5 000，鱼虾的为 10 ~ 650（全身），20 ~ 2 400（内脏）。水稻对 Hg 的吸收主要取决于 Hg 的价态与赋存形式，其次才是 Hg 含量问题。人类食用被汞污染的食物后，汞进入食物链可引起“水俣病”（日本）。

另外，硫化物矿床可使土壤、地表水、地下水严重酸化，使水体矿化度显著上升：

$$2FeS_2 + \frac{15}{2}O_2 + 7H_2O \rightarrow 4H_2SO_4 + 2Fe(OH)_3 \downarrow$$

$$H_2SO_4 + CaCO_3 \rightarrow CaSO_4 \downarrow + H_2O + CO_2$$

二、矿物与生态环境优化

将天然矿物材料作为基元材料，利用其天然属性，通过超细、改性、掺杂、复合以及仿生的方式加工成微集料基元，使其成分、功能与人居环境协调兼容，可具有多元及多层次的生态环保功效和明显的经济效益和社会效益。

在生态环境优化中，微生物修复技术在治理环境污染方面有重要应用。利用该技术可对大面积污染的环境进行治理。目前主要治理的污染对象有石油、废水及农药污染。许多多孔矿物，特别是黏土矿物，如硅藻土，可以作为固定化微生物的载体，制备出固定化微生物颗粒，这种材料对清除除草剂中的三氮苯类、酰胺类、脲类、二硝基苯胺类污染物具有较好的效果。矿物固定化微生物对水体及土壤中的放射性核素也具有较好的富集作用。

矿物除了在生态环境优化方面得到广泛应用外，在保水、固沙、海洋生态修复及固定化微生物修复等方面也有重要应用，这也是生态环境矿物学研究的一个重点。

（1）抗旱保水。硫铝酸钙矿物具有速凝性、低碱性、结构多孔特性，通过适当的配合，可在水灰比 2～3 条件下正常凝结、硬化，形成强度合适的高含水结构体，可用于干旱、半干旱地区的抗旱保水材料。以硫铝酸钙矿物作为保水材料，既能吸附保存一定量的自由水，还能储存一定量的水分在植物生长后期使用。硫铝酸钙矿物水化生成钙矾石，每个分子含有 31～32 个水分子，以钙矾石结晶水方式储存起来，在一定条件下将其释放出供植物使用。研究表明：钙钒石在 55℃左右时开始分解，而沙漠中白天的温度可以达到 75℃，当温度升到 55℃～75℃，钙钒石分解放出结晶水用于解决植物在自由水挥发完后的需水问题；剩余结晶水仍然储存在钙钒石中，在适当的温度条件下仍然能释放出来。而膨润土、坡缕石、伊利石、沸石等无机矿物，可添加到有机复合无机保水剂中，制备的复合保水剂也具有良好的储水功能。用矿物制备的保水复合材料在农田抗旱保水、保土、保肥、固沙、作物保苗增产、沙漠荒地治理等方面有着广阔的应用前景。如粉煤灰－伊利石/聚丙烯酸－丙烯酰胺高吸水保水复合材料。

（2）固沙防旱。利用矿物及开发的矿物保水复合材料保水，可在一定程度上提高植物在沙漠环境中的存活率，从而起到固沙的作用。膨润土、沸石、珍珠岩、蛭石等还可用于固沙材料。日本以沸石为原料开发出固沙防旱产品，已应用于土壤的沙漠化治理。中国科学家用一种特殊的生态固沙制剂，在沙漠播种治沙植被后向沙土表面喷洒，裹挟沙面沙砾凝固形成固化膜层，以固定沙土和种子不被大风吹走，并锁住沙土中的水分；待沙漠植物顺利发芽成活之后，膜层又可逐步溶于雨水回归自然。这相当于向沙漠表面敷上了一层保湿“面膜”，这种生态治沙新技术已在内蒙古库布齐沙漠大规模应用，使植物存活率达到 90% 以上，比传统“草方格”固沙方式的存活率高约 30%，成本节约 25%～30%。

（3）赤潮矿物治理。赤潮是因海洋环境条件的改变而导致的某些浮游生物爆发性的繁殖而引起的近海异常现象。20 世纪 60 年代以来，由于海洋污染的日益严重，赤潮在亚洲、美洲和欧洲许多沿海水域相继发生，次数明显增加。据不完全统计，我国 20 世纪 60 年代以来的有害赤潮发生次数分别为：60 年代 3 次，70 年代 9 次，80 年代 74 次，90 年代 150 余次，赤潮对我国沿海经济和人类健康的影响日益加重。由于赤潮是一种复杂的生态异常现象，不同海域、季节和环境条件下，赤潮形成的原因也不同，但水域富营养化一直被认为是造成赤潮频繁发生的原因之一。

赤潮的防护通常包括预防和治理。由于赤潮发生的机制至今尚不清楚，完全杜绝赤潮的发生还不可能。目前，赤潮治理的方法主要有以下几种：① 化学法：主要利用一些化学药物，如硫酸铜、过氧化氢等来抑制赤潮蔓延和杀死赤潮生物；② 物理法：如围隔、超声波、紫外线法等；③ 生物法：如利用噬菌体及抑藻菌抑制赤潮藻的生长；④ 天然矿物絮凝法：利用天然矿物，如黏土矿物的吸附性质，絮凝赤潮生物。

化学法由于所用药品存在二次污染及成本高等原因难以推广；物理法难以应用于较大面积的赤潮，实际应用受到限制；生物法是目前较为推崇的方法，但由于实际操作的复杂性，目前尚未有实际应用的报道。

黏土矿物治理赤潮的作用和特点在于:① 黏土矿物具有大的比表面积和较强的吸附固体、气体、液体的能力,因而可以将水体中过剩的营养物质,如 N、P、NH_4^+、Fe^{3+}、Mn^{2+} 等吸附在黏土矿物的表面,贫化海水,破坏赤潮海藻赖以生存、繁殖的物质基础;② 黏土矿物的粒子可附着于藻体的内外表面上,当这些粒子附着得很多的时候,藻体也就难以生存而死亡。因此,施用经过适当加工和处理后的黏土是赤潮治理的一种比较适用而又经济的方法。此法在国际上受到广泛关注和研究,对适用区域从实验室到养殖场,乃至天然海域均作了大量的实验研究,并已在日本、韩国等国家实际运用。

(4) 噪声控制。噪声污染是现代工业社会的特征之一,国际组织和世界各国都针对不同场合制定了相应的噪声控制标准。

目前控制噪声的一种行之有效的方法是在噪声源,如靠近居民区或人口稠密地区的高速公路、铁路或其他声源周围设置隔声或吸声墙。吸声材料按其物理性能和吸声方式可分为多孔吸声材料和共振吸声结构两大类。目前应用的吸声材料大体上包括纤维、泡沫和颗粒三大类。一些非金属矿物,如温石棉、纤维海泡石、坡缕石等具有纤维和多孔结构,膨胀蛭石、膨胀珍珠岩、硅藻土等具有多孔结构和质轻等特性,具有良好的吸声功能,而且,这些非金属矿物还具有隔热、难燃、耐腐蚀、防蛀和耐候性好等特点,可以用来制备高性能吸声材料。目前,膨胀蛭石、膨胀珍珠岩、温石棉、纤维海泡石、硅藻土等非金属矿物已经在各种吸声材料中得到广泛应用。

矿物资源与环境、矿渣再生循环利用、矿物尾矿的高效开发的内容在第十五章中介绍。

第八节　矿物与人体健康及职业病

一、矿物与人体健康

不仅矿物对环境的影响涉及人体健康,矿物自身的某些特性也直接使人类受到危害。当然,许多矿物对人体健康是有益的,有的还被称作保健矿物(如电气石)。

例如,碘(I)与甲状腺病有关,I 在甲状腺内能产生甲状腺激素,可促进新陈代谢及神经和骨骼的发育生长,人体内的 I 含量过多或过少都降低甲状腺激素水平,使甲状腺组织发生代偿性变化,包括甲状腺肿。I 是易溶物质,自然界的碘盐不常见,多以类质同象存在于矿物中,或以离子态见于海水中。

氟(F)与氟病也是较常见的。长期摄入高 F 水(高于 1.0 mg/L)或食物,会引起氟斑牙病;若饮用水中含 F 过低(<0.5 mg/L)则使龋齿病增加。萤石及含 F 矿物或火山岩为 F 的主要来源。

二、矿物与职业病

大量矿物日益广泛地应用于众多的工农业等领域,在开采、加工、生产过程中,有关人员不可避免会接触各类矿物粉尘,如果生产及劳动防护措施不够,或接触粉尘时间过长,就可能会产生各种职业病。最常见的职业病有尘肺、职业中毒、职业性皮肤病等,与矿物相关的疾病主要是尘肺病。尘肺是由于在生产环境中长期吸入生产性粉尘而引起的以肺弥漫性间质纤维性改变为主要症状的疾病。它是职业性疾病中影响面最广、危害最严重的一类疾病。

2013 年我国列举了 13 类尘肺病，包括硅肺、煤工尘肺、石墨尘肺、炭黑尘肺、石棉肺、滑石尘肺、水泥尘肺、云母尘肺、陶工尘肺、铝尘肺、电焊工尘肺、铸工尘肺、根据《尘肺病诊断标准》和《尘肺病理诊断标准》可以诊断的其他尘肺病。近年来，在预防和控制职业病危害方面，全世界都将更多的注意力放在尘肺预防上。

根据不同特性，矿物粉尘可对机体引起各种损害。如可溶性有毒粉尘进入呼吸道后，能很快被吸收入血流，引起中毒；放射性粉尘，则可造成放射性损伤；某些硬质粉尘可损伤角膜及结膜，引起角膜混浊和结膜炎等；粉尘堵塞皮脂腺和机械性刺激皮肤时，可引起粉刺、毛囊炎、脓皮病及皮肤皲裂等；粉尘进入外耳道混在皮脂中，可形成耳垢等。矿物粉尘对机体影响最大的是呼吸系统损害，包括上呼吸道炎症、肺炎（如锰尘）、肺肉芽肿（如铍尘）、肺癌（如砷尘）、尘肺（如二氧化硅等尘）以及其他职业性肺部疾病等。

某些矿物致癌已为临床医学所证实。如砷华、砷及含砷矿物与皮肤癌、肺癌有关；蓝石棉、闪石类石棉可诱发或导致间皮瘤、肺癌等；铬铁矿等含铬物质加工利用中产生的 Cr^{6+} 可引发呼吸道疾病和癌症。矿物粉尘致病因素复杂，既与矿物粉尘本身特性有关，更与粉尘浓度、颗粒大小、形貌、接触粉尘时间、防护措施及机体防御功能有关，因此有关矿物致病的病理学研究还未获得重大突破，有待进一步深入研究。

三、矿物的人体健康安全性评价

矿物及其矿产资源安全性评价标准是一个随着经济、科技发展的动态演进指标。由于各国、各地区的发展不平衡，包括经济、科技、人口密度、自然环境、矿业开发历史的差异，矿产资源安全性评价标准既要有普遍的约束性，又应有各国和各地区的特殊性和进程的差异性。大量研究表明，影响矿物环境安全性的因素是多元化的。矿物环境安全性评价方法依赖矿物的晶体化学及其材料物理、材料化学、环境矿物医学和矿物材料及其生产工艺安全性的全面深入研究，特别是矿物表界面状态和性能研究，如矿物的主元素类质同象、产地与地质成因、人工表面改性等对矿物表面活性和毒性的影响。而目前，这些因素都没有纳入矿物的环境安全性评价的指标体系，这是不全面的。

目前，矿物的人体健康安全性评价，主要是根据流行病学调查、动物试验、体外毒性试验等的结果进行综合评估。

（一）流行病学调查

流行病学调查是指用流行病学的方法进行的调查研究，主要用于研究疾病、健康和卫生事件的分布及其决定因素。通过这些研究提出合理的预防保健对策和健康服务措施，并评价这些对策和措施的效果。常用的流行病学研究方法有：① 描述性研究。它是流行病学研究的基础，通过调查描述疾病的分布和各种可疑致病因素的关系，提出病因假说，主要为现况研究。② 分析性研究。一般是选择一个特定的人群，对由描述性研究提出的病因或流行因素的假设进行分析检验。它又分为病例对照研究和队列研究。③ 实验法。它是在人群现场中进行的，将观察人群随机分为试验组和对照组，给试验组施加某种干预措施，通过随访观察，判定干预措施的效果，进一步验证假说。

常见矿物粉尘所致职业病特点及流行病学调查：

1. 石英、石棉粉尘

长期吸入分别导致硅肺和石棉肺。所引起的间质反应以胶原纤维化为主,胶原纤维化往往成层排列成结节状。肺部结构永久性破坏,肺功能逐渐受影响,一旦发生,即使停止接触粉尘,肺部病变仍继续发展。硅尘是不是肺致癌剂或促癌剂,尘肺纤维化病变是不是肺癌前变基础,这是近半个世纪以来职业医学界一直争论的两个问题。国外学者通过队列研究和 Meta 分析,没有发现硅尘暴露和肺癌间的关联,认为硅尘暴露直接导致肺癌发生的可能性很小,而硅肺患者发生肺癌的危险增高。国际癌症研究机构(IARC)专家讨论会上(1986)对硅尘、硅肺与肺癌关系的结论是:动物实验结果“足以”说明结晶游离二氧化硅的致癌作用,但人类流行病学研究的证据尚显“不足”。要确证硅尘或硅肺与肺癌的关系,需更多深入的分子水平证据,尤其是人类的分子流行病学研究资料。与硅肺的争议相比,石棉粉尘的危害结论相对明确:IARC 在 1987 年审定的对人类肯定有致癌作用的化学物质中,已包括的天然矿物就有闪石类石棉(指蓝石棉、铁石棉、直闪石石棉、透闪石石棉等)。但对温石棉健康危害(主要集中在致癌性)的研究结果则一直存在广泛争论。

2. 金属粉尘

主要沉积于肺组织中,呈现异物反应,以网状纤维增生的间质纤维化为主,在 X 射线胸片上可以看到满肺野结节状阴影,阴影主要是这些金属的沉着。这类病变不损伤肺泡结构,因此肺功能一般不受影响。脱离粉尘作业,病变可以不再继续发展,肺部阴影甚至逐渐消退。金属粉尘的致癌作用与粉尘中所含有的致癌金属元素直接相关,近年来学者对于金属致癌方面进行了广泛的研究。Furst 等通过流行病学调查和动物实验研究认为,镍、铬、砷等元素及其化合物均为人类致癌物。

3. 滑石尘

滑石尘肺的病理改变包括三种:结节型病变、弥漫性肺间质纤维化和异物肉芽肿。早期无特殊改变,晚期可出现不同程度的呼吸道症状,如气短、胸痛、咳嗽等,但较硅肺、石棉肺轻。有异物肉芽肿的病例,可出现进行性呼吸困难。滑石尘肺患者常常合并肺结核。滑石粉尘致病能力相对较低,脱离接触粉尘后病变有可能停止或进展缓慢,个别进展较快。通过流行病学调查,滑石尘肺主要见于从事滑石开采、加工、储存、运输和使用的工人,发病工龄一般在 10 年以上,多在 20 ~ 30 年。

4. 人造矿物纤维

大多数对人造矿物纤维流行病学调查的资料表明:① 在接触人造矿物纤维(玻璃纤维、矿棉和陶瓷纤维)的工人中呼吸系统疾病发病率和死亡率无增加;② 人造矿物纤维在人类尚未发现致纤维化或致肿瘤作用;③ 大直径纤维(直径 >5.3 μm)可能引起皮肤和上呼吸道刺激症状。

5. 水泥粉尘

因品种不同,成分各异,但主要有黏土、煤灰、铁矿粉、矿渣、石膏、沸石、页岩等成分。水泥尘肺是长期吸入水泥粉尘而引起肺部弥漫性纤维化的一种疾病,属于硅酸盐类尘肺。水泥尘肺发病与接尘时间、粉尘浓度和分散度以及个人体质有关,病理改变以尘斑和尘斑灶周围气肿为主,并有间质纤维化,亦可有尘斑和胶原纤维共同形成的大块病灶。临床症状主要表现是以气短为主的呼吸系统症状。据流行病学调查,水泥尘肺的发病工龄较长,病情进展缓慢,一般发病工龄在 20 年以上,最短为 10 年。

6. 煤尘

长期吸入煤尘也可以引起肺组织纤维化,并存在剂量-效应关系。煤肺发病工龄多在20~30年,病情进展缓慢,危害较轻。1972年国际尘肺会议总结报告中提出:如肺内粉尘中游离二氧化硅含量大于18%时,其病理形态改变为硅肺;小于18%时,则为煤工尘肺,它既包括由纯煤尘引起的尘肺,又包括了由煤和岩石的混合粉尘引起的煤硅肺以及肺部进行性大块纤维化。煤尘纤维灶和灶性肺气肿是煤肺主要病理变化,也是煤肺的特征性病变。煤肺病变的纤维化程度虽然不很严重,但对病人肺脏呼吸功能的损害是明显的。广泛的灶性肺气肿是煤肺病人肺功能减退的主要原因。矿尘中游离二氧化硅含量愈高,煤工尘肺的发病率愈高。在相同环境条件和粉尘浓度下工作的矿工,工龄愈长,煤工尘肺的发病率愈高。

7. 石墨尘

石墨尘肺可分为三等墨硅肺和单纯石墨尘肺,多发生于石墨工厂的工人。天然石墨粉尘在肺组织引起的肉芽肿和间质纤维化,是由石墨本身引起的,而不是其中少量的SiO_2所致。少数患者肺功能可有轻度损害,主要表现为最大通气量和时间肺活量下降。晚期特别是有肺气肿等合并症时,则症状与体征比较明显。

国内有流行病学调查发现石墨尘肺的发病工龄一般在15~30年,平均20年。患病率在5%~18%。脱离石墨粉尘作业环境,可以延缓尘肺的发生,但不能阻止尘肺病变的继续发展。

(二) 动物试验

动物试验是以实验动物为对象,采用各种方法在实验动物身上进行科学实验,研究动物在实验过程中的各种反应、表现及其发生发展规律等问题。

1. 矿物环境安全性评价中常用动物模型与选择

与矿物相关的人类常见疾病与健康危害主要是呼吸系统疾病及肿瘤,动物模型的选择主要有以下几类:

(1) 肿瘤动物模型。此类动物模型常选择诱发性肿瘤动物模型,是用致癌因素在实验条件下诱发出动物肿瘤而成的模型。由于诱发因素和条件可人为控制,诱发率远高于自然发病率,且时间短,此模型在肿瘤实验研究中较自发性动物模型更为常用。动物的选择以哺乳动物为主,啮齿类动物如小鼠、大鼠、豚鼠等应用最广。因种系不同,不同动物对相同致癌因素的反应性差异较大,故实验时要注意选择使用。

(2) 呼吸系统动物模型。针对矿物粉尘,此类动物模型常用肺纤维化动物模型、慢性阻塞性肺疾病(COPD)动物模型等。肺纤维化动物模型目前有用小白鼠、大白鼠及其他鼠类(如仓鼠)和兔的,也有用犬、猪、羊等的。动物种类因研究目的和造模方法不同而异,体型太小不适用于放射影像学的研究。石棉及粉尘一般由气管内注入制模。COPD动物模型常用小鼠、大鼠、家兔、非人灵长类等,根据不同的诱导方法及不同的疾病选择不同的实验动物。研究环境因素及职业因素对COPD发病的影响要用空气污染法。

(3) 其他动物模型。已有多个研究证实空气颗粒物污染与心血管疾病的发病率和死亡率均有明显的关联,此类动物模型主要有动脉粥样硬化、心肌梗死、高血压及心力衰竭动物模型等。在动物的选择上,除田鼠和地鼠外,一般温血动物只要方法适当,都能诱发动脉粥样硬化斑块状病变;心肌梗死型动物模型多选用哺乳动物,最常用犬,其次用兔、猪、豚鼠、大鼠等;高血压动物模型最常用大鼠和犬;心力衰竭动物模型选用小鼠、大鼠、豚鼠、兔、猫、犬、羊等。

2. 长期毒性试验

以低剂量外来化合物长期给予实验动物接触,观察其对实验动物所产生的毒性效应。确定外来化合物的毒性下限,即长期接触该化合物可以引起机体危害的阈剂量和无作用剂量。为进行该化合物的危险性评价与制定人接触该化合物的安全限量标准提供毒理学依据,为制定人用安全剂量提供参考资料。

(三) 体外毒性试验

体外毒性试验是应用灌注的器官、培养的组织切片、细胞(或亚细胞成分),在体外进行的毒理试验。体外毒性试验可严格控制实验条件,因此可用于外来化合物的毒性筛选和毒作用机理的研究。体外毒性试验的结果不用于外推,据此可以了解矿物粉尘是怎样与细胞表面接触以及在多大程度上改变了细胞膜的通透性。目前国外大量地开展体外毒性试验,期望部分代替动物试验。

四、影响矿物致病的主要因素

目前对矿物粉尘如石棉等矿物致病的认识,主要是从流行病学调查和动物试验两个方面获得的,但在一定范围内,体外细胞培养研究也能为某些问题提供确凿的证据。这些研究表明,决定矿物的生物活性(即致病能力)的重要因素,是矿物粉尘的大小、剂量和纤维在生物系统中的持续时间。这里仅以大家关注的纤维粉尘为例来讨论。

1. 粉尘粒子大小

这方面的资料主要是基于 Stanton、Pott、Wagner 和 Davis 等的动物试验结果。这些学者应用多方面技术把各种类型和大小的纤维移植到动物胸腔或腹腔内,观察和分析了肿瘤的生长与纤维大小的关系。例如,Stanton 报告显示长度大于 8 μm、直径小于 1.5 μm 的纤维生物活性最高。Pott 证明了生物活性最大的纤维直径大约为 0.25 μm。这些研究为纤维所致恶性肿瘤发病机理中的“长、细”假说提供了依据。值得注意的是迄今所有实验基本上均支持这一假说。在这些实验中都以人为的方法使纤维同靶组织接触诱发动物肿瘤,这种非生理性接触有力地揭示了纤维的生物活性的机理。遗憾的是至今尚未看到关于原发性支气管癌的材料,而仅有少量致纤维化作用的资料。

2. 矿物粉尘剂量

长期暴露于高浓度石棉类粉尘,可导致石棉肺、胸膜间皮瘤及肺癌等疾病的发生。这些疾病发生的主要机理是:一定长度和直径的石棉纤维(包括其他纤维)对染色体和 DNA 产生直接的机械干扰或损伤作用;石棉可诱导巨噬细胞或通过纤维表面的铁催化(石棉表面络合铁的含量大小顺序为:青石棉 > 铁石棉 > 温石棉)产生活性氧类(包括 $\cdot O_2^-$、$\cdot OH^-$、H_2O_2等)自由基而损伤染色体和 DNA;另外吸烟能加重前面两种作用促使肺癌高概率发生。

通过调查表明,石棉粉尘浓度与石棉肺和肺癌的发生呈剂量 - 效应关系。吸烟和石棉对导致石棉肺和肺癌有协同作用,吸烟的石棉工人的石棉肺和肺癌发生率远远高于非吸烟者,而且石棉肺严重程度与吸烟频率和吸烟量有关,呈剂量 - 效应关系。

降低温石棉危害性的关键在于降低石棉粉尘的浓度(尤其是原棉处理、梳纺和维修)、控制吸烟、用工制度改革(改为轮换工)和开展对石棉工人的健康教育。这四点可最大程度减少石棉工人石棉肺的发生(接触石棉尘在 10 年以内,可使肺癌发生的概率减少 90%)。

3. 生物持久性

纤维生物活性的最终决定因素是纤维在组织、器官或器官系统内的停留时间。如果接受足够量的纤维，而且这些纤维的大小又在生物活性的范围内，可以想象纤维一定会停留在体内与靶组织接触一个相当的时期而引起疾病。如果体液能够作用于这种纤维，从而使其以某种方式变为无害，那么尽管三个重要因素中已具备了两个，但这种纤维也不具有生物活性。因此纤维无害化处理办法，必然属于下列两种机制之一。第一种，也是最明显的一种机制是这种纤维完全变为液体状态，形成无毒的最终产物；第二种机制是改变纤维的大小（特别是长度），以便呼吸系统内的正常的清除机制能够对其发挥更有效的作用。

第十五章　工业固体废物资源循环利用矿物学

固体废物是指在社会的生产、流通、消费等一系列活动中产生的一般不再具有原使用价值而被丢弃的以固态赋存的物质。根据来源分类,固体废物分为生活废物、工业固体废物和农业固体废物。固体废物可经过一定的技术环节,转变为有关部门行业中的生产原料,甚至直接使用。因此,固体废物的概念和属性可随时、空的变迁而具有相对性。由于生活废物和农业固体废物主体物相成分基本不含天然矿物相,所以本章讨论的固体废物仅局限在工业固体废物的范围。

第一节　固体废物的属性与循环利用的意义

一、固体废物对环境的危害

工业固体废物是工业生产过程中排入环境的各种废渣、粉尘及其他废物。可分为一般工业固体废物(如采矿废石、矿山尾矿、高炉渣、钢渣、赤泥、有色金属渣、粉煤灰、煤渣、硫酸渣、废石膏、盐泥等)和工业有害固体废物。

以矿产品为原料的基础工业和相关加工工业产值约占全部工业产值的70%左右,矿产资源开发过程中丢弃的大量废石和尾矿所带来的环境污染,成为当今世界持续发展面临的最重要的问题之一。2011年,全国一般工业固体废物产生量32.3×10^{8} t,综合利用量19.5×10^{8} t,储存量6.0×10^{8} t,处置量7.0×10^{8} t,倾倒丢弃量433×10^{4} t,综合利用率为59.9%。全国工业危险废物产生量$3\,431.2\times10^{4}$ t,综合利用处置率为76.5%。与煤、冶金、有色金属、非金属矿相关的废物比例分别为42%、34%、19%和4%。目前全国工业固体废物堆存占地面积达7×10^{4} hm^{2},其中农田约6 667 hm^{2}。这些固体废物若不被利用,不仅占用土地资源,还造成严重的大气污染、土壤污染和水资源污染,危害自然环境和人类健康。例如,电子垃圾中含有铅、铬、汞、镍、镉等重金属,机壳塑料和电路板上含有溴化阻燃剂,电线和包装套含有聚氯乙烯等,若以填埋或者焚烧简单处理,则会释放重金属、有害气体如二噁英、呋喃、多氯联苯类等致癌物质,造成环境污染;固体废物中化学成分的富集还可引起环境地球化学异常,影响生态环境。固体废物种类繁多,矿物成分和化学成分复杂多变,物理性质也千差万别,难以通过常规方法处理。因此需要研究固体废物资源循环利用理论和技术,使之成为可被利用的原材料,即实现清洁资源化利用。

二、固体废物是一类潜在的"混合复杂资源"

矿产资源是人类社会赖以生存和发展的重要资源,我国工业生产所消耗的约95%以上的能源物质和超过80%的原材料取自矿产资源,每年消耗的矿产资源总量大于50×10^{8} t。解决未来社会矿产资源需求的重要途径就是发现非传统矿产资源,以替代或弥补传统矿产资源的紧缺。而大量排放的固体废物是由天然矿物、人工矿物,或两者的混合物组成的"混合资源",称之为

"人工复杂化的资源"。

"非传统"的二次资源常与人类活动密切相关并相对富集,若把"传统"的固体废物这种"放错地方的资源"、"人工可转化利用资源"以高科技的方式转变为"非传统"的矿物资源,就可以实现固体废物再资源化或二次资源循环利用。

固体废物资源循环利用可创造巨大的经济效益。例如我国水泥混凝土行业 2011 年共利用废渣 5.97×10^8 t,相当于节省了近 6×10^8 t 的水泥,产生 1 200 亿元以上的价值。又如,我国大宗工业固体废物综合利用量超过 15×10^8 t,减少占地 5 000 hm^2,缓解了这些固体废物堆存造成的环境污染。固体废物循环利用是循环经济的一种具体体现形式,本质上也是一种生态文明经济,是按照生态环境规律利用自然资源和环境容量,实现固体废物的生态化转向流动。它可以有效地减少固体废物的产生量、排放量,使固体废物成为一种原料资源,在合理和持久的利用方式中不断使固体废物创造新的经济价值。

三、固体废物循环利用是我国减少矿物资源对外依存的重要方式

我国典型基础产业消耗大量的矿物资源,每年生产的钢铁约 7×10^8 t,电解铝约 $2\,000\times10^4$ t(约占世界一半),水泥约 18×10^8 t,耐火材料约 $2\,800\times10^4$ t,还有陶瓷、玻璃等产品,均为全球最大。2012 年我国铁矿石进口量 7.4×10^8 t,对外依存度达 71%,铜精矿则高达 80%;铜、铅、锌消费量分别占到世界的 39%、44% 和 44%,而铜资源的自给率仅 40%,铅、锌不足 70%;锑、钨、锡资源储量分别占世界的 38%、64% 和 30%,而消费量达到世界的 91%、81% 和 45%。矿物资源对外依存度快速上升。

我国矿产资源共伴生金属资源储量丰富,但现有技术对多金属矿床中的共伴生金属综合利用率还很低,60% ~70% 的共伴生资源并未得到合理高效利用。而危机矿山不断增多,如我国 25 种主要金属的 415 个大中型矿山,目前已关闭 38 个,占大中型矿山总数的 9%;严重危机矿山 54 个,约占 13%;又如稀土矿石"三率"水平(开采回收率、采矿贫化率、选矿回收率)仅为世界平均水平的 70%,离子型稀土矿开采回收率不到 50%,等等,导致大量资源沉淀在矿山废物中。

难利用资源是未来我国矿产资源保障的重要支撑。目前我国至少有 60×10^8 t 铁矿、20×10^8 t 锰矿、200×10^8 t 钼矿、500×10^8 t 铜矿处于弃置状态。矿产资源的综合利用率低,综合利用有效组分在 70% 以上的矿山仅为 2%,达到 50% 的矿山不到 15%,而低于 25% 的矿山则高达 75%。这导致我国金属矿山累计存储的废石、尾矿超过 50×10^8 t,且以每年超过 3×10^8 t 的速度增长,尾矿的平均利用率只有 8.2%。

随着社会的发展和科学技术的进步及人口增加,人类对自然资源的需求量进一步增大,但可循环使用的资源十分有限,由于矿产资源的无节制的开采及综合利用开发不够,导致在资源利用和工业化生产中产生的废物数量越来越多。因此,加强废物资源化学科的发展,对有效解决我国经济快速发展中日益突出的环境资源问题,提高资源利用率,建设资源节约型、环境友好型社会,实现我国新型工业化道路和社会经济可持续发展具有重大意义。

第二节　固体废物资源循环利用的原则——从3R到5R的飞跃

一、3R原则在固体废物资源循环利用中的应用与拓展

“从摇篮到坟墓”的全生命周期的资源利用生态环境效益评估理念，以及从源头预防和全过程治理替代末端治理的环保理念，让人们更加注重资源的高效和循环利用，并以此提出了“3R原则”，即“减量化(reduce)、再利用(reuse)、再循环(recycle)”为原则，把矿物资源开发与使用的“找矿—开采—加工—产品—使用—废弃”单一消耗型方式，运用全过程生态设计的理念将矿物资源再生过程改进为“精开采—精加工—再生产—再使用—再循环”多层次闭路循环方式，将资源的单向开路消减变为绿色可持续的闭路循环。3R原则可以运用到能源、材料、环境等多个领域，将传统的“资源—产品—废物”单向流程变成“资源—产品—再生资源”的高级流动循环过程，并以精开采、低消耗、低排放、高效率为基本特征，是对“粗开采—粗生产—高消耗—高排放—低利用”的传统经济模式的根本改变。

“减量化(reduce)”即减少资源生产和消费过程的物质量，从源头节约资源和减少污染物排放，减轻资源和能源短缺的压力，实现全过程生产技术、工艺的控制与升级。“再利用(reuse)”是指人们应尽可能多次以及尽可能以多种方式利用所使用的一次资源，目的是提高一次资源的使用效率。“再循环(recycle)”，是物质包括固体废物资源循环利用的核心原则。固体废物再循环一般有两种方式：一是原级资源化，即将固体废物收集起来，作为原料生产出与原来相同的新产品，称之为再生(regeneration)，这是最理想的资源化方式；二是次级资源化，就是将固体废物作为原料生产出与原来品等级不同的新产品。

固体废物资源循环利用在经济、资源、环境方面具有一些特殊性，笔者提出5R原则来推动和评价固体废物资源循环利用的水平和范围，即在“3R”原则的基础上，加上“替代(replace)”和“复原(retain)”两个原则。“替代”是指运用矿产资源在应用性能上的相互替代性，如非金属矿的一矿多用性或多矿一用性，减少和代用矿物资源。一种方式是以某种矿产(物)元素替代另一种矿产(物)中的元素。如中国可溶性钾盐短缺，但明矾石和钾长石丰富，保有储量均达11.5×10^{8} t，而且分布广；运用马鸿文教授攻克的不溶性钾长石的提取技术，有可能替代可溶性钾盐生产钾肥。另一种方式是用人工生产的矿物原料替代天然的矿物原料。如用人造压电石英替代天然压电石英，人造金刚石替代天然金刚石。目前利用其他天然或人造材料替代天然的矿物原料，多是使用工业渣或有机物取代，如高活性矿物渣代替部分水泥熟料，或用生物纤维代替矿物纤维等。“复原(retain or recover)”是指岩石矿物在使用或赋存过程中部分损伤(失)导致其成分、结构或构造、性能或功能等退化直至丧失后，岩矿(或材料)通过自然或人工过程，在适宜条件和环境下对自身的缺损进行修补和恢复的过程和方法。如果损伤的实质岩矿有再生能力和适宜条件，则通过邻近存留的同种实质资源再生进行修补恢复，完全恢复原有岩矿的结构和功能，可称此为再生性复原或完全性复原。例如，在早期溶解作用发育的岩溶地区的多孔石灰石或多孔石英岩，后期饱和钙镁溶液或可溶硅溶液发生重结晶作用，重新结晶恢复它们的成分、结构和性能(如强度)。这种现象在自然界是反复进行且常见的过程，现在可以运用这个原理人工修复小尺寸的岩块或材料制件，如磨损高纯度多晶硅太阳能板的原位修复、大坝或桥梁微裂纹原位修补以

恢复其强度，软路基非开挖矿物硬化以提高强度等都可选用岩矿修复方式或微生物/岩矿修复方式进行。另外，在受限状态下，如果实质矿物不能或仅有部分能再生，缺损部分则全部或部分由新生的同性能的矿物或材料来修补充填缺损，它只能恢复岩矿的完整性，不能完全恢复原有的结构和功能，故称不完全性复原。如碎裂花岗岩的硅质、磷质胶结强化，缺损宝石的固化树脂充填，大型岩矿构件（石柱、石梁、石板等）的原位修补等。

岩矿复原与矿区生态修复（矿区的植被修复和复垦技术）和土壤污染修复治理（其修复技术主要有物理化学方法——化学固化土壤淋洗、电动修复；化学修复方法——化学改良表面活性剂清洗和有机质改良等；植物修复方法——植物稳定挥发及提取）明显不同，后者修复的原理和方法可以运用在矿物资源复原上。

二、再生资源与资源循环利用

不可再生资源是指被人类开发利用一次后，在相当长的时间（千百万年以内）不能自然形成或产生的物质资源，它包括自然界的各种金属矿物、非金属矿物、岩石、固体燃料（煤炭、石煤、泥炭）、液体燃料（石油）、气体燃料（天然气）等，甚至包括地下的矿泉水。

可再生资源是指被人类开发利用一次后，在一定时间（一年内或数十年内）通过天然太阳能或人工活动可以循环地自然生成、生长、繁衍，有的还可不断增加储量的物质资源，它包括地表水、土壤、植物、动物、水生生物、微生物、森林、草原、空气、阳光（太阳能）、气候资源和海洋资源等。但其中的动物、植物、水生生物、微生物的生长和繁衍受人类造成的环境影响的制约。

再生资源或二次资源是相对一次自然资源而言的，指人工的可利用废物资源，与前述的可再生资源不同，是人们在自然资源开采加工和使用过程中，将衍生的废物进行回收加工后使其重新具有使用价值的特种资源的总称。再生资源化对不可再生资源的循环使用特别有意义。资源在物质结构上具有多元性。多元素多成分的不同组合，构成了各种物质的不同性能，在用途上具有多样性和能量储存。资源的物质不灭性和能量形式的可转换性，是废物资源可以再生，并可对其进行再次开发、循环利用的内在物质根据。

在矿物资源和二次资源综合利用的今天，资源的分类、赋存和供给特点均发生了显著变化。一是传统的金属矿物资源和非金属矿物资源的界限和利用方式变得通用和模糊，如传统的提取元素的金属矿物也可以整体利用其性能，非金属矿物也可以提取需要的金属元素；二是矿物资源的赋存方式如晶体和非晶体的边界和工业品位划分变得宽泛；三是矿物资源产业和延伸产业的规模和地位以材料流或资源流的流动方式实现位置的经常性互换，如资源转换为废物，废物转换为资源。从这个意义上说，物质资源可以不断转换，这为资源循环反复利用提供了可能，这个过程需要以能量来维系。因此，把一次资源依靠可再生能源循环反复利用起来，这就是我们的目标——资源循环利用。资源与社会经济发展之间的供需矛盾，以及为解决这种矛盾而需要采取综合合理开发利用措施，是其外在的社会动力。

资源循环利用包括根据资源的成分、特性和赋存形式对自然资源综合开发，能源的充分利用，废物回收再用等内容。实现最大范围和最高效率的资源循环利用是循环经济的核心内涵，是保证自然资源合理开发利用、保持资源循环的必要手段，是从源和流两个方面解决资源短缺和生态环境保护问题。

第三节 固体废物资源循环利用研究内容与学科基础

固体废物作为一种“混合复杂资源”，我们可以按其资源化应用进行分类，分为能源型固体废物、矿产资源型固体废物、功能产品型固体废物。能源型固体废物，是指其资源化途径主要转化为能源，包括有机固体废物（农作物秸秆、枯枝落叶）和低等矿产能源（煤矸石）等；矿产资源型固体废物，是指其资源化途径主要提取有用组分（金属或非金属），包括低品位矿、尾矿、电子废物、工业废渣等；功能产品型固体废物，是指其资源化途径主要为直接开发功能产品，如环境友好材料。功能产品型固体废物是前两种固体废物最后循环利用的最终途径。固体废物资源循环利用模式见图15－1。

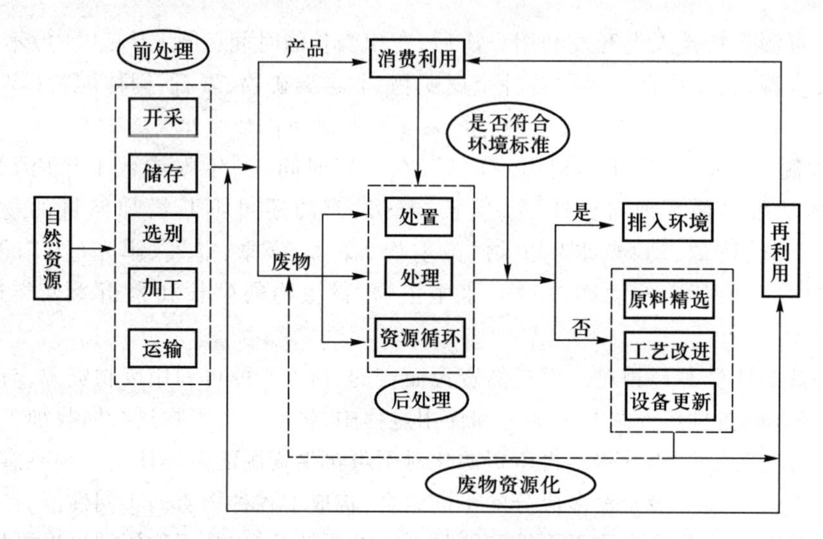

图15－1 固体废物资源循环利用模式图

Fig. 15－1 The diagram of solid waste resource recycling mode

一、二次矿物资源的属性特点

原生天然矿物资源均赋存于矿石中，它们都是金属，如 *M*（Fe、Cu、Pb、Zn、…）与S、O的结合物，资源加工是揭示 *M*、O、S几者中成分、结构、性能和应用的关系，重点研究其化合、分解行为，赋存、分布特征，形成、稳定、溶解、迁移、沉淀规律；开发重点是 *M*—S，*M*—O分离的技术、工艺和装备。

而二次资源与一次资源有很大不同，它们是 *M*，*M*—*M*（合金），氧化物，聚合物（有机、无机、金属、非金属、化合物）的单体或复合体，分离更为困难。原有的研究和开发内容和重点已远远不能满足和解决二次资源的所有问题，因为二次资源的预处理、结构破坏、分离、反应热力学与动力学等由于体系的复杂性、混合性等必然与一次资源不同，但目前我国的研究远没有重视二次资源，没有跟上固体废物资源循环利用的需求和发展。

二、固体废物资源循环利用的研究内容

固体废物资源循环利用要从微观层次的矿物学、胶体与界面化学和多元多相体系的矿物资源加工、冶金等方面进行系统的研究。主要研究内容和方向包括：

(1) 固体废物的化学成分、物相组成、有用组分、分布特征、有用成分与物相的富集特征与方式及它们之间的关系,主要包括固体废物矿物学、岩石学研究,如化学成分、矿物相和岩相特征、结构和构造、性能及它们之间的相互关系与转化影响因素。

(2) 固体废物的工艺矿物学研究,包括查清"二次资源"的矿物组成、嵌布特征、粒度等,设计并优化加工选纯的流程;查明共伴生组分的特征,提出综合利用的技术方案;查明有用、有害元素的组成特点,指导废弃物利用和无害化处理。这些内容是提高资源利用效率的关键指标。

(3) 固体废物资源中金属和非金属物质的结合特性与解离特性研究,探讨无机混合体或有机无机复合体(如废弃电子垃圾)的机械破碎性能及粉碎机制,粉碎与分选方式选择与优化(如用自动图像分析法研究物相的结构和解离特征)等,包括固体废物资源中特定颗粒在各种物理场中选择性分离行为,在各种化学环境或过程中选择性化学反应或溶出行为,以及微生物浸出、改性行为,并对其质量、环境安全性和经济性进行评价。

(4) 固体废物循环利用途径、资源物性评价及全过程生态设计,包括固体废物目标产物定位及再生过程工艺设计,再加工—再生产—再使用—再循环的多层次闭路循环利用方式,"资源—产品—再生资源"的高级流动过程全生命周期过程评价,矿物资源实现"精开采、低消耗、低排放、高效率"的技术途径。

(5) 固体废物深加工与增值方法与技术研究,包括减量化、再利用、再循环、替代和复原方法与技术研究;二次资源和"非传统"矿物资源范围与循环利用深加工与增值方式与技术;固体废物直接转化为功能材料的制备过程理论和可控制备技术研究;天然矿物成分配方和结构特征设计新型非金属材料应用研究。

(6) 固体废物有害组分含量、赋存特征、固定方式,各种介质中的溶出与迁移行为研究;固体废物有害组分资源转化与加工作用过程中的富集、赋存变化、矿物固定方法、转移行为与预防措施研究;各种固体废物有害组分综合生态环境安全性评价;特种废物资源利用与安全性研究如放射性废物的固化和处置理论及技术研究。

废物资源化研究理论与方法已大大超越了传统地质与矿业科学、环境科学与工程的范畴,是基于地质学、矿物加工、化学、生物学、物理学、材料科学、环境科学等学科的相互交叉与渗透。废物资源化中的诸多理论与方法与矿物学、岩石学、地球化学有紧密的联系,势必进一步拓宽传统资源、矿业、材料、环境的研究视野和空间,推动新的研究领域和交叉学科发展。

作为一门新兴的不断交叉融合的综合性学科,固体废物资源循环还涉及无机化学、有机化学、物理化学、农学、材料学、系统工程学和资源经济学等。这些关联学科为固体废物资源循环利用的技术创新和工业化应用提供有力的理论基础。

它们的学科关系和转化关系如图 15 - 2 所示。因此,在固体废物资源循环利用的过程中必然会运用和产生与环境 - 矿物 - 材料等相关领域的边缘和交叉学科,如生态环境矿物材料。固体废物的矿物原料、组织结构、性质、产生/制备、使用效能和理论及工艺设计,即固体废物研究内

容“六要素”，若要实现“矿物原料”为中心的转化目标，即“矿物原料”的目标要求对其他五个内容要素有重要影响；上述“六要素”调控也可实现固体废物转化为“矿物材料”的中心目标，这时其中的“制备、理论及工艺设计”要素更能体现这个过程特点。要克服固体废物难利用、高成本的不足，就要瞄准开发高附加值的功能矿物材料（包括环境矿物材料、光功能矿物材料、电功能矿物材料、声功能矿物材料、生物医用矿物材料）、结构矿物材料（包括矿物聚合材料、矿物摩擦材料、矿物复合材料）和纳米矿物材料，特别是纳米科技的引入与应用在固体废物综合利用上已展现出非常诱人的前景。另外，大量非金属类的固体废物开发需要向新型领域和特种环境应用延伸，如高效吸附极低浓度 SO_2、CO_x、NO_x 材料，精纯材料（像多晶硅），太空舱转型分子筛，航天航空深海特种矿物材料等。

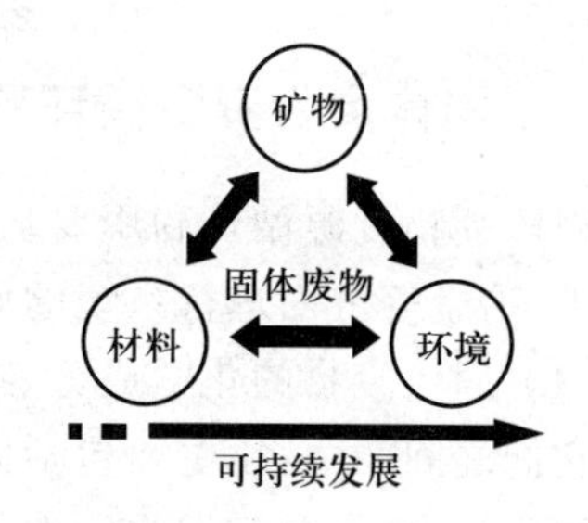

图 15-2　固体废物资源循环利用学科关系和转化关系图

Fig. 15-2　The relationship diagram of discipline and transformation of recycling of solid waste resources

第四节　固体废物资源循环利用面临的主要难点问题

我国能源消耗量占世界 11%，产出仅占世界的 3%。矿业采选回收率仅为 60%，比发达国家低 10% ~20%，共伴生金属综合利用率只有 30% ~50%，为发达国家的一半左右。我国正面临资源、能源和环境空前严峻的“瓶颈”制约；同样，固体废物资源循环利用在科学技术、管理水平及市场化等方面还存在不少难题有待解决。

一、固体废物资源化的主要科学问题

与一次原生固体资源的开发利用相类似，固体废物资源的循环利用同样涉及地质、选矿、冶金、化工等多元复杂过程，但与之不同的是，固体废物资源具有很多特殊性，使传统的方法在“非传统”固体废物资源面前力不从心，主要是由于二次资源来源的不确定性、化学组分高度复杂和多样性、组分含量的高波动性、赋存体的高致密性和复合性等。另外，从二次资源中分离、提取金属较为复杂和困难；二次资源的破碎、磨碎、分离等预处理与矿石大不相同；资源循环要求金属或非金属性能稳定而不快速下降；二次资源的处理对环保的要求十分严格；二次资源的处理工艺技术要有较大的弹性；二次资源的处理需要较为完整的产业链和多学科的联合；实现资源循环利用引发产品制造过程和技术的相应变革等大量难题，导致二次资源难以利用。因此应该从固体废物资源的特性方面入手，进行固体废物资源循环利用矿物学研究，为开发技术先进、经济合理的资源循环利用工艺提供理论依据。固体废物资源循环利用过程中，为了避免产生二次污染，实现清洁综合回收并具有经济性，要解决的关键问题主要有：

（1）如何将一次原生固体资源开发利用相关理论和技术及装备应用到固体废物资源循环利用中去，并具有经济效益。

（2）重要二次资源的基本理化性质数据库的深化与细化，如熔点、密度、溶解度、蒸气压、解离度、电导率、导热系数、表面能、活化能、稳定性，等等。

（3）重要二次资源成分指标细化分类与标准；在预处理（分类、磨碎、选别等）过程中的各种

物理化学性质与分选的细化指标；复合力场作用下的多元多相复杂体系的金属与非金属物质的分离规律；固体废物颗粒在选别力场中的受力情况、运动形态及分选机理；固体废物颗粒表面化学性质与药剂的作用机理。

（4）重要二次资源在物理或化学反应过程中（如焙烧或熔炼）的热力学与动力学；重要二次资源在浸出—物理和化学分离—沉淀、结晶或电解、电积过程中的反应热力学与动力学；有毒、有害组分无害化转化机制与非金属元素的高效利用方法；多金属固体废物资源中金属元素选择性溶出过程动力学机理、新型化学萃取剂资源化应用。

（5）二次资源形成产品的性能、标准与质量控制；有毒、有害组分的迁移行为、二次污染的预防方法基础研究。

（6）二次资源需要的精测方法手段，微量、痕量、在线多量程、多组分高精度与高灵敏的化学与仪器分析，如火花－化学分析法、便携式光谱分析仪、光辐射分光（OES）分析法、激光诱导分离光谱，等等。

（7）二次资源全过程加工制备需要的在线、全参数、高度集成的自动控制。

（8）二次资源循环利用的节能减排新工艺、新设备。

二、固体废物资源化的主要技术问题

近年来，固体废物资源循环利用方面取得了显著的技术进步，例如废旧塑料改性技术，餐厨垃圾无害化资源化技术，复合包装分离技术、再制造技术，复合新材料、废旧线路板处理技术等都已成功应用。但由于固体废物资源的来源广、组分复杂等不确定性，循环利用技术方面还有很多瓶颈问题需要解决：

（1）固体废物资源目标产物定位预处理技术与装备；

（2）固体废物资源多金属复合体系（多金属硫化矿、各种盐类矿物）分离调控技术与装备，如光电分离技术，气动分级－磁选－涡流分选技术，重介质分选技术（涡流分选技术和静电分选技术从塑料中选出金属，再用重介质选矿法回收金属）；

（3）固体废物资源多元复杂体系直接材料化的可控制备技术与装备；

（4）低品位矿和尾矿资源绿色开采技术与装备；

（5）复杂难处理多金属矿高效清洁利用技术与装备；

（6）多金属矿伴生元素的综合回收技术与装备；

（7）硫化矿、氧化矿高效生物冶金技术与装备；微生物处理难利用资源关键技术与装备；

（8）重金属冶炼渣与中间物料综合清洁利用技术与装备；

（9）特色固体废物资源短流程高效回收与循环利用技术与装备；

（10）各类非常规资源特色综合利用技术与装备；

（11）非金属矿产资源高端转化利用技术与装备；

（12）有色金属资源清洁生产技术与装备；

（13）固体废物资源循环利用的综合环境污染控制技术与装备；

（14）各种共伴生金属（如稀土）、非金属矿（如磷矿）的综合开发利用和零排放技术与装备；

（15）各种难处理矿石（如金银矿）选冶技术；各种难处理煤炭的洗选及水煤浆技术；

(16) 湿法冶金技术,新材料和产品的湿法制备、共伴生难处理资源湿法冶金清洁新工艺;

(17) 行业性固体废物资源化、减量化技术与装备,如共伴生矿与尾矿高效开发、燃煤电厂、煤矸石与矿井水、废弃电子电器产品、农林剩余物先进适用技术与装备,污泥减量化、资源化利用技术,等等。

三、固体废物资源化管理问题

从20世纪90年代以来,我国固体废物资源循环利用管理工作不论在广度还是深度上都得到不断的加强和提高。但还存在以下一些管理问题:

(1) 固体废物循环利用的技术支撑能力不足,还存在许多技术瓶颈,尤其缺乏大规模、高附加值利用且具有带动效应的重大技术和装备,传统资源与二次资源的研发相互脱节,制约了固体废物利用产业发展。

(2) 现有支持政策缺少对固体废物综合利用的强制性要求和针对性奖惩措施,社会、企业和个人缺乏利用固体废物的压力与动力。固体废物转化未形成规范的市场,不平等的市场竞争仍较严重,市场混乱既阻碍了固体废物转化利用产业的技术进步,也挫伤了经营者的积极性。

(3) 固体废物资源循环利用企业数量多、规模小、实力单薄。以废铅酸蓄电池处理企业为例,在300多家企业中,处理10^4 t以上废铅酸蓄电池的较大型环保企业仅有12家。多数企业产品技术含量低,技术开发能力弱,二次污染严重。

(4) 粗放型废物管理处理方式导致危险废物产生量家底不清;没有成熟有效的固体废物回收网络体系,废物收集成本和难度较大;废物转变成资源的公民意识和社会化汇聚体系与政策还没有形成。

第五节　典型固体废物资源循环利用的矿物学方法

2011年我国排放居前十位的固体废物依次为尾矿、建筑废物、农作物秸秆、煤矸石、粉煤灰、冶炼渣、工业生物质废物、工业副产石膏、生活垃圾、赤泥;应用较好的前十位固体废物见表15-1,部分可能利用起来的固体废物为废旧纺织品、建筑废物、赤泥、工业生物质废物。

固体废物资源循环利用矿物学实质是利用传统的矿物学理论解决固体废物处理和资源化问题。例如:利用类质同象原理实现铀、钍、锶等放射性核素的晶格固化;通过酸碱化学处理和热、电磁、微波等物理手段对矿物活性进行改变,实现固体废物中矿物选择性溶解;利用矿物相图,以石棉为例,指导石棉转变为非石棉的加工条件,可以很方便找到石棉熔点(烧结掉),或找到石棉活化点(反应掉);又如黄磷渣随着温度的结晶相图,可以生成晶质硅酸钙、变针硅钙石、环硅灰石,以此产物相图调控物相和产品类型。本节主要讨论低品位矿与尾矿综合利用、工业废渣资源化利用、电子废物资源化利用、建筑垃圾资源化利用中的矿物学方法。

表 15-1 应用较好的前十位固体废物(2011 年)

Table 15-1 The top ten solid wastes being better applied(2011)

种类	农作物秸秆	粉煤灰	煤矸石	冶炼渣	工业副产石膏	废旧高分子材料	废旧电子电器产品	废旧机电产品	尾矿	工业生物质废物
排放量 /10^4 t	6.82	5.4	6.8	4.35	1.7	0.35	0.04	400 万台	15.8	3.5
利用率	70.6%	68%	61.4%	55%	42%	30%	不足 10%		14%	不足 10%

一、尾矿资源循环利用

(一) 尾矿现状与矿物学特性

我国开采出来的矿石 80% 以上都变成了尾矿。尾矿已成为我国产出量最大、堆存量最多的固体废物,累积堆存 120×10^8 t 以上,其中以铁尾矿居首,累积堆存 2.3×10^8 t,综合利用率为 17%,全国尾矿综合利用产值超过 500 亿元。从尾矿中回收有价值组分约占尾矿利用总量的 3%,资源回收量达 800×10^4 t,生产建筑材料约占尾矿利用总量的 43%,充填矿山采空区约占尾矿利用总量的 53%。全国 35% 的黄金、90% 的银、100% 的铂族元素、75% 的硫铁矿和 50% 以上的钒、碲、镓、铟、锗等稀有金属均来自于综合利用。

同时,黑色金属矿共伴生的 30 多种有用组分中,有 20 多种得到综合利用。有色金属矿的 45 种共伴生组分中,有 33 种得到综合利用。据测算,对现堆存尾矿中的有价元素进行回收,可回收 2.1×10^8 t 铁、300 t 黄金、200×10^4 t 铜,以及大量的钛等稀有金属,可创造数万亿元的产值。

尾矿是复杂多相的人工混杂堆积物,其矿物学特征与矿床类型、矿石品位、矿石化合物含量、缓冲容量、区域气候(气温、降雨量)密切相关。尾矿矿物学研究尾矿体中发生的复杂变化和产生环境危害的根源,所含矿物在特定尾矿条件下发生长期的水-气-矿物反应的结果与变化趋势。许多矿物对于环境条件的变化是很敏感的,特别是温度、湿度、pH、氧化还原电位(E_h)、水和生物作用常导致原生矿物分解、转变、新矿物形成。尾矿在表生条件下矿物发生的氧化反应、中和作用、吸附作用、离子交换作用控制其排水酸碱度和重金属释放的过程。对于历史堆存的尾矿,包括废弃和关闭矿山尾矿矿物学的研究,可以帮助人们了解尾矿长期风化作用的过程、速度、程度及其制约因素,从而有效进行矿山废物处理和管理。

国内外对尾矿的处理和综合利用研究尚属起步阶段,研究主要集中在:(1) 组分的再回收,尾矿再次分选,综合回收金属元素或非金属元素;(2) 用于制造建筑材料或复合材料,进行物质的转移;(3) 用于回填及复垦土地等。当前在尾矿处理与综合利用、在有用物质再回收方面,只是通过改进选矿方式来利用尾矿的部分有用成分,但又会产生二次尾矿的处理问题。若将尾矿用于其他用途,则不可避免地会将尾矿中污染物(如重金属、放射性元素等)转移到其他产品(如用作水泥添加料、制造微晶玻璃等建筑材料)中,对人类居住环境和人体健康造成潜在的危害;尾矿用于回填及复垦土地同样也会造成新的环境污染。

尾矿矿物学应从资源化、综合利用和生产高附加值材料出发,针对在矿产开采、选矿及加工过程中产生的危害环境的各种尾矿（如脉石、尾渣等），研究尾矿的化学成分、矿物组成与理化性质；研究尾矿各物质与组分的综合利用途径和评价指标；研究大量使用和消耗尾矿的基础科学问题、工艺原理；研究低成本、低能耗、无污染、低尾排放、生产高附加值产品的途径与技术。

研究尾矿在不同物理状态下和酸碱介质中的物理与化学工程特性；开发在分散体系和酸碱介质复杂多相体系中不同组分的物理和化学分离、溶解、沉淀等提纯技术，制订多种尾矿资源化综合利用评价指标和评价体系。重点突破石棉尾矿、煤系高岭土、低品位重金属尾矿全部物质组分的高效综合利用的关键技术，实现辅助化工原料闭路循环使用；揭示化学制剂在闭路循环工艺过程中反应与释放机理；研究生产过程中环境污染控制新方法，显著提高尾矿利用率。

生物冶金技术是降低边界品位，扩大可利用资源总量的重要途径。微生物浸出技术可以经济合理地开发难利用资源，如共伴生矿、低品位矿、难选冶资源（难采矿体、难选矿石和废石）、二次矿山资源（矿山废物，如尾矿、矿山废水等）和再生资源等，拓宽矿产资源的利用范围，提高矿产资源利用率。同时，微生物浸出技术以其相对成本低、低污染和高适应性等优点，在低品位次生硫化铜矿、镍钴矿、难处理金矿、铀矿、锰尾矿等资源开发中被应用，为难处理资源的开发利用开辟了新的途径。微生物浸矿的基本原理是通过微生物作用将矿物中有用元素选择性转移入溶液中，其共性难题是在各类硫化矿、氧化矿浸取价值元素，如何提高微生物浸矿速率；对“原料”如何合理选取物理或化学预处理，以引导矿物相的有利转变；从微生物－矿物复合体出发深度揭示其浸矿机理。

（二）尾矿循环利用实例

蛇纹石尾矿综合利用：蛇纹石尾矿作为低品位镍钴资源，在我国储藏量丰富。青海某地蛇纹石尾矿化学分析结果为：MgO 24.87%，SiO_2 53.65%，Fe_2O_3 12.84%，CaO 1.66%，Co 0.05%，Ni 0.34%，Al_2O_3 3.14%，MnO 0.28%，其含镍钴较高，具有回收特殊战略物资镍钴的价值。董发勤课题组选取异养菌黑曲霉菌对蛇纹石尾矿中钴、镍的浸出进行了大量的研究工作，在实验条件下，钴浸出量达到 156 μg/L；镍浸出量达到 285 μg/L。

蛇纹石尾矿在分选时已遭破碎，具有良好的化学活性。彭同江等利用蛇纹石富含 SiO_2、MgO 矿物成分的特性，采用蒸氨—碳化闭路工艺，可制备纳米级 SiO_2 和 MgO。通过控制氨和 CO_2 的配比、反应温度、晶种和助剂、反应器等沉淀反应的条件，制备碱式碳酸镁前驱体、三水碳酸镁、碱式碳酸镁产品和氢氧化镁产品。碱式碳酸镁在不同温度条件下煅烧得到活性氧化镁和结晶氧化镁。活化产物与无机酸或硫酸铵反应后的残渣采用氢氧化钠浸取，得到偏硅酸钠溶液，将前面通过煅烧分解碱式碳酸镁制备活性氧化镁所放出的气体通入制备的偏硅酸钠溶液中，制备纳米级 SiO_2。

蛇纹石尾矿还可以固定 CO_2。蛇纹石与 CO_2 反应的一般形式为：$Mg_3Si_2O_5(OH)_4 + 3CO_2 + 2H_2O \rightarrow 3MgCO_3 + 2SiO_2 + 4H_2O$；其中，物质的标准吉布斯自由能 $\Delta_r G_m^{\ominus}(298.15\ K) = -6.22\ kJ \cdot mol^{-1} < 0$，表明反应在常温常压下可以自发进行，但是二者的反应速率十分缓慢，为提高反应速率，一般采取改变温度或压力的方法。国内正在开发强力流态化床反应器加快固定 CO_2 转化过程和效率，实现以废固废的目标。

又如，中国中低品位磷灰石矿（$w(P_2O_5) \approx 22.3\%$）储量近 30×10^8 t，占全部磷矿资源的 73%，董发勤课题组用嗜酸氧化硫杆菌将单质硫或 S^{2-} 转化成 H_2SO_4，从羟基磷灰石中浸取 P，使

其以 PO_4^{3-} 离子的形式存在，硫酸钙以晶体的形式析出，实现在富集磷的同时，制备出了大长径比的硫酸钙晶须。

难利用矿产资源综合开发的重点是研究多金属矿产资源的综合利用、一种矿物多产品开发、非金属复合矿物综合利用等。对分散型稀土、铀矿等大力开发离子型矿原地高效浸出技术；对低品位特色矿产的清洁循环利用，重点开发高铬钒钛磁铁矿的高效直接还原技术、钛钒铬清洁分离与利用技术、低含量钛渣制备钛白技术；高铝粉煤灰矿相解离与铝/硅高选择性分离技术、硅/镓伴生组分的大规模利用技术，实现多资源协同利用。

运用微生物处理难利用尾矿资源，重点开发低品位氧硫混合铜矿在干旱沙漠、低温、耐氯离子、渗滤、节水、降酸及保温等多因素匹配关键生物技术、大型镍铜钴尾矿生物冶金关键技术及生物反应器研制、中低品位磷矿生物制肥短流程关键技术、矿山废水生物处理及资源回用关键技术、铜尾矿生物提取多组分及建材制备关键技术、低品位碳酸锰矿石的选矿富集技术、氧化锰矿石的硫基火法还原技术、低品位铬铁矿石的细粒浮选技术、铬铁矿无钙焙烧强化及全量化利用技术。

另外，有色金属矿山废水综合利用要引起足够重视。2009 年全国矿山废水排放量 60.89×10^8 t，占废水排放总量的 6%。矿山废水具有水量大、污染物成分复杂、重金属离子含量高、氨氮含量高、化学需氧量（COD）值高等特点，导致选矿废水难以回用于生产过程。矿山废水既是重大环保隐患，也是巨大的潜在水资源，急需高新技术开发应用起来。

二、工业废渣资源循环利用

工业废渣是指我国各工业领域在生产活动中年产生量在 $1\ 000\times10^4$ t 以上、对环境和安全影响较大的废渣，主要包括：煤矸石、粉煤灰、冶炼渣、工业副产石膏、赤泥和电石渣等。电石渣综合利用率已接近 100%。

（一）工业废渣现状与矿物学特性

效率与成本仍然是工业固体废物实现资源化的两大瓶颈。国内外在工业固体废物资源化领域的研究主要集中在：① 提取有价值的组分（主要是贵金属）；② 将工业固体废物进行处理后，用作填料或掺和料；③ 以工业固体废物为主要原材料制备新的材料。这三者实现的价值有较大差异，常采用在形成渣的过程中人为加入有利成分或控制生成条件，产生需要的渣体物相实现增值，黄磷渣综合利用就是一个成功实例。工业固体废物处理及资源化新技术必须具有以下技术特征：① 效率高，处理能力大；② 工艺简单，成本低廉；③ 不产生二次污染。以上述特征来判断，最有希望的新技术方向是将固体废物制备成建筑材料或建筑材料的组分。

工业废渣应用矿物学主要研究在工业生产过程中（包括电力、冶金、化工等）产生的固体废物（如粉煤灰、钢渣、铁渣、化工烧渣、滤渣等）的资源化利用的基础理论、评价方法及应用技术。重点研究利用固体废物生产高附加值材料和绿色新型建筑材料（特别是复合建筑材料）的基础科学问题、应用技术和综合利用途径等。研究工业固体废物的高效处理技术，将工业固体废物（如矿渣、钢渣和磷渣等）加工成高性能水泥砼的矿物添加剂，大幅度提高水泥砼的性能（尤其是耐久性）。如综合利用电厂低品位热源（低品位蒸汽、烟气）制备超微细粉煤灰的关键技术与系统集成技术；火电厂低等级粉煤灰在超微细过程中活性激发与改性一体化技术开发及工艺研究等。

工业废渣资源化利用矿物学中可能涉及的科学问题包括有价元素的赋存状态及有价矿物种属；利用有价元素、有利组分合成人工矿物的形貌控制机理及合成矿物的工艺性质；有价矿物的分离富集；活性掺和料工业废渣活性成因及活化机理，活化工艺对废渣活性的影响；建立渣化学、矿物学、物相数据库与图像库；废渣合理利用的途径、工艺与评价方法。

（二）工业废渣循环利用及其发展方向

1. 煤矸石

煤矸石是煤炭开采、洗选及加工过程中排放的废物，约占煤炭产量的15%。煤矸石为多种矿岩的混合体，其基质大都由黏土矿物组成，夹杂着数量不等的碎屑矿物和炭质。煤矸石既具有煤的属性（富含C,H,N,S,O等有机质可燃组分），具可燃性，同时又具有硅酸盐岩石的属性（以黏土矿物、石英、长石为主要物相，化学成分富含SiO_2，Al_2O_3，Fe_2O_3等），化学成分SiO_2含量在37%～68%间波动，Al_2O_3含量在11%～36%，C含量为20%～30%，Fe_2O_3含量为2%～10%等。煤矸石的化学成分不稳定，不同地区的煤矸石成分变化较大。煤矸石一般露天堆放，经日晒、雨淋、风化、分解，产生大量的酸性水或携带重金属离子的水，下渗损害地下水质，外流导致地表水的污染。近1/3的煤矸石由于黄铁矿和含碳物质的存在发生自燃，产生有毒有害气体。

煤矸石主要用作回收黄铁矿、提取稀有金属、发电、造气和建筑工程（包括制烧结砖、空心砖、生产水泥、作筑路和填充材料）等。煤矸石循环利用发展方向：扩大煤矸石制砖、水泥等新型建材和筑基铺路的利用规模；探索煤矸石生产增白和超细高岭土、膨润土、聚合氧化铝、陶粒、无机复合肥、特种硅铝铁合金等高附加值利用途径。

2. 粉煤灰

粉煤灰是冶炼厂、化工厂和燃煤电厂排放的非挥发性煤残渣，包括漂灰、飞灰和炉底灰三部分。粉煤灰是高温下高硅铝质的玻璃态物质，经快速冷却后形成的蜂窝状多孔固体集合物，属火山灰类物质，其理化性质取决于燃煤品种、煤粉细度、燃烧方式及温度、收集和排灰方法等。粉煤灰是晶体矿物和非晶体矿物的混合物，其矿物组成的波动范围较大。一般晶体矿体矿物为石英、莫来石、磁铁矿、氧化镁、生石灰及无水石膏等，非晶物相为玻璃体、无定形，其中玻璃体质量占50%以上。

粉煤灰资源化多用作人工轻骨料、人工砂、硅酸盐水泥和粉煤灰水泥的混合料、混凝土混合料、砌块等。回收其中的碳粉，漂珠，铁、铝化合物，锗、镓、硼等，更是粉煤灰综合利用的一项重要内容。粉煤灰循环利用发展方向：推广粉煤灰分选和粉磨等精细加工，提高粉煤灰利用附加值，开发大掺量粉煤灰混凝土技术，提升粉煤灰规模化利用能力。继续推进粉煤灰加气混凝土及其制品、陶粒等利废建材生产应用，大幅提高利用量和利用比例。有序推进高铝粉煤灰提取氧化铝技术及其配套项目建设。推动煤电基地将粉煤灰用于煤矿井下防治煤自燃和水患安全工程，鼓励粉煤灰复垦回填造地和生态利用。

3. 冶炼渣

冶炼渣是指冶金企业从含金属矿物或半成品中冶炼提取出目的金属后，排放出来的固体废物。按产生冶炼渣的生产过程可以将其分为湿法冶炼渣和火法冶炼渣。湿法冶炼渣是指从含金属矿物中浸出了目的金属后的固体剩余物，其主要成分为剩余的脉石或产生的沉淀物。火法冶炼渣指含金属矿物在熔融状态下分离出有用组分后的产物，其组成主要来自矿石、熔剂和燃料灰分中的造渣成分。按生产金属的种类可以将冶炼渣分为钢铁冶炼渣和有色金属冶炼渣。炉渣是各种氧化物的熔体，这些氧化物在不同的组成和温度条件下可以形成化合物、固溶体、溶液以及共晶体等。除了氧化物以外，炉渣还可能含有其他化合物，如氟化钙、氯化钠、硅酸盐等。这些化合物有的来自原料，有的是作为助熔剂加入的。而炉渣中含量最大的氧化物通常是 CaO、SiO_2、Al_2O_3或 FeO，其总量可达 80% 以上。另外矿石中的其他金属元素也以各种形式存在于炉渣中。

冶炼渣循环利用主要途径包括再选回收有价元素、生产渣粉用于水泥和混凝土、建筑和道路材料等。其中钢渣作为钢铁冶炼的烧结熔剂时，能够回收渣中的 Cu，Mg，Mn，Fe 等，并可以提高烧结矿的质量，降低燃料消耗。冶炼渣循环利用的方向主要包括：推广钢渣零排放技术，加大钢渣处理、渣钢提纯、磁选等先进技术研发力度，大力发展钢渣余热自解稳定化处理，提高金属回收率，推广生产钢铁渣复合粉作水泥和混凝土掺和料；鼓励有色金属冶炼渣在生产建筑、道路材料方面的利用。重点解决赤泥综合利用等技术难题。

4. 工业副产石膏

工业副产石膏是指工业生产中由化学反应生成的以含 0 ~ 2 个结晶水的硫酸钙为主要成分的副产品或废渣，主要来源于磷化工生产所排放的磷石膏、烟气脱硫产生的脱硫石膏、海盐生产形成的盐石膏、生产氢氟酸产生的氟石膏和发酵法制柠檬酸所产生的柠檬酸石膏等。磷石膏是磷肥企业在生产磷胺化肥时排出的以二水硫酸钙为主要成分的沉淀物，每生产 1 t P_2O_5就要排放磷石膏 4.5 ~ 5.5 t。磷石膏颜色呈灰色或微黄色，pH 为 2 ~ 4，化学成分比较复杂，含有残留有机磷、无机磷、氟及其他物质。脱硫石膏与天然二水石膏的主要矿物都是二水硫酸钙，它具有再生石膏的一些特性，主要是在原始状态、物理性能和化学成分，尤其是杂质成分上与天然石膏有所差别，并含有少量的亚硫酸钙（$CaSO_3 \cdot 2H_2O$）。脱硫石膏的品位较高，但化学成分波动较大。根据燃烧过程中使用的燃料（特别是煤）和洗涤过程中使用的石灰/石灰石的不同，脱硫石膏中的杂质常有碳酸盐、二氧化硅、氧化镁、氧化铝、氧化钠（钾）等。主要成分为Ⅱ型硫酸钙（无水石膏、也称硬石膏），含少量二水硫酸钙、氟化物及其他杂质。氟石膏中的有害成分主要是氟，含量一般在 0.6% ~ 3.0%，其中可溶性氟含量仅为 0.02% ~ 0.09%，其他以稳定的 CaF_2形式存在。由于氟石膏是一种无水石膏，水化反应很慢，在水中溶解速度较二水石膏慢，若不经改性处理直接掺入水泥作缓凝剂，会使水泥产生“假凝”现象。

不同的脱硫技术，如石灰石膏法、循环流化床法、氨法脱硫，其工业副产品对应为脱硫石膏、固硫灰渣、硫酸铵晶体。固硫灰渣化学组成以 CaO、Al_2O_3、Fe_2O_3、SiO_2、SO_3等几种氧化物为主，其中的 CaO、SO_3的含量都比较高。矿物相主要以 $CaCO_3$、f-CaO、Ⅱ-$CaSO_4$、α-SiO_2等矿物为主。从资源再生利用的角度来看，循环流化床法没有优势，吸收 1 t SO_2约产生 12.5 t 的固硫灰渣，是石灰石膏法的 5 倍，且渣物相成分复杂，难以利用。

工业副产石膏循环利用的方向主要包括：大力推进大掺量利用工业副产石膏技术产业化，推广脱硫石膏、磷石膏用作水泥缓凝剂以及生产纸面石膏板、石膏砌块、石膏商品砂浆等新型建筑材料。利用工业副产石膏开发混凝土复合材料，开展化学法处理磷石膏的技术攻关，推进磷石膏制硫酸联产水泥、磷石膏制硫铵碳酸钙等先进技术产业化。推动工业副产石膏制备高强度石膏、石膏晶须及相关产品的研发和应用。加快工业副产石膏改良盐碱地技术研究。

目前，西部大宗典型矿山尾渣、各类冶炼及湿法分离渣累计约 58×10^8 t，如提钒尾渣、锂尾渣、锌镉渣等，占全国废渣储存量的 89%，而采选回收率低于全国平均水平的 10% ~ 20%。因此要大力研发多金属矿尾渣有价元素高效富集提取技术、典型冶金废渣制备高性能交通工程材料、新型节能环保建筑材料的关键技术、高钛型高炉渣的资源化高附加值利用技术、有色金属冶炼渣综合回收利用关键技术等。对主要重金属冶炼渣高效利用关键共性技术研究重点在重金属冶炼中间物料综合清洁利用技术，如冶炼中间物料硫化回收关键技术、多金属硫碱性加压氧浸关键技术、冶炼稀贵金属烟尘富氧熔炼处理关键技术、冶炼多金属物料微波处理脱氟氯关键技术、高铅铁矾渣浮选综合回收银金关键技术、冶炼中间物料含砷危废处理与安全处置技术。在有色金属资源清洁利用技术开发方面要加强难冶多金属矿产资源高效清洁与综合利用关键技术研究，如低品位微细粒级选矿大型节能装备及关键技术研究、攀西钒钛磁铁矿的综合回收利用与清洁生产关键技术研究、高效绿色环保型铁矿选矿药剂研究开发、中低品位磷矿窑法制磷酸成套技术与装备研究等。从有色金属冶炼渣中清洁地精细地利用有用资源，应大力加强稀贵金属循环、再生先进熔混合炼技术装备研究、锌精矿直接浸出渣有价金属分离与硫磺协同提取技术、汞回收技术研究、铜冶炼过程伴生金属高值化利用技术与装备、含砷固废资源化和固化技术研究、红土镍矿短流程低能耗清洁冶炼新技术等。

针对低品位、共伴生矿及各类固体废物等非常规矿物资源具有矿相结构稳定或活性特点，研究它们的资源形态、结构转化过程物理耦合调控与质能相互作用规律；掌握非常规矿产资源组成、结构特征、物相重构与化学分离的能势关系、调控机制与转化规律；解决金属冶炼渣资源化综合利用的共性问题，如伴生金属元素回收，包括除主金属外的其他重金属元素、稀贵金属元素、铁金属元素等（铁的回收尤为突出）；脉石成分的资源化利用；重金属元素在后续产品中的行为与调控方法。这些因素将决定金属渣的后续产品的性能与安全性及攻克难题的主要方向。

三、电子废物处理与再生利用

电子废物资源化——“城市矿山”矿物学：靠工业文明发展起来的发达国家和地区的城市，正成为一座座永不枯竭的“城市矿山”。因为自然矿物资源经过工业革命后300多年的掠夺式连续开采，全球80%以上可工业化利用的矿产资源，已从地下转移到地上，经过很多生产和使用流程，在城市范围内正在或已变成垃圾，该类“垃圾”资源高达数千亿t，并还在以每年100×10^8 t的数量增加。我们把城市“垃圾”中的金属、非金属、有机物以及高附加值的有色金属和稀贵金属加以回收利用，称为“城市挖矿”。

那些富含锂、钛、黄金、铟、银、锑、钴、钯等稀贵金属的废旧家电，长期以来“沉睡”在居民家中，甚至被作为废弃垃圾随意丢弃，这在中国、日本、韩国等亚洲地区已十分普遍。主要有色金属可以进行循环使用，有色金属总产量/消费量中，Cu、Al、Pb、Zn占95%，Cu、Al、Pb的化学性质稳定，Zn也可以循环利用。Cu、Al、Pb、Zn的循环利用问题是有色金属工业可持续发展的关键。电子废物中也含有可观的上述金属资源。

电子废物不同于一般城市垃圾，其特点是其高增长性、高危害性、高价值性及成分的复杂性和难处理性。此领域的研究中，欧美发达国家起步较早，目前已形成了较为成熟的技术和产业。我国从20世纪90年代末才开始重视，亟需更多研究的投入和环保的立法。目前，废旧家电回收处理与资源化技术具有以下发展趋势：① 环保性好，对环境污染小，所使用的技术噪声低，无排放，如线路板回收处理，常采用物理方法；② 提高废旧家电回收的价值。将废旧家电整体破碎的方法是不合理的，将有价值物质和有害物质混合在一起，难以回收利用，而且不能提高回收利用的附加值；③ 发达国家废旧家电回收处理与资源化的技术趋势是自动化程度高，而发展中国家技术现状是半自动化。这与当地人工成本和环保政策直接相关。目前我国电子产品社会保有量和每年的废弃量巨大，但与农作物秸秆的情况一样，没有成熟的低成本回收集中体系和政策，没有高质量的绿色回收转化与处理，将对环境造成严重污染，浪费大量资源。随着我国可持续发展理念的确立，循环经济、源头企业废弃产品强制回收立法等措施，有利于废旧家电回收处理与资源化技术的推广。

电子废物资源化主要研究电子废物（如各种电子元器件、电视、电冰箱、洗衣机、计算机、手机等）的拆解、分选、回收等处理工艺、设备及资源化利用技术；针对电子废物中显示器、线路板等的破碎、分离，研究金属混合物的识别（尤其是贵金属）、收集和提纯技术。结合地区和城市产业的特点，重点研究废弃集成电路板机械破碎分选及其环境友好性评价；研究废弃显示器玻璃环境毒性评价；研究 LCD 屏分离技术与贵重金属绿色回收的基础科学问题及关键技术等。重点开发“塑性材料高效粉化技术”、“有害物质的等离子体高温熔融技术”、“贵金属复合提取技术”等高新技术，最大限度地实现电子废物的循环利用。对特色电子废物短流程高效回收与循环利用应当关注稀土永磁二次资源综合利用关键技术、稀土发光二次资源综合利用关键技术、太阳能板回收利用关键技术、废旧铜资源短流程直接再生利用关键技术、废旧二次电池直接还原熔炼－金属资源循环利用技术研究等。

建筑垃圾是下一个潜在可利用的固体废物资源，目前每年排放 10×10^{8} t 以上，2020 年建筑垃圾总量预计达到 300×10^{8} t。建筑垃圾的资源化利用应着重从矿物学和材料学的角度研究其粒料的力学、颗粒学特性；用作低档路面基材加工方式；红砖的活性、胶凝性研究与利用；建筑垃圾经过分选、粉碎、筛分成粗细骨料，代替天然骨料配制混凝土、建筑用砖和道路基材研究；建筑垃圾直接制成粗、细骨料和土，来替代部分天然砂石，制造混凝土、再生砖和古建砖研究。建筑垃圾构件也可加工成再生材料构件，这与建筑的设计、拆除方式和回用标准等有关。

展望：工业固体废物的资源化迫切需要新的理念作指导。减量化、再利用、再循环、替代和复原的原则，低消耗、低排放、长寿命、高效率为基本特征的物质不断循环利用，必然产生循环经济驱动发展模式。今后工业固体废物资源的循环利用研究发展的可能方向为：

（1）矿物法有可能与物理法、化学法、生物法等一样成为工业固体废物资源化利用独特方式，为系统、科学、多途径的工业固体废物资源循环利用提供选择。固体废物工艺矿物学将重点查明固体废物的物质组成，精确测定有用和有害元素的赋存状态、矿物变化特征，主要物相的粒度、成分、嵌布特征、关联关系等，及在利用过程中矿物的工艺特性；研究固体废物在产生过程中的物相变化规律，总结在不同条件下固体废物的物相转变机理，以及物料成分、温度等条件对生成物相的粒度、成分、嵌布特征的影响规律。建立固体废物工艺矿物学数据库，为潜在资源的开发利用、方案优化提供基础数据和理论支撑。

（2）工业固体废物资源化亟需联合攻关解决一批共性和关键问题，针对我国特色低品位矿、难处理矿产资源，以及非传统二次资源，研发多金属高选择分离、稀散/稀贵金属提取、伴生非金属资源利用、产业链接循环利用等关键技术，提高资源综合利用效率与环境安全水平，实现难转化、难分离矿、低品位矿，多金属/非金属共伴生矿，选矿尾矿、冶金渣、粉煤灰、煤矸石等大宗工业固体废物的高效清洁利用。

（3）中低端非金属矿资源的提质、降杂、精制、转型，提高其高端性能和品质，瞄准特殊需求领域，如深度脱除 NO_x/CO_x/SO_2/雾霾，航天分子筛材料形成空间站，环控生保系统中二氧化碳有效脱除、变压吸附制氧和 O_2/CO_2 循环燃烧技术的发展；依托优势非金属矿资源综合利用技术开发室内甲醛吸附捕捉与降解的技术，室内降尘非金属材料技术等。

(4) 积极开展工业固体废物资源循环利用的技术、经济与环境安全评价，为工业固体废物资源循环利用提供评判标准。在深入了解工业固体废物成分 - 结构 - 性能 - 加工工艺关系，建立工业固体废物循环利用全数据库的基础上，开展和加强工业固体废物资源提取和材料设计研究；从提取有用组分、原料、绿色高效材料的多角度出发，全面评估和提供固体废物最优化综合利用途径。

(5) 选择具有标志性固体废物（如大宗工业固体废物）和广泛应用的先进适用技术（如生物冶金），以区域布局方式在重点行业如有色金属、电子、建材等龙头企业带动示范，形成固体废物回收 - 利用 - 循环产业集群，加快提升工业固体废物资源化的跨行业集成，综合使用经济扶持政策促进固体资源化新型产业的现代化。

第十六章　宝（玉）石和观赏石

第一节　宝（玉）石

宝（玉）石是指那些颜色绚丽、光彩夺目、质地坚硬耐久，且具有观赏、收藏价值的、稀少的矿物或岩石。它们经过琢磨、雕刻后可以成为首饰或工艺品的材料。它们包括天然宝玉石和人工合成宝石。

一、宝石的分类

自然界有近 5 000 种矿物，其中具有美观、耐用、稀少等特点又适合加工作为宝石的约 100 余种，而这百余种宝玉石矿物中，从流行性和产值两个方面，只有 20 种左右是最重要的，即所谓常见的宝石。宝石（除个别的以外），主要是单晶体，玉石主要是矿物集合体。彩石，一般指低档玉石。实际上彩石与玉石的界限很难划分，有人把两者视为同义语。“砚石”则专指可以制砚的石料。按化学成分，宝石又可分为无机宝石（一般绝大多数宝石属之）和有机宝石（如琥珀等）。按形成条件，宝石又可分为天然宝石和人造宝石。

宝石具有一定的成分和结构。它是一个矿物种或变种，如红宝石和蓝宝石分别是刚玉（$\alpha-Al_2O_3$）的两个变种；祖母绿与海蓝宝石为绿柱石（$Be_3Al_2[Si_6O_{18}]$）的不同变种。

二、宝（玉）石的基本特征

（一）硬度

硬度是鉴别宝玉石的重要特征之一。宝石学中常用刻划法来测试宝石的硬度，即摩氏硬度。一些常见的主要宝玉石的摩氏硬度值为：金刚石为 10，红、蓝宝石 9，黄玉 8，电气石（碧玺）7.5，祖母绿 7，海蓝宝石 7.5，橄榄石 6 ~ 7，紫牙乌（石榴子石）7 ~ 7.5，各色水晶 7，玛瑙 6.5 ~ 7，翡翠 7，东陵玉 6 ~ 7，碧玉 6 ~ 6.5，月光石 6，日光石 6，独山玉 6 ~ 7，木变石 7，岫玉 3 ~ 4，白玉 6，等等。

另外还可以借用一些常见的物质补充完善硬度测试系统，如指甲为 2.5，铜针为 3，玻璃为 5，钢刀片为 5.5 ~ 6，碳化硅为 9.5 等。如某一宝石可划动正长石（在正长石表面留一划痕），却刻不动石英，其硬度则可定为 6.5。宝石专用硬度笔可使测试更为简单、方便。但用硬度笔刻划容易损伤宝石，因此不能在宝石的明显部位刻划。

精确测定宝石的硬度常采用压入法。测试仪器是一种带金刚石压头的显微镜装置，压头为四棱角锥，借助测量压头在单位时间内一定的压力下，在宝石光滑面上压出显微压痕的大小来计算其硬度，这种硬度称压入硬度或维氏硬度，如摩氏硬度为 3 的方解石的维氏硬度为 172 kg/mm^2。

一般要求宝石质地坚硬，摩氏硬度在 4 以上，通常要求大于 6 ~ 7。

（二）颜色

宝（玉）石之所以名贵与其美丽的颜色分不开，因此，颜色是决定宝石价值的重要因素。

宝石的颜色除黑、灰、白以外,其彩色的辨识与描述是以红、橙、黄、绿、蓝、紫六种基本色为基础的。如图 16-1的色轮所示,在各基础色之间,又形成了过渡颜色。

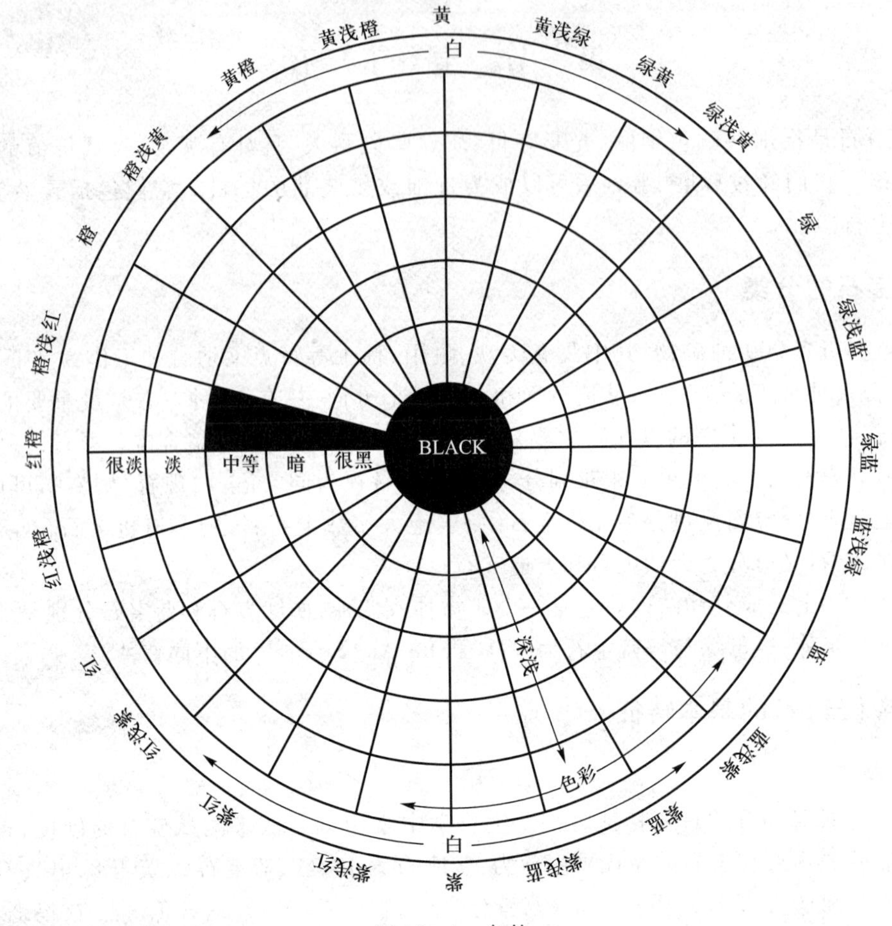

图 16-1　色轮

Fig. 16-1　Color wheel

每种颜色又有深浅的变化。此外,色彩是否明快(强、弱),又与灰色的混入程度有关。在色轮上,每种颜色的对面有另一种颜色。这两者之间为互补色;红、黄、蓝为三大主要基础色,它们的互补色绿、紫、橙为第二色;互补色等量混合将产生灰色。

此外,在宝石颜色的描述中还应用"鸽血红"、"石榴红"、"苹果绿"、"树叶绿"等术语,它们各有其特定的内涵,代表着宝石的一定品级。

"变色",是指宝石在不同光源的照射下,显示不同颜色的现象。如"变石"(金绿宝石),在阳光下呈翠绿色,在灯光下却变为紫红色,故而又称它为"紫翠玉";某种稀见的尖晶石(天然的或人造的)、蓝宝石(天然的或人造的)、绿柱石或碧玺也有类似的变色现象。这是因为不同的光源所含的各色光的成分不尽相同,如日光中以蓝绿色为主,而灯光中以红光为主要成分,从而使某些宝石在不同光源下显示明显的颜色差别。

根据颜色成因将宝石的颜色划分为自色、他色和假色。自色是由矿物本身固有的成分、结构所引起的颜色，如橄榄石化学成分为$(Mg,Fe)_2SiO_4$，其黄绿色调即由Fe^{2+}引起，绿松石化学式为$Cu(Al,Fe)_6(PO_4)_4(OH)_8 \cdot 4H_2O$，其蓝绿色调即由$Fe^{3+}$、$Fe^{2+}$和$Cu^{2+}$共同决定等。他色是由气液内含物或杂质等所引起的颜色，如红宝石($\alpha-Al_2O_3$)的红色由杂质离子Cr^{3+}引起。假色是由物理光学效应所引起的颜色，如欧泊的变彩（可见光的干涉、衍射作用）等。

色素离子的存在，是人们常用来阐述宝石成色机理的依据，宝石中存在的主要色素离子有Fe^{3+}、Fe^{2+}、Ti^{3+}、Cr^{3+}、Mn^{3+}、Ni^{+}、V^{3+}、Cu^{2+}、Co^{2+}等。例如，蓝宝石、蓝碧玺的蓝色是钛离子引起的，翡翠的翠绿色是铬、镍离子的存在，翡红是铁离子所引起，二价锰离子在碧玺中产生黄色，三价锰离子则产生红色等等。

宝石学从晶体场理论、分子轨道理论和能带理论等角度深入揭示了宝石颜色成因的本质，呈色的主要原因如下：

(1) 离子内部的电子跃迁。这是含过渡型离子矿物呈色的主要方式。因为过渡金属离子都具有未填满的d或f电子亚层，在晶体结构中，过渡金属离子周围的配位阴离子可视为点电荷，在这些点电荷组成的静电场作用下，原来属于同一能级的d或f亚层将分裂成几组能量不等的d或f轨道，当过渡型金属离子吸收光能后，低能态的d或f电子可以分别跃迁到高能态的d或f轨道。过渡金属元素离子的d—d电子跃迁最好的例子就是红宝石、祖母绿和变石，它们的呈色原因都是Cr^{3+}离子的d—d跃迁。

(2) 离子间的电子转移。在矿物晶体结构中，在一定能量光波作用下，构成共同分子轨道的离子之间（金属离子与金属离子之间、非金属离子与金属离子之间、非金属离子和非金属离子之间），电子可以从一个离子轨道跃迁到另一个离子轨道上，伴随电子的转移会有很强的光吸收而使矿物呈色，如堇青石在Fe^{2+}和Fe^{3+}之间的电子转移过程中吸收了黄光，呈现蓝色。

(3) 色心。矿物晶体中能选择吸收可见光的点缺陷称为色心，它能引起相应的电子跃迁而使宝石呈色，最常见的为电子色心、空穴色心和杂质离子色心。

电子色心是晶体结构中阴离子空位引起的，这个空位就成为一个带正电荷的中心，它能捕获电子。如果一个空位捕获一个电子，并将其束缚于该空位，这种电子呈激发态并选择性吸收某种波长的色光而使晶体呈色，如紫色萤石。

空穴色心是晶体结构中的阳离子缺位引起的，这等于增加了一个负电荷，则附近一个阴离子必须成为空穴才能保持电中性，在捕获空穴的过程中选择性吸收某种波长的色光而使晶体呈色，如烟晶、蓝黄玉等。

(4) 能带间的电子跃迁。不同能带之间的电子转移引起的宝石呈色，当自然光通过矿物时，矿物将吸收能量使电子从价带向导带跃迁，所需的能量取决于禁带的宽度，吸收的能量不同会使宝石呈现不同的颜色，如II_b型钻石呈现的橙黄色。

(5) 物理因素。宝石中常存在一些细小的平行排列的内含物、出溶片晶、平行解理等，它们对光的反射、干涉等物理因素引起的颜色，如欧泊的变彩。

颜色既是宝石的价值所在，也是鉴别宝石的重要特征之一。例如，红宝石的红色，祖母绿的青蓝色，孔雀石的绿色，紫晶的紫色，鸡血石的血红色等都有独特的色彩特征。人们常可以根据颜色予以鉴别，而且颜色的鲜艳均匀程度，常是宝玉石划分档次、品级、价值的主要标准。

（三）折射率和色散

宝石的折射率 N 大于1，一般在1.4～2.5。反射率和折射率愈高，光泽愈强。譬如折射率低的石英（$N_0=1.544, N_e=1.533$）不如折射率高的金刚石（$N=2.418$）光泽强。对于宝石制品来说，其光泽强弱还与抛光面的光洁度以及正确的切割使之获得更多的反射有关。对于非均质的宝石矿物而言，最大与最小折射率之差称重折率。折射率与重折率是宝石鉴定的重要依据。

色散是指宝石将可见光分解为单色光的能力；折射率色散则是指宝石折射率的大小随单色光波长的不同而改变的现象，通常用紫光与红光折射率的差值来表征，差值愈大表明色散愈强。如萤石 $N_{紫}=1.437, N_{红}=1.431$，色散为0.006；金刚石 $N_{紫}=2.465, N_{红}=2.408$，色散 $=0.057$（有的资料为0.044）很强，故金刚石打磨抛光后，在白色光照射下可以显示出五颜六色，光彩夺目。

（四）光泽

指宝石表面对光的反射能力。宝石多为金刚光泽与玻璃光泽。光泽是鉴别与评价宝玉石的重要特征。

当宝石的硬度、表面光滑度等条件不同时，会呈现出一些特殊的光泽，如油脂光泽（羊脂玉）、树脂光泽（琥珀）、蜡状光泽（寿山石和岫玉）、土状光泽（劣质绿松石）、丝绢光泽（虎睛石、猫眼石）、珍珠光泽（珍珠）等。

（五）透明度

指（宝玉石）矿物透过可见光的能力。一般单晶宝石的透明度较高，玉石类的透明度较低；宝石中含有较多内含物时透明度会降低；放射性的强弱、宝石表面的光滑程度，甚至宝石体色的深浅也会影响透明度。

一般在鉴别宝玉石透明度时，是以1 cm厚的原石的透明程度来区分。通常分为四个等级：① 透明体。透过原石能清晰看见对面的物体，如水晶、黄晶、玻璃等。② 半透明体。能透过光线看到对面物体的轮廓但不清晰，如透光玛瑙、绵纹较多的水晶等。③ 微透明。有一定的透明性，但相当模糊，这在许多玉石中很常见，如岫玉、独山玉、翡翠、东陵玉等。④ 不透明。光线能进入而不能穿透者，如孔雀石、绿松石等。

在宝玉石学中，透明度是一个非常重要的质量指标，行业述语中常用"水头足"、"没水头"、"发闷"等来表示透明度。同一种宝玉石，透明度的强弱与经济价值常呈等比级数，往往透明度越高，价值越高。

（六）猫眼效应

有些宝石具有平行的纤维构造或平行的针状包裹体。当垂直这些平行构造将宝石加工成弧形凸面时，光照其上就会出现一条很窄的反射光带，犹如猫眼，称"猫眼效应"（图16－2）。转动宝石，光带还会发生游移（游彩）。猫眼效应的典型代表是金绿宝石，被称为"猫眼石"，最为珍贵。此外，已知约有二十余种宝石在某种情况下可能出现猫眼效应。如海蓝宝石猫眼、碧玺猫眼、蛇纹石猫眼、夕线石猫眼、硅灰石猫眼、孔雀石猫眼、石英猫

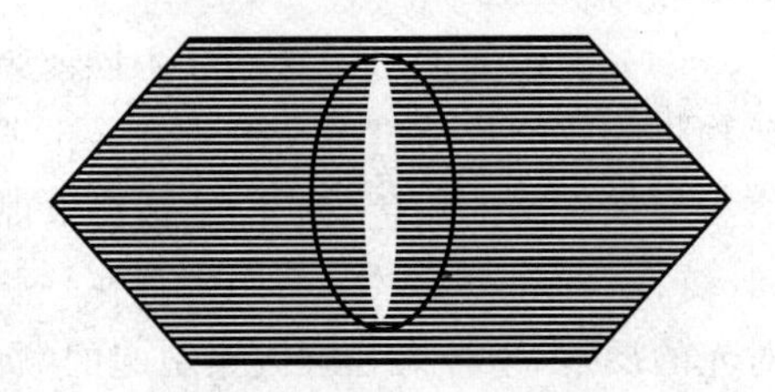

图16－2 猫眼效应示意图

Fig. 16－2 The schematic diagram of the chatoyancy

眼等。石英猫眼的棕黄色品种称“虎眼石”,蓝色品种(含蓝色石棉)称“鹰眼石”。

(七)星光效应

在平行光线照射下,以弧面形切磨的某些宝石表面呈现出两条或两条以上交叉亮线的现象即星光效应。转动宝石,星光也会游动。每条亮线称为星线,通常多见两条、三条和六条星线,分别称为四射、六射和十二射星光,是由宝石晶体内部含有两个或三个方向定向排列的针状、管状内含物对光的反射和折射作用引起的。等轴晶系的石榴石、四方晶系的锆石和斜方晶系的斜方辉石等可出现四射星光,而三方晶系、六方晶系的宝石可出现六射星光。个别情况下,同一弧面形宝石中可出现两套六射星光,如果两套星光的中心位置错开就可以看到十二射星光,如山东产出的蓝宝石。四射星光宝石如铁铝榴石、透辉石、尖晶石、堇青石、顽火辉石等。六射星光宝石如红蓝宝石、绿柱石、芙蓉石等。最常出现星彩的是红宝石和蓝宝石,星光道数愈多,价值愈高。

(八)变彩效应

宝石的某种内部特殊结构对光产生干涉作用而出现颜色,且颜色随光源或观察角度的变化而变化的现象称作变彩效应。具变彩效应的典型宝石为某些长石及非晶质的欧泊。拉长石具薄片状结构,使光产生干涉而出现“拉长石光彩”。欧泊由直径不同的呈六方或立方最紧密堆积的SiO_2小球粒组成,球粒直径在150~300 nm,水和空气充填于球粒空隙中,球粒间的空隙分布形成可以衍射可见光的空间格子。当白色光入射到球粒间空隙所组成的平面时,某些波长的可见光被衍射,以近于光谱色从内部射出形成欧泊的变彩效应。因其是极少有的现象,所以欧泊(特别是黑欧泊)被划为高档宝石。

(九)乳光与月光

由于宝石内部的细小结构使光产生散射,从而在弧形面上显示出柔和的白色光,如欧泊的“乳光”、月光石(钠长石)的“月光”。

(十)瑕疵

瑕疵是指宝石外部或内部的缺陷,如裂纹、结疤、不纯的混入物或琢磨缺陷等。

宝石中的细小纹络,其形态或细如丝,或薄如蝉翼,或团如棉絮,它们可能是外力作用结果,也可能是出于包裹物所致,有时称这种瑕疵为绵柳或绵文。宝石中因含杂质而出现的斑点或结疤,这种瑕疵称为脏点。

瑕疵影响宝石的质量,如钻石的鉴定中把瑕疵分为无瑕、极微瑕、微瑕(一花)、小瑕(二花)、一级瑕(三花)、二、三级瑕(大花)等六级。此外,瑕疵还可以作为宝石鉴定的标志,用以区别宝石的产地、天然或人造(瑕疵少)宝石等。瑕疵也包括外部所有琢磨缺陷、抛光纹等。一切瑕疵都不利于提高宝石的价值。

上述宝玉石的特性,都是通常用来鉴别宝玉石的基础性质。在野外地质工作中,对原石常用结晶形态、颜色、相对硬度、相对密度、结构、构造等来粗略地识别;而室内就要采用各种仪器、工具来较精确地鉴定。常用的仪器有:双目镜、二色镜、偏光显微镜、分光镜、滤色镜、摄谱仪、硬度计、比重液等等。还可以用化学分析的各种方法以准确地分析各种化学元素的组成。但至今仍是对原石的鉴定比较容易,而对成品的无损快速简易鉴定还值得努力探索。

三、常见宝玉石的特征及质量要求

常见13种宝玉石的矿物学特征参数见表16-1。

表 16－1　常见宝玉石的特征参数一览表

Table 16－1　The characteristic parameters of common gems

宝石种类	矿物名称	晶系	单体形态	解理	摩氏硬度	密度/($g \cdot cm^{-3}$)	折射率	双折射率	色散值	多色性	效应
钻石	金刚石	立方晶系	立方体 八面体	//{111} 中等	10	3.52	2.417	0.044			
红宝石、蓝宝石	刚玉	三方晶系	桶状、 短柱状、 板状	差	9	3.97～4.08	1.762～1.770	0.008	0.018	明显	星光效应 猫眼效应 变色效应
祖母绿、海蓝宝石	绿柱石	六方晶系	六方柱状	不完全 底面	7.5～8	2.7～2.9	1.577～1.583		0.014		猫眼效应
金绿宝石	铍尖晶石	斜方晶系	平状、 厚板状	不完全到 中等板面	8.5	3.63～3.83	1.746～1.755	0.008～0.010	0.01		变色效应 猫眼效应
碧玺	电气石	三方晶系	柱状、 板柱状	无	7～7.5	3.0～3.2	1.624～1.644	0.019	0.017		猫眼效应 变色效应
橄榄石	橄榄石	斜方晶系	柱状	不完全	6～7	3.27～3.48	1.654～1.690	0.036	0.020	弱	
宝石级石榴石	石榴石	等轴晶系	菱形 三八面体	不发育	7～8	3.5～4.3	1.710～1.940		0.027～0.057		星光效应 变色效应

续表

宝石种类	矿物名称	晶系	单体形态	解理	摩氏硬度	密度/（$g \cdot cm^{-3}$）	折射率	双折射率	色散值	多色性	效应
大红宝石	尖晶石	等轴晶系	八面体	无	8	3.57～3.70	1.71～1.80		0.020		星光效应 变色效应
高型锆石	锆石	四方晶系	四方柱与四方双锥	无	7～7.5	3.90～4.73	1.925～1.984	0.040	0.039		
宝石级黄玉	黄玉	斜方晶系	短柱状	平行于底面	8	3.49～3.57	1.619～1.627	0.008～0.010	0.014	弱至明显	
翡翠	硬玉				6.6	3.33	1.666～1.680				
软玉	透闪石、阳起石				5～6	2.95	1.606～1.632				
独山玉	斜长石、黝帘石		致密块状	无	6～6.5	2.73～3.18	1.56～1.70				
绿松石玉	绿松石				5～6	2.8～2.9	1.61～1.65	0.040			

（一）钻石

钻石属于金刚石，常见立方体晶面上的四边形凹坑和八面体表面上的倒三角形生长标志及菱形十二面体晶面上的线理或显微圆盘状花纹。性脆，硬度具异向性，即立方体对角线方向 > 八面体上各个方向 > 立方体面与轴平行的方向 > 横穿菱形十二面体方向。无色透明钻石硬度略高于彩色钻石。折射率、色散值均是所有天然无色透明宝石中最高的。由于它是世界上已知天然矿物中最坚硬的，也是诸多宝石品种中最珍贵的。

（二）红宝石和蓝宝石

红宝石与蓝宝石同属刚玉，仅颜色不同。聚片双晶较为发育，常见百叶窗式双晶纹、晶面横纹和三角形生长标志。韧性强。有时裂理发育，分为底面裂理和菱形面裂理。透明蓝宝石硬度略高于透明红宝石硬度，但却略低于不透明的星光红、蓝宝石。同一晶体的不同晶体方向硬度也略有差异，不同方法合成的红、蓝宝石硬度也会有所不同。颜色通常不均匀，常见平行于六边形晶面的平直色带及色斑。

要求颜色鲜艳纯正，色带不明显，裂隙和杂质少。透明原石质量一般要求大于 0.5 ct（ct 即克拉，1 ct = 0.2 g），优质者可放宽到 0.3 ct；半透明至不透明且具有星光效应或猫眼效应的原石应以标准素面戒面为准。

（三）祖母绿与海蓝宝石

祖母绿与海蓝宝石同属于绿柱石。祖母绿大多为结晶状态较为完好的晶体，常因裂纹发育而性脆，海蓝宝石和其他绿柱石韧性良好。祖母绿的二色性为蓝绿 - 黄绿，海蓝宝石的二色性为蓝或绿—无色，二色性随宝石体色的逐渐加深而愈加明显。绿柱石中常含有平行于 *c* 轴的针状、管状内含物。

要求祖母绿原料颜色浓重，以翠绿色为佳，裂隙越少越好。优质原石的质量在 0.25 ct 以上时可将其用作首饰。要求海蓝宝石原料透明，以色正且饱和度较高者为佳。半透明至不透明的原石应注意外观是否有云雾感，因为具有这种现象的材料常可以琢磨出猫眼效应。一般要求原石无裂纹和少杂质，质量在 0.5 ct 以上。其他绿柱石类宝石要求透明，颜色鲜艳纯正为佳。

（四）金绿宝石

金绿宝石属于珍贵宝石，其中有两个特殊品种变石和猫眼石，是唯一可直接称为猫眼的宝石。晶体底面上常有条纹，韧性较好。一般三色性明显，变石的三色性很强。

一般要求宝石级金绿宝石为解理不发育的透明晶体，晶体直径在 2 mm 以上。变石通常不需抛光就能观察到变色现象，透明至不透明者均可用，以透明度高者为优。日光下颜色从优至劣依次为翠绿、绿、淡绿，白炽灯下颜色由好到次排列分别为红、紫红、淡粉红色。对于猫眼，除体色深浅等因素外，内含物的细密程度和排列方式主要决定了眼线的质量。可用于宝石加工的原石质量应在 0.5 ct 以上。

（五）碧玺

碧玺属于电气石，色彩丰富，是重要的宝石品种。晶体纵纹发育，柱体截面常呈球面三角形。性脆，具强二色性。两种或两种以上的颜色出现在同一个晶体上较为常见，且既有沿 *c* 轴上下分布的类型，也有垂直于 *c* 轴呈内外环状分布（西瓜碧玺）的类型。

最优的品种是红色，依次为绿色、蓝色，以颜色纯正鲜艳者为佳。一般要求原石晶体透明，纤维状、管状内含物与裂隙尽量少，原石质量在0.5 ct以上。含有平行管状内含物的半透明或不透明的原石可加工成具有猫眼效应的宝石；碧玺的集合体也常加工为雕件，如手把件等。

(六) 橄榄石

柱状晶体习性，晶面常见垂直条纹。晶体完好者很少见，常以粒状碎块或滚圆卵石状产出。贝壳状断口，性脆。常见铬铁矿、黑云母等暗色内含物以及特征"睡莲叶"内含物。

宝石级橄榄石，要求绿色深而鲜艳，从优至劣依次为翠绿、浓绿、金黄绿、黄绿色。要求晶体内部解理裂纹不发育，不含或少含暗色内含物。要求原石直径在3 mm以上，直径在10 mm以上为一级品。

(七) 石榴子石

宝石级石榴子石要求原石裂纹少，晶体无黑心(晶体中心变为暗色)均匀的色带。晶体颜色要鲜艳且分布均匀。红色品种颜色从优至劣依次为纯红、浅红、深红、紫红，其中以血红色为最佳，但宝石通常会带有暗红或暗紫色调。绿色品种颜色从优至劣依次为翠绿、深绿、绿、浅绿、黄绿、黄色。

(八) 大红宝石

大红宝石属于尖晶石。性脆，多数易碎。少数品种可能呈现出四射或者六射星光效应(内含平行于八面体定向排列的针状金红石内含物)，有些会出现变色效应，在日光下显亮灰蓝色，在白炽灯下显紫色。

宝石级尖晶石要求原料为质量在0.5 ct以上，没有裂纹，颜色鲜艳均匀的透明晶体。尖晶石中的红色品种比较珍贵，从优至劣依次为深红、紫红、橙红、粉红色，其中以浓重鲜艳的血红色为最佳，其价值略低于红宝石。蓝色品种从优至劣依次为深蓝、蓝、浅蓝、灰蓝色，以明亮的钴蓝色为最佳。已知的具有星光效应的尖晶石颜色都比较深暗，呈暗紫色、灰色到黑色，但因其稀少所以珍贵。

(九) 锆石

根据折射率、重折率、色散、相对密度把锆石分为低型锆石、中型锆石和高型锆石，它们均可成为宝石材料。从宝石业角度看，高型锆石是最重要的宝石级锆石。四方晶系，晶体常呈四方柱与四方双锥的聚形，有时因柱体部分很短而呈假八面体状。原石常呈磨蚀卵形。高型锆石，多为浅黄色、褐色至深红褐色者最大。后刻面棱线双影明显。"火彩"很强。低型锆石多为绿色、褐色及灰黄色，并因常含大量内含物而呈云雾状。

锆石性脆，刻面棱角容易被损坏。红褐色、褐色和浅黄色的锆石(高型)经热处理后，颜色可分别变为无色、蓝色和金黄色；绿色锆石(低型)经热处理后颜色会变浅。宝石级锆石原料，包括经过热处理后的晶体，要求质量在0.5 ct以上，无裂纹、内含物少。其颜色要求鲜艳均匀或者为无色。

(十) 黄玉

大多为无色，酒黄色，晶面常有纵纹。性脆，易沿解理面裂开。常见有扁平、细小的液态内含物，水滴形的气态内含物，长管状洞穴和原始解理等。

一般要求宝石级黄玉原石为质量在0.7 ct以上，裂纹和解理不发育、瑕疵少，颜色深艳并且纯正的透明晶体。黄玉以优质的紫红色最为珍贵，价值最高；其次是粉红色、深黄色；再其次是蓝色、黄色和褐色；无色黄玉价值不高。产于巴西的雪利酒色(褐黄色、橙色、黄褐色)黄玉经热处理后颜色可变成粉红至紫红色,无色黄玉经辐照和热处理后颜色可变成亮蓝至深蓝色。颜色深的原石大多表现为半透明,加工后由于个体变小而变得透明。

（十一）翡翠

翡翠的主要矿物组分是硬玉,此外还含有透辉石、绿辉石、钠铬辉石等,有玉石之王的美称。由于原料少、价值高等限制,翡翠的形制设计、题材选取、雕刻工艺等也非常复杂。

翡翠的颜色归纳起来也只有五大类,即白色(白翠)、绿色(绿翠)、紫色(紫椿)、黄至红色(黄翡至红翡)和黑色(墨翠),其余的颜色主要是这五种颜色的过渡色。墨翠的雕刻工艺最与众不同,由于体色深黑且透明度较低,所以要求尽量精雕细琢,如龙、凤、麒麟等多毛发的瑞兽题材等。若是雕人物造型,也必须突出局部的细工如头发、鼻窦等,并以此突出优质墨翠细腻的质地。

翡翠的折射率是所有玉石中最高的。翡翠为玻璃光泽,半透明至不透明,极少顶级优质品为透明。一般来说,翡翠的组分矿物颗粒越细则透明度(即“水头”)越高,光泽越强;颗粒越粗,则透明度、光泽越差。另外翡翠中 Fe^{3+}、Cr^{3+} 等杂质离子含量较高时,透明度变差甚至变得不透明。针对透明度的变化,翡翠的雕刻也要相应作出调整,如高透明度的原材料应尽量采用大面积的光滑平面或弧面,少作雕刻纹饰与图案,使其起到类似放大镜的作用,加强透明的视觉效果,同时要调整原材料的厚度,在保护原料的前提下以能体现出最佳透明度为标准;相反,低透明度的原料则可以多雕些纹饰、图案等,以此使人们的注意力不要过多地集中到其透明度低的缺点上。

珠宝业内所称的翠性即指在翡翠表面由解理所显现的星点状闪光或矿物晶面的片状闪光,这与翡翠组分矿物颗粒大小有关,是翡翠与相似玉石的重要鉴别特征。翠性不明显时,说明颗粒细小致密,韧度好;反之,翠性明显易见则说明颗粒较粗大,则证明结构疏松,韧度低。韧性高的原料适合精工细作,如人物的须发、衣服的纹褶等;若质地疏松,则韧度较低,只能考虑作一些简单的雕工。

瑕疵的出现都极大地影响了翡翠的质地,因此在进行雕刻时务必作到避绺避裂,即顺绺作成暗纹,顺裂作成明纹,以花纹的蜿蜒曲折遮蔽绺裂的自然走势。

（十二）软玉

软玉的主要矿物组分为透闪石和阳起石。在翡翠出现之前,软玉一直以中国第一美玉冠名,其雕琢与使用在中国有着悠久的历史。

软玉各项光学参数的值都不是很高,所以给人柔和之美。软玉有白、灰白、黄、黄绿、灰绿、深绿、墨绿、黑色等。当主要组分矿物为白色透闪石时,软玉呈白色;随着 Fe^{2+} 以类质同象方式替代透闪石晶体结构中的 Mg^{2+},软玉可呈深浅不同的绿色,Fe^{2+} 含量越高,绿色越深。主要由铁阳起石组成的软玉几乎呈黑绿至黑色。光泽与透明度:玻璃光泽和蜡状光泽。绝大多数为半透明至不透明,以不透明为多,极少数透明。

软玉的主要矿物组成为透闪石－阳起石类质同象系列,在多数情况下软玉是这两种端员组分中间产物的集合体,有时会有少量透辉石、滑石、蛇纹石、绿泥石、黝帘石、钙铝榴石、铬尖晶石等伴生矿物。由于透闪石与阳起石的常见晶形为典型的纤维交织结构,所以软玉质地致密、细腻,其韧度在所有玉石中是最高的,这是因为细小纤维状矿物的相互交织使颗粒之间的结合能加强,产生了非常好的韧性,不易碎裂,特别是经过风化、搬运作用形成的卵石,这种特性尤为突出。

（十三）独山玉

独山玉是一种黝帘石斜长岩,颜色丰富,多达 30 余种色调,主色有白、绿、紫、黄(青)红几种颜色。颜色变化取决于矿物组成,以绿色为价值最高的颜色。独山玉大多颜色黯淡、透明度低,只有优质品才能达到半透明的鲜艳绿色。

玻璃光泽至油脂光泽,微透明至半透明。独山玉的折射率大小受组分矿物影响。

独山玉具细粒(粒度 <0.05 mm)结构,其中斜长石、黝帘石、绿帘石等矿物呈他形至半自形,紧密镶嵌,而韧度一般。

(十四)绿松石玉

绿松石玉的主要矿物组分为绿松石,常与高岭石、石英、云母、褐铁矿、磷铝石等共生,集合体为我国古代著名玉石,并有着很高的经济价值。

绿松石的颜色可分为蓝色、绿色与杂色三大类。蓝色包括蔚蓝、蓝,色泽鲜艳;绿色包括深蓝绿、灰蓝绿、绿、浅绿以至黄绿,深蓝绿者价值较高;杂色包括黄色、土黄色、月白色、灰白色等。业界以蔚蓝、蓝、深蓝绿色为上品,绿色较为纯净的也可做首饰,而浅蓝绿色只有大块才能使用,可作雕刻用石。杂色绿松石则需优化处理后才能使用。大多数绿松石的视觉效果不是很强,颜色也不很鲜艳,透明度差,几乎全部为不透明,整体感觉为中档玉石。

绿松石常显蜡状光泽,抛光很好的平面可能具有亚玻璃光泽,一些浅灰白色的绿松石只有土状光泽。鲜艳的天蓝色绿松石折射率较低;绿色或略带黄色调的绿松石折射率明显增高,这是由于成品中铁含量增高所致;灰白色绿松石折射率最低,这与其结构的部分被破坏有关。

高质量的绿松石硬度较高,而灰白色绿松石的硬度较低,最低仅为2.9(摩氏硬度)。绿松石的韧度差异明显。以优质致密块状的瓷松而言,韧度可达中等。

绿松石有很多裂隙,并常被褐铁矿和炭质等杂质充填,形成褐色、黑褐色的纹理和色斑,业界称为铁线,这也是绿松石的鉴定标准之一。

四、宝石的加工

(一)宝石的款式

宝石的款式有下列三种类型。

1. 刻面型

将宝石表面琢磨、抛光出许多小平面,它们被称为"刻面"或称"棱面"、"翻面"。一般又可将其分为圆钻型(图 16-3)和阶梯型(祖母绿型)(图 16-4),在此基础上还可以派生出一些其他款式。如心形、菱形、盾形、鸢形等。

刻面型加工款式适用于透明宝石,因为小刻面彼此协调,可使射入宝石的光得到充分的反射,从而使宝石光亮闪烁。但值得提出的是宝石切割的角度必须正确。如图 16-5 所示,宝石背面切面的角度太陡或太缓都可能产生"漏光"。

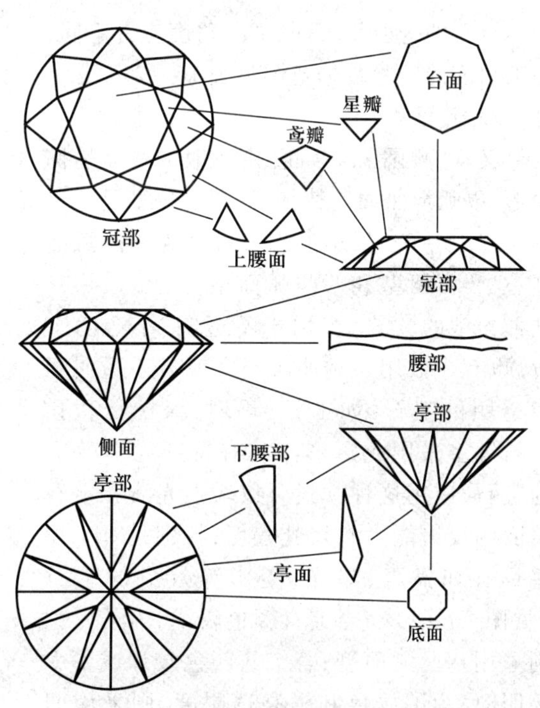

图 16-3　圆钻型款式

Fig. 16-3　The pattern of brallant

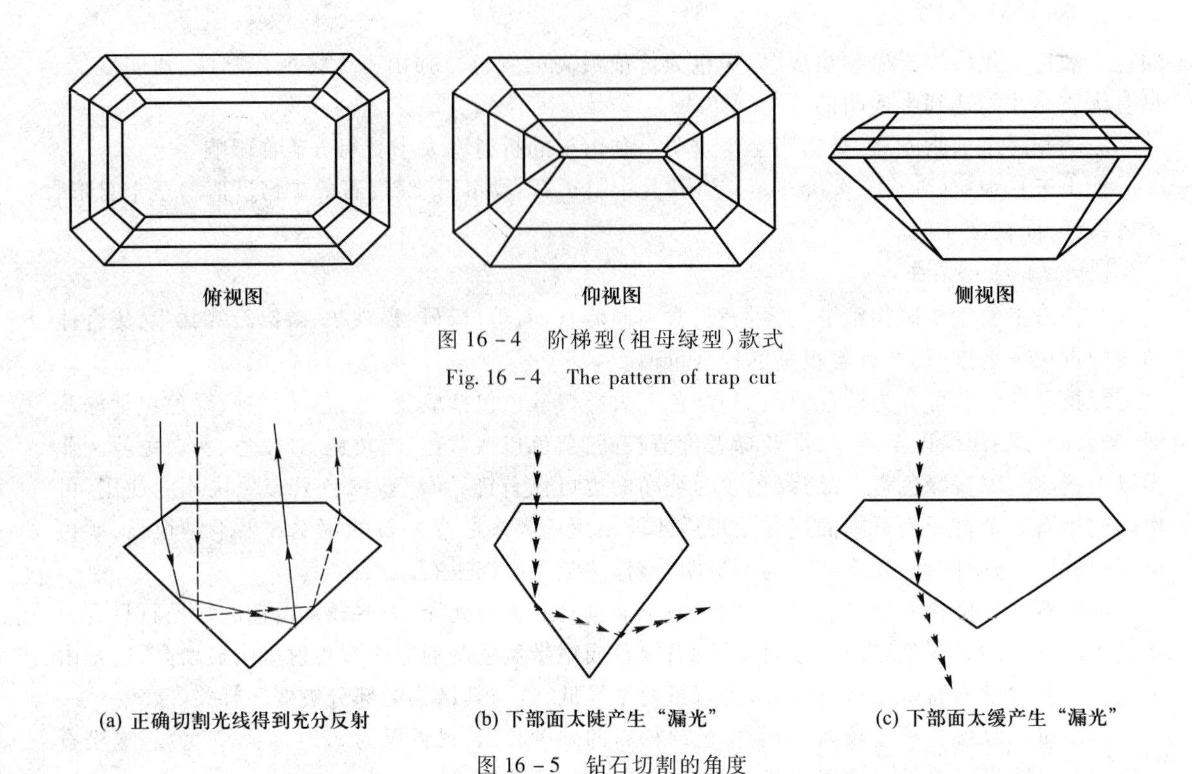

图 16-4　阶梯型(祖母绿型)款式

Fig. 16-4　The pattern of trap cut

图 16-5　钻石切割的角度

Fig. 16-5　The cutting angle of the diamond

宝石的折射率不同,加工角度应有不同,加工角度的经验数据范围见表 16-2。

2. 弧面型

又称“腰圆”、“素面”。一般的戒面呈椭圆形,以弧形曲面为特征,椭圆形琢型尺寸比例见图 16-6。根据形态又可分为单凸弧面型、双凸弧面型和凹凸弧面型,见图 16-8。这种类型的款式,多用于不透明、半透明宝石,也有少数用于透明宝石。所有不透明和半透明的宝石,如玉石、玛瑙、绿松石和孔雀石等多采用此琢形。具有特殊光学效应的宝石,应用这种款式可以增强光线在宝石表面的反射能力和聚光程度;特别是对于那些具有如猫眼、星光、变彩等效应的宝石(见图 16-7)。当宝石颜色较浅,为了拢色则采用双凸弧面型;若宝石颜色较深或不太透明时,为了放色和提高透明度,则采用凹凸面弧型。

表 16-2　宝石的折射率与加工角度关系经验数据

Table 16-2　Experience data of the relations between the refractive index and the processing angle of gem

折射率	冠部角度	亭部角度
1.40 ~ 1.60	40° ~ 50°	43°
1.60 ~ 2.00	40°	40°
2.00 ~ 2.50	30° ~ 40°	37° ~ 41°

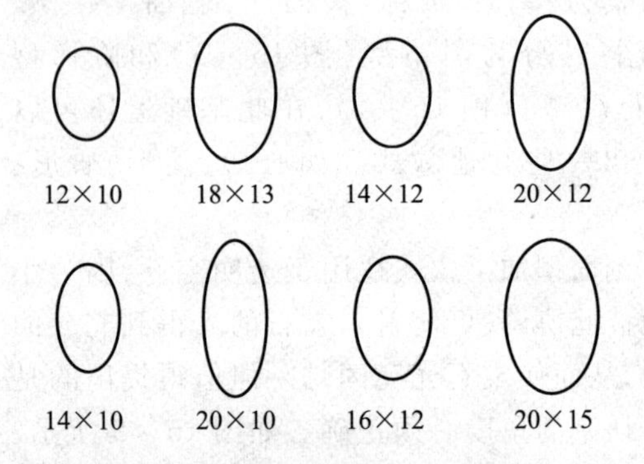

图 16-6　椭圆形琢型尺寸比例图

Fig. 16-6　Proportion diagram of oval cut size

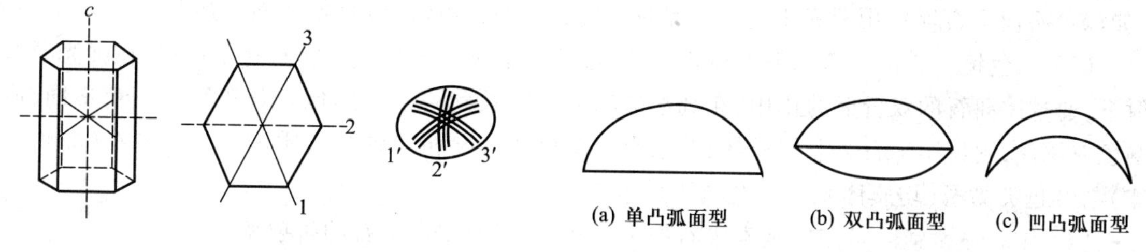

图 16－7　星光宝石方向

Fig. 16－7　Starlight gem direction

1,2,3 ——代替包体排列方向；

1′,2′,3′——代替星线方向

图 16－8　弧面型款式

Fig. 16－8　The pattern of cabochon

3. 随意型

根据需要随意将宝石琢磨成各种各样的形状。随意型宝石有时被串成项链,有时也用来镶嵌各种首饰。随意型小石可以是宝石,也可以是玉石。

（二）宝玉石加工工艺及设备

1. 宝玉石加工工艺

(1) 刻面宝石的加工。可以分为九道工序:出坯→上杆→圈形→冠部研磨→冠部抛光→(翻转宝石)上杆→亭部研磨→亭部抛光→后期处理。

(2) 弧面宝石的加工。工艺较简单,分为八道工序:画线→下料→圈形→上杆→预形→细磨→抛光→后期处理。

(3) 玉石的造型雕琢工艺。玉石在设计加工时有其独到之处。通常情况下,玉石则全部琢磨为圆珠或被业内称为蛋面的光滑素面。

玉石的加工制作属于雕刻的范畴,是按照一定的题材、选定适合的内容、运用恰当的专业技法进行创作的过程,在强调显示出玉石内在美的同时,更要在成品的玉器中体现出寓意主题的人文思想,这比为展示宝石色彩与透明度等的单纯切割要复杂得多,而且更容易受到玉石自身属性与瑕疵的影响,也因此更强调“量料取材、因材施艺、遮瑕为瑜”等用料技巧和琢磨技巧的琢玉重要法则。同时还要考虑到不同玉石品种的文化色彩。

总之,玉石的雕琢是一门很深的艺术科学,非是笔墨所能表达。我国玉雕历史悠久,现今大致有南、北两派,风格各异,为国之精华。

2. 宝石加工设备、工具及材料

目前宝玉石加工所使用的加工设备主要有:开料机、宝石机械万能整形机、各种宝石磨机、抛光机、超声波打孔机、双向宝石打孔机、雕刻打磨机、蛇皮钻等。

3. 宝石的鉴定

宝石鉴定的目的主要在于确定宝石的种属、品质、真伪并区别人造宝石和天然宝石。对于宝石成品则必须采取无损鉴定。

一般宝石鉴定,主要依据宝石的外表特征、以折射率为主的光学常数、密度、硬度等,多采用肉眼(包括放大镜观察)和一些比较简便的工具和仪器。最常用的有以下几种。

(1) 放大镜。一般采用 10 倍放大镜。

(2) 聚光小手电。用以检查宝石的颜色和透明度。有些用肉眼看来深色不透明的宝石原料

(如深色石榴子石等),用聚光手电照射是透明的,且制得的成品颜色艳丽而且透明。

(3) 二色镜。它由一个冰洲石棱镜、观察透镜和金属套管组成。宝石置于窗口,在强光源照射下,通过冰洲石的双折射的作用,在观察透镜上可以看到一个双影像。若双影像颜色不同,或颜色有深浅,则说明宝石为非均质体;若双影像颜色或浓度相同则为均质体。如红宝石(非均质体)与红色尖晶石(均质体),在二色镜下就可以鉴别。

(4) 宝石显微镜。可用以观察宝石的多色性,用浸油测定宝石的折射率等。

五、宝石颜色的优化

若天然宝石颜色不佳,某些情况下可采取人工改色措施,使之优化。宝石改色大致有如下途径。

(一) 热处理

通过加热、氧化还原作用,使色素离子改变价态,导致宝石改色。如通过加热,在不使宝石破裂的前提下,使含二价铁的灰色、褐色玛瑙变为含三价铁的红玛瑙;通过高温炉热处理,使蓝宝石、碧玺改色等。

(二) 染色

主要用于有孔隙的宝石,将试料浸入某种溶液中加热使之染色。如用硝酸铁溶液使玛瑙、岫玉等染红色;用盐酸加热使试料染橙黄色等。

(三) 辐照

用放射性射线辐照宝石也可以使某些宝石改变颜色。

人们在不断探索宝石改色的机理、改色的新方法和新工艺,研究宝石改色的效果、持久性和放射性处理的样品的有害性等。不同产地、不同形状的宝石,所含杂质可能不同,改色的方法或具体措施也有所不同,必须针对不同的情况,进行具体研究。

六、人造宝石

(一) 人造宝石的主要方法

人造宝石亦称人工合成宝石,有下列主要方法。

(1) 焰熔法。以氢氧焰熔化试料,并使其结晶的方法(参见刚玉一章)。用这种方法成功地合成了红宝石、蓝宝石、尖晶石、金红石、钛酸锶、钇铝榴石等。

(2) 提拉法。亦称熔融法,是从熔体中直接拉出单晶的方法。用这种方法制成了白钨矿、钇铝榴石、红宝石和祖母绿。

(3) 结晶法。样品置坩埚中熔化,然后慢慢冷却结晶。用这种方法合成了白钨矿、萤石。

(4) 热液法。在高压釜内,从热水溶液中生长晶体(参见石英一章)。使用这种方法合成了人工水晶,此外,还合成了红宝石、祖母绿等。

(5) 静压法。利用压机在高温高压下合成金刚石(参见金刚石一章)。但由于晶体颗粒较小,一般多用以生产工业用金刚石。

(二) 几种主要的人造宝石

(1) 合成红宝石和蓝宝石。它们是最早实现人工合成的宝石。有三种合成的方法,即焰熔法、水热法和熔盐法，以第一种为主。在氧化铝中添加一种或几种氧化物，制成红宝石和各种颜色的蓝宝石。如加入1%～2%的氧化铬获得红色，加入少量氧化铬获得粉红色，加入少量氧化铁获得深红色，加入2%氧化铁和1%氧化钛获得蓝色，加入钴、镁、锌和钡的氧化物获得绿色等。此外，还可以使氧化钛在其晶体中生成金红石针状晶体，从而制成星光宝石。合成红宝石和蓝宝石在珠宝贸易中是重要品种。

（2）合成金红石。可用焰熔法合成。金红石摩氏硬度为6，折射率 $N_0=2.616$，$N_e=2.903$，双折射率0.287，色散0.330，能抗大多数酸和碱的浸蚀，但过热可使之变色。由于它的高折射率、高色散，在钛酸锶合成出来之前它是一种受欢迎的钻石赝品。合成者也是黑色的，经热处理可以获得蓝、绿、黄及橙色。淡黄色者可作为钻石赝品。

（3）钛酸锶。其成分为 $SrTiO_3$，与天然的钙钛矿 $CaTiO_3$ 结构相同，等轴晶系；折射率 $N=2.409$，与钻石的 $N=2.417$ 十分接近，色散0.109。以高折射率和高色散作为钻石的赝品很引人注意。其缺点是硬度太小（摩氏硬度5～6）。相对密度5.13，无解理。对紫外光不透明。

（4）钇铝榴石（YAG）。首先用它做激光材料，而后才被应用于宝石业。折射率 $N=1.833$，色散0.028，相对密度4.55，摩氏硬度8～8.5，金刚光泽。是一种很好的钻石赝品，比合成金红石和钛酸锶更能耐久。钆镓榴石（GGG），$N=1.970$，色散0.045，相对密度7.05，硬度7。因为价格高昂，并在含紫外线的光照下会变成褐色，在宝石业中已很少见到。

（5）立方氧化锆。其成分为 ZrO_2，是1976年出现的新的钻石赝品，折射率 $N=2.15$，色散0.060，相对密度6，硬度7.5～8.5。晶体无色透明，加入某些元素，可以获得橙红、玫瑰红、黄、紫、茶、墨、绿等色。它是较好的合成宝石材料。

除上述种属外，钻石、石英、尖晶石、欧泊、变石、祖母绿、绿松石等也都可以人工合成。

第二节　观　赏　石

观赏石又称雅石、供石、石玩、珍石、奇石等，包括奇特的矿物晶体、岩石和化石等；具有独特的形态、色泽、质地、纹理；同时具有观赏、收藏及科研价值；一般指天然形成的具有观赏、玩味、陈列和收藏价值的各种石体，包括一般未经琢磨而直接用于陈列、收藏、教学或装盆、造园的岩石、矿物、化石和陨石等。

也有学者提出广义观赏石，指具有观赏、玩味、陈列、装饰价值，能使人感官产生美感、舒适、联想、激情的一切自然形成的石体，包括宏观的地质构造（如桂林象鼻山、骆驼山，福建东山岛风动石，黄山飞来石等（原属于自然景观））和借助于显微镜观察到的五彩缤纷的微观世界。自然景观与观赏石有许多共同之处。一般地说，依据能否整体移动来判别这两者。凡是能够整体移动的天然形成的石质艺术品属观赏石，否则列为自然景观。

一、观赏石的分类

到目前为止，观赏石因其分类依据不同，而有不同的分类方案。

（一）按形态特征分类

依据观赏石产出的地质背景、形态特征及所具有的意义，袁奎荣等（1994）将观赏石分为7种类型。

(1) 造型石。通常是指一些造型奇特的岩石、矿物,以其婀娜多姿的造型为特色,求形似,赏其貌。造型石最常见,如江苏太湖石、安徽灵璧石、西南钟乳石等。这类观赏石主要是在风化溶蚀作用下形成的奇形怪状的岩石。其次是风成造型石,它是经过长时期风沙的吹蚀,岩石的软弱部位被吹掉,坚硬部分保留下来而成。如有些玛瑙、碧玉等坚硬岩石也被风吹成奇形怪状,表面光滑,样式美观,是不可多得的造型石,如西北风棱石。此外,还有火山熔岩形成的造型石,如火山弹、梅花石、牡丹石等。

(2) 纹理石(图案石、画面石)。以具有清晰、美丽的纹理、层理或裂隙及其组成的平面图案为特色。求神似,赏其意。如南京雨花石、宜昌三峡石、兰州黄河石、柳州红河石等。这类观赏石的着眼点是岩石上的纹理、图案。岩石上的纹理主要是成岩时期原生的,或岩石受矿液浸染形成的。如一些文字石是岩石中方解石、长石或石英等细脉形成的。

(3) 矿物晶体观赏石。多产于内生矿床中,它以美丽的色泽、质地优良的矿物单晶、双晶、连晶、晶簇或稀有品种的微小晶体受到人们的喜爱。如辉锑矿、辰砂、雄黄、雌黄、水晶晶簇、冰洲石、方铅矿、黄铁矿、石榴子石、萤石、绿柱石、碧玺和香花石等。

(4) 生物化石观赏石。指完整清晰和形态生动的动植物化石。主要产于页岩、板岩等沉积岩中。如三叶虫、鱼化石、恐龙蛋、珊瑚、硅化木、海百合等。

(5) 事件石。指外星物质坠落、火山、地震等重大事件遗留下的石体,或在某历史事件中有特殊意义的石体。如陨石、火山喷发形成的火山弹等。

(6) 纪念石。指与历史事件、人物活动有关的具特殊纪念意义和科学价值的石体。如蒲松龄收藏过的灵璧石,1979 年中美建交时美国赠送给我国的由阿波罗 17 号载人宇宙飞船宇航员在月球澄海东南部着陆区采回的月岩标本,前苏联赠给我国的一段来自 12 000 m 地下的岩芯等。另一类是历史名人纪念石,如蒲松龄和沈钧儒收藏的太湖石,郭沫若收藏的孔雀石晶体,李四光收藏的第四纪冰川石等。孙中山、朱德、沈钧儒、郭沫若等收藏过的砚台或雅石等。

(7) 文房石。指质地细腻或形奇色怪的有一定实用价值的石体。如端砚石、鸡血石图章、陀幅石和印章石等。我国文房石的开发有悠久的历史,自成一体。有人认为文房石不应归属于观赏石之列,因此该类型属于目前有争议的观赏石。

(二) 按产出特征分类

依据观赏石产出特征,把观赏石分为 3 类。

1. 岩石造型类

① 地表风蚀作用为主形成的奇特造型。如泰山的雄姿、华山的险峰、黄山的“飞来石”、内蒙古的“风棱石”等。

② 由海蚀、河流冲刷作用形成的自然造型。如南京雨花石、山东长岛鹅卵石等。

③ 淋积作用形成的自然造型。如石灰岩溶洞中的钟乳石和石笋,青海盐钟乳,广东孔雀石等。

④ 火山喷发形成的岩石造型。如流纹岩、安山岩和玄武岩等。

⑤ 沉积形成的有观赏价值的纹理岩造型。如湖南武陵石英砂岩奇峰,北京景忠韵律石等。

⑥ 天外来客。如陨石等。

2. 矿物晶体类

① 名贵矿物。即矿物晶体本身具宝石价值或属我国独特的贵稀品种。如多色碧玺、海蓝宝石、辰砂、辉锑矿、方解石、雄黄、雌黄晶簇等。

② 色、形、巧、奇组合矿物。如萤石、黄铁矿晶簇、玫瑰花状的蓝铜矿和绿色丝绒般的孔雀石集合体等。

③ 奇特罕见的含液体、气体、固体包裹体的矿物晶体。这类晶体如水胆水晶、水胆绿柱石晶体等。

3. 观赏古生物化石类

① 珊瑚类化石。如鞋珊瑚、蜂窝珊瑚等。

② 腕足类化石。中国石燕、鸽头贝等。

③ 节肢动物中体态较大者。如三叶虫等。

④ 完整的笔石化石。

⑤ 软体动物中的菊石化石。

⑥ 单体完整的鱼类化石。

⑦ 古人类化石及古脊椎动物化石。如北京猿人、蓝田猿人和恐龙、乳齿象等。

⑧ 有观赏价值的植物化石。如硅化木等。

⑨ 动物遗迹化石。如恐龙蛋和鸡头龙的皮肤化石等。

(三) 按成因分类

依据观赏石成因,宋魁昌(1991)把观赏石划分为 8 类。

(1) 沉积、变质、岩浆作用形成。包括纹理石、版画石、菊花石、花纹大理石、幔岩包体、火山弹、眼球状片麻岩等。

(2) 结晶作用形成的绚丽晶体或晶簇。包括水晶、萤石、石膏、多色碧玺、辉锑矿、辰砂、锡石、雄黄、天青石晶体或晶簇、含金红石或电气石包裹体的石英、水胆水晶、水胆玛瑙等。

(3) 各种成矿作用形成的矿物组合美妙、结构构造奇特的矿石。包括自然金、自然银、自然铜、孔雀石及晶洞状、伟晶状、皮壳状矿石。

(4) 风蚀、海蚀、河蚀形成的砾石或各种形态的奇石。包括雨花石、灵璧石、英石、微型风蚀蘑菇石等。

(5) 地下水溶蚀、淋滤作用形成的怪石。包括太湖石、昆山石、奇特钟乳石等。

(6) 动植物化石及动物遗迹化石。包括鱼、珊瑚、菊石、腕足类化石、包含有昆虫的琥珀、团藻灰岩、硅化木等。

(7) 构造作用形成的构造岩。包括特殊的角砾岩、被颜色鲜明矿物充填的碎裂岩。

(8) 天外来客。包括陨石、月岩、雷公墨等。

二、观赏石的特点

(1) 天然性。观赏石通常是浑然天成且保持天然产出状态。

(2) 奇特性。在色彩、形态、质地、纹理、图案、内部特征等方面往往表现出妙趣横生或生动形象等特点,成为新、奇、美、异、独、特的奇矿异石。

(3) 稀有性。有些观赏石(化石、矿物晶体等)很漂亮,但产量多了就不稀奇了。

(4) 科学性。反映某一阶段的科学事件,具有重要的科学研究价值。如陨石、南极石等。

(5) 艺术性。能够给人回味,产生美感、联想和激情,在赏石过程中陶冶人们的情操,提高美学水平。

(6) 可采性。采集于自然界中,并用于室内收藏、陈列与装饰或玩赏于股掌之间。

(7) 区域性。代表了浓烈的地方特色,地区风格。如南京雨花石、江苏太湖石、西北风棱石、西南钟乳石、宜昌三峡石等。

(8) 商品性。可作为一种特殊的矿产资源,它可以直接或间接产生经济价值,具一般商品的特性。

三、观赏石的评价

观赏石的评价比较复杂。一方面由于观赏石本身的种类繁多、质量不一,目前还没有统一的评价标准;另一方面也由于人为因素较重,变化也较大,不同的评估者往往由于本身所从事的专业不同或审美观点和要求各异,对同一块观赏石的评价可能有很大的差异。故观赏石的评价有统而概括的普通标准,也有按不同类别特征的评价指标。

评价一块观赏石是优是劣,目前比较公认的通用评价标准条件有:① 天然产出;② 颜色艳美或色调丰富;③ 造型奇特,组合讲究或特色明显;④ 花纹别致,图案、纹理清晰逼真;⑤ 晶体完整,晶形无损;⑥ 意境深远,含蓄回味,赏心悦目,意义特殊或内涵深远;⑦ 珍奇稀少又罕见难求,或举世无双者;⑧ 光泽强烈或自然柔和;⑨ 摩氏硬度宜大,块度适中(块度指岩石形成碎块的大小程度,一般以碎块的三向长度的平均值(mm)和最大长度(mm)表示)。

当然,一块观赏石一般不可能同时具备上述条件。值得强调的是不同类型的观赏石其评价指标又各有侧重,要分别对待。如矿物晶体类观赏石应注重晶体的完整性、矿物组合的多样性、色彩的丰富及鲜明性;生物化石类要强调生物结构的完整,种类的稀有及生物是否具栩栩如生的生长形态等;对于造型石较多采用“皱”、“瘦”、“漏”、“透”的评价指标;纹理石的图案往往因历史文化背景不同而有不同的偏好。

观赏石除色、形、纹、质外,还表现为艺术美和抽象美。观赏石之美大致分为色彩美、形态美、神韵美和装饰美四种,又以神韵美为核心。

评估观赏石除需要具备一定的文学艺术修养和地学基本知识外,还需要渊博的历史知识和大胆丰富的想象力。一个新的发现可以使一块石头顿时身价百倍,一块观赏石的发现、采集、题名、配架及收藏的全过程可以说是一种艺术发现和艺术创作过程。观赏石价值大小首先取决于独特的艺术价值,美是观赏石的灵魂。

四、我国各地主要观赏石的特征及岩性

我国各地产主要观赏石的特征及岩性见表16-3。

表16-3 我国观赏石品种、主要产地、特征及岩性一览表

Table 16-3 The variety, origin, characteristics and lithology of ornamental stone in China

品 种	主要产地	特 征	岩性
太湖石	江苏太湖、宜兴、南京	灰色、灰白色为主,少见白、黑、红、黄色,曲折圆润,玲珑剔透	石灰岩
灵璧石	安徽灵璧	黑、白、赭、绿和杂色,体态瘦透,击之有声	碳酸盐岩,质坚、致密

续表

品种	主要产地	特征	岩性
英石	广东英德	灰黑色、少有白色，体态嶙峋，具天然的丘壑皱，棱角纵横，纹理细腻	碳酸盐岩，质坚硬
巢湖石	安徽巢湖	灰色，体态漏透，玲珑精巧	碳酸盐岩，质坚脆
昆山石	江苏昆山市玉峰山	经洗刷处理后色洁白，晶莹似玉，玲珑秀美，峰峦嵌空	硅化角砾岩
石钟乳	广西桂林、江苏宜兴	白、黄等色，千姿百态，晶莹剔透	石灰石
风棱石	内蒙古、新疆	五彩缤纷，有乳白、粉红、淡黄、漆黑等色，因风蚀作用呈光滑和明显棱角，外形似橄榄核	硅质岩、砂岩为主
彩釉石	广西合山	翠绿、暗绿、灰绿、墨黑等色，具有光亮、润滑、坚韧的釉状石肤	硅质岩
水黑石	广西	墨黑，具多变外形或坑洞，石肤细 色灰—墨黑，外形多变，坑洞少，石肤细	石灰岩、硅质岩
崂山绿石	山东青岛	以绿色为基调，色彩典雅，石质晶莹润美，呈针状、柱状、板状、层状、块状结晶	绿泥石、绢云母等变质岩
黄蜡石	广东潮州、台山	黄色，质坚形奇，细腻，点、线、面边角圆而平滑，摩氏硬度达 7	硅质岩
栖霞石	江苏南京	色以青灰、褐灰、黑灰为主，摩氏硬度 4	泥质灰岩及白云质灰岩
吕梁石	江苏徐州、安徽宿州	形貌犹如立体国画，如平峰、陡崖、凹壁、石檐等，这两种石的质地、成因、形态相同	泥灰岩、灰岩
塔格石	新疆中天山	白色至灰白色，常见黑色硅质斑点或纹理，呈立体状的各种山的缩影，十分美丽	白云岩为主
九龙壁石	福建九龙江	肌质坚贞、形态万千、纹理流畅、色彩丰富	透辉夕卡岩等
雨花石	南京雨花台、六合、仪征	品种繁多，纹彩斑斓，形状圆滑，晶莹耀眼，五光十色，千变万化，呈锦绣般的图案	玛瑙、燧石、硅质岩、石英岩等
三峡石	长江三峡	千姿百态，色彩丰富多彩，天然纹理奇特	蛋白石、石髓、玛瑙、砾石等
锦纹石	安徽	底色为灰白或浅黄，红棕色的纹理千变万化，犹如国画、素描画、版画	砂质、粉砂质岩

续表

品种	主要产地	特征	岩性
牡丹石	河南洛阳	底为墨绿,花似牡丹,白色,重瓣,花朵自然分布,姿态各异,形象逼真,淡洁高雅	含长石斑晶的辉绿石
黄河石	宁夏、内蒙古、甘肃的黄河沿岸	色艳,呈赤、橙、黄、绿、青、蓝、紫等色,花纹美丽	石英岩、硅质岩、砂岩、灰岩等
汉江石	汉江河床沿岸及支流	天然纹理构成的各种景物、人物、动物等	砂岩、泥岩、灰岩等组成
菊花石	湖南浏阳、湖北、陕西	白色晶莹的菊花,在黑色基岩的衬托下,黑白分明,古色古香,秀丽典雅	基底为灰岩或硅质灰岩,花瓣为天青石,方解石和红柱石
红河石	广西红水河	典型的卵石,原岩青灰、浅灰褐、浅紫色,风化后呈棕褐,棕灰、棕黄、黑色	含锰、铁质粉砂岩
红丝石	山东临朐	底色黄,带红丝,遍布天然云纹、水纹、刷丝纹,纹彩多姿,石质润美	含铁质微晶灰石
云锦石	江苏南京	石切面花纹图案十分美丽,呈黄、白色、具云纹状天然图纹	硅碳质灰岩
临朐彩石	山东临朐石家河、沿源等	品种繁多,石质细腻,色彩丰富、纹理清晰,构成风景、人物、动物、植物等各种图案	接触交代变质岩
大理石	云南大理等	切面具有千姿百态的花纹和不同的色彩。白、黄绿、深绿、墨绿、红等,似山水图案,质细腻	大理石
溧阳石	江苏溧阳	切面具有千姿百态的花纹和不同的色彩。呈红、紫、黄、瓷白、星点红等色	含辰砂变质黏土岩
眼睛石	江苏溧阳	外形极似眼睛状。紫、灰、白、红等多色	石英岩
翠竹石	江苏	翠绿色,形状极似青翠的竹子	滑石岩中的阳起石类变种

五、观赏石的美和价值

(一) 观赏石的美

观赏石的美主要体现在其色彩、形态、神韵等方面。

1. 色彩美

颜色通常是评价观赏石质量的重要指标之一。例如,水晶的紫色,孔雀石的绿色,蓝宝石的蓝色,可谓一石在握,四壁生辉。观赏石的颜色是多彩的,可分为3种情况:同一块观赏石具有不同的颜色；不同观赏石上的同一种矿物或岩石具有不同的颜色；同一块观赏石在不同光源照射下会呈现不同的颜色。

2. 形态美

（1）造型。岩石或矿物的天然造型，其精美程度往往可使能工巧匠自愧不如。风成黄土中的姜结石本来平淡无奇，但云髻高耸，正襟危坐，酷似古代贵妇人。如柱如箭的辉锑矿，其面若削、其棱似刻，真乃鬼斧神工。

（2）花纹图案。一些纹理石如雨花石、三峡石、汉江石、大理石不仅有曲折多变的花纹，或曲，或直，或旋，或圆，穷极变幻，而且有"屈子行吟"、"八戒求援"、"黄山云雾"、"牡丹闹春图"等天然画面，真可谓奇画天成。有人按不同的花纹图案分成了风流人物、运动世界、三峡风光、中外文字和抽象朦胧等五大系列，堪称石中一绝。至于化石观赏石更是栩栩如生，呈现在人面前的是一幅幅不是版画胜似版画的大自然杰作。

（3）组合。大自然的造化常常将不同的矿物、岩石组合在一起，奇特而又神秘。红色矛头状辰砂和晶莹剔透的方解石组合成的晶簇，似红装素裹，举世稀见；雄黄、雌黄、方解石组成的晶簇，红、黄、白泾渭分明，给人以华贵、高雅脱俗之感；绿色的或紫色的立方体萤石晶体，与金灿灿的黄铁矿晶体共生一体，最多时五六种颜色和不同形态的矿物共聚于方寸之地，异彩纷呈，妙不可言。

3. 神韵美

神韵美亦称内容美、象征美，是观赏石除色彩、形态美之外的抽象美。观赏以其种类不同，各具特殊风韵。

（二）观赏石的价值

1. 观赏价值

观赏石是天然的艺术品，是大自然的奇观，是大自然赋予全人类的宝贵财富。观赏石具有千姿百态的造型，丰富多变的色彩和变幻无穷的花纹，给人以崇高的精神和艺术享受。

2. 经济价值

观赏石本身具有一定的经济价值，我国古代"价值连城"的"和氏璧"便是例证。国际上自20世纪70年代初开始形成大规模的观赏石贸易。我国近年来也掀起了观赏石的市场热潮。我国象形石对外销售量也很大，特别是对日本、新加坡、韩国等国出口，国际、国内潜在的市场均非常广阔。

3. 科学与文化价值

观赏石的研究是介于自然科学与人文科学之间的新型领地。通过对观赏石新资源的不断发掘，促进了地质学、古生物学及园林艺术的发展。寻石、赏石、藏石的实践，不仅可以充实人们的自然科学知识，同时也是一项培养人们热爱自然、投身自然、健体养身、开阔视野、陶冶情操、启迪智慧的活动。

观赏石作为商品，掌握一些有关观赏石造假辨伪的知识是很有必要的。假观赏石的类型有：① 低质品种冒充优质品种，如太湖石染黑冒充灵璧石、用太湖石的旱石冒充水石、墨石冒充灵璧石等。② 假造型石，如传统赏石类中太湖石、灵璧石之类的造型山石，由于大多属碳酸盐类岩石，质地较为疏松，摩氏硬度不很高(5左右)，而且不耐酸类腐蚀。假造型石往往有许多通透的孔洞，但其孔洞大多前后对穿，中心线成直线，少见自然形成的孔洞那种迂回曲折感。此外便是象形类，尤其是动物类居多。通常要经过盐酸的浸泡，使加工部位与原来石质浑然一体。(3)假纹理石,主要表现为两类:一类是经过切割打磨的纹理石,根据其原有的不同色彩琢磨成浅浮雕式的图案,如云南的大理石、广西的彩霞石等。另一类是未经加工的砾石或是卵石,通过化学染色、染烙成各种图纹,用激光在石面上打出图案,在石面上用湿布贴出图案后,再把石头烟熏火烧,用颜料染石头后再加热蒸煮,在石表刻出沟纹填以石浆再打磨平整等。这类石头大都图案形象过于逼真,色彩不够自然,有的纹彩表面没有岩石特征的细粒或微粒结构。

假观赏石识别方法主要有以下三点:辨别粘贴、斧凿、切面、锯底修饰,仔细观察纹理、色泽是否有浓淡的轻微变化。

总之,辨别真伪时一看石体表面是否被破坏;二看石纹是否突然改向;三看色泽是否有浓淡变化;四看石面是否有“凿印”、“锯丝”、“粘痕”等。

第十七章　功能材料矿物原料

功能材料是现代工程材料的重要组成部分。根据实用的特点，一般把工程材料分为结构材料和功能材料，其中功能材料已成为国际上激烈竞争的领域，它与当代新技术的进展休戚相关。因此，一种新的功能材料的开发成功常可带动一个新的技术领域，产生巨大的经济效益。

功能材料的定义至今尚未得到统一的认识。狭义的定义认为，功能材料指的是对光、电、磁、热、声、力、放射、湿度和气氛等外界能量（或物质），具有感知、转换、传输、显示和存储功能的材料；也常常被称作敏感元件材料。更宽泛的定义则认为，功能材料还包括过滤、分离、生物和化学等方面的材料。甚至有人认为它包括一切不属于结构材料的其他工程材料。本文采用狭义的功能材料定义。

功能材料矿物即指能够对外界能量或物质有敏感响应功能的天然或合成矿物。现代科学技术对功能材料矿物在晶体成分及结构（包括微结构）方面有极为严格的要求，可直接用作功能材料的天然矿物数量十分有限，实际应用的大多数是人工合成矿物。后者发展很快，种类日益增多，许多合成矿物就是按照功能材料的要求而生产并直接用作工程材料的。因此功能材料矿物原料的研究属矿物科学和材料科学的边缘领域，且更近于材料科学的范畴。用作功能材料的合成矿物及材料的种类多，涉及内容广，表 17－1 列示了狭义概念的主要矿物功能材料。由于篇幅限制，本书仅以光学功能材料、电学功能材料、纳米功能材料为主作简要介绍。

表 17－1　主要的矿物功能原料

Table 17－1　The main raw materials of functional minerals

敏感响应	外界能量					
	光	热	电	磁	声	力
电	摄像管靶面用光电导原料（红辉矿、辉锑矿）	红外探测原料（PbS, $BaTiO_3$）	（刚玉（Al_2O_3），金红石），半导体原料（碳硅石，金刚石），电池材料原料（黄铁矿，蒙脱石）		声电原料（电气石）	压电原料（石英）
光	晶体激光发射原料（红宝石，氟磷灰石），色心激光发射原料（萤石，钾盐）非线性光学原料（淡红银矿），光偏转原料（方解石，金红石），光色原料（方纳石，萤石）	红外透过原料（萤石、氟镁石、石盐）	电光原料（辰砂），荧光原料（钒钇矿、闪锌矿、硫镉矿、硅锌矿、氟磷灰石）	磁光原料（钇铝石榴子石）	声光原料（石英、彩钼铅矿）	应力光学原料（萤石）

续表

敏感响应	外界能量					
	光	热	电	磁	声	力
磁			反雷达原料(磁铁矿)	磁记录原料($\gamma-Fe_2O_3$)		
声			电声原料(电气石,$BaTiO_3$)			
热		热沉原料(金刚石)				

第一节　光学功能矿物原料

1960年出现了红宝石激光器。此后,激光(laser)作为新的强光源,并且具有单色光和相干性等特征,蕴含着巨大的科学和工业应用价值。由此,带动了以光学为中心的功能材料,形成了今日的激光工业和光电子工业。在研制这些新材料的过程中,矿物学研究起着相当大的作用,开发出许多矿物光学功能材料。

(一) *透射矿物及其材料*

与激光相联系的光学功能材料的基本要求是在激光工作波段(可见光、近和中红外、近紫外波段)有良好的透过率,吸收系数很小。

根据 Lambert - Beer 定律,通过矿物晶体的吸收系数 α 的关系式为

$$I = I_0^{-\alpha d} \tag{17-1}$$

式中 I 和 I_0 分别为入射光强度和通过矿物晶体后的光强度,d 为晶体厚度。吸收系数的大小取决于多种因素。其中比较重要的是矿物的能带结构,含有过渡族离子的能级,色心以及物理光学效应(如:晶体表面、多晶界面、亚晶界、双晶、出溶、解理、裂隙和色体等所产生的散射和衍射作用)等。

大多数矿物属于绝缘体和半导体,其能带结构可以简单地视为价带、导带和禁带(图17-1)。价带由被价电子充填的一系列电子能级所组成。导带反映了未被电子充填的空的电子能级。当价电子或内部电子接受外界能量,跃迁到导带上时,这些电子可以在原子间自由移动,传导电流。导带的能量高于价带,两者之间隔着禁带,禁带中没有电子能级(在无杂质和未受辐射损伤的情况下),因而也没有电子。

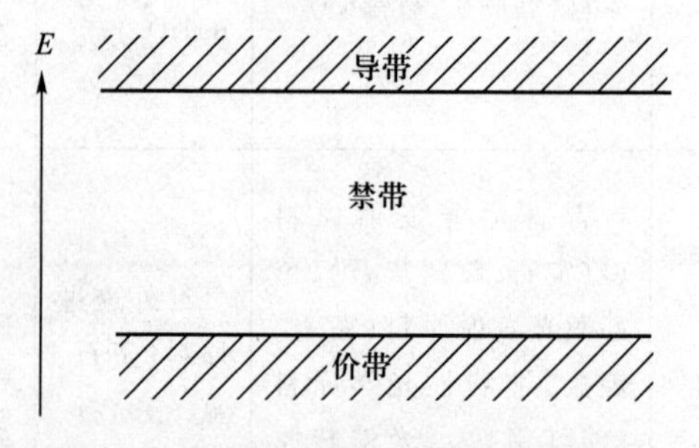

图17-1　绝缘体和半导体能带示意图
Fig. 17-1　The energy band schematic diagram of insulators and semiconductors

禁带宽度称为能隙(energy gap),是一个十分

重要的参数。绝缘体能隙大，价电子难以跃迁到导带上，因而是绝缘的。半导体能隙小，电子很容易跃迁到导带上。而金属的能隙为零，所以都是导电体。能隙一般以能量（E）表示，其单位是电子伏（eV），也可以换算为波长（λ），其单位是纳米（nm）。两者大致的换算公式是

$$\frac{E}{\mathrm{eV}}\cdot\frac{\lambda}{\mathrm{nm}}\approx 1\,240 \tag{17-2}$$

例如，紫外光和可见光的界限约为 400 nm，相当于 3.1 eV；可见光和近红外光的界限约为 750 nm，约为 1.65 eV。

在矿物吸收机制中影响最大的是禁带吸收。它阐明了透明矿物和不透明矿物的差别。当矿物的能隙小于 400 nm，或者说大于 3.1 eV 时，可见光波段的辐照光的能量（最大能量近 3.1 eV），不足以使价电子穿越禁带到达导带，因此可见光完全透过，未被该矿物所吸收，这称为透明矿物。当矿物的能隙大于 750 nm，或者说小于 1.65 eV 时，可见光波段的辐照光的能量（最低为 1.65 eV）均大于能隙。这时，可见光照射下，矿物中的价电子被激发到导带的电子能级上，这使辐照光能量大量减少，表现为通过矿物的可见光基本被吸收，故称为不透明矿物。如果矿物的能隙处于可见光区，例如辰砂和淡红银矿的能隙为 620 nm，则波长小于 620 nm 的光，包括蓝、绿、黄和橙色光均被吸收，只有波长大于 620 nm 的光，主要是红光和红外光透过，致使矿物呈现红色。

由过渡族离子和色心等情况产生的电子跃迁造成矿物中许多局部频段的光被吸收，这些可以用配位场理论和分子轨道理论来解释，在此不再详述。

目前最重要的透过材料是 SiO_2 光导纤维，为了减少吸收造成的损耗，要求过渡族离子含量极低。此外，常用的透光导电材料有 SnO_2。红外透过材料有萤石、石盐、氟镁石和Ⅱ型金刚石。选择光透过材料有闪锌矿和金红石。光透过变化材料有含银的化合物（如碘化银）等。

（二）发光矿物及其材料

如上所述，原子中的电子受外界能量的激发，从价带的电子能级上跃迁到导带的电子能级上，这时的原子处于高能的激发状态。

当原子从激发态恢复到正常的初始状态时，即电子从导带中的电子能级 E_2 回到价带的电子能级 E_1 时（图 17-2），可能用两种方式释放出多余的能量（E_2-E_1）。一种是通过晶格振动的方式释放多余能量，这称为无辐射跃迁。另一种是以自发的电磁辐射的方式，例如光辐射的方式释放多余能量，这称为发光。当发光时间持续约 10^{-8} s 时，称为荧光；持续时间远大于 10^{-8} s 时，称为磷光。

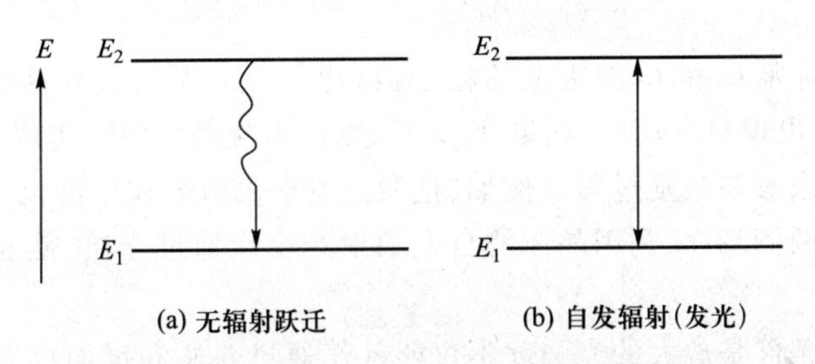

图 17-2 原子以不同方式恢复到初始态示意图

Fig. 17-2 The structural schematic diagram of atoms return to starting state in various ways

发光现象属于自发辐射。发出的辐射光的频率(ν)可按下式求出。

$$\nu=(E_2-E_1)/h \tag{17-3}$$

式中 h 为普朗克常量。通过发光光谱可以测出发光的谱峰,一般说来,激发发光的能量大于发光时释放的能量,这称为斯托克斯(Stokes)定律。

大多数发光材料属于分立发光中心造成的发光。分立发光中心的特点是杂质离子或缺陷的能级位于矿物晶体(在通常的发光术语中称为基质)的禁带中。分立发光中心所呈现的谱峰,常常可以与该矿物的吸收光谱谱峰相联系,并且用配位场理论来解释。

激发物质发光有多种方式。用紫外光激发造成发光,称为光致发光;用激光激发发光称为激光发光;用电子束激发发光称为阴极射线发光;用交流电场激发发光称为场致发光。与之相联系的有不同的矿物发光材料。光致发光材料有 $CaWO_4:Pb$(蓝),$Y_2O_3:Eu^{3+}$(红),$ZnSiO_4:Mn$(绿),常有的日光灯荧光粉为 $3Ca_3(PO_4)_2\cdot Ca(F\cdot Cl):Sb$、Mn(白光)。激光发光材料有 $Al_2O_3:Cr^{3+}$,YAG($Y_3Al_5O_{13}$):Nd^{3+}等。阴极射线发光材料有 ZnS :Cu、Al(绿),ZnS :Cu、Au、Al(绿),ZnO :Zn(蓝),ZnS :Ag(蓝),$Y_2O_3:Eu$(红)等。场致发光材料有 ZnS :Cu(蓝),ZnS:Mn(蓝)等。放射线发光材料有 ZnS :Ag,ZnS :Cu 等。X 射线发光材料有 $CaWO_4$(蓝)等。发光二极管材料有(Ga,Al)As、SiC、ZnS 等。这些材料用于电子工业、光电子工业的显示屏幕、数字表示屏,在民用方面用于彩电荧光粉、化妆品、洗涤增白和涂料等。

(三)激光发射矿物及其材料

发射激光的方式大致可以分为:用光学激励方式发射激光的晶体激光发射,用高频电流或直流电激励而发射激光的气体激光发射,以及通过大电流来激励激光的半导体激光发射。与矿物有关的主要是晶体激光发射材料,也涉及某些半导体激光发射材料,例如红锌矿和闪锌矿等。

晶体中激光的产生拥有其发光机制。处于高能级 E_2的电子跃迁回能级 E_1时,有两种光辐射方式。一般情况下,发出的光子是无规则的,相位也不同,称为自发辐射。这就是上节叙述的发光。另一种情况是当晶体中的电子处于高能级 E_2时,晶体继续受到频率为 $v=(E_2-E_1)/h$ 的光子的作用,使 E_2能级上的电子数大于 E_1能级上的电子数。这样,当原子从高能态转变回初始态时,将同时发生两个或多个光子,它们有近乎相等的频率和相位,这称为受激发射。

在热平衡的条件下,体系中的各能级上的粒子服从玻耳兹曼(Boltzmann)分布,即

$$\ln\left(\frac{N_2}{N_1}\right)=-\frac{E_2-E_1}{KT} \tag{17-4}$$

式中 N_2和 N_1分别为 E_2和 E_1能级上的粒子数(电子数),K 为玻耳兹曼常数,T 为温度。显然,通常 $N_1>N_2$,仅能出现自发辐射;如果 $N_2>N_1$,则产生受激发射。实现 $N_2>N_1$的粒子数反转的办法常常是用外场来参与激励过程。例如,把激光发射晶体放在干涉仪中,干涉仪的两个镜面平行激光发射晶体的两侧端面,利用晶体的自发辐射光多次通过介质,使光被放大、振荡从而实现受激发射。

实现受激发射的条件是放大的光强度不仅能补偿通过介质和镜面反射时光的损耗,而且强度要高于原来的光强度。这就涉及该晶体和掺杂离子的许多能级间的电子跃迁特征,如跃迁概率、吸收系数、介质损耗等问题,以及该介质的吸收光谱和发光光谱等。

通过矿物及其同型化合物的研究，20 世纪 60 年代以来发现了多种矿物激光发射基质材料。如刚玉型、萤石型、氟镁石型、加加林矿型、方镁石型、钙钛矿型、石榴子石型、白钨矿型、钼铅矿型、钒钇矿型和氟磷灰石型等基质材料。掺杂离子主要为稀土族离子，特别是 Na^{3+}；铁族过渡离子有 Cr^{3+}；锕系某些离子也用作激光发射离子。但是，目前最常用的激光晶体仍是红宝石（Al_2O_3: Cr^{3+}）和石榴子石型的 YAG: Nd^{3+}。

（四）电光矿物及其材料

在外电场的作用下，晶体的折射率发生变化，这称为电光效应。通常电场强度 E 和电位移矢量 $\boldsymbol{D}$ 是用介电常数的倒效张量 $\boldsymbol{\beta}$ 相联系。即

$$E_i = \beta_{ij} D_j \quad (i, j = 1, 2, 3\cdots) \tag{17-5}$$

在考虑光学折射率椭球体时，可以写为

$$E_i = \frac{1}{n_{ij}^2} D_j \tag{17-6}$$

式中：N_{ij}——折射率椭球的各向异性的折射率。在有外电场作用下，

$$\frac{1}{N_{ij}^2} = \frac{1}{N_{ij}^2} + r_{ijk} E_k + g_{ijkl} E_k^2 + \cdots\cdots\cdots\cdots \tag{17-7}$$

式中：$\frac{1}{N_{ij}^2}$ 为无外电场作用下的光学参数；第二项的变化为 Pockel 效应；第三项为 Kerr 效应。

Pockel 效应与外电场 E_k 的一次方呈线性关系，又称线性电光效应。它的张量 r_{ijk} 为三阶极性张量，与表征压电体的三阶压电张量一样，都必须是没有对称中心的晶体，才能出现。

Kerr 效应的张量 g_{ijkl} 为四阶张量，它与压光效果和弹光效应一样，可存在于所有晶体之中。

电光材料应用 Pocket 效应较多。主要电光材料有 KDP（磷酸二氢钾，KH_2PO_4）、ADP（磷酸二氢铵，$NH_4H_2PO_4$）、钙钛矿及其同型化合物，还有 CuCl、ZnS 和 CdS 等。电光材料主要用于控制激光发射，使之加大增益的 Q 开关，以及光调制和光偏转等。

（五）磁光矿物及其材料

晶体中的磁光效应有 Faraday 效应（光束平行磁场方向传播时产生偏振面的旋转）、Kerr 磁光效应（偏振光入射磁体，其反射光的偏振面发生旋转）、Zeeman 效应（在磁场内的光源所发生的光，其单一谱线将分为数个谱线）和 Cotton - Moutton 效应（光束垂直于磁场方向传播时，光的磁双折射现象）。

磁光材料主要应用 Faraday 效应。例如使用 YAG 等石榴子石型材料。

（六）声光矿物及其材料

声和光分属两种不同的振动形式。声是机械振动，光却是电磁波。当光束通过有声波传播的晶体时，声波所造成的弹性应变，使晶体的折射率发生周期性变化，低频声波产生光的折射，超声波导致折射率变化，起着衍射光栅的作用，从而产生光的衍射。比较重要的声光效应有拉曼（Raman）衍射和布拉格（Bragg）反射。常用的声光材料有彩钼铅矿（$PbMoO_4$）、黄碲矿（TeO_2）、石英玻璃、As_2O_3、玻璃、TiO_2、YAG、ZnS、CdS、$\alpha - Al_2O_3$、ADP 和 KDP 等。

（七）非线性光学矿物及其材料

物质的光学性质是由光频的电场强度 E 在物质中所产生的极化强度 P 来决定。通常 E 和

P之间呈线性关系

$$P_i = X_{ij}E_j \tag{17-8}$$

但激光这样高强度的光波入射晶体时(外加电场强度很大),将偏离线性关系

$$P = X^{(1)}E + X^{(2)}E^2 + X^{(3)}E^3 + \cdots \tag{17-9}$$

即除了线性项 $X^{(1)}E$ 之外,出现了非线性项。这些非线性项包括上面介绍的 Pockel 效应、Kerr 效应和 Faraday 效应,以及谐波发生、光混频、参量振荡等。其中以二次谐波发生(SHG)产生倍频谐波应用较广。

二次谐波发生材料主要有 ADP、KDP、水晶。红外波段使用的倍频材料有淡红银矿(Ag_3AsS_3)、浓红银矿(Ag_3SdS_3)和辰砂(HgS)。

(八) 光色矿物及其材料

物质受光(或电磁波)辐射着色,停止光照时又产生退色(或表现为相反的过程),这称为光色现象。最早发现的光色物质是紫方钠石,放在陈列柜中受阳光照射而发生退色,而放到阴暗处的紫方钠石又恢复其原有的颜色。激光出现以后,光色材料用于激光全息记录和存贮。主要的光色材料有方钠石、钙钛矿、白钨矿和含卤化银的光色玻璃。

(九) 光催化矿物及其材料

光催化矿物材料有金红石(TiO_2)、闪锌矿(ZnO)、硫铬矿(CdS)、铅锌矿、锡石等。其中,金红石(TiO_2)和闪锌矿(ZnO)光催化活性最好,硫铬矿(CdS)也具有较好的光催化活性。其光催化机理是催化剂通过对自然光的吸收,当光能大于材料能隙时,价带电子受激跃迁到导带,在价带上留下带正电的空穴,产生的电子具有还原作用,而空穴具有氧化作用,利用光激发的电子-空穴的氧化还原作用使有机物降解为 CO_2 和 H_2O 或 HCl 等无害物质。TiO_2 的化学性能稳定,对生物无毒性,来源丰富,是目前研究和应用最广泛的光催化剂。其产品很多,主要包括通过人工合成不同结构(金红石型和锐钛矿型)的 TiO_2 及对其纳米化和掺杂以提高其光催化降解效果,利用天然矿物(高岭石、蒙脱石、沸石、多孔石墨等)承载 TiO_2 制备的具有吸附、光催化复合功能材料和 TiO_2 掺杂光催化材料的自洁玻璃、陶瓷等。

锰钡矿结构的氧化物是一类八面体分子筛,结构中具有八面体连接而成的孔道结构。研究表明,某些锰钡矿结构的氧化物,如 $K_xAl_xTi_{8-x}O_{16}$、$K_xGa_xSn_{8-x}O_{16}$、$K_xCr_xSn_{8-x}O_{16}$ 等的光催化活性优于 TiO_2。锰钡矿结构氧化物可以利用金红石、锡石等天然矿物直接合成。近年来光催化材料成为研究热点,环境中有机污染物光催化处理的矿物材料研究近年来明显加强。

近几年来,二元半导体复合矿物光催化材料的研究成为了光催化材料的发展趋势。

(十) 光偏转矿物及其材料

具有光偏转性能的矿物有方解石、电气石和金红石。实现光偏转的晶体有两种,一种是二色性晶体,即当振动方向相互垂直的两束线偏振白光通过晶体后会呈现出不同的颜色。电气石是典型的二色性矿物。具有二色性的矿物材料还有金红石等。另一种是双折射晶体,即当一束光照射到各向异性的晶体的表面时,折射光通常分成两束,并各自沿着不同的方向传播。方解石属于双折射矿物。具有双折射的矿物有石英、红宝石、冰、菱铁矿、铅锌矿等。光偏转矿物材料主要用于制作光的起偏器和检偏器。

（十一）光电导矿物及其材料

光照变化引起半导体材料电导性能发生改变的现象称为光电导效应。光电导材料在整个半导体工业中占有非常重要的地位，广泛应用于静电复印、光电池、光电探测、激光打印等领域。最早的光电导开关使用的是Si材料，但Si材料制作的光电导体在耐压性、开关速度和效率等方面都存在缺陷。随着GaAs制作工艺的逐渐成熟，人们发现GaAs比Si更适合作超快光电导开关材料，因为GaAs的载流子寿命较之Si短得多，而迁移率和暗电阻率则比Si大得多，因而用GaAs制作出来的光电导开关速度更快，效率更高，耐压能力也更强。除上述两种材料外，金刚石、锐钛矿（TiO_2）、PbS、Sd_2S_3、PbO、ZnS、ZnO、SnO_2和CdS等均是光电导材料。在这些光电导材料中，ZnO用于复印，金刚石尤其适合做超快光电导开关（紫外）。硫化镉晶体是一种很典型的光电导材料，对于从近红外一直到X射线都有相当高的灵敏度。优良的光电性能使ZnS成为研究的热点。

此外，通过人工合成的GaN、α - CdSe、InP、SiC、GaP、$YBa_2Cu_3O_{6+x}$等都是光电导开关的材料。N型GaN的一个重要应用是制作紫外光探测器，InSb是良好的光电导体，InSb的光电导响应波长在7 μm左右，是很好的红外探测材料。

（十二）纳米光电转换矿物材料

传统光电转换矿物材料有硅、锗、二氧化钛、硫化镉、硫化铅等。纳米技术的应用不但提高了其光电转换效率，而且节约了原料。石墨烯、单层硫钼矿是科学家们近年发现性能优异的光电转换材料。石墨烯是一种零禁带半导体材料，具有比表面积大，电子迁移率高，透明性好等特点，可作为透明电极使用。在当石墨烯与光响应材料结合成异质结后，入射光可以透过石墨烯薄膜激发底层光响应材料产生光致空穴 - 电子对，电子和空穴在异质结内建电场的作用下反向移动。由于石墨烯电子迁移率高，被内建电场分离的电子到达石墨烯后迅速迁移，提高光响应材料的光电转化效率，如石墨烯/硅复合光电转换材料。单层硫化钼（MoS_2）是具有直接带隙（band gap）的二维半导体，其厚度仅为0.65 nm，其带隙为1.8 eV，其直带隙结构和相对窄的带隙使其具有高可见光利用率和光电转换效率，是良好的下一代半导体材料，在制造发光二极管和太阳能电池方面具有很广阔的前景。

第二节　电学功能矿物原料

利用矿物某些电性能，可以把光、热、电、磁、声、力等外场或信息转变为电信号，从而达到感知、转换、传输、显示和存储的目的。电学功能材料中以传统材料居多，除超导材料外，近年进展不太突出。

（一）光电转换矿物及其材料

光 - 电转换矿物通过对光的吸收，当光能大于矿物的禁带宽度时，价带电子受激跃迁到导带，在价带上留下带正电的空穴，即产生电子 - 空穴对，然后通过内建电场或者吸附等方法，将电子 - 空穴对分离而实现光能和电能相互转化的过程。能实现光能和电能相互转化的矿物加工成的光电矿物材料，包括光电子、光电导和光电动势等天然和人工合成矿物材料。光电转换材料主要用在太阳能电池、光催化和光敏感器件等领域，分为光能源转化和信息转换两类。目前研究最多的光电矿物材料是硅、砷化镓、金红石(TiO_2)、ZnO、赤铁矿(Fe_2O_3)和硫镉矿(CdS)等。硅(多晶硅薄膜)、硫化镉和砷化镓主要用于太阳能电池领域。在光催化领域目前研究较多的是金红石(TiO_2)、ZnO。其中,通过掺杂工艺处理、纳米化和敏化后的TiO_2在空气、水净化、自清洁、电解水制氢、化妆品等领域应用广泛。信息转换材料包括光信号检出、光电池、光电倍增管、光子接收器、光电导和光电导摄像用材料。其中,仅光电导摄像材料与矿物关系较大,如工业摄像管靶面使用辉锑矿(Sb_2S_3)材料和卫星摄像管靶面用红锑矿(Sb_2O_2S)。目前,为提高材料的光电转化效率,很多材料都通过人工合成来精确控制其纯度、粒径、掺杂元素等,从而满足实用目标。

(二) 红外探测矿物及其材料

红外辐射是波长介于可见光与微波的电磁波,波长为0.75~1 000 μm。室温物体发射的红外光波长一般为8~10 μm,3~5 μm和8~14 μm。红外光可穿过大气层。红外辐射人肉眼不可见,要确定这种辐射的存在并测量其强弱,必须把它转变成可以测量的其他物理量。可以利用矿物吸收红外辐射转换为电流的特性制备探测材料,将一些能实现红外光辐射与电能相互转化并可传输载流子的矿物加工成红外探测矿物材料。红外探测材料包括光电转换、热释电性(即焦电性)和热电性(包括Peltier效应和Zecbech效应)材料。制作红外探测仪的材料有锗(Ge)、硅(Si)、硫化镉(CdS)、硫化铅(PbS)、硒化铅(PbSe)、锑化铟(InSb)、砷化铟(InAs)。其中,方铅矿(PbS)是近红外波段的主要探测材料,钙钛矿型($BaTiO_3$等)热释电材料是中红外波段的主要探测材料,二者主要用于卫星探测、军事侦察、火灾警报、防盗和医用热图像仪等领域,近年正向民用部门发展。此外,氧化钒(VO_x)和非晶硅($\alpha-Si$)主要作为微测辐射热计材料,其中,氧化钒材料技术发展较成熟,已达到生产水平。

人工合成的氧化物晶体钽酸锂($LiTaO_3$)、铌酸锶钡(SBN)和陶瓷热释电材料(如钛酸铅、锆钛酸铅镧、铁电材料钛酸锶钡等)已在激光探测、红外报警和夜视仪等方面得到应用。近年来,随着固态技术的发展和半导体材料提纯和生产工艺的进步,红外探测器材料技术有了巨大的进展。其中,以硅或锗衬底的碲镉汞异质外延薄膜材料和量子阱材料代表了红外探测器材料技术发展的重要方向。

(三) 介电矿物及其材料

介电矿物及其材料包括具有压电效应、热释电效应、电光效应、声光效应、非线性光学效应以及铁电畴的开关特性等矿物及其制品。介电材料又称电介质,包括电容器介电材料和微波介质材料。介电材料是一类非常重要的功能材料,已十分广泛地应用于电子技术、激光技术和计算机技术等高新技术领域中。介电材料在半导体集成电路中应用广泛,可用于栅绝缘介质、存储电容、互连绝缘材料等。其中,用作电容器介质的介电材料在所有介电材料中占很大比例。它要求材料的电阻率高,介电常数大。介电材料的种类很多,传统的介电矿物材料有白云母、金云母、锆石、莫来石、尖晶石、滑石、石英、刚玉和石棉及其有关制品。其中,石英、刚玉($\alpha-Al_2O_3$)适用于集成电路上的封装材料。云母为层状结构,具有良好的解理性能、介电性能、机械性能、耐热性和化学稳定性,且不燃、防潮。当电场垂直于云母解理面时,其介电性能最好,云母是一种重要的传统电容器用介电材料。云母的介电常数一般为6~7.3,电子工业中应用最多的是白云母和金云母。云母中所含的金属氧化物对其性能影响很大。含钾的白云母介电性能最优越,介电常数为7.3,含钾与镁的金云母次之,介电常数为5.5~6.5,含锂的锂云母和含铁和镁的黑云母介电性较差。由于用量大,现在已通过人工合成云母来解决云母资源的不足问题。在微波介电材料方面主要有金红石微波基片材料。在强介电应用方面,主要通过合成金红石(TiO_2)陶瓷,钙钛矿相氧化物等来满足工业应用的需求。

（四）半导体矿物及其材料

半导体矿物是指导电能力介于导体与绝缘体之间的矿物,其电阻率在 $10^{-3} \sim 10^{9}\ \Omega \cdot cm$。典型的半导体矿物是金刚石或闪锌矿(ZnS),其他性能优良的半导体材料多属于金刚石或闪锌矿型结构。半导体性能的发现源于矿物电学性能的研究。半导体矿物多半是化合物,所以最早得到利用的半导体材料都是化合物,例如方铅矿(PbS)很早就用于无线电检波,辉银矿在光电池、赤铜矿(Cu_2O)和碳化硅(SiC)用作整流器,闪锌矿(ZnS)作为发光材料,硒铅矿(PbSe)作为半导体红外探测器也很早就得到了应用。辉钼矿(MoS_2)的带隙小,为 1.8 eV,功耗低,仅有硅材料的十万分之一,单层厚度为 0.65 nm,是良好的下一代半导体材料,在制造超小型晶体管、制备同时具备电子与光学功能的芯片、发光二极管和太阳能电池等方面具有很广阔的前景。最早发现并被利用的元素半导体是硒(Se),它曾是固体整流器和光电池的重要材料。Ge、Si 作为半导体材料被开发开辟了半导体历史新的一页,迎来了大规模和超大规模集成电路的时代。Ge、Si 是目前所有半导体材料中应用最广的两种材料。随着制备技术的提高和半导体应用技术的发展,开发出很多无机化合物半导体材料。如具有闪锌矿结构的Ⅳ－Ⅳ族(Ge－Si 合金)、Ⅲ－Ⅴ族化合物(砷化镓、磷化镓等)、Ⅱ－Ⅵ族化合物(硫化镉、硫化锌等),氧化物(锰、铬、铁、铜的氧化物)以及由Ⅲ－Ⅴ族化合物和Ⅱ－Ⅵ族化合物组成的固溶体(镓铝砷、镓砷磷等)等,使得半导体的应用领域大大拓宽。它们在应用方面仅次于 Ge、Si,有很好的发展前景。当前,金刚石、氮化镓、碳化硅和氧化锌作为高温宽带隙半导体材料($E_v > 3$ eV)是非常重要的新型半导体材料。其工作温度高,在航空、航天等恶劣环境中有重要应用。此外,低维半导体技术(如半导体超晶格、量子阱材料)也是当前重要的发展方向。

（五）导电矿物及其材料

导电矿物通常是指表面电阻率小于 $10^{-6}\ \Omega \cdot cm$ 的矿物。导电矿物很少,主要有石墨(C)、辉钼矿(MoS_2)、锡石(SnO_2)和红锌矿(ZnO)。导电矿物可制作导电材料,其主要功能是传输电能和电信号。由于石墨具有许多优良的性能,应用广泛。作为导电材料,石墨在电气工业中广泛用作电极、电刷、碳棒、碳管、水银整流器的正极、石墨垫圈、电话零件、电视机显像管的涂层、高温、高压导电润滑材料等。辉钼矿用作导电润滑材料,SnO_2 作为导电薄膜材料,红锌矿用于无触点开关、雷电短路器等。

随着技术的发展,导电矿物材料的应用研究取得巨大进步,因此大大拓宽了导电矿物材料的应用领域。其中最为引人注目的是石墨烯和辉钼矿。石墨烯是单层石墨,其导电性能高出硅芯片百万倍,可作为芯片上互连层替代材料。石墨烯具有许多优越性能,在太阳能电池、传感器、纳米电子学、高性能纳米电子器件、复合材料、场发射材料、气体传感器及能量存储等领域具有广泛的潜在应用。

辉钼矿与石墨类似,为典型的层状结构矿物,其导电性随着温度的增高而加大,且耐高温,在高温高压下具良好的润滑性能,广泛用作油脂的添加剂和导电辉钼矿复合材料,但在电子学领域尚未得到广泛研究。

（六）压电矿物及其材料

当晶体在一定方向上受到外力的作用而变形时，其内部会产生极化现象，同时在它的两个相对表面上出现正负相反的电荷，而且面电荷密度与应力之间存在线形关系，当外力去掉后，它又会恢复到不带电的状态，当作用力的方向改变时，电荷的极性也随之改变，这种现象称为正压电效应。而当在晶体的极化方向上施加电场，晶体会发生应变，而且电场和应变之间存在线形关系，电场去掉后，电介质的变形随之消失，这个现象称为逆压电效应。具有压电效应的矿物材料是压电矿物材料。压电矿物材料包括石英、钙钛矿、硫镉矿、红锌矿、电气石等。其中石英最为常用，其压电性能于第二次世界大战中开始用于电子技术。20 世纪 70 年代人造石英发展很快，逐渐取代了天然石英，在通信、微处理机、小型计算器、彩电和电子游戏机中被广泛应用。当前，压电材料除了制造振荡器和滤波器外主要有压电驱动器和压电换能器两种用途。压电驱动器应用于精密仪器和机械的控制、微电子技术、生物工程等领域。压电换能器可用作压电点火器、声呐系统、气象探测、遥感、环境保护、家用电器、地震预测等。

（七）声电矿物及其材料

声电效应是指声波在材料中传播时产生电动势的一种现象。能够实现声波与电能相互转化的材料主要是压电材料。具有声电转换功能的矿物主要有电气石、压电石英等。电气石和压电石英可用于声－电转换方面的系列压电换能器、传感器、蜂鸣器、音响器、水声换能器（声呐元件），无线电工业用的波长调整器，偏光仪中的偏光片等。结晶完好、无弯曲、无裂纹的电气石，可用作测定空气和水中冲压的压电计元件、测试材料的标准件、仪器和工业设备上的元器件等。电气石作为声电材料也可以应用在建筑装饰材料上，把噪声转换成电能。目前，大功率声电转换材料主要采用压电陶瓷 PZT。

此外，许多天然矿物及其人工合成产物，如天然黄铁矿用作 $LiSi/FeS_2$ 热电池的正极材料。尖晶石型钴酸锂（$LiCoO_2$）、镍酸锂（$LiNiO_2$）、锰酸锂（$LiMn_2O_4$）、橄榄石结构的磷酸盐和软锰矿（MnO_2）、$Ni(OH)_2$、AgO、PbO_2、黄铁矿可以作为锂离子电池正极材料等。硫钼矿（MoS_2）、天然/人工石墨是锂离子电池的主要负极材料。氧化镉是镉镍电池的负极活性物质。

其他领域，例如磁学、声学和热学的矿物功能材料研究较少，比较零散，远不及电学和光学功能材料，故在此不再赘述。

第三节　生物矿物和医用矿物

生物矿物材料是指由生命系统参与合成的具有一定结构和功能的天然生物有机无机复合材料。迄今为止，自然界中已发现的生物矿物材料有多种，如脊椎动物的骨骼和牙齿以及软体动物的壳等。许多天然生物矿物材料都具有纳米结构。如动物骨骼中的磷酸钙主要以层状纳米羟基磷灰石的形式存在，贝壳中的碳酸钙以纳米文石形式规则排列。在趋磁细菌、软体动物、部分鱼类、蜜蜂、鸽子及人体中皆发现了生物成因的纳米体磁铁矿晶体。存在于鱼类的内耳和少数软体动物中的球文石等。

由于纳米生物矿物不但在生物医学上具有潜在应用，而且它具有精细的微观结构，这些独特的结构赋予了它们常规无机材料所无法比拟的性能，如优良的力学性能和独特的光学性能等。因此，人工仿生合成纳米生物矿物材料也引起极大关注。如利用纳米级羟基磷灰石与胶原蛋白通过纳米复合或组装合成人工骨骼；在 Si 基体上合成 TiO_2 纳米膜；在 PS（聚苯乙烯）基体上合成 FeOOH（针铁矿）、$Fe(OH)_3$（六方针铁矿）、Fe_2O_3（赤铁矿）及 Fe_3O_4（磁铁矿）等纳米薄膜。

第四节　功能矿物材料的特点

综上所述，可以看出矿物功能材料具有下列特点：

（一）功能矿物材料的发展常常来自对天然矿物的研究

半导体的发展历史就是个典型的例子，不仅 19 世纪的天然矿物和矿石研究具有开创性，而且今天对金刚石半导体性能的研究将使其成为 21 世纪重要的半导体材料。其他材料也是这样，TR－Ba－Cu－O 系高温超导体属于 ABO_3 型化学式的钙钛矿结构、铁氧体材料的研制来自尖晶石（磁铁矿）、钙钛矿型、石榴子石和磁铅矿型的材料。显然，为满足新技术的需要，深入的矿物物理学及交叉学科的研究，常常可以提供新的功能材料，扩大功能材料的应用范畴。

必须指出的是在天然矿物研究中，矿物学者往往比较强调结构的重要性，而对某些性能上杂质和缺陷的重要意义注意不够。同时，结构与性能研究主要集中于某单一矿物上，而对矿物集合体的综合应用性能的研究较少。

（二）功能矿物材料研制常源于矿物工艺合成的研究

天然矿物难以得到大而完美的晶体，并常带有不需要的杂质，因此许多矿物功能材料实用化总是伴随着工艺合成和晶体生长的艰难历程，以及多种技术方案的对比试验，才最终得到高质量的有经济效益的功能材料。例如，人工石英的质量可以在生长中加以控制，以获得高的品质因数，这是在天然石英应用中无法做到的。可以认为，矿物材料研制的科学依据来自矿物物理学的理论和测定以及地质成因，但材料本身的工艺性常常是技术关键。人所共知，日本在半导体理论上不及美国，而在半导体器件的制作工艺上却远优于美国。所以，日本的半导体器件和设备占领了全球的大多数市场，其经济效益也远超过美国。这充分说明技术工艺在市场占领和经济竞争上的重要意义。我们应当充分认识到这一点，更注意矿物材料技术工艺的提高与磨炼。

上面叙述的矿物功能材料多侧重于晶体材料。实际上除了晶体之外，陶瓷和玻璃质的矿物功能材料也是相当多的，并且有着广阔的前景。例如，高岭石可用以制造具有压敏、光敏、热敏、气敏、磁敏等性能以及具有记忆能力、快离子传导能力的功能陶瓷。

（三）功能矿物材料的需求与发展

当前新技术发展的重点是信息、能源与环境，这也是新型矿物材料研究的主攻方向。矿物功能特性的研究、表征，以及对矿物材料性能与基本特性、结构、形成机制之间关系的研究，是矿物材料研制和开发的基础，并决定了它的用途。一些具有吸附、交换、催化、增强、生物相容性等功能的矿物材料，特别是具有感知、响应、预警等信息功能的矿物材料（如湿敏、热敏、压敏、光敏、隐身、抗菌、红外辐射、光电转换等功能）将受到高度重视和研发应用。一般说来，新型矿物功能材料研制难度较高，研制时间和耗费的人力、财力均较大，但同时，由于矿物功能材料原料丰富、原料获得成本低，因此一旦在某一方面取得成功后，它所带来的工业后效、经济效益和社会影响要远远高于其他种类的矿物材料。

第十八章　纳米矿物原料

第一节　概　　述

人类很早就在生活和生产实践中应用具有天然纳米尺度的矿物，如利用酸性白土（天然漂白土）、硅藻土、膨润土等作吸附剂、洗涤剂、助滤剂、分散剂等。

随着纳米科技和纳米材料及矿物应用研究的深入，许多粒度为纳米尺度、具有纳米结构和孔道或具有纳米尺寸效应的天然矿物被应用于制备纳米矿物材料、新型高技术器件和其他纳米产品。

一、纳米及纳米材料的概念

纳米材料是指晶粒和晶界等显微构造能达到纳米级尺度水平（1～100 nm）的材料。它可以是由尺寸处于纳米范围的金属、金属化合物、无机非金属、矿物及聚合物的纳米粉体材料，或它们的颗粒料经压制、烧结或复合而制成的固体材料。

纳米材料是纳米科技的重要组成部分。以“纳米”来命名材料是在 20 世纪 80 年代开始的。纳米（符号为 nm）是长度单位。$1\ nm = 10^{-9}\ m = 10^{-6}\ mm = 10^{-3}\ \mu m = 10\ Å$。

纳米材料经分散、压制、烧结、组装、负载、复合等技术制成各种用途的纳米材料和器件。在实际应用中，纳米材料的基本单元常与无机或有机基体复合制成各种用途的纳米复合材料。

纳米矿物在纳米材料制备和应用中占有重要的地位，纳米矿物不仅用途广，用量大，而且具有良好的与纳米效应相关的物理与化学性能。

二、纳米矿物的概念

纳米矿物是指晶粒、晶界或通道等显微构造能达到纳米级尺度水平（1～100 nm）的矿物。它们可以是由尺寸处于纳米尺度的单质、氧化物与氢氧化物、硫化物、卤化物和含氧盐大类的天然矿物微粒，也可以是具有纳米通道或纳米单元体结构的矿物晶体或集合体。

通常所使用的矿物大部分在三维方向上有足够大的尺寸，尺度具有宏观性。纳米矿物则属微尺度材料，即在一维、二维或三维方向上尺寸极小，为纳米级（无宏观性）或在结构中存在纳米尺度的结构通道。部分纳米矿物是由于原矿物结构中存在纳米尺度的结构单元体，这些矿物通过机械和化学分散后可将纳米结构单元体剥离分散开来，形成纳米尺度的粉体、胶体和各种复合物。

纳米矿物包括天然产出的和人工合成的两类。相对于人工合成的纳米矿物，天然纳米矿物中常含有非纳米尺度的颗粒或其他矿物杂质。在加工过程中提纯分离，除去影响纳米矿物功能的有害杂质，是天然纳米矿物加工成高质量纳米矿物材料的关键问题之一。但天然的纳米矿物具有便于大量生产及成本低廉等优点，纳米矿物也常以其他物质或矿物为载体，形成纳－微米级配体系而广泛应用。

纳米矿物作为原料，经提纯、分散、剥离、成型及插层与复合处理等加工处理后可制备相应的纳米矿物材料。

三、纳米矿物分类

根据纳米矿物中纳米结构单元的类型、在三维空间发育的特点及组合方式，可以将纳米矿物分为纳米晶矿物、纳米结构矿物和纳米复合矿物。

（一）纳米晶矿物

纳米晶矿物是指矿物的晶体在三维空间中至少有一维处于纳米尺度范围。根据矿物晶体在三维空间延伸和发育特点，将纳米晶矿物分为零维、一维和二维纳米矿物。不同纳米微粒矿物经加工后可制成不同类型的纳米矿物粉体。

（1）零维纳米晶矿物。是指矿物的晶粒在空间三维方向均为纳米尺度，呈三向等长的粒状，如球形、等轴形晶粒等。如珍珠岩等火山喷出岩中的矿物微晶；分布在大洋底部的氧化物或氢氧化物矿物胶体颗粒（如 $SiO_2 \cdot nH_2O$、$Fe(OH)_3$和 $Mn(OH)_2$）等。

（2）一维纳米晶矿物。是指矿物晶体在三维空间中有两维方向为纳米尺度，呈一向伸长型。如纳米丝、纳米棒、纳米管状矿物。如纤蛇纹石石棉（纳米管）、埃洛石纳米管、坡缕石和海泡石纤维等。

（3）二维纳米晶矿物。是指矿物晶体在三维空间中有一维方向为纳米尺度，呈二向延展型。如超薄片状、多层片状矿物。如纳米片状的蒙脱石、累脱石等。

纳米晶矿物由于粒径小、比表面积大、表面能大，通常形成团聚体，如隐晶质块体（如针铁矿、水锰矿、蛋白石）、纤维束状体（纤蛇纹石石棉）、土状块体（蒙脱石、埃洛石）等。

粒状、针状和片状纳米晶矿物经加工分散后制成纳米矿物材料，可直接使用，如用作吸附剂、干燥剂、润滑剂等，也可再与基体材料复合后制备纳米矿物复合材料，如蒙脱石吸附剂、催化剂载体及石棉泡沫材料、石棉毡等。

（二）纳米结构矿物

纳米结构矿物，是指构成纳米矿物的晶体结构中存在纳米结构单元体或纳米尺度的通道、空隙等。根据矿物中纳米结构的特点可将其分为纳米通道结构型、纳米层叠结构型。

（1）纳米通道结构矿物。矿物结构中具有通道，包括单通道结构型和多通道结构型。单通道结构型的如纤蛇纹石和埃洛石，其通道结构呈管状。多通道结构型的如坡缕石、海泡石和沸石，坡缕石、海泡石的通道之间相互平行，沸石中的通道具有平行、交叉和复合多种方式。

（2）纳米层叠结构矿物。矿物结构中存在纳米层状结构单元体，包括单原子层结构型和复式层结构型，层与层之间相互叠置形成层状结构。单原子层结构型的如石墨，复式层结构型的有辉钼矿、高岭石、蒙脱石、蛭石等。纳米层叠结构矿物经剥离处理可制备纳米片状矿物材料。部分矿物的纳米结构单元体之间连接力弱，容易被剥离分散，如石墨、辉钼矿、高岭石、蒙脱石、蛭石等；部分由于连接力较强难于剥离，如白云母、金云母等；介于其间的有滑石、叶蜡石等。

（三）纳米相复合矿物

纳米相复合矿物是在地质作用过程中在矿物结构或矿物集合体中形成了纳米尺度的连生体、孔隙、晶界或超晶格等的矿物多相复合体，包括矿物类质同象高温固溶体在低温条件下离溶形成的显微条纹结构、矿物受力作用后形成的聚片双晶及由纳米晶层有序或无序混层、纳米或微米级矿物微粒有序或无序堆积形成的纳米孔结构等，如具有隐形条纹结构的条纹长石、无定型二氧化硅小球规整排列形成的具有几百纳米空隙结构的贵蛋白石(欧泊,opal)、硅藻土中的纳米孔隙、累脱石(白云母晶层与蒙脱石晶层的规则间层矿物)、伊利石/蒙脱石混层矿物、迪开石/高岭石混层矿物、高岭石/蒙脱石混层矿物、水金云母(金云母晶层与蛭石晶层的间层矿物)、水镁石/蛇纹石混层矿物等。

纳米矿物根据来源,还可以分为天然纳米矿物和合成纳米矿物。前者如钠蒙脱石、纤蛇纹石石棉、海泡石、沸石等,后者如纳米水镁石、纳米水滑石、纳米碳酸钙(方解石)粉体、纳米 TiO_2 粉体、纳米金刚石膜、蛋白石光子晶体等。

四、纳米矿物的特性

当小粒子尺寸进入纳米量级(1~100 nm)时,随着粒径减小,表面原子数迅速增加(如表18-1)。纳米矿物微粒尺寸小,表面能高,位于表面的原子占相当大的比例。这是由于粒径小,表面积急剧变大所致。由于表面原子数增多,原子配位不足及高的表面能,使这些表面原子具有高的活性,极不稳定,很容易与其他原子结合,使得纳米矿物微粒具有很好的反应活性,很高的吸附性,等等。

表 18-1 纳米微粒尺寸与表面原子数的关系

Table 18-1 The relationships between the size and the surface autom number of nano particle

纳米微粒尺寸 d/nm	包含总原子数	表面原子所占比例/%
100	3×10^6	2
10	3×10^4	20
4	4×10^3	40
2	2.5×10^2	80
1	30	99

因此,纳米矿物具有其他矿物所不具有的特殊性质,如大比表面积,特殊的光学效应,高的机械强度,良好的吸附性、催化性及分子筛性质等等,在国民经济和科技领域中具有广泛的用途和广阔的应用前景。

(一)特殊的形态及极大的比表面积

纳米晶矿物具有丰富的形态特征,如粒状、棒状、纤维状及薄片状等;由于颗粒尺寸小,表面能高,集合体通常表现出多种多样的致密块状、纤维束状、土状、球状、瘤状、不规则豆状、玛瑙状等。

纳米晶矿物具有很高的比表面积。蒙脱石的外表面积可达50 m^2/g,内表面积高达750 m^2/g;用电子显微镜法计算得出纤蛇纹石单纤维比表面积为100 m^2/g,用氮吸附法测得纤蛇纹石纤维的比表面积最大为56.7 m^2/g(朱自尊等,1986)。

纳米矿物比表面积大,表面原子配位不足,因而具有高的表面能,这是纳米矿物具有高的化学反应活性、吸附性、催化性、成浆性、絮凝性和胶体稳定性的根本原因。

(二)特殊的力学性质

硅酸盐矿物的大块晶体在通常情况下都呈现良好的脆性,然而当形成纳米纤维或纳米管后却具有良好的韧性。如海泡石和坡缕石纤维具有良好的韧性和抗拉强度,纤蛇纹石石棉纤维的抗拉强度几乎可以与高强度的碳钢相当。

采用第一性原理计算的方法预测出石墨烯的理想强度为110~120 GPa。实验中测得石墨烯的本征强度和模量分别为125 GPa和1 100 GPa,强度比世界上机械强度最好的钢铁还要高100倍。这证实了石墨烯是目前人类已知的材料中最为牢固的。

（三）特殊的热学性质

固态物质在其形态为大尺寸时，其熔点是固定的，当颗粒尺寸达到纳米尺度后，其熔点将显著降低。当颗粒尺寸小于 10 nm 量级时尤为显著。例如，金和银大块材料的熔点分别为 1 063℃和 960℃，但是直径为 2 nm 的金和银的纳米颗粒，其熔点分别降为 330℃和 100℃。金属纳米颗粒熔点大幅度降低，可以为粉末冶金工业带来全新的工艺。

纳米级材料烧结温度大幅降低，如普通氧化铝（刚玉相）陶瓷坯体烧结温度高达 1 800℃，而平均粒径为 39 nm 的纳米氧化铝（刚玉相）陶瓷坯体在 1 200℃下即可烧结。

纳米级材料分解温度明显降低，如纳米碳酸钙（粒度 40 nm）与微米晶方解石（2 μm）比较，起始分解温度提前到 500℃，最大吸热温度谷从 890℃下降 150℃至 735℃；又如纳米氢氧化镁棒（20 nm）与微米晶水镁石纤维（4 μm）比较，起始分解温度提前到 325℃，最大吸热温度谷从 450℃下降 80℃至 370℃。

（四）特殊的润滑性

具有纳米层状结构的矿物，常具有良好的润滑性能和减磨性能，可以制成润滑剂、减摩（磨）剂。如石墨、辉钼矿、滑石、蛇纹石等，当受力时纳米结构单元体之间可以滑动，进而表现出特有的润滑性能。传统上石墨和滑石已广泛用作固体润滑剂和减摩（磨）材料等，这对于节能、降耗及减少器件磨损具有重要意义。

（五）优异的密封性

蒙脱石作为具有纳米层状结构的矿物，还具有良好的水化分散性、膨胀性、防水性、胶体稳定性等。同蒙脱石相同，其他具有纳米层状结构的矿物经剥层、分散形成纳米层状结构单元体，可与无机或有机基体复合制备纳米复合材料，纳米层状结构单元体在复合材料中具有良好的密水、密气性能；石墨经膨胀处理制成的柔性石墨和纤蛇纹石石棉等可用于制备密封材料等等。

（六）特殊的光学性质和光催化活性

当纳米微粒尺寸小于光波波长时，就无法再反射入射光，且具有很强的光吸收率，这使得多种纳米金属微粒均呈黑色的外观，如纳米黄金和纳米白金。纳米半导体微粒则能使能隙变宽，引起光吸收的蓝移。纳米金属粉对光的反射率很低（可低于 1%），大约几微米的厚度就能完全消光。

又如纳米 SiO_2 光学纤维对波长大于 600 nm 的光的传输损耗小于 10 dB/km，此值比 SiO_2 粉体材料的光传输损耗小很多。

石墨烯和纳米辉钼矿等具有很强的光吸收率，这个特性使得石墨烯和纳米辉钼矿可以作为高效率的光热、光电转换材料，高效率地将太阳能转变为热能、电能。

部分氧化物和硫化物纳米矿物微粒由于其尺寸小，能级间距发生分裂，产生量子尺寸效应，引起光吸收的蓝移和释放光生电子。如纳米锐钛矿粉体具有优良的光催化活性和抗菌性能，而伊利石和蒙脱石纳米片状粉体可用作防晒膏的填料，以吸收太阳光的紫外辐射。

实验证实，石墨烯在可见光范围内的光透射率约为 97.7%，并与光波波长的大小无关，而且光透射率随石墨烯的层数增加呈线性递减关系。

（七）特殊的吸附性、选择性和反应活性

纳米晶矿物粒径小，比表面积大，表面具有大量的悬键和不饱和键。纳米结构矿物经分散剥离后，其高的内表面积变成外表面积，另外具有通道结构的矿物通常不仅具有高的外表面积而且具有高的通道内表面积，这就使得纳米矿物具有高的吸附性、吸附选择性、表面活性、催化性和敏感性等。

蒙脱石、坡缕石、海泡石和沸石具有良好的吸附性，可用作吸附剂、催化剂或催化剂载体等；坡缕石、海泡石和沸石具有固定尺寸的通道结构，对分子的吸附具有良好的选择性，可用作分子筛。

纳米矿物的吸附性和表面化学活性，导致其与气体分子的相互作用增强，进而导致对周围的气氛具有敏感性，如光、温度、湿度、气氛等。因而，纳米矿物可用作各种传感器的敏感材料，如石墨烯、氧化石墨烯、蒙脱石、蛭石、锡石和锐钛矿等纳米矿物可用作湿敏材料、气敏材料或光敏材料等。

纳米矿物具有很好的化学反应活性。如水化分散的蒙脱石与偏铝酸钠在碱性水溶液中较低温度时即可反应形成方钠石和4A沸石；常规粒度的蛋白石难于溶于碱性溶液中制备偏硅酸钠，而呈细分散的具有纳米级粒度或孔洞的蛋白土（蛋白石页岩）则反应活性大大提高，不仅可用于制备水玻璃，而且可用于合成微孔硅酸钙等。

纳米粉末由于表面积大、表面能高，借助于机械力（如气流冲击、研磨等）作用可使粉末进一步产生结构破坏，形成晶格缺陷和大量纳米晶界、相界，粉末活性大大提高，甚至产生多相化学反应，并快速合成新物相。如采用机械力化学作用已合成 $BaTiO_3$、$Pb(Zr_{1-x}Ti_x)O_3$、尖晶石型铁酸盐等纳米功能粉体材料。

纳米矿物所具有的许多特殊性能，使其在国民经济中占有重要的地位，对推动新材料发展具有重要的意义。

第二节　纳米矿物原料的主要加工方法

纳米矿物在使用时可单独出现，如石墨乳、蒙脱石凝胶、纤蛇纹石石棉布（线、绳、泡沫毡）等，但它们常常是与其他有机或无机基体复合，形成纳米复合材料。如纤蛇纹石石棉摩擦材料、蒙脱石/聚合物纳米复合材料，等等。

纳米矿物原料需要先被加工处理，才能制备具有不同性能的纳米矿物材料或纳米材料，其加工方法可分为物理方法和化学方法。

一、物理方法

（一）机械粉碎法

采用通常加工矿物超细粉体的方法，如气流磨、球磨等干法，或搅拌磨、胶体磨等湿法，控制适当的条件可得到纳米矿物粉体。其特点是操作简单、成本低，但产品纯度低，颗粒分布不均匀。

（二）超声剥离法

采用超声波剥离的方法，将纳米晶矿物或纳米层状结构矿物经超声波处理，可将纳米晶矿物微粒和纳米层状结构单元体分散开来。如对蒙脱石、氧化石墨进行超声剥离与分散可制备蒙脱石纳米凝胶和氧化石墨烯，对纤蛇纹石石棉束的剥离和分散可制备石棉泡沫材料等。

二、化学方法

(一) 酸碱处理法

利用酸或碱的腐蚀性处理矿物粉体,获得具有纳米结构和孔隙的比表面积大、吸附性好的纳米矿物粉体。如酸处理钙蒙脱石可以获得高比表面积的活性白土,酸处理纤蛇纹石石棉纤维可获得高比表面积的纤维状纳米多孔 SiO_2 粉体材料,等等。

(二) 化学沉淀法

把沉淀剂加入到盐溶液中反应后,将沉淀物沉淀在矿物表面形成纳米微粒膜,制备纳米复合物。如在白云母表面沉淀纳米 TiO_2 制备金红石/白云母纳米复合材料(也称云母钛珠光颜料),在蒙脱石或沸石等矿物表面沉淀纳米 TiO_2 制备锐钛矿/蒙脱石或锐钛矿/沸石纳米抗菌复合材料,等等。

(三) 插层剥离分散法

通过向纳米层状结构矿物的层间域中插入无机阳离子或有机阳离子或有机分子,将纳米层状结构矿物的层间域撑大或将层状结构单元体剥离分散制备纳米矿物材料。如向蒙脱石层间域中插入聚合羟基铝或季铵盐阳离子制备氧化铝柱撑蒙脱石或有机插层蒙脱石纳米材料,等等。

(四) 原位(聚合)反应法

通过向纳米层状结构矿物的层间域中引入有机单体或氧化物前驱体,控制适当的条件让有机单体在矿物层间域中原位聚合制备纳米复合材料,如聚苯胺/蒙脱石纳米复合材料等;或让氧化物前驱体在矿物层间域中产生水解,再经脱羟、结晶制备氧化物/蒙脱石纳米复合材料,如 TiO_2/蒙脱石纳米复合材料等。

(五) 氧化-还原法

主要用于制备石墨烯。石墨在强酸体系(如浓硫酸、浓硝酸等)中,经强氧化剂(如高锰酸钾、高氯酸钾等)处理后,形成石墨层间化合物,通常称为氧化石墨;氧化石墨经热膨胀剥离或超声剥离制备出氧化石墨烯;氧化石墨烯再经水合肼、$NaBH_4$ 等还原处理后得到石墨烯。

(六) 基体复合法

将纳米晶矿物的粉体或纳米结构矿物剥离分散产物与有机或无机基体复合制备纳米复合材料。将蒙脱石纳米片与树脂基体复合制备各种树脂/蒙脱石纳米复合材料,如尼龙 6/蒙脱石纳米复合材料,聚乙烯/蒙脱石纳米复合材料;将纤蛇纹石石棉(纳米管束)分散后与无机或有机胶凝或黏结材料成型可制备各种石棉制品,如石棉水泥制品、石棉橡胶制品等。

(七) 组装与自组装法

以纳米微粒或纳米丝、纳米管为基本单元,在一维、二维和三维空间组装排列成具有纳米结构的体系,称纳米组装体系。贵蛋白石、纤蛇纹石纤维脉、显微条纹长石等都是在地质作用下纳米单元体自组装形成的纳米结构体系。利用组装和自组装法可以向纤蛇纹石纳米管中组装半导体材料制备同轴纳米电缆,向贵蛋白石空隙中组装氧化钛等金属氧化物制备具有特定能隙的光子晶体,等等。纳米结构自组装体系的出现,标志着纳米材料科学研究进入了一个新的阶段。人们可以把纳米结构单元按照事先的设想,依照一定的规律在二维或三维空间构筑成形形色色的纳米结构体系。

第三节 纳米矿物的开发利用

一、常用纳米矿物原料

纳米矿物原料按纳米属性特征可分为纳米矿物原料和岩石原料。

(1) 常见的纳米矿物原料有:石墨、辉钼矿、赤铁矿、软锰矿、蛋白石、高岭石、埃洛石、纤蛇纹石、蒙脱石、蛭石、坡缕石、海泡石、沸石等。

如辉钼矿 MoS_2是层状结构硫化物,具有纳米层叠结构,复式结构层 S—Mo—S 平行{0001},层内离子联结紧密,为共价键和金属键,层间为分子键,联结力较弱,层间距为 0.315 nm,单层厚度仅为 0.65 nm。辉钼矿的层状结构特点,使其具有各向异性的力学特征,即使是很小的剪切力,也能使辉钼矿层间化学键断裂,造成滑移和剥离,使辉钼矿受外界能量影响发生剥离后产生卷曲,形成稳定的纳米片或类富勒烯球和纳米管。

辉钼矿因具有良好的光、电、润滑、催化和剥离等性能,一直备受人们的关注。与普通尺寸的辉钼矿相比,辉钼矿纳米材料显著地具有比表面积大,吸附能力强,反应活性高,化学性质稳定(耐酸性强),催化性能尤其是氢化脱硫的能力强这五个特点。辉钼矿纳米晶片可用来制备特殊催化材料与储气材料。类富勒烯辉钼矿纳米粒子可提高储能密度,同时又能控制 Li 离子的扩散性能。辉钼矿纳米材料纳米薄层的能隙与可见光能量匹配,可用于制备光电池材料。辉钼矿纳米材料具有良好的导电性,可用来制备导电纳米复合材料,如将聚氧化乙烯插入辉钼矿层间得到具有优异电性能的纳米复合材料。同时辉钼矿纳米材料具有良好的润滑性能,可用于制备纳米固体润滑剂及纳米复合自润滑复合材料等。

(2) 常用的主要岩石原料有:硅藻土、酸性白土、蛋白土(蛋白石页岩)等。

如硅藻土是一种生物成因的硅质沉积岩,主要由硅藻和其他微体生物(放射虫,海绵等)的硅质遗骸组成,非晶体结构。其化学成分以 SiO_2为主,含有少量 Al_2O_3、Fe_2O_3、CaO、MgO、K_2O 和有机质等。硅藻土的形体骨骼尺寸为几微米到几十微米,一般为 4.5 ~ 5 μm,最小只有 1 μm;骨骼微粒具有大量微孔,孔隙率达 80% ~ 90%,比表面积常为 19 ~ 65 m^2/g;其壳壁上的点纹、线纹和助纹都是整齐排列的小孔,线纹小孔的直径在 20 ~ 100 nm,壳缝为 125 nm 左右,均在纳米范畴,是天然的纳米孔材料。

利用硅藻土的微米级形体、天然纳米孔和主要成分为非晶质硅藻壳等的特殊构造,以及细腻、松散、质轻、比表面积大、吸附性好、吸着力和渗透性强、助滤性好、耐酸、耐碱及绝缘等特性,广泛地将它用作纳米孔材料、吸附剂、助滤剂、催化剂和药物载体等,还可用作制备纳米微孔玻璃、无机分离膜,合成多孔道纳米沸石、纳米 TiO_2/硅藻土复合光催化材料、纳米 V_2O_5/硅藻土复合催化剂以及纳米镍/硅藻土磁性纳米粒子催化剂等等。

由于天然产出的纳米矿物在产量和品质上有时难以达到高新技术材料发展的要求,因而人工合成纳米矿物的品种越来越多,如金刚石(膜)、石墨烯(薄膜)、锐钛矿(粉体)、闪锌矿(硫化锌晶须、阵列)、纤蛇纹石(纳米管)、皂石(粉体)、方解石(纳米碳酸钙粉体),等等。

二、纳米矿物开发利用的发展趋势

纳米科学技术是20世纪末以来发展起来的高新科学技术。它是由材料、化学、物理学、生物学以及电子学等多种学科相互交叉而形成的新学科，将成为长期高新技术发展的龙头和众多技术创新的动力，带动材料科学、信息技术、环境科学、自动化技术及能源科学的发展。

当前，纳米矿物发展的一个突出的特点是基础研究和应用研究的衔接十分紧密，实验室成果的转化速度之快出乎人们预料。基础研究和应用研究都取得了重要的进展，成为矿物材料和纳米材料研究领域中富有活力的重要内容，对未来经济和社会发展有着十分重要影响。

若要使我国纳米矿物研发在纳米科学与纳米技术行业中占有一席之地，就必须将纳米矿物研究与新材料和新技术的前瞻性、战略性和基础性研究相结合，加强纳米矿物基础和应用研究，重视纳米矿物加工技术的创新，包括纳米矿物的制备技术，纳米矿物颗粒的表面控制、改性、修饰技术，与其他材料的复合和组装技术，以及将纳米矿物应用到各个领域和各种产品上的关键技术等。

纳米矿物应用开发应瞄准纳米矿物新技术与传统技术相结合，用新型纳米矿物和新型应用技术改造传统产业，开发新型纳米矿物产品。同时，纳米矿物和技术领域的研究与开发必须以市场为导向、以需求为牵引，大力开拓纳米矿物产品的新市场，为我国国民经济的跨越式发展做出贡献。

第十九章　放射性核素处置矿物原料

放射性核素分为天然放射性核素和人工放射性核素。人类自开始利用核能以来，生产了大量的含放射性核素的废物。核废物的成分包括核燃料中无法进行裂变反应的天然元素如^{238}U等，以及核裂变中产生的人工放射性核素如^{238}Pu等。这些核素都具有极强的放射性，极少量泄露进地球生物圈，就将对生态环境产生可怕的破坏。随着核技术的发展与进步，核电在人类能源危机的解决方案中扮演的角色越发重要。与此同时，各种核电站、反应堆所产生放射性核废物数量连年剧增，如何处置这些极具破坏性的高放射性废物（high level waste，简称 HLW），就成为一个迫在眉睫的世界性难题，日益为核科学专家和学者们所关注。

高放射性废物处置是将高放射性废物同人类生活圈隔离起来，尽可能使其对生物物种与环境的影响降到最低。目前应用较多的高放射性废物处理方法为固化法，分别为玻璃固化、沥青固化、水泥固化、高聚物固化等。1953 年，美国科学家 Hatch 在研究矿物时发现，某些天然矿物中含有少量的放射性核素，这些核素可以在矿物中稳定存在极长的地质时期。受此启发，Hatch 提出利用矿物岩石固化放射性核素的构想。1979 年 Ringwood 的工作使得人造岩石固化高放射性废物的研究受到了人们的关注。

矿物岩石固化是根据矿物学上类质同象替代原则，通过一定的热处理工艺将放射性核素包容在特定人造矿物的晶相结构中，从而获得热力学性质稳定、性能优异的矿物固溶体，使放射性核素获得安全处理的一种固化技术。大部分放射性核素都能在高温高压条件下，以一定的固溶度进入矿物相晶格结构中，形成一种稳定性良好的固溶体。矿物固化体具有致密度高，抗浸出性能强，耐辐照性能好，化学稳定性强等特性，因此具有广阔的应用前景。与其他放射性核素固化体相比，矿物固化体是一种较为理想的固化基材，被广泛认为是第二代高放射性废物固化体，受到世界各国的高度重视。

第一节　放射性核素固化载体矿物

一、放射性核素固化体矿物的基本特性

放射性核素固化体矿物具有以下几点特性：

（1）致密度高。人造岩石是在高温（或加压）下合成的矿物型岩石，密度为 4.0 ~ 5.8 g/cm^3（玻璃固化体密度为 2.5 ~ 2.8 g/cm^3），通常可达理论密度的 90% 以上。高密度和低孔隙率对减少废物体积和降低浸出率是极其有利的。

（2）化学稳定性好。人造岩石的抗浸出性极强，浸出率仅为玻璃固化体的 1%，且玻璃固化体容易受到温度、pH、压强等外界因素的影响。

（3）耐辐照性好。α 自辐照试验证明，人造岩石经受 10^{19} α/g 辐照，性能没有显著降低。

（4）热稳定性好。相比玻璃固化体，人造岩石固化体有更好的热稳定性和较大的导热系数，这使它可以包容较多的废物和节约处置空间。

二、放射性核素固化体矿物的优缺点

（1）矿物固溶体具有很高的物理稳定性、化学稳定性和抗辐射稳定性。矿物固化体孤立、固定、隔离放射性核素的能力强，核素的浸出率低。矿物固化体即使在潮湿和高温的恶劣环境中发生退火作用，其物理化学结构也很难受到严重破坏，浸出率不会显著增加。

（2）矿物固化体抗风化、侵蚀能力强，具有超长期的稳定性（最长可达几亿年），非常有利于半衰期长的高放射性废物进行永久性处理和处置。

（3）矿物固化体对高放射性废物的固溶量大，固化体体积小（玻璃固化体的高放射性废物掺入量最大为30%，氧化物类矿物固化体对高放射性废物的固溶量平均为45%左右，含氧盐类矿物固化体对高放射性废物的固溶量平均高达60%以上）。

（4）矿物固化体对地质处置的防护要求较低，处置成本低。

矿物固化体有着众多优势的同时也有不足，如脆性大，人工制备晶体形成温度高，可共同固化多种核素的矿物基体种类少等。

目前，矿物固化技术尚处于研究阶段。与其他固化方法相比，其技术积累尚不成熟，还不能进行工业化应用。

三、主要固化基体矿物

美国的Hatch从能长期赋存铀的矿物中得到启示，首次提出矿物岩石固化放射性核素，并使人造放射性核素能像天然核素一样安全而长期稳定地回归自然。研究人员从使用天然稳定矿物相来固化处理放射性核素开始，对相关矿物相进行了深入的研究和评价，给出一系列分别用于军工生产堆、商用动力堆高放射性废液处理的固化基材。目前研究较多的固化基材矿物相见表19－1。

表19－1　晶格固化基材的主要矿物相

Table 19－1　The main mineral phases of lattice solidification base material

主要矿物相	分子式	固化核素
钙钛锆石	$CaZrTi_2O_7$	*Ln*、*An*、Fe、Ni
烧绿石	$CaUTi_2O_7$	*Ln*、*An*
碱硬锰矿	$BaAl_2Ti_6O_{16}$	Cs、Sr、Ba、Rb
榍石	$CaTiSiO_5$	*Ln*、*An*
钙钛矿	$CaTiO_3$	Sr、Fe、Na、*An*
斜锆石	ZrO_2	*Ln*、*An*
锆石	$ZrSiO_4$	*An*
钛铀矿	UTi_2O_6	*Ln*、*An*
金红石	TiO_2	Zr

＊*Ln*为镧系核素，*An*为锕系核素

（一）钙钛锆石

钙钛锆石（$CaZrTi_2O_7$）是地球上最稳定的矿物相之一，为锕系核素的主要寄生相，因而钙钛锆石在高放射性废物中分离得到的锕系元素的固化处理上广受重视，是目前国内外研究较多的一种矿物固化基材。钙钛锆石主要由CaO、ZrO_2、TiO_2等3种化学成分组成，其含量如表19－2所示。

表19－2　钙钛锆石的化学成分

Table 19－2　The chemical composition of calcium titanium zircon

钙钛锆石化学成分	CaO	ZrO_2	TiO_2
含量/%	1.83～16.54	22.82～44.18	13.56～44.91

钙钛锆石多型体的 Ca 位和 Zr 位可以容纳多种阳离子，对高放射性锕系核素有很好的包容能力，它可将大部分锕系核素固定在其晶格中，大大增加了固化体的长期安全性，具有较好的发展前景。

（二）锆石

天然锆石具有很好的物理化学稳定性、机械稳定性、抗辐照稳定性和热稳定性，能够完全满足高放射性废物对其固化介质材料的要求，且对放射性核素特别是锕系核素有很强的包容能力。自然界中 U、Th 等元素可替代锆石和氧化锆中的 Zr 元素，实验室也合成了硅酸盐类矿物 $ASiO_4$ 类化合物（A = Zr，Hf，Th，Pa，U，Np，Pu 和 Am 等）。已有的研究表明，锆石（$ZrSiO_4$）对 U、Pu、Am、Np、Nd、Pa 等锕系核素具有较好的包容能力，是固化锕系高放射性废物理想的介质材料。

（三）烧绿石

烧绿石有着和钙钛锆石相似的结构，因而烧绿石和钙钛锆石有着相近的性质，这也在人们对烧绿石和钙钛锆石的耐辐照性能和抗浸出性能的天然类比研究实验中得到了证实。另外，烧绿石（$A_2B_2O_7$）在 A、B 位有着非常大的取代范围，这非常有利于对成分复杂的高放射性废物进行固化处理。人们普遍认为钆锆烧绿石是高放射性废物中 Pu 及次锕系核素的理想固化体基材。

（四）榍石

榍石属于单斜晶系，结构中 CaO_7 多面体以共棱的形式正反相间排列成链沿{101}方向延伸。TiO_8 八面体平行 a 方向以共顶的形式连接成链，链间以 SiO_4 四面体连接，形成 $TiOSiO_4$ 架构，Ca 呈 7 配位填充在框架中。根据类质同象原理，天然榍石晶体中的 Ca 可被 Na、Ti、Mn、Sr、Ba 代替，Ti 可被 Al、Fe、Nb、Ta、Th、Sn、Cr 代替，O 可被 OH、F、Cl 代替。榍石的组成和基本结构决定了其对多种核素具有较强的包容能力，其 Ca 位和 Ti 位均可以被一定量锕系元素所取代，形成性能稳定的固溶体。

（五）碱硬锰矿

碱硬锰矿是自然界中一种非常稳定的矿物，同时也是放射性核素 Sr、Cs 的寄主岩，其物理化学性能十分稳定。研究表明，碱硬锰矿具有较小的显气孔率（$\leqslant 0.1\%$）和较高的密度（$\geqslant 4.2\ g/cm^3$），结构密实。但是由于 Sr、Cs 是固化体处理处置时前 50 年的主要释热源，若 Sr、Cs 核素包容量多高，可能使得固化体中心温度达到 300 ~ 400℃，这样不仅超出处置库的限制温度，也会对固化体本身造成损伤。

（六）磷灰石

磷灰石是一类含钙的磷酸盐矿物的总称，化学式为 $Ca_5(PO_4)_3(F,Cl,OH)$，属六方晶系的磷酸盐矿物。摩氏硬度为 5 左右，密度为 $3.2\ g/cm^3$，结构较密实。由于其中的 Ca 位容易被 Sr、Ba、Pb、Na、Ce、Y 多种阳离子所替代，故可以用来吸附、处置放射性核素 ^{90}Sr、^{137}Cs 等。但当 ^{90}Sr、^{137}Cs 等核素含量过高，其固化体的温度最高能达到数百摄氏度，这会对磷灰石固化体的晶体结构造成一定的损伤。

第二节 放射性核素吸附载体矿物原料

沸石、膨润土、硅藻土等矿物都具有巨大的比表面积和多级孔道结构，较好的离子交换特性。沸石是常见的廉价的工业、化学原料。以沸石为例,研究表明粒径为4~100目的天然斜发沸石外部阳离子交换容量为90~110 mEq/g,内部阳离子交换容量为800 mEq/g,其比表面积高达13.44~14.32 m^2/g。而经过阳离子表面活化剂处理的改性沸石,其比表面积大幅下降,为4.18~6.79 m^2/g,其阳离子交换能力反而大大增加,可见影响载体矿物吸附性能的因素是很复杂的。

影响放射性核素吸附载体矿物吸附能力的因素一般有如下几点:矿物化学性质稳定;拥有很大的比表面积;拥有多级孔结构或具有离子交换性;含有独特的表面基团或活性位如酸性位、碱性位等。

可用于作为吸附载体矿物的有沸石、软锰矿、膨润土、硅藻土、海泡石、蛭石等。

一、软锰矿

(一)软锰矿处理含放射性铀的核废物

利用软锰矿可对放射性铀进行吸附,二氧化锰对铀的平衡吸附量随温度的升高而增加。溶液pH对平衡吸附量有影响,主要是由于铀酰离子在不同pH条件下具有不同的存在形式。平衡吸附量同时也与吸附剂的表面形态有关。二氧化锰对铀的平衡吸附量取决于其自身比表面积的大小和本身的极性。带有一定极性基团的吸附剂分子更有利于对铀的吸附,因此尽管实验中二氧化锰的比表面积较小,但由于分子中存在极性较强的羟基,故对铀仍有较好的吸附活性。

(二)软锰矿处理地下水中的镭

地下水的pH一般为5~8,可溶性镭以Ra^{2+}的形式存在。在有SO_4^{2-}存在的条件下,Ra^{2+}按下述反应吸附在重晶石上:

$$BaSO_4 + Ra^{2+} \rightarrow Ba(Ra)SO_4 + Ba^{2+}$$

可以选用重晶石、软锰矿、人造沸石以及高锰酸钾活化锯末等作为吸附材料,去除地下水中的镭。软锰矿与高锰酸钾活化锯末中的活性MnO_2,在碱性介质中产生水合二氧化锰,由于氢氧基的离解,使H^+成为可交换的离子。用软锰矿作为吸附材料对^{226}Ra进行去除处理,不仅去除率高,而且净化工艺简单,处理成本低,是处理含^{226}Ra地下水极为理想的吸附材料。由于软锰矿表面的催化氧化作用,使地下水中的Fe^{2+}和Mn^{2+}首先被氧化,使形成的$Fe(OH)_3$与$Mn(OH)_4$等沉淀物被截留,从而在去除^{226}Ra的同时,有效地去除Fe^{2+}和Mn^{2+}。软锰矿去除^{226}Ra的工艺很容易与现在供水系统的一般净化措施紧密地结合。如在普通的砂滤池中添加软锰矿层,就可以达到处理目的。

二、膨润土

(一)膨润土处理含^{137}Cs污染物

去除废水中的^{137}Cs的方法有多种,在国外,主要采用化学沉淀法,用亚铁氰化盐处理含^{137}Cs的废水。在处理过程中再加入一些石灰或吸附剂去除反应堆冷却水中的^{137}Cs,效果更加明显,这是处理含^{137}Cs废水的一种有效方法,但该方法一般只适用于处理少量的含^{137}Cs废水。另外,一些特殊的絮凝沉淀剂,如$CuSO_4/K_4[Fe(CN)_6]$、$Fe_2(SO_4)_3/K_4[Fe(CN)_6]$、$Ni[Fe(CN)_6]$等也能较有效地去除$^{137}Cs$。

（二）硅藻土和膨润土处理含^{90}Sr污染物

^{90}Sr是一种高毒性人工合成放射性核素，其物理和生物半衰期均较长，化学性质与钙相似。在过去的全球性核试验中，^{90}Sr作为主要的核污染物，各国对其在环境中存在的水平和动向进行了观测和研究。近年来，随着核能的广泛应用，各种核设施排放的废水中，^{90}Sr仍是一种重要的核素。有资料表明：每10^6 t TNT当量核裂变可产生3.9×10^{15} Bq的^{90}Sr；核动力堆的液体流出物中，^{90}Sr的年释放量可达200×10^9 Bq/GW。所以，监测^{90}Sr在核排污水环境中的比活度，研究它的分布与转移，具有十分重要的意义。

硅藻土、膨润土是放射性污染物的良好吸附体，经研究发现，硅藻土、膨润土对^{90}Sr均具有较强的吸附能力。15 min内，它们对^{90}Sr的吸附率即可达50%以上，3天之内皆可达到吸附平衡，饱和吸附率分别达91%和97%，分配系数分别为41.0 cm^3/g和132.1 cm^3/g。表19－3反映了随时间变化硅藻土和膨润土对^{90}Sr的吸附率。

表19－3　硅藻土和膨润土对^{90}Sr的吸附率

Table 19－3　Adsorption rate of ^{90}Sr on diatomite and bentonite

吸附时间/h	0.25	0.5	1	2	6	12	24	72	168
硅藻土的吸附率/%	50.6	50.3	63.1	69.5	71.5	82.9	90.4	91.1	91.6
膨润土的吸附率/%	58.9	61.0	75.1	82.4	85.0	96.2	97.1	97.3	97.1

从表19－3中可以看出，硅藻土和膨润土对^{90}Sr均有较强的吸附作用，并在较短时间内即可达到吸附平衡，采用硅藻土和膨润土对^{90}Sr进行处理是一种降低或防止放射性^{90}Sr对环境污染的可行途径和方法。

三、海泡石

（一）海泡石处理放射性^{90}Sr

海泡石具有巨大的比表面积和强的吸附能力，不但对一般物质具有吸附能力，对放射性元素也有较好的吸附效果。研究发现，海泡石经提纯活化后，在海泡石投加浓度为10 g/L，pH＝8的条件下，高速搅拌5 min，沉淀2 h，最终可使溶液中初始值为100 mg/L的Sr^{2+}浓度降低到0.067 mg/L，低于国家规定的0.11 mg/L的排放标准。

（二）海泡石治理其他放射性物质

海泡石除了对放射性Sr具有很好的去除效果外，对其他放射性物质也有一定的吸附能力。相关研究表明，海泡石对几种放射性核素的吸附量大小顺序依次为Pu、Am、Zr、Cs、Np、Sr。

四、蛭石

蛭石化学式为$(Mg,Ca)_{0.7}(Mg,Fe,Al)_{6.0}[(Al,Si)_{8.0}](OH_{4.8}H_2O)$，比表面积大，吸附力很强。蛭石由于其结构特性，不仅对一般离子具有极强的吸附作用，对放射性物质也具有很好的吸附能力。实验表明，在20℃，pH＝8，$C_0(^{90}Sr)$＝20 kBq/L的条件下，20 g/L溶液中蛭石对^{90}Sr的吸附率为 98.5% ;在 pH 为 3 ~ 12 时,蛭石对^{90}Sr有较好的吸附能力;在 0 ~ 50℃ 条件下,蛭石对^{90}Sr的吸附受温度的影响并不显著。

五、沸石

沸石化学式为 $A_{(x/q)}[(AlO_2)_x(SiO_2)_y]_n(H_2O)$,密度为 1.9 ~ 2.3 g/cm^3,沸石是具特征笼状晶体结构的铝硅酸盐矿物,晶格内部有很多大小均一的孔穴和通道,孔穴和通道的体积可占沸石晶体体积 50% 以上,这些孔穴和通道在一定条件下具有精确而固定的直径(3 ~ 10 Å)。沸石分子筛在现代生物和化学等工业和研究中具有重要而广泛的应用,常用作交换、吸附水中有害的重金属,如铬、镉、镍等。

沸石对放射性核素也具有吸附作用。实验证明沸石在 0.005 mol/L 的 Sr^{2+} 溶液中的平衡吸附量最高可达 24 mg/g,而经过改性的 4A 沸石,在 0.005 mol/L 的 Sr^{2+} 溶液中的平衡吸附量达到 218 mg/g,可见其吸附放射性^{90}Sr的性能十分突出。对新疆乌鲁木齐浅水河地区沸石的性能研究发现,经活化处理后的改性沸石样品对放射性^{90}Sr、^{137}Cs的阳离子交换量最高为1.954 mEq/g。

第三节　核辐射防护矿物原料

核辐射防护矿物是指对放射性核素衰变过程中释放的各种对环境有害的射线(如 X 射线、γ 射线和中子等)和子体等,具有较好的反射、吸收、屏蔽的一类矿物。根据防护射线的种类,射线防护矿物可分为:防 X 射线矿物、防 γ 射线矿物、防中子辐射矿物三类。

氡(Rn)是一种天然放射性气体,多由镭(Ra)等放射性核素衰变产生。在天然的矿物岩石、土壤中都含有一定量的氡,所以人类的居住环境或场所、使用的建筑材料如混凝土、石材、陶瓷等材料里也都释放少量的氡。氡具有独特的状态和迁移性,会对人类生存生活环境造成很大的伤害,所以如何应用矿物吸收阻挡氡、降低氡的释放量、减少建筑材料中的氡进入室内环境的比率,具有重要的意义。

用于射线防护的矿物一般密度较大,所含原子的相对原子质量大、结构和物理化学性质稳定。常用的核辐射防护用的矿物有重晶石($BaSO_4$)、褐铁矿($2Fe_2O_3 \cdot 3H_2O$)、赤铁矿(Fe_2O_3)、磁铁矿(Fe_3O_4)、石膏($CaSO_4 \cdot 2H_2O$)等。

一、重晶石

重晶石化学式为$(Ba,Sr)SO_4$,其中阳离子位的 Ba^{2+} 可被 Sr^{2+} 占据,故对放射性核素^{90}Sr具有一定的吸收作用。由于其中含有大量的 Ba 元素,重晶石一般可以用来制作钡水泥、重晶石砂浆和重晶石混凝土,用以代替金属铅板屏蔽核反应堆和建造科研院所、医院防 X 射线的建筑物。同时重晶石对氡具有极佳的屏蔽作用,可用来作为防氡水泥的添加料。试验证明,随着重晶石粉添加量的增加,防氡防辐射水泥砂浆基元材料对水泥砂浆防氡性能增加。表 19 - 4 为重晶石添加量与防氡水泥屏蔽性能的数据。

表 19－4 重晶石含量与防氡性能的关系

Table 19－4 The relationship between barite content and radon prevention performance

试样号	重晶石含量/%	氡释放量/(Bq · m^{-3})	氡屏蔽量/(Bq · m^{-3})	屏蔽率/%
Sample－1	10	120.47	99.53	45.24
Sample－2	15	104.39	115.61	52.55
Sample－3	20	90.27	129.73	58.97
Sample－4	25	81.97	138.03	62.74

* 氡的释放本底值是 220 Bq/m^3(董发勤等,2008)。

重晶石集料密度一般为 4 300～4 700 kg/m^3,品质要求为 $BaSO_4$含量＞8%,SiO_2含量＜9%,矿石质量要均匀稳定。配成混凝土堆积密度一般为 3 200～3 400 kg/m^3。粗集料采用 5～25 mm 重晶石,含泥量＜0.5%,泥块含量＜0.2%,针片状颗粒含量＜4.8%,连续级配应符合 GB/T 14685－2001;细集料为重晶石砂,细度模数 2.8;砂子含泥量严格控制＜1.9%,泥块含量＜0.5%,应符合建材行业标准《普通混凝土用砂、石质量及检验方法标准》(JGJ 52－2006)。由于混凝土价格低廉,施工方便,射线防护矿物通常作为集料添加到混凝土中,制备防辐射混凝土,且混凝土集料宜采用特重集料或含水多的重集料。

二、褐铁矿

密度为 3 200～4 000 kg/m^3,有致密结构的,也有带孔隙结构的,堆积密度为 1 300～3 200 kg/m^3,含结合水 10%～18%。

三、赤铁矿

密度一般为 5 000～5 300 kg/m^3,制成的混凝土堆积密度可达 3 200～4 000 kg/m^3。重晶石混凝土由于含结合水较少,因此防御中子射线的能力较褐铁矿作集料的混凝土差。

四、沸石

前已述及沸石是具有特殊笼状结构的一类矿物,不但对水中有害的重金属有交换、吸附作用,而且对放射性核素也具有一定的吸附作用。沸石与重晶石一样,具有较好的防辐射特性,可以用来作为防氡水泥的添加料。表 19－5 是沸石添加量与防氡水泥屏蔽性能的数据。

表 19－5 沸石含量与防氡性能的关系

Table 19－5 The relationship between zeolite content and radon prevention performance

试样号	沸石含量/%	氡释放量/(Bq · m^{-3})	氡屏蔽量/(Bq · m^{-3})	屏蔽率/%
Sample－1	5	117.24	102.76	46.71
Sample－2	8	106.96	113.04	51.38
Sample－3	10	95.17	124.83	56.74
Sample－4	12	89.12	130.88	59.49

* 氡的释放本底值是 220 Bq/m^3(董发勤等,2008)。

五、石膏

天然石膏($CaSO_4 \cdot 2H_2O$)经煅烧后可成为熟石膏,是重要的工业原料,可用在建筑、医药、卫生、环境治理等领域。石膏作为普通的混凝土水泥的原料,本身对氡具有一定的屏蔽作用(表19-6),是一种廉价的环保型原材料,在建筑领域具有极广泛的应用范围。

表19-6 石膏含量与防氡性能的关系

Table 19-6 The relationship between gypsum content and radon prevention performance

试样品	石膏含量/%	氡释放量/($Bq \cdot m^{-3}$)	氡屏蔽量/($Bq \cdot m^{-3}$)	屏蔽率/%
Sample-1	5	133.98	86.02	39.10
Sample-2	8	123.82	96.18	43.72
Sample-3	10	113.48	106.52	48.42
Sample-4	12	107.07	112.93	51.33

* 氡的释放本底值是220 Bq/m^3(董发勤等,2008)。

其他高含水矿物如水镁石、水滑石及水泥水化产物、蒸压合成矿物,高密度、含重金属的矿物如天青石、方铅矿、黄铜矿、磁铁矿等都是良好的吸收阻挡高能射线的矿物原料。

第四节 放射性核素处置用矿物原料

迄今为止,人们考虑过的放射性核素的处置方案有许多种,包括地质处置、太空处置、深海海床下处置、岩熔处置、核焚烧等。经过研究和评价,认为比较现实可行并正在一些发达国家中实行或准备实行的多为地质处置。地质处置是将放射性核素深埋在一个专门建造的或由现成矿山改建的洞穴,即所谓的处置库中。目前世界公认的高放射性废物终端处置方法为地质处置。

在地质处置库中,主要利用人工屏障与天然屏障(天然岩石层)将核素固化体与周边自然环境隔离开来,以阻滞放射性核素迁移。因此,地质处置库周围环境岩体的理化特性,对地质处置库的长期安全性有着重要意义。

一、天然屏蔽阻滞层岩石材料

(一)理想放射性核素地质处置天然阻滞层特征

较理想的放射性核素地质处置天然阻滞层必须具备以下特征:① 岩石孔隙度较小,含水量较少,水渗透率较小,这是地质处置介质应具备的重要性质。地下500米左右岩石胶结类型以基底孔隙和填充孔隙为主,孔隙值最大可达25%~35%,渗透率3.5 D($1D=9.869\times10^{-13}m^2$)以上;在地下1 100米左右,胶结类型变为以孔隙填充与孔隙接触为主,孔隙值变化范围为20%~30%,渗透率最大可达1.5 D。② 地下水主要沿岩石裂隙流动,岩石中的节理、裂隙会随应力和温度的变化而张合,影响地下水流速。危及放射性核素安全的主要因素,是地下水在岩石中的渗透、扩散乃至流动。核素在岩石裂隙中的吸着和迁移可用固液相分配系数K_d来表示:

$$K_d = \frac{S}{C} \qquad (19-1)$$

式中：S——平衡时固相中的核素吸附量，Bq/Kg；

C——吸附平衡时液相中的核素浓度，Bq/L。

由于裂隙水的比热容较大（4 200 kJ · kg^{-1} · ℃$^{-1}$）远大于岩石比热容（800 kJ · kg^{-1} · ℃$^{-1}$），其热学性质相差近20倍，故由于水平裂隙水几乎不流动而表现出显著的热量聚集效应，竖向裂隙水随着流动，表现出传递热量的"桥梁"作用。在固化体处置场温度快速上升的情况下，裂隙水的汽化会增大孔隙水压，增强岩石的应力，不利于岩石结构的稳定。③ 具有较强的离子交换能力和吸附能力。④ 具有良好的导热性、抗辐射性，随时传导、散失废物的衰变热。⑤ 具有一定机械强度，便于构筑地下工程。⑥ 岩石的体积应足够大，这样即使废物中的放射性核素泄露出来（少量的泄露是不可避免的），由于迁移距离较大，当其到达生物圈时，已衰变成无害状态。因此，高放射性废物地质处置深度一般为500 ~ 1 000 m。

目前，通过一系列的研究，认为具备以上特性可用于处置放射性核素的地质介质主要有花岗岩、凝灰岩、黏土岩、玄武岩、流纹岩、辉长岩等。

（二）放射性核素处置用天然阻滞层岩石原料

一般来说，选取作为地质处置库天然阻滞层的岩体，应具有较强的离子吸附性、较好的抗辐射性、较好的热学性能、力学性能和化学性能。地质处置库对周边环境岩体有如下具体要求：① 地质环境稳定，放射性核素不会因岩层活动、地震、断层、地壳隆起、地下水侵蚀等返回生物圈。② 含水量低，含水裂隙、空洞等较少，使固化体和地下水接触的可能性降到最低。③ 保证溶出的核素可以被岩体快速吸附，使其难以渗出、迁移。④ 核素在进入生物圈前有充分缓冲衰变期，确保对环境危害降低到可为生物圈承受。经过数十年论证，适宜建设地质处置库的岩体为花岗岩、黏土岩、凝灰岩和玄武岩。

1. 花岗岩

花岗岩类岩石分布广，具有良好的储废性能，因而受到世界各国的青睐。用作放射性废物处置库主岩的花岗岩必须具备如下条件：

（1）岩体延伸范围较大，分布广，岩体规模一般较大（岩基等），岩石质地较均一。

（2）断裂构造不发育，岩石裂隙广泛地被次生矿物（方解石、黏土等）充填。

（3）新鲜花岗岩的孔隙度较小（0.1% ~ 0.2%，一般为0.05% ~ 0.2%），水渗透系数较小（1 000 m深处为10^{-12} ~ 10^{-10} m/s）。

（4）在地貌上，花岗岩体应略低于周围地区，以免岩体被风化、剥蚀过快。

花岗岩适于处置高放射性废物的特征主要有：① 含水量较小（0.1% ~ 0.2%）。② 新鲜花岗岩中化学元素和同位素体系基本保持封闭状态。③ 机械强度较大，有利于构筑地下处置工程。④ 导热性较好（平均导热系数为2.5 W/(m · ℃)），热稳定性较好。⑤ 抗辐射性较好，受高剂量高能射线作用后，岩石性质不变，对放射性核素具有较好阻滞性能。⑥ 岩石中磁铁矿、黄铁矿、绿泥石、黑云母等含Fe^{2+}矿物，促使变价放射性核素处于难溶于水的低价状态。

2. 黏土岩

黏土岩是良好的回填材料。黏土岩适宜于处置高放射性废物的特征主要有：① 黏土岩（及泥质岩）约占地表覆盖面积的70%，分布极广。② 水渗透系数在10^{-11} ~ 10^{-7}cm/s，黏土岩是一种不透水岩石，常构成储油气构造的屏蔽层，以及地下蓄水层的阻隔层。③ 黏土岩中伊利石、高岭石、蒙脱石、沸石等具有较强的离子交换能力和吸附能力，因此黏土岩的 U、Th 含量一般较高。④ 不溶于水，具可塑性，因而可自行封闭岩石中的裂隙。⑤ 黏土岩自生矿物的 Rb－Sr 同位素年龄与其沉积年龄吻合，表明新鲜黏土岩具有较好的化学封闭性。⑥ 新鲜岩石中含有的黄铁矿、有机碳，使岩石处于弱还原状态；碳质和氧化后的黄铁矿对元素具有较强的吸附能力。

3. 凝灰岩

凝灰岩适宜于处置高放射性废物的特征主要有：① 岩石中流纹质火山玻璃和高温硅酸盐矿物作用后，可生成沸石（斜发沸石、方沸石等）和黏土矿物，后两者具有极强的离子交换能力和吸附能力。实验证明，当温度升高时，凝灰岩对放射性废物的吸附能力增强，这有利于凝灰岩从高放射性废物容器周围吸附泄露的放射性核素。② 新鲜凝灰岩的机械强度较大，导热性较好。沸石化凝灰岩的吸附能力较强。在地下一定深度，若新鲜未沸石化凝灰岩与沸石化凝灰岩混杂在一起，可共同构成一个较好的地质处置介质。新鲜凝灰岩吸附能力较差，一般只能作高放射性废物的暂存主岩；沸石化凝灰岩也不宜单独作处置库主岩，其孔隙度较大，密度较小，含水量较多。③ 岩石脱玻璃化时生成石英、长石等矿物，使岩石的机械强度、密度和杨氏模量等增大。从这个意义上讲，应该选择生成时代较老的凝灰岩作处置主岩。④ 热稳定性较好。

综上所述，在凝灰岩中选择高放射性废物处置库时，应该选择地质构造简单、生成时代较老的未沸石化凝灰岩分布地段，在其周围、上盘若存在沸石化凝灰岩则更有利。

4. 玄武岩

玄武岩适宜于处置放射性废物的特征主要有：① 岩石致密、坚硬，机械强度较大、无蠕变现象。② 孔隙度较小（$<1\%$），仅含少量水。③ 水渗透系数较小（$10^{-8}\sim10^{-6}$ cm/s），未破碎的岩石几乎不透水。④ 岩石形成温度较高（>800℃），热稳定性较好。⑤ 具有较好的抗辐射性能。⑥ 岩石中的沸石、黏土矿物等次生矿物是放射性核素良好的吸附剂。

二、人工屏蔽缓冲回填阻滞层矿物材料

（一）理想放射性核素地质处置人工缓冲回填阻滞层特征

人工处置库缓冲回填材料作为隔离放射性核废物和自然环境的第一道屏障，是处置库屏障系统的主要组成部分。由于缓冲回填材料在放射性废物地质处置库中的特殊地位和作用，要求缓冲材料具有：① 低透水性。尽可能防止或减少地下水入侵处置库，有助于降低固化体中核素的浸出率。② 良好的膨胀性和吸附性。有利于阻滞固化体中浸出的核素通过处置库屏蔽层，杜绝其进入自然环境的可能性。③ 较好的热稳定性和导热性。受到处置库中高放射性核素产生的辐射热的影响极小，大大增加处置库的安全性。④ 辐射稳定性和化学稳定性较好，使得在地下极端环境中的人工缓冲回填材料层不会发生强烈的物理化学变化，增强处置库的长期安全性。⑤ 较好的机械缓冲性能，增强处置库抗拒地震、火山爆发等自然灾害的能力。

（二）放射性核素处置用人工阻滞层矿物原料

1. 膨润土

膨润土（bentonite）是一种含水黏土矿，主要成分为约占 80%～90% 的蒙脱石矿以及少量伊利石、高岭石、埃洛石、绿泥石、沸石、石英、长石、方解石等。蒙脱石的理想化学成分为：（Al_2，

$Mg_3)Si_4O_{10}OH_2 \cdot nH_2O$。由于它具有极好的膨润性、黏结性、吸附性、催化性、触变性、悬浮性以及阳离子交换性，具有较大的比表面积，因而可以用来阻滞^{90}Sr、^{137}Cs等放射性核素迁移。膨润土受热升温至200℃时脱去吸附水和层间水，至750℃时脱去结晶水，至1 050℃时晶格结构才会被破坏，在1 000℃以下很难与阳离子发生固相反应，故具有较好的耐热性和抗辐射性，化学稳定性较好。膨润土还具有很强的吸湿性，能吸附相当于自身体积8~20倍的水，透水性较低，吸湿性极好。

李伟民等对内蒙古高庙子膨润土阻滞放射性核素的机理进行了研究，发现膨润土在1 000℃以下时并未与阳离子发生固相反应而生成新物相。刘月妙等对高庙子膨润土作为放射性废物地质处置库缓冲回填材料的性能进行了测定，发现以钙基膨润土为主的高庙子膨润土阳离子交换量为72.7~83.4 mmol/100g，适合作为放射性废物地质处置库的人工屏蔽层原料。

2. 沸石

沸石也可以用来吸附阻滞^{90}Sr、^{137}Cs等放射性核素迁移；又由于其对氡具有良好的阻挡隔离作用，可以用来作为建筑业中的防氡原材料，制造防氡水泥；某些沸石在一定的化学条件下，0.005 mol/L的Sr^{2+}溶液中的平衡吸附量最高可达24 mg/g，而经过改性的4A沸石，在0.005 mol/L的Sr^{2+}溶液中的平衡吸附量达到218 mg/g，而对Cs^+的平衡吸附量最高能达到173 mg/g，吸附处理放射性^{90}Sr和^{137}Cs的性能十分突出（因产地、成分不同等会有差异）。由于沸石具有低透水性、膨胀和吸附性，物理化学稳定性和抗辐射性等，可以考虑将其作为放射性废物地质处置库的人工屏蔽层缓冲回填材料。

3. 红层粉质黏土矿

红层粉质黏土矿是多种黏土矿物的混合物，含有膨润土、沸石、伊利石等多种天然黏土矿物。例如四川某地的红层粉质黏土矿采样检测表明，其主要成分为石英、伊利石、沸石等，干密度为1.83 g/cm^3，风干含水率为3.72%，孔隙比为0.63，pH为6.81，阳离子交换量为21.37 mEq/100g，其主要化学成分（以质量分数计）为：SiO_2 67.13%，Al_2O_3 18.99%，Fe_2O_3 6.291%，K_2O 2.796%，CaO 0.977%，Na_2O 2.517%，MnO 0.118%，MgO 0.24%。

在实验条件下，该黏土矿原状土柱中，Sr^{2+}的迁移速度为32 cm/年，Cs^+的迁移速度为5 cm/年，可见该黏土矿具有较好的吸附阻滞效果。

对另一处地点的第四系土黄色黏土、粉质黏土（亚黏土）、粉土（轻亚黏土）及粉沙黏土采样表明，其组分种类与四川某地的红层粉质黏土相似，仅成分比例略有差异。通过实验表明，在合适的固液比、pH和溶液浓度条件下，该粉质黏土对高放射性核素Pu^{4+}具有极好的阻滞吸附作用。多方评价各地的粉质黏土矿的物理化学等性质，选取对各类放射性核素的综合阻滞作用较好的粉质黏土矿，可以作为放射性废物地质处置库的人工屏蔽层的缓冲回填材料。

4. 黄铁矿

黄铁矿在浅埋藏的金属矿床中保存完好，往往存在于围岩及其裂隙充填矿物中，是成岩变化和地下水－围岩反应过程中的常见产物，可以在地下水系统中长期存在。黄铁矿在一定的物理化学条件下可与地下水中的变价放射性核素如^{49}Se、^{90}Tc、^{238}U、^{237}Np等发生作用，大大减少这些变价核素在水中的溶解度。陈繁荣等研究了黄铁矿对高放射性废物中变价放射性核素的阻滞作用，实验证明黄铁矿可以使溶液中的SeO_3^{2-}和TcO_4^-的浓度下降至10^{-8} mol/L以下，其氧化作用

将释放出 SO_4^{2-}，降低地下水的 pH，增加核素的迁移性。另一方面，处置系统中的缓冲黏土材料有较大的 pH 缓冲能力，在深的放射性废物地质处置系统中，地下水中的氧化剂基本上来自 H_2O 辐射分解，而黄铁矿的氧化速率低。废物罐的腐蚀作用和 H_2O 的辐射分解反应产生的 H_2，在黄铁矿表面将被活化，成为有效的还原剂。

第五节　高放射性核废物处理与再生利用

高放射性核废物处理与再生利用主要研究放射性核废物的固化材料及固化技术，开发适用于不同放射性水平的核废物固化材料及固化处理工艺技术、放射性核素富集与阻滞材料、放射性核废物的再生利用，重点研究放射性废物的处理与处置材料的集成技术、人工地球化学屏障的构建、放射性核素富集、阻滞材料及其特性和机理、放射性核废料的循环再生利用技术。

放射性核废物的固化材料及固化技术，开发适用于不同放射性水平的核废物固化材料及固化处理工艺技术：① 研究高性能核废物固化介质（如水泥、玻璃、人造岩石等）的组成、结构与性能之间的关系，查明放射性核素在固化体中的赋存状态，评价固化体在中高温、侵蚀性介质、地下水、辐照等环境条件下的稳定性及规律。② 放射性核素富集与阻滞材料集成技术。研究天然及人工阻滞材料在多场耦合条件下的物相转化及放射性核素在阻滞材料的地球化学行为；研究辐射场作用下的有机/无机复合材料的组成、结构与防辐射性能的关系及其工艺技术。③ 放射性核废物的循环再生利用技术。重点研究放射性废物的处理与处置材料的集成技术、阻滞材料及其特性和机理，放射性核素富集、循环再生利用。

下篇 矿物应用各论

矿物的总量已增至近 5 000 种，科技进步也使工业矿物、人造矿物的种属日益增多，矿物应用性能的开发和优化工作不断获得新进展。本篇将对当前应用最广泛的 40 余种矿物，按成分类型和矿物学分类体系，即单质、氧化物、氢氧化物、硅酸盐、磷酸盐、碳酸盐、硫酸盐和卤化物顺序分章编排，讨论金刚石、石墨、自然硫、黄铁矿、闪锌矿、刚玉、赤铁矿、石英、金红石、电气石、堇青石、水镁石与纤维水镁石、水滑石、橄榄石、锆石、石榴子石、红柱石、蓝晶石、夕线石、硅灰石、锂辉石、闪石和闪石石棉、黏土矿物（高岭石、蒙脱石、坡缕石、海泡石、累脱石）、蛇纹石以及纤蛇纹石石棉、滑石、叶蜡石、云母、伊利石、蛭石、长石、沸石、磷灰石、方解石、菱镁矿、白云石、重晶石、芒硝、石膏、硬石膏、萤石、石盐和钾盐的结构、性质和应用。新增了黄铁矿、闪锌矿、赤铁矿、电气石、堇青石、水滑石、锂辉石、伊利石、磷灰石等新型工业矿物，并对传统矿物对应的纳米特性、纳米产物和应用作了对比性补充。每章的讨论立足于普通矿物学基础，着重于矿物的性能与应用，对于决定矿物性能的化学成分和晶体结构也给予了应有的重视。

第二十章　金刚石　石墨　自然硫

第一节　金　刚　石

一、概述

(一) 化学成分

由碳元素(C)组成,但常含有氮及硅、铝、钙、镁、锰、钛、铬等微量杂质元素,这些杂质多以包裹体的形式存在。

(二) 晶体结构

金刚石是一种相对较为简单的物质,它的结构与性质不同于石墨而具各向同性。然而,金刚石具有立方和六方两种晶体结构。

立方金刚石是到目前为止最为常见的金刚石类型,通常所说的金刚石即为立方金刚石的简称。金刚石碳原子间以 sp^3 共价键形式连接,键长为 0.154 nm,键能为 771 kJ/mol。如图 20-1 所示,每个晶胞中含有 8 个碳原子,分别位于角顶(8×1/8 个)、面心(6×1/2 个)和相间的 1/8 晶胞的小立方体的中心(4 个)。独特的晶体结构使得金刚石具有最高的原子密度(1.286 mol/cm^3)。因此金刚石是自然界中硬度最大、可压缩性最小的物质。1967 年在陨石和陨石撞击的熔结岩石中发现了六方金刚石,它具有纤锌矿型结构,与立方金刚石的晶体结构参数一起列于表 20-1 中。

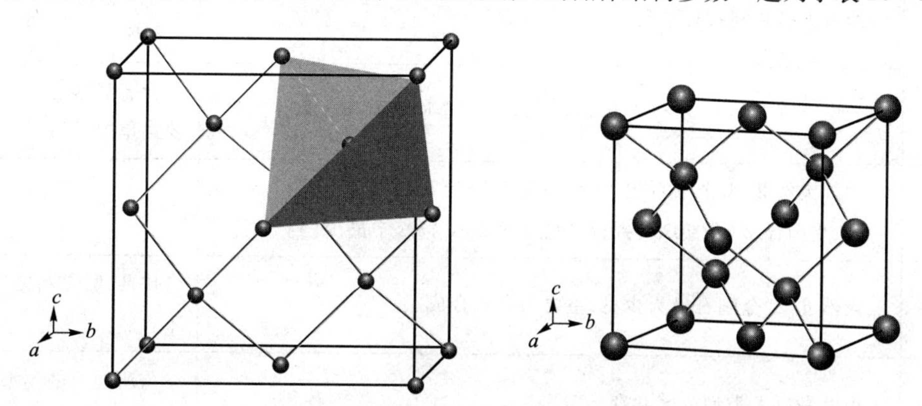

图 20-1　金刚石的晶体结构

Fig. 20-1　The crystal structure of diamond

表 20-1　金刚石的晶体结构参数

Table 20-1　The crystal structure parameters of diamond

性质	立方晶系	六方晶系
空间群	$O_h^7-Fd_3m$	$C_{6V}^4-P6_3mc$
单位晶胞原子数 Z	8	4

续表

性质	立方晶系	六方晶系
原子坐标	0, 0, 0; 1/2, -1/2, 0 0, -1/2, -1/2 1/2, 0, -1/2 1/4, -1/4, -1/4 3/4, -3/4, -1/4 1/4, -3/4, -3/4 3/4, -1/4, -3/4	0, 0, 0 0, 0, -3/4 1/8, -2/3, -1/2 1/8, -2/3, -7/8
晶胞参数(298K)/nm	0.356 7	a_0 = 0.252 Å, c_0 = 0.412 Å
理论密度(298K)/($g \cdot cm^{-3}$)	3.515 2	3.52
碳-碳键长/nm	0.154 45	0.154

表 20-2 金刚石的分类

Table 20-2 Classification of diamond

类型	产出特征	杂质含量
I_a	约占天然金刚石总量的98%	含氮较多(0.1% ~ 0.23%)
I_b	天然金刚石中I_b型仅占0.1%,人工合成金刚石有不少属I_b型	含有较少量的氮,且主要是单原子氮
II_a	国外天然II_a型金刚石相当少,约为2%;但我国II_a型金刚石较多一些,贵州最多(约70%),山东次之(约20%),辽宁最少(约3%)	含氮极少
II_b	天然II_b型金刚石极为少见,主要为高压合成	比II_a型含氮更低,几乎不含氮
混合型	由两种以上类型分区共存	与所混合的类型及含量有关

(三)金刚石的分类

如表20-2所示,公认的金刚石分类是根据其杂质组成和紫外吸收光谱划分为Ⅰ型和Ⅱ型两大类。Ⅰ型金刚石含有一定量的氮(>10^{24}(原子)/m^3),对波长<330 nm的紫外辐射及7~10 μm的红外辐射强烈吸收;Ⅱ型金刚石几乎不含氮(质量分数<0.001%,或<10^{24}(原子)/m^3),可让波长<225 nm的紫外辐射透过,且对波长7~10 μm的红外辐射不吸收。在此基础上进而又详细将其划分为I_a、I_b、II_a、II_b及混合型诸类型。

二、形态

金刚石结晶形态与完整性决定其应用范围与价值,其单晶具有多种结晶形态,主要有八面体 $o\{111\}$、十二面体 $d\{110\}$、立方体 $a\{100\}$ 及其聚形(图 20-2),少数聚形中尚见到四六面体和六八面体。有时由于溶蚀作用,晶面晶棱弯曲,使晶体呈浑圆状。可形成接触双晶、晶状穿插双晶等以(111)为主的双晶。晶体尺寸不一,直径可由微米级至毫米级,仅有少数大颗粒晶体产出,如世界著名的宝石金刚石"库利南"、"高贵无比"和"莱索托布朗"的质量都在 600 ct 以上,我国发现的最大的一颗金刚石"常林钻石"质量为 158.786 0 ct。

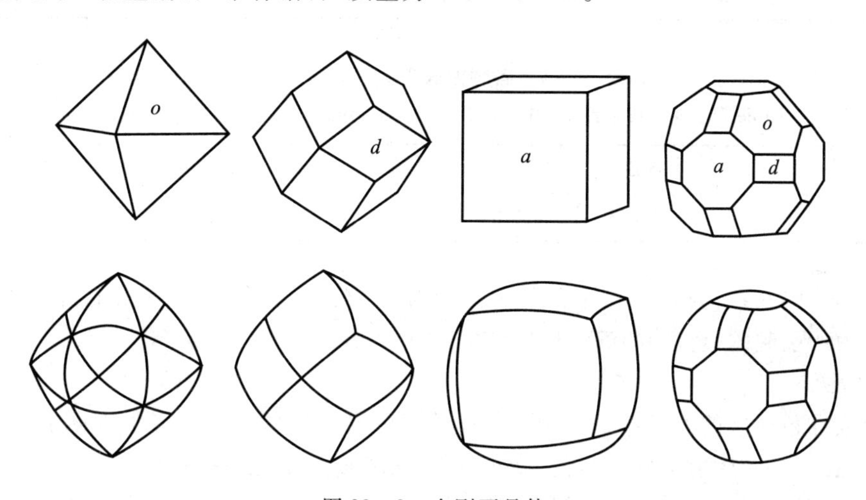

图 20-2 金刚石晶体

Fig. 20-2 Diamond crystals

三、金刚石的理化性能

(一) 光学性质

1. 颜色

表 20-3 中列出了不同类型金刚石的光学吸收带,表明纯净的金刚石在波长 230~3 100 nm 是没有吸收的,而恰恰这段波长覆盖了可见光部分,因此纯金刚石是无色的,被认为是最好的光学材料,但因含有杂质或具结构缺陷而呈色。晶格空位可改变化学键,并导致电子更易被低能量的光激发,这就使得晶体可对红光产生吸收而呈现出蓝色,出现这种变化必须满足在每 105 个原子中至少有一个空位这个条件才会被观察到。杂质 Ti^{4+} 和 Fe^{3+} 可引起黄色,顺磁性单原子氮可引起琥珀黄色或绿色。硼可引起蓝色或天蓝色,已为人工含硼金刚石的呈色所证实。玫瑰色和烟色,据认为非因杂质所致,而是结构呈色。石墨等深色包裹体也被认为可引起灰色和黑色等颜色。

2. 光泽、色散、折射率及异常双折射

金刚石具金刚光泽,可因晶面受侵蚀而光泽暗淡。色散性强,其折射率随波长强烈地改变(表 20-4)。

表 20－3　不同类型金刚石的光学吸收带

Table 20－3　Optical absorption of different types diamond

类型	光学吸收带
I_a	红外：$\lambda=6\sim13\ \mu m$；紫外：$\lambda<225\ nm$
I_b	
II_a	接近于理想金刚石，在 $\lambda<1\ 332\ cm^{-1}$没有吸收；连续吸收小于 5.4 eV
II_b	红外：在 2.5～25 μm 波长没有明显吸收；紫外：在 237 nm 处有吸收

表 20－4　各种波长下金刚石折射率

Table 20－4　The refractive index of diamond at various wavelengths

λ/Å	7628	6876	6563	5892	5270	4861	4308	4102	3969
N	2.402 4	2.407 7	2.410 3	2.417 6	2.426 9	2.435 4	2.451 2	2.459 2	2.465 3

金刚石属等轴晶系，为光学上的均质体，但常显示异常双折射，这可能是由于其结构的缺陷造成的内应力所引起的，色散 0.057（0.044）。

3．发光性

在蓝色或绿色区域的发光性是金刚石单晶著名的光学性质。在日光下曝晒后，在暗处发淡青蓝色磷光；在紫外光照射下发天蓝色、紫色、绿色荧光或不发光；在 X 射线下发天蓝色荧光，极少数不发光；在阴极射线下发蓝色或绿色光。II_b 型金刚石在波长 3650 Å 的光照射下不发光，但用短波紫外线（$\lambda=2537$ Å）照射后显示浅蓝色，有时发红色磷光。除此之外，金刚石单晶还具有阴极发光性质。

（二）力学性质

1．硬度、耐磨性和脆性

金刚石的饱和性和方向性共价键晶体结构决定了它具有极高的硬度和耐磨性，是目前已发现最硬的天然物质。金刚石的硬度有明显的各向异性，不同的晶面硬度不同，根据其面网密度差异可推断出八面体晶面{111}＞菱形十二面体晶面{110}＞立方体晶面{100}＞四角三八面体晶面{211}，而实际的实验也得到了相同的结果。金刚石中氮的含量对其硬度也有影响，无氮 II_a 型金刚石硬度最大，而对 I_b 型金刚石而言，硬度随氮的含量增加而减少。此外，同一晶面上存在各向异性，而且不同类型金刚石的各向异性也不同，比如 I 型金刚石（001）面上[100]方向的硬度要比[110]方向大，而 II_a 型金刚石的这种趋势恰好相反。金刚石摩擦系数小，有极强的抗磨性，其抗磨能力为刚玉的 90 倍。金刚石硬度虽大，但在温度不高的条件下（$T<0.3T_{melt}$）被压缩时会发生脆性断裂。

2．解理与断口

金刚石解理面通常平行于（111）晶面，也可沿着其他一些晶面发生解理（表 20－5）。金刚石晶体结构中（111）面网内键的密度最大为 $4.619/a_0^2$，面网间键的密度最小为 $2.309/a_0^2$，因此其解理能最低；而其他晶面的面网内键的密度稍低，且面网间的密度稍高而导致其解理能越高，比如(110)面网内键的密度为 2.828/a_0^2,仅次于(111)面网,面网间密度为 2.828/a_0^2,仅高于(111)。其他不能发生解理的晶面通常在外力的作用下会产生不规则的贝壳状断口。

表 20-5 金刚石的理论解理能

Table 20-5 Theoretical cleavage energies of diamond

解理面	与(111)面的夹角	解理能/(J·m^{-2})
(111)	0°与 70°32′	10.6
(332)	10°0′	11.7
(221)	15°48′	12.2
(331)	22°0′	12.6
(110)	35°16′与 90°	13.0
(100)	54°44′	18.4

3. 弹性和塑性

金刚石具有特殊的弹性,用 X 射线衍射强度和超声波传播速度测得的绝对弹性模量值(单位:10^{11} Pa)为:C_{11} = 9.5 ~ 11.0;C_{12} = 1.25 ~3.9;C_{44} = 4.4 ~ 5.96;$K = 1/3(C_{11} + 2C_{12})$ =4.42 ~5.9。由弹性模量可计算出金刚石的体积压缩系数为(1.6 ~1.8) ×10^{-7} cm^2/kg,体积压缩模量等于(5.63 ~6.3) ×10^{11} Pa。少数金刚石可沿(111)面产生滑移而发生塑性变形。

4. 密度

金刚石的密度为 3.47 ~3.50 g/cm^3,光色透明的金刚石的密度为 3.52 g/cm^3,带色的金刚石密度偏高,而黑色或灰色(含石墨)的金刚石密度偏低。

(三) 电学性质

1. 导电性

纯金刚石的能隙为 5.48eV,是理想的绝缘材料,经测试,纯金刚石的表面电阻率可达 10^{20} Ω·cm。与光学性质一样,杂质的引入同样会引起其导电性的变化,比如 $Ⅱ_b$ 型金刚石因含硼而使得表面电阻率较低(为 25 ~10^8 Ω·cm),为 P 型半导体。

2. 光电导性

在波长为 210 ~300 nm 的紫外线激发下,金刚石中发现有光电流。当红外和紫外线同时激发时,其光电导将增加近两倍。在同条件下Ⅱ型金刚石的光电流比Ⅰ型金刚石光电流大若干数量级。

(四) 热学性质

金刚石在 90 ~1 200 K 范围内是已知物质中导热性最好的材料。不同类型的金刚石的导热系数差别很大,其典型值为:$Ⅰ_a$型金刚石 6 ~10 W/(cm·K);$Ⅱ_a$型金刚石 20 ~21 W/(cm·K)。最大值(约 80 K):$Ⅰ_a$型金刚石 20 ~40 W/(cm·K);$Ⅱ_a$型金刚石 150 W/(cm·K)。造成不同类型金刚石导热系数差别的主要原因是不同类别金刚石中氮杂质的含量不同。在$Ⅰ_b$型金刚石中,随氮含量的增加,金刚石中声子散射也会逐渐增加,从而导热系数下降。

根据经典比热理论——Dulong - Petit 法则,所有固体物质的比热容约为 25.17 J/(mol·K)。但金刚石的比热容在 25℃时为 6 J/(mol·K),所以金刚石的比热容很小。

金刚石在空气中暴露一段时间可使其表面吸附氧。然而,当温度低于 -78℃时,其表面不吸附氧。在 0 ~140℃条件下,氧在金刚石表面为化学吸附;当温度在 244 ~370℃时,吸附在金刚石表面的氧就开始与金刚石发生反应并形成 CO_2。金刚石在高温下可燃,其燃点在空气中为 850 ~1 000℃,在纯氧中为 720 ~800℃。它的燃点和金刚石与空气的接触面以及本身的增温率有关,一般小颗粒金刚石比大颗粒金刚石易燃。在绝氧不加压的真空条件下,金刚石加热至

1 700 ~ 2 100℃可转变为石墨。

金刚石的热膨胀系数很小,且随温度的变化有明显的变化,如 -38.8℃时为 0;0℃时为 5.6×10^{-7};30℃时为 9.97×10^{-7};50℃时为 12.86×10^{-7}。

(五) 表面性质

理想金刚石是由非极性的碳原子所组成的,对水中 H^+ 和 $(OH)^-$ 不产生吸附作用,即水对金刚石不产生极化作用,故金刚石具有亲油、疏水性。

自然界也有一些金刚石是疏油亲水的,其主要原因是:① 表面覆盖有氧化薄膜或硅酸盐矿物薄膜,表面键性改变而变为亲水,这种情况可以通过酸处理或磨去薄膜的方法加以改变;② 微量元素的混入,使晶体内构造或表面键性发生改变,这种影响较难清除;③ 受射线的作用、地质应力作用、酸碱的长期腐蚀、杂质的机械混入和包裹体的影响等。

(六) 化学稳定性

金刚石在任何酸性条件下都是稳定的,甚至在高温下,酸对金刚石也不显示出任何腐蚀作用。但在碱、含氧盐类和金属熔体中,金刚石却很容易受到侵蚀。

四、应用

金刚石产品的分类很复杂,可分成千百个等级。根据金刚石产品大小、晶体形状、颜色及质量来分类,以达到按质论价正确进行经济评价的目的。总的来说分成两大类:宝石级金刚石和工业用金刚石。

宝石级金刚石加工后称为钻石,是宝石之王,售价昂贵,数量稀少。在当今的世界里,人们考虑到通货膨胀、汇率波动等因素,又把它视为与黄金等硬通货一样,作为投资商品和储备的对象。2011 年来每年天然金刚石开采量约 20 t,其中世界金刚石总产量的 80% 以上用于工业,每年价值 100 亿元左右,另外不足 20% 用于首饰收藏,但这 20% 的宝石级金刚石的价值约为工业金刚石价值的 5 倍,高达 500 亿元。钻石贸易额约占世界珠宝贸易额的 80%。

金刚石以其最大的硬度、透明无色或色泽鲜艳以及高折射率和强色散导致的光亮、五颜六色、闪烁夺目等特征而居于宝石之首。评价金刚石宝石的主要依据:纯净度(clearity)、颜色(color)、克拉质量(carat weight)和切工(cut),即所谓的"4C"。所谓纯净度是指无瑕疵(如不含包裹体、裂隙、双晶和外部的蚀痕、破裂等)的程度,根据 10 倍放大镜的观察,将其分为完全洁净(无瑕)、内部洁净(极微瑕)、极轻微的瑕疵(微瑕、一花)、很轻微的瑕疵(小瑕、二花)、轻微瑕疵(一级瑕、三花)和不洁净级(二、三级瑕、大花)。颜色是评价金刚石的重要标准,作为宝石的金刚石,其颜色限于无色、近于无色、微黄、淡浅黄及浅黄五种,粉红、蓝色和绿色为稀有珍品,其他颜色的金刚石均不认为属于宝石级。钻石因为价值高,质量必须精确计算,宝石级金刚石质量一般最小不得小于 0.1 ct,世界上迄今发现 400 ct 以上的大钻只有 40 余颗,我国 1977 年发现的"常林钻石"重 158.79 ct。钻石的切磨也是重要的一环,合理的切磨能使光线充分地折射和反射,显示出夺目的光彩(宝石业称之谓"火")。

随着科学技术的发展,各种人造宝石(如立方氧化锆)相继问世,其成品常常达到以假乱真的程度,需借助各种测试仪器来鉴别其真伪。

工业金刚石包括不适于作宝石的粗粒金刚石、不纯的和黑色金刚石、金刚石聚晶及金刚砂、粉等。

（一）Ⅰ型金刚石

对Ⅰ型金刚石，主要利用它们的高硬、高耐磨性的特点。如前所述，Ⅰ型金刚石是最为常见的普通金刚石。具体应用主要有以下几个方面：

1．拉丝模用金刚石

做拉丝模用的金刚石晶体要求无色或浅色、透明、无包体、无裂纹、晶体完整，其大小为0.1～0.25 ct。由于钻孔技术的进步，目前甚至可用0.04～0.05 ct的金刚石。主要用于电气工业和精密仪表工业，拉制灯丝、电线、电缆丝，金属筛丝等。对于拉制高质量的金属丝、硬金属丝和直径1 mm以内的金属丝，金刚石拉丝模是理想的工具。金刚石拉丝模具有使用寿命长，拉制的金属丝精度高、质量好，拉丝速度快、效率高等优点。

2．刀具用金刚石

用于刻划精密仪器、刻度和雕刻用的金刚石刀具要长形晶体，一端无裂纹和包裹体，大小为0.1～0.55 ct。金刚石车刀广泛应用于机械加工，可加工各种合金、超硬合金、陶瓷以及其他非金属（如强化木材、硬质橡胶、象牙、碳晶棒、贵金属和合成材料）等。其优点是精度高，加工的器件有很高的光洁度，并能大大提高工效。

3．砂轮刀用金刚石

作修整滚轮，主要用于修整砂轮的工作表面。要求每个金刚石晶体至少有三个棱角，顶角处不允许有裂纹和包体，其大小为0.3～3 ct。

4．测量仪用金刚石

主要用于硬度计压头，表面光洁度测量仪测头等。硬度计压头金刚石要求晶形完整，无裂纹，无包体，其大小为0.1～0.3 ct。

5．金刚石钻头

制造金刚石钻头是金刚石的重要用途，其消耗量占工业金刚石的15%～20%。主要用于地质、水文、煤炭钻探和石油、天然气的勘探与开发等。应用金刚石钻头钻井具有进尺速度快、效率高、成本低、质量好（岩心采取率高、井孔弯曲度小）、能钻最坚硬岩层等优点。钻头用金刚石要求无裂纹，其大小为1～100 ct。

6．金刚石还可用于制造玻璃刀、金刚石笔、唱针、轴承等。

7．不能满足以上用途的金刚石、金刚石微粒、金刚石粉均可做磨料。主要用于制造金刚石砂轮，还用于制磨头，研磨油石，研磨膏，砂布，砂纸等。

（二）Ⅱ型金刚石

对Ⅱ型金刚石，主要利用它们的良好的导热性和半导体性能生产各种金刚石产品。主要应用于尖端工业和高技术领域。

1．$Ⅱ_a$型金刚石

具有固体中最高的热传导性能。主要用于固体微波器件及固定激光器件的散热片，以吸收这些器件在工作时产生的热，否则器件会降低效率或者损坏，这对制造微型雷达和通信设备提供了有利条件。金刚石散热片还用于高功率晶体管、集成电路、可变电抗二极管或其他半导体开关器件。

Ⅱ$_a$型金刚石也是一种优良的红外线穿透材料。目前已在空间技术中用于人造卫星、宇宙飞船和远程导弹上的红外激光器的窗口材料。除部分近红外波段,Ⅱ$_a$型金刚石具有从X射线到微波整个波段的高透过率,是一种优良的红外线穿透材料。同时,Ⅱ$_a$型金刚石具有高硬度、高导热系数、高化学稳定性和低膨胀系数等优点,是一种非常优异的光学材料。

2. Ⅱ$_b$型金刚石

具有良好的半导体性能,它具有禁带宽、迁移率高、耐高温和优良的热耗散性能。用它制成的金刚石整流器具有体积小、功率大、耐高温等优点;用它制成的三极管可在600℃高温环境下工作;在金刚石中掺入痕量的其他元素制成半导体金刚石电阻温度计,它的电阻精确度与温度成正比变化,其测量范围在氧化气氛中为-168~450℃,在非氧化气氛中为-198~650℃。

由于我国天然金刚石产量很少,工业用途金刚石,绝大部分由人造金刚石代替,表20-6中按国家标准(GB/T 6405-94)列出了人造金刚石的品种及用途。

表20-6 人造金刚石的品种

Table 20-6 Classification of artificial diamond

代号	适用范围		
	粒度		推荐用途
	窄范围	宽范围	
RVD	60/70~325/400		树脂、陶瓷结合剂制品等
MBD	35/40~325/400	30/40~60/80	金属结合剂磨具,锯切、钻探工具及电镀制品等
SCD	60/70~325/400		树脂结合剂磨具,锯切、钻探工具及电镀制品等
SMD	16/18~60/70	16/20~40/50	锯切、钻探和修整工具等
DMD	16/18~60/70	16/20~40/50	修整工具等
M-SD	36/54~0/0.5		硬、脆材料的精磨、研磨和抛光等

五、金刚石的人工合成

世界天然金刚石近年虽有较大幅度的增长,但仍远远满足不了工业和科学技术的要求。产量与消费量之间的巨大差额主要靠人造金刚石弥补。人造金刚石处于产业链中间环节,行业整体仍处于成长期。作为"七大新兴产业"之一的新材料,未来发展空间巨大。据称,世界实际金刚石消费中,大约80%是人造金刚石。

(一)人造金刚石的方法

人工合成金刚石的方法从原理上基本可分为:静压法、动压法和气相沉积法(低压法或亚稳定向生长法)。

静压法指的是通过液压机产生压力,通过固态传压介质产生准静水压,并通电流加热产生高温的方法合成金刚石。该方法可以随意调节保温、保压时间,可以根据需要控制晶体粒度、质量和晶形等,具有很强的操作性,是目前工业用磨料级金刚石合成使用的唯一方法。但是,这种方法要求有一定的高压高温装置系统,设备复杂、庞大,导致合成金刚石的成本过高。

动压法，又叫爆炸法，要求在高温高压条件下，利用烈性炸药 TNT 等爆炸时产生的平面波直接作用于石墨，产生足够的温压。但这种高压高温瞬间产生与消失，可瞬间形成细微粒金刚石，不需要复杂庞大的高温高压装置，费用低，设备较简单。动压法合成的金刚石颗粒更细，称为金刚石微粉。但是这种方法合成的金刚石的后处理十分困难，其提纯工艺非常复杂。

气相沉积法是在低压、高温条件下，由含碳气体沉积成金刚石，不需要复杂的高压高温设备，费用低。目前最有成效的是用化学气相沉积法生长金刚石薄膜。金刚石在亚稳态形成，人们采用外延法生长金刚石。采取化学气相法（CVD）和物理气相沉积（PVD）法生产多晶金刚石薄膜。近十年该工艺取得突破发展，到目前为止，人们已经可以用多种不同方法合成低压金刚石，生长速率从 0.1 μm/h 到 1 mm/h。各种方法随不同研究小组略有变化，但无实质差异。低压法可分为：热丝法（HFCVD）、燃烧火焰法、等离子体法、化学输运、反应法（CTR）、激光 CVD 法（LECVD）。

最近，低压合成金刚石又创新了几种方法，如低压固态碳源法（LPSSS）、水热合成法（hydrothermal reaction）、激光辐射法（laser irradiation）、加速急冷法（accelerated quenching）和超声法（ultrasonic booming）。这些方法目前尚处于实验室研究阶段，离工业化生产还有相当距离。

目前人造金刚石绝大多数是砂、粉和多晶坯块产品，粒度一般在 0.5 mm，重 0.1 ct 以内，我国研制的大粒金刚石可达 2 ~ 3 mm，美、日已制成 6 mm、1 ct 多的金刚石。

（二）石墨向金刚石转化的机理

人造金刚石主要以石墨为原料，所以在此只讨论石墨转化为金刚石的机理。如图 20 - 3 所示，$3R$ 型石墨在高压下，石墨层沿 C 轴方向相互接近，即层间距（3.35 Å）变小。在高温下，碳原子的热运动加剧，由于相邻层错开了半个格子，而使层间相对的原子有规律地分别向上下靠近，并相互吸引而缩短间距。从图 20 - 3 可以看出，原来处在六边形平面网层上的碳原子有一半产生向上的位移（移动 0.25 Å），而另一半与之相间排列的碳原子产生向下的位移（移动 0.25 Å），从而使原来的六边形网平面产生扭曲，碳原子由原来的三配位转向四配位。同时，由于上下靠近的各对原子间的相互吸引，可使原来自由的 $2p_x$ 以电子向原子联线（图 20 - 3 中的虚线）方向集中并在碳原子间达成共价键（键长 1.54 Å），从而使碳原子实现 sp^2 共价键转变为 sp^3 共价键，这就使得石墨结构转变为金刚石结构。在转变过程中，石墨不需要经过原子的打散与重组就可以直接转变为金刚石。但若以 $2H$ 型石墨为原料，则要在这一过程中要先经历由 $2H$ 型石墨向 $3R$ 型石墨的转变。

触媒可降低石墨向金刚石转变的压力和温度。其机理为：在石墨向金刚石转变时，石墨六方网层平面上的碳原子将分别向上和向下位移。如图 20 - 4 所示，把向上位移的原子编为单号，即 1′、3′、5′，把向下位移的原子编号为 2′、4′、6′。如果在石墨层上方有一层金刚石结构的键，垂直向下对准石墨层上的单号原子而相互作用，即金刚石结构中的 1、2、3 号原子与石墨结构中的 1′、2′、3′号原子对准相互作用，从而促使石墨层的扭曲，因而可以在较低的温度和压力下使石墨向金刚石转化。

由于金刚石熔点高、接触面小，在这种温度下增加压力来生产金刚石的效果不显著，所以需要应用其他外力促成石墨向金刚石转变的物质。这种物质的某一个面上的原子排布必须能与石墨层上单号原子对得较准，且能相互吸引，促使石墨六方网面扭曲，这种物质即称“触媒”。“触媒”物质还要求有较低的熔点，因为熔融态的触媒与石墨的接触面很大，有利于促使石墨向金刚石的转变。

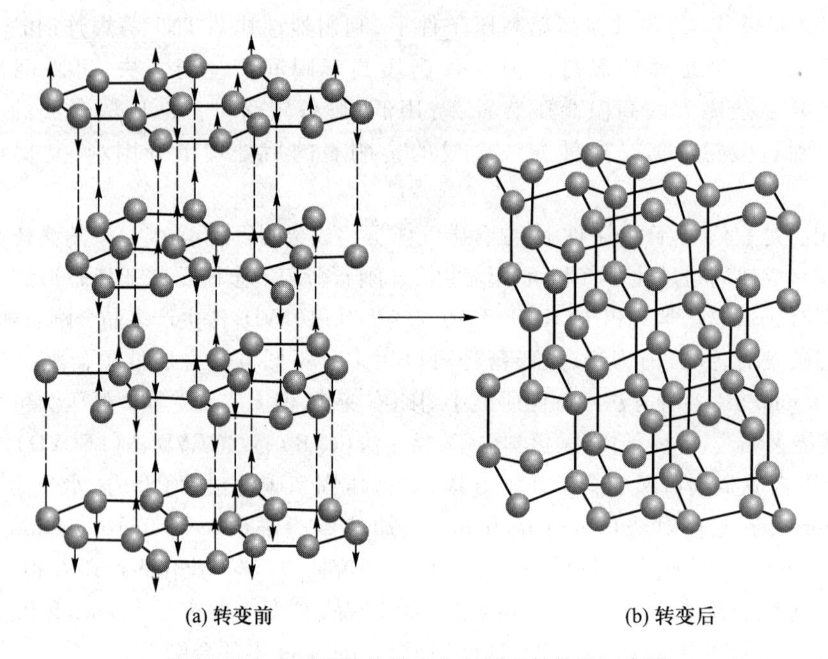

图 20-3　由石墨结构转变为金刚石结构的示意图

Fig. 20-3　The schematic diagram of structure convertion from graphite to diamond

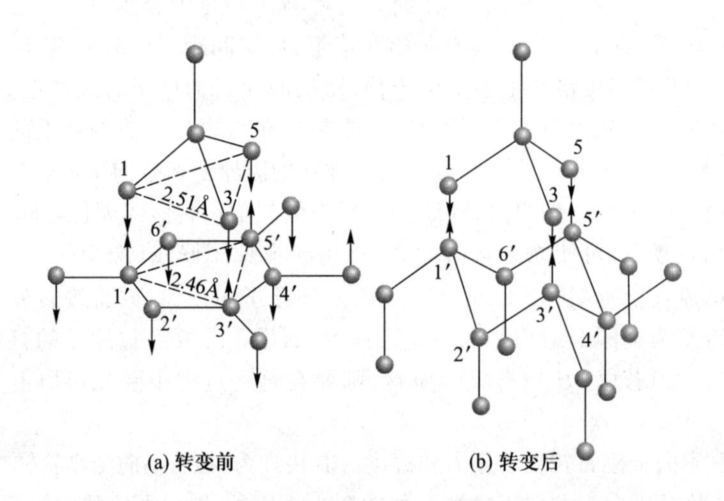

图 20-4　在金刚石诱导作用下石墨结构的转变

Fig. 20-4　The convertion of graphite structure under the diamond induction

可作为触媒的物质有多种，例如 Ni，它具有立方面心结构，其(111)面上原子的排列如图 20-5 所示，相邻三原子作三角形排布，三角形边长(2.49 Å)与石墨六方网孔内接三角形边长(2.46 Å)十分相近。因此它的原子与石墨层中相对应的单号原子对得较准，且可相互作用成键，因为 Ni 原子外层电子构型为 d^8s^2，有未满的 d 轨道。Fe 与 Cr 也是触媒金属，Fe 在 910℃ 以上温度，结构由立方体心变为立方面心，Cr 在常温常压下为立方体心结构，在高温下也可以变为立方面心结构，它们与石墨接触后的行为与 Ni 的情况相似。Co 的晶体结构中，原子呈六方最紧密堆积，其(001)面上的原子所构成的六边形与 Ni 的(111)面上原子所构成的六边形完全一样，且原子间距也很相近，并具有未充满的 d 电子轨道，可与石墨原子成键，所以也是很好的触媒金属。Cu 也具立方面心结构，但它有已被填满的 d 电子壳层，不易与石墨层上的原子起定向成键的作用，故不起触媒的作用。

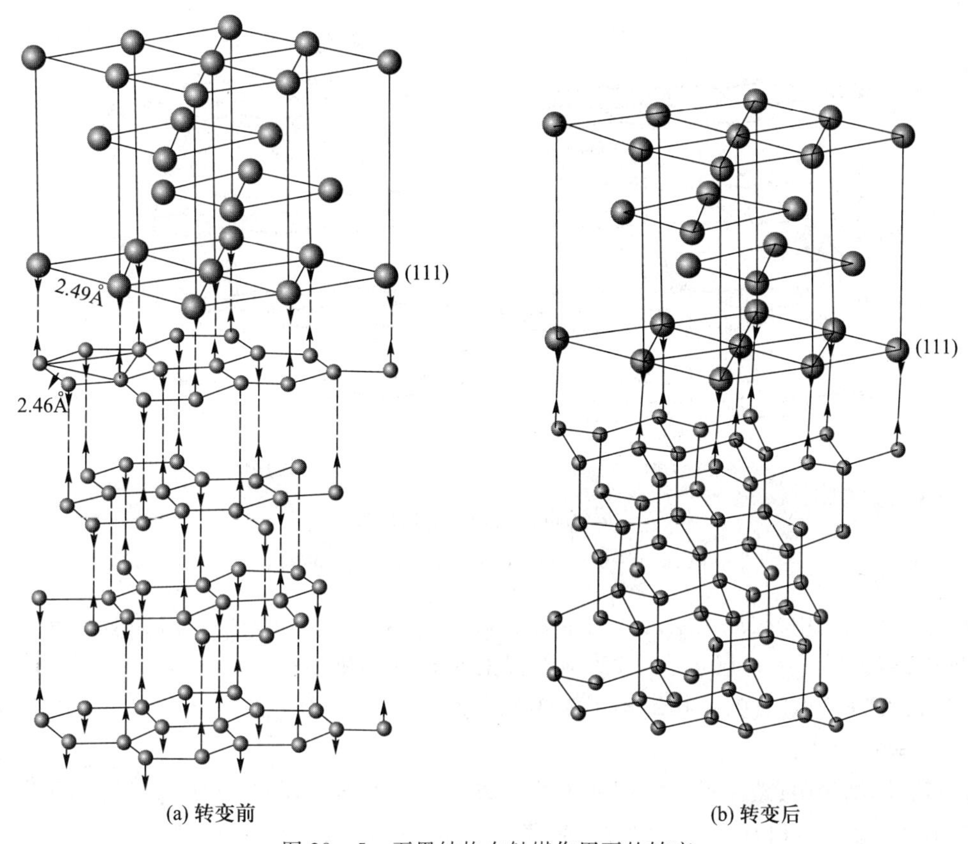

图 20－5　石墨结构在触媒作用下的转变

Fig. 20－5　The convertion of graphite structure under the catalytic effect

在静压触媒法合成金刚石的过程中，石墨转化为金刚石以直接转化为主，也有融解扩散作用的参与。石墨在熔融的金属触媒中可以有部分碳原子被融解而进入紧密堆积结构的四面体孔隙，这时碳原子的电子构型受到四个触媒原子的作用将转变为 sp^3 杂化状态。处于这种状态的碳原子实际上已经是金刚石结构的最小单元，它在触媒中扩散，并在碰到已转化为金刚石的晶粒时，就很容易相互联结而使晶粒长大。

第二节　石　　墨

一、概述

(一) 化学成分

碳(C)，自然界中纯净单质石墨较少，其化学组成中常含有 SiO_2、Al_2O_3、FeO、MgO、CaO、

P_2O_5、CuO 和 H_2O、沥青及黏土等杂质,杂质含量可高达 10% ~20%。

（二）晶体结构

石墨的晶体结构如图 20 -6 所示,石墨为层状结构。结构层中碳原子以六方网环结构紧密堆积。根据结构层的堆叠方式和重复周期可分为六方晶系(2*H* 型)和菱面体晶系(3*R* 型)两种类型。

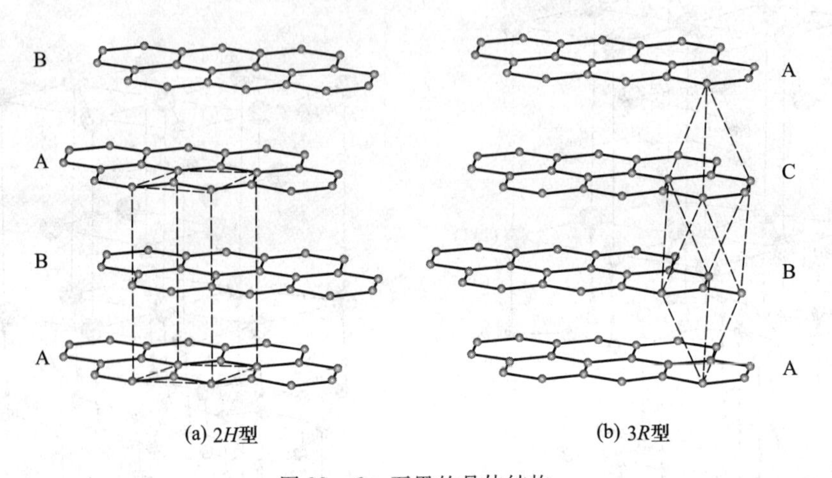

图 20 -6　石墨的晶体结构

Fig. 20 -6　The crystal structure of graphite

2*H* 型石墨结构中,碳原子层之间的堆叠方式为 ABAB…方式,即第二层相对于第一层平移(2/3,1/3),第三层与第一层重合。2*H* 型石墨的布拉维单胞中碳原子数 $Z=4$,其等效位置为(0,0,0)、(2/3,1/3,0)、(0,0,1/2)、(1/3,2/3,1/2)。空间群为 $D_{6h}^4-P6_3/mmc$,晶格常数 $a_0=2.461$ Å,$c_0=6.70$ Å。

3*R* 型石墨结构中,碳原子层之间的堆叠方式为 ABCABC…方式,即第二层相对于第一层平移(2/3,1/3),第三层相对于第二层进一步移动(1/3,2/3),第四层与第一层重合。3*R* 型石墨的布拉维单胞中碳原子数 $Z=6$,其等效位置为(0,0,0)、(2/3,1/3,0)、(1/3,2/3,1/3)、(2/3,1/3,1/3)、(0,0,2/3)、(1/3,2/3,2/3)。空间群为 $D_{3d}^5-R\bar{3}m$,晶格常数 $a_0=2.461$ Å,$c_0=10.06$ Å。

石墨的结构层为单层石墨烯,碳原子三配位以六元环形式排列。碳原子的价电子构型为 $2s^22p^2$,在石墨结构中每个碳原子以一个 2s 轨道电子和两个 2p 轨道电子等性 sp^2 杂化与相邻的三个碳原子共价成键,键长 1.42 Å,键角 120°,而剩余的 p_z 轨道电子相互作用形成共轭 π 键,由于 π 键为半填满状态,因此 π 电子可以在石墨结构层面上自由移动,从而导致石墨具有良好的导电性和导热性。石墨结构层间距为 3.35 Å,结构层间以较弱的范德华力结合,各层之间的滑动使石墨具有良好的润滑性。

二、石墨的物化性能

独特的层状结构使石墨表现为片状晶体,{0001}极完全解理,具有润滑性;硬度较低(1 ~2,但垂直解理为 3 ~5),低密度(2.1 ~2.3 g/cm^3);晶格的金属性使石墨具有金属光泽、不透明,表现为铁黑至钢灰色,具有良好的导电和导热性能。组成成分及杂化成键方式使石墨具有较好的化学稳定性和耐高温特性等。石墨的几个主要理化特性具体如下。

(一) 耐高温性

石墨具有较好的耐高温特性。它是最具耐高温特性的材料之一,其熔点高达 3 850℃,于 4 500℃才气化。在超高温电弧下,石墨质量损失较小,在 2 500℃时石墨的强度比室温时提高一倍。

(二) 导电和导热性能

零禁带宽度的电子结构使石墨具有良好的导电性能,石墨的导电性比一般非金属的导电性高 100 倍,是良导体金属铝的导电性的 3~3.5 倍。若将天然石墨组装为定向石墨,可应用于半导体材料和高导电性材料领域,其顺向导电性约为反向导电性的 1 000 倍。

石墨的导热性不仅超过钢、铁、铝等金属材料,而且与一般的金属材料不同,其导热系数随温度的升高而降低。在极高的温度下,石墨甚至趋于绝热状态。

(三) 稳定性

石墨较高的反应活化能(167.5~251.2 kJ/mol),使其具有良好的化学稳定性。常温和常压条件下,石墨难发生化学变化。石墨难被一般的酸、碱、盐以及有机溶剂腐蚀,但长期浸泡在浓硝酸、浓硫酸、氢氟酸以及强氧化性气体中,会慢慢形成层间化合物。

石墨的热膨胀系数较小(约 1.2×10^{-6}),具有较好的热稳定性,在高温环境下即使温度剧变,其结构基本保持不变。

(四) 润滑性

石墨 a 轴方向的切变模量较低,在较小的切应力作用下就可使层面移动,因此石墨具有良好的润滑性能,特别是鳞片状石墨,其摩擦系数在润滑介质中小于 0.1。但在真空或高温条件下,石墨将失去润滑性能,摩擦系数和磨损率增大。

(五) 可塑性

鳞片状石墨可剥离为单原子层、透光率高达 97% 的石墨烯。且石墨可进一步加工制成高强度石墨。

(六) 吸热性和散热性

石墨有良好的吸热性能,其吸热量最高达 9.211×10^{7} J/kg,约为金属材料的 2 倍;石墨的散热性能则几乎与金属一样好。

(七) 涂敷性

将石墨涂敷在固体物体表面,可形成薄膜牢固黏附而起保护固体的作用,并可制成任何复杂形状的制品。

此外,石墨对高能中子的俘获截面小,而散射截面大,因此石墨在原子反应堆中具有良好的中子减速性能。

三、石墨的应用

(一) 石墨的分类

工业上根据石墨的结晶程度将其分为晶质(鳞片状)石墨和隐晶质(土状)石墨两大类。鳞片状石墨外观呈片状,有强金属光泽。由晶质石墨矿石经加工、选矿、提纯而得;隐晶质石墨又称土状石墨或无定形石墨，一般呈细小微粒状，晶体为直径小于 1 μm 的致密状集合体。我国于 2008 年颁布了《鳞片石墨》(GB/T 3518—2008)和《微晶石墨》(GB/T 3519—2008)国家标准。

1. 鳞片状石墨

根据固定碳含量，可将鳞片状石墨分为高纯石墨、高碳石墨、中碳石墨和低碳石墨，各级石墨的技术指标见《鳞片石墨》国家标准。本标准规定了鳞片石墨的定义、分类与标记、要求、试验方法、检验规则、包装、标志、运输和储存。此标准适用于天然产出并经选矿富集的鳞片石墨。

2. 微晶石墨(无定形石墨)

微晶石按有无含铁的要求分为两类，其中有含铁量要求者代号用 WT，无含铁量要求者代号用 W。微晶石墨的技术指标见《微晶石墨》国家标准。本标准规定了微晶石墨的定义、分类与标记、要求、试验方法、检验规则、包装、标志、运输和储存。该标准适用于天然微晶石墨。

(二) 应用领域

(1) 在冶金工业中，常利用石墨的耐高温和高强度性质，将其作为耐火材料。如将石墨加入高温电炉和高炉的耐火材料中，可增强其抗热冲击性和抗腐蚀性；石墨坩埚可用来炼钢，熔炼有色金属和合金，具有使用寿命长等优点。石墨可作增碳剂，在钢铁工业中，石墨粉加入到钢水中增加钢的碳含量，可使高碳钢具有许多优异性能。利用石墨的涂敷性、耐火性、润滑性和化学稳定性，在铸造工艺中可利用石墨作为铸模涂料，使铸模耐高温、耐腐蚀、磨面光滑、铸件易脱模。

(2) 在机械工业中，石墨常做润滑剂，可以耐 $-200 \sim 2\,000$℃的温度以及具有较高的滑动速度。在输送腐蚀介质的设备中，广泛采用石墨材料制成活塞杯、密封圈和轴承，使得这些设备运转时无需加入润滑油。石墨可作水剂胶体润滑剂、油剂胶体润滑剂以及粉剂润滑剂。其中水剂胶体润滑剂用于难熔金属钨、钼的拉丝与压延；油剂胶体润滑剂用于玻璃器皿制造和航空、轮船等高速运转机械的润滑；粉剂润滑剂常用于纺织、食品机械等行业。

(3) 在电气工业中，石墨制造电极、电刷、碳棒、碳管、水银整流器的正极，石墨垫圈、电话零件、电视机显像管的涂层等。

四、石墨纳米矿物材料的开发应用

石墨纳米矿物材料主要有氧化石墨烯、石墨烯和石墨烯复合材料，以及呈胶体分散的石墨乳和具有纳米结构的石墨层间化合物等。这里主要介绍石墨层间化合物、氧化石墨、氧化石墨烯和石墨烯。

(一) 石墨层间化合物

石墨层间化合物(GIC)是利用化学或物理的方法在石墨晶体的层面间插入各种分子、原子或离子，而不破坏其二维结构，只是使其层面间距增大，形成的一种石墨特有的化合物，也称石墨插层化合物。这已经成为近代碳素材料科学的一个分支，其中膨胀石墨(石墨层间化合物的一种)及从膨胀石墨进一步加工制成的柔性石墨材料已经具有一定生产规模。

石墨层间化合物可以分为：金属－石墨及碱土金属－石墨层间化合物、卤族元素－石墨层间化合物、金属卤化物－石墨层间化合物和三元石墨层间化合物等四类。

石墨层间化合物的原料主要是天然鳞片石墨，但石墨层间化合物由于晶体结构上的改变，已变为一种完全不同于母体天然鳞片石墨的新物质。根据插入物质的性质和插层阶数的不同，石墨层间化合物增加了许多天然鳞片石墨所没有的特性，如高导电性、高效催化性、高吸附性、压缩复原性和自润滑性等。随着对石墨层间化合物性能的不断发掘，现已开发出多种应用于不同工业领域的石墨层间化合物材料。

石墨层间化合物可以用作高导电材料、电池材料、高效催化剂、储氢材料等。利用石墨层间化合物的插入和分解反应的特点，已经成功地制造了各种一次或二次电池，特别是开发了二次锂电池，具有极高的商业价值。氟化石墨的润滑性、防水性好，可以作为润滑剂加入润滑脂、润滑油中或添加到充当防水材料的石蜡中，还可用作脱模剂和电镀共析剂。氧化石墨（也称石墨酸）在150℃以上温度条件下急剧加热时，会引起爆炸性分解，可制成荧光屏用炭膜或特殊的黏结剂。最近中国清华大学首创将膨胀石墨用于医疗方面，膨胀石墨作为医用敷料，对治疗烧伤有显著疗效，其对烧伤面的吸附能力比纱布高3～5倍，并且无急、慢毒副作用，也无致敏、致癌变作用。膨胀石墨还有卓越的吸附能力，对海上原油泄漏及生活废水处理方面具有重要意义。

（二）氧化石墨

石墨在强酸（如浓 HNO_3、浓 H_2SO_4 等）和强氧化剂（如高锰酸钾、氯酸钾等）的共同作用下产生氧化作用，在碳原子层上接入一些含氧官能团，如 C—OH、—COOH、C—O—C 等，所形成的产物称之为氧化石墨（或石墨氧化物）。氧化石墨是一种特殊的石墨层间化合物。

氧化石墨在电子、电力、化工、石油、机械和材料工业中具有广泛的用途，具体如下。

（1）用于制作膨胀石墨。当氧化石墨经高温处理后，层间的插层物便会汽化，形成的气体将对石墨片层产生巨大的撑力，使氧化石墨结构膨胀。膨胀石墨具有较大的比表面积和较高的表面活性，不需要任何黏结剂，也不必经烧结，就可压缩成型。而经过模压或轨制成的石墨纸、卷材或板材，称作“柔性石墨”。柔性石墨既具有耐高温、抗腐蚀、较好的密封性等一系列优良性能，又具有天然石墨所没有的柔软性、回弹性和低密度性能等，是一种非常优异的密封材料，可用于化工、石油、电力等行业的密封。膨胀石墨表面具有发达的孔隙，大多为中孔或大孔，且表面为非极性，因此对非极性大分子具有优异的吸附性能。微粉状的膨胀石墨对红外电磁波有很强的散射吸收特性，是很好的红外屏蔽材料。

（2）用作半导体导电材料。由于氧化石墨的层间含有大量的极性基团，与石墨原来的晶体结构相比，层间失去了多数的 π 电子，其导电性能较石墨大大降低。若考虑将一些导电性能良好的聚合物与氧化石墨结合制成氧化石墨插层复合物，氧化石墨的导电性能会有很大的提高，可用于制作半导体材料。将氧化石墨制成膨胀石墨，然后使膨胀石墨呈纳米石墨薄片分散在聚合物基体内，可制得聚合物基纳米导电复合材料。

（3）氧化石墨可以作为一种新型的无机阻燃剂。它没有有机阻燃剂容易起霜的弊病，可用于各种聚合物的阻燃。

（4）用作功能膜材料。近年来随着膜制备技术的发展，层层自组装复合膜的制备和研究开始引起人们的关注。氧化石墨易于层离，片层上丰富的极性基团使片层带负电荷而有利于层层自组装过程的进行，因而赋予了氧化石墨在膜材料领域广阔的应用前景。

（5）氧化石墨可用于制备石墨烯。石墨因价格低廉，反应简单，被广泛用于制备石墨烯，而氧化石墨便是氧化还原法制备石墨烯整个过程中的中间产物。不过用氧化还原法制备的石墨烯，其电子结构以及晶体的完整性在氧化还原过程中均受到破坏，这使其电子性质受到影响，限制了其在精密微电子领域的应用。

（6）用作催化性和吸附性材料。客体粒子插入到氧化石墨层间，通过柱撑作用可以形成一系列稳定的多孔氧化石墨复合材料，这些材料由于反应接触点增多，成为理想的催化和吸附材料。

（7）用作环保材料。氧化石墨对金属离子表现出较高的吸附能力，氧化石墨与聚丙烯酰胺或离子交换树脂结合，可用作新型的污水处理材料。

（三）氧化石墨烯

氧化石墨烯（graphene oxide）是石墨烯的一种重要派生物，也被称为功能化的石墨烯（functionalized graphene），它的结构与石墨烯大体相同，只是在二维基面上连有一些官能团，如 C—O—C、—COOH、C—OH、C ═O 等。氧化石墨烯从化学角度来说，与氧化石墨相似，其表面含有大量功能性官能团，这些功能团也赋予氧化石墨烯一些特性，如亲水性、分散性、与聚合物的兼容性等。但从结构上来看二者有着本质的区别，氧化石墨烯与氧化石墨相比不具有片层堆叠结构，它是由氧化石墨剥离产生的单层或几层氧化石墨片层。因此我们可以简单的这样认为，氧化石墨就是由很多的氧化石墨烯片层堆叠而成的。

氧化石墨烯巨大的比表面积和表面丰富的官能团赋予共优异的复合性能，在经过改性和还原后可在聚合物基体中形成纳米级分散，从而使石墨烯片在改变聚合物基质的力学、流变、可渗透性和降解稳定性等方面具有更大的潜力。氧化石墨烯的用途主要有如下方面。

（1）氧化石墨烯可用于制备石墨烯。氧化石墨烯是氧化还原法制备石墨烯的中间产物，通过这种方法可以大规模制备廉价的石墨烯，但是这种方法获得的石墨烯结构缺陷多，电学性能大受损失，阻碍了它在精密微电子领域中的应用。

（2）制备氧化石墨烯纳米复合材料。目前国外已有氧化石墨烯/聚合物复合材料的相关专利报道，这种材料的应用领域涵盖了能源行业的燃料电池用储氢材料，合成化学工业的微孔催化剂载体、导电塑料、导电涂料以及建筑行业的防火阻燃材料等方面。

（四）石墨烯

石墨烯是由碳原子按正六边形紧密排列形成的二维蜂窝状结构的碳质材料。石墨晶体可以看作是石墨烯单片平行叠置堆砌而成，而一维的碳纳米管可以看作是石墨烯卷曲而成。

石墨烯有单层、双层和多层之分。单层石墨烯是由单一碳原子按正六边形紧密排列形成的二维蜂窝状结构的碳质材料（俗称单层石墨），双层石墨烯是由两层单层石墨烯构成的碳质材料，等等。

石墨烯优异的性质使得其具有广泛的应用前景。石墨烯可成为太阳能电池，气体传感器及场效应晶体管等应用的关键材料。

（1）石墨烯可用作晶体管材料。石墨烯中电子的典型传导速率为 8×10^5 m/s，虽然比光速慢很多，但比一般半导体中的电子传导速度大得多。石墨烯晶体与硅晶片相比具有更大的优势，利用石墨烯做成的晶体管不仅体积小、成本低廉，而且用于开启和关闭的电压非常低，因而非常敏感，响应速度更快，功耗更低。过去制造单电子晶体管的尝试大多是采用标准的半导体材料，而且需要冷却到接近绝对零度才能使用，然而石墨烯单电子晶体管在室温下就可以正常工作，而且石墨晶体管能够很容易地设计成想要的各种结构。英国曼彻斯特大学 Geim 小组的研究表明石墨烯可能是制备金属晶体管的最好材料，受缺陷散射的影响，电子迁移率在 3 000 ~ 10 000 $cm^2/(V\cdot s)$之间，如果石墨烯层数较多，其电子迁移率在室温下可以高达 15 000 $cm^2/(V \cdot s)$。

（2）石墨烯可用作场发射材料。石墨烯纳米片是由单层碳原子平面结构石墨烯堆垛而成，厚度为纳米尺度的两维石墨纳米材料，其极端情况是单层石墨烯。它的一个重要特征是有一条尖锐的刀口状边缘，电场增强系数大，是很好的电子场发射材料，再加之它导热、导电性能好，化学性质稳定，力学强度高，因此这为解决目前碳纳米管发射不稳定、寿命短、均匀性差等制约场发射材料发展的难题提供了选择。

（3）石墨烯可制作气体传感器。石墨烯的一些重要特性使其在传感器的制作及应用方面也有很好的发展前景，如石墨烯独特的二维层状结构使其具有大的比表面积，而这是制作高灵敏度传感器的必要因素，事实上这也是其他纳米结构材料用于传感器制作的重要原因。石墨烯用作传感器的另一个重要原因是其独特的电子结构，某些气体分子的吸附能诱导石墨烯的电子结构发生变化，从而使其导电性能快速发生很大的变化，如当 NH_3 分子在石墨烯表面发生物理吸附后，NH_3 分子能够提供电子给石墨烯，形成 n 型掺杂的石墨烯；而吸附 H_2O 和 NO_2 等分子后，它们能从石墨烯接受电子，导致形成 p 型掺杂的石墨烯。

（4）石墨烯用于储氢材料。材料吸附氢气量和其比表面积成正比，石墨烯拥有质量小、高化学稳定性和大比表面积的优点，成为储氢材料的最佳选择。对 H_2 而言，在 10^7 Pa，298 K 条件下，吸附量最高可达 311%；对于 CO_2，在 10^5 Pa，195 K 条件下，其吸附量为（21 ~ 35）%。理论计算表明，如果采用单层石墨烯，其 H_2 吸附量可达 717%，完全能满足美国能源部对汽车所需氢能的要求（含量 6%）。

（5）用作透明电极。工业上已经商业化的透明薄膜材料是氧化铟锡（ITO），由于铟元素在地球上的含量有限，价格昂贵，且毒性很大，使它的应用受到了限制。碳质材料的新星——石墨烯由于拥有在低维度和低密度的条件下能形成渗透电导网络的特点，被认为是氧化铟锡的替代材料，石墨烯制备工艺简单、成本低的优点为其商业化铺平了道路。

（6）石墨烯用作超级电容器。超级电容器是一个高效储存和传递能量的体系，具有功率密度大、容量大、使用寿命长、经济环保等优点，被广泛应用于各种电源供应场所。石墨烯拥有大的比表面积和高的电导率，不像多孔碳材料电极要依赖孔的分布，这使它成为最有应用潜力的电极材料。

（7）其他用途。石墨烯薄膜用在透射电子显微镜上，首次实现了 H 原子的检测，并且成功拓展到其他轻原子（如 He 等），以及开展这些轻原子的动力学研究。

（五）石墨烯纳米复合材料

石墨烯纳米复合材料是指石墨烯与其他材料在一定的条件下所形成的一种含有纳米尺寸材料的复合体系。

目前研究的石墨烯纳米复合材料主要有石墨烯聚合物纳米复合材料和石墨烯无机纳米复合材料两类。石墨烯无机纳米复合材料又分为石墨烯金属纳米复合材料、石墨烯半导体纳米复合材料和石墨烯非金属纳米复合材料。

石墨烯成熟的制备工艺也为基于石墨烯复合物材料的研究提供了很好的基础。石墨烯由于具有独特的二维纳米结构，使得石墨烯成为了一种用于制备复合材料的非常理想的纳米单元成分。而石墨烯内在的优异性能也使得基于石墨烯的复合材料呈现出许多优异的特性，并受到了极大的关注。

目前,石墨烯的复合材料已在储能、催化、高分子、生物医药等领域展示出了一些优越的性质和大有潜力的应用价值。例如,将石墨烯添加到高分子中,可以提高高分子材料的机械性能和导电性能;利用石墨烯为载体负载纳米粒子,可以提高这些粒子在储能、催化、传感器、光电等领域的应用性能等。这些复合物的制备也拓宽了石墨烯材料的研究领域,使得石墨烯材料向实际应用方向更迈进了一步。

石墨烯复合材料的光驱动器件表现出良好的驱动性能及循环稳定性,具有很好的应用前景。用作锂离子电池(LIB)电极材料的半导体纳米粒子与石墨烯制成纳米复合材料,可以有效阻止纳米粒子的团聚,缩短锂离子的迁移距离,提高锂离子嵌入效率,同时,能够缓解锂离子嵌入嵌出所造成的体积变化,改善电池的循环稳定性,可作为实现可逆储锂的石墨烯基无机纳米复合材料。石墨烯进行磁性掺杂后再与导电聚合物复合,可制备兼具磁损耗和电损耗的微波吸收材料。

第三节 自 然 硫

一、概述

硫元素是一种基本的化工原料,广泛分布于地壳中。硫在自然界以单质和化合物方式存在。单质硫以自然硫方式存在,主要分布在火山附近;而化合态的硫以硫化氢、金属硫化物及硫酸盐等多种形式存在,并形成各类硫矿床。

中国硫资源储量丰富,位居世界前列,其中以硫铁矿和伴生硫铁矿为主要硫源。而国外硫主要来自天然气、石油和自然硫等物质。硫矿主要应用于化工行业,大量生产硫磺、硫酸、橡胶等。

单质硫主要有斜方晶系的 α - 硫、单斜晶系的 β - 硫和 γ - 硫等三种同素异形体。自然条件下,斜方晶系的 α - 硫最为稳定,单斜晶系的 γ - 硫最不稳定,易转变为 α - 硫。斜方晶系的 α - 硫加热到 95.6℃,晶相转变成 β - 硫,但当温度低于 95.6℃时,β - 硫又转变为 α - 硫。

(一) 化学成分

S_8。一般化学成分不纯,常有少量砷、硒、碲、铊、黏土、有机质和沥青等杂质。

(二) 晶体结构

由于硫与硫之间存在 3p 与 3d 共轭,从而单质硫是由八个硫原子以共价键方式结合成环状的分子结构。空间群为 $D_{2h}^{24} - Fddd$,晶胞参数为 $a_0 = 10.437$ Å,$b_0 = 12.845$ Å,$c_0 = 24.369$ Å。每个布拉维单胞中,具有 S_8 分子数 $Z = 16$(图 20 - 7)。

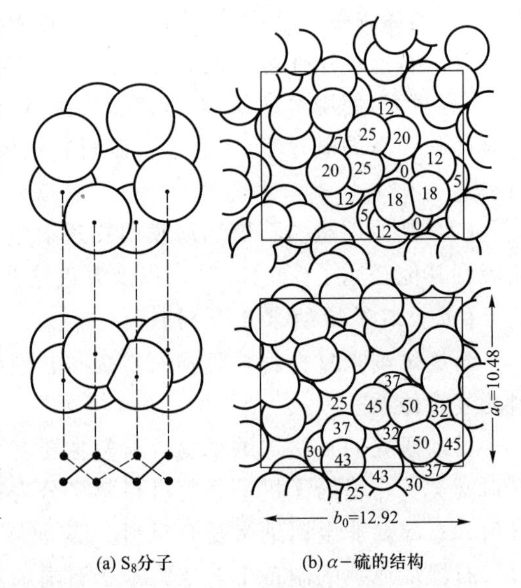

图 20 - 7 S_8 分子和 α - 硫在(001)面投影

Fig. 20 - 7 The lattice plane(001) projection of S_8 molecular and α - sulphur

在 S_8 分子中,每个硫原子各以 sp^3 杂化轨道中的两个轨道与相邻的两个硫原子形成σ键，而 sp^3 杂化轨道中的另两个则各有一对孤对电子。S_8 分子键以较弱的分子间作用力相结合。在 S_8 八元环内，硫原子未在同一平面内，上下两层各由四个硫原子组成各边长和各内角值略有差异的近四方四边形（图 20－8）。

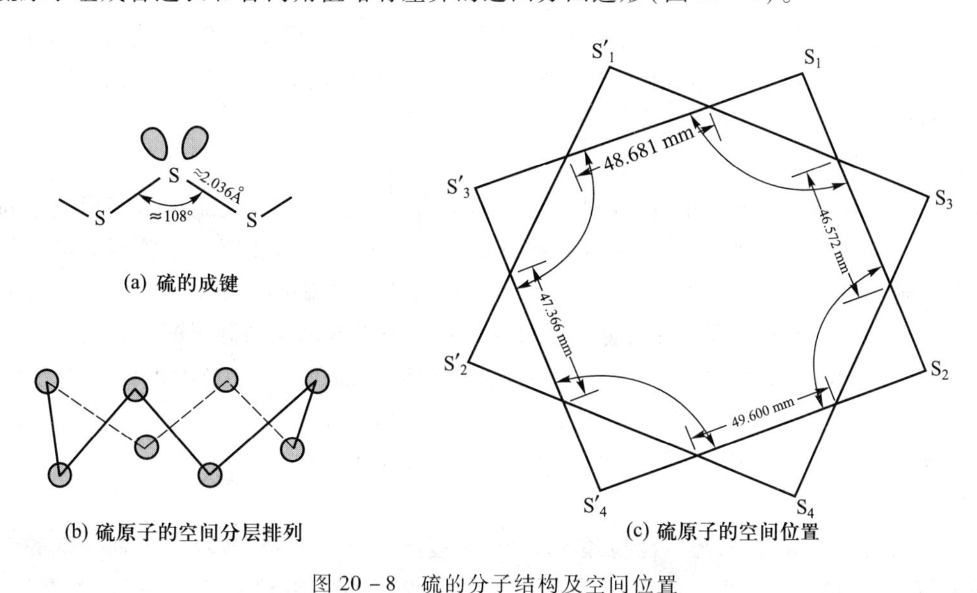

图 20－8　硫的分子结构及空间位置

Fig. 20－8　The structure of sulphur and the spacial position of atoms

（三）自然硫的物化性质

物理性质：单质硫质地柔软、较轻，具有臭味。纯度较高时呈现浅黄色或棕黄色；纯度较低，因杂质类型不同呈现红、绿、灰以及黑等颜色。硬度较低（1～2）；密度 2.05 g/cm^3；导电、导热性能差，熔点为 112.8℃，着火点为 270 ℃。

化学性质：不溶于水、盐酸和硫酸等无机溶剂，但易溶于二硫化碳、苯、三氯甲烷中。硫化学性质较为活泼，能与氧、金属、氢气、卤素（除碘外）及大多数元素化合。还可以与强氧化性的酸、盐、氧化物，浓的强碱溶液反应。

二、应用

硫在工业中很重要，主要用途有以下方面。

（一）硫酸

硫最主要的用途是生产硫酸。硫酸是耗硫大户，中国约有 70% 以上的硫用于硫酸生产。化肥是消费硫酸的最大户，消费量占硫酸总量的 70% 以上，尤其是磷肥耗硫酸最多，增幅也最大。硫酸除用于化学肥料外，还用于制作苯酚、硫酸钾等 90 多种化工产品；轻工系统的自行车、皮革行业；纺织系统的粘胶、纤维、维尼纶等产品；冶金系统的钢材酸洗、氟盐生产部门；石油系统的原油加工、石油催化剂、添加剂以及医药工业等。随着中国经济的发展，各行业对硫酸的需求量均呈缓慢上升趋势，化肥用项是明显的增长点。

（二）硫磺尿素

硫可用来制备硫磺尿素，即在尿素颗粒上包覆一层硫磺。涂覆的硫磺开始时不渗水，而后慢慢地在土壤中水解,减缓了氮元素的损失而提高了其利用率。硫磺尿素是一种较为有前途的水溶性缓效肥料。

（三）硫磺混凝土

硫磺混凝土是一种热塑性材料,硫磺包裹混凝土且填充于混凝土间隙,材料的密实度大大增加,因此硫磺混凝土具有良好的机械性能;由于腐蚀性介质难以渗入到混凝土内部,所以硫磺混凝土具有较好的耐腐蚀性,且可抗冻结－融化的循环性破坏。

（四）硫化橡胶

硫化橡胶又称熟橡胶或橡皮,是胶料经硫化加工后的总称。生胶硫化后内部形成空间立体结构,具有较高的弹性、耐热性、拉伸强度和在有机溶剂中的不溶解性等。橡胶制品绝大部分是硫化橡胶。随着橡胶工业的发展,现在可以用多种非硫磺交联剂进行交联。因此硫化更科学的意义应是“交联”或“架桥”,即线性高分子通过交联作用而形成网状高分子的工艺过程。硫化过程中发生了硫的交联,这个过程是指把一个或更多的硫原子接在聚合物链上形成桥状结构,反应的结果是生成了弹性体,它的性能在很多方面都有了改变,硫化剂可以是硫或者其他相关物质,从物理性质上看即是塑性橡胶转化为弹性橡胶或硬质橡胶的过程。

（五）其他用途

硫除了用于制备硫酸外,还广泛应用于造纸、人造丝、医药、燃料、玻璃等方面。硫的新用途也不断地被开发出来,如做掺杂剂,掺入各种材料中以提高其强度,改善其耐水性、耐磨性;制备成压缩强度高、绝缘性能好的泡沫硫;开发出比铅酸电池储能高出5倍的Na－S电池,以及作土壤改良剂。

第二十一章　黄铁矿　磁黄铁矿　闪锌矿

第一节　黄　铁　矿

一、概述

黄铁矿是地壳中分布最广的一种硫化物矿物，主要成分是二硫化亚铁（FeS_2），经常呈立方体、五角十二面体等晶形或块状集合体，见于多种成因的矿石和岩石中，而煤层中的黄铁矿往往成结核状产出，工业上称其为硫铁矿。因其浅黄铜的颜色和明亮的金属光泽，常被误认为是黄金，故又称为"愚人金"。

黄铁矿具有浅黄铜黄色，表面常具黄褐色锖色，条痕绿黑或褐黑，强金属光泽，不透明；无解理；硬度 6 ~ 6.5，密度 4.9 ~ 5.2 g/cm^3，性脆；可具检波性。

在岩浆岩中，黄铁矿呈细小浸染状，为岩浆期后热液作用的产物。在接触交代矿床中，黄铁矿常与其他硫化物共生，形成于热液作用后期阶段。在热液矿床中，黄铁矿与其他硫化物、氧化物、石英等共生，有时形成黄铁矿的巨大堆积。在沉积岩、煤系及沉积矿床中，黄铁矿呈团块、结核或透镜体产出。在变质岩中，黄铁矿往往是变质作用的新生产物。

黄铁矿在氧化带不稳定，易分解形成氢氧化物如针铁矿等，经脱水作用，可形成稳定的褐铁矿，且往往依黄铁矿成假象。这种作用常在金属矿床氧化带的地表露头部分形成褐铁矿或针铁矿、纤铁矿等覆盖于矿体之上，故称铁帽。在氧化带酸度较强的条件下，可形成黄钾铁矾，其分布量仅次于褐铁矿。

我国黄铁矿的探明资源储量居世界前列，著名产地有广东英德和云浮、安徽马鞍山、甘肃白银等。世界著名产地有西班牙、捷克、斯洛伐克、美国和中国。

（一）化学成分

黄铁矿 FeS_2，理论组成：Fe 46.55%，S 53.45%。常有 Co、Ni 类质同象代替 Fe，形成 FeS_2 - CoS_2 和 FeS_2 - NiS_2 系列，随 Co、Ni 代替 Fe 的含量增加，晶胞增大，硬度降低，颜色变浅。As、Se、Te 可代替 S，常含 Sb、Cu、Au、Ag 等的细分散混入物，亦可有微量 Ge、In 等元素。Au 常以显微金、超显微金赋存于黄铁矿的解理面或晶格中。

（二）晶体结构

等轴晶系，$T_h^6 - Pa3$，$a_0 = 5.417$ Å，$Z = 4$。黄铁矿是 NaCl 型结构的衍生结构（图 21 - 1）。Fe 原子占据立方体晶胞的角顶和面心；S 原子组成哑铃状的对硫 $[S_2]^{2-}$，其中心位于晶胞棱的中心和体心，$[S_2]^{2-}$ 的轴向与相当于晶胞 1/8 的小立方体的对角线方向相同，但彼此并不相交，S—S 间距为 2.10 Å，共价键，小于两个硫离子半径之和 3.5 Å。

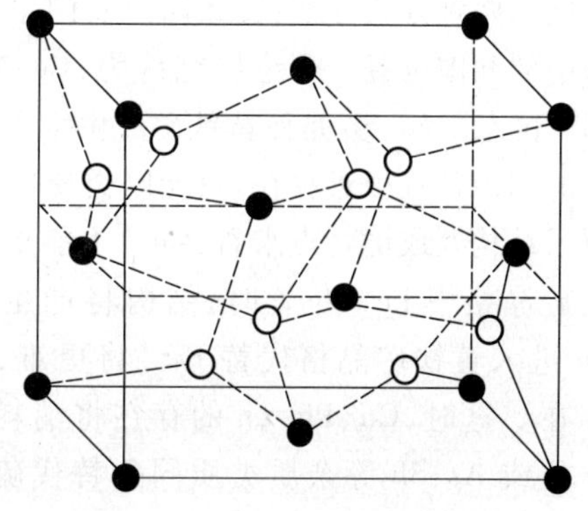

图 21 - 1　黄铁矿的晶体结构

Fig. 21 - 1　The crystal structure of pyrite

黄铁矿晶体结构与方铅矿相似，即哑铃状对硫离子$[S_2]^{2-}$代替了方铅矿结构中简单硫离子的位置，Fe^{2+}代替了Pb^{2+}的位置。但由于哑铃状对硫离子的伸长方向在结构中交错配置，使各方向键力相近，因而黄铁矿解理极不完全，而且硬度显著增大。

（三）形态

常见完好晶形，呈立方体{100}、五角十二面体{210}或八面体{111}。在立方体晶面上常能见到3组相互垂直的晶面条纹，这种条纹的方向在两相邻晶面上相互垂直，和所属对称型相符合（图21－2－a）。此外，还可形成穿插双晶，称铁十字（图21－2－e），集合体常呈致密块状、分散粒状及结核状等（图21－2）。

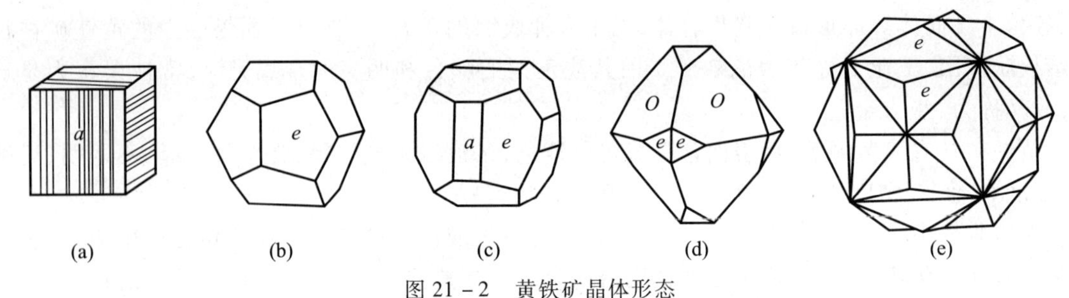

图21－2　黄铁矿晶体形态

Fig. 21－2　The crystal morphology of pyrite

立方体a{100}；五角十二面体e{210}；八面体o{111}

（据潘兆橹等，1993）

二、黄铁矿的理化性质

（一）导电性

黄铁矿是半导体矿物，由于不等价杂质组分代替，如Co^{3+}、Ni^{3+}代替Fe^{2+}或$[As]^{3+}$、$[AsS]^{3+}$代替$[S_2]^{2-}$时，产生电子（n型）或空穴（p型）而具导电性。

黄铁矿半导体类型与主要杂质赋存状态关系密切，黄铁矿电子心和空穴心特征与杂质元素的分布特征有直接联系。就影响黄铁矿心型的主要杂质元素来说，Co、Ni是使黄铁矿产生电子心的主要杂质成分，As、Sb是使黄铁矿产生空穴心的主要杂质成分。Co、Ni进入黄铁矿晶格，只可能以两种方式存在：要么以类质同象方式占据黄铁矿晶格中Fe^{2+}的位置，要么位于黄铁矿晶格中的间隙位置。理论研究认为，Co、Ni主要是以类质同象形式存在于黄铁矿中，且呈Co^{3+}、Ni^{4+}价态。As、Sb是使黄铁矿产生空穴心的主要晶格杂质，由于其原子半径较大，在黄铁矿晶格中的间隙位置很难存在，只能以类质同象代替硫的形式存在于黄铁矿晶格中。从Cu、Pb、Zn的原子结构及成键特点来看，Cu^{2+}不能形成d^2sp^3杂化键，而是形成dsp^2杂化，所以Cu^{2+}进入黄铁矿晶格中Fe^{2+}位置时，结构将产生畸变，因此Cu^{2+}类质同象代替Fe^{2+}很难发生，而Pb、Zn进入黄铁矿晶格代替Fe^{2+}将更难，黄铁矿中的Cu、Pb、Zn可能呈硫化物或硫盐等包裹体存在。这时，Cu、Pb、Zn的存在将消耗一定数量的S、As等阴离子，造成黄铁矿晶格中硫的空位或As、Sb等杂质类质同象替代硫数量的减少，从而有利于电子心型黄铁矿的形成。

（二）热电性

在热的作用下，黄铁矿所捕获的电子易于流动，并有方向性，形成电子流，产生热电动势而具热电性。

热电性一般包括导电类型、温差电动势(E)和热电系数。导电类型分为电子导电和空穴导电。温差电动势用 E 表示,单位为 mV,是指电子移动形成的冷端负电积累而表现出的电势,表示为“ - ”号,空穴移动形成的冷端正电积累而表现出的电势,表示为“ + ”号。热电系数即单位温差下的热电势,单位为 ±μV/℃,极性符号的“ - ”和“ + ”分别对应于 N 型导电和 P 型导电。

关于热电特性的形成机制,一般认为是半导体矿物在不均一受热条件下,由热激发而产生部分载流子(非平衡载流子),冷、热部位载流子浓度的差异形成电场,该电场驱使载流子由热端向冷端扩散形成温差电动势 E 导致的。

(三) 化学反应活性

一般认为在自然环境条件下,黄铁矿主要的化学氧化剂是 O_2 和 Fe^{3+}。根据之前的研究,黄铁矿的化学氧化过程主要包括以下三个步骤:(1) 黄铁矿被自然界中的天然氧化剂——O_2 氧化,在此氧化过程中,矿物晶格中的铁会析出而被氧化为 Fe^{2+};(2) 第一步中被氧化出来的 Fe^{2+} 可进一步被 O_2 氧化而生成 Fe^{3+};(3) Fe^{3+} 一旦形成,它将成为黄铁矿氧化过程中的主要氧化剂,它可以将黄铁矿最终氧化为 Fe^{3+} 和 SO_4^{2-}。

黄铁矿的热重分析曲线表明在 300 ~ 500℃ 范围内出现一个阶梯(失重峰),而 TDA 曲线在对应范围出现较大的吸热峰,可以推断黄铁矿发生了脱水,主要是结合力较强的微孔水的排出。TG 曲线在 520 ~ 800℃ 范围内出现另一个失重峰,而 TDA 曲线在此温度范围内出现了放热峰,这是由于黄铁矿发生了氧化分解,释放出二氧化硫所导致的。

(四) 微生物活性

人们对黄铁矿的生物氧化研究最早是从生物冶金开始的。1922 年,Rudolf 等人首次报道了一种未经鉴定的能氧化铁和硫的自养型土壤细菌从金属硫化物中浸出铁和锌,当时他们就提出了一种利用微生物从低品位硫化物矿物中浸取金属的经济方法。直到 1947 年,Colmer 和 Hinkle、Temple 及 Leathen 等人首次从酸性矿坑水中分离出嗜酸性氧化亚铁硫杆菌(*Thiobacillus ferrooxidans*),发现这种细菌能将硫化物矿物氧化生成硫酸,并能将溶液中的 Fe^{2+} 离子氧化为 Fe^{3+} 离子。它能将黄铁矿氧化生成硫酸和硫酸铁:

$$2FeS_2 + 7.5O_2 + H_2O \xrightarrow{\text{bacteria}} Fe_2(SO_4)_3 + H_2SO_4$$

这些研究成果对促进硫化物矿物的微生物氧化研究具有划时代的意义,从而在 20 世纪 50 年代掀起了金属硫化物微生物氧化研究的高潮。黄铁矿微生物氧化的两大作用机理——间接作用机理和直接作用机理也开始被提出。所谓的间接作用是指对黄铁矿起氧化作用的氧化剂是 Fe^{3+},Fe^{3+} 在氧化黄铁矿的过程中被还原为 Fe^{2+},而细菌的作用是继续将 Fe^{2+} 再氧化为 Fe^{3+}:

$$2FeSO_4 + H_2SO_4 + 0.5O_2 \xrightarrow{\text{bacteria}} Fe_2(SO_4)_3 + H_2O$$

这样就构成了一个氧化还原体系,由此可见,氧化亚铁硫杆菌在这一循环反应中仅起到催化加速 Fe^{2+} 形成 Fe^{3+} 离子的作用。而直接作用是氧化亚铁硫杆菌直接作用于黄铁矿,通过细菌与矿物的直接接触而使黄铁矿得到彻底氧化。

关于微生物与黄铁矿相互作用机制,鲁安怀等构建了基于微生物燃料电池结构的双室产电微生物/黄铁矿体系,利用此类体系探索微生物/天然矿物间电子转移。研究发现,产电微生物可以对外给出电子,同时以黄铁矿作为其终端电子受体接受电子,完成两者间的协同电子转移过程。黄铁矿在氧化还原电势0.34 V(vs. SCE)处发生的还原反应,是其作为电子受体参与协同电子转移过程的电化学热力学基础。产电微生物与黄铁矿单晶间具有良好的电子转移活性,以黄铁矿单晶作为电子受体可以在动力学层面有效降低电极反应势垒,提高反应效率,促进两者间电子转移过程的发生。

(五) 催化性质

2012年4月,剑桥大学Stephen Jenkins率领的研究团队通过电子结构计算,探究了黄铁矿的催化活性。研究人员重点关注了黄铁矿与空气污染物之一的氮氧化物(NO_x)之间的反应。研究人员还计划将黄铁矿应用于具有战略意义的产业反应过程,如生产肥料用的氨、从可再生生物质中合成碳氢化合物燃料、提取燃料电池电动汽车用的氢等。

三、黄铁矿的应用

黄铁矿是提取硫、制造硫酸的主要矿物原料。它因特殊的形态色泽,具有观赏价值,是一种古宝石。另外,它还具有药用价值。

(一) 制硫酸

黄铁矿是提取硫和制造硫酸的主要矿物原料。根据二氧化硫转化成三氧化硫途径的不同,制造硫酸的方法可分为接触法和硝化法,含Au、Co、Ni时可提取伴生元素。

接触法可以生产浓度98%以上的硫酸,采用最多。主要反应方程式:

$$4FeS_2 + 11O_2 \rightarrow 2Fe_2O_3 + 8SO_2$$

$$2SO_2 + O_2 \rightarrow 2SO_3$$

$$SO_3 + H_2O \rightarrow H_2SO_4$$

接触法是用负载在硅藻土上的含氧化钾或硫酸钾(助催剂)的五氧化二钒V_2O_5作催化剂,将二氧化硫转化成三氧化硫。

而硝化法是用氮的氧化物作递氧剂,把二氧化硫氧化成三氧化硫:

$$SO_2 + N_2O_3 + H_2O \rightarrow H_2SO_4 + 2NO$$

根据所采用设备的不同,硝化法又分为铅室法和塔式法。

(二) 制作饰品

黄铁矿也是一种非常廉价的古宝石。在英国维多利亚女王时代(公元1837—1901年),人们都喜欢饰用这种具有特殊形态和观赏价值的宝石。它除了用于磨制宝石外,还可以做珠宝玉器和其他工艺品的底座。

(三) 矿物药

药用黄铁矿(砸碎或煅用),别名石髓铅。功效:散瘀止痛,接骨疗伤。在旧医典中说:"帕昂隆布续筋接骨,朱余益脑、托引黄水"。据查证,许多藏汉辞典将"帕昂隆布"和"朱余"都译注为"自然铜",如《藏汉大辞典》等。《中国矿物药》所载的自然铜,有四种,一为黄铁矿,或连同其次生变化产物褐铁矿,其余为黄铜矿、黄铜矿和黄铁矿集合体及软锰矿结核。《中华人民共和国药典》(1985年版)和《中药大辞典》收载的自然铜为硫化物类矿物黄铁矿族黄铁矿,主要含有二硫化亚铁(FeS_2)。其主要特征有:① 立方体,表面光滑;② 时间放久,表面氧化后,呈棕褐色,无金属光泽;③ 断面亮黄白色,有金属光泽;④ 质坚硬,易砸碎。黄铁矿的特征与自然铜(帕昂隆布)

比较接近，黄铁矿主要成分为二硫化亚铁，在燃烧时，硫可分解为二氧化硫，有硫黄气味。另外，中医药认为黄铁矿的功效有散瘀止痛、接骨续筋等，恰与帕昂隆布的功效一致。

（四）催化剂

黄铁矿或将成为新一代催化剂。过去，硫被认为是对表面化学反应最为有害的元素之一，它通过占据催化剂的活性中心使之中毒，急剧降低其催化活性。然而，目前由于黄铁矿催化剂具有活性高、廉价易得和对环境友好等特点而受到广泛重视。如煤的直接液化采用黄铁矿作催化剂，黄铁矿在煤表面分散的状态及与煤的接触程度决定了催化剂对煤液化反应的催化效果。煤直接液化过程中，催化剂粒子吸附在煤表面，并在煤的表面形成活性中心，可以加速溶剂的氢化，加快活性原子稳定游离基碎片的速率，从而提高油收率。

冯勇等以三氯生为目标污染物，研究了黄铁矿催化 H_2O_2 非均相类 Fenton 体系对污染物的去除效果。结果表明，在 H_2O_2 投加量为 5 mg/L，黄铁矿用量为 0.1 g/L，初始 pH 为 8 的溶液中，反应 10 min 后，三氯生的去除率达 90% 以上。

（五）处理重金属废水

黄铁矿在一定条件下可溶解释放出 S^{2-}、Fe^{2+} 和 Fe^{3+} 等离子，S^{2-} 与重金属离子结合生成难溶硫化物，以此除去水中重金属离子；在降低酸度的同时，铁经历了由溶出再到产生絮凝吸附沉淀的过程，又进一步促进重金属离子的沉淀。正是由于铁的硫化物矿的上述环境化学属性，国外学者在 20 世纪 70 年代就开展了铁的硫化物矿物处理重金属废水的研究，国内在 20 世纪 90 年代逐步开展了铁的硫化物矿物处理重金属废水的实验研究。

第二节　磁黄铁矿

一、概述

磁黄铁矿英文单词为 Pyrrhotite，源于希腊语“phrrhotes”，意为“红色”，指其颜色。磁黄铁矿是红砷镍矿族中的一种铁的硫化矿物，含硫达 40%，可以用来制作硫酸，而当其中的镍含量很高时，还可从中提炼镍。磁黄铁矿有金属般的光泽，为暗青铜黄色带红，一般呈块状，产于铜镍硫化矿床中。如果磁黄铁矿在地表，则容易风化而变成褐铁矿。

磁黄铁矿广泛产于内生矿床中，在与基性、超基性岩有关的硫化物矿床中为主要矿物。在 Cu－Ni 硫化物矿床中，常与镍黄铁矿、黄铜矿密切共生；在接触变质矿床中，为夕卡岩晚阶段的产物，与黄铜矿、黄铁矿、磁铁矿、闪锌矿、毒砂等共生；在热液矿床中，常与黑钨矿、辉铋矿、毒砂、方铅矿、闪锌矿、黄铜矿、石英等共生。

中国甘肃金川、吉林盘石等铜镍硫化物矿床中均富产磁黄铁矿，世界上最著名的磁黄铁矿产地是加拿大安大略的萨德伯里。

磁黄铁矿导电性高；颜色呈暗黑铜黄色，表面常呈褐锖色；条痕灰黑色；不透明；金属光泽；硬度 4；平行解理不完全；密度 4.6～4.7 g/cm^3。

（一）化学成分

理论组成：Fe 63.53%，S 36.47%。实际上硫可达 39%～40%，因部分 Fe^{2+} 被 Fe^{3+} 代替，为

保持电价平衡，在 Fe^{2+} 位置上出现空位，故磁黄铁矿的通式常以 $Fe_{1-x}S$ 表示。式中 x 表示 Fe 原子亏损数（结构空位），一般 $x=0\sim0.223$。可有少量 Ni、Co、Mn、Cu 代替 Fe，并有 Zn、Ag、In、Bi、Ga、铂族元素等呈机械混入物。

（二）晶体结构

六方晶系，$D_{6h}^4-6_3/mmc$，$a_0=3.49$ Å，$c_0=5.69$ Å，$Z=2$（图21－3），红砷镍矿型结构。晶体一般呈板状，少数为锥状、柱状。常见单形：平行双面 c，六方柱 m，六方双锥 r、u、s。

磁黄铁矿主要有 3 个同质多象变体：六方磁黄铁矿、单斜磁黄铁矿和斜方磁黄铁矿。320℃以上稳定的为高温六方磁黄铁矿，空间群为 $D_{6h}^4-6_3/mmc$，$a_0=3.49$ Å，$c_0=5.69$ Å；320℃以下稳定的为单斜磁黄铁矿，空间群为 $C2/c$，$a_0=6.86$ Å，$b_0=11.90$ Å，$c_0=12.85$ Å。当 x 接近为 0 时，为六方结构晶系，当 x 接近 0.223 时为单斜晶系结构。

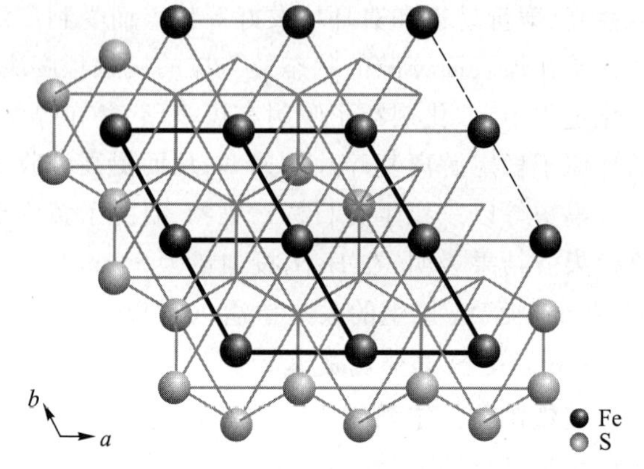

图 21－3　磁黄铁矿晶体结构

Fig. 21－3　The crystal structure of pyrrhotite

其晶体结构类似于红镍矿（NiAs 型），表现为硫离子按六方最紧密堆积，铁原子充填所有八面体空隙，S 原子层与 Fe 原子相间排列。

（三）形态

通常呈致密块状、粒状集合体或呈浸染状集合体。单晶通常呈平行{0001}的板状，少数为柱状或桶装，成双晶或三连晶。

二、磁黄铁矿的理化性质

（一）磁性

磁黄铁矿如其名，具有磁性，且是自然界中，磁性仅次于磁铁矿的最常见的磁性矿物，利用磁性可以简单地将磁黄铁矿与黄铜矿、黄铁矿、镍黄铁矿以及白铁矿（marcasite）等外型和颜色相近的硫化物矿物区分出来。但每块磁黄铁矿矿石的磁力大小并没有一致性，有的磁性强，有的磁性弱，磁性的强弱取决于矿物内部结构中铁空缺的多寡，空缺越多则矿石磁力越强，因此单斜磁黄铁矿为强磁性矿物。在陨石中，就有不具有磁性的磁黄铁矿变种被发现，它还有个别名叫做陨硫铁（troilite）或硫铁矿。

另外，磁黄铁矿的三个同质多象变体中，六方磁黄铁矿具有顺磁性，单斜磁黄铁矿为铁磁性，在加热时不发生磁性转化，而在 320℃时，十分明显地丧失本身的磁性，随硫含量的增加其磁导率也相应地增加，但六方相中磁导率变化不大。根据磁性，能将紧密连生的六方相和单斜相的磁黄铁矿分开。

（二）自净化性质

磁黄铁矿自净化性质主要是指磁黄铁矿对污染物的净化功能。研究发现，矿物内部结构缺陷与位错影响矿物整体性质，增加矿物表面的活性。矿物由于氧化作用，化学成分的变化也会发生结构缺陷。如与六方磁黄铁矿相比，单斜磁黄铁矿除 Cr^{6+} 效率较高，表明后者反应活性较强。这与单斜磁黄铁矿（$Fe_{1-x}S$）中 Fe 不足而产生的结构缺陷有一定关系，因为晶体结构中的缺陷是化学反应的活性点，而理论上六方磁黄铁矿（FeS）中不存在 Fe 缺位，晶体结构相对较为完整，从一定程度上降低了化学反应活性。一个有意义的现象是久置于大气中的六方磁黄铁矿除 Cr^{6+} 效率却有所提高，这可能与其表面受到氧化有关。因为六方磁黄铁矿表面及裂隙氧化产物中常有磁铁矿的形成，使六方磁黄铁矿近表面产生 Fe 缺位：$3FeS + 2xO_2 \rightarrow 3Fe_{1-x}S + xFe_3O_4$，这样形成的具有结构缺陷的六方磁黄铁矿表面上和裂隙中化学活性便有所提高。

（三）其他性质

磁黄铁矿也具有与黄铁矿类似的化学的和生物的氧化与溶解性质，但由于铁空位使其比其他硫化物有更大的反应活性，如比黄铁矿氧化速率高 20～100 倍。单斜晶相比六方晶相反应活性更高，且与 S/Fe 成正比。氧化活性受氧气浓度、温度、湿度、Fe^{3+}、铁硫自氧微生物等条件的影响，如在氧气不足时生成 $FeSO_4$，氧气过量时生成 FeO(OH)，光照条件时生成 $Fe(OH)_3$。磁黄铁矿也可在含氧气的水中发生上述反应。三价铁在 pH 低于 4 时氧化性大于氧气，在有氧和无氧环境，磁黄铁矿均可发生溶解反应生成硫或 H_2S。铁或硫氧化微生物与磁黄铁矿作用都有一个双向过程，即起初的耗酸、氧化还原电位下降和后期生酸、氧化还原电位上升两个阶段，产物有单质硫、黄钾铁矾、针铁矿和针铁矾。

六方磁黄铁矿为间接带隙半导体，单斜磁黄铁矿则属于导体矿物；单斜磁黄铁矿比六方磁黄铁矿更容易与氧气及有机正表面活性基团发生作用。单斜磁黄铁矿的零电点约为 7.3，六方磁黄铁矿的零电点约为 8.8。

三、磁黄铁矿的应用

可作为提炼铁、硫的矿石。主要用作生产硫酸、硫磺、二硫化碳、亚硫酸盐等的原料，但其经济价值远不如黄铁矿大。广泛用于石油化工、冶金、橡胶、造纸、军事、食品等工业。当含有 Cu、Ni（含镍磁黄铁矿、含铜磁黄铁矿）时，可综合利用。

可用于含重金属废水的净化处理。利用天然磁黄铁矿代替硫化铁处理废水中重金属离子 Pb^{2+}、Cd^{2+}，以及 Cr^{6+} 等，在一定的 pH 范围内均有较好的处理效果，经过一次处理，Cu^{2+}、Pb^{2+}、As^{3+}、As^{5+} 和 Cr^{6+} 均可达到国家排放标准。对浓度较低的 As^{3+}、As^{5+} 和 Cr^{6+} 废水，经过一次处理后甚至能达到饮用水的卫生标准。在磁黄铁矿的三种同质多象变体中，单斜磁黄铁矿比六方磁黄铁矿的处理活性更大，用它来处理重金属废水可以得到更为满意的效果。另外，还可利用微生物协同的天然磁黄铁矿异相 Fenton 效应降解中晚期垃圾渗滤液。

有研究表明，在过氧化氢存在的条件下，应用天然磁黄铁矿作为异相催化材料，可以有效地分解废水中的苯酚，分解率达 99% 以上，分解速率 k 随溶液 pH 的升高而下降，$k = 4 \sim 200$ $[h^{-1}(g/L)^{-1}]$。

第三节　闪　锌　矿

一、概述

闪锌矿是分布最广的锌矿物，主要产于接触夕卡岩型矿床和中低温热液成因矿床中，几乎总是与方铅矿共生。闪锌矿在地表易风化成菱锌矿。

中国铅锌矿产地以云南金顶、广东省韶关市仁化县凡口矿、青海海西蒙古族藏族自治州锡铁山等最著名。世界上著名产地有澳大利亚的布罗肯希尔、美国密西西比河谷地区等。

（一）化学成分

闪锌矿 ZnS，理论组成：Zn 67.10%，S 32.9%。通常含铁，铁含量最高可达 30%，含铁量大于 10% 的称为铁闪锌矿；此外常有锰、镉、铟、铊、镓、锗等稀有元素的类质同象混入物，以及铜、锡、铋等机械混入物。一般在较高温度条件下形成的闪锌矿，其成分中铁和锰的含量增高，颜色趋深。

（二）晶体结构

等轴晶系，$T_d^2-F\bar{4}3m$，$a_0=5.40$ Å（纯闪锌矿），$Z=4$（图 21－4）。成分相同而属于六方晶系的则称纤锌矿。闪锌矿型结构：S^{2-} 呈立方最紧密堆积，Zn^{2+} 充填于半数的四面体空隙中。如果从晶胞内离子分布特点描述，则 Zn^{2+} 分布于单位晶胞的角顶及面心，如将晶胞分成 8 个小的立方体，则 S^{2-} 分布于相间的 4 个小立方体的中心，面网(110)为 Zn^{2+} 和 S^{2-} 的电性中和面，因此，闪锌矿具有平行(110)的 6 组完全解理。

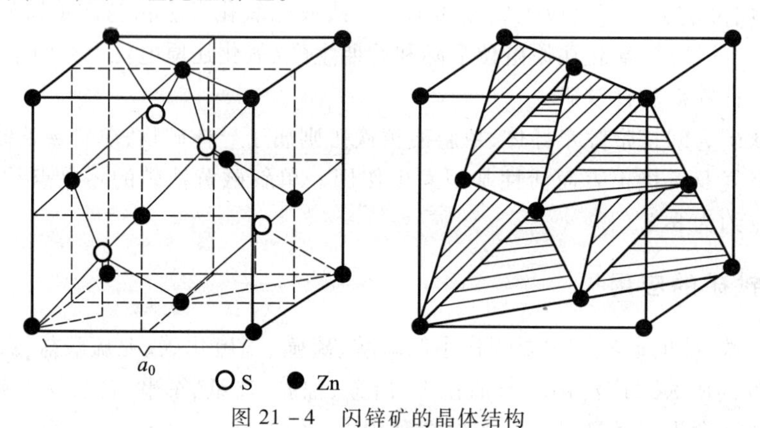

图 21－4 闪锌矿的晶体结构

Fig. 21－4 The crystal structure of sphalerite

（据潘兆橹等，1993）

（三）形态

通常呈粒状集合体，有时呈肾状、葡萄状，反映出胶体成因的特征。单晶体常呈四面体（图 21－5），正形和负形的晶面上常见聚形纹，有时呈菱形十二面体（通常为低温下形成），偶见以(111)为接合面形成双晶，双晶轴平行[111]，有时呈聚片双晶。闪锌矿的形态具有标型意义：一般地，高温条件下形成的闪锌矿主要呈正负四面体，并见立方体，中温下则以菱形十二面体为主。

二、闪锌矿理化性质

（一）光学性质发光性

矿物在外来能量（日光、X 射线、紫外光、红外光、阴极射线、加热、摩擦）的激发下产生可见光的现象，称为矿物的发光性。矿物的发光性能可分为荧光及磷光，当激发能停止，矿物的发光立即停止称荧光，而能保持一定的时间称磷光。矿物的荧光及磷光可显示各种不同的颜色，有绿、橙、蓝等色。

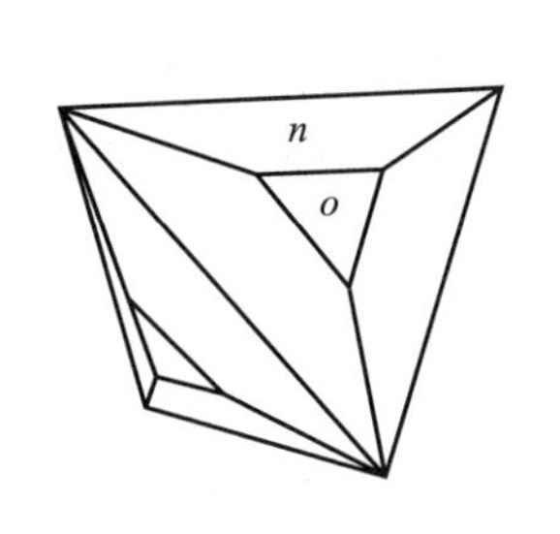

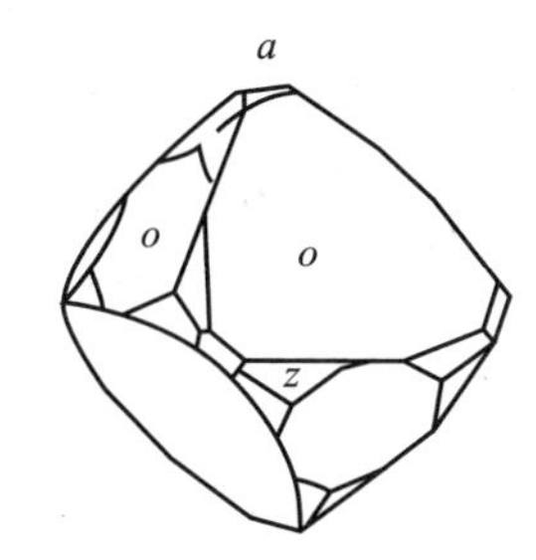

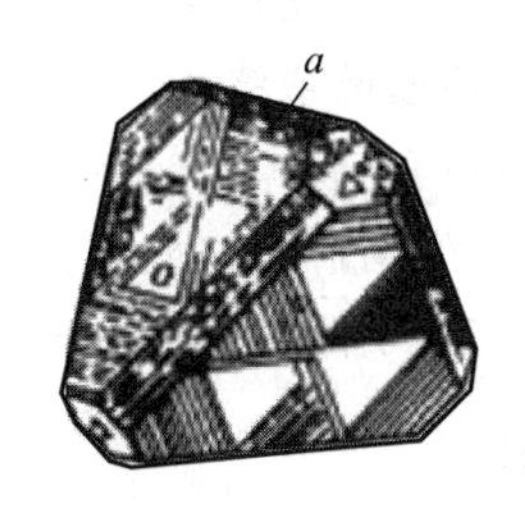

图 21-5　闪锌矿晶体(具有正负四面体的聚形纹)

Fig. 21-5　Sphalerite crystals (Combination striations with regular and negative tetrahedrons)

(据潘兆橹等,1993)

纯闪锌矿近乎无色,但含铁量的不同直接影响闪锌矿的颜色、条痕、光泽和透明度等,随着铁含量增加,闪锌矿颜色由浅变深,从淡黄、棕褐直到黑色(铁闪锌矿);条痕由浅变深,从白色到褐色;光泽由金刚光泽到半金属光泽;透明到半透明。闪锌矿断口不平坦;解理平行(110)完全;硬度 3~4.5;相对密度 3.9~4.2 g/cm^3,随含铁量的增加而降低。

在中强度阴极射线或紫外线激发下,闪锌矿有发光性,发出红色荧光,也有摩擦磷光。

闪锌矿具有激光性质,它的单晶体可用作紫外半导体激光材料。

闪锌矿半导体中光学非线性存在各向异性和二色性,线偏振光波在这些半导体中的传输方程是一个非线性耦合微分方程组,非线性折射和吸收将互相影响。

(二) 半导体性质

闪锌矿(ZnS)通常不导电,而是一种重要的宽禁带半导体材料,半导体禁带宽度为 3.64 eV,具有优良的光、电和催化性能。与其他半导体光催化剂相比,闪锌矿的导带电位更负,在光激发下能产生还原电位更负的光生电子,具有更强的还原能力,可以用于光还原产生 H_2,以及多卤代芳香烃还原脱卤去毒等。但是由于纯闪锌矿的能隙达 3.6 eV,很难吸收可见光,太阳能利用率低,从而限制了其在太阳光利用方面的应用。近年来,研究表明在 ZnS 中掺杂过渡金属离子如 Fe^{2+}、Mn^{2+}、Cu^{2+}、Ag^{+}可以改变 ZnS 的能带结构,明显提高它在可见光下的光催化能力。如 Ga^{3+}、Cu^{+}掺杂到闪锌矿中去,在导带下产生了一个 1.9 eV 施主能级,或在价带形成一个受主能级,使其可在可见光范围发光。

锰、铁、钴、镍、铜、镉、汞、银、锡、铅和锑杂质的存在使闪锌矿的能隙变窄,导致吸收带边红移,这将有助于提高天然闪锌矿对可见光的响应范围。在十四种杂质中,只有铜杂质使闪锌矿由直接带隙半导体变为间接带隙半导体,表明含铜天然闪锌矿不宜作为光催化剂。除了镉和汞杂质外,其余杂质的存在均导致闪锌矿费米能级向高能级方向移动,并且在禁带中出现了杂质能级。这些杂质能级的引入会使吸收带边产生红移,有利于电子的转移,从而增强天然闪锌矿的光催化活性。锰、铁、镓、铟、锑产生的杂质能级位于导带下方,可以作为电子捕获陷阱,而铜、锗、银、铅、锡产生的杂质能级位于价带上方,可以成为空穴捕获陷阱;锰、钴、镍、铜、镉、汞、银、铅杂质对闪锌矿的半导体类型没有影响;而铁、镓、锗、铟、锡、锑杂质使闪锌矿的半导体类型由 p 型变为 n 型,增加了电子密度,从而有利于电子的转移。

(三) 微生物活性

研究表明,闪锌矿分别与氧化亚铁硫杆菌、粪产碱杆菌和异化金属还原菌之间,可有效发生协同作用。在可见光下发生光催化作用所产生的光生电子，可沿着闪锌矿（半导体矿物）与微生物之间所形成的长程电子传递链最终传递给微生物，刺激并促进非光合化能自养型微生物嗜酸性氧化亚铁硫杆菌（*A. ferrooxidans*）和非光合化能异养型微生物粪产碱杆菌（*A. faecalis*）的大量生长，并能显著改变土壤微生物群落构成。实验研究证实，半导体矿物日光催化作用促进非光合化能型微生物的生长量，与光子能量（波长）和光子—电子转化效率呈密切正相关关系。

三、闪锌矿的应用

闪锌矿是最重要的含锌矿物，是提炼锌的主要矿物原料。世界上锌的全部消费中大约有一半用于镀锌，约10%用于黄铜和青铜，不到10%用于锌基合金，约7.5%用于化学制品。闪锌矿中所含Cd、In、Ge、Ga、Tl等一系列稀有元素可综合利用。

（一）纳米发光材料

ZnS是Ⅱ－Ⅵ族电子过剩的本征半导体材料，在其中掺入过渡金属离子后，所形成的络合物具有许多特殊的物理性质，并具有广泛的潜在应用价值。1994年，Bhargava等首次合成了Mn^{2+}离子掺杂的纳米尺寸ZnS半导体超微粒，并发现在Mn^{2+}离子发光效率为18%的样品中，Mn^{2+}离子$^4T_1-{}^6A_1$跃迁的辐射复合寿命与粉体材料相比快了近5个数量级。目前，对于ZnS:Mn纳米粒子的合成有很多种，例如共沉淀、微乳液、溶胶－凝胶法等。

赵丰华等采用溶剂热法，以乙二胺和水为溶剂，在表面活性剂十六烷三甲基溴化铵（CTAB）的作用下，制备了ZnS:Mn荧光粉体。研究发现，不同的溶剂量比对硫化锌的晶体结构和荧光光谱有一定的影响。在表面活性剂的修饰下，并不影响其晶体结构，但对ZnS:Mn的发光强度有所增强。

（二）半导体材料

闪锌矿半导体中非线性折射各向异性使输出光波的偏振态发生周期性变化，历经线偏振光、椭圆偏振光和圆偏振光。周期大小与初始入射线偏振光波的偏振方向以及材料的三阶光学非线性参数有关，但非线性折射各向异性对光强透射率的影响不大，双光子吸收各向异性虽然不能改变输出光波的偏振状态，但使输出光波的偏振方向发生旋转，旋转角度的大小与初始入射光波偏振方向和强度大小以及材料的光学非线性有关。输出光波偏振态和偏振方向的变化，在构造超快光开关以及对超短脉冲的分裂器、压缩器和限幅器中是很有用的。

ZnS纳米线在光电子器件方面应用广泛，如在平板显示器、电致发光器件、传感器、光催化和红外窗口等领域均有潜在的应用价值。

第二十二章　刚玉　石英　金红石　赤铁矿

刚玉、石英、金红石、赤铁矿与其对应的纳米氧化物在本章作对比介绍。

第一节　刚　　玉

一、概述

（一）化学成分

刚玉主要成分为 Al_2O_3，常含有微量杂质，如 Cr、Ti、Fe、Mn、V，它们以类质同象形式代替 Al，或以机械混入物的形式存在于刚玉晶体中。这些杂质和混入物明显地影响刚玉晶体的颜色和透明度。

（二）晶体结构与形态

三方晶系，$D_{3d}^6-R\bar{3}c$，$a_0=4.77$ Å，$C_h=13.04$ Å，$Z=6$；或 $a_{r0}=5.14$ Å，$\alpha=55°16'$，$Z=2$。刚玉晶体结构的特征是 O^{2-} 作六方最紧密堆积，堆积层垂直于三次对称轴；Al^{3+} 充填在由 O^{2-} 形成的 2/3 的八面体空隙中。$[AlO_6]$ 八面体共棱联结成垂直于三次对称轴的层；在平行 c 轴方向二实心八面体与一个空心八面体交互排列（见图 22－1）。Cr^{3+}、Fe^{3+} 等离子取代 Al^{3+} 将导致晶格常数增大。

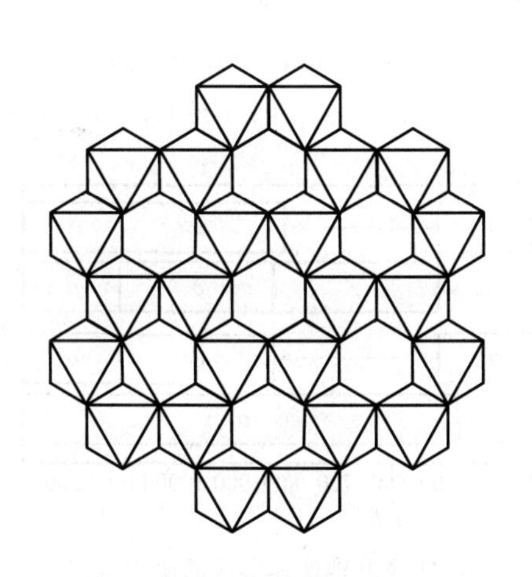

(a) ⊥c轴的 $[AlO_6]$ 八面体层

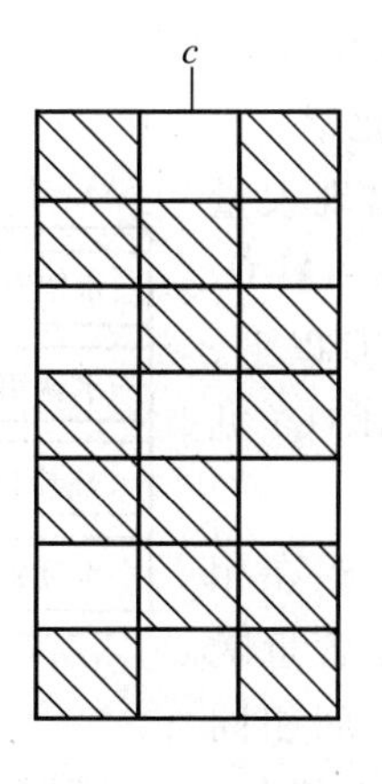

(b) ∥c轴二实心（带斜线），一空心(空白)八面体交互排列

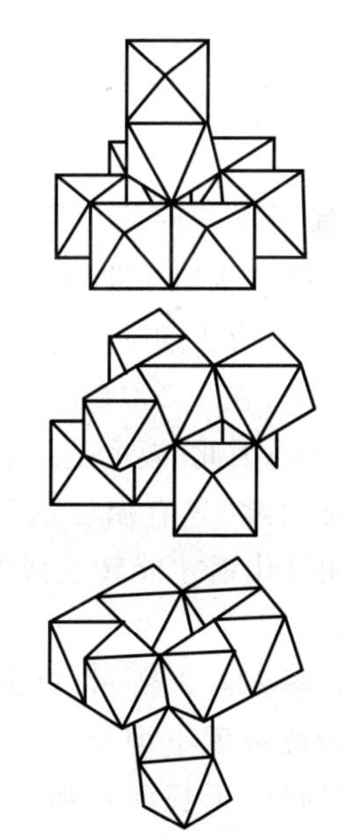

(c) 菱面体晶胞中，$[AlO_6]$ 八面体的排列

图 22－1　刚玉的晶体结构图

Fig. 22－1　The crystal structure of croundum

Al_2O_3有多种变体。稳定的$\alpha-Al_2O_3$变体被称为刚玉。其他人工合成的Al_2O_3的变体如下：

① $\beta-Al_2O_3$:六方晶系。仅在极高温度下才稳定，$\alpha-Al_2O_3$在1 500～1 800℃可变为$\beta-Al_2O_3$，Al_2O_3熔体只有在极缓慢的冷却时才可形成这一变体。并经常含有碱质。

② $\gamma-Al_2O_3$:为四方晶系（假等轴），具有缺席的尖晶石型结构，一般软铝石（γ-AlOOH）加热至950℃时可以获得，温度更高就变为$\alpha-Al_2O_3$。

此外，尚有ρ（晶系未定）、χ（六方）、κ（六方）、δ（四方）、θ（单斜）等变体。详见表22－1。

表22－1　Al_2O_3的同质多象变体及晶体常数

Table 22－1　Polymorph and lattice constant of Al_2O_3

类别	化学式	物相	晶系	晶体常数		
				a	b	c
过渡相	Al_2O_3	$\chi-Al_2O_3$	等轴	7.95		
	Al_2O_3	$\eta-Al_2O_3$	等轴	7.90		
	Al_2O_3	$\gamma-Al_2O_3$	四方	7.95	7.95	7.79
	Al_2O_3	$\delta-Al_2O_3$	四方	7.967	7.967	23.47
	Al_2O_3	$\theta-Al_2O_3$	单斜	5.63	2.95	11.86
	Al_2O_3	$\kappa-Al_2O_3$	斜方	8.49	12.73	13.39
刚玉	Al_2O_3	$\alpha-Al_2O_3$	三方	4.77	4.77	13.04
β－氧化铝	$Na_2O\cdot11Al_2O_3$	$\beta-Al_2O_3$	六方	5.58	5.58	22.45

加热氧化铝水化物和铝盐可以获得上述各种变体，如将氢氧化铝在600～900℃温度条件下分别煅烧，形成的主要是过渡相氧化铝。在1 000℃以下不出现$\alpha-Al_2O_3$，在1 100℃出现少量的$\alpha-Al_2O_3$，在1 200℃以上，开始出现大量$\alpha-Al_2O_3$。因此，温度是影响生成$\alpha-Al_2O_3$的重要因素，只有温度达到1 100℃以上，过渡相氧化铝才能转变成为$\alpha-Al_2O_3$（见图22－2）。

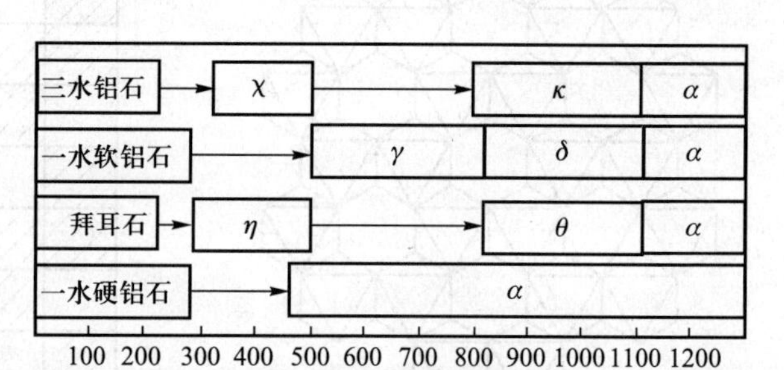

图22－2　$\alpha-Al_2O_3$及其他变体形成的温度区间

Fig. 22－2　The temperature change about $\alpha-Al_2O_3$ and other phase formation

如图22－3所示，过渡相氧化铝在相同的煅烧温度下煅烧时，$\alpha-Al_2O_3$含量随保温时间的延长而增加；在保温时间相同时，$\alpha-Al_2O_3$含量随温度的升高而增加。这说明升高煅烧温度和延长保温时间都可以促进过渡相氧化铝到$\alpha-Al_2O_3$的物相转变。

刚玉单晶体一般呈桶状、柱状或板状(见图 22-4)。主要单形为六方柱 $a\{11\bar{2}0\}$,六方双锥 $z\{22\bar{4}1\}$、$n\{22\bar{4}3\}$、$w\{11\bar{2}1\}$,菱面体 $r\{10\bar{1}1\}$,平行双面 $c\{0001\}$。在{0001}的晶面上,通常具有平行{0001}与$\{10\bar{1}1\}$交棱的条纹;在$\{10\bar{1}1\}$的晶面上有平行$\{10\bar{1}1\}$与$\{22\bar{4}3\}$交棱的条纹。依{0001}或$\{10\bar{1}1\}$成双晶,从而在柱面、底面和锥面上显示聚片双晶纹。刚玉能与金红石、钛铁矿、赤铁矿、尖晶石、云母、夕线石等形成规则连生。

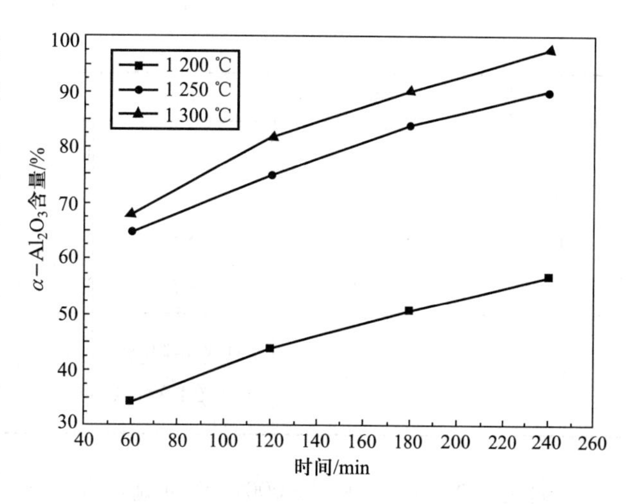

图 22-3 不同保温时间下 $\alpha-Al_2O_3$含量

Fig. 22-3 $\alpha-Al_2O_3$ content in various soaking time

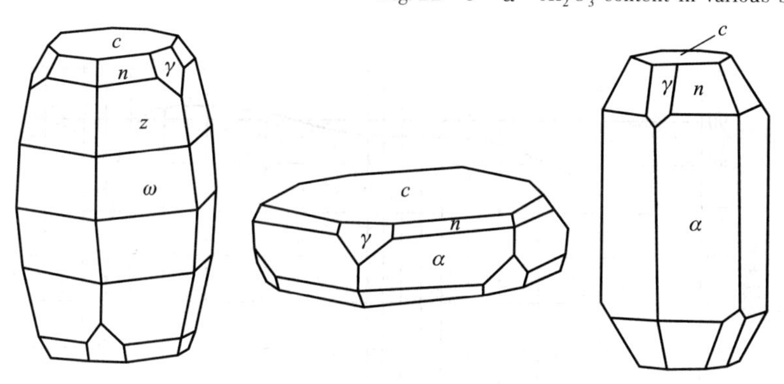

图 22-4 刚玉晶体形态

Fig. 22-4 The crystal habit of croundum

二、刚玉的理化性质

(一)光学性质

刚玉通常是蓝灰、黄灰或带不同色调的黄色;金红石、赤铁矿、钛铁矿是刚玉中常见的包体,有时含有石榴子石和尖晶石。这些混入物导致晶体的颜色、透明度等物理化学性质明显地发生变化。透明的刚玉除无色、白色(白宝石)者外,常因含色素离子呈现各种颜色,如红、蓝、绿、黄、黑(含 Fe^{2+} 和 Fe^{3+},铁刚玉;黑色具有星光的刚玉宝石称"黑星石",其黑色由细粒碳质引起)等。刚玉呈色与金属离子的对应关系见表 22-2。

表 22-2 刚玉中某些着色剂及其呈色

Table 22-2 The colorant and its colour in croundum

着色剂	含量/%	颜色	着色剂	含量/%	颜色
Cr_2O_3	0.01~0.05	浅红	TiO_2	0.5	蓝色
Cr_2O_3	0.1~0.2	桃红	Fe_2O_3	1.5	蓝色

续表

着色剂	含量/%	颜色	着色剂	含量/%	颜色
Cr_2O_3	0.2～0.5	橙黄	NiO	0.5	金黄
Cr_2O_3	2～3	深红	NiO	0.3	绿色
TiO_2	0.5	紫色	NiO	0.5～1.0	黄色
Fe_3O_4	1.5	紫色	Co_3O_4	1.0	绿色
V_2O_5	3～4	(日光下)蓝紫、(灯光下)红紫	V_2O_5	0.12	绿色

玻璃光泽至金刚光泽,在(0001)面可显示珍珠光泽或星彩。白色刚玉有良好的透光性质,如图22－5所示,在0.2～5.5 μm波段有较高的透过率,对红外波段的透过率几乎不随温度而变化。

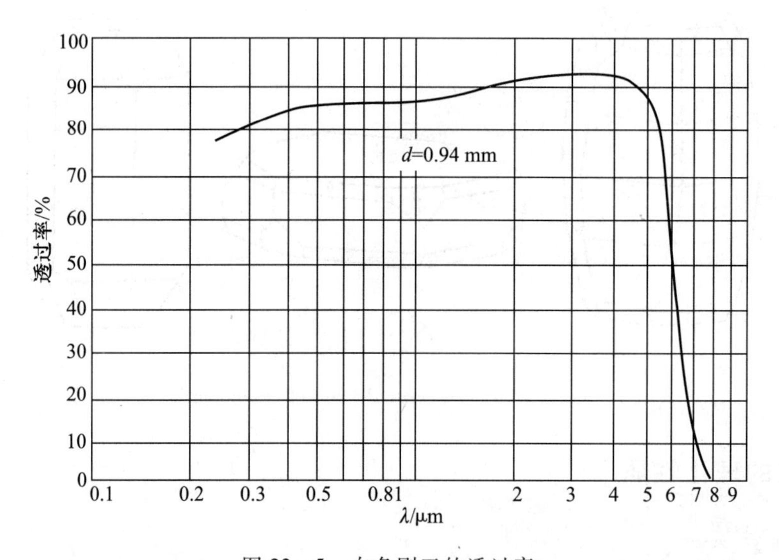

图22－5 白色刚玉的透过率

Fig. 22－5 The transmittance of white croundum

红宝石中有部分Al^{3+}被Cr^{3+}所取代,在普通光照下发出荧光,并有较长的荧光寿命。红宝石的能级和吸收光谱分别如图22－6和图22－7所示。红宝石在可见光的照射下,Cr^{3+}离子的能量由基态跃迁至u带和y带,在吸收光能后出现两个吸收带(图22－7),一个为u带(4 100 Å),另一个为y带(5 500 Å)。处于激发态的粒子又通过非辐射跃迁(即不发射出光子)至R能级上,然后从R能级回到基态(感应跃迁),发出荧光。荧

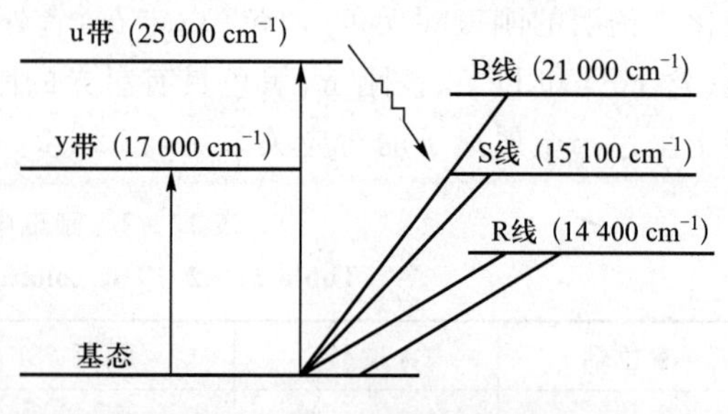

图22－6 红宝石能级图

Fig. 22－6 The energy level of ruby

光光谱有两个峰值,即 R 线和 R_1 线(图 22-8)。含 Cr 量在 0.05% 左右的红宝石用氙灯泵浦,造成粒子数反转,即高能态粒子数大于基态粒子数。处于高能态的粒子经非辐射跃迁至 R 线,然后发生感应跃迁,粒子以“雪崩”方式返回到基态,发出强的单色光。这就是红宝石能作为激光材料的原理。

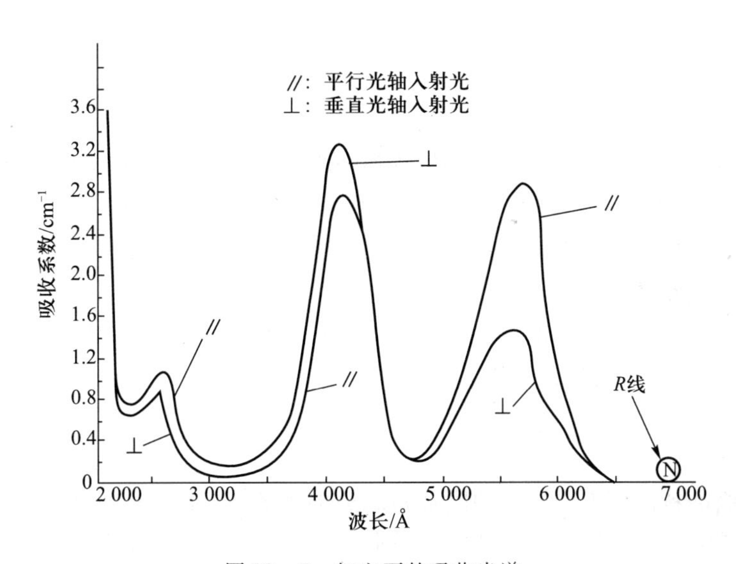

图 22-7　红宝石的吸收光谱

Fig. 22-7　The absorption spectrum of ruby

（二）力学性质

刚玉的密度为 3.95 ~ 4.10 g/cm³,摩氏硬度 9,仅次于金刚石。平行光轴面的显微硬度20 986 MPa(2 140 kgf/mm²),大于垂直光轴面的显微硬度 18 437 MPa (1 880 kgf/mm²)。但人工合成的刚玉,一定角度的方向显微硬度最大 22 065 MPa (2 250 kgf/mm²)。研磨硬度 833,即为石英的 8.33 倍,并有明显的各向异性,平行光轴的平面较易磨损。白宝石平行光轴的抗折强度66 636 MPa(6 795 kgf/cm²),垂直光轴的抗折强度 34 078 MPa(3 475 kgf/cm²)。

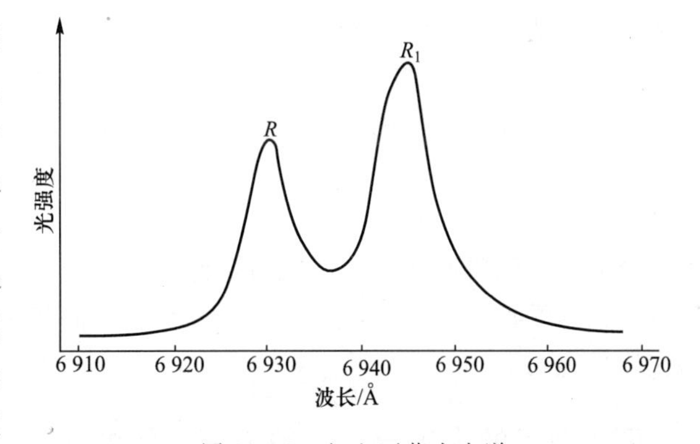

图 22-8　红宝石荧光光谱

Fig. 22-8　The fluorescence spectrum of ruby

（三）热学性质

熔点高达 2 030 ~ 2 050℃,沸点为 2 980℃。热膨胀系数平行光轴为 6.2×10^{-6}/℃,垂直光轴为 5.4×10^{-6}/℃。导热系数在室温下为 41.84 W/(m·K),接近于金属材料(黄铜的导热系数约 83.63 W/(m·K))。

（四）电学性质

500℃时,电导率为 $2.7\times10^{-10}\ \Omega^{-1}\cdot cm^{-1}$,介电常数 ε 为 9.8。

（五）化学性质

化学性质稳定，常温下不溶于水，不受酸碱腐蚀；300℃以上才能被氢氟酸、氢氧化钾、磷酸侵蚀。

三、刚玉的应用

由于刚玉具有优良的耐高温性质及机械强度等，因而被广泛应用于冶金、机械、化工、电子、航空和国防等众多工业领域。其主要用途如下：

（1）用作浇钢滑动水口，冶炼稀贵金属、特种合金、高纯金属，玻璃拉丝，制作激光玻璃的熔炼坩埚及器皿；生产耐火材料及陶瓷等的各种高温炉窑、炼铁高炉的内衬（墙和管）；生产理化器皿、火花塞、耐热抗氧化涂层。SiO_2含量小于0.5%的低硅烧结刚玉砖是炭黑、硼化工、化肥、合成氨反应炉和汽化炉的专用炉衬。

（2）用作各种反应器皿和管道，化工泵的部件；作机械零部件、各种模具，如拔丝模、挤铅笔芯模嘴等；作刀具、磨具磨料、防弹材料、人体关节、密封磨环等。

（3）用于生产耐火保温材料，如刚玉轻质砖、刚玉空心球和纤维制品，广泛应用于各种高温炉窑的炉墙及炉顶。

（4）用作高级磨料。用不同粒级的刚玉粉制成的砂轮、砂布和砂纸，用于钢材的磨削加工，木材、钢材、光学玻璃的研磨抛光加工。刚玉粉混入脂肪酸或树脂等油脂，经加热、冷却、固化后，可制成油脂性研磨材料，如棒状抛光膏等。用于做各种精密仪表、手表和其他精密机械的轴承材料和耐磨部件。用于制作绘图笔尖、记录笔尖、喷嘴等。

（5）由于刚玉强韧和耐磨性好，和水泥、沥青等有良好的调和性，可用于公路止滑、化工厂地板铺装以及堰堤（护床）的表装材料。

（6）掺入0.05%左右的Cr^{3+}的人造红宝石是固体激光材料。

（7）刚玉晶体对声的传播衰减较小，约为0.2～0.6 dB，因此可以制作耐久性强的唱针、录音针。白宝石对红外线透过率大，可以用作红外接收、卫星、导弹、空间技术、仪器仪表和高功率激光器等方面的窗口材料。

（8）宝石级的刚玉——红宝石及蓝宝石。透明、颜色美丽或具有星光效应的刚玉可以作为宝石。根据颜色可以分为红宝石和蓝宝石。它们与钻石（金刚石）、祖母绿（绿柱石）并称为世界四大珍贵宝石。

四、刚玉的人工合成及纳米氧化铝的应用

（一）刚玉的人工合成

人工合成刚玉包括宝石级刚玉和磨料级刚玉。

1. 人工合成宝石级刚玉

1902年法国科学家维纳尔首次以氧化铝为原料合成了大颗粒刚玉晶体。现在世界人工刚玉年产量已经达数百万吨。刚玉的合成方法有焰熔法、水热法等多种，当前工业生产以焰熔法为主。

焰熔法合成刚玉的原料为 $\gamma-Al_2O_3$ 粉，其工艺的示意图如图 22－9 所示。一般每 3～4 小时可生长 50～80 g 晶体。焰熔法生长晶体装置（通常称为烧结机）比其他高温、高压、真空的晶体生长装置简单，操作方便，有利于进行大规模工业生产。

工业用刚玉晶体，有白宝石和红宝石，还有供装饰的其他彩色宝石。这些宝石的呈色系引入一些过渡金属离子所致。表 22－2 列出了刚玉中某些着色剂及其呈色。

2. 人工合成磨料级刚玉

人工合成磨料级刚玉工艺主要有电熔法和烧结法。

电熔法刚玉以 $\alpha-Al_2O_3$ 为主要成分，包括棕刚玉、白刚玉和铬刚玉等。其制造方法是加热电弧炉内的氧化铝原料，使之达到氧化铝的熔点之上，经冷却、破碎、分级等工艺而生产出不同粒径及用途的刚玉磨料。由于要经过熔融工艺，因此刚玉的一次晶体较大。电熔刚玉硬度高、脆性大、晶体边界尖锐。在磨料方面，可以用来制造磨削制品，如砂布、砂轮、砂带等。

烧结刚玉以高品位铝矾土为原料，将其磨至 3 μm，压铸成坯体，在 1 680～1 700℃ 高温下保温 6 小时烧成。烧结刚玉的特点是韧性好，可以制成各种规格、形状和几何尺寸的颗粒。常见的为圆柱形，但也可以加工成不规则的砂粒及超细微粉。

（二）纳米氧化铝制备与应用

纳米 Al_2O_3 是一种尺寸为 1～100 nm 的超微颗粒，熔点：2 050℃，沸点：2 980℃。比普通氧化铝有着更为优异的物理化学特性。常用工业纳米氧化铝的技术指标见表 22－3。

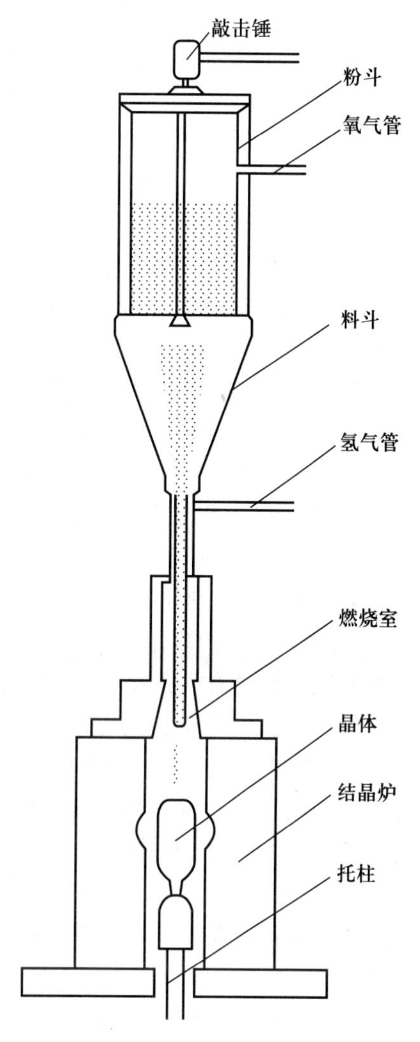

图 22－9　焰熔法装置示意图

Fig. 22－9　The schematic diagram of equipment of flame fusion method

表 22－3　常用工业纳米氧化铝的技术指标

Table 22－3　Technology indexes of common industrial nanometer alumina

晶型	最低含量/%	外观	比表面积/($m^2\cdot g^{-1}$)	平均粒径/nm
α 相	99.99	白色粉末	10～20	30
γ 相	99.99	白色粉末	180～250	10～20
α 相	99.999	白色粉末	2～8	500
γ 相	99.999	白色粉末	20～30	1 000～5 000
α 相	99.999 9	白色粉末	3～6	1 000～10 000

1. 纳米氧化铝的制备

按照纳米 Al_2O_3 制备工艺过程的不同,分为三类:固相法、液相法和气相法。

(1)固相法。固相法是一种将金属铝或者铝盐直接研磨或者加热分解后,再经过煅烧处理,发生固相反应后直接得到氧化铝的方法。固相法又可分为机械化学法、固相反应法、燃烧法、热解法和非晶晶化法。比较成熟的有硫酸铝铵热解法,此外还有氯乙醇法、改良拜尔法、铝在水中火花放电法等。此法工艺设备简单,成本低,产率高,但粒度不均匀,易团聚。

(2)气相法。气相法是直接利用气体或者通过等离子体、激光蒸发、电子束加热、电弧加热等方式将含铝物质如 $AlCl_3$ 变成气体,使之在气体状态下发生物理或化学反应,最后在冷却过程中凝聚长大形成纳米粉。如火焰、激光诱导、等离子体 CVD 法,电弧喷涂法等。气相法合成的氧化铝具有颗粒细、纯度高、分散性好以及表面带正电性,但也有产率低和不易收集的缺陷。

(3)液相法。液相法是目前实验室和工业上广泛采用的制备纳米粉的方法。它的基本原理是选择一种合适的可溶性铝盐如 $Al(NO_3)_3$、$AlCl_3$ 等,按所制备的材料组成计量配置成溶液,使各元素呈离子态,再选择一种合适的沉淀剂(或用蒸发、升华、水解等),使金属离子均匀沉淀,最后将沉淀或结晶物脱水(或加热)制得纳米粉体。液相法可分为沉淀法、溶胶-凝胶法、溶液蒸发法以及微乳液反应法。此法可精细控制成分和粒度,颗粒表面活性好,生产成本低,但易引入杂质。

2. 纳米氧化铝的应用

纳米氧化铝具有高强度、高硬度、耐热、耐腐蚀等一系列优异特性,是光学单晶及精细陶瓷的重要原料,在光学、陶瓷、电子、力学、化工、塑料、油漆、涂料、油墨等方面具有特异功能及重要应用价值,是 21 世纪的重要新材料。除具有与刚玉粉体类似的应用特性与领域,还有如下新应用:

(1)高性能复合材料和医学新材料。纳米 Al_2O_3 可作为弥散强化和添加剂之用,如铸铁研具铸造时以纳米 Al_2O_3 粉体作为变质形核,耐磨性可提高数倍以上;纳米 Al_2O_3 弥散强化铜复合材料相比纯铜,强度、硬度、软化温度都有所提高。酚醛树脂材料加入 5% 的纳米 Al_2O_3,酚醛树脂材料的热衰退和耐磨性都有很大的提高。

纳米 Al_2O_3 在人体正常生理条件下不腐蚀,生物相容性和力学相容性良好,广泛应用到医学材料中,成功用于制作承力的人工骨、牙根种植体、药物缓释载体等;也是牙槽脊扩建、五官矫形与修复及牙齿美容等常用的生物惰性陶瓷。

(2)军用光学材料和表面防护层材料。纳米氧化铝对红外有良好的消光作用,可用作纳米隐身涂料、红外消光剂以及红外吸波材料,在抗红外烟幕和红外伪装等军事领域获得广泛应用。纳米 Al_2O_3 同时也是优良的抗紫外线吸收剂,在紧凑型荧光灯中加入纳米 $\gamma-Al_2O_3$ 粉体可降低灯管光衰,提高灯管合格率。

纳米 Al_2O_3 有良好的化学稳定性和相对较强的吸附能力,与各种基体具有良好的亲和能力。纳米氧化铝基涂料可在多种金属及陶瓷材料表面形成结合相对牢固和致密的防护涂层,涂层有效止焊及防护温度可达 1 140℃,涂层具有良好的易去除性,对所涂敷器件无不利影响。纳米 Al_2O_3 用在有机涂料中,能明显提高涂料的抗氧化性,且在涂层遇到冷热交变的环境中可以传递应力从而降低裂纹的产生。

(3)新型催化剂及其载体。纳米氧化铝粉体、多孔烧结体和膜是一种高效催化剂和催化剂载体。以纳米氧化铝直接作为催化剂或作为超细贵金属、金属氧化物的载体构成的催化剂,用于有机合成的催化,可大大提高反应效率;氧化铝负载铜基超细粒子催化剂,在十二醇的胺化反应中具有较高的催化活性和选择性;超细氧化铝粒子负载的 Co - Mo 催化剂的 HDS 活性高于普通氧化铝负载的 Co - Mo 催化剂的 HDS 活性。催化剂及载体中应用的主要是纳米 $\gamma - Al_2O_3$,目前已将其广泛用作汽车尾气催化剂、石油炼制催化剂、加氢和加氢脱硫催化剂等的载体。

第二节　石　　英

二氧化硅约占地壳质量的12%,存在结晶和无定形两种形态。石英晶体是结晶的二氧化硅,具有不同的晶型和色彩。石英晶体中无色透明的通常称为水晶,具有彩色环带状或层状的称为玛瑙。自然界存在的硅藻土是含水的无定形的二氧化硅,矿物成分为蛋白石及其变种,由生物成因形成。

一、成分、结构与形态

(一) 化学成分

石英的主要化学成分为 SiO_2,一般纯度很高,含量接近 100%,如天然水晶。天然石英常含有 Fe、Mg、Al、Ca、Li、Na、K、Ge 和 B 等杂质,其中 Ge、Al 可通过类质同象的方式替代 Si。Al 代 Si 导致离子半径较小的 Li 或 Na 离子进入结构空隙,以平衡失衡的电荷。天然石英晶体通常含有化学成分各异的固态、液态和气态包裹体。

(二) 晶体结构

α - 石英属三方晶系,D_3^4 - $P3_121$ 或 D_3^6 - $P3_221$。$a_0 = 4.913$ Å,$c_0 = 5.405$ Å。$Z = 3$。晶体结构如图 22 - 10 所示。硅氧四面体以 4 个角顶与相邻四面体联结成架。硅氧键键角为 144°,Si—O 键长 = 1.579 Å 和 1.617 Å,O—O 键长 = 2.604 Å 和 2.640 Å。石英晶体结构中平行 c 轴有 3_2 或 3_1,因此从结构上有左形或右形之分。值得注意的是,晶体学意义的左形和右形与形态、物性上所指的左形和右形概念是相反的。

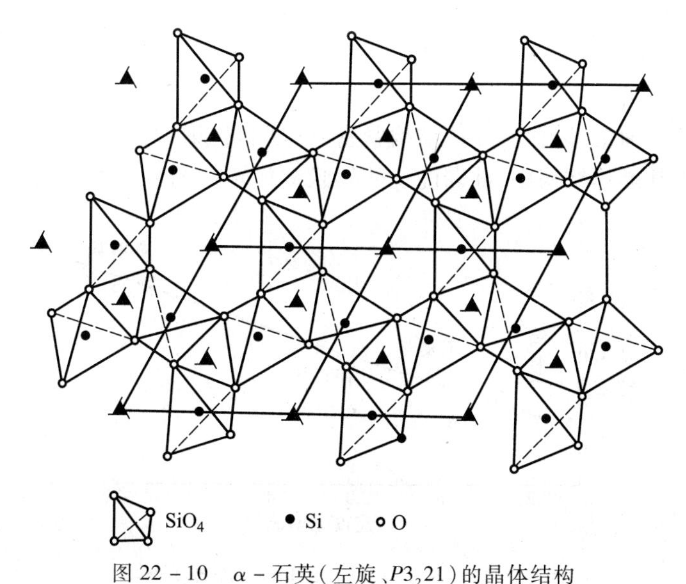

图 22 - 10　α - 石英(左旋、$P3_221$)的晶体结构

Fig. 22 - 10　The crystal structure of α - quartz(levogyration, $P3_221$)

结晶二氧化硅因晶体结构不同，分为石英、鳞石英和方石英三种。天然石英有 8 种同质异象体：α－石英、β－石英、α－鳞石英、β－鳞石英、α－方石英、β－方石英、柯石英和斯石英。除斯石英具有金红石型晶体结构、Si 为六次八面体配位，其他 7 种天然同质多象体 Si 均为四次四面体配位，硅氧四面体的 4 个角顶与相邻四面体共用而形成架状结构。不同变体中，硅氧四面体位置不同，硅氧键的键角不同，各同质异象体的稳定范围如图 22－11 所示。

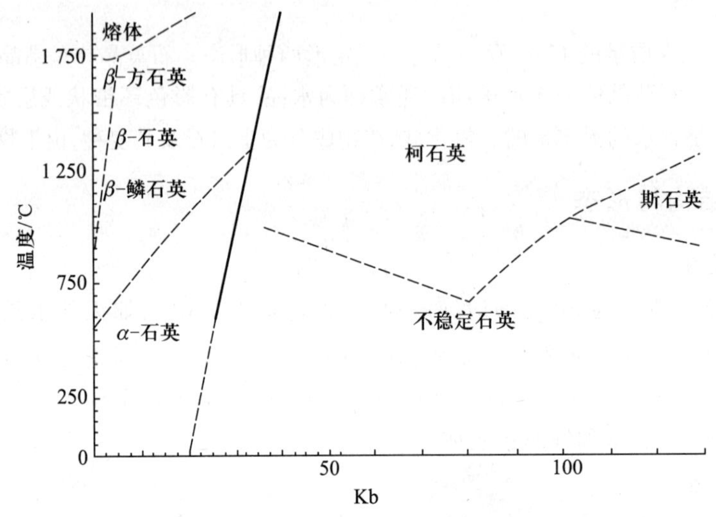

图 22－11　石英同质异象体的温度稳定图

Fig. 22－11　The stability range of variants of SiO_2

在常压下石英同质异象体的相转变温度为：α－石英$\xrightleftharpoons{573℃}$β－石英$\xrightleftharpoons{870℃}$β－鳞石英$\xrightarrow{1\ 470℃}$β－方石英（1 723℃）。在低温区，可见鳞石英和方石英的 α 相转变为 β 相：α－鳞石英$\xrightleftharpoons{117\sim163℃}$β－鳞石英，α－方石英$\xrightleftharpoons{200\sim227℃}$β－方石英。

天然石英同质异象体的密度和折射率由其晶体结构的紧密程度决定。如图 22－12 所示，其密度和折射率为：斯石英 > 柯石英 > 石英 > 方石英 > 鳞石英。由于柯石英的形成是在高压条件下，如陨石或俯冲和碰撞带，因而其晶体结构紧密，密度和折射率比石英的大。而同样在高压下形成的斯石英，由于其晶体结构中，硅四配位的架状结构转变为硅六配位的金红石型结构，晶体

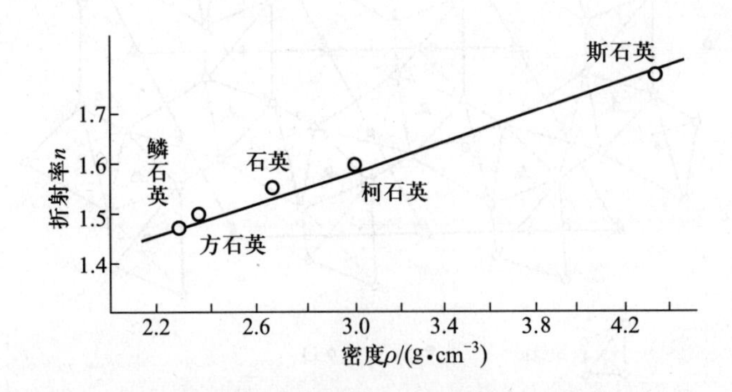

图 22－12　石英同质异象体的密度及折射率

Fig. 22－12　The density and refractive index of variants of SiO_2

结构更为紧密，其密度与折射率比柯石英的更大。石英 α 相转变为 β 相，其晶胞体积增大 0.86% ~1%。除 8 种天然同质异象体外，还存在凯石英和 $w-SiO_2$（纤维二氧化硅）两种人工合成同质异象体以及非晶质的蛋白石（$SiO_2 \cdot nH_2O$）和焦石英。

（三）形态

1. 晶形与左右形

石英晶体属三方偏方面体晶类 $D_3-32(L^3 3L^2)$。通常发育完好的石英晶体呈柱状，常见的单形有：六方柱 $m\{10\bar{1}0\}$、菱面体 $r\{10\bar{1}1\}$ 和 $z\{01\bar{1}1\}$、三方双锥 $s\{11\bar{2}1\}$ 及三方偏方面体 $x\{51\bar{6}1\}$ 等，柱面有横纹，菱面体 r 一般比 z 发育好。有时菱面体 r 与 z 同等发育，外观上呈假六方双锥。α－石英有左形和右形两种形态（图 22－13）。左、右形 α－石英的区别特征主要是 x 面的位置与 s 面上的条纹方向。x 面在 m 面的左上角为左形，x 面在 m 面的右上角为右形。s 面的条纹指向左上方为左形，指向右上方为右形。另外，菱面体晶面上的生长小锥（图22－14）是另一个区分左右形的特征。生长小锥分为Ⅰ型（C 角约为 90°）和Ⅱ型（P 角约为 120°）。利用生长小锥可区分 r 面和 z 面：在 r 面上Ⅰ型锥的 A、B 面近于相等，Ⅱ型锥 D、E 面大小有差别较大；在 z 面上则相反，Ⅰ型的 A′、B′面大小差别很大，而Ⅱ型 D′、E′面接近相等。此外，利用生长小锥可进一步区别左、右形：左形的特征是 r 面上Ⅰ型锥 $A < B$，而Ⅱ型锥 $D > E$，z 面上Ⅰ型锥的 $A' > B'$，而Ⅱ型锥的 $D' < E'$，而右形的特征与左形特征相反。根据菱面体面上和柱面上的蚀象也可以区别左右形，图 22－15 表示用氢氟酸作用后，左、右形石英的菱面体和柱面上的蚀象。在某些物性上，左右形亦显出差别，如偏光面旋转方向，在右形为顺时针，在左形为逆时针。

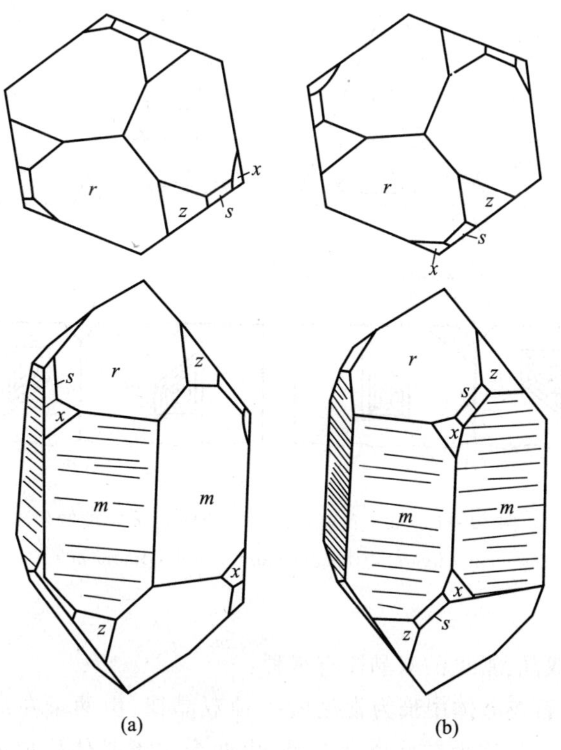

图 22－13 α－石英的左形（a）和右形（b）

Fig. 22－13 Levogyration (a) and dextrorotation (b) of α－quartz

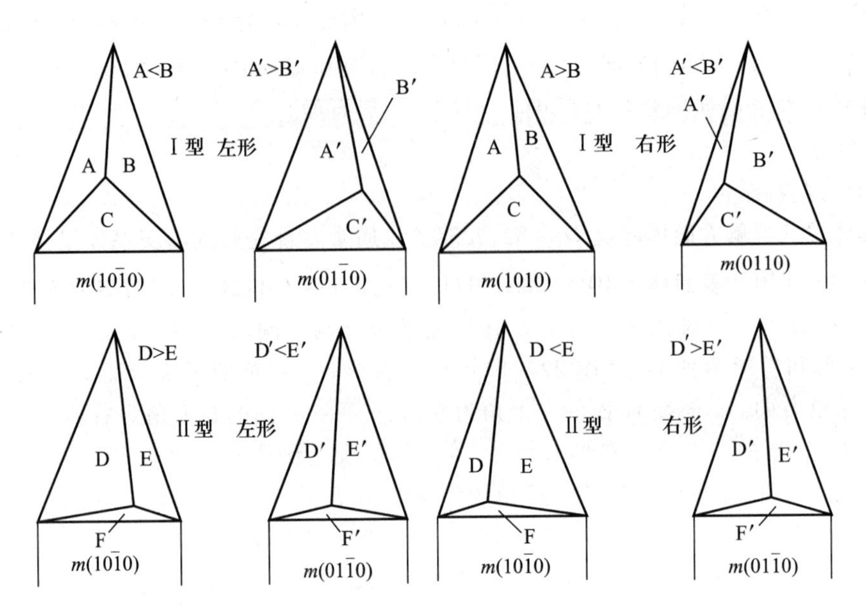

图 22－14 α－石英菱面体 r 和 z 面上的生长小锥 m(10$\bar{1}$0)上方为 r 面,m(01$\bar{1}$0)上方为 z 面

Fig. 22－14 Growth cone in r and z surfaces at α－quartz rhombohedron, m(10$\bar{1}$0) and m(01$\bar{1}$0) above mean r and z surface respectively

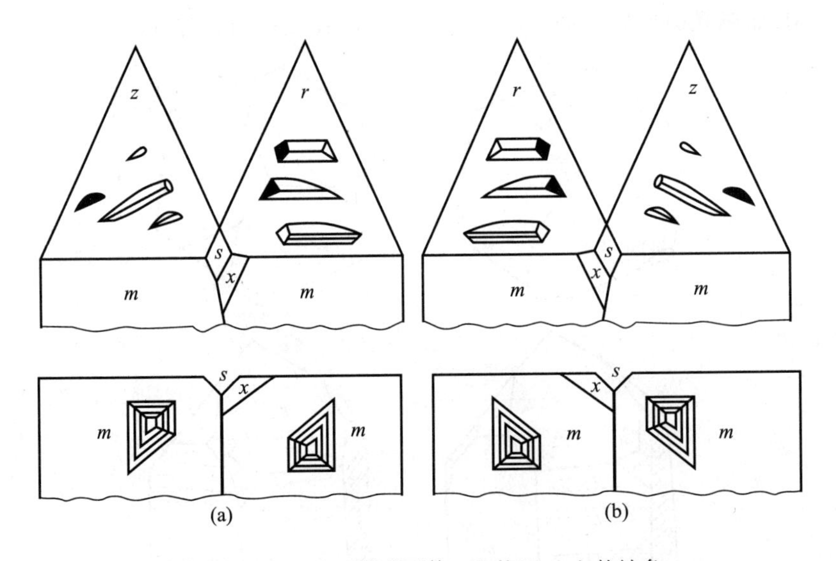

图 22－15 α－石英菱面体 r 和柱面 m 上的蚀象

Fig. 22－15 The etched figure of rhombohedron r and sylinder m surfaces at α－quartz

2. 双晶律

α－石英普遍存在双晶,常见的双晶律有三种:

(1) 道芬双晶律。石英晶体中最为常见的一种双晶律,由两个左形或两个右形单体组成。由两个左形晶体构成的双晶称为左旋道芬双晶,由两个右形晶体构成者则称为右旋道芬双晶。道芬双晶接合面不规则,在外形上与单晶体很相似。其识别特征为:L^3 为双晶轴,相邻 m 面上出

现 α 面,柱面横纹不连续,缝合线呈弯曲状,垂直 L^3 切面上的蚀象可见单体间缝合线不规则(图 22-16 和图 22-19)。组成道芬双晶的两个石英单体,它们的光轴方向和旋光性一致的,但电轴方向正好相反,因而失去压电效应,故称电双晶(electrical twinning)。具有道芬双晶的石英晶块不能作为压电材料,但可作为光学材料。

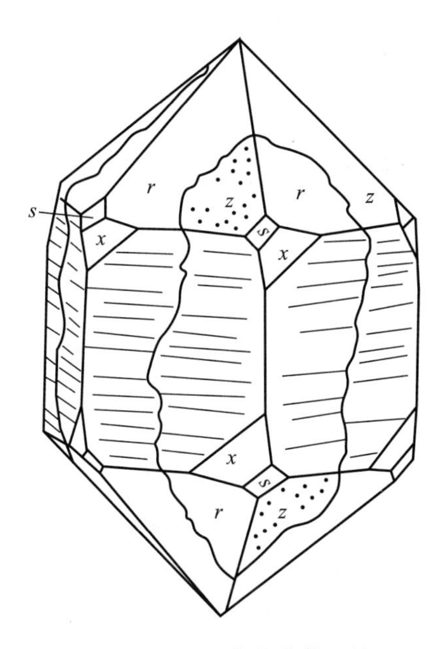

图 22-16　石英的道芬双晶

Fig. 22-16　The dauphine twin of quartz

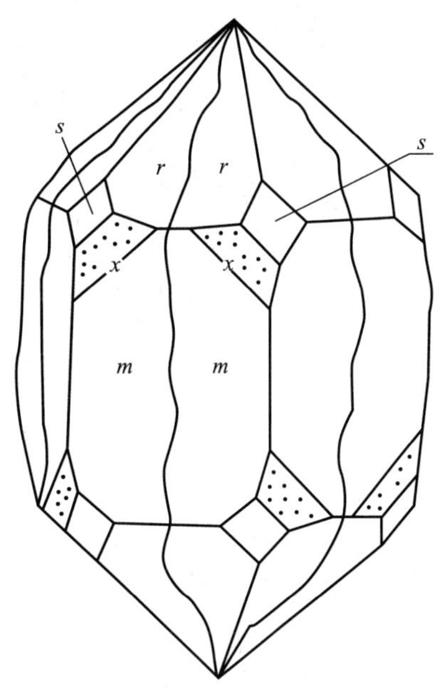

图 22-17　石英的巴西双晶

Fig. 22-17　The Brazil twin of quartz

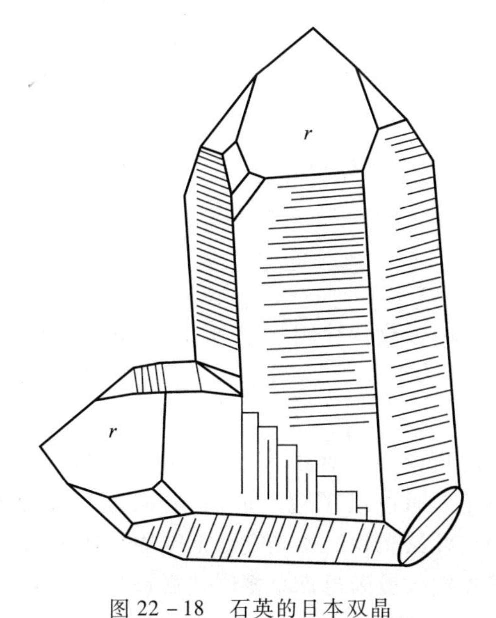

图 22-18　石英的日本双晶

Fig. 22-18　The Japan twin of quartz

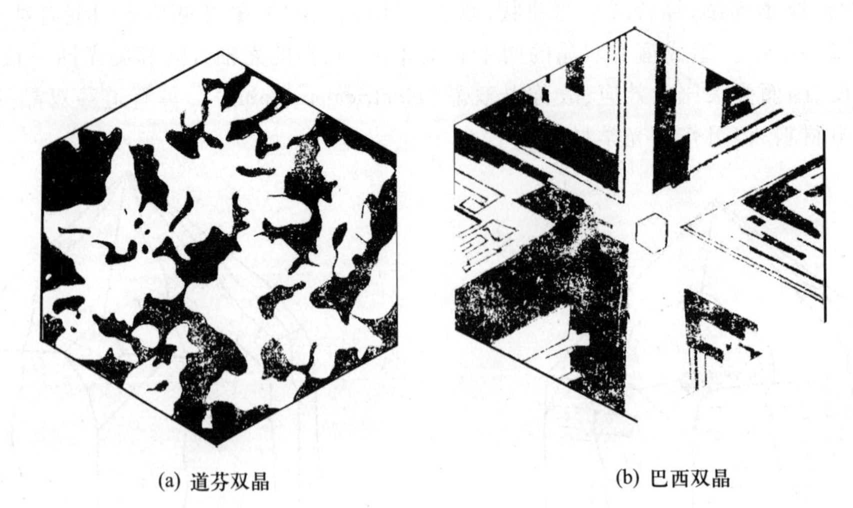

图 22－19　石英晶体中垂直 L^3 切面上的蚀象

Fig. 22－19　The etched of vertical L^3 section in quartz

(2) 巴西双晶律。由一个左形和一个右形的两个石英单体所构成的穿插石英。双晶面为 $(11\bar{2}0)$，接合面平直。巴西双晶外形与单晶体很相似，其识别特征为：同一柱面上，其两角同时出现呈左右对称关系分布的两个三方偏方面体单形的 x 晶面。垂直 L^3 的晶面上可见呈平直折线状的双晶缝合线，在缝合线的两边，晶面的反光不一样，柱面上的晶面横纹不连续，断口上可见规则的"人"字形纹（图 22－17 和图 22－19）。组成巴西双晶的两个石英单体，它们不仅电轴方向正好相反，而且虽然光轴方向一致，但旋光方向也正好相反，因此巴西双晶又称为光双晶（optical twinning）。具有巴西双晶的石英晶块不能作为压电材料和光学材料。

(3) 日本双晶律。两个石英单体的接合面平行于三方双锥晶面 $\{11\bar{2}2\}$。两个石英单体的 L^3 轴的交角为 84°34′（图 22－18）。

石英集合体常呈晶簇状、粒状、块状。二氧化硅晶粒尺寸小于几微米时，就构成玉髓、燧石、次生石英岩。隐晶质呈肾状、钟乳状者称石髓，由单色或多色石髓构成晶腺者为玛瑙。隐晶质结核体称为燧石，其彩色（红、黄、褐、绿）的致密块称碧玉。

二、石英的理化性质

石英耐高温、性脆、坚硬、耐磨、化学性能稳定，其光学、电学、热学和机械性能具有明显的异向性。

（一）光学性质

石英晶体呈无色、透明或白色，因含微量色素离子或细分散包裹体，或存在色心而呈各种颜色如紫色、黄色、玫瑰色、茶色、烟色或黑色。玻璃光泽，断口呈油脂光。一轴晶（+），$N_0 = 1.544$，$N_e = 1.553$。在紫外光、可见光和红外光光谱范围均具透光性，有理想的辐射透过性。

石英晶体因包裹鳞片状赤铁矿或云母而呈褐红或微黄（砂金石），因交代纤维状物质如石棉而具丝绢光泽（猫眼石、兔眼石、鹰眼石）。

高纯石英片既可以透过远紫外线，又可透过可见光近红外光谱。石英是制造紫外光学器件的理想材料。按其光学性能可分为三类：远紫外光学石英玻璃（JGS1）、紫外光学石英玻璃（JGS2）、红外光学石英玻璃（JGS3）。

（二）力学性质

石英常有特征的贝壳状断口；密度 2.65 g/cm^3；摩氏硬度为 7；平行 c 轴的抗压强度为 24 500 MPa，垂直 c 轴为 22 560 MPa；无解理。

（三）热学性质

热学性能优良，熔点 1 713℃。垂直 c 轴方向比平行 c 轴方向的膨胀系数大（见表 22－4）。对热冲击有良好的稳定性。

表 22－4 水晶的平行（β_1）和垂直（β_2）c 轴的热膨胀系数

Table 22－4 The thermal expansion coefficients of parallel（β_1） and vertical（β_2） to the axis c in quartz

t/℃	β_1/(10^{-6}·℃$^{-1}$)	β_2/(10^{-6}·℃$^{-1}$)	t/℃	β_1/(10^{-6}·℃$^{-1}$)	β_2/(10^{-6}·℃$^{-1}$)
－250	4.10	8.60	500	12.22	20.91
－200	5.50	9.90	550	13.81	32.40
－100	6.08	11.82	573	15.00	25.15
0	7.10	13.24		17.98	31.02
100	7.97	14.45	600	17.08	29.71
200	8.25	15.61	800	12.02	22.18
300	9.60	16.89	1 000	8.83	16.97
400	10.65	18.50			

表 22－5 所列的石英导热系数各向异性明显，平行 c 轴方向的导热系数远大于垂直 c 轴方向的导热系数。导热系数与膨胀系数相反，它随温度的增高而降低。根据公式 $K_\varphi = K_1\cos^2\varphi + K_2\sin^2\varphi$ 可求出试样与 c 轴成 φ 角的任一方向导热系数。

表 22－5 石英的导热系数

Table 22－5 The heat conductivity coefficient of quartz

温度/℃	K_1/(10^{-3} W·(m·K)$^{-1}$)，//c 轴	K_2/(10^{-3} W·(m·K)$^{-1}$)，⊥c 轴	温度/℃	K_1/(10^{-3} W·(m·K)$^{-1}$)，//c 轴	K_2/(10^{-3} W·(m·K)$^{-1}$)，⊥c 轴
－252		680	－100	52	26
－250		510	－50	40	20.5
－240		205	0	32	17.0
－200	接近 150	66	50	25.5	14.9
－150	74	36	100	21.0	13.1

（四）电学性质

1. 压电性

石英晶体具有各向异性。其中纵向 z 轴（c 轴）称为光轴，经过六面体棱线并垂直于光轴的 x 轴（a 轴）称为电轴，与 x 和 z 轴同时垂直的 y 轴（b 轴）称为机械轴。通常把在沿电轴 x 方向的力作用下产生电荷的压电效应称为“纵向压电效应”，而把沿机械轴 y 方向的作用下产生电荷的压电效应称为“横向压电效应”。但沿光轴 z 方向受力时不产生压电效应。

石英属 $3z$（$L^3 3L^2$）对称型，二次对称轴 L^2 为极轴，当垂直 L^2 施加压力时，在极轴两端可产生正、负电荷；当垂直 L^2 拉伸时，电荷符号相反。

石英晶体具有良好的化学、机械和压电性能。石英钟是近代计时标准，其核心部件石英振荡器是以石英晶体片的压电振荡原理工作的精确的时间和频率标准。石英振子 Q 值高达 10^5；采用 AT 或 GT 切石英振子组成的振荡电路，可以达到每秒误差不超过百万分之一的精度，即 270 年误差不超过 1 秒。

2. 导电性

石英是电的不良导体，它的电导率有明显的各向异性，平行 c 轴比垂直 c 轴（20×10^{15} Ω · cm，20℃）的电导率大数百倍。石英的电导率随温度的增高而增高，不同温度下石英的电阻率（电导率的倒数值）变化很大（见表 22－6）。

表 22－6 石英（//c 轴）在不同温度下的电阻率

Table 22－6 Coefficient of resistance of quartz (//c axis) in various temperatures

温度/℃	电阻率/（Ω · cm）
20	0.1×10^{15}
100	0.8×10^{12}
200	0.7×10^{10}
300	0.6×10^{6}

另外，石英具有对气体的非渗透性，以及在腐蚀介质中的化学稳定性，良好的介电性等。

三、石英的应用

（一）水晶的应用

水晶是指透明的石英晶体。根据其理化特性和用途，分为压电、光学、熔炼和工艺水晶四类。

（1）压电水晶。可供作压电材料的水晶。要求在可用部分无色透明，没有双晶、裂隙、包裹体以及其他影响压电性能的缺陷。广泛用于电子、电信、超声波设备中。压电水晶按单晶体大小可分为四个技术等级（见表 22－7）。

表 22－7 压电水晶品级及质量要求

Table 22－7 The grade and quality requirements of piezo quartz

级别		单晶立方体体积/mm³	质量要求
Ⅰ	一等品	≥30×30×30	不允许单晶有缺陷
	二等品	≥30×30×30	允许有少量小于 0.2 mm 分散气泡
Ⅱ	一等品	≥20×20×20	不允许单晶有缺陷
	二等品	≥20×20×20	允许有少量小于 0.2 mm 分散气泡

续表

级别		单晶立方体体积/mm^3	质量要求
Ⅲ	一等品	≥12×12×12	不允许单晶有缺陷
	二等品	≥12×12×12	允许有少量小于0.1 mm分散气泡
Ⅳ	一等品	≥8×8×8	不允许单晶有缺陷
	二等品	≥8×8×8	允许有少量小于0.3 mm分散气泡

(2) 光学水晶。能透过波长为210 nm以上的紫外线,以10 nm厚度的无缺陷晶体薄片进行测定,透过率≥85%的水晶。用于制造石英折射计、红外线分析窗口、光谱仪等。光学水晶工业原料,要求无色透明,具有良好的透光性、旋光性等光学性能,无巴西双晶和裂缝等。光学水晶分三个等级,其质量要求见表22-8。

表22-8 光学水晶的等级及质量要求

Table 22-8 The grade and quality requirements of optical quartz

等级		无缺陷部分最小尺寸/mm			无缺陷部分允许缺陷程度
		机械轴	电轴	光轴	
Ⅰ级	1等	65	55	40	各级的一等品均不允许有巴西双晶、绵、节瘤、包裹体、裂隙和蓝针。 各级的二等品均不允许有巴西双晶、包裹体、绵、节瘤,允许有一定数量的小气泡、小蓝针及次生小裂隙。
	2等	72	72	15	
Ⅱ级	1等	45	35	30	
	2等	65	65	15	
Ⅲ级	1等	30	25	20	
	2等	45	45	15	

(3) 熔炼水晶。又称熔炼石英,主要用于生产特种透明的石英玻璃。是熔制石英玻璃和制成提纯硅用石英坩埚、石英光栅、光学医疗器皿的重要原料。

工业应用要求为二氧化硅的纯度高,有害杂质含量少。一般要求组分含量$SiO_2>99\%$、$Fe_2O_3<0.005\%$、$Al_2O_3<0.13\%$,Mg、Ti不大于百万分之几,具有一定的透明度的水晶晶体或碎块,但其中不允许含有矿物包裹体,表面不允许粘附矿物和杂质,或带有其他杂质。晶体最小厚度应大于3 mm。中国现行技术标准,按透明部分占整个晶体的百分比,划分为四个等级:一级品,≥90%;二级品,≥70%;三级品,≥40%;四级品,≥10%。

(4) 工艺水晶。又称工艺石英、石英玻璃。用于制作各种珠宝饰品,可利用纯净透明晶体,也可利用各种带色的晶体,如黄水晶、紫水晶、蔷薇水晶、烟水晶和墨晶等。

人工工艺水晶又叫仿水晶,由加铅玻璃或稀土玻璃为主要材料制成,无杂质、透明度较好,可用于制造美术工艺品。用于工艺品的工艺石英,要求有鲜艳的色泽。用于制造眼镜片的工艺石英,要求具有很高的透明度。

（二）硅质原料

是以石英为主要矿物组成的矿石，可供工业利用的块状二氧化硅原料的总称。主要指石英岩、石英砂岩和脉石英。工业上把天然石英以及由石英砂岩、石英岩、脉石英破碎加工获得的各种粒级的砂，都叫做石英砂。石英砂按品质可分为普通石英砂、精制石英砂、高纯石英砂、熔融石英砂。地质部门往往把石英砂岩、石英岩、脉石英统称作“硅石”。

石英砂来源于各种岩浆岩、沉积岩和变质岩，重质矿物较少，伴生矿物为长石、云母和黏土矿物。石英岩分沉积成因和变质成因两种，前者碎屑颗粒与胶结物的界限不明显，后者为变质程度深、质纯的石英岩矿石。脉石英由热液作用形成，几乎全部由石英组成，致密块状构造。岩石学中把由变质作用生成、石英含量大于85%的岩石叫做石英岩。在石英岩中除石英外还常含长石、云母、绿泥石、角闪石等矿物。

硅质原料中除二氧化硅以外的各种组分，工业上均看作杂质，其中以铁质杂质最为常见。

硅质原料主要用作耐火材料、冶金熔剂、玻璃原料和水泥、化工原料及建筑石材等。其中玻璃业消费量最大，铸造业次之。

（1）玻璃工业。石英砂是制造玻璃的主要原料。其工业要求如表22－9所示。

表22－9　玻璃工业中对硅质原料的工业要求

Table 22－9　The industrial requirements of silica raw materials in glass industry

品级	组分含量/%					备注
	SiO_2	Al_2O_3	Fe_2O_3	TiO_2	Cr_2O_3	
Ⅰ级品	>99	<0.5	<0.05	<0.05	<0.001	用于特种技术玻璃
Ⅱ级品	>98	<1.0	<0.1			用于工业技术玻璃
Ⅲ级品	>96	<2.0	<0.2			用一般平板玻璃
Ⅳ级品	>90	<4.0	<0.5～1.0			用于有色玻璃

（2）铸造业。石英砂主要用于配制铸钢件用的型砂。石英砂耐火度高达1 713℃，能经受长期高温，因而适用于铸造大型铸件。其工业要求如表22－10所示。

表22－10　铸造石英砂工业要求

Table 22－10　The industrial requirements of casting quartz sand

品级	SiO_2含量/%	含泥量/%	有害杂质含量/%		
			K_2O+Na_2O	$CaO+MgO$	Fe_2O_3
1	>97	<2	<0.5	<1.0	<0.75
2	>96	<2	<1.5		<1.00
3	>94	<2	<2.0		<1.50
4	>90	<2	—		—

（3）耐火材料工业。硅质原料用于制作窑炉用高硅砖、普通硅砖以及碳化硅等。

（4）冶金工业。硅金属、硅铁合金和硅铝合金等的原料或添加剂、熔剂。

硅质原料在化学工业中可用于反应塔的充填物；还可用于过滤砂、磨料用砂、陶瓷釉药用砂、水泥用砂等。

（三）人工水晶

人工水晶是利用人工方法生长的 α－石英晶体。在高压、碱性条件下，将 α－石英溶解，利用其溶解度随温度降低而减少的特点，可从碱性溶液中生长出 α－石英晶体。人工水晶的水热合成法，在高压釜内完成（图 22－20）。

按照水晶生长所用温度和压力的不同，可分高温－高压和低温－低压两类。二者通常以温度 350℃、压力 98 MPa（约 1 000 个标准大气压）为分界点。高温－高压法晶体生长速率高，但对高压釜的强度和密封性能的要求较高。高温－高压法使用溶剂大多是 NaOH，而低温－低压法使用的溶剂大多是 Na_2CO_3，一般生长速率较慢。

水晶玻璃主要用于制造晶莹剔透的水晶玻璃器皿。欧盟把含 24% 或以上氧化铅者称为铅水晶玻璃。西方国家把水晶玻璃制品直接称为水晶制品。

水晶玻璃通透度高，普通玻璃因为含铁通常呈浅蓝色、浅绿色。水晶因具有双折率，置于水晶制品下方的物件可见双影，但玻璃无此现象。在偏光显微镜下，水晶亮度变化明显，玻璃制品全消光。

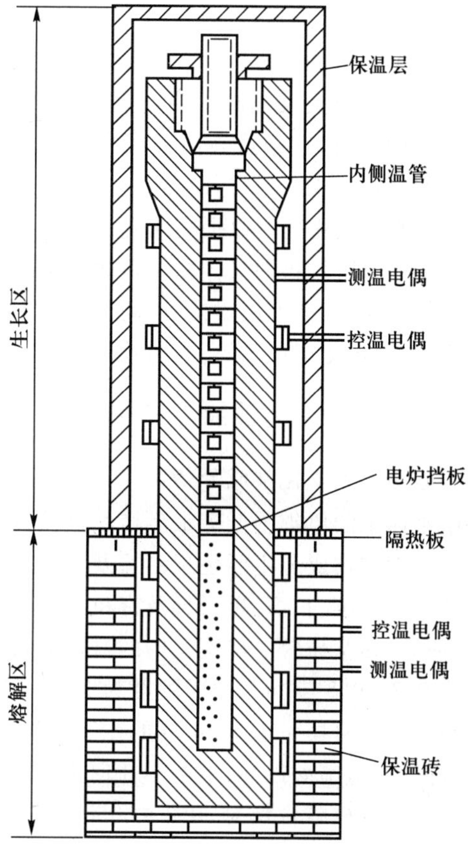

图 22－20　水热合成水晶高压釜示意图

Fig. 22－20　The schematic diagram of hydrothermal synthesis of crystal autoclave

四、纳米二氧化硅的性能及其应用

二氧化硅白炭黑是应用较早的纳米材料之一。纳米二氧化硅主要是采用化学法制备，如气相法制得的纳米二氧化硅，比表面积高达 640 m^2/g，表面存在大量的不饱和残键及不同键合状态的羟基，含有许多纳米级微孔，孔径集中在 0.5～1 nm，孔隙率高达 60% 以上。因表面欠氧而偏离了稳态的硅氧结构，所以该材料具有高反应活性、表面吸附力强、表面能大、化学纯度高、分散性能好、热阻、电阻等方面特异的性能。

纳米二氧化硅对紫外光和可见光都呈现较高的反射特性，这明显区别于其他纳米材料的吸收特性。其对紫外短波（200～280 nm）的反射率达 70%～80%；对紫外中长波（280～400 nm）的反射率达 80%～85%；对可见光（400～800 nm）的反射率高达 85%；对 800～1 350 nm 波段的近红外线的反射率也达 70% 以上。它也可以吸附色素离子和降低色素离子衰减的作用。

纳米二氧化硅广泛用作石油化工的添加剂、催化剂载体、脱色剂、消光剂，塑料充填剂，油墨增稠剂，绝缘绝热填充剂，高级日用化妆品填料及喷涂材料。在催化领域，以纳米二氧化硅为基本原料，制备的复合氧化物催化剂载体，反应的催化活性高，选择性好，反应中能长时间保持催化活性。纳米二氧化硅具有生物惰性、高吸附性，在杀菌剂中常用作载体，可吸附抗菌离子，达到杀菌抗菌的目的。在涂料领域，纳米二氧化硅具有三维网状结构，拥有庞大的比表面积，表现出极大的活性，能在涂料干燥时形成网状结构，同时增加了涂料的强度和光洁度，而且提高了颜料的悬浮性，能保持涂料的颜色长期不褪色，具有优良的自清洁能力和附着力，抗沾污染性能也大大提高。在金属软性磨光剂中，纳米二氧化硅微粒表面含有大量的羟基和不饱和残键，可以在摩擦表面形成牢固的化学吸附膜，从而保护金属摩擦表面，显著改善润滑油的摩擦性能。

纳米二氧化硅可以提高陶瓷制品的韧性、光洁度；具有高的导热特性和良好的力学性能，是电子工业封装材料的最佳原材料之一；在橡胶填料上，通过控制 SiO_2 的颗粒尺寸，可以制备抗紫外辐射的橡胶、红外反射橡胶、高绝缘性橡胶等；纳米 SiO_2 小颗粒形成网络结构，抑制黏结剂胶体流动，固化速率快，提高黏结效果，同时增加了胶的密封特性。

五、硅藻土的性能与应用

硅藻土主要化学成分是无定形含水二氧化硅，并含有少量的 Al_2O_3、Fe_2O_3、CaO 和有机质等，是由水体中的单细胞低等水生植物硅藻的遗骸经过一至两万年的沉积矿化作用而形成的矿物。硅藻土的矿物成分主要是蛋白石及其变种，其次是黏土矿物，如水云母、高岭石和矿物碎屑。矿物碎屑有石英、长石、黑云母及有机质等。有机物含量为 0 ~ 30%。硅藻土一般呈浅黄色或浅灰色，质软，多空质轻。硅藻土中的硅藻有许多不同的形状，如圆盘状、针状、筒状、羽状等。松散密度为 0.3 ~ 0.5 g/cm^3，摩氏硬度为 1 ~ 1.5（硅藻骨骼微粒为 4.5 ~ 5 mm），孔隙率达 80% ~ 90%，能吸收其本身质量 1.5 ~ 4 倍的水，是热、电、声的不良导体，熔点 1 650 ~ 1 750℃，化学稳定性高，除溶于氢氟酸以外，不溶于任何强酸，但能溶于强碱溶液中。硅藻土的氧化硅多数是非晶体，碱中可溶性硅酸含量为 50% ~ 80%。非晶型 SiO_2 加热到 800 ~ 1 000℃时转变为结晶型，碱中可溶性硅酸可减少到 20% ~ 30%。

硅藻土具有独特的有序排列的微孔结构、孔隙率高、孔体积大、连通性好、质量轻、密度小、比表面积大、导热系数小、吸附性强、活性好等优点，可用作过滤材料、保温材料、功能填料、建筑材料、催化剂载体、水泥混合材料等。作助滤剂是硅藻土的主要用途之一，占总消耗量的 60% 以上。硅藻土助滤剂比传统的膨胀珍珠岩助滤剂过滤速度快，滤液澄清度高，目前已广泛应用于啤酒、饮料、酿造、油脂、制糖、有机溶剂药品和油漆等行业。硅藻土净化材料还被应用于污水处理和废气过滤中，波兰近年来利用硅藻土助滤剂清除水面和污水中的农药取得了很好效果。在塑胶业方面，由于硅藻土细度非常好，混合均匀性好，能明显增强橡胶的刚性和强度，并可提高橡胶的耐热、耐磨、保温、抗老化等性能，可用于车辆轮胎、橡胶管、三角皮带等各种橡胶制品以及窗门塑料、各种塑料管道、其他轻重工业塑料中的填料。在建筑保温业中，硅藻土可用于保温、隔热、隔声建筑材料、地砖、陶瓷制品等。在造纸业方面，办公用纸、工业用纸等各种纸张加入硅藻土能使纸张平滑，质量轻，强度高，无任何毒性副作用，在滤纸中可提高滤液澄清度，并使滤速加快。在农牧业方面，由于硅藻土具有 pH 中性，无毒，悬浮性能好，吸油率可达到 115% 等优点，可作水田除草剂以及各种生物农药；在复合肥料上，可用于果木、蔬菜、花草等各种农作物的复合肥；在饲料业上，硅藻土可用于猪、鸡、鸭、鹅、鱼类、鸟类、水产等各种饲料的添加剂，色泽浅淡柔和，加入饲料后能均匀分散，并与饲料颗粒混合黏结，不易分离析出，畜禽食后促进消化，并能把畜禽肠胃道的细菌吸附后通过排便过程带到体外；加入到水产类饲料后，投放在鱼塘中使池内水质变清，透气性好，水产成活率提高。

六、蛋白石的性质与应用

蛋白石(Opal)，也称欧泊，化学式为 $SiO_2 \cdot nH_2O$，是天然的硬化的二氧化硅胶凝体，含5%～10%的水，是由等大或近等大的二氧化硅球粒呈规则排列(面心立方或六方紧密堆积)形成的非晶质矿物。蛋白石的形成是在低温条件下慢慢沉积的，可以在几乎所有岩石中生成，多在石灰岩、砂岩和玄武岩中发现。

蛋白石的折射率为1.37～1.47(折射率随含水量增大而减小)，摩氏硬度为5.5～6.5，密度2.15～2.23 g/cm^3。蛋白石一般为蛋白色，如果有其他原子混入，可以形成各种颜色，例如含铁、钙、镁、铜等。蛋白石一般具有玻璃光泽或蜡状光泽。具有面心结构的蛋白石因满足布拉格衍射而具有不完全光子带隙，会表现出色彩光泽随角度变化的特征，这些蛋白石则属于贵重的宝石。根据颜色特征和光学效应，天然蛋白石分为白蛋白石(白欧泊)、黑蛋白石(黑欧泊)和火蛋白石(火欧泊)三个种类。蛋白石结构常呈现出五彩缤纷的颜色，自然界中其他生物如孔雀、蝴蝶等生物的羽毛或毛发也具有类似结构。

1968年，W. Stober等发现正硅酸四乙酯在氨水作用下水解可以形成单分散的二氧化硅微球。之后，许多学者采用亚微米级单分散二氧化硅微球通过自然沉降、离心组装、电化学等方法可获得不完全光子带隙结构、具有炫彩光泽的人造蛋白石。近二十年来，国内外学者以具有独特结构的人造蛋白石为模板获得诸多具有反蛋白石结构的有序多孔材料、光子晶体等特殊结构材料，在光子晶体滤波器、低阈值激光器、光子晶体光纤、光学催化等领域具有广泛的应用前景。

第三节 金 红 石

一、概述

(一) 化学成分

主要成分为 TiO_2。常含Fe、Nb、Ta、Sn等混入物。

(二) 晶体结构

四方晶系，$D_{4h}^{14}-P4_2/mnm$，$a_0=4.58$ Å，$c_0=2.95$ Å，$Z=2$。金红石型结构，为 AX_2 型化合物的典型结构(图22-21)。

O离子作近似六方最紧密堆积，Ti离子填充其半数的八面体空隙。Ti离子占据晶胞的角顶和中心(图22-21-a)，Ti与O分别为六次和三次配位(图22-21-b)，$[TiO_6]$八面体共棱联结成平行 c 轴的链(图22-21-c)，链间八面体共角顶。

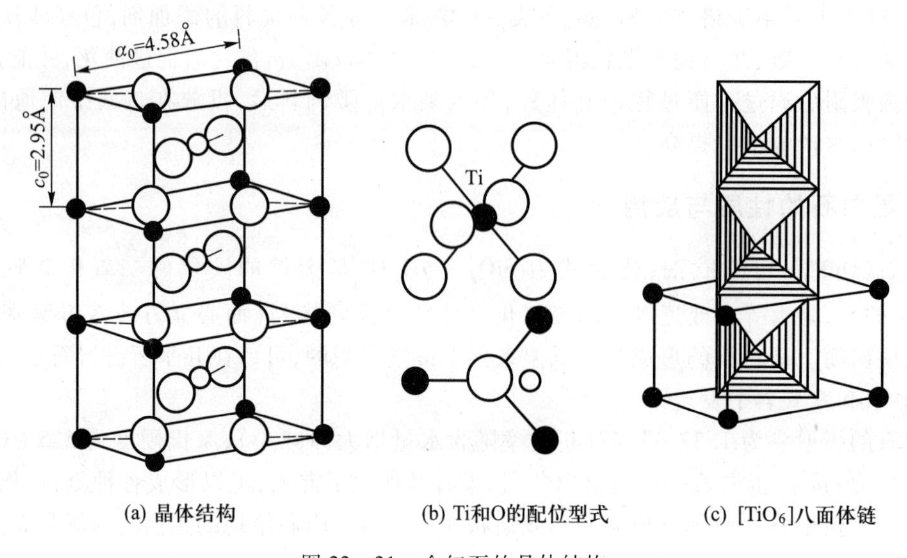

图 22－21　金红石的晶体结构

Fig. 22－21　The crystal structure of rutile

TiO_2具有三种同质多象变体,即金红石、板钛矿和锐钛矿。它们的结构都由[TiO_6]八面体组成。所不同的是,在这三种结构中[TiO_6]八面体分别共两棱、三棱和四棱。根据鲍林法则,配位多面体共棱、共面会降低结构的稳定性,因此,TiO_2三个变体中以金红石分布最广。

金红石常见单形为四方柱和四方双锥等,有时出现复四方柱和复四方双锥。完好的四方柱状或针状晶形较常见,解理平行{110}完全,平行{100}中等。

二、金红石的理化性质

(一) 化学性质

二氧化钛的化学性质极为稳定,是一种偏酸性的两性氧化物。常温下几乎不与其他元素和化合物反应,对氧、氨、氮、硫化氢、二氧化碳、二氧化硫都不起作用,不溶于水、脂肪,也不溶于稀酸及无机酸、碱。加入碳酸钠予以烧熔,则可溶解于硅酸,若再加入过氧化氢,可使溶液变为黄色。只直接溶于氢氟酸。但在光作用下,钛白粉可发生连续的氧化还原反应,具有光化学活性,在紫外线照射下锐钛型钛白粉尤为明显,这一性质使钛白粉既是某些无机化合物的光敏氧化催化剂,又是某些有机化合物光敏还原催化剂。

(二) 电学性质

(1) 介电常数。高介电常数和明显的介电各向异性,介电常数平行 c 轴为 173,垂直 c 轴为 89。由于金红石型二氧化钛的介电常数较高,因此具有优良的电学性能。锐钛型二氧化钛的介电常数比较低,只有 48。

(2) 电导率。金红石具有半导体的性能,它的电导率随温度的上升而迅速增加,而且对缺氧也非常敏感。

(三) 热学性质

(1) 热稳定性。锐钛矿、板钛矿在高温下会转变成金红石,属于热稳定性好的物质。

(2) 熔点和沸点。金红石熔点为 1 850℃，空气中的熔点为(1 830 ± 15)℃，富氧中的熔点为 1 879℃，熔点与二氧化钛的纯度有关。金红石沸点为(3 200 ± 300)℃，在此高温下二氧化钛稍有挥发性。

(四) 光学性质

常呈褐红色，富铁者呈黑色。以其制取的纯 TiO_2 粉末呈白色，称钛白粉，金刚光泽。一轴晶(+)，高折射率，$N_0 = 2.605 \sim 2.613$，$N_e = 2.899 \sim 2.901$ 和高重折率 $N_e - N_o = 0.29$。高反射率：R_0：21.0 ~ 21.1(470 nm)，19.8 ~ 20.0(546 nm)，19.4 ~ 19.6(589 nm)，18.8 ~ 19.1(650 nm)；R_e：24.0 ~ 24.6(470 nm)，23.0 ~ 23.5(546 nm)，22.3 ~ 23.0(589 nm)，22.0 ~ 22.6(650 nm)。

(五) 其他性质

金红石的形态、性质特征与其链状结构密切相关。金红石的[001]平行刚玉的[$10\bar{1}1$]或[$11\bar{2}0$]规则连生，使刚玉晶体的{0001}的面上出现六射星光图案。金红石有亲水性，但其吸湿性不太强，金红石型较锐钛型为小，吸湿性与其表面积、表面处理与性质有关。密度 4.2 ~ 4.3 g/cm^3。pH 7 ~ 8，金红石型硬度为 6 ~ 6.5，锐钛矿为 5.5 ~ 6.0，因此在化纤消光中为避免磨损喷丝孔而采用锐钛型。

三、金红石的应用

金红石广泛用于各类结构表面涂料、纸张涂层和填料、塑料及弹性体，其他用途还包括陶瓷、玻璃、催化剂、涂布织物、印刷油墨和焊剂。金红石主要用来制钛白粉(TiO_2)。据统计，2006 年全球二氧化钛需求达 460×10^4 t，其中涂料行业占 58%，塑料行业占 23%，造纸 10%，其他 9%。钛白粉既可用钛铁矿、金红石制取，也可用高钛渣制取。钛白粉生产工艺有两种：即硫酸盐工艺和氯化物工艺。硫酸盐法的技术比氯化物法简单，可以使用品位低和比较便宜的矿物为原料。目前世界上约有 47% 产能采用硫酸盐工艺，53% 产能为氯化物工艺。

(一) 钛白粉颜填料

钛白粉具有高白度、高折射率的特点和产生散射的能力，用于反射太阳光能量集中区(2 500 nm以下)的光波，其可直接添加于近红外反射、隔热节能、侦查伪装等特殊涂料，以降低被涂覆体表面及内部的温度，或有效消除目标和天然植物背景间的亮度差。在白色颜料中它占 90% 以上。

金红石型钛白粉，大部分被涂料工业消耗。其色彩鲜艳，遮盖力高，着色力强，用量省，品种多，对介质的稳定性可起到保护作用，并能增强漆膜的机械强度和附着力，防止裂纹，防止紫外线和水分透过，延长漆膜寿命。

作为塑料填料可以提高塑料制品的耐热性、耐光性、耐候性，使塑料制品的物理化学性能得到改善，增强制品的机械强度，延长使用寿命。

作为纸张填料，主要用在高级纸张和薄型纸张中使纸张具有较好的白度，光泽好，强度高，薄而光滑，印刷时不穿透，质量轻。造纸用钛白粉一般使用未经表面处理的锐钛型钛白粉，可以起到荧光增白剂的作用，增加纸张的白度，但层压纸要求使用经过表面处理的金红石型钛白粉，以满足耐光、耐热的要求。

TiO_2 颜料又可分为金红石型和锐钛矿型。金红石型的 TiO_2 颜料为微淡色泽，密度 3.9 ~

4.2 g/cm^3,折射率 2.71,吸油率 16 ~ 48 g/100g,平均粒径 0.2 ~ 0.3 μm;锐铁矿型 TiO_2颜料为冷蓝白色,密度 3.7 ~ 4.1 g/cm^3,折射率 2.55,吸油率 18 ~ 30 g/100g,平均粒径 0.18 ~ 0.3 μm。金红石型、锐钛型颜料也用于油墨、纺织和化学纤维中。

金红石除作颜料外,还有少量用于焊条涂料和制取金属钛。金属钛的密度小、强度大、热膨胀系数低、耐热、耐腐蚀,可用于航空航天工业,亦应用于冶金、化工、海洋和电力工业。

(二) 窗口材料

金红石具有特殊透光性能。在 1 ~ 5 μm 波长范围内金红石单晶的折射率为 2.5 ~ 2.3,几乎等于几种常用探测器材料(Ge、Si、InSb、PbS 等)折射率和空气折射率的几何平均值,这就使得它作为元件窗口或前置透镜时可使反射损失显著减少。2 mm 厚的单晶薄片在 0.43 ~ 6.2 μm 波长范围内有很高的透射率,几乎是透明的。3 000 Å 厚的金红石单晶薄膜能将可见光反射掉 42%,透过 57%,可做无损而又耐久的分束器。

(三) 环境净化处理

利用金红石的光催化性能,TiO_2的氧化降解效应已被应用于染料废水、农药废水、含油废水和含重金属废水等污染物的降解。TiO_2光催化降解特点是没有选择性,反应速度快,能耗低,没有二次污染。为了提高催化剂的回收率、空穴 - 电子湮灭率,同时降低催化成本,研究者多借助负载、过渡金属或稀土掺杂、复合氧化物和氧空位等手段处理金红石光催化剂,以提高其活化能、反应速率、光子输运速率和转换频率等。其中,金红石的能隙(<3.0 eV)、比表面积(粒度)、表面活性和晶体缺陷等内因决定光催化速率,光源、有机物浓度、pH 等外因决定有机物的反应速率等。

(四) 介电材料

TiO_2具有十分优秀的介电性能:$\tan\delta = 6 \times 10^{-6}$(3 GHz),$\varepsilon_t = 100$ F/m。不同压力下金红石相 TiO_2在低频下介电常数比高频区高 1 ~ 2 个数量级,且介电损耗降低。这可基本实现半导体器件的自旋极化、注入、传送、操作和检测。基于此特性合成的 TiO_2基微晶玻璃介电常数可低于 8.28 ~ 12.64 F/m,晶化过程产生的"表面效应"(0.2 ~ 1 μm)能达到普通陶瓷所不具备的表面平整度。

20 世纪 20 年代人们就用 TiO_2做出了高频介电体,可以耐到 10^{12}频率级的超高频。40 年代又制出了含 TiO_2的陶瓷,它是一种更好的介电体,可作半导体和检波器。基于优异的介电吸收微波特性,1991 年,中国电子行业标准规定微波金红石可用于微波元器件、天线介质等材料,作为钛酸盐陶瓷的吸波介质,可大大提高陶瓷的合成效率及致密度。20 世纪 90 年代,钛的高吸波能力已应用于微波 - 热等离子体技术分离和富集钛料领域,且对环境污染很小。

(五) 天然及人造宝石

关于金红石资源,世界已查明约有 $8\ 000 \times 10^4$ t。其中巴西的储量占总量的 65%,澳大利亚储量居第二位,其他依次为印度、南非、塞拉利昂、斯里兰卡、美国等。我国已探明的金红石产地主要分布于湖北、山西和河南三省,其中湖北枣阳、山西代县两地储量约占全国储量近 95%。世界市场金红石精矿紧俏。我国除开采天然金红石外,还在发展人造金红石。

(六) 纳米二氧化钛的性能和应用

纳米技术可大幅度提高 TiO_2快速电子 - 空穴复合率和受光比表面积,但单纯纳米二氧化钛粉体的应用性不高，特别是在催化过程中易于快速中毒且难于回收。为保持纳米化效应，研究者已采用掺杂、负载、柱撑、纳米管阵列等技术弥补这一缺陷，既大幅度提高了光电子传输速率，又保证了二氧化钛与其他物质的充分接触。特别是在二氧化钛－有机体系中发现了较为明显的量子点效应，这为新型电池设计提供了较为新颖的思路，并已应用到污染物处理、太阳电池、催化与制氢、敏感材料、生物医学材料等领域。

（1）催化净化污水与挥发性有机污染物。与商业二氧化钛相比，经过纳米化处理的 TiO_2（10～20 nm）有较高的电子输运率，可作为优良的催化剂载体催化有机染料（甲醇、苯酚等）、VOCs（挥发性有机化合物）、乙烯（植物组织产生、发动机排放以及植物和真菌代谢所产生的一种气体）等。为进一步降低催化反应时间，直接途径就是以掺杂手段创建阳原子空位（Cu、Ag、稀土等重金属或过渡金属）、氧原子空位（F、C、N 等阴离子）和复合空位（V－N、N－S、Zn－Ce、C－Fe 等共掺掺杂），借此加速纳米 TiO_2 与污染物表面的电子输运，达到分解污染物的目的。

（2）超亲水涂层和制氢技术。当受紫外光照射后，污染物与 TiO_2 的接触角由几十度迅速变小，最后几乎达到零度。停止光照放置一段时间，接触角会逐步增大重新恢复到原始状态，若再经照射又会变成超亲水状态。1997 年，东京大学发现了紫外光诱导下 TiO_2 薄膜超亲水性的现象，进一步改性的 C—N—F 共掺杂 TiO_2 薄膜光催化硬脂酸分解的自清洁活性高于单掺杂 5 倍以上。基于此亲水特性，TiO_2 表面水分子易于捕获光生活性电子，诱导 H—O 键断裂，重新复合成氢气和氧气。据文献报道，6 μm 长的纳米管阵列表面可加速水分解出 175 μl/h（600℃）和 960 μmol/（h · W）的氢气，转换效率达 6.8%。但纳米管光裂解水的实际生产还有诸多问题有待解决。

（3）有机－无机太阳能电池。自 1991 年瑞士学者提出大比表面积的 TiO_2 纳米管阵列可以吸附大量的燃料分子，这种高度有序阵列结构能够增强光散射、光生载流子产额和电荷收集效率，其光电转换率超过 10% 的太阳能电池。之后，美国学者制备了直射式 360 nmTiO_2 纳米管阵列基染料敏化电池、P 型半导体复合纳米管阵列，得到的太阳能转化率可高于 2.9%。Sharp 公司生产的染料敏化纳米晶 TiO_2 太阳能电池效率可高达为 10.4%。目前，研究者正在发展钙钛矿型、CdS 和 CdSe 量子点敏化技术以便进一步提高光电活性，机理尚不清楚。

（4）重金属粒子和气体敏感材料。除高电子－空穴复合率特性外，纳米化 TiO_2 具有高比表面积、高表面电荷、单向通道和尺寸选择性。已有大量报道采用强物理吸附特性的负载（沸石、活性炭、1，4－二羟基蒽醌等）和柱撑（蒙脱石、石墨烯、硅藻土等）载体配合吸附远程污染物，并降低催化剂“中毒”几率，可快速物化吸附短程的重金属纳米粒子（Ag、Au、Pd 等）。此外，TiO_2 纳米管表面的化学吸附作用具有高氢气灵敏度，可作为气体传感器基底，可检测 CO 等可燃气体和氧气。此外，在紫外线下其光敏性比其他类 TiO_2 材料高 100 倍，可轻易去除表面气体和水雾附着污染物。

（5）紫外线屏蔽剂。纳米 TiO_2 对紫外线具有十分优异的屏蔽作用，无毒、无刺激、耐水、无怪味、稳定性好，作为紫外线屏蔽剂主要应用于：防晒化妆品、涂料、塑料、化纤、橡胶等方面。

（6）抗菌剂。由于纳米 TiO_2 的光生电子空穴可以直接和细菌的细胞壁或内部组分发生生化反应，使细菌灭活。与常规银、铜杀菌剂不同的是 TiO_2 光催化不仅能够杀灭细菌，同时降解细菌释放出的有毒物质，避免细菌被杀死后释放内毒素造成的二次污染。日本的 TOTO 公司已经将涂覆有二氧化钛纳米膜的抗菌瓷砖和卫生陶瓷生产用于医院、食品加工等场所。

(7) 生物医学材料。钛及钛合金具有优良的比强度、耐腐蚀和良好的力学性能,在牙科种植体、人工关节等矫形外科方面已逐渐占主导地位。其中,TiO_2与钛或钛合金基底有着牢固的结合力,增加 TiO_2过渡层可以使脱落问题缓解。碱性处理后 TiO_2纳米管阵列易于沉积羟基磷灰石形成黏合层,并在诱导期快速生长,这可应用到药物释放的载体领域,然而,TiO_2纳米管医学应用尚处于起步阶段。

第四节　赤　铁　矿

一、概述

(一) 化学成分

赤铁矿的化学成分主要为 Fe_2O_3,常含 Ti、Al、Mn、Cu 及少量 Ca、Co 类质同象混入物,隐晶质致密块状中常含有 SiO_2、Al_2O_3等机械混入物。Fe_2O_3有 $\alpha-Fe_2O_3$和 $\gamma-Fe_2O_3$两种同质多象变体:$\alpha-Fe_2O_3$属三方晶系,具刚玉型结构,在自然界中稳定,称赤铁矿;$\gamma-Fe_2O_3$属等轴晶系,具尖晶石型结构,在自然界中不如 $\alpha-Fe_2O_3$稳定,处于亚稳定状态,称磁赤铁矿。

(二) 晶体结构

$\alpha-Fe_2O_3$属三方晶系,$D_{3d}^6-R\bar{3}c$,$a_0=5.039$ Å,$c_0=13.76$ Å,$Z=6$。具刚玉型结构(图 22-1)。

(三) 形态

完好单晶体少见,单晶常呈板状,主要由板面(平行双面)与菱面体等所形成的聚形。集合体形态多样,显晶质者有片状、鳞片状或块状;隐晶质者有鲕状、肾状、粉末状和土状等。赤铁矿根据形态等特征又有如下的一些名称:呈钢灰色片状集合体的叫镜铁矿;具金属光泽的细鳞片状集合体称云母状赤铁矿;呈鲕状或肾状者称鲕状或肾状赤铁矿;呈粉末状的赤铁矿称铁赭石;表面光滑明亮的红色钟乳状赤铁矿集合体称红色玻璃头。赤铁矿的形态特征与其形成条件有一定的关系。一般由热液作用形成的赤铁矿可呈板状、片状或菱面体的晶体形态;接触交代作用形成的赤铁矿多为粒状晶形;云母状赤铁矿是沉积变质作用的产物;鲕状和肾状赤铁矿是沉积作用的产物。

磁赤铁矿主要是磁铁矿在氧化条件下经次生变化作用形成的,磁铁矿中的 Fe^{2+}完全为 Fe^{3+}所代替,所以有 $1/3Fe^{2+}$所占据的八面体位置产生了空位,另外,磁赤铁矿可由纤铁矿失水而形成,亦可由铁的氧化物经有机作用而形成。

二、赤铁矿的理化性质

(一) 光学性质

显晶质的赤铁矿呈铁黑色至钢灰色,常带浅蓝锖色;隐晶质的鲕状、肾状和粉末状者呈暗红色至鲜红色;条痕呈樱桃红色或红棕色;金属光泽(镜铁矿、云母状赤铁矿)至半金属光泽或土状光泽;不透明。

(二) 力学性质

无解理,摩氏硬度 5.5~6,土状者硬度降低;相对密度 5.0~5.3;性脆;镜铁矿常因含磁铁矿细微包裹体而具较强的磁性。

磁赤铁矿($\gamma-Fe_2O_3$),其化学组成中常含有 Mg、Ti 和 Mn 等混入物。等轴晶系,五角三四面体晶类,多呈粒状集合体,致密块状,常具磁铁矿假象,颜色及条痕均为褐色,硬度 5,相对密度 4.88,强磁性,饱和磁化强度可达 65 $A\cdot m^2/kg$。

三、赤铁矿的应用

(一) 重要的铁矿石

赤铁矿是重要的铁矿石矿物之一,Ti、Ga、Co 等元素达一定量时可综合利用。我国赤铁矿石储量较大、品位低、成分较复杂、嵌布粒度细,往往需经过选矿才能达到工业要求。目前赤铁矿选矿工艺主要有焙烧-磁选工艺,单一强磁选工艺,单弱酸性介质浮选及强磁选-浮选工艺等。

(二) 铁红颜料

赤铁矿经提纯加工后的铁红是重要的红色矿物颜料。铁红颜料遮盖力很强,仅次于炭黑,着色力、耐候性及化学稳定性都很好,是一种非常重要的防锈颜料。绝大多数红色防锈漆,如醇酸铁红防锈漆、氯化橡胶铁红防锈漆和环氧铁红防锈漆,甚至在某些环氧富锌底漆中,都以铁红作为重要辅助防锈颜料。

由天然细小的鳞片状或贝壳状镜铁矿经选矿加工制成的云母状氧化铁颜料的特性类似铁红,但因其鳞片状结构使其在阳光下易于闪光,在防锈涂层中的取向像云母一样,和铝粉一样具有形成阻挡层的能力,因此是一种优良的无机防锈颜料。云母状氧化铁具有化学性质稳定、无毒无味、耐高温(达 1 000~1 100℃)、抗紫外线及具有抗粉化性、防锈性、耐碱性、耐盐雾性、耐候性等优良性能,广泛应用于重防腐涂料、防锈油漆、填料等领域。

云母状氧化铁的颜色随着颗粒粒径的变化而变化。随着粒径的减小,红相增加,最后形成鲜红色,不闪烁金属光泽。粒径为 0.5 μm 的云母状氧化铁呈鲜红色;粒径为 5 μm 的云母状氧化铁呈暗红色,金属光泽弱;粒径为 63 μm 的云母状氧化铁呈刚灰色,有强烈的金属光泽。

(三) $\gamma-Fe_2O_3$作磁性材料

$\gamma-Fe_2O_3$具有独特的电、磁、光、催化等特性,在信息存储器、彩色显像管、磁性制冷和气敏传感器等方面都有广泛应用。目前主要采用低温下溶胶—凝胶法制备,但 $\gamma-Fe_2O_3$属于 AB_2O_4型尖晶石结构,处于亚稳态,稳定性较差,即使在较低温度(350℃左右)下煅烧也会部分不可逆地转变为磁性很弱的 $\alpha-Fe_2O_3$,从而影响它的实际应用。因此有人采用低温下环氧丙烷溶胶-凝胶法制备 Ti 掺杂$\gamma-Fe_2O_3$纳米微粒。在低温下采用恒温反应,以低沸点易挥发的环氧丙烷作为胶凝剂,通过这种方法制得的$\gamma-Fe_2O_3$纳米微粒粒径分布窄。经过 Ti 掺杂的$\gamma-Fe_2O_3$纳米粒子的相转变温度比未掺杂的$\gamma-Fe_2O_3$纳米粒子的相转变温度高 100℃左右,可见该办法提高了$\gamma-Fe_2O_3$纳米粒子在高温下的稳定性。

(四) 药用矿物

药用赤铁矿又名代赭石、代赭、铁朱、钉头赭石、红石头、赤赭石。有平肝潜阳,重镇降逆,凉血止血的功效。

代赭石是三氧化二铁和黏土的混合物,我国医学认为,代赭石味苦,性寒、质重善降逆气、可治难产,胞衣不下,子宫出血和赤白带下,也可治小儿疳积、泻痢、惊痫等。由于代赭石能降逆气,所以又善治气血上逆的呕吐,嗳气吐血,鼻衄及肝阳上亢的头目眩晕等。

现代科学证实,代赭石含有 Fe、Mn、Mg、Al、Si 等微量元素,能促进红细胞及血红蛋白的新生,并具有镇静中枢神经的作用。临床资料表明,使用代赭石可使肝脏合成的去铁铁蛋白增加 20% ,8 小时后,肝内铁蛋白的含量很快增加,24 ~ 28 小时达到最高峰。代赭石中微量的砷也发挥了生血的作用,这是由于砷刺激了胃黏膜,而使胃的机械感受器活动增强,从而反射性地促使间脑部体温调节中枢附近的“造血中枢”兴奋,进而引起网状细胞和血红蛋白明显增多。

我国赤铁矿资源储量约 85×10^8 t,其中鲕状赤铁矿储量达 40×10^8 t 左右,赤铁矿占全国铁矿资源的 18% 。中国著名产地有辽宁鞍山、甘肃镜铁山、湖北大冶、湖南宁乡和河北宣化。

第二十三章　电气石　堇青石

第一节　电　气　石

一、概述

（一）化学成分

电气石是电气石族矿物的总称，是以含硼为特征的铝、钠、铁、镁、锂的环状结构硅酸盐矿，化学成分复杂，化学通式可表示为 $XY_3Z_6[Si_6O_{18}][BO_3]_3W_4$，（$X=Na,K,Ca$，空位；$Y=Fe^{2+},Mg^{2+},Mn^{2+},Fe^{3+},Al^{3+},Li^{+}$；$Z=Al^{3+},Fe^{3+},Cr^{3+}$；$W=O,OH,F$）。有时存在 Si 替代位于四面体位置 B 的现象。但没有 Al^{3+} 代替 Si^{4+} 现象。R 位置类质同象广泛，传统认为主要有 4 个端员成分，即：① 镁电气石（dravite）：$R=Mg$；② 黑电气石（schorl）：$R=Fe$；③ 锂电气石（elbaite）：$R=Li+Al$；④ 钠锰电气石（tsilaisit）：$R=Mn$。

镁电气石－黑电气石之间以及黑电气石－锂电气石之间形成两个完全类质同象系列，镁电气石和锂电气石之间为不完全的类质同象。Fe^{3+} 或 Cr^{3+} 也可以进入 R 的位置，铬电气石中 Cr_2O_3 可达 10.86%。

最新研究认为电气石族矿物按照 X、Y、Z 位置包含的阳离子种类进行分类，主要有布格电气石、镁电气石、锂电气石、铁电气石、锰电气石、铬镁电气石、铁镁电气石、锂钙电气石、钙镁电气石等 9 个端员。

（二）晶体结构

电气石晶体结构属三方晶系；C_{3v}^5-R3m；$a_0=15.84\sim16.03$ Å，$c_0=7.09\sim7.22$ Å；$Z=3$，电气石晶胞包括：六个硅氧四面体形成的$[Si_6O_{18}]$复三方环，四面体的角顶指向同一方向，X 阳离子填充其空隙；三个$[Y-O_5(OH)]$八面体，Y 离子充填八面体的中央空隙，周围连接了六个中心填充 Z 离子的小八面体；各大八面体之间分布有硼原子，形成了三个$[BO_3]$三角形（见图 23－1）。

（三）形态与特征

电气石属于复三方单锥晶类，晶体呈柱状，单晶多为三方柱、六方柱、三方单锥和复三方单锥等。柱面有纵纹，柱体横切面呈三角形。集合体呈针状、纤维状或放射状，有时呈粒状或隐晶质块状。相对密度为 3.02～3.25，随着铁、锰含量的增加，密度相应增大。电气石摩氏硬度一般为 7～7.5。

（四）成因与资源

电气石中富含硼和水，多产于花岗伟晶岩及气成热液矿床中，一般在较高温度下形成黑色电气石，在较低温度下形成绿色、粉红色电气石。花岗伟晶岩中产出的电气石多为铁电气石－锂电气石系列。在气成热液矿中，电气石多产于石英脉、锡石－硫化物矿脉及云英岩中。同时在变质岩或变质矿床中也有变质矿物电气石产出。

目前已在世界上很多国家发现了电气石，资源丰富的国家有亚洲的斯里兰卡、阿富汗、中国等；欧洲的俄罗斯、法国、德国等；美洲的巴西、美国等；非洲的纳米比亚、坦桑尼亚、马达加斯加等。新疆、内蒙古、河北、云南、广西是我国电气石的主要产区，这些省区均有电气石原矿、微粉、超细微粉供应。

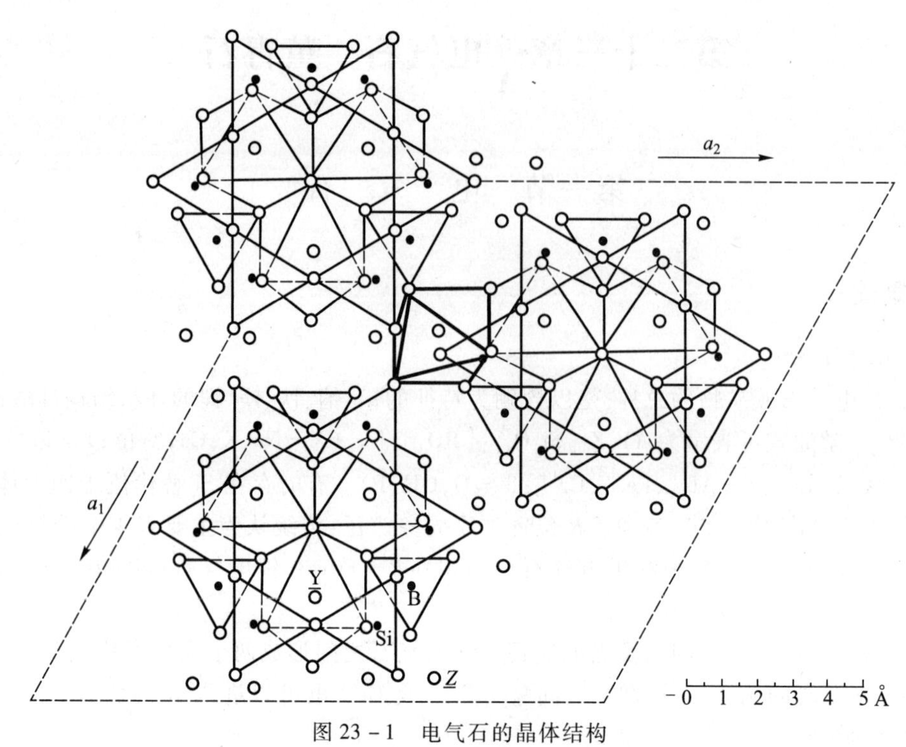

图 23-1　电气石的晶体结构

Fig. 23-1　The crystal structure of tourmaline

（据董颖，2005）

二、物理化学性能

（一）光学性质

电气石具有玻璃光泽；由于成分不同，电气石的颜色会有所不同，常见的颜色主要有黑色、红色、绿色、蓝色、褐色和灰色等，富含铁的电气石呈黑色；富含锂、锰和铯的电气石呈玫瑰色，亦可呈淡蓝色；富含镁的电气石呈褐色和黄色；富含铬的电气石呈深绿色。电气石晶胞中存在电子或离子孔势阱如色心和 O 孔，晶体结构中 Mn 的出现，使电气石呈现红色，而铁离子发生电子移位能够产生绿色、蓝色和黑色。

电气石具有较大的双折射率和明显的二色性，双折射率一般为 0.018～0.040，浅色电气石双折射率值低；颜色越深，双折射率值越高。用肉眼从两个不同方向观察，电气石呈现不同的颜色；电气石具有明亮而有些刺眼的玻璃光泽。

（二）化学活性与稳定性

电气石的稳定性较好，不溶于单酸，微溶于 HF。电气石具有较好的热稳定性，在 800℃以下一直能够保持电气石的结构，一般在 1 200℃结构初步破坏；但是由于电气石成分复杂，目前国内外对电气石的分解温度和产物还没有形成完全一致的结论，根据种类的不同，其分解温度和产物都会有所不同。

（三）电磁学性质

（1）热释电性。电气石具有热释电性质，这是由于在晶体中存在极性轴。在加热或冷却过程中,表面绝缘的电气石会产生电极性。

(2)压电性。电气石晶体两端的压电效应是柱面的3~4倍,最强静电压介于7~51 mV,均值为18.9 mV;晶体柱面上的静电压为5~9 mV。锂电气石的压电效应强于镁、铁电气石。电气石晶面条纹越清晰,其压电效应越明显。

(3)自发极化。电气石具有优异的异级对称结构。由于热释电和压电效应,电气石可在表面十几微米范围内存在永久静电场,不受外电场影响,即自发极化现象。日本学者Kubo利用电气石的离子吸附和电解水产生氢气实验,证明了电气石自发电极的存在。S. Yamaguchi,冯艳文等人认为电气石颗粒电极的最大电场强度约为10^7 V/m。电气石颗粒表面的静电场强度会因远离中心而迅速减弱,其强度可按如下公式进行计算:

$$E_r = (2/3)E_0(a/r)^3 \tag{23-1}$$

式中:a为电气石颗粒半径,m;

r为距中心的距离,m。

由此可知,在电气石表面十几微米范围内存在强度为10^4~10^7 V/m的电场。

镁电气石、铁电气石属于顺磁性,锂电气石为反铁磁性。电气石磁性大小与其全铁含量及折射率呈一定的正相关,不同种属电气石的磁性均比较弱,剩磁和矫顽力也都比较小,属于弱磁到无磁范围;铁电气石垂直c轴方向的饱和磁化强度和剩磁均高于平行c轴方向,铁电气石的磁性大于锂电气石。

(四)环境功能属性

电气石具有显著的热释电性、压电性,使其具备了多种独特的环境功能属性。

1. 释放空气负离子的性能

由于电气石具有永久自发电极,这种电极能使其周围空气中的H_2O分子电解形成H^+和OH^-,氢氧根离子与水分子结合可形成$H_3O_2^-$,这就是电气石具备的释放空气负离子功能。韩跃新等测试了内蒙古东部黑电气石释放的负离子浓度,块状平均最大值可达18 625个/cm^3,超细粉平均最大值可达25 600个/cm^3。

2. 释放远红外线的性能

电气石由于化学成分复杂,具有多种红外活性振动键,同时具有良好的热电性和压电性,一旦环境压力或温度发生变化,其内部分子振动增强,偶极矩发生变化,从而发射出4~14 μm波长的光线,且远红外线发射率将近100%。杨如增等人测试了云南、湖南、内蒙古、新疆等地的天然黑色电气石的红外辐射特性,50℃时黑色电气石的法向比辐射率值均介于0.90~0.92之间,具有优异的释放红外线的功能。

3. 水体活化与净化性能

电气石能够产生永久性微弱电流(强度为0.06 mA),可电解水,能获得界面的活性作用、氯的安定化、铁的钝化(预防红色铁锈生成而发生红水)、水的还原化、去除二氧化硅与黏合物(微生物集合体)等各种效果。

电气石可缩小水分子束。水不会以单独分子存在,它会与氢结合,形成分子集团,称为分子束。活化的水为5~6个分子结合的分子束。分子束较小的水能去除氯或不纯物,味道佳,而且能够提高人身体的渗透力。

目前国内外的研究普遍认为电气石具备污水净化功能，其机制主要是由于电气石颗粒能够吸引污水溶液中有害金属离子，另外电气石表面可形成羟基基团，可使污水溶液中的金属离子形成沉淀析出，达到净化的目的。同时冀志江等人认为电气石能够影响水溶液的氧化还原电位，调节水溶液的 pH，使之趋向中性。

4. 电磁屏蔽性能

卢琪等人认为电气石能与空气中的水分子反应形成阴离子，可中和辐射发出的阳离子，达到阻碍电磁波传播的目的，从而使得电气石具备一定的电磁屏蔽性能。

（五）生物效应

根据国内外研究报道，电气石具有一定的生物效应，主要体现：① 可促进生物的细胞生长与代谢；② 电气石的表面电场能活化水分子，加速生命活动的进行；③ 电气石能释放 K、Ca、Mg、Al、Si、Fe、B、Na、Li 等微量元素，促进细胞的生长。

（六）复合增效性

电气石与其他半导体矿物或材料如 C、尖晶石、二氧化钛、氧化锌、黄铁矿、磁黄铁矿、磁铁矿等复合或用稀土掺杂活化，可使原有半导体性、光催化性、降解与净化性能更加优越。如黑电气石/TiO_2（稀土离子：Nd^{3+}，Gd^{3+}）复合材料的光催化效率和甲基橙降解率，比 TiO_2 的光催化效率提高了约 26%。又如 5% 的尖晶石与电气石复合，红外辐射率从 0.82 提高到 0.95。竹炭与之复合，红外辐射率从 0.83 提高到 0.90。

三、电气石的应用

电气石由于具备多种独特性能，目前在宝石、电子、建材、化工等行业已得到广泛应用。中国电气石资源丰富，以新疆、河北、内蒙古、云南、广西为代表。开发的电气石新品种不断增多。

（一）宝石原料

色泽鲜艳、清澈透明的电气石晶体可做宝石原料，也就是俗称的碧玺，属中高档宝石。由于成分的差异，碧玺有丰富的颜色，国际珠宝界一般按颜色对碧玺划分商业品种，颜色越浓艳价值越高，其中蔚蓝色和鲜玫瑰色价值较高。常见的有红碧玺、绿碧玺、蓝碧玺（稀有高档宝石）、黄碧玺、紫碧玺、无色碧、黑碧玺、多色碧石、杂色碧玺和电气石猫眼等。

（二）在电磁材料中的应用

电气石具有一定的压电效应，晶体可用作无线电工业里的波长调整器，偏光仪中的偏光片；也还可用于声呐元件；结晶完好、无弯曲、无裂纹的电气石，可作压电计；电气石还可用于弹道压力传感器的制造。

电气石具备一定的电磁屏蔽功能，可将其加入到陶瓷、涂料、塑料、纤维等基材中，制备各种电磁防护产品。

如国内已有人将电气石颗粒和多孔载体制成电磁屏蔽材料，应用于游戏机、电视机、微波炉、电热毯、电话和手机等电磁辐射污染较多的区域。如卢琪等人将电气石料粉体加入到涂料中，产品的电磁屏蔽效能可达 16 dB 左右。裴光哲等利用电气石微粒制成多层结构的电磁防护器，可有效防止有害电磁波侵袭人体。

（三）在医疗保健领域的应用

1. 负离子保健领域的应用

电气石可以使空气中的负离子增加，空气负离子具有调节人体生理机能、消除疲劳、改善睡眠等作用，对人体健康非常有益。因此电气石负离子粉体具有很大的应用前景，如可添加在化纤中，制备负离子化纤织物；也可将电气石粉体添加到陶瓷、油漆、涂料、塑料中制备负离子生态建材。

如日本将矿石微粉与远红外微粒按一定比例混合后，经整理附着于织物上。国内河南新乡白鹭化纤集团成功开发出粘胶负离子功能纤维。在美国电气石已经作为化妆品中的清洁成分进行应用。中国的黄凤萍等人将电气石直接加入陶瓷坯体中，制成了能够释放负离子的陶瓷产品。陈丽芸通过将电气石细碎后加到铸铁搪瓷面釉中，获得了具有产生负离子功能的铸铁搪瓷。董发勤等以携能物质、稀土氧化物、二氧化钛、电气石为原料，采用机械化学复合方法制备的高效空气负离子复合材料，可广泛用于涂料、乳胶漆、腻子、天花板、家具涂层等建筑材料中，也可用于塑料、纤维等领域。

2. 远红外保健领域的应用

电气石可在常温下发射远红外线，可改变细胞的通透性、胶体状态、生物电、酸碱度、酶系统，同时还可以提高免疫力，有利于人体健康。因此可将电气石加到陶瓷、涂料、玻璃、织物、日用化学品等基材中，制成各种远红外保健产品。

唐家生将电气石粉体加入牙膏中制备了远红外功能牙膏。郭兴忠等以竹炭和电气石为原料，采用机械共混及高温烧成制备了竹炭/电气石复合远红外材料。陆金驰等人将电气石直接掺入粉煤灰，采用烧结法制备出具有远红外辐射的新型微晶玻璃制品。

（四）在水处理中的应用

由于具有自发极化性质，电气石可作为水处理剂使用。

1. 对污染水体的净化

电气石可有效吸附废水中重金属离子，达到降低水体危害的目的，如日本已采用电气石和微生物混合超微粒子撒布的方法对污染水体进行净化。韩跃新等利用电气石对水体中的 Pb^{2+} 进行吸附处理，具有较好的吸附效果。蒋侃等人采用电气石对重金属废水进行处理后，重金属含量满足国家排放标准。汤云晖等的研究表明电气石的静电场对 Cu^{2+} 的吸附作用可使 Cu^{2+} 与电气石表面的离解产物 OH^- 在表面发生反应形成沉淀，达到净化目的。另外电气石对污水中的部分有机物也具有一定的脱色能力，可用于有机污染废水的处理。

2. 改善水质

电气石可缩小水分子束结合度。一般自来水的分子束为 12～16 个，受到污染的水一般约 35～36 个，自来水的分子束即使通过净水器也不会产生变化。电气石可使其降为 5～6 分子束，让水分子的活动最旺盛，水味甘甜健康。电气石具有使溶液 pH 趋于 7 的功能，因此可用于维持水体的酸碱平衡，改善水质。同时电气石可将水分子团分解成小水分子团，实现水的重新活化，达到改善水质的目的。

（五）生物介质材料

电气石具有一定的生物效应，对动植物和微生物的细胞生长和代谢具有一定的促进作用。可将电气石作为微生物强化介质材料使用，可将其应用于农业、生物学、环境保护等领域。如黄诚贵等利用电气石促进豆芽细胞生长。夏枚生等利用电气石促进 Caco－2 细胞生长和提高碱性磷酸酶活性。NiH 等人认为电气石能显著促进酵母、乳酸菌和曲霉的生长与代谢。蒋侃等人的研究表明电气石能够促进好氧反硝化菌株的生长繁殖，增强其反硝化能力。

日本还进行了电气石在农作物增产与微肥吸收、提高土壤温度方面的对比实验。

第二节　堇　青　石

一、概述

早在 19 世纪，人们就试图人工合成堇青石。1899 年 Morozewier 制成了这种晶体并取名为“cordierite”。

堇青石是一种硅酸盐矿物，天然堇青石呈无色，但通常具有浅蓝或浅紫色，玻璃光泽。堇青石还具有一个特点，它们会在不同的方向上发出不同颜色的光线（多色性），品优色美的堇青石可作宝石。

堇青石在自然界分布较广，但含量较低，很少富集成矿，因此工业上所使用的堇青石大多为人工合成。Rankin 和 Merwin 探索了 $MgO-Al_2O_3-SiO_2$ 系硅铝酸盐的合成方法，发现了非同一般的低热膨胀性能。从此，很多研究者着手研究了这个重要而复杂的三元系统，描述了各相之间的关系和堇青石的晶体结构。Osborn 和 Muan 最终给定了 $MgO-Al_2O_3-SiO_2$ 系的三元相图（图 23－2），一直沿用至今。

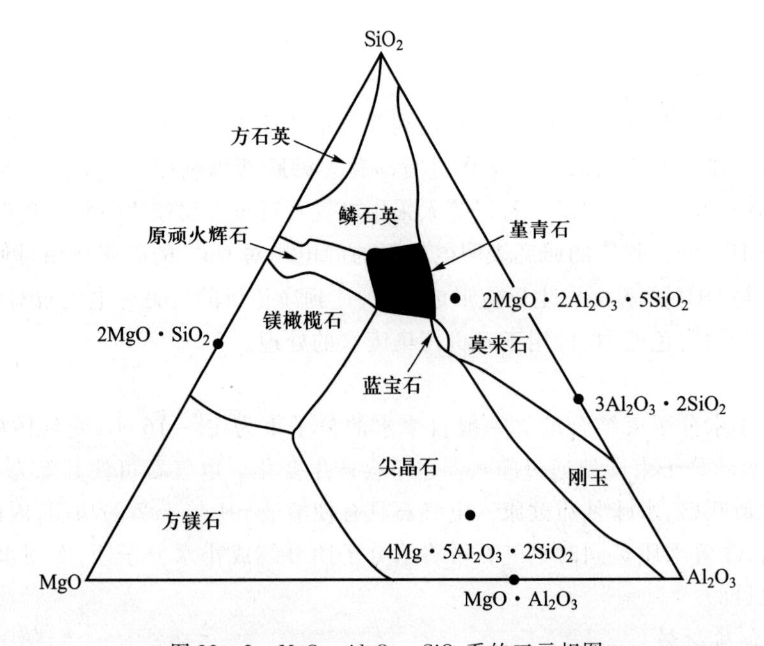

图 23－2　$MgO-Al_2O_3-SiO_2$ 系的三元相图

Fig. 23－2　The ternary phase diagram of $MgO-Al_2O_3-SiO_2$ system

（一）化学成分

堇青石的理论组成为 $2MgO \cdot 2Al_2O_3 \cdot 5SiO_2$ 或 $Mg_2Al_3[(Si_5Al)O_{18}]$。按照质量分数，MgO 为 13.8%，Al_2O_3 34.9%，SiO_2 51.3%。实际上，堇青石的化学成分常与理论组成有一些差异，最常见的是 Fe^{2+} 置换 Mg^{2+}；其次，Si^{4+} 与 Al^{3+} 之间的类质同象置换，也会导致 SiO_2/Al_2O_3 比例的变化，同时必须有 Na^+，K^+ 等碱金属离子进入通道以保持电价平衡。堇青石含铁较高时称为铁堇青石，含锰高时称为锰堇青石。只有用溶胶－凝胶法或者水解法等化学方法合成的堇青石，其成分才最接近理论组成；用其他方法合成的堇青石总是或多或少地含有一些杂质元素。

（二）晶体结构

堇青石存在三种变体：α－堇青石、β－堇青石和 μ－堇青石。无论哪种形态的堇青石，晶体结构都是由 5 个硅氧四面体和 1 个铝氧四面体组成的六元环层经镁氧八面体和铝氧四面体连接构成。

通常人工合成大多得到的是 α－堇青石（图 23－3），它的化学式为：$Mg_2Al_4Si_5O_{18}$，为高温稳定的六方结构，又名印度石（Indialite），属六方晶系。空间群为 C_{6h}^2-C6/mcc，晶胞参数 $a_0=b_0=9.769$ Å，$c_0=9.337$ Å，$\alpha=\beta=90°$，$\gamma=120°$。六方环内径为 5.8 Å。在结构中由 5 个［SiO_4］四面体和一个［AlO_4］四面体组成一个六元环。六元环沿 c 轴同轴排列，相邻两层互错 30°角。六元环之间靠［AlO_4］四面体和［MgO_4］八面体连接。［AlO_4］四面体和［MgO_4］八面体共棱连接，从而构成稳定的堇青石结构。

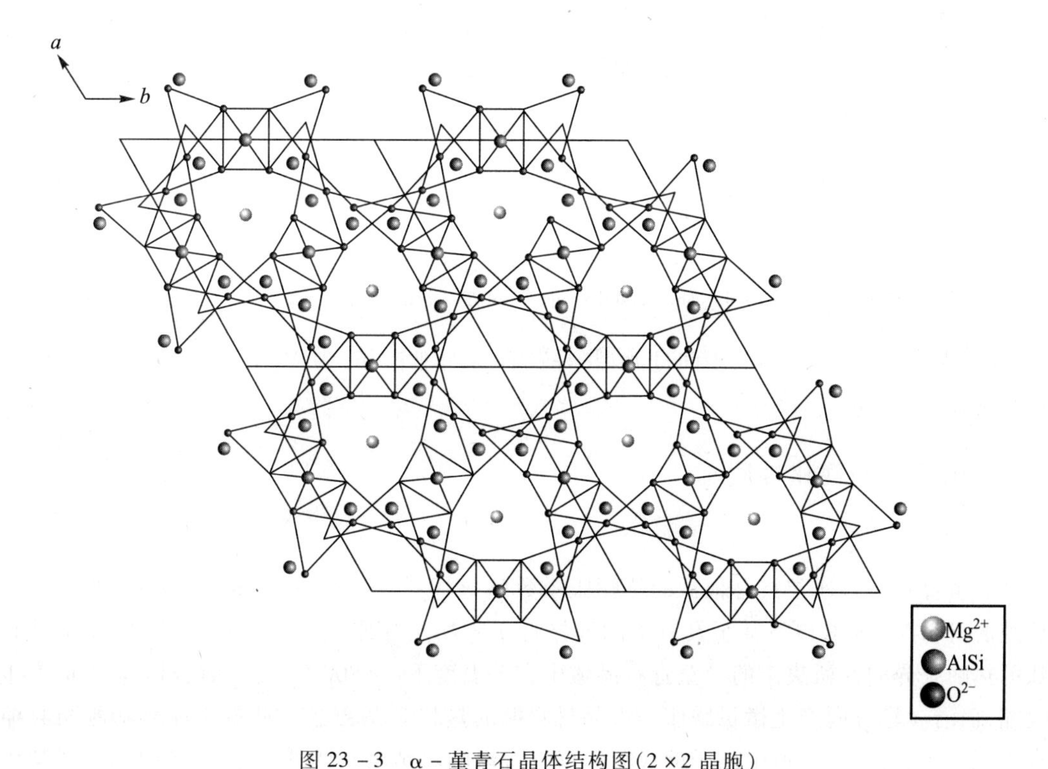

图 23－3　α－堇青石晶体结构图（2×2 晶胞）

Fig. 23－3　The crystal structure of α－cordierite（2×2 cell）

β-堇青石(图 23-4)常见于自然界天然形成的矿物。它的化学式为:$(Mg,Fe)_2Al_3[AlSi_5O_{18}]$,成分中的 Mg 和 Fe 可作为完全类质同象代替,但大多数的堇青石是富镁的,富铁的较为少见,这是由于镁能优先进入堇青石的晶体结构中。属斜方晶系空间群 $D_{2h}^{20}-Cccm$,晶胞参数 $a_0=17.16$ Å,$b_0=9.75$ Å,$c_0=9.35\sim9.29$ Å,$Z=4$。以硅氧四面体组成的六方环为基本构造单位,环间以 Al、Mg 连接,为了补偿电价,在六方环中出现 Al 代替 Si 的现象,因此对称降低为斜方晶系。

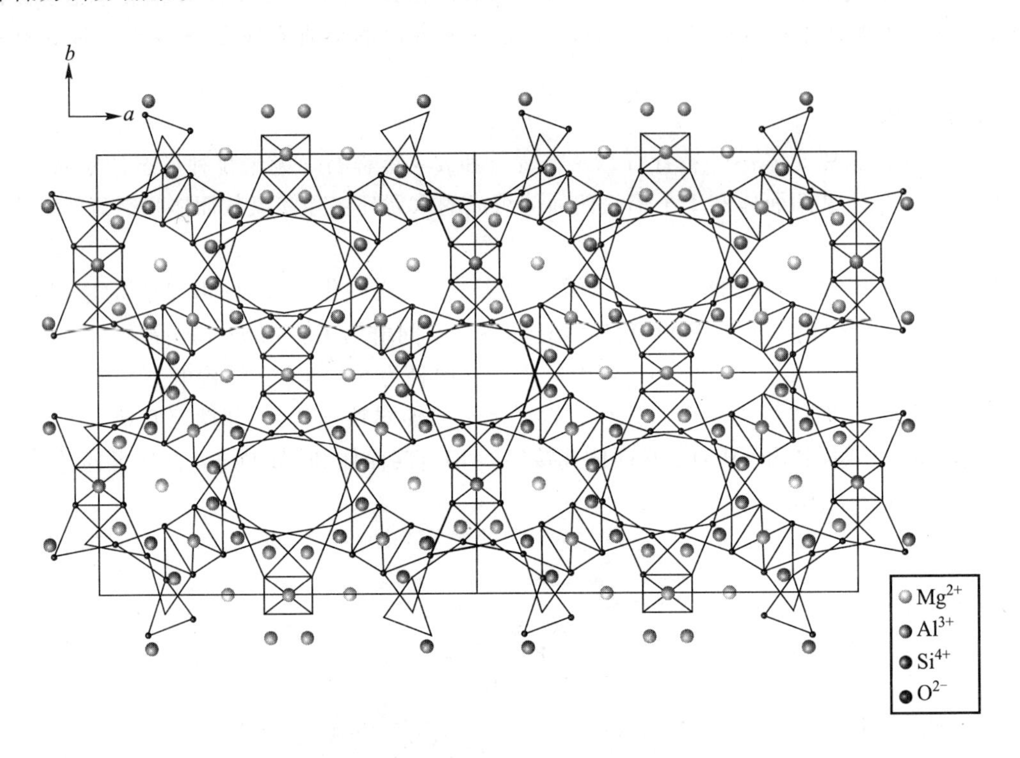

图 23-4 β-堇青石晶体结构图(2×2 晶胞)

Fig. 23-4 The crystal structure of β-cordierite (2×2 cell)

μ-堇青石,属六方结构的中间过渡型,是堇青石的亚稳相,为 $MgAl_2O_4-SiO_2$ 的固溶体,晶体结构呈 β-石英型。

二、堇青石的理化性质

(一) 热学性质

多晶堇青石材料通常具有很低的热膨胀系数($1\times10^{-6}\sim4.7\times10^{-6}$ K^{-1},25~1 000℃)。某些较纯的材料在 400℃以下甚至具有负的或接近于零的热膨胀系数,这是堇青石单晶所具有的特殊的热膨胀异向性所决定的。堇青石晶体中在等温度下(<800℃)受热时,沿 c 轴方向产生微量收缩,而沿 a 轴方向产生微量膨胀。多晶材料低的热膨胀系数是这些微小晶粒膨胀与收缩的综合表现。实验证实,通道中离子的成分不仅直接影响着堇青石的热膨胀性,而且由于骨架中成分的相应改变,也间接地影响着堇青石的热膨胀性。

（二）机械性能

堇青石材料的强度与其他氧化物（如 ZrO_2，Al_2O_3），非氧化物（如 SiC，Si_2N_3，AlN）等相比，并算不上是一种高强度结构材料。由于它特有的低的热膨胀系数，使堇青石材料仍不失为一种重要的高温结构材料。一些研究结果表明：堇青石的机械性能受合成方法的影响。铃木等用水解微粉等静压成型后无压烧结的堇青石陶瓷的抗弯强度在烧结温度低于 1 100℃时较低，因为烧结体中的主晶相是 μ－堇青石。当烧结温度高于 1 100℃时，烧结体中的主晶相为 α－堇青石，烧结体的抗弯强度显著提高，在 1 300℃高达 100 MPa。随着烧结温度的继续升高，强度迅速下降. 这与烧结体密度降低有关。因此一些学者通过添加其他强度较高的物质，试图达到增强堇青石陶瓷抗弯强度的目的。如 J. MA 等人向堇青石中添加 AlN，材料的抗弯强度随着 AlN 量的增加先上升而后下降，当添加量达到 40% 时，抗弯强度提高到 170 MPa。材料的热导率也呈现相同的趋势。I. Wadsworth 等人通过添加 SiC 晶须，将材料的抗弯强度提高到 200 MPa 以上。但是这些添加物的热膨胀系数、介电常数等性能与堇青石的相差太大，因此它们的添加，对材料的优良的介电性能和热性能产生破坏作用。莫来石的很多性能都与堇青石比较接近，如低热膨胀系数（$\alpha = 5.5 \times 10^{-6}/K$），低导热系数（$K = 4\ W/(m \cdot K)$），低蠕变，低介电常数（$\varepsilon_r = 6.6$），高耐热冲击性，但它的抗弯强度较堇青石的要高。

（三）电学性能

堇青石具有优良的介电性能（$\varepsilon_r \leq 5$）。但是一般情况下，纯堇青石粉体很难实现致密化烧结。虽然采用纯盐水解溶胶－凝胶法可以制备高致密度的纯堇青石，但是这种方法的工艺过程比较繁琐，控制条件要求比较严格，而且使用的原料昂贵，不太适合大规模生产。而添加烧结助剂很容易影响材料的介电性能。

三、堇青石的应用

天然产出的堇青石由于品位低，不具备工业价值，所以工业上应用的堇青石陶瓷制品大多为人工合成。堇青石常温下的红外辐射材料已引起了广泛的关注，此外其在医疗保健、新型建筑材料等领域也有广阔的应用前景。

（一）红外辐射陶瓷方面的应用

红外陶瓷材料可分为红外激光材料、红外透射材料和红外辐射材料，其中红外辐射材料的研究和应用最为广泛，并且在工业炉加热节能和辐射加热器等方面得到了成功的应用。

堇青石的晶体结构决定了堇青石晶体可以固溶过渡元素的氧化物，从而产生晶格畸变，使堇青石具有较高的红外辐射率。堇青石在红外辐射材料方面的应用有两种：以堇青石材料为基体，加入半导体或导体，如硼化物、碳化物和金属等，制备出的堇青石红外导电陶瓷电热元件可表现出良好的红外辐射率和导电性；以堇青石红外陶瓷粉为主，加入适当黏结剂制备成红外辐射涂层，涂在高温炉体内部，吸收热量的同时又以红外辐射形式释放热量，使炉内温度均匀，热效率大大提高。此外，还可涂在航天器上作为耐热防护材料，可吸收大气摩擦产生的高温，即节省空间又减轻重量。

（二）多孔陶瓷方面的应用

堇青石结构疏松、热稳定性好、热膨胀性能低，并具有一定的强度，可制备出孔壁薄、升温快的蜂窝陶瓷。这种陶瓷可作为催化剂的载体,因为具有较强的吸附性,可收集更多有害物质。它具有更大的比表面积,可使催化剂与有害物质充分接触。同时因为它升温快速,可使催化剂迅速活化。而且这种陶瓷占用空间小。因此,它常应用于汽车尾气净化。在汽车上安装以堇青石为催化剂载体的转化装置,用来排气净化,可使 CO 等有害气体转变为 CO_2、水等无害物质,从而减少有毒有害气体的排放。此外,多孔的堇青石陶瓷可将汽车燃气通道内的热量回收,并以热辐射的形式传递给热回收装置。

堇青石也可作为固定微生物的载体,如通过吸附法将酶固定在堇青石陶瓷上。这种堇青石陶瓷会引起微生物的增殖,促进反应的进行。另外,当堇青石作为固定化酶的载体,将酶固定为不溶于水的形态后,酶反应就成为连续过程,反应过程实现自动化。

多孔堇青石陶瓷,还可作为熔融金属过滤器。在精密铸造行业中,将熔融金属用堇青石泡沫陶瓷过滤,去除其中的杂质,使铸件品质更好,质量更有保障。

(三) 在耐火材料中的应用

由于热膨胀系数低,堇青石常应用于陶瓷封装材料,也应用于隧道窑的硼板和支架材料。同时革青石具有低密度,低热传导性能和高温热稳定性,可应用于较高温度的火焰表面,如火焰喷嘴;也可应用于冷热交替快的热交换器上,如耐热瓷,耐热锅等。在消失模铸造中,耐火涂层对铸件性能和尺寸的影响十分显著。因此,要求耐火涂层具有一定的耐火度和透气性、易干燥、易与聚合物黏结,并且干燥后不易开裂,最终易去除。堇青石作为消失模耐火涂层,它具有高的耐火度,它的低热膨胀系数保证了铸件的尺寸精度,它良好的热震性保证了涂层不出现裂纹,它结构疏松有利于排气,这都对生产高质量铸件有重要意义。此外,堇青石陶瓷作为匣钵材料、模具材料也得到了广泛的应用。

(四) 电子陶瓷方面的应用

新一代计算机系统所要求的高性能集成电路,使得低介电常数的陶瓷基片的发展受到了极大的重视,因为材料的介电常数越小,则信号传播的延迟时间越短,集成电路的性能就越高。同时,这些陶瓷基片还必须具有足够大的电阻率以承受高的线路密度。传统的刚玉基片,相对介电常数 $\varepsilon=9.8$,已经很难满足高性能集成电路的发展需求了。近年来发展起来的莫来石陶瓷基片的相对介电常数 $\varepsilon=6.6$,但人们还希望开发出介电常数更低的陶瓷基片,那就是堇青石玻璃。堇青石玻璃还具有很低的烧结温度(800℃)和结晶温度(900 ~1 000℃)。因此,采用堇青石基片后,可用电阻率更低的铜来代替 Mo 作为导体,从而进一步降低计算机的能耗,提高其工作效率。

此外,堇青石由于抗酸性强,化学稳定性好,绝缘性高,吸水性低,吸附力强,耐高温(1 200 ~1 300℃),因此是一种良好的电子绝缘瓷材料。它广泛应用于电热电器设备(如热风枪,吹风机),电子产品中线圈骨架,发热导电管头、管套、基体等。

第二十四章　水镁石与纤维水镁石　水滑石

水镁石矿物在 1919 年已为矿物学家所认识,1937 年国外才开始研究水镁石矿床,而水镁石真正作为工业矿物加以利用,是在俄罗斯远东地质局发现水镁石岩之后才开始的。近年来,水镁石的选矿、加工(包括深加工)、提纯等方面的研究在国内外都有了较大发展。我国水镁石矿物资源独具特色,东部以块球型为主,中西部以纤维型为主,且纤维水镁石产量和储量居世界首位,相应的纤维水镁石应用矿物学研究也取得了明显的进展。

与水镁石结构类似的水滑石具有特殊的性能,应用领域广泛。人工合成水滑石及性能的研究也日益深入,在此一并介绍水滑石。

第一节　水镁石与纤维水镁石

一、概述

水镁石是迄今为止发现的含镁量最高的镁系矿物,除在地球上产出外(如从古老地台盖层、深变质带到现代陆表浅海、盐湖和温泉;从沉积岩、岩浆岩到变质岩,甚至工业废水、地下水及上地幔等),在彗星碎屑、碳质球粒陨石、大气粉尘中均有发现。

(一) 化学成分

水镁石理想的化学式为 $Mg(OH)_2$,MgO 含量的理论值为 69.12%。常有 Fe、Mn、Zn、Ni 等杂质以类质同象存在,可形成成分端员亚种,如铁水镁石(FeO 含量≥10%)、锰水镁石(MnO 含量≥18%)、锌水镁石(ZnO 含量≥4%)。还可以有富 Ni 水镁石变种(NiO 含量≥4%)。

纤维水镁石是水镁石的纤维状变种。球块状水镁石和纤维水镁石在成分、物性和应用上均有所差异。表 24-1 的单矿物成分表明,球块状水镁石和纤维水镁石在成分上均比较纯净,阳离子 Mg^{2+} 一般占 95% 以上(成分变种除外)。类质同象代替的元素种类有限,且含量低,主要杂质是 Fe^{2+}、Mn^{2+},其次是 Fe^{3+}、Ni^{2+}。球块状水镁石个别含 Ca、K(Na)稍高。碳酸盐型球块状水镁石中 B、Ti 等元素含量稍高且 B 元素含量常出现异常。

表 24-1　国内外典型产地水镁石的化学成分

Table 24-1　Chemical composition of brucite in typical places of the world　　单位:%

组分名称	产地										
	黑刺沟(纤)	黑木林(纤)	黑木林(块)	尖石包(纤)	加拿大(纤)	加拿大(块)	前苏联(球)	前苏联(块)	美国	吉林	河南
SiO_2	0.64	0.29	0.24	3.40			0.46	0.78	0.39		0.10
TiO_2	0.23	0.03	0.03	0.03							

续表

组分名称	产地										
	黑刺沟(纤)	黑木林(纤)	黑木林(块)	尖石包(纤)	加拿大(纤)	加拿大(块)	前苏联(球)	前苏联(块)	美国	吉林	河南
Al_2O_3	0.27	0.31	0.74	0.27				0.72		0.64	
Fe_2O_3	0.28	1.63	1.04	0.17		1.95	0.49	0.13			0.20
MgO	66.82	62.93	63.81	66.37	60.53	60.33	64.00	64.07	67.34	68.18	66.24
FeO	0.92	3.46	3.50	0.65	8.70	9.57	0.42	0.26		0.44	
MnO	0.15	0.42	0.36	0.11	0.24			0.56	0.89	0.06	
NiO	0.22	0.04	0.09	0.06							
ZnO	0.01	0.02	0.02	0.01							
K_2O	0.00	0.06	0.06	0.00							
Na_2O	0.08	0.16	0.10	0.01							
H_2O^-	29.96	29.99	29.68	29.03	27.93	28.60	28.14	33.42	31.52	29.88	30.99
H_2O	0.03	0.23	0.07	0.06				0.32			
CaO							痕	0.10			1.20
CO_2							6.41			1.73	
总计	99.34	99.57	99.74	100.17	97.40	100.45	100.24	100.36	100.14	100.93	98.73

我国纤维水镁石赋存在蚀变超镁铁质岩中，故含全铁较高，CaO 很低；与产于碳酸盐岩中的水镁石含较少的 TFeO，含较多的 CaO、CO_2形成成分上的反差。

（二）晶体结构

三方晶系，$D_{3d}^3 - P\bar{3}m1$。$a_0 = 3.13$ Å，$c_0 = 4.74$ Å，$Z = 1$。G. Aminoff(1919)最早确定了水镁石的晶体结构，即 OH^-近似作六方紧密堆积，阳离子 Mg^{2+}充填在堆积层相隔一层的八面体空隙中，每个 Mg^{2+}被 6 个 OH^-所包围，每个 OH^-一侧有 3 个 Mg^{2+}。[$Mg(OH)_6$]八面体平行(0001)以共棱方式联结成层，层间以很弱的氢氧键相联系，形成层状结构(图 24 - 1)。R. C. Peterson (1979)认为水镁石中的[$Mg(OH)_6$]不是正八面体片，在沿 c 轴方向有明显压扁，片厚从正常的 2.47 Å 变为 2.11 Å。因此，c_0比理想值小，a_0比理论值大，共用边长比非共用边长小 0.357 Å。压扁率参数 $\alpha = 97.18°$，$\varphi = 60.00°$，这是我国主要产地水镁石实测数据的平均值，与理论计算值 $\alpha = 97.09°$，$\varphi = 59.93°$十分接近。

黑木林纤维水镁石谱学研究表明纤维水镁石内部存在结构畸变，OH^-对称低于理想对称。在定向的红外光谱和拉曼光谱上，OH^-引起的 A 带吸收(3 695 ~ 3 692 cm^{-1}，3 650 ~

3 625 cm^{-1})强度有明显差异;定向穆斯堡尔谱也表明,$\perp a_0$和$/\!/ a_0$的[Fe^{2+},$Fe^{3+}O_6$]八面体是畸变的,且畸变量不同;在近红外光谱吸收上,1 296 nm、1 363 nm、1 398 nm 为v_{OH}^-的倍频,并有分裂,定向强度也不同。在热膨胀系数、显微硬度和定向电阻率及介电常数等物性测定值上,也表现出明显的各向异性。这些都说明纤维水镁石内部存在畸变,其畸变压扁率参数 $\alpha=96.98\sim97.27°(97.09°)$,$\varphi=59.85\sim60.07°(59.93°)$,畸变强度略大于块状水镁石。

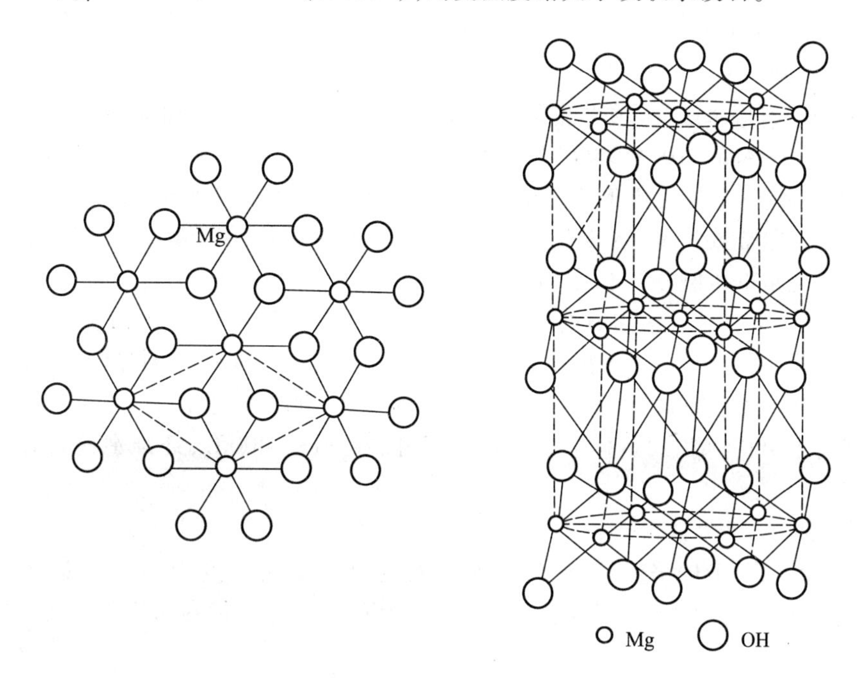

图 24-1 水镁石晶体结构

Fig. 24-1 The crystal structure of brucite

关于纤维水镁石生成机制的初步认识是纤维水镁石的纤维$/\!/ a_0$。由于c_0/a_0轴比率的变化快于体积变化的畸变,OH 发生一定程度的旋转。O—H 键轴偏离 L^3,并有附加氢键的产生。而附加氢键力与 O—H 键力的合力平行于 a 轴。因此,水镁石在 a 轴方向较易生长,形成纤维。外来杂质离子的混入(如 Fe^{2+}、Fe^{3+}、Mn^{2+}、Ni^{2+})引发或加剧了水镁石内部结构的畸变量。在应力条件下,原子半径变化及原子团旋转为外来物质的混入提供了外部动力。因此,纤维水镁石是内部结构畸变,附加氢键力和外部应力综合作用的产物。

二、水镁石与纤维水镁石的理化性质

(一)水镁石的物理化学性质

水镁石晶体常呈厚板状、叶片状。具{0001}极完全解理。解理片具挠性。具热电性。块状水镁石白度可达95%。摩氏硬度 2~3,属于低硬度矿物。

标本上呈白、绿、褐色,解理面上显珍珠光泽;薄片中无色;正低-正中突起;折光率 $N_e=1.580\sim1.585$,$N_o=1.559\sim1.566$,$N_e-N_o=0.019\sim0.021$;最高干涉色为一级紫红,常出现红褐色调异常干涉色;呈平行消光;多为负延性。一轴晶(+)。易溶于盐酸,不起泡。

（二）纤维水镁石的物理化学性能

1. 力学性质

纤维水镁石的抗拉强度为902 MPa，属中等强度纤维材料。风化或酸蚀作用可大大降低其强度。其弹性模量为13 800 MPa，有一定脆性。显微维氏硬度50.4～260.5，且有明显的各向异性。低的硬度使其易于研磨成细粒级粉体。纤维水镁石密度实测值2.405～2.430 g/cm^3（计算值为2.374～2.402 g/cm^3）。

2. 电磁学性质

（1）电阻率。纤维水镁石的质量电阻率为$8.82\times10^6\ \Omega\cdot g/cm^2$，体积电阻率为$5.9\times10^6\ \Omega\cdot cm$，表面电阻率为$3.6\sim4.5\times10^6\ \Omega$，电阻率显各向异性。加热使电阻率上升12倍。

（2）介电常数，介电损耗角正切。相对介电常数为4.7～5.4（1 MHz）。在低频（50 Hz）和中频条件下，相对介电常数升高，且具明显的方向性。介质损耗角正切值为0.105。加热使相对介电常数、介质损耗角正切值分别上升54%和2.7倍。

（3）比磁化系数。纤维水镁石的比磁化系数为$(9.815\sim15.779)\times10^{-6}\ cm^3/g$，属非磁性矿物。纤维束中若混入有磁铁矿，比磁化系数将大为升高，但用水漂洗可明显清除混入的磁铁矿。加热时，一般会使比磁化系数升高。但在300℃、500℃和600℃附近有低谷，在500℃时，个别出现负值；温度高于700℃时，加热样品显中或强磁性；在300～400℃，纤维水镁石有一定的消磁作用。

3. 热学性质

（1）耐热性。TG、DTA分析表明纤维水镁石的可靠使用温度为400℃，最高耐热温度有450℃，极限稳定温度为500℃。风化作用及酸蚀、潮湿环境、延长加热时间都会使纤维水镁石的耐热性下降。

纤维水镁石分解温度为450℃。$Mg(OH)_2 = MgO + H_2O$为吸热反应（−19.6 kJ/mol）。水镁石的热稳定性与杂质有关。如Fe^{2+}在300℃即被氧化为Fe^{3+}。在矿物结构破坏前，氧化剂是OH^-，在矿物破坏的同时，空气中的O_2参与氧化。氧化过程的剧烈进行将导致矿物成分不稳定。

（2）导热系数。纤维水镁石原矿的导热系数为0.46 W/（m·K）（计算值为0.45～0.75 W/（m·K））；松散纤维为0.131～0.213 W/（m·K）（堆积密度为0.47 g/cm^3）。

（3）比热容c_p。在DSC差示扫描量热计上测定纤维水镁石热容并计算得$c_p=54.43$ J/mol。表明纤维水镁石抗热冲击、抗热震动能力好。

（4）热膨胀系数。纤维水镁石热膨胀性很小，纵向为16.7×10^{-7} m/K，横向为8.8×10^{-7} m/K。热胀行为基本上是线性的。

纤维水镁石还具有耐燃、阻燃、抵抗明火和高温火焰的性质。

4. 化学性质

纤维水镁石耐碱性极强，是天然无机纤维中抗碱性最优者。但耐酸性极差。它不仅在强酸中能全部溶解，在草酸、柠檬酸、乙酸、食醋、混合酸、pH＝0.1～2的缓冲溶液和$Al(OH)_3$的两性溶液中均可以不同的速率溶解；长度愈短，细度愈高，酸蚀速率愈大。溶解量与作用时间成正比，但溶解量较大的是开始半小时以内。

纤维水镁石在潮湿或多雨气候条件下，易受大气中的CO_2、H_2O的侵蚀。故在水镁石制品表面需有防水、防潮保护层。

5. 表面性质

（1）比表面积。根据纤维水镁石的纤维分散程度，其比表面积可在较大范围内变化。据黑木林试样测定值，变化在3.8～23.45 m^2/g（N_2吸附法）。

（2）细度。用扫描电子显微镜测定的纤维束细度统计值为0.98～1.68 μm；用透射电子显微镜对单根水镁石纤维细度测定结果的统计值为0.54～0.86 μm，最细者为0.086 μm，以最细的纤维计算的比表面积值为19.55 m^2/g。

（3）表面电动电位。纤维水镁石的电动电位为正值，可高达+36.3 mV。pH增大，其电动电位变小。零电位点的pH为12.5。风化、酸蚀、纤维束中混入磁铁矿或碳酸盐矿物将降低其电动电位值，甚至变为负值。

（4）打浆度。水镁石纤维劈分性、分散性良好，纤维长，其自然叩解度可达45°SR。经机械打浆或化学分散，打浆度可明显提高。打浆度是造纸纤维材料的重要指标。纤维水镁石可用于湿纺和造纸。

（5）吸附性。水镁石纤维的N_2吸附率仅为0.436 mL/g，最高可达2.689 mL/g。具亲水性。湿润角$\theta \approx 30°$。吸湿性不强，一般新解纤维吸湿率<2%，研磨或风化后可增大至5%～8%。饱和吸水率为6%～40%，其变化与纤维束松散度有关。纤维水镁石的过滤性很差，透过系数为60%，不适于作吸附、过滤材料。

6. 光学性质

纤维水镁石常呈浅绿色、浅黄绿色、浅青绿色、灰白色，风化后呈白色、褐色等。

显微镜下显异常干涉色，红棕色代替正常的一级黄或橙色。因受应力作用影响，延性可正可负。一轴晶（+），但可显二轴晶，$2v<25°$。折光率$N_e=1.5705\sim1.5861$，$N_o=1.5612\sim1.570$。加热后N_e与N_o差值变小。折光率与Mg^{2+}数呈负相关，与Fe^{2+}数、（$Fe^{2+}+Fe^{3+}$）数呈正相关关系。

三、水镁石的应用

（一）水镁石矿石类型及其工艺特性

水镁石矿石的不同自然类型在物理化学性能及应用方面均有所不同。按其成因、组构、选矿工艺等方面的特征，水镁石矿石可分为球状型、块状型、纤维型和片状型。前三类具工业价值。

（1）球状型。这类水镁石由方镁石水化而成，呈结核状产出，其直径由数毫米至20 cm以上。结核由隐晶质水镁石和极少量方解石、蛇纹石胶结。矿石质量好，MgO含量在60%以上，常构成高纯水镁石岩的主体。美国得克萨斯州、朝鲜忠州、我国的宝玉河矿床皆属此类。由于纯度高，此类优质矿石可不经选矿而直接供工厂加工使用。

（2）块状型。为富镁岩石热液蚀变产物。矿石为结晶粒状的块状集合体，与蛇纹石、方解石、菱镁矿等共生，水镁石含量为30%～40%。如加拿大安大略省的块状水镁石矿石，含水镁石32%，粒度0.5～4 mm。吉林集安矿石水镁石含量为35%，部分含硼层位中的水镁石含量亦达10%～17%。

（3）纤维型。呈纵、斜纤维水镁石脉体。产于蛇纹岩中，纤维水镁石含量一般为1%～9%，平均4.3%左右。夹石矿物为蛇纹石和磁铁矿。纤维水镁石纯度很高，其成分为（以质量分数计）：MgO 62% ~65%，CaO 0.14%，FeO 2% ~6%，$Fe_2O_3$0.6% ~1.0%，$Al_2O_3$0.27%，$SiO_2$1% ~3%。我国黑木林的纤维水镁石为大型矿床。俄罗斯、加拿大也有产出，但未形成工业矿床。

（4）片状型。此类型没有独立的工业意义，只是形态上特殊，呈板片状。在原苏联的一些矿床中，片状水镁石产于球、块状型矿石的过渡带上。在我国黑木林，片状水镁石产于纤维水镁石脉两侧、两端或脉内，未见大脉体产出。鳞片粒度细，不易与滑石区分。片状水镁石可在其他水镁石矿石选矿尾矿中富集，可综合利用。

（二）水镁石的应用

国外水镁石矿石最主要的应用领域是利用水镁石的化学成分提取 Mg 及 MgO。这两种原料过去主要从菱镁矿、白云石、海水、卤水中提取，另外也可从蛇纹石中提取。用水镁石提取 Mg 和 MgO 有如下优点：矿石中的 MgO 含量高，而杂质元素种类及含量少；分解温度远低于前述含镁矿物，故节能效果明显，成本较低；加热产物的挥发分无毒无害，不污染环境，故无需回收设备和附加净化设施。因此，国外十分重视从球状、块状水镁石中提取 Mg、MgO 和含 Mg 产品。

（1）制取重烧镁砂。重烧镁砂主要用于生产镁质碱性耐火材料。现代钢铁工业大量需用 Mg - C 砖、Mg - Ca - C 砖、Mg - Cr 砖等。这类 MgO 用量已超过制 Mg 工业产量的一半。

用杂质较多的水镁石矿石制取重烧镁砂时，要先经物理选矿，再经化学方法的精细提纯。在浸出阶段，浸出剂的选择将根据矿石的纯度、产品品质等级及消耗的有关原料的供应情况等因素选择不同的工艺方法：如碳化法、酸化氨化法、水解法。

用水镁石制得的重烧镁砂具有优异的热学性——高密度（$>3.55\ g/cm^3$）、高耐火度（>2 800℃）、高的化学惰性和高热震稳定性。

（2）生产轻质 MgO 和 $MgCO_3$。美、俄、加、英等国都用化学方法从低品位的水镁石岩中提取轻质 MgO 和纯碱。其生产工艺流程与利用水镁石提制重烧镁砂工艺流程相似，但在干燥煅烧阶段即可获得轻质 MgO，产品的自然堆积密度轻达 0.17 g/cm^3、比表面积 >20 g/cm^3，白度约为100%。

（3）电熔方镁石。这是高技术电子产品要求的特纯品。用水镁石经电熔方法炼制的方镁石集合体具有高热传导率和良好的电绝缘性，可使产品寿命提高 2 ~3 倍。

（4）化学纯 Mg 试剂。用电热方法可提取金属镁并制取化学纯试剂、$MgCl_2$、$MgSO_4$、$Mg(NO_3)_2$等。

（5）生产 Mg 质白水泥、Mg 质焊剂。Mg 质白水泥属 $MgO - MgCl_2 - H_2O$ 体系，生成的主要物相是 $5Mg(OH)_2 \cdot MgCl_2 \cdot 8H_2O$，$3Mg(OH)_2 \cdot MgCl_2 \cdot 8H_2O$，这是水镁石的新应用领域。用黑木林水镁石的水化活性进行胶凝试验表明，在 600 ~700℃下经 1 小时活化处理的水镁石所生产的 Mg 质白水泥，其初凝时间 >25 min，终凝时间为 4.5 ~6 h，抗压强度达 20.20 MPa，体积稳定性好。

（6）造纸填料。水镁石白度高，剥片性好，黏着力强，吸水性较差。原苏联将其与方解石配合用作造纸填料，使造纸工艺由酸法改为碱法，并减小了浆水的污染。

（7）中和处理剂。水镁石具有缓冲性能，可使作业过程中 pH 始终保持在 9 左右，广泛用于不同行业对中、酸性废水与废液的处理。水镁石料浆还可用于烟气脱硫，脱硫率在 90% 以上。利用水镁石作为弱碱性中和处理剂较传统碱类物质具有明显的环境优势和技术经济优势。

（8）重金属离子吸附剂。水镁石具有良好的吸附性能，可从工业废水、酸性废液以及不同工业部门排放的液体中脱除各种重金属离子,诸如 Cu^{2+}、Cr^{3+}、Zn^{2+}、Cd^{2+}、Ni^{2+}、Fe^{3+} 和 Mn^{2+} 等。氧化镁、氢氧化镁和碳酸镁还可用来修复被重金属污染的土壤。氧化镁与过磷酸钙复肥使用,特别适用于被 Pb^{2+} 和 Zn^{2+} 污染的土壤。

(9) 镁肥、饲料添加剂。氢氧化镁在一些国家已被正式注册为镁肥。水镁石主要成分为氢氧化镁,属于微溶性矿物型碱性镁肥。一方面释放有效镁的速度缓慢,通常以缓效形式的镁肥应用;另一方面,由于低溶解度很少滴淋流失。一种以水镁石为基体的粒状镁肥组成如下:水镁石[0.2 ~ 0.25 mm, $w(MgO)=57\%\sim61\%$]85%;一水硫酸镁[$w(MgO)=22\%\sim29\%$]8%;轻烧氧化镁[$w(MgO)=60\%\sim85\%$]7%。用水对上述粉料进行混合干燥处理,制得成品。这种含枸溶性 MgO 为 53% ~62%,水溶性 MgO 为 3% ~5% 的粒状镁肥具有一定的强度且缓效,可作为碱性含硫镁肥使用,也可用于酸性土壤或被酸雨污染的土壤。

水镁石粉还可用作动物饲料添加剂,以预防牛羊群体因缺镁而引发牧草眩晕症。美国 ACM 公司由水镁石生产饲料添加剂已有近 15 年的历史。俄罗斯 RMCC 公司亦有此种产品。

(10) 工艺品。水镁石的致密块体颜色丰富多变,质地均匀,透明度好,无裂纹,细腻滑润;常与其他矿物或变种形成自然条纹、天然图案及工艺造型,有观赏价值,因而可雕琢成工艺品。

(11) 其他用途。生料水镁石可用作多次循环使用的纸浆镁基。美国亚利桑那大学研发出水镁石的新用途是用来固定由化石燃料燃烧时所产生的 CO_2,形成相当稳定的碳酸盐,从而减少废气排放量。

水镁石还可作为高放射性废物堆存场地防护材料,用来处理并消除高放射性废物堆存场地由锕系元素所造成的污染。其作用为:① 提高 pH 以阻止堆存场地锕系元素的溶解;② 吸收大气中的 CO_2,生成水合碳酸镁($MgCO_3\cdot3H_2O$)和水菱镁石以减少环境 pH 降低的机会;③ 形成黏结性实体,借以固结高放射性废物以减少其转移和流失。这项技术曾在美国新墨西哥州 Carlsbad 高放射性废物堆存岩盐洞穴应用。

(三) 纤维水镁石的应用

纤维水镁石作为水镁石的纤维状变种,是一种新型的水镁石资源类型和工业类型,在我国是一种优势资源且已经在诸多方面得以应用。

(1) 作增强、补强材料。纤维水镁石的许多物理性质与温石棉类似,在不少领域是温石棉的理想代用品。例如,用于微孔硅酸钙、硅钙板等中档保温材料。其基本配方是:硅藻土 + 石灰浆 + 水玻璃 + 纤维水镁石。纤维含量为 8% ~10% 左右。产品白度高,外观美观,表观密度低,成本低,1989 年已出口到美国及欧洲国家。

我国是最先用纤维水镁石代替温石棉用作补强材料的国家。水镁石纤维在制品中呈随机三维分布,微孔硅酸钙的基体通过与纤维机械咬合,纤维界面相的传递而紧密结合。纤维以承载、阻断、抗脱粘、抗断裂、抗拔出等方式克服外力产生的脱粘功、断裂功和拔出功,并吸收外来能量。即把脆性材料的一次断裂转化为承载,防止内孔应力集中,延缓纤维脱粘解离、拔断、拔出等多次性的系列过程,使材料从较弱部位逐次破坏。而这次局部小区域的破坏不影响邻区和整体的宏观性质,从而达到补强增韧的目的。

(2) 抄纸。纤维水镁石自然叩解度达 45SR°,可用于抄纸、湿纺等,还可用作填料(纸张、塑料、橡胶、涂料等)。我们用黑木林纤维水镁石进行了成功的抄纸试验。纤维长度以 0.5 mm 左右为宜,所抄成的纸张性能参数为:定量 225 ~ 284 g/m^2,厚度 0.36 ~ 0.61 mm,紧度 0.42 ~

0.61 g/m^2,白度57% ~70.6%,灰分55% ~68%,水分0.56% ~1.03%,伸缩性0.4% ~2.7%,吸收性2.16 ~3.31 cm/30 s,耐折度23 ~43次断,抗拉强度0.18 ~0.30 MPa(1.85 ~3.11 kgf/cm^2),撕裂度226 ~789 g,防火性好。这种纸可制作防水纸、防火纸、纸板,但不宜作书写用纸。

(3) 阻燃剂。目前的水镁石阻燃剂是先将水镁石物理粉碎加工到微米级,再用活化剂对其进行处理,最终制得符合阻燃要求的水镁石阻燃剂,在PP、PE、EVA、PVC等材料中得到较好的应用。水镁石阻燃剂应用最广的是电线电缆护套料。国外有多个国家利用产自中国的水镁石生产氢氧化镁阻燃剂。

以聚丙烯为基体制作阻燃剂的试验结果列于表24-2。试验结果表明,纤维水镁石有较好的阻燃效果,是理想的无毒、无烟、无污染、高温添加型阻燃剂。它同时可起到填料的增强效果。

表24-2 纤维水镁石(FB)阻燃效果试验

Table 24-2 Antiflame effect test of fiber brucite(FB)

项目	聚丙烯(PP)	FB/PP配比		
		50:100	60:100	70:100
氧指数/%	18 ~19	24	26.5	28.5
燃烧热/($kJ \cdot mol^{-1}$)	3.3×10^6	1.2×10^6	0.6×10^6	0.5×10^6
发烟情况	浓烟	有烟	无	无
燃烧速度(v_-/v_h)/($mm \cdot min^{-1}$)	30/37	15/20	6/10	3/8
熔滴($\perp/h$)	溶流/6滴/min	无/4	无/4	无
焰高($\perp/h$)/cm	3.5/2.8	2/2.5	1.8/2.2	1.5/≈0
火焰前伸(cm)	1/0.6	0.5/0.6	0.5/0.8	0.5/≈0

第二节 水 滑 石

水滑石(Hydrotalcite,简称HT)在自然界中较少见,纯净者更少,最早(1842年)发现于挪威Snarum的蛇纹岩中。过去人们一直把水滑石当成一种混合物,直到E. Manasse(1915年)做了四个新的化学分析和光性测定,才确定了这个矿物种。

一、概述

水滑石理想的化学式为$Mg_6Al_2(OH)_{16}CO_3 \cdot 4H_2O$。组分含量为:MgO 40.05%,$Al_2O_3$ 16.87%,H_2O 35.08%,CO_2 7.28%。Al^{3+}可以被少量的Fe^{3+}代替。

按Kostov的分类属碳酸盐类水滑石族,三方晶系,$D_{3d}^5-R\bar{3}m$或D_{3v}^5-R3m,$a_0=3.07$ Å,$c_0=23.23$ Å,$Z=3$。结构类似于水镁石$Mg(OH)_2$,结构中心为Mg^{2+},六个顶点为OH^-,由相邻的MgO_6八面体共用棱形成单元层(层板厚度约0.47 nm),层与层间对顶地叠在一起,层间通过氢键缔合。位于层上的Mg^{2+}可在一定范围内被半径相似的Al^{3+}同晶取代,使得主体层板带永久正电荷，因此需由位于层间的可交换的阴离子（如 CO_3^{2-}）来平衡，层间其余空间含有结晶水，这样便形成了较稳定的层柱状的水滑石结构（图 24－2）。

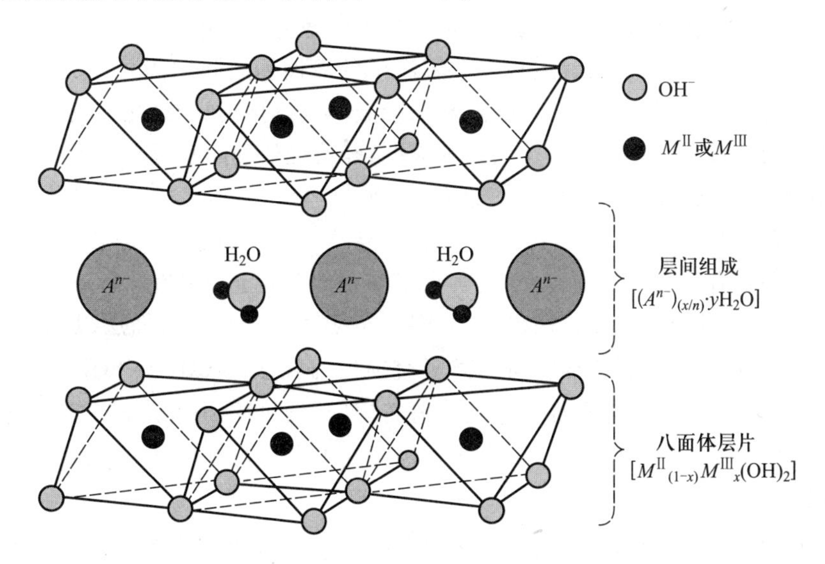

图 24－2　水滑石晶体结构图

Fig. 24－2　The crystal structure of hydrotalcite

水滑石层板上的 Mg^{2+}、$A1^{3+}$ 具有同晶可取代性，而层间阴离子可被其他阴离子交换，取代或交换后的化合物的基本结构与水滑石相同，这些化合物被称为类水滑石或水滑石类化合物（Hydrotalcite－like compounds，简写为 HTLcs；在无机化学领域里常称为层状双金属氢氧化物（layered double hydrotalcides，简写为 LDH）），分子通式：$M^{II}_{1-x}M^{III}_x(OH)_2(A^{n-})_{x/n}\cdot yH_2O$，其中 $M^{II}=Mg^{2+}$、Ni^{2+}、Co^{2+}、Zn^{2+}、Cu^{2+} 等；$M^{III}=Al^{3+}$、Cr^{3+}、Fe^{3+}、Sc^{3+} 等；A^{n-} 为在碱性溶液中可稳定存在的阴离子，如 CO_3^{2-}、NO^{3-}、Cl^-、OH^-、SO_4^{2-} 等；$x=0.2\sim0.33$；$y=0\sim6$。不同的 M^{II} 和 M^{III}，不同的填隙阴离子 A^-，便可形成不同的类水滑石。水滑石和类水滑石统称为水滑石。因此水滑石是一类由带正电荷的物层和层间填充带负电荷的阴离子所构成的层状化合物，即层状双金属氢氧化物，若阴离子嵌入其中，则称其为柱撑水滑石。

二、水滑石的矿物学特征

沿{0001}的板片状晶体，集合体成块状。白色，偶见淡棕色。条痕白色。透明。珍珠光泽至蜡状光泽。解理{0001}完全。摩氏硬度 2，相对密度 2.03～2.09。粉碎后具滑石状脂肪感。具挠性，易溶于盐酸并起泡。

透射光下无色。一轴晶（－），$N_o=1.511\sim1.531$，$N_e=1.495\sim1.529$

三、水滑石的理化性质

（一）酸碱性

水滑石同时具有碱性和酸性的特征。

水滑石呈现较强的碱性，是因为其层板中含有碱性位 OH^-，另外，当层间阴离子为弱酸根离子时，也会使其呈碱性。水滑石碱性强弱与组成中二价金属氢氧化物的碱性强弱基本一致，但由于它一般具有很小的比表面积（5～20 m^2/g），表观碱性较小，其焙烧产物表现出较强的碱性。总体来讲，水滑石为弱碱性化合物，在碱性环境下比酸性环境下稳定。

水滑石也呈现弱的酸性，这与其层板上金属离子的酸性和层间阴离子有关。不同类水滑石的酸性强弱与三价金属氢氧化物的酸性强弱和二价金属氢氧化物的碱性强弱有关。层间阴离子电荷分布影响层板酸碱性的变化。有关的研究表明，经焙烧处理的水滑石显示更突出的酸、碱特性，因此具有重要的催化应用。

（二）离子交换性

水滑石的层间具有可交换的阴离子，其阴离子交换容量可达 2 000～5 000 mmol/kg。水滑石层间的 CO_3^{2-} 可被其他有机或无机阴离子、同多或杂多阴离子交换或插层，从而可得到一系列功能不同的材料。阴离子在水滑石层间的离子交换能力顺序为 $CO_3^{2-} > SO_4^{2-} > HPO_4^{2-} > F^- > Cl^- > Br^- > NO_3^- > I^-$，高价阴离子易于进入水滑石层间，低价阴离子易于被交换出来。除了层间阴离子，层状材料的结晶度和层间电荷大小也是影响类水滑石材料离子交换性能的因素。

（三）热稳定性

水滑石具有独特的热稳定特性，其热分解包括脱结晶水、层板羟基缩水并脱除 CO_2 和新相生成等过程。具体如下：

（1）焙烧温度低于 220℃时，仅失去层间结晶水，但结构仍完好；

（2）加热到 250～450℃时，层板羟基缩水并有 CO_2 逐渐生成；

（3）在 450～580℃条件下，CO_2 完全脱除，形成比较稳定的双金属复合氧化物（简写为 LDO），并且在这一温度范围内，水滑石的热分解是可逆的，产物可吸收 H_2O、CO_2 或其他阴离子而恢复原来的层状结构，即呈现所谓的“记忆”效应。反应方程式如下：

$$Mg_{1-x}Al_x(OH)_2(CO_3)_{x/2} \cdot yH_2O \rightarrow Mg_{1-x}Al_xO_{1+x/2} + (x/2)CO_2 + (1+y)H_2O$$

$$Mg_{1-x}Al_xO_{1+x/2} + (x/n)A^{n-} + (1+(x/2)+y)H_2O \rightarrow Mg_{1-x}Al_x(OH)_2A^{n-}_{x/n} \cdot yH_2O + xOH^-$$

（4）当加热温度超过 600℃时，分解生成的金属氧化物开始烧结，并伴随复杂的相变，产物的表面积大大降低，孔体积减小，形成尖晶石相产物，例如镁铝水滑石开始形成尖晶石 $MgAl_2O_4$ 和 MgO。

（四）阻燃性能

水滑石在受热时，其结构水和层板羟基及层间阴离子以水和 CO_2 的形式脱出，起到降低燃烧气体浓度、阻隔 O_2 的阻燃作用；并且结构水、层板羟基及层间阴离子在不同温度范围内脱离层板，从而可在较大范围内（200～800℃）释放阻燃物种；在阻燃过程中，水滑石吸热量大，有利于降低燃烧时产生的高温。可以作为无卤高抑烟阻燃剂，广泛应用于塑料、橡胶、涂料等领域。

（五）组成和结构的可控性

水滑石类化合物主体层板的元素种类及组成比例、层间阴离子的种类及数量、二维孔道结构可以根据需要在宽范围调变，从而获得具有特殊结构和性能的材料。LDH 组成和结构的可调变性以及由此所导致的多功能性，使 LDH 成为一类极具研究潜力和应用前景的新型材料。

（六）其他性质

（1）红外吸收性能。水滑石在 1 370 cm^{-1} 附近出现层间 CO_3^{2-} 的强特征红外吸收峰，在

1 000 ~ 400 cm^{-1}范围有层板上 M—O 键及层间阴离子的特征吸收峰，并且其红外吸收范围可以通过调变组成加以改变。

（2）紫外阻隔性能。在水滑石层间插入有机紫外吸收剂基团，可选择性提高水滑石的紫外吸收性能，提高对光的稳定性。

（3）杀菌防霉性能。LDO 是水滑石的焙烧产物，其二价金属离子为锌离子的 LDO 具有良好的杀菌防霉性能，且其杀菌防霉性能可随材料的组成、结构不同而改变。

四、水滑石的合成

天然存在的水滑石品种少（大都是镁铝水滑石），结晶度低、杂质含量高，且其层间阴离子主要局限为 CO_3^{2-}，且水滑石的组成具有可调变性，因而人工合成水滑石的研究和应用引起了高度重视和关注。到目前为止，水滑石类化合物的合成主要有两大研究方向：其一是利用八面体层板上阳离子的同晶取代性，进行水滑石类化合物的合成；其二是利用层间阴离子的可交换性，进行柱撑水滑石的合成。目前合成出的水滑石类化合物中，含 Al^{3+} 的数量较多，其中包括锌铝、铜铝、钴铝等二元水滑石，铜钴铝、铜镁铝等三元水滑石以及钴镍镁铝、铜镍镁铝等四元水滑石。含 Fe^{3+}、Cr^{3+} 的水滑石数量相对较少，主要有镁铁、锌铬、钴铬等二元类水滑石。合成出的柱撑水滑石中，含有有机阴离子的有 1 - 5 萘二磺酸柱撑水滑石、己二酸柱撑水滑石、脯氨酸柱撑水滑石等，含金属螯合物阴离子的有 $[Ni(EDTA)]^{2-}$ 柱撑水滑石等，这两类柱撑水滑石的数量相对较少。将体积庞大的杂多阴离子引入水滑石层间，得到较大层间距的新型微孔催化材料，近年来一直是柱撑水滑石合成研究的重要方向。

（一）水滑石类化合物的合成

水滑石类化合物的合成常用低饱和共沉淀法。主要原料是可溶性的二价和三价金属离子盐、碱和碳酸盐。其中金属离子盐可以采用硝酸盐、硫酸盐、氯化物等；碱可以用氢氧化钠、氨水等；碳酸盐主要采用碳酸钠、碳酸氨等，也可以用尿素代替碱和碳酸盐。该方法基本过程包括沉淀、晶化、洗涤等步骤。其中沉淀步骤可以采用单滴法（如镁 - 盐溶液）或者双滴法（如镁铝盐溶液和碱 - 碳酸盐溶液）。晶化步骤通常有回流晶化和水热晶化两种方法。水滑石晶化过程研究表明，将沉淀步骤所得浆液置于反应釜中，在较高温度下水热静态晶化比在常压、一定温度下搅拌晶化所得水滑石的晶型要好、晶粒较大、晶化时间相对较短。

此外，还有诱导水解法、成核/晶化隔离法等。

（二）柱撑水滑石的合成

制备柱撑水滑石的常用方法有：

（1）常规交换法。将要嵌入的阴离子的浓溶液与制得的水滑石类化合物的分散水溶液直接进行交换，根据交换过程中所采用的晶化方法不同，可以分为常规加热交换法和微波交换法。目前离子交换法主要以 Cl^-、NO_3^-、OH^- 型水滑石为交换前体，普遍认为层间一价阴离子易于交换的次序为 $OH^- > F^- > Cl^- > Br^- > NO_3^-$，二价阴离子如 SO_4^{2-} 和 CO_3^{2-} 比一价阴离子交换要困难些。通过控制离子交换反应条件，不仅可以保持水滑石原有的晶体结构，还可以对层间阴离子的种类和数量进行设计和组装，该方法是合成柱撑水滑石的重要方法。

（2）焙烧/复原法。将制得的水滑石在空气中 500℃焙烧，然后在 N_2 保护下，将焙烧所得的混合氧化物与欲嵌入的阴离子进行水热复原再生反应,水洗干燥所得产物,即制得柱撑水滑石。该方法虽然普遍适用,但是对某些有机阴离子插层的水滑石来说,试样的晶相并不单一或者晶形不好。

(3) 有机阴离子柱撑前体法。在层状双金属氢氧化物上,直接用大体积无机阴离子通过离子交换法合成柱撑水滑石很困难,一般先用大体积的有机阴离子插入到水滑石层间,把层间撑开,然后用欲嵌入阴离子与之交换。这种方法常用于同多、杂多阴离子柱撑水滑石的制备。

(4) 共沉淀法。将制备水滑石主体的原料盐溶液与柱撑剂的盐溶液混合,与碱液反应,共沉淀形成柱撑水滑石。该方法的主要合成步骤与低过饱和共沉淀法类似,但它只适用于部分对层板亲和力较高的有机阴离子柱撑水滑石的合成,而对于很多长链(如9个碳)羧酸和α,ω-二元羧酸(如脂肪酸)的插层,用该方法往往得不到具有理想晶相结构的柱撑水滑石。

以上四种方法中除共沉淀法外,其余三种方法均需要先合成出水滑石母体,而且水滑石母体结晶度的好坏直接影响到以其为主体,嵌入物为客体的主体—客体间嵌入过程的进行以及嵌入后形成的柱撑水滑石的晶形完整程度。因此,对水滑石合成过程及合成方法进行研究,得到结晶度很好的水滑石类化合物显得十分重要。

(三) 磁性水滑石的合成

磁性基质的出现产生了以磁力为推动力的化学反应体系磁性分离技术。这一技术具有快速、高效、对反应体系影响小等优点。至今已广泛应用于环保、医药、食品及分析等领域。磁性基质与目标组分选择性结合可极大地提高目标组分在磁场中受到的力,该材料的磁性由导入的磁性基质的含量决定,并依次实现与其他组分的分离。已有研究将磁性基质与镁铝水滑石进行组装:先将硫酸亚铁与硫酸铁溶液以1:2混合,pH为10~11,温度在60℃左右搅拌,陈化,过滤,洗涤至没有硫酸根,即得磁化基质,然后将它在二次蒸馏水中剧烈搅拌,加入硝酸镁、硝酸铝水溶液,共沉淀合成出磁性纳米镁铝水滑石。所得的水滑石粒径在20~50 nm,且磁性基质的加入稳定了水滑石的层状结构,这证明了将磁性基质与层状材料组装的可行性。

五、水滑石的应用

水滑石类材料的特殊结构使其具有特殊性能,在催化、离子交换、吸附、医药等方面有广泛应用。

(一) 催化方面的应用

水滑石类化合物及其焙烧产物双金属复合氧化物均存在碱中心,对许多碱催化反应有较好的活性,因而可作为固体碱催化剂替代传统液体碱催化剂。以类水滑石为前驱体经焙烧制备的复合氧化物催化剂具有明显的优势,主要表现在过渡金属含量高(66%~77%),热稳定性好,在多数情况下具有相对较高的反应活性。广泛应用于烯烃氧化聚合、醇醛缩合、烯烃异构化、亲核卤代、烷基化、烯烃环氧化等。同时在大气污染治理方面用于选择性催化还原(SCR)氮氧化物和硫氧化物,此技术是目前公认的工业生产中控制大气污染的先进的绿色生产工艺。

焙烧的和未焙烧的LDH材料均可作为催化剂载体,使其担载的催化材料具有更高的催化活性,是高温吸附催化领域中活性炭的有效替代物。

(二) 医药方面的应用

水滑石是一种具有碱性的材料,可作为抗酸药物,平衡胃酸,作为疗效很好的胃药已经被收入到英国药典,在医药方面的应用已经比较成熟,用于治疗胃病如胃炎、胃溃疡、十二指肠溃疡等常见疾病。作为抗酸药,水滑石在迅速取代第一代氢氧化铝类传统抗酸药。

水滑石类化合物还可作为药物的添加剂,将药物分子引入层间形成药物分子或离子插层产物,此类产物既是新型的药物/无机分子复合材料,又是新型药物缓释剂,如 LDH 可以固定青霉素酰化酶,其在医药工业中有重要的应用价值。

将具有杀菌能力的 Zn^{2+} 引入 LDHs 层板或将 Ag^{+} 以络合离子的方式引入 LDH 层间,可以得到性能优异的杀菌防霉材料,应用于化妆品、建筑涂料,农膜等。

（三）离子交换和吸附方面的应用

水滑石用作阴离子交换剂,主要用来制备一些由于阴离子体积太大而无法直接合成的层状化合物。水滑石类材料在水体中的离子交换应用充分利用了水滑石的层间离子交换性能和结构记忆效应两大特性。经焙烧的水滑石氧化物在水体中可重新吸收阴离子恢复为层状结构的水滑石,这种独特的结构记忆效应使得水滑石可以作为高效阴离子吸收剂而应用。与阴离子交换树脂相比,水滑石类材料的离子交换容量较大(如水滑石,3.33 mEq/g),而且具有耐高温(300℃)、耐辐射、不老化、密度大、体积小等优点,因此在印染、造纸、电镀和核废水处理等方面应用较广。

利用水滑石的离子交换和吸附功能,可以修复水体的富营养化、无机阴离子污染以及去除水体中以络合阴离子形式存在的重金属离子等。

（四）阻燃材料方面的应用

从阻燃性能来讲,水滑石兼具氢氧化镁和氢氧化铝阻燃剂的优点。其阻燃机理可以认为:水滑石受热分解时吸收大量的热,降低燃烧体系的温度,释放出的惰性二氧化碳气体和水蒸气能稀释可燃气体的浓度,减弱火势,起到气相阻燃作用,同时由于其特殊的层状结构赋予其较大的表面积和较多的表面吸附活性中心,可以吸收聚合物在加工过程以及在其他高温条件下产生的 HCl 和其他可挥发性物质,受热分解后内部形成高分散的大比表面积固体碱,对燃烧产生的酸性气体也具有较好的吸附作用,从而起到消烟的作用,最终的热分解残余物氧化镁和氧化铝覆盖于聚合物表面,一方面能形成隔热层,另一方面,这种残余物的隔热层也隔离了空气中的氧气传递,从而起到凝聚相阻燃作用。所以,水滑石阻燃剂在阻燃、消烟、填充等多方面起到阻止聚合物燃烧的作用。

水滑石可作为新型无机阻燃剂,通过对水滑石进行表面处理可以较好地改善填充型阻燃剂颗粒的分散性及其与聚合物基体的亲和性。目前水滑石阻燃剂已经进入工业化生产阶段,欧洲和日本在该领域具有一定的优势。

（五）在功能高分子材料方面的应用

(1) 多功能红外吸收材料。红外吸收材料是指能够吸收特定波长的红外线从而实现一些功能的一类材料。LDH 材料具有选择性红外吸收能力和较宽的红外吸收范围,还可通过调变其组成改变红外吸收范围。目前已将 LDH 用于农业棚膜,提高保温效果,并且改善其力学性能、抗老化性能等。

(2) 紫外吸收和阻隔材料。LDH 经煅烧后表现出优异的紫外吸收和散射效果,将有机紫外吸收剂插入 LDH 层间,所得材料具有对紫外线进行物理屏蔽和吸收的双重作用。大量实践证明,以其作为光稳定剂,效果明显优于传统材料,可广泛应用于塑料、橡胶、纤维、化妆品、涂料、油漆等领域。

(3) 新型 PVC 稳定剂。聚氯乙烯(PVC)制品具有广泛的用途,但是 PVC 存在热稳定性差的突出缺点,加工过程中须加入热稳定剂。水滑石在与其他热稳定剂复合作为 PVC 热稳定剂时,可显著提高 PVC 热稳定性,还可赋予 PVC 材料一些优异的性能。水滑石作为热稳定剂的优异性能主要表现为:① LDH 呈碱性,可有效吸收脱出的 HCl,阻止 PVC 因 HCl 的自催化而引起的进一步分解反应;② 经表面及结构改性的 LDH 具有与塑料良好的相容性,不损失材料的力学、电学及光学等性能;③ LDH 本身结构稳定,具有良好的光稳定性,不挥发,不升华,不迁移,不会被水、油及溶剂抽出;④ 层状特性可有效抑制增塑剂及其他各种添加剂在 PVC 基体中向表面的迁移,防止其性能的恶化。

第二十五章　橄榄石　锆石　石榴子石

第一节　橄　榄　石

一、化学成分

$(Mg \cdot Fe)_2[SiO_4]$，化学组成中的镁、铁为完全类质同象。文契尔按其中的 Mg^{2+}/Fe^{2+} 比划分为 6 个亚种，见表 25－1。次要成分中以类质同象代替有：Fe、Mn、Ca、Al、Ti、Ni、Co、Zn 等。

表 25－1　橄榄石亚种的划分

Table 25－1　The division of olivine subspecies

单位：%

化学成分	橄榄石种类					
	镁橄榄石	贵橄榄石	透铁橄榄石	镁铁橄榄石	铁镁铁橄榄石	铁橄榄石
$Mg_2[SiO_4]$	100～90	90～70	70～50	50～30	30～10	10～0
$Fe_2[SiO_4]$	0～10	10～30	30～50	50～70	70～90	90～100

二、晶体结构

斜方晶系，$D_{2h}^{16}-Pmcn$，$a_0=5.98\sim6.11$ Å，$b_0=4.76\sim4.82$ Å，$c_0=10.20\sim10.40$ Å，$Z=4$。其晶体结构特点是(图 25－1)。硅氧骨干为孤立的$[SiO_4]$四面体。氧离子∥(010)呈近似的六

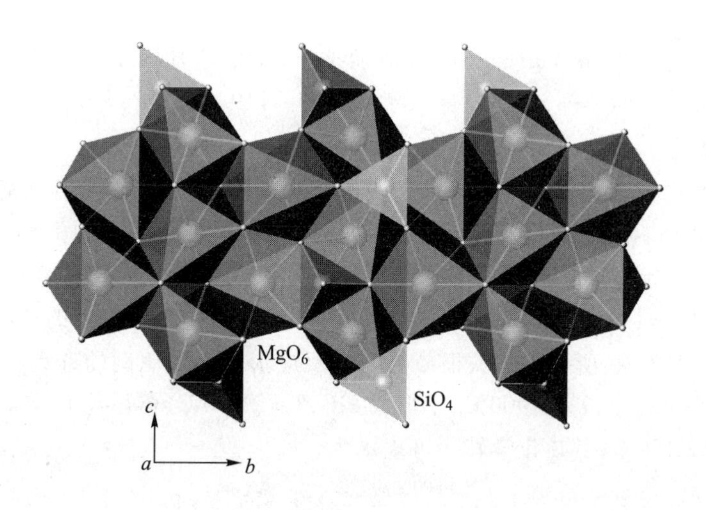

图 25－1　橄榄石晶体结构

Fig. 25－1　The crystal structure of olivine

方最紧密堆积。Si^{4+}充填 1/8 的四面体空隙,[(Mg·Fe)O_6]八面体∥a 轴连接成锯齿状链。∥(010)的每一层配位八面体中,一半为 Mg^{2+}、Fe^{2+} 充填,另一半为空心,均呈锯齿状,但在空间位置上相错 $c/2$,层与层之间亦有实心八面体与空心八面体相对。邻近层以共用八面体角顶来连接,而交替层以共用[SiO_4]四面体的角顶和棱来连接。每一个 O 与 3 个(Mg、Fe)和一个 Si 相连,[SiO_4]四面体的 6 个棱中有 3 个与[(Mg·Fe)O_6]八面体共用,从而导致配位多面体变形。原子间距 F_0: Mg_{I}—O = 2.10 Å, Mg_{II}—O = 2.14 Å, F_a: Fe_{I}—O = 2.16 Å, Fe_{II}—O = 2.18 Å, Si—$O_{(4)}$ = 1.63 Å。

橄榄石是地幔物质的重要组分,镁橄榄石有两个结构变体:β - 橄榄石和等轴晶系 γ - 橄榄石。

由于橄榄石上述晶体结构特点,使它们在形态上多为短柱状、厚板状。主要单形以{$hk0$}居多;物性上{001}、{010}两组解理与锯齿状链层及紧密堆积层的方向一致。原子间距较小,结合键强较高,故其熔点、硬度等较高。

橄榄石的晶胞大小与 Fe 的含量成正比,于是据其 d_{130} 轴的值可估算 Mg、Fe 相对含量。

三、橄榄石的理化性质

(一) 光学性质

橄榄石为无色、黄绿色、橄榄绿色、绿色至绿黑色,颜色明显随含铁量的增加而加深。玻璃光泽,透明至半透明。铁橄榄石则具深黄色和深黑色,强玻璃光泽,近于金刚光泽。

橄榄石为二轴晶,光轴角很大。当铁橄榄石组分含量少时为二轴晶正光性,当铁橄榄石组分含量大于 12% 时变为负光性。折射率为 1.654 ~ 1.690(±0.020),其大小随成分中铁的含量增加而增大。双折射率 0.035 ~ 0.038,常为 0.036(褐色品种为 0.038),通过台面可以非常清楚地看到对面棱线的双影。

在蓝光区和蓝绿光区有三个等距离的铁的吸收带,分别在 453 nm,477 nm 和 497 nm 处。

(二) 力学性质

橄榄石的密度为 3.2 ~ 4.4 g/cm^3,密度值随 Fe 含量的增加而上升。硬度为 6.5 ~ 7.0。体积模量(K)为 129.5 ~ 184 GPa,剪切模量(G)为 50.7 ~ 119 GPa。

(三) 热学性质

(1) 熔点。橄榄石熔点为 1 760℃,随铁橄榄石和其他杂质的混入,熔点稍有降低。据 С. Г. Тресвятский 等(1985)研究,橄榄石熔融后形成明显的分异层带结构:中上部是带气孔的镁橄榄石,最下部是不熔料带,中间夹有铁合金富集带(占 6% ~ 8%)。镁橄榄石纯度可达 95% ~ 98%,无色透明。N_g = 1.669, N_p = 1.636。在 500 ~ 2 500℃时,镁橄榄石的热稳定性最好。铁橄榄石约在 400℃发生还原,所生成的铁很易与 SiO_2 反应形成不同比例的硅铁合金,其中最稳定的是 FeSi。在碳还原条件下,T < 1 900℃,不形成 SiC,$T \approx$ 2 400℃,熔融物几乎全部由 SiC 组成,形成温区为 2 000 ~ 2 100℃,其热化学转化可表示为:

$$(Mg \cdot Fe)[SiO_4] + C \xrightarrow{600 \sim 800℃} Mg[SiO_4] + Fe[SiO_4] + CO\uparrow$$

$$\{Mg[SiO_4] + Fe(SiO_4)\} + C \xrightarrow{600 \sim 1\,000℃} Mg[SiO_4] + Fe + SiO_2 + CO\uparrow$$

$$\xrightarrow{1\,000 \sim 1\,100^\circ C} Mg[SiO_4] + Fe + FeSi + CO\uparrow$$

$$\{Mg[SiO_4] + Fe + FeSi\} + C \xrightarrow{>1\,900^\circ C} FeSi + SiC + MgO + CO\uparrow$$

（2）热膨胀系数。据铃木等（1981）测定铁橄榄石的热膨胀系数（$-50^\circ C \sim 1\,000^\circ C$）值为：体膨胀系数（$22.7 \sim 37.8$）$\times 10^{-6}$/K，$a$ 轴热膨胀系数为（$0 \sim 12$）$\times 10^{-6}$/K，b 轴为（$10 \sim 12$）$\times 10^{-6}$/K，c 轴为（$0 \sim 14$）$\times 10^{-6}$/K，$Mg[SiO_4]$和 $Mn[SiO_4]$热膨胀系数与 F_a相比，F_0热膨胀系数序次是 $y_b > y_c > y_a$，而 F_a是 $y_c > y_b > y_a$，且在 $T \geqslant 600^\circ C$时，$y_b = y_a$。镁橄榄石的热膨胀系数略大于铁橄榄石，但均居于 10^{-6}的数量级。导热系数为 4.2 W/(m·K)。在水合条件下，橄榄石的热膨胀系数大于无水条件。

（3）热容。橄榄石热容大，单位体积的定压热容为 50 ~ 200 J/(cm^3·K)，定体热容为 130 ~ 175 J/(cm^3·K)。

（四）化学稳定性

橄榄石微溶于水，使水呈碱性。能溶于酸，其耗酸量（0.1 mol/L HCl），在 pH = 3、4、5 时，分别为 27.6 mL、25.70 mL、25.20 mL。能抗 Mn 钢金属熔体。

橄榄石在高温下熔融后，可与 CaO、Al_2O_3、FeO、C 等发生复杂的化学反应。在高压条件下，其晶体结构会发生变化。在掺杂金属离子的条件下，橄榄石将具有很大的导电性。

四、橄榄石的应用

橄榄石最早由 Werner 于 1790 年命名。贵橄榄石作为宝石应用较早，作为工业矿物使用，仅有 60 余年的历史，主要应用方面如下：

（1）用作宝石。凡橄榄石纯净、未风化、透明、或略带颜色，粒度大于 3 mm 者，均可作为中低档宝石原料。其中以“贵橄榄石”为佳。

（2）用作耐火材料。1925 年德国首先用挪威的橄榄石制造耐火材料，目前仍是橄榄石的主要应用市场。我国橄榄石耐火材料原料成分技术指标为：MgO 含量 >40%，CaO 含量 <0.8%，MgO 含量/SiO_2含量 >1.1，R_2O_3含量 <10%，其中，Al_2O_3含量 <1.5%，耐火度 >1 750℃。

Kortermann（1987）认为橄榄石用作耐火材料的化学成分（以含量计）应满足：MgO 56.3%，SiO_2 35.8%，$Al_2O_3$0.8%，$Fe_2O_3$5.6%，CaO 0.1%，K_2O 0.1%，$Cr_2O_3$0.3%，烧失量 1.6，粒度是 0 ~ 5 mm 和 0 ~ 3 mm。不同 MgO、Cr_2O_3含量的橄榄石可选用无机化学黏合、有机树脂黏合、加碳树脂黏合制成多种橄榄石砖。橄榄石砖比刚玉、红柱石砖的热压强度、抗塑变性好。橄榄石砖化学成分含量（%）：MgO 50 ~ 60，SiO_2 25 ~ 35，Al_2O_3 <1.5，$Na_2O + K_2O$ <0.3，$Fe_2O_3$6 ~ 8，$Cr_2O_3$3.5 ~ 10，CaO <10，常用作平炉、玻璃炉的格子砖；用橄榄石与菱镁矿混合制成高级碱性耐火砖；碱性炉衬捣打料或喷射时混合料也用橄榄石，用于浇口盘底衬填料。

（3）用作高级铸造砂。目前我国用量最多的铸造砂是石英砂。日本 1935 年已用橄榄石作铸造砂，它除了比锆石砂、铬铁矿砂便宜外，相比石英砂也有以下优点：① 比石英有更好的导热性，铸造时能使铸件很快冷却而不变形；② 相对密度较石英砂大，砂模不易破裂，成品率高；③ 无游离 SiO_2，具有较强的抗金属氧化能力，可获得较理想的铸件表面，且硅尘危害小得多；④ 能经受撞击而无损其渗透性；⑤ 低的热膨胀性，仅用 3% 的膨润土黏合剂和 3% 的水即可使用；⑥ 次棱角颗粒有较高的湿硬性；⑦ 不受温度变化的影响，能多次回收利用，成本降低。

因此橄榄石被广泛应用于 Mn 钢、C 钢、Cu、Al、Mg 铸造及精铸模件、大型铸造模件上。

铸型用砂的化学成分，$MgO + FeO + Fe_2O_3$的组分配比是衡量其质量的主要指标，MgO 含量越高越好。表25－2列示了常用橄榄石矿物原料品质。

表 25－2　橄榄石矿物原料品质指标

Table 25－2　The quality indicators of raw olivine materials

单位：%

成分	挪威	美国	日本	瑞典	中国
SiO_2	40.8～42.6	40.8～42.5	40.6～42.0	40.5	38.0～43.0
MgO	47.7～49.0	46.4～46.9	44.9～47.5	46.0	46.0～47.5
$FeO + Fe_2O_3$	6.0～7.5	8.0～9.4	7.0～10.0	8.2	7.0～9.5
Al_2O_3	0.2～0.8	1.8	0.5～2.6	2.0	0.5～1.6
CaO	0.1～0.8	0.2～0.5	0.1～0.6	0.8	0.2～0.5
$Na_2O + K_2O$	0.1	—	—	—	0.1～0.8

＊据段钟立，1988。耐火度 >1 600℃，瑞典标准 >1 750℃，中国标准 >1 690℃。

（4）用作高炉助剂。这方面的应用始于 20 世纪 70 年代，作用是助熔和炉渣调节，提高渣体流动性，使出渣流畅；降低焦炭消耗量——烧结温度降低 100℃，焦炭用量下降 20%；改进炼钢生产中的高温软化性能，同时降低膨胀程度；更有效地防止高炉内产生碱性结核。

现代炼钢中，每炼 1 t 铁只允许出渣 360 kg，高炉内造渣体积和化学因素影响高炉热效应；为排除铁矿石和焦炭中的杂质（特别是硫），也须控制炉渣成分，从而控制熔化物成分。炉渣的主成分是 CaO、MgO、SiO_2和 Al_2O_3，每一成分的相对比例，特别是碱度比，即$(CaO + MgO)/(SiO_2 + Al_2O_3)$，应在 0.8～1.2 之间。而高镁炉渣比低镁炉渣在较宽范围内有更大的流动性。以橄榄石代替白云石，可以得到合适的碱度比。由于 MgO、SiO_2是以相同比例同时加入的，且烧失量很低，因此可减少炉内添加熔剂的总量，降低能耗。

熔剂橄榄石以三种方式加入：① 块喂，粒度 4～10 mm，常与灰岩块一块添加；② 连续粒级的粉末（0～6 mm），掺入铁矿粉烧结成块；③ 更小粒级（0～3 mm）的活化粒料。

（5）用作喷砂磨料。环保法规的严格执行，使橄榄石作为喷砂清洗剂脱颖而出。它的优点在于：① 不含游离金属。呈淡绿色，被粉碎后仍为淡色，在许多情况下被认为优于暗色尘粒；② 硬度较高（6.5～7.5），能产生较高的光洁度（在钢制品上），清洗速率稍低于 Cu 渣；③ 比 Cu 渣易破碎，颗粒呈菱角，有助于从清洗物表面排除污垢和锈皮、脏物；④ 高密度（3.3 g/cm^3）易保证颗粒冲击工作面有较高的能量，便于垢物排除。

橄榄石被用来清洗桥梁、建筑物和钢件，而且以过去 3 倍的速度在增长。喷砂品级较多，美国品级是 AFS 20，30，60，90。

（6）用作化工原料。橄榄石可以用作化工原料制备高纯镁橄榄石陶瓷材料，其物理化学性能特别优异，如熔点达 1 890℃，可用于高热稳定性、优良电性能、化学性质稳定可靠的高级电器和陶瓷制品。也可用于制备纯镁、镁盐如 $MgCl_2 \cdot 9H_2O$,镁质胶凝材料等。

(7) 其他应用。橄榄石以较大的比热容应用于储热加热器市场,但已被磁铁矿取代而用量急剧下降。橄榄石耐火焚化炉前景乐观。橄榄石是高档饰面矿物原料,其颜色庄重豪华,色泽细腻大方,拼结性好,光洁度高,有时会产生珠宝闪光效应,加工性能良好,特别是可加工成薄型和超薄型板材。颜色纯正漂亮的橄榄石也可用于水基粉状涂料如镁橄榄石。

橄榄石还可作钙镁磷肥、轻质 MgO、Mg 肥,土壤改良,环境保护中吸收气态酸酐,调节污染水体的 pH 等;也可用于石油钻井平台的压重和充填凝结平台的水泥制件填料;可作为复合催化剂催化气化生物质焦油。目前正有科研人员用强力转化技术把橄榄石中可用于 CO_2 的矿物成分转化固定。橄榄石尾矿还可以用于石英砂的制造及制陶工业。

可用钙镁硅质天然矿物原料合成橄榄石,如镁橄榄石、钙镁橄榄石等,合成的人工橄榄石材料多用于轻质隔热保温材料或高级陶瓷玻璃制品。

天然产出的橄榄石不是很大,常常蛇纹石化或赋存于蛇纹岩体、辉橄岩的中心部位。国外拥有大量橄榄石矿床的国家和地区有美国、加拿大、奥地利、德国、意大利、挪威、法国海外领地新卡利多尼亚、新西兰和非洲。国内橄榄石矿床主要分布于湖北宜昌、四川彭州、云南绥江、江西弋阳、安徽霍山、河南西峡、甘肃永昌、内蒙古二连浩特和哈拉黑、吉林靖宇和开山屯以及陕西商南等地。

第二节 锆　石

锆石又名锆英石或硅酸锆。

一、化学成分

为 $Zr[SiO_4]$。组分含量 ZrO_2 67.1%,SiO_2 32.9%。有时含有 MnO、CaO、MgO、Fe_2O_3、Al_2O_3、TR_2O_3、ThO_2、U_3O_8、TiO_2、P_2O_5、Nb_2O_5、Ta_2O_5、H_2O 等混入物。当 H_2O、TR_2O_3、U_3O_8、$(Nb,Ta)_2O_5$、P_2O_5、HfO_2 等杂质含量较高,而 ZrO_2、SiO_2 的含量相应较低时,其物理性质也发生变化,硬度和密度降低,且常变为非晶态。因而可形成锆石的各种变种:山口石(TR_2O_3 含量 10.93%,P_2O_5 含量 5.3%)和大山石(TR_2O_3 含量 17.7%,P_2O_5 含量 7.6%);苗木石(TR_2O_3 含量 9.12%,$(Nb,Ta)_2O_5$ 含量 7.69%,U、Th 高而不含 P_2O_5);曲晶石(含较高 TR_2O_3、U_3O_8);水锆石(含 H_2O 3% ~10%);铍锆石(BeO 含量 14.37%,HfO_2 含量 6.0%)。

二、晶体结构

四方晶系 $D_{4h}^{19}-I4_1/amd$,$a_0=6.59$ Å,$c_0=5.94$ Å,$Z=4$。在结构中 Zr 与 Si 沿 c 轴相间排列成四方体心晶胞。晶体结构可以看成是由 $[SiO_4]$ 四面体和 $[ZrO_8]$ 三角十二面体(四方四面体和四方偏三角面体的聚形)联结而成,原子间距:Si—O(4) = 1.62 Å,Zr—O(8) = 2.15 和 2.29 Å。晶体结构沿(100)方向投影(图 25-2)。$[ZrO_8]$ 三角十二面体在 b 轴方向以共棱方式紧密连接。

锆石以双锥状、柱状、板柱状常见,且形态与成分有密切关系。

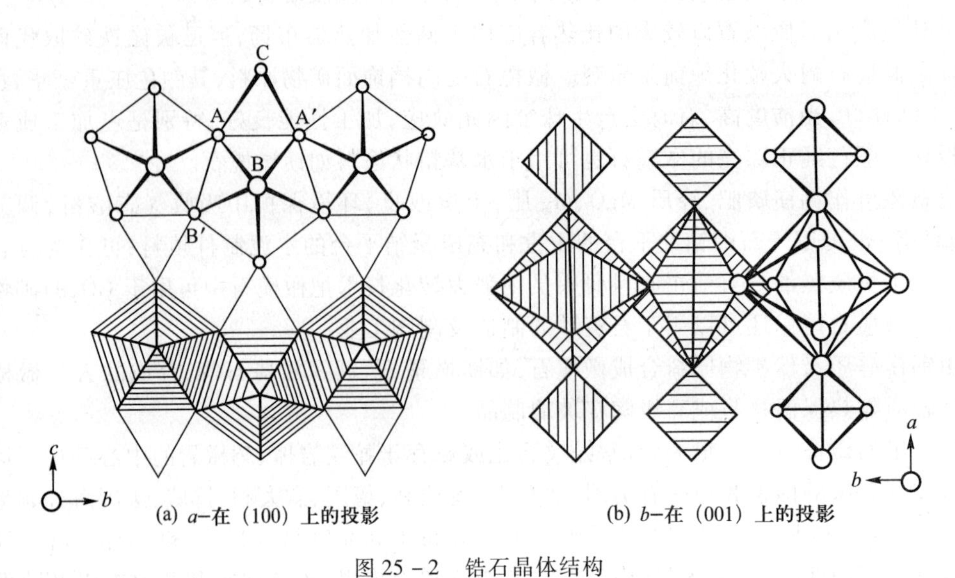

图 25－2　锆石晶体结构

Fig. 25－2　The crystal structure of zircon

三、锆石的理化性质

(1) 光学性质。无色、淡黄色、紫红色、淡红色、蓝色、绿色、烟灰色等。显玻璃或金刚光泽，颜色绚丽多样，红锆石、黄锆石是常见的宝石矿物。透明到半透明。

X 光照射下发黄色，阴极射线下发弱的黄色光，紫外线下发明亮的橙黄色光。镜下呈无色至淡黄色，色散强，折射率大。$N_o = 1.91 \sim 1.96$，$N_e = 1.957 \sim 2.04$，$N_e - N_o = 0.058 \sim 0.08$。均质体折射率降低：$N = 1.60 \sim 1.83$。

(2) 热学性质。熔点 2 340 ~ 2 550℃。若夹杂少量石英，则耐火度降为 1 850℃，分解温度低达 1 550℃，高温力学性能变差，如荷重软化点低达 1 220℃。

在氧化条件下，1 300 ~ 1 500℃锆石稳定；1 550 ~ 1 750℃锆石分解，生成 $ZrO_2 + SiO_2$，且在 1 830℃ ZrO_2迅速增大。杂质愈高则分解温度愈低。物相变化关系式为：

$$\text{单斜型} \xrightleftharpoons{1\,000℃} \text{正方型} \xrightleftharpoons{1\,900℃} \text{立方型（安定 } ZrO_2\text{）}$$

（相对密度 5.31）　（5.70）　　　　　（6.09）

热膨胀系数（线性）5.0×10^{-6}/K（200 ~ 1 000℃）且耐热震动，稳定性很好（850 ~ 10℃）。

(3) 化学稳定性。不水解，不溶于水，中性。在高温下不与 CaO、SiO_2、C、Al_2O_3等反应，因此抗渣蚀能力强，不粘钢水。锆石受侵蚀的主要原因是分解出的 SiO_2形成低熔点的玻璃造成熔溜。

另外锆石密度大（4.4 ~ 4.8 g/cm^3），硬度高（7.5 ~ 8）。锆石常具有放射性，常引起自身的非晶化，导致透明度、光滑度、光泽、密度、硬度均下降。

四、锆石的应用

世界上主要有 10 个国家生产锆石，年产量约 140×10^4 t（2013）。其中澳大利亚、南非、中国、美国占总产量的77%，主要应用在耐火材料、陶瓷、磨料、合金和铸造上。

(1) 用作耐火材料。锆石因耐火度高、热膨胀系数低、耐震性好、耐钢水及碱性渣侵蚀(如碱度(CaO/SiO_2)可达=2.6～3.67)，可作为特殊高级耐火材料。如日本65%～75%的锆石用于冶金浇钢系统的薄弱环节和关键部位。

我国用53%的锆石生产$ZrO_2-Al_2O_3-SiO_2$系熔铸耐火材料。前苏联用Al_2O_3与锆石制取莫来石-ZrO_2砖，所用比例是$ZrSiO_4$ 55% + Al_2O_3 45%，烧成温度为1 400～1 500℃；也可用锆石与MgO制取橄榄石-ZrO_2砖，反应在1 000～1 350℃进行。上述陶瓷砖的高温性能主要是由于ZrO_2相变可增大陶瓷材料的强度。

(2) 型砂。锆石的耗酸量很低，在pH=3、4、5时，耗酸量相应为4.8 mL、3.2 mL、2.45 mL(0.1 mol/L HCl)，比铬铁矿还低。锆石还可克服彩面缺陷，避免在铸件表面形成次生外皮，且抗压强度高，易于湿、干砂成型，与所有的有机、无机黏结剂系列相容，次圆形外表仅需少量的黏结剂即可达到高强黏结，并获得优良的光滑度和冷铸性。

锆石细粉还可作为型模的涂料、填料，或耐高温的涂料。虽然锆石具稳定性好，有良好导热性，与铁水不发生反应，毒性小，易制备粉体等优点，但价格过高。

(3) 白色陶瓷。常用作面砖和卫生瓷上的釉料遮光剂。锆石的折射率比较高，仅次于金红石、色彩淡雅，能与陶瓷色彩混溶，在玻璃中的熔解度较低，超细锆石粉能起到非常好的遮光作用，其平均粒径为1～2 μm。锆石还可用于釉料中，起到釉料遮光作用。在特种陶瓷上，如特种玻璃和搪瓷釉等，它们需要锆石的高折射率、耐碱性、辐射稳定性及不透明性。锆石加入玻璃纤维中，可增加其在水泥中的耐碱性。

(4) 核素固化。由于锆石具有较高的热分解温度、较好的化学稳定性、较小的热膨胀系数、优良的抗热震性能、机械稳定性、热稳定性和抗辐照性，因而普遍认为它是固化高放射性废物中锕系核素的理想固化介质材料。崔春龙等以ZrO_2、SiO_2和CeO_2粉体为原料设计了包容量为5%～20%的锆石固化体配方，在1 500℃下保温22 h，制备出了粒度为5 μm的板块状锆石/Ce^{4+}固化体。锆石对三价锕系核素的固化能力至少可达20%，是一种较好的固化三、四价锕系核素备选矿物。目前董发勤等正在研究用微波法合成锆石陶瓷或玻璃固化放射性核素，用高中低放射环境或重粒子来测定锆石的稳定性及在水中模拟核素的渗透迁移率、浸出率等。

(5) 宝石。锆石硬度高、色彩绚丽多彩、色泽光亮、粒度大，透明者可作宝石收藏，如红锆石、黄锆石等。

另外，锆石还可用于磨料及提取Zr、Hf的原料。

第三节 石 榴 子 石

石榴子石为一族矿物，主要有两个系列：铁铝榴石系列和钙铁榴石系列。

一、化学组成

本族矿物类质同象极为广泛，化学成分比较复杂。化学通式为：$A_3B_2[SiO_4]_3$，其中，A为Mg、Fe、Mn、Ca等二价离子；B为Al、Fe、Cr、Ti、V、Zr等三价离子，半径较为接近，彼此间易发生类质同象代替。而二价离子则不甚相同，Ca^{2+} 比 Mg^{2+}、Fe^{2+}、Mn^{2+} 有较大的离子半径，故难于与之发生类质同象代替。这就决定了本族矿物中存在着二种类质同象系列：一种是以 Mg^{2+}、Fe^{2+}、Mn^{2+} 为主的类质同象系列和以 Al^{3+} 为主的石榴子石；另一种是以 Ca^{2+} 为主的石榴子石，三价阳离子变化大（有 Al^{3+}、Cr^{3+}、Ti^{4+}、V^{3+}、Zr^{4+}）。因此，可划分为铝榴石种（镁铝、铁铝、锰铝榴石三亚种）和钙铝－钙铁榴石种（钙铝、钙铁榴石两个亚种）。此外，还含有 OH^- 的水榴石及某些成分变种：如 TiO_2 含量达 4.6%～16.44%，称钛－钙铁榴石及钇－铝榴石（YAl ⇌ CaSi）。

二、晶体结构

等轴晶系。$O_h^{10}-Ia3d$，a_0 = 11.459～12.408 Å，$Z=8$。石榴子石单位晶胞较大。孤立的 $[SiO_4]$ 四面体为三价阳离子的八面体 $[AlO_6]$、$[FeO_6]$、$[CrO_6]$ 所连接。其间形成一些较大的十二面体空腔，这些空隙也可看成是畸变的立方体。它的每个角顶都由 O^{2-} 所占据，中心位置为二价阳离子 Ca^{2+}、Fe^{2+}、Mg^{2+} 等占据，其配位数为 8。钙铝榴石 $Ca_3Al_2[SiO_4]_3$ 的晶体结构如图25－3所示。1 个 $[AlO_6]$ 八面体周围与 6 个 $[SiO_4]$ 四面体以角顶相连接；而与 Ca 的畸变立方体以共棱方式相连：每个 O 与 1 个 Al 和 1 个 Si 相连，并与 2 个稍远的 Ca 相连。

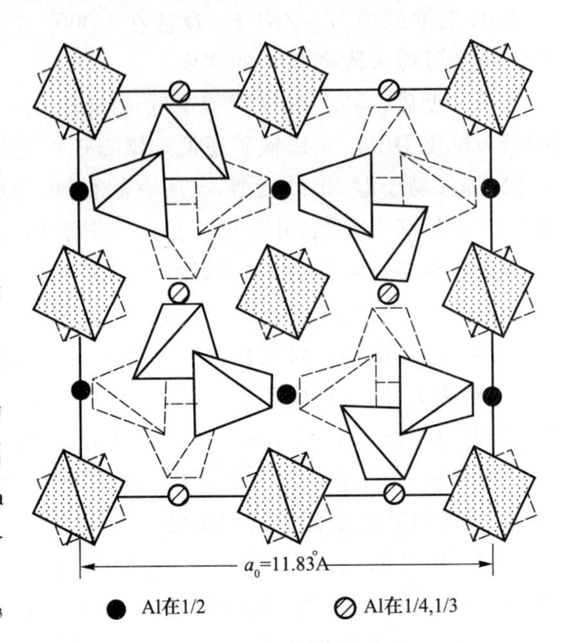

图 25－3　钙铝榴石晶体结构

Fig. 25－3　The crystal structure of grossular

因此，石榴子石结构比较紧密，其中以沿 L^3 轴方向最紧密，也是化学键最强的方向。

石榴子石组分类质同象代替可引起晶格常数 a_0 的变化。当 Fe^{2+}、Mg^{2+}、Al^{3+} 含量升高时，a_0 降低，而当 Ca^{2+}、Fe^{3+} 含量增大，a_0 明显增大。

三、石榴子石的理化性质

（1）形态。常呈完好晶形，如菱形十二面体{110}，四角三八面体{211}及二者的聚形，晶面上常有平行四边形长对角线的条纹，歪晶较常见。

（2）光学性质。石榴子石颜色各种各样（表 25－3），多受成分的影响。如钙铬榴石因含 Cr^{3+} 而呈绿色，但没有严格的规律性。玻璃光泽居多，有时近于金刚光泽，如钙铁榴石。

表 25－3　石榴子石主要物理性质

Table 25－3　The main physical properties of garnets

矿物名称	a_0/Å	颜色	密度/(g·cm^{-3})	折射率
镁铝榴石	11.459	紫红、血红、橙红、玫瑰红	3.582	1.714
铁铝榴石	11.526	褐红、棕红、橙红、粉红	4.318	1.830
锰铝榴石	11.621	深红、橙红、玫瑰红、褐	4.190	1.800

续表

矿物名称	a_0/Å	颜色	密度/(g·cm^{-3})	折射率
钙铝榴石	11.851	红褐、黄褐、密黄、黄绿	3.594	1.734
钙铁榴石	12.048	黄绿、褐、黑	3.859	1.887
钙铬榴石	12.00	鲜绿	3.90	1.86
钙钒榴石	12.035	翠绿、暗绿、棕绿	3.680	1.821
钙锆榴石	12.46	暗棕色	4.0	1.94

偏光显微镜下高正突起，淡粉红色或淡褐色，个别呈浓褐色、深红褐色，显均质性，而钙铝－钙铁榴石具明显的非均质性。石榴子石折射率受成分、结构影响，一般是 a_0增大，折射率升高，而 Fe、Mg、Al 含量上升，折射率趋于降低，而 Ca、Fe、Zr 含量升高，则折射率也升高。石榴子石的 a_0与折射率 N、密度 ρ 有密切的相关关系。

镁铝榴石颜色多变，且随 Cr_2O_5含量的增高由浅变深，以主橙色调变为红、紫红色调，且在日光下铬镁铝榴石呈蓝色或绿色，而在灯光下呈紫红色及鲜红色。

(3) 力学性质。硬度 6.5～7.5，含 OH^-者则硬度降低为 5 左右，密度为 3.5～4.2 g/cm^3，且随成分而变化。

(4) 化学性质。不溶于硫酸、盐酸、硝酸、氢氟酸，>250℃时溶于磷酸。含 OH^-者易溶于酸。石榴子石在水中有很好的稳定性，含 OH^-者如水钙榴石更优。水钙榴石在 705℃有吸热谷（脱去结构水），在 440℃、900℃有两个放热峰，即 440℃，$Fe^{2+} \rightarrow Fe^{3+}$；900℃发生相变，因此含 Fe 等变价元素的榴石热稳定性不高。

另外，钙钒榴石有弱电磁性。

四、石榴子石的应用

(1) 用作磨料。这是石榴子石目前用量最大的市场。高等级石榴子石可用于研磨、抛光玻璃、陶瓷和其他材料，也可作为敷涂料制成砂纸、砂布和砂轮等，用来抛光各种金属、木材、橡胶和塑料。石榴子石磨料粒度为 0.34～0.1 mm、1.0 mm、0.08～0.036 mm。目前敷涂石榴子石的纸质和布质磨料多用于木制品表面打磨。敷涂石榴子石还可以制成砂轮、磨砂器等。用石榴子石制成的磨料磨出的磨件光洁度高、砂痕浅而少、磨面细腻均匀、加工质量好，被认为是优于碳化硅和熔融氧化铝的磨料，且操作条件比氧化铝优越，价格也较低廉。低级石榴子石常用来清除铝和其他软质金属的表面氧化层，可以作飞机厂家的抛磨和擦洗材料，还可作钢结构材料的抛磨料。

精密抛光是石榴子石更精细的用途，如石榴子石用于抛光和精磨电子部件、特种玻璃及其他高技术产品，起高价值磨料粉的作用。它有严格的粒度级配的粒度纯度要求、抛磨次序。如我国江苏一玻壳厂使用 0～0.010 mm 占 25% 以下、0.010～0.016 mm 占 30% 以下、0.016～0.020 mm 占 25% 以上、0.020～0.025 mm 占 20% 以上、0.025～0.032 mm 占 5% 以上、大于 0.032 mm 占 1% 以下这一严格粒级的、且纯度达 98% 以上的石榴子石磨料。

水力射流切割是在高压水力射流自身切割力的基础上，加进一定粒度和角棱形的石榴子石，增大切割能力。它可以在钢、混凝土、聚合物、橡胶、木材、塑料等硬基质物件上作业。水力射流切割需要硬度很大的石榴子石如铁铝榴石,且要具有锋利带角的边缘。水力射流切割中石榴子石粒度为 1.0 ~0.3 mm、0.25 ~0.18 mm、0.18 mm、0.15 mm、0.18 ~0.075 mm、0.12 ~0.06 mm。对于较深度的切割,或切割钢铁,最好使用粒度达 1.0 mm 的粗大石榴子石颗粒。

石榴子石无游离 SiO_2,加工时可避免石英砂所引起的硅肺职业病。在硅石被禁用的国家中,石榴子石在保护人体健康和环境方面,以其纯净、不起化学反应和非危害性而具明显优势。

用作磨料的多是铁铝榴石和镁铝榴石。

(2) 用于喷砂。将石榴子石加工成喷砂级磨料用于造船厂、采油设备、管道及各种工厂设备的喷砂,以除去油漆、油污、船舶外壳的贝壳类海生生物等,利用的是石榴子石的硬度、角粒性及相应的压力促进。过去使用石英砂较为廉价,但因游离二氧化硅的危害,石英砂用量已大大减少,尤其是喷砂除去设备表面的干油漆时,已很少使用石英砂。如美国在铝、飞机、造船工业都选用商品级石榴子石砂进行喷砂清理。水射流清洗和切割技术发展也导致石榴子石用量增加。喷砂对石榴子石的要求为:粒度范围 1.1 mm、0.5 mm、0.6 ~ 0.4 mm、0.4 ~ 0.2 mm、0.3 ~ 0.15 mm;摩氏硬度一般要 >7.5;纯度 75% ~80% 或更低。目前重点考虑可连续返回使用多次的回用技术。

(3) 用于水过滤介质。在深度水处理及彻底过滤系统中,主要采用粒状石榴子石作过滤器的底层介质,净化饮水或废水。把石榴子石作为一种综合介质成分来使用,要求粒度为 2.5 ~ 1.7 mm、1.1 mm、1.4 ~0.6 mm、0.5 mm、0.6 ~0.4 mm、0.4 ~0.2 mm。最常用的是铁铝榴石,纯度在 98% 以上。铁铝榴石主要用于民用过滤砂,一种是 2.36 ~ 1 mm 的粗料,一种是 0.3 ~ 0.6 mm的细料。

我国对石榴子石粒径要求较宽,只定出 0.25 ~5.0 mm。多介质过滤器中细过滤介质为石榴子石,与大颗粒物料的疏松层配合使用,一般石榴子石粒径以 0.2 ~0.6 mm 为宜。这种过滤床可使用 25 年而无需更换。

在压力过滤器中,石榴子石的有效粒径为 0.4 ~0.6 mm,密度为 3.8 g/cm^3。它充填于粗耗砂颗粒间隙,产生降低孔隙度和增加水流/渗透弯曲度的效果。这种间隙流的加强,有助于颗粒碰撞情况的增加,对过滤过程中的凝聚作用有帮助。因此石榴子石混合介质砂能清除掉的固体物质粒度范围比较广,并能以高流速操作,有极好的过滤质量和高产量。

石榴子石滤砂需要满足:筛上颗粒的极小值和筛下颗粒的极少值都有狭窄的粒度分布;有良好的机械强度,颗粒形态不受负荷和压缩影响;能抵抗粒间及颗粒与容器边缘的研磨作用;颗粒形状均匀,以次棱角、圆形为佳,不起化学反应,且能经受各种酸、碱性水侵蚀。因此,有裂纹、风化、含 OH^- 的石榴子石不宜作过滤材料。

(4) 用作宝石和装饰材料。颗粒大(粒度 >5 mm)、无裂纹,透明,红色者可作为宝石,颜色以红色、玫瑰色、紫色、翡翠绿最好。石榴子石的多样颜色和耐久性,可以作装饰材料和工艺品。

石榴子石还可用于钟表及精密仪器轴承、作重介质和石油钻井泥浆加重剂。加工成彩色石米、彩砂或涂料填充料,用于高档建筑物表面的装饰,使色彩新鲜均匀,耐冲刷,不易风化退色。石榴子石耐磨性强、韧性好、不产生游离二氧化硅,使得在高速公路和机场跑道的建设中用它代替石英砂有很大的潜力和吸引力。

五、石榴子石人工合成晶体

目前能大量合成的主要是钇铝石榴子石和钇铁石榴子石人工晶体，前者主要用作激光晶体，$Y_3Al_5O_{12}$(YAG)，多掺杂钕、铒、钬、铥等，制备高性能光学、激光、荧光材料；后者主要用作微波铁氧体，$Y_3Fe_5O_{12}$(YIG)，多掺杂稀土元素如 Gd^{3+}、Dy^{3+}、Sm^{3+}、Nd^{3+} 和 La^{3+} 等，制备高性能铁氧磁性或微波材料。人工合成石榴子石大晶体目前主要采用提拉法，也有真空结晶法。采用溶胶－凝胶法可制备石榴子石粉晶颗粒。

YAG 是目前最常用的一类固体激光器，它具有窄的荧光光谱线，强的荧光辐射，适当的荧光寿命和吸收截面良好的热学、化学和光照稳定性，机械性能好，易于加工研磨的特点。人工晶体的特征是：密度 4.55 g/cm^3；导热系数 0.14 W/(K · cm)；比热容 371.79 J/(mol · K)；摩氏硬度 8 ~ 8.5；热扩散 0.050 cm^2/s；熔点 1 970℃；导热系数 6.9×10^{-6}/K；折射率 1.83；光吸收 0.2%/cm；透光波段 0.28 ~ 5.5 μm；色泽，无色。人工合成的 YAG 的综合热物理性能非常优异，见表 25－4。

表 25－4 钇铝石榴子石(YAG)的热物理性能

Table 25－4 The thermo－physical properties of yttrium aluminum garnet (YAG)

材料	熔点/℃	密度/(g · cm^{-3})	热膨胀系数(1 000℃)/K^{-1}	导热系数/(W · (m · K)$^{-1}$)
六铝酸镧	1 928	4.285	10.7×10^{-6}	1.2(25℃) 2.2(1 200℃)
8YSZ*	2 700	5.90	11.5×10^{-6}	2.1(1 100℃)
$La_2Zr_2O_7$	2 300	6.05	9.1×10^{-6}	1.56(1 000℃)
YAG	1 950	4.55	9.1×10^{-6}	3.0(1 000℃)
Al_2O_3(TGO)	2 050	3.97	8×10^{-6}	
NiCoCrAlY			17.5×10^{-6}	
In738 高温合金			16×10^{-6}	

* 钇稳定化氧化锆(YSZ)

美国石榴子石应用水平居世界领先水平，也是石榴子石的主要生产国，能提供不同质量的石榴子石。澳大利亚、中国和印度的石榴子石蕴藏量也十分丰富。

第二十六章 红柱石 蓝晶石 夕线石

红柱石、蓝晶石、夕线石类矿物在应用上也常称“三石”矿物，有时也称高铝硅酸盐矿物（$w(Al_2O_3)=62.9\%$）。在变质岩中广泛分布，有很大的实用意义。

第一节 概 述

一、化学成分

红柱石、蓝晶石、夕线石具有相同的化学组成和共同的分子式：Al_2SiO_5，其中 SiO_2 含量 37.1%，Al_2O_3 含量 62.9%。红柱石中，Al 可能被 Fe（含量≤9.6%）和 Mn（含量≤7.7%）所代替；蓝晶石中可含Cr（≤12.8%），亦常含有 Fe（1% ~2%）和少量的 Ca、Mg、Fe、Ti 等类质同象混入物；夕线石成分比较稳定，常有少量的类质同象混入物 Fe 代替 Al，有时存在微量的 Ti、Ca、Fe、Mg 等。

红柱石、蓝晶石、夕线石是三个同质多象变体。在自然界常见夕线石与蓝晶石共生，夕线石和红柱石共生，较少见到红柱石和蓝晶石共生。三者共生更为罕见。

二、晶体结构及其差异

红柱石、蓝晶石、夕线石矿物的晶体结构基本特征及部分物性对比如表 26-1。

表 26-1 “三石”矿物的结构及部分物性对比

Table 26-1 The structure and part of properties of andalusite, kyanite and sillimanite

项目		红柱石	蓝晶石	夕线石
结构式		$Al_2O[SiO_4]$	$Al_2O[SiO_4]$	$Al_2O[SiO_4]$
晶系		斜方	三斜	斜方
Si—O 配位数		4	4	4
Al—O 配位数		6,5	6	6,4
晶胞参数	a_0	7.78	7.10	7.44
	b_0	7.92	7.74	7.59
	c_0	5.57	7.57	5.75
	v	343.2	289.1	324.7
	z	4	4	4
折射率	N_g	1.638 ~ 1.650	1.727 ~ 1.734	1.673 ~ 1.683
	N_m	1.633 ~ 1.644	1.721 ~ 1.723	1.658 ~ 1.662
	N_p	1.629 ~ 1.640	1.712 ~ 1.718	1.654 ~ 1.661
	$2v$	(-),72° ~86°	(-),82° ~83°	(+),21° ~30°

续表

项目	红柱石	蓝晶石	夕线石
解理	(100)不完全 (110)清楚	(100)完全 (010)清楚	(010)完全
摩氏硬度	6.5 ~ 7.5	5.5 ~ 7	6.5 ~ 7.5
密度/(g · cm^{-3})	3.13 ~ 3.16	3.53 ~ 3.65	3.23 ~ 3.27

(1) 红柱石。斜方晶系,$D_{2h}^{12}-Pnnm$,其晶体结构中,1/2 的 Al 配位数为 6,组成[AlO_6]八面体,它们以共棱的方式沿 c 轴连结成链,链间以配位数为 5 的 Al 和[SiO_4]四面体相连结。O 有两种配位情况,一种与 1 个 Si 和 2 个 Al 相连结,它们参加[SiO_4]四面体;另一种 O 则与 3 个 Al 相连结,未参加[SiO_4]四面体(图 26 - 1)。红柱石晶体呈柱状,与[AlO_6]八面体链延伸方向一致。

(2) 蓝晶石。三斜晶系,$C_i^1-P\bar{1}$;$\alpha=90°06'$,$\beta=101°21'$,$\gamma=106°45'$。其结构是 O 近似作立方最紧密堆积,Al 充填 2/5 的八面体空隙,Si 填入 1/10 的四面体空隙。O 的最紧密堆积面 // (110)方向,每 1 个 O 与 1 个 Si、2 个 Al 或 4 个 Al 相连。[AlO_6]八面体以共棱方式连结成链,// c 轴。链间是以共角顶并以 3 个八面体共棱的方式相连结,且 // (100)层,其层间以[SiO_4]四面体和[AlO_6]八面体相连结(图 26 - 2)。因此蓝晶石晶体 // (100)面发育成板状。由于链的方向上键力强,链间键力较弱,因此在 ⊥ 链方向硬度大(抗压强度大),// 链方向硬度小。原子间距:$Al_Ⅰ$—O(6) = 1.90 Å,$Al_Ⅱ$—O(6) = 1.92 Å,$Si_Ⅰ$—O(4) = 1.62 Å,$Si_Ⅱ$—O(4) = 1.63 Å。

(3) 夕线石。斜方晶系,$D_{2h}^{16}-Pbnm$,其基本结构是由[SiO_4]和[AlO_4]四面体沿 c 轴交替排列,组成[$AlSiO_5$]双链,双链间由[AlO_6]八面体连结,[AlO_6]八面体共棱连结成链位于单位晶胞(001)投影面的 4 个角顶和中心,有半数的 Al 为四次配位。Al—O(4) = 1.77,Si—O(4) = 1.61 Å(图 26 - 3)。H. J. Greenwood(1972)研究认为,夕线石中的四次配位的 Al 和 Si 在[$AlSiO_5$]链中是无序的,对以前的有序看法提出异议。夕线石结构特征决定了它具有 // c 轴延长的针状、纤维状晶体形态及 // (010)的解理。

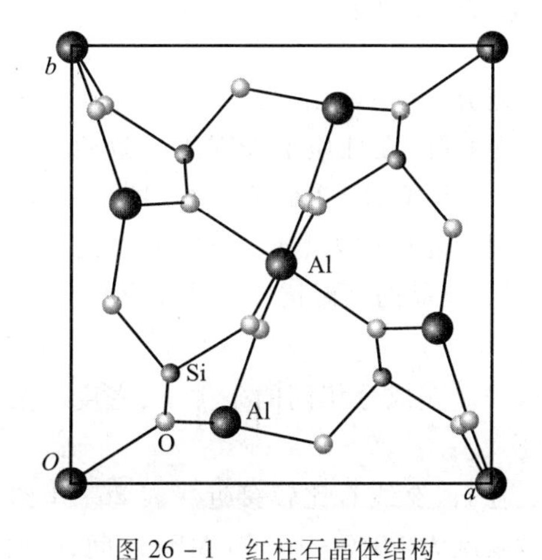

图 26 - 1 红柱石晶体结构

Fig. 26 - 1 The crystal structure of andalusite

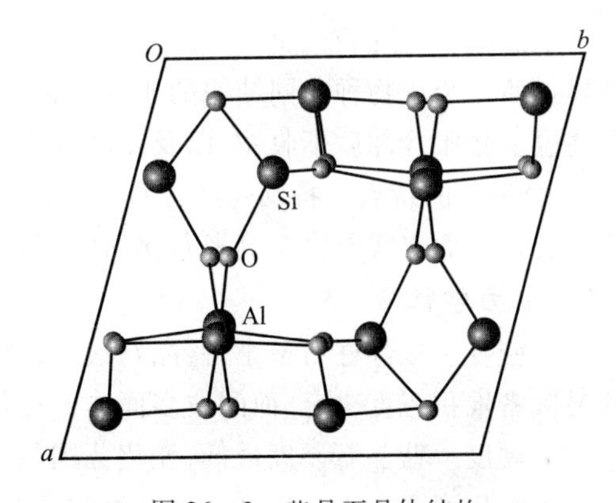

图 26 - 2 蓝晶石晶体结构

Fig. 26 - 2 The crystal structure of kyanite

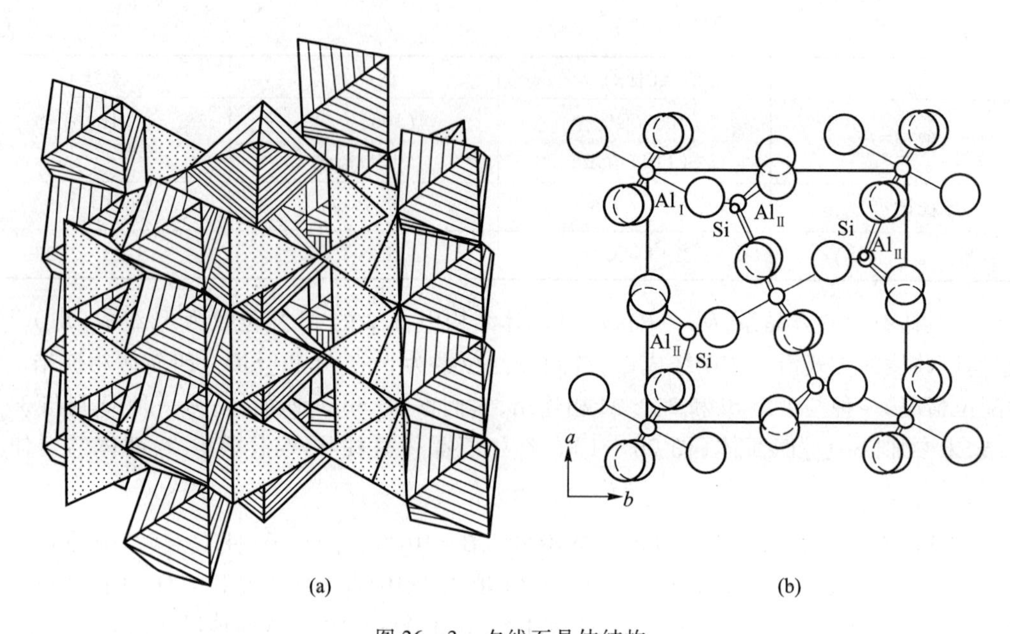

图 26 - 3　夕线石晶体结构

Fig. 26 - 3　The crystal structure of sillimanite

红柱石、蓝晶石、夕线石在结构上的主要差异在于 Al 的配位数及多面体的连结方式上。因 Al^{3+}/O^{2-} 离子半径比 =0.43,接近于 6 次或 4 次配位的极限值,因此 Al^{3+} 有双重配位的特点。Al^{3+} 是以 6 或 4 配位与其形成的温压条件有极大关系。在同质多象变体中,配位数的变化遵循如下法则:较大的配位数出现在那些较低温度和高压下呈稳定状态的晶格内。红柱石中有半数的 Al 配位数为 5,这是唯一的 5 配位硅酸盐;蓝晶石中 Al 均为 6 配位;夕线石有半数 Al 为 4 配位。4 配位的 Al 则与[SiO_4]具有相似的性质,故[AlO_4]与[SiO_4]组成[$AlSiO_5$]混合链,决定了夕线结构特征不同于红柱石、蓝晶石。

第二节　"三石"的理化性能

由于红柱石、蓝晶石、夕线石晶体结构上存在明显差异,其物理化学性质肯定存在一定程度的差异。而每个矿物种与同结构的矿物(如夕线石与莫来石)在性质上表现出一致性。它们具有在高温下膨胀冷却后不收缩,以及在高温下(1 100 ~ 1 650 ℃)转变成莫来石(即富铝红柱石,$3Al_2O_3 \cdot SiO_2$)的特点。特别是红柱石,它在高温下的相变能形成无数微裂纹,从而提高了材料的抗热震性。而夕线石完全莫来石化的温度较高,对提高制品的高温抗蠕变性能有利。

(一) 力学性质

(1) 密度。以红柱石最小,蓝晶石最大,夕线石居中。在成分相同的条件下,密度主要由结构的最紧密堆积程度决定,而配位多面体的配位数居次。

(2) 硬度。蓝晶石硬度最低,变化范围最大;而红柱石、夕线石比较接近。表 26 - 1 给出的摩氏硬度实用意义不大。H. Winchell 测定蓝晶石显微硬度为 2 010 ~ 16 671 MPa 之间,高振昕等(1987)测定新疆蓝晶石单晶显微硬度(Hv)与轴向的关系为:在(100)面上,Hv = 1 608 ~

2 108 MPa;(010)面上,$Hv=11\ 278\sim13\ 043$ MPa;(001)面上,$Hv=4\ 413\sim5\ 590$ MPa。结果表明,b 轴是 a、c 轴向硬度的 3 ~ 8 倍,解理发育的(100)面最软,故蓝晶石粉碎后都呈单片状,而不易成均匀粒状。

虽然红柱石、夕线石硬度的各向异性不明显,但夕线石粉碎后仍呈板片状、纤维状、针状,这是由其链状结构决定的。

(二) 光学性质

三者外观颜色上也有明显差异:红柱石以褐色、玫瑰色、红色或深绿色(含 Mn 的变种)、灰色、黄色常见,无色者少见;蓝晶石以蓝色、青色、或白色为特征,灰色、绿色、黄色、黑色少见,解理面上有珍珠光泽;夕线石以白色、灰色或浅绿、浅褐色为主。

(三) 热学性质

从 Al_2SiO_5 组成相图上(图 26 - 4)可以看出,红柱石稳定于低温低压区,蓝晶石稳定于高压区,夕线石稳定于中温中压区。"三石"之间是可以相互转换的。蓝晶石没有红柱石稳定;"三石"之间没有共熔点,即可能出现共生;在常压下不可能合成蓝晶石和夕线石。L. Coes 曾在 900℃,2 000 大气压下合成过蓝晶石。

(1) 相变。"三石"矿物在受热时,均可发生相变,其反应式如下:$3Al_2SiO_5 \longrightarrow Al_6Si_2O_{13} + SiO_2$。蓝晶石相变温度为 1 350 ~ 1 450℃,夕线石为 1 545℃,红柱石相变为 1 380℃。

"三石"相变均伴随体积的变化,且最终生成物相是莫来石和方石英。红柱石相变的体积变化率为 5%,夕线石为 7%,蓝晶石理论相变体积变化率为 22.6%,实测值为 16% ~ 18%,三者均为体积增大。

从相图上看,蓝晶石相变时要经历夕线石区。而夕线石和莫来石结构十分相似,没有人提出蓝晶石相变过程中会出现夕线石相并认为蓝晶石可直接转变为莫来石。

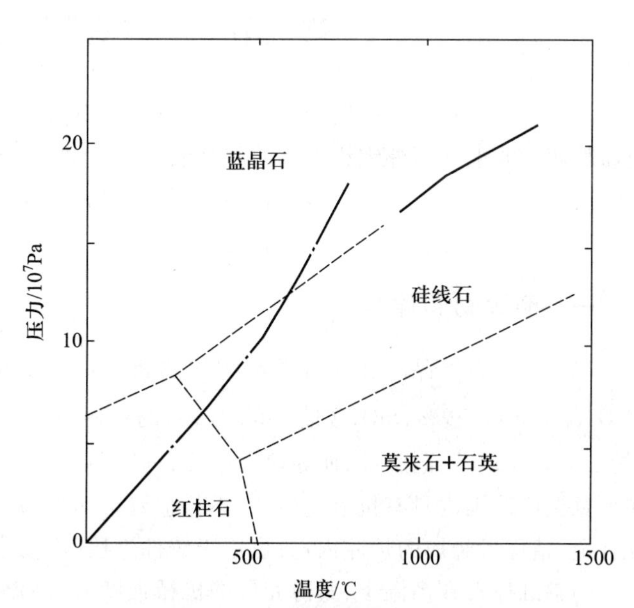

图 26 - 4 Al_2SiO_5 组成的试验相图

Fig. 26 - 4 The test of phase diagram of Al_2SiO_5

在高温条件下煅烧硅线石①能转化为莫来石($3Al_2O_3 \cdot SiO_2$),同时产生不可逆的体积膨胀,在同族矿物中硅线石的膨胀倍数最小,并形成良好的莫来石针状网络,当温度降低时,体积变小。

(2) 热膨胀系数。黑龙江鸡西夕线石线性热膨胀系数为:1 000℃,0.56% ~ 1.10%;1 550℃,0.59% ~ 1.05%。陕西长里沟夕线石:1 400℃,0.82%。硅线石制品在高温条件下体积稳定,抗磨损、抗化学腐蚀,特别是其优良的抗热冲击性的性质使硅线石在高温耐火材料中

① 夕线石(sillimanite)是 $Al_2O[SiO_4]$ 在地质学的惯用名称,其在冶金学和材料学的惯用名称是硅线石(sillimanite)。

占有重要的地位。

(3) 耐火度。一般黏土质耐火材料的耐火度为 1 670 ~ 1 770℃,含蓝晶石耐火材料的耐火度通常大于 1 790℃,最高大于 1 850℃。

(4) 热膨胀性。蓝晶石在加热过程中转化为莫来石和 SiO_2 的混合物,在这个转化过程中伴随着体积膨胀,并且形成良好的莫来石针状网络,体积膨胀率为 16% ~ 18%。蓝晶石加热至 1 000℃时无变化,在 1 300℃以上逐渐转变为莫来石和白硅石。蓝晶石在转化为莫来石的过程中,将产生一定的体积膨胀。体积膨胀分为平缓期、剧化期、下降期。① 平缓期:当温度在 1 100 ~ 1 300℃时,样品体积膨胀不大,蓝晶石分解缓慢,莫来石化不完全,晶体微小。② 剧化期:当温度达到 1 300 ~ 1 450℃时,蓝晶石快速分解,莫来石化渐趋完全,体积膨胀很大,约在 1 450℃时达到最大。③ 下降期:当温度超过 1 450℃时,蓝晶石已完全分解,莫来石化完成,晶体开始发育,物料基本不再膨胀。

蓝晶石的膨胀性是评价其质量的重要依据,蓝晶石颗粒越大,体积膨胀也越大,反之则越小;蓝晶石的膨胀性不仅与颗粒有关,还与纯度有关,纯度越高,膨胀就越大,随着 Al_2O_3 含量的增高,其线膨胀也增大。

(四) 化学稳定性

"三石"的化学性质均非常稳定,一般酸中不溶。用蓝晶石矿物生产耐火材料的稳定性比黏土质耐火材料高 1.5 倍,蓝晶石耐火砖比黏土砖的损耗低 43%。此外,蓝晶石还具有良好的体积稳定性,对酸碱甚至氢氟酸具有惰性。夕线石甚至在氢氟酸中不起化学反应。

第三节 "三石"矿物的应用

红柱石类矿物主要应用于生产耐火材料,从 20 世纪 20 年代起,就大量应用于有色、黑色冶金和玻璃工业上。国外钢铁工业的红柱石用量约占其产量的 1/2。近年来,各国十分注意研究高铝耐火材料和发展红柱石类矿物的新用途,如制作陶瓷、釉料、搪瓷、制动闸瓦材料、高强硅铝合金、增强纤维金属陶瓷、喷镀薄膜等。

一、耐火材料原料

(1) 莫来石产品。红柱石类矿物加热相变后生成的莫来石(富铝红柱石 $3Al_2O_3 \cdot 2SiO_2$;Al_2O_3含量 = 71.79%,SiO_2含量 = 28.21%)的结构与夕线石十分相似。其热膨胀系数低、耐高温(熔点为1 810℃),耐腐蚀,而导热性中等,抗压强度很高;体积电阻率很高($10^{11} \sim 10^{13}\ \Omega \cdot cm$);在很宽温度范围内具有抗氧化性;它不与金属熔体反应,可用于熔炼黄铜、青铜、铜 - 镍合金、特种合金、精炼贵金属的炉腔内衬;也用于铸件涂层,以便获得不必再经车床加工的高光洁面铸件。

高铝红柱石在高温下,其薄壳体的机械强度大,高温负荷不扭曲、不断裂、不变形,可用作高性能的铸件,铸造出各种参数稳定(特别是尺寸、光洁度要求较稳定的,如枪炮机械、喷气涡轮发动机等)的铸件。

因此,红柱石类矿物首先用来做耐火材料的熟料原料。在熟料煅烧上,红柱石类矿物主要性能指标是其煅烧时矿物中所形成莫来石含量的多少。最佳的原料是原矿中 Al_2O_3的含量接近于理论含量71.8%的那一类。铝土矿(Al_2O_3约70%)是生产莫来石最有潜力的原料,但它缺乏SiO_2,且在生成莫来石相的过程中产生填隙氧化铝。而红柱石类矿物的Al_2O_3含量和纯度均比其他铝硅酸盐更适合于转化成莫来石。目前75%的蓝晶石用于莫来石熟料生产。

(2)不烧耐火材料。红柱石、夕线石较多地用在不烧耐火材料上。部分蓝晶石也用在这一方面。因红柱石、夕线石具有相对较好的体积稳定性,可直接用其原料而不经煅烧制成不烧砖。其相变过程可在使用过程中依靠环境的高温而实现;同时,可用黏结剂或添加剂抵消微小的体积变化,大大节约了成本。由于红柱石、夕线石密度与莫来石接近,热膨胀系数低,不含或含少量Fe、Ti、K、Na等元素的氧化物,在窑炉工业中得到广泛应用。其中红柱石耐火砖具有很高的抗蠕变能力(能够长时间受高温负荷),特别适合负荷高、温度高的磨损环境,但不宜用在高于1 680℃的环境。

蓝晶石在不定形耐火材料中也可充当不烧耐火材料,如浇注料、可塑料等。在配料中加入一定量的黏土或无机黏结剂,由于分解和失水作用,会使不定形耐火材料在高温下发生体积收缩,并导致出现收缩裂缝和剥落,从而影响工业窑炉使用寿命。加入5%~15%的蓝晶石,则可大大减少体积变化,克服上述矿物原料的缺陷。

耐火材料对红柱石类矿物的要求主要包括化学成分、粒度大小、耐火度、热膨胀系数等指标。世界主要生产国对红柱石类矿物原料的品质要求如表26-2。上海宝钢参照日本技术指标要求(含量):红柱石:Al_2O_3(59±3)%,SiO_2(38±3)%,Fe_2O_3痕量,TiO_2<0.2%;蓝晶石:Al_2O_3≥60%,TiO_2<2.5%;夕线石:Al_2O_3(57±3)%,SiO_2(34±3)%,Fe_2O_3≤1.5%。耐火度≥1 850℃,1 000℃线膨胀系数0.43%,1 500℃为0.55%(据黄克竞等,1986)。我国对蓝晶石精矿各成分含量的参考指标为:Al_2O_3>(55%~60%),SiO_2<42%,Fe_2O_3<1.5%,TiO_2<1.5%,(K_2O+Na_2O)<1%;选矿精矿粒度要求分别为:500 μm、300 μm、150 μm、75 μm(35目、48目、100目、200目)。英联邦生产高级耐火材料的精矿各成分含量:Al_2O_3≥54%,(Fe_2O_3+FeO)<2%,(K_2O+Na_2O)<(1%~1.5%)。南非对红柱石的要求:Al_2O_3含量52%~57%,SiO_2含量35%~40%,Fe_2O_3含量1%~4.5%,TiO_2含量0.04%~4%。法国对红柱石精矿要求:Al_2O_3含量59%,Fe_2O_3含量约1%。

表26-2 红柱石类矿物原料质量要求(耐火材料)

Table 26-2 The quality requirements of andalusite raw materials(used for refractory)

国家	组分含量/%						
	Al_2O_3	SiO_2	Fe_2O_3	TiO_2	CaO	MgO	K_2O+Na_2O
前苏联	>54		≤2.0				1~1.5
中国	>50		<1~2				<1~1.5
美国	≥56	≤42	≤1	<1.2	≤0.1	≤0.1	≤0.3
澳大利亚	>55		<1.3	<2	痕	痕	痕

过去,消费者需要纯度高而且粒度大的红柱石(一般在0.2~6 mm)。而近几年,人们更加注重纯度而不是粒度。粒度在制砖上起控制密度的作用,细粒比例越大,则达到某一密度时要求

的成型压力愈大。现在消费者已接受较小粒度(2～3 mm)的红柱石,更细粒的红柱石市场亦看好,并希望能得到各种粒度的混合物。

冶金工业大量使用的黏土砖中,应用“三石”作改性黏土砖系列,以提高荷软、抗热震、强度等性能。在生产改性高铝砖系列时,添加“三石”可明显改善材料的品质,或开发出新品种。如高炉、热风炉用低蠕变高热震系列砖,使用了夕线石、红柱石;电炉顶用高荷软高铝砖,用到了以夕线石为主的“三石”原料;钢包用微膨胀高铝砖、抗热震高铝砖等都添加了“三石”原料。在轻质隔热砖(含莫来石轻质砖、轻质刚玉砖)中引用了蓝晶石、夕线石。冶金工业领域使用的不定形耐火材料,含浇注料、捣打料、可塑料、喷补料等,尤以用蓝晶石做膨胀剂为多,如加热炉用JR65浇注料、可塑料,都是加入了适量的蓝晶石。而均热炉炉墙、炉盖、炉嘴等部位,使用了加入“三石”的高强黏土耐火浇注料。近几年来,不定形耐火材料除使用蓝晶石外,也引用了红柱石、红柱石和夕线石复合原料。

有色金属工业领域中炼铜炉用耐火材料,以粗粒红柱石为骨料的捣打料。鼓风炉温差大,耐火材料的要求是抗热震、抗一氧化碳,用红柱石砖代替高铝砖,因抗热震、抗侵蚀好,延长了设备大修周期。炼铝炉预焙阳极槽,加入“三石”生产的改性高铝砖,使用效果很好。

二、陶瓷原料

夕线石、蓝晶石可以制作为莫来石质、堇青石质陶瓷,其产品密度相当高,具有很好的耐磨性,可经受温度的骤然变化,可以用在高温测量管、电器陶瓷、化学陶瓷及制造插销等,这种插销寿命比钢和青铜制作的还长。约有10%的蓝晶石用于陶瓷业。

技术陶瓷对红柱石类矿物原料成分(含量)要求是:中国:$Al_2O_3>55\%$,$Fe_2O_3<(0.5\%\sim0.75\%)$;前苏联:$Al_2O_3\geq45\%$,$(FeO+Fe_2O_3)<(0.5\%\sim0.75\%)$。对蓝晶石,$Al_2O_3>55\%$,$Fe_2O_3<1\%$。

以SiC、Si_3N_4、红柱石、钾长石、锂辉石、钠长石、苏州土和广西石英为原料,经过无压烧结,分别制备出了红柱石结合SiC材料和Si_3N_4结合SiC材料,作为塔式太阳能热发电用吸热陶瓷。它能在太阳能不足的情况下提供一定量的加热空气,在没有空气流入的情形下,SiC泡沫陶瓷吸收体吸收的辐射能全部转化为自身热容量,提高自身温度进行储热。

以高铝矾土、莫来石、黏土、夕线石、红柱石和蓝晶石为主要原料,用挤出成型法制备了高温工业炉窑蓄热式换热器用莫来石质蜂窝陶瓷。由于在蜂窝陶瓷中引入了蓝晶石、红柱石和夕线石,“三石”在莫来石化过程中产生了微裂纹,提高了材料的抗热震性能。此外,材料的常温耐压强度为61 MPa,荷重软化温度为1 540℃,耐火度为1 790℃,这些性能已经达到了蓄热式换热器的要求。

三、宝石

结晶良好、纯净透明、色泽艳丽的红柱石、蓝晶石可作宝石,如透明绿色红柱石是一种稀罕晶种,在巴西、斯里兰卡等国用作宝石。缅甸、斯里兰卡及美国把夕线石当宝石(在红宝石场)开采。克什米尔地区、印度、缅甸、瑞士、美国、坦桑尼亚、澳大利亚产有宝石级蓝晶石(与蓝宝石一起产出)。

四、生产硅铝合金

前苏联和美国用高纯度蓝晶石生产硅铝合金。硅铝合金是含 Si(3% ~26%)和少量的 Cu、Mg、Mn、Zn、Ni、Cr、Ti 等金属的铝质合金。这是强度较好的轻质合金,具有很好的铸造性,可制作薄壁的和形状复杂的零件。如前苏联用电热法生产,对蓝晶石、夕线石精矿成分要求(以含量计)为:Al_2O_3 >57%,Fe_2O_3≤0.8%,ZrO≤1.5%,CaO≤0.2%,MgO≤0.4%,Na_2O≤0.5%。

五、其他应用

红柱石类矿物的新用途正在不断开发之中。如红柱石是除金红石、绿柱石外,可产生微波辐射的一种最有前景的矿物。它具有最大的增值性和令人满意的张弛性、介电性。莫斯科石化工学院研究表明:在合成催化剂中加入 15% 的天然夕线石,在裂解石油产品时可增加 20% ~25% 的汽油产量。作上述催化剂的精矿成分(含量)要求:Al_2O_3≥(54% ~55%),Fe_2O_3 <1%。若同时添加 5% ~10% 的沸石,效果会更好。

蓝晶石还可用作激光和微波的激发介质。高纯度"三石"及其超细粉可用来生产耐热陶瓷、漂白剂(陶瓷用)和橡胶、塑料填料;用其熟料和金属铝混合物制作陶瓷纤维。这种纤维可用于高温、高腐蚀环境,可作绝缘、过滤材料,还可用作火药、涂料、塑料胶合剂和防护层的添加剂。

缺少铝资源的国家,也用红柱石类矿物生产金属铝。没有产出"三石"矿物的国家也可用浅变质岩原料人工合成红柱石。目前大量运用不同矿物相原位合成复相陶瓷或不定形材料,广泛应用于高温耐火、窑具和高性能陶瓷领域。

在美国、印度、南非、澳大利亚、巴西和欧洲大陆(不含俄罗斯)、俄罗斯均发现了红柱石类矿床,其生产比例如下:红柱石 60%,蓝晶石 36%,夕线石 4%。

我国有前景的矿床产地众多,夕线石在内蒙古、黑龙江、河北、陕西、新疆、福建、安徽等地均有发现。黑龙江鸡西的夕线石现已成为我国重要的工业开采与加工基地。

第二十七章　硅灰石　锂辉石

第一节　硅　灰　石

硅灰石(wollastonite)属于钙硅酸盐矿物,是以英国化学家和矿物学家 W. H. Wollaston 的名字命名的。

一、概述

(一) 化学成分

化学式为 $CaSiO_3$(或 $Ca_3[Si_3O_9]$),组分含量 CaO 48.3%,SiO_2 51.7%。八面体中的 Ca^{2+}常被少量的 Fe^{2+}、Mn^{2+}、Mg^{2+}等替代,四面体中的 Si^{4+}也有少量被 Al^{3+}、Fe^{3+}等替代。不同产地硅灰石的杂质成分不同,常与生成条件,特别是与成矿有关的母岩的成分有关。国内外代表性硅灰石化学成分分析结果见表 27-1。硅灰石可形成 $CaSiO_3-FeSiO_3$体系的一系列固溶体。

表 27-1　硅灰石化学成分举例

Table 27-1　The cases of wollastonite chemical composition

单位:%

元素	1	2	3	4	5
SiO_2	51.56	50.82	50.24	50.23	49.99
TiO_2	/	/	/	0.01	0.02
Al_2O_3	0.15	/	0.46	0.46	/
Fe_2O_3	0.21	/	tr	0.82	0.16
FeO	0.08	0.18	5.54	/	/
MnO	0.06	0.03	8.16	/	/
MgO	0.26	0.22	0.07	1.00	0.25
CaO	47.73	48.16	35.93	44.90	46.19
Na_2O	0.02	0.12	/	/	0.17
K_2O	/	0.07	/	/	0.05
H_2O^+	0.03	0.08	/	/	/
H_2O^-	0.02	/	/	/	/
烧失量	/	/	/	2.47	2.75
总计	100.12	99.68	100.54	99.89	99.58

注:1. 白色粗晶硅灰石-2*M*,美,加利福尼亚;2. 硅灰石,芬兰,Remomaki;3. 锰铁硅灰石,澳大利亚新南威尔斯;4. 湖北小箕铺;5. 吉林大顶子。

（二）晶体结构

$CaSiO_3$有三种同质多象变体：即三斜晶系的硅灰石 - *Tc*（即自然界最常见的普通硅灰石）、单斜晶系的硅灰石 - 2*M*（或称副硅灰石，自然界产出较少）和三斜晶系的环硅灰石或假硅灰石（自然界罕见）。前两种为低温变体（$\alpha - CaSiO_3$），第三种为高温变体（$\beta - CaSiO_3$）。

低温变体（$\alpha - CaSiO_3$）为单链结构硅酸盐，其特点是：由单四面体[SiO_4]和双四面体[Si_2O_5]交替排列组成3个四面体的重复单元[Si_3O_9]，该重复单元沿*b*轴延伸形成[Si_3O_9]$_\infty$单链硅氧骨干；[Si_3O_9]$_\infty$链与[Si_3O_9]$_\infty$链平行排列，链间的空隙由Ca离子充填，形成[CaO_6]八面体。[CaO_6]八面体共棱联结成平行于*b*轴的单链[CaO_6]$_\infty$。[Si_3O_9]$_\infty$链与[CaO_6]$_\infty$链组成低温变体（$\alpha - CaSiO_3$）的基本结构单元（图27 - 1）。Si为4次配位，Ca为6次配位。键长Si—O = 1.52 ~ 1.64 Å，Ca—O = 2.32 ~ 2.40 Å。[CaO_6]八面体的棱长3.65 Å，[Si_2O_7]双四面体当Si—O—Si为一直线时高约4.1 ~ 4.2 Å（图27 - 2）。

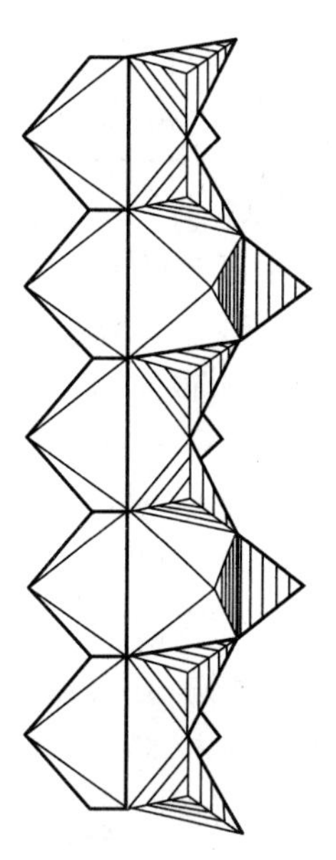

图27 - 1 硅灰石中的[CaO_6]八面体链与由[Si_2O_7]双四面体[SiO_4]四面体交替排列组成的[Si_3O_9]单链

Fig. 27 - 1 The[Si_3O_9]single - stranded composed by[CaO_6]octahedral chains and [Si_2O_7] double tetrahedron [SiO_4]tetrahedron alternately in wollastonite

在钙氧八面体链与硅氧四面体链的结合中，为了使3个[SiO_4]四面体（1个单四面体及1个双四面体）与2个[CaO_6]八面体相适应，[Si_2O_7]双四面Si—O—Si产生弯曲（图27 - 1）。因[Si_3O_9]$_\infty$链与[CaO_6]$_\infty$链组成的基本结构单元（图27 - 1）的叠置方式（层错）不同，可产生硅灰石 - *Tc*、1*T*、2*M*、4*M*、5*T*、7*T*及无序等不同的多型，可用X射线衍射分析来判别它们。通常所说的硅灰石是指硅灰石 - *Tc*，硅灰石 - 2*M*少见，其他多型罕见。硅灰石 - *Tc*和2*M*晶胞的对比示意图如图27 - 3所示，由图中可以看出后者系由前者的相互产生*b*/2位移的两个晶胞所组成。

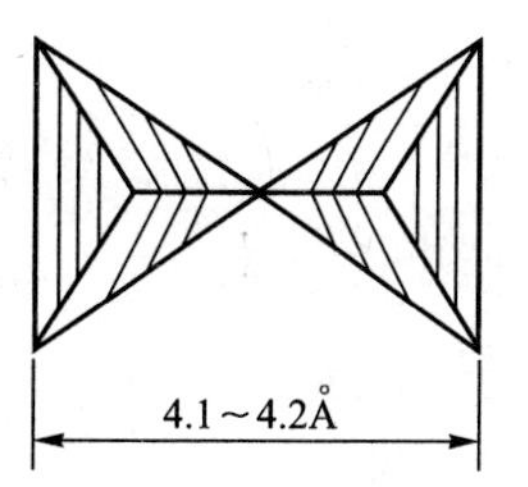

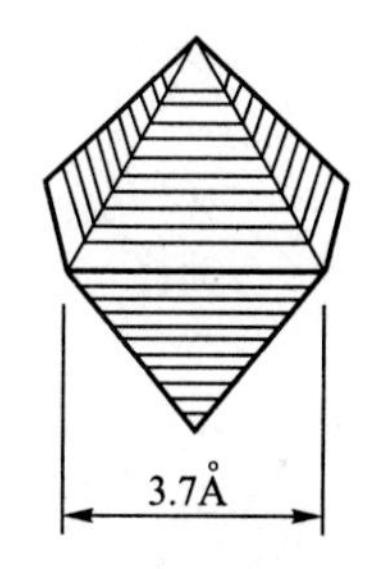

图27 - 2 硅灰石结构中[Si_2O_7]双四面体高（左）和[CaO_6]八面体棱长（右）

Fig. 27 - 2 The height of [Si_2O_7] double tetrahedron and the length of[CaO_6] octahedra in the structure of wollastonite

高温变体（$\beta - CaSiO_3$）为环状结构硅酸盐，由三个[SiO_4]四面体形成的[Si_3O_9]三方环与由[CaO_6]八面体共棱联结形成的[CaO_6]八面体层沿*c*轴交替排列而成（图27 - 4）。高温变体（$\beta - CaSiO_3$）形成于1 126℃以上，仅见于高温变质岩中。

硅灰石 - *Tc*、硅灰石 - 2*M*和假硅灰石的空间群、晶胞参数、光学性质对比见表27 - 2（潘兆橹等，1993）。

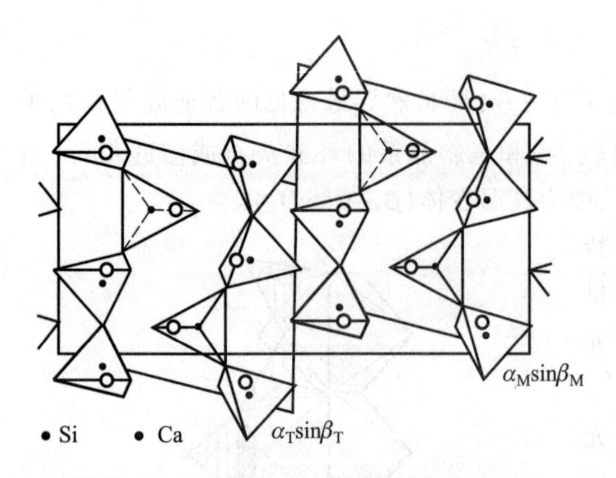

图 27－3　硅灰石－*Tc* 与硅灰石－2*M* 对比
（矩形线圈出单斜晶胞）

Fig. 27－3　The comparison of wollastonite－*Tc* and wollastonite－2*M*（monoclinic cell rectangular line）

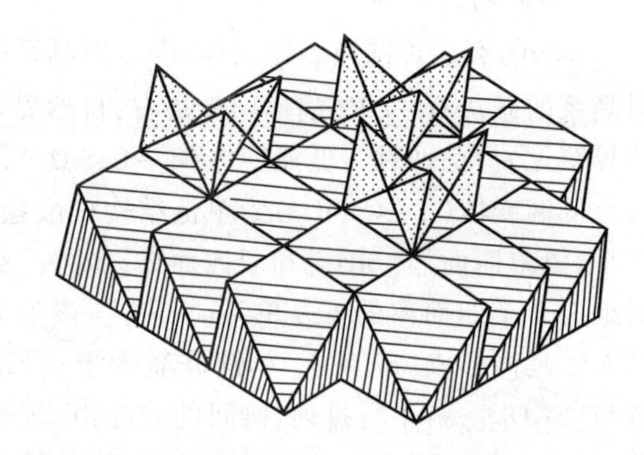

图 27－4　环硅灰石晶体结构

Fig. 27－4　The crystal structure of ring wollastonite

在硅灰石固溶体中若 $FeSiO_3$ 含量 >10% 时可具有钙蔷薇辉石结构。在硅灰石－*Tc* 中，Ca 在 M_1、M_2、M_3 位置是无序的，而在钙蔷薇辉石结构中 Fe、Ca 有序。少铁硅灰石中，Ca、Fe 无序，随着成分中进一步富铁，有序结构渐占优势。但在一定温度、成分范围内（在 $Ca_{0.9}Fe_{0.1}SiO_3$—$Ca_{0.83}Fe_{0.17}SiO_3$ 范围内，850℃），硅灰石相与钙蔷薇辉石相共存。

表 27－2　硅灰石－*Tc*、硅灰石－2M 和假硅灰石的晶胞参数、光学性质对比

Table 27－2　The cell parameters and the optical properties comparison of wollastonite－*Tc*, wollastonite－2M and pseudo－wollastonite

	硅灰石－*Tc*	硅灰石－2*M*	假硅灰石（环硅灰石）
a_0/Å	7.94	15.36	6.90
b_0/Å	7.32	7.29	11.78
c_0/Å	7.07	7.08	19.65
α	90°02′	90°	90°
β	95°22′	95°24′	90°48′
γ	103°26′	90°	90°
Z	2	4	8
空间群	$C_i^1-P\bar{1}$	$C_{2h}^5-P2_1/a$	$C_i^1-P\bar{1}$
N_g	1.632	1.632	1.610
N_m	1.630	1.630	1.611
N_p	1.618	1.618	1.654
N_g-N_p	0.014	0.014	0.044
$N_g\wedge c$	39°	38°	9°
$N_m\wedge b$	4°	0°	—
光性符号	（－）	（－）	（＋）

注：假六方晶胞 $a_0=6.82$ Å，$c_0=19.65$ Å
按晶体化学式 $Ca_3[Si_3O_9]$ 计算。

（三）形态

晶体呈沿 b 轴延伸的板柱状并发育一系列平行 b 轴的晶面（图 27－5），可依（100）或（001）成双晶。但在自然界中单晶极为罕见，多呈针状、纤维状或放射状集合体（图 27－6）。

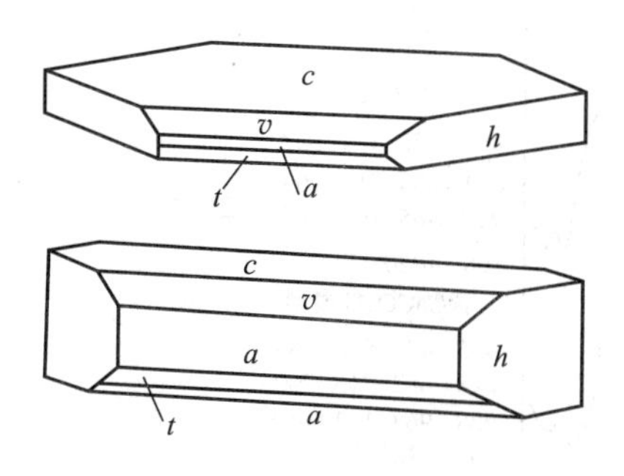

图 27－5　硅灰石晶体

Fig. 27－5　The crystals of wollastonite

图 27－6　硅灰石放射状集合体

Fig. 27－6　The radial aggregates of wollastonite

显微镜下，硅灰石在薄片中常呈长柱状、针状，中正突起，干涉色一级灰到一级黄白，一些主要光学常数见表 27－2。铁、锰进入晶格将导致折光率的增高和光轴角的增大。根据消光角可区分硅灰石－Tc 与硅灰石－$2M$，而根据光性符号 $2V$ 值和较高的重折率可以将假硅灰石分辨出来。

（四）X 射线衍射特征

低温硅灰石－Tc 和 $2M$ 均可出现 2.97 Å（10），3.31 Å（8），3.51 Å（8），3.83 Å（8）等主要衍射线。两种多型的主要区别是：3.83 Å 强线低角侧邻近的一条衍射线的 d 值，硅灰石－Tc 为 4.05 Å，而硅灰石－$2M$ 为 4.37 Å，但并非所有的硅灰石－Tc 或硅灰石－$2M$ 的 X 射线粉晶衍射数据均会出现这条弱线。

（五）红外光谱特征

部分低温硅灰石（$\alpha-CaSiO_3$）试样的红外光谱示于图 27－7，它们的吸收峰由三大部分组成。900～1 100 cm^{-1} 区间，由两组吸收带（每组一般有三个吸收峰）组成，吸收强度大，它们是 Si—O—Si（硅氧四面体外）反对称伸缩振动和 O^-—Si—O^-（硅氧四面体内）的伸缩振动（包括对称和反对称）的吸收带。550～700 cm^{-1} 区间，并排出现 3 个强度中等且窄的吸收峰，它们是硅氧四面体链的 Si—O—Si（硅氧四面体外）的对称伸缩振动吸收，由此表明了［Si_3O_9］即为 3 个［SiO_4］四面体一个重复周期的单链硅氧骨干。400～500 cm^{-1} 区间，通常出现 3 个强吸收峰（有时只有 2 个吸收峰，与硅灰石的结晶度和仪器的分辨率有关），它们是与钙阳离子振动、硅氧链中硅氧键的变形振动（弯曲振动）有关的吸收。

（六）天然硅灰石的成因

硅灰石系典型的变质矿物。地质产状和合成实验表明，硅灰石主要是由方解石与石英在一定温度和压力条件下反应而形成的。硅灰石的生成不仅与环境的温度和压力有关，而且还与反应体系的二氧化碳压力、含水量、母岩的成分等因素有关。成因类型主要有：接触交代（夕卡岩）型（矿物成分较复杂，Fe_2O_3、SO_3 等有害杂质含量较高者）、接触热变质型（矿物成分简单，除硅灰石外，主要是方解石，其次为石英，含 Fe 等有害染色组分少）、区域变质型（矿物成分简单，锰、铁等有害杂质含量低，矿层稳定）、岩浆结晶型、火山喷发型、陨石成因类型等。具有工业价值的主要是前三种类型。

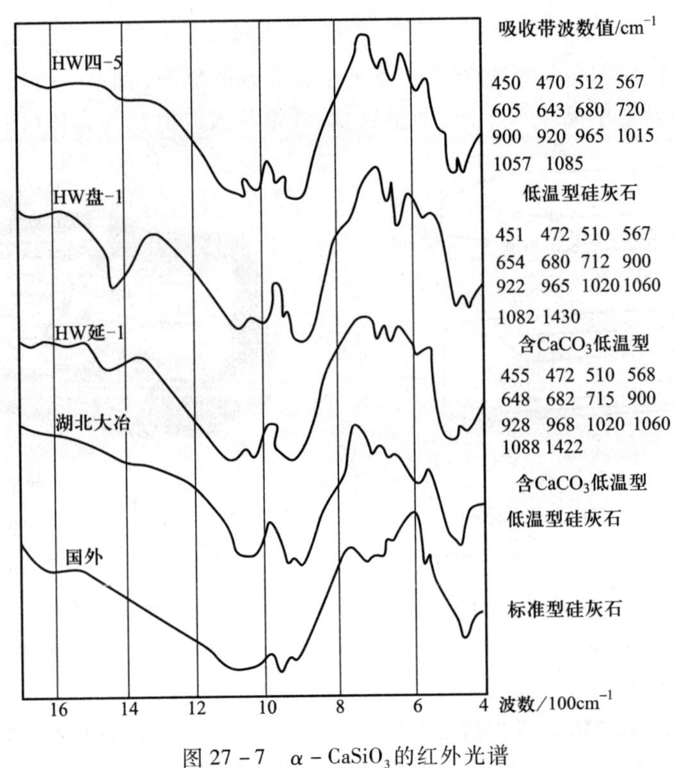

图 27－7　$\alpha-CaSiO_3$的红外光谱

Fig. 27－7　The IR spectra of $\alpha-CaSiO_3$

二、硅灰石的理化性质

(一) 形态可控性

密度 2.75～3.10 g/cm^3。摩氏硬度 4.5～5.5。解理{100}完全,{001}、{$\bar{1}02$}中等,(100)∧(001)＝84°30′,(100)∧($\bar{1}02$)＝70°。由于这种独特的解理性,所以经过破碎和研磨,其细小颗粒多为针状、纤维状,纤维长与直径之比约为(7～8)∶1(我国自然产出的硅灰石纤维纵横比可达20∶1到30∶1),硅灰石的很多应用就基于这种特征。

(二) 光学性质

天然硅灰石通常为白色、带浅灰或浅红的白色,偶见肉红、黄、绿、棕色。纯白色的硅灰石有时可变为奶油色、红色或褐色,可能是由于含有铁等杂质。玻璃光泽,解理面珍珠光泽。色泽光亮是硅石灰之所以用于涂料工业的重要原因。纯度99%,粒度小于325目的硅灰石与亮度为100的标准白氧化镁对比,其亮度为92%～96%,紫外光照射可以发出黄色到橙色或粉红到橙色的荧光,有些样品可发磷光。

(三) 热学性质

熔点1 540℃,若含杂质则熔点大大降低。有线性膨胀的特点和小的热膨胀系数(在25～650℃范围内,[010]为$6.23\times10^{-6}/K$),在1 126℃转化为假硅灰石,热膨胀系数增加。

(四) 电学性质

$\alpha-CaSiO_3$体积电阻率较大,为$1.6\times10^{14}\sim1.7\times10^{14}\ \Omega\cdot cm$,适用于制造低损耗陶瓷。

（五）化学性质

硅灰石有良好的化学稳定性，在25℃的中性水中溶解度为0.009 5 mg/100 mL。在一般情况下耐酸、耐碱、耐化学腐蚀，但在浓HCl中分解，形成絮状物。

三、硅灰石的应用

目前应用的硅灰石主要分高长径比硅灰石和硅灰石粉两类，主要用于陶瓷、塑料、橡胶、油漆涂料、冶金、造纸等行业；生产耐火材料或作为石棉、玻璃纤维代用品等。根据建筑材料行业标准《硅灰石》（JC/T 535—2007），适用于陶瓷、涂料、摩擦材料、密封材料、电焊条等领域使用的硅灰石产品，按粒径分为块状、普通粉、细粉、超细粉5类，按矿物含量分为一级品、二级品、三级品、四级品。

（一）在陶瓷工业中的应用

在陶瓷工业中，硅灰石可用于制造釉面砖、低介电陶瓷、建筑卫生瓷、美术瓷、日用精瓷、化工陶瓷、精密铸造陶瓷模具和釉料等。

1. 硅灰石作为陶瓷原料的作用

（1）降低烧成温度。在一般陶瓷生产中，主要使用Si－Al为主矿物，如石英、长石、滑石、叶蜡石、高岭石等，生成的物相主要是莫来石，常用高温（1 250～1 300℃）、长周期（30小时以上）烧成工艺。而引入硅灰石后，构成Si－Al－Ca低共熔体系，生成的物相主要是钙长石等，在较低温度下即可烧成，起助熔和降低烧成温度的作用，从而减少能源消耗。

（2）缩短烧成周期，减少坯体和釉面缺陷。硅灰石既不含结晶水，也不含挥发性气体（如CO_2），因此不需要一定烧成周期来排放气体。硅灰石的针状晶形提供了水分等气体逸出的通道，可加速坯体的干燥速度，不必担心排放气体过多、过急而造成坯体开裂。硅灰石的热膨胀系数较低且线性膨胀，有利于坯体抗热冲击，适宜快速烧成和快速冷却。硅灰石质坯体生成钙长石的反应迅速而且平稳，放出热量较少。所以硅灰石有利于缩短烧成周期（可从数十个小时缩短到十几小时、几小时、其至几十分钟），所制陶瓷的坯体缺陷少，光泽好，釉面无气泡。

（3）减少烧成收缩和干燥收缩，提高生坯和烧成坯体的强度。在焙烧温度下，硅灰石与高岭石反应生成钙长石和方石英造成的体积收缩量达10%（如果添加50%以上的硅灰石，仅为0.1%～0.2%），小于高岭石生成莫来石和方石英造成的体积收缩量（20%）。在有较多玻璃相的瓷体中，没有完全熔融的残余针状硅灰石可形成紧密的骨架结构，有利于阻止坯体体积的变化。针状硅灰石晶体杂乱无章地排列有利于形成交织连锁结构，可以提高生坯和烧成坯体的机械强度。在烧制过程中，如果物料部分熔融而后固结，则可大大提高烧成坯体的机械强度。

（4）降低吸湿膨胀和热膨胀。通常，结晶相比玻璃相吸湿膨胀小，含碱土金属者比含碱金属者吸湿膨胀小，吸水率小者比吸水率大者吸湿膨胀小。因此，含碱土金属的、吸水率小的结晶相硅灰石有助于降低陶瓷坯体的吸湿膨胀。由于硅灰石可降低坯体的热膨胀，从而可避免陶瓷产生裂隙。

（5）易于成型，减少硅肺病。硅灰石的针状晶形有利于在压制成型时的排气，阻止产生叠层，同时也有利于硬模注浆，使吃浆迅速。根据美国劳保所调查结果，硅灰石对人体健康无害。以硅灰石代替石英砂等原料，可大大减少含硅粉尘，从而减少生产工人发生硅肺病的危险。

2. 硅灰石在陶瓷工业中的应用举例

（1）用于釉面砖。硅灰石是低温快速烧成釉面砖的理想原料，国内外生产的硅灰石大量地应用于釉面砖行业。应用硅灰石生产釉面砖可以大幅度降低燃料消耗,大大缩短生产周期,提高生产效率和经济效益。美国的试验证明,25% 硅灰石、40% 的滑石、35% 的球黏土组成的坯体可在 1 060℃ 温度下采用一次烧成工艺于 16 小时烧成;坯体中加 5% 左右的硅灰石可以减少坯体的收缩和变形,同时便于成型;加入 20% ~30% 的硅灰石可以提高烧成的速度和获得良好的压制成型特性。丹麦的一种釉面砖坯体的组分是:21% 的硅灰石,其余为球黏土、滑石、玻璃砂;素烧温度为 1 100℃,素烧周期为 72 小时;釉烧温度为 960℃,釉烧周期为 20 小时。我国的一种试验表明,釉面砖的坯料中掺入 40% ~50% 的硅灰石,素烧温度从 1 280℃ 降低到 1 090℃(三角锥温度),釉烧温度从 1 170℃ 降低到 1 050℃(三角锥温度);素烧时间从 50 小时减少到 18 小时。

(2) 用于日用瓷、卫生瓷、工美瓷等半玻璃质瓷。在半玻璃质的瓷器坯体中,硅灰石可以代替滑石、石英、长石。美国试验表明,加入 1% ~6% 的硅灰石,将使干燥、烧成的线收缩减小,提高坯体抗折强度,显著减少湿膨胀,且不会影响烧成温度范围、外貌、抗热冲击性能以及釉料配方。我国的试验表明,在坯体中加入 15% 的硅灰石,烧成温度从原来的 1 230 ~1 280℃ 降低到 1 120 ~1 150℃,烧成收缩减少(总收缩 9%),产品合格率在 80% ~85%。前苏联研究生产净化空气、天然气和污水用的过滤瓷时,在黏土-高岭土混合料中加入硅灰石和石英,得到的制品孔隙度达 42% ~45%,抗折强度和抗压强度高,适用于高压条件。

(3) 用于釉料。硅灰石的低热膨胀系数有利于制备低热膨胀系数的釉,其易熔性有利于制备低温釉,以匹配低温烧成的坯体。硅灰石可以降低釉浆的黏度,使之具有更好的喷釉、浇釉和施釉性能,提高釉面的光泽度,使釉面不会产生波纹,不会产生凹坑、针眼,还可以降低钙釉的吸烟现象等。硅灰石在釉料配方中的加入量一般在 5% ~12%,多则易产生析晶或无光釉。

(4) 用于绝缘电瓷和高频电瓷。硅灰石本身的介电损耗低,绝缘电阻大,在电性能方面优于有机绝缘材料(表 27-3),适宜制造绝缘电瓷和高频电瓷。与旧工艺原料制成的高压电瓷瓶相比,硅灰石瓷瓶的绝缘性能可提高 50% ~60%,降低耗电量 10 倍。

表 27-3 有机绝缘材料与硅灰石电性比较

Table 27-3 The electrical property comparison of organic insulating material and wollastonite

电性	聚乙烯	聚四氯乙烯	硅灰石
介电功率(1 周)/%	0.035	0.020	0.100
介电常数(1 周)	2.600	2.200	4.400
介电损耗/%	0.091	0.044	0.044

(5) 用于轻质陶瓷模具。利用硅灰石和其他材料制成的轻质陶瓷模具,比传统的石膏模具有更强的耐磨性,寿命延长 7 ~8 倍,且成模快,收缩小,变形小,有利于提高制品的合格率。

(二) 在塑料、橡胶工业中的应用

在塑料工业中,硅灰石可用在几乎所有的塑料系统中,其主要作用有:改善塑料制品的力学性能、电学性能、热学性能、化学性能和抗老化性能;起补强、增强作用;提高制品的尺寸稳定性;调整塑料的流变性能;替代价格较贵的玻璃纤维作填料,可部分替代价格高的塑料用量,从而降低制品成本等。例如,添加了硅灰石的塑料在塑化前具有低的吸水率、低的介电常数和低的黏度。硅灰石用作弹性聚合物填料,可以保证产品具有高的热稳定性、低的介电指标、低的吸水率、高的机械强度，并能降低成本。硅灰石用于聚丙烯、聚苯乙烯、聚氯乙烯等热塑性塑料，可提高制品的电学、力学和热学性质。环氧树脂密封胶使用硅灰石，可减少收缩、降低吸水率、改善热冲击强度、黏度和热稳定性，还有助于耐热性的提高。用硅烷偶联剂改性处理后的硅灰石增强尼龙6或尼龙66，可改善弯曲强度、拉伸强度，降低吸湿率，提高尺寸稳定性。用钛酸酯偶联剂处理后的硅灰石填充尼龙66，填充量为40%时，比无填充的成型温度降低14℃，而冲击强度几乎不变。

在橡胶工业中，硅灰石粉可代替立德粉（锌钡白，一种白色颜料）、部分钛白粉、白炭黑、轻钙、陶土等作为各型橡胶的半补强填料，制品的多项性能指标得到改进。应用结果表明，硅灰石用在浅色橡胶中，可大量代替钛白粉、陶土和立德粉，起到一定的补强作用，并能提高白色着色剂的遮盖能力，起到增白作用。孙洪流等人研究表明硅灰石经有机改性后填充于丁苯橡胶中，其拉伸强度、撕裂强度、扯断伸长率、耐磨耗等性能都有提高。

（三）在油漆（涂料）工业中的应用

硅灰石作为补充剂或填料，广泛用于各种类型的颜色淡雅的油基或水基乳化油漆（涂料）。由于硅灰石具有光亮的白色，可用于制作高质量的白色油漆（涂料）和明亮纯净的彩色油漆（涂料）。硅灰石的晶形具有针状特性，使其成为很好的平光剂，可使涂料便于均匀涂敷。硅灰石的吸油系数低（20～200 mL/100g），制造油漆（涂料）时可节约用油量达2/3。硅灰石热膨胀系数低，化学稳定性高，可增加涂料堵缝的坚固性，并使涂料抗霉、抗风化、耐高热高寒。硅灰石白度高，广泛应用于颜料工业代替昂贵的钛白粉等白色颜料，起遮盖、增量作用，能够降低涂料的成本，增加漆膜厚度，使漆膜丰满、坚实、耐磨，同时调节涂料的流变性能，如增稠、防沉淀等。在有些涂料中，硅灰石和涂料中的其他添加成分反应成为一个整体，使涂膜拥有阻挡可见光和紫外线穿透的能力，延长涂膜寿命。利用硅灰石在紫外灯下发荧光的特点，国外研究者已研制成功含硅灰石的发荧光的彩色瓷漆。

（四）在建材工业中的应用

硅灰石在烧制水泥时可作熔剂。加入硅灰石的白水泥白度高，亮度好，并适用于高寒地区。硅灰石可用于生产硅钙板，用作建筑板材。硅灰石由于拥有针状特性、低热膨胀率及优良的抗热冲击性，是短纤维石棉理想代用品，因此硅灰石可部分代替石棉生产各种建材，其制品质轻、抗拉压、抗折、隔声、隔热、防火、绝缘。针状硅灰石晶体加入水泥中用于建筑用屋面板及下水道管等，其横截面强度比波特兰水泥中加入大量石棉再进行专门加工而成的产品的强度超出2～3倍。美国和芬兰用硅灰石配合其他材料制造矿棉，这种矿棉成分均匀，熔融损失少，1 t原料就可生产出1 t矿物纤维，其材料和制品有隔声、隔热、质轻等特点。

（五）在冶金工业中的应用

硅灰石是天然的低温熔融材料，具备固有的助熔性能、成分稳定、纯度高、碱度（CaO/SiO_2）趋于中性等优良特性，为冶金炼钢的保护连铸料提供了理想的原料，特别是硅灰石中Al_2O_3的含量甚微，使制成的冶金保护渣吸附钢水中有害杂质Al_2O_3的能力极强。以硅灰石为主要组成（占59.60%）制作铸钢保护渣，用这种保护渣轧制的钢坯，表面平滑、缺陷少，裂纹及结疤少，无夹杂物，使铸钢质量提高。

国内已成功地以硅灰石为原料，添加萤石、碱粉等助剂以及膨胀珍珠岩、蛭石、石墨等低密度配料、高SiO_2含量的粉煤灰等制成硅灰石系列冶金保护渣，取代了昂贵的进口保护渣，对冶金炼钢行业的发展起到了促进作用。硅灰石还具有极好的抗热冲击性能，因此可用于控制有色金属的浇注流量，还可替代传统的难熔原料。

（六）在造纸工业中的应用

在造纸方面，硅灰石纤维能够与植物纤维产生交织作用，构成硅灰石－植物纤维网络，具有更多微孔型结构，使纸张的吸墨性能提高，同时由于平滑度提高、透明度降低，因而增加了纸张的适印性。硅灰石干扰植物纤维的结合，使之对湿度不敏感，降低其吸湿性和变形程度，增加了纸张的尺寸稳定性。根据纸质要求，硅灰石填充量5%～35%不等。此外，添加了硅灰石粉的纸张涂布颜料同样具有填平纸面、改善外观、增加白度、赋予涂布纸所需要的光学性能等类似性能。经过超细粉碎的硅灰石粉的白度、分散性、流平性得到很大改善，可取代钛白粉作为纸张填充料。

（七）其他方面的应用

硅灰石制品具有高摩擦系数，代替石棉制备的摩擦材料可应用于刹车片、阀塞、汽车离合器等领域。日本成功研制了含氧化镁和硅灰石的混杂纤维无石棉摩擦材料、摩擦性能好的含硅灰石纤维摩擦材料、含石墨及硅灰石的氟聚合物滑磨件以及含硅灰石纤维的汽车用无石棉盘式制动片。经测试和批量装车使用证明，各项性能良好，制动距离和使用寿命满足相关要求。

硅灰石作焊条配料，由于硅灰石有助熔作用，使焊条熔渣的流动性提高，大大减少了焊接时的飞溅，焊缝成型整洁美观，焊缝的机械强度增加并且整洁美观，还能有效抑制焊接时放电。

含少量锰、锂杂质（0.01%左右）的硅灰石，具有发出磷光或荧光的特性，这种磷光在波长300 nm以下的紫外线短波照射下，可以被强烈激发。磷光体在荧光灯、电视机放映管、X射线屏蔽荧光涂料及国防尖端工业中被广泛应用。

在玻璃工业中用硅灰石取代石英砂和石灰石，可大大降低玻璃配料的熔融温度并获得优质玻璃制品。

在农业方面，硅灰石可代替石灰作土壤调节剂，增加土壤肥力，它可以对磷肥起同化作用，使植物易于吸收。硅灰石配上少量辅料可制成水稻生长发育不可缺少的硅肥。

在环保方面，硅灰石用于污水处理可以调节污水的酸碱度；它还可以用于城市屠宰场，作去腥臭味的附着剂，然后作为废物利用，将其用于农牧业中。

硅灰石可与稀土氧化物按适当比例混匀，经处理后制成高级稀土氧化抛光材料。硅灰石是制备白炭黑的理想原料。美国采用硅灰石粉为主要组分，制成了含硅灰石干粉灭火剂。De Aza等学者研究发现硅灰石和假硅灰石陶瓷具有生物活性，因此人们正致力于研究开发用于承载骨替换的生物活性陶瓷涂层。

（八）人工合成硅灰石及纳米偏硅酸钙的应用

1. 人工合成硅灰石

合成方法主要有烧结法、熔融法、水溶液合成法、蒸压合成法、磷渣改造法等。目前工业上应用的主要是烧结法，该方法是以石英粉和磨细的石灰石为原料，并加入助熔剂白云石，进行焙烧而成硅灰石。合成硅灰石的成分、颜色、密度、硬度、熔点与天然硅灰石类似，但晶型呈现近似等轴的、发育不完善的柱状，其重折率比天然硅灰石高。普通合成硅灰石的应用与硅灰石基本相同，主要是应用于纯度要求比较高的工业领域。

2. 纳米偏硅酸钙

纳米偏硅酸钙的人工合成方法主要有：溶胶－凝胶法、水热法、沉淀法和W/O微乳法等。

根据标准SN/T 2042—2008，纳米偏硅酸钙产品晶体形态可分为：粒状（零维）纳米偏硅酸钙、线状（一维）纳米偏硅酸钙和带状（二维）纳米偏硅酸钙；根据其微结构可分为单晶纳米偏硅酸钙和多晶纳米偏硅酸钙。纳米偏硅酸钙的主要技术指标：白色粉末，颗粒的三维尺寸中至少有一维尺寸小于100 nm；具有相应的纳米效应；纳米$CaSiO_3$的含量≥90%；纳米$CaSiO_3$的产出率≥80%；SiO_2的含量48%～52%；CaO的含量45%～48%；Fe_2O_3的含量≤0.2%等。

纳米偏硅酸钙因其具有独特的理化性能，被广泛地应用于陶瓷、塑料、橡胶、油漆、涂料、造纸、生物医学、催化剂等高技术领域。

第二节 锂 辉 石

锂辉（cspodumene）石产于白云母型和锂云母型花岗伟晶岩中，是伟晶岩作用过程交代成因的矿物，常与石英、微斜长石、钠长石、白云石、锂云母、绿柱石、铌钽铁矿、电气石、白云母等矿物共生。

一、概述

（一）化学成分

$LiAl[Si_2O_6]$，Li_2O 8.07%，Al_2O_3 27.44%，SiO_2 64.49%，时常伴有Fe_2O_3、TiO_2、MgO等氧化物。锂辉石的化学组成较稳定，常有少量Fe^{3+}、Mn代替六次配位的Al，K、Na置换Li，可含有稀有元素、稀土元素和Cs的混入物，以及Ga、Cr、V、Co、Ni、Cu、Sn等微量元素，部分溶于HCl、H_2SO_4及HNO_3中，抗腐蚀性强。

$LiAl[Si_2O_6]$有低温和高温同质多象变体。低温变体α－锂辉石为单链状结构硅酸盐矿物，是自然界最常见的普通锂辉石。高温变体β－锂辉石形成于900～1 100℃以上，属于四方晶系，也叫$LiAlSi_2O_6$ Ⅱ。

（二）晶体结构

α－锂辉石属于单斜晶系，C_2^3-C2，$a_0=9.463$ Å，$b_0=8.392$ Å，$c_0=5.218$ Å，$\beta=110°11'$，$Z=4$。与$C2/C$型结构基本类似，晶体结构为硅氧四面体共两个角顶，氧沿c轴方向无限延伸连接成的硅氧四面体，Al与O形成铝氧八面体并以共棱方向也沿c轴连接成“之”字形的无限方向无限延伸的链，如图27－8所示。M_2主要为Li，有时有少量Na，M_2—O平均键长2.211 Å；M_1主要为Al，有时有少量Fe，M_1—O平均键长1.919 Å，O—O平均键长2.710 Å。$[SiO_4]$链在结构中只有一种，与$C2/C$型结构不同的是，$[SiO_4]$四面体链是由两种结晶学性质不同的$[SiO_4]$四面体所组成，呈S扭转。$[SiO_4]$四面体中Si—O平均键长1.618 Å，O—O平均键长2.640 Å。$[SiO_4]$链之链角为170.5°。

β－锂辉石属四方晶系，空间群为$P4_32_12$（或$P4_12_12$），其晶胞参数为$a_0=7.541$ Å，$c_0=9.516$ Å，$Z=4$，$D_0=2.365$，$Dc=2.374$ g/cm^3，(Si，Al)—O平均键长为1.640 Å，Li—O平均键长为2.081 Å。在结构中，Li原子与四个O原子配位，Si和Al在四面体的分布是随机的。结构受五个（Si，Al）四面体连结组成的环支配。所有五元环均平行于（010）或（100）面，因而产生了类似沸石的孔道，直径约为3 Å，这些孔道说明β－锂辉石具有离子交换性质。

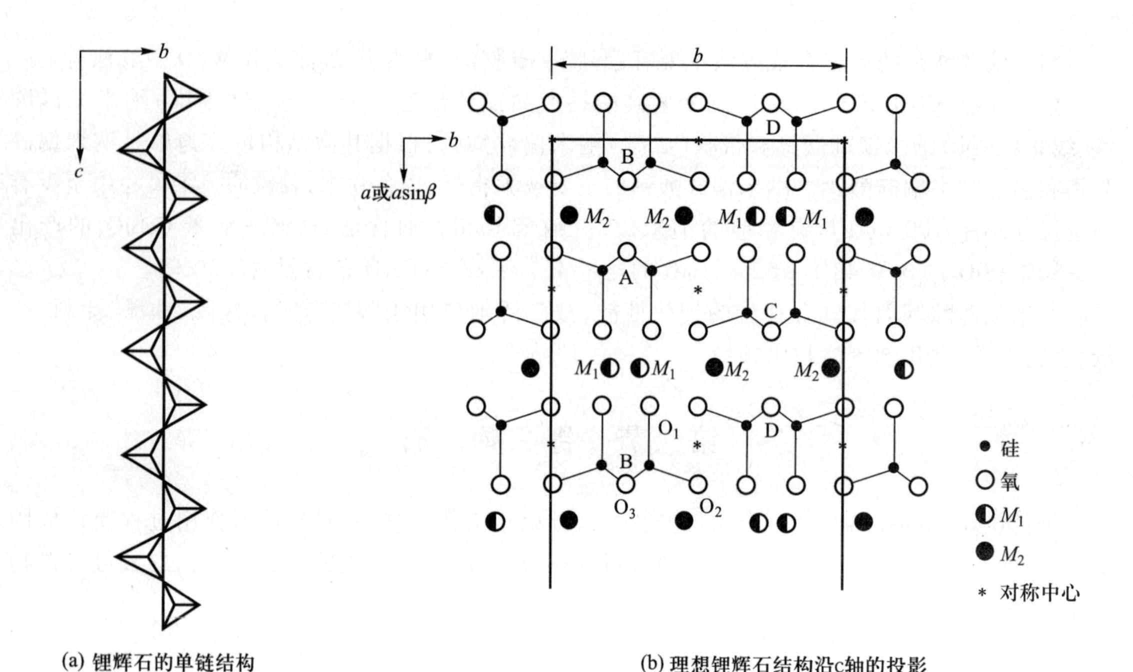

图 27-8　α-锂辉石的晶体结构图

Fig. 27-8　The crystal structure of α-spodumene

（三）形态

α-锂辉石属轴面双晶类，常呈柱状晶体。主要单形有平行双面 $a\{100\}$、$c\{001\}$，单面 $b\{010\}$，斜方柱 $m\{110\}$、$h\{021\}$、$o\{221\}$。有时可见巨大晶体（长达 16 m），双晶依{100}生成，集合体呈{100}发育的板柱状、棒状或致密隐晶块状。

（四）显微镜下特征

偏光显微镜下无色。二轴正晶（+），$2V=55°\sim80°$。折射率 $N_g=1.665\sim1.682$，$N_m=1.660\sim1.671$，$N_p=1.651\sim1.670$；重折率 0.012～0.025。多色性显著，粉红色晶体为：无-淡绿色-淡紫色-紫色-紫罗兰色；绿色晶体：无色-淡绿色-蓝绿色-绿色。色散 0.017。于紫外光下，紫色者有桃红色-橙色荧光；黄绿色者有橙黄色荧光；翠绿锂辉石没有荧光，但在 X 射线下有橙色磷光。翠铬锂辉石：N_p绿色，N_g无色；紫锂辉石：N_p紫色，N_g无色。一般 Na 代替 Li 时 N_p降低，N_g不受影响，重折率增大。

二、锂辉石的理化性能

（一）一般理化性质

天然锂辉石晶体柱面常具纵纹，呈灰白、淡黄、翠绿或紫色。翠绿色的锂辉石称为翠绿锂辉石，是成分中含 Cr 所致；成分中含 Mn 呈紫色称紫色锂辉石，如果色彩鲜艳可做宝石，具有玻璃光泽。晶体往往粗大，并具有粗糙不平的晶面，解理面微显珍珠光彩。{110}面解离完全，夹角87℃；具{100}、{010}裂开。锂辉石的密度为 3.03～3.22 g/cm^3，熔点 1 420℃，摩氏硬度 6.5～7.0，抗压强度 31～135 MPa。

（二）助熔性能

锂辉石中锂在元素周期表中是第三个元素，相对原子质量为6.938，是所有金属中最轻的。锂离子半径小，电场强度高（如表27－4所示），化学活性大，因此其助熔作用强。

从相对分子质量方面看，锂辉石中的Li_2O的相对分子质量比Na_2O、K_2O都低，比CaO、MgO低得更多。用Li_2O置换等量的Na_2O、K_2O时，则Li_2O的物质的量比Na_2O多一倍，比K_2O多两倍，所以Li_2O的助熔作用比Na_2O、K_2O等强得多。锂辉石的强助熔作用使釉料的转化温度和熔融温度降低，可以缩短熔融及烧成时间，使釉的高温黏度降低，流动性增大，表面张力减小，光泽度提高。

表27－4　Li^+，Na^+，K^+性质

Table 27－4　The property of Li^+，Na^+，K^+

阳离子	原子价	离子半径/nm	离子电势
Li^+	1	0.060	1.67
Na^+	1	0.095	1.05
K^+	1	0.133	0.75

（三）相变特性

锂辉石是由链状硅氧骨架与锂和铝离子键合而成。α－锂辉石（天然锂辉石）被加热到900～1 100℃时，产生不可逆的单向相变，生成β－锂辉石。加热时伴有体积膨胀，原矿裂散成细块或粉状，同时体积增加33.71%～34.11%，密度由3.2 g/cm^3变为2.4 g/cm^3。因此当锂辉石的加入量较大（>5%）时，除在熔块配料中可直接引入外，在其他釉料配方中加入时，需要先煅烧天然锂辉石，使之转化为β－锂辉石后才能加入。

（四）β－锂辉石的低热膨胀特征

β－锂辉石具有低熔点和低热膨胀系数，可作陶瓷液相烧结助剂。锂辉石是为数极少的低热膨胀材料（堇青石、凯石英）之一。β－锂辉石的热膨胀系数比黏土、瓷质坯体低得多，甚至在低温段呈膨胀。β－锂辉石的结构中允许SiO_2进入晶格，形成β－锂辉石固溶体，并且随着结构中SiO_2含量增多，其热膨胀系数趋于减小。其化学反应式可用下式表示：

$$\underset{\text{锂辉石}}{Li_2O\cdot Al_2O_3\cdot 4SiO_2}+\underset{\text{游离石英}}{nSiO_2}\longrightarrow \underset{\text{锂辉石固熔体}}{Li_2O\cdot Al_2O_3\cdot (n+4)SiO_2}\quad (n\leqslant 4)$$

因此，含锂熔体不仅热膨胀系数低，而且溶解石英的能力比钠、钾熔体要大。在釉料中加入锂辉石，可降低釉料的热膨胀系数，提高坯釉适应性。所以锂辉石是配制低热膨胀釉的重要组分。

三、锂辉石的应用

锂辉石作为锂最主要来源的工业矿石，是锂化学制品的主要原料，在陶瓷、冶金、搪瓷、特种玻璃、电池、润滑脂、炼铝、空调制冷等领域广泛应用，享有“工业味精”的美誉。锂是一种重要的能源金属，而且在核能、宇航等热核反应中也有所应用。总用量四分之一的锂都用来储存能量，因此锂被称为“推动世界进步的能源金属”、“能源生命金属”、“21世纪新能源”，具有极高的战略价值，对社会的发展与进步具有重要的作用。当今，锂在陶瓷与玻璃应用中所占的市场份额最大，电池则是锂资源的第二大消费领域，锂电池的快速增长得益于手持电子设备产业（手机、数码相机和笔记本电脑等）的蓬勃发展。锂产品的品种正不断增加，锂以无机化合物、有机化合物和金属及其合金的形态应用在各个领域，单一的锂化合物已多达80多种，而现代高新技术领域需要许多新的锂化物，如复合掺杂的多种锂化合物，以改善应用性能。所以锂辉石作为提炼锂资源的重要原料，需求量也越来越大。

（一）在陶瓷工业中的应用

用锂辉石作为陶瓷原料，能显著提高陶瓷制品的抗热震性、抗腐蚀性，尤其在陶瓷釉料中，能改善釉面质量，提高产品档次，使陶瓷产品经受得起冷热急剧变化、机械洗涤的摩擦及洗涤剂的浸蚀等。利用锂辉石制成的锂质低膨胀陶瓷，可用于生产微波炉用的托盘、电磁灶面板、厨房用耐热餐具，窑具汽轮机叶片、火花塞，以及用于生产低热膨胀系数泡沫陶瓷、轻质陶瓷板和尺寸稳定的浇铸耐火材料等。锂辉石也广泛应用于日用陶瓷、建筑卫生陶瓷釉料等方面。利用 $Li_2O-Al_2O_3-SiO_2$系统为主体制备的釉料，Li_2O 的含量只需在5%～6%即可得到低热膨胀系数的釉，也极大地提高了其热稳定性。除此以外，还有如下优点：① Li_2O 是碱金属氧化物中最强的熔剂，能急剧加快釉熔融过程，降低釉的高温黏度，有利于釉中气泡的排出，使得釉面完全无泡，不会形成针孔；② 提高釉面硬度和弹性；③ 提高釉面的光泽度、白度；④ 具有一定的抗酸碱能力，可与一般食物酸接触；⑤ 在釉中代替 PbO 使用，可消除铅毒对人体的危害。

（二）在玻璃工业中的应用

在玻璃中，以锂辉石作为引入 Li_2O 的原料，Li_2O 是网络外体氧化物，它在玻璃中的作用，比 Na_2O 和 K_2O 特殊，当O/Si值小时，主要起断键作用，助熔作用强烈，显著降低了玻璃的黏度，加快了其熔融和澄清，是强助熔剂。若以 Li_2O 代替 Na_2O 或 K_2O，可使玻璃的热膨胀系数降低，结晶倾向变小，提高折射率、表面张力，并使化学稳定性明显改善，但过量的 Li_2O 会使结晶倾向增加，有利于微晶玻璃的形成。在一般玻璃中若引入0.1%～0.5%的 Li_2O，就可降低玻璃的熔制温度，提高玻璃的产量和质量。除作助熔剂外，Li_2O 还用于剂量玻璃、玻璃闪烁体、玻璃电极、吸收中子玻璃等生产。

（三）作为提锂原料在化工、电池、核等工业中的应用

1. 在化学工业中的应用

锂辉石是最主要的锂工业矿物来源，用来制取作化学原料的锂。如采用煅烧－热水淋滤－蒸发－结晶工艺生产锂的氢氧化物；再如通过先煅烧锂辉石，然后再与硫酸反应生成硫酸锂，或者用苏打将其转化为碳酸锂。由简单的锂化合物再用电解法制得金属锂。碳酸锂可应用于铝工业，当锂加入铝的还原电解槽中时，可增加熔池的导电性，降低操作温度并使产量增加。锂的氯化和溴化物溶液具有低的蒸气压，故用于吸收冷冻系统。氧化锂除用于陶瓷、玻璃作熔剂外，还用于焊接，如铆焊中的焊接剂。锂的有机化合物丁基锂，它用作丁二烯、苯乙烯聚合作用的催化剂，以生产具有特殊性质的聚合物。锂的化学制品还用于净化、漂白及维生素合成等化工方面。

2. 在电池中的应用

现代社会的发展，对化学电源（电池）的需求日益增多，高性能、无污染的新型绿色环保电池主要是以锂及其化合物为关键材料的电池，包括锂原电池（一次电池）和锂蓄电池（二次电池）。锂蓄电池包括锂离子电池和聚合物锂离子电池。此外锂还应用在燃料电池、热电池和化学超级电容器等化学电源。新型绿色环保电池技术，是21世纪具有重大战略意义的军民两用技术，是在未来发展的十种关键技术中，仅次于基因工程和超导技术之后的第三种技术。锂离子电池的

应用领域已从信息产业（移动电话、笔记本电脑等）扩展到能源、交通（电动汽车、电网调峰、太阳能和风能电站等）。同时在国防和军事领域，锂离子电池应用范围则涵盖了陆、海、空、天等诸多兵种。如陆军的单兵系统、陆地战车、军用通信设备等；海军的潜艇、水下机器人等；空军的无人侦察机等；航天的卫星、飞船等。锂离子电池正在向高性能（高比能，长寿命，安全性）、低成本方向发展，其主要研究热点是开发研究适用于锂离子电池的新材料和新技术。

3. 在核聚变中的应用

锂作为能源金属最大和最长远的应用是在核聚变中的应用。可控核聚变是人类利用核裂变能之后的更高阶段的发展，这不仅因为聚变比裂变可放出更多的能量，而且因为聚变更清洁和更安全。核聚变的燃料是氘（D）和氚（T）。D 在海水中储量丰富，海水总量为 10^{21} L，海水中可用的能量为 5×10^{10} Q（Q 为能量的大单位，1 Q $=1.05\times10^{21}$ J），当聚变实现后，可解决人类永久的能源需求。氚的半衰期为 12 年，地球上几乎没有天然的氚，但它能在反应堆中用核聚变生成的中子轰击锂 6 同位素的方法来人工产生，因此 D—T 的聚变反应实际消耗的原料是氘化锂 6（Li^6D），锂在聚变反应堆中是氚的再殖源和反应堆的冷却介质。2006 年 9 月 26 日，我国“人造太阳”成功放电，标志着我国核聚变研究已进入国际先进行列。核聚变作为新能源，实现商业化后，将得到迅猛发展，届时将需要大量的锂，促进锂工业更大的发展。

第二十八章　角闪石族矿物与角闪石石棉

第一节　角闪石族矿物的分类与晶体结构特点

角闪石也常称作闪石，属典型的双链结构硅酸盐。角闪石族矿物成分复杂，既可形成斜方角闪石，也可以形成单斜角闪石，分属于两个亚族。角闪石族矿物广泛分布在不同成因类型的岩石中。对角闪石的研究不仅具有重要的理论意义，而且对于角闪石的纤维状变种和某些角闪石矿物种的实际应用具有重要的经济意义。

角闪石族矿物的主要化学成分可以用通式 $A_{0\sim1}X_2Y_5[T_4O_{11}]_2(OH)_2$ 表示。其中：A 代表 Na、Ca、K、H_3O^+；X 代表 Na、Li、K、Ca、Mg、Fe、Mn 等；Y 代表 Mg、Fe、Mn、Al、Ti 等；T 代表 Si、Al、Fe^{3+} 等。此外，(OH)亦可被 F、Cl 及 O 代替。

角闪石族矿物由于存在广泛的类质同象代替，可以形成 100 多种矿物。1978 年，国际矿物学会新矿物及矿物命名委员会提出了以晶体化学为基础的角闪石命名法。该命名法根据 X（即 M_4）位置中的 $(Na+Ca)_x$ 和 Na_x 的原子数把角闪石分为四个组：

① 镁铁锰质角闪石组：$(Ca+Na)_x<1.34$；

② 钙质角闪石组：$(Ca+Na)_x\geqslant1.34$，且 $Na_x<0.67$，$Ca_x>1.34$；

③ 钠钙质角闪石组：$(Ca+Na)_x\geqslant1.34$，且 $0.67\leqslant Na_x<1.34$，$0.67\leqslant Ca_x<1.34$；

④ 碱性角闪石组：$Na_x\geqslant1.34$。

每个角闪石组中，再考虑 Si^{4+} 原子数与 $Mg/(Mg+Fe^{3+})$ 的比值以及某些特征阳离子的原子数作进一步划分。现将主要的角闪石族矿物列于表 28－1。

表 28－1　角闪石族矿物的类别和化学组成

Table 28－1　The classification and chemical composition of amphibole group minerals

族别	组别	种类	化学组成
斜方角闪石亚族	镁铁锰质角闪石组	直闪石	$(Mg,Fe)_7[Si_4O_{11}]_2(OH)_2$
		铝直闪石	$(Mg,Fe)_{6\sim5}Al_{1\sim2}[(Si,Al)_4O_{11}]_2(OH)_2$
		锂蓝闪石	$Li_2(Mg,Fe)_3(Al,Fe)_2[Si_4O_{11}]_2(OH)_2$
单斜角闪石亚族	镁铁锰氏角闪石组	镁铁闪石	$(Mg,Fe)_7[Si_4O_{11}]_2(OH)_2$
		铁闪石	$Fe_7[Si_4O_{11}]_2(OH)_2$
	钙质闪石组	透闪石	$Ca_2Mg_5[Si_4O_{11}]_2(OH)_2$
		阳起石	$Ca_2(Mg,Fe)_5[Si_4O_{11}]_2(OH)_2$
		普通角闪石	$(Ca,Na,K)_{2\sim3}(Mg,Fe^{2+},Fe^{3+},Al)_5[Si_6(Si,Al)_2O_{22}](OH,F)_2$

续表

族别	组别	种类	化学组成
单斜角闪石亚族	钠钙质闪石组	蓝透闪石	$NaCa(Mg,Fe)_4(Fe,Al)[Si_4O_{11}]_2(OH)_2$
	碱性角闪石组	蓝闪石	$Na_2Mg_3Al_2[Si_4O_{11}]_2(OH)_2$
		钠闪石	$Na_2Fe_3^{2+}Fe_2^{3+}[Si_4O_{11}]_2(OH)_2$
		镁铁闪石	$Na_2Mg_3Fe_2[Si_4O_{11}]_2(OH)_2$
		镁钠闪石	$Na_3Mg_4Al[Si_4O_{11}]_2(OH)_2$

角闪石族矿物晶体结构(图 28－1)的特点是硅氧四面体以共用角顶的形式形成平行于 c 轴的双链,络阴离子以$[Si_4O_{11}]^{6-}$表示。有两种类型的硅氧四面体:一为共用 3 个角顶者,在图中标记为Ⅰ;二为共用 2 个角顶者,标记为Ⅱ。两个双链之间以 Y 类(即 M_1、M_2、M_3位置上的)阳离子连结形成所谓“Ⅰ”字束,它是结构的基本单位,其内部联结力强。M_1、M_2、M_3位置上的阳离子处于 2 个双链之间的活性氧及氢氧根组成的八面体空隙中,配位数为 6。它们彼此共棱连结形成八面体链,与 Si—O 四面体双链相互平行和适用。“Ⅰ”字束之间主要靠 X 类阳离子连结,配

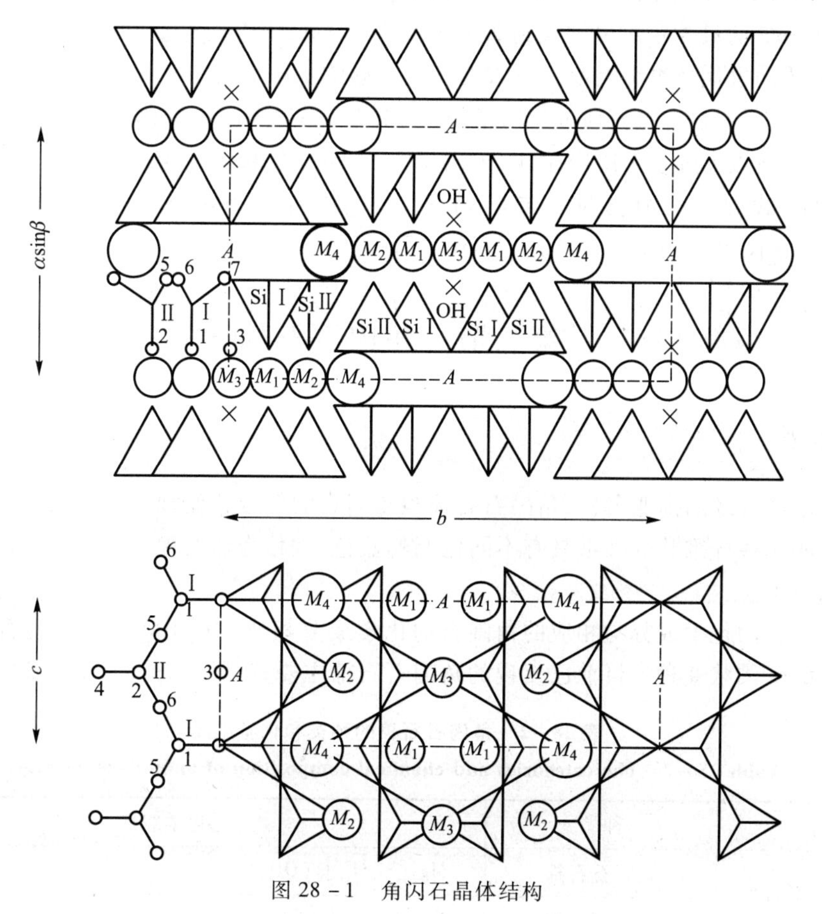

图 28－1　角闪石晶体结构

Fig. 28－1　The crystal structure of amphibole

位多面体位置以 M_4 表示，配位数为 6~8。在相背的双链间，分布着与 c 轴平行的连续而宽大的空隙。该位置用 A 表示。如果在硅氧四面体双链中有 Al 代替 Si，则 A 位将充填大半径的低电价 A 类阳离子以平衡电价，其结果将导致"Ⅰ"字束之间的连结力增强。相对"Ⅰ"字束内部来说，"Ⅰ"字束之间的键力要弱，尤其是在双链相背的位置上其连结力最弱。因此，角闪石在(110)方向上形成完全解理。

M_1、M_2、M_3位置上的阳离子虽然它们的配位数均为 6，但其配位阳离子和空隙大小不完全相同。M_2位于双链中 6 个氧围成的八面体空隙中，空隙较小，常由离子半径较小的三价、四价阳离子占据，如 Fe^{3+}、Al^{3+}、Ti^{4+}、Mn^{4+}等；而 M_1、M_3则位于 4 个属于双链中的氧和 2 个 OH^- 所围成的八面体空隙中，空隙较大，常由二价阳离子 Fe^{2+}、Mg^{2+} 占据。

矿物成分对空间群的影响主要表现在 M_4 位的阳离子上。当 M_4 位置被半径较小的 Mg^{2+}、Fe^{2+} 占据时，配位数为 6，形成歪曲的八面体。当被大半径阳离子 Na^+、Ca^{2+} 占据时，配位数为 8。在斜方角闪石中，如果只有少量的 Fe^{2+} 代替 Mg^{2+} 时，M_x—O 平均间距近于 2.19 Å，如直闪石等；当 Fe^{2+} 代替 Mg^{2+} 使 $Fe^{2+}/(Fe^{2+}+Mg^{2+})$ 超过 43% 时，由于 Fe^{2+} 离子的半径稍大于 Mg^{2+}，因而引起 M_4 八面体变形，使矿物结构的对称降低为单斜晶系的镁铁闪石的对称 $P2_1/m$。在具 $C2/m$ 对称的单斜角闪石中，M_4 位上主要是 Ca^{2+}、Na^+。这时 M_4 的配位数可增大到 8，如碱性角闪石组的矿物，M_x—O 的最大距离可增大到 2.789 Å。

此外，类质同象代替也影响晶胞参数的变化。影响最明显的是 b，对 c 和 β 也有一些影响，而对 a 的影响一般不明显。已有研究资料表明，b 轴的长短与 M_4、M_2的阳离子种类有关。一般 M_4 阳离子较固定，所以 b 轴长短决定于 M_2阳离子。当 Fe^{2+} 全部代替 Mg^{2+} 进入 M_2位时，b 轴增长 0.33 Å；当 Al^{3+} 代替 Mg^{2+} 时，b 轴缩短 0.30 Å。如透闪石 $Ca_2Mg_5[Si_4O_{11}]_2(OH)_2$，$b=18.05\pm0.009$ Å，而铁透闪石 $Ca_2Fe_5{}^{2+}[Si_4O_{11}]_2(OH)_2$，$b=18.34$ Å。

第二节　角闪石石棉

一、概述

石棉是矿物纤维的商业名称，角闪石石棉是角闪石的纤维状变种。在角闪石石棉中，属于碱性角闪石组的一些纤维状变种都具有不同色调的蓝色，被称为蓝石棉。因此，蓝石棉仅是碱性角闪石石棉的总称。

角闪石石棉的化学成分与相应的角闪石的化学成分相似。在 100 多种角闪石矿物中，并不是都有相应的纤维状变种。目前已发现的角闪石石棉主要有以下几种(表 28-2)：

表 28-2　角闪石石棉的种类和化学组成

Table 28-2　The categories and chemical composition of amphibole asbestos

组别	种类	化学组成
镁铁锰质角闪石组	直闪石石棉	$Mg_7[Si_4O_{11}]_2(OH)_2$
	铁闪石石棉	$Fe_7[Si_4O_{11}]_2(OH)_2$

续表

组别	种类	化学组成
钙质闪石组	透闪石石棉	$Ca_2Mg_5[Si_4O_{11}]_2(OH)_2$
	阳起石石棉	$Ca_2(Mg,Fe)_5[Si_4O_{11}]_2(OH)_2$
钠钙质闪石组	蓝透闪石石棉	$(Ca,Na)_2(Mg,Fe)_4Fe[Si_4O_{11}]_2(OH)_2$
碱性角闪石组	锰闪石石棉	$Na(Ca,Na)_2(Mg,Mn,Fe)_5[Si_4O_{11}]_2(OH)_2$
	钠铁闪石石棉	$NaNa_2Fe_4Fe[Si_4O_{11}]_2(OH)_2$
	镁钠铁闪石石棉	$NaNa_2Mg_4Fe[Si_4O_{11}]_2(OH)_2$
	镁钠闪石石棉	$Na_2Mg_3Fe_2[Si_4O_{11}]_2(OH)_2$
	钠闪石石棉	$Na_2Fe_3Fe_2[Si_4O_{11}]_2(OH)_2$

角闪石石棉的实际矿物成分比上面所列的要复杂得多,其化学成分经常是某些端员矿物的组合的过渡。亦正是由于角闪石石棉化学成分的变化,才引起了性质上的诸多差异。

我国已发现的角闪石石棉有直闪石石棉、透闪石石棉、阳起石石棉、蓝透闪石石棉、镁钠闪石石棉以及它们之间一些过渡品种。但最具有工业意义的是镁钠闪石石棉。它的化学成分有两种明显的过渡趋向:一是由碱性角闪石向钙质角闪石过渡;二是在碱性角闪石组内由镁钠闪石向钠闪石过渡,有的还具有钠闪石-镁钠闪石系列向钠铁闪石-镁钠铁闪石系列过渡的趋向。它们在化学成分上表现是 $Na^+ + Fe^{3+} \rightleftharpoons Ca^{2+} + Mg^{2+}$ 的异价类质同象代替,以及 $Fe^{2+} \rightleftharpoons Mg^{2+}$ 的代替。因此,在晶体化学式中 $(Na)_x$ 的变化较大,但多数试样的 $(Na)_x > 1.50$,而且在 A 位都有 K^+ 和 Na^+ 的充填,个别种属 $(K^+ + Na^+)_A$ 接近 0.5,但都小于 0.5。值得注意的是,化学分析表明 H_2O^+ 的含量普遍高于理论值。当角闪石中含有三链或其他多链时,$(OH)^-$ 含量将增高。

角闪石石棉的晶体结构与同种类的角闪石的晶体结构相同,但在双链结构中常夹有一些单链、三链或其他多链。

二、角闪石石棉的理化性质

(一)纤维性与劈分性

纤维性是角闪石石棉发育为纤维的性质。它是石棉矿物最基本的性质。角闪石石棉纤维性的实际价值在于它的劈分性,即在角闪石石棉自身纤维化的基础上,通过人为的分散处理能达到的纤维分散程度。对于角闪石石棉纤维的劈分性通常用纤维细度和比表面积两个参数来衡量。

纤维的细度通常是利用透射电子显微镜拍摄的显微照片经实测得出,通常平均直径为 0.16~0.86 μm,最小直径为 0.041 μm。比表面积利用氮吸附法测定,由于角闪石石棉是实心纤维,因此所测的比表面积即为总表面积。一般角闪石石棉的比表面积为 2.4~12.4 m^2/g。纤维越细,比表面积就越大。一般说来,纤维的平均直径为 0.162~0.420 μm。比表面积为 6.88~12.42 m^2/g 时,纤维的劈分性较好。

角闪石石棉纤维的细度及劈分性与其成分及晶体结构有关。首先是结构中链的坚固性和"I"字束之间的结合力。当 Al^{3+} 代 Si^{4+} 时,所形成的 Al—O 四面体比 Si—O 四面体大,引起双链发生扭曲和负电价增加，它们均影响链的坚固性，即导致沿链的方向化学键力的减弱和垂直于链的方向上化学键力的增强，从而引起角闪石晶体形成时沿垂直于双链方向的发育相对增大，并影响纤维的细度。另外，双链间若以低电价、大半径的阳离子 Na^+、K^+、Ca^{2+} 连结时，所形成的角闪石石棉纤维细度较细。自然界纤维细度小、比表面积大、质量好的角闪石石棉多为碱性角闪石石棉就是这个原因。

惠特克（Whittaker，1981）认为角闪石晶体结构中存在单链、三链或多链是形成优良的细长纤维的重要原因。这是因为在角闪石的双链之间加入单链、三链等奇链后，可使晶体在奇链两边产生位错（图 28－2）。这种位错能使晶体在（001）面上呈现螺旋状生长，从而使角闪石晶体沿 c 轴方向上的生长速度大大加快，并长成细长的纤维。实际上，纤维性、劈分性好的石棉纤维都含有较高的 H_2O^+，这表明了纤维性与三链及多链的密切关系。

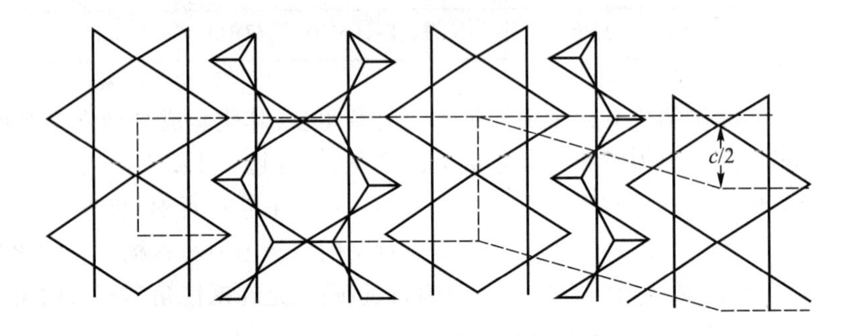

图 28－2　角闪石双链间插入奇链后造成两侧晶体构造 $c/2$ 位错（虚线示晶胞轮廓）

Fig. 28－2　The c/2 dislocation on both sides of after odd chain inserted between double chain in amphibole（dotted line showing the cell contour）

（二）力学性质

评价角闪石石棉力学性质的参数有抗拉强度、拉伸弹性模量和断裂伸长率。

一般说来，角闪石石棉的抗拉强度为 98～1 598 MPa，拉伸弹性模量为 9 709～32 264 MPa，断裂伸长率为 1.5%～5.2%。蓝石棉的力学性质优于其他角闪石石棉。

影响角闪石石棉纤维力学性质的因素很多，除成分、结构外，还与纤维间的黏结物特点、风化程度、分散程度及人为的折损程度等因素有关。

（三）电学及电化学性质

角闪石石棉有较低的质量电阻率。在室温 20℃，相对湿度为 65% 的条件下测得我国角闪石的质量电阻率 ρ_m 在 10^4～10^7 $\Omega \cdot g/cm^2$。将质量电阻率换算成电阻率 ρ，则电阻率 ρ 等于质量电阻率 ρ_m 与密度之比，ρ 约为 ρ_m 的 1/3。因此可知，角闪石石棉的电阻率不高，绝缘性能不太好。影响角闪石石棉的电阻率的因素主要是纤维表面吸附物，吸附物种类不同，含量不同，则影响的大小也不同。要提高角闪石石棉的电绝缘性必须尽量消除其中的吸附水和其他导电的固体混入物。

由于角闪石石棉具有极细的纤维直径和大的比表面积，故分散于水介质中具有以纤维表面带电为特征的胶体粒子性质。角闪石石棉的电动电位值均为负值，其中镁钠闪石石棉的电动电位达 －7.6～－26.5 mV，其他角闪石石棉的电动电位值较高，如透闪石石棉为 －4.4 mV，阳起石

石棉为 -17.4 mV,直闪石石棉为 -2.7 mV 等。角闪石石棉负电动电位的产生是由于纤维在水溶液中释放出诸如 K^+、Na^+、Ca^{2+}、Mg^{2+} 等阳离子后而产生的。改变水溶液的性质可以使角闪石石棉纤维的电动电位值产生变化。

(四) 耐酸碱腐蚀性

耐酸碱腐蚀性是角闪石石棉不同于纤蛇纹石石棉的一项重要技术性能。角闪石石棉具有较高的耐酸碱腐蚀性。将角闪石石棉纤维分别浸泡于质量分数为 20% 的 HCl 或 NaOH 溶液中,在 100℃ 的水浴环境作用 2 小时后,其酸蚀量为 2.85% ~13.32%,碱蚀量为 1.32% ~10.06%。一般蓝石棉的耐碱性优于透闪石石棉和阳起石石棉。酸碱对角闪石石棉的作用仅仅是对纤维表面的溶蚀,不破坏纤维内部的成分和结构。因此,角闪石石棉纤维的酸碱蚀量与成分结构的相关性不明显,而与纤维细度和比表面积大小密切相关,纤维细度小、比表面大者酸碱蚀量亦大。

角闪石石棉的耐酸性能大大优于纤蛇纹石石棉,其根本原因在于角闪石石棉具有表面负电性。表面负电性的作用是排斥酸根负离子,从而起到阻止角闪石石棉纤维表面上阳离子同酸根离子相结合的作用。因此,降低了酸溶液对角闪石石棉的腐蚀性。而纤蛇纹石石棉则不同,其外层为 $(OH)^-$,在水溶液中显较强的碱性,并且具有表面正电性。因此,纤蛇纹石石棉容易遭受酸的腐蚀。但纤蛇纹石有较强的耐碱性。

(五) 热学性质

角闪石石棉具有较好的耐热性和较低的导热系数。角闪石石棉的耐热性以脱去羟基的温度来表示,通常在 600 ~700℃。因此,角闪石石棉可用于较高的温度条件下。角闪石石棉的熔点一般高于 1 200℃,透闪石石棉和阳起石石棉可达 1 300 ~1 350℃。角闪石石棉的导热系数一般为 0.07 ~0.09 W/(m·K),比纤蛇纹石石棉的导热系数小。纤蛇纹石石棉的导热系数一般为 0.09 ~0.14 W/(m·K)。

三、角闪石石棉的应用

在工业上主要利用的是碱性角闪石石棉,即蓝石棉。角闪石石棉的利用可追溯到古代。1900 年德国海军为建造新型战舰而寻找一种能够耐海水腐蚀的材料,在试验中发现纤蛇纹石石棉不是理想的材料,只有角闪石石棉能够有效地抵抗腐蚀性液体和海水的浸蚀,从而角闪石石棉引起了人们的重视。第二次世界大战期间,人们发现角闪石石棉是一种滤除空气中由于核武器爆炸而形成的放射性物质的有效材料,从而使角闪石石棉成为一种重要的战略物资。之后,角闪石石棉的用途逐步得到开发。

但是,角闪石石棉具有很强的致癌作用,全球已经禁止使用角闪石石棉。鉴于角闪石石棉具有独特的工艺技术性能和其他材料不能代替的特殊用途,因此,仍有必要对角闪石石棉的应用作简单介绍。

角闪石石棉的应用主要有如下几个方面:石棉纺织工业、石棉水泥工业、石棉板与石棉纸工业、电气绝缘材料工业和石棉塑料、橡胶和涂料工业。

(一) 石棉纺织工业

角闪石石棉被用于石棉纺织工业,不仅是因为它们之中的某些品种具有良好的纤维柔韧性和可纺性,而且还具有优良的耐酸碱腐蚀性及力学和热学性能。角闪石石棉纺成的纱、线、绳及织成的布可以作为传动、保温、隔热、绝缘等部件的材料，更重要的是可用作电解隔膜布和防化学包装布，特别是在强腐蚀性的环境中，使用角闪石石棉制成的石棉扭绳、方绳、盘根等，可作为输送强酸液体的管道接口的防腐接合材料及密封材料等。

(二) 石棉水泥工业

钠闪石石棉和铁闪石石棉在石棉水泥工业中的应用占有重要的地位。特别是钠闪石石棉，它具有比一般石棉纤维更高的强度，以及优良的耐化学腐蚀性和滤水性，是制造高压石棉水泥管和水泥板的最好的增强材料。将分散处理的镁钠闪石石棉加入由蛇纹石石棉作填料的石棉水泥制品中，可大大缩短水泥的滤水时间并增加强度，而且这种石棉制品具有良好的抗化学腐蚀性能，可以用来作为地下输油、输气管道或输送酸、碱、盐溶液和有毒气体等强腐蚀性化学物质的设备。当这种石棉水泥管制品作为地下输送油气的管道时，不仅具有钢管般的强度，而且又不像钢管那样易受地下电化学作用的腐蚀，因此，它比钢管有更长的使用寿命和更大的可靠性。

(三) 气体和液体净化器材

由于角闪石石棉的纤维性和很大的比表面积及表面活性，因此它常被作为过滤剂和吸附剂来净化气体和液体，用于化工、冶金、航空、军事等部门。

在战争中，有可能使用毒烟、毒雾、细菌、毒素等致死剂或失能剂作为武器，还有可能使用核武器造成大范围的放射性尘埃污染区。这些有毒有害物质通常以大小为 0.1 ~ 200 μm 的粒子出现，通过呼吸道进入人体而起到杀伤作用。对付这类武器危害的有效方法之一就是使用有效的过滤材料，使空气在被吸入之前就得到充分的净化。角闪石石棉中的镁钠闪石石棉和镁钠铁闪石石棉是净化有毒气体的唯一天然纤维材料，对于滤除穿透能力最强的粒径为 0.1 ~ 1 μm 的有毒粒子是十分有效的。

在液体过滤方面，角闪石石棉主要是用于生产化学工业和冶金工业的各种石棉过滤器。在化学工业上，只有使用角闪石石棉制成的过滤材料，才能过滤浓热的酸和其他腐蚀性液体；在电化学工业中，使用角闪石石棉作为电解过程的筛孔材料；在制药工业中，还用角闪石石棉来过滤抗生素、滤除细菌和分离病毒等等。

角闪石石棉纤维在加工成过滤材料过程中，始终保持伸直的弹性，从而使其能够形成极为均匀的细微过滤帘栅并获得优良的过滤性能。而纤蛇纹石石棉纤维在加工过程中很容易蜷缩成一团，不能形成均匀通畅的过滤帘栅，从而影响过滤效果。

(四) 石棉塑料、橡胶和涂料工业

在石棉塑料、橡胶和涂料工业中，角闪石石棉作为塑料、橡胶和涂料的填料，改善产品的性能。

在塑料工业中，把角闪石石棉作为增强材料。它可同玻璃纤维、纤蛇纹石石棉同时使用或单独使用，可以得到只是使用玻璃纤维和纤蛇纹石石棉所不可能获得的特殊性能。这主要是依靠角闪石石棉具有的更好的耐腐蚀性能和优良的力学性能。角闪石石棉同酚醛树脂混合制成的模塑料，是一种高强度的耐酸、碱、盐和染料等化学腐蚀的材料，可作机械配件，也可以作电气绝缘材料。角闪石石棉还可以同各种树脂结合制成不同性能的密封胶、黏合胶，并具有很好的防水、耐油性能及很高的强度和抗老化性。某些角闪石石棉增强黏合剂在高温仍具有高度的稳定性，甚至具有比常温下更高的强度。

角闪石石棉作为橡胶的增强材料，具有类似于塑料填料的作用，使石棉橡胶具有极好的强度、弹性及抗老化和抗温度剧变性能。角闪石石棉橡胶是航空和宇航的重要材料，也是其他工业和军事装备的密封和抗震材料。

角闪石石棉用于涂料填料，也类似于上述塑料和橡胶的情况，因为许多涂料本身是以树脂为基质的，而角闪石石棉几乎能同所有的树脂系——聚酯树脂、环氧树脂、酚醛树脂相适应，并在树脂与角闪石石棉之间形成较强的界面结合。角闪石石棉涂料具有良好的保存稳定性，对于酸、碱、盐溶液及海水和部分有机化学物质有突出的抗腐蚀作用，是适应能力广泛的防腐涂料，而且漆膜强度大、韧性好，抗冲击，抗曝晒及防水、防油性能均很优良，并具有较高的抗老化性能及耐热性，可制成高温下使用的优质涂料。

第三节　透　闪　石

透闪石是重要的玉石原料和新兴的工业节能矿物原料，在宝玉石行业及材料工业中具有重要的意义。

一、概述

透闪石的理想晶体化学式为 $Ca_2Mg_5[Si_4O_{11}]_2(OH)_2$，理论化学组成（含量）为 CaO 13.8%，MgO 24.6%，SiO_2 58.8%，H_2O 2.8%。透闪石与阳起石成完全类质同象，晶体化学式常为 $Ca_2(Mg,Fe)_5[Si_4O_{11}]_2(OH)_2$。因此，在透闪石中常有少量的 Fe 代替 Mg。若 $Mg/(Mg+Fe) \geqslant 0.90$ 称为透闪石；$0.50 \leqslant Mg/(Mg+Fe) < 0.90$ 称为阳起石。此外，透闪石中还有少量的 Al 代替 Mg，Na、K、Mn 代替 Ca、Mg，F、Cl 代替 OH^-。

透闪石属单斜晶系，$C_{2h}^3 - C2/m$。$a_0 = 9.84$ Å，$b_0 = 18.05$ Å，$c_0 = 5.275$ Å，$\beta = 104°42'$，$Z = 2$。晶体结构中 M_4 位的阳离子主要为 Ca^{2+}，含少量的 Na^+，由于离子半径大，配位数为 8。晶体结构同角闪石（图 28－1）。

透闪石晶体呈柱状、针状，集合体呈放射状或纤维状，呈隐晶质致密块状者称为软玉。颜色为白色或浅灰色，也可呈黄色、黄绿色或绿色，呈玻璃光泽或油脂光泽，纤维状者呈丝绢光泽。二轴晶（－），$N_p = 1.599 \sim 1.688$，$N_m = 1.612 \sim 1.697$，$N_g = 1.622 \sim 1.705$，色散弱 $r < v$。在紫外光激发时发黄色、粉红色荧光。摩氏硬度 5.5～6.0，密度 2.9～3.0 g/cm^3。耐酸碱。

透闪石的主要工艺特性是耐磨蚀，硬度大，白度较高，热膨胀率低，以及低温快烧和热稳定性，熔点 1 269～1 273℃，与陶瓷坯体的干燥与烧成收缩率小，在铝硅系统中起熔剂作用。

二、透闪石的应用

透闪石主要用作玉石、节能（助熔剂）及填料矿物原料等方面。

（一）玉石原料

软玉的主要矿物组分为透闪石和阳起石，它以质地细腻、润滑，颜色光泽靓丽等而被誉为“玉中皇后”，其雕琢与使用在中国有着悠久的历史。与翡翠不同的是，软玉的雕刻更多地突出了民族文化与中国的传统风俗习惯等特色，具有丰富的中华文化内涵。

1. 软玉的特性

在光学性质方面,软玉给人以柔和之美。颜色有:白、灰白、黄、黄绿、灰绿、深绿、墨绿、黑色等。当主要组分矿物为白色透闪石时,软玉呈白色;随着 Fe^{2+} 对透闪石分子中 Mg^{2+} 的类质同象替代,软玉可呈深浅不同的绿色,Fe^{2+} 含量越高,绿色越深。主要由铁阳起石组成的软玉几乎呈黑绿、黑色。玻璃光泽、油脂光泽或蜡状光泽。绝大多数为半透明至不透明,不透明的较多,极少数透明。

在力学性质方面,软玉具有良好的机械强度。软玉的主要矿物组成为透闪石 - 阳起石类质同象系列,尽管呈隐晶质块体,但显微结构常见晶形为长柱状和纤维状,为典型的纤维交织结构,所以软玉质地致密、细腻,其韧度在所有玉石中是最高的,这是因为细小纤维状矿物的相互交织使颗粒之间的结合能加强,产生了非常好的韧性,不易碎裂,特别是经过风化、搬运作用形成的卵石,这种特性尤为突出。

2. 软玉的产地及产出状态

不同产地的软玉,其品质有较大差异,其中以新疆产的软玉最佳,其他地方的次之。我国的主要产地有:新疆(和田玉)、青海(昆仑玉、格尔木玉)、辽宁(岫岩玉)等。

软玉的不同产出状态,其质量差别较大。通常可分为山料、子料和山流水。在评价软玉时,首先要看料的块度大小,越大块的越难得,价值越高。其次看玉的白度,越白越好。最后要看玉的细腻、均匀程度,是否有油性,是否温润,瑕疵的多少及分布情况等因素。

3. 软玉的颜色分级

根据颜色通常将软玉分为如下几个级别:

(1) 羊脂白玉。因色似羊脂而得名。羊脂玉质地细腻,特别温润,油性特佳,给人一种刚中见柔的感觉,这是白玉中的优质品,比较稀少贵重。

(2) 白玉。主要指白色的软玉。与羊脂白玉相比玉脂略粗,润度不够。根据白色的差异又可细分为雪花玉、象牙玉、鱼肚白、鸡骨白、糙米白、秋梨白等。

(3) 青白玉。指在白玉中有隐隐闪绿、闪青、闪灰色等,常见有葱白、粉青、灰白色等,属白玉与青玉过渡品种。实际上,有时也将青白玉归为白玉类。

(4) 青玉。由淡青色到深青色,颜色的种类很多,好的青玉呈淡绿色,色嫩,质细腻,也是较好的品种。由于划到青玉品种的软玉范围略大,所以价格差别也非常大。

(5) 黄玉。由淡黄到深黄色,有栗黄、秋葵黄、黄花黄、鸡蛋黄、虎皮黄等色。黄玉的产出非常稀少,价值极高。

(6) 糖玉。指颜色从黄褐色至红褐色,似红糖色,主要是白玉或青玉的外壳被氧化后 Fe^{2+} 变为 Fe^{3+}。

(7) 墨玉。由墨色至黑色,抛光后油黑发亮,该品种也不多见。这个品种将是今后收藏的热点,上佳墨玉价格将会大幅上涨。

(8) 碧玉。有绿、深绿、暗绿色。绿不鲜,质地不如其他玉种均匀洁净,黑斑和玉筋明显。

(二) 节能矿物原料

透闪石作为一种新兴的节能工业矿物原料,虽然起步较晚,但仍取得了重要的成果。目前,透闪石主要用于陶瓷原料,在玻璃等方面的应用也逐步展开。

1. 陶瓷方面

透闪石是一种节能陶瓷原料,并具有降低素烧温度,缩短烧成周期等优点,可用于生产卫生瓷、日用瓷、电瓷、釉面砖、艺术瓷等。透闪石用于生产陶瓷能起到降低烧成温度，提高产品质量和节能效果。在陶瓷原配方中，加入1% ~2%的透闪石即可提高瓷化程度和白度；当加入5% ~10%时，可降低烧结温度80 ~100℃，并加大烧结温度的范围。透闪石作为主要熔剂原料，用量以20% ~40%为宜。因为它在高温下，一部分形成液相，另一部分与高岭石反应形成主晶相，使陶瓷达到致密烧结。如用量过多，易使瓷体过烧变形，烧结范围变窄。

用作陶瓷原料，一般要求透闪石矿物含量≥60%，碳酸盐矿物含量 < 10%，Fe_2O_3 含量≤1.5%。

2. 玻璃方面

用透闪石、钾长石作主要原料可制成低纯碱日用玻璃、普通日用玻璃和微晶玻璃。配以透闪石制造日用玻璃可大幅度降低纯碱用量，且所制成的日用玻璃具有强度高的特点，用以制造微晶玻璃除具有强度高的特点外，还具有很强的耐碱腐蚀性能。

（三）冶金保护渣原料

用透闪石可以制造冶金保护渣。这种冶金保护渣可以在浇铸钢锭过程中，保护钢水不被氧化，并使钢锭表面光洁，减少扒皮损失。此外，透闪石砂还可作钢、铁及有色金属的铸型砂。

（四）填料矿物原料

透闪石细粉用作造纸填料可以增加纸张的耐折性能和白度；用作天然橡胶和合成橡胶的填料可代替高岭石或方解石填料，并且具有补强作用；用作涂料的填料制成丙苯乳胶漆，可降低钛白粉的用量，产品具有良好的分散稳定性，储存时间长。

（五）其他方面

用透闪石配以其他原料制成的变色釉面砖，在不同光源的映照下可改变颜色。如在灰白色日光灯作用下，釉面砖由浅蓝变为红色，在其他光源作用下，可从紫色变成锖色、绿色和橙红色，从而给人以新颖别致、光怪陆离之感。

在透闪石的开采、加工和使用中应严格防止粉尘的扩散和吸入。

第二十九章　黏 土 矿 物

人类开发利用黏土矿物已有相当长久的历史。在我国，可追溯到新石器时期，当时人们已开始用黏土烧制各种生活用陶器。今天，黏土矿物已经成为人类日常生活、工农业生产及高科技领域等各个方面不可缺少的矿物原料。部分黏土矿物材料甚至被誉为万能材料。鉴于许多黏土矿物的共性与应用密切相关，我们把几种黏土矿物编入本章一起讨论。

第一节　概　　述

一、黏土与黏土矿物

“黏土”术语的含义，各个学科的理解不尽相同。地质学家强调的是颗粒大小，工程学家强调的是黏土的可塑性，而陶瓷界专家则强调其黏结性和烧结性。一般地讲，地质科学领域中的黏土具有两个方面的含义：① 黏土具有粒度的含义，即黏土粒级（一般认为 $<2\ \mu m$）。② 黏土是一个岩石学术语，它主要是由含水的层状结构硅酸盐和层链状结构硅酸盐及含水的非晶质硅酸盐矿物组成，含少量石英、长石以及蛋白石、氢氧化物等非晶质胶体矿物。

黏土矿物通常是指构成沉积岩、页岩和土壤的，呈细分散状态的（粒度 $<2\ \mu m$），含水的层状硅酸盐矿物或层链状硅酸盐矿物及含水的非晶质硅酸盐矿物的总称。根据这一定义，出现在黏土中的石英、长石、蛋白石及胶状氢氧化物等，无论它们的粒度是否小于 2 μm 都不属于黏土矿物；此外，出现在岩浆岩、变质岩及其他岩石中粗粒含水层状结构硅酸盐矿物也不属于黏土矿物。

二、黏土矿物的基本结构

（一）四面体片与八面体片

硅氧四面体 $[SiO_4]^{4-}$ 是硅酸盐矿物的最稳定的基本单元。层状结构硅酸盐以硅氧四面体联结成片为特征。在层状结构中，所有的硅氧四面体都分布在一个平面内，每个硅氧四面体的三个氧（底面氧）分别与相邻的三个硅氧四面体共用，形成在二维平面上无限延展的硅氧四面体片。通常一个硅氧四面体片中所有的未共用的顶氧都指向同一个方向，它含有两个氧面，即底面氧平面和顶氧平面（如滑石、云母）。有的硅氧四面体片未共用的顶氧指向上、下两个方向，此时顶氧分布在两个平面上（如海泡石、坡缕石）。在四面体片中，不论硅氧四面体的顶氧是否指向同一方向，四面体的排布都呈六方网环状。在黏土矿物中，四面体配位位置只适合那些电价高、体积小的阳离子，主要是 Si^{4+}，其次是 Al^{3+}，很少为 Fe^{3+}。

硅氧四面体片的顶氧尚有一个单位的负电荷未得到中和，它必须与片外的阳离子结合。与硅氧四面体片的六方网环相适应的阳离子为中等半径的阳离子，主要有 Mg^{2+}、Al^{3+}、Fe^{2+}、Fe^{3+}、Li^{+} 等，它们作六次配位，与顶氧及羟基 OH^- 形成配位八面体。配位八面体彼此共棱连结在二维平面上构成八面体片。

（二）结构层及类型

硅氧四面体片与八面体片彼此连结组成结构层。按四面体片与八面体片组合形式不同，将结构层分为1∶1型和2∶1型两个基本类型。

（1）1∶1型：它由1个硅氧四面体片和1个八面体片结合而成。如高岭石族矿物。

（2）2∶1型：它由2个硅氧四面体片和1个八面体片结合而成。如云母族矿物。

（三）三八面体和二八面体结构

在硅氧四面体片与八面体片相联结时，每个六方网环包含3个八面体位置，因此最多只能充填3个阳离子。如果3个八面体位置上均有阳离子占位时，则称作三八面体型结构；如果只有两个位置被占时，则称作二八面体型结构。前者限于二价阳离子 Mg^{2+}、Fe^{2+} 等；后者限于三价阳离子 Al^{3+}、Fe^{3+} 等。

（四）层间域、层间物、层电荷和单位构造层

层状结构硅酸盐矿物是由结构层重复堆叠而成的。相邻结构层之间的空间称为层间域（用I表示）。层间域中可以是空的（如高岭石、滑石），也可以充填水分子（如埃洛石）、阳离子（如云母族矿物）、水及阳离子（如蒙皂石和蛭石）及氢氧化物（如绿泥石）。层间域内存在的物质称层间物。

结构层与层间域组成的层状构造单位称为单位构造层或结构单元层。单位构造层的厚度用 d_0 表示。它是硅氧四面体片厚度（约2.20 Å）、八面体片厚度（约2.20 Å）和层间域厚度的和。单独的1∶1型或2∶1型结构层可以是电中性的，也可以是带有负电荷的，如果带有负电荷，负电荷被层间域内存在的层间物所平衡。层间域中的阳离子称为层间阳离子。理想的1∶1型或2∶1型结构层都是电中性的，负电荷的产生是四面体片或八面体片中阳离子代替的结果。结构层中未被中和的剩余负电荷称层电荷。

（五）有序－无序、多型和间层（混层）结构

有序－无序现象在黏土矿物中十分普遍，既存在阳离子代替的有序－无序，也存在单位构造层堆叠的有序－无序。

结构单元层堆叠的方式不同形成多型。即矿物晶体内部的结构单元层都是相同的，仅是在层的堆叠顺序和堆积方式（平移或旋转）不同，因此，各多型变体间在平行于层面的两个方向上，晶胞参数的数值必然全都相等或存在一定的对应关系，而在垂直于层的方向上，各变体的晶胞高度均应等于结构单元层高度的整数倍。该倍数即为相应变体的单位晶胞中结构单元层的数目。

不同矿物的晶层（相当于结构单元层）相互堆叠在一起形成混层结构，亦称间层结构。如累脱石即为二八面体钠云母晶层与蒙皂石晶层的1∶1规则间层结构。间层结构有完全有序、部分有序及无序之分。

三、黏土矿物的分类与主要黏土矿物族的结构特征

（一）黏土矿物的分类

黏土矿物可以分为晶质黏土矿物和非晶质黏土矿物两大类。对于晶质黏土矿物目前一般依据如下特征进行分类：

① 结构层型（1∶1型或2∶1型）；

② 层间物类型；

③ 层电荷(单位化学式结构层剩余负电荷数 x);

④ 八面体空隙占位率(二八面体型或三八面体型结构);

⑤ 化学成分;

⑥ 多型;

⑦ 组成间层结构矿物的晶层类型;

⑧ 晶层堆叠的有序 - 无序。

表 29 - 1 是美国经济古生物学家和矿物学家学会(SPEA)1988 年第 22 期《黏土矿物》短期议程中所使用的与黏土矿物相关的层状结构硅酸盐矿物分类表。该分类表较先前的分类表更为详细,加入了后来新的研究成果,确定了间层结构矿物的位置,提出了变 1:1 层型和变 2:1 层型两种变异层型。这是一个很有价值的黏土矿物分类方案。

表 29 - 1　与黏土矿物相关的层状构造硅酸盐矿物分类表

Table 29 - 1　The classification of layered structure silicate minerals associated with clay minerals

层型	层间物	族	亚族	矿物种(举例)
1:1	无或仅有 H_2O	蛇纹石 - 高岭石 $x=0$	蛇纹石	纤蛇纹石、利蛇纹石、铁铝蛇纹石
			高岭石	高岭石、迪开石、珍珠石、埃洛石
2:1	无	滑石 - 叶蜡石 $x=0$	滑石	滑石、镍滑石
			叶蜡石	叶蜡石
	水化可交换阳离子	蒙皂石 $x=0.2\sim0.6$	皂石	皂石、锂皂石、锌皂石、斯蒂文石
			蒙脱石	蒙脱石、贝得石、绿脱石
	水化可交换阳离子	蛭石 $x=0.6\sim0.9$	三八面体蛭石	三八面体蛭石
			二八面体蛭石	二八面体蛭石
	非水化阳离子	真云母 $x=0.5\sim1.0$	三八面体真云母	金云母、黑云母、锂云母、铁云母
			二八面体真云母	白云母、伊利石、海绿石、钠云母、绿磷石
	非水化阳离子	脆云母 $x=2.0$	三八面体脆云母	绿脆云母
			二八面体脆云母	珍珠云母
	氢氧化物	绿泥石 x 不定	三八面体绿泥石	斜绿泥石、鲕绿泥石、镍绿泥石、锰绿泥石
			二八面体绿泥石	顿绿泥石
2:1 规则间层	可变	无	无	累托石(钠板石)、柯绿泥石、滑间皂石、托苏石(羟硅铝石)、绿泥间滑石、绿泥间蜡石、水黑云母
变 1:1	无	无族名 $x=0$	无亚族名	叶蛇纹石、铁蛇纹石
变 2:1	水化可交换阳离子	海泡石 - 坡缕石 x 不定	海泡石	海泡石、纤钠海泡石
			坡缕石	坡缕石
	可变	无族名 x 不定	无亚族名	铁滑石、黑硬绿泥石、菱硅钾铁石

(二)主要黏土矿物族的结构特征

根据层状硅酸盐的结构层类型、结构单元层高度(d_0),可把黏土矿物分为:① d_0 =7 Å 左右的1:1 型矿物(蛇纹石 - 高岭石族);② d_0 =9 Å 左右的2:1 型矿物(滑石 - 叶蜡石族);③ d_0 = 10 Å 左右的2:1 型矿物(云母类矿物);④ d_0 =14 Å 左右的2:1 型矿物(蒙皂石族、蛭石族、绿泥石族),蒙皂石族和蛭石族矿物层间域内可吸收水分子或有机分子使 d_0 增大,故它们的晶层又称膨胀性晶层;⑤ 变2:1 型矿物(坡缕石 - 海泡石族);⑥ 间层矿物等。

从图 29 - 1 中可以看出,各种黏土矿物结构之间最大的差别是层间域的高度不同,即结构单

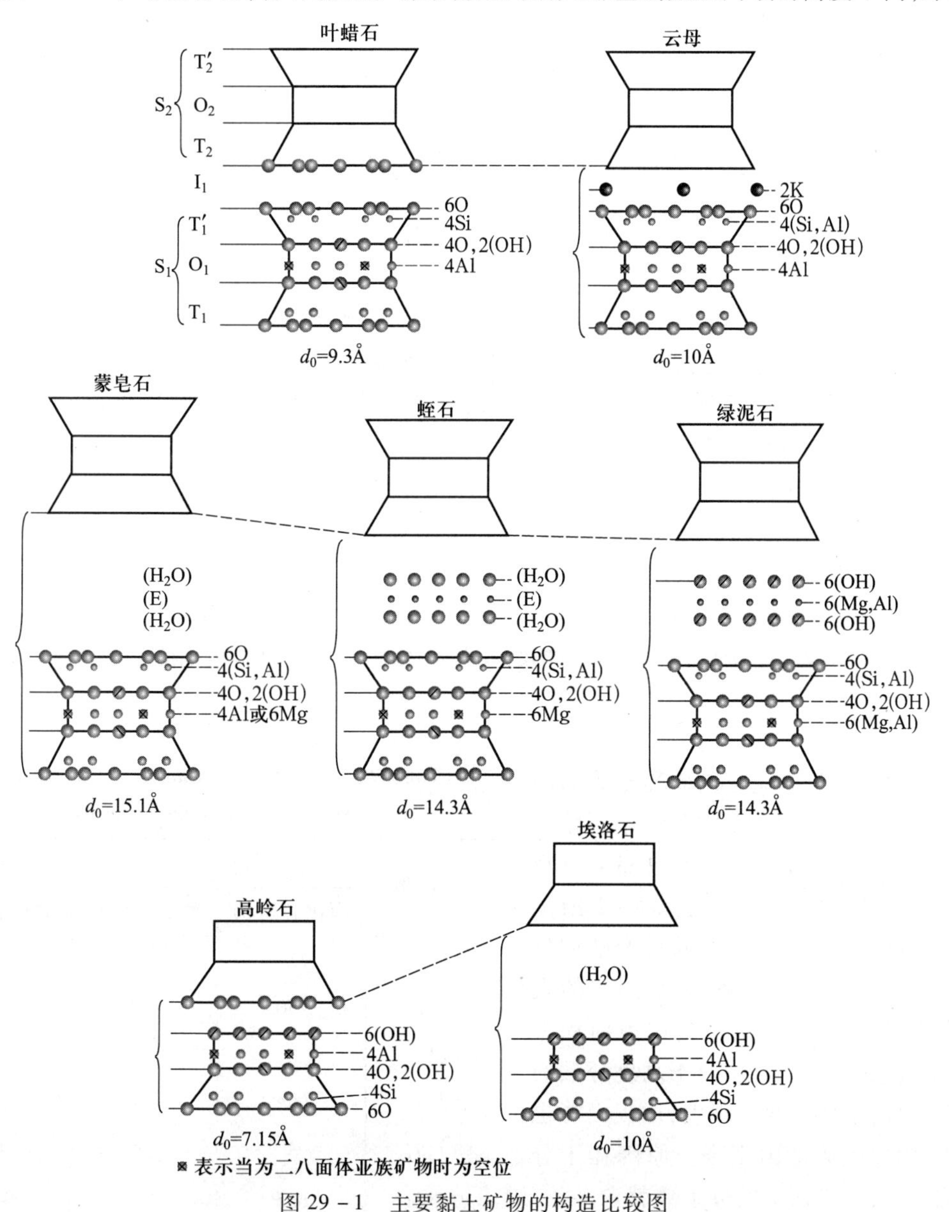

图 29 - 1 主要黏土矿物的构造比较图

Fig. 29 - 1 The comparison of the structure of the main clay minerals

(据须藤俊男,1974 年,有修改)

元层的高度(d_0)不同,对于坡缕石-海泡石来说,它们的 d_0 不同。结构单元层的高度(d_0)是黏土矿物的一个重要参数。它是X射线衍射分析技术鉴定黏土矿物的主要依据。

鉴于在国民经济中应用的蛇纹石、滑石、云母类矿物、绿泥石、蛭石等矿物资源主要是以非黏土级的粒度产于岩浆岩、变质岩中,因此,本章在讨论黏土矿物的应用时主要讨论高岭石、蒙脱石、坡缕石和海泡石及间层矿物中的累托石。

四、黏土矿物的理化性质

黏土矿物由于它的微粒性,因而黏土矿物的一般物理性质如硬度、密度、条痕等常见性质退居第二位,代之是黏土矿物所特有的性质。这里所说的黏土矿物的性质一般是指黏土矿物的吸附性、离子交换性、膨胀性、分散性、凝聚性、稠性、黏性、触变性和可塑性等。从本质上讲,黏土矿物的这些性质是由黏土矿物的不饱和电荷、大比表面积和存在于层间域内的水合阳离子所决定的。

(一)吸附性

黏土矿物的吸附性泛指黏土矿物截留或吸附固体、气体、液体及溶于液体中物质的能力。吸附性是黏土矿物的重要特性之一。

吸蓝量和脱色力可表征黏土矿物的吸附性大小,它们是黏土矿物性能的重要技术指标。其中,吸蓝量是指每100 g黏土矿物所能吸附亚甲基蓝的量(以mmol表示)。脱色力(T)是指相同测试条件下,黏土矿物试样与标样的脱色效果相同时,标样用量(W_1)与试样用量(W_2)之比与标样脱色力($T_{标}$)之乘积,即 $T=T_{标}\times W_1/W_2$。

按吸附原因的不同,黏土矿物的吸附性可以分为三类,即物理吸附、化学吸附和离子交换吸附。

1. 物理吸附

物理吸附是指由吸附剂与吸附质之间的分子间引力而产生的吸附,由氢键所产生的吸附也属物理吸附。物理吸附是可逆的,吸附速度和解吸速度在一定的温度、浓度条件下呈动态平衡状态。

黏土矿物产生物理吸附的原因是它具有很大的比表面积。这是因为黏土矿物的板状、片状或纤维状结晶习性和部分黏土矿物具有大的内表面积(晶体内部可以吸附极性分子部分的面积)。表29-2给出了部分与黏土矿物有关的层状硅酸盐矿物最大比表面积。一般说来,大块固体的表面也有吸附现象,只是由于其比表面积太小,吸附现象不明显而已,对于高度分散的黏土矿物,由于比表面积很大,比表面能也就很大,因此吸附能力很强。原因在于分散度愈高,露在表面上的分子数就愈多。

表29-2 部分黏土矿物的最大比表面积

Table 29-2 The maximum specific surface area of several clay minerals

黏土矿物	比表面积/($m^2\cdot g^{-1}$)		
	内比表面积	外比表面积	总比表面积
蒙皂石	750	50	800
蛭石	750	<1	750
绿泥石	0	15	15
高岭石	0	15	15
伊利石	5	25	30
坡缕石	635	280	915
海泡石	500	400	900

2. 化学吸附

化学吸附是指由吸附剂和吸附质之间

的化学键力而产生的吸附。阴离子聚合物可以靠化学键吸附在黏土矿物表面上。吸附方式有以下两种情况:① 黏土矿物晶体边缘带正电荷,阴离子基团可以靠静电引力吸附在黏土矿物的边面上。② 介质中有中性电解质存在时,无机阳离子可以在黏土矿物与阴离子型聚合物之间起“桥接”作用。

3. 离子交换性吸附

黏土矿物通常带有不饱和电荷,根据电中性原理,必然有等量的异号离子吸附在黏土矿物表面上以达到电性平衡。一般说来,吸附在黏土矿物表面上的离子可以和溶液中的同号离子发生交换作用,这种作用即为离子交换性吸附。与黏土矿物结合的交换性离子最常见的是阳离子 Ca^{2+}、Mg^{2+}、H^{+}、K^{+}、NH_4^{+}、Na^{+}、Al^{3+} 及阴离子 SO_4^{2-}、Cl^{-}、PO_3^{2-} 和 NO_3^{-} 等。因此,根据交换离子的电性不同,可以把离子交换性吸附分为阳离子交换性吸附和阴离子交换性吸附。

(1) 阳离子交换性吸附

阳离子交换容量是黏土矿物在一定的 pH 条件下能够吸附交换性阳离子的数量,它是黏土矿物负电荷数量的量度。

黏土矿物的负电荷主要由两方面的原因引起:一是结构中的类质同象代替;二是边缘和外表面的破键。前者与 pH 无关,而后者与 pH 有关。黏土矿物一般都带有净负电荷。

黏土矿物的阳离子交换容量是指在 pH 为 7 的条件下,黏土矿物所能交换下来的阳离子总量,包括交换性盐基和交换性氢。阳离子交换容量的单位是 mmol/100g,即每 100 g 干试样所交换下来的阳离子的 mmol 数。

黏土矿物的种类不同,其阳离子交换容量也有很大差别。对于蒙脱石、伊利石、蛭石等矿物阳离子交换容量的 80% 以上是分布在层面上(其负电荷主要是源于类质同象代替),而高岭石的阳离子交换容量大部分是分布在晶体的边面上(其负电荷主要源于边缘羟基键的水解)。表 29 - 3 列出了主要黏土矿物的成分、结构特点及它们的阳离子交换容量。

表 29 - 3 黏土矿物的成分、结构特点与阳离子交换容量

Table 29 - 3 The composition, structure features and cation exchange capacity of clay minerals

矿物	结构	晶体化学式	阳离子交换容量/(mmol/100 g)
高岭石		$Al_4[Si_4O_{10}](OH)_8$	1 ~ 10
蒙脱石	H_2O E_x H_2O	$E_x\{Al_{2-x}Mg_x[Si_4O_{10}](OH)_2\}\cdot nH_2O$	80 ~ 140

续表

矿物	结构	晶体化学式	阳离子交换容量/(mmol/100 g)
伊利石	K^+	$K_{1-x}\{Al_2[Al_{1-x}Si_{3+x}O_{10}](OH)_2\}$	10 ~ 40
绿泥石		$(Mg, Al)_3(OH)_6\{(Mg, Al)_3[(Si, Al)_4O_{10}](OH)_2\}$	5 ~ 30
蛭石	H_2O E_x H_2O	$E_x\{Mg_3(Al_xSi_{4-x}O_{10})(OH)_2\} \cdot nH_2O$	100 ~ 180
海泡石	H_2O H_2O	$\{Mg_8(OH_2)_4(Si_6O_{15})_2(OH)_4\} \cdot 8H_2O$	20 ~ 45
坡缕石		$\{Mg_2Al_2(OH_2)_4[Si_4O_{10}]_2(OH)_2\} \cdot 4H_2O$	5 ~ 20

黏土矿物的阳离子交换容量及吸附的阳离子的种类对其胶体的活性影响很大。影响黏土矿物阳离子交换容量大小的因素主要有三个方面：① 黏土矿物的类型；② 黏土矿物颗粒的分散程度，同种黏土矿物的阳离子交换容量随其分散度（或比表面积）的增加而增大；③ 溶液的酸碱性条件：一般溶液趋于碱性时，阳离子的交换容量变大。这是因为铝氧八面体中的 Al—OH 键是两性的，在酸性环境中，氢氧根易电离，结果使黏土矿物表面带正电荷；在碱性环境中，氢易电离，从而使黏土矿物表面带负电荷。即：

$$M(OH) + H^+ \rightarrow MOH_2^+$$

$$M(OH) + (OH)^- \rightarrow MO^- + H_2O$$

此外，溶液中的氢氧根增多，它可以靠氢键吸附在黏土矿物的表面上，使表面负电荷增多，从而增加阳离子的交换容量。

阳离子交换性吸附具有等电量交换和交换可逆的特点，并有如下规律：① 一般情况下，在溶液中的离子浓度相差不大时，离子的电价愈高，与黏土矿物表面的吸附力愈强。反之，如果已经吸附到黏土矿物表面上，则价数愈高的离子，愈难从黏土矿物表面上被交换下来。② 当相同价数的不同离子在溶液中的浓度相近时，离子半径小的，水化半径大，吸附力弱；反之，离子半径大的，水化半径小，吸附力强。③ 离子浓度对吸附强弱的影响符合质量作用定律，即离子交换是受每一相中的不同离子的相对浓度制约的。

黏土矿物对某些阳离子具有固定作用。阳离子被永久地连结到黏土矿物结构中称为晶格固定。当黏土矿物的负电荷变得足够多,直到能够永久地吸附阳离子时,固定作用就发生。阳离子的固定作用对于净化有毒或含有放射性元素的废料、废水等具有重要意义。

(2) 阴离子交换性吸附

阴离子交换性吸附能力的大小用阴离子交换容量来表示,可以定义为黏土矿物所能吸附的交换性阴离子的数量,单位为 mmol/100g。阴离子交换容量可以看作是黏土矿物的正电荷数量的量度。

阴离子交换性吸附也具有等电量交换的特点。一般说来,黏土矿物的阴离子交换具有如下规律:① 与表面羟基结合的 Al^{3+}、Fe^{3+} 等将吸附阴离子;② 阴离子吸附受溶液的 pH 的影响,低 pH 时有最大的吸附;③ 阴离子的吸附性大小顺序为:$PO_4^{3-} > AsO_4^{3-} > SeO_4^{2-} > MoO_4^{2-} > SiO_4^{2-} \approx F^- > Cl^- > NO_3^-$;④ 其他阴离子存在时,将引起吸附位置的竞争,有时像 Ca^{2+}、Al^{3+} 这样的阳离子存在可以导致不溶产物形成。常见黏土矿物蛭石、伊利石、绿泥石、高岭石和蒙脱石的阴离子交换容量分别为:4.4 ~ 17 mmol/100g,5 ~ 20 mmol/100g,7 ~ 20 mmol/100g 和 20 ~ 30 mmol/100g(Grim,1983)。

(二) 膨胀性

黏土矿物吸水后体积增大称为黏土矿物的膨胀性。膨胀性是衡量黏土矿物亲水性的一个指标,通常用膨胀倍和胶质价来表征。膨胀倍是指黏土矿物与水按比例混合后再加入一定量的盐酸溶液膨胀后所占有的体积,单位为 mL/g。

黏土矿物层间交换性阳离子的水合作用半径小,电价高的阳离子尤为突出。硅氧四面体片的水化主要是水的质子端(正电端)与氧原子之间的结合。铝氧八面体片的水化主要是羟基中的质子端(氢端)与水分子中的氧原子结合。交换性阳离子的水化实际上是一种复合过程,水分子既与氧原子结合,也与交换性阳离子结合。

1. 黏土矿物中水的存在形式

黏土矿物中的水按其存在状态可以分为以下五种类型:① 结构水(化合水)——以 OH^- 形式存在于晶体结构中,具有固定的配位位置和含量比。② 吸附水(束缚水)——由于分子间引力和静电引力,具有极性的水分子被吸附到黏土矿物表面上,在黏土矿物表面形成两层水化膜,并随黏土矿物颗粒一起运动。吸附水又有薄膜水、毛细管水、强结合水和弱结合水之分,后两者也称胶体水。强结合水又称吸附结合水,它与黏土矿物表面的活性中心直接水合,具有较高的黏滞性和塑性抗剪强度。弱结合水是高度水化阳离子扩散层内的渗透吸附水。③ 层间水——包含在黏土矿物晶体层间域内的水。④ 沸石水——如存在于海泡石和坡缕石结构通道中的水。⑤ 结晶水——如存在于海泡石和坡缕石结构中以中性水分子的形式作为八面体中阳离子的配位体,故又称配位水。

吸附水、层间水、沸石水和结晶水均以中性水分子的形式存在于黏土矿物之中。吸附水在黏土矿物中的含量是不定的,随环境的温度和湿度等条件而变。常压下当温度达到 110℃时,吸附水基本全部失去(胶体水的失去温度略高,一般为 100 ~ 250℃)。吸附水失去后,对黏土矿物的结构无影响。层间水参与组成矿物的晶格,但含量可在相当大的范围内变动。层间水的含量一方面与所吸附的阳离子的种类有关,如蒙脱石,当层间阳离子为 Na^+ 时常形成一个水分子层,若为 Ca^{2+} 时则常形成两个水分子层;另一方面,层间水的含量还随外界温度、湿度的变化而变化,层间水和吸附水的失去温度没有绝然的界限，常压下，当温度达到110℃时即大量逸散，但在潮湿的环境中又可重新吸收水分，层间水的失去并不导致结构单元层的破坏，但使结构单元层的厚度减小，从而引起晶胞参数的减小。沸石水在晶格中占据类沸石通道中的位置，其含量有一个上限值，随着温度、湿度的变化，其含量在一定的范围内变化，但不引起晶格变化和破坏。结晶水参与组成矿物的晶格，有固定的配位位置和确定的含量比，一般需要较高的温度（200～500℃或更高）才能失去。结晶水失去后原有的晶格往往被改造。

结构水并不是真正的水分子，而是以 OH^- 或 H_3O^+ 的形式参与组成晶体结构，并具有固定的配位位置和确定的含量比。结构水只有在高温（500～900℃或更高）下，才能失去，并常导致晶格破坏。

2. 黏土矿物水化膨胀作用机理

一般说来，每种黏土矿物都会吸水膨胀，只是不同黏土矿物的水化膨胀程度不同而已。黏土矿物的水化膨胀受表面水化力、渗透水化力和毛细管作用力的影响。

表面水化引起晶格膨胀，它是由黏土矿物表面（包括外表面和内表面）上的水分子的吸附作用而引起的。引起表面水化的作用力是表面水化能，第一层水分子是与黏土矿物表面的呈六方网环状排布的氧原子以氢键联结成六方环，第二层也以类似情况与第一层以氢键联结，以后的水分子层照此继续。氢键的强度随离开表面或氧原子的距离增大而降低，一般认为这种水存在的距离为离开表面75～100 Å。

表面水化水的结构本性使它带有晶体性质。因此，黏土矿物表面上10 Å以内的水比体积比自由水小3%，黏度也比自由水大。

高岭石矿物仅能在其外表面和颗粒边缘吸附水，这种水的吸附焓相当小，周围的温度稍有增加即可蒸发掉。

蒙脱石族矿物的内表面水化和外表面水化均比较重要。当蒙皂石矿物可交换性阳离子发生水化时，引起层面间距阶梯式增大。交换性阳离子为一价阳离子和二价阳离子的水化作用行为大不相同。X射线研究表明，交换阳离子为 Na^+ 的蒙脱石（钠蒙脱石），有一系列水化状态，水分子的层数可依湿度增加按1，2，3，…增加。而钙蒙脱石由于 Ca^{2+} 具有较高的水化能和 $Ca(H_2O)_6^{2+}$ 溶剂化复合八面体的稳定性，使水化一开始就形成两个水分子层。即使钙蒙脱石完全浸泡于水中，也不会使其膨胀至含有超过3个或4个水分子层。而钠蒙脱石基本上可以不受限制地渗透膨胀至很大的层间距。

渗透水化引起渗透膨胀。由于晶层之间阳离子浓度大于溶液内阳离子的浓度，因此，产生渗透压，水发生浓度梯度扩散而进入晶层，并形成扩散双电层，导致晶层间距增大，此乃渗透膨胀。渗透膨胀引起的体积增加比晶格膨胀大得多。例如，在晶格膨胀范围内，每克干黏土矿物试样大约可吸收0.5 g水，体积可增大1倍。但是在渗透膨胀范围内，每克试样可吸收10 g水，体积可增加20～25倍。蒙皂石族矿物的惊人膨胀性是由于它具有巨大的内比表面积和大量的交换性阳离子。高岭石、绿泥石和伊利石等，非但比表面积低，而且又不含层间交换性阳离子，故无论是晶格膨胀还是渗透膨胀都不如蒙皂石族矿物。

3. 影响黏土矿物水化膨胀的因素

影响黏土矿物水化膨胀性能的因素主要有以下三个方面。

（1）负电荷的分布。黏土矿物的晶体部位不同，水化膜厚度不同。黏土矿物所带的负电荷大部分都集中在层面上，边面上较少。因此，黏土矿物所吸附的阳离子主要集中在层面上，边面上较少。黏土矿物的水化主要是表面阳离子的水化。显然，黏土矿物吸附阳离子分布不同，表面水化的水化膜厚度也不同，层面上厚，边面上薄。

（2）阳离子交换容量。一般说来，阳离子交换容量越高，水化膨胀性能越好。蒙脱石的阳离子交换容量高，水化作用好，分散度高；高岭石的阳离子交换容量低，水化作用差，分散度低；伊利石由于其层间 K^+ 离子的特殊作用，水化作用极弱，属非膨胀性矿物。

（3）交换阳离子的类型。交换阳离子的类型不同，水化能力不同。钙蒙脱石水化后的层间间距最大仅为 17 Å；钠蒙脱石水化后的层间间距可达 17 ~ 40 Å。因此，为了提高蒙脱石的水化性能，常把钙蒙脱石改性为钠蒙脱石。

不同的交换性阳离子引起水化程度不同的原因是：黏土矿物结构层之间存在着两种力，一是层间的阳离子水化产生的膨胀力和带负电荷的结构层之间的斥力（a）；二是黏土矿物结构层—层间阳离子—结构层之间的静电引力（b）。

黏土矿物的膨胀分散程度取决于这两种力的比例关系。如果 $b > a$，则黏土矿物只能发生晶格膨胀（如层电荷数较高的钙蒙脱石），如果 $a > b$，黏土矿物便发生渗透膨胀，形成扩散双电层，双电层斥力使结构层分得更开（如层电荷数较低的钠蒙脱石）。

（三）流变性

黏土矿物悬浮液的流变性质主要决定于悬浮液中黏土矿物颗粒的组合方式。Van Olphen（1977）把黏土矿物悬浮液中的黏土矿物颗粒结合的几何状态分成三类，即面 - 面（FF）、边 - 面（EF）和边 - 边（EE）。如果黏土矿物颗粒的结合方式是面 - 面为主，则称这种悬浮液为凝聚胶体。如果黏土矿物颗粒的结合方式是以边 - 面和边 - 边为主，则形成絮凝胶体。絮凝胶体是一种特殊的凝聚胶体。颗粒分散良好的悬浮液称为胶溶胶体或反絮凝胶体（图 29 - 2）。

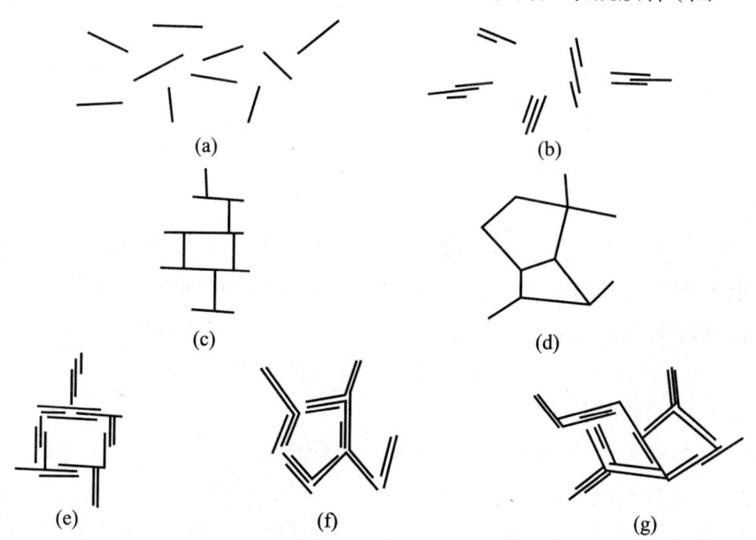

图 29 - 2　黏土悬浮液中的黏土颗粒组合模式及其命名

Fig. 29 - 2　Clay particles combination patterns and their names in clay suspesion liquids

（据 VanOlphen，1977）

（a）"分散的"和"反絮凝的"；（b）"凝聚但反絮凝的"（面 - 面接合或平行凝聚或定向凝聚）；（c）边 - 面絮凝但"分散的"；（d）边 - 边絮凝但"分散的"；（e）边 - 面絮凝但"凝聚的"；（f）边 - 边絮凝但"凝聚的"；（g）边 - 面和边 - 边絮凝但"凝聚的"

黏土矿物的结合方式主要取决于悬浮液的电解质浓度和 pH,因为这两种因素控制着双电子层的厚度、颗粒边缘的电性,从而影响到黏土矿物的结合方式。

如果黏土矿物的颗粒是以面 - 面的方式结合,则称这种结合作用为凝聚作用,凝聚作用使黏土矿物颗粒形成较厚的"层"或"束",从而减少了黏土矿物悬浮液的颗粒数目,进而使黏度降低。往钻井泥浆中加入二价阳离子 Ca^{2+} 等可引起凝聚作用,开始时黏度增加,随后黏度就会降到比原来还低的某一数值。无论是减少颗粒间的斥力,还是减薄吸附水化膜,只要加入二价阳离子,都会促进凝聚作用。

分散作用是凝聚作用的逆过程。分散作用使凝聚的颗粒离解开,从而增加了黏土矿物悬浮液中的颗粒数目,进而使黏度增加。黏土矿物水化时就发生分散作用,分散的程度取决于水化电解质的种类、含量和黏土矿物交换阳离子的种类、黏土矿物的含量及分散的时间和悬浮液的温度等。

如果黏土矿物的颗粒是以边 - 边、边 - 面或以这两种复合的方式结合,则称这些结合作用为絮凝作用。絮凝作用形成卡片房架状结构,进而引起黏度增加。

同样,反絮凝作用,也称解絮凝作用,是絮凝作用的逆过程。反絮凝作用破坏黏土矿物颗粒的边 - 边和边 - 面结合,使黏度降低。往钻井泥浆中加入某些化学药品,这些化学药品可以吸附在黏土矿物的边面上,使黏土矿物颗粒不能形成边 - 边或边 - 面结合。这些药品称为减稠剂。

黏土矿物在水中水化并形成悬浮液的性质称分散性。黏土矿物的悬浮液具有一定的稠性和黏性。黏土矿物的絮凝胶体具有触变性,即这种胶体一经搅拌或触动就又变成悬浮液。在海岸或沼泽地区有时看上去好像是一片很硬的沙土地,但是踏上去就立即变成溶胶状态而成为泥潭,这就是由于黏土矿物的触变性所致。

(四) 可塑性、黏结性

黏土矿物加水后揉和成泥团,给泥团加以外力就产生变形,但不破裂,去掉外力,这种变形不再改变。这种性质称为黏土矿物的可塑性。

如果将泥团继续加水,它就会变成黏糊状态,而且能缓慢流动。把达到这个界限所需的水与风干黏土矿物的质量比(百分数),称为液性界限,用 W_L 表示。另一方面,水量逐渐减少就变脆而破裂或破碎,并不能产生塑性变形。把达到这个界限前所失去的水与风干黏土矿物的质量比称为塑性界限,用 W_P 表示。$W_L - W_P = I_P$ 称为塑性指数。塑性指数越大,可塑性越好。此外,也可用塑性表示黏土矿物的可塑性。它等于某黏土矿物正常稠度水分的泥团(直径为 45 mm)发生变形在出现裂纹时应力与应变的乘积,即:

$$S = (a - b) \cdot P \tag{29 - 1}$$

式中:a——试验前泥球的直径,cm;

b——受压后出现裂纹时泥球的高度,cm;

P——受压后出现裂纹时负荷,N;

S——可塑性,N·cm。

影响黏土矿物可塑性的因素有黏土矿物颗粒表面水分子层的厚度、颗粒的细度和形态。而水分子层的厚度则与交换性阳离子的种类等有关。因为塑性是对外力作用产生变形的问题,所以其机理与黏性没有本质上的差异。单纯的黏土矿物悬浮液,自由水也参与一部分,但在呈现塑性状态时,则水分子层的发育成为首要因素。另外,还有这样的事实,即黏土矿物颗粒细而扁平时塑性明显,这一点在生产工艺中是非常重要的。

在陶瓷的历史上，中国宋朝被誉为一个黄金时代，宋朝的产品中有特别薄的陶瓷制品。这种制品可能仅使用了可塑性和干燥强度不佳的、结晶程度好的粗粒高岭石来制作。这种材料由哪儿产出呢？传说当时工匠们把高岭石长期浸泡在尿液里，之后研碎得到了这种粗粒高岭石。从这种过程可以推断，形成高岭石－尿素复合体以及碾碎增加比表面积等办法改变了高岭石的可塑性。

黏结性是指黏土矿物与非塑性材料、水混合形成良好的可塑性泥团，干燥后并具有一定的抗折强度的性能，通常以 $R_{折}$ 表示。黏土矿物黏结能力的大小有时以保持泥团可塑条件下加入标准砂的最高量来判断。加入的标准砂越多，说明黏土矿物的黏结性越好。一般根据黏结能力大小将黏土分类（表 29－4）。一般说来，黏土矿物的粒度越细，分散性越好，黏结性越好。蒙脱石黏土的黏结性优于高岭石黏土的黏结性。

表 29－4　按黏结能力大小对黏土的分类

Table 29－4　The classification of clay according to cementation capacity

分类	能保持可塑泥团的最高加砂量/%
黏结黏土	20
可塑黏土	20～50
非可塑黏土	50
石状黏土	不能形成可塑泥团

（五）黏土矿物与有机物的相互作用

许多性质与水相似的有机分子可以很容易地被黏土矿物吸附，某些情况下，尤其是一些非极性分子，由于黏土矿物－有机物相互作用力较弱，只能产生物理吸附。然而，极性有机分子或离子化有机分子能够与黏土矿物发生化学反应形成黏土矿物/有机插层复合物。蒙皂石族、蛭石和高岭石族矿物的结构层之间可以因这些有机分子的侵入而发生膨胀并形成插层复合物。

黏土矿物与有机物的成键作用主要呈现下面几种方式：① 氢键；② 离子偶极力，包括与交换性阳离子配位的复合体的形成；③ 有机分子与水化阳离子之间的“水桥”成键；④ 阳离子交换；⑤ 阴离子交换。

黏土矿物/有机插层复合物是黏土矿物与有机物形成的一种复合体，既不是无机物，也不是有机物，而是介于其间的物相。黏土矿物本身是亲水的，能强烈水化，但黏土矿物/有机插层复合物变得亲油。当选择合适的有机物进行复合时，可变得既亲水又亲油。因而黏土矿物/有机复合物具有广泛的用途。

（六）黏土矿物与聚合羟基金属离子的相互作用

通过阳离子交换作用也可将无机聚合羟基金属离子插入黏土矿物层间域中，形成不同成分类型和层间域高度的柱撑黏土矿物，如无机聚合羟基钛、铁、铝、锆、钒基柱撑蒙脱石等。柱撑黏土矿物具有更大的层间域高度和比表面积，更好的热稳定性、催化性等。

（七）层间域纳米反应活性

黏土矿物的层间域具有二维纳米空间特性。进入黏土矿物层间域中的有机单体、氧化物有机物前驱体、聚合羟基金属离子等，在一定的条件下可发生聚合、水解、脱羟、成核结晶及长大等原位反应。由于进入黏土矿物层间域中物质的质量有限，且受到二维纳米结构单元——结构层和层间域的限制，原位反应所形成的产物通常为纳米粒子。这些纳米粒子与黏土矿物结构层相间排列形成有机或无机纳米复合物。

（八）催化性

黏土矿物通常颗粒极细，吸附性强。这种性质与催化作用有关。蒙脱石的催化作用很早就被注意,天然的酸性白土(主要是蒙脱石组成)和人工的活性白土(蒙脱石经酸化处理的产品)的催化能力甚为显著。用酸处理通常是为了增大 SiO_2/Al_2O_3 的比例,显著地提高吸附力和催化能力。关于黏土矿物具催化作用的机理,有人从蒙脱石的底面结构和碳化物的结构大体一致来寻找原因;还有人认为氢离子在催化作用中起重要作用(Grim,1952),而铝的溶出所产生的格子缺陷,也被推测为原因之一。

第二节　高　岭　石

高岭石是结构层为 1∶1 型的二八面体层状结构硅酸盐,属蛇纹石－高岭石族。高岭石与埃洛石的差别在于高岭石结构层之间无充填物,结构单元层的厚度为 7 Å,埃洛石结构层之间存在一水分子层,结构单元层厚度为 10 Å。

以高岭石为主要矿物成分的黏土称为高岭土。由于高岭石具有许多特殊的性能,如可塑性、黏结性、分散性、耐火性、绝缘性和化学稳定性等,因此,高岭石黏土已成为陶瓷、造纸、橡胶、耐火材料及化工等部门不可缺少的矿物原料。

一、概述

(一) 化学成分

晶体化学式 $Al_4[Si_4O_{10}](OH)_8$。

高岭石的化学成分通常比较简单。一般只有少量的 Mg、Fe、Cr、Cu 等代替八面体中的 Al。Al、Fe 代替 Si 数量通常很低。成分中 Ti 或碱金属元素的存在,多是机械混入物引起。由于晶格边缘是非化学键平衡的,所以会导致少量的阳离子交换。

(二) 晶体结构

高岭石的理想晶体结构可以看成是由硅氧四面体片与"氢氧铝石"八面体片连结形成的结构层沿 c 轴堆垛而成,该结构层具有一个对称面。空间群为 $C_s^3—Cm$。强氢键(O—OH 键长 = 2.89 Å)加强了结构层之间的连结。

在实际的高岭石结构中,由于"氢氧铝石"片的变形以及大小(a_0 = 5.06 Å,b_0 = 8.62 Å)与硅氧四面体片的大小(a_0 = 5.14 Å,b_0 = 8.93 Å)不相适应,因此,四面体片中的四面体必须经过轻度的相对转动和翘曲才能与变形的"氢氧铝石"片相配置。高岭石结构中相邻结构层堆叠时沿 a 轴相互错开 $1/3a$,并存在不同角度的旋转。所以,高岭石存在不同的多型(表 29－5)。最常见

表 29－5　高岭石多型及晶体结构参数

Table 29－5　The polymorphism and crystal structure parameters of kaolinite

多型名称	空间群	a_0/Å	b_0/Å	c_0/Å	β
高岭石 $1T_c$	$C1$	5.14	8.93	7.37	104.80°
高岭石 $1M$	Cm	5.14	8.93	7.2	
高岭石 $2M_1$(迪开石)	Cc	5.15	8.94	14.74	103.50°
高岭石 $2M_2$(珍珠石)	Cc	8.91	5.15	15.70	113.70°

的高岭石多型是高岭石 $1T_c$，其次有迪开石和珍珠石，而高岭石 $1M$ 多型少见，此外，还存在着 c 轴无序高岭石。通常所说的高岭石是指高岭石 $1T_c$。

高岭石的结构层是一"TO"型二维纳米单元，真实厚度不足 1 nm。结构层内强的共价键和离子键及结构层之间的氢键，使高岭石具有一定的剥离分散性。

上述高岭石结构层在堆叠过程中，如果在层间域内还充填有一层水分子时，则形成埃洛石。埃洛石的晶体化学式为 $(H_2O)_4\{Al_4[Si_4O_{10}](OH)_8\}$。埃洛石的化学成分除因含有层间水而与高岭石有所不同外，其他成分非常相近。

在埃洛石的晶体结构中，由于层间水分子层的存在，破坏了原来较强的氢键系统，使硅氧四面体片与"氢氧铝石"片之间的差异只有通过卷曲才能加以克服，从而使埃洛石呈四面体片居外、八面体片居内的结构单元层卷曲的管状结构形态出现。因此，可以把埃洛石的结构看成是被水分子层隔开的高岭石的结构，$c_0=10.1$ Å。埃洛石脱水后可转化成 7 Å 埃洛石，即变埃洛石，$c_0=7.5\sim7.9$ Å（随含水量而变化）。

埃洛石晶层卷曲后形成纳米管，管的内外径和长度变化较大，一般管外径为 30～80 nm，内径为 6～40 nm，长度为 2～40 μm。通常为多壁中空纳米管，管两端开口，因而具有高的比表面积和多孔结构。

（三）X 射线衍射特征

高岭石的 X 射线衍射谱以强的底面反射为特征。高岭石 $1T_c$ 的底面反射有 $d_{001}=7.15$ Å，$d_{002}=3.58$ Å，$d_{003}=2.38$ Å，$d_{004}=1.78$ Å 等。高岭石 $2M_1$ 显示出比大多数高岭石 $1T_c$ 更强的反射和更清晰的衍射图，但不出现 $d_{001}=14$ Å 反射。高岭石 $2M_2$ 的反射比高岭石 $1T_c$ 和高岭石 $2M_1$ 都弱，且部分反射峰呈宽带出现。有序度高、结晶好的高岭石的 X 射线衍射图的特点是峰形窄、锐而对称，并且强度大，背景低。随着结晶程度从有序向无序变化，反射峰的强度逐渐减弱乃至泯灭，并且峰形也逐渐变为不对称。

高岭石与乙烯、乙二醇及甘油等作用时，结构稳定，底面间距不发生变化。在 60～65℃ 经过纯肼处理 24 小时后，结晶度高的高岭石 d_{001} 变为 10.4 Å。当把醋酸钾盐和干燥的高岭石放在一起研磨后可形成高岭石 $-KCH_3COO$ 络合物，使 d_{001} 变为 14 Å。

（四）热分析谱特征

高岭石在加热过程中有两个主要的热效应。差热曲线上 600℃ 左右大的吸热谷是由于晶格上羟基的脱出并伴随晶格破坏所引起的，脱羟温度随高岭石结晶有序度的增高而增高。脱羟后形成非晶质物。980℃ 左右的放热峰是非晶质物生成 γ - 氧化铝方石英和莫来石新相引起的。高岭石之所以可作为耐火材料，就是因为相变产物 γ - 氧化铝和莫来石等具有很高的熔点。

埃洛石与高岭石在差热曲线上的不同点只是在 100～200℃ 范围存在着明显的吸热效应，即相当于脱去层间水。在失重曲线上伴随失水过程相应有明显的失重。

（五）电子显微镜下形态特征及一般物性

电子显微镜下高岭石呈自形假六方板状、半自形或他形片状晶体。通常鳞片大小为 0.2～5 μm，厚度仅为 0.05～2 μm。结晶有序度高的高岭石 $2M_1$ 鳞片可达 0.1～0.5 mm，结晶有序度最高的高岭石 $2M_2$ 鳞片可达 5 mm。高岭石集合体通常为片状、鳞状集合体，书状（风琴状）集合体及放射状集合体等。

高岭石纯者白色,因含杂质可染成其他不同颜色。集合体光泽暗淡或呈蜡状光泽。具{001}极完全解理,摩氏硬度2.0~3.5,密度2.60~2.63 g/cm^3。高岭石的致密块(状集合)体,具粗糙感,干燥时具吸水性,湿态具可塑性,但加水不膨胀。阳离子交换性能差,只能在颗粒边缘产生由于破键而引起的微量交换。因此,交换容量随粒度的减小而增大,一般阳离子交换容量为1~10 mmol/100g。

二、高岭石黏土的理化性质

(一) 粒度

高岭石黏土的粒度分布通常在0.2~5 μm,高岭石粒度大小与高岭石矿物的结晶程度有关,结晶好的高岭石粒度较大,而其中高岭石$2M_2$的粒度常大于高岭石$2M_1$的粒度,并数高岭石$1T_c$的粒度最小。高岭石的粒度对高岭石黏土的可塑性、泥浆黏度、离子交换量、成型性、干燥性、烧结等性能均有很大的影响。一般高岭石黏土粒度越细,可塑性越好,干燥强度越高,越易于烧结,烧后气孔率越小,机械强度越高。

许多行业和领域对高岭石黏土的粒度有特别的要求。例如,作为纸张涂布、高光泽油漆、油墨、特种陶瓷和橡胶用的一级涂布高岭石黏土,其粒度小于2 μm的部分不应低于80%。高岭石剥片技术可以使高岭石的粒度满足上述要求。这种技术通常分机械剥片法和化学剥片法。前者可利用球磨机、高速搅拌机、高压挤出机、高压气流对撞机等,借助于摩擦、碰撞、剪切等机械力使高岭石晶体沿解理破裂成很薄的晶片。化学剥片法是利用化学剂(如乙酰胺、肼、尿素等)离子或分子的作用力挤进高岭石结构层之间并使结构层张开,进而达到剥片的目的。

高岭石的粒度形态对其应用价值十分重要。例如,生产涂布美术印刷纸(即铜版纸)所需要的涂布级高岭土必须是片状高岭石。涂布级、填料级和陶瓷级高岭土的价格相差较大。

(二) 可塑性

可塑性是陶瓷坯体成型工艺的基础,也是重要的工业技术指标。影响高岭石黏土可塑性的因素主要有:

(1) 高岭石的粒度越细,分散程度越大,比表面积也越大,则可塑性越好。因此,高岭石的可塑性随着小于2 μm颗粒的增多而增高。

(2) 高岭石的阳离子交换容量越大,可塑性越好。

(3) 高岭石颗粒的形状若是薄片状,则易于结合和相对滑动,比板状、柱状等其他形状的颗粒具有更高的可塑性。

(4) 高岭石黏土中若含石英、长石等碎屑矿物杂质时,将降低可塑性;含蒙脱石、水铝英石或有机物时将提高可塑性。

根据高岭石黏土的可塑性(S)可把其划分成低可塑性高岭石黏土($S<2.5$)、中可塑性高岭石黏土($S=2.5\sim3.6$)及高可塑性高岭石黏土($S>3.6$)。一般情况下,高岭石黏土具中、低可塑性,比蒙脱石的可塑性低。当高岭石黏土加热至400~700℃时,其可塑性消灭。

(三) 烧结性

高岭石黏土的烧结性是制造陶瓷产品所必须具备的重要工艺参数之一。所谓烧结是指当物体被加热到一定温度后，由于易熔物所产生的液相充填在未熔颗粒之间的空隙中，靠其表面张力使气孔率下降、密度提高、体积收缩，从而变成致密、坚硬如石的性能。当气孔率下降到最低值、密度达到最大值时的状态称为烧结状态，此时对应的温度称为烧结温度。

影响高岭石黏土的烧结的因素很多，主要与陶瓷制作过程以及泥坯中其他矿物的含量有关。从矿物成分看，伊利石黏土、蒙脱石黏土比高岭石黏土易于烧结；从化学成分上看，碱性氧化物多、游离 SiO_2 少的泥坯易于烧结；从陶瓷生产的角度，希望烧结温度低，烧结范围大。这样一方面节能，另一方面便于操作控制。通常使用高岭石黏土，其烧结温度范围在 1 000～1 500℃ 为宜；在工艺上，可以掺配助熔剂原料或采用不同类型的高岭石黏土按比例掺配的办法来控制烧结温度和烧结范围。

（四）耐火度

高岭石黏土具有较高的耐火度（$t°$），一般可达 1 750℃ 以上。因此，它亦属耐火黏土。当高岭石黏土中含有水云母、长石等时，会降低其耐火度。一般说来，随 Al_2O_3 含量的增加，耐火度增高；随碱性氧化物、铁的氧化物含量的增加，耐火度降低。这种数量关系可由下式表示：

$$t° = (360 + w(Al_2O_3) - R°)/0.228 \qquad (29-2)$$

式中：$w(Al_2O_3)$——高岭石黏土化学全分析中三氧化二铝的含量，%；

$R°$——化学全分析中碱金属和碱土金属氧化物含量的总和，%。

（五）电绝缘性

高岭石黏土可用作高频瓷、电绝缘用瓷的矿物原料，具有良好的电绝缘性。

（六）化学稳定性

高岭石黏土具有较强的化学稳定性和一定的耐碱能力，这是用作填料主要的性能指标之一。

（七）与有机质相互作用

高岭石可与许多极性有机分子（如甲酰胺 $HCONH_2$、乙酰胺 CH_3CONH_2、尿素 NH_2CONH_2 等）相互作用产生高岭石-极性有机分子嵌合复合体。有机分子可进入层间域，并与结构层两表面以氢键相连结。其结果：① 使高岭石的结构单元层厚度增大；② 改变了高岭石的表面性质（如亲水性）；③ 可对高岭石进行剥片和纳米分散，制备纳米复合材料等。

三、高岭石黏土的应用

高岭石黏土由于具有多种优良的理化性能，自古以来就被应用于陶瓷工业，发展到今天它已成为从人类日常生活到尖端技术领域的不可缺少的廉价矿物材料。随着新技术的开发，高岭石黏土正在不断开拓新的应用领域，尤其是向高、精、尖领域渗透。例如，新型的切削刀具、钻头、陶瓷轴承、陶瓷-金属复合材料、人工合成分子筛、原子反应堆的陶瓷部件、喷气式飞机和火箭燃烧室的喷嘴、用于电子、航天飞机外表等方面的耐高温陶瓷片等。

（一）在陶瓷工业中的应用

在我国，高岭石黏土具有广泛的用途，在陶瓷工业中占有重要的地位，其用量和重要性在玻璃、造纸、橡胶、日用化工等工业领域居各矿物之首。

高岭石黏土在制瓷中的作用主要有两个方面：其一是作制瓷的配料；其二是在瓷坯成型过程中作为其他矿物配料（如石英、长石等）的黏结剂。

因此，陶瓷工业对高岭石黏土的要求首先是它的化学成分，即 Fe_2O_3、FeO、TiO_2、SO_3 等有害组分要极低，SiO_2/Al_2O_3 比例要适当；其次是黏结性和可塑性，一般说来，高岭石结晶好、颗粒粗，其可塑性和黏结性低。但经剥片后，其性能将改变。

（二）在造纸工业中的应用

从国外高岭石黏土的消费结构来看，造纸工业用量已远远超出陶瓷工业的用量。高岭石黏土主要用于制造各种印刷纸、硬板纸、新闻纸等。

由于高岭石黏土粒度小，剥片后具良好的片状、鳞片状形态，片径/厚度比值大，化学性质稳定等，因此，被大量用作造纸填料和纸张涂层，以达到提高纸张光泽度、充填纸张纤维之间的空隙、提高不透明度、增加平滑度及纸张密度等目的。高岭石黏土比纸浆便宜，能有效地降低造纸费用。高岭石与纸张中其他成分不起反应，能较好地保留在纸张纤维中间，适于大量使用。

造纸工业对高岭石黏土的要求主要是细度以及杂质含量。一般说来，用于造纸的高岭石黏土需经特殊选矿工艺选出粒度 <2 μm 的部分，或是经过超细磨（剥片）对其进行加工才能达到粒度要求。另外，高岭石黏土中长石、石英含量越低，带色杂质（如有机质、Fe_2O_3 等）越少，则质量越好。

对用作涂布美术印刷纸的涂布级片状高岭石的质量要求较高，除晶粒呈片状外，还要求白度大于 85%，80% 以上的颗粒粒径为 2 μm，Fe_2O_3 含量 <0.5%。

（三）在橡胶工业中的应用

在橡胶工业中，高岭石黏土被用作填料和补强剂，可明显改善橡胶的拉伸强度、抗折强度、耐磨性、耐腐蚀性、刚性（弹性）等性能。

高岭石黏土作为橡胶制品的填料或补强剂，对锰的含量有着十分严格的要求（<0.007% ~ 0.004 5%），因为锰会使橡胶加速老化。此外，对高岭石的吸附性和耐酸碱性及粒度也有一定要求。

（四）在塑料工业中的应用

高岭石黏土作为塑料的填充剂，能使塑料制品具有较平滑的表面、更美观的外表、尺寸稳定、较好的绝缘性能和耐磨性能、较强的耐化学腐蚀性、坚固、均一及较强的抗老化性等优点。

（五）合成分子筛及其应用

分子筛在石油、化学、冶金、环保及电子工业等方面有广泛的用途。以高岭石黏土为主要矿物原料，经一定工艺处理可人工合成 4A 型沸石分子筛。

高岭石黏土合成分子筛的基本方法是，先将高岭石黏土细磨至粒度在 3 μm 以下，再经 600 ~ 700℃ 下焙烧 2 小时，然后按一定的固液比（1∶2）与 NaOH 溶液混合均匀，经 50℃ 预处理 2 ~ 4 小时后，再升温至 80 ~ 90℃ 搅拌处理一段时间（约 10 小时），最后过滤并洗涤至 pH = 8 ~ 10，110℃ 烘干后即得 4A 型沸石分子筛（4A 为 $Na_2O \cdot Al_2O_3 \cdot 18SiO_2$，A 型分子筛的孔隙尺寸约为 4.5 Å 和 5.5 Å）。

4A 型沸石可广泛用作分子筛、阳离子交换剂、选择性吸附剂、催化剂载体等，也可做污水处理剂、冰箱除臭剂、干燥剂等。

（六）在冶金工业中的应用

高岭石黏土具有高的耐火度，可用作冶金工业及玻璃工业的耐火材料，制作各种高温作业的砌体,如各种形状的耐火砖、高镁铝砖、绝缘砖、硅质砖、各种熔炼炉和热风炉的炉衬砖等。

(七)在其他部门的应用

高岭石黏土是玻璃纤维工业的主要原料之一。在黏结剂工业上,可用来制作油灰、嵌封料及密封料的填料。高岭石化学性质稳定、覆盖能力强、流变性好、白度高,是油漆、涂料工业的重要矿物原料。在农业上,被用作肥料、农药或杀虫剂的增量剂、稀释剂。随着高科技的发展,用途不断拓宽。例如,用以制造高温结构瓷,用于核反应堆、喷气式飞机和火箭燃料室喷嘴的耐高温部件;还可用高岭石黏土制造具有压敏、光敏、热敏、气敏、磁敏等性能以及具有记忆能力、快离子传导能力的功能陶瓷,等等。在轻工业上,还用以制造香粉、胭脂、牙粉、各种药膏、软膏等;还可用作生产肥皂、铅笔芯、颜料等制品的填料。

四、煤系高岭石黏土及利用

煤系高岭石黏土即煤系高岭土,亦称煤矸石,是一种与煤共伴生的以硬质高岭石为主要矿物的黏土。一般含 1% ~6% 的碳。中国储量居世界前列,是我国特有的资源,国外虽有,但矿层薄,开采价值低。

煤系高岭石黏土深加工方法主要有煅烧增白、除杂(如氯化焙烧法、磁法及微生物浸出法除铁、钛杂质)、超细粉碎、表面改性与复合处理等。

煤系高岭石黏土经煅烧后获得煅烧高岭土,具有白度高、化学性能稳定、电绝缘性好、热稳定性好等特点。

煅烧高岭土经超细加工获得超细粉体。加工方法分干法和湿法。干法和湿法的产品在粒度大小、分布范围、颗粒形态和产品纯度方面存在一定差异。干法超细粉体主要作为功能性填料应用于塑料、橡胶、油漆、涂料和造纸等工业领域;而湿法超细粉体可替代钛白粉应用于造纸、高档涂料和精细陶瓷等工业领域。

煤系高岭土表面改性主要用来改善煤系高岭土煅烧产物与聚合物分子的亲和性,提高其应用性能。煤系高岭土包括劣质煤矸石,可用作铝化工的原料生产铝盐、氢氧化铝和氧化铝等,副产偏硅酸钠(水玻璃)、硅胶和白炭黑等。如用硫酸和盐酸浸取煅烧高岭土可分别生产聚合硫酸铝和聚合氯化铝。从煤系高岭土中提取氧化铝的方法可以大致分为酸法和碱法。通常采用酸法,需要先将煅烧活化产物中的 Al_2O_3 加酸转化为铝盐,再进行分离提取如氯化铝、硫酸铝、铵明矾等中间产物,然后再将铝盐进行后处理制得所需要的氧化铝产品。

经煅烧活化的煤系高岭土,还可用于制备 4A 沸石分子筛,含方石英的莫来石耐火材料等,在化工、陶瓷、耐火材料、电瓷和石油等工业领域广泛应用。利用优质煤系高岭石黏土和煅烧高岭土还可制造各种高级光学玻璃、有机玻璃、水晶等的熔炼坩埚及拔制玻璃纤维的各种拉丝坩埚,以代替价格昂贵的铂、镍等贵金属坩埚。

第三节 蒙 脱 石

蒙脱石属蒙皂石族,是结构层为 2:1 型、层间具有水分子和可交换性阳离子的二八面体型铝硅酸盐。单位化学式层电荷数为 0.2 ~0.6。c_0 随层间阳离子的类型和水分子层的厚度而变化,最常见的是 12.5 Å、15.5 Å 等。

以蒙脱石为主要矿物成分的黏土称为膨润土。由于蒙脱石的特殊性能，膨润土在国民经济中有着非常广泛的用途。

一、概述

（一）化学成分

晶体化学式：$E_x \cdot (H_2O)_n\{(Al_{2-x}Mg_x)_2[(Si, Al)_4O_{10}](OH)_2\}$。在四面体中，Si 除了可被 Al 代替外，还有 Fe、Ti 等。在八面体中，Al 可被 Mg 代替，也可以被 Fe、Zn、Ni、Li、Cr 等代替。二价阳离子 Mg^{2+}、Fe^{2+} 等代替 Al^{3+} 是产生层间电荷的主要原因。

晶体化学式中的 E 为层间可交换的阳离子，主要为 Ca^{2+}、Na^+，其次有 K^+、Li^+ 等；x 为 E 作为一价阳离子时单位化学式的层电荷数，一般变化在 0.2～0.6 之间。根据层间主要阳离子的种类，蒙脱石被分为钙蒙脱石、钠蒙脱石等成分变种。

层间水的含量取决于层间阳离子的种类和环境中的温度和湿度。水分子的吸附是以排列成层的形式存在于结构层之间，最多可达四层。一般在前一层未充满时，不形成新的水分子层。分子式中 n 的变化与水分子层数、d_{001} 的变化关系为：

n	0～2	3	6	9	12
水分子层数	0	1	2	3	4
d_{001}/Å	9.6	12.5	15.5	18.5	20.5

钙蒙脱石以两层水分子最稳定，d_{001} = 15.5 Å；钠蒙脱石可有一、二、三层水分子等，层间阳离子为 K^+ 时，吸水性最差。吸水性的强弱除与层间阳离子种类等有关外，还与层电荷来自八面体片还是来自四面体片有关。层电荷来自八面体片时吸水强，来自四面体片时吸水弱。

（二）晶体结构

单斜晶系；对称型 L^2PC 型；a_0 = 5.23 Å，b_0 = 9.06 Å，c_0 在 9.6～20.5 Å 之间，受层间可交换性阳离子的种类和水分子层的厚度制约。钙蒙脱石层间为 2 个水分子层时，c_0 为 15.5 Å。钠蒙脱石层间为 1 个水分子层时，c_0 为 12.5 Å；为 2 个水分子层时，c_0 为 15.5 Å；为 3 个水分子层时，c_0 为 19 Å。β 角随堆积情况不同而异，通常近于 90°。Z = 2。

蒙脱石的晶体结构与叶蜡石、滑石的晶体结构相似，均为 2∶1 型层状结构。其不同点是：① 四面体中的 Si 可被 Al 代替，Al 代替 Si 的量一般不超过 15%。② 八面体中的 Al 可被 Mg、Fe^{2+}、Al、Si、Na、Ca、Fe^{3+}、Zn、Ni、Li 等代替。置换结果都引起电荷不平衡。蒙脱石的层电荷主要来自八面体中异价阳离子之间的代替，部分来自四面体中的 Al^{3+} 代替 Si^{4+}。四面体片和八面体片中的阳离子置换所引起的电荷不平衡主要由层间阳离子（多为 Na^+、Ca^{2+}）来补偿。这些层间阳离子具有可交换性，可被其他无机或有机阳离子置换。③ 蒙脱石结构层之间的层间域除能吸附水分子外，还能吸附有机分子。

蒙脱石的结构层是“TOT”型（类三明治结构）的二维纳米单元，真实厚度小于 1 nm。结构层内强的共价键和离子键与结构层之间的很弱离子键，使蒙脱石具有良好的剥离分散性。

（三）X 射线衍射特征

蒙脱石的 X 射线衍射谱是由 $00l$ 和 hkl 两种类型的反射线组成。其一系列 $00l$ 反射 001、002、003、…的强度和线宽的变化都很大。这种变化主要受层间水含量、可交换性阳离子种类、结晶程度等因素的影响。通常底面反射 $d_{001}=12\sim15$ Å。d_{001} 为 12 Å 者是含 1 个水分子层的钠蒙脱石，$d_{001}=15$ Å 为含 2 个水分子层的钙蒙脱石。尽管底面间距可随层间水分子层的厚度、可交换阳离子以及有机分子的种类而变化。但经 Mg－甘油饱和后，则表现为确定的底面间距。蒙脱石经不同方法处理后的 X 射线衍射特征列于表 29－6 中。

表 29－6　蒙脱石 d_{001} X 射线衍射特征

Table 29－6　The d_{001} character of X－ray diffraction of montmorillonite

	处理方法					
	未经处理	Mg－甘油饱和	K 饱和	Li－甘油泡和	350℃	550℃
d_{001}/Å	12～15	18	10.1～12.4	17.7	分裂为 14.1 和 10	9.7

（四）热分析曲线特征

蒙脱石的热分析曲线一般有 3 个吸热效应。第一个出现在 80～250℃，由脱去层间水和吸附水引起。脱去远离阳离子的水分子所需能量较低，而脱去阳离子周围的水分子所需能量较高；二价阳离子 Ca、Mg 的水化能大于一价阳离子 Na；所以，钠蒙脱石脱水温度相对较低，且只有一个吸热谷，钙蒙脱石脱去层间水和吸附水的温度较高，具有 2 个吸热谷。第二个吸热效应在 600～760℃，因结构水脱出而产生。第三个吸热效应在 800～935℃，这是由于晶格完全破坏所致。在第三个吸热效应之后紧接着有一个放热峰，这是晶格破坏形成的非晶相的结晶作用所引起。

（五）一般物性及电镜下的特征

蒙脱石多呈白色，有时为浅灰、粉红、浅绿等。密度为 2.0～2.7 g/cm^3。质软而有滑感。加水后体积膨胀达数倍，并变为糊状物。

由于蒙脱石颗粒细小，在一般光学显微镜下难于观察其形态特征。在电子显微镜下，蒙脱石多呈他形鳞片状、片条状，有时也见有半自形、自形片状。集合体为云雾状、球状、海绵状及片状等。

二、蒙脱石黏土的理化性质

蒙脱石的形态、成分和结构特点决定了它的优良吸附性、阳离子交换性、分散悬浮性、可塑性、黏结性等性质。

（一）表面电性

蒙脱石的表面电性是以下三方面的共同贡献：① 层电荷。每个晶胞最高可达 0.6。这种电荷的密度不受所在介质 pH 的影响。这是蒙脱石表面负电性的主要原因。② 破键电荷。产生于四面体片、八面体片的端面，系 Si—O 破键和 Al—O(OH)破键的水解作用所致。当 $pH<7$ 时，因破键吸引 H^+，带正电；$pH>7$ 时带负电；③ 八面体片中离子离解形成的电荷。在酸性介质中，

$(OH)^-$(或 AlO_3^{3-})离解占优势,端面荷正电;在碱性介质中,Al^{3+} 离解占优势,端面荷负电;pH 为 9.1 左右为等电点。

(二)膨胀性

蒙脱石吸水或吸附有机物质后,晶层底面间距 c_0 增大,体积膨胀。自然界产出的较稳定的蒙脱石,其单位化学式有 $3H_2O$ 时,$c_0 = 12.4$ Å;有 $6H_2O$ 时,$c_0 = 15.4$ Å;高水化状态时 c_0 可达 18.4 ~ 21.4 Å;吸附有机分子时,c_0 最大可达 48 Å 左右。含二价层间阳离子的蒙脱石处在塑性体 - 流体的过渡阶段时,较一价阳离子水化能高,吸水速度快,吸水量大,膨胀性也大。但进入分散状态成为流体时则不然,此时吸水膨胀性能受晶胞的离解程度制约。含二价层间阳离子的蒙脱石晶胞的离解程度较含一价层间阳离子的蒙脱石晶胞的离解程度低,吸水量小,最终吸水率低。钙蒙脱石在水介质中的最终吸水率和膨胀倍数大大低于钠蒙脱石。后者的膨胀倍数高达 20 ~ 30 倍,而钙蒙脱石仅几倍到十几倍。

(三)分散悬浮性和造浆性

蒙脱石在水介质中能分散成胶体状态。蒙脱石胶体分散体系的物理、化学性质首先决定于分散相颗粒的大小和形态。由于蒙脱石晶体表面不同部位的电荷的多样性以及颗粒的不规则性可造成颗粒之间的不同附聚形式。在分散液中添加大量金属阳离子将降低蒙脱石晶层面上的电动电位,产生面 - 面型聚集,这在碱性分散液中更易发生。聚集使分散相的表面积和分散度减小。在酸性分散液中,若外来金属阳离子干扰少或没有干扰时,蒙脱石晶体带正电荷的端面与晶层面组成面 - 端型絮凝。在中性分散液中,端面没有双电层,是端 - 端型絮凝。絮凝体的骨架包含大量的水,在浓厚的分散液中,当絮凝发展到整个体系时,即成凝胶。比较稀薄的蒙脱石分散液,当凝聚发展到一定程度时,颗粒增大,产生沉淀。

钠蒙脱石遇水膨胀可形成永久性的乳浊液或悬浮液。这种悬浮液具有一定的黏滞性、触变性和润滑性。膨胀倍数较小的钙蒙脱石在水中虽可以迅速分散,但一般会很快凝聚沉淀。

蒙脱石的造浆性不如坡缕石和海泡石好。钠蒙脱石的造浆率可达 10 m^3/t,钙蒙脱石的造浆率较低。

(四)阳离子交换性和吸附性

天然蒙脱石在 pH 为 7 的水介质中的阳离子交换容量为 70 ~ 140 mmol/100g(相当于每个晶胞带 0.5 ~ 1 个静电荷)。蒙脱石的离子交换主要是层间阳离子的交换。晶体端面所吸附的离子也具有可交换性,且随颗粒变细而增大。蒙脱石的阳离子交换能力主要与层间阳离子的类型有关。此外,也受蒙脱石的粒度、结晶程度、介质性质等因素的影响。阳离子电价和水化能越高,代换性能越强,而被代换性也就越差。几种常见阳离子在浓度相同条件下,交换能力的顺序是:$Li^+ < Na^+ < K^+ < NH_4^+ \leqslant Mg^{2+} < Ca^{2+} < Ba^{2+}$。其中,$Mg^{2+}$ 和 Ca^{2+} 的交换能力差别不大,H^+ 的位置在 K^+ 或 NH_4^+ 的前面。因此,钠蒙脱石的阳离子交换容量高于钙蒙脱石。

利用蒙脱石的阳离子交换性可对其改型。因钠蒙脱石的许多性能优于钙蒙脱石,故常将后者改变(即改型)为前者。其常用方法是:以 2%(质量分数)的 Na_2CO_3 与钙蒙脱石和 12% 的水混合,老化 10 天左右,经干燥而成钠蒙脱石。

通过阳离子交换性还可将某些聚合金属阳离子或羟基聚合阳离子引入蒙脱石层间域,并将其撑开,再通过热处理使聚合金属阳离子脱羟,在层间形成稳定的、由金属氧化物簇构成的

"柱",进而形成柱撑蒙脱石或各种蒙脱石层间化合物,并赋予它们新的功能,如分子筛、催化、吸附、光分解和耐热功能等。

利用阳离子交换性可将有机阳离子插入蒙脱石层间域,形成有机阳离子型蒙脱石插层复合物。如将不同链长的季铵盐阳离子插入蒙脱石层间域中形成季铵阳离子型蒙脱石。经有机阳离子插层后,蒙脱石由亲水疏油性转变为亲油疏水性。因此,经有机阳离子插层处理或有机处理后的蒙脱石称有机蒙脱石。有机蒙脱石在有机体系中具有良好的分散性和亲和性,从而显著提高对有机分子的吸附能力。

蒙脱石黏土或经活化处理者具有优良的吸附性和脱色性能。以蒙脱石为主的白色黏土(pH <7,故称为酸性白土)为蒙脱石的风化产物,其脱色率可达 100。其他的天然蒙脱石黏土一般小于 100。用于食品、化工部门作吸附和脱色用的蒙脱石黏土,需进行活化处理以增强其吸附性能。

(五) 热性能

蒙脱石加热至 200 ~ 700℃期间出现缓慢的膨胀。到 700 ~ 800℃时有一急剧膨胀过程,生成无水蒙脱石。接着有一个较大的收缩,直到 950℃又重新开始膨胀。

钠蒙脱石加热至 100℃后,阳离子交换容量略有增加;加热至 100 ~ 300℃后,阳离子交换容量略显降低;加热至 300 ~ 350℃,阳离子交换容量有较明显降低;至 390 ~ 490℃即丧失膨胀性能,阳离子交换容量降低到 39 mmol/100g。钙蒙脱石相对钠蒙脱石约低 100℃。

(六) 可塑性和黏结性

蒙脱石具有良好的可塑性能,其塑限和液限值(即蒙脱石黏土呈可塑状态时的下限和上限含水量)均大大高于高岭石和伊利石,可达 83 ~ 250。蒙脱石黏土成型后发生变形所需的外力较其他黏土矿物小。蒙脱石的可塑性也与层间可交换性阳离子的种类有关。钠蒙脱石和钙蒙脱石的塑限和液限值(后者又称爱得伯格极限值)有明显差别。可塑性也与水分子层的厚度、颗粒形态及粒度有关。

蒙脱石黏土具有优良的黏结性。与钠蒙脱石黏土相比,钙蒙脱石黏土黏结性较差。

(七) 层间域可插层/柱撑的性能

将具有一定大小的有机和无机聚合羟基阳离子插入蒙脱石层间域后可形成插层/柱撑蒙脱石。

通过蒙脱石的阳离子交换可将不同大小有机阳离子插入蒙脱石层间域中,形成有机阳离子/蒙脱石插层复合物。有机阳离子通常是采用分子链大小不同的烷基季铵盐阳离子,其有不随 pH 变化的永久正电荷,拥有链长不等的烷基基团,可以制备具有层间域厚度和性能特征不同的季铵阳离子/蒙脱石插层复合物。插层处理后可使蒙脱石由亲水疏油性转变为亲油疏水性,广泛应用于油漆、油墨、涂料、化妆品、石油钻井等领域。

借助于蒙脱石的阳离子交换性能,也可将不同尺寸的无机聚合羟基金属阳离子插入蒙脱石的层间域中,形成不同成分类型和层间域高度的柱撑蒙脱石,如无机聚合羟基钛、铁、铝、锆、钒基柱撑蒙脱石等。柱撑后不仅可以增大蒙脱石层间距、热稳定性、比表面积及表面活性等,而且也不会改变蒙脱石的亲水性。柱撑蒙脱石在吸附环境污染物、工业催化等领域中具有广泛的应用。

（八）层间域的二维纳米空间反应性

有机单体和无机氧化物的有机物前驱体可插入有机化的蒙脱石层间域中。有机单体可在层间域中发生原位聚合反应，形成蒙脱石/聚合物纳米复合材料，如聚苯胺/蒙脱石纳米复合材料。无机氧化物的有机物前驱体可在蒙脱石层间域中水解、脱羟、成核及结晶长大，形成氧化物/蒙脱石纳米复合材料，如 TiO_2/蒙脱石纳米复合材料。在形成纳米复合材料过程中，蒙脱石层间域作为纳米反应器使进入其中的物质产生原位反应，不仅可对蒙脱石结构层进行剥离和分散，而且由于蒙脱石结构层对反应产物聚合或结晶长大的阻隔及结晶定向作用等，使所形成的蒙脱石纳米复合材料产生新的特殊性质，如聚苯胺/蒙脱石纳米复合材料具有更高的导电性，在形成 TiO_2/蒙脱石纳米复合材料过程中结构层对 TiO_2 的结晶长大和相变等具有明显的阻滞作用等。

三、蒙脱石黏土的应用

蒙脱石黏土具有前述的优良物理化学性能以及纳米结构属性、催化性、触变性和润滑性等性能，因而可作为黏结剂、悬浮剂、增强剂、增塑剂、增稠剂、触变剂、絮凝剂、稳定剂、净化脱色剂、充填剂、催化剂、载体、填料等广泛用于冶金、机械铸造、钻探、石油化工、轻工、农林牧、建筑业等方面，计 24 个领域 100 多个部门。我国主要用于铸造（占产量的 70%）、钻井泥浆（占 7%）、铁矿球团（占 3%）等三个方面。此外也用于纺织、印染、油脂脱色、石油净化、建筑材料、医药卫生、橡胶、洗涤剂、高级化妆品、食品、轻工、造纸、家禽饲料等工业领域或部门。

（一）作黏结剂

钠蒙脱石黏土是铁矿球团的黏合剂，用于炼铁可节省熔剂和焦炭各 10% ~15%，提高高炉生产能力 40% ~50%。

用钠蒙脱石黏土作铸造型砂的黏结剂，可增强抗夹砂的能力，可解决砂型易塌的问题。用其配制的型砂，湿、干和热态的抗压、抗拉强度综合性能好，能提高铸件的质量和成品率，降低生产费用。近年来，由于使用高压无箱造型法生产砂型，对型砂黏结剂的性能要求提高，因而铸造用钠蒙脱石黏土的需用量也逐年增长。

（二）作悬浮剂

以蒙脱石黏土制成的悬浮液可用于钻井泥浆、阻燃物、药物的悬浮介质及煤的悬浮分离等。蒙脱石黏土泥浆，尤其是钠蒙脱石黏土泥浆具有失水量小、泥饼薄、含沙少、密度低、黏度好、稳定性强、造壁能力好、钻具回转阻力小等优点，从而提高钻井效率，降低成本。用蒙脱石黏土制成的悬浮液灭火是它的新应用领域。灭火时，由于蒙脱石黏土悬浮液具有较高的黏度，覆盖力强，不燃烧，喷射到燃烧物上可覆盖其表面，隔绝空气，且水分蒸发作用可使燃烧物温度迅速降低，从而起到迅速灭火的作用。

（三）作稠化剂

当利用有机阳离子或有机分子取代蒙脱石的可交换性阳离子和水分子时，可得到一种抗极压性和抗水性强、胶体安定性好的有机蒙脱石复合物，可用作稠化剂。这种有机蒙脱石复合物是制造润滑脂、橡胶、塑料、油漆等不可缺少的原料。例如，用其制成的润滑脂使用温度很宽，在负几十到正一百多摄氏度的温度范围内均可使用，且抗极压性、抗水性和胶体安定性均好，使用寿命长，可用作大型喷气式客机、歼击机、坦克及冶金工业高温设备等高温、高负荷摩擦部件的润滑剂。

（四）作吸附剂和净化剂

蒙脱石无毒、无味、吸附性强，可用于食用油的精制、脱色、除毒。蒙脱石黏土经活化处理后可作吸附剂（主要为物理吸附），可将黄曲霉素这类致癌物质和杂质、色素及气味等从食用油中滤去。工业上也利用蒙脱石对有色、有机物的吸附能力来净化汽油、煤油、特殊矿物油、石蜡和凡士林等。

利用蒙脱石黏土作吸附剂可进行消毒防护和核废料处理。例如，可用以制作国防用防毒粉剂；蒙脱石黏土在5天内对介质中的Cs^+的吸除率可达81%～91.3%，Rb^+ 58%～80%，同时对铯有较强的固定作用，可作为高放射性废物地质储存库的缓冲材料等。

蒙脱石在污水处理中起捕收剂的作用，能吸附大量的悬浮物。经特殊处理后可用于含油废水、含菌废水等酸性、中性及弱碱性废水的净化。

（五）作填料

在造纸工业中用蒙脱石黏土作填料可使纸张洁白、柔软。用其处理纸浆可脱色、增白。

蒙脱石黏土在肥皂生产中用作填料可代替部分脂肪酸，并能提高肥皂的洗涤效果。这是由于蒙脱石可吸附衣物和洗涤水中的污物和细菌。同时，蒙脱石黏土也可用于洗衣粉生产。

在涂料生产中，用蒙脱石黏土作填料可起增稠剂和改善平整性的作用，可优化涂料的性能。这类涂料具有色泽不分层、涂刷性好、附着力强、遮盖力强、耐水性好、耐洗刷、成本低等优点。

蒙脱石用作饲料添加剂具有重要意义。例如，在肉鸡饲料中添加2%～3%的蒙脱石，鸡平均增重6%～7%；用于蛋鸡饲养，产蛋率平均提高13.8%，蛋重平均提高5.47%，蛋料比提高12.18%。

（六）作工业用粮的代用品

利用蒙脱石良好的黏结性，可代替工业用淀粉用于生产糨糊、纱线上浆等方面。除可以降低成本，节约工业用粮外，用蒙脱石黏土浆纱还具有经纱平整、不起毛、洁净、上浆后不发臭等优点。同时，蒙脱石黏土也可代替淀粉做印花糊料，也包括榨丝、人造丝、乔其纱等印花糊料。

（七）制备纳米复合材料

将单体与有机插层蒙脱石作用后进行聚合可制备蒙脱石/聚合物纳米复合材料，用于补强材料、密水和密气封装材料等；将羟基聚合金属离子或氧化物有机前驱体插入蒙脱石层间域，并经后处理，可制备氧化物/蒙脱石纳米复合材料，如铝柱撑蒙脱石、TiO_2/蒙脱石复合材料等，可广泛用作吸附催化材料及光催化抗菌材料，等等。

（八）其他

在农业上可利用蒙脱石改良土壤，作农药、化肥的载体或稀释剂。例如，将适量蒙脱石黏土撒入干旱的沙土，能吸收、储存水分，并防止肥料流失，从而可提高农作物产量。利用蒙脱石的吸附性能可使肥效、药效缓慢释放，发挥长效作用，提高肥料、农药的使用效益。

用蒙脱石黏土制作陶瓷可一次烧成，从而简化生产工艺，降低成本，且成品白度高、品质好。

此外，也可用作釉料和搪瓷原料。

在建筑方面，可用作水泥混合材料，改善水泥性能。用于充填水池、水坝、下水道等的裂隙，堵漏性好。

经改性后的交联蒙脱石可以制备具裂化性能的分子筛。它可用于石油工业中。锂蒙脱石还可制作快离子导体。

蒙脱石具有克尔效应，可用于电影、电视和各种光学自动信号装置上。

蛋白质、多肽、DNA、氨基酸都可以插层进入蒙脱石层间，其应用领域由蛋白质分离、固定化酶逐渐延伸到生物传感器、药物缓释材料、固液界面的吸附特性等很多前沿研究领域，并为生物进化等领域的研究提供理论依据。

此外，蒙脱石还可用作禽畜粪便除臭剂、铅笔芯的黏结剂，等等。

第四节　坡缕石　海泡石

坡缕石和凹凸棒石（attapulgite）曾被认作是两种矿物。前者于1862年发现于俄罗斯乌拉尔地区，属热液成因；后者于1935年发现于美国佐治亚州凹凸堡（Attapulgus），属沉积成因。实际上它们是成分相同、结构也相同的一种富镁的含水层链状硅酸盐矿物。现已统一名称为坡缕石。

工业上广为开采使用的坡缕石多为沉积－风化成因。基于习惯，将以坡缕石为主要成分的黏土称为凹凸棒土。

海泡石也是一种富镁的含水层链状硅酸盐矿物。在化学成分、晶体结构和理化性质上都与坡缕石相近，应用领域也常相同，故放入本节一起讨论。

坡缕石和海泡石具有若干优异的理化性质，广泛应用于国民经济的许多领域，成为重要的矿产资源。

一、概述

坡缕石与海泡石在化学成分上的共同特点是MgO、Al_2O_3、Fe_2O_3、CaO、Na_2O等元素的含量不固定，总在一定范围内变动，而水的含量却变化较小。它们之间的重要差别在于海泡石的MgO含量高，Al_2O_3含量一般很低，而坡缕石则MgO含量相对较低，Al_2O_3含量相对较高。在结构上都具有二维连续的硅氧四面体片，其中每个硅氧四面体都共用3个角顶，同相邻的3个四面体相连，四面体中活性氧指向沿b轴周期性的反转。在每任意2个硅氧四面体片之间，活性氧与活性氧相对，惰性氧与惰性氧相对，并且活性氧与$(OH)^-$呈紧密堆积形式，阳离子充填于活性氧与$(OH)^-$构成的八面体空隙中，并形成一维无限延伸的八面体片（带）。因此，可把海泡石和坡缕石的结构层看成是变2∶1型结构层。在惰性氧相对的位置上有类似于沸石的宽大通道，并充填着沸石水。每一八面体片（带）所连结的2个硅氧四面体片形成类似于角闪石“I”字束的带状结构层，并平行于a轴延伸。整个晶体结构可看成是由这种带状结构层连结而成（图29－3、图29－4）。因此，坡缕石和海泡石类似于角闪石发育{011}解理，并沿a轴发育形成棒状、纤维状形态。与辉石结构相比较，坡缕石带状结构层的宽度相当于辉石链的2倍（$b_0 = 2 \times 9.0$ Å）；海泡石带状结构层的宽度相当于辉石链的3倍（$b_0 = 3 \times 9.0$ Å）。

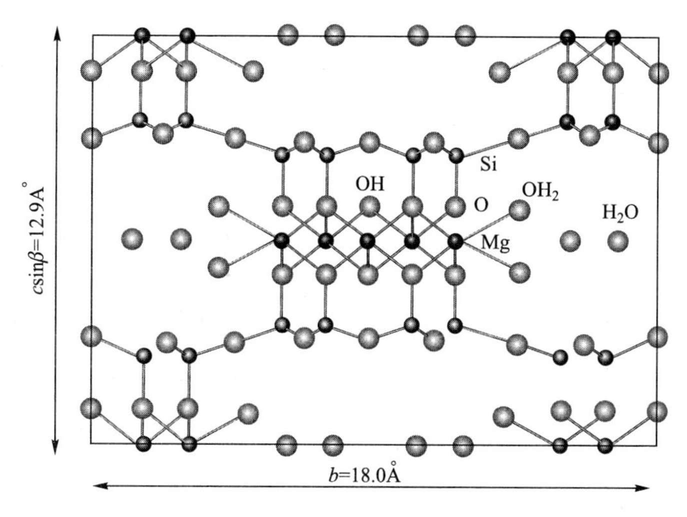

图 29-3　坡缕石的晶体结构

Fig. 29-3　The crystal structure of palygorskte

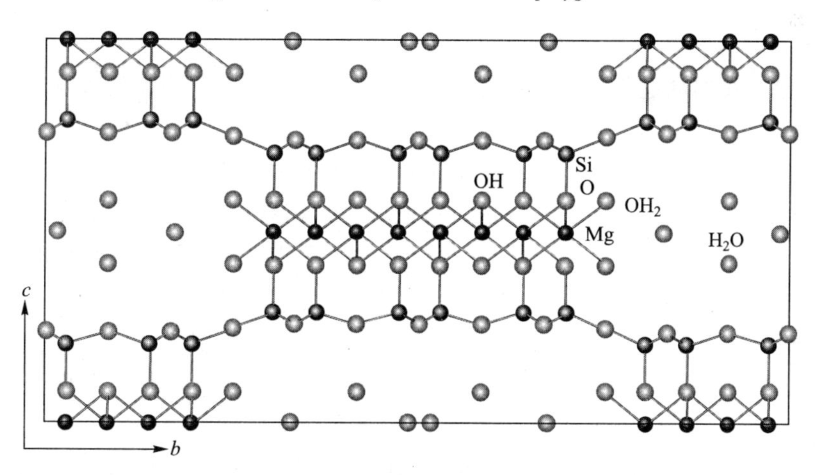

图 29-4　海泡石的晶体结构

Fig. 29-4　The crystal structure of sepiolite

（一）化学成分

坡缕石的晶体化学式为：$R^{2+}_{(x-y+2z)/2}(H_2O)_4\{(Mg_{5-y-z}R^{3+}_y\square_z)[(Si_{8-x}R^{3+}_x)O_{20}](OH)_2(OH_2)_4\}$。其中：$R^{3+}$阳离子主要是$Al^{3+}$，其次是$Fe^{3+}$，通常$R^{3+}$原子数$y$可达2左右；□代表八面体空位；$R^{2+}$主要代表$Ca^{2+}$离子，是当带状结构层的电荷不平衡时进入通道中以平衡电荷。在坡缕石中，水的存在形式有三种：一是结构水，即羟基；二是在带状结构层边缘与八面体阳离子配位的配位水；三是在通道中由氢键连结的沸石水。

海泡石的晶体化学式为：$R^{2+}_{(x-y+2z)/2}(H_2O)_8\{(Mg_{8-y-z}R^{3+}_y\square_z)[(Si_{12-x}R^{3+}_x)O_{30}](OH)_4(OH_2)_4\}$。在八面体中主要有Al、Fe、Ni、Ca、Na等代替Mg；在四面体中有Al、Fe代替Si。海泡石成分变化主要发生在八面体空隙中，并形成不同的海泡石变种。如富镁海泡石（Mg原子数为7.50~7.90），富铝海泡石（八面体中Al原子数约为1.4）、富钠海泡石（Na_2O含量可达8.16%）等。海泡石中水的存在形式与坡缕石完全相同。

（二）晶体结构

坡缕石：空间群 $Pnmb$、$A2/m$、$P2/a$、Pn。$a_0 = 5.21$ Å；$b_0 = 17.9$ Å；$c_0 \cdot \sin\beta = 12.7$ Å；$\beta = 90°$、96°或 107°。至少已查出一种斜方对称的晶胞和 3 种单斜对称的晶胞。

坡缕石的晶体结构特点是沿 a 轴延伸的带状结构层和通道。通道横断面积为 3.7×6.4 Å^2，而沸石通道的直径为 2.9～3.5 Å。如同沸石，当加热析出通道中的沸石水后，结构不会破坏。

海泡石：空间群 $D_{2h}^6 - Pncn$；$a_0 = 5.28$ Å；$b_0 = 26.95$ Å；$c_0 = 13.37$ Å；$\beta = 90°$。可能的空间群还有 $C2/m$、$A2/m$。海泡石结构中通道的横截面积比坡缕石大，达 3.7×10.6 Å^2。因此，含有较多的沸石水。海泡石加热后的失水过程如下：

$$Mg_8[Si_6O_{15}]_2(OH)_4(OH_2)_4 \cdot 8H_2O \xrightarrow{250°C,\ -8H_2O} Mg_8[Si_6O_{15}]_2(OH)_4(OH_2)_4$$

$$\xrightarrow{450°C,\ -4H_2O} Mg_8[Si_6O_{15}]_2(OH)_4(\text{无水海泡石}) \xrightarrow{800°C,\ -2H_2O} 4Mg_2Si_2O_6 + 4SiO_2$$

伴随着上述加热失水过程，海泡石的结构将产生折叠作用，即四面体片在转折部位弯曲，并缩小通道的体积。这种作用将使海泡石的吸附性降低。在加热坡缕石过程中也发生这种情况。

（三）热分析谱特征

坡缕石、海泡石在加热过程中产生的热效应与失水、晶格破坏及相转变等有关。坡缕石的差热曲线上，在 180℃和 280℃附近出现一大一小的吸热谷，分别是由于失去沸石水和部分配位水所致，相应质量损失约为 9% 和 2%。在 350～600℃范围的吸热谷也是由于脱去配位水引起的，相应质量损失 6%。在试样加热至 350℃时，大约有 50% 的配位水失去，此时，加热后的试样能够产生再水化作用；但加热至 540℃后，试样便不能再产生这种作用。在 800℃出现一个吸热谷并立即出现一个放热峰。前者是排除结构水和晶格破坏引起的，相应质量损失约为 2%。放热峰在 900～1 000℃范围内，是晶格破坏产物形成斜顽火辉石等新相所致。

在海泡石的差热曲线上，在 100～200℃范围内的吸热效应是由于脱去颗粒表面的吸附水和通道中的沸石水所致，相应质量损失为 10% ～20%。在 300～700℃范围内出现 2 个吸热效应，第一个吸热效应位于 300℃附近，是由失去 4 个配位水分子中连结较弱的 2 个引起的；第二个吸热效应是失去另外 2 个水分子所致；二者质量损失总量约为 5.8%。海泡石加热至 300℃后，在一定湿度条件下可再水化，恢复其原来的结构，但加热至 500℃后，即不再水化。当海泡石配位水失去后，结构发生折叠，并引起 b、c 轴轴长减小。在 800℃附近出现显著的吸热谷并紧接着出现尖锐的放热峰。吸热谷相当于排除结构水和晶格破坏，质量损失约 2.4%；放热峰相当于顽火辉石新相的结晶作用。超过 1 350℃将产生 β－方石英。最终在 1 550℃熔融。

坡缕石、海泡石加热处理至不同的温度，其成分、结构的变化大致相同，这种变化直接影响到二者的工艺技术性能。对坡缕石的热处理发现，低于 130℃时试样具有最佳的胶体性能；经 130～400℃加热后，试样具有最佳的吸附性能；经 250～700℃加热后试样显示最佳脱色效率。在坡缕石、海泡石加热活化处理时，它们的热效应变化是重要依据。

（四）形态、产状与性能特征

坡缕石与海泡石都可分为淋滤－热液型和沉积型两种成因类型。淋滤－热液型成因的坡缕石和海泡石常呈纤维状晶体出现，类似于纤蛇纹石石棉，具有强吸附性，可作吸附剂、填充剂等使用。但产出规模小,含矿率低,工业价值较小。沉积成因的坡缕石和海泡石可形成大型黏土矿床,如安徽嘉山坡缕石黏土矿床、湖南浏阳海泡石黏土矿床。

在电子显微镜下坡缕石与海泡石都呈棒状、针状或纤维状,个别呈粒状或鳞片状。短纤维长约 1 μm,宽约 0.01 ~ 0.025 μm,横断面呈菱形(Tien,1973)。

坡缕石集合体呈土状,多孔块状。块体具有韧性。密度为 2.05 ~ 2.30 g/cm^3。遇水不膨胀,干燥时具有吸水性。具有良好的吸附性和流变性。阳离子交换容量为 5 ~ 20 mmol/100g,脱色力约 70 ~ 100。经(质量分数)1% ~2% 的 HCl 活化处理后,脱色力可上升到 250 以上。

海泡石常呈致密块状、黏土状集合体。电子显微镜下观察也呈纤维状,纤维长 0.1 ~ 5 μm,直径约 0.1 ~ 0.5 μm;呈鳞片状时,片径约 0.1 ~ 0.5 μm。密度为 2 ~ 2.5 g/cm^3。具有良好的吸附性,天然海泡石可吸收自身质量 200% ~250% 的水。阳离子交换容量在 20 ~ 45 mmol/100g 之间。

二、坡缕石、海泡石黏土的理化性质

坡缕石、海泡石理化性能特征主要表现在流变性、吸附性和催化性等方面。

(一)比表面积

坡缕石与海泡石比表面积随纤维的细度和长度的减小而增加。根据 Serna(1978)提出的海泡石和坡缕石的平均纤维模型,坡缕石的外比表面积为 280 m^2/g,内比表面积为 635 m^2/g;海泡石的外比表面积为 400 m^2/g,内比表面积为 500 m^2/g。实验表明,坡缕石和海泡石的实际表面积总是比上述理论值小。例如,采用极性分子(乙二醇或乙二醇乙醚)吸着法测定安徽坡缕石的外比表面积为 230 m^2/g,内比表面积为 136 m^2/g;Fenoll 等(1968 年)采用极性分子(乙烯)吸着法测定海泡石的外比表面积为 214 m^2/g,内比表面积为 256 m^2/g。当坡缕石与海泡石在 100 ~150℃加热时,吸附水和沸石水析出,比表面积增大。但当温度超过 300℃后,由于配位水的失去;晶体结构发生折曲,从而使比表面积急剧减小。用 5% 的盐酸处理海泡石或坡缕石可增加其比表面积。这是因为酸处理既引起表面结构的变化,又加大了内部通道的横截面积。

(二)吸附性

坡缕石和海泡石由于有较大的比表面积,也就具有良好的吸附性能。

海泡石的阳离子交换容量比坡缕石的高,这与二者类质同象代替所形成的层电荷数大小有关。一般海泡石的阳离子交换容量为 20 ~ 45 mmol/100g,坡缕石为 5 ~ 20 mmol/100g。坡缕石和海泡石具有很大的总表面能,具有强的吸附力。如坡缕石的脱色力可达 141;海泡石能吸收超过其自身质量 200% ~250% 的水,因此,可制作“漂白土”及干燥剂。坡缕石和海泡石吸附有机分子、气体分子、水分子等后,经加热或其他处理后可以解吸,从而达到产品反复使用的目的。如用坡缕石黏土制成的冰箱除臭剂,当吸附达到饱和后,可将其放在太阳光下晒一下再用。

在坡缕石和海泡石结构中可区分出三种类型的吸附活性中心(Serratosa,1978)。第一是硅氧四面体片上的氧原子,由于 Al^{3+} 代替 Si^{4+} 等可使其提供弱的负电荷,从而对吸附物产生作用力;第二是分布在带状结构层边缘与 Mg 配位的水分子,它可与吸附物形成氢键;第三是由于 Si—O—Si 晶格破键产生的 Si—OH 离子团,通过一个质子或一个羟基来补偿剩余的电荷。这种 Si—OH 离子团可同表面所吸附的分子相互作用,且能与某些有机分子形成共价键。

坡缕石和海泡石的吸附性与比表面积成正相关关系。超细粉碎、加热处理和酸处理可增大比表面积，酸处理还可改变它们的表面结构并除去八面体片中部分阳离子，因而可明显改善和提高它们的吸附性和阳离子交换性能。此外，用挤压法也可增大坡缕石和海泡石的比表面积，改善它们的工艺性能。这是因为挤压所产生的剪切力将原来被静电引力束缚在一起的纤维束分散，使纤维（束）变细。

坡缕石和海泡石的吸附性具选择性。极性分子，主要是水和氨能被强烈地吸附，其次是能被通道吸附的甲醇和乙醇；而氧等非极性分子不能被吸附。它们对不同极性分子的吸附能力也是不同的。如坡缕石对不同极性分子的吸附力顺序是：水 > 醇 > 酸 > 醛 > 酮 > 正烯 > 中性脂 > 芳烃 > 环烷烃 > 烷烃。

（三）流变性

坡缕石和海泡石呈纤维状或针状形态，且具有与纤维轴平行的{011}解理，从而使它们在水和其他高或中等极性溶液中易于分散，并形成一种杂乱的纤维格状体系（悬浮液）。这种悬浮液是流变性极好的流体，其性质决定于体系中坡缕石、海泡石的含量，所加剪切力的大小，pH 以及电解质种类和含量。

悬浮液的黏度随坡缕石和海泡石含量的增大而增大。对悬浮液所施加的剪切力是分散坡缕石和海泡石纤维的必要条件，因此，悬浮液的黏度随剪切力的增大而增大。在一定的剪切力作用下，时间越长，则悬浮液的黏度越大。剪切力效应也体现在悬浮液的触变性上，在低剪切力下或剪切力消失时，悬浮液发生絮凝；剪切力增大，悬浮液表现可触变性并恢复流体特性。

pH 也是影响坡缕石和海泡石悬浮液流变性的一个重要因素，例如，当 pH 为 8 ~ 8.5 时，海泡石悬浮液的流变性最好，黏度也相对稳定。在此 pH 下，海泡石具有缓冲水介质的特性，这种特性部分是由 Mg^{2+} 从海泡石结构中脱离引起的；当 pH > 9 时，其黏度急剧下降；当 pH < 4 时，海泡石的结构开始解体，其悬浮液的稳定性和黏度随之缓慢消失。

电解质的性质和浓度对坡缕石和海泡石悬浮液的流变性质有很大影响。例如，对海泡石悬浮液来说，pH 为 9 时，电解质对悬浮液的影响很小；这可能是由于此时的 pH 是等电位点边界的原因。在高 pH 时，电解质使海泡石悬浮液絮凝，其流变性变为假塑性。

（四）催化性

坡缕石、海泡石具有催化性质的原因在于：① 晶体内部存在通道结构；② 大的比表面积及集合体的微细孔隙构造；③ 由于非等价阳离子类质同象代替，晶格缺陷及晶格破键等而形成的路易斯（Louis）酸化中心和碱化中心；④ 经热处理后具有较强的机械性能和热稳定性能。因此，它不仅满足异相催化反应所需的微孔和表面特征，影响反应的活化能和级数，利于有机反应中正碳离子化作用，同时还将产生酸碱协同催化作用及具有分子筛的择形催化裂解作用。例如，在坡缕石与海泡石表面存在的 Si—OH 基，对有机质具有很强的亲和力，可与有机反应物直接作用生成有机矿物衍生物。这种衍生物具有结合有机分子的表面性质和反应性质，而又保留矿物格架，所以当这些附着的分子含有未饱和基时，就有可能使有机矿物化合物与某些单体聚合。又如坡缕石是一种良好的负载型催化剂载体，贵金属及多金属离子催化剂（如 Pt，Ni，Cu 等）可均匀分散在坡缕石的表面和内部孔道中。此外，坡缕石和海泡石还具有良好的黏结性、可塑性、抗盐性、耐酸碱性和耐热性等。

坡缕石、海泡石经超细磨粉和活化后可大大改善其工艺性能。超细磨粉旨在降低纤维的细度，进而提高比表面积，从而改善吸附性、流变性及催化性等性能。活化的目的也在于增加比表面积，增强机械强度，改善表面性质等。活化的方法主要有热活化法（即加热处理）、酸碱活化及有机活化。热活化可增加表面积、增强机械性能和表面氧化能力等。酸活化可大大提高吸附性能，增加比表面积等。有机活化是借助坡缕石和海泡石的比表面负电性、晶体内部孔道结构、OH键及破键与阴、阳离子型或非离子型有机表面活化剂相互作用形成一种有机矿物衍生物，进而改善坡缕石和海泡石的亲水、亲油性并提高脱色力等。

三、坡缕石、海泡石黏土的应用

由于坡缕石、海泡石黏土具有良好的流变性、吸附性和催化性等，因此，在国民经济中得到了广泛的应用。

（一）在钻井泥浆方面的应用

由于坡缕石、海泡石的比表面积极大，晶体呈显微棒状、纤维状，在水中很容易分散，并且它们具有良好的抗盐性、耐碱性、热稳定性及流变性等，因此，它们是当前最好的特殊泥浆原料。

坡缕石、海泡石黏土与蒙脱石黏土相比，前二者触变性能好、抗盐能力强、热稳定性强。蒙脱石泥浆在204℃时就已形成很稠的胶状体，使钻进几乎无法进行，而坡缕石泥浆可耐温250℃以上，若采用海泡石配制的泥浆，在400℃高温条件下，仍很稳定，不会因高温而产生胶凝现象。

由于坡缕石、海泡石的针状晶体习性，当悬浮液沉淀时，会形成交织的针状集团，并扩散成一种毛毡结构的悬浮体，这种悬浮体不会因盐度的改变而变化。因此，由坡缕石或海泡石黏土制成的泥浆具有极好的抗盐性能。

坡缕石、海泡石黏土已成为当今地热、盐类地层、石油及海洋钻探等各种特殊钻井中配制泥浆的极佳原料。

（二）作吸附剂、脱色剂、净化剂和过滤剂

坡缕石和海泡石具有良好的吸附性能，加工处理后可直接作为吸附剂、脱色剂和净化剂使用，此外广泛应用于食品、酿造、医药、环保、烟草、国防、畜牧业等方面。

坡缕石和海泡石的显微针状、纤维状晶体和良好的分散性使它们能够制成一种无定向性且错综复杂的毛毡状多细孔的“分子筛”。这种分子筛不仅是水和气的良好吸附剂，而且对有机物也有很高的吸附力，尤其是对乙烷、苯、甲醇等有机物有更强的吸附性。因此，坡缕石和海泡石被广泛用作高分子化合物（如树脂、沥青、磺酸盐及其他有色物质）的脱色；还可对石油、动物油、植物油、粮食、脂肪、蜡、维生素、酱油、右旋糖浆、酒类、水等起脱色、净化、过滤作用。还可用来吸附除去如硫醚、工业废气、有机磷、百喉毒素、黄曲霉素、细菌、生物碱等有毒、有害物质。

在环保领域利用坡缕石和海泡石的吸附性可净化处理污水、工业废水、废料及有毒气体等。例如，人们发现海泡石在废气中能吸收90%的铅、溴和硫化物及35%左右的烃。尤其是利用坡缕石和海泡石可作为含有放射性元素的废料、废水和气体的处理剂。它们可将放射性元素进行永久性吸附，吸附后的坡缕石或海泡石可进行地质处置，使之不再污染环境。

坡缕石和海泡石黏土用作吸附剂时由于颗粒细小而难以回收。采用化学沉淀法在坡缕石和海泡石表面包覆具有超顺磁性的 Fe_3O_4 纳米粒子后，用于废水处理，采用磁分离装置易将其与水分离，Fe_3O_4 载量为25%时，其饱和磁化强度（Ms）为15.371 A·m^2/kg，磁分离回收率为98.5%。

采用化学共沉淀法在海泡石表面包覆 $CuFe_2O_4$ 纳米磁性微粒，对 Cu^{2+} 的饱和吸附量为

17.82 mg/g，磁分离回收率为96.4%，较好地解决了海泡石在用于处理含重金属离子废水中难于沉降分离的难题。

在国防上，坡缕石和海泡石在消毒防化武器及防放射性武器方面具有独特的功能。例如，因海泡石良好的吸附性及对电解质沉淀有反应，多用它来制造毒气吸收器内的高级黏土黏合剂配料，大量用于制造防化学毒物的防护装备。将海泡石加热或酸处理后，可用于制成防原子弹、氢弹及放射性物质的防护用具。

在制烟工业中，海泡石或坡缕石加入活性炭后是一种最理想的香烟过滤嘴原料。它能选择吸收多种有损健康的极性气体化合物。

在畜牧业方面，坡缕石、海泡石用作家畜(禽)垫圈，可达到除臭、吸水干燥、保存畜肥养分等目的。同时，还能起到消毒、杀菌、杀虫及防病治病的作用。当用作家畜家禽的饲料添加剂时，坡缕石和海泡石能起到家畜家禽生长刺激剂、添加剂载体的作用，达到催肥、增产(如牛奶、鸡蛋等)的作用。

用原位合成法制备的磁性坡缕石靶向药物载体对抗癌药物氟尿嘧啶有较好的吸附性能和缓释性能，以在药物浓度为10 mg/mL，pH为6的60℃药液中，坡缕石及其磁性靶向药物载体对氟尿嘧啶的吸附量分别为26.3 mg/g和27.2 mg/g。坡缕石及其磁性药物载体具有极好的酸、碱中和能力，可作为长效缓释药物载体，用于消化道疾病的治疗。

在农业上，用坡缕石、海泡石作为农药、肥料的吸附载体及土壤改良剂等，可起到缓慢释放药效或肥效、保水、保肥等目的。

(三) 用作催化剂载体

坡缕石、海泡石具有很大的比表面积，用金属盐处理后，贵金属及多种金属离子催化剂，如Pt、Ni、Cu、Co等可均匀地分散在纤维状晶体的表面和内部孔道中，并且也能置换晶格中的Mg^{2+}离子。因此，它们是非常好的催化剂载体，并且它们本身亦具有某种催化活性。例如，在烯烃或芳香族化合物中的不饱和C═C链的氢化作用过程中，海泡石能承载Ni、Co、Cu元素及碱金属或碱土金属的氟化物，在裂化汽油中及不饱和烃或芳香族烃的加烃氢化过程中，海泡石可作为Ni的载体，等等。

采用醇盐水解法在坡缕石表面包覆纳米TiO_2可制成复合光催化剂，也可再与磁性铁氧化物复合，可降低锐钛矿型纳米TiO_2的平均粒径，提高分散性，提高对有机物光催化降解效果和抗菌作用。

在制造特种用纸的工艺中，坡缕石、海泡石作为一种很好的催化剂载体和吸附剂，用以制造压敏复写纸、印刷纸、复写接受纸等。在制造无碳复写纸的过程中，在复式或无碳纸拷贝板的正面或接受面上涂海泡石；在反面或传递面上涂上一层晶体紫罗兰甲醇或n－无色亚甲基苯甲基酰基等无色的中间颜色薄膜。当复写纸被书写或打字时，与字迹一致的机械压力使中间颜色薄膜破裂，并使染色物质渗入海泡石涂层中。而海泡石四面体片中三价离子Al^{3+}、Fe^{3+}取代Si^{4+}而出现路易斯(Louis)酸化中心，因而是很好的显色物质。在颜色显现后，海泡石良好的吸附性可使颜色分子吸附其上，固定且保持颜色不变。

(四) 作黏结剂和密封剂

坡缕石和海泡石代替蒙脱石作为冶金球团的黏结剂，效果优于蒙脱石。还可做型砂、矾土颗粒、分子筛、化妆品、去污粉以及在陶瓷制造业中作为黏结剂。

用坡缕石作添加剂制成的密封材料有极好的热稳定性，储存寿命很长，适用于汽车无凹陷密封件和玻璃密封件的密封。

（五）作稠化剂和稳定剂

基于坡缕石、海泡石的流变性，它们被广泛地用作稠化剂和稳定剂。

① 表面涂层稠化剂：在水基和含油树脂漆或涂料中作增稠剂，防止凹凸，并起到均匀化作用。作乳胶漆增稠剂，可保持漆的良好触变性能，形成漆膜厚薄均匀。坡缕石对聚氯乙烯、苯乙烯、丁二烯和丙烯酸乳胶漆的增稠、速凝方面效果良好。坡缕石、海泡石作为增稠剂还具有使涂层遮盖能力强、光泽强和对摩擦、冲洗、剥皮的抵抗力强，以及有较好的热稳定性和抗风化能力等优点。

② 液体稠化剂：坡缕石、海泡石可用作润滑脂的稠化剂，从而使润滑脂既耐高温，也抗低温。此外，还可作为乙醇、异丙醇、辛醇、酮、醚、脂、亚麻油、大豆油、蜡油及液体聚酯的稠化剂。

③ 悬浮液和乳化液的稳定剂：坡缕石、海泡石能有效地防止多元水体系中固相物质和其他不稳定物的沉淀和分离。如用于液体肥料悬浮液、农药乳剂、含水油乳状液等。此外，在化妆品、膏剂等方面也可起稳定剂作用。

在储存太阳能方面，在芒硝中加入海泡石作稳定剂，既经济又效果好。

（六）作填料和调节剂

坡缕石、海泡石可作为橡胶、塑料、纸张的填料，以改善制品的性能，如强度、弹性及热稳定性等。

由于坡缕石、海泡石具有极好的吸附性、无毒、体积密度小等特点，所以常用作肥料、化学药品、树脂类产品的调节剂，它既可起到防粘连、胶结、结块作用，又能防止某些有效组分的损失，从而提高利用率。

在合成洗涤剂工业，坡缕石黏土可用作合成洗涤剂的助剂或添加剂。如在肥皂工业中，早在1924年，费勒里等人确认坡缕石黏土可以代替30%（质量分数）的脂肪酸，且能提高肥皂的洗涤效果，吸附掉洗涤水中的细菌。

（七）用作组装纳米线的模板

由于海泡石、坡缕石矿物具有纳米尺度的类沸石通道，这些纳米通道就像“纳米试管”一样，具有同样的大小和形态，它们可为制备尺寸一定、分布均匀以及有特定空间构型的半导体纳米线提供场所。如在海泡石的纳米通道结构中组装 CaAs 半导体和发光体纳米线，并发现所组装的纳米线具有特殊的纳米效应。

此外，坡缕石和海泡石还可用来制作干燥剂、装饰品、玻璃搪瓷、耐火材料、建筑隔声、隔热材料及电焊条的配料等。

第五节　累　托　石

累托石是二八面体云母晶层和二八面体蒙皂石族矿物晶层的 1:1 规则间层矿物，为层状结构含水铝硅酸盐。

累托石由 E. W. Rector 于 1891 年首先发现并用自己的名字命名。S. Caillere 等（1950 年）指出在法国阿勒瓦尔有一种新的黏土矿物，并以地名命名为 Allevardite，我国的译名为钠板石。G. Brown 等（1963 年）对累托石和钠板石对比研究后发现它们都是云母－蒙脱石规则型间层矿物。从此，这一新的矿物才确定累托石这一正式名称。

过去，累托石黏土矿床在国内外尚未发现。长期以来仅限于矿物学研究意义，故不为大家所熟悉。随着世界性非金属矿开发利用热潮的兴起，自 20 世纪 80 年代后期在我国湖北钟祥、南漳发现独立的累托石工业矿床后，累托石才以其特殊的结构、良好的工艺技术性能和广泛的用途脱颖而出。

一、概述

（一）化学成分

累托石晶体化学式由云母晶层/蒙皂石晶层的晶体化学式构成。即：$(Na,Ca,K)_2\{Al_4[(AlSi_3)_2O_{20}](OH)_4\}/E_{2x}\cdot(H_2O)_n\{(Al_{4-2x}Mg_{2x})_4[(Si,Al)_8O_{10}](OH)_4\}$

E 表示可交换阳离子，$2x$ 为层电荷数；小括号内为八面体阳离子或四面体阳离子及羟基；中括号内为硅氧四面体片；大括号内为结构层；大括号之外为层间物，包括阳离子及水化阳离子和水分子。

累托石的主要化学组成（含量）有 SiO_2 43% ~54%，Al_2O_3 24% ~40%，H_2O 8% ~15%，3 项之和约 90%，其他成分有 MgO、Fe_2O_3、FeO、Na_2O、CaO、K_2O，共占约 10%。碱质组分 Na_2O、CaO、K_2O 对累托石的种类划分具有重要意义。根据云母晶层层间阳离子的种类可将累托石分为钠累托石、钙累托石和钾累托石 3 种。

累托石结构中的蒙皂石晶层，也称膨胀性晶层。其层电荷可来自四面体片，也可来自八面体片。前者具有贝得石性质，后者具有蒙脱石性质。因此，上述 3 种累托石中每一种又可分为 2 个亚种。例如，湖北钟祥的累托石的晶体化学式为 $(N_{0.79}K_{0.39}Ca_{0.26})_{1.44}\{Al_4[(Al_2Si_6)_8O_{20}](OH)_4\}/(Ca_{0.55}Na_{0.02}K_{0.01}Mg_{0.03})_{0.61}\cdot nH_2O\{(Al_{4.1}Fe^{2+}_{0.09}Mg_{0.07})_{4.26}[(Si_{6.46}Al_{1.54})_8O_{20}](OH)_4\}$，云母晶层的层间阳离子主要为 Na^+，而蒙皂石晶层的层电荷主要来自于四面体片，因此应称作贝得石质钠累托石。若云母晶层的层间阳离子主要为 K^+，蒙皂石晶层的层电荷主要来自于八面体片，则称作蒙脱石质钾累托石，如湖北随州所产的累托石即为蒙脱石质钾累托石。按此分类，累托石共有 6 个亚种。

此外，在不同累托石中，蒙皂石晶层层间阳离子也有差异，虽然大部分以 Ca^{2+} 为主，但个别也有以 Na^+ 为主或以 Mg^{2+} 为主的。但由于这些阳离子在结构中不稳定，随环境介质条件的变化常被交换，因此，目前在分类体系中没有要求指明天然累托石中可交换阳离子的种类。

（二）晶体结构

单斜晶系，$a_0=5.20$ Å；$b_0=9.00$ Å；$c_0\cdot\sin\beta=24.70$ Å；$\beta=95\pm$。$Z=2$。

累托石的晶体结构由类云母结构单元层和类蒙皂石结构单元层有规则的交替堆垛而成（图 29－5）。

根据黏土矿物结构分类，累托石属间层矿物。其结构单元层（$T_M—O_M—T_M—I_M—T_S—O_S—T_S—I_S$）包括 2 个 2∶1 型层。云母结构单元层的层间物 I_M 是阳离子，主要有 Na^+、K^+、Ca^{2+}；而蒙皂石结构单元层的层间物 I_S 是水分子及水化阳离子，水化阳离子主要有 Ca^{2+}、Na^+、Mg^{2+}、Al^{3+} 等。

两类结构单元层中的八面体空隙大部分为 Al^{3+} 占据，因此，累托石的结构为二八面体型结构。

在累托石晶体结构中，每个 T－O－T 层中，八面体片上下 2 个四面体片所带的负电荷数量和密度是不同的，其中一个四面体片带负电荷高，另一个带负电荷低，它们之间存在电位差，从而使每个 2∶1 层显示出极性特征。这种电荷分布特征是形成规则间层矿物的内在原因。产生电荷不一致的原因，有人认为是晶体内部四面体片中 Al^{3+} 代替 Si^{4+} 的分布不均匀造成的。另外，层间阳离子、水化阳离子对 2∶1 层的电荷分布也有影响。

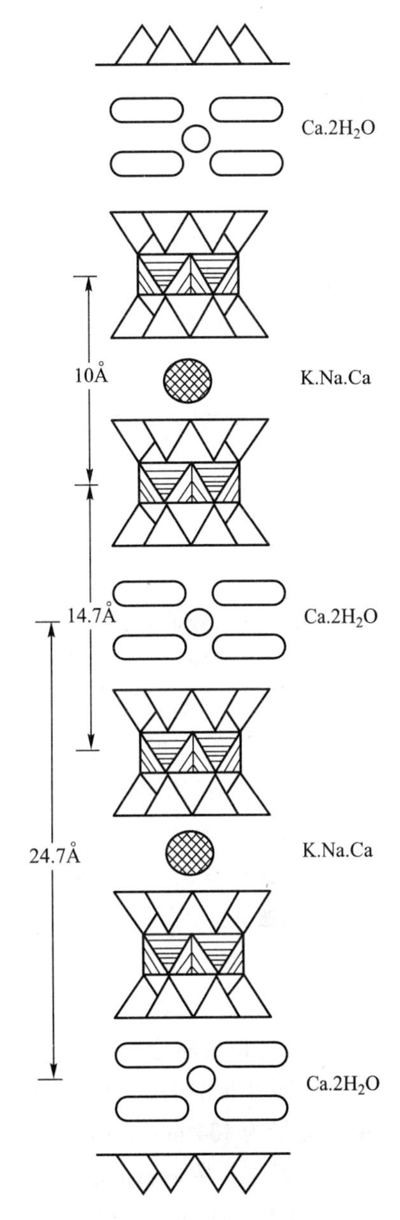

图 29－5　累托石晶体结构

Fig. 29－5　The crystal structure of rectorite

累托石结构单元层（即晶层）的划分，必须依据它的结构特征和理化性质。在层状结构硅酸盐中，晶层的划分一般是把八面体片放在晶层的中心。但在累托石中按照常规的方法则划分不出云母型晶层和蒙皂石型晶层。确切地讲，在累托石结构中不能划分出云母型和蒙皂石型结构层来。这是因为这两种结构层的每一种，其八面体片两边的四面体片都带有相同的负电荷。而在累托石结构中，每一个 2∶1 型结构层八面体片两边的四面体片都带有不同的负电荷。累托石结构中由于在蒙皂石的层间域内水化阳离子与 T－O－T 结构层的结合力较弱，且又具有膨胀性，在溶液中易解离，因此，累托石晶层的划分方法是独特的。

从上述累托石的结构特点来看，无论是结构上，还是化学性质上，累托石的结构都不是云母型晶层与蒙皂石型晶层的简单叠加，它们之间有本质的差异。因此，累托石晶层不同于其他层状结构硅酸盐矿物的晶层。累托石的结构层厚度约 20 Å，结构单元层（晶层）的厚度约 24.7 Å（见图 29－5）。

（三）X 射线衍射特征

累托石的底面反射 $d_{001}=d_{001M}+d_{001S}=10$ Å $+14.7$ Å $=24.7$ Å；$d_{002}=d_{002M}+d_{002S}=24.7$ Å$/2=12.4$ Å；用单纯阳离子（如 K、Na、Mg、Ca、Li、…）饱和、加甘油或乙二醇可使膨胀性晶层加厚，热处理可使膨胀性晶层收缩，所有这些处理，其底面衍射 d_{001} 系列都符合 $d_{AB}=d_A+d_B$ 关系式。底面间距的变化及晶胞参数的变化主要受膨胀性晶层层间阳离子的类型及水分子层厚度的影响，其次，八面体中阳离子的类型也有影响。

（四）热分析谱特征

根据累托石的差热曲线，300℃以下的低温区有两个吸热谷，一大一小，似钙蒙脱石，它们是脱去层间水分子所致，相应的底面间距 d_{001} 变为 20 Å 左右。在 500 ~ 750℃ 中温区，有 1 ~ 2 个吸热谷，为脱去结构中羟基引起，脱去羟基后，原硅酸盐结构骨架仍存在。970 ~ 1 060℃ 有一个小的吸热谷，它是累托石结构分解引起的，结构分解后变为非晶相；紧接着在 1 000 ~ 1 080℃ 有一个放热峰，是形成莫来石新相的结晶作用所致。

（五）形态及一般物性特征

天然产出的累托石，大多呈土状、皮壳状、细片状。一般粒度细小，小于 5 μm 的占多数。少数结晶好的可达 0.01 ~ 0.1 mm。电子显微镜下累托石呈不规则鳞片状、边缘较薄的卷曲状，少数为纤维状、板条状，还出现折叠条带状。

累托石黏土质地松软，有滑感，摩氏硬度小于 1。遇水膨胀，解理成泥糊状。密度随吸水量的不同而变化。

二、累托石黏土的理化性质

决定累托石理化性能的主要因素是其结构中的蒙皂石晶层。但累托石与蒙皂石的理化性质相比又有自己的特点。

（一）表面性质

累托石具有良好的胶体性能，在水中易沿蒙皂石晶层的层间域水化膨胀并剥离成片状，其粒径多小于 2 μm，平均粒径约 0.82 μm。用氮气吸附法测得外比表面积为 86 m^2/g；用有机极性分子（乙二醇、乙二醇乙醚等）吸附法测得总比表面积是 390 m^2/g，接近蒙脱石计算的总比表面积 800 m^2/g 的一半，比高岭石、伊利石等大得多。

由于累托石的结构层带一定的负电荷（与蒙皂石相当），并具有很大的比表面积，因此，它的表面电性为负电性。累托石的电动电位绝对值随 pH 降低而增大，在 pH 为 8 时达最大值 −48 mV（湖北钟祥试样），随 pH 由 8.5 ~ 11，其电动电位绝对值降低幅度很小，为 −38 ~ −36 mV。

（二）吸附性

累托石的结构层可以看成是带负电性的大分子，或结构层厚度加大了的蒙脱石晶层。因此，它的吸附性类似于蒙脱石，当把结构中的水分子和可交换阳离子排除之后，它能吸附各种无机和有机阳离子、有机极性分子和气体分子。湖北钟祥累托石的吸蓝量为 64 ~ 68 mmol/100g，约相当于蒙脱石吸蓝量的 1/2 ~ 1/3（如浙江上峰蒙脱石的吸蓝量为 172 mmol/100g，湖北上熊矿区蒙脱石的吸蓝量为 134 mmol/100g）。

累托石晶层中蒙皂石晶层的层间水化阳离子同样为可交换性阳离子。累托石的阳离子交换容量约为 44.9 ~ 64 mmol/100g，相当于蒙脱石阳离子交换容量 80 ~ 140 mmol/100g 的 1/2。

（三）膨胀性

累托石同蒙脱石有 2 个膨胀阶段，即层间膨胀和渗透膨胀。累托石的膨胀随环境湿度和温度的变化而变化。在室温和相对湿度 $f=50\%$ 的条件下，累托石的单位构造层厚度即 d_{001} 为22.4 Å，蒙皂石晶层层间（I_s）含 1 个水分子层；湿度增大，24.6 Å 和 22.4 Å 的衍射峰同时存在，湿度进一步增大，22.4 Å 的衍射峰消失，24.6 Å 衍射峰（I_s 含 2 个水分子层）强度增大，水饱和时，出现 29 Å 衍射峰，此时 I_s 含有 4 个水分子层；有液态水时，24.6 Å 衍射峰全部消失，出现 35 Å 衍射蜂和 41 Å 衍射蜂，I_s 分别含有 6 个和 8 个水分子层；高度水化分散的累托石 d_{001} >50 Å，并无衍射峰出现。因此，累托石的层间膨胀可达 41 Å。由此推测累托石的渗透膨胀必定大于 50 Å。

（四）流变性

累托石晶体结构中含有膨胀性的蒙脱石晶层，具有较大的亲水表面，在水溶液中显示出良好的亲水性、分散性和膨胀性。累托石黏土的可塑性好，属高塑性黏土。在流变性和胶体性方面，累托石与蒙脱石有显著的差别，首先是前者的黏度要比后者小得多，在剪切速率小的情况下前者的黏度要比后者小几个数量级，并且悬浮液的屈服压力也要小些。另外，蒙脱石悬浮液絮凝后，形成卡片房网格状结构，其分散体受力强度 65 天后可从开始絮凝的 16 Pa 增加至 240 Pa，而累托石悬浮液在同一期间其分散体受力强度约 2 Pa，且一直保持不变。从而表明累托石悬浮液一直保持分散状态不产生絮凝，缺乏触变性。上述两种情况有可能使累托石在陶瓷工业里具有重要意义，因为累托石一方面具有良好的增塑性，另一方面它不出现蒙脱石所特有的不利的触变效应。

（五）累托石 - 有机物复合作用

累托石同蒙脱石一样，与有机物相互作用后能够形成黏土 - 有机复合物。累托石本身是亲水的，累托石 - 有机复合体变为亲油的，当选择合适的有机物进行复合时，可变为既亲油又亲水的两重性。累托石 - 有机复合体能在各种类型的有机溶剂中分散，并且具有良好的凝胶性能。

（六）累托石 - 交联剂的相互作用

蒙脱石同交联剂相互作用后可形成交联蒙脱石，即柱撑蒙脱石。累托石同交联剂相互作用后同样可以形成交联累托石（图 29 - 6）或柱撑累托石。交联累托石的结构有两部分组成：一部分是累托石结构层，为板状体；另一部分是交联剂支柱，形成的结构为层柱式结构。交联柱的高度由交联剂的种类和结构决定。分别用不同长短的柱将累托石结构撑开，就可形成不同尺寸的二维通道的分子筛。这种交联结构稳定，不再发生膨胀。累托石晶层失去可交换性阳离子，不再有阳离子交换性能。带正电荷的交联柱 - 聚合羟基阳离子与带负电荷的累托石结构层形成离子键。由于累托石中蒙脱石晶层负电荷主要来自于四面体片，负电荷位置直接与交联柱相接，因

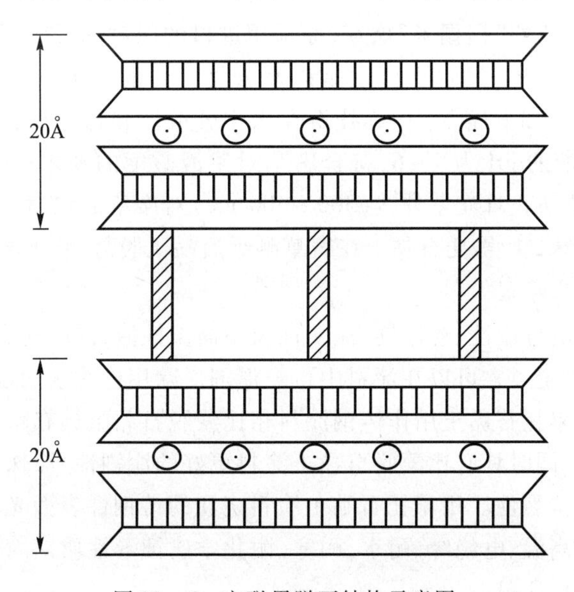

图 29 - 6　交联累脱石结构示意图

Fig. 29 - 6　The crystal structure diagram of cross-linked rectorite

此，交联累托石的结构比交联蒙脱石的结构更加稳定。交联蒙脱石中蒙脱石结构层的负电荷主要来自八面体片。交联累托石是重要的新型分子筛。

累托石晶层中含有云母晶层，因此，累托石比蒙脱石具有更好的耐热性和耐酸碱腐蚀性。累托石黏土的耐火度可达1 660℃。主要原因在于累托石在约1 000℃结构分解后又形成莫来石，莫来石是富铝耐高温矿物。

三、累托石黏土的应用

目前国内外发现的累托石工业矿床不多，开发应用研究工作正在展开。鉴于累托石的特殊结构、兼有蒙脱石和云母的优良理化性质及独特的工艺性能，累托石的用途将不断扩大。现已研究出新型钻井液材料、新型石油催化剂载体，“榻榻米”席草保鲜剂、多种涂料悬浮剂、多种黏结剂和填料等，并初步显示出累托石产品的优良性能。

（一）用作钻井泥浆的基料

累托石黏土作钻井泥浆的基料与蒙脱石黏土相比有两方面的优点：一是累托石黏土钠化改型所需碱量低于钙蒙脱石黏土；二是蒙脱石黏土造浆需预水化24小时后方能达到最佳状态，而累托石黏土不需预水化即可达到最佳状态，不但能节省时间、提高效率，而且还可以应急处理钻井过程中出现的多种意外情况。此外，累托石泥浆具有较好的耐高温性能，在120～180℃温度条件下不会出现稠化和失去黏度的现象。累托石泥浆还具有良好的抗盐性能。

（二）用作石油催化剂载体

用交联累托石作为石油裂化催化剂载体具有表面积大、孔径大而稳定、热稳定性能好、活性大、既是催化活性剂又是载体、定向性好、转化率高等优点。与现用的其他分子筛催化剂相比较，质量稳定，价格便宜。

（三）用作“榻榻米”席草保鲜剂

我国出口日本、东南亚的“榻榻米”席草，原采用进口的保鲜剂，涂以保鲜剂的席草晒干后能保持原有的草绿色和清香味。进口保鲜剂是以水云母为主的黏土。用累托石黏土可作“榻榻米”席草的保鲜剂，且具有如下优点：① 累托石在水中分散性和悬浮好，且易于均匀地附着在席草上；② 累托石黏土浆液的pH为4～6，符合席草对浆液酸度的要求；③ 累托石对光的吸收性好，附着于席草表面上能防止日光紫外线（300～400 nm）对席草的辐射，从而保证席草晒干后保持原来的草绿色和清香味；④ 累托石黏土在席草晒干后易于脱落，利于席草编织加工。

（四）用作涂料的悬浮剂

因累托石具有良好的分散性、悬浮性、流变性及耐高温性能，同时对有机、无机材料有较好的相容性和适用性，从而决定了它可以在涂料中作悬浮剂。除用作建筑内墙涂料外，还可用作铸钢涂料和金属防护涂料。累托石黏土用作铸钢涂料相比蒙脱石黏土具有耐火度高、不开裂、浇注后的铸件清砂容易等优点，同时具有比蒙脱石黏土涂料更好的涂刷性、涂抹性、流平性、涂层表面强度及400～1 200℃高温抗裂性。用累托石黏土涂料浇注的铸钢件表面光洁、不夹砂、成本低。用作金属防护涂料具有耐高温、电绝缘、耐水、耐寒、耐化学腐蚀等性质。

（五）用作制瓷的黏结剂

累托石黏土具有良好的可塑性和黏结性，同时具有一定的耐火性和电绝缘性，烧后呈乳白色。因此,它是一种良好的制瓷黏结剂。用累托石黏土混入高岭石黏土、长石、石英等配料制成的坯体,烧成收缩率比用蒙脱石作黏结剂的小,而且无裂纹、强度高。

除上述用途之外,累托石还可以用作型砂的黏结剂、合成氨煤球黏结剂、汽车摩擦材料的填料、橡胶填料、电焊条药皮填料等。随着累托石黏土应用研究的开展,必将发现更多的新用途。

第三十章　蛇纹石与纤蛇纹石石棉

第一节　概　　述

一、化学成分

蛇纹石的理想晶体化学式为：$Mg_6[Si_4O_{10}](OH)_8$。主要组分为 SiO_2、MgO 和 H_2O^+，其含量的理论值分别为 43.36%、43.64% 和 13.00%。天然产出的蛇纹石由于存在着广泛的类质同象代替，常偏离理想成分，含有 Fe、Mn、Al、Ni、F 等其他元素。

二、晶体结构

蛇纹石是结构层为 1∶1 型的三八面体层状硅酸盐，理想的晶体结构可以看成是每一结构单元层为一层理想的具六方对称的硅氧四面体片，通过活性氧与一层理想的具三方对称的"氢氧镁石"八面体片连接而成，在连接面上八面体片中有 2/3 的(OH)为四面体片中的活性氧所代替，所形成的结构层的对称点群为 $3m$，空间群为 $P31m$，结构层之间为氢键所连接(图 30－1)。

在蛇纹石矿物的实际晶体结构中，硅氧四面体片与"氢氧镁石"八面体片的配置是不协调的。这是由于沿结构层的方向四面体片与八面体片的轴长不相等所致。理想的 b_{tet} = 9.15 Å，b_{oct} = 9.45 Å，二者相差 0.30 Å。因为 $b=\sqrt{3}a$，所以这种不协调不仅表现在 b 轴方向上，沿 a 轴方向或沿结构层其他任何一个方向上也存在一定的不协调。但沿 b 轴方向结构层存在最大不协调。

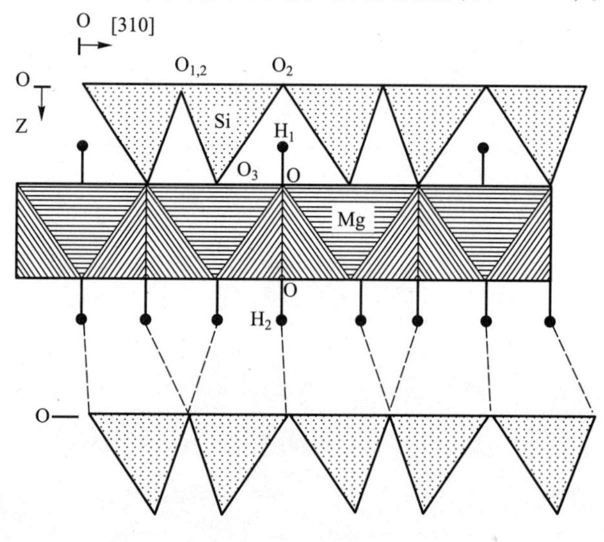

图 30－1　蛇纹石的理想晶体结构图

Fig. 30－1　The ideal crystal structure of serpentine

为了消除这种不协调，蛇纹石在形成过程中出现了克服这种不协调性的三种基本方式，即：① 在八面体片中以较小半径的 Al^{3+}、Fe^{3+} 等替代较大半径的 Mg^{2+}，在四面体片中以较大半径的 Al^{3+}、Fe^{3+} 替代较小半径的 Si^{4+}；② 四面体和八面体片中原子(或离子)位置的内部调整及加强层间氢键的方式，调整时八面体片处于受压态；③ 使八面体片或四面体片变形，采取四面体片在内、八面体片在外的结构层弯曲的方式。这三种方式形成了三种基本结构的矿物种，即板状结构的利蛇纹石(图30－1)，卷层状结构的纤蛇纹石(图 30－2)和交替波形结构的叶蛇纹石(图 30－3)。其中，纤蛇纹石和利蛇纹石都因结构单元层堆垛方式不同而出现几种多型(表 30－1)。

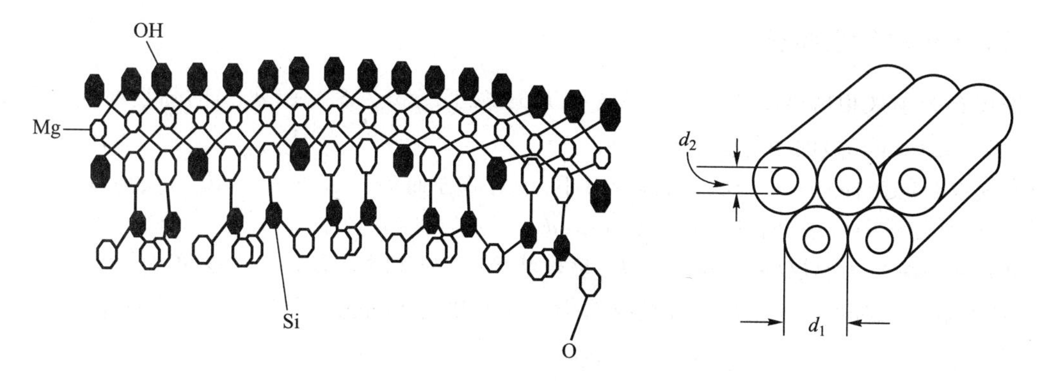

图 30－2 纤蛇纹石卷管状结构示意图

Fig. 30－2 The tubular structure diagram of chrysotile

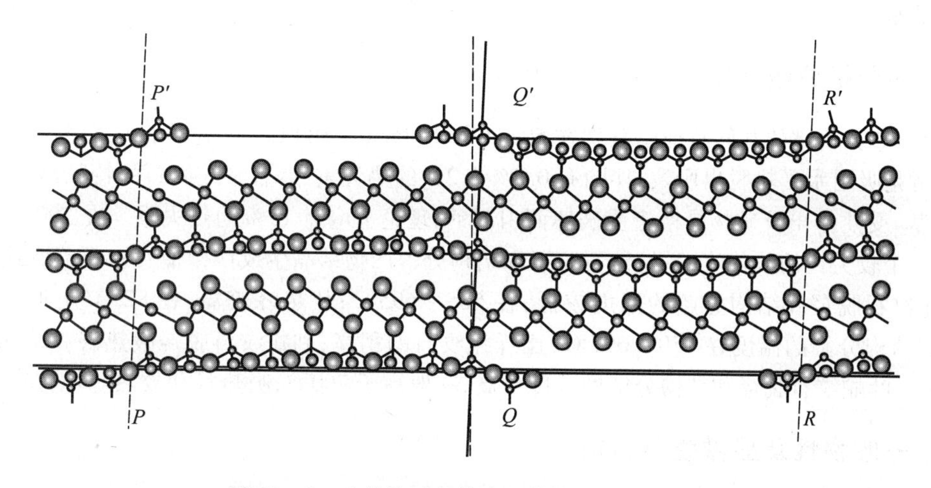

图 30－3 叶蛇纹石交替波形结构的(010)投影

Fig. 30－3 The(010) projection of alternating waveform structure in antigorite

表 30－1 蛇纹石矿物分类及其晶胞参数

Table 30－1 The classification and cell parameters of serpentine group

矿物名称		a_0/Å	b_0/Å	c_0/Å	β	单位晶胞中的层数	纤维轴
利蛇纹石	利蛇纹石 1T	5.31	9.20	7.31	90°	1	
	利蛇纹石 6T_1	5.32	9.22	43.59	90°	6	
纤蛇纹石	斜纤蛇纹石 2M_{c1}	5.34	9.25	14.65	93°16′	2	//a
	正纤蛇纹石 2O_{rc1}	5.34	9.20	14.63	90°	2	//a
	副纤蛇纹石	5.30	9.24	14.70	90°	2	//b
叶蛇纹石		5.30	9.20(9.26)	7.46(7.28)	91°24′	1	

注:利蛇纹石多型还有数种,如利蛇纹石 2H;纤蛇纹石多型还有 1M_{c1} 等。

三、X 射线衍射特征

蛇纹石 X 射线衍射谱的共同特征是具有 7.3 Å ±(d_{002})、3.6 Å ±(d_{004})的强反射和 4.6 Å ±(d_{020})、1.53 Å ±(d_{060})的中等强度反射。

利蛇纹石的结构层为平板状,结构变形小,反射峰强而尖锐,4.6 Å ±(d_{020})反射峰比叶蛇纹石强,又较纤蛇纹石尖锐,同时具有 2.5 Å ±(d_{201})强锐反射峰。

纤蛇纹石结构为卷层状,结构变形大,呈丝状形态,制样时易形成择优取向,底面反射强而尖锐,其他反射峰相对较弱和宽钝。纤蛇纹石衍射线的数量比利蛇纹石和叶蛇纹石都少,且多数相对较弱。

叶蛇纹石的结构层为波状,结构变形较大,底面反射峰较强、较尖锐,衍射线多,分辨较好。其特征峰有 2.53 Å ± 和 2.41 Å ± 的相连双峰,前者较强,后者较弱;1.56 Å ± 和 1.54 Å ± 两个峰尖锐,分辨好。

四、热分析曲线特征

蛇纹石热分析谱的共同特征是分别在 50 ~ 120℃ 和 600 ~ 800℃ 两个温度区间有两个明显的吸热谷,前者是吸附水受热脱出所致,伴随有 0.5% ~2% 的热失重,后者是蛇纹石的特征热效应,系结构水(羟基)受热排出及矿物晶格遭受破坏而引起的,理论上应有 13% 的热失重。在 790 ~ 840℃ 范围内,有一个较尖锐的放热峰,系蛇纹石脱羟和结构分解产物结晶生成镁橄榄石和石英所致。

纤蛇纹石脱羟和结构分解的温度较低,在 665 ~ 695℃;放热峰较弱,在 825℃ 附近。利蛇纹石脱羟和结构分解的温度在 670 ~ 697℃,比纤蛇纹石的稍高;利蛇纹石脱羟吸热谷和结晶放热峰均比较锐。叶蛇纹石脱羟和结构分解的温度更高,一般高于 700℃;吸热谷和放热峰均比较宽缓。

五、一般物性及显微镜下特征

蛇纹石的结构特点决定了蛇纹石矿物具有叶片状、鳞片状或纤维状晶形。常呈各种色调的绿色,带蛇皮状青、绿色斑纹,随铁元素含量的增加颜色变深。一组完全解理,摩氏硬度 2 ~ 3.5,具滑感。密度 2.3 ~ 2.7 g/cm^3。

在光学显微镜下叶蛇纹石呈叶片状、板条状;利蛇纹石呈鳞片状、薄板状,有时显假六方形轮廓;纤蛇纹石呈纤维状、丝状集合体,电子显微镜下呈同心管状、卷管状、套管状等。纤蛇纹石的折射率随类质同象混入物的种类和数量不同而变化。

第二节　纤蛇纹石石棉

纤蛇纹石石棉是纤蛇纹石的纤维状变种,能劈分为细软的丝状,商品名称为温石棉、蛇纹石石棉或蛇纹石纤维。在工业上具有广泛的用途。

一、纤蛇纹石石棉的化学成分与结构特征

(一) 化学成分

纤蛇纹石石棉的理想晶体化学式为:$Mg_6[Si_4O_{10}](OH)_8$。由于在四面体中存在 Al^{3+} 代 Si^{4+}

和在八面体中存在 Al^{3+}、Fe^{2+}、Fe^{3+} 等代 Mg^{2+}，从而导致实际产出的纤蛇纹石石棉与理想组分相比有一定的偏离（表 30－2）。

表 30－2 不同产地纤蛇纹石石棉平均化学成分

Table 30－2 The average chemical composition of chrysotile asbestos from various origins

产地	SiO_2 含量/%	MgO 含量/%	FeO 含量/%	Al_2O_3 含量/%	Fe_2O_3 含量/%	H_2O^+ 含量/%	试样数	数据来源
魁北克	41.97	42.50	1.57	0.11	0.38	13.59	1	朱自尊等(1986)
小八宝	41.58	42.15	0.41	0.40	1.18	14.05	3	彭同江、朱自尊等
双岔沟	41.61	42.03	0.07	0.35	1.07	14.06	4	彭同江等(1988)
小黑刺沟	41.95	40.02	0.06	1.14	2.61	13.43	1	彭同江等(1988)
茫崖	42.67	40.28	0.47	0.75	1.75	13.27	2	朱自尊等(1986)

注：经同位素测温及地质研究证实，由小八宝、双岔沟、小黑刺沟到茫崖，成棉温度依次升高，成矿作用过程趋于复杂。

由于纤蛇纹石石棉的形成条件及后期叠加地球化学作用的不同，使不同矿床所产出的纤蛇纹石石棉的化学成分，如 MgO、SiO_2 及 Fe、Al 等杂质元素含量，表现出一定的差异。一般说来，随着成矿温度增高及后期叠加地球化学作用的增加，纤维的 MgO、H_2O^+ 趋于减少，而 SiO_2 和 Fe、Al 杂质元素含量趋于增加。纤维化学成分的变化也将导致纤维其他物理和化学性能产生变化。

（二）晶体结构

纤蛇纹石石棉主要是通过四面体片居内、八面体片居外（沿 a 轴，较少情况下沿 b 轴或 $a-b$ 平面上其他方向）结构层弯曲的方式克服四面体片与八面体片之间的不协调，并形成卷层状结构和管状形态。

因此，纤蛇纹石的纤维晶体沿纤维管方向为共价键和离子键主导的强化学键链，而垂直管体方向以很弱的分子键键链为主。

根据结构单元层的卷轴的方向，纤蛇纹石分平行 a 轴卷曲的斜纤蛇纹石、正纤蛇纹石和平行 b 轴卷曲的副纤蛇纹石。我国石棉矿山产出的纤蛇纹石石棉中，其纤蛇纹石绝大多数为平行于 a 轴卷曲的斜纤蛇纹石，正纤蛇纹石和副纤蛇纹石十分少见。

根据结构单元层的堆垛方式，纤蛇纹石被划分为不同的多型。纤蛇纹石石棉最常见的多型变体是 $2M_{c1}$，属斜纤蛇纹石。另一种常见的多型是 $2O_{rc1}$，属正纤蛇纹石。而斜纤蛇纹石 $1M_{c1}$ 多型很罕见。还发现一种完全无序的纤蛇纹石多型，即纤蛇纹石 D_c。有人认为副纤蛇纹石也是纤蛇纹石的一种多型变体，而另有人认为副纤蛇纹石是纤蛇纹石的同质多象变体，是一种独立矿物种。

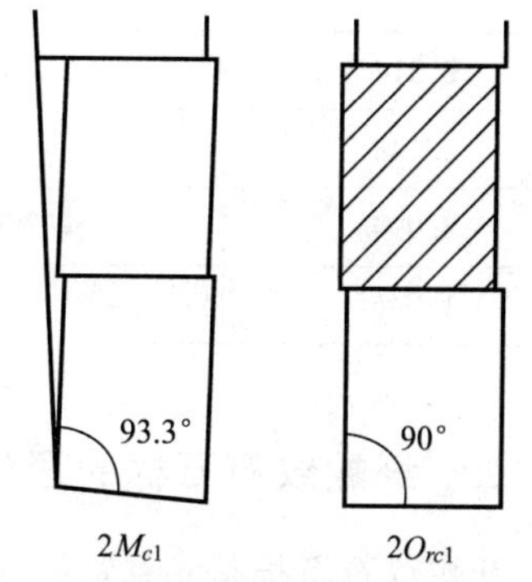

图 30－4 纤蛇纹石两种多型的堆垛特征

Fig. 30－4 The stacking characteristics of two polymorphisms in chrysotile

纤蛇纹石 $2M_{c1}$ 和 $2O_{rc1}$ 两种多型中，$2M_{c1}$ 是 β 为 93.3° 的两层（结构单元层）一重复的简单堆垛，为单斜结构；$2O_{rc1}$ 也是两层一重复，但交替层之间旋转了 180°，$\beta=90°$，为斜方结构（图 30－4）。目前还没有发现斜纤蛇纹石石棉和正纤蛇纹石石棉在物理化学性质上有什么明显差别。

采用 X 射线衍射分析可将纤蛇纹石矿物种及各种多型加以区分。$d=2.60\sim1.96$ Å 区域的特征反射峰对区分纤蛇纹石 $2M_{c1}$ 和 $2O_{rc1}$ 以及利蛇纹石多型是十分重要的（表 30－3）。

自然界还常见一种粗纤维状蛇纹石。有人称作硬蛇纹石石棉（picrolite），呈不同规模的脉状产出。但它不能劈分为柔软的石棉状纤维。Whittaker 和 Zussman（1956 年）曾认为 picrolite 只是叶蛇纹石，而 Riordon 和 Wicks 等的研究证实，picrolite 可以是纤蛇纹石，也可以是利蛇纹石或叶蛇纹石，可以是单一蛇纹石种组成，也可由两种或三种蛇纹石矿物共同组成。

表 30－3　纤蛇纹石和利蛇纹石主要多型的特征反射

Table 30－3　The characteristic reflection from main polymorphism of chrysotile and lizardite

d/Å	纤蛇纹石 $2M_{c1}$	纤蛇纹石 $2O_{rc1}$ 利蛇纹石 $2H$	利蛇纹石 $1T$
2.614		201	
2.590	201		
2.548	202		
2.497		202	201
2.454	202		
2.438	006	006	003
2.332		203	
2.301	040	040	040
2.280	203		
2.214	204		
2.148		204	202
2.094	204		
1.946		205	

二、纤蛇纹石石棉的理化性能

纤蛇纹石石棉是一种重要的工业矿物，具有优良的纤维性质、热绝缘性、热稳定性、化学稳定性和吸附性等。

（一）纤维特性

1. 纤维形态与柔软性

扫描电子显微镜观察结果表明，不同矿床的石棉纤维的性质是有明显差异的，但都呈纤维状、丝状形态。小八宝、双岔沟和加拿大魁北克矿床的试样，纤维特征非常相似，其特征为纤维弯曲柔韧，超声波分散时基本没有将纤维击断，纤维束常一头分散而另一头仍未分散，相互交织，显示出很强的柔性。而小黑刺沟、茫崖两处矿床的试样，纤维不够柔韧，弹性差，显示出硬而刚的特征，在超声波分散时，纤维明显被击断。前者称柔软型纤维，后者称硬直型纤维。

柔软型和硬直型纤维在工业上的应用有所不同。柔软型纤维的伸缩性、密封性较好，适于制作衬垫、垫圈等密封产品。同时，柔软型纤维具有优良的成浆性能，适于湿法纺织，使短纤维石棉也可充分得到利用；硬直型纤维具有良好的过滤性能，纤维抗张强度较好，适于作增强纤维材料，制作石棉水泥等制品。

2. 纤维的细度与长径比

在透射电子显微镜下，纤蛇纹石和纤蛇纹石石棉纤维均呈管状形态（表 30－4）。对我国祁连石棉矿三个矿区 7 个试样的 140 多根纤维的内、外径测量结果表明，石棉纤维外径在 16～56 nm，绝大多数在 20～50 nm；纤维的内径在 3.5～24 nm，多数小于 11 nm。

表 30－4　纤蛇纹石石棉纳米管内、外径测量结果

Table 30－4　The internal, outer diameter of nano tube in chrystile asbestos

纤维直径	Yada（1971）	Bastes（1959）	江绍英（1981）	刘维（1985）	彭同江等（1988）
外径/ Å	220～270	114～850	150～300	200～500	160～560
内径/ Å	70～80	20～190	60～80	60～100	35～240

在纤蛇纹石纳米管晶格条纹像上，可以清楚地看到结构单元层呈卷管状，并形成不同的卷层构造。根据纳米管的生长方式可分为：套管状、卷管状和卷锥状等。不同的卷层构造将导致不同的表面结构和化学悬空键特点，从而引起纤维表面具有不同的电性和化学活性。

还有一种波伏棱（povlen）型纤蛇纹石，常呈粗纤维状，外径较大，一般在 70 nm 以上，个别可达 800 nm 以上。横切面通常分内外两带。内带（心）为圆柱形，一般是斜纤蛇纹石，也可以是正纤蛇纹石；外带是多角形的，通常为利蛇纹石。

自然界产出的纤蛇纹石石棉大都为短纤维，其纤维长度一般在几微米到 5 mm。而纤蛇纹石石棉当中著名的“康棉”长达 2 m。单以短纤维而论，纤蛇纹石石棉纤维的长度和直径相差也十分悬殊，因此它属于天然的一维纳米丝材料，其长径比非常大，并且有一个极大的变化范围。然而，加工过程中的纤蛇纹石石棉纤维难以完全分散成为单根纤维，这样的纤维通常为若干根纤维的集合体，其直径可达数百纳米至几微米，因此其长径比显著减小。研究表明，人体吸入特定长径比（直径小于 3 μm，长度大于 5 μm）的石棉纤维并达到一定剂量时会危害健康。

3. 比表面积

纤蛇纹石石棉比表面积是石棉纤维（束）分散程度和细度的基本指标之一。松散程度越高，纤维分散越好，比表面积则越大；纤维细度（直径）与比表面积为负相关关系。

根据许多研究者对纤蛇纹石石棉的电子显微镜研究结果，纤蛇纹石石棉纤维在垂直于纤维轴的二维方向上的尺寸一般在 20～50 nm。根据滕荣厚(1998)对纳米级材料的分类方法,纤蛇纹石石棉属一维的纳米材料,由于石棉纤维的长度与直径相差十分悬殊,因此属于纳米丝材料。同时,纤蛇纹石石棉又属于天然纳米管材料,具有纳米晶体的尺寸效应和表面效应所产生的优良性质。

纤蛇纹石石棉的纳米级细度使之具有很大的比表面积。Whittaker 等(1971 年)用电子显微镜法计算得出纤蛇纹石单纤维比表面积为 100 m^2/g。而用常规法测试所得的值,一般都小于理论值,为 10～56 m^2/g。朱自尊等(1986 年)用氮吸附法测得纤蛇纹石纤维的比表面积最大为 56.7 m^2/g。

大比表面积致使表面原子数所占的比例相当高,表面原子数的增多导致其配位数不足和高的表面能,使得这些原子易与其他原子相结合而稳定下来,从而使纤蛇纹石石棉具有很高的表面活性。这种高表面活性有利于纤蛇纹石石棉的改性及治理环境污染等,但也容易对人体产生危害。

(二) 机械性能

1. 抗拉强度

石棉纤维晶体中沿管轴一维方向上是共价键加离子键强化学键键链,而在垂直于管轴的任意方向上仅为分子键键链。因而,纤蛇纹石石棉纤维具有 1 203.3～4 237.5 MPa 的极好抗张强度,明显高于高强度的金属材料,与碳纤维、硼纤维和玻璃纤维的抗张强度相当。抗拉强度是衡量石棉纤维机械性能的主要参数,在常见的纤维中,除玻璃纤维和硼纤维的抗拉强度与纤蛇纹石石棉相近外,其余无机和有机纤维材料的抗拉强度都不及纤蛇纹石石棉(表 30－5)。

表 30－5　各种纤维抗拉强度的比较

Table 30－5　The tensile strength comparisons of various fibers

纤维种类	抗拉强度/MPa	纤维种类	抗拉强度/MPa
纤蛇纹石石棉(加拿大)	2 981.2	羊毛	127.5～215.7
纤蛇纹石石棉(前苏联)	3 108.7	尼龙绳	294.2～588.4
纤蛇纹石石棉(南非)	2 647.8	钢琴弦	490.3～1 961.3
纤蛇纹石石棉(我国)	1 203.3～4 237.5	玻璃纤维	3 432.3～4 511.1
镁钠闪石石棉	158.9～1 591.6	硼纤维	3 089.1～3 432.3
棉	294.2～784.5	碳纤维	1 696.6～2 951.8
绢	343.2～588.4	高强度钢	1 304.3

石棉纤维的机械强度与纤维化学成分特征、纤维表面结构的完整性、纤维间和管芯充填物情况等因素有关。譬如,富镁碳酸盐岩型纤蛇纹石石棉纤维间常有碳酸盐矿物黏结或充填,其抗拉强度一般高于超镁铁质岩型纤蛇纹石石棉;横纤维石棉一般比纵纤维石棉的强度高;含水镁石纤维的纤蛇纹石石棉,其抗拉强度降低,可低至 1 203 MPa。此外,风化作用、裂隙构造的再活动以及人为的损伤也会降低纤维的抗拉强度。

在较高温度下，纤蛇纹石石棉纤维仍能保持相当好的强度这是一个突出的优点。研究表明，纤蛇纹石石棉在加热处理过程中，在 300 ~ 450℃，抗拉强度增大（表 30 - 6），而且在冷却后相当长时间内仍保持良好的强度。这一性能对提高石棉制品的机械强度有着积极意义。纤蛇纹石石棉在 450℃以下加热处理，纤维强度增加的原因是纤维间键强增高，也与吸附水的排除有关。吸附水排除后，纤维之间结合更紧密，强度随之加大。但含水镁石较多的纤蛇纹石石棉，由于水镁石结构在 400℃即遭破坏，整个纤维束变松散，因而使石棉纤维强度在不到 400℃的情况下就明显降低了。

表 30 - 6　纤蛇纹石石棉经不同温度热处理后的抗拉强度

Table 30 - 6　The tensile strength of chrysotile asbestos after thermal treatment at various temperature

样号	抗拉强度/MPa							
	常温	100℃	200℃	300℃	380℃	450℃	550℃	640℃
集安 - 3	3 257	2 217	3 223	3 501	3 327	3 190	3 015	2 786
方山 - 112	3 148	2 873	2 305	2 944	3 393	3 391	2 621	—
川宋 - 41(1)	2 445	2 739	2 941	2 719	3 368	3 361	2 870	800
川兴 - 83(2)	2 721	2 700	3 018	4 238	3 778	3 802	2 218	630
康凉 - 171(5)	2 382	2 774	2 967	3 248	2 824	2 664	2 338	317
康洪 - 186(2)	2 546	2 533	3 183	3 792	3 326	3 249	3 324	1 247
茫崖 - 2	3 109	3 010	3 544	3 812	3 858	3 824	3 145	1 670

注：据王国栋，1988。

2. 耐磨性能

纤蛇纹石石棉有着较高的摩擦系数。纤蛇纹石石棉基摩阻材料普遍使用在传统摩擦制动装置中，尤其是在采用钢对偶的重型机械摩擦制动装置中（例如石油钻机刹车副、载重汽车和有些货运列车的刹车副）。

纤蛇纹石石棉从 500℃左右摩擦系数开始降低，纤蛇纹石石棉基刹车副也逐渐失效。但刹车副的日常工作温度一般为 300 ~ 700℃（有冷却水的为 300℃以下，无冷却水的为 500 ~ 700℃），纤蛇纹石石棉良好的耐温性能（长期耐温 500℃，短期耐温 700℃），使其在刹车副的日常工作温度下已能很好适用，且在有冷却水的条件下使用寿命更长。

（三）热学性能

1. 耐温性能

纤蛇纹石石棉具有优良的耐温性能。纤蛇纹石石棉的差热曲线表明，在 500 ~ 750℃范围内出现的宽而复合的脱羟吸热谷是结构破坏的重要标志。柔软型纤维的最高脱羟峰一般为 685 ~ 700℃，硬直型纤维的最高脱羟峰高于 720℃，最高达 734℃，二者之间存在明显的差别。

导致两种类型纤维性质不同的原因在于它们的结构所遭受的破坏的程度和化学成分上的差异。分析结果表明，样品的脱羟温度随（Al^{3+} + Fe^{3+}）离子数的增加而增加。

石棉样品的热机械分析（TMA）表明，在加热过程中，从室温至 730℃左右，试样随温度的升高呈较好的线性正热膨胀；730℃以后至 900℃由于失羟基和结构破坏，试样出现非线性收缩；900℃以后试样又出现正热膨胀。不同的试样，沿纤维轴方向的线性膨胀系数是不同的。在室温至650℃范围内，柔软型纤维的线性膨胀系数较硬直型纤维的大，前者在$(2.38 \sim 2.51) \times 10^{-6}$之间，后者为$2.20 \times 10^{-6}$。

实验表明，纤蛇纹石石棉在500℃以后普遍明显脱羟，结构开始破坏。因此，用作保温隔热材料的纤蛇纹石石棉的使用温度上限一般为500℃。但含水镁石及碳酸盐矿物较多的纤蛇纹石石棉的最高使用温度通常以400℃为限。

2. 保温隔热性能

纤蛇纹石石棉良好的保温隔热性能主要由其低导热系数所决定的，其导热系数一般不超过0.233 W/(m·K)。江绍英等(1988年)测试过我国主要石棉矿山所产石棉的导热系数，均在0.110～0.207W/(m·K)。其比热容一般为0.2，使用温度一般为500℃，最高工作温度可达600～800℃，烧失量(800℃时)为13%～15%，吸湿量为1%～3%。

影响纤蛇纹石石棉导热系数的因素包括温度、表观密度、纤维直径及集合体的松散度等。温度升高时，纤维之间的空气导热系数提高；纤蛇纹石石棉纤维越松散，空隙越大，导热系数越低；纤蛇纹石石棉纤维中的金属矿物杂质较多时，导热系数增大，其保温隔热效果降低。

（四）轻质隔声性能

纤蛇纹石石棉的理论密度为2.56 g/cm^3，化学成分中存在类质同象代替，并影响实际密度的大小，Fe、Ti、Mn、Ni等元素取代Mg时，密度偏大，Al、Ti取代Si时，密度偏小；与纤维管心有无充填物也有关系，实际密度为2.426～2.646 g/cm^3，堆积密度为1.6～2.2 g/cm^3。

纤蛇纹石石棉密度和堆积密度都比较低，是很好的轻质材料。纤维通常为纳米级空心管状结构，宏观上呈现出多孔隙特征，因此它也是良好的隔声材料。

（五）电磁学性能

1. 电学性能

按电阻率大小，纤蛇纹石石棉属于绝缘体，是良好的耐热绝缘矿物原料，且热绝缘寿命很长。我国主要产地纤蛇纹石石棉的质量电阻率ρ_m变化在$10^4 \sim 10^8\ \Omega \cdot g/cm^2$之间(表30－7)，与角闪石石棉的$\rho_m$($10^4 \sim 10^7\ \Omega \cdot g/cm^2$)相近，纤蛇纹石石棉的绝缘性比角闪石石棉稍强一些。

表30－7　各地纤蛇纹石石棉的质量电阻率

Table 30－7　The mass resitivity of chrysotile asbesto from various origins

试样	ρ_m /(Ω·g·cm^{-2})	试样	ρ_m /(Ω·g·cm^{-2})	试样	ρ_m /(Ω·g·cm^{-2})	试样	ρ_m /(Ω·g·cm^{-2})
金县－1	3.3×10^7	集安－2	6.0×10^4	茫崖－1	1.1×10^5	川棉－3	2.0×10^7
金县－2	4.4×10^7	祁连－1	6.7×10^5	茫崖－2	2.6×10^4	新康－3	4.4×10^4
集安－1	1.8×10^7	祁连－2	1.0×10^5	大安－4	1.8×10^8		

注：据朱自尊等，1986。

不同产地的纤蛇纹石石棉和同一矿床的不同样品的电阻率可能有较大差别，主要与下列因素有关：① 结晶度的差异。结晶度好、质地纯的纤蛇纹石石棉电阻率较小，这可能由于这类纤蛇纹石石棉纤维表面结构完整，带正电荷，且比表面积大，吸附了其他离子，因而使表面电导增大；② 石棉纤维中可溶性离子数量。经清洗的纤蛇纹石石棉的电阻率增大，因为纤维束中的可溶性离子在用水清洗时被除去，从而使石棉的导电性（特别是表面电导率）降低。经测定，清洗后风干的纤蛇纹石石棉的电阻率普遍增大一个数量级，最显著的可增大400倍；③ 纤维中微粒磁铁矿的含量。含磁铁矿多，电阻率会降低；④ 湿度。湿度变化对电阻率有很大影响（表30-8）。

表30-8　茫崖-1在不同湿度条件下质量电阻率（ρ_m）

Table 30-8　The mass resitivity（ρ_m） under various humidity conditions from Mangya-1

湿度/%	95	85	75	70	65	60
ρ_m /（Ω·g·cm^{-2}）	1.99×10^4	2.53×10^4	2.82×10^4	3.09×10^4	6.35×10^4	7.97×10^4
湿度/%	42	40	37.5	35	32.5	30
ρ_m /（Ω·g·cm^{-2}）	3.36×10^5	4.36×10^5	4.85×10^5	5.6×10^5	6.35×10^5	8.9×10^5
湿度/%	25	22.5	18.5	11	10（平衡24 h）	10（平衡72 h）
ρ_m /（Ω·g·cm^{-2}）	1.94×10^6	2.74×10^6	5.23×10^6	2.12×10^7	1.1×10^9	1.39×10^8

注：据朱自尊等，1986。

2. 磁学性能

按杰尔卡奇分类，纤蛇纹石石棉应属"无"磁性矿物。而纤蛇纹石结构中常有Fe^{2+}和Fe^{3+}代替Mg^{2+}，此外石棉纤维中还常含有磁铁矿微粒，进而影响纤蛇纹石石棉的磁学性能。比磁化率K是表征纤蛇纹石石棉磁性的基本参数。

比磁化率的大小主要取决于顺磁性离子Fe^{2+}和Fe^{3+}的数量。K值随Fe^{2+}和Fe^{3+}的数量增多而变大，大体呈线性关系。富镁碳酸盐岩型纤蛇纹石石棉的K值低，超镁铁质岩型纤蛇纹石石棉的K值一般较高（表30-9）。这与后者含磁铁矿普遍较多有关。实验证明，不含磁铁矿的纤蛇纹石石棉的K值较稳定，基本上不随外磁场强度增加而变化；反之，石棉中含少量磁铁矿时，K值很明显增大，但随外磁场强度增加，K值变小。从而可以此推算纤蛇纹石石棉中的磁铁矿含量。

表30-9　纤蛇纹石石棉比磁化率

Table 30-9　The specific magnetic susceptibility of chrysotile asbestos

类型	产地	样号	Fe^{2+}和Fe^{3+}在所有离子中的数量占比	K/（$\times10^{-6}$cm^3·g^{-1}）	
				实测值	计算值
富镁碳酸盐岩型纤蛇纹石石棉	辽宁金县	X_6-1	0.02	0.31	0.48
		X_6-2	0.05	0.38	1.29
	吉林集安	X_7-1	0.08	1.93	2.10
		X_7-2	0.07	1.50	1.83

续表

类型	产地	样号	Fe^{2+}和Fe^{3+}在所有离子中的数量占比	$K/(\times10^{-6}cm^3\cdot g^{-1})$	
				实测值	计算值
超镁铁质岩型纤蛇纹石石棉	青海祁连	X_8-1	0.10	5.33	3.13
		X_8-2	0.07	3.54	1.83
	青海茫崖	X_9-1	0.19	7.70	6.04
		X_9-2	0.12	2.81	3.42
	陕西大安	$X_{10}-3$	0.18	3.94	5.77
		$X_{10}-4$	0.10	3.16	3.13
	四川石棉	$X_{11}-3$	0.09	1.66	3.10
	四川新康	$X_{12}-3$	0.08	4.04	3.81

注:据朱自尊,1986。

（六）化学性能

1. 纤维的pH变化与稳定性

纤蛇纹石单纤维柱面系由“氢氧镁石”层围成,最表面为一层羟基。这种卷层构造特点使纤蛇纹石石棉纤维具有较强的碱性,并且在水溶液中具有高度的活性。

纤蛇纹石石棉放在蒸馏水中,搅拌后pH达8或8以上。可湿面积越大,pH越高。对于比表面积为250 dm^2/g的纤维来说,pH可达10以上。

纤蛇纹石石棉的许多物理或化学性质(化学活性)与卷层构造有关:一是纤维两端的端面、纤维管内、外表面及表面残缺处的不饱和键,尤其是含有孤对电子的氧、悬空的硅及纤维表面的羟基$(OH)^-$化学活性很强;二是一维纳米管的巨大比表面积所带来的高表面能;三是独特的卷曲构造导致的晶格弯曲而引起的附加内能和表面能。

采用加酸的方法使石棉水悬浮液的pH保持在对于石棉来说是平衡状态值的酸性一侧,那么羟基和镁离子等就可从晶格中全部析出,只剩下非晶质SiO_2纤维残骸(蒙克曼,1980)。因此,纤蛇纹石在酸性介质中是不稳定的。

由于羟基和氧可与环境(或溶液)中的阳离子结合,因此在酸性环境中,纤蛇纹石石棉结构中的Mg—O键和Mg—OH键的离子键可发生断裂,羟基和镁离子从晶格中析出,留下难溶的脆性、具有很强活性的SiO_2质纤维残骸(彭同江,2000)。

因此,处在地表的纤蛇纹石石棉纤维,在地表水的作用下,就会析出$(OH)^-$和Mg^{2+},使表层结构破坏。野外所见风化严重的纤蛇纹石石棉纤维强度低,显脆性,就是由于地表水的淋滤作用,使$(OH)^-$和Mg^{2+}析出,并在表层残留一层SiO_2质非定形物造成的。透射电子显微镜研究表明,纤维的表层的确存在一层非定形物,从而证明残留在纤维表层的非定形物主要为非晶质的SiO_2。

2. 耐酸碱性

酸碱腐蚀性研究表明，用不同浓度的盐酸对纤蛇纹石石棉纤维进行处理，MgO 的腐蚀量是 SiO_2的 11.87 ~ 14.15 倍（表 30 – 10）。

纤蛇纹石的酸蚀量高达 60%，几乎除 SiO_2外全部腐蚀掉。而碱蚀量很小，一般小于 3%。这是因为“氢氧镁石”层呈较强的碱性，在酸中被中和形成盐进入溶液中，而在碱中则失去活性。随着酸蚀作用持续进行，石棉试样中的 MgO 含量明显减小，SiO_2含量增加。

纤蛇纹石石棉与角闪石石棉相比较，角闪石石棉表现出具有既耐酸又耐碱的性质（表 30 – 11）。

表 30 – 10　纤蛇纹石石棉在盐酸中 MgO 和 SiO_2的溶蚀量

Table 30 – 10　The corrosion rate of MgO and SiO_2 of chrysotile asbestos under hydrochloric acid

浓度/(mol · L^{-1})	MgO 溶蚀量/mg	SiO_2溶蚀量/mg	溶液中 MgO/SiO_2
0.5	22.50	1.90	11.87
1.0	27.14	1.97	13.78
1.5	27.56	2.00	13.78
2.0	31.94	2.40	13.31
2.5	33.95	2.40	14.15

注：每份试样重 500 mg，稀盐酸体积 60 mL。

表 30 – 11　不同类型石棉的酸蚀量与碱蚀量

Table 30 – 11　Amount of acid and alkali corrosion in various types of chrystile asbestos

单位：%

石棉种类	25% 的几种酸、碱（煮沸 2 小时）				
	HCl	CH_3COOH	H_3PO_4	H_2SO_4	NaOH
纤蛇纹石	55.69	23.42	55.18	55.75	0.99
直闪石	2.66	0.60	3.16	2.73	1.22
铁闪石	12.84	2.63	11.67	11.35	6.97
透闪石	4.77	1.99	4.99	4.58	1.80
阳起石	20.31	12.28	20.19	20.38	9.25
青石棉	4.38	0.91	4.37	3.69	1.35

（七）表面性能

1. 表面电性

在石棉纤维两端的端面和柱面上，存在不饱和的 O—Si—O、Si—O—Si、Mg—O(OH)、Mg—(OH)键，由于表面原子周围缺少相邻原子，存在许多悬空键，特别是在柱表面上 Mg—(OH)键为离子连接，在水中容易解离。

当纤蛇纹石表面结构完善的纤维表面$(OH)^-$解离进入水中，纤维表面则裸露出金属离子Mg^{2+}，导致纤维表面带有一定的正电荷。

研究表明，在纯水中纤蛇纹石纤维表面荷正电的主要原因主要有以下两个方面：第一，纤蛇纹石表面组分的优先解离或溶解。由于正负离子受水偶极的吸引力不同，会产生非等当量的转移，$(OH)^-$会优先解离（或溶解）转入到溶液中，从而使纤蛇纹石表面产生过剩的正电荷而荷正电。第二，纤蛇纹石石棉的晶格缺陷，包括纤蛇纹石石棉晶格中非等量类质同象替换、间隙原子、空位等引起的表面荷电。纤蛇纹石石棉属于TO型层状硅酸盐结构，由于结构层内四面体片中发生Al^{3+}代Si^{4+}和八面体片中发生Al^{3+}、Fe^{3+}等代Mg^{2+}的类质同象替换，导致形成带负电荷的四面体片和带正电荷的八面体片，整个结构层形成带正负电的偶极子层，因此包覆在外的八面体层片使得纤维带正电。正电荷的多少取决于晶格中类质同象替换的程度及类型。

而在非纯水体系中，纤蛇纹石表面的荷电情况有所不同，除了受上述两因素影响外，还取决于纤蛇纹石所处环境的pH。

在碱性环境中，$(OH)^-$的离子浓度大于H^+的离子浓度，会对纤蛇纹石表面$(OH)^-$的优先溶解起到抑制作用，使得纤蛇纹石表面荷正电的程度有所降低。溶液中$(OH)^-$的浓度越来越高，不仅会完全抑制纤蛇纹石表面的$(OH)^-$溶解，而且会使纤蛇纹石纤维形成羟基化表面，使其表面荷负电，即$Mg^{2+}—(OH)^- + (OH)^- \rightarrow Mg^{2+} + O^{-2} + H_2O$。

在酸性环境中，H^+离子浓度较大，产生$Mg^{2+}—(OH)^- + H^+ \rightarrow Mg^{2+} + H_2O$，使纤蛇纹石纤维表面荷正电。酸性增大，导致纤蛇纹石表面的$(OH)^-$溶解并与溶液中的H^+反应形成水，从而使得纤维表面正电性得到加强。溶解的$(OH)^-$越多，纤蛇纹石纤维表面的正电性就越强。但当酸性过强的时候，不仅溶解完了纤维表面的$(OH)^-$，而且还使纤维内部的Mg^{2+}部分或完全地裸露在纤维表面，并被溶解掉，仅残留了内部的硅氧四面体片$[Si_2O_5]^{2-}$，从而使纤蛇纹石纤维表面由正电性转为负电性。

纤蛇纹石石棉和其他固体颗粒一样，当其分散在气相或液相中时，表面会产生电荷。由于对异号离子的吸附，固相和液相（或气相）之间发生相对运动时就表现出动电现象，在两相之间产生电位差，即通常所称的电动电位，以ζ表示，单位mV。它是表征石棉纤维表面荷电正负和荷电量的具体指标。表面电性对纤蛇纹石石棉的絮凝性及吸附性能有重要影响。

国内外一些研究资料和实验数据也证实了石棉纤维表面电性特征（表30-12）。但是，不同产地的石棉纤维，或者同一矿床中的不同试样的ζ值差别较大。除了测试条件及方法以外，主要与纤维表面结构的完整情况、杂质成分、风化程度等因素有关。譬如，含磁铁矿、碳酸盐矿物及黏土微粒较多时，因这些杂质均显负电性，可中和石棉纤维表面所带正电荷，石棉纤维束的ζ值降低，甚至变为负电性；又如含水镁石的纤蛇纹石石棉，因水镁石的$(OH)^-$也易进入溶液而使ζ值增大。风化作用对纤蛇纹石石棉ζ值的影响很大。因为风化作用过程中的水常呈弱酸性，使纤蛇纹石石棉管状结构表层的羟基和Mg^{2+}淋滤带走，即剥离掉"氢氧镁石"层，使ζ值变小，直至呈负值。前苏联学者在研究基也姆巴依的纤蛇纹石石棉的ζ值时发现，在同一钻孔中，从地表至深处，电动电位ζ由负值逐渐变为正值（表30-13）。邵国有（1981年）、江绍英（1984年）等先后研究四川石棉县纤蛇纹石石棉的ζ值时，也发现风化棉的ζ值为负值。化学分析结果也证实风化棉的MgO含量相对减小，说明纤维表层结构已破坏。

表 30－12　各地纤蛇纹石石棉电动电位(ζ)一览表

Table 30－12　The zeta－potential(ζ) of chrysotile asbestos from various origins

产地及样号	电动电位 ζ/mV	产地及样号	电动电位 ζ/mV
集安 W_3－2	6.69	川棉 3203	8.37
金县 250－2	5.42	茫崖 W_{303}	21.38
川宋 35	26.15	加拿大魁北克	93
川宋 41①	21.78	原苏联萨彦	16
川棉 1590－4	26.2	津巴布韦	9

表 30－13　钻孔中纤蛇纹石石棉电动电位(ζ)变化

Table 30－13　Variations of chrysotile asbestos zeta－potential(ζ) in the drillinghole

深度/m	电动电位 ζ/mV	深度/m	电动电位 ζ/mV
0～11	－15	45～55	＋17
19～31	－12	86～93	＋18
33～45	－1	96～106	＋21

在纤蛇纹石中，定位离子为$(OH)^-$及H^+。假设定位离子浓度为C_0时，固体表面的正电荷数恰好等于负电荷数，表面上的净电荷为零。此时溶液中定位离子浓度的负对数$-\lg C_0$称作纤蛇纹石的零电点(PZC)。仅仅在某一碱性 pH 时，纤蛇纹石表面的净电荷为零，即其零电点的 pH >7。Park 测得的纤蛇纹石的零电点的 pH 为 12.4；冯启明等测得纤蛇纹石纤维表面零电点 pH 为 11.7 左右。

2．吸附性能

纤蛇纹石石棉由于纤维细度为纳米量级，比表面积大，表面能高，因此具有良好的吸附性能。在石棉水泥制品中石棉纤维能吸附水泥中的$Ca(OH)_2$和水，使石棉水泥制品迅速胶凝和硬化；在空气中，纤蛇纹石石棉也能吸附水分子。纤蛇纹石石棉的吸附性与其表面积呈正相关关系，也与纤维的表面键性有关。前述的异价离子代替所产生的双电层偶极子也使纤蛇纹石石棉纤维对极性水分子有很强的吸附能力，纤蛇纹石石棉的差热分析已证实，Al^{3+}、Fe^{3+}离子含量愈多，脱吸附水的温度愈高。此外，纤蛇纹石中的氢键作用力未达到平衡，对水分子有较强吸附能力。因此，纤蛇纹石石棉表面的吸附水比一般矿物的吸附水的结合力强一些。Heller－Kallai 等(1975)在研究蛇纹石羟基伸缩振动时发现，在空气中加热至 300℃以上，在真空中加热达到 200℃以上时，蛇纹石才能脱净吸附水。纤蛇纹石石棉还对与水分子相似的其他有机分子具有良好的吸附性。利用这一点可对石棉纤维进行渗透、松解、分散及有机和无机改性处理。

（八）湿法加工性能

1．湿纺

纤蛇纹石石棉具有优良的保温隔热性、很高的抗拉强度和可纺性能。目前，部分石棉加工工业仍然采用传统设备在干法状态下对石棉纤维进行处理。干法加工工艺存在两大难题:一是在加工过程中石棉粉尘飞扬,严重威胁着工人的身体健康和周围环境;二是加工必须使用较长的纤维,大量的短纤维得不到利用,既浪费了矿产资源,又污染了环境。湿法加工工艺能较好地解决上述问题,但是并非所有产地的纤蛇纹石石棉都适合湿法加工。

纤蛇纹石石棉能否为湿法工艺所利用,关键是在石棉加工过程中石棉纤维能否在阳离子活化剂 OT(磺化琥珀酸二-2 乙基己醇脂钠盐)等的作用下,被开松分散成浆状。彭同江等(1996)对纤蛇纹石纤维研究表明,纤蛇纹石具有带羟基的完善表面是与阳离子活化剂作用的必要条件。石棉纤维带羟基的表面结构完善的宏观表现是表面电性为正值。不同成因、不同强度迭加构造地球化学作用下形成的纤蛇纹石石棉其表面结构的完善程度不同,对阳离子活化剂开松分散的效果也不同,因而表现出不同的分散成浆性能。

纤蛇纹石石棉形成过程中,溶液的组分接近蛇纹石的理想组分的配比,并且有比较稳定的结晶环境,成棉期后仍保持稳定;后期构造活动及迭加蚀变作用相对较弱;纤维没有遭受严重的风化作用及开采过程中的严重机械破坏;这种纤蛇纹石石棉纤维保存完好的结晶原纤维表面,纤维之间的结合力小。从而在水悬浮液中,石棉纤维表面能够吸附 OT,并被 OT 渗透、松解后分散成浆。

产于青海小八宝、双岔沟矿床等产地的柔软型纤蛇纹石石棉具有良好的分散成浆性能,可以通过湿法进行加工,如湿纺、生产石棉泡沫等;产于茫崖、小黑刺沟矿床等产地的硬直型纤蛇纹石石棉纤维间共生、伴生矿物多,发育界面相,失去能够吸附 OT 的结晶原纤维表面,因而不能被松解、分散,分散成浆性能差或不具备分散成浆性能。

因此,纤蛇纹石纤维发育出能够吸引 OT 的结晶原纤维表面是湿纺等湿法加工的前提条件。

2. 湿选

纤蛇纹石石棉中普遍含有水镁石、磁铁矿、碳酸盐、黏土矿物等杂质,且各地的组成、含量均不相同。因此,在纤蛇纹石石棉开采加工过程中需要对其进行提纯。提纯的工作主要是开松和净化。开松,是将性状不一、结构不一的纤维松解为松散程度均匀、粗细基本一致的绒状棉。净化包括除杂和除尘。经过除尘和除杂,达到净化纤维的目的。在开松、除杂和除尘等作用中,如果开松不好,纤维之间松散程度不均匀,纤维与杂质尚不能完全分离,那么就仍有粉尘及杂质依附在纤维中而不能被彻底除去。

对石棉原料的提纯处理,目前各石棉加工厂工艺流程有异,设备不一,尚未统一定型。主要分为干法和湿法。

湿法是在湿态条件下将石棉纤维进行提纯和加工的方法,对于工作环境降尘、充分提取短纤维石棉是非常重要的。湿法提纯主要在水洗工段。此工段有两个主要作用,一是将包装袋中被紧压的石棉绒予以松解;二是清除石棉绒中残存的杂质(如石块、砂粒和其他外来物等)及纤维束。筛选下来的纤维束经轮碾机湿碾松解后,仍可以继续使用。水选是根据相对密度不同,沉降速度不同的原理进行的。松散的纤维容易悬浮在水中,沉降速度慢;松散程度差的纤维沉降速度快,而纤维束和砂粒的沉降速度会更快。

湿法加工可以较好地解决石棉粉尘飞扬和环境污染等问题,对于操作工人的健康和安全具有重要的意义。

三、纤蛇纹石石棉的应用

纤蛇纹石石棉已被广泛地应用于兵器、化工、航空、火箭、冶金、建筑、石油、交通、电力、机械、农药,以及许多高科技领域中,是一种价廉物美不可缺少的非金属矿物原料,尤其是在制造增强塑料、高速雷达扫描器、宇宙通信高灵敏度天线圆顶等方面。

纤蛇纹石石棉的各种制品已超过 3 000 种,被二十多个工业部门广泛应用。主要利用其纤维性、纤维机械强度和理化性能。

石棉纤维长度不同,应用的领域也有所不同(表 30 – 14)。

表 30 – 14 不同(长度)等级的纤蛇纹石石棉的应用领域

Table 30 – 14 The application domain of all kinds grades chrysotile asbestos

纤维等级	应用领域
长纤维:块棉Ⅰ、Ⅱ级,机选棉Ⅲ级	各种石棉纺织制品、部分绝缘制品、摩擦材料和衬垫材料、石棉水泥承压管、军工和航空部门用的石棉增强塑料及复合非金属材料
中长纤维:机选棉Ⅳ、Ⅴ、Ⅵ级	各种石棉水泥制品、石棉纸,防火隔热板,各种摩擦材料、管道保温包绕材料、一些石棉增强塑料制品
短纤维:机选棉Ⅶ级及Ⅶ级以下	地面砖、工程塑料制品、涂料及填料材料、沥青路面增强材料、泡沫石棉制品、石油钻井用泥浆

(一) 石棉水泥制品

这是石棉纤维消耗量最多的领域。石棉在水泥制品中作增强用纤维材料。显然,纤维抗拉强度和纤维长度是主要指标。同时,石棉纤维的优良热性能、绝缘性和化学稳定性也使石棉水泥制品具备相应优点。一般说来,硬直型纤维分散性和抗拉强度好,脱水性也较好,适于制作水泥制品。承压石棉水泥管一般要求用Ⅵ级石棉,以保证其具有良好的断裂模数。石棉水泥瓦应有一定的抗冲击强度,需用Ⅵ级以上的石棉,其中,波纹瓦要掺入一定数量的Ⅴ级棉,以增强制作过程中湿瓦的黏着性能。石棉屋面板用Ⅵ、Ⅶ级棉即可满足其强度和脱水性能等要求。

(二) 石棉纺织制品

石棉纺织制品包括石棉布、石棉绳等。一般要求用Ⅲ级及Ⅲ级以上的石棉。但具有优良成浆性能的石棉纤维,即使短纤维也可用湿纺方式制作纺织制品。石棉纺织制品用于多种耐热、防火、防腐、耐酸、耐碱等材料,还可用作保温隔热材料、化工过滤材料、电解槽中的隔膜材料等。

(三) 石棉塑料制品

纤蛇纹石石棉作为轻质增强纤维,可使塑料的机械强度增大,表观密度减小。石棉塑料制品有广泛用途。例如优质(含 Fe 低)纤蛇纹石石棉与酚醛树脂可制成各种电工绝缘制品;用各种黏结剂(如聚醇树脂、酚树脂、热固性硅树脂、三聚氰胺树脂、呋喃树脂)与石棉或石棉纸、石棉布制成胶合层板,其强度很高;长纤维纤蛇纹石石棉制成的石棉毡或石棉纸浸以树脂后,可成为高强度、耐热性能好的坚韧性制品,用以制造飞机机翼、小航船、雷达扫描盘天线、航空机油箱、汽车车体以及火箭管、导弹喷嘴锥体等。

（四）石棉摩阻材料制品

纤蛇纹石石棉摩阻材料在交通运输的制动材料中占有重要地位。纤蛇纹石石棉的纤维机械强度和热稳定性赋予制动材料以较高的强度和耐热性能。这种制品不需要特定等级的石棉，Ⅲ级至Ⅳ级棉均可。一般说来，易开松的Ⅴ、Ⅵ级纤蛇纹石石棉即可满足要求。

譬如火车和大型车辆用重型闸瓦是用Ⅴ或Ⅵ级棉，以干式模压法压制而成。即在模型中装入干的树脂和石棉纤维混合物，在高温、高压条件下压制成型，然后用机械加工成最终规格；盘式制动衬垫用Ⅴ级棉；汽车刹车片用Ⅶ级棉，以半湿式挤压法制成；联结在钢盘上的离合器片，可用粗孔石棉布浸以树脂制成，或者用干式模压法制成。前一种方法需用Ⅲ级棉，后一种方法只用Ⅴ级棉即可。迄今还未找到完全具备纤蛇纹石石棉的优良性能的材料。

石棉橡胶制品也可作刹车带，用于汽车和轻型机械制动。同时，石棉橡胶制品还广泛用作各种设备的密封衬垫制品，如各种衬垫、各种石棉盘根、石棉橡胶板等。这类制品一般用Ⅳ ~ Ⅴ级棉即可。

（五）石棉沥青制品

石棉沥青制品系由Ⅶ级棉和沥青及各种溶剂制成。譬如薄型石棉沥青板、石棉沥青布（石棉油毡）、石棉沥青纸、石棉沥青砖，石棉涂料或软质材料等。这类制品可用作建筑防水、防潮、保温、防化学腐蚀的覆盖材料或嵌填材料。把不经任何加工的Ⅶ级棉掺和进热的沥青铺路材料中，可提高路面的整体性、柔韧性、渗水性和沥青软化温度。据报道，掺入 2% 的Ⅶ级棉的沥青路面冬天不易龟裂，夏天不易软化。

（六）石棉接合填料和填塞混合物

Ⅶ级棉和尘室棉，可在模压生产的树脂、聚酯树脂部件中作纤维质填料。

细度和白度好、且能将吸附能力控制在很小范围内的纤蛇纹石石棉可用以制成接合填料黏结物和结构油漆。

长纤维纤蛇纹石石棉可同水泥或防水树脂制成填塞混合物；短纤维和尘室棉与各种树脂及其他材料可以生产软质塑性填塞物。这类填塞物既可保持柔软，又可添加材料使之硬化。

（七）石棉保温隔热制品

凡能保温、隔热、节能的石棉制品均属此列，包括前述的石棉布、石棉绳、石棉板、石棉纸等。近年发展了一种新的石棉纸生产工艺，即乳胶石棉工艺。这是用化学沉淀法把橡胶乳与比表面积大的纯净Ⅶ级棉混合后制成的。

分散成浆性良好的短纤维纤蛇纹石石棉可生产泡沫石棉。这是一种优质保温材料。

短纤维棉和低质量石棉与有关材料相配，可制成廉价保温材料，如碳酸镁石棉粉、硅藻土石棉泥、碳酸钙石棉粉、陶土石棉粉等。

（八）石棉纤维纳米材料的开发

纤蛇纹石天然的一维纳米管结构具有许多独特的优良性能，极好的抗张强度、柔韧性、密封性等，用在摩阻材料、密封材料上可与合成的碳纳米管相媲美；良好的热稳定性、低导热系数、高电阻率与绝缘性又使之成为纳米碳管所不及的优质隔热材料和绝缘材料；巨大的比表面积和表面化学活性还使纤蛇纹石成为潜在的处理污染的环保材料，同时也为增强纤维紧固效应和表面改性提供了可能。

除在传统领域开发纤蛇纹石石棉的新用途和新产品外，纤蛇纹石纳米材料和纳米技术的开发研究还有另外三个方面，一是将纤蛇纹石石棉纤维作为天然一维纳米增强材料，用于新型复合纳米复合材料的开发；二是纤蛇纹石石棉纤维作为纳米管，组装量子线和纳米电缆；二是以纤蛇纹石石棉纤维作为模板，制备一维纤维状纳米 SiO_2 材料。

天然产出的纤蛇纹石石棉作为纳米管材料，其低成本也是投资成本高、价格昂贵的人工合成材料无法比拟的。如何合理应用其纳米管性能并进行无害化改性，以发挥这种储量丰富、性能优异、成本低廉的天然原料的长处，对于石棉纤维纳米材料的发展具有十分重要的现实意义。

（九）其他用途

纤蛇纹石石棉纤维可用作涂料填料。用石棉涂料作汽车车体消音材料，尤其是汽车底盘喷涂的防锈蚀保护层，为Ⅶ级棉开拓了新用途。这种涂料要求能在高压情况下通过直径为0.053～0.071 cm的小孔。所用纤蛇纹石石棉要求比表面积大，吸附性强，以适应最大喷涂浓度的要求。

分散性好、长度均匀、比表面积大、白度较好的Ⅶ级棉可用以生产乙烯基铺地面砖。

石棉纤维用于生产石棉复合材料已有较大发展，如石棉纤维与陶瓷纤维的复合绝缘材料、石棉与石墨的复合材料、石棉与金属的复合材料、石棉与玻璃纤维和尼龙纤维制成的复合材料等，都是尖端技术中使用的轻质高强特种材料。

第三节　蛇纹石及其应用

非石棉形态的蛇纹石，即造岩蛇纹石，包括利蛇纹石、纤蛇纹石和叶蛇纹石，通常以块状、致密块状（似胶状）形态出现。它们均为块状蛇纹岩和石棉尾矿蛇纹岩的主要矿物组分。

一、概述

不同产地产出的块状蛇纹岩和石棉尾矿蛇纹石中利蛇纹石、纤蛇纹石和叶蛇纹石的含量是不同的。块状蛇纹岩有的可含有肉眼可见的纤蛇纹石纤维，石棉尾矿蛇纹岩则都含有肉眼可见的纤蛇纹石纤维。

一般说来，利蛇纹石、纤蛇纹石和叶蛇纹石在化学成分上没有明显的差异，也尚未发现在物理化学性质上有什么明显差异，加之它们常共生在一起，难以提纯和分离，通常都是一起利用，没有加以区分。

蛇纹石中富含 MgO 和 SiO_2 组分，并含少量 Al_2O_3、Fe_2O_3 等。相对来说，叶蛇纹石中 SiO_2 含量比纤蛇纹石、利蛇纹石的高，MgO 和 H_2O 的含量则相对较少，但含量差异微小。利蛇纹石常生成于氧化环境，Fe^{3+} 明显多于 Fe^{2+}；叶蛇纹石的 Fe^{2+} 明显多于 Fe^{3+}，常在还原环境中形成；纤蛇纹石中的 Fe^{2+} 和 Fe^{3+} 含量无一定规律，表明在氧化和还原条件下均可生成。

蛇纹石具有良好的润滑性、热稳定性、助熔性，堆积密度小，焙烧产物具有较高的耐火度，磨细的粉体具有良好的水溶性，可调节土壤的 pH，等等。

块状蛇纹岩和石棉尾矿蛇纹岩中除含造岩蛇纹石外，主要共生和伴生矿物还有磁铁矿、白云石、方解石、菱镁矿、滑石，有时还有水镁石和绿泥石，此外，还有一些如水滑石、水菱镁矿、水纤菱镁矿、海泡石、鳞镁铁矿、水氯镁铁石等风化期形成的矿物，这些矿物的含量在不同的矿山中有较大的差异。

二、蛇纹石的应用

实际应用中，除对石棉尾矿蛇纹岩通过再破碎和分选获得短纤维纤蛇纹石石棉外，对块状蛇纹岩，难以将不同的蛇纹石分离。通常是整体利用或将其中的铁质矿物（如磁铁矿等）分选后再整体利用。蛇纹石的主要用途如下。

（一）镁质耐火材料

用蛇纹石与 MgO 混合，生产镁质耐火砖，在国内外均有报道，我国已成功生产蛇纹石砖、镁橄榄石砖。

Mg－C 砖需用蛇纹石作原料。这种碱性耐火材料是由蛇纹石（制成 MgO 粒料）和热固性树脂、石墨及少量金属制成。蛇纹石也可用于生产 Mg－Ca－C 砖。

蛇纹石也可作为晶须 MgO 的原料。晶须纤维是一种耐高温的高级耐火纤维。

用作镁质耐火材料原料的蛇纹石，要求 MgO 含量高，铁质含量少。

西南科技大学用蛇纹岩生产了荷重软化点为 1 177℃的低温合成镁质耐火材料。所制成的蛇纹岩免烧耐火砖，气孔率 18.3%，体积密度 2.26 g/cm^3，常温耐压强度 63 MPa，荷重软化温度 1 637℃，1 500℃下煅烧 2 小时后的耐压强度为 49 MPa，热稳定性为 12 次。

（二）用作冶炼熔剂的配料

蛇纹石富含氧化镁，是优质的炼铁熔剂配料，可使烧结矿具有较好的结构特征和机械强度。据上海宝山钢铁公司使用结果，其烧结矿强度大，碱度 1.75 ±0.05，TFe 含量 57% ~58%，FeO 含量 2% ~8%，SiO_2含量(5.7 ±0.2)%，Al_2O_3含量 <2.1%，生产率高。同样条件下，若用白云石和石英砂，所获烧结矿的液相中的硅酸盐成分明显增多，且分布不均匀，烧结矿强度不及配加蛇纹石者高。对炼钢溶剂蛇纹石，要求 MgO 含量≥38%，Al_2O_3含量≤1.6%，S 含量≤0.26%，Ni 含量≤0.5%，P 含量≤0.05%。

此外，在高炉装入料中添加一定量蛇纹石作造渣剂，可明显改善炉渣流动性。

（三）作矿物肥料

蛇纹石与磷灰石或磷块岩一起煅烧，可制成钙镁磷肥。

利用蛇纹岩中的 Mg、Si 及微量元素作综合长效矿质肥料。蛇纹岩中的 Cr、Co、Ni、Ti、V 等也是农作物所需要的微量元素。将蛇纹石粉直接施于田间，可以增加产量，提高作物品质。特别是对于玉米、薯类、豆类以及块根、块茎类作物，效果较好。

试验表明，直接在耕作土壤中施用蛇纹石粉，可提高作物叶部叶绿素含量，增强光合作用的活性和呼吸作用功能，提升土壤硝化能力，提高活性磷的含量。将蛇纹石粉与主要工业肥料一起施用，可使甜菜增产 20% ~25%，土豆增产 14.5% ~14.7%，玉米增产 18% ~37%。同时，作物的含糖量、淀粉量也有增加。用四川彭州蛇纹石对玉米、土豆、红薯、小麦、水稻等作物进行 Mg、Si 肥效的试验，取得增产和品质改良的效果。

（四）制取优质氧化镁和多孔氧化硅

蛇纹石富含氧化镁和二氧化硅。用酸处理方法可直接从蛇纹岩中提取氧化镁，生产氢氧化镁、碱式碳酸镁、高纯氧化镁及多孔氧化硅、纳米级白炭黑等，副产品有铁红、氧化镍、硫酸铵等。

该生产技术已经中试，并生产出了合格产品。所生产的轻质氧化镁含 MgO 99.41% ~99.58%，多孔 SiO_2 色白，质纯，密度小，内比表面积很大。氧化镁产品在冶金、化工、医药以及特殊填料等部门有重要用途；多孔氧化硅可用于造纸、酿造及污水净化等方面。

蛇纹石经酸浸提镁后残渣的主要成分为无定形二氧化硅，利用该渣可直接合成六配位有机硅化物如 $CaSi(OCH_2CH_2O)_3$ 和 $BaSi(OCH_2CH_2O)_3$。这不仅有效地解决了传统的有机硅合成方法的不足，而且可显著地降低原料成本，并为蛇纹石中二氧化硅的有效利用提供新的途径。

（五）提炼金属镁

从蛇纹石矿中提取出金属镁。日本利用碳还原法从蛇纹石矿粉中提取出金属镁；古巴、加拿大、捷克等国也利用硫化物沉淀法、氨浸法从蛇纹石尾矿中提取镍、钴、铬等。澳大利亚利用蛇纹石尾矿已生产出符合国际标准、纯度达 99.93% 的金属镁，成本低，利润高。加拿大已利用其蛇纹岩资源优势建立起了世界最大的电解法镁厂，年产量 6.3×10^4 t，最大日产量为 170 t 金属镁。

（六）作镁质陶瓷配料

适量加用含铁低的高纯度蛇纹石，可增加细质陶瓷坯体的半透明性，还可改善坯体热变性能；添加质纯的蛇纹石，可烧制镁橄榄石－顽火辉石陶瓷，这种陶瓷具有良好的耐磨性、化学稳定性、机械强度和蓄热能力。其显微硬度为 880 kg/mm^2，抗压强度为 850 MPa，弯曲强度为 51.4 MPa，比热容为 1.38 ~1.256 J/(g·℃)，吸水率 $<0.5\%$。

（七）用作建筑装饰石料

色泽和质地好的蛇纹岩可加工成建筑装饰石料，包括彩色集料、饰面板材和人造大理石、水泥水磨石地板料等，亦可用作铺路石料。

质地好、具毛毡结构的蛇纹岩可作玉料，通称蛇纹石玉。例如岫岩玉、祁连玉，为我国著名的玉雕工艺石料之一。

蛇纹岩尤其是超镁铁岩型蛇纹岩的墨绿色是高雅庄重和宁静厅室的首选饰面石材。国外已广泛用作室内高档板材。蛇纹岩常有的裂纹不仅已被现代薄板石材加工工艺技术攻克，而且可利用磨光和选材技艺使其天然纹饰产生特别的装饰艺术效果。我国西部有很多大型超镁铁岩型蛇纹岩岩体都是很好的绿色石材资源。

（八）其他

西安医学院根据国外用蛇纹石治疗氟骨症的资料，在国内用蛇纹石研制氟宁片获得成功。

将天然蛇纹石先在 650 ~700℃下焙烧，再用蒸馏水洗去其他可溶性杂质，然后经进一步活化处理，可制成对工业废水中的铜具有较高吸附容量和选择性的吸附剂。

蛇纹石经破碎、研磨制成的粉体，可用作填料，用以生产掺有蛇纹石粉的耐热油漆、沥青复合物等等。

第三十一章 滑石 叶蜡石

第一节 概 述

滑石、叶蜡石在晶体结构和性质方面有许多相似之处，它们在矿物学中归属为滑石－叶蜡石族，包括滑石 $Mg_3[Si_4O_{10}](OH)_2$、叶蜡石 $Al_2[Si_4O_{10}](OH)_2$、铁滑石 $Fe_3[Si_4O_{10}](OH)_2$、镍滑石 $Ni_3[Si_4O_{10}](OH)_2$。滑石－叶蜡石族矿物的晶体结构是由两层六方硅氧四面体网层夹一层 Al、Mg、Fe、Ni 阳离子配位八面体层（在滑石中为"氢氧镁石"层，在叶蜡石中为"氢氧铝石"层）所组成的 2∶1 型层状硅酸盐（图 31－1）。每一六方网层的硅氧四面体的活性氧指向同一方向，两层硅氧四面体的活性氧相对排列。氢氧镁（铝）石层中 2/3 个 OH 的位置被硅氧四面体中活性氧所占据。未被替代的 OH 正好位于硅氧四面体六方网格的中心。每一结构单元层内部的电价是平衡的，结合牢固。而结构单元层之间只是靠微弱的分子键联系，因此，这一族矿物均具有平行{001}的极完全解理，薄片具挠性而无弹性。

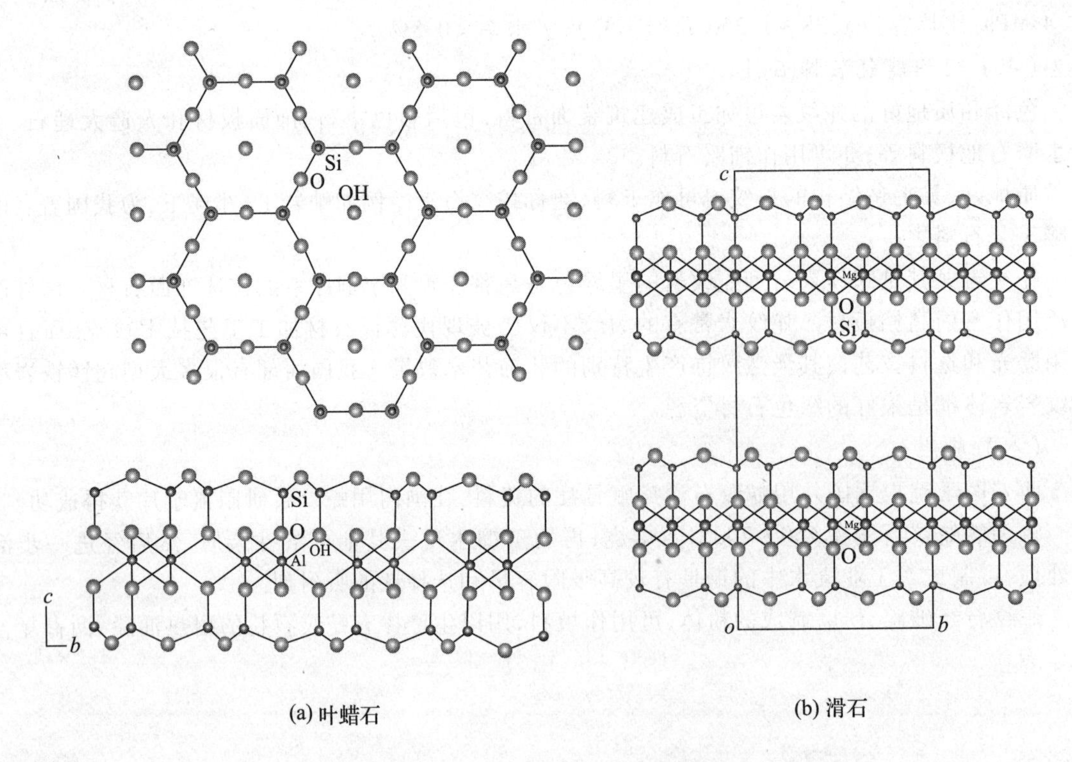

图 31－1 叶蜡石和滑石的晶体结构

Fig. 31－1 The crystal structure of pyrophyllite and talc

但是，Mg^{2+} 和 Al^{3+} 半径及滑石、叶蜡石在晶体化学性质上的差异导致这两种矿物在晶胞大小和物理性质、化学性质以及用途上有显著差别。

第二节 滑　　石

一、化学组成与晶体结构

滑石理想成分的化学式为 $Mg_3[Si_4O_{10}](OH)_2$。各组分含量：MgO 31.72%，SiO_2 63.12%，H_2O 4.67%。常见 Al、Ti 替代 Si；Fe 及少量 Mn、Ni、Al 替代 Mg。有一种富铁变种，即铁滑石，含 FeO 可达 33.7%，可能代表 $Mg_3[Si_4O_{10}](OH)_2 - Fe_3[Si_4O_{10}](OH)_2$ 类质同象系列的端员组分。此外，有少量 K、Na、Ca 可能存在于滑石结构单元层之间，或者为机械混入物中的组分，也有可能替代八面体层中的 Mg。纯滑石的化学成分接近理论计算值，但滑石岩（不纯滑石）的化学成分与其共生矿物的成分有关。例如，辽宁省海城滑石因常与菱镁矿紧密共生而使分析结果出现 MgO 含量高于理论值。超镁铁质岩中的滑石与镁质碳酸盐岩中生成的滑石，由于母岩化学组成及矿物组合差异，所含杂质成分也是有差别的。

滑石晶体结构，单斜晶系，$C_{2h}^6 - C2/c$。$a_0 = 5.27$ Å，$b_0 = 9.12$ Å，$c_0 = 18.85$ Å，$\beta = 100°00'$。$Z = 4$。

晶体形态属斜方柱晶类，$C_{2h} - 2/c(L^2PC)$。微细晶体呈六方或菱形板状，但很少见。

二、晶体光学特征

滑石在偏光显微镜下为无色。二轴晶（−），$2v = 0 \sim 30°$，色散 $r > v$，显著。$N_g = 1.580 \sim 1.600$，$N_m = 1.580 \sim 1.594$，$N_p = 1.530 \sim 1.550$。$N_g - N_p = 0.05$。光轴角平行（100），$N_m \approx a$，$N_g = b$。滑石与叶蜡石的区别是，后者 $2v$ 角大，与硝酸钴反应呈蓝色，pH = 6。滑石与硝酸钴反应呈玫瑰红色，pH = 9。

三、滑石矿石

滑石属改造型矿物，系原有镁质矿物经热液蚀变，或区域变质，或成岩改造而成。滑石矿石极少由单纯滑石晶体组成。通常呈致密块状、片状或鳞片状集合体，有时见有纤维状集合体。各种集合体中均混有一定量的共生矿物。共生矿物的特征取决于滑石的成因类型。常见的共生矿物包括菱镁矿等碳酸盐矿物、绿泥石、蛇纹石、透闪石、磁铁矿和金属硫化物等。工业上应用的“纯”滑石仅指含滑石量达 95% 的矽石。实际上，除化妆品等少数工业对滑石纯度要求很高外，大多数工业用滑石都是以滑石为主的多种矿物的集合体。例如，陶瓷工业用滑石矿石多是片状滑石和透闪石的混合物；造纸、塑料等工业部门所用填料滑石，常常是由滑石和碳酸盐矿物、蛇纹石、绿泥石、燧石、黏土等组成的滑石岩。

因此，滑石矿石实际上是滑石岩。其中质纯的致密块状滑石集合体叫作块滑石，我国辽宁海城等地的优质滑石矿石即块滑石。其余的滑石岩含有较多共生矿物，如辽宁、山东等地的白滑石常与镁质碳酸盐伴生；福建、新疆等地的滑石常伴生有菱镁矿、蛇纹石、透闪石等；而江西、湖南等地的“黑滑石”常伴生石英、方解石、白云石等。滑石可根据主要共生矿物的种类和含量命名，如绿泥石滑石岩、含蛇纹石滑石岩等。滑石矿石的颜色与所含杂质有关。质纯的块滑石，或含石英、方解石等浅色杂质矿物者,呈白色或微带浅黄、粉红、浅绿、浅褐等色;含绿泥石、蛇纹石的滑石岩呈墨绿或翠绿、浅绿、黄绿色;杂质为石墨或有机质时,呈深灰、黑色。

我国辽宁、山东等地蕴藏有丰富的滑石资源,尤以辽宁产的滑石,以其规模和质量的优异闻名于世界。

四、滑石的理化性质

(一) 热学性能

滑石差热分析的吸热谷在955~983℃,平均约970℃处,表明其结构破坏时的温度高。滑石的显著热失重在900℃以后,由脱羟作用引起。X射线分析证实,在900℃时,滑石试样中开始出现新相,即形成角闪石型的链,到1 000~1 200℃时出现辉石型的链,在1 250~1 350℃时结晶出斜顽辉石,同时生成方石英。因而滑石耐热性能很好,其耐火度高达1 490~1 510℃。

煅烧实验表明:滑石在1 350℃时,收缩率很低,仅4.5%,且机械强度和硬度增大。滑石热膨胀率也小,以其配料烧成的堇青石质陶瓷,热膨胀系数为$(2\sim3)\times10^{-6}/K$。

(二) 绝缘性能

滑石的成分特征和层状构造使之具有不导热和良好的电绝缘性。当有含铁矿物(如菱铁矿、黄铁矿、磁铁矿)存在时,绝缘性会降低。用优质滑石矿石制成的滑石瓷是高级绝缘制品,其体积电阻率大于$10^{12}\ \Omega\cdot cm$,击穿电压(50 Hz)为30~45 kV/mm,介质损耗角正切值(20℃,(1 ± 0.2)MHz)为0.000 4~0.000 6。温度升高时,滑石瓷的介质损耗比普通电瓷低得多,也慢得多。

(三) 化学稳定性

实验表明,滑石与强酸(硫酸、硝酸、盐酸)和强碱(氢氧化钾、氢氧化钠)一般都不起作用。在沸腾的1%六氯乙烷中仅溶解2%~6%。

(四) 吸附性和覆盖性

由于滑石的晶体构造特征,纯净滑石加工成的超细粉也是细小片状微粒,有很大的比表面积和良好的分散性,从而具有很好的吸附性和牢固覆盖物体表面的能力。据试验,滑石粉吸油量可达49%~51%,对颜料、药剂和溶液中的杂质都有很强的吸附能力;用超细滑石粉配制的涂料、油漆可严密覆盖物体,形成一层均匀牢固的防火、抗风化的薄膜。

(五) 其他性能

滑石硬度很小,滑腻感很强,其摩擦系数在润滑介质中小于0.1。当矿石中的杂质矿物增多时,滑石润滑性能将明显下降。

块滑石因致密而软,具有良好的机械加工和雕琢性能。

滑石有性凉、利窍的药用功能。

五、滑石的应用

滑石的上述理化性能使之在许多工业部门有广泛用途。

(一) 用作填料的滑石

可用于造纸、塑料、屋面材料、橡胶、化妆品等工业部门。

在造纸领域，滑石作为填料，起着增充剂，控制树脂添加剂，改善纸张光泽和不透明度等重要作用。纸浆中的树脂和其他油脂的成分控制是纸张质量的重要因素。滑石粉的良好分散性和吸附性使其在水存在状况下能有效浸渍油脂。同时，滑石超细粉可很好地吸附树脂，避免树脂在辊筒、金属丝网或其他部件上的积聚。而硅藻土、黏土在造纸工业中虽有相似功能，但不及滑石，且对造纸机器的磨损较大。滑石除作填料外，也可作纸张涂层，增加光滑度和吸附印刷油墨和颜料的能力。

滑石是塑料中的主要充填剂，并可改善塑料的化学稳定性、耐热性、尺寸稳定性、硬度和坚实性、抗冲击强度、导热系数、电绝缘性能、抗拉强度、抗蠕变能力等性能。

在许多热塑塑料中，加入滑石粉可控制熔体的流动性，减少模压制品的蠕变，加快模压循环周期，提高热挠曲温度和尺寸的稳定性。在这类塑料中掺入质纯的滑石，可对模压机的零件起良好的润滑作用。滑石粉在塑料中的加入量可以很大，例如聚烯烃塑料中滑石充填剂可占1% ~ 50%，乙醚纤维素中可添加70%的滑石，因而可降低产品成本。

滑石和有机黏结剂一起使用时，对塑料和橡胶制品的性能改进有良好效果。例如，硅烷黏结剂（其化学式为 $R—Si(OX)$）具有两种不同的化学官能团。R 代表有机官能团，OX 代表可与硅进行水解作用的原子团。这些原子团与无机物（滑石）表面的 Si 相互作用，使这种复合充填剂有更牢固的黏结效力，从而增大充填剂用量，并改进制品性能。例如，加入50%（质量分数）这种填料的重聚乙烯塑料，其抗拉强度比不含硅烷的标准品提高25% ~30%。

在油毡等屋面制品中用滑石作充填料时，滑石在熔融的沥青组分中起稳定剂作用，增加屋面制品的稳定性和抗风化能力，并防止制品相互黏结。滑石在干灭火粉中作掺和料的用量很大。其主要作用是利用其滑腻性保持灭火粉的正常流动性。纺织工业也用滑石作填充剂，同时也起漂白剂作用。化妆品中需用高质量滑石作添加剂。

各种工业部门对滑石的质量，包括颜色、粒度及理化性质，都有具体要求。如造纸工业使用的滑石粉须具有高的白度，一般在75 ~90°；粒度要求325目和200目筛的通过率为98%；铁质和钙质含量应小；烧失量稳定，一般在10% ~15%；水分不大于1%；尘埃度限制在0.5 ~ 1.0 mm^2/g。又譬如化妆品对滑石要求：质纯，白度高；只允许含微量碳酸盐矿物、透闪石，少量绿泥石；要求加热后颜色不变；滑石粉能100%通过150 μm 筛网（100目），其中，至少98%通过75 μm 筛网（200目）；无臭味，制成化妆品后香味保持长久；涂抹在人身上有一种“滑润”和“油润”感，用力擦时，白色消失；与石蕊试纸呈中性反应；溶解于水的物质最多为0.1%，溶于酸的物质最多为2.0%，烧失量最大为5.0%；滑石中最大含砷量为百万分之三，铅的最大含量为百万分之二十；包括酵母、霉菌的喜气生物培养皿计数最大值为100个/g，阴性细菌培养皿计数最大值为10个/g。

（二）涂料工业用滑石

滑石在涂料工业中基本上也是作填料，但对其白度、吸附性、覆盖力、化学惰性和掺和量有较严格的要求。

滑石的极完全底面解理及其超细粉的分散性、吸附性、覆盖力可以控制涂料的最佳稠度，增强涂料的层膜均匀性，有强遮盖力，防止涂层下垂，控制涂料的光泽度；滑石有良好的吸附性，尤其是强吸油性，为“亲”油矿物，是油漆的重要配料。加之滑石有良好的化学惰性，可防止油漆沉淀和涂层老化、破裂，提高抗风化能力。

（三）陶瓷工业用滑石

块滑石和滑石粉均可用作陶瓷原料。

块滑石瓷（也称作合成的熔岩滑石）是由优质块滑石碎料与黏结剂及其他配料混合，用可塑成型法、注浆法、压制法等做成各种构型的陶坯零件，再经窑内 1 300℃高温烧结而成。块滑石瓷具有良好的介电性能和机械强度。据北京轻工业学院测定，其体积电阻率为 7×10^{12} Ω·cm（100℃），相对介电常数 6.5 ~ 7.0，介质损耗角正切值（20℃，（1 ± 22） MHz）为 0.000 4 ~ 0.000 6，击穿电压（50 Hz）30 ~ 45 kV/mm，抗压、抗张、抗折强度分别为 56.9 ~ 58.8 MPa、490 ~ 785 MPa、127.5 ~ 157 MPa。块滑石瓷是一种高频和超高频电瓷绝缘材料，可用于无线电接收机、发射机、电视、雷达、无线电测向、遥控和高频电炉工程等。这种瓷可耐高温，故可用作飞机和汽车发动机、火花塞等的喷嘴材料。对块滑石瓷的滑石矿石的基本要求是 CaO 含量≤1.5%，Al_2O_3 含量≤4%，Fe_2O_3 含量≤1.5%，即非滑石矿物的最大含量一般要求在 5% ~10%，最好在 1% ~2%。

滑石粉以不同数量（质量分数）混入陶瓷坯体材料，可控制陶瓷的性能。加入少量滑石粉（15%）替代黏土，产品韧性增强，透明度增加，色彩明亮；加入 30% ~40% 的滑石粉时，可制成堇青石质陶瓷；加入 40% ~80% 的滑石粉所生产的瓷砖、瓷片的热膨胀和湿膨胀性都很低，不产生龟裂，且强度高，色彩美；加入 50% ~60% 的滑石粉，可制成镁质瓷，具有高的热稳定性、低的热膨胀系数和良好的绝缘性能。滑石粉在陶瓷釉料生产中也用作配料。

滑石粉在陶瓷生产中的良好效应是由于其热稳定性好，在高温时出现高强度物相结构，并由此导出的一些优良性能。譬如，陶瓷在高温烧成中，滑石转变成顽火辉石，使坯体的热膨胀系数有所增大，造成表面釉层受压，从而避免釉面产生裂纹。

（四）滑石的其他用途

在各种编织材料（包括防水布、防火布、绳索等）中作胶料充填剂，可增强编织物的密实程度和抗热、耐酸碱性能。此类用途的滑石要求白度高。

用作各种润滑剂的添加剂，可控制润滑剂的冻结性和流散性，使其在很大温度范围内均可使用。

防腐蚀的化合物中要用滑石作配料。如汽车底盘涂层用的防腐剂中的滑石掺入量可达 50%，对所用滑石粉细度的要求 <10 μm。

在食品工业和农业方面也有较广泛用途。如用滑石粉作谷物打亮，吸收食物气味，过滤水，作杀虫剂添料，用作镁质矿物肥。

我国滑石消费行业的占比为：油漆涂料 30%，造纸 25%，塑料 20%，陶瓷 10%，食品医药及化妆品 10%，其他 5%。

各主要工业部门对滑石矿石的品级要求，可参考表 31 - 1 及相关标准。

表 31 - 1　滑石的主要用途

Table 31 - 1　The main application of talc

应用领域	主要用途	使用滑石品级
造纸工业	作涂料和填料。超细滑石粉能够与高岭土、碳酸钙、二氧化钛颜料一起用于控制纸张的研光性、着墨性、光泽、亮度及不透明度	造纸特Ⅰ、Ⅱ、Ⅲ级滑石粉

续表

应用领域	主要用途	使用滑石品级
电缆、塑料、橡胶工业	作填料。改善塑料、橡胶的抗酸碱性、耐热性、抗冲击强度、导热系数、抗拉强度、抗蠕变能力及电绝缘性能,同时可以改善橡胶的加工性能	电缆Ⅰ、Ⅱ级滑石粉
陶瓷、耐火材料工业	作配料和釉料。作为配料滑石能有效地控制陶瓷坯体的热膨胀性。作为釉的配料能提供廉价的氧化镁来源。滑石块可直接加工成板材,作为炉衬、窑衬或绝缘电盘	陶瓷Ⅰ、Ⅱ级滑石粉工业原料特级滑石块
纺织工业	利用滑石的低磨损度和高的白度,作为纺织品的填充和增白剂	纺织特级Ⅰ、Ⅱ级滑石粉
油漆工业	作为填料。滑石易于均匀地分散在水基和有机质中,同时具有化学惰性和高的吸油率,能改善涂料的分散度	物级、Ⅰ、Ⅱ级滑石粉,微粉及普通粉
化妆品、医药、食品	作为化妆品的填料,医药和食品的载体、添加剂	医药Ⅰ、Ⅱ级滑石粉
其他	雕刻工艺美术品,制作工业用石笔。作为载体、填料、减磨材料、隔离剂、脱模剂等,如油毡的隔离剂、润滑脂、农药、化肥的载体等	工业原料Ⅰ级滑石块各种等级滑石粉

质量好的滑石主要来自富镁质碳酸盐岩石经热液蚀变或区域变质改造的滑石矿床。镁质超基性岩型滑石矿床的规模一般不大,且含杂质矿物较多,纯度和白度均不及镁质碳酸盐岩型滑石。

第三节 叶 蜡 石

叶蜡石晶体属斜方柱晶类,$C_{2h}-2/m(L^2PC)$,但很少具有完整的晶体。常呈鳞片状或隐晶致密块体,有时呈放射叶片状集合体,我国广西发现石棉状叶蜡石,据朱自尊等研究(1986),叶蜡石纤维呈条板状,纤维长一般为 6～10 mm,直径一般为 4～10 μm,为实心纤维,纤维延长方向为 a 轴,与 N_g 基本一致,呈横纤维或斜纤维脉产生。

一、化学组成及晶体结构

叶蜡石理想成分的化学式为 $Al_2[Si_4O_{10}](OH)_2$,组分含量 Al_2O_3 28.3%,SiO_2 66.7%,H_2O 5.0%。Al 可被少量 Fe^{2+}、Fe^{3+}、Mg^{2+} 代替,并平行 b 轴排列。F. V. Chukllrow 等(1978)报道了一种靠近 Fe^{3+} 端员的叶蜡石,命名为铁叶蜡石 $Fe_2[Si_4O_{10}](OH)_2$;硅氧四面体中的 Si^{4+} 也可被少量 Al^{3+} 替换;常含有少量 K、Na、Ca,它们在叶蜡石结构中的位置还不很清楚。有可能是存在于结构单元层之间,以补偿 Al 替代 Si 所产生的正电荷之不足。也有人认为 K、Na、Ca 是叶蜡石晶体表面吸附离子,或者是叶蜡石中含有少量白云母所致。

叶蜡石与高岭石成分相似,但叶蜡石的 SiO_2 含量高,Al_2O_3 含量低,H_2O 含量更是所有含水铝硅酸盐中最少者。

叶蜡石晶体结构特征是由一层氢氧铝石八面体层夹在两层硅氧四面体层之间组成的2:1型层状结构。但是,叶蜡石八面体位中只有2/3被Al^{3+}占据(M_1),还有1/3的八面体位是空着的(M_2),故叶蜡石属二八面体型结构,其晶体中存在M_1、M_2两种大小不同、对称有别的八面体位。M_1不是正八面体,与相邻M_1的共棱比其他棱短,阳离子与阴离子平均距离为0.195 nm;M_2八面体六个边长相等,阳离子与阴离子平均距离为0.220 nm,M_2八面体比M_1大。两种八面体的数量比,$M_1:M_2=2:1$。

硅氧四面体层中的四面体排列也不是理想的正六方网状。相邻四面体彼此反向旋转一角度(φ),φ角约10°,发生畸变,使四面体层b轴方向缩短,与二八面体型结构中较小的八面体层相适应。

叶蜡石有两种多型,即单斜晶系叶蜡石和三斜晶系叶蜡石。

单斜晶系的叶蜡石(2M)较常见。C_{2h}^6-C2/c。$a_0=5.15$ Å,$b_0=8.92$ Å,$c_0=18.95$ Å,$\beta=99°55'$;$Z=2$。三斜晶系叶蜡石($1T_C$),PI应该为$Ci^1-P\bar{1}$。$a_0=5.17$ Å,$b_0=8.96$ Å,$c_0=9.36$ Å,$\alpha=91.12°$,$\beta=100°24'$,$\gamma=90.0°$;$Z=2$。三斜晶系叶蜡石的(001)、(002)和(003)强反射d值分别为9.20 Å,4.60 Å和3.07 Å,单斜晶系叶蜡石的(002)、(004)和(006)强反射d值分别为9.21 Å、4.58 Å和3.08 Å。

两种叶蜡石在X射线衍射特征方向的区别,主要在2θ为20~22°和28~31°两个区间,hkl反射的强度及衍射峰形状方向,单斜晶系在20~22°(2θ)范围内有0.442 nm和0.417 nm 2个较钝而宽的中强峰,而三斜晶系叶蜡石有0.441 nm,0.425 nm和0.406 nm 3个峰,其中0.441 nm峰较强,其余2个峰较弱;在28~31°(2θ)范围内,单斜晶系叶蜡石只有0.307 nm 1个尖锐强峰,而三斜晶系叶蜡石除有0.307 nm尖锐强峰外,还有0.317 nm和0.295 nm 2个较弱的峰(据李文瑛、张惠芬等,1987)。此外,还有一种无序结构的叶蜡石。

叶蜡石与高岭石、迪开石的区别,在拉曼光谱中十分明显。叶蜡石以266 cm^{-1}谱带最强,200 cm^{-1}和710 cm^{-1}为中等强度;高岭石的最强谱峰在137 cm^{-1},另外,343 cm^{-1}和470 cm^{-1}两条谱线强度也较大;迪开石的强峰在150 cm^{-1}处,340 cm^{-1}和470 cm^{-1}两条谱线明显弱于高岭石。

二、叶蜡石矿石

自然界很少见到纯净的叶蜡石矿石。实际所用的叶蜡石是以叶蜡石为主的多种矿物集合体,通称为"蜡石"。由于产地和矿石特征差异,叶蜡石矿石有不同的名称。例如,按产地命名的寿山石、青田石、昌化石;按用途命名的石笔石、印章石;按某些特性或外貌命名的冻石、鸡血石等。

现在,"蜡石"的含义更广,泛指质软、富脂肪感、由各种细微矿物组成的致密块体,既可以是以叶蜡石为主的,也可以不含或含少量叶蜡石,如有的把高岭石、迪开石、硬水铝石、云母的致密块状集合体,高岭石、滑石或绢云母集合体也称作"蜡石"。

叶蜡石是$SiO_2-Al_2O_3-H_2O$三元体系中的矿物。据R. Roy等(1954)研究,这个体系可能出现的矿物还有高岭石、迪开石、硬水铝石、铝芒脱石、刚玉、红柱石、石英等。此外,由于有K、Na的存在,还会有明矾石、云母等生成。因此,叶蜡石矿石常常是多矿物集合体,且不同产地叶蜡石矿石的矿物组合差异较大,即使是同一矿床中不同部位的矿石,其矿物组成和化学成分也可能有明显差异。

目前,对叶蜡石矿石类型的划分意见尚不统一。按照矿物组合,可分为石英-叶蜡石类,高岭石-叶蜡石类,绢云母-叶蜡石类,纯叶蜡石类等;按化学成分,可分为高铝、中铝、低铝叶蜡石等。《中国工业矿物和岩石》(上册)(陶维屏主编,1987)详细介绍了叶蜡石矿石类型划分的5种意见。

三、成因和产状

叶蜡石命名不统一及矿物共生组合的复杂性,与其成因及产状有一定关系。

叶蜡石基本上属于热液蚀变型矿物,通常是由酸性火山凝灰岩经热液蚀变而成。此外,在某些富铝变质岩中也有产出。

热液蚀变成因的叶蜡石矿石的矿物组合与成矿介质条件有关。强酸性介质有利石英生成。弱酸性介质则可生成高岭石、迪开石。叶蜡石的生成环境与高岭石相比,相对偏碱性一些。蒙脱石则是在碱性较强的介质中生成。热液与围岩发生交代反应过程中,介质的pH是会发生变化的,且成矿环境温度也随热液活动的空间位变化而变化。因此,叶蜡石矿床中有明显分带现象。例如澳大利亚潘布拉叶蜡石矿床,中心为绿泥石质叶蜡石带,向外是玉髓质叶蜡石和绢云母质叶蜡石的不完全分异带。

关于叶蜡石生成的温度和压力条件,许多学者作过研究。B. T. Alan(1970)在325±20℃、10 MPa条件下建立了"高岭石+石英══叶蜡石+水"的平衡系统,证实叶蜡石形成的下限温度可达300℃,上限为570℃左右。日本和前苏联学者发现过叶蜡石生成的更低温度,如前苏联Kunashir岛上的火山酸性热泉在低于100℃的条件下有叶蜡石形成。

母岩成分对叶蜡石矿石矿物组合也有重要影响。在温度高于500℃,压力为53.7~54.7 MPa,SiO_2/Al_2O_3分子比为1:2,或1:4,或1:6时,均可生成叶蜡石;在400℃,30.4 MPa下,SiO_2/Al_2O_3分子比为1:2时,可生成叶蜡石、一水铝石、高岭石,分子比为1:4时,只生成叶蜡石,分子比大于1:6时,生成石英和叶蜡石。

四、叶蜡石的理化性质

(一)热膨胀性能

用激光干涉热膨胀仪测定叶蜡石的热膨胀系数时发现,不同产地叶蜡石因纯度不一,其热膨胀系数差别很大。纯度越高的叶蜡石矿石,其热膨胀系数越小。例如,青田一号试样较纯,在600℃时的热膨胀系数为$(7.7\sim8.6)\times10^{-6}/K$;而上虞八号试样含石英较多,在600℃时的热膨胀系数为$19.8\times10^{-6}/K$,这是因为石英在室温至600℃区间体积膨胀,增大的体积可达4.52%,例如α相石英在573℃转变为β相时伴有0.8%的体积变化。所以,含石英的叶蜡石矿石在500~600℃范围内的热膨胀系数会迅速增大。汪灵对不同产地、不同多型叶蜡石的研究认为叶蜡石具有相似的高温物相及其演化特征,从室温到熔点一般可划分出7个演化阶段,方石英阶段及其以前各阶段的物相及其演化特征与$SiO_2-Al_2O_3$体系相图有很大差异,以后则与该相图基本相符。

(二)热辐射性能

以氧化的不锈钢为参照体,用比较法可测定叶蜡石的相对热辐射率。在常见的矿物中,叶蜡石热辐射率是相对较低的。如青田、上虞的叶蜡石的热辐射率为0.41~0.53。

热辐射率低的矿物具有较高的热反射率，能把投射到它表面的大部分热反射出，有良好的隔热效果。叶蜡石的这一优良性能也提高了它的耐烧蚀性能。

（三）耐烧蚀性能

火箭发动机、导弹喷管等部位，在高温高速气流冲刷下会产生烧蚀。依靠消耗物质来保护经受高温和高速气流冲刷物体的过程称作烧蚀过程。在受热过程中消耗物质，实质上是物质受热发生分解、脱水、相变及升华等现象，吸收大量热量，使温度显著降低，达到改善部件耐烧蚀性能之目的。滑石、水镁石、温石棉、叶蜡石等都是耐烧蚀性能好的矿物。

叶蜡石耐烧蚀的原因之一，是脱水温度适中（600～800℃）。矿物分解、脱水、相变温度过高或过低，对烧蚀材料的强度保持都不利；原因之二是叶蜡石在高温时相变为莫来石（富铝红柱石）、方石英等热稳定性好的矿物。

（四）耐高温性能

叶蜡石的耐火度较高，一般在1 650℃以上，甚至可超过1 700℃。叶蜡石耐火材料在高温下不收缩，在温度剧变条件下不碎裂，能经受钢渣和金属的冲击。还有较强的抗蠕变能力。

热处理叶蜡石的X射线及红外光谱分析也表明，叶蜡石在600～1 000℃是稳定的，结构没有发生根本变化，只有某种程度的畸变，在1 100～1 300℃时，叶蜡石逐渐分解，形成高温稳定的富铝红柱石相和方石英相。

（五）化学稳定性

朱自尊等（1986）对纤维叶蜡石作过耐腐蚀性研究，叶蜡石的酸腐蚀量平均为1.23%，碱腐蚀量平均为2.23%，表现了很好的化学稳定性。这是因为叶蜡石不含（或基本不含）易溶解于酸的离子（如Fe^{2+}、Ca^{2+}、Mg^{2+}、Na^{+}、K^{+}），OH全部存在于结构单元层内部，不易与酸发生作用；碱对Si、Al有一定溶解能力，但Si、Al均牢固地存在于结构单元层内。

（六）其他性能

叶蜡石在加热过程中发生褪色现象。加热达660℃时，灰色、灰白、淡黄色、浅绿等色调发生部分褪色。温度越高，褪色越明显。到1 000℃时，变为雪白色。

叶蜡石还有良好的绝缘性和润滑性能。

五、叶蜡石的应用

叶蜡石是具有多种用途的非金属矿物原料，主要用途见表31－2。

表31－2　叶蜡石的主要用途及品质要求

Table 31－2　The main applications and quality requirements of pyropliyllite

应用领域	用途	品质要求
陶瓷	生产陶瓷、面砖、电瓷、卫生瓷，作耐熔的惰性坯料，耐熔坯体填料，辅助材料	Al_2O_3含量＞14%～27%；SiO_2含量为65%～75%；Fe_2O_3含量＜0.5%；（K_2O＋Na_2O）含量＜0.6%～1.2%； 泥浆流动性好，渗透性好，坯体干燥收缩小，不变形，烧成裂隙小，烧成白度90%～96%

续表

应用领域	用途	品质要求
耐火材料	早期大块叶蜡石直接砌凿成砖块、烟囱、炉底，称作耐火石或炉石；制耐火砖原料；转炉炼钢用于盛钢桶衬砖；叶蜡石与黏土制成耐火泥浆、耐火涂料、耐火混凝土骨料；制造坩埚；铸膜涂料	基本要求：Al_2O_3 含量 15% ~ 30%；SiO_2 含量 70% ~ 85%；Fe_2O_3 含量 < 0.5% ~ 2%；MgO 含量 < 1%；CaO 含量 < 1%；烧失量 < 5% ~ 7%，耐火度 1 650 ~ 1 690℃。 用作盛钢桶衬砖要求：含石英少，Fe_2O_3 含量 < 1%，耐火度 1 670°C 左右。 坩埚用叶蜡石要求：耐火度 > 1 690°C，Al_2O_3 含量≥25%，Fe_2O_3 含量≤0.5%
工艺品	做工艺品在我国有悠久的历史，享誉世界。著名的有寿山石、鱼脑冻、灯光冻、芙蓉冻、鸡血石、青田石等。工艺品有香炉、烟具、佛珠、印章、石俑、花瓶、装饰石材等	色泽艳丽，光彩夺目，无裂隙，强度大，硬度适中，透明度好，少杂质
玻璃	为无碱玻璃和部分中碱玻璃原料； 与石英熔炼拉成玻璃纤维可制玻璃钢，或制成耐酸、碱及高温的玻璃布，是一种新型贴墙材料	Al_2O_3 含量 > 25%；SiO_2 含量 < 70%；Fe_2O_3 含量 < 0.4%；K_2O 含量 < 1%；不含着色金属和杂质；叶蜡石颜色要浅
造纸	用作填料，增加纸张的密度、平滑性、均整性、柔软性及透印性。具片状结构的叶蜡石在生产铜版纸中用作涂料	作纸张填料粒度要求≤0.074 mm，白度 90%；作纸张涂料要求≤2 μm 的粒级成分含量 > 90%，白度 > 90%
塑料	在偶联剂作用下，表面亲有机物性能增强，用于塑料的填料的强度和刚度	≤0.15 mm 的粒级成分含量 > 98%，白度 70% ~ 80%，水分 < 0.5%，含叶蜡石 80% ~ 85%
橡胶	用作掺和剂，使橡胶表面光滑，增加耐磨性和强度。用于电缆能防止沥青粘连	≤0.044 mm 的粒级成分含量 > 98%，Fe_2O_3 < 1% ~ 1.5%，烧失量 < 80%，水分 < 0.5%，含叶蜡石 80% ~ 85%
白水泥	与石灰石混合、磨细、烧成，生产白水泥	Al_2O_3 含量 < 20%；Fe_2O_3 含量 < 0.5%
其他	白棉布、防火布的填料及增白剂；糖果、医药用填料及润滑剂，化妆品配料；搪瓷釉原料；焊条掺和料；色铅笔芯填加，增加书写时滑度	纺织布用白度 > 85%，≤0.044 mm 的粒级成分含量 > 98%，食品药用 − 10 μm 粒级成分含量 > 99%，含砷 < 0.001 4%

（一）用作陶瓷矿物原料

我国应用叶蜡石已有近两千年的历史，最早应用的领域之一就是烧制瓷器。在陶瓷坯体烧成过程中，在 1 200℃上下时，叶蜡石转变为方石英，体积有较大膨胀，而高岭石在相同温度下发生明显收缩，两者相互补偿，使坯体体积保持基本稳定，保证了产品的机械强度。

叶蜡石在高温下的退色效应使瓷具有特别洁白和高光亮度的特性，提高了瓷的白度。

（二）用作耐火材料

叶蜡石质耐火砖和叶蜡石质耐火泥都是很好的耐火材料。叶蜡石质砖主要用于浇钢系统的盛钢缸衬砖、袖砖，也用于铸造化铁炉衬砖、各种窑炉底部和烟道用砖、铁水缸衬砖。这种耐火材料的熔点高，高温下体积稳定，温度剧变时不易破裂。不需要像一般耐火材料那样预先煅烧，而可以用规定粒径的叶蜡石直接掺入耐火材料混合物中（通常与耐火黏土混合制成）。

在叶蜡石质耐火砖与熔渣接触面上，可形成一种高韧度物质的保护层，有效地降低耐火砖破损率，延长耐火砖寿命。

对此种用途叶蜡石矿石的基本要求是：Al_2O_3 含量 $>24\%$，Fe_2O_3 含量 $<3\%$，CaO 含量 $<1\%$，烧失量 $<15\%$，耐火度 $>1\ 670$℃。

（三）用作雕刻工艺的彩石、观赏石和印章石

用叶蜡石雕刻工艺品和印章有着悠久的历史。据记载，距今 1 500 年前就有泰山石雕刻工艺品问世。

雕刻用叶蜡石品种有数十种之多，矿物组成各异，贵贱差别很大。最名贵的有“田黄石”，人称“黄金易得，田黄难求”，还有价值昂贵的“鸡血石”，百年稀珍的“水坑冻”、“鱼脑冻”等。

对矿石的要求主要从质地、色泽、石形和块度等方面综合评价。质地——以洁净、细腻、透明，没有杂质和裂隙为上等品；色泽——以单一瑰丽为好；石形——以有观赏价值和便于加工为佳；块度——指单块矿石的重量。品种昂贵者以 g 为价值单位，较好的蜡石以 kg 为单位，低档蜡石则以 t 计算价值。

（四）用作玻璃纤维生产原料

叶蜡石是无碱玻璃球的主要原料之一。无碱玻璃球主要用以拉制玻璃纤维，用于电绝缘器材，玻璃钢、橡胶制品和玻璃布等。

（五）用作填料和载体

在造纸、橡胶、油漆、日用化工和农药等工业部门，叶蜡石以其硬度低、滑腻性良好，化学性质稳定、良好的覆盖力和吸附性、白度高等优良性能，用作填料和载体。

（六）在尖端技术工业中的用途

符合品质要求的叶蜡石是航天发动机喷管的优质密封材料。中国科学院地球化学研究所对叶蜡石矿石这一领域的应用进行了成功的研究。大量测试数据表明，叶蜡石具有一系列优良热物理性能：在高温下的热膨胀系数小，热稳定性高，热辐射率低，隔热效果优良，耐烧蚀性好，润滑性、密封性好，可作为高温高速气流冲击部件的密封腻子材料用于航天工业。试验证明，无论纯

叶蜡石，还是含高岭石（迪开石）的叶蜡石都可以应用。

利用叶蜡石熔点高等热稳定性能和化学稳定性，可制作合成金刚石的模具。

叶蜡石的应用中，国外用量最多的是生产耐火材料，据统计，美国和日本用于耐火材料生产的叶蜡石矿分别占本国总消费量的50%和60%；其次是陶瓷工业。

第三十二章　云母　伊利石

第一节　概　　述

云母族矿物种类较多,可分为白云母亚族和金云母-黑云母亚族。白云母亚族包括钠云母、白云母、钒云母和海绿石;金云母-黑云母亚族包括金云母、黑云母、锌三层云母、铁锂云母、锰锂云母、锂云母。其中,应用最广的是白云母,其次为金云母。

一、化学组成

云母族矿物的成分通式可用$X\{Y_{2\sim3}[Z_4O_{10}](OH)_2\}$表示。式中,$Z$组阳离子主要是位于硅氧四面体层的$Si^{4+}$和$Al^{3+}$,配位数为4,一般Al:Si=1:3,有时有$Fe^{2+}$、$Cr^{3+}$代替;$Y$组阳离子主要是$Al^{3+}$、$Fe^{2+}$和$Mg^{2+}$,其次有$Li^{+}$、$V^{2+}$、$Cr^{3+}$、$Zn^{2+}$、$Ti^{4+}$、$Mn^{2+}$等,为六次配位,位于配位八面体层中;$X$组阳离子主要是大阳离子$K^{+}$,有时有$Na^{+}$、$Ca^{2+}$、$Ba^{2+}$、$Rb^{+}$、$Cs^{+}$等,配位数为12,位于云母结构层之间。

附加阴离子OH^{-}可被F^{-}、Cl^{-}替代。

二、晶体结构

云母族矿物晶体结构可以白云母为代表(图32-1)。$[(Si,Al)O_4]$四面体共3个角顶相连形成六方网层,四面体活性氧朝向一边。附加阴离子OH^{-}位于六方网格中央,与活性氧位于同一平面上。两层六方网层的活性氧相对指向,并沿[100]方向位移$a/3$(约1.7 Å),使两层的活

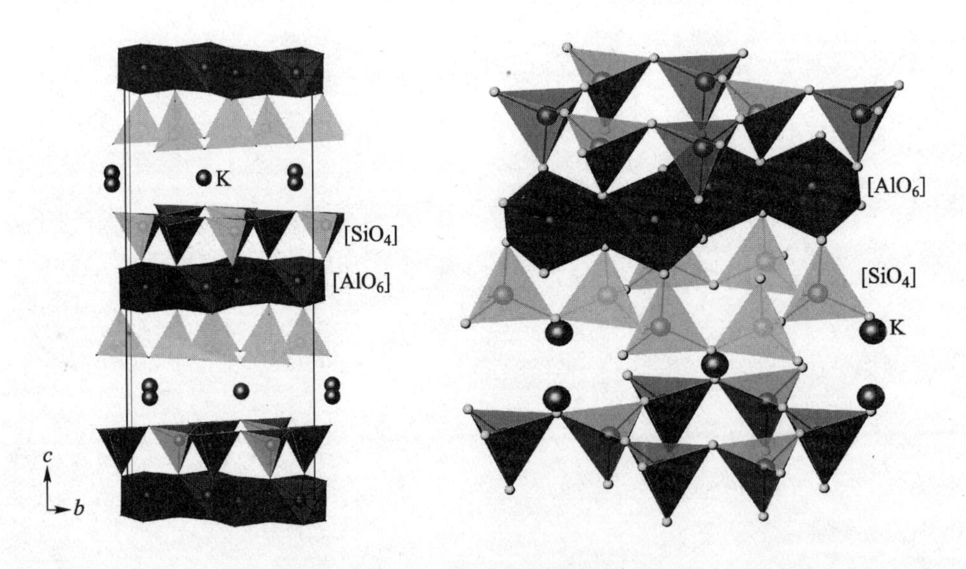

图32-1　白云母晶体结构

Fig. 32-1　The crystal structure of muscovite

性氧和 OH^- 呈最紧密堆积。其间所形成的八面体空隙，为 Y 组阳离子充填，从而构成两层六方网层夹一层八面体层的三层结构层，称为云母结构层，与滑石或叶蜡石结构层相似。所不同的是白云母六方网层中的 Si^{4+} 有 1/4 为 Al^{3+} 所代替，使结构层内有剩余电荷，因而要求较大的阳离子（如 K^+）存在于结构层之间，以维持电荷平衡。

云母晶胞的横向尺寸，即 a_0 和 b_0 分别约为 5.3 Å 和 9.2 Å；b_0 值一般随八面体层中阳离子种类及数量而变。[$(Si, Al)O_4$]四面体六方网层的相对位移，不仅提供了 Y 组阳离子的位置，同时破坏了六方对称，使云母结构层的对称降低。云母结构层的重复距离约为 10 Å，故云母族矿物的 c_0 为 10 Å 或其倍数。

按云母结构层内八面体层阳离子的种类和填充数量，云母族矿物可分为二八面体型和三八面体型两类。八面体空隙若为三价阳离子填充，只能占据 2/3 空隙，称为二八面体型云母（如白云母、钒云母、钠云母）；八面体空隙中若为二价阳离子，则全部空隙均被填满，称为三八面体型云母（黑云母、金云母）。此外，还有一种过渡型云母。用 X 射线粉末法分析的 $d_{(060)}$ 值可以区分上述云母的类型。一般二八面体型云母的 $d_{(060)}$ = 1.480 ~ 1.510 Å，三八面体型云母 $d_{(060)}$ = 1.530 ~ 1.557 Å。过渡型云母的 $d_{(060)}$ = 1.510 ~ 1.530 Å。

云母族矿物的多型较发育。它们系由前述云母结构层（三层结构层）之间的位移方向（有 0°、60°、120°、180°、240°、300°）不同，因而出现不同的堆垛形式而形成的。云母族矿物的较简单的多型有 6 种，即 $1M$、$2M_1$、$2M_2$、$2O$、$3T$、$6H$（图 32－2，表 32－1）。$1M$ 多型，即相邻三层结构层的位移方向相同（0°），只沿 a 轴方向位移，重复层数为 1，单斜对称；$2O$ 多型是相邻的云母结构层的位移方向，相继为 0°和 180°，重复层数为 2，斜方对称；此外，相邻云母结构层还有相继为 120°和 240°，120°和 60°两种位移方式，重复层数均为 2，都属单斜对称，分别为 $2M_1$、$2M_2$ 多型；$3T$ 多型是相邻结构层位移方向相继为 120°、240°和 360°。重复层数为 3，属三方对称；$6H$ 多型是相邻结构层相继以 120°、180°、240°、300°、360°和 60°方向位移，重复层数为 6，具六方对称。更复杂的多型可从上述 6 种基本多型扩展而成。

云母类矿物 6 种简单多型中，在自然界已发现的有 $1M$、$2M_1$、$2M_2$ 和 $3T$ 型。钠云母有 $2M_1$ 和 $3T$ 两种多型，主要是 $2M_1$；白云母有 $1M$、$1M_d$（无序型）、$2M_1$ 和 $3T$，主要是 $2M_1$；黑云母、金云母有 $1M$、$2M_1$ 和 $3T$，主要是 $1M$；锂云母有 $1M$、$2M_2$ 和 $3T$，主要是 $1M$ 和 $2M_2$ 多型；海绿石的多型有 $1M$、$2M_1$、$2M_2$ 和 $3T$。

云母多型的区分较为复杂。X 射线粉末法分析是常用的手段。例如，$2M_1$ 型白云母特征反射线较多，其 d 值分别为 4.28 ~ 4.30、4.07 ~ 4.14、3.71 ~ 3.74、3.46 ~ 3.54、2.97 ~ 3.01、2.76 ~ 2.80；$1M$ 型白云母的特征反射线较少，其 d 值为 3.61 ~ 3.66、3.07 ~ 3.11、2.67 ~ 2.69。如果这两套特征 d 值同时出现，则为 $2M_1$ + $1M$ 型。

多型种类与化学成分之间有一定相关性，主要与 Y 组阳离子的种类及含量有关。譬如，Li－Al 云母类矿物，当 Li_2O 含量 $<3.4\%$ 时，为 $2M_1$ 型；Li_2O 含量为 3.4% ~ 4%，是过渡型；Li_2O 含量为 4% ~ 5.1% 时，为 $6H$ 型；当 Li_2O 含量 $>5.1\%$ 时，为 $1M$ 或 $3T$ 型。

云母多型与成矿地质环境的关系还不十分清楚。一般认为，在成岩过程中云母多型是按 $1M_d \rightarrow 1M \rightarrow 2M_1$ 型方向演变。即从无序向有序、稳定的方向演化。花岗岩、伟晶岩中的云母可出现 1 种，甚至 2 种以上的多型，这与母岩形成的多期性，以及与晚期云母保留着早期云母的多型有关。

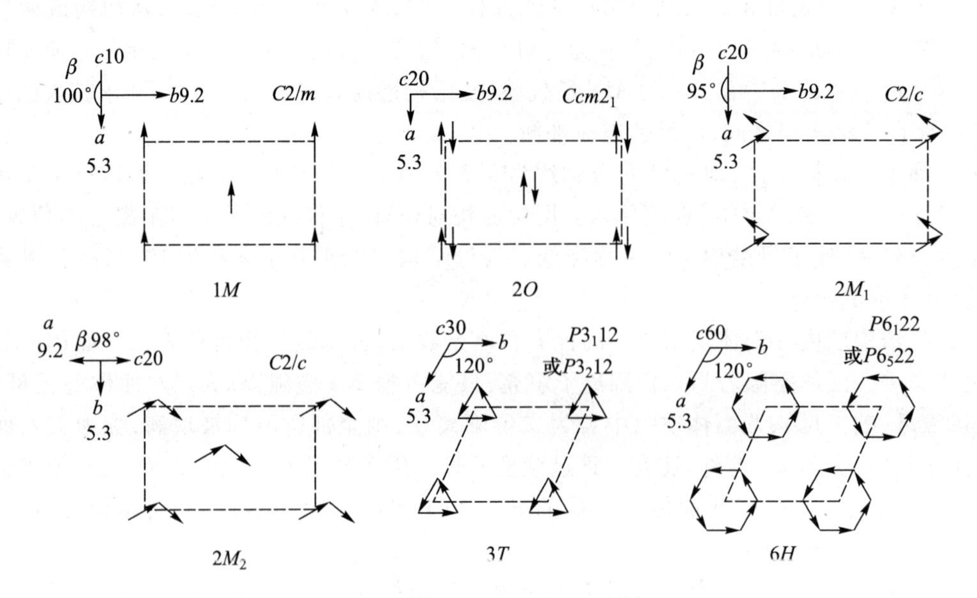

箭头表示单位结构层的堆积矢量,单位晶胞用虚细线划出。

图 32－2　云母的 6 种简单多型

Fig. 32－2　The six polytypes of mica

表 32－1　云母多型的晶系、空间群和晶胞参数

Table 32－1　The crystal system, space group and cell parameters of mica polytypes

多型	晶系	重复层数	a_0/Å	b_0/Å	c_0/Å	B/°	空间群
1*M*	单斜	1	5.3	9.2	10	100	*C*2/*m* 或 *Cm*
$2M_1$	单斜	2	5.3	9.2	20	95	*C*2/*c*
$2M_2$	单斜	2	9.2	5.3	20	98	*C*2/*c*
2*O*	斜方	2	5.3	9.2	20	90	*Ccm*2
3*T*	三方	3	5.3	—	30	—	$P3_112$ 或 $P3_212$
6*H*	六方	6	5.3	—	60	—	$P6_122$ 或 $P6_522$

三、晶体形态及理化性质

云母结构中的[(Si,Al)O_4]网层接近于六方对称,因而云母晶体常呈假六方板片状或柱状,有时呈六方三连晶。常见按云母律形成双晶,双晶轴平行(001),而与(001)和(110)交棱垂直。也可按此双晶律形成穿插三连晶。

由于云母族矿物具层状结构,且结构层之间仅有 *X* 组阳离子的较弱联系。即结构层内离子间的联系力明显大于结构层间的联系力,因而使云母具有{001}极完全解理,薄片具有弹性。摩氏硬度为 2 ~ 3，比同样具{001}解理的滑石、叶蜡石的硬度高；云母的力学、电学性质等都表现明显的异向性。各种云母矿物在物理性质上的差异也与其化学组成，特别是 Y 组阳离子的种类、含量以及晶体内的包裹体等自然缺陷有关。

第二节　白　云　母

一、概述

（一）化学成分

$K\{Al_2[AlSi_3O_{10}](OH)_2\}$，$K_2O$ 11.8%，Al_2O_3 38.5%，SiO_2 45.2%，H_2O 4.5%，类质同象代替较广泛。常见的混入物有 Ba^{2+}、Na^+、Rb^+、Fe^{3+}、Cr^{3+}、$V^{3,4+}$、Fe^{2+}、Mg^{2+}、Li^+、Ca^{2+}、F^- 等。因此，出现有钡云母、铬白云母，多硅白云母等变种。多硅白云母的四次配位中 Si∶Al > 3∶1，六次配位的 Al^{3+} 被较多的 Mg^{2+} 和 Fe^{2+} 所代替。此外，一般所谓的绢云母是指一些非常细小的白色云母（通常是白云母或钠云母）。

（二）晶体结构

单斜晶系，$C_{2h}^6 - C2/c$。$a_0 = 5.19$ Å，$b_0 = 9.00$ Å，$c_0 = 20.10$ Å，$\beta = 95°11'$，$Z = 4$。有关白云母晶体结构已在第一节作了详细描述。自然界产出的白云母，多数是 $2M_1$ 型。白云母晶体结构中的平均原子间距为：$K—O_{(12)} = 3.10$ Å，$Al—(O,\ OH)_{(6)} = 1.95$ Å，$Si—O_{(4)} = 1.65$ Å。

（三）形态

常呈板状或片状，外形成假六方形或菱形，有时见白云母单晶体呈锥状柱体。柱面有明显的横条纹。晶体细小者呈鳞片状，大者有数百平方厘米，最大可达 2 000 cm^2。双晶常见，常依云母律生成接触双晶或穿插三连晶（图 32 - 3）。少数依绿泥石律[双晶轴垂直(001)]形成双晶。

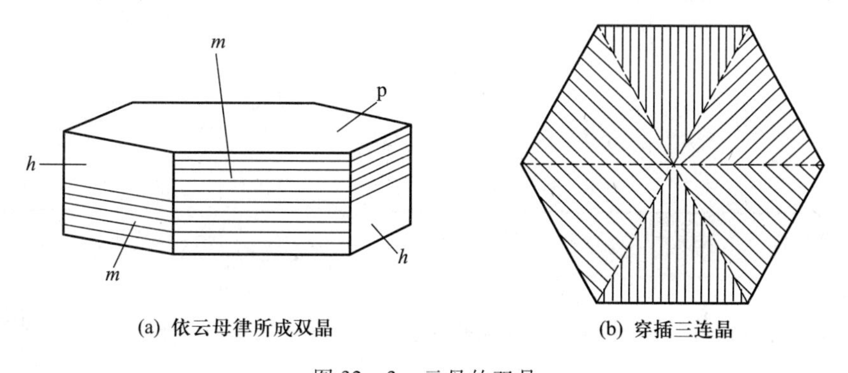

图 32 - 3　云母的双晶

Fig. 32 - 3　The crystal twin of mica

二、白云母的理化性能

（一）白云母的电学性质

白云母的优良电学性质主要表现为绝缘性好，可以下列参数来表征。

1. 绝缘强度

白云母的绝缘强度是指击穿电压与云母片试样厚度的比值，单位为 kV/mm。绝缘强度明显地受到包体杂质的影响（表 32－2），磁铁矿斑点的存在会使绝缘强度大大降低。

不同矿区产出的白云母，由于化学成分及铁质斑点等缺陷的差异，其击穿电压和击穿强度也是有差异的（表 32－3）。

表 32－2 白云母的绝缘强度

Table 32－2 The dielectric strength of muscovite

试样	绝缘强度/($kV \cdot mm^{-1}$)
无斑点的白云母	208
有磁铁矿斑点的白云母	68
有赤铁矿斑点的白云母	171

表 32－3 我国主要矿区云母的击穿电压和击穿强度

Table 32－3 The breakdown voltage and strength of mica from main mine area of China

试样编号及产地*	云母片厚度 0.015 mm 击穿电压/kV			击穿强度/($kV \cdot mm^{-1}$)	云母片厚度 0.025 mm 击穿电压/kV			击穿强度/($kV \cdot mm^{-1}$)
	最低	最高	平均		最低	最高	平均	
建标 51—61 白云母	1.4		2.2	146.5	1.9		4.0	160
金云母	1.0		1.8	120	1.7		3.2	128
曲阳 1	1.6	5.5	3.2	214	2.4	6.3	4.3	172
丹凤 2	3.6	5.0	4.3	284	3.8	6	5.0	199
东海 6	2.3	4.3	3.0	200	2.1	4.6	3.5	140
布尔津 7a	2.4	4.6	3.9	260	3.6	7.0	4.9	196
建设兵团 19a	4.6	6.8	5.7	407	3.0	7.2	5.5	219
卓资 4a	2.3	3.5	2.8	187	2.4	5.3	3.8	152
土贵乌拉 10a	3.3	5.6	4.3	286	3.6	6.6	5.1	204
高要 9	2.3	6.3	3.9	206	4.4	6.8	5.9	236
诸城 15	3.4	6.0	4.7	331	5.6	7.4	6.8	216
集安 17a	3.7	6.8	5.6	374	5.6	7.8	7.2	288

* 据原新疆乌鲁木齐云母一厂资料，已简化。

2. 体积电阻率

体积电阻率与白云母的质量和测量方向有关，有明显异向性特征。白云母的体积电阻率较大，绝缘性好。

3. 表面电阻率

白云母很高的表面电阻率是由其晶体结构及化学成分特征所决定的。

4. 介质损耗及介质损耗角正切值

白云母中的各种杂质和缺陷（包体、水分、裂隙、分层）都会造成介质损耗。温度升高会增大介质损耗。优质电介质（如白云母）的电流和电压矢量间的相位角接近 90°，因而 $\tan\delta$ 很小。

5. 介电常数

用白云母代替电容器极片之间的空气时，电容器电容增加的倍数，即白云母介电常数，以 ε 表示。白云母的上述绝缘性质的主要参数的一般平均值列于表 32 -4。

表 32 -4 白云母的电绝缘性质

Table 32 -4 The electrical insulating properties of muscovite

参量	数值
绝缘强度/(kV/mm)	159 ~317
体积电阻率/(Ω · cm)	10^{14} ~ 10^{15}
表面电阻率/Ω	10^{11} ~ 10^{12}
介质损耗正切值(tan δ)	0.001 ~0.08
相对介电常数(ε)	6 ~8

注:频率 50 Hz。

（二）白云母的机械性能

白云母的摩氏硬度为 2 ~2.5，小于金云母的硬度，因而白云母的剥分性也优于金云母，易剥分为要求的薄片。云母硬度的变化与化学成分有关。

弹性是白云母的重要性能之一。云母的弹性是指其受力弯曲后能迅速恢复原状而无损伤的性质。通常用云母片包卷一定直径的圆杆，观察其有无折损，放开后恢复原状的情况来衡量弹性的优劣。测试白云母弹性所用圆杆的最小直径为其厚度的 200 ~300 倍。表 32 -5 为白云母弹性测试数据。

表 32 -5 白云母弹性测试数据

Table 32 -5 The elasticity data of muscovite

白云母薄片厚度/μm	可绕轴的直径/mm
8 ~9	3
16 ~18	6
22	8.5 ~12

用作绝缘材料的白云母要求其抗拉强度为 167 ~353 MPa，抗压强度为 814 ~1 226 MPa，抗剪强度为 211 ~206 MPa，单位剥分应力为 0.04 ~0.06 MPa。

（三）白云母的光学性质

白云母的颜色主要取决于薄片厚度及化学成分。例如，白云母含 Li^{+} 时呈玫瑰色，含 Cr^{3+} 时呈鲜绿色，含少量 Mn^{3+} 但不含 Fe^{2+} 时呈茶色，只含 Fe^{2+} 时呈浅绿色，含 Fe^{3+} 时显浅黄或褐色，有 Fe^{3+} 和 Ti^{4+} 同时存在则显红色。一般说来，(Fe_2O_3 + FeO + TiO_2)的含量愈高，颜色将愈深（表 32 -6）。白云母的颜色可作为概略评估其绝缘性能优劣的依据。

表 32 -6 云母颜色与色素成分的关系

Table 32 -6 The relationship of colors and pigment composition of mica

矿物名称	样号	颜色	Fe_2O_3 含量/%	FeO 含量/%	TiO_2 含量/%
白云母	1	浅棕色	1.33	1.16	0.29
	2	浅棕色	1.42	0.86	0.29
	3	浅棕色	1.38	1.22	0.28
	4	浅棕色	1.33	1.12	0.15
	5	浅绿色	2.11	1.47	0.22
	6	浅绿色	2.56	1.85	0.07
	7	绿色	4.82	3.35	0.34
金云母	8	金黄色	0.77	2.15	1.14
	9	黄棕色	0.76	2.40	2.74
	10	暗色	0.63	3.10	1.11

光泽和透明度也是白云母质量的一种感观表征。常用 ΦM－1 型光度计测定。表 32－7 列示了我国和前苏联一些云母的光泽和透明度测定值。

表 32－7　中国与前苏联主要产区白云母的光泽和透明度

Table 32－7　The gloss and transparency of muscovite in major origin of China and former Soviet Union

产地		矿物名称	透明度/%	光泽/%	备　注
中国	新疆	白云母	71.7～78.8	28.5～35.8	片厚 0.15～0.14 mm 面积 2×2.5 cm^2
	四川	白云母	85.0～87.5	29.5～35.0	
	山东	白云母	26.0～44.0	38.0～51.0	
	山西	白云母	73.0～74.5	27.8～33.8	
前苏联		白云母	23.0～68.0	13.5～63.8	片厚 0.14～0.15 mm
		金云母	0～25.2	22.5～45.5	片厚 0.15 mm，面积 1.5×1.5 cm^2

此外，白云母因其特殊的片状结构而具有优异的屏蔽紫外线和红外线等的抗辐射性能。

（四）白云母的热学性质和综合稳定性

白云母有良好的耐热性，在 100～600 ℃时，能保持其一系列优良物理性能。导热系数平均值为 0.67 W/(m·K)，比热容为 0.871 J/g·℃，熔点为 1 260～1 290 ℃。差热曲线上 800～900 ℃间的吸热谷系脱结构水的反映，接着出现的各种温度的放热峰与白榴石、$\gamma-Al_2O_3$和尖晶石等的生成有关。显然，在 700 ℃及其以下温度条件下，白云母可用作优质绝热材料。

白云母在热酸中不溶解，但在沸腾硫酸的长时间作用下可发生分解。碱对白云母几乎不起作用。此外，白云母具有良好的防水性。吸湿率 0%～0.37%，吸水率 0%～0.23%，为良好的防水防潮的材料。

（五）白云母中的矿物包体及晶体缺陷

云母中常有矿物包体，如黄铁矿、石榴子石、电气石、绿柱石、玉髓、长石、石英等，这些包体使白云母片的完好性和机械强度受到破坏，影响白云母质量。白云母中还常见磁铁矿、赤铁矿、水赤铁矿、针铁矿－水针铁矿等杂质形成的铁质斑点。这些铁质包体或斑点可呈不规则的星散状、团斑状或树枝状，也可排列成规则的六边形、放射状或环带状。铁质斑点严重影响白云母的绝缘性能。譬如新疆某地一块厚 0.01～0.03 mm 的白云母片，其中呈薄片分布的磁铁矿占总面积 25%，所测的电击穿强度比无斑点白云母降低 36%。内蒙古某地厚 0.045 mm 的白云母片中，磁铁矿斑点占总面积的 5%～10%，其介质损耗正切值比无斑点试样约增大 0.1%，介电常数升高 27%。

针纵及楔形构造是白云母晶体生长发育过程中生成的缺陷。羽毛状梗子层是较常见的一种针纵构造，系重叠错开的云母片形成的平行条纹向两侧作叶脉状分开而构成的羽毛态。针纵和楔形构造将明显降低白云母的剥分性，减小云母的使用片度。

条带破裂构造也是一种缺陷，是指白云母晶体(001)面上沿一定方向出现的裂纹，且常沿这些裂纹发生破裂，成为条带状片块的现象。这种裂纹始终与某一组“压象”裂纹方向平行，多数是沿着与(010)面垂直的压象裂纹方向发生。条带破裂构造严重影响白云母的出成率，其形成可以是天然的，也可以是人为造成的。例如，进行生产爆破时，常可造成这种缺陷。一些研究者用白云母晶体结构中原子排列的规律性解释这种缺陷的成因。

此外，还有嵌填物（包括与白云母连生的黑云母或非云母矿物）、穿孔（可以是脱落的矿物包体空位）、叠皮（大、小鳞片状云母呈叠片状黏附或连生在大云母片上）、皱纹、波纹、凹入角（云母片边缘的缺口）等天然缺陷也对白云母的一些物理性质产生不利影响。

三、白云母的应用

（一）大片白云母的应用（有效矩形面积≥4 cm^2 者）

白云母主要用于电气工业、电子工业和航空、航天等尖端科技领域。

（1）在电气工业中，利用白云母的绝缘性和机械强度，作发电机、电动机用绝缘材料，大功率和高压电气设备绝缘元件，真空管、测位器、电容器、放电器等的绝缘体和家用电器（如各种电阻器、电热器等）的耐热绝缘材料。

（2）在电子工业中，可用0.15～0.35 mm厚的白云母片冲制成电子管撑板，还可作电子计算机、电子显微镜、电子示波器等的元件。

（3）在航空、航天等尖端科技领域，白云母可用以制造飞机发动机火花塞、垫圈、飞行员用氧气瓶上的活门，雷达线路中的绝缘零件，人造卫星、导弹用的大容量电容器芯片和电子管片等。

据建材行业标准JC/T 49－1995，工业原料云母按云母晶体任一最大内接矩形面积和最大有效矩形面积及另一面必须达到的有效矩形面积分为5类（见表32－8）；每类按斑污点有效面积的比例和表面特征分为一等品和合格品两级（表32－9）。各级云母晶体内，不允许有易于脱落的云母存在，不允许有凸出于云母晶体表面的非云母矿物。边缘上的非云母矿物，沿径向不得超过4 mm。凹入角内的非云母矿物，其深度不得超过7 mm。

表32－8　工业原料云母的分类

Table 32－8　The classification of industrial raw mica

<table>
<tr><td rowspan="2">尺寸
类别</td><td colspan="2">任一面之最大</td><td>另一面</td><td colspan="2">厚度/mm</td></tr>
<tr><td>内接矩形面积/cm²</td><td>有效矩形面积/cm²，≥</td><td>有效矩形面积/cm²，≥</td><td>板状</td><td>楔形</td></tr>
<tr><td>特类</td><td>≥200</td><td>65</td><td>20</td><td rowspan="5">≥0.1</td><td rowspan="5">最厚端的厚度<10</td></tr>
<tr><td>一类</td><td>100～200</td><td>40</td><td>10</td></tr>
<tr><td>二类</td><td>50～100</td><td>20</td><td>6</td></tr>
<tr><td>三类</td><td>20～50</td><td>10</td><td>4</td></tr>
<tr><td>四类</td><td>4～20</td><td>4</td><td>2</td></tr>
</table>

表32－9　工业原料云母的分级

Table 32－9　The grading of industrial raw mica

项　　目	等　　级	
	一等品	合格品
斑污占有效面积比值/%	≤25	>25
表面特征	平坦，允许微波纹存在	平坦，允许微波纹存在

（二）碎云母的应用

随着天然云母资源的减少和科学技术的发展而来的是大片云母加工的废料和天然小片云母等碎片云母（简称为“碎云母”或“云母碎”）的开发与综合利用。各种粒度和纯度的白云母都有其应用领域，见表32－10。

表32－10　不同粒径碎云母的用途举例

Table 32－10　The usage cases of various size fragmentary mica

不同粒径的碎云母	用途举例
4 mm（5目）	作石油钻探泥浆混入物，以改善泥浆性能
1 mm（16目）	作混凝土和砖的装饰掺和料
0.84 mm（20目）和 0.59 mm（30目）	制造屋面材料，可防止黏结，能抗风雨浸蚀
0.297 mm（50目）	作电缆、金属丝等的保护涂料的配料，作沥青制品、胶泥、电焊条等的填料，以改善物理性能
0.15 mm（100目）和 0.075 mm（200目）	作纺织颜料、防声涂层的填料、顶板瓷砖和混凝土块的掺和料
超细云母粉	作橡胶、塑料、油漆涂料和化妆品的填料；橡胶中加入云母粉，可制作无内胎胶轮；云母粉加入塑料，可提高热阻和制品强度，改进介电特性；油漆中加入超细云母粉可提高耐候性、抗冻性、防腐性、密实性、耐磨性，可降低渗透性，减少漆膜泛黄和龟裂；涂料中掺入云母超细粉可改进建筑物外表的耐久性，增加涂料的防水性、弹性、塑性、黏附性和防腐蚀性；云母粉可用于化妆品，以提高产品的光泽

1. 云母粉

云母粉有干磨和湿磨云母粉两类。干磨云母粉是原生碎云母在不加水介质的情况下经机械破碎磨制而成的云母粉。湿磨云母粉是在水介质保护下，采用特殊工艺加工制得的优质云母粉。与干磨云母粉相比，湿磨云母粉具有质地纯净，表面光滑，径厚比大，附着力强等优点。云母粉具有绝缘性、耐辐射（如紫外线屏蔽作用等）、抗酸碱腐蚀性、耐候性、弹性、韧性和滑动性等性能，主要用做填料和涂料。优质的湿磨云母粉可用作云母珠光颜料的基材。

2. 云母纸

云母纸是以碎云母为原料，采用特殊工艺将其破碎成细小鳞片，在云母造纸机上抄造为云母纸。云母纸在性能、质量和品种等方面均已日趋完善，在许多方面已大量取代了天然薄片状云母，如云母纸和云母纸层压板已广泛用于电气和电子工业；用云母板卷制成管，或冲制成零件，缠（镶）上电热丝制成各种电热元件，用于空调中的加热板、电熨斗芯、电吹风、管型加热器、家用电器中各种加热器、塑料注塑机加热器、输油管道加热器等各种类型的加热器等。

3. 云母珠光颜料

云母珠光颜料是在优质云母薄片上包覆一层或多层二氧化钛或其他金属氧化物而成为呈现珍珠光泽的珠光颜料。由于云母珠光颜料具有稳定的化学性质、无毒和多彩的特点,在油漆、涂料、油墨、化妆品、塑料、橡胶和皮革工业中得到了广泛的应用。

生产云母珠光颜料的云母粉的粒度最好为 10 ~ 40 μm。分选后小于 10 μm 云母粉不能用于生产珠光云母颜料,大于 40 μm 粗粉也不能再磨再分选用于生产云母珠光颜料。

4. 其他应用

云母粉和玻璃粉混匀后可热压成型或注射成型为云母陶瓷。这种陶瓷可进行车、钻、磨等机械加工,成为形状复杂、尺寸精度高的异形制品和特种电子管管库、无线电元件的支架、高频波段开关、仪表骨架插接元件、可控硅管外壳、印刷电路底板等。

用碎云母或含云母石料与胶凝材料、有机材料混合,可制成白云母绝缘砖及轻质隔声建筑构件等。

应该指出,尽管碎云母制品(如云母纸)已大量代替天然片云母,直接应用的片云母愈来愈少,但是,目前还没有一种材料具有片云母的全部优良性能。因此,片云母仍有广泛的用途,尤其是一些使用优质片云母的地方,如:氧气呼吸装置中的隔膜,耐热水位计的保护衬,大型陀螺罗盘的面板,电容器的绝缘元件,以及各种家庭用电器、电动机和发动机的绝缘垫圈、端子板等。

(三) 绢云母的应用

绢云母是细小鳞片状的白云母,集合体呈块状,灰色、白色、紫玫瑰色等,具丝绢光泽。绢云母性能优异,用途广泛,可用于橡胶、塑料、油漆、陶瓷、保温、化妆品、颜料、造纸、冶金等行业。例如,绢云母粉用作油漆涂料的添加剂和某些特种涂料的填料,可大大提高涂料的抗紫外线辐照能力和抗老化性能,增强涂层的耐候性,防止龟裂和变色,延迟粉化等。绢云母粉已用于防水涂料、防锈涂料、绝缘涂料、防火涂料、路标涂料、防污染涂料、防高温涂料等特种涂料。

(四) 人工合成云母的应用

现代人工合成云母及制品的生产工艺及产品性能均已比较成熟,弥补了云母资源的不足并满足了许多特殊用途的需要。

上述各种用途的大片白云母主要来源于花岗伟晶岩型矿床。但碎片云母的应用开发使得云母片岩也列入了白云母矿床范围,扩大了白云母的资源。

第三节 金 云 母

云母族矿物中的 *Y* 组阳离子 Mg^{2+} 和 Fe^{2+} 之间存在着完全类质同象,即金云母－黑云母系列。通常将八面体配位的 *Y* 组阳离子中 $Mg^{2+}:Fe^{2+}>2:1$ 的称作金云母,$Mg^{2+}:Fe^{2+}<2:1$ 的为黑云母。

一、概述

(一) 化学成分

$K\{(Mg_{>2/3}Fe_{>1/3})_3[AlSi_3O_{10}](OH,F)_2\}$。其中,$Mg^{2+}:Fe^{2+}>2:1$;替代 K^+ 的主要有 Na^+、

Ca^{2+}、Ba^{2+}；替代 Mg^{2+} 的主要有 Ti^{4+}、Fe^{2+}、Mn^{2+}（可达 18%）、Cr^{3+}（可达 8.66%）；F^- 替代 OH^- 可达到 6.74%，Cl^- 也可替代 OH^-，含量可达 0.24%。因而可出现锰金云母、钛金云母、铬金云母和氟金云母等变种。此外，Z 组阳离子中，Al^{3+} 代替 Si^{4+} 可多于 1 个原子，Al 原子总数可达 1.5；同时在 Y 组阳离子中，有 Al^{3+}、Fe^{3+} 代替 Mg^{2+} 和 Fe^{2+}，出现铝金云母，成分式为：$K\{Mg_{2.5}Al_{0.5}[Al_{1.5}Si_{2.5}O_{10}](OH)_2\}$。

据前苏联科学院资料，金云母中已发现含有的元素近 40 种。除上述主要元素外，还有 Pb、Sn、Cu、Zn、Co、Ni、Zr、Mo、Nb、Ga、V、Li、Sr、Sc、La、Ag 等。

表 32－11　金云母的晶格特征

Table 32－11　The lattice characteristics of phlogopite

矿物名称	多型	晶胞参数				空间群	晶系
		a_0/Å	b_0/Å	c_0/Å	β		
金云母	1*M*	5.314	9.204	10.314	99°54′	*Cm*	单斜
	2*M*	5.347	9.227	20.252	95°1′	*C*2/*c*	单斜
	3*T*	5.314		30.480		$P3_112$ 或 $P3_212$	三方
氟金云母	1*M*	5.310	9.195	10.136	100°4′	*Cm*	单斜
	3*T*	5.310		29.943		$P3_112$ 或 $P3_212$	三方

（二）晶体结构

金云母的晶系、空间群和晶胞参数依多型不同而有差异（表 32－11）。金云母属三八面体型。最常见的多型是 1*M*，其次是 2*M* 和 3*T*。

（三）形态

晶体形态与白云母相似，呈假六方板状、短柱状或角锥状。柱面具清晰平行横条纹。常见依云母律形成的双晶。集合体呈叶片状和鳞片状形态。

二、金云母的理化性质

金云母的许多物理性质，如绝缘性、机械强度、沿{001}解理的剥分性等，都与白云母很相似。下面仅就其比较突出或与白云母差异明显的理化性能作简要介绍。

（一）热稳定性

金云母的热稳定性优于白云母，金云母的熔点（1 270～1 330℃）比白云母的熔点（1 260～1 290℃）高；金云母脱水温度（1 120℃）也比白云母的脱水温度（765℃）高。导热系数与白云母相近，但加热至 150～300℃时，其导热系数因金云母发生膨胀而急剧下降。金云母和白云母的热学性能列于表 32－12。不同层状硅酸盐矿物加热时的脱水温度列于表 32－13，由表中数据可知，2∶1 层型矿物的热稳定性高于 1∶1 层型矿物；三八面体型矿物比二八面体型矿物的热稳定性高。不过，金云母的热稳定性与其成分和结构有关，特别是水化程度对其热稳定性影响很大。

表 32－12　云母的热学性能

Talbe 32－12　The thermal properties of mica

测试项目	白云母	金云母
熔点/℃	1 260～1 290	1 270～1 330
最高使用温度/℃	<600	<800
比热容/[J·(g·℃)$^{-1}$]	0.871	0.863
热膨胀温度/℃	350～450	600～650
热膨胀系数/[10^{-6}·(K)$^{-1}$]	3.0	
导热系数/[W·(m·K)$^{-1}$]	0.006 7	与白云母相似

注：据陈金河，1988。

表 32－13　不同层状硅酸盐矿物加热时的脱水温度

Table 32－13　The dehydration temperature of several layered silicate minerals being heated

单位：℃

三八面体型					二八面体型				
矿物	*a*	*b*	*c*	*d*	矿物	*a*	*b*	*c*	*d*
金云母	1 120	1 140	1 210	1 230	白云母	765	785	905	940
滑石	900	925	1 010	1 030	叶蜡石	640	690	780	850
叶蛇纹石	590	665	750	800	高岭石	430	490	730	750

注：表中 *a* 为脱水开始温度，*b* 和 *c* 代表快速脱水的开始和结束温度，*d* 代表脱水的结束温度。

金云母因优良的热稳定性而成为重要的热绝缘材料，如被用作冶金工业等部门的耐高温窗口，制造电热设备、电焊、探照灯、热蓄电池等。

（二）光学性质

金云母为二轴晶（－）。2*v* 明显小于白云母，为 0～15°。N_g＝1.558～1.637，N_m＝1.557～1.637，N_p＝1.530～1.590。具微弱多色性，N_p无色，N_m褐黄，N_g褐黄。M. A. Лицарев 等（1973）研究了金云母的折光率、重折率、透明度、密度等物理性质与化学成分的关系，认为金云母的总含铁性系数是影响其光学性质和物理性质的重要因素。

（三）其他性能

金云母也具有耐酸、耐碱、耐化学腐蚀、耐各种射线辐射性能。但金云母的化学稳定性不如白云母。在沸腾的硫酸中，白云母失重 30%，金云母失重达 65%。

在力学性质方面，金云母的机械强度总的较白云母低，抗拉强度为 196～373 MPa，抗压强度为 294～588 MPa，抗剪强度为 83～135 MPa。

三、金云母的应用

金云母的应用及工业技术要求，大体与白云母相似，但在具体技术指标方面有一些差别。例如，在绝缘性能要求方面，薄片金云母的允许击穿电压最低值是 1.0 kV（试样厚度为（15 ± 5）μm）和 1.7 kV（试样厚度为 25.5 μm），低于白云母。

现在，人工合成的大片氟金云母已部分替代天然金云母，用作各种“窗口材料”，如微波窗口，X射线输出窗，α和β计数管窗口，高温观察窗和其他耐酸、耐碱、隔气体和液体等的窗口材料。同时，人工合成氟金云母在耐高温、抗腐蚀、高频介质损耗、电真空绝缘、吸收中子反射波长、光（波）透过、原子级平整度、不吸附杂质等方面有极高的性能，已成为核能、雷达、航空航天、中子反射试验、分子生物等现代工业和尖端技术领域的新型材料。

各种用途的金云母主要取自夕卡型金云母矿床和镁质超基性岩型金云母矿床。

第四节　伊　利　石

伊利石是土壤、未固结沉积物和沉积岩中广泛存在的云母类黏土矿物。伊利石一词最初是由 Grim 等（1937）提出的，他把它作为“泥质沉积物中的云母类黏土矿物”的通用名称。理论上讲，伊利石是一种非膨胀性矿物，基面反射的d值为10Å，不管是乙二醇处理还是加热处理，基面反射的d值均不发生变化。但是，随着研究工作的逐渐深入，人们发现，许多被描述为伊利石的黏土实际上都含有膨胀的蒙皂石层，这些蒙皂石层经乙二醇处理都有非常特征性的变化。在前苏联的文献中，与伊利石相当的名称一直是水云母。过去的许多旧名称如水白云母、水云母等现在都被伊利石一词所取代。迄今为止，人们对伊利石的认识还不一致。

一、概述

（一）化学成分

$K_{1-x}\{Al_2[Si_{3+x}Al_{1-x}]_4O_{10}\}(OH)_2\}$，$x=0.25\sim0.5$。伊利石的化学成分与白云母相似，但伊利石四面体片中的Si∶Al大于3∶1，这样需要中和的层电荷减少，层间阳离子K^+的含量也相应减少。与白云母比较，伊利石K_2O含量较低（6%左右，白云母中为11.8%），Al_2O_3含量也较低（一般为25%~33%，白云母为38.5%），而SiO_2、H_2O含量较高（H_2O的含量可达8%~9%，在白云母中为4.5%）。

层间阳离子主要为K^+，也可以是Na^+及少量的Ca^{2+}、Mg^{2+}、H^+。以Na^+为主者称钠伊利石。八面体阳离子以Al^{3+}为主，也可以有少量Mg^{2+}、Fe^{2+}代替。

（二）晶体结构

伊利石的晶体结构与白云母相似，为*TOT*（2∶1）型，以二八面体结构为主。以1*M*型较多，$a_0=5.2$ Å，$b_0=9.0$ Å，$c_0=10.0$ Å，$\beta=96°$；$Z=2$。也有$1M_d$，$2M_1$，$3T$型。与白云母比较，层间K^+含量降低使结构单元层间联结力下降。

在伊利石与结晶好的白云母之间存在着各种水化程度的白云母，不仅有1*M*多型，而且还有2*M*和3*T*多型。在伊利石与蒙皂石之间存在着各种$1M_d$多型的伊利石和开形伊利石[（001）衍射峰不对称的伊利石称为开形伊利石]。

多型的X射线衍射特征：伊利石和云母族矿物的X射线粉末衍射图十分相似。1*M*和$1M_d$多型伊利石的总体衍射特征是：10 Å衍射峰宽而不对称，并向低角度一侧倾斜；高级次衍射峰（5.3 Å、3.3 Å和1.99 Å）明显；（002）衍射峰的强度大约为（001）衍射峰强度的1/3；（060）衍射峰的d值一般为1.50 Å左右。1*M*多型伊利石具有若干中等强度的非基面衍射峰，如3.66（$11\bar{2}$）、3.07（112）和2.68（023）衍射峰。与1*M*多型伊利石相比，$1M_d$多型伊利石的非基面衍射峰或缺失，或宽而弥散。与 $1M_d$ 多型和 $1M$ 多型伊利石相比，$2M_1$ 多型伊利石（云母）的 10 Å 衍射峰更窄、更尖锐。在非定向试样衍射谱图上，$2M_1$ 型云母还具有 3.89（$11\bar{3}$）、3.73（023）、3.50（114）、3.21（114）、2.87（115）和 2.80（$11\bar{6}$）等若干非基面特征衍射峰。

一般地说，伊利石（001）衍射峰的形状反映伊利石的结晶程度，结晶较好的伊利石，（001）衍射峰窄而对称，结晶不好的伊利石，（001）衍射峰宽而不对称。

红外光谱特征：伊利石的红外光谱可划分成两种类型，即似白云母型和似多硅白云母型。3 625 cm^{-1}（有的为 3 620 cm^{-1}）附近的宽缓伸缩振动吸收峰和 825 cm^{-1} 与 750 cm^{-1} 双吸收峰是伊利石矿物的特征吸收峰。土壤黏土中所经常遇到的伊利石变体是似多硅白云母型伊利石，它具有强度相对较弱的 825 cm^{-1}，和 750 cm^{-1} 双吸收峰。成岩伊利石中经常含有类质同象替代阳离子 K^+ 的 NH_4^+ 离子（Nadeau 和 Bain，1986），吸收峰位于 3 260 cm^{-1} 和 1 430 cm^{-1}。

二、伊利石的理化性质

（一）形态及粒度

伊利石晶粒细小，电子显微镜下呈片状、鳞片状、板条状、丝状、杂乱毛发状等，粒径通常在 1～2 μm 以下。白色，因杂质而呈黄褐、绿色调。致密块呈油脂光泽。解理（001）完全，摩氏硬度 1～2。密度 2.5～2.8 g/cm^3。有滑感。

（二）热学性质

伊利石的差热曲线既可以与白云母相似，也可以与蒙脱石相似，低于 250℃ 的吸热谷相当于排出吸附水，其强度比蒙脱石的相应吸热谷的强度要弱得多，烧失量不大于 6%～7%。多数伊利石的脱羟反应从 400℃ 开始直至 900℃，具有较宽的温度范围，在差热曲线上仅表现为较小的偏离基线的偏移。其他 2∶1 层型矿物所具有的高温吸热－放热效应在伊利石的差热曲线有时也可以观察到，吸热效应为排出残余的羟基，放热效应相当于矿物破坏后所形成的非晶质产物的结晶作用。

伊利石具有黏土矿物的一般物理化学性质，如晶粒细小、分散性好、比表面积大、吸附能力强、具有一定的离子交换作用、化学性质稳定、熔点高、比热容大、导热系数低等，同时也有它独有的特性，即富钾、高铝、中等可塑性、不具膨胀性和可逆性等。

三、伊利石的应用

自然界分布最广、被称为泥岩和页岩的，多数属于伊利石黏土岩。黏土（岩）的应用历史非常悠久，在砖瓦、陶瓷、水泥、耐火材料、陶粒等传统材料生产中得到了大量而广泛的应用。但在我国作为新型功能矿物材料来开发和应用始于 20 世纪 80 年代。目前，伊利石在新型陶瓷、造纸、塑料橡胶、油漆涂料、农业等领域也有了很好的利用。

（一）在陶瓷工业中的应用

伊利石中较高的铝含量能提高制品强度，较高的钾含量可降低烧成温度。用伊利石配制的马赛克、电瓷等制品，色泽晶润。陶质制品的釉面砖，如掺入伊利石 5%～8%，可降低烧成温度 100～120℃，节能效果很好，降低了产品成本。重庆电瓷厂用伊利石部分取代钾长石制得的高压电瓷，干燥强度提高 18.05%，瓷质机械强度、上棕釉产量提高 11.23%，上白釉产量提高

18.17%。生产的X-4.5盘形悬式绝缘子，P-15针式瓷瓶和FS7-10避雷器等三种产品，各项指标均达到或超过国家标准。在陶瓷彩釉中，伊利石可部分取代长石和黏土，调整釉料的成熟温度及流动性能，增加釉浆的悬浮性。日本利用伊利石生产高级卫生洁具和特种陶瓷。

（二）在造纸工业中的应用

伊利石可用于制造光化壁纸、印刷纸、铜版纸、包装纸等各类纸张。伊利石粒度小，比表面积大，可提高纸张的留着率；白度高，质地细腻、润滑，可改善纸张的性质；抗拉性、弹性及耐磨性好，能增强纸张的耐久性；吸水吸油性、透明度、覆盖力都比较适度，可提高印刷书写效果。长春造纸厂利用伊利石粉（纯度>98%，粒度<2 μm）作铜版纸涂料，产品纸张白度、涂覆强度、油墨光泽等指标均达到部颁标准。

当然，不是所有伊利石资源均可加工制造出理想的造纸用涂布颜料，它至少需具备以下条件：① 质量稳定，有一定规模储量；② 较高的铝含量；③ 较低的生产加工成本；④ 通过常规漂白工艺处理的产品，白度大于86%；⑤ 高的黏浓度和适宜的流变特性；⑥ 低磨耗值；⑦ 良好的涂料配伍性和生产操作性；⑧ 可赋予纸张良好的印刷适应性和光学性能。

（三）在塑料、橡胶工业中的应用

伊利石具有良好的隔热、绝缘性能及化学稳定性，天然粒度细、分散性好、资源丰富、价格较低，且煅烧后活性增强，是很好的功能性填料。用于塑料橡胶填料的伊利石一般有两种：经一般选矿处理得到的普通伊利石粉和对普通伊利石粉进行表面改性处理得到的活性伊利石粉。伊利石粉作为片状增强填料有增量改性作用，伊利石鳞片的高径厚比使塑料的抗拉强度和抗弯强度得到改进。伊利石鳞片的弹性模量在常温至高温的很大范围内都很高，因而能使塑料尺寸稳定，耐蠕变和高温下较少变形，伊利石鳞片的形状使塑料在平面方向增强，防止制品卷翘，阻挡气、液渗透。

（四）在油漆涂料工业中的应用

在油漆涂料中，添加伊利石粉后能提高涂料的分散性、耐热性、抗冻性、耐水性，改善涂刷均匀的作业效果。伊利石粉能反射紫外光，吸附涂料分子进入晶格层间，用其作填料的外墙涂料能久不褪色。伊利石在航天器热控涂料、防锈防污防辐射、耐腐蚀涂料等特种涂料中得到应用。

伊利石可用于制作珠光颜料。伊利石表面涂钛等各种金属元素或化合物可以达到特殊的光学效应。

（五）在建材工业中的应用

伊利石具有中等可塑性，有较高的铝含量，能提高制品强度。较高的钾含量可降低烧成温度，但烧成白度低，可作为生产琉璃瓦的主要原料及中低档墙地砖的配用原料。用于烧制琉璃瓦掺入量可较大，产品吸水率低，抗冻性好，坯釉结合性能良好，釉面光亮。烧成的墙地砖具有表面强度高、耐磨性好、吸水率低、抗冻性好等优点。

在油毛毡原料中掺入伊利石粉后，可提高材料耐风雨、防热性能，并可防止卷材粘连。利用伊利石粉与玻璃粉混合烧结而成双层结构的复合材料，既保温、隔声，又具高强度，是质优价廉的新型建筑材料。伊利石具有较强的附着力，耐冲刷，可用做建筑涂料。

伊利石黏土岩还可用来生产劈离饰面砖等。

(六) 在农业上的应用

天然伊利石矿具有分散性、含钾量高等特性,通过物理和化学方法处理,并与其他物料配比,可制成钾钙肥、钾氮肥、钾氮混合肥和氯化钾等钾肥。也可作为缺钾土壤和喜钾作物的岩石粉肥直接施用,特别对酸性土壤,K^+的释放作用更强,增产效果更显著。

除用于制作钾肥外,伊利石还能用来做成一种新型颗粒肥,该新型颗粒肥主要由微量元素和黏土组成。

伊利石与丙烯酸钠、丙烯酰胺采用溶液聚合法合成高性能吸水性材料。高吸水保水复合材料作为一种质优价廉的抗旱节水材料和土壤改良剂,在无土栽培、农田抗旱保水、改良土壤、防风固沙等方面有着广阔的应用前景。

(七)在其他方面的应用

伊利石对重金属离子和放射性离子(如铯、锶)具有一定的离子交换吸附和固定作用,可用作重金属废水和放射性废水的处理材料、放射性储藏器中的缓冲剂、隧道和钻井的回填物等。此外,还可用作空气净化、废气处理的材料。

伊利石无毒无臭,质软滑腻,且呈丝绢光泽,分散性好,附着力强,具有反射紫外线的能力,可用于化妆品。同时,伊利石的 pH 一般为 6 ~ 7(接近人体的 pH),耐酸耐碱,化学性能稳定,矿物组分简单,不含对人体有害的成分。

伊利石的细颗粒具有良好的悬浮状态,用于钻井泥浆中具有堵漏、抗磨损、抗高温、润滑的效果。

伊利石具有较好的化学惰性、电绝缘性、绝热性及随温度升高体积膨胀的特性,可在合成金刚石中用作固体传压介质。

伊利石可用作人工合成 4A 沸石的原料。

第三十三章 蛭 石

蛭石作为一个矿物族是指结构单元层为2∶1型,层间具有水分子及可交换性阳离子的三八面体和二八面体铝硅酸盐矿物。单位化学式层电荷数为0.6~0.9,$c_0=n\times14.5$ Å。

工业上通常所指的“蛭石”是一组灼烧时体积剧烈膨胀的类云母层状硅酸盐矿物,包括矿物学意义的蛭石,以及由金云母、黑云母和绿泥石晶层与蛭石晶层形成的规则或不规则间层矿物,它们的共同特征是在结构中均含有蛭石晶层。

蛭石是由黑云母、金云母、绿泥石或伊利石等矿物经热液蚀变或风化作用而形成的。通常工业意义上的“蛭石”也包含蚀变和风化过程中的其他产物,即由黑云母、金云母、绿泥石晶层与蛭石晶层所构成的规则或不规则间层矿物(或混层矿物),有时称为水化金云母、水化黑云母等。

由金云母晶层与蛭石晶层构成的1∶1规则间层结构矿物称为水金云母。由黑云母晶层与蛭石晶层构成的1∶1规则间层结构矿物称为水黑云母。由绿泥石晶层与蛭石晶层构成的1∶1规则间层结构矿物称为高电荷柯绿泥石。它们统称为含蛭石晶层的间层结构矿物。

我们对蛭石的大部分认识是在对粗粒蛭石晶体研究的基础上建立的。绝大多数粗粒蛭石属三八面体型结构,系黑云母、金云母或绿泥石经热液蚀变或风化而成。目前开采使用的蛭石即属此种类型。但有许多蛭石则作为黏土矿物存在于土壤中。在土壤或沉积物中的蛭石既有三八面体型结构的,也有二八面体型结构的。二八面体型结构的蛭石主要由二八面体型结构的伊利石蚀变而成。

本章着重讨论具有工业意义的三八面体型蛭石。

第一节 概 述

一、化学成分

蛭石的晶体化学式为:$(Mg,Ca)_{0.3\sim0.45}\cdot(H_2O)_n\{(Mg,Fe^{3+},Al)_3[(Si,Al)_4O_{12}](OH)_2\}$。

四面体片中Al代替Si一般为1/3~1/2,还可有Fe^{3+}代替Si^{4+}。Al^{3+}、Fe^{3+}代替Si^{4+}是层电荷产生的主要原因。单位化学式的电荷数在0.6~0.9之间。这与蒙脱石不同,蒙脱石的层电荷主要是由八面体中不同价态阳离子的代替引起的。蛭石的层电荷的补偿一方面靠八面体中Al代替Mg,另一方面靠层间阳离子。层间阳离子以Mg^{2+}为主,也可以是Ca^{2+}、Na^+、K^+、$(H_3O)^+$,还可以有Rb^+、Cs^+、Li^+、Ba^{2+}等。

八面体片中的阳离子主要为Mg^{2+},也可以有Fe^{3+}、Al^{3+}、Cr^{3+}、Fe^{2+}、Ni^{2+}、Li^+等。

层间水的含量取决于层间阳离子水合能力及环境的温度和湿度。较高水合能力的Mg^{2+}在正常的温度和湿度下,单位化学式可含4~5水分子。但阳离子为水合能力弱的Cs^+时,几乎可以不含水分子。层间水分子含量最大时,约相当于双层水分子层。

二、晶体结构

单斜晶系,Cc或$C2/c$;$a_0\approx5.35$Å,$b_0\approx9.25$Å,$c_0\approx n\times14.5$ Å,$\beta\approx97°07'$;$Z=2$。这是常见

的层间阳离子以 Mg^{2+} 为主的三八面体型蛭石的晶胞参数。沉积岩中的二八面体型蛭石的晶胞参数与此稍有不同。

晶体结构如图 33－1 所示，为 2∶1 型层状结构。四面体片中有 Al 代替 Si 而产生层电荷，并导致层间充填可交换性阳离子和水分子。水分子以氢键与结构层表面的桥氧相联，在同一水分子层内，彼此又以弱的氢键相互联结。部分水分子围绕层间阳离子形成配位八面体，在结构中占有特定的位置；部分水分子呈游离状态。这种结构特点使蛭石具有强的阳离子交换能力。

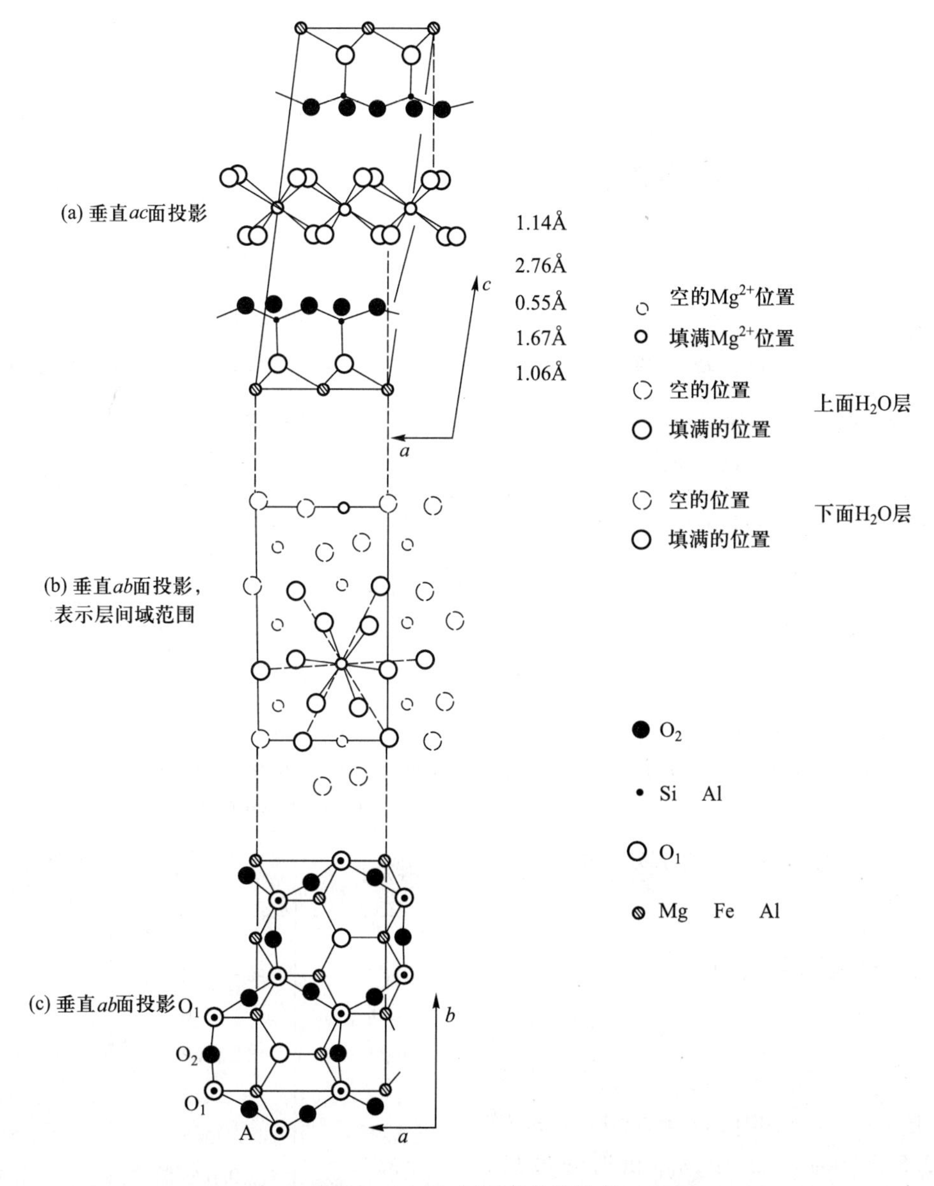

图 33－1 Mg 蛭石的晶体结构

Fig. 33－1 The crystal structure of magnesium vermiculite

蛭石结构层是“*TOT*”型(类三明治结构的)二维纳米单元,真实厚度小于10 Å。结构层内强的共价键和离子键与结构层之间的弱离子键,使蛭石具有一定的剥离分散性。蛭石剥离后单一晶层的厚度约为15 Å。

在正常的温度和湿度下,Mg饱和蛭石的c_0为14.36 Å,层间具双水分子层,但水分子层是不完整的。水饱和后c_0增高到14.81 Å,此时层间填充的是完整的水分子层。通过缓慢的加热使蛭石部分脱水后,其c_0值由14.36 Å变为13.82 Å,这两种状态都含有2个水分子层,但水分子的排布有所不同。继续脱水,双水分子层将减为单层水分子,c_0值变为11.59 Å。再继续脱水,将变为完全脱水结构(c_0 = 9.02 Å)与含单层水分子结构(c_0 = 11.59 Å)相间排列的结构,其c_0值为20.6 Å。完全脱水后则变成类似于滑石一样的结构,c_0值为9.02 Å(图33-2)。

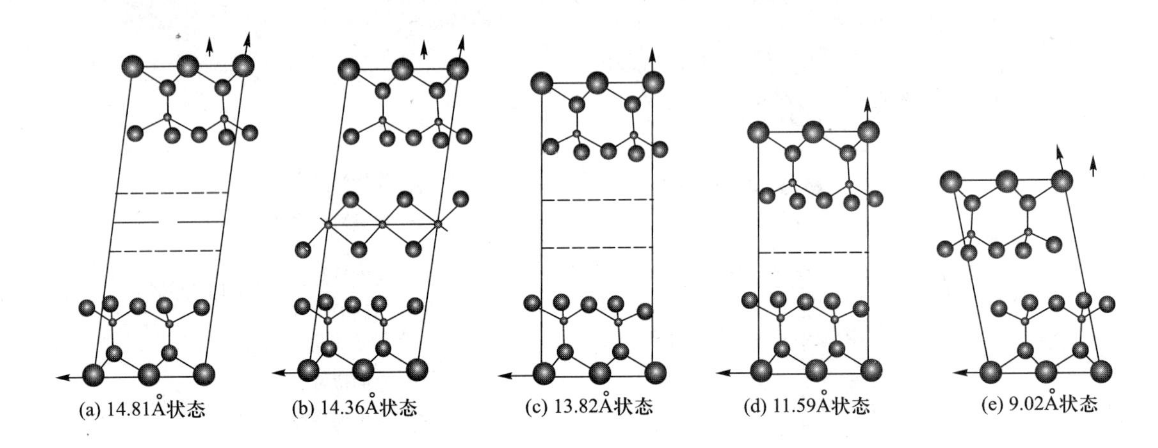

图33-2 蛭石在不同水化状态的结构沿[010]的投影

Fig. 33-2 The structure projection of vermiculite along [010] direction in all states of hydration

(据 Walker,1961)

蛭石加热至500℃脱水后,置于室温条件下可以再度吸水;但加热至700℃后就不会再吸水了。

层间阳离子的类型与层间水分子的含量有密切关系(表33-1)。

表33-1 饱和阳离子蛭石的水分子层厚度

Table 33-1 The water molecules layer thickness of saturated cationic vermiculite

阳离子	d_{002}/Å	水分子层的厚度/Å
Mg^{2+}	14.39	5.11
Ca^{2+}	15.0	5.75
Sr^{2+}	15.0	5.75
Ba^{2+}	12.3	3.04
Li^{+}	12.2	2.94
Na^{+}	14.8	5.55
K^{+}	10.6 扩散	~1.34
NH_4^{+}	10.8 扩散	~1.54

注:据张乃娴等,1990。

三、X射线衍射特征

蛭石的X射线衍射特征值d_{001}随层间阳离子不同而异。对Mg饱和的蛭石,其一系列(00*l*)反射为:14.2 Å(001),7.1 Å(002),4.7Å(003),3.5 Å(004)。其中,d_{001}衍射峰最强。对于三八面体型蛭石,d_{060} = 1.528 ~ 1.54 Å;而二八面体型蛭石d_{060} = 1.48 ~ 1.50 Å。

用不同方法处理后蛭石的 d_{001} 表 33－2 。

表 33－2　蛭石 d_{001} X 射线衍射特征

Table 33－2　The d_{001} X ray diffraction characteristics of vermiculite

处理方法	未处理	Mg－甘油饱和	KCl 饱和	700℃加热 2 小时
d_{001}/Å	14.2	14.2	10	9.3

四、热分析曲线特征

蛭石的热效应主要发生在 2 个温度区间，它们分别与脱水和结构破坏相对应。

（一）20～350℃的热效应

排除层间水分子所形成的吸热谷有 3 个峰值：20～100℃，100～200℃和 200～300℃。这种阶段性的脱水是与层间水分子的 3 种不同的能级相适应的。而能级的变化取决于层间阳离子与水分子之间的距离。20～100℃，脱去不与阳离子接触的游离水分子；100～200℃，脱去与阳离子靠近但不直接接触的水分子；200～300℃，脱去与阳离子直接接触的水分子。脱去层间水的温度与层间阳离子的类型有关，这反映了不同阳离子水合能的不同。最大吸热峰的温度按下列离子的顺序降低：$Mg^{2+} > Ca^{2+} > Ba^{2+} > Na^{+}$。此外，结晶度和粒度也会影响吸热谷的形态和位置。

（二）700～1 000℃的热效应

在 800～900℃范围内，差热曲线呈平倒“S”形。吸热部分是由于排除结构水 OH^{-} 并伴随着晶格破坏而引起的；放热部分是由于晶格破坏后再结晶成顽火辉石引起的。

与差热曲线上两个失水过程相对应，失重曲线上有两个明显的失重阶段。前一个阶段的失重量与层间水、层间阳离子的类型和数量及样品所处环境的湿度有关。

五、一般物性与显微镜下特征

蛭石多呈褐色、黄褐色、金黄色、青铜色，有时带绿色。光泽较云母弱，常呈油脂光泽或珍珠光泽。具{001}完全解理，解理片有挠性。摩氏硬度 1～1.5。密度 2.4～2.7 g/cm^3。

透射光下蛭石具多色性，从无色至浅褐色。二轴晶（－），光轴角很小。$N_g = 1.545 \sim 1.585$，$N_m = 1.540 \sim 1.580$，$N_p = 1.525 \sim 1.560$。

第二节　蛭石的理化性能

一、膨胀性

蛭石在高温下焙烧时，体积会剧烈膨胀，堆积密度明显变小。单片蛭石急剧膨胀后的厚度可增大 15～25 倍，甚至达 40 倍。密度由 2.4～2.7 g/cm^3 减小到 0.6～0.9 g/cm^3。这是因蛭石的层间水分子受热变成蒸汽所产生的压力使结构层迅速撑开所致。

焙烧后的蛭石称为膨胀蛭石。膨胀蛭石呈银白色、棕黄色等,具有优良的绝热性能。表33－3列出了商品蛭石的粒径与焙烧后的堆积密度及膨胀率的关系。可以看出,粒径愈大,膨胀倍数愈大,密度愈小。膨胀蛭石具有很小的堆积密度,因而常用作超轻质填料。

表33－3　蛭石的粒径与焙烧后堆积密度和膨胀率的关系

Table 33－3　The relationship among grain size and volume density and expansion rate of calcined vermiculite

粒径/mm	焙烧前堆积密度/($kg \cdot m^{-3}$)	焙烧后堆积密度/($kg \cdot m^{-3}$)	膨胀系数
15～20	375	96	6.9
10～15	350	102	5.9
5～10	380	137	5.5
2.5～5	420	158	4.8

二、阳离子交换性和吸附性

蛭石结构层间的阳离子为可交换性阳离子。蛭石层电荷较高,故具有较高的阳离子交换容量。其阳离子交换容量与层间阳离子所带的正电荷数成正比。

蛭石具有较强的吸附性能,尤其是吸附放射性元素的能力,以分配系数表示。蛭石的分配系数是指一定实验条件下,在单位质量(1 g)蛭石上吸附的放射性元素强度与单位体积(1 mL)溶液(活性交换液)中余下的放射性元素之比值。蛭石的分配系数用下式计算:

$$K_d = [(c_0 - c_t)V]/W \cdot c_t \quad (33-1)$$

式中:K_d——分配系数;

c_0——交换液原始放射性强度,Bq;

c_t——吸附后交换液的放射性强度,Bq;

V——溶液总体积,mL;

W——蛭石的质量,g。

实验证明,不同外观特征的蛭石对放射性元素^{137}Cs的吸附能力是不同的,且有如下规律:

① 金黄色、黄褐色大片蛭石,油脂光泽,膨胀率较高,$K_d(^{137}Cs) > 1\ 000$。

② 黄色、黄褐色碎片蛭石,油脂光泽,膨胀率较差,$K_d(^{137}Cs) = 1\ 000$。

③ 土黄色、土块状蛭石,土状光泽,$K_d(^{137}Cs) = 800 \sim 900$。

④ 鳞片状蛭石,片径为0.5～5 mm,浅黄色,油脂光泽,$K_d(^{137}Cs) = 400 \sim 600$;浅黄色,珍珠光泽者,$K_d(^{137}Cs) = 200 \sim 300$。

⑤ 黄绿色蛭石,焙烧后变白色。膨胀性能不好,$K_d(^{137}Cs) < 200$。

⑥ 黑色蛭石粉末,$K_d(^{137}Cs) < 200$。

膨胀蛭石也具有良好的吸附性。其吸附机理是:在固气界面上的物理和静电吸附,通过毛细管吸引力的吸附及在膨胀的空间中的自由吸附。

膨胀蛭石具有很强的吸水性。实验证明,浸入水中15分钟后,膨胀蛭石的吸水率增长最大。2天以后,质量吸水率最大值达350%～370%。随堆积密度和粒度的减小,吸水率逐渐增大。12～15 mm粒级的膨胀蛭石吸水率见表33－4。

在相对湿度为95%～100%的环境下,膨胀蛭石的吸湿率为1.1%。

三、剥离分散性

蛭石的层间域具有可膨胀性，通过阳离子交换可以向层间域中引入无机和有机阳离子或有机分子，通常称柱撑处理或插层处理，并使层间域变大。经插层或柱撑处理后，可形成纳米孔洞和孔隙，可用作分子筛、催化剂载体，也可进一步向纳米孔洞和孔隙中引入无机或有机物前驱体，将蛭石的层间域作为纳米反应器原位反应合成无机或有机纳米微粒，并与蛭石结构层构成无机或有机纳米复合材料，进而将蛭石的结构层剥离分散在无机或有机基体中。

表 33－4　膨胀蛭石的吸水率

Table 33－4　The bibulous rate of expanded vermiculite

浸泡时间	质量吸水率/%	体积吸水率/%	浸泡时间	质量吸水率/%	体积吸水率/%
15 min	246	37.6	6 h	301	46.1
30 min	249	38.2	7 h	310	47.4
45 min	252	38.6	8 h	319	48.7
1 h	265	40.6	1d	335	51.3
2 h	266	40.6	2d	348	52.2
3 h	297	45.4	3d	358	54.9
4 h	298	45.6	4d	371	56.8
5 h	300	46			

注：据张培元，1987。

含有蛭石晶层的间层矿物，如金(黑)云母/蛭石间层结构和绿泥石/蛭石间层结构，在剥离分散时也是沿蛭石晶层的层间域进行的，剥离后的单一层状单元体纳米片的厚度分别为 2.5 nm 和 3 nm。

四、隔声性

蛭石膨胀后层片间有空气间隔层。当声波传入时，层间空气发生振动，使部分声能转变为热能，从而产生良好的吸声、隔声效果。当声波频率为 512 Hz 时，膨胀蛭石的吸声系数为 0.53～0.73。蛭石的隔声效果与堆积密度及比表面密切相关。材料的孔隙率愈大，其吸声、隔声性能也就愈好。松散状膨胀蛭石的隔声性能可按下列公式求得：

① 膨胀蛭石堆积密度 $P \leqslant 200\ kg/m^3$ 时，隔声能力 $N = 13.5\lg P + 13$ (dB)

② 膨胀蛭石堆积密度 $P > 200\ kg/m^3$ 时，隔声能力 $N = 23\lg P - 9$ (dB)

五、隔热性和耐火性

隔热性能也是膨胀蛭石的重要性能之一。隔热性能用导热系数来表示，两者呈负相关关系。膨胀蛭石的导热系数一般为 0.046～0.07 W/(m·K)。

表 33－5　膨胀蛭石等不同制品的堆积密度和导热系数

Table 33－5　Bulk density and thermal conductivity of several products by expanded vermiculite

材料名称	堆积密度/($kg \cdot cm^{-3}$)	导热系数/($W \cdot (m \cdot K)^{-1}$)	使用温度/℃
膨胀蛭石	80～200	0.046～0.07	1 000～1 100
膨胀珍珠岩	50～150	0.035～0.052	1 000～1 500
矿渣棉及其制品	100～350	0.046～0.092	≤600
硅藻土制品	450～530	0.107～0.100	600～800
石棉粉	140～860	0.046～0.092	450～600

续表

材料名称	堆积密度/(kg·cm^{-3})	导热系数/(W·(m·K)$^{-1}$)	使用温度/℃
泡沫玻璃	300～500	0.015～0.163	—
超细玻璃棉	25～30	0.029～0.035	450～600
加气混凝土	400～600	0.092～0.140	—
泡沫混凝土	400～600	0.174～0.209	300～400
玻璃棉	100～150	0.046～0.058	<400

注:据古阶祥,1990。

膨胀蛭石不燃烧,无烟雾。熔点一般为1 370～1 400℃。在1 000℃左右的高温条件下使用,其性能不会改变。若与其他材料配方制成耐火混凝土,使用温度可提高到1 450～1 500℃。

表33－5列出了蛭石及蛭石制品的堆积密度、导热系数、使用温度的对比数据。

六、耐冻性和抗菌性

蛭石能经受多次冻融交替作用而不破坏,同时,其强度性能无明显下降。膨胀蛭石能在－30℃的低温下保持堆积密度和强度不变,也不发生任何变形。

蛭石不受菌类侵蚀,且能排斥昆虫、啮齿动物和其他害虫,因而不腐烂、不变质、不易被动物蛀坏。

此外,膨胀蛭石的化学性质稳定。不溶于水。pH在7～8。无毒、无味,无副作用。

第三节　蛭石的应用

蛭石因其一系列特殊工艺技术性能,被广泛用于农牧业、园艺、建筑、环保、节能等领域。

一、农业和园艺

蛭石具有良好的阳离子交换和吸附性能等,在农业上主要用作土壤改良剂、农药(杀虫剂、除草剂等)载体、育秧育苗介质、菌料培养载体、水果蔬菜保鲜剂等。此外,蛭石还可向作物提供自身含有的K、Mg、Ca、Fe、Si以及微量Mn、Cu、Zn等元素,可制作蛭石复合肥。

作为土壤改良剂,蛭石可提高土壤的透气性和含水性,改善土壤的结构,储水保墒;蛭石能提高土壤的透气性和含水性,使酸性土壤变为中性土壤;有良好的缓冲效果,阻碍pH的迅速变化;可使肥料在作物生长介质中缓慢释放,且允许稍过量地使用肥料而对植物没有危害。

据报道,在甜菜、土豆种植中每公顷添加0.8～2 t的蛭石,土豆可增产54.1%,糖用甜菜增产10%,大豆和高粱可增产56%,且可减少20%的肥料使用量。

据Diana(1989),巴西在20个平均1 000 hm^2的砂质土壤农场使用蛭石改良土壤,取得了令人满意的结果。在播种时,把蛭石碎片施入垄沟的底部、肥料之下10～12 cm、种子之下15～17 cm的地方。每公顷施用1 m^3蛭石。蛭石的吸水性、阳离子交换性和孔隙率,以及化学成分特征,使其起着保肥、保水储水、透气和矿物肥料等多重作用。蛭石对于旱地区砂质土壤的改良效果更为突出。

在园艺方面，蛭石可用于花卉、蔬菜、水果栽培、育苗等方面。除作盆栽土的调节剂外，还用于无土栽培。作为种植盆栽树和商业苗床的营养基层，对于植物的移栽和运送特别有利。蛭石也适用于草坪的商业种植。在作物的育秧、育种方面，蛭石可使作物从生长初期就能获得充足的水分和矿物质，促进作物较快生长、增加产量。

蛭石还可作为肥料、杀虫剂、除草剂载体。

因膨胀蛭石质轻且通气性好，故在农业和园艺上被应用于保存种子、疏松土壤。据试验，将0.5%～1%的膨胀蛭石掺入复合肥料中，可使农作物产量提高15%～20%。

此外，蛭石还可用于制备高吸水性复合材料，如聚丙烯酸/蛭石复合高吸水树脂、聚丙烯酸盐共聚丙烯酰胺/膨胀蛭石高吸水性复合材料、聚丙烯酸钾－聚丙烯酰胺/膨胀蛭石高吸水性复合材料等，具有改善吸水速度、凝胶强度、耐盐性和热稳定性的能力，可用于农业园艺、医药、土木工程、卫生保健、石化等领域。

二、环境保护

在环境保护方面主要是利用蛭石良好的吸附性和离子交换性处理废水及有害物质。天然蛭石及膨胀蛭石对氨氮（NH_3-N）、重金属离子（Cu^{2+}、Pb^{2+}、Zn^{2+}、Cd^{2+}、Ni^{2+}、Co^{2+}等）和放射性核素（^{137}Cs、^{90}Sr等）具有很强的选择性离子交换和吸附能力，可用于含氮废水、重金属废水和放射性废液的处理。

通过热处理、酸（硫酸、盐酸等）处理、钠化改型、有机化（插层和表面包覆）、无机复合与柱撑等改性处理，可以优化蛭石的去污能力、扩大蛭石的应用范围（如含Cr^{6+}废水、印染废水、造纸废水、燃煤固硫添加剂等）。

在日本，已利用蛭石制作的流态化生物反应器来处理废水。在这种装置中，废水是靠一个由硝化塔、分解塔和沉淀器组成的系统来处理的。所用蛭石的粒度为0.2～0.5 mm，塔内蛭石体积分数为50%，用砂作为支护层。

用蛭石制成一种蛭石絮凝剂也可用来处理废水。其方法是先把蛭石用H_2SO_4进行淋滤活化，然后过滤得到废水处理用的絮凝剂；也可以采用以硫酸浸滤的办法制得蛭石废水絮凝剂。用这种絮凝剂加进旅馆厨房废水中可以清除甚至萃取其中的乙烷。处理后的厨房废水中可萃取的乙烷含量可从190 mg/L降到6～7 mg/L。这种絮凝剂也可用于工业废水的沉淀净化。

蛭石对某些放射性元素有吸附功能。因此，可作为高放射性废物的处理剂，如用于处理含放射性元素的废水。

有时也利用膨胀性蛭石吸附海、湖、河水中漂浮的油污，达到净化环境的目的。

三、建筑行业

膨胀蛭石所具有的细小隔层空间或空洞使其导热系数和密度均大大减小，具有良好的隔声、隔热、绝缘、阻燃性能。同时，蛭石化学性质稳定，有抗菌功能。因此，膨胀蛭石可用作轻质、保温隔热、吸声隔声、防火等材料。

（一）在轻质材料方面

膨胀蛭石的密度仅约等于砂的1/7。能够单独使用，作为粒料填充和装置在建筑围护结构中;可被用作轻质混凝土骨料、轻质墙粉粒料、轻质砂浆等;也可制作屋顶板、砌块或墙体用于高层建筑。

(二) 在保温、隔热、吸声材料方面

用膨胀蛭石与其他黏结材料(如石膏、水泥、水玻璃、沥青、合成树脂等)或增强材料(如石棉、玻璃纤维等)混合,根据不同用途的需要制造出各种形状和规格尺寸的砖、板、管、壳等制品以及膨胀蛭石混凝土、膨胀蛭石灰浆等。它们可被广泛地用作温室和冷冻库的墙壁及各种工业管道(如输油、输气、输水管道)、热工设施和窑炉的保温和绝热层;高层建筑钢架的包裹材料等,可达到保温、隔热或保冷的目的。用于礼堂、影剧院、广播室、电话室、录音室等建筑物的内壁,可达到吸声、隔声的目的。

以膨胀蛭石制成的高强度轻质耐火板,可用作高级建筑物的耐火夹层、防火门的门芯、隧道电气和电缆的防火隔板、舰船上的隔板、顶板、防火家具等。

用膨胀蛭石砌块或板材装修屋顶或天花板,或用松散的膨胀蛭石作为绝热夹层,可保持屋内温度,且能抗震、抗裂、防火,用于冷藏库、仓库、图书馆、档案室及特殊要求场所。

四、节能、降耗

膨胀蛭石除在保温、隔热领域中应用具有节能降耗的作用外,在浇铸钢锭时也用膨胀蛭石对钢水液面保温,使钢材合格率提高20%,钢材生产总成本减少10% ~39%。由于膨胀蛭石能起到使钢水缓慢冷却和除去杂质的作用,因而能显著改善钢的显微结构,并使优质钢产量增加2% ~4%。

用无机纤维和黏结剂与膨胀蛭石配比制成的隔热板材可做成工业窑炉的隔热保温材料。利用膨胀蛭石砌块和板材可用以对各种热工设施和钢、玻璃、陶瓷窑炉的保温。膨胀蛭石产品允许使用温度达 1 000℃ 以上。因此可广泛用作耐火砖的耐火保温涂层,以达到节能的目的。

五、畜牧业生产

膨胀蛭石有独特的构造特征和表面性质,以及无毒、无菌和化学惰性,可用作载体、吸收剂、固着剂和饲料添加剂。

作为饲料添加剂的膨胀蛭石,一方面能使食物在动物肠道消化系统中缓慢下移,增加肠胃的消化能力;另一方面能加速家禽等的生长速度,提高产量和质量,如提高瘦肉的比率,提高产蛋量,产出低脂肪牛奶等。

在饲料中添加蛭石还可吸收饲料中的有毒物质(如作物上残留的杀虫剂),使动物体内和牛奶中的污染物含量减少。这是蛭石选择性吸附的结果。表 33 - 6 列出了给母牛喂食含^{134}Cs 的饲料所得的实验结果。可以看出,饲料中加入蛭石后,牛奶和动物体内的放射性物质含量大大减少。

表 33 - 6 蛭石对^{134}Cs 的吸收

Table 33 - 6 The absorption to ^{134}Cs of vermiculite

含^{134}Cs 饲料	^{134}Cs 残余量		
	牛奶中	尿中	粪便中
添加蛭石	0.3%	1.7%	64.6%
未添加蛭石	2.3%	11.2%	26.6%

注:据 Lin,1989。

据试验研究，在产卵母鸡的混合饲料中加入3%的蛭石可改良蛋的质量。卵蛋在一个星期内提前破壳；每个蛋平均增重3.4 g；蛋中维生素A和叶红素的含量也增加。

在养殖观赏鱼和食用鱼过程中，蛭石可用于除去水体中对鱼有毒的氨氮，减少水中微生物的含量。拌入膨胀蛭石中的饲料因堆积密度小，可限制饲料下沉，有利鱼类充分食用。

此外，蛭石能吸收动物粪便的臭味，延缓粪便的腐烂并降低温度，从而改善家禽生长的环境条件。

六、其他

利用蛭石具有的天然的纳米结构属性和阳离子交换性，通过无机和有机插层－原位反应法、溶胶－凝胶法、熔融共混法等制备蛭石－无机或有机基体纳米复合材料。

利用蛭石的阳离子交换性能，将聚羟基金属阳离子插入蛭石层间域中，再经一定温度的焙烧处理，即可获得金属氧化物/蛭石纳米复合物，如TiO_2－蛭石纳米复合物和Al_2O_3－蛭石纳米复合物等，也简称为钛柱撑蛭石和铝柱撑蛭石。通过溶胶－凝胶法也可将金属氧化物的前驱体纳米粒子引入蛭石的层间域中，制备金属氧化物－蛭石纳米复合物。它们具有优良的吸附、催化或光催化、分子筛等特性，可以用作分子筛、吸附材料、催化剂载体和光催化材料等。

利用蛭石的阳离子交换性能也可将烷基季铵盐阳离子等插入蛭石的层间域中，制备季铵阳离子－蛭石插层复合物，再采用共混（溶液共混、乳液共混、熔融共混和机械研磨共混）法、插层（插层原位聚合、聚合物溶液插层和聚合物熔融插层）法等与聚合物基体（如橡胶、环氧树脂、尼龙、聚苯胺等）复合，制备各种蛭石－聚合物纳米复合材料。与常规的无机填料－聚合物复合材料相比，由于蛭石在聚合物中的剥离和纳米分散，不仅界面结合面积大，结合力强，而且消除了无机－有机材料复合后热膨胀系数的不匹配，从而可充分发挥复合后材料的优异力学、高耐热和尺寸稳定性等。

蛭石可作为摩擦材料填料，可起增强剂、热稳定剂的作用。所制成的无石棉摩擦材料，具有摩擦系数适宜而稳定、磨损小、恢复性能好、强度高、价格适宜等特点。用蛭石制成的刹车片具有良好的耐热性和抗剪、抗弯强度，制动效果好，可用于汽车、火车、飞机等交通运输工具及动力机械设备中的制动材料。

超细蛭石粉还可用于制作蛭石橡胶板、蛭石建筑内墙涂料、膨胀蛭石防火涂料等。

用蛭石作香料油的载体而制作的香料具有散香时间长的特点。

膨胀蛭石还可用作冷却器及冰箱的保冷材料。可作包装运输中的衬垫材料、润滑材料等。

随着新产品的开发，蛭石在建筑、电力、石油、化工、冶金、轻工、机械、造船等行业中也受到越来越广泛的重视。

第三十四章 长　石

第一节 概　述

一、种属

长石族矿物是自然界最主要的造岩矿物，占地壳矿物组成的60%左右。它的一般化学式可用$M[T_4O_8]$表示，其中M为Na、Ca、K、Ba及少量的Li、Rb、Cs、Sr等。T为Si、Al及少量的B、Fe、Ge等。一般认为长石族矿物是由钾长石（$K[AlSi_3O_8]$，代号Or）、钠长石（$Na[AlSi_3O_8]$，代号Ab）、钙长石（$Ca[Al_2Si_2O_8]$，代号An）3种端员矿物彼此混溶而形成的不同类质同象系列，如图34-1所示。其中钾长石（Or）与钠长石（Ab）可以在高温条件下混溶，形成完全的类质同象的钾钠长石系列；钠长石（Ab）和钙长石（An）也可以任意比例混溶，形成连续的类质同象的钠钙长石系列；而钾长石与钙长石混溶很有限。

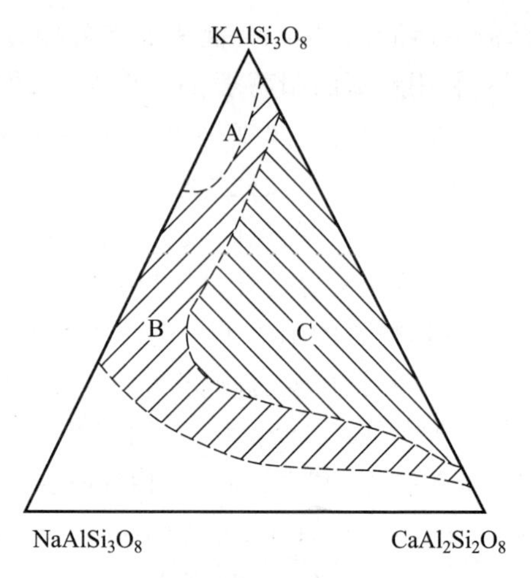

A：在任何温度下稳定的晶体；
B：仅在高温稳定的晶体；
C：混溶间隙——晶体在任何温度下都不稳定

图34-1　Or-Ab-An系列混溶性及其与温度的关系

Fig. 34-1　The miscibility of Or-Ab-An series and their relationship with the temperature

（据Vogt. Makinen）

（一）钾钠长石系列

以钾长石与钠长石为端员构成的钾钠长石系列，又称碱性长石系列。其高温阶段的混溶物随着温度的降低可离溶为钾相和钠相构成条纹长石。在端员区，当温度由高到低，依次形成的钾长石$K[AlSi_3O_8]$矿物有：透长石Sanidine（单斜）、正长石Orthoclase（单斜）和微斜长石Microcline（三斜）。而在Ab端员区，随着温度的降低，则依次形成高钠长石、中钠长石、低钠长石。

（二）钠钙长石系列

即由端员矿物钠长石与钙长石构成的斜长石系列。该系列矿物包括按端员矿物Ab、An分子的含量不同而划分成不同种属，见表34-1。

表34-1　钠钙长石的分类表

Table 34-1　The classification of Albite and Anorthite

分类	矿物种属	Ab分子的含量/%	An分子的含量/%
酸性斜长石	钠长石（Albite）	100~90	0~10
	奥长石（Oligoclase）	90~70	10~30
中性斜长石	中长石（Andesine）	70~50	30~50
	拉长石（Labradorite）	50~30	50~70

续表

分类	矿物种属	Ab 分子的含量/%	An 分子的含量/%
基性斜长石	培长石(Bytownite)	30 ~ 10	70 ~ 90
	钙长石(Anorthite)	10 ~ 0	90 ~ 100

以上 An 含量在 0% ~30% 的又可归为酸性斜长石;30% ~60% 的归为中性斜长石;60% ~ 100% 则归为基性斜长石。

长石包括钡长石($Ba[Al_2Si_2O_8]$,代号 Cn),可与钾长石局部混溶,形成不连续的类质同象系列,但这类矿物自然界产出很少。

似长石类矿物包括霞石族、白榴石族、方钠石族、日光榴石族和方柱石族等。它们与长石成分相似,但他们的 Al/Si > 1∶3;K(或 Na)∶(Si + Al)的值比较大,例如霞石($KNa_3[AlSiO_4]_4$)为 1∶2,白榴石($K[AlSi_2O_6]$)约为 1∶3,而长石为 1∶4。故似长石产于富碱贫硅介质,不与石英共生;结构开阔松弛,易含大半径的 K^+、Na^+、Ca^{2+}、Li^+、Cs^+ 等阳离子和 F^-、Cl^-、OH^-、CO_3^{2-} 等较大的附加阴离子;相对密度较低(2.3 ~2.6);硬度较小(摩氏硬度 5 ~6.5);折射率低,一般在 1.480 ~1.541。

白榴石在结晶后常与残余的岩浆发生反应而转变为霞石和钾长石,但仍保留白榴石的外形,称为假白榴石。二者均产于富 Na_2O 缺 SiO_2 的碱性岩中,油脂光泽,无解理易与长石区别。含染色斑点,易风化易与石英区别。

二、化学成分

理论上,钾长石的化学成分(含量,%)为:SiO_2 64.70,Al_2O_3 18.40,K_2O 16.9;钠长石为:SiO_2 68.70,$Al_2O_3$19.5,Na_2O 11.80;钙长石为:SiO_2 43.2,Al_2O_3 36.7,CaO 20.10。但是自然界的长石多是以上述矿物为端员组分的类质同象混合物,如斜长石系列由钠长石 - 钙长石,Ab 组分由 100% ~0 变化。碱性长石系列中的透长石,其 Ab 分子一般小于 30%;最高可达 60%,称作钠透长石;正长石中的 Ab 组分一般为 20%,有时可达 50%;微斜长石中的 Ab 组分变化在 20% ~ 30% 之间,当 Ab 组分超过 Or 组分时,称为钠微斜长石。靠近 Ab 端员区的钠长石,其 Ab 组分和应增加。

三、晶体结构

长石族矿物是架状结构的铝硅酸盐矿物,理想化的长石结构如图 34 -2 所示。$[TO_4]$ 四面体连结成四方环,环与环连结沿 a 轴成折线状的链。链与链相连在三维空间形成架状结构。环间有较大的空隙,由 K^+、Na^+、Ca^{2+}、Ba^{2+} 等较大半径的阳离子占据。阳离子半径的大小直接影响各种长石的对称性,如透长石、正长石由较大的阳离子 K^+ 充填其四方环间空间,K^+ 具有大而规则的配位多面体,能撑起 $[TO_4]$ 四面体骨架,使其对称性提高,属单斜晶系,空间群 $C_{2h}^3 - C2/m$。而斜长石亚族矿物则由较小的阳离子 Na^+、Ca^{2+} 占据其四方环间空间,配位多面体不规则,致使骨架折陷,降低其对称性,故均属三斜晶系,空间群为 $C_i^1 - P\bar{1}$。

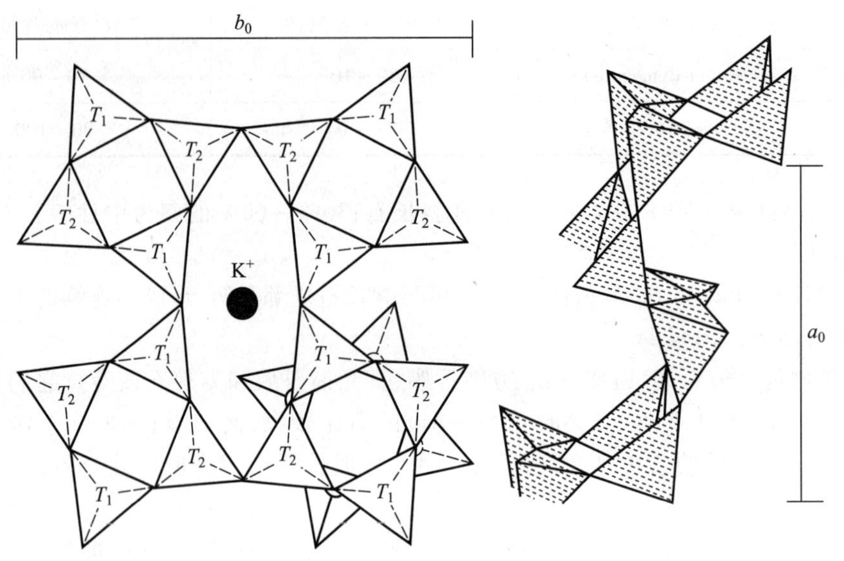

(a) 理想化的钾长石架状结构，图面垂直于a轴　(b) 理想化的四方环所构成的平行于a轴的硅氧链

图 34－2　理想化的长石晶体结构

Fig. 34－2　The idealized crystal structure of feldspar

在[TO_4]四面体结构单元中，T 位的 1 个或 2 个硅原子被铝原子取代，Si—Al 原子的有序－无序也影响晶体结构的对称性和轴长。图 34－3(a)所示，在 T 位 Si、Al 原子完全无序，则具有单

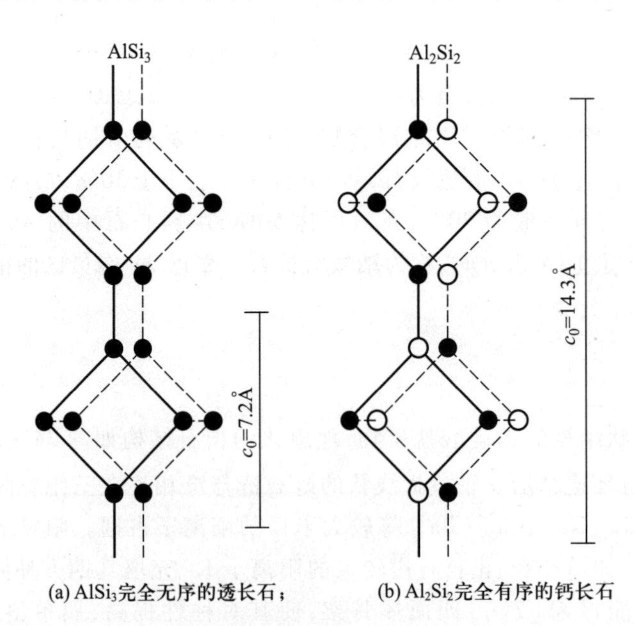

(a) $AlSi_3$完全无序的透长石；　(b) Al_2Si_2完全有序的钙长石

图 34－3　长石中硅铝排列示意图

Fig. 34－3　The schematic diagram of silicon and aluminum arrangement in feldspar

斜晶系对称,如透长石,单斜晶系 $c_0=7.2$ Å;图 34-3(b)所示,在 T 位 Si、Al 完全有序,相间排列,如钙长石,则 c 轴加倍,约为 14.3 Å,属三斜晶系。此外温度和压力也影响长石的对称性及晶胞参数的变化。几种长石的晶体结构参数列示如下(表 34-2)。

表 34-2 几种长石的晶体结构参数

Table 34-2 The crystal structure parameters of several kinds of feldspar

名称	化学式	空间群	晶胞参数
透长石	$K[AlSi_3O_8]$	单斜 C_{2h}^3-C2/m	$a_0=8.60$ Å, $b_0=13.03$ Å $c_0=7.18$ Å, $\beta=116°$
正长石	$K[AlSi_3O_8]$	单斜 C_{2h}^3-C2/m	$a_0=8.562$ Å, $b_0=12.996$ Å $c_0=7.193$ Å, $\beta=116°09'$
微斜长石	$K[AlSi_3O_8]$	三斜 $C_i^1-P\bar{1}$	$a_0=8.54$ Å, $b_0=12.97$ Å, $c_0=7.22$ Å $\alpha=90°39'$, $\beta=115°56'$, $\gamma=87°39'$
钠长石	$Na[AlSi_3O_8]$	三斜 $C_i^1-P\bar{1}$	$a_0=8.135$ Å, $b_0=12.788$ Å, $c_0=7.154$ Å $\alpha=94°13'$, $\beta=116°31'$, $\gamma=87°42'$
钙长石	$Ca[Al_2Si_2O_8]$	三 $C_i^1-P\bar{1}$ 或 $C_i^1-I\bar{1}$	$a_0=8.177$ Å, $b_0=12.877$ Å, $c_0=14.169$ Å $\alpha=90°10'$, $\beta=115°51'$, $\gamma=91°13'$

四、形态与成因、产状

(一)形态

长石族矿物的内部结构相似,因此结晶习性也相似。常见形态如图 34-4。比较发育的单形有 $c\{001\}$、$b\{010\}$、$m\{110\}$,$x\{10\bar{1}\}$、$y\{20\bar{1}\}$。常发育为平行 a 轴、b 轴或 c 轴的柱状或厚板状晶体。长石形态的另一特征是双晶很发育,类型很多(图 34-5)。因此常使长石具有各种多样的假对称形态,而某些长石的双晶特征常为该种属的鉴定特征。如透长石、正长石常见卡斯巴双晶;微斜长石具有典型的格子双晶;斜长石中常见聚片双晶等。

(二)成因及产状

长石族矿物广泛产于各种成因类型的岩石中,为岩浆岩和变质岩的主要造岩矿物。长石在岩浆中的产出约占地壳中长石总量的 60%,在变质岩中产出的约占 30%,在沉积岩中产出的约占 10%。绝大多数纯净的长石主要来源于花岗岩、伟晶岩、碱性正长岩、霞石正长岩等岩浆岩。尤其是在岩浆作用的伟晶岩阶段可结晶出粗大的长石晶体,这是长石的重要矿床类型,在我国分布很广泛。

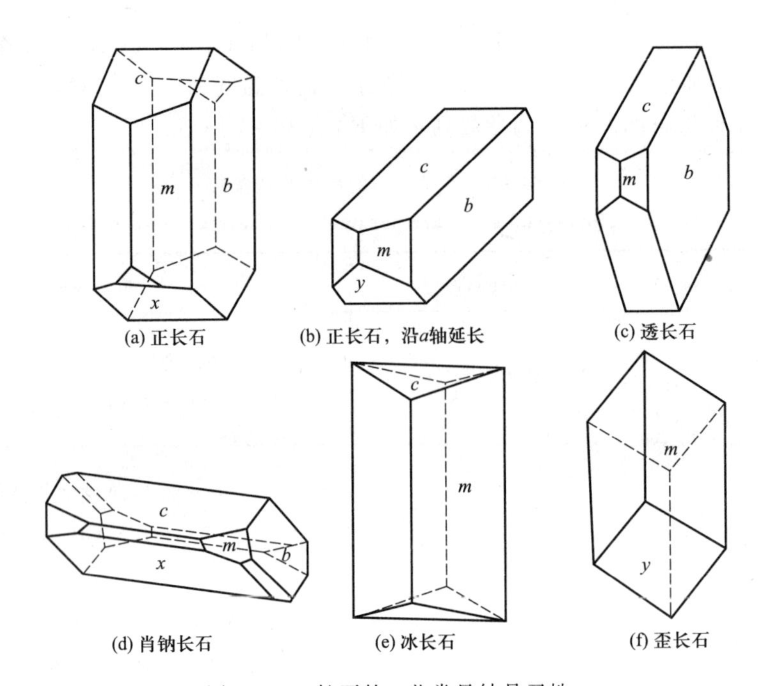

图 34-4 长石的一些常见结晶习性

Fig. 34-4 The typical crystallization behavior of feldspar

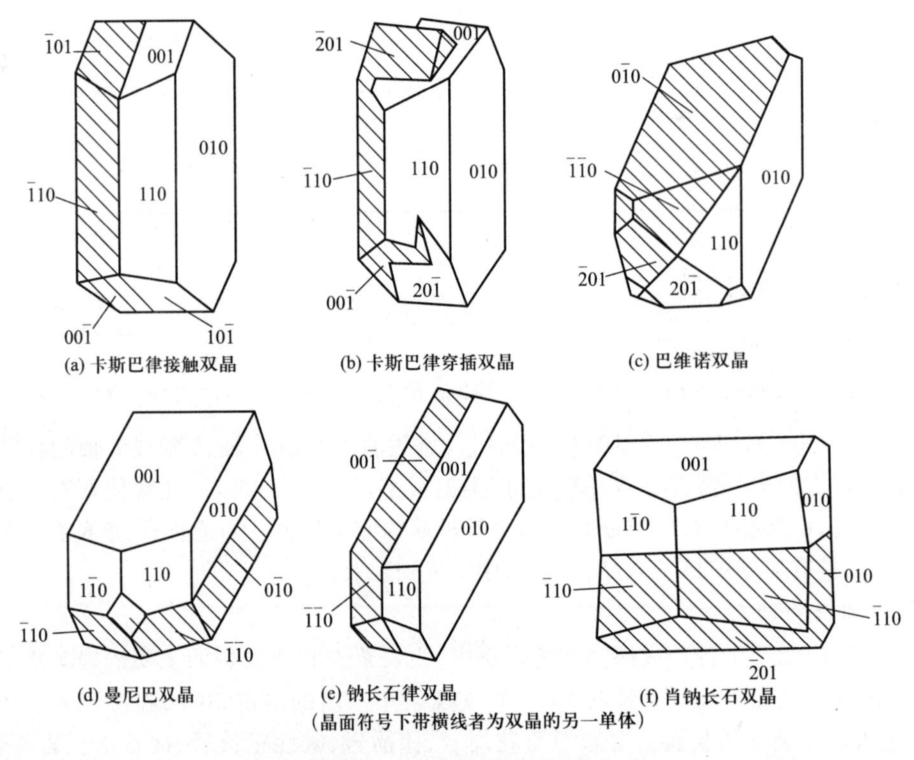

图 34-5 常见的长石双晶

Fig. 34-5 The typical twin crystal of feldspar

正长石主要产于酸性和一部分中性岩浆岩中；在碱性岩中与钠长石、似长石、碱性辉石、碱性角闪石等共生；在伟晶岩中也常见。同时还见于各种片麻岩和混合岩中。微斜长石多见于酸性和碱性岩中，是伟晶岩的主要矿物之一；在片岩、片麻岩、混合岩中均有微斜长石产出，也出现于接触变质岩和沉积岩中。斜长石系列的长石分布很广，几乎所有岩浆岩中都有产出。随赋存的岩类不同，斜长石的种类也有变化。例如，基性岩中含基性斜长石；中酸性岩中主要含中性和酸性斜长石；在酸性或碱性岩及其相应的伟晶岩中则以酸性斜长石和钠长石为主。其次，泥质灰岩与岩浆岩的接触交代作用也可生成斜长石，斜长石是各种结晶片岩、片麻岩和混合岩的主要组成矿物，在长石砂岩等沉积岩中斜长石分布很广。

第二节　长石的理化性能

长石族矿物一般为白、灰白、浅肉红色，玻璃光泽，{001}、{010}解理发育，解理交角，在单斜系种属中为90°，三斜晶系种属中近于90°。摩氏硬度为6~6.5，密度为2.5~2.7 g/cm^3。

作为重要的工业原料，长石的熔点、熔融间隔、熔体的黏度等性质具有重要的应用意义。长石的熔点因种属不同而异：钾长石的熔点为1 290℃；钠长石为1 215℃；钙长石为1 552℃；钡长石为1 715℃。自然界的长石常有混入物，故熔点是变化的，另外各种长石混合物的熔点较单一成分的长石熔点低，而若含石英熔点会增高。如30%钾长石与70%钠长石；或30%钾长石，60%钠长石，10%钙长石混合，其熔点为1 190℃。另外，熔融间隔比较宽也是长石很好的工艺性能之一，如钾长石在1 200℃左右开始熔融，而到1 530℃左右全部成为液相。熔融间隔因混合物中各组分的含量不同而变化。

对于玻璃、陶瓷工业原料的长石，熔体的透明度与黏度是至关重要的。钾长石熔点较低，熔融间隔宽，熔体透明，黏度高，工艺性能最好；钠长石熔融间隔窄，熔体黏度低，在煅烧过程中易变形；钙长石熔点高，熔融间隔窄，熔体不透明，在工艺过程中很容易产生析晶；斜长石系列的种属成分变化大，无固定的熔点，熔体黏度比较小，半透明，强度比较大。

长石矿物的助熔性能也是其重要的应用性能。长石矿物中有碱金属和碱土金属，可以使多相的硅酸盐混熔系统的熔点大大降低，如纯高岭石的熔点在1 770℃以上，纯石英的熔点在1 713℃以上，如果在$Al_2O_3-SiO_2$系统加入长石，则在985±20℃即开始出现液相，而且长石的含量越多，熔融温度越低。长石的助熔能力因种属不同而异，在同一温度条件下钠长石熔融体对石英的助熔作用大于钾长石熔体。

此外长石具有良好的化学稳定性。如钾长石玻璃和钠长石玻璃，除高浓度的硫酸和氢氟酸外，不受其他任何酸、碱的腐蚀。长石的解理发育，有较好的易磨性、可碾性。

第三节　长石的应用

一、在玻璃工业上的应用

长石是玻璃工业原料的主要配料，在玻璃工业上的用量占其总用量的50%~60%。长石

Al_2O_3含量高，而铁质含量低，且比氧化铝易熔，不但熔融温度低而且熔融间隔宽。所以它主要用来提供玻璃配料中所需的氧化铝，降低玻璃生产中的熔融温度和增加碱含量，以减少紧缺的纯碱用量。由于长石中铝氧代替了部分硅氧，可使玻璃增加韧性，提高强度，增加抵抗酸腐蚀的能力。此外，长石熔融后变成玻璃的过程比较缓慢，结晶能力小，可防止在玻璃形成过程中析出晶体而破坏制品。长石还可以用来调节玻璃熔体的黏性。作玻璃的混合料一般采用钾长石和钠长石。长石还可做玻璃纤维原料。

二、在陶瓷工业中的应用

长石在陶瓷工业中作各种瓷的配料及瓷釉的主要原料，这占其总用量的30%以上。在高温下熔融的长石冷却后不再结晶而成为透明的玻璃质，这是长石主要的应用特性。这一特性尤为明显的是钾长石和钠长石。钾长石不仅熔点低，熔融间隔宽，熔体黏度高、透明，而且以上性能随温度不同而变化的速度很慢，但工艺过程中有利于烧成控制和防止制品变形，因此，最理想的陶瓷工业原料是钾长石和钾微斜长石。钠长石熔点稍低于钾长石，熔融间隔窄，熔体黏度较低，且随温度不同而变化的速度快，制品容易变形。但高温时的钠长石对石英、黏土及莫来石等高熔点矿物的熔解速度快、熔解能力大，对于配釉很适用，由于其熔融温度低、黏度小，助熔作用良好，非常有利于瓷化，因此钠长石也是良好的陶瓷原料。长石在陶瓷工业方面的利用主要有以下两个方面。

（一）作为坯体原料

陶瓷的主要化学组成为SiO_2、Al_2O_3、K_2O和Na_2O。长石除可供给部分Al_2O_3成分外，主要保证碱金属氧化物成分的供给。它们在陶瓷制品中既是瘠性原料，又是熔剂性原料。一般陶瓷坯料配方如表34－3。

表34－3　陶瓷坯料配方

Table 34－3　The ingredients of ceramic preform body

单位：%

配方	长石	石英	各种高岭石
1	20	32	48
2	20	35	45
3	16	23	61

长石作为瘠性原料，除具有降低黏土或坯泥的可塑性和黏结性、减少坯体干燥与烧成的收缩与变形、改善干燥性能和缩短干燥时间外，长石特有的性能使制品具有广泛的应用领域。例如长石在高温下熔融后的玻璃质具有高度的电绝缘性，因此长石质瓷具有高度的电绝缘性和强度。其击穿电压可达25～30 kV/mm，体积电阻率为10^{10}～10^{13} Ω·cm，介质损耗角的正切值为$(25～35)×10^{-3}$，抗弯强度为69～88 MPa（700～900 kgf/cm^2），抗拉强度为29～44 MPa（300～450 kgf/cm^2）。长石具有高的化学稳定性，可制作各种陶瓷制品。

在陶瓷生产中碱性长石是良好的熔剂性原料。坯料中的石英、黏土具有较高的熔点，与长石共熔可大大降低其熔点。据研究，高温时黏土和石英都能溶解于长石中，且熔融后形成玻璃质，这使得瓷坯呈透明性。除此之外，它们在液相阶段互相扩散渗透加速莫来石微晶的形成，以长石玻璃质为基质，以杂乱无章排列的针状莫来石晶粒为主的晶相为理想的陶瓷岩相结构，使坯体致密，少空隙，大大提高了机械强度和介电性能。

长石粉也可用于多孔陶瓷中，多孔陶瓷具有强度高、隔热性能好的特点，广泛用作轻质建筑材料。日本制造的多孔陶瓷板，相对密度0.73，厚度10 mm。此外多孔陶瓷板还可用作过滤器。

长石作为陶瓷工业用，其质量要求如下：① 尽量纯净不含杂质，特别是不含铁质矿物，首选矿物表面无铁化现象或只稍有铁化现象。因为铁质会使陶瓷制品表面出现斑点。一般生产中对钾长石的质量要求如表 34 - 4。对于不同种类的制品成分要求有所差异。如用于卫生瓷、日用瓷中的长石要求($K_2O + Na_2O$)含量 >11% ~15%,K_2O/Na_2O >2%,($Fe_2O_3 + TiO_2$)含量 <1%。对于电瓷用长石要求 SiO_2含量 <70%,Al_2O_3含量 >17%,($K_2O + Na_2O$)含量 >14%,Fe_2O_3含量 <0.2%。② 长石颗粒大小要求:长石颗粒度对瓷质结构影响很大。颗粒过粗,会反应不完全;颗粒过细,则反应首先发生于长石和黏土之间,形成玻璃质后再与石英作用,会使形成的莫来石中含有孔隙;颗粒适宜,熔融后的长石玻璃对黏土与石英的熔解作用同时发生,形成的莫来石晶体则会在瓷坯中比较均匀地分布。③ 瓷坯中引入的长石要适量,长石含量多,会增加瓷坯的热膨胀性。此外,所含钾长石,钠长石的配比也要适量,否则会在烧成过程中产生收缩与弯曲。通常不同种类陶瓷坯料中长石含量如表 34 - 5。

表 34 - 4 陶瓷工业用钾长石质量要求

Table 34 - 4 The quality requirements of potassium feldspar in ceramic industry 单位:%

品级	$K_2O + Na_2O$	Na_2O	Fe_2O_3	Al_2O_3	MgO + CaO
1	≥11	<4	≤0.2	≥17	<2
1	≥11		≤0.5	≥17	<2

(二) 用作釉料

釉是覆盖在陶瓷表面上的一层均匀的、薄的玻璃质,其化学成分主要为 SiO_2、Al_2O_3、TiO_2、K_2O、Na_2O、CaO、MgO 等一些着色剂,其中 Al_2O_3、K_2O、Na_2O 等成分的引入来自原料矿物长石。釉料矿物一般是石英、长石、黏土。瓷坯与瓷釉的组成比较接近,不同之处在于釉中含较多的碱金属和碱土金属氧化物,因此长石含量比坯料中多,可达 36%。由于长石的熔剂作用,使釉料熔融充分,所以长石釉光泽好,釉面平滑透明。

表 34 - 5 陶瓷坯料中的长石用量范围

Table 34 - 5 The dosage range of feldspar in ceramic preform body

制品种类	长石用量/%
日用瓷	15 ~ 35
电瓷	30 ~ 45
卫生瓷	25 ~ 35
化学瓷	15 ~ 30
硬质瓷	15 ~ 30
釉面砖	10 ~ 55

(三) 似长石的独特应用

似长石主要用于玻璃和陶瓷工业,也可作为提炼铝的原料。霞石较长石在陶瓷和玻璃工业中的独特作用包括下面几点。

(1) 霞石在釉面砖坯体中的特殊作用。釉面砖由于烧成温度低,坯体瓷化温度低,吸水率高,易造成水晶坯体热膨胀系数过低釉面开裂和坯体吸湿膨胀,坯体反弹及釉面剥落等致命弱点。霞石粉用于釉面砖坯体中,有助于提高低温坯体的瓷化程度,改善坯体热膨胀系数。可加固坯釉结合程度,拓宽釉面砖使用范围等。

(2) 霞石在耐磨砖及抛光砖坯体中的独特作用。耐磨砖和抛光砖同属于玻化砖。霞石粉的加入有以下几点重要作用:① 提高传质和传热速度,有助于水分及烧失的外排和热的扩散,有助于快速干燥和快速烧成;② 相对较高的铝含量,有助于拓宽烧成温度范围,减少变形等质量缺陷；③ 钾、钠的高度互熔，使坯体呈半透明状，使耐磨砖及抛光砖有独特的质感；④ 钾、钠对坯体着色有利，能丰富产品花色品种，减少色料用量；⑤ 霞石还能克服抛光砖抛后反弹的质量缺陷。

(3) 霞石在外墙砖坯体中的独特作用。霞石在外墙砖坯体中也有以下几点独特作用：① 引入霞石、滑石、硅灰石的外墙砖坯体，在烧成过程中会产生自释釉现象，这种自释釉呈亚光透明状。用该外墙砖装饰墙面具有独特的质感和光感；② 用掺有霞石的配方生产外墙砖用文化石，更加逼似天然花岗岩、细晶岩和辉绿岩。

(4) 霞石在卫生洁具坯体中的独特作用。传统卫生洁具干燥周期长，烧成周期长，烧成温度高。霞石的加入能提高泥浆的相对密度和流速，加快石膏对水分的吸收，以及水分的外排，并能提高坯体的挺性，霞石对降低卫生洁具烧成温度、烧成周期的瓷体的透明度也有独特作用。

(5) 霞石在高档日用瓷中的独特作用。高档滑石瓷和骨灰瓷是高档指定外交专用瓷。霞石有助于滑石瓷和骨灰瓷中 MgO、P_2O_5 在玻璃相中的溶解和分散，使其晶体细小，从而达到高的透光度，使外观精美。

(6) 霞石在低温釉料中的作用。霞石与硼镁石、铅锌矿低温熔烧及锂长石相结合，可以配制出纯生 1 120 ~ 1 180℃烧成各种釉料，并能使白釉细腻柔和、质感丰富。

(7) 霞石在熔块生产中的应用。用霞石替代钾、钠长石烧制熔块，可以少用或不用纯碱硝石，从而减轻了纯碱硝石对炉壁耐材的侵蚀。此外，还可以避免有毒气体 NO_x 等的排放。

三、高钾长石作钾肥原料

我国是世界第二大钾肥消费国，2011 年钾肥消费量为 $1\ 040 \times 10^4$ t（以氯化钾计算），其中 42% 依赖进口，钾肥供需矛盾日趋突出。因此开发利用我国储量巨大的低品位钾矿资源受到广泛关注。

从不溶性钾矿中提钾的原理是采用酸碱等化学试剂或微生物分解钾矿石，达到钾离子溶离出来的目的。主要有微生物法、酸法和碱法三类。

微生物法提钾是利用硅酸盐细菌生物（黑曲霉、烟曲霉等）或其他生物（蚯蚓等）分解作用，把钾元素转化成能被植物吸收的有效钾的一项技术，具有无污染、低成本、应用前景广阔等特点。连宾课题组组合运用高温发酵、蚯蚓生物处理和生物浸出三种方式连续处理含钾岩石粉，使含钾矿物在不同条件下被逐步活化，有效提高低品位含钾矿物中钾的转化率（连宾，2013）。试验采用河南驻马店市泌阳县低品位含钾岩石（K_2O 含量 7.74%），扩大试验结果表明，有效钾的转化率接近 28.05%，经蚯蚓处理可使有效钾的转化率增加 3.46%，经生物淋滤处理后再增加 19.01% 以上。目前所生产的有机矿物肥已经在玉米、小麦和大白菜上进行田间试验，利用含钾矿粉制作的矿物钾有机肥可以对作物生长起到补钾作用，可以代替部分化学钾肥，还可以补充大量有机质和诸多矿物元素。但微生物提钾制肥实现大规模工业化应用还有很长的路要走。

酸法分解钾长石提钾。长沙矿山设计研究院在助剂和硫酸存在条件下，低温（100℃）分解钾长石获得成功，初步确立生产产品为硫酸钾氨肥、聚氯化铝和白炭黑。经过 72 小时连续性考核运转试验表明，钾长石分解率和助剂回收率达 95% 以上，K_2O、Al_2O_3、SiO_2 回收率为 80% 以上，并取得了原则性工艺流程和优化工艺参数。

碱法分解钾长石提钾。1993 年以来，中国地质大学（北京）马鸿文课题组对全国 14 个代表性产地的非水溶性钾矿制取钾盐（肥）关键技术进行了系统的实验研究，分别开展了制备碳酸钾、硝酸钾、硫酸钾、磷酸二氢钾关键技术的研究，并先后取得了利用不同类型的钾矿石制取碳酸钾，分别副产13X型分子筛、硅铝胶凝材料、雪硅钙石粉体、冶金级氧化铝4项技术，以及利用钾长石水热合成钾霞石 + L型分子筛复合粉体技术。钾长石化学水热碱法高效清洁生产硫酸钾工艺，副产品为硅酸钙和高岭土等，实现无废水、废渣和废气的排放。2013年陕西大秦钾业有限公司正在进行年处理 4×10^4 t钾长石矿的中试，随后将投资12亿元进行工业化生产，实现年处理钾长石矿 120×10^4 t，生产硫酸钾 30×10^4 t。

四、其他方面

① 作搪瓷原料：主要用长石和其他矿物原料掺配制作搪瓷。长石掺入量通常为20% ~30%。

② 磨料制品原料：在制作磨轮时，常用长石作陶质胶结物的组分，其掺入量通常为28% ~45%。

③ 绿色的微斜长石称天河石，可作为提取Rb、Cs的原料及工艺石料。可以作为宝石的长石有月光石和日光石。

第三十五章　沸　　石

沸石首先由瑞典矿物学家 Cronstedt 于 1756 年在冰岛玄武岩杏仁状孔内发现，晶体白色透明，因加热时有明显泡沸现象而命名（希腊语 Zeo 即 boil）。美、日等国在 20 世纪 50 年代后期发现具有工业意义的沉积型沸石矿床，使之成为重要的工业矿物。

第一节　概　　述

沸石是沸石族矿物的总称，在地壳中分布广泛，迄今为止世界上已发现的天然沸石达 43 种，常见的有方沸石、斜发沸石、浊沸石、钙十字沸石、菱沸石、毛沸石、丝光沸石、钠沸石、斜钙沸石等。沸石可产于各种地质环境，而不同地质环境中生成的天然沸石，在化学成分、晶体结构、物理性质等方面都有所差别。因此，沸石矿物不仅具有工业意义，也具有重要的地质意义。

一、沸石的分类

按生成方式，可分为天然沸石和人工合成沸石。

按成因，可分为内生沸石和外生沸石。后者的重要矿床为沉积型沸石矿床。

按晶体结构，Breck（1974）把沸石分为七组（表 35 - 1）。

表 35 - 1　沸石矿物分类

Table 35 - 1　The classification of zeolite minerals

组	次级单位	代表性矿物组
1	单 4—环（S4R）	方沸石，浊沸石等
2	单 6—环（S6R）	毛沸石等
3	双 4—环（D4R）	合成沸石 A 型
4	双 6—环（D4R）	菱沸石，八面沸石等
5	复合的 4—1，T_5O_{10} 单位	钠沸石，钙沸石等
6	复合的 5—1，T_8O_{16} 单位	丝光沸石，柱沸石等
7	复合的 4—4—1，$T_{10}O_{20}$ 单位	片沸石，斜发沸石等

各种沸石的差别主要在于它们的格架结构差异。格架是指由 O、Si、Al 三种原子构成的三维空间结构，而不包括可交换性阳离子和水。沸石的基本结构单元包括原始格架结构、次级结构单位，即 4 - 四面体单环，5 - 四面体单环，6 - 四面体单环，8 - 四面体单环，10 - 四面体单环和 12 - 四面体单环及 4 - 四面体双环，6 - 四面体双环，8 - 四面体双环等；还有较大的多面体，包括 α 笼和 β 笼等。

二、化学成分

沸石是一族具有连通孔道的架状构造的含水铝硅酸盐矿物。沸石族矿物的化学通式为：$M_xD_y[Al_{x-2y}Si_{n(x-2y)}O_{2n}]\cdot mH_2O$。式中，$M$ 为碱金属或其他一价阳离子，D 为碱土金属或其他二价阳离子；M、D 均为可交换性阳离子。它们有相当大的运动自由，其离子交换性表现为可逆性；式中方括号内的阳离子（Si^{4+}、Al^{3+}，有时有 Fe^{3+}）和 O 构成四面体格架，称为结构阳离子。天然沸石中的 Si/Al 比（除钙沸石外）和阳离子含量（除方沸石外）都是可变化的。参数 R 代表沸石中的四面体被 Si 占有的百分数，$R = Si/(Si + Al + Fe)$。在沸石族矿物中，$0.5 < R < 0.87$。m 是水分子数，指示了与总体积有关的孔道体积的概念。m 通常不超过格架中氧数目的一半，$n/2 < m < n$。

沸石族矿物的化学组成特征，除特殊的成分外，可用二维三角形 $[Si_4O_8] - D[Al_2Si_2O_8] - M_2[Al_2Si_2O_8]$ 表示（图 35－1）。从中可以看出，代表沸石成分分析结果的点所覆盖的面积几乎和整个三角图形重合。每一个沸石组在三角图中都占有一定面积，其中又可划分属于这一组某一小类的小面积。利用此图，可较准确地判断沸石类型。

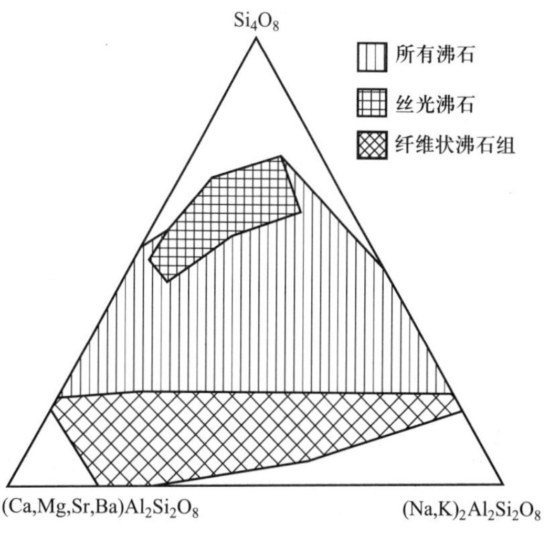

图 35－1　沸石的成分类型图

Fig. 35－1　The composition types of zeolite

三、晶体结构

沸石结构的基本单位是硅（铝）氧四面体。硅氧四面体 $[SiO_4]$ 之间通过公用角顶上的氧离子连接，形成多种形式的格架。铝置换四面体中的硅则形成铝氧四面体 $[AlO_4]$，但 $[AlO_4]$ 之间一般不能直接连接，其间至少有一个 $[SiO_4]$ 四面体。$[SiO_4]$ 中 Si—O 离子键长约为 1.6 Å，O—O 离子键长约 2.6 Å；$[AlO_4]$ 中 Al—O 约为 1.75 Å，O—O 约为 2.5 Å。

硅氧四面体通过桥氧连接。在平面上显示为多种封闭环状结构，有四元环、五元环、六元环、八元环、十元环、十二元环、十八元环等。这些硅氧四面体环通过桥氧在三维空间相联，可形成多种形状的规则多面体，构成沸石的孔穴或笼，如立方体笼、六角柱笼、八角柱笼、α 笼、β 笼、γ 笼和八面沸石笼等。图 35－2 展示了菱沸石的硅氧四面体环和笼。

上述环或笼在三维空间以不同方式连接则构成了沸石晶体中的一维、二维和三维孔道体系（表 35－2）。

综上所述，沸石基本结构特征表现为三个组成部分。一是铝硅酸盐格架；二是格架中的孔道、孔穴和阳离子；三是以锢囚相存在的水分子。

沸石中的水有着重要意义，以中性水分子形式存在于沸石晶格中，称作沸石水。沸石中的水含量较多，并在一定范围内变化。沸石脱附其中的水分子时，对晶格几乎没有影响，但对其理化性能的变化有重要作用。当沸石受热时，因沸石水逸出而使晶体中的通道和孔穴空旷，从而产生

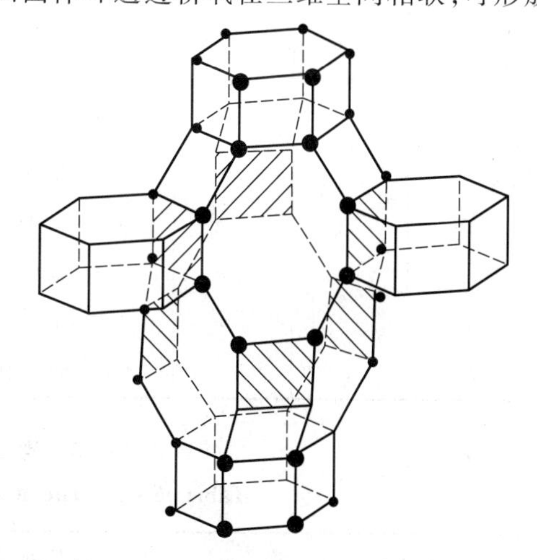

图 35－2　菱沸石 Si－Al－O 骨架
（斜线的方块为六方双环与笼子接触处）

Fig. 35－2　The Si－Al－O construction of chabasites
(the square filled slash is the contact position of hexagonal double loop and the cage)

分子筛等特殊功能。

沸石族矿物很多,《系统矿物学》(王濮等,1984)及其他许多专著已有较详细的论述。这里仅列出常见沸石矿物结构的一些参数(表 35 - 3)。

表 35 - 2 主要沸石的孔道体系

Table 35 - 2 Pore canal system of several zeolites

矿物名称	孔道体系			矿物名称	孔道体系		
	贯通空间度数	主孔道方向	孔径(/Å)及(元数)		贯通空间度数	主孔道方向	孔径(/Å)及(元数)
八面沸石	3	//[111]	7.4(12)	辉沸石	2	// *a*	4.1 ~ 6.2(10)
方碱沸石	3	// *a*	3.9(8)			// *c*	2.7 ~ 5.7(8)
方钠石	3	//[111]	2.6(6)	片沸石	2	// *a*	2.4 ~ 6.1(8)
方沸石	1	// ∠3	2.6(6)			// *c*	3.2 ~ 7.1(8)
菱钾沸石	3	// *c*	6.4(12)	条沸石	2	// *a*	3.1 ~ 3.5(8)
		⊥ *c*	3.6 ~ 5.2(9)			// *c*	3.2 ~ 3.3(8)
毛沸石	3	⊥ *c*	3.6 ~ 5.2(8)	钠沸石	3	// *a*	2.6 ~ 3.9(8)
插晶菱沸石	3	// *c*	3.3 ~ 5.1(8)			// *c*	3(8)
钠菱沸石	3	// *c*	6.9(12)	钡沸石	3	⊥ *c*	3.5 ~ 3.9(8)
		⊥ *c*	3.6 ~ 3.9(8)			// *a*	3(8)
菱沸石	3	⊥ *c*	3.6 ~ 4.2(8)	杆沸石	3	⊥ *c*	2.6 ~ 3.9(8)
丝光沸石	2	// *c*	5.8 ~ 7.0(12)			// *a*	3(8)
		// *b*	2.9 ~ 5.0(8)	钙十字沸石	3	// *a*	4.2 ~ 4.4(8)
镁碱沸石	2	// *c*	4.3 ~ 5.6(10)			// *b*	2.8 ~ 4.8(8)
		// *b*	3.4 ~ 4.3(8)			// *c*	3.3 (8)
柱沸石	2	// *a*	3.2 ~ 5.3(10)	交沸石	3	// *a*	>4(8)
		// *c*	3.7 ~ 4.4(8)			// *b*	3 ~ 4 (8)
锶沸石	2	// *a*	2.3 ~ 5.0(8)			// *c*	~3(8)
		// *c*	2.7 ~ 4.1(8)	水钙沸石	3	// *a*	2.8 ~ 4.9(8)
浊沸石	1	// *a*	4.0 ~ 5.6(10)			// b	3.1 ~ 4.4(8)

表 35 - 3 沸石矿物结构的一些参数

Table 35 - 3 The structural parameters of zeolites

矿物名称		四面体平均体积/$Å^3$	阳离子充填率($\sum R/\sum O$)	水化指数($\sum H_2O/\sum O$)	孔容(cm^3/cm^3)
斜钙沸石	wairakite	52.41	0.08	0.17	
铯沸石	pollucite	53.0	0.17	0.08	
方沸石	analcime	53.92	0.17	0.17	0.18

续表

矿物名称		四面体平均体积/Å³	阳离子充填率（∑R/∑O）	水化指数（∑H_2O/∑O）	孔容（cm^3/cm^3）
汤河原沸石	yugawaralite	55.04	0.06	0.25	0.27
柱沸石	epistilbite	55.53	0.06	0.33	0.25
钠沸石	natrolite	56.25	0..20	0.20	0.23
杆沸石	thomsonite	56.33	0.15	0.30	0.32
丝光沸石	mordenite	56.63	0.08	0.25	0.28
镁碱沸石	ferrierite	56.73	0.06	0.25	
浊沸石	launlontite	56.79	0.08	0.33	0.34
中沸石	mesolite	56.98	0.13	0.27	0.30
锶沸石	brewsterite	57.18	0.06	0.31	0.26
钙沸石	scolecite	57.26	0.10	0.30	0.31
环晶沸石	dachiarditc	57.67	0.10	0.25	0.32
斜发沸石	clinoptilolite	58.19	0.07	0.33	0.34
纤沸石	gonnarilite	59.26	0.08	0.35	
钡沸石	edingtonile	59.84	0.10	0.40	0.36
辉沸石	stilbite	61.37	0.08	0.39	0.39
淡红沸石	stellerite	61.47	0.06	0.39	
钠红沸石	barrerile	61.53	0.11	0.36	
十字沸石	garromte	61.90	0.11	0.44	0.40
镁钾沸石	mazzite	62.22	0.07	0.39	
交沸石	harmotome	62.45	0.07	0.38	0.31
菱沸石	chabazite	62.84	0.08	0.54	0.47
钙十字沸石	phillipsite	63.20	0.16	0.31	0.31
方碱沸石	paulingite	63.80	0.11	0.52	0.49
毛沸石	erionite	63.95	0.06	0.37	0.35
插晶菱沸石	levynite	64.05	0.08	0.50	0.40
钾菱沸石	offretite	64.50	0.14	0.42	
水钙沸石	gismonndite	65.38	0.125	0.50	0.46
片沸石	heulandite	65.47	0.06	0.33	0.39
钠菱沸石	gmelinite	68.56	0.17	0.50	0.31
碱菱沸石	herschelite	69.17	0.17	0.50	
刃沸石	cowlesite	72.24	0.10	0.60	
八面沸石	faujasite	78.48	0.17	0.67	0.47
Ω型沸石		60.0	0.12	0.29	0.38
L型沸石		61.4	0.125	0.31	0.32

续表

矿物名称	四面体平均体积/Å^3	阳离子充填率($\sum R/\sum O$)	水化指数($\sum H_2O/\sum O$)	孔容(cm^3/cm^3)
Losod 型沸石	62.7	0.25	0.40	0.33
K, Ba-G 型沸石	63.0	0.14	0.32	0.29
P 型沸石	63.2	0.19	0.47	0.41
T 型沸石	63.5	0.11	0.40	0.40
O 型沸石	64.5	0.11	0.20	0.43
F 型沸石	67.7	0.25	0.36	0.31
ZK-5 型沸石	68.1	0.125	0.47	0.44
W 型沸石	68.4	0.18	0.45	0.22
N-A 型沸石	74.2	0.15	0.44	0.50
H 型沸石	74.4	0.25	0.50	0.39
ZK-4 型沸石	75.0	0.19	0.58	0.47
Y 型沸石	77.6	0.15	0.69	0.48
A 型沸石	77.9	0.25	0.56	0.47
X 型沸石	81.5	0.22	0.69	0.50

第二节　沸石的理化性能

沸石广泛应用于国民经济众多领域，是基于其优良的吸附、离子交换、催化、耐热以及耐酸、碱等性能。

一、离子交换性

沸石中的交换性阳离子主要是晶格中硅氧四面体内的 Si^{4+} 被 Al^{3+} 置换而出现过剩负电荷，需由碱金属和碱土金属离子补偿而出现并存于孔道中的。这些阳离子与晶格结合力很弱，具有很高的自由度，可参加离子交换。铝硅酸盐的阳离子交换容量与晶格中四配位的铝原子数目有关。当可交换性阳离子数量超过铝的当量时，SiO_4^{4-}、Cl^-、OH^- 等阴离子就可能存在于沸石晶格中以补偿过剩的正电荷。这些阴离子也具有相当大的活性，也具有交换性。

不同种沸石的同一种交换性离子所表现的交换能力因沸石矿物种而异；而同一种沸石对不同离子的交换容量也存在差别。沸石的离子交换表现出明显的选择性。例如方沸石中的 Na^+ 易被 Ag^+、Ti^{2+}、Pb^{2+} 等交换，而被 NH_4^+ 交换的量较低，仅 10～30 mmol/100 g。沸石的离子交换性主要与沸石结构中的 Si/Al 比值、孔穴形状及大小、可交换性阳离子的位置及性质有关。例如，大离子 Cs^+ 与菱沸石能起交换反应，而与方沸石却不能进行离子交换。这是因为菱沸石格架的孔容为 0.47。空腔大小为 3.7～4.2 Å；方沸石的孔容小，为 0.18，空腔大小为 2.6 Å。表 35-4 列示了沸石的结构、孔道直径与离子交换容量的关系。沸石的结构特征在很大程度上决定了不同种沸石的离子交换和分子筛性质。

表 35-4　一些沸石的结构特点和离子交换容量

Table 35-4　The structure characteristics and ion exchange capacity of several zeolites

名称	格架类型	化学式	孔道直径/Å	交换容量/(mmol·g^{-1})
方钠石	三维	$Na_8[AlSiO_4]_6Cl_2$	2.6	7.04
八面沸石	三维	$(Na,Ca,Mg)_{29}Al_{58}Si_{134}O_{384} \cdot 24H_2O$	7.4	5.02
方沸石	三维	$Na[AlSi_2O_6] \cdot H_2O$	2.6	4.95
菱沸石	三维	$Ca[Al_2Si_4O_{12}] \cdot 6H_2O$	3.7~4.2	4.95
毛沸石	三维	$(Na_2,Ca)_{4.5}Al_9Si_{27}O_{72} \cdot 24H_2O$	3.6~4.8	3.86
丝光沸石	三维	$(Na_2,K_2,Ca)[Al_2Si_{10}O_{24}] \cdot 7H_2O$	2.9~5.7;6.7~7.0	2.62
片沸石	层状	$(Na,Ca)_{2-3}[Al_3(Al,Si)_2Si_{13}O_{36}] \cdot 12H_2O$	3.9~5.4;4.2~7.1	3.45
斜发沸石	层状	$(Na,K,Ca)_{2-3}[Al_3(Al,Si)_2Si_{13}O_{36}] \cdot 12H_2O$	3.8~4.5;4.1~6.2	2.64

由于Si/Al比值不同,相同的铝硅氧格架的沸石的离子交换性质有明显差异。如片沸石和斜发沸石的结构相同,但对Cs有非常好的选择性交换性能。这可能与斜发沸石中四面体铝含量降低和晶体内部空间阳离子数目减少所引起的大阳离子的稳定作用有关。又如X型和Y型沸石(均为人工合成,它们的结构与八面沸石相同,但Y型含SiO_2较高)具有相同的晶体结构,交换性阳离子位置也相同,但X型的硅铝比为2.1~3.0,Y型为3.1~6.0。在单位晶胞中,X型含86个Na^+。而Y型只有56个Na^+。因而X型沸石的离子交换容量较Y型为大。

阳离子的位置对沸石的离子交换性也有明显影响。处于沸石结构中最稳定位置的阳离子首先被交换;位于大笼中的阳离子比位于小笼中者容易交换。

阳离子性质也影响沸石的离子交换性。表35-5就是丝光沸石对碱金属和碱土金属交换次序的试验结果,即丝光沸石岩铵容量随交换性阳离子的半径增大而减小。碱金属的交换次序为:$Cs^+ > Rb^+ > K^+ > Na^+ > Li^+$;碱土金属为$Ba^{2+} > Sr^{2+} > Ca^{2+} > Mg^{2+}$。

表 35-5　阳离子性质对丝光沸石岩铵容量的影响

Table 35-5　The effects of ammonium capacity on cationic property of mordenite rock

离子性质		铵容量/(mmol/100g)	离子性质		铵容量/(mmol/100g)
名称	半径/Å		名称	半径/Å	
NH_4^+	1.43	133	Cs^+	1.69	19
Li^+	0.68	132	Mg^{2+}	0.66	131
Na^+	0.93	101	Ca^{2+}	0.99	106
K^+	1.33	57	Sr^{2+}	1.13	104
Rb^+	1.48	35	Ba^{2+}	1.35	102

利用阳离子交换性能可以人为调整沸石的有效孔径,从而影响其吸附性能。因为沸石中的阳离子存在于孔道或孔穴中,影响了孔道的有效空间。如果用离子半径较小的阳离子进行交换,则因交换后的阳离子对孔道的屏蔽减小而相对地增大了沸石的有效孔径。同时,用二价的阳离子(碱土金属离子)去交换碱金属离子(一价阳离子),即1个二价离子可交换2个一价离子,使部分沸石孔隙空出。因而也增加了有效孔径;反之,如果用较大离子半径的阳离子进行交换时(如用K^+交换Na^+),则增大了阳离子在孔道中的屏蔽,可达到减小沸石有效孔径的效果。这种处理方法对沸石的选择性吸附选择性交换的控制有实用意义。

此外,介质环境的温度和溶液流速等外因对沸石的离子交换性也有影响。

二、吸附性

沸石的孔道结构使之具有很大的内比表面积,尤其是脱水沸石具有极空旷而又相互连通的孔道结构,因而有更大的内比表面积。以A型沸石为例,经计算A型沸石的内比表面积约等于1 000 m^2/g;菱沸石、丝光沸石和斜发沸石的内比表面积分别为750 m^2/g、440 m^2/g和400 m^2/g,比一般由1 μm大小颗粒组成的1 g物质的表面积大几百倍。巨大的内比表面积是沸石具高效吸附性能的基础。

选择性吸附是沸石吸附性能的一个重要特征。沸石中的孔道和孔穴大于晶体总体积的50%,且大小均匀,有固定的尺寸、规则的形状,孔径小,一般只有几Å到十几Å(一般孔穴直径为6~15 Å,孔道为3~10 Å)。直径比沸石孔穴小的分子可进入孔穴,而大于沸石孔穴的分子则被拒之孔外,因而沸石具有选择、筛分分子的性能,即分子筛效应。而硅胶和活性炭等多孔物质则没有这种选择性。譬如,硅胶对正丁烷、异丁烷和苯的吸附量分别为3.4 g/100g、4.8 g/100g和3.5 g/100g;活性炭对上述吸附质的吸附量分别为24 g/100g、26 g/100g和44 g/100g,吸附量都高,没有选择性;而5 Å型沸石对正丁烷、异丁烷和苯的吸附量分别是9.8 g/100g、0.5 g/100g和0.5 g/100g,表现了选择性。这是因为硅胶的孔径在10~1 000 Å的大范围内变化,对大小分子统统吸附,无选择能力。

沸石对H_2O、NH_3、H_2S等极性分子具有很强的亲和力。其吸附效应受湿度、温度和浓度等外界条件的影响很小。例如沸石对水的吸附力最强,对氨的吸附很强,它们都是极性强的物质。而且沸石是一种高温吸附剂,另外在吸附质高速流动条件下也能保持良好的吸附效果。因此,沸石具有高效吸附性能。

硅铝比值影响沸石晶体内部的静电场,从而影响吸附力的强弱。在各种沸石中的硅含量愈高,对极性化合物的吸引力愈弱。有人将丝光沸石脱铝,证实其吸水量随铝含量的下降而减小。

三、过滤筛分性

与沸石的分子筛性质相似,在离子交换过程中,沸石对溶液中的某些离子也表现出离子筛性质,包括完全的离子筛效应和部分离子筛效应。前者指交换离子完全被阻隔于沸石结构之外,离子交换反应不能进行;后者则是交换离子被部分地阻隔,离子交换反应不能进行完全。离子筛的性质主要取决于沸石矿物的晶体结构特点、交换阳离子的性质及交换条件。

利用沸石的分子筛、离子筛作用分离某种混合物时,可选择适当的沸石种,其空腔尺寸只要介于待分离的各组分的分子、离子尺寸之间即可。但不能把分子筛或离子筛作用看作是刚性物体通过刚性孔道的过程。因为，无论是通过空腔的分子或离子，或者空腔自身，在发生分子、离子筛作用的瞬间，都会表现出一定的弹性，它们的形状和大小都可能发生瞬时变化。

沸石分子筛特别适用于各种气体、液体及其混合物的吸附和分离，也适于吸水、干燥方面的应用。

四、沸石的催化性能

沸石的催化性能是美国的雷博于1960年在研究合成沸石时发现的。沸石具有高的催化活性，且耐高温、耐酸，有抗中毒的性能，是优良的催化剂和催化剂载体。沸石催化的许多反应属于正碳离子型，经过正碳离子中间体发生反应。沸石对一些游离基反应、氧化还原反应也有相当的催化活性。天然沸石一般不能直接用于催化剂，需用离子交换法改性处理为H型沸石后才能应用。

利用天然沸石作载体，承载具有催化活性的金属（如Bi、Sb、Ag、Cu及稀土等），可表现更好的催化性能。

沸石的催化性质主要是由晶体结构中的酸性位置、孔穴大小以及其阳离子交换性能等决定的。沸石中的Si被Al置换，使格架中的部分氧出现负电荷。为中和[AlO_4]四面体所出现的负电荷而进入沸石中的阳离子，是沸石晶体产生局部高电场和格架中酸性位置的原因。格架中的Si、Al、O和格架外的金属离子一起组成催化活性中心。由于这些金属离子处于高度分散状态，从而使沸石的活性和抗中毒性要比一般金属催化剂高。许多具催化活性的金属离子（如Cu、Ni、Ag等），可以通过离子交换进入沸石孔穴，随反应还原为金属元素状态或转变为化合物。它们极度分散，可增强抗毒性。

沸石催化活性位置都在晶体内部。反应物分子只有扩散到晶体内的孔穴中才能发生反应，生成物也要经过孔穴才能扩散出来。因而沸石孔径大小和连接方式直接影响其催化性能。沸石晶格中相互连通的孔道和孔穴为反应分子自由扩散提供了条件，尤其是具有三维体系孔道的沸石更有利于反应物的自由出入。例如A型沸石，属双4元环（$D4R$），基本上无催化活性而X型和Y型沸石，为双6元环（$D6R$），有三维交叉孔道，有机分子可自由扩散，因而在工业上，尤其在石油化工方面用作催化剂。

五、沸石的稳定性和表面活性

（一）热稳定性

沸石的耐热性主要取决于其中（Si + Al）与平衡阳离子的比率。一般说来，在其组成变化范围内Si越高，热稳定性越好。平衡阳离子对热稳定性也有明显影响。例如，富Ca的斜发沸石在500℃以下即发生分解；而同一试样用K^+交换处理后，升温到800℃仍不会破坏。任何天然沸石的阳离子组成都具可变性，因此，沸石的分解温度不是一个确定值。如菱沸石的分解温度是600～865℃，钙十字沸石为260～400℃，浊沸石为345～800℃。沸石的热稳定性也因产地不同而变化较大。

（二）耐酸、碱性

天然沸石具有良好的耐酸性能。一般沸石在低于100℃下与强酸作用2小时，其晶格基本不受破坏。丝光沸石在王水中也能保持稳定。因此，天然沸石常用酸处理方法进行活化和再生利用。

由于沸石晶体格架中存在酸性位置,其耐碱性远不如耐酸性好。置于低浓度的强碱性介质中,其结构即严重受损。

(三)表面活性

Lewis 酸是指能接受电子对的物质,而 Bronsted 酸是指能给出质子的物质。矿物表面上存在"裸露"的金属位,可接受电子对,这就是 Lewis 酸位。在水溶液环境中它极不稳定,常与一个水分子配位后表现出质子施主型功能基的特性,即变成 Bronsted 酸位。

沸石是一类架状结构的铝硅酸盐矿物,当 Al^{3+} 取代硅氧四面体中的 Si^{4+} 后,由于净负电荷的存在,表面必定会吸附 H_3O^+,这个表面位在表面反应中可提供质子,这样四面体中的铝位就是 Bronsted 酸位,当处于边缘的 Bronsted 酸位去羟基化时,Al 是处于三配位位置,变成电子对受主,即 Lewis 酸位。因此沸石等硅酸盐矿物经氢化处理和加热处理可提高表面 Lewis 酸位的浓度。

由于沸石矿物表面大量断键的存在,使其表面的金属原子可吸附水中 OH^-,而表面的氧原子可吸附水中 H^+,以满足各自表面悬键电荷平衡的需要,这个过程叫表面羟基化反应,相应地在矿物表面形成羟基型功能基。

羟基型功能基、Lewis 酸位(或 Bronsted 酸位)、表面恒电荷构成了沸石矿物表面三种最主要的表面功能基类型。决定矿物表面反应性的是其表面功能基,它不但控制着矿物表面活性,而且控制着矿物表面力学性质和电学性质。

六、改型性

因沸石内部结构中含有大量空洞和孔道,且电性不平衡,因此具独特的吸附性和选择离子交换性。沸石孔道中的阳离子可与其他阳离子交换,并保持骨架结构不发生变化,由于阳离子大小不同以及在笼中位置的改变,可以使沸石的孔径发生变化。又由于阳离子大小不同产生的局部静电场不同,水化阳离子的离解度等影响也不同,从而影响沸石分子筛的吸附、催化性能。所以,沸石的阳离子交换性能是沸石能够改型的重要原因之一。

将天然沸石改型成 H 型沸石和 Na 型沸石后用于处理废水,可以提高其水处理效果。其改型方法是:将天然沸石破碎筛分成 0.25 ~ 0.38 mm 颗粒,在浓度为 3 mol/L 的盐酸中浸泡 24 h 后取出,用蒸馏水洗涤 5 ~ 6 次,100℃烘干即成 H 型沸石。如将天然沸石在浓度为 4 mol/L 的氢氧化钠溶液中浸泡 24 h 后取出,用蒸馏水洗涤 5 ~ 6 次,100℃烘干即成 Na 型沸石。

利用沸石的改型性可将一般沸石(天然沸石和人工合成沸石)制成具有抗菌性的金属离子型沸石。如将一定浓度的 Ag、Cu、Zn 的盐溶液与粒度 <200 目的沸石粉在一定条件下发生离子交换作用,可分别制得 Ag 型沸石、Cu 型沸石和 Zn 型沸石。这类金属离子型沸石作为无机抗菌剂,由于具有杀死细菌和阻止细菌繁殖及防止各种微生物生长等功能,目前已在建筑卫生陶瓷、玻璃制品、净水器、塑料、橡胶、纤维、纸、涂料等方面获得广泛应用。

A 型沸石无天然产出,为人工合成,A 型沸石作为分子筛又称 A 型分子筛。由于可交换阳离子种类不同,使其有效主孔径大小不同。可交换阳离子为 Na^+ 时,称为 NaA 型沸石,其主有效孔径为 4 Å,所以 NaA 型沸石又叫 4A 分子筛;当用 Ca^{2+} 交换 A 型沸石中的 Na^+ 时,使沸石的有效孔径增大,变为 5 Å 左右,称为 CaA 型沸石,又叫 5A 分子筛;若用离子半径较大的 K^+ 交换沸石

中的 Na^+，有效孔径变为 3 Å 左右，称为 KA 型沸石，又叫 3A 型分子筛。

P 型沸石具有液体携带能力强，抗再沉积性能好，交换速率快的优点，是生产浓缩洗衣粉和超浓缩洗衣粉的添加助剂。P 型沸石具有 $Na_2O \cdot Al_2O_3 \cdot (2 \sim 5)\ SiO_2 \cdot nH_2O$，其中 Si/Al 实际是 1。沸石孔径为 0.31 nm×0.44 nm 和 0.28 nm×0.49 nm，其含水量约为 10%，具有微晶附聚体结构，钙交换指数高，是绿色环保新型洗涤助剂，具有良好的市场前景。

现有的 P 型沸石合成工艺是：铝酸钠溶液和水玻璃经水热合成（95℃左右）反应后，经过一系列的成胶、浆化、晶化、液固分离、烘干等工序制成。

X 型和 Y 型沸石与八面沸石具有相同的晶体结构，天然产出的矿物叫八面沸石，人工合成者按硅铝比不同分为 X 型和 Y 型沸石。利用沸石的改型性可将 X 型沸石改造成 NaX 型沸石（又称为 13X 型分子筛，a_0 = 29.8 Å，孔道直径 9～10 Å）和 CaX 型沸石（又称为 10X 型分子筛，a_0 = 24.5 Å，孔道直径为 8～9 Å）。

第三节　人工合成沸石与纳米沸石

一、概述

目前已发现的天然沸石矿物种类已达 40 余种，且一些天然沸石（如斜发沸石，丝光沸石）资源也丰富。但由于天然沸石的某些性能（如孔径大小、催化性能、吸附性等）及纯度无法满足许多重要化工及石油化工领域的应用条件，因而人们就开始大量进行人工合成沸石的研发与生产。

自 1948 年用低温水热合成技术首次成功合成沸石以来，到目前人工合成沸石总数已达 150 余种。已大量用于生产的有 A 型、X 型、Y 型沸石分子筛，大孔丝光沸石，L 沸石，ZSM－Ⅱ、ZSM－12、ZSM－21、ZSM－34 等沸石分子筛。

二、沸石的合成方法

目前沸石的合成方法主要有水热合成法、非水体系合成法、极浓体系合成法、清液合成法、干粉法及蒸汽法等。

（一）水热合成法

水热合成法是最常用的方法。水热合成源于地质学家模拟沸石的地质成矿条件，是诞生最早、发展最为成熟、应用最为广泛的沸石分子筛的合成方法。这种合成法以水作为沸石晶化的介质，将硅源、铝源、碱（有机碱、无机碱）和水按比例混合，放入反应釜中，于一定温度下晶化就可制得沸石分子筛。

根据合成温度的不同，可分为低温水热合成法和高温水热合成法。低温合成的温度范围为室温至 150℃，以 70～100℃最为常见，高温合成的温度通常在 150℃以上。低硅铝比的沸石一般在低温（低于 150℃）下晶化制成，而高硅铝比的沸石大多数在高温下晶化才能制成。

（二）非水体系合成法

以一种或多种有机物（如醇、胺等）代替水作为溶剂和促进剂，利用有机溶剂（如有机胺、醇、酮等）作为分散介质来进行沸石合成。

（三）极浓体系合成法

在合成体系中，液固比降低至仅呈湿润状态或完全没有液相溶剂及分散介质，组分分子在极浓或固相环境中形成分子筛材料，有利于节省能源和保护环境。

（四）蒸汽相体系合成法

将硅源、铝源和无机碱置于溶剂和有机模板剂的蒸气相中进行沸石的晶化，即反应物固相与液相不直接接触。这样合成出的产物，一般晶粒较为均匀。

（五）纯固体配料合成法

将硅源、铝源、固体有机物、无机碱等固体反应物按比例混合均匀，装入一定体积的反应釜中，于一定温度下晶化一定时间，就可以得到合成沸石产品。

（六）微波辐射合成法

利用特定微波发生器向反应体系发射超高频微波，快速振荡反应物分子，使反应物分子彼此碰撞、挤压、摩擦、重组形成沸石晶体，整个晶化过程仅需数分钟就可完成。利用这种方法已成功合成了 A 型、X 型、Y 型、ZSM－5 等沸石。

（七）清液合成法

从清澈的均相溶液中直接合成沸石的方法可以在较宽的反应物配比和温度选择条件下合成出某些沸石品种，有时甚至可以得到均匀的晶粒和大的晶体。由于成核过程和晶体生长过程均在均相溶液中进行，晶化速度比较快。

三、合成沸石的原料

合成沸石所用原料主要是含硅化合物、含铝化合物、碱和水四种。含硅化合物可以使用硅胶、硅溶胶、硅酸钠、石英玻璃或各种规格的微细粉状二氧化硅及硅酸酯类等，其中以硅酸钠最为常用。含铝化合物可以使用各种活性氧化铝、氢氧化铝、铝酸钠及各种铝的无机盐等。碱通常为氢氧化钠或氢氧化钾。

目前，工业上合成沸石分子筛主要以烧碱、氢氧化铝、硅酸钠等化工原料为原料，工艺成熟，技术条件容易控制，产品质量较高，但由于主要原料为化工原料，成本高，从而严重影响了其在应用领域的大量使用。因此各国已利用各类富含硅、铝的天然矿物及工业废渣取代化工原料来合成沸石分子筛，并已大规模生产。用于合成沸石的天然矿物原料主要有高岭土、膨润土、硅藻土、页岩、玻屑凝灰岩、霞石正长岩、流纹质浮岩；工业废渣主要有粉煤灰、煤矸石、高岭型硫铁矿烧渣、稻壳灰等。

以天然晶质矿物作为合成沸石分子筛的原料时，在合成反应前一般要经过焙烧活化处理，以破坏矿物的晶体结构，使其变成无定形物态，以增加硅原料和铝原料的反应活性。

四、纳米沸石的合成

纳米沸石是指晶粒大小在 1～100 nm 的沸石，由于纳米沸石晶粒极小，其比表面积尤其是外比表面积明显增加，表面原子数与体积原子数之比急剧增大，孔道缩短，外露孔口增多，从而使纳米沸石具有更高的反应活性和表面能，表现出明显的体积效应和表面效应。

目前已成功制备出的纳米沸石包括纳米 ZSM－5 沸石、纳米 TS－1 沸石、纳米 silicalite－1 沸石、纳米 β 沸石、纳米 Y 型沸石、纳米 X 型沸石、纳米 A 型沸石、纳米 HS 沸石以及纳米 AlPO4－5 沸石等。

水热合成法也是纳米沸石合成的首选方法。利用水热合成法制备纳米沸石的关键是如何通过过程的控制来实现沸石晶粒的细化。从结晶学的角度来看,晶粒的细化主要受成核速度、结晶时间及结晶温度的控制。水热合成法中,晶体的成核速度受多种因素控制,如物源(主要是硅源)类型、反应混合物配比(SiO_2/Al_2O_3比、碱度、加水量等)及浓度、晶种(导向剂)或模板剂的类型及引入量等。

第四节　沸石的应用

沸石在国民经济中的应用范围极为广泛。著名沸石矿物学家 F. 穆普顿曾指出:“由于全球性环境调节及环保需要,20 世纪 70 年代人类进入‘沸石世纪’”。

一、在石油及化工中的应用

(一) 作催化剂和催化剂载体

沸石的催化性能良好。以沸石为基本原料的催化剂应用广泛,如石油炼制过程中的裂化催化、液压裂化和氢化裂化;石油化工中的异构化、重整、烷基化、歧化和转烷基化;环保工业中的废气处理也需用沸石催化剂。如杭州大学催化研究室用改型的缙云沸石载上微量贵金属和某些过渡金属氧化物,研制了处理有机废气的高活性 NZP－1、NZP－2、NZP－3 型有机废气催化剂,效果良好。又如用斜发沸石作催化剂可使环乙醇异构化为羧甲基戊烷;在 HS 气氛中还可使碳氢化合物加氢脱蜡。用ⅠB 族金属离子交换处理的毛沸石作催化剂,可使石油脱硫并提高辛烷值。H 型丝光沸石可用作高分子单体的聚合剂;用 HCl 处理的丝光沸石作催化剂,可促进正丁烷的异构化;用 NH_4^+ 交换后的丝光沸石对异丙苯有较高的分解活性。

(二) 作干燥剂、吸附剂和分离剂

通过选择天然沸石种类,可制成沸石干燥剂和可选择性吸收 HCl、H_2S、Cl_2、CO、CO_2 及氯甲烷等气体的吸附剂;如用于天然气干燥的沸石吸附剂(气井采出的天然气所含的水蒸气需要排除,常用沸石的吸附性来达此目的)。特别是在其他干燥剂无能为力的低温范围内,沸石干燥剂能显示出特殊的效果,可制作深度干燥剂。

天然沸石也可用于气体、液体的分离、净化等方面。如日本利用丝光沸石凝灰岩,通过适当的解吸方法回收硫;用丝光沸石、斜发沸石可分离空气中的 O_2、N_2,以制取富氧气体和氮气体,也可除掉其他有用气体中痕量的 N_2。用 1～3 mol/L 的 NaCl 或 HCl 处理过的天然丝光沸石 1.8 kg 就可以制纯 190 L 的氢气,纯度可达 99.99% 以上。

利用沸石对不同气体的选择性吸附性能,可分离天然气中的 H_2O、CO_2 和 SO_2,提高天然气的品级。

(三) 从海水中提取钾及海水淡化

利用沸石的离子交换性,以 Na^+ 和 K^+ 离子相互置换的方法可以从海水中提取钾。

斜发沸石对钾有特殊的选择交换性能。若用饱和的 NaCl 溶液在 100℃ 下对斜发沸石进行

处理,改型成 NaA 型沸石,其离子交换容量可进一步提高,增强提钾效果。用沸石软化硬水和淡化海水研究结果表明,18 g 沸石可以使 80 ~ 90 ml 的海水淡化变成无菌饮用水。利用菱沸石具有吸附较高的氧化氘的性能,可用来富集重水。

(四) 在能源、空间技术、原子能工业中的应用

(1) 劣质煤的利用。自然界赋存着很多规模巨大的劣质煤矿资源,有的煤矿埋藏于地下深处。对于这些劣质煤和埋藏于地下深处的煤炭资源,由于开采费用高,深处的煤常规方法不能开采,通过沸石的富氧作用,取得廉价的氧,把富氧的空气泵入地下煤层,加速燃烧,使煤气化,然后取出煤化气再加以利用,为劣质煤和埋藏深处的煤的利用开辟了新的途径。

(2) 在宇宙飞船和潜艇中,为了维持人生存的环境,需要除去工作人员呼出的 CO_2,过去用 LiOH 作 CO_2吸附剂,但 LiOH 不能再生使用,需定期更换,用沸石作吸附剂,则能克服上述缺点。

(3) 核能方面的应用。沸石的耐辐射性能好,可以储存各种放射性的金属离子,放射性气体和挥发性气体物质,故沸石可用作核反应堆中裂变反应物的储存器。

二、在环境保护方面的应用

(一) 废水、污水处理

斜发沸石和丝光沸石能处理含 Ca^{2+}、Mg^{2+} 离子的废水中的 NH_3-N,是因为这两种沸石能高效地选择性吸附氨态氮 NH_3-N。这一技术已用于工厂废水、养鱼池、下水道的污水净化。如美国明尼苏达州的某污水处理工厂使用三根离子交换柱(每根柱内充填 6.8 t 斜发沸石),使污水中的 NH_3-N 含量从 45 mg/L 降到 1 mg/L。

斜发沸石的氨态氮饱和后,可用 $Ca(OH)_2$的溶液进行再生、反复使用。

印染厂排放的含染料、颜料的污水通过沸石吸附可变为清水。例如张家口市毛纺厂废水用改型沸石处理后,原透光率为 3% ~28% 的污水变成了透光率为 95% ~98% 的清水。

将化学共沉淀法制备的 Fe_3O_4磁流体与斜发沸石复合制备的磁性斜发沸石,用于废水处理后,用磁选机很容易进行固液分离。该磁性斜发沸石对 Cu^{2+}、Zn^{2+}、Cd^{2+} 的饱和交换吸附量分别为 12.3 mg/g、12.0 mg/g 和 23.4 mg/g,磁性斜发沸石磁分离回收率达 90.1% 。

天然沸石的微孔结构和离子交换性为光催化剂与沸石表面的结合提供了有利条件。例如,采用溶胶 - 凝胶方法在斜发沸石表面制备负载型纳米 TiO_2光催化剂过程中,酸性溶胶中氢离子可与沸石孔中阳离子进行交换,TiO_2纳米晶体在沸石表面形成并与沸石的硅氧表面结合,实现光催化剂的固载,并由于沸石的吸附性,使光催化反应对象有效富集,大大提高了光催化效率。如负载量小于 15% 的 TiO_2 - 沸石复合物光催化效能超过等量的纯 TiO_2光催化剂。经沸石负载的光催化剂表现出良好的可见光活性和抗失活性,对有机染料、农药污水等有机物降解能力持续稳定,发挥了光催化剂和沸石的协同效应。

(二) 改造水质

用银交换的沸石可以淡化海水。天然沸石可吸附硬水中的阳离子,使之变为软水。例如西沙群岛的饮用水就是用当地含沸石的火山角砾岩处理后,排除了较多的有机质,降低了矿化度,减少了氨离子和硝酸根,而成为标准饮用水的。

斜发沸石作离子交换吸附剂,经硫酸铝钾再生系列处理,可降低高氟水中的氟含量,使之达

到饮用水标准。

（三）回收废水中的有用物质

利用天然沸石对某些金属阳离子的良好交换能力，可以从工业废水中回收金属。天然斜发沸石和丝光沸石改型为钠型、铵型沸石后，对 Pb^{2+}、Cu^{2+}、Zn^{2+} 和 Cd^{2+} 的交换力提高，可用于处理有色金属矿山、冶炼厂、化工厂等排放的含有重金属阳离子的废水，回收金属。

（四）废气处理

斜发沸石、丝光沸石具有良好的耐酸、耐高温的性能，可用于吸除气体中的 SO_2，并可用适当的解吸方法回收。SO_2的回收率可高到百分之几十。沸石吸附剂可再生使用。

利用沸石的吸附性能，还可从合成氨厂的废气中回收氨；吸附硫酸厂废气中的 H_2S 等。

（五）放射性废料的处理

某些天然沸石（如斜发沸石和丝光沸石）耐辐射，且对 ^{137}Cs、^{90}Sr 有高选择性的交换能力。因而可用以除去高放射性废物中半衰期较长的 ^{137}Cs、^{90}Sr，而且可通过熔化沸石将放射性物质长久固定在沸石晶格内，控制污染。

（六）抗菌剂载体

载银沸石是通过离子交换使银离子赋存在沸石孔道中，具有缓释活性银离子的抗菌抑菌特点。如对于阳离子交换量为 95 mmol/100g 的天然沸石，将其在 50℃ 条件下与 0.2 mol/L 的 $AgNO_3$溶液反应 1 小时之后，经离心分离，用蒸馏水洗涤沸石至无金属离子后，在 80 ~ 90℃ 下烘干，粉碎至 100 目 ~ 150 目后制得载银量为 1.19% 的载银沸石。该载银沸石对大肠杆菌、金黄色葡萄球菌、绿脓杆菌和白色念珠菌均具有较好的抑制作用，其最小抑菌浓度（MIC）可小于 125×10^{-6}（mg/L 或 mg/kg），并且具有长效抗菌性能。载银沸石在工业、农业、医药业、食品、包装和纺织等领域得到广泛应用。如将载银沸石加入布料纤维中，可制得具有持久性能的抗菌布料。在塑料制品制造过程中，通过将载银沸石掺入塑料或固定在塑料表面，可制得抗菌塑料制品，并在塑料制品的使用寿命范围内具有持续的抗菌效果。在建筑板材喷上载银沸石的聚酯与黏结剂，可制成用于卫生间和饭店的装饰板材。在涂料、化妆品中掺入载银沸石还可起到杀菌及除臭作用。

三、在建筑材料工业中的应用

据统计，世界上约有 2/5 的沸石或沸石岩用于水泥生产。沸石可作活性混合材料用于水泥生产，不仅能提高产量、节约能源，还能改善水泥的安定性，提高水泥品质。

在制作玻璃纤维水泥制品时加入一定量沸石，其离子交换性能对抑制水泥制品的碱 - 骨料反应起一定作用，降低体系中可溶性碱量，防止碱质对玻璃纤维的侵蚀。

天然沸石在 110℃ 时具有很好的发泡性，是生产轻骨料混凝土以及其他轻质新型建筑材料的矿物原料。如日本采用沸石（90% ~ 75%）和黏土（5% ~ 20%）配比焙烧砖瓦，堆积密度仅 0.7 ~ 0.8 t/m^3，吸水率较低，为 0.7% ~ 1.8%，孔隙度为 23.2% ~ 32.4%，抗压强度较好，为 20.69 ~ 25.69 MPa，是高层建筑的理想材料。

沸石还用于烧制轻质陶瓷制品：采用 50% ~ 95% 的黏土，50% ~ 5% 的沸石烧制成陶瓷制品时，可使制品的重量比纯黏土制品重量轻 30%，耐抗压强度即有所提高。耐火性能好，不透水性亦好。

沸石岩作建筑石料:沸石凝灰岩具有孔隙度高、比重小、质地均匀、易采、切、割,用其建筑的房子,结构牢固,不易崩解,而保温隔热性能良好,冬暖夏凉。

在室内涂料生产中,将沸石磨细制粉添加在乳化漆中充分混合,可制备具有特殊性能的水性涂料,能够吸附空气中的水分。在硅藻泥内墙装饰涂料制品中加入少于5% 的沸石粉,可以显著改善涂料的调湿和吸附性能。

此外,国外还利用沸石作水泥硬化剂、黏结剂、固结材料和生产轻质高强板材、轻质陶瓷制品、硅酸钙板材等。

四、在农牧业方面的应用

掺入沸石岩粉的土壤,其离子交换性能和吸附性能明显提高,达到保肥、保水和改良土壤的效果。如日本许多地区在农田皆施加粉状沸石岩中和酸性火山质土壤;施用沸石岩粉后水稻、小麦可增产 5% ~10% 。我国浙江施用 20 ~40 目沸石岩粉,水稻增产 10% ~20% 。

沸石还用于饲养场除臭和作饲料添加剂。匈牙利、日本等国已生产沸石粉饲料添加剂系列产品。如 ZEOVIT RC1 - O 家禽饲料添加剂(斜发沸石含量 >40% ,丝光沸石含量 <10% ,蒙脱石含量 <20%);Pigozon 801 猪饲料添加剂(斜发沸石含量 >25% ,丝光沸石含量 >15%);ZEOVIT RCLM -00 乳牛饲料添加剂(丝光沸石含量 <10% ,斜发沸石含量 >35% ,蒙脱石含量 <20%)等。

在猪饲料中加 15% 的天然斜发沸石,可以治愈严重的猪腹泻病。在奶牛饲料中,添加 5% 的沸石粉,可提高其产奶率。在家禽家畜饲料中撒入一定量的沸石粉,能吸附禽畜粪便产生的 NH_3,减轻臭味,防止疾病。在养鱼场的放养密度过大时,残余鱼食和鱼的排泄物会使水中的 NH_4^+ 浓度迅速增加,而 NH_4^+ 含量大,鱼会停止生长甚至死亡。在养鱼场撒入 Na 型沸石会吸附掉水中的 NH_4^+,有利于鱼类的生长。天然沸石作富氧剂,有利于鲜鱼的运输。在家禽饲料中添加一定量的沸石(一般为 5% ~7%),促进它们的生长。在产蛋鸡饲料中添加 5% 的沸石粉,能明显提高其产蛋率。

五、其他方面的应用

沸石岩粉可用作填料用于造纸、塑料、橡胶业;利用天然沸石制造新型气相防锈剂、红外辐射材料;还可用作热能储藏,太阳能致冷。

关于沸石的应用研究,自 20 世纪 80 年代以来进展较快。由于天然沸石在某些理化性质及纯度上不及合成沸石,曾在一段时期内没有得到广泛的应用。但近年来天然沸石的应用有了迅速发展,尤其在农牧业、环保、建材等领域的用量大增,应用研究更为深入。据 1977—1986 年美国化学文摘统计,15019 篇文摘中,有 9115 篇属沸石应用方面的文章,占非金属矿诸多矿种之首。例如,日美两国正深入研究斜发沸石对 NH_4^+ 的选择交换特性及除氨装置,并已开始实施;西方诸国在研究斜发、丝光、绿光、菱沸石在高盐度条件下处理核废料的效应;日本以绿光沸石作食物油吸附剂清除杂质;意大利积极试验用 4A 型沸石代替洗涤助剂磷酸盐,美国开始生产和研制细粒沸石用于杀虫剂载体、液态肥料悬浮剂、抗肥料结块剂;铅沸石用于生产铅酸电池电极;美国利用斜发沸石从太阳辐射中吸收和释放热能,既用于空调,又用于水加热;加拿大发明了一种储存太阳能的新办法,这种办法是利用沸石容易吸收热量,在与湿润空气接触时又可以放出热量的原理,采用一种装满沸石的容器,用来为房间供热。太阳能利用是天然沸石的一个具有远景意义的利用领域。

随着工业技术进步和人类对物质文明不断增长的要求,作为粮食、环保、能源等方面重要矿物原料之一的沸石,必将有更广阔的应用前景。

第三十六章 磷 灰 石

磷灰石是一类含钙的磷酸盐矿物总称，分别生成于火成岩、沉积岩和变质岩中。磷灰石是提取磷、制造农用磷肥和饲料的重要原料，颜色美观结晶完整的磷灰石可作为宝石或装饰材料。伴生元素多的磷灰石可以综合利用。

第一节 概 述

一、化学组成

磷灰石的化学结构式为 $Ca_5(PO_4)_3(F,Cl,OH)$，其中各组分含量为：CaO 54.58%，P_2O_5 41.36%，F 1.23%，Cl 2.27%，H_2O 0.56%。成分中钙可被稀土元素（主要是 Ce）和微量元素 Sr 作不完全类质同象替代。稀土含量一般不超过5%。按照附加的阴离子的不同，磷灰石可有氟磷灰石 $Ca_5[PO_4]_3F$、氯磷灰石 $Ca_5[PO_4]_3Cl$、羟磷灰石 $Ca_5[PO_4]_3(OH)$、碳磷灰石 $Ca_5[PO_4,CO_3(OH)]_3(F,OH)$ 等亚种。其中氟磷灰石最常见，它就是一般的工业磷灰石。碳磷灰石由于有 CO_3^{2-} 代替 PO_4^{3-}，出现了剩余电荷，为此，CO_3^{2-} 与 OH^- 或 F^- 结合在一起，以离子团形式进入晶格，然而当1个 CO_3^{2-} 代替 PO_4^{3-} 时，只有0.4的 CO_3^{2-} 与 OH^- 或 F^- 结合，故 Ca^{2+} 可被 K^+、Na^+ 等代替，以达到电价平衡。

二、晶体结构

六方晶系，$C_{6h}^2-R6_3/m$；$a_0=9.43\sim9.38$ Å，$c_0=6.88\sim6.86$ Å；$Z=2$。晶体结构的基本特点为 Ca—O 多面体呈三方柱状，以棱及角顶相连呈不规则的链沿 c 轴延伸，链间以 $[PO_4]$ 连结，形成平行 c 轴的孔道，附加阴离子 Cl^-、F^-、OH^- 充填于此孔道中也排列成链，坐标高度可变，并有缺席的无序－有序。F－Ca 配位八面体角顶上的 Ca^{2+}，也与其邻近的4个 $[PO_4]$ 中的六个角顶上的 O^{2-} 相连（图36－1）。

三、形态

六方双锥晶类，$C_{6h}-6/m(L^6PC)$，常呈柱状、短柱状、厚板状或板状晶形。主要单形：六方柱 $m\{10\bar{1}0\}$、$h\{11\bar{2}0\}$，六方双锥 $x\{10\bar{1}1\}$、$s\{11\bar{2}1\}$、$u\{21\bar{3}1\}$ 及平行双面 $c\{0001\}$（图36－2）。集合体呈粒状，致密块状。

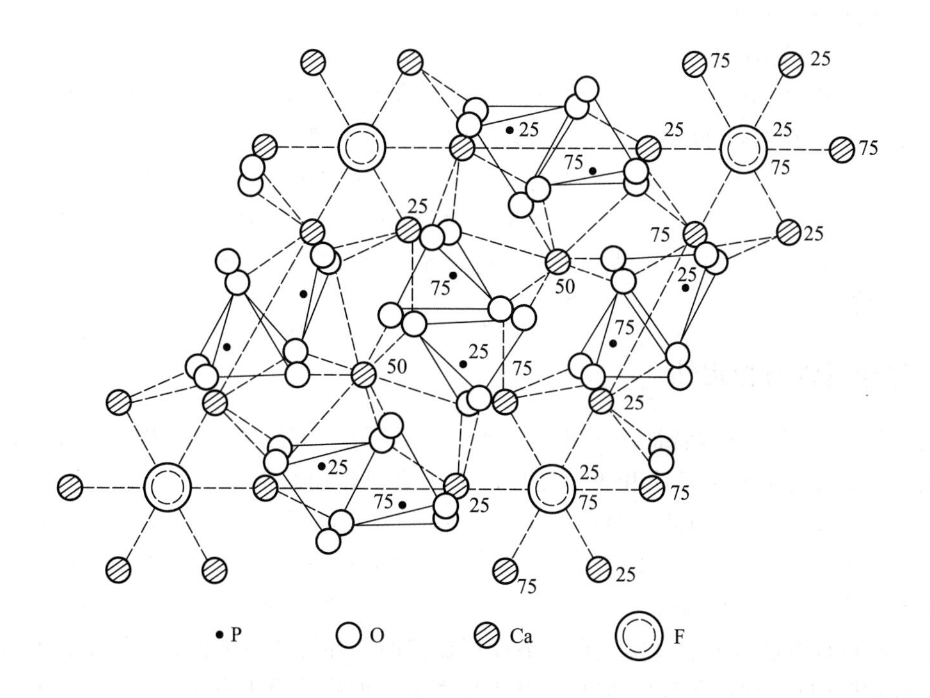

图 36－1　磷灰石的晶体结构在(0001)面上的投影

Fig. 36－1　The (0001) projection of crystal structure for apatite

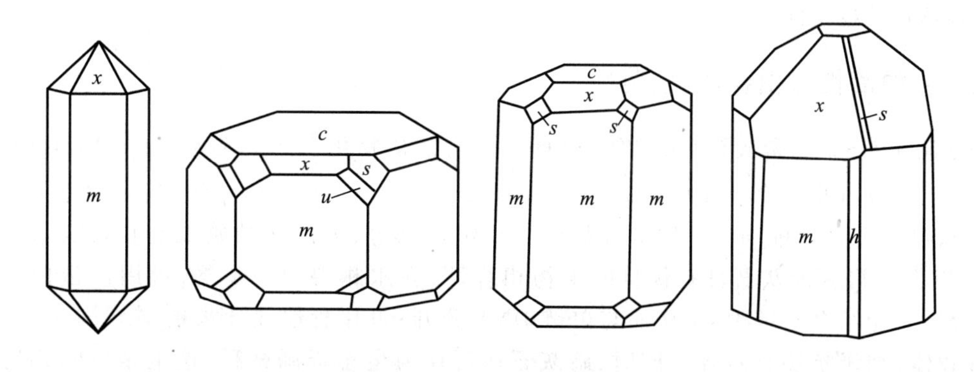

图 36－2　磷灰石晶体

Fig. 36－2　The crystal of apatite

第二节　磷灰石的理化性质

一、光学性质(宝玉石、激光)

磷灰石常见的颜色有绿色、浅绿色、天蓝色、紫色、黄至浅黄色、粉红色及无色等,其颜色的多样性与其所含稀土元素的种类及含量密切相关。玻璃光泽,透明至半透明。光性非均质体,一轴晶,负光性,摩氏硬度5,相对密度3.18~3.21。磷灰石的折射率值虽然随化学成分的改变而改变,但其值有一定的范围,折射率值一般在1.634~1.638,重折率值比较小,且不同的宝石品种的重折率值也不相同,其中氯磷灰石的值为0.001;氟磷灰石的值为0.004;羟磷灰石的值为0.007;碳磷灰石的值为0.008~0.013。磷灰石的吸收光谱比较复杂。蓝色与绿色磷灰石在5 800 Å、4 910 Å、4 640 Å处有吸收带;黄色磷灰石在5 800 Å处有7个吸收线组成的吸收带,在5 200 Å处有5个吸收线组成的吸收带。磷灰石的荧光性因宝石颜色的不同而有差异。黄色磷灰石呈浅粉色荧光;蓝色磷灰石呈紫蓝色至蓝色荧光;紫色磷灰石在长波下呈绿黄色荧光,在短波下呈浅紫红色。

二、化学活性与稳定性

磷灰石特殊的晶体化学特征决定其具有矿物溶解反应、沉淀转化、矿物形成等矿物化学活性。磷灰石具有良好的孔道性质和表面晶格的离子交换作用。常温常压下用其表面晶格中的Ca^{2+}与溶液中阳离子Pb^{2+}、Cd^{2+}、Hg^{2+}、Zn^{2+}和Mn^{2+}广泛发生交换作用,易于除去溶液中的Pb^{2+}等重金属离子。磷灰石矿物的溶解-沉淀作用,即有比磷灰石的溶解度和溶度积更低的磷酸盐矿物的沉淀产生。天然磷灰石去除水溶液中Pb^{2+}的溶解-沉淀过程是受氟磷灰石$Ca_{10}(PO_4)_6F_2$和氟磷铅石$Pb_{10}(PO_4)_6F_2$的溶度积控制的。环境介质中重金属的生物有效性和生物毒性,均由其含量与赋存形态共同决定,其中赋存形态的影响更为直接。不同赋存形态的重金属在环境介质中迁移性能显著不同,其生物可利用性差异显著。含磷矿物材料用于污染介质中,可以促使其重金属由活泼形态向惰性形态转化,显著降低其生物有效性,并且稳定后的产物具有很高的地球化学稳定性。

三、生物活性与相容性、抗菌性

羟基磷灰石,是钙磷灰石$Ca_5(PO_4)_3(OH)$的自然矿物化。分子式为$Ca_{10}(PO_4)_6(OH)_2$,相对分子质量为1 004,熔点1 650℃,密度3.16 g/cm³,溶解度0.4 mg/L,结晶构造为六方晶系。羟基磷灰石是脊椎动物骨骼和牙齿的主要组成部分,人的牙釉质中羟基磷灰石的含量在96%以上。羟基磷灰石具有优良的生物相容性,在水相溶剂中不溶,可用作蛋白质纯化的吸附剂,并能结合双链DNA从而与单链DNA分开;可作骨骼或牙齿的诱导因子、药物的可降解载体、纳米抗癌材料等。同时,磷灰石还可作为生态资源材料,这也是生物相容性的具体表现。

磷灰石由于特殊的晶体结构,具有广泛的离子交换能力,可作无机抗菌材料的载体。银离子可以取代部分钙离子进入磷灰石的晶格,形成一种稳定的结构。载银磷灰石的结构式可表示为$Ag_xCa_{10-x}(PO_4)_6(OH)_{2-x}$和$Ag_xCa_{10-x}(PO_4)_6F_{2-x}$。载银磷灰石的抗菌实验表明其能有效地杀灭大肠杆菌、绿脓杆菌、金黄色葡萄球菌等多种致病细菌,是一种广谱、高效的缓释型抗菌剂。近来对稀土复合磷酸盐无机抗菌材料的研究表明稀土离子与银离子有协同抗菌作用。可以用银-锌、银-稀土以及银-锌-稀土等不同组合来对磷灰石进行改性,有可能筛选出成本相对较低的新型抗菌组合物。

四、类质同象

磷灰石结构中存在着广泛的类质同象替换，它们分别出现在 Ca 位、四面体位置和通道位置上。

在 Ca 位置上，由于存在两种不同的阳离子位置：相对较大的 Ca(1) 与较小的 Ca(2)，使得各种不同类型、不同半径的金属离子可以进入结构之中。其中的 Sr^{2+}，是磷灰石中最常见的 Ca 位替换元素之一，这是由于 Sr^{2+} 和 Ca^{2+} 具有地球化学相似性。虽然 Sr^{2+} 的离子半径(1.31 Å)大于 Ca(1)(1.26 Å，9 配位)，但在磷灰石结构中却强烈地选择相对更小的 Ca(2)(1.15 Å，7 配位)位置，即表现出完全有序的占位行为。REE^{3+} 在磷灰石结构中的占位行为一般认为天然磷灰石中的稀土元素多属轻稀土(如 Ce^{3+}、Nd^{3+}、La^{3+} 和 Sm^{3+})，主要占据 Ca(2)位置。而且随着原子序数的增加，不同 REE 在 Ca(1)和 Ca(2)位置上的占位比逐渐减小。重稀土元素在天然磷灰石中的含量很低，但据合成试样的测试结果，重稀土元素在 Ca(1)位置上的占位率较大。对于重金属离子的替换如 Cd^{2+}、Hg^{2+}、Pb^{2+} 和 Zn^{2+} 等，由于受其地壳丰度和地球化学特点的影响，一般在磷灰石中含量较小。但这些离子生物毒性大，进入生物体后极易取代生物磷灰石(含结构碳酸根的羟基磷灰石)中的 Ca^{2+}，并不断滞留、富集，形成累积效应。

四面体替换磷灰石结构中与四面体位置有关的络阴离子团主要是 SiO_4^{4-}、SO_4^{2-}、AsO_4^{3-}、CO_3^{2-} 等，其中以 CO_3^{2-} 最为常见，并具有特殊的晶体化学意义。一般认为结构 CO_3^{2-} 存在两种类型的替换，即取代 PO_4^{3-} 占据四面体位置的 B 型替换，和取代 OH(或 F)占据结构通道的 A 型替换。同时，CO_3^{2-} 是二价的平面三角状离子基团，在大部分常规条件下合成的羟基磷灰石中，CO_3^{2-} 可进入磷灰石晶体结构，Ca/P 比值与结构碳酸根含量乃至晶体的比表面积呈正相关。

通道离子替换中主要的通道离子包括 F^-、Cl^-、OH^- 以及在少数情况下出现的 CO_3^{2-}。通道离子之间的替换也是影响晶胞参数的重要因素。由于天然磷灰石以 F^-、OH^- 为主要通道离子，因此，它们的相对含量与晶胞参数 a、c 有明显的相关关系。尤其是 Cl^-，对于晶胞参数的影响最为明显，这一现象产生的主要原因是因为 OH^-、Cl^- 对通道的占据使通道尺度(由 Ca(2)—Ca(2)间距表示)加大，从而使晶格在横向方向上膨胀。

五、形态粒度可控性

矿物纳米效应是由其纳米尺寸决定的。纳米矿物学特征与一般宏观晶体的矿物学特征有很大差异，一般而言，粒径越小，比表面积越大，表面吸附反应进行得越快。通过控制 Ca/P 比而合成的结晶度较低的羟基磷灰石在水溶液中可表现出良好的纳米效应，能够为其参与吸附反应提供更加优越的条件，这是因为纳米尺寸比起其他尺寸具有更多的物理化学性质，如表面和界面效应、临界尺寸效应、量子尺寸效应和量子隧道效应等。人体内矿物形成、矿物粉体与健康及矿物晶芽与细菌作用等生态环境问题也涉及磷灰石矿物纳米效应作用。

第三节　磷灰石的应用

磷灰石是制造磷肥和提取磷及其化合物的最主要矿物原料，含稀土元素时可综合利用。透明而色泽丽润的磷灰石晶体可作低档宝石。世界上 84% ~90% 的磷矿用于生产各种磷肥，3.3%用于生产饲料添加剂，4%用于生产洗涤剂，其余用于化工、轻工、国防等工业。中国的磷矿消费结构中磷肥占 71%，黄磷占 7%，磷酸盐占 6%，磷化物占 16%。

一、宝玉石

磷灰石是一种常见的宝石，并因具有磷光效应成为夜明珠而得到人们的喜爱。磷灰石的基本性质由化学组成和晶体结构决定，是宝石特有的性质，可作为其科学鉴定的依据。磷灰石的矿物名称与宝石名称相同，均称为磷灰石。

磷灰石宝石依颜色特征可划分出不同的宝石品种，主要有天蓝色磷灰石、黄绿色磷灰石、绿色磷灰石、紫色磷灰石、褐色磷灰石、无色磷灰石等品种。

磷灰石宝石质量评价以重量、颜色、切工、净度作为要求。个头大，颜色漂亮，切工好，净度高则价格高；否则价格低廉。

磷灰石形成环境比较广泛，在自然界多种地质条件下都可形成。但不同颜色品种的产地有所不同（如表 36 – 1 所示）。

表 36 – 1 不同颜色磷灰石宝石的产地

Table 36 – 1 The producing area with various colour of apatite gems

宝石颜色	产 地
蓝色磷灰石	缅甸、斯里兰卡、巴西等
蓝绿色磷灰石	挪威、南非
紫色磷灰石	德国、美国
黄色磷灰石	墨西哥、西班牙、加拿大、巴西、中国等
绿色磷灰石	印度、加拿大、莫桑比克、马达加斯加、西班牙、缅甸等
褐色磷灰石	加拿大
无色磷灰石	缅甸、意大利、德国、中国等
蓝绿色磷灰石猫眼	斯里兰卡、缅甸
绿色磷灰石猫眼	巴西
黄色磷灰石猫眼	斯里兰卡、坦桑尼亚、中国等

二、黄磷的生产

黄磷的原材料为磷矿石、焦炭（白煤）、硅石。焦炭（白煤）在电炉法生产黄磷中既是还原剂又是导电体；硅石是助熔剂，可以降低炉渣熔点，便于出渣。磷矿石的品位（以 P_2O_5 含量表示），要求一般是 P_2O_5 含量 ≥28%，Fe_2O_3 含量 <1.5%，CO_2 含量 <5%。磷矿石入炉时 H_2O 含量 <2%，粒度为 5 ~35 mm。焦炭中固定碳含量一般要求≥80%，且机械强度较好。焦炭入炉时 H_2O 含量 <2%，粒度为 3 ~25 mm。硅石含 SiO_2 应大于 97%，入炉时粒度为 5 ~35 mm。电炉法制磷的主要化学反应为：

$$4Ca_5F(PO_4)_3 + 21SiO_2 + 30C = 3P_4 + 30CO + SiF_4 + 20CaSiO_3$$

将符合生产工艺要求的磷矿石、硅石和焦炭(白煤),分别由储仓按一定比例分批放出,然后配成均匀的混合料输送至电炉料仓。混合料通过均匀分布的连接电炉体与料仓的七根下料管连续送入密闭微正压电炉内。电炉的三相电极(三根或六根)在其额定功率工作,使进入电炉的混合料在1 400～1 500℃下发生还原反应。生成的黄磷、CO、SiF_4等呈气体从反应熔区逸出,经过炉内上部连续补充的混合料并携带一部分混合料中的机械杂质,通过导气管进入串联的三个吸收塔,经浊度较低、温度和压力适宜的循环污水喷淋冷却,黄磷凝聚成液滴与机械杂质一起进入塔底受磷槽中,即为粗磷。粗磷在精制锅中,用蒸汽加热、搅拌、澄清后,在锅底沉积纯磷,之后进入冷凝池,冷却成型后即得产品黄磷。

黄磷渣为电炉法生产工业黄磷时,由磷灰石、石英、焦炭在电弧炉中,以1 400～1 500℃高温熔炼,发生下列反应而排出的废渣。产生的固体废物,富含CaO、SiO_2、Al_2O_3、Fe_2O_3及少量P_2O_5和F。其主要成分为$CaSiO_3$。黄磷炉渣有多种资源化利用途径,如,黄磷炉渣直接制成硅酸钙纤维,黄磷炉渣制矿棉,含磷渣水泥,黄磷渣烧结砖,废渣微晶玻璃,制取白炭黑等。

三、磷肥的生产

生产磷肥所用主要原料是磷矿石。分解磷矿石主要有酸法和热法两种。酸法磷肥,一般是用硫酸、硝酸、盐酸或磷酸分解磷矿石而制成的磷肥或复合肥料。酸法磷肥多是水溶性磷肥,如过磷酸钙。热法磷肥,是在高温下加入硅石、白云石、焦炭等或不加入其他配料分解磷矿石而制成的磷肥。热法磷肥多是枸溶性磷肥,如钙镁磷肥。过磷酸钙含有效$P_2O_5$12%～20%。它的生产是用硫酸来分解磷矿石粉,反应分两步进行,如下:

$$Ca_5F(PO_4)_3 + 5H_2SO_4 = 5CaSO_4 + 3H_3PO_4 + HF$$

$$Ca_5F(PO_4)_3 + 7H_3PO_4 + 5H_2O = 5Ca(H_2PO_4)_2 \cdot H_2O + HF$$

过磷酸钙生产大致上可分为磷矿石粉碎、干燥,酸矿混合,料浆化成,熟化和粒化干燥五个工序。

四、生物陶瓷

羟基磷灰石具有良好的生物相容性和生物活性,是一种临床应用价值很高的生物活性陶瓷材料。羟基磷灰石陶瓷材料的制备大体上分为羟基磷灰石粉体的制备、羟基磷灰石陶瓷的制备、羟基磷灰石涂层的制备以及羟基磷灰石复合材料的制备。

羟基磷灰石的人工合成方法较多,常见有沉淀法、水解法、水热法及固相法等。其中水热法的设备比较复杂而且昂贵。相较于水热法,沉淀法则是操作简单、设备便宜、产能大,目前大多数以此种方法为主。但是沉淀法有一些缺点,如粉末容易聚集在一起、质量不稳定等等。人工合成羟基磷灰石的反应方程式如下。

$$3CaCO_3 + 2(NH_4)_2HPO_4 = Ca_3(PO_4)_2 + 2(NH_4)_2CO_3 + H_2CO_3$$

$$10Ca_3(PO_4)_2 + 6H_2O = 3Ca_{10}(PO_4)_6(OH)_2 + 2H_3PO_4$$

五、放射性废物固化基材

磷灰石结构矿物$Ca_5(PO_4)_3(OH,F,Cl)$的组分中存在广泛的类质同象,如Ca = U、Th、Ce、

La、Eu、Gd、Sr 和 P = Si。另外磷灰石晶体结构对称性低，结构紧密，化学键性复杂，结晶能力强，因此，磷灰石结构拥有很大荷载高放射性废液组分的能力。磷灰石或以磷酸、磷酸盐或其他含磷物质作玻璃形成剂，将放射性废物和玻璃形成剂在 1 000℃或更高的温度下熔制成玻璃体以达到固化放射性废物，是高放射性废液固化方法之一。以磷酸、磷酸盐或其他含磷物质作玻璃形成剂的称为磷酸盐玻璃固化。

六、环境矿物材料

磷灰石的特殊晶体化学特点决定了它可以作为一种极具应用前景的新型环境功能矿物材料，能用于对废水中 Cd^{2+}、Pb^{2+}、Fe^{2+}、$UO_2{}^{2+}$、Cu^{2+}、Zn^{2+}、Cr^{2+} 和 Hg^{2+} 等重金属离子的去除。主要的去除机理包括吸附、表面络合、溶解 - 沉淀以及重金属离子与晶格之间的离子交换作用。处理后的重金属离子可固化在晶格中而不出现解吸，不会产生二次污染。去除效果的影响因素包括磷矿石的类型、磷灰石的矿物成分、温度、吸附时间、离子的初始浓度、试样的粒度和用量等。通常，羟基磷灰石的效果优于氟磷灰石，硅质磷块岩的效果优于钙质磷块岩，结构碳酸根的存在能增加比表面积从而增加反应活性，增强去除效果。

由于磷灰石去除重金属污染的机理复杂，只有在深入研究去除机理的基础上进一步探讨最佳去除工艺条件，解决试样类型选择、造粒、表面改性等问题，以及满足了处理成本等经济指标，磷灰石这种新型环境功能矿物材料才会发挥更大的作用。

第三十七章　方解石　菱镁矿　白云石

方解石、菱镁矿、白云石是迄今发现的101种碳酸盐矿物种中分布最广的3种矿物，且常形成规模很大的矿床。

第一节　方　解　石

一、概述

方解石的化学式为 $CaCO_3$，其理论化学成分（含量）为 CaO 56.03%，CO_2 43.97%。常含有MgO、FeO、MnO等形成类质同象变种。有时还含Zn、Pb、Sr、Ba、Co、Tr等类质同象替代物。

三方晶系，$D_{3d}^6-R\bar{3}c$。菱面体晶胞：$a_{rh}=6.37$ Å，$\alpha=46°5'$，$Z=2$；六方晶胞 $a_h=b_h=4.9896$ Å，$c_h=17.061$ Å，$Z=6$。

方解石晶胞结构中的 CO_3^{2-} 呈平面三角形垂直于三次轴并成层排布，同层内的 CO_3^{2-} 三角形方向相同，相邻层中 CO_3^{2-} 三角形方向相反。Ca也垂直于三次轴的方向成层排列，并与 CO_3^{2-} 交替分布，其钙的配位数为6，构成 $[CaO_6]$ 八面体（图37-1）。

方解石常发育形态多种多样的完好晶体，形态达600余种。方解石常依{0001}形成接触双晶，更常依{01$\bar{1}$2}形成聚片双晶。方解石的集合体也是式样繁多，有片板状（层解石）、纤维状（纤维方解石）、致密块状（石灰岩）、粒状（大理岩）、土状（白垩）、多孔状（石灰岩）、钟乳状（石钟乳）、鲕状、豆状、结核状、葡萄状、被膜状及晶簇状等。

质纯方解石为无色或白色。无色透明者称为冰洲石，但多数方解石因Fe、Mn、Cu等杂质元素染成浅黄、浅红、紫、褐黑色等各种颜色。解理{10$\bar{1}$1}完全。在应力影响下，可沿{01$\bar{1}$2}聚片双晶方向滑移形成裂开。摩氏硬度为2.50～3.75，(0001)面上的硬度较大。密度为2.6～2.9 g/cm^3，密度的变化主要受杂质含量影响。方解石在紫外光下可发荧光，但荧光颜色与方解石所含杂质元素及产状有关。加热方解石可产生弹性变形及热发光，其热发光的激发因素是放射性杂质的影响、微量杂质的存在及晶体形变程度。

在偏光显微镜下，方解石显一轴晶（－）光性。有时为光轴角很小的二轴晶。$N_e=1.4864$，$N_0=1.6584$（$\lambda=589$ nm）。重折率高。

二、方解石及石灰岩的理化性能

（一）方解石的光学性质和力学性质

无色透明方解石（冰洲石）的双折射效应是其重要的光学性质，在白色透明晶体矿物中具有最高的重折率和偏光性能。这种高重折率是方解石晶体结构所决定的。当光线沿 c 轴（三次对称轴）传播时，电场作用于 $CO_3{}^{2-}$ 配位三角形平面内，氧离子的极化作用因近邻氧离子的相互作用而加大；当光线垂直 c 轴传播时，电场作用于垂直配位三角形的平面内，氧离子的极化作用因近邻氧离子的相互作用而减弱。因而在 $CO_3{}^{2-}$ 配位三角形平面内振动的光波（即沿 c 轴传播的

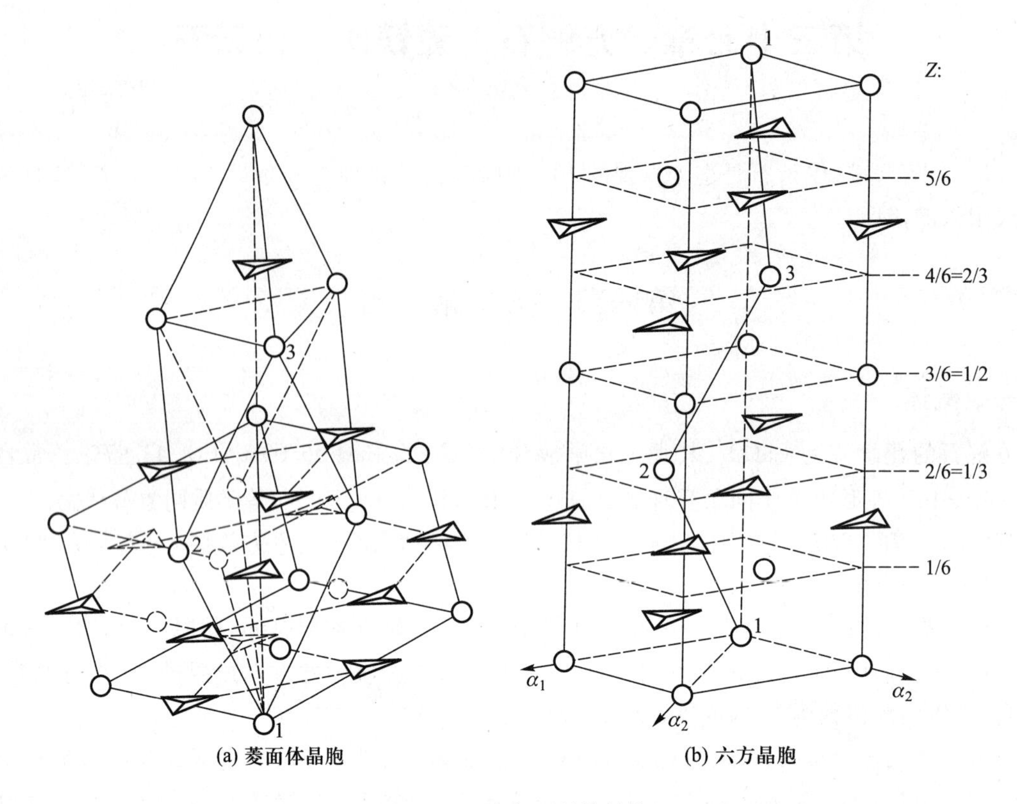

图 37－1　方解石晶体结构

Fig. 37－1　The crystal structure of calcite

光线)所呈现的折射率 N_0远大于在垂直 CO_3^{2-}配位三角形平面振动的光波(即垂直于 c 轴传播的光线)所呈现的折射率 N_e，即 $N_0 \gg N_e$。实际上，方解石的 $N_0 = 1.658$，$N_e = 1.486$，$N_0 - N_e = 0.172$。这一性质使冰洲石成为重要的光学材料。冰洲石主要产于热液成因方解石脉的晶洞中，最近，在贵州省西南某地发现了产于石灰岩裂隙中的低温浅成热液成因的冰洲石巨型单晶矿床。单晶重数千克到 25 t 不等。据液体包裹体均一温度，所产冰洲石的生成温度平均值为165℃。

方解石的菱面体形解理发育，极易沿{$10\bar{1}1$}解理方向裂开，形成多平面的等粒状“米石”。在机械作用力下易产生滑移双晶的性质，对冰洲石的块度和光学特性有不利影响。

(二) 方解石和石灰岩的化学性质

石灰岩是主要由方解石组成的沉积碳酸盐，有时含白云石、黏土矿物和碎屑矿物。石灰岩不易溶于水，而易溶于酸。在 1 000 ~ 1 300℃ 下煅烧，石灰岩发生分解转化为高钙型生石灰(CaO)。生石灰遇水潮解，水化产物为高钙型熟石灰[$Ca(OH)_2$]。熟石灰加水后可调成灰浆，在空气中易于硬化。熟石灰中通入 CO_2气体所生成的碳酸钙沉淀物，经过滤、烘干、磨细，即制成为轻质碳酸钙粉。

(三) 方解石和白垩的吸附性

白垩是一种微细的碳酸钙的沉积物，柔软、易碎的粉末状(粒径小于 5 μm)微晶灰岩，质地较纯者碳酸盐矿物(方解石或文石)含量达 99 %。白垩属生物成因方解石变种，主要由单细胞浮游颗石藻的遗骸颗石构成，还含有海绵骨针、浮游性有孔虫壳、菊石、箭石、海胆和贝类化石等海生动物的钙质壳。白垩粉比表面积大，白度高，具良好吸附性，易黏附，吸油性强，但吸水性弱，是重要的白色填料。

（四）石灰岩的助熔性

方解石的分解温度不高，CaO 在矿石熔炼过程中有助熔性能，能降低矿石的熔化温度，同时可提高熔炉内的碱度，降低黏度，增加炉渣流动性，促使炼钢炉中矿石的各种杂质进入炉渣。

（五）石灰岩的装饰性和可加工性

不同成因的各种组成特征的石灰岩具有不同的颜色、结构构造及形态特征，常具有良好的装饰性能和观赏价值，可用于室内、外建筑和园林装饰。同时，石灰岩（大理岩）可加工为较大块度的石料和板材，有很好的可锯性、磨平及抛光性能，并有较好的抗风化能力，可加工成多种建筑石材和工艺产品。

（六）其他性能

不含铁矿物的石灰岩（或大理岩）具有较好的电绝缘性能。

作为大批量用矿物原料的石灰岩主要是沉积成因，尤其是海相成因的石灰岩矿床，以及其变质形成的大理岩矿床。

三、方解石和石灰岩的应用

（一）在建筑材料工业中的应用

石灰岩是制造石灰和水泥的基本原料。这是石灰岩的主要利用领域，平均每生产 1 t 硅酸盐水泥需用石灰岩 1.25 t。用于生产水泥的石灰岩组分含量要求为 $CaO \geq 48\%$，$MgO \leq 3.0\%$，$K_2O + Na_2O \leq 0.6\%$，$SO_3 \leq 1\%$，$SiO_2 \leq 4\%$。

石灰岩也是玻璃和陶瓷生产的配料之一。原料中加入适量石灰岩可降低烧成温度，缩短陶瓷烧成周期，提高坯体的半透明度，加强坯釉间的结合强度。对用于陶瓷生产的石灰岩的组分含量要求是：$CaO > 54\%$，$MgO < 0.48\%$，$Fe_2O_3 < 0.25\%$，$SiO_2 < 2\%$，$SO_3 < 0.1\%$。对玻璃用石灰岩的要求是：$CaO > 47\%$，$Fe_2O_3 < 0.2\%$。

利用石灰岩（大理岩）的颜色、观赏性结构构造及花纹特色，可加工成建筑石料和室内、外装饰板材以及雕刻工艺制品的石料等。对建筑用石灰岩的基本要求是色泽、花纹好和块度适用、可加工性及机械强度较好。

石灰岩是混凝土的常用集料原料。

（二）在冶金工业方面的应用

石灰岩作炼钢、铁的碱性熔剂，是黑色和有色冶金的辅助原料。CaO 使矿石中的 S、P 等杂质与焦炭灰分相结合变成炉渣而排除。一般使用的都是生石灰，大部分用于转炉。用石灰岩烧制的活性石灰用于炼钢，特别是对氧气转炉炼钢，可缩短吹氧时间，提高脱硫率，减少萤石消耗，增加钢水产量，延长炉龄。用作熔剂的石灰岩应有一定的抗压强度（> 39.2 MPa）和抗磨强度，以保持应有块度，不影响透气。

对Ⅰ级熔剂石灰石组分含量的基本要求是：$CaO \geq 53\%$，$SiO_2 \leq 1.5\%$，$MgO \leq 3\%$，$Al_2O_3 \leq 2.0\%$，$P_2O_5 \leq 0.02\%$，$SO_3 \leq 0.25\%$。

（三）在化学工业中的应用

电石、制碱、碳酸钙、碳酸钾和某些化学肥料的生产均需用石灰岩作原料。其中，烧碱[Na(OH)]应用于人造丝、化学药品、染料、纸浆工业。石灰岩粉碎后制成的碳酸钙可用作农业肥料。

电石用石灰岩的组分含量要求是：$CaO \geq 54.9\%$，$MgO < 0.5\%$，$Al_2O_3 + Fe_2O_3 \leq 2.0\%$，$SiO_2 \leq 1.0\%$，$P_2O_5 \leq 0.01\%$。制碱用石灰岩一般要求 $CaO \geq 47.6\%$，$MgCO_3 < 4.0\%$，$Fe_2O_3 + Al_2O_3 \leq 1.0\%$，酸不溶物$\leq 3.0\%$。制磷肥用石灰岩的要求 $CaO > 53\%$，$Fe_2O_3 + Al_2O_3 < 3\%$。制氮肥用的 $CaO > 52.4\%$，$Fe_2O_3 + Al_2O_3 < 1\%$，$P_2O_5 < 0.01\%$，$SO_3 < 0.15\%$。

（四）在光学仪器工业中的应用

冰洲石的高重折率用于制作偏振棱镜。冰洲石偏光仪器广泛用于地质、电子、军工、食品工业等部门。此外，也用于制作大屏幕显示设备、电子计算机的折光仪、窄带干涉滤光器的元配件，还可制成光束分裂器用于电光偏折器上。光学用冰洲石的品质要求是结构完整，无色透明或均一染色体，无包裹体，无裂缝，无双晶，在紫外线照射下不发荧光，无缺陷部分的最小尺寸$\geq 20\ mm \times 20\ mm \times 20\ mm$。

（五）纳米碳酸钙及其应用

粒径小于 100 nm 的碳酸钙称为纳米碳酸钙。由于纳米级碳酸钙粒子的超细化，其晶体结构和表面电子结构发生变化，产生了普通碳酸钙所不具有的量子尺寸效应、小尺寸效应、表面效应和宏观量子效应，在磁性、催化性、光热阻和熔点等方面与常规材料相比显示出优越性能。纳米级超细碳酸钙不仅可增容降低成本，用于塑料、橡胶和纸张中，还具有补强作用。粒径小于 20 nm 的碳酸钙产品，其补强作用与白炭黑相当。粒径小于 80 nm 的碳酸钙产品，可用于汽车底盘防石击涂料，因此，纳米级超细碳酸钙的研制、开发、应用受到国内外关注。现已有纺锤形、立方形、针形、链锁形等纳米碳酸钙产品及改性产品 50 余种。将纳米碳酸钙填充在橡胶、塑料中能使制品表面光艳、伸长度大、抗张力高、抗撕力强、耐弯曲、龟裂性良好，是优良的白色补强性填料。在高级油墨、涂料中具有良好的光泽、透明、稳定、快干等特性。

纳米级碳酸钙用物理方法生产很困难，特别是物理方法不能制备高活性晶形。因此，国内外主要通过以石灰石为原料，采用化学方法制备纳米碳酸钙。其中碳化法是生产纳米级超细碳酸钙的主要方法，碳化法是：将精选的石灰石矿石煅烧，得到氧化钙和窑气。使氧化钙“消化”，并将生成的悬浮氢氧化钙在高剪切力作用下粉碎，多级旋液分离除去颗粒及杂质，得到一定浓度的精制的氢氧化钙悬浮液。通入二氧化碳气体，加入适当的晶形控制剂，碳化至终点，得到要求晶形的碳酸钙浆液。进行脱水、干燥、表面处理，得到所要求的碳酸钙产品。碳化反应过程按二氧化碳气体与氢氧化钙悬浮液接触方式不同，又分为间歇鼓泡碳化法和连续喷雾多段碳化法。

纳米碳酸钙主要应用于塑料、橡胶工业领域的高档塑料、橡胶制品的填料。纳米碳酸钙可改善塑料母料的流变性，提高其成型性。用作塑料填料具有增韧补强的作用，提高塑料的抗弯强度和抗弯弹性模量，热变形温度和尺寸稳定性，同时还赋予塑料低导热系数。纳米碳酸钙具有超细、超纯的特点，生产过程中有效地控制了晶形和粒度大小，而且进行了表面改性。因而其在橡胶中具有空间立体结构，又有良好的分散特性，可提高材料的补强作用。如链锁状的纳米级超细碳酸钙，在橡胶混炼中，锁链状的链被打断，会形成大量高活性表面或高活性点，它们与橡胶长链形成键联结,不仅分散性好,且大大增加了补强作用。纳米碳酸钙可用于涂布加工纸的原料,特别是用于高级铜版纸。由于它分散性能好,黏度低,可代替部分陶土,能有效地提高纸的白度和不透明度,改进纸的平滑度、柔软度,改善油墨的吸收性能,提高保留率。纳米碳酸钙用于油墨产品中可展现出优异的分散性、透明性、极好的光泽、优异的油墨吸收性和高干燥性。纳米碳酸钙在树脂型油墨中作油墨填料,具有稳定性好,光泽度高,不影响印刷油墨的干燥性能,适应性强等优点。纳米碳酸钙可作为颜料填充剂,具有细腻、均匀、白度高、光学性能好等优点。纳米碳酸钙具有空间位阻效应,在制漆中,能使配方密度较大的立德粉(即锌钡白,一种白色颜料)悬浮,起防沉降作用。制漆后,漆膜白度增加,光泽高,而遮盖力却不下降,这一特性使其在涂料工业被大量推广应用。

(六)其他方面的应用

石灰岩粉,包括重质碳酸钙和轻质碳酸钙,是涂料、橡胶、造纸等方面的填料或添加剂。在造纸过程中,石灰岩粉也是脱硫剂。

此外,石灰岩也用于制糖,对矿石的成分含量要求是 $CaCO_3>95\%$,$SiO_2<2\%$,$MgCO_3<1.5\%$,$R_2O\leqslant0.25\%$,$R_2O_3\leqslant1.5\%$,$CaSO_4\leqslant0.2\%$。

第二节 菱 镁 矿

一、概述

菱镁矿的理论化学组成为 $MgCO_3$,组分含量为 MgO 47.81%,CO_2 52.19%。常有 Fe、Mn 替代 Mg 的现象,有时还有 Ni、Ca、Si 等混入物。

晶体结构属方解石型三方晶系,$D_{3d}^6-R\bar{3}$。菱面体晶胞,$a_{rh}=5.66$ Å,$\alpha=48°10'$,$Z=2$。六方晶胞,$a_h=b_h=4.62$ Å,$c_h=14.99$ Å,$Z=6$。

菱镁矿晶体少见,常呈显晶粒状或隐晶质的致密块体。菱镁矿呈白色或浅黄白色、灰白色,有时带淡红色调,含铁者呈黄至褐色、棕色;陶瓷状者大都呈雪白色。玻璃光泽。具{$10\bar{1}1$}完全解理。瓷状者呈贝壳状断口。摩氏硬度为 4~4.5。性脆,密度为 2.9~3.1 g/cm^3,含铁者,密度和折射率均增大。按晶粒大小,有晶质菱镁矿和隐晶质菱镁矿之分。后者呈致密块状,外观似未上釉的瓷,故亦称作瓷状菱镁矿。

在偏光显微镜下显一轴晶(-),折射率及重折率都随含铁量增多而变大。具有很高的重折率。

二、菱镁矿的物化性质及应用

菱镁矿一种碳酸镁矿物,是镁的主要来源,用于制取镁及镁化合物的矿物原料。菱镁矿具有很高的耐火性和黏结性,是重要的耐火材料原料。

加热至 640℃左右时,菱镁矿开始分解出 CO_2,体积发生收缩;加热到 700~1 000℃时,形成轻烧菱镁矿(为方镁石与菱镁矿的混合相),又称为苛性菱镁矿、菱苦土、煅烧镁、α 镁等。轻烧菱镁矿具有很强的黏结性。加热到 1 400~1 800℃时,$MgCO_3$ 完全分解,生成方镁石(MgO),即硬烧菱镁矿,又称为重烧菱镁矿、过烧菱镁矿、镁熔块、β 镁等,具有很高的耐火度,其熔点可达

2 800℃。当温度达到2 500 ~ 3 000℃时，硬烧菱镁矿熔融。凝固后成为熔融氧化镁，又称为电熔氧化镁，由发育完好的方镁石晶体组成。

（一）在耐火材料方面的应用

菱镁矿主要应用于耐火材料领域。例如，应用硬烧菱镁矿生产耐火度达2 000℃以上的冶金镁砂、冶金粉、镁砖、镁铬砖、镁铝砖及硅镁砖等耐火材料，用于炼钢平炉、电炉、转炉、有色金属的冶炼炉及其工业高温窑炉作炉衬用。

由方镁石晶体组成的电熔氧化镁，具有高电阻率，硬度大，抗化学腐蚀等特性，可作绝缘和高级耐火材料，制作镁坩埚和耐火炉。

对用作耐火材料原料用的菱镁矿的品质要求如下：

硬烧菱镁矿要求用晶质菱镁矿煅烧。矿石的各成分含量 MgO > 41%，CaO < 3%，SiO_2 < 4%，Fe_2O_3 < 5%。轻烧菱镁矿用晶质和隐晶质菱镁矿均可。一般要求 MgO > 33%，CaO < 4.5%，SiO_2允许达15% ~ 20%，Fe_2O_3含量要小，烧失量3% ~ 4%。

（二）在建筑材料工业中的应用

在水泥生产中可用轻烧菱镁矿制作菱镁水泥，菱镁水泥是以菱苦土（轻烧菱镁矿）和卤水（$MgCl_2$的水溶液）为主要原料的一种气硬性胶凝材料。这种水泥具有良好的黏结性和可塑性，且凝固时间短，与有机物的结合力大，有绝缘、隔声、耐磨、美观等优点。

轻烧菱镁矿也是制造轻质建筑板材的重要原料。例如轻烧菱镁矿与木屑锯末等轻质材料压制成的墙面、地板、顶板和装饰用建筑材料。

某些建筑物、锅炉、汽缸及蒸汽管道上用的绝热隔声材料也可用轻烧菱镁矿和石棉制成。

在陶瓷生产中，由于菱镁矿分解温度低于方解石，当坯料中加入菱镁矿时，可使烧成中形成的玻璃液黏度增大，玻璃化温度很宽，有利控制生产工艺，提高陶瓷质量。同时，利用轻烧菱镁矿热膨胀系数低的特点，生产耐火度高、可承受强的机械振动和冲击的陶瓷制品。对这类用途的菱镁矿的 Fe、Ti 含量有严格要求。

菱镁矿也可作玻璃生产的配料。

（三）在其他方面的应用

菱镁矿是提炼金属镁的主要原料。

轻烧菱镁矿经化学处理，可制成多种镁的化合物。这些镁化合物可用作药剂、橡胶硫化过程中的沉淀加速剂和填料、纸张的硫化处理剂。

在化学工业中菱镁矿可用于媒染剂、干燥剂、溶解剂、去色剂、中和剂、吸附剂等的生产；还用于人造纤维、肥料、塑料、化妆品的生产。不同用途对菱镁矿的要求有所不同。如橡胶工业用菱镁矿的 Mn 含量要严格控制，Mn 的存在会使橡胶易于老化。

我围菱镁矿主要采自辽宁、山东等地的石灰岩、白云岩经含 Mg 热液交代而成菱镁矿矿床。

第三节　白　云　石

一、概述

白云石化学组成为 $CaMg(CO_3)_2$，CaO 30.41%，MgO 21.86%，CO_2 47.33%。常见的类质同

象有 Fe、Mn、Co、Zn 代替 Mg，Pb 代替 Ca。有时也出现 Na 代 Ca，Ca 代 Mg 的情况。变种有铁白云石、锰白云石、铅白云石、锌白云石、钴白云石等。

晶体结构(图 37－2)属三方晶系，$C_{3i}^2-R\overline{3}$。菱面体晶胞：$a_{rh}=6.01$ Å，$\alpha=47°37'$，$Z=1$。六方晶胞：$a_h=b_h=4.811$ Å，$c_h=16.047$ Å。$Z=3$。

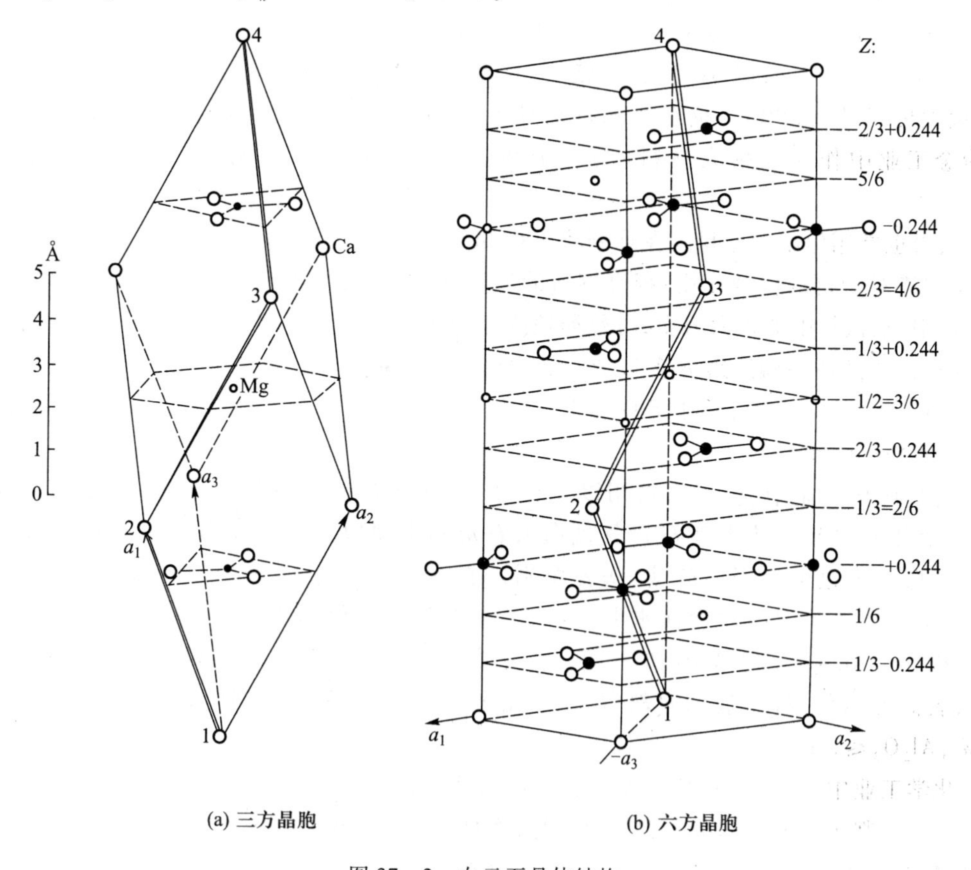

(a) 三方晶胞　　(b) 六方晶胞

图 37－2　白云石晶体结构

Fig. 37－2　The crystal structure of dolomite

白云石晶体结构与方解石结构相似。不同之处在于 Ca、Mg 沿着三次轴交替有序排列，即 Ca 八面体和(Mg、Fe、Mn)八面体层作有规律地交替排列。由于存在 Mg 八面体层，使白云石的对称低于方解石。因 Fe、Mn 代替 Mg，使白云石晶胞变大。

晶体常呈菱面体状，晶面弯曲成马鞍形，以菱面体 $\gamma\{10\overline{1}1\}$ 最发育。常依(0001)、$(10\overline{1}0)$、$(10\overline{1}1)$、$(11\overline{2}0)$及$(02\overline{2}1)$ 形成双晶。后者的双晶纹平行白云石解理面的长、短对角线。白云石的这种聚片双晶是与方解石区分的重要标志。

质纯白云石为白色，因常含铁而染为灰至褐色。玻璃光泽，解理$\{10\overline{1}1\}$完全，解理面常弯曲。摩氏硬度为 3.5～4，密度一般为 2.85 g/cm^3，但随 Fe、Mn 等含量增加而变大。有些白云石在阴极射线作用下发鲜明的橙红包光。

在偏光显微镜下呈一轴晶(－)光性，重折率很大，折射率及重折率随 Fe、Mn 含量增加而增大。

二、白云石的物化性质及应用

工业上实际应用的是白云岩，主要来自沉积成因的白云岩矿床。

白云石及白云岩的理化性质及应用与方解石及石灰岩有许多相似之处。

煅烧白云石至700～900℃，分解的CO_2全部排出，形成CaO和MgO的混合物，称作苛性白云石；至1 500℃时，MgO生成方镁石，CaO转变为结晶α－氧化钙，结构致密、耐火度高，耐火温度可达2 300℃，抗水性和抗渣蚀能力均较强。因而可用白云岩作耐火材料，在黑色冶金工业中作碱性耐火材料（马丁炉和托马氏回转炉的炉衬，碱性平炉炉底及炉坡材料）。

白云岩也常用作熔剂原料。在炼钢中可中和酸性炉渣，提高炉渣碱度；降低渣中FeO的活度，减小炉渣对炉衬的侵蚀作用；提高钢渣的流动性；还可改善脱硫、脱磷反应，减少萤石用量。高炉炼铁中，在铁粉中加入白云石，可稀释炉渣，降低炉渣熔点，提高生铁品质。

对耐火材料用白云岩，组分含量要求：CaO≥25%，MgO≥20%，酸不溶物（$SiO_2+Fe_2O_3+Al_2O_3+Mn_3O_4$）≤3.0%，其中$SiO_2$≤1.5%，对熔剂用白云岩，MgO≥19%，酸不溶物含量≤1.0%，其中SiO_2≤4%。

在建筑材料工业中，白云岩可用以生产含镁水泥（含镁水泥黏结性好，可与轻质材料制成轻质、隔热板材和人造大理石）、气硬白云石灰和水硬白云石灰。白云岩石料是常用的建筑石材。白云岩也可以用作玻璃、陶瓷配料。在陶瓷坯体中加入少量白云石，可降低烧成温度，增加坯体透明度。对含镁水泥用白云岩，组分含量要求MgO>18%，$Fe_2O_3+MnO_2$≤0.5%，R_2O_3≤0.4%；陶瓷用白云岩，组分含量要求$CaCO_3+MgCO_3$>79%，Mn_3O_4<0.3%，表面无锈化现象；玻璃原料白云岩，组分含量要求MgO>18%，CaO≤34%，Fe_2O_3≤0.25%，Al_2O_3≤1%。

在化学工业中，白云岩可用于制造硫酸镁、含水碳酸镁、钙镁磷肥、碳酸镁肥，以及制糖的配料。制钙镁磷肥用白云岩的组分含量要求是，MgO>10%，CaO>30%。

此外，煅烧白云石加水熟化可生成氢氧化白云石，用作墙粉及肥料。白云灰墙粉有耐火、隔热、耐水、黏度好等优点，可作内、外墙涂料；白云岩是生产铸石的配料；金属镁和高纯MgO的生产也用白云岩作原料，要求白云岩的各组分含量MgO>20%，SiO_2<3%，K_2O+Na_2O<0.3%；白云岩粉与石灰岩粉一样可作填料用于橡胶生产和造纸，还可用作饲料添加剂；煅烧白云岩磨制的细粉用油脂固化后可制成抛光膏，用作不锈钢、镍等金属制品表面精加工的材料。

第三十八章　重晶石　芒硝

第一节　重　晶　石

一、概述

（一）化学成分

重晶石理论化学式为 $BaSO_4$，组分含量为 BaO 65.7%，SO_3 34.3%，常含有 Sr、Ca、Pb。Ba 与 Sr 之间可发生完全类质同象替换，具有高含量锶（达 30%）的变种为钡天青石。Ca 含量一般不超过 1.9%。当 Pb 含量较高时，可称为铅重晶石。

（二）晶体结构

重晶石属斜方晶系，$D_{2h}^{16}-Pnma$；$a_0=8.878$ Å，$b_0=5.450$ Å，$c_0=7.152$ Å，$Z=4$；1 149℃以上转变为高温六方变体。

晶体结构特点（见图 38－1）。Ba 离子和 S 离子分别排列在 b 轴 1/4 和 3/4 的高度上，$[SO_4]$ 四面体位上为 2 个氧离子呈水平排列，另 2 个氧离子与它们垂直，每个钡离子与 7 个不同的 $[SO_4]$ 四面体连结，配位数为 12。

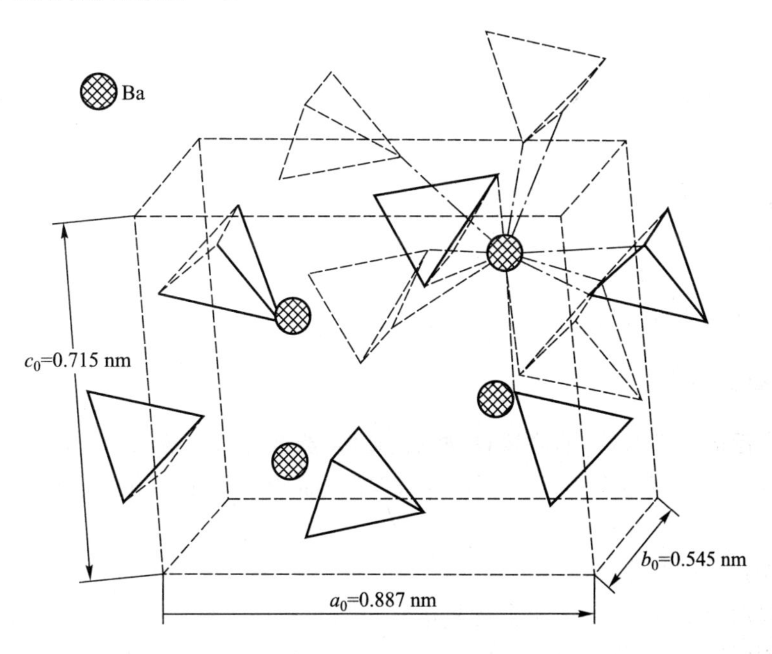

图 38－1　重晶石晶体结构

Fig. 38－1　The crystal structure of barite

（三）形态

晶体常沿{001}发育呈板状，有时呈柱状，少数为三向等长状。一般多呈板状、粒状、纤维状集合体,常见板状晶体聚成的晶簇。少数为致密块状、隐晶状和土状,也有具同心带状构造的钟乳状、结核状。双晶少见,有时可见压力作用产生的聚片双晶。

(四) 成因及产地

重晶石矿产成因,国外普遍以火山-沉积和热液型为主,但我国重晶石矿床则以沉积型为主,层控型和火山-沉积型次之,热液型矿床则少见,其中常伴生有石英、方解石、萤石、方铅矿、闪锌矿、黄铜矿、辰砂等。从重晶石矿的赋矿地层看,从太古界到第四系均有产出。我国重晶石矿床在空间上的分布具有广泛而又相对集中的特点。已探明的重晶石储量在 $1\ 000\times10^4$ t 以上的有贵州、湖南、甘肃、广西、陕西、四川、山东、福建、湖北 9 个省(自治区),其中贵州重晶石储量居全国第一位,湖南居全国第二位,甘肃第三,广西第四。

二、重晶石的理化性质

(一) 力学性质

相对密度大,为 $4.3\sim4.5$ g/cm^3,是重晶石的重要特性。硬度低,摩氏硬度为 $3\sim3.5$,具低磨损性。性脆,常呈平坦状断口,易磨。

(二) 光学性质

纯的晶体无色透明,一般呈白色、浅黄色,由于含杂质可呈浅蓝色、粉红色、暗灰色等。玻璃光泽,解理面呈珍珠光泽。解理{001}完全,{210}中等,{010}不完全,解理夹角 $(001)\wedge(210)=90°$,$(210)\wedge(2\bar{1}0)=78°22'$。在偏光显微镜下,重晶石为二轴晶(+)光性,$2V=37°$,折射率随成分中 Sr 代替 Ba 而逐渐减小,$N_g=1.647\sim1.649$ 到 $N_g=1.630\sim1.631$,$N_m=1.637\sim1.639$ 到 $N_m=1.623\sim1.624$,$N_p=1.636\sim1.637$ 到 $N_p=1.621\sim1.622$。$N_g=a$,$N_m=b$,$N_p=c$。色散弱,$\gamma<v$。

(三) 化学性质

重晶石化学稳定性好,质纯的重晶石难溶于水和酸;耐老化性能好;无毒、无磁性;耐热性好,热分解温度为 1 580℃。

(四) 高能射线屏蔽性能

重晶石对高能射线具有良好的屏蔽性,能吸收 X 射线和 γ 射线。

三、重晶石的应用

重晶石可广泛应用于石油、油漆填料、橡胶、玻璃、造纸、制革、纺织、军事、食品部门、建材、冶金、医学、农业和人造材料等众多行业,据统计,重晶石的用途可达 2 000 多种,已成为人类社会一种不可缺少的非金属矿产资源。

(一) 在化学工业上的应用

重晶石是提取金属钡、制备钡化合物最重要的工业矿物。钡化合物有碳酸盐、氯化物、硝酸盐、氧化物、过氧化物、氢氧化物、硫化物、硫酸盐、有机盐类等。这些钡化合物广泛用于:试剂和催化剂;糖的精制;纺织品的填料,防火和防水原料;制备维生素、激素、血液凝固剂;合成橡胶的凝结剂;显像管玻璃上的荧光粉黏结剂;选矿和纸张生产的药剂;油和油脂的添加剂;镁的熔化和提炼;从废渣中回收铟和锌;陶瓷和砖瓦工业的"冒霜"预防剂;胶水、糨糊的稳定剂;生产塑料、杀虫剂、除草剂、杀菌剂和各种焰火,特别是绿色焰火;荧光灯的荧光粉;焊药以及钢表面淬火等。

钡金属在电视和其他真空管中是一种吸气剂(除氧剂)。钡与其他金属(铝、镁、铅、钙)可制成合金,钡、铅、钙合金可用在轴承制造方面。

在化学工业、油漆工业中用于生产锌钡白的重晶石,对其成分要求$BaSO_4$含量>92%~95%;SiO_2含量<3%;CaO含量≤2%~3.5%;铁的氧化物含量<0.5%。萤石只允许微量。化工厂用重晶石细度要求4.76~0.84 mm(4~20目)。过细,会呈灰尘状损失掉;过粗,重晶石与碳混合不充分,使焙烧时产生不良产品。油漆用粒度要求<0.045 mm(325目)。对化工用重晶石(富矿或精矿)的品级划分见表38-1,作化学原料用的不低于Ⅲ级品。用于生产钡盐和立德粉等化工产品用重晶石质量要求可参见化工行业标准HG/T 3588—1999《化工用重晶石》。

表38-1 化工用重晶石品级要求

Table 38-1 The grade requirements of barite for chemical industry

品级	成分含量/%				
	$BaSO_4$	SiO_2	Fe_2O_3	Al_2O_3	水溶盐
Ⅰ	95	<1.5	<0.5	<1	0.3
Ⅱ	90	<2.5	<1.5	<2	<1
Ⅲ	85	<2.5	1.5	<2	<1

(二)在钻探工程上的应用

钻探过程中多用重晶石作加重剂,世界上80%~90%的重晶石都用于钻井泥浆。此类泥浆是按储存条件,以不同的配比,将水、黏土、重晶石混合而成,泥浆密度高达2.5 t/m³。钻进时,泥浆在循环过程中,使钻头冷却并带走切削下来的碎屑物。润滑钻杆,封闭孔壁,借助泥浆柱产生静压控制油气压力,而防止油井自喷。依据现行国家标准《钻井液材料规范》,钻井泥浆加重剂用的重晶石粉Ⅱ级标准要求,相对密度不小于4.05;水溶盐(物)不超过250 mg/kg;重晶石粒度要求74 μm(200目)筛余量<3.0%;当密度为2.5 t/m³,重晶石粉蒸馏水悬浮液加1%石膏后,视黏度不得超过140 mPa·S。

(三)在高能射线屏蔽材料中的应用

重晶石具有吸收X射线和γ射线的性能,用重晶石制作的钡水泥、重晶石砂浆和重晶石混凝土,可广泛用于高能射线屏蔽材料(核反应堆,防X射线的建筑物),可在相对较小的墙体厚度下有效屏蔽X射线和γ射线,从而减少昂贵的铅消耗量。此外,还具有原料来源广泛、成本低,可根据要求制成任何尺寸和形状的结构工程的优点。其中钡水泥是以重晶石和黏土为主要原料,经烧结得到以硅酸二钡为主要矿物组成的熟料,再加适量石膏共同磨细而成,相对密度可达4.7~5.2。重晶石砂浆及重晶石混凝土则一般采用水化热低的硅酸盐水泥、重晶石粉、重晶石砂,经配比后加水混制而成。用于高能射线屏蔽材料的重晶石要求$BaSO_4$含量不低于80%,其中石膏、黄铁矿、硫化物和其他硫酸盐等杂质含量不超过7%。

(四)在其他方面的应用

重晶石用于玻璃生产可使熔体均匀并使玻璃成品有较好的亮度和透明度。用于玻璃工业上的重晶石要求$BaSO_4$的含量在96%~98%以上,Fe_2O_3含量<0.1%~0.2%,TiO_2微量。有时允

许含低于1.5%的SiO_2和低于0.15%的Al_2O_3。粒度要求一般根据应用部门的要求来确定。多数要求产品粒度通过1.19 mm(16目)筛,有5% ~40%的通过0.15 mm(100目)筛,不要微粒粉状料,因颗粒太细在熔化时易形成球状结块。

研磨加工的重晶石(包括非漂白和用硫酸漂白的两种)是通用的工业填料,是很好的增光剂和加重剂。重晶石广泛用于颜料工业,经化学处理漂白的重晶石粉可作白色颜料。用70%的硫酸钡和30%的硫酸锌制成的白色颜料锌钡白(立德粉)也是很好的白色颜料。重晶石还可添加到上等板纸、厚印刷纸、扑克牌、绳索表面、刹车带表面、离合器衬片、塑料和油毡中以及各种涂料、橡胶中作填料。漂白的重晶石长期用作白色铅漆中的增光剂。

作充填剂、增光剂和加重剂的重晶石大多要求粒度小于325目。有些对颜色还有要求,其技术规格根据不同应用部门而确定。美国材料试验协会对用于颜料方面的重晶石要求$BaSO_4$含量94%以上,Fe_2O_3低于0.05%,水溶性物质低于0.2%,水分低于0.5%,外来物质低于2%。

在一般建筑工业中,块状重晶石可用作加重混凝土的骨料,一般要求其粒度达砾石大小。约含10%重晶石的柏油与橡胶混合而成的铺路材料已成功用作停车场的一种耐久铺路材料。目前,部分重型道路建筑机械的橡胶轮胎也充填有重晶石,可以增加重量,利于填方地区的夯实。

以重晶石为起始原料制备的钡盐(如$BaCO_3$),可用于制备功能陶瓷,如具有良好介电和压电性能的钛酸钡、锆钛酸钡、钛锡酸钡、钛锰酸钡陶瓷等,用于永久磁铁中的高铁酸钡陶瓷。

此外,重晶石粉在医学上可用作X射线照片指示剂,但品质要求很高,$BaSO_4$含量要求在99%以上,绝对不允许含有对人体有害的Pb、As、Hg等元素,以免食用中毒。此外,色泽上还要求为纯正的白色或无色。

第二节 芒　　硝

芒硝是硫酸盐类矿物,主要包括芒硝、无水芒硝和钙芒硝三种工业矿物。

一、概述

(一)芒硝

(1)化学成分。$Na_2(H_2O)_{10}\cdot[SO_4]$,组分含量$Na_2O$ 19.3%,SO_3 24.8%,H_2O 55.9%,含有少量K、Mg、Cl等杂质。

(2)晶体结构。属单斜晶系,$C_{2h}^5-P2_1/c$;$a_0=11.48$ Å,$b_0=10.35$ Å,$c_0=12.82$ Å;$\beta=107°40'$,$Z=4$。结构中$[Na(H_2O)_6]$八面体联结成锯齿状链,链间以$[SO_4]^{2-}$和2个缓冲H_2O分子由氢氧—氢键相联结。

(3)形态。斜方柱晶类,$C_{2h}-2/m(L^2Pc)$。晶体沿b轴或c轴延伸呈短柱状或针状。亦有沿{100}发育呈板条状。主要单形有平行双面a{100},b{010},c{001};斜方柱,m{110},n{101},d{011},q{021},p{111}(图38-2)。依(001)形成穿插双晶或依(100)形成接触双晶,双晶少见。常呈致密块状、纤维状集合体,有的呈皮壳状和被膜状。

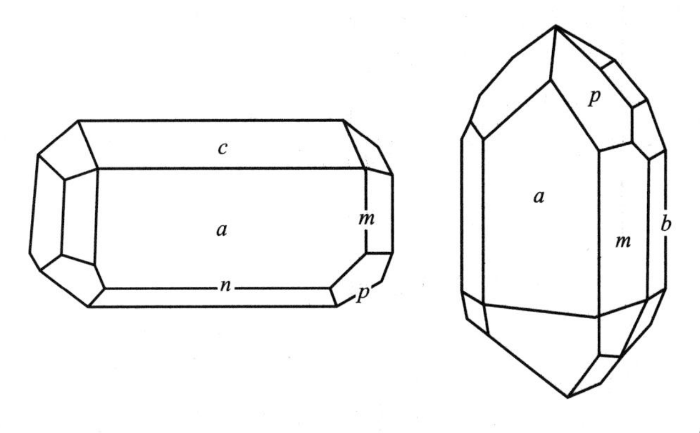

图 38 - 2　芒硝的晶体

Fig. 38 - 2　The crystal structure of mirabilite

（4）物理性质。无色透明，有时呈白色或带浅黄、浅蓝、浅绿色。条痕为白色。具有玻璃光泽。解理{100}完全。贝壳状断口，密度小，为 1.48 g/cm^3。性脆。摩氏硬度为 1.5 ~ 2。味凉而微带苦咸。

（5）光学性质。偏光显微镜下无色，二轴晶（-）光性，$2V = 75°56'$，$\gamma < v$ 强。$N_g = 1.398$，$N_m = 1.396$，$N_p = 1.394$，$N_p // b$，$N_g \wedge c = 31°$。

（二）无水芒硝

（1）化学成分。$Na_2(SO_4)$，理论含量 Na_2O 43.70%，SO_3 56.3%。常有少量的 K_2O、MgO、CaO、Cl、H_2O 等杂质混入。

（2）晶体结构。属斜方晶系，$D_{2h}^{24} - Fddd$；$a_0 = 5.86$ Å，$b_0 = 12.31$ Å，$c_0 = 9.82$ Å，$Z = 8$。由 $[SO_4]^{2-}$ 四面体与 $[NaO_6]$ 八面体组成。

（3）形态。斜方双锥类，D_{2h}—$Fddd(3L^2 3PC)$。晶体呈双锥状、柱状或板状，多为粒状集合体、粉末状或块状。常见的单形有平行双面 c{001}、b{010}，斜方柱 m{110}、r{101}、e{011}、t{106}，斜方双锥 o{111}、s{311}。双晶面沿（110）呈十字形。亦有沿（011）为双晶面的（图 38 - 3）。

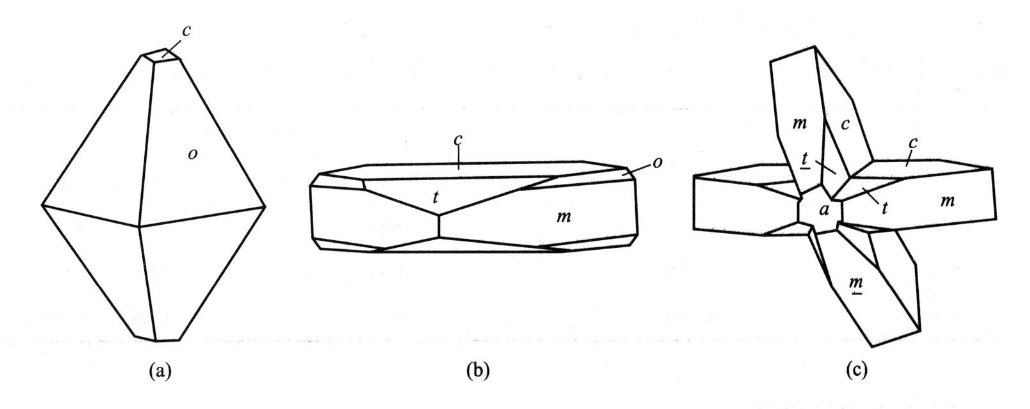

图 38 - 3　无水芒硝的晶体和双晶

Fig. 38 - 3　The crystal and twin crystal of thenardite

（4）物理性质。无色，灰白色，有的为黄色，带浅棕色，透明至半透明。玻璃至油脂光泽。解理{010}完全，{101}中等，{100}不完全。硬度比芒硝大，为 2.5～3。密度为 2.66 g/cm^{3}左右，不同的产地，密度稍有差异。味微咸。

（5）光学性质。偏光显微镜下无色，二轴晶（+）光性，2V=85°，我国产的无水芒硝 N_g = 1.484，N_m = 1.477，N_p = 1.471。

（三）钙芒硝

（1）化学成分。$Na_2Ca(SO_4)_2$，成分比较固定，质纯者含 Na_2O 22.28%，CaO 20.16%，SO_3 57.56%。

（2）晶体结构。属单斜晶系 $C_{2h}^6 - C2/c$，a_0 = 10.16 Å，b_0 = 8.33 Å，c_0 = 8.55 Å；β = 112°10′，Z = 4。结构特点是钙配位多面体（CN = 8，呈不规则的四方柱）和钠配位多面体（CN = 7）彼此共棱连结，再与$[SO_4]^{2-}$四面体共角顶联结而成。

（3）形态。斜方柱晶类，$C_{2h} - 2/m(L^2PC)$。晶体常成板状或短柱状，集合体呈粒状，有的呈鳞片状、肾状。常见单形有平行双面 c{001}、斜方柱 m{110}、s{111}等。

（4）物理性质。无色，灰色，浅黄色。随含杂质的不同而呈其他颜色，如当铁的含量大于 0.1%时呈浅紫灰色，条痕白色，透明至半透明，玻璃光泽，解理{001}完全，{110}不完全。贝壳状断口。摩氏硬度为 2.5～3，性脆，密度为 2.68～2.85 g/cm^3，味微咸。

（5）光学性质。偏光显微镜下无色，二轴晶（-）光性，$2V$ = 7°，N_g = 1.534～1.536，N_m = 1.532～1.535，N_p = 1.515～1.517。

二、我国芒硝资源情况

我国芒硝资源分布广泛、储量丰富，已探明的保有储量约 178×10^8 t，如果将已普查或详查而未统计的也计算在内，预计中国芒硝类矿产硫酸钠资源总量将达到 300×10^8 t，居世界首位。主要分布在 14 个省、自治区，盐湖型芒硝矿主要分布在新疆、青海、甘肃、内蒙古、山西 5 省区，钙芒硝矿主要分布在四川、湖南、青海、云南、湖北 5 省，地下芒硝矿主要分布在江苏省。已探明 4 个 10×10^8 t 以上的超大型芒硝矿床分别是四川省新津县金华芒硝矿、青海省互助县硝沟钙芒硝矿、青海省茫崖镇汗斯拉图芒硝矿和大浪滩矿田梁中矿。

现代盐湖中产出的芒硝及无水芒硝往往含有 NaCl、$CaSO_4$、$MgSO_4$、Fe_2O_3以及水不溶物质，工业上对这些组分不作具体要求，但应查清含量，以便分离和利用。

现代盐湖固体相芒硝及无水芒硝矿石，以及古代盐湖钙芒硝的品级划分如下：

品级	主要成分	主要成分含量	
		现代盐湖芒硝、无水芒硝	古代盐湖钙芒硝
Ⅰ级	Na_2SO_4（干基）	>90%	>35%
Ⅱ级	Na_2SO_4	>80%	25%～34.99%
Ⅲ级	Na_2SO_4	>70%	15%～24.99%

三、芒硝的理化性质

芒硝、无水芒硝和钙芒硝化学性质都不稳定，尤其是芒硝和无水芒硝常因温度和湿度的变化而相互变换。

芒硝常与其他盐类和杂质形成混合物。含有 55.9% 的结晶水，极易潮解，当温度上升到 32℃，而空气又很潮湿的情况下，芒硝能自行溶解。在干燥空气中逐渐失去水分而转变为白色粉末状的无水芒硝。

无水芒硝的结晶温度高于芒硝，一般在 33℃以上。在室温和潮湿空气中，无水芒硝易水化，逐渐变成粉末状的芒硝。

钙芒硝在水中缓慢地局部溶解，在盐酸中完全溶解。在 575℃时，同质多象发生转变，980℃时结构被破坏。在潮湿的空气中，钙芒硝有时被次生石膏小晶体所覆盖。

四、芒硝的应用

(一) 在化学工业上的应用

芒硝是化工行业所必需的基础化工原料，以芒硝为原料可以制备多种含钠化学品，如硫化钠(硫化碱)、硫代硫酸钠、聚苯硫醚、焦亚硫酸钠、保险粉、硅酸钠、硫酸钠、硫酸铵、群青等。还可与含钙的硼矿石反应制取硼砂，用芒硝分解硼镁矿制硼酸。

以芒硝为原料制备的硫酸钠主要用于制作牛皮纸浆(也称硫酸盐纸浆)。在制纸浆的过程中，硫酸钠还原为硫化物，这种硫化物是捣浆的活性组分。一般情况下，生产 1t 牛皮纸约需 36 kg 的硫酸钠。

(二) 在玻璃工业上的应用

在玻璃工业上芒硝可代替苏打使用。在玻璃生产中，硫酸钠可提供部分碱质。对有些类型的玻璃，硫的存在是有好处的。硫酸钠主要用于平板玻璃，瓶罐和其他玻璃应用较少。作玻璃原料用的芒硝，组分含量要求 $Na_2SO_4 > 92\%$，不溶残渣 $< 3\%$，$NaCl < 1.2\%$，$CaSO_4 < 1.5\%$，$Fe_2O_3 < 0.2\%$。工业级的无水硫酸钠纯度常超过 99%，也可定为 99.5%。在某些情况下，粒径大小和密度是重要的标准。

(三) 在新型发光材料上的应用

芒硝用于新型发光材料，源于 2009 年艾尔肯·斯蒂克等于新疆吐鲁番艾丁湖采集到的一种有发光性质的无水芒硝，而后通过掺杂 Eu、Dy、Ce、Sm、Tb、Tm 等稀土元素和 Mn、Cu 等过渡元素制备了不同的发光材料。此类发光材料具备较好的单色光特性，在新型荧光领域内有潜在的应用前景。

(四) 在相变储能材料上的应用

芒硝熔点为 32.38℃，熔化潜热约 240 kJ/kg，可作为一种廉价、高效、无毒、无腐蚀、使用寿命长、来源丰富的储能材料。其应用时的主要问题是解决其熔化过程中的分层现象，保证熔化和凝固过程中硫酸钠和水的均匀混合。无水芒硝具有较高的比热容和热容量，由于其具有较高的可逆晶型转变潜热和较高的熔点，因而适合作为高温储能材料。一定条件下将 Na_2SO_4压制成球后装柱成床，传热速率可达 1.5×10^7 kJ · m^{-3} · h^{-1}，最高使用温度可接近 Na_2SO_4的熔点温度(884℃)，与使用镁砖相比，单位体积储能可提高 25%，而成本仅为镁砖的 1/4 或更低。

(五) 在医药上的应用

在医药上芒硝可用作缓泻剂、利尿剂和钡盐中毒的解毒剂，还可用于调配内服中药处方。大黄和芒硝配伍辅助治疗手术切口早期感染和重症急性胰腺炎等,可显著提高治愈率,其作用机理在于大黄含有蒽醌类衍生物的抗菌有效成分、芒硝外敷时可利用其高渗吸水效应而消肿。用10% ~25%的硫酸钠溶液外敷感染性创伤,具有消肿和止痛的作用。

(六) 在其他方面的应用

硫酸钠为中性,无腐蚀性,具有一定的去垢性能,且价格便宜,是理想的充填剂和稀释剂,可广泛用于洗涤工业。另外还可用作轻质材料的掺和剂、水泥和混凝土的添加剂,在制革、人造丝、印染、橡胶、食品等方面也要用到硫酸钠。

第三十九章　石膏　硬石膏

石膏和硬石膏属硫酸盐矿物类。石膏是二水硫酸钙（$CaSO_4 \cdot 2H_2O$）；硬石膏是无水硫酸钙（$CaSO_4$）。国民经济中所使用的“石膏”包括矿物学意义上的石膏、硬石膏及石膏加工处理后的其他物相和其他工业副产物。

人类使用石膏的历史可追溯到4 000多年前的古埃及。在中国石膏也有2 000多年的使用历史。最早，人们把石膏作为一种胶结材料用于修筑建筑物，中国还用于医药方面。现在石膏的应用已扩展到国民经济的许多领域。因此，研究石膏的应用对国民经济的发展具有重要意义。

第一节　概　　述

一、化学成分

（1）石膏。晶体化学式为 $Ca(H_2O)_2[SO_4]$。理论组分含量 CaO 32.5%，$SO_3$46.6%，H_2O^+ 20.9%。化学成分变化不大。有时化学分析中出现 SiO_2、Al_2O_3、Fe_2O_3、MgO、Na_2O、CO_2、Cl 等，一般认为系杂质存在而引起的。

（2）烧石膏。晶体化学式为 $Ca_2(H_2O)[SO_4]_2$，理论组分含量 CaO 38.64%，SO_3 55.16%，H_2O^+ 6.20%。我国某地天然产出的烧石膏发现有 Mg 等代替 Ca，化学成分分析结果 CaO 36.58%，MgO 1.41%，MnO 0.03%，Fe_2O_3 0.08%，Al_2O_3 0.48%，K_2O 0.25%，Na_2O 0.35%，H_2O^+ 1.95%，H_2O^- 5.78%，SO_3 52.99%，总计99.90%。

（3）硬石膏。晶体化学式为 $Ca[SO_4]$，理论组分含量 CaO 41.2%，SO_3 58.8%。成分变化不大，有时含有少量的 Sr 和 Ba 代替 Ca。H_2O^+ 的出现是由于石膏存在引起的。

二、晶体结构

（1）石膏。空间群 $C_{2h}^6 - A2/a$；$a_0 = 5.68$ Å，$b_0 = 15.18$ Å，$c_0 = 6.29$ Å，$\beta = 113°50'$；$Z = 4$。晶体结构（图39－1）是由 $[SO_4]^{2-}$ 四面体与 Ca^{2+} 联结成平行于（010）双层，双层间通过水分子联结。Ca^{2+} 的配位数为8，与相邻的4个 $[SO_4]^{2-}$ 四面体中的6个O和2个 H_2O 分子联结。水分子与 $[SO_4]^{2-}$ 中的O以氢键相联系，水分子之间以分子键相联系。

（2）硬石膏。空间群 $D_{2h}^{17} - Cmcm$；$a_0 = 6.991$Å，$b_0 = 6.996$Å，$c_0 = 6.238$ Å；$Z = 4$。晶体结构（图39－2）中，在（100）和（010）面上 Ca 和 $[SO_4]^{2-}$ 成层分布，而（001）面上 $[SO_4]^{2-}$ 则成不平整的层。Ca 居于4个 $[SO_4]^{2-}$ 之间为8个O所包围，故配位数为8。每个O与1个S和2个Ca相连结，故配位数为3。

（3）烧石膏。空间群以 $A2$；$a_0 = 12.70$ Å，$b_0 = 6.83$ Å，$c_0 = 11.94$ Å，$\beta = 90°36'$；$Z = 6$。

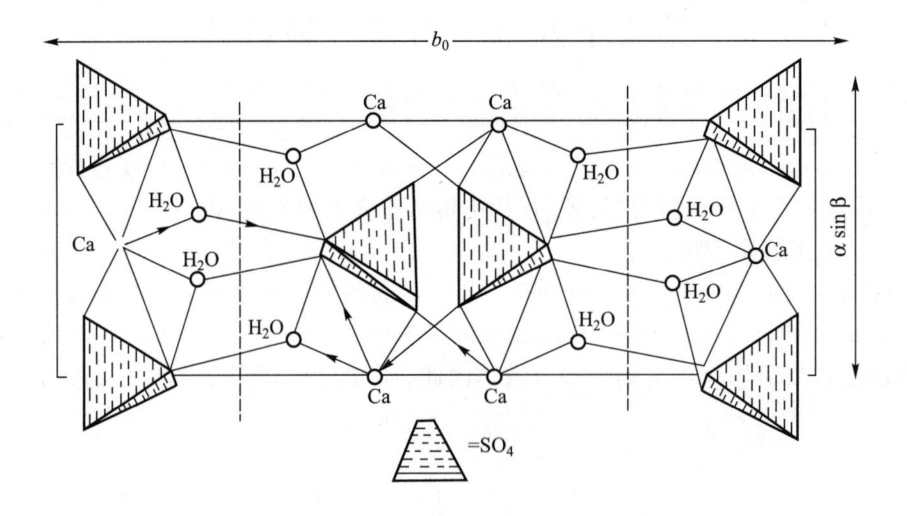

图 39－1　石膏的晶体结构

Fig. 39－1　The crystal structure of gypsum

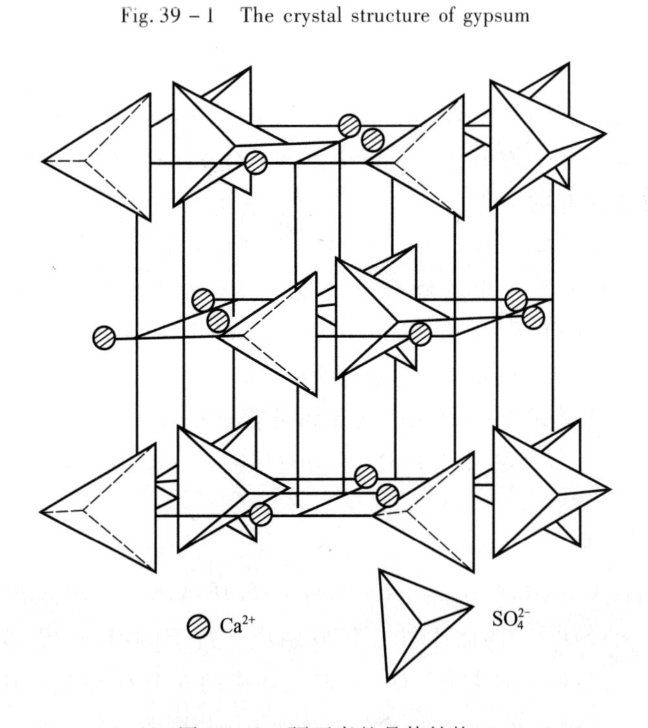

图 39－2　硬石膏的晶体结构

Fig. 39－2　The crystal structure of anhydrite

三、热分析曲线特征

(1) 石膏。在加热速度为5℃/min 时，石膏排出结晶水分为三个清晰的阶段，差热曲线表现为 3 个吸热谷，在微商差热曲线（DTG 曲线）上尤其明显。在 105～180℃范围内，首先排出 1 个水分子，随后立即排出半个水分子，这时石膏（$Ca(H_2O)_2[SO_4]$）转变为稳定形式的烧石膏

$(Ca(H_2O)_{1/2}[SO_4])$，在工业上也称熟石膏或半水石膏，吸热谷最大值约在 150℃处。随后在 200～220℃又出现一个吸热谷，排除剩余的半个水分子，这时半水石膏转变为Ⅲ型硬石膏，也称可溶性硬石膏或可溶性无水石膏，其化学式为 $Ca(H_2O)_\varepsilon[SO_4]$，$0.06 < \varepsilon < 0.11$。这说明Ⅲ型硬石膏并非绝对无水的。继续加热，在 350℃附近出现一个放热峰，此时Ⅲ型硬石膏晶格重排并转变为Ⅱ型硬石膏，又称不溶性硬石膏、不溶性无水石膏或过烧石膏，化学式为 $Ca[SO_4]$。从结晶学上讲，Ⅱ型硬石膏是一个稳定相，属斜方晶系。在 1 120℃附近的吸热谷是Ⅱ型硬石膏相变为Ⅰ型硬石膏而引起的。Ⅰ型硬石膏又称高温无水石膏或 α 型无水石膏。继续加热约在 1 450℃熔融。

（2）烧石膏。烧石膏是石膏与硬石膏之间的中间产物，多为人工产物，天然产出较少。其差热曲线在 210℃附近有一个吸热谷，排除结构中的 $0.5H_2O$。该吸热谷之后的热效应变化同石膏的情形相同。

在煅烧石膏的过程中，不同的煅烧条件及其制备过程会得到不同类型的烧石膏。石膏在液体中或在蒸气压下脱水，则形成 α 型烧石膏；若在常压下脱水，则形成 β 型烧石膏。前者结晶形态完好，密度较大（2.76 g/cm^3），后者结晶形态不完善，多呈海绵状，具有较大的比表面积和较小的密度（2.62～2.64 g/cm^3）。实际上还有介于 α 型和 β 型的中间相烧石膏。α 型烧石膏加热过程中，Ⅲ型硬石膏转变成Ⅱ型硬石膏的放热峰在 220℃，而 β 型烧石膏的放热峰在 350℃。

（3）硬石膏。纯的硬石膏在 1 100℃以前无热效应产生。硬石膏相当于Ⅱ型硬石膏。在差热曲线上，1 190℃附近的吸热谷是硬石膏转变为Ⅰ型硬石膏的相变点。

第二节　石膏及煅烧产物的理化性能

石膏的主要工业价值在于不同温度条件下煅烧所得到的不同产物的特殊性能。这种特殊性能与石膏在不同的条件下具有易于失去和重新获得结晶水的性质有关。

一、石膏的脱水性

石膏加热至 65℃时开始脱去部分结晶水，至 180℃温度范围内脱去 3/4 的结晶水形成烧石膏（半水石膏）；高于 200℃时脱去剩余的 1/4 的结晶水形成硬石膏。随着加热温度的不同，硬石膏还会发生相变。

影响石膏脱水温度的因素主要有升温条件、石膏的颗粒大小及晶格缺陷等。石膏的脱水速度随温度的升高而加快，其脱水温度随升温速度的增大而增高。石膏脱去前 3/4 结晶水的速度比后 1/4 结晶水快。石膏实际上是一种不良热导体，它在脱水时要吸收大量的热量。大颗粒的石膏在煅烧时，颗粒表面与颗粒中心的温度是不同的，这样随着颗粒的增大必然造成石膏总体脱水温度的升高。石膏的脱水不是瞬间挥发的现象，而是存在一个诱导期。在诱导期内形成脱水核，脱水作用由此点开始扩展。晶格缺陷有利于形成脱水核及水分的逸出。

二、煅烧石膏的水化性能

石膏脱水后所形成的产物多是不稳定的，遇水后具有强烈吸水水化能力。

水化作用是一种放热的过程，它包括放出润湿热和水化热。

Ⅲ型硬石膏是反应活性最强的相，因为它一遇水就立刻转变成烧石膏，即使在略为潮湿的空气中也能水化变成烧石膏。这种新生成的烧石膏也具有很强的反应活性，但制品的强度较小。

烧石膏的水化有三个阶段。第一阶段是润湿；随后是或长或短的诱导期，在这段时间内形成石膏的晶芽；最后是晶芽长成纤维状石膏晶体。烧石膏水化为石膏是烧石膏的溶解和石膏结晶的复杂过程。在没有缓凝剂的情况下，所有的烧石膏在 2 小时内都会转变成石膏。其中大约有 95% 的烧石膏是在开始 30 分钟左右转变的。温度是影响烧石膏水化的重要因素。从理论上讲，溶有烧石膏的液相成为过饱和状态时，石膏才能产生结晶。根据烧石膏的溶解度曲线（溶解度随温度的降低而增高），烧石膏在接近 0℃时水化能力最强。实际上，对于水和烧石膏的混合物来说，在 30 ~ 40℃为最佳温度；此外，温度对烧石膏制品的结构也有明显影响。因为温度不但影响烧石膏 - 石膏水体系中的溶解度，而且也影响石膏的成核速度和晶体的生长速度。

烧石膏在凝结时要发生体积变化，这是水化反应造成的体积变化和物理现象引起的。水化反应造成的体积变化：

$$CaSO_4 \cdot \frac{1}{2}H_2O + \frac{3}{2}H_2O \rightarrow CaSO_4 \cdot 2H_2O$$

	$CaSO_4 \cdot \frac{1}{2}H_2O$	$\frac{3}{2}H_2O$	$CaSO_4 \cdot 2H_2O$
摩尔质量/($g \cdot mol^{-1}$)	145	27	172
密度/($g \cdot cm^{-3}$)	2.75	1	2.32
摩尔体积/($mL \cdot mol^{-1}$)	52.7	27	74.1

（前两项合计）79.7 mL

从上式可以看出烧石膏水化后，固体绝对体积从 52.7 mL 增加至 74.1 mL，但前后的总体积由79.7 mL 缩小至 74.1 mL。因此，烧石膏加水拌和水化后所形成的制品必定是多孔的。另外，从物理意义上说，新形成的石膏晶体的增长造成了多孔物体骨架的膨胀，但这种膨胀比固体绝对体积的变化小得多。水化作用造成了水化前后总体积的缩小，这种作用会使拌和的烧石膏浆体产生早期收缩。如果有水覆盖着浆体，就会大大地减小浆体的早期收缩，因为水通过充填在收缩所造成的孔隙中而避免了浆体的下陷。

在低温（350℃）下烧成的Ⅱ型硬石膏和在高温（700 ~ 800℃）下烧成的Ⅱ型硬石膏，它们的水化性能是不同的。前者水化速度较快；后者水化速度很慢，表现很稳定，其惰性与天然硬石膏相近。若Ⅱ型硬石膏加少量催化剂（如石灰、粒化高炉矿渣及在 800 ~ 900℃温度下煅烧过的白云石）粉磨后，则具有良好的水化凝结性能，且制品强度高于 β 型烧石膏。

Ⅰ型硬石膏具有一定的抗水性，故又称水硬石膏。据研究，它是真正的稳定相，但不是纯Ⅰ型硬石膏相。因为这种煅烧产物中总是掺杂着由于 $CaSO_4$ 分解而产生的 CaO。在普通温度下，Ⅰ型硬石膏是不稳定的，当温度低于 1 200℃时，它就转变为Ⅱ型硬石膏。因此，常温下见不到Ⅰ型硬石膏。

三、石膏制品的隔声、隔热性能

如上所述，当烧石膏水化为石膏时，会使本身产生微孔结构。这种结构就具有衰减声压的性能，并能减缓声能的透射。

烧石膏在水化凝结后，在其干密度为 1.00 g/cm^3时，它的导热系数为 0.26 W/(m·K)，隔热性能是混凝土的 3 ~4 倍，是烧结黏土的 2 ~3 倍。从传热学角度来看，一堵 20 cm 厚的混凝土墙与 7 cm 厚的石膏多孔板的墙体具有相同的隔热性能。石膏制品具有较低的导热系数，主要在于它的微孔结构。另外，石膏晶体结构中也有较大的孔隙。

四、石膏制品的防火性能

石膏制品具有良好的防火性能。石膏制品遇火后具有不燃、隔热、隔火、无可燃挥发气体的特点，石膏制品具有良好的防火性能。主要在于：① 石膏是非燃烧材料；② 石膏制品由于具有微孔结构，因而导热系数很低(包括石膏相变后的产物)；③ 石膏含有 20% 左右的结晶水，在发生火灾时，石膏受热会放出结晶水，并产生相转变。这个过程具有吸热效应，可对火焰产生破坏作用。释放石膏的两个水分子首先要破坏连结这两个水分子的分子键；尔后，蒸发这部分水还需要一定的热能。总计，1 kg 烧石膏制成品在火中能消耗 1.25×10^6 J 的热量，只要石膏里所含的水分没有全部释放和蒸发完，石膏制品的温度就不会超过 140℃。④ 在石膏脱水后，石膏的转变产物烧石膏或硬石膏仍是一道隔火屏障。它们的导热系数很低，因为空气代替了石膏的结晶水而进入制品中。⑤ 石膏受热后放出的结晶水不助燃，并最初在石膏制品表面形成水膜，具有阻隔空气的作用。

第三节　石膏、硬石膏的应用

天然石膏按原料中 $CaSO_4\cdot2H_2O$ 的质量分数分为五个等级，1 级：≥95%；2 级：94% ~85%；3 级：84% ~75%；4 级：74% ~65%；5 级：64% ~55%。

石膏、硬石膏可直接被利用，但更多的时候是将石膏经一定温度焙烧后进行利用。

一、石膏和硬石膏的应用

石膏和硬石膏有很广泛的用途，但是其大部分还是用于水泥生产和熟石膏生产。从世界范围来看，生石膏和硬石膏的应用范围和比例大致如下：生产熟石膏，45%；生产水泥，45%；改良土壤，4%；生产硫酸和硫酸铵，4%；其他用途，2%。

（一）在水泥工业中的应用

将适量的石膏与普通硅酸盐水泥熟料混合，粉磨后即可得到性能改善的普通硅酸盐水泥。石膏除起缓凝作用外，同时还改善水泥的强度、收缩性和抗腐蚀性。以 100℃ 烘干的 $CaSO_4\cdot2H_2O$ 作主要原料，加上催化剂磨成粉则成为石膏水泥。以 75% ~80% 的 600℃ 以下焙烘的粒状高炉矿渣、10% ~20% 的石膏及 5% 的水泥熟料共同粉磨则制成石膏矿渣水泥。由高强度半水石膏与水淬高炉矿渣按 1:4 的比例混合并掺入适量的碱性激发剂(如生石灰，煅烧的白云石或水泥熟料)均匀拌和后形成快凝石膏矿渣水泥，这种水泥具有快凝、早强和抗腐蚀的特点。以硬石膏为主要原料配以各种催化剂(氧化钙、氯化钙等)一起粉磨可制成硬石膏水泥。这种水泥可用于拌制混凝土、砂浆、水泥净浆等，还可用作铺地面的基层、制作空心砖、抹灰、砌墙以及制作人造大理石等。

（二）生产熟石膏及无水石膏胶凝材料

焙烧后可形成熟石膏及无水石膏，作为胶凝材料，它们在工业上有广泛的用途。

天然硬石膏磨成粉，再加入活化剂，就具有遇水凝结并慢慢硬化的性能，从而用作胶凝材料。这种胶凝材料可用作砂浆。它的体积稳定性好，并具有较高的硬度，用它可以砌筑地下墙，既可抗压，又可作防火防爆墙。

（三）在化学工业中的应用

可用石膏和硬石膏作为原料生产多种化工产品。在已知的化学反应中，有很多都可用于工业生产中。

在高温下用碳还原硫酸钙可得到硫化钙，然后又可用硫化钙生产硫：

$$CaSO_4 + 2C \rightarrow CaS + 2CO_2$$

$$CaS + 2HCl \rightarrow CaCl_2 + H_2S$$

$$H_2S + 1/2O_2 \rightarrow S + H_2O$$

只有在非常缺乏硫的情况下才考虑用这种方法生产。

在高温下把石膏和硬石膏分解成 SO_2和 CaO 可制造硫酸和水泥。其原理是 $CaSO_4$在焦炭还原下可分解为 SO_2和 CaO：

$$2CaSO_4 + C \rightarrow 2CaO + CO_2 + 2SO_2$$

另外，石膏还可用于生产硫酸铵，生产方法原理是用 CO_2碳化的氨水溶液与磨成粉的石膏或硬石膏反应即可制得硫酸铵：

$$2NH_3 + H_2O + CO_2 \rightarrow (NH_4)_2CO_3$$

$$CaSO_4 \cdot 2H_2O(\text{或 } CaSO_4) + (NH_4)_2CO_3 \rightarrow (NH_4)_2SO_4 + CaCO_3 + 2H_2O$$

（四）在农业上的应用

在农业上很早就有使用石膏作肥料和改良土壤的历史。石膏能直接增加土壤中 Ca 和 S 的含量。石膏能改良碱性和盐性土壤。石膏能促进有机质分解，使土壤中可溶性磷和钾的含量显著增加。石膏为酸性肥料，有固定铵素保存氮肥的作用。根据试验，农田中施用石膏，对水稻、玉米、大豆、花生、棉花等均有明显的增产效果。如在中度盐质土壤中每公顷施用 3 000 kg 石膏，可使水稻增产 15.7%。

（五）在其他工业上的应用

石膏色白，且具有中性和一定的化学惰性。因此，它磨成细粉后能在以下工业部门用作填料：① 制作油漆、涂料、染料；② 造纸（石膏可填充小孔使纸面更细腻）；③ 制作杀虫剂。

硬石膏磨成细粉后也可用作填料。例如，硬石膏与沥青混合后可铺路面等。硬石膏也可代替石膏用于造纸业和涂料业。

石膏可用于澄清混浊水、净化饮用水（如啤酒厂用水），还可用于制作豆腐、配制中药等。石膏还可用作牲畜饲料、鱼饲料的添加剂。

石膏磨成细粉后，可用于抛光某些金属（如锡等）、玻璃、装饰物等。

天然硬石膏磨成细粉后可代替硫酸钠作为玻璃工业的助熔剂。

质纯、透明的石膏晶体、雪花石膏等可作为精美的装饰品。

二、煅烧石膏的应用

在工业上，最有使用价值的是熟石膏。

（一）在建筑业中的应用

在建筑业中，一般以 1 ~ 2 级石膏生产高强度建筑用熟石膏，3 ~ 4 级石膏生产普通建筑用熟石膏。

熟石膏具有色白，凝结硬化快、体积变化小，凝结硬化体孔隙率高、表观密度小、硬度较小等特点。

以熟石膏为原料可制成多种建筑制品。它们由于具有质轻、防火、隔热、吸声、收缩率小、可锯、可钉、可黏结及调湿等优良性能，在建筑业中得到了广泛的应用。熟石膏用量最大的是用于制造装饰石膏板及墙体构件等，如隔墙板（包括承重隔墙板、外墙板、内墙板、墙体覆面板）、天花板、地面基层板、防火保护层、屋面板、楼面板、地坪板、通风巷道砌块、墙体砌块等；还可用作石膏抹面砂浆、砌块黏结砂浆及代替石灰直接用于粉刷墙壁的粉刷石膏等。

（二）在陶瓷工业中的应用

在陶瓷工业上，有时采用注浆成型法，即用水与黏土混合制成泥浆注入模具中生产湿坯。因此，就需要用熟石膏事先加工成模具，包括浇柱模具、旋转模具及挤压模具等。

（三）在铸造工业中的应用

在铸造工业中，也经常利用熟石膏做铸模，或者用它制造母模，再用母模翻出型砂模具。也可以把熟石膏作为型砂和耐火黏土的黏合剂。

（四）在医学上的应用

熟石膏在医学上的应用主要有两个方面，即用于镶牙和用于固定受伤的肢体。在制作假牙时，牙医首先要用熟石膏做模具，再用该模具制作假牙的模型底座。外科医生可以直接使用带有熟石膏的绷带。用时把它浸入水中（成卷地浸入）约 2 ~ 3 秒后取出，缠在病人受伤的肢体上并用手抹光，几分钟后就可把受伤的肢体固定。

此外，熟石膏还可用于改良土壤、制造粉笔等。

第四节　工业石膏的应用

工业石膏是指在工业生产中由化学反应生成的以硫酸钙（含 0 ~ 2 个结晶水）为主要成分的副产品或废渣。

工业石膏主要包括脱硫石膏、磷石膏、柠檬酸石膏、氟石膏、盐石膏、芒硝石膏、硼石膏、钛石膏等。其中脱硫石膏和磷石膏的产量约占全部工业石膏总量的 85%。

我国每年生产天然石膏约 $5\,000\times10^4$ t，工业石膏产生量超过 1×10^8 t，综合利用率仅为 40% 左右。脱硫石膏综合利用率约 50% 左右，磷石膏的只有 20% 左右，其他副产石膏的也仅在 40% 左右。目前工业石膏累积堆存量已超过 3×10^8 t，其中，脱硫石膏 $5\,000\times10^4$ t 以上，磷石膏 2×10^8 t 以上。工业石膏的堆存，既占用土地，浪费资源，又对环境造成污染。

一、工业石膏的产生

磷石膏是在生产磷酸过程中排放的以 $CaSO_4\cdot2H_2O$ 为主要成分的副产物。主要化学反应为：

$$Ca_{10}(PO_4)_6F_2 + 10H_2SO_4 + 20H_2O \rightarrow 6H_3PO_4 + 10CaSO_4 \cdot 2H_2O \downarrow + 2HF$$

脱硫石膏是利用石灰石（$CaCO_3$）湿法对含硫烟气脱硫得到的工业副产品。主要化学反应为：

$$2CaCO_3 + 2SO_2 + H_2O \rightarrow 2CaSO_3 \cdot 0.5H_2O + 2CO_2$$

所形成的 $CaSO_3 \cdot 0.5H_2O$ 陈腐一段时间即转化为石膏：

$$2CaSO_3 \cdot 0.5H_2O + O_2 + 3H_2O \rightarrow 2CaSO_4 \cdot 2H_2O$$

氟石膏是利用萤石和浓硫酸制取氢氟酸后得到的以无水石膏为主要成分的副产品。主要化学反应为：

$$CaF_2 + H_2SO_4 \rightarrow 2HF \uparrow + CaSO_4$$

柠檬酸石膏是在生产柠檬酸过程中柠檬酸钙与硫酸反应提取柠檬酸后的副产品。主要化学反应为：

$$Ca_3(C_6H_5O_7)_2 \cdot 4H_2O + 3H_2SO_4 + 4H_2O \rightarrow 2C_6H_8O_7 \cdot H_2O + 3CaSO_4 \cdot 2H_2O$$

芒硝石膏是芒硝和石膏共生矿萃取硫酸钠或由钙芒硝生产芒硝的副产品。主要化学反应为：

$$Na_2Ca(SO_4)_2 + 2H_2O \rightarrow Na_2SO_4 + CaSO_4 \cdot 2H_2O$$

此外，盐石膏是利用石膏型卤水浓缩提取 NaCl 产品后剩余的以 $CaSO_4 \cdot 2H_2O$ 为主要成分的副产品。硼石膏是硼钙石与硫酸反应生产硼酸后的副产品。钛石膏是由钛白粉厂生产二氧化钛时产生的钛白废液加石灰中和后得到的副产品。

二、工业石膏性质

（一）磷石膏

磷石膏的主要矿物成分为石膏 $CaSO_4 \cdot 2H_2O$，化学成分为含 CaO 35%左右，含 SO_3 45%左右，SiO_2 含量一般少于 8%，还含有少量的 Al_2O_3、Fe_2O_3、MgO、P_2O_5、F 等，以及有机杂质，有时还含有微量的铀、镭等放射性元素，与天然石膏存在较大差异。

磷石膏的结晶相和化学成分与天然石膏非常相似，这为磷石膏代替天然石膏得到利用提供了基础。磷石膏通常粒度较小（60～100 μm），可节省以天然石膏为原料的破碎和磨细费用。磷石膏中含有的可溶性 P_2O_5、F^-、有机物等会降低其利用价值。比如，可溶性磷会延长水泥凝结时间，降低胶结物抗压强度；杂质对半水石膏的成核和晶体生长动力学产生抑制或促进作用，无法得到结晶粗大、整齐的晶体。呈酸性的磷石膏对煅烧设备要求较高。某些厂产生的磷石膏中的重金属铅、镉、铜等，以及放射性元素铀、镭等超过了一定的限值，且难以去除，对人体有一定的危害。

（二）脱硫石膏

脱硫石膏的主要矿物成分为 $CaSO_4 \cdot 2H_2O$，与天然二水石膏化学成分十分相近，主要杂质矿物为方解石与石英，纯度比较高。

脱硫石膏呈浅黄色或灰色，粉状，含 10%～15%的吸附水。体积密度大，杂质对其资源化利用影响小。脱硫石膏颗粒直径主要集中在 30～60 μm 之间，级配远远小于天然石膏磨细后的石膏粉。由于颗粒过细而带来流动性和触变性问题，在工艺中往往应进行特殊处理，给资源化利用造成障碍。

（三）氟石膏

氟石膏的主要矿物成分为无水石膏，化学组成（含量）：CaO 32% ~ 38%，SiO_2 0.4% ~ 0.6%，Al_2O_3 0.01% ~ 2.00%，Fe_2O_3 0.05% ~ 0.25%，MgO 0.1% ~ 0.8%，CaF_2 2.5% ~ 6.5%，$SO_3$39% ~ 50%。纯度一般可达 90% 左右，杂质主要有残留的微量 H_2SO_4、HF 及少量的 CaF_2。白色粉末，呈酸性。

（四）柠檬酸石膏

柠檬酸石膏的主要矿物成分为石膏 $CaSO_4 \cdot 2H_2O$，化学组成（含量）：CaO 32.5%，SO_3 46.6%，H_2O 20.9%，常含有 SiO_2、Al_2O_3、Fe_2O_3、MgO 等杂质。化学成分与天然石膏十分相近。一般纤维细长，均匀，主要有针状结晶和片状结晶。粒度分布接近于天然石膏人工粉磨的结果。它是一种优质的石膏资源。但是柠檬酸石膏 2% 左右的残酸量及高含水量限制其直接应用。

（五）芒硝石膏

芒硝石膏的主要矿物成分为石膏 $CaSO_4 \cdot 2H_2O$，化学组成（含量）为：CaO 24% ~ 28%，MgO 1% ~ 4%，$Fe_2O_3$1.42% ~ 2.73%，$Al_2O_3$3% ~ 6%，$SiO_2$5% ~ 17%，R_2O（$Na_2O + K_2O$）2% ~ 4%，$SO_3$30% ~ 40%，烧失量 16% ~ 20%。含水量为 18% ~ 28%，呈黄褐色或淡棕色。

（六）盐石膏、硼石膏和钛石膏

盐石膏的主要矿物成分：石膏（无水石膏、半水石膏、二水石膏的混合物，其中无水石膏占 80% 以上）占 60% 左右，含泥沙约 30%，含盐量一般在 10% 以上。化学组成（含量）为：CaO 37.30%，MgO 1.15%，Fe_2O_3 0.98%，Al_2O_3 1.62%，SiO_2 8.91%，SO_3 24.99%，结晶水 20.04%。由于含盐量高，粒度小，强度低，直接使用将降低水泥强度，且对建筑材料钢筋造成严重腐蚀。既不能作水泥缓凝剂，也不能直接制备建筑石膏，利用价值小。

硼石膏的主要矿物成分为石膏 $CaSO_4 \cdot 2H_2O$，化学组成（含量）为：CaO 9.5%，Fe_2O_3 0.37%，Al_2O_3 0.68%，B_2O_5 1.0%，SiO_2 6.90%，MgO 1.50%，SO_3 38.05%，Na_2O 0.15%，水分 27.3%。灰白色固体，含盐高，湿度较大，较难利用。

钛石膏的主要矿物成分为石膏 $CaSO_4 \cdot 2H_2O$，化学组成（含量）为：CaO 27.76%，SiO_2 7.64%，Al_2O_3 2.52%，Fe_2O_3 7.60%，MgO 1.81%，Na_2O 0.46%，K_2O 0.27%，SO_3 30.34%，烧失量 21.47%。钛石膏自由水含量高达 30% 以上，导致其黏度大，限制了其资源化利用。

三、工业石膏的资源化利用

与天然石膏相比，工业石膏杂质含量高，且品质不稳定，影响其资源化利用。目前，对工业石膏的处理处置大多集中在露天堆放或填埋。纯度较高的脱硫石膏、柠檬酸石膏等，由于具有与天然石膏相似的结晶形态及化学组成，可直接代替天然石膏而被利用。磷石膏是资源化利用中较为困难的工业石膏，且堆存量最多，是亟待解决的最主要工业石膏。

（一）作水泥缓凝剂

大约 70% 的工业石膏被用于作水泥缓凝剂。但各种工业石膏由于其产生过程不同，被利用时预处理工艺不同。例如，磷石膏必须考虑 P_2O_5 和含酸性杂质对水泥缓凝剂性能的影响。工业石膏经过相应的除杂处理后，煅烧使其转变成半水石膏和无水石膏，具有胶凝性。造粒，陈化得到水泥缓凝剂产品。

（二）生产石膏建筑制品

利用工业石膏生产的建筑制品有：纸面石膏板、粉刷石膏、石膏腻子、石膏砌块、模具石膏、石膏空心条板、石膏装饰板、石膏刨花板等。工业石膏生产建筑制品的共性是，由石膏通过处理得到石膏粉（半水石膏），再进一步生产得到各种产品。

（三）生产石膏复合胶凝材料

用工业石膏按一定比例加石灰、粉煤灰、矿渣、水泥等材料可制得石膏复合胶凝材料。与纯石膏建筑材料相比，这些复合胶凝材料具有以下优点：① 在一定程度上改善石膏建材的耐水性，提高其软化系数；② 在利用工业石膏的同时，也利用了粉煤灰、矿渣等工业废渣；③ 利用这些材料之间的相互作用，直接用工业石膏不经煅烧而生产石膏复合胶凝材料，从而减少了生产成本。

（四）生产化工原料

工业石膏中 SO_3 含量较高，一般在 50% 左右，所以工业上利用石膏提取硫，生产硫酸、硫酸铵、硫酸钾等。利用工业石膏生产硫酸联产水泥研究较早，且已经有成熟的技术运用于工业生产。此外，工业石膏除杂后，与氨水和提供碳酸根离子的物质反应或与提供钾离子的物质反应生产硫酸铵或者硫酸钾，并得到碳酸钙产品，其生产工艺也日趋成熟。主要反应式为：

$$CaSO_4 \cdot 2H_2O + 2NH_4^+ + CO_3^{2-} \rightarrow CaCO_3 + (NH_4)_2SO_4 + 2H_2O$$

$$CaSO_4 \cdot 2H_2O + K^+ \rightarrow K_2SO_4 + Ca^{2+} + H_2O$$

（五）制备硫酸钙与碳酸钙晶须

硫酸钙与碳酸钙晶须作为一种新型高技术材料，具有广泛的应用前景。工业石膏的主要成分为二水硫酸钙，且工业石膏大部分纯度远远高于天然石膏，有利于生产硫酸钙与碳酸钙晶须。利用工业石膏制备硫酸钙晶须最常用的方法为水热法，即通过一定预处理，按一定比例配制石膏与水的浆液，加热作用一段时间后，趁热过滤、干燥即得硫酸钙晶须产品。碳酸钙晶须制备，需要利用一定手段将工业石膏转化得到精制 $CaCl_2$ 溶液，再进一步碳化得到碳酸钙晶须。

（六）在农业上的应用

工业石膏在农业上的应用与天然石膏类似。工业石膏中含量较高的 Ca 和 S，可以直接增加土壤中 Ca 和 S 的含量，增加土壤肥力。石膏能促进有机质分解，使土壤中可溶性 P 和 K 的含量增加。工业石膏大多数呈酸性，尤其是磷石膏，可用于作土壤改良剂，改良盐碱地土壤。

除此以外，工业石膏还可作道路建设材料、充填采矿的胶结料或骨料、陶瓷原料、高效环保缓释肥等。

第四十章　萤石　石盐　钾盐

萤石和石盐是最常见的，也是应用十分广泛的卤化物类矿物。钾盐应用广泛，消耗量巨大，是我国重要的紧缺矿物，在此章中也一并介绍。

第一节　萤　　石

一、概述

萤石又名氟石。其理论化学组成为 CaF_2，Ca 含量 51.1%，F 含量 48.9%。通常含有其他元素，以类质同象方式替代钙的有钇、铈等稀土元素，可形成稀土萤石变种；还含有铁、铝等。替代氟的常有氯。有些萤石含有 U、Th、Ra 等放射性元素，使萤石呈紫色。萤石中常含有各种各样的包裹体，如胶生包裹体、气体包裹体、气液包裹体和碳氢包裹体，含量较多时，将降低透明度。

萤石属等轴晶系，$O_h^5 - Fm3m$。$a_0 = 5.46$ Å。$Z = 4$。

Ca 和 F 的配位数分别为 8 和 4。钙离子分布在立方晶胞的角顶与面中心，如果将晶胞分为 8 个小立方体，则每个小立方体中心为 F 占据（图 40－1）。因此，在（111）面网方向，每隔一层 Ca 离子就有两层毗邻的 F 离子面网，其间的结合力最弱，从而使萤石具有八面体{111}完全解理。萤石晶体以立方体最常见，也有呈八面体、菱形十二面体者，亦常见聚形晶。常依（111）成穿插双晶。自然界产出的萤石集合体多呈粒状、块状，有时见有纤维状、球状、土状集合体。

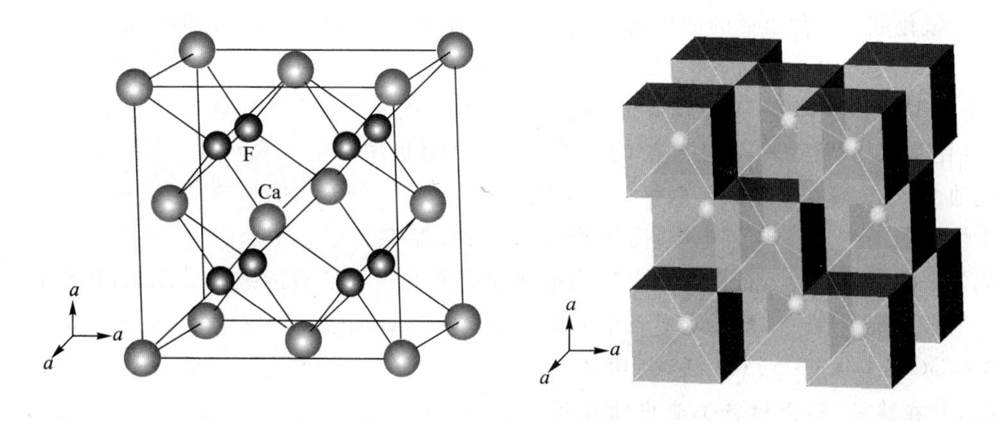

图 40－1　萤石晶体结构

Fig. 40－1　The crystal structure of fluorite

无色透明的萤石不多见，多显各种浅色色调，如绿、黄、蓝、紫、红、灰、甚至黑色。晶体透明或半透明，玻璃光泽，摩氏硬度为 4，密度为 3.18 g/cm³，在阴极射线和紫外线照射下发紫色荧光。在偏光显微镜下显均质体光性。$N = 1.434$。

二、萤石的理化性质

萤石晶体为光性均质体。折射率很低,无双折射现象。对各种波长射线的色散效应均微弱。极易透过红外线和紫外线。萤石的这些光学性质使之在光学技术上有重要用途。

熔点较低(1 270 ~ 1 350℃)是萤石的另一特点,因而可作助熔剂。

盐酸、硝酸与萤石的反应微弱。但萤石遇浓硫酸会分解,产生氟化氢气体和硫酸钙,使之成为氟化学工业的重要原料。

三、萤石的应用

(一) 在冶金工业中用作助熔剂

我国目前萤石消耗量的70%是用作助熔剂。例如,在炼钢过程中每生产 1 t 钢需用 44.5 kg 萤石;炼钢过程中每吨铸铁需要加用萤石 7 ~ 9 kg。

加用萤石可使矿石熔炼温度降低,增大硅酸盐熔渣的流动性,并可将金属熔体中的 S、P、Si 等杂质排除,使之进入炉渣。萤石助熔剂主要用于碱性平炉、碱性氧气炉和电炉炼钢,也用于炼铁及冶炼有色金属,还用作电焊熔剂。

作助熔剂的萤石矿石,一般要求 CaF_2 含量≥75%,SiO_2 含量≤20%,S 含量≤0.5%,P、Ba、Pb、Zn 等含量越少越好。矿石块度以 10 ~ 15 mm 为宜,小于 3 mm 的矿石含量应<3%。

(二) 在化学工业中用作氟原料

美国用于生产氢氟酸的萤石占萤石总消耗量的66%。

萤石经硫酸处理可生产氟化氢。氟化氢产品有 2 种:一种是无水氟化氢,为无色冒烟的液体;另一种是吸水后形成的氢氟酸(含 70% 的氟化氢)。

氟化氢可用以合成冰晶石,还可生产各种有机和无机氟化物。无机氟化物可用作杀虫剂、防腐剂。三氟化硼是一种重要的催化剂;有机氟化物的用途也很广。如氟化的含氯烃和碳氟化合物主要是由无水的氟化氢与氯仿和四氯化碳相互作用而成。这种有机氟化物毒性小,化学稳定性高,主要用作冷冻剂、空气溶胶促进剂、溶剂和聚合体的中间体(如碳氟化合物树脂和弹性体)。乳化全氟化学药品可作为血液的代用品。氟化氢也用于生产氟元素。氟元素可用以生产六氟化铀、六氟化硫和卤化氟。六氟化铀是使^{235}U从^{238}U中分离出的重要原料,六氟化硫是具有高绝缘性能的气体,用于同轴电缆、变压器和雷达导波器中。

化学工业中应用的萤石在商业上称为酸级萤石。对这种矿石的纯度要求较高,SiO_2 是制取氟化氢的最有害杂质。一般要求矿石中 CaF 含量>95%,SiO_2 含量≤1% ~ 1.5%,$CaCO_3$ 含量≤1.25%(CaO 含量<1%),S 含量≤0.05%。

(三) 在建筑、陶瓷材料工业中的应用

在水泥生产中,萤石被用作矿化剂,F 能破坏水泥原料中的硅质矿物,提高活性,加速固相反应。同时可缩短烧成时间,使熟料松脆,易于磨细,达到节能效果。水泥生产所用萤石的 CaF_2 含量≥45% 即可。

陶瓷生产中可用萤石作熔剂和釉料配料。生产米色面砖时,萤石是钒浮渣的抑制剂。在玻璃工业中,萤石作为熔剂,可降低熔化温度,促进某些添加剂的熔化;也用作乳浊剂,加速玻璃熔

体围绕着若干中心结晶，生成蛋白石玻璃，即乳光玻璃。用萤石生产的氢氟酸是工艺玻璃器皿生产中的侵蚀剂。

用于陶瓷、玻璃工业的萤石矿石，一般要求 CaF_2 含量 >95%，SiO_2 含量 ≤2.5% ~3%，Fe_2O_3 含量 <0.12%，$CaCO_3$ 含量 <1.0%，无 Pb、Zn、S、Ba 等杂质。萤石粉粒度在 100 目左右。

（四）在光学工业中的应用

萤石为光性均质体，折射率很低，色散弱，红外线和紫外线透过性很好，因而可制成无球面像差的光学物镜、光谱仪棱镜和辐射紫外线及红外线的窗口材料。

光学用萤石应是无色透明（或透明的均匀浅色），无裂隙，无包裹体的晶体。无缺陷部分的尺寸应≥6 mm ×6 mm ×4 mm。

（五）其他用途

乳白色优质萤石可作宝石琢磨成弧形界面，外观近似蛋白石。颜色好，具一定块度的萤石也可制作工艺饰品。

萤石也可用以生产电炉的磨蚀剂，生产碳化钙、氨基氰和火焰弧光灯的电极，还可作砂轮的黏合材料。

一般萤石矿石主要来自中、低温热液成因的萤石矿床的夕卡岩型萤石矿床。光学工业用萤石晶体的主要来源是伟晶岩型萤石矿床和相关的残积矿床。

第二节　石　　盐

一、概述

石盐的化学组成为 NaCl。纯净者，Na 含量为 39.34%，Cl 含量为 60.66%。实际上常含有杂质和多种机械混入物，如 Br、Rb、Cs、Sr 及卤水、气泡、黏土和其他盐类矿物。

Na 和 Cl 离子的配位数均为 6，相间排列在立方体的角顶，属 AX 型化合物的标准离子型结构（图 40－2）。呈立方体晶形，也有立方体分别与八面体、菱形十二面体组成的聚形。集合体有粒状、柱状、纤维状、葡萄状、毛发状、致密块状、疏松盐华状等。

纯净石盐为无色透明，但常因含杂质而染成不同的颜色，玻璃光泽，{100}解理完全，摩氏硬度为 2，密度为 2.1 ~ 2.2 g/cm^3。具弱导电性和极高的热导性，能潮解，易溶于水，有咸味。在 0℃时的溶解度为 100 份水溶解 35.7 份的盐；100℃时，100 份水溶解 39.8 份的盐。熔点为 804℃。

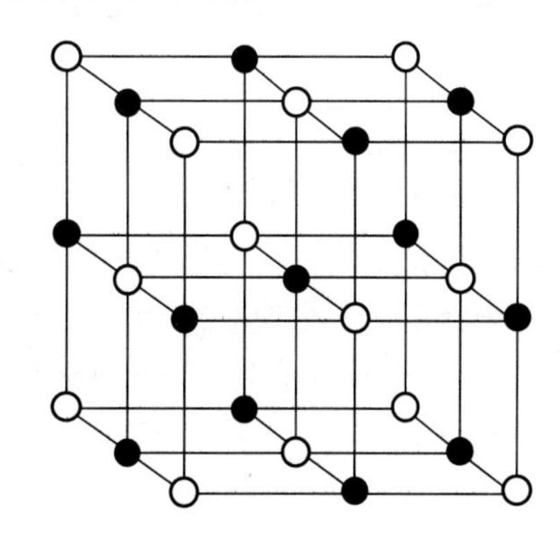

图 40－2　石盐的晶体结构

Fig. 40－2　The crystal structure of halite

二、石盐的理化性质及应用

石盐是钠和氯气的最丰富源泉。工业上主要利用其化学组分，可生产氯气、苛性钠、盐酸、金属钠等 30 多种基本化合物，并用以制备近 14 000 种化学制品。石盐味咸，易溶于水，可用作防腐剂和调味剂；而且可降低溶液冰点，用于公路路面的冬季保护。

（一）在食品工业方面的应用

石盐是广泛应用的调味品、防腐剂、食品加工配料。用于烹调、食品储存和工业性加工。在食品工业中的用量约占石盐总消耗量的50%。

对食品用石盐的要求是 NaCl 含量分别≥99.7%，≥98.4%，≥97.7%和≥97%的特级品、高级品、Ⅰ级品和Ⅱ级品。下列杂质的含量应严格控制，Ca≤0.65%，Mg≤0.25%，K≤0.25%，Na_2SO_4≤1.5%，不溶残渣≤1.0%，H_2O≤0.8%。

（二）在化学工业方面的应用

（1）生产苏打粉。用于磨料、黏结剂、蓄电池、陶瓷、炸药、灭火剂、皮革、金属熔剂、纸张、石油、肥皂、纺织品、水软化剂、去污粉、化妆品、脱脂剂、染料等。

（2）生产苛性钠。用于建筑材料、炸药、墨水、离子交换、皮革、润滑油、金属矿石冶炼、药品、塑料、耐火材料、橡胶、合成纤维、水处理、木材处理、肥皂、染料、洗衣粉、黏结剂等。

（3）生产氯气。用于麻醉剂、漂白粉、陶瓷色料、清净剂、杀虫剂、染料、炸药、肥料、灭火剂、皮革、纸张、塑料、制冷剂、橡胶、溶剂、合成纤维、污水处理等。

（4）生产盐酸。用于化工、纺织、造纸、冶金、陶瓷、玻璃、医药等部门。

（5）生产硫酸钠。用于陶瓷、洗涤剂、染料、炸药、肥料、纸张、药品、照相片、电镀的盐、橡胶、纺织品等。

（6）生产金属钠。用于表面硬化剂、化妆品、熏蒸剂、有机合成、油漆、药品、照相片、纸浆漂白、淀粉转化、金属矿石冶炼等。

（7）生产氯。用于乙醇、氨、食油、高能燃料、盐酸、冶金、气象、有机合成、合成宝石、焊接等。

（8）制备次氯酸钙、二氧化氯、氯酸钠、次氯酸钠、高氯酸钠等。

（三）在冶金工业中的应用

可用于加工氯化物的焙烧、泡沫抑制剂、热处理槽、铁矿石的胶结和熔化金属镀层等。

（四）其他应用

石盐可用以生产人工海水、电化学蚀剂、刻蚀铝箔和转变冰点等。

随着生产技术的发展，某些领域的石盐消耗量还在增加。譬如，对土壤化学的认识将导致石盐在土壤稳定化方面的应用增加；在溶解开采法或水冶金方法提取金属矿体边界中的有用金属过程中将消耗大量的石盐；用“盐壳”方法除去煤矿和金属矿空气中粉尘技术的发展也需要大量石盐；高炉内衬技术上的突破可能用石盐取代石灰石作熔剂。

对石盐矿石的一般要求如下：

类别	NaCl 含量/%				
	边界品位	工业品位	品级划分		
			Ⅰ	Ⅱ	Ⅲ
盐湖固体盐	≥30	≥50	≥86	71～85	50～70
岩盐	≥10～15	≥20～30	≥86	61～85	30～60
天然卤水		≥5～10			

第三节　钾　　盐

一、概述

钾盐是含钾矿物的总称。按其可溶性可分为可溶性钾盐矿物和不可溶性含钾的铝硅酸盐矿物。前者是自然界可溶性的含钾盐类矿物堆积构成的可被利用的矿产资源，它包括含钾水体经过蒸发浓缩、沉积形成的可溶性固体钾盐矿床（如钾石盐、光卤石、杂卤石等）和含钾卤水。铝硅酸类岩石是不可溶性的含钾岩石或富钾岩石（如明矾石、霞石、钾长石及富钾页岩、砂岩、富钾泥灰岩等）。目前，世界范围内开发利用的主要对象是可溶性钾盐资源。本节所讲的钾盐是指钾石盐（KCl）。

化学组成：KCl。组分的理论含量 K 52.4%，Cl 47.6%。常含液态和气态包裹物，主要是氮，其次为碳酸气、氢气和甲烷，有时含氦气。机械混入物常见 NaCl 和 Fe_2O_3。类质同象混入物常为 KBr（含量 0.1% 以下）和极少量的 RbCl、CsCl。

晶体结构为等轴晶系，O_h^5-Fm3m。$a=6.293$Å。$Z=4$。晶体结构与石盐相同，由于钾离子半径大于钠离子，因而钾盐晶胞较大。晶体常呈立方体 $a\{100\}$ 或立方体 $a\{100\}$ 与八面体 $o\{111\}$ 的聚形。常依（111）成双晶，具穿插双晶。集合体通常为粒状或致密块状，偶呈柱状、针状、皮壳状。

二、钾盐理化性质

纯钾石盐无色透明，但由于杂质污染可以呈红色、玫瑰色、黄色、乳白色（含细微气泡）。玻璃光泽。摩氏硬度 1.5 ~ 2，性脆，参差状断口。相对密度 1.97 ~ 1.99。三组互相垂直极完全解理。味苦咸且涩，有辣味。易溶于水，具吸湿性。焰色反应呈紫色。

三、钾盐的工艺特性

钾盐矿物与其他一般矿物相比，有它独特的工艺特性：

（1）具有可溶性。钾盐矿物大多数易溶于水，而且比其他盐类矿物的溶解度大。因此在其形成矿床时，就需要更为有利的条件，形成以后，还可能受地表水或地下水的影响而被溶解或转变为不含钾的矿物。

（2）具有变化性。钾盐矿物易于变化，在成矿期间，受不同浓度或不同成分的地表水或地下水的影响，或者温度变化时的影响，都可能使它们由一种矿物变成另一种矿物，这就是钾盐矿床矿物成分比较复杂的原因之一。温度的变化、母液组成的变化、带入水量的变化等因素，都有它的特殊性。

（3）具有相似性。钾盐矿物的物理性质彼此很相似，相对密度都小于 3，摩氏硬度都小于 4，颜色也相近，因此，肉眼鉴定比较困难。

（4）具有吸湿性。钾盐矿物大多具有一定的吸湿性，易潮解。不论是采出的原矿石或是经过加工获得的成品，都具有这一特点。因此在运输、储存等过程中，要有防潮、防结块措施。主要的钾盐矿物，按吸湿性递减程度，可排列如下：光卤石 > 无水钾镁矾 > 钾盐镁矾 > 钾石盐。

（5）组成复杂性。钾盐矿物在形成矿床时，多与石盐共生，有时石盐含量往往大大超过钾盐含量；其次总是多少含有一些硫酸盐类、碳酸盐类和黏土等杂质。因此在加工利用时，给分离带来一定的困难，造成工艺流程复杂，产品质量受到影响。

四、钾盐的产品质量标准

（一）有用元素及主要伴生元素对原料的影响

有用元素的品位决定着对原料的加工方法。当采用溶解结晶法加工钾盐矿时，主要要求矿石有用元素的品位；而采用浮选法选钾盐矿时，除了要求矿石品位外，还有一个水不溶物，特别是细泥含量的要求。

石盐、水不溶物及钙、镁等矿物是影响产品质量的主要伴生矿物，影响其在化工等工业领域的应用。

（二）国家标准

由于中国的钾盐矿山与加工厂（如钾肥厂）是联合体，最终检验的是加工后的产品质量。因此，对钾盐矿石质量至今尚无统一标准。氯化钾产品的国家标准适用于由盐田日晒光卤石和钾石盐矿经浮选法或溶解结晶法加工制取的工业或农业用的氯化钾产品。

新的氯化钾国家标准 GB 6549—2011 的主要技术指标如表 40－1。

表 40－1　工农业用氯化钾主要技术指标（GB 6549—2011）

Table 40－1　The main technical indexes of potassium chloride for industry and agriculture（GB 6549—2011）

项目		Ⅰ类			Ⅱ类		
		优等品	一等品	合格品	优等品	一等品	合格品
氯化钾（KCl）含量/%	≥	62.0	60.0	58.0	60.0	57.0	55.0
水分（H_2O）含量/%	≤	2.0	2.0	2.0	2.0	4.0	6.0
钙镁（Ca + Mg）含量/%	≤	0.3	0.5	1.2	—	—	—
氯化钠（NaCl）含量/%	≤	1.2	2.0	4.0	—	—	—
水不溶物的含量/%	≤	0.1	0.3	0.5	—	—	—

注：1. 除水分外，各组分均以干基计；2. 工业用氯化钾中钙镁含量、NaCl 及水不溶物的质量分数均为推荐性指标，农用氯化钾不限量。

五、钾盐的应用

钾盐广泛应用于农肥、化工、医药、纺织、印染、制革、玻璃、陶瓷、炸药等领域，消耗量巨大，对国家经济建设和资源安全具有非常重要的意义，同时又是我国重要的紧缺矿物资源。目前，我国的肥料施用量已居世界第一，钾肥进口量居世界第二，近年国内氯化钾产量已达 130 多万吨，但也只能满足15%的消费量。

（一）用作农肥

世界上95%的钾盐产品用作肥料。钾肥是农业三大肥料之一，富含钾。钾是作物的必需营养元素，对绝大多数作物都有明显的增产效果。其主要作用包括以下几个方面：① 钾是60多种生物酶的活化剂，能保障作物正常生长发育。② 钾促进光合作用，能增加作物对二氧化碳的吸收和转化。③ 钾促进糖和脂肪的合成，能提高产品质量。④ 钾促进纤维素的合成，能增强水稻、小麦、玉米抗倒能力，提高棉、麻的产量和品质。⑤ 钾调节细胞液浓度和细胞壁渗透性，能提高作物抗病虫害、抗干旱和寒冷的能力。⑥ 钾促进豆科作物早结根瘤，能提高固氮能力。因此几乎每种作物都需要适量施用钾肥。

钾肥主要为KCl和K_2SO_4，属酸性肥料。氯化钾用量大，适于水稻、麦类、玉米、棉花等作物，Cl对它们没有妨害；K_2SO_4适于麻类、烟草、甘蔗、葡萄、甜菜、茶叶等经济作物。

（二）工业上的应用

钾盐产量的5%用于工业。在化学工业中约有30多种产品由钾组成，主要有KCl、KOH、K_2SO_4、K_2CO_3、氰化钾、$KMnO_4$、KBr、KI等。按工业用途，35%用于生产洁净剂，25%以碳酸盐和硝酸盐形式用于玻璃和陶瓷工业中，20%用于纺织和染色，13%制化学药品；其余用于罐头工业、皮革工业、电器和冶金工业等。钾的氯酸盐、过磷酸盐和硝酸盐是制造火柴、焰火、炸药和火箭的重要原料。钾的化合物还用于印刷、电池、电子管、照相等工业部门，此外也用于航空汽油及钢铁、铝合金的热处理。

六、钾盐的资源分布

目前，世界上已发现的钾盐矿床和含钾盐湖卤水，分布在六大洲的26个国家，尤以加拿大、哈萨克斯坦、俄罗斯、波兰为甚。中国目前找到的钾盐主要是陆相，海相还未破题。我国已查明的可溶性钾盐资源储量不大，尚难满足工农业对钾盐的需求。因此，钾盐矿被国家列入急缺矿种之一。

中国已探明储量的矿区主要分布在青海、云南、山东、新疆、甘肃和四川等省区。主要分布区域有：

（1）塔里木盆地。膏盐盆地分布面积大于20×10^4 km^2，膏盐层厚达700余米。

（2）滇西－羌塘盆地。在滇西南部发现巨型钾盐堆积。

（3）上扬子盆地。以海相为主，据统计，该盆地氯化钾含量达1×10^8 t以上。

（4）柴达木盆地。除现代盐湖氯化钾资源量达7亿多吨外，地下卤水面积在5 000 km^2以上，估计氯化钾含量49×10^8 t，可能成为地下柴达木综合性钾湖。

（5）鄂尔多斯盆地。有3×10^4 km^2石盐盆地，石盐厚度可达159～183 m。该岩盐盐芯地球化学显示好，并已经找到钾盐层。

主要参考文献

[1] 郑水林. 粉体表面改性[M]. 北京:中国建材工业出版社,2003.

[2] Li M S. Ecological restoration of mineland with particular reference to the metalliferous mine wasteland in China:A review of research and practice[J]. Science of the Total Environment,2006,357(1):38 – 53.

[3] 张一敏. 二次资源利用[M]. 长沙:中南大学出版社,2010:1 – 15.

[4] 中国环境保护产业协会固体废物处理利用委员会. 我国工业固体废物处理利用行业 2012 年发展综述[J]. 中国环保产业,2013,(4):13 – 18.

[5] 潘兆橹,万朴. 应用矿物学[M]. 武汉:武汉工业大学出版社,1993.

[6] 陈从喜,曹苏扬,王静波. 矿产资源综合利用与发展循环经济[J]. 中国工程科学,2005,7(S1):143.

[7] 刘维平. 资源循环利用[M]. 北京:化学工业出版社,2009:1 – 6.

[8] 邱定蕃,徐传华. 有色金属资源循环利用[M]. 北京:冶金工业出版社,2006:12 – 26.

[9] 谭媛,董发勤,代群威. 黑曲霉菌浸出蛇纹石尾矿中钴和镍的实验研究[J]. 矿物岩石,2009,29(3):115 – 119.

[10] Gao Ming,Jia Lina,et al. Interaction mechanism between niobium-silicide-based alloy melt and Y_2O_3 refractory crucible in vacuum induction melting process[J]. China Foundry,2011(5):190 – 196.

[11] 黄朝晖,刘艳改,房明浩,等. 我国耐火矿物资源高效利用的研究[C]. 耐火原料学术交流会论文集,2011(4):31 – 39.

[12] 刘吉辉,李静,汪琦. 铁尾矿合成镁橄榄石质耐火材料的反应机理[J]. 辽宁科技大学学报,2009(2):1 – 5.

[13] 田志宏,张秀华,等. Dmax – ⅢB 型 X 射线衍射仪在耐火材料物相分析中的应用[J]. 工程与试验,2008,12:32 – 35.

[14] 杨宏章. 中国耐火材料行业专利分析与探讨[J]. 耐火材料,2011(1):73 – 76.

[15] 高亮,赵洲峰,李晓红. 玻璃钢绝缘材料声学性能测定与超声检测参数的选择[J]. 华中电力. 2010,23(4):47 – 48.

[16] 龙涛,周宝山. 陶瓷绝缘材料高温电阻的测量[J]. 硫酸工业. 2010(2):33 – 36.

[17] 汪灵,罗柯,李自强,等. 矿物及固体绝缘材料电阻率测量的小型电极实验装置与应用[J]. 中国科学:技术科学,2011,41(7):890 – 895.

[18] 王怀群. 湿度对嵌入元器件印制板绝缘材料的影响[J]. 科学技术与工程,2013,17(13):4941 – 5025.

[19] 张小伟,刘淑鹏,钱玉鹏,等. 芳香族聚酰胺云母复合绝缘材料[J]. 矿产保护与利用,2011,3(6):27 – 30.

[20] 王寿泰. 纳米绝缘材料[J]. 绝缘材料,2001,3(05):13 – 17.

[21] 张冬海,张晖,张忠,等. 纳米技术在高性能电力复合绝缘材料中的工程应用[J]. 中国科学:化学,2013,43(6):725 – 743.

[22] 肖燕. 特种陶瓷的制备工艺综述及其发展趋势[J]. 佛山陶瓷,2012,185(1):30 – 34

[23] 董发勤,杨玉山. 生态环境矿物功能材料[J]. 功能材料,2009(05):713 – 716.

[24] 黄继武,谭维,卢安贤. 锂辉石和铅锌矿基非晶质建材的性能[J]. 中南工业大学学报(自然科学版),2001(03):302 – 304.

[25] 李丽匣,王亚琴,韩跃新,等. 陶瓷废料生产建筑材料的试验研究. 东北大学学报(自然科学版),2011(03):419 – 422.

[26] 施韬,孙伟.相变储能建筑材料的应用技术进展[J].硅酸盐学报,2008(07):1031－1036.

[27] 赵林毅,李黎,李最雄,等.中国古代建筑中两种传统硅酸盐材料的研究[J].无机材料学报,2011(12):1327－1334.

[28] 中国环境保护产业协会城市生活垃圾处理委员会.我国城市生活垃圾处理行业2012发展综述[J].中国环保产业,2013(3):20－26.

[29] 李文光.非传统化工矿物原料的开发利用[J].现代化工,1996(09):10－12.

[30] 尚定龙.我国主要化工原料将趋紧[J].华夏星火,2000(04):56.

[31] 夏举佩,张召述,任雪娇.低热值煤矸石制备化工产品新工艺研究[J].昆明理工大学学报(自然科学版),2013,38(4):82－86.

[32] 董发勤,张宝述,白忠,等,超细矿物填料的特性及在塑料中的应用[J],非金属矿,1999(S1):72－75.

[33] 文懿.简析矿物填料粒度及测试方法[J].中国粉体工业,2013(1):7－13.

[34] 杨赞中,廖立兵 陈从喜.填料矿物及其表面改性[J].中国非金属矿工业导刊,1998(06):7－9.

[35] 叶兆飞.矿物复合纤维在纸袋及纸板中的应用初探[J],西南造纸,2005(01):36－38.

[36] 曹建劲.用沸石和膨润土替代部分饲粮饲喂蛋鸡试验[J].非金属矿,2002(05):48－49.

[37] 范钦桢,谢建昌.长期肥料定位试验中土壤钾素肥力的演变[J].土壤学报,2005(04):591－599.

[38] 韩小霞.土壤结构改良剂研究综述[J].安徽农学通报(上半月刊),2009(19):110－112.

[39] 姜新福,孙向阳,关裕宓.天然沸石在土壤改良和肥料生产中的应用研究进展[J].草业科学,2004(04):48－51.

[40] 潘炎烽,谢华丽,周春晖,等.吸附性矿物膨润土对肥料的控释作用初探[J].浙江工业大学学报,2006(04):393－397.

[41] 谢仲权,牛树琦.天然矿物饲料添加剂[J].饲料与畜牧,2005(03):25－28.

[42] 张新生,王爱春,徐新民,等.蛭石复合肥试验简报[J].新疆农业科学,2000(06):287－288.

[43] 张新生,王金国,热孜万古丽,等.浅析蛭石及蛭石复合肥农用增产机理[J].新疆农业科技,2010(04):53.

[44] 张英鹏,于仁起,张明文,等.天然沸石作为缓释肥材料在菠菜种植上的应用研究[J].中国蔬菜,2009(16):51－55.

[45] 国家药典委员会.中华人民共和国药典[M].北京:中国医药科技出版社,2010.

[46] 尚志钧.中国矿物药集纂[M].上海:上海中医药大学出版社,2010.

[47] 孙雅婷,刘伟芳,黄晓瑾,等.硅酸盐类矿物中药的临床研究进展[J].江苏中医药,2013,45(3):75－77.

[48] 张保国.矿物药[M].北京:中国医药科技出版社,2005.

[49] 范玉明,李毅民,张舒.环境矿物材料[M].北京:化学工业出版社,2007.

[50] 加德(Gad S C).药物安全性评价[M].范玉明,李毅民,张舒,等,译.北京:化学工业出版社,2006.

[51] 李幼平.医学实验技术的原理与选择[M].北京:人民卫生出版社,2008.

[52] 刘利军,赵颖,党晋华,等.不同改良剂对污灌区镉砷和多环芳烃复合污染土壤的修复研究[J].中国农学通报,2013,29(26):132－136.

[53] 中华人民共和国卫生部.GB 15193.1—2003,食品安全性毒理学评价程序[S].北京:中国标准出版社,2004.

[54] 丁述理,宋黑,徐博会,等.机械研磨对黏土矿物结构和粒度的影响[J].矿山机械,2007,35(10):33－37.

[55] 柳志青.宝石学和玉石学[M].杭州:浙江大学出版社,1999.

[56] 张蓓莉.系统宝石学[M].北京:地质出版社,1997.

[57] 钟公佩. 宝玉石[M]. 杭州:浙江大学出版社,2003.

[58] 卢保奇. 观赏石基础教材[M]. 上海:上海大学出版社,2005.

[59] Gu T, Petrone N, McMillan J F, et al. Regenerative&C. W. Wong. oscillation and four - wave mixing in graphene optoelectronics[J], Nature Photonics, 2012(6), 554 - 559.

[60] 郭瑞萍,李静,孙葆森. 国外红外探测器材料技术新进展[J]. 兵器材料科学与工程,2009,32(3):96 - 99.

[61] 姜晖,王雪梅,王晨苏. 石墨烯类材料在生物医学领域应用的研究进展[J]. 药学学报,2012,47 (3):291 - 298.

[62] 马湘蓉,施卫. GaAs 光电导开关激子效应的光电导特性[J]. 西安理工大学学报,2011,27(2):151 - 155.

[63] 曲秋莲,张英鸽. 纳米技术和材料在医学上应用的现状与展望[J]. 东南大学学报(医学版),2011,30(1):157 - 163.

[64] 王兰喜,陈学康,吴敢,等. 晶界对金刚石紫外探测器时间响应性能的影响[J]. 物理学报,2012,61(3):038101 - 1 - 03810 - 7.

[65] 吴清仁,刘振群. 无机功能材料热物理[M],广州:华南理工大学出版社,2003.

[66] 顾伟霞,马锡英. 单层硫化钼的研究进展[J]. 微纳电子技术,2013,50(2):81 - 85.

[67] 廖立兵,汪灵,董发勤,等. 我国矿物材料研究进展(2000 - 2010)[J]. 矿物岩石地球化学通报. 2012,13(4):323 - 330.

[68] 赵其仁,李林蓓. 硅藻土开发应用及其进展[J]. 化工矿产地质,2005,27(2):96 - 101.

[69] 黄桥,孙红娟,杨勇辉. 氧化石墨的谱学表征及分析[J]. 无机化学学报,2011,27(9):1721 - 1726.

[70] 李保华,顾雪祥,李黎,等. 川东北毛坝气藏含自然硫包裹体的发现及其地质意义[J]. 矿物学报,2011,31(3):541 - 549.

[71] 李志扬,张华,周一丹,等. 纳米金刚石薄膜制备技术的研究进展[J]. 现代制造工程,2013 (3):134 - 139.

[72] 杨勇辉,孙红娟,彭同江,等. 石墨烯薄膜的制备和结构表征[J]. 物理化学学报,2011,27(3):736 - 742.

[73] 袁小亚. 石墨烯的制备研究进展[J]. 无机材料学报,2011,(06):561 - 570.

[74] 陈建华,钟建莲,李玉琼,等. 黄铁矿、白铁矿和磁黄铁矿的电子结构及可浮性[J]. 中国有色金属学报,2011,21(7):1719 - 1727.

[75] 丁竑瑞,李艳,鲁安怀. 双室电化学体系中产电微生物与黄铁矿单晶协同电子转移反应[J]. 地球科学——中国地质大学学报,2012,37(2):313 - 318.

[76] 李杰,朱琳,李睿华. 生物氧化磁黄铁矿产生铁离子[J]. 环境工程学报,2013,7(7):2424 - 2428.

[77] 赵珊茸,边秋娟,凌其聪. 结晶学及矿物学[M]. 北京:高等教育出版社,2008.

[78] Edward J W, Crossland, Nakita Noel, et al. Mesoporous TiO_2 single crystals delivering enhanced mobility and optoelectronic device performance[J]. Nature, 2013(495):215 - 219.

[79] Liang Bian, Mianxin Song, Tianliang Zhou, et al. Band gap calculation and photo catalytic activity of rare earths doped rutile TiO_2[J]. Journal of rare earths, 2009, 27(3):461 - 468.

[80] Tor S. Bjørheim, Akihide Kuwabara, Truls Norby. Defect Chemistry of Rutile TiO_2 from First Principles Calculations[J]. J Phys Chem C, 2013, 117 (11), 5919 - 5930.

[81] 付春山. Ti 掺杂 $\gamma - Fe_2O_3$ 纳米材料的制备研究[J]. 广州化工,2010,38(9):121 - 122.

[82] 孟杰,赵珊茸,邱志惠,等. α - 石英双晶的腐蚀像在各不同结晶学面上的特征及晶体对称研究[J]. 矿物岩石,2009,29(2):18 - 24.

[83] 王英会,刘宏英,姜炜,等. 纳米 $\gamma - Fe_2O_3$ 粒子的制备及其性能研究[J]. 材料科学与工艺,2008,16(3):439 - 441.

[84] 郑权男,薛兵,徐少南,等. 硅藻土中伴生有机质的炭化与吸附性能[J]. 硅酸盐学报,2013,41(2):

230 - 239.

[85] 朱伯铨,魏国平,李享成,等.刚玉质微孔耐火材料的制备及性能[J].硅酸盐学报,2013,41(3):422 - 426.

[86] 陈旭波,胡应模,汤明茹,等.电气石粉体表面改性及其应用研究进展J].无机盐工业,2013,45(5):5 - 8.

[87] 陆金驰,黄金林.远红外辐射及负离子释放功能微晶玻璃研究[J].中国陶瓷,2012(4):37 - 39.

[88] 任飞,张多.电气石粉体红外辐射性能研究[J].非金属矿,2012,35(2):43 - 45.

[89] 崔义发.陕南黑木林纤维水镁石矿地质特征及应用前景浅析[J].化工矿产地质,2011,33(3):155 - 160.

[90] 郭如新.水镁石在镁肥生产和环保领域中的应用[J].硫磷设计与粉体工程,2013(5):36 - 40.

[91] 洪晓东,代文娟,肖 阳,等.聚苯乙烯悬浮聚合包覆水镁石及阻燃环氧树脂的研究[J].非金属矿,2013,36(6):4 - 6.

[92] Singfoong Cheah,Katherine R. Gaston,Yves O. Parent,et al. Nickel cerium olivine catalyst for catalytic gasification of biomass[J]. Applied Catalysis B:Environmental,2013(134 - 135):34 - 45.

[93] 郭大宇.硼泥制备镁橄榄石多孔陶瓷的研究[J].非金属矿,2013,20(2):1 - 3.

[94] 徐刘杨,滕元成,王山林,等.硼泥制备镁橄榄石多孔陶瓷的研究[J].硅酸盐学报,2013,41(11):1577 - 1580.

[95] Jin J X,Gao H M,Guan J F,et al. Purification of Refractories Andalusite of High Quality[J]. Applied Mechanics and Materials,2014(443):609 - 612.

[96] Kustov A D,Parfenov O G,Solovyov L A,et al. Kyanite ore processing by carbochlorination[J]. International Journal of Mineral Processing,2014(126):70 - 75.

[97] 牛福生,田力男,郭爱红,等.粒度对蓝晶石制备莫来石晶体的影响研究[J].硅酸盐通报,2013,32(4):630 - 634.

[98] 潘迪来.新疆某地蓝晶石选矿的方法[J].新疆有色金属,2013,36(A01):107 - 108.

[99] 张成强,李洪潮,张红新,等.甘肃某红柱石矿选矿试验研究[J].非金属矿,2013,36(5):53 - 54.

[100] JC/T 535 - 2007,硅灰石[S].北京:中国建材工业出版社,2008.

[101] Marco Pagliai,Maurizio Muniz - Miranda,Gianni Cardini,et al. Raman and infrared spectra of minerals fromab initio molecular dynamics simulations:The spodumene crystal[J]. Journal of Molecular Structure,2011(993):151 - 154.

[102] 谭训彦.硅灰石在日用陶瓷坯体中的应用研究[J].中国陶瓷工业,2012,19(1):15 - 17.

[103] 雪晶,胡山鹰.我国锂工业现状及前景分析[J].化工进展,2011,30(4):782 - 790.

[104] 禹权,叶素娟.硅灰石纤维改性 PTFE 材料摩擦性研究[J].工程塑料应用,2012,40(4):73 - 75.

[105] 钟文兴,王泽红,王力德,等.硅灰石开发应用现状及前景[J].中国非金属矿工业导刊,2011(4):14 - 17.

[106] Chambefort I,Dilles J H,Longo A A. Amphibole geochemistry of the Yanacocha Volcanics,Peru:Evidence for diverse sources of magmatic volatiles related to gold ores[J]. Journal of Petrology,2013,54(5):1017 - 1046.

[107] 韩星温,万鹏飞,马其江,等.不灰木的本草考证[J].国际中医中药杂志,2011,33(06):530 - 532.

[108] 郝金华,陈建平,田永革,等.青海纳日贡玛斑岩钼(铜)矿含矿斑岩矿物学特征及成岩成矿意义[J].地质与勘探,2010(003):367 - 376.

[109] 张大伟.空气中悬浮石棉纤维现场检测技术研究[D].大连:大连理工大学出版社,2010.

[110] 张文正,杨华,解丽琴,等.鄂尔多斯盆地上古生界煤成气低孔渗储集层次生孔隙形成机理 - 乙酸溶液对钙长石,铁镁暗色矿物溶蚀的模拟实验[J].石油勘探与开发,2009,36(3):383 - 391.

[111] 卜显忠,刘振辉,张崇辉.酸热处理对累托石结构和吸附性能的影响[J].陶瓷学报,2012,33(1):54 - 58.

[112] 马智,王金叶,高详,等.埃洛石纳米管的应用研究现状[J].化学进展,2012,24(2):275-280.

[113] 徐化方,胡振琪,龚碧凯,等.复合改性海泡石理化特性分析[J].非金属矿,2011,34(1):18-20,36.

[114] 颜文昌,袁鹏,谭道永,等.富镁与贫镁坡缕石的红外光谱[J].硅酸盐学报,2013,41(1):89-95.

[115] 杨淑勤,袁鹏,何宏平,等.γ-氨丙基三乙氧基硅烷(APTES)与高岭石层间表面羟基的嫁接反应机理[J].矿物学报,2012,32(4):468-474.

[116] 曹曦,传秀云,黄杜斌.天然纳米管纤蛇纹石的结构性能和应用研究[J].功能材料,2013,44(14):1984-1989.

[117] 李学军,王丽娟,鲁安怀.天然蛇纹石活性机理初探[J].岩石矿物学杂志,2003,22(4):386-390.

[118] 宋贝,刘超,郑水林,等.用蛇纹石硫酸铵焙烧法制备超细氢氧化镁的研究[J].非金属矿,2013,36(3):63-65.

[119] 万朴.我国纤蛇纹石石棉-蛇纹石工业及其结构调整与发展[J].中国非金属矿工业导刊,2002,29(5):8-12.

[120] 杨博,张振忠,赵芳霞.蛇纹石综合利用现状及发展趋势[J].材料导报,2010,24(15):381-384.

[121] 陈从喜,贾岫庄.我国滑石工业的现状与挑战[J].中国非金属矿工业导刊,2012(5):1-3,12.

[122] 何书珩,蒲敏,李军男,等.酸性橙插层锌铝水滑石的组装及其结构与性能[J].物理化学学报,2010,26(1):259-264.

[123] 刘海涛,吴春莲,张景峰,等.叶蜡石粉体的偶联活化改性研究[J].材料工程,2010,5:88-91.

[124] 潘高产,卢毅屏.CMC和古尔胶对滑石浮选的抑制作用研究[J].有色金属(选矿部分),2013(2):74-78.

[125] 吴小贤,黄朝晖,李红霞,等.用叶蜡石与金红石碳热还原-氮化合成 Sialon-Ti(N,C)复合材料[J].硅酸盐学报,2012,40(6):856-860.

[126] 李娜,王凡,赵恒,等.伊利石矿物的主要应用领域述评[J].中国非金属矿工业导刊,2012(2):32-36.

[127] 徐敬尧,肖睿,田兰,等.伊利石的开发利用现状[J].有色金属,2005,21(2):13-15.

[128] 许乐.云母生产消费与国际贸易[J].中国非金属矿工业导刊,2012(1):56-60.

[129] 杨雅秀,张乃娴,苏昭冰,等.中国黏土矿物[M].北京:地质出版社,1994.

[130] 余力,戴慧新.云母的加工与应用[J].云南冶金,2011,40(5):25-41.

[131] 霍小旭,王丽娟,廖立兵.新疆尉犁蛭石高温膨胀试验研究[J].矿物岩石,2011,31(1):1-4.

[132] 刘勇,肖丹,郭灵虹,等.天然蛭石对金属离子的吸附性能研究[J].四川大学学报:工程科学版,2006,38(3):92-96.

[133] 彭同江.新疆尉犁县且干布拉克蛭石矿金云母-蛭石间层矿物的晶体化学研究[D].武汉:中国地质大学出版社,1993.

[134] 杨阳.蛭石膨胀特性以及膨胀率测定方法的研究[D].北京:北京工商大学出版社,2010.

[135] 董伟霞,顾幸勇,包启富.长石矿物及其应用[M].北京:化学工业出版社,2010.

[136] 马鸿文,苏双青,刘浩,等.中国钾资源与钾盐工业可持续发展[J].地学前缘,2010,17(1):294-310.

[137] 莫彬彬,连宾.长石风化作用及影响因素分析[J].地学前缘,2010,17(3):281-286.

[138] 黄强,郭银祥.高纯斜发沸石的发现及其应用价值[J].中国非金属矿工业导刊,2010(05):17-39.

[139] 申伟,郭成玉,申宝剑.沸石形貌调控及相关应用的研究进展[J].应用化工,2011(10):1816-1822.

[140] 王维清,冯启明,董发勤,等.Fe_3O_4/斜发沸石磁性复合材料的制备及其性能[J].无材料学报,2010,25(4):402-405.

[141] 张家利,张翠玲,党瑞.沸石在废水处理中的应用研究进展[J].环境科学与管理,2013(03):75-79.

[142] Kim C W, Day C S, Zhu D, et al. Chemically durable iron phosphate glasses for vitrifying sodium bearing waste (SBW) using conventional and cold crucible induction melting (CCIM) techniques[J]. Journal of Nuclear Mate-

rials,2003,322(2-3):152-164.

[143] 宋江凤,刘咏,张莹.水热法合成不同形貌羟基磷灰石[J].粉末冶金材料科学与工程,2010(05):505-510.

[144] 胥焕岩,马成国,金立国,等.磷灰石晶体化学性质及其环境属性应用[J].化学工程师,2011(03):34-38.

[145] 赵珊,李延报,李东旭.功能性羟基磷灰石生物复合材料的研究进展[J].材料导报,2010(15):69-72.

[146] 杜广鹏,范建良.方解石族矿物的拉曼光谱特征[J].矿物岩石,2010(04):32-35.

[147] 李红,阮美茹.PAM微球表面方解石晶体的制备与表征[J].西安工程大学学报,2013(03):344-348.

[148] 王会丽,吴福全.冰洲石晶体紫外波段偏光吸收系数的测试研究[J].激光技术,2013(06):752-755.

[149] 朱化凤,王秀民,刘为森,等.晶体偏光分束棱镜的光强透射特性理论研究[J].青岛大学学报(自然科学版),2012(01):29-36.

[150] Aierken Sidike, Rahman Abu Zayed Mohammad Saliqur, Jui-Yang He, et al. Photoluminescence spectra of thenardite Na_2SO_4 activated with rare-earth ions, Ce^{3+}, Sm^{3+}, Tb^{3+}, Dy^{3+} and Tm^{3+} [J]. Journal of Luminescence, 2011, 131(9): 1840-1847.

[151] Asghar Mesbahi, Ghafoor Alizadeh, Gholamreza Seyed-Oskoee, et al. A new barite-colemanite concrete with lower neutron production in radiation therapy bunkers[J]. Annals of Nuclear Energy, 2013(51): 107-111.

[152] Demir F, Budak G, Sahin R, et al. Determination of radiation attenuation coefficients of heavyweight-and normal-weight concretes containing colemanite and barite for 0.663 MeV γ-rays[J]. Annals of Nuclear Energy, 2011, 38(6): 1274-1278.

[153] Hua He, Faqin Dong, Ping He, et al. Effect of glycerol on the preparation of phosphogypsum-based $CaSO_4 \cdot 0.5H_2O$ whiskers[J]. Journal of Materials Science, 2014, 49(5): 1957-1963.

[154] 黄哲元,董发勤,代群威,等.以废渣磷石膏为原料水热法制备硫酸钙晶须[J].环境工程学报,2012(1):327-331.

[155] 马鸿文,苏双青,刘浩,等.中国钾资源与钾盐工业可持续发展[J].地学前缘,2010,17(1):294-310.

[156] 曾凡.矿物加工颗粒学[M].徐州:中国矿业大学出版社,1995.

[157] Vikas Mittal. High CEC generation and surface modification in mica and vermiculite minerals[J]. Philosophical Magazine, 2013, 93(7): 777-793.

[158] 曹灿,周凤山,张志磊,等.高造浆膨润土制备及其性能评价[J].地学前缘,2013(05):220-226.

[159] 胡岳华,冯其明.矿物资源加工技术与设备[M].北京:科学出版社,2006.

[160] 谢广元.选矿学[M].徐州:中国矿业大学出版社,2010.

[161] 姚鹏泉,祝琳华,司甜.从天然膨润土制备钠基蒙脱石催化剂载体[J].非金属矿,2013(01):24-26.

[162] 黄孝瑛.电子衍衬分析原理与图谱[M].济南:山东科技出版社,2002.

[163] 梁敬魁.粉末衍射法测定晶体结构(上、下册)[M].北京:科学出版社,2003.

[164] 潘兆橹.结晶学及矿物学[M].北京:地质出版社,1993.

[165] 杨南如.无机非金属材料测试方法[M].武汉:武汉工业大学出版社,2001.

[166] 于冰,卢兆林,王帅,等.基于EDS的煤中微细粒矿物相分布研究[J].电子显微学报,2013(03):244-249.

[167] 左演声,陈文哲,梁伟.材料现代分析方法[M].北京:北京工业大学出版社,2000.

[168] 凡双玉,韩卫济.绝热保温材料研究进展[J].科技创新,2013(8):18-19.

[169] 徐惠忠,周明.绝热材料生产及应用[M].北京:中国建材工业出版社,2001.

[170] 周白霞.无机保温材料在外墙保温系统中的应用展望[J].四川建筑科学研究,2013,39(1):203-205.

[171] 李伟民,宋功保,孙杰,等.高温条件下膨润土阻滞放射性核素迁移机制研究[J].中国稀土学报,2010(2):188-195.

[172] 梁磐仪,陈泉水,马辉,等.高包容模拟放射性核素Sr固化技术研究[J].陶瓷学报,2011(2):197-201.

[173] 刘月妙,陈璋如.内蒙古高庙子膨润土作为高放废物处置库回填材料的可行性[J].矿物学报,2001(3):541-543.

[174] 陈石义,张寿庭.我国氟化工产业中萤石资源利用现状与产业发展对策[J].资源与产业,2013(2):79-83.

[175] 顾岩,陈世菊.我国钾盐矿的选矿加工方法及选矿工艺探讨[J].新疆化工,2012(2):2-4.

[176] 张聚林,梅蔷,左玉华.Cu尾矿、萤石作复合矿化剂生产水泥熟料的探讨[J].山东建材学院学报,2000(2):95-97.

[177] 邹灏,张寿庭,方乙,等.中国萤石矿的研究现状及展望[J].国土资源科技管理,2012(5):35-42.

附录一 中文索引

G

H

J

N

P

Q

R

S

T

W

X

Y

Z

附录二　英文索引

A

B

C

D

E

F

G

N

O

P

Q

R

S

T

U

V

W

X

Z

附录三　中英文表名

Table 20 - 2　Classification of diamond

表 20 - 3　不同类型金刚石的光学吸收带

Table 20 - 3　Optical Absorption of different types diamond

表 20 - 4　各种波长下金刚石折射率

Table 20 - 4　The refractive index of diamond at various wavelengths

表 20 - 5　金刚石的理论解理能

Table 20 - 5　Theoretical cleavage energies of diamond

表 20 - 6　人造金刚石的品种

Table 20 - 6　Classification of artificial diamond

表 22 - 1　Al_2O_3的同质多象变体及晶体常数

Table 22 - 1　Polymorph and lattice constant of Al_2O_3

表 22 - 2　刚玉中某些着色剂及其呈色

Table 22 - 2　The colorant and its colour in croundum

表 22 - 3　水晶的平行(β_1)和垂直(β_2)c 轴的热膨胀系数

Table 22 - 3　The thermal expansion coefficients of parallel(β_1) and vertical(β_2) to the axis c in quartz

表 22 - 4　石英的导热系数

Table 22 - 4　The heat conductivity coefficient of quartz

表 22 - 5　石英(//c 轴)在不同温度下的电阻率

Table 22 - 5　Coefficient of resistance of quartz(//c axis) in various temperature

表 22 - 6　压电水晶品级及质量要求

Table 22 - 6　The grade and quality requirements of piezo quartz

表 22 - 7　光学水晶的等级及质量要求

Table 22 - 7　The grade and quality requirements of optical quartz

表 22 - 8　玻璃工业中对硅质原料的工业要求

Table 22 - 8　The industrial requirements of silica raw materials in glass industry

表 22 - 9　铸造石英砂工业要求

Table 22 - 9　The industrial requirements used of casting quartz sand

表 24 - 1　国内外典型产地水镁石化学成分

Table 24 - 1　Chemical composition of brucite in typical place of the world

表 24 - 2　纤维水镁石(FB)阻燃效果试验

Table 24 - 2　Antiflame effect test offiber brucite (FB)

表 25 - 1　橄榄石亚种的划分

Table 25 - 1　The division of olivine subspecies

表 25 - 2　橄榄石矿物原料质量指标

Table 25 - 2　The quality indicators of raw olivine materials

表 25 - 3　石榴子石主要物理性质

Table 25 - 3　The main physical properties of garnets

附录四　中英文图名

图 22－13　α－石英的左形和右形

Fig. 22－13　Levogyration and dextrorotation of α－quartz

图 22－14　α－石英菱面体 *r* 和 *z* 面上的生长小锥 m(100)上方为 *r* 面，m(010)上方为 *z* 面

Fig. 22－14　Growth cone in *r* and *z* surfaces at α－quartz rhombohedron, m(100) and m (010) above mean *r* and *z* surface respectively,

图 22－15　α－石英菱面体 *r* 和柱面 *m* 上的蚀象

Fig. 22－15　The etched figure of rhombohedron *r* and sylinder *m* surfaces at α－quartz

图 22－16　石英的道芬双晶

Fig. 22－16　The Dauphine twin of quartz

图 22－17　石英的巴西双晶

Fig. 22－17　The Brazil twin of quartz

图 22－18　石英的日本双晶

Fig. 22－18　The Japan twin of quartz

图 22－19　石英晶体中垂直 L^3 切面上的蚀象

Fig. 22－19　The etched figure of vertical L^3Section in quartz

图 22－20　水热合成水晶高压釜示意图

Fig. 22－20　The schematic diagram of hydrothermal synthesis of crystal autoclave

图 22－21　金红石的晶体结构

Fig. 22－21　The crystal structure of rutile

图 23－1　电气石的晶体结构

Fig. 23－1　The crystal structure of tourmaline

图 23－2　$MgO-Al_2O_3-SiO_2$系的三元相图

Fig. 23－2　The ternary phase diagram of $MgO-Al_2O_3-SiO_2$ system

图 23－3　α－堇青石晶体结构图

Fig. 23－3　The crystal structure of α－cordierite

图 23－4　β－堇青石晶体结构图

Fig. 23－4　The crystal structure of β－cordierite

图 24－1　水镁石晶体结构

Fig. 24－1　The crystal structure of brucite

图 24－2　水滑石晶体结构图

Fig. 24－2　The crystal structure hydrotalcite

图 25－1　橄榄石晶体结构

Fig. 25－1　The crystal structure of olivine

图 25－2　锆石晶体结构

Fig. 25－2　The crystal structure of zircon

图 25－3　钙铝榴石晶体结构

Fig. 25－3　The crystal structure of grossular

图 26－1　红柱石晶体结构

郑重声明